VORLESUNGEN

ÜBER

ZAHLENTHEORIE

VON

P. G. LEJEUNE DIRICHLET.

VORLESUNGEN

ÜBER

ZAHLENTHEORIE

VON

P. G. LEJEUNE-DIRICHLET.

HERAUSGEGEBEN

UND

MIT ZUSÄTZEN VERSEHEN

VON

R. DEDEKIND,

PROFESSOR AN DER TECHNISCHEN HOCHSCHULE CAROLO-WILHELMINA
ZU BRAUNSCHWEIG.

VIERTE

UMGEARBEITETE UND VERMEHRTE AUFLAGE.

CHELSEA PUBLISHING COMPANY
NEW YORK

THE PRESENT WORK IS A REPRINT, TEXTUALLY UNALTERED EXCEPT FOR THE CORRECTION OF ERRATA, OF THE WORK BY PETER GUSTAV LEJEUNE-DIRICHLET, AS SUPPLEMENTED AND REVISED BY RICHARD DEDEKIND. IT IS FAMILIARLY KNOWN TO NUMBER-THEORISTS AS 'DIRICHLET-DEDEKIND.'

FIRST EDITION, BRAUNSCHWEIG, 1863
SECOND EDITION, BRAUNSCHWEIG, 1871
THIRD EDITION, BRAUNSCHWEIG, 1879
FOURTH EDITION, BRAUNSCHWEIG, 1893
CORRECTED REPRINT, NEW YORK, 1968

STANDARD BOOK NUMBER 8284-0213-2

PRINTED IN THE UNITED STATES OF AMERICA

VORWORT.

In den Vorreden zu den drei ersten Auflagen (1863, 1871, 1879—1880) und in den Göttingischen gelehrten Anzeigen vom 27. Januar 1864 und 20. September 1871 habe ich über die erste Entstehung und die allmälige Ausdehnung dieses Werkes die erforderlichen Mittheilungen gemacht, auf welche ich hiermit verweise. Auch jetzt, bei der Herausgabe der vierten Auflage, ist der erste Theil, welcher im Wesentlichen eine im Winter 1856 bis 1857 von Dirichlet zu Göttingen gehaltene Vorlesung wiedergiebt und bis §. 120 reicht, fast ungeändert geblieben, und ich habe mich begnügt, meinen früheren Anmerkungen einige neue hinzuzufügen, um gelegentlich auf eine andere Beweisart oder auch auf neuere Erscheinungen der Literatur aufmerksam zu machen. Das Gleiche gilt auch von meinen Zusätzen, welche theils nach Abhandlungen von Dirichlet ausgearbeitet, theils aus eigenen Untersuchungen hervorgegangen sind. Nur das letzte Supplement, welches die allgemeine Theorie der ganzen algebraischen Zahlen behandelt, hat eine vollständige Umarbeitung erfahren;

sowohl die algebraischen als auch die eigentlich zahlentheoretischen Grundlagen sind in grösserer Ausführlichkeit und in derjenigen Auffassung dargestellt, welche ich nach langjähriger Ueberzeugung für die einfachste halte, weil sie hauptsächlich nur einen deutlichen Ueberblick über das Reich der Zahlen und die Kenntniss der rationalen Grundoperationen voraussetzt. Dieselbe Auffassung liegt auch einigen Arbeiten über die Idealtheorie zu Grunde, welche ich demnächst zu veröffentlichen hoffe, und so mag es Entschuldigung finden, wenn ich Manches eingehender behandelt habe, als es die unmittelbaren Ziele des vorliegenden Werkes zu erfordern scheinen.

In der grossen Festschrift, *Grundzüge einer arithmetischen Theorie der algebraischen Grössen*, durch welche Kronecker dem so bald nach ihm dahin geschiedenen Lehrer und Freunde Kummer im Voraus ein schönes Denkmal gesetzt hat, sind die umfassenden Gedanken niedergelegt, auf welchen sich eine andere Theorie der Ideale erhebt. Durch die Veröffentlichung derselben (1882 in Crelle's Journal, Bd. 92) hat Kronecker einen Wunsch erfüllt, den ich schon öfter, zuletzt im Juni 1880 bei Gelegenheit der Enthüllung unseres Braunschweiger Standbildes von Gauss ausgesprochen hatte, wo zugleich verabredet wurde, dass diese Abhandlung vor der von H. Weber und mir ausgearbeiteten *Theorie der algebraischen Functionen einer Veränderlichen* in Crelle's Journal erscheinen sollte. Ihr Inhalt war auch für mich vollständig neu, da ich nach einer alten brieflichen Mittheilung aus dem Jahre 1857 geglaubt hatte, die

Theorie Kronecker's auf ganz anderen Wegen suchen zu müssen, die ich in §. 10 meiner Schrift *Sur la théorie des nombres entiers algébriques* (1877) angedeutet habe. Ein sicheres Urtheil über die Vorzüge und Nachtheile dieser Theorie auszusprechen, deren hohe Bedeutung unzweifelhaft ist, halte ich jetzt noch nicht für möglich, da in der Abhandlung nur die Grundgedanken in grossen Zügen vorgezeichnet sind; ich möchte daher den Wunsch aussprechen, dass einer der zahlreichen Schüler Kronecker's es unternähme, eine vollständige, systematische Darstellung dieser Theorie auszuarbeiten; einen kleinen Beitrag dazu habe ich vor Kurzem in den Mittheilungen der Deutschen mathematischen Gesellschaft in Prag (1892) zu geben versucht. Bedenkt man, welche Umgestaltungen andere Theile der Mathematik, z. B. die Theorie der elliptischen Functionen, seit ihren ersten Anfängen im Laufe der Zeit erlitten haben, so wird man es für sehr wahrscheinlich halten, dass auch für die Idealtheorie noch einfachere Grundlagen, als die bisher bekannten, aufgefunden werden. Als eine solche Grundlage kann z. B. der von mir aus der Idealtheorie abgeleitete Satz (S. 465, 541, 577 der zweiten, dritten, vierten Auflage dieses Werkes) über den grössten gemeinsamen Theiler von zwei beliebigen ganzen algebraischen Zahlen angesehen werden, und ich habe schon vor vielen Jahren versucht, diesen Weg einzuschlagen; hierbei ist es mir zwar nicht gelungen, eine wesentliche Vereinfachung zu erzielen, weil ich den unmittelbaren Beweis dieses Satzes doch nur mit denselben Hülfsmitteln führen konnte, welche im Wesentlichen auch meiner Theorie der Ideale zu Grunde liegen; immerhin möchte ich diesen Weg jüngeren Mathematikern zur Beachtung empfehlen, welche unbefangen dieses Feld der Forschung betreten, und denen deshalb ein solcher Beweis wohl leichter gelingen mag als mir.

Bad Harzburg, 30. September 1893.

R. Dedekind.

INHALT.

Erster Abschnitt. Von der Theilbarkeit der Zahlen.

Seite

Zweiter Abschnitt: Von der Congruenz der Zahlen.

Dritter Abschnitt: Von den quadratischen Resten.

Fünfter Abschnitt: Bestimmung der Anzahl der Classen, in welche die binären quadratischen Formen von gegebener Determinante zerfallen.

Supplemente.

I. Ueber einige Sätze aus der Theorie der Kreistheilung von Gauss.

II. Ueber den Grenzwerth einer unendlichen Reihe.

III. Ueber einen geometrischen Satz.

IV. Ueber die Geschlechter, in welche die Classen der quadratischen Formen von bestimmter Determinante zerfallen.

Seite

V. Theorie der Potenzreste für zusammengesetzte Moduli.

VI. Beweis des Satzes, dass jede unbegrenzte arithmetische Progression, deren erstes Glied und Differenz ganze Zahlen ohne gemeinschaftlichen Factor sind, unendlich viele Primzahlen enthält.

VII. Ueber einige Sätze aus der Theorie der Kreistheilung.

VIII. Ueber die Pell'sche Gleichung.

Erster Abschnitt.

Von der Theilbarkeit der Zahlen.

§. 1.

Wir behandeln in diesem Abschnitte einige arithmetische Sätze, welche man zwar in den meisten Lehrbüchern vorfindet, die aber für unsere Wissenschaft von so fundamentaler Bedeutung sind, dass eine strenge Begründung derselben hier durchaus nothwendig erscheint. Dahin gehört zuerst der Satz, dass das Product einer Reihe von ganzen positiven Zahlen unabhängig von der Anordnung ist, in welcher man die Multiplication ausführt. Indem wir uns zunächst auf den Fall beschränken, in welchem es sich um *drei* Zahlen a, b, c handelt, bilden wir das folgende Schema

$$\begin{matrix} c, & c, & c, & c \dots c \\ c, & c, & c, & c \dots c \\ c, & c, & c, & c \dots c \\ \dots & \dots & \dots & \dots \\ \dots & \dots & \dots & \dots \\ c, & c, & c, & c \dots c \end{matrix}$$

welches aus b Horizontalreihen besteht, deren jede die Zahl c gleich oft, nämlich a mal enthält, und stellen uns die Aufgabe, die Summe aller aufgeschriebenen Zahlen zu bestimmen. Zunächst können wir sagen: da die Zahl c in jeder Horizontalreihe a mal vorkommt, so ist nach dem Grundbegriff der Multiplication die Summe aller in einer solchen Reihe befindlichen Zahlen gleich ca, indem wir den *Multiplicand* c durch die Stellung von dem *Multi-*

plicator a unterscheiden; da ferner b solche Horizontalreihen vorhanden sind, so ist die Summe sämmtlicher Zahlen gleich $(ca)b$, wo jetzt ca der Multiplicand, b der Multiplicator ist. Nun können wir aber dieselbe Summe auch auf anderem Wege durch die Bemerkung bestimmen, dass das obige Schema aus a Verticalreihen besteht, deren jede $b$mal die Zahl c enthält; es ist also die Summe aller in einer Verticalreihe befindlichen Zahlen gleich cb, und folglich die Totalsumme gleich $(cb)a$. Wir erhalten mithin das erste Resultat

$$(ca)b = (cb)a,$$

aus welchem wir, indem wir die bisher ganz willkürliche Zahl $c = 1$ setzen, die Folgerung ziehen, dass

$$ab = ba$$

ist, d. h.: *in einem Product aus zwei ganzen positiven Zahlen dürfen Multiplicand und Multiplicator mit einander vertauscht werden.* Man lässt deshalb auch in der Benennung den Unterschied zwischen Multiplicand und Multiplicator ganz fallen, indem man beide unter dem gemeinschaftlichen Namen *Factoren* zusammenfasst.

Wir können nun dieselbe Totalsumme sämmtlicher in dem obigen Schema befindlichen Zahlen noch auf eine dritte Art bestimmen, indem wir abzählen, wie oft der Summand c im Ganzen vorkommt. Zunächst ist a die Anzahl der in einer jeden Horizontalreihe befindlichen Zahlen c, und folglich ist, da b solche Horizontalreihen vorhanden sind, die Anzahl aller aufgeschriebenen Zahlen gleich ab. Hieraus folgt, dass die Totalsumme den Werth $c(ab)$ hat, dass also

$$(ca)b = (cb)a = c(ab)$$

ist. Verbindet man hiermit den schon oben betrachteten speciellen Fall $ab = ba$, so kann man das Bisherige in folgendem Satze zusammenfassen:

Wenn man von drei positiven ganzen Zahlen zwei nach Belieben auswählt und als Factoren zu ihrem Producte vereinigt, sodann dieses Product und die dritte jener drei Zahlen mit einander multiplicirt, so hat das so entstehende Product stets denselben Werth, wie man auch die ersten beiden Zahlen ausgewählt haben mag.

Da also dieses Product von der Anordnung der beiden successiven Multiplicationen ganz unabhängig ist, so bezeichnet man dasselbe kurz als das Product aus jenen drei Zahlen und nennt diese letzteren ohne Unterschied die Factoren des Productes.

§. 2.

Es ist nun leicht zu zeigen, ohne ein neues Princip anzuwenden, dass ein ganz ähnlicher allgemeinerer Satz für jedes System S von beliebig vielen positiven ganzen Zahlen

$$a, b, c \ldots$$

gilt. Die allgemeinste Art, diese Zahlen durch wiederholte Anwendung einfacher, d. h. auf nur zwei Zahlen bezüglicher Multiplicationen zu einem Producte zu vereinigen, ist folgende. Man greife nach Belieben zwei Zahlen aus dem System S heraus und bilde ihr Product; der aus den übrigen Zahlen des Systems S und aus diesem Product bestehende Zahlencomplex S' enthält dann eine Zahl weniger als S; indem man wieder ganz nach Belieben zwei Zahlen aus S' zu ihrem Producte vereinigt und die anderen unverändert lässt, erhält man ein System S'' von Zahlen, deren Anzahl um zwei kleiner ist, als die der ursprünglich gegebenen Zahlen. Fährt man so fort, so wird man zuletzt zu einer einzigen Zahl gelangen, und der zu beweisende Satz besteht darin, *dass diese am Ende des Processes resultirende Zahl immer dieselbe sein wird, auf welche Art man auch die einzelnen einfachen Multiplicationen anordnen mag.*

Um dies zu zeigen, wenden wir die vollständige Induction an, d. h. wir nehmen an, der Satz sei richtig, wenn die Anzahl der ursprünglich gegebenen Zahlen oder Factoren $= n$ ist, und beweisen, dass er dann auch für die nächst grössere Anzahl $n + 1$ von Factoren ebenfalls gültig sein muss. Es sei also ein System S von $n + 1$ Zahlen

$$a, b, c, d, e \ldots$$

gegeben, so wähle man irgend zwei derselben, z. B. a und b, und bilde ihr Product ab; der nun entstehende Zahlencomplex enthält nur noch die n Zahlen

$$ab, c, d, e \ldots$$

und folglich ist nach unserer Annahme das Endresultat von der weiteren Anordnung des Processes ganz unabhängig. Bei einer anderen Anordnung der ganzen Operation kann daher höchstens dann ein anderes Endresultat zum Vorschein kommen, wenn das bei dem ersten Schritte ausgewählte Zahlenpaar von a, b verschieden ist, und zwar sind zwei Fälle zu unterscheiden.

Erstens kann es sein, dass bei der zweiten Anordnung zuerst *eine* der beiden Zahlen a, b, z. B. a, mit einer der übrigen c, d, e . . ., z. B. mit c, zu dem Producte ac vereinigt wird, so dass der nächste Complex aus den n Zahlen

$$ac,\ b,\ d,\ e\ \ldots$$

besteht; da nun sowohl bei der ersteren wie bei der letzteren Anordnung die auf den ersten Schritt folgenden Operationen keinen Einfluss auf das Endresultat ausüben können, so setze man die erste Anordnung so fort, dass zunächst die beiden Zahlen ab und c, die zweite so, dass zunächst die beiden Zahlen ac und b vereinigt werden. Auf diese Weise entsteht bei der ersten Anordnung zunächst der Complex

$$(ab)c,\ d,\ e\ \ldots$$

bei der zweiten der Complex

$$(ac)b,\ d,\ e\ \ldots$$

Da nun zufolge des vorhergehenden Paragraphen die beiden Producte $(ab)c$ und $(ac)b$, und folglich auch die beiden vorstehenden Complexe identisch sind, so wird, da jeder derselben nur noch $n - 1$ Zahlen enthält, bei der ersten wie bei der zweiten Anordnung dasselbe Endresultat auftreten.

Zweitens kann es aber auch sein, dass bei dem ersten Schritt der zweiten Anordnung *keine* der beiden Zahlen a, b, sondern zwei von den übrigen, z. B. c, d, herausgegriffen werden, so dass zunächst der Complex

$$a,\ b,\ cd,\ e\ \ldots$$

entsteht. Auch jetzt kann man wieder die auf den ersten Schritt folgenden Operationen bei beiden Anordnungen nach Belieben ausführen; man vereinige daher zunächst bei der ersten Anordnung die Zahlen c, d, und bei der zweiten Anordnung die Zahlen a, b; dann besteht bei beiden Anordnungen der nächstfolgende Complex aus denselben $n - 1$ Zahlen

$$ab,\ cd,\ e\ \ldots$$

und folglich wird abermals das Endresultat bei beiden dasselbe sein.

Hiermit ist die Allgemeingültigkeit des Satzes bewiesen; denn da er nach dem vorhergehenden Paragraphen für $n = 3$ gilt, so gilt er nach dem Vorstehenden auch für alle Systeme von Zahlen, deren Anzahl $= 4, 5, 6$ u. s. w. ist. Das Endresultat heisst auch jetzt wieder das Product aus den gegebenen Zahlen, diese letzteren heissen die Factoren des Productes, und man bezeichnet das Product durch das Nebeneinanderschreiben sämmtlicher in beliebiger Ordnung folgenden Factoren.

Ein besonderer Fall dieses Satzes ist der, dass man bei der Bildung des Productes aus beliebig vielen Zahlen oder Factoren dieselben nach Belieben in Gruppen vertheilen und alle in einer Gruppe enthaltenen Factoren zu ihrem Product vereinigen darf; das Product aus diesen den einzelnen Gruppen entsprechenden Producten wird immer mit dem Producte aller gegebenen Zahlen übereinstimmen; denn offenbar ist diese Bildung selbst eine der verschiedenen möglichen Anordnungen des Processes. So ist z. B.

$$abcde = (ab)c(de) = (abcd)e = (abe)(cd).$$

Es ist nicht schwierig, dieselben Sätze auch für den Fall zu beweisen, dass unter den Factoren eines Productes beliebig viele *negative* sind; das Vorzeichen des Productes wird das positive oder negative sein, je nachdem die Anzahl der negativen Factoren gerade oder ungerade ist. Endlich mag noch daran erinnert werden, dass auch die ganze Zahl *Null* als Factor auftreten kann, in welchem Falle das Product stets $= 0$ sein wird.

§. 3.

Wenn die Zahl*) a das Product aus der Zahl b und einer zweiten ganzen Zahl m, also $a = mb$ ist, so nennt man a ein *Vielfaches* oder *Multiplum* von b; statt dessen sagt man auch: a ist *theilbar* durch b, oder: b ist ein *Theiler* oder *Divisor* von a, oder endlich: *b geht in a auf*. Alle diese Benennungen sind gleich gebräuchlich, und da es in der Zahlentheorie ausserordentlich oft vorkommt, diese Beziehung zwischen zwei Zahlen auszudrücken, so ist es angenehm, dafür eine Reihe verschiedener Ausdrücke zu besitzen. Aus der Definition des Vielfachen leuchten nun sogleich folgende Sätze ein, von denen später sehr häufig Gebrauch gemacht werden wird.

1. Ist a Multiplum von b, b wieder Multiplum von c, so ist auch a Multiplum von c. Denn der Annahme nach ist $a = mb$,

---

*) Unter *Zahlen* schlechthin sind hier und im Folgenden immer *ganze* Zahlen zu verstehen.

$b = nc$, wo m und n irgend zwei ganze Zahlen bedeuten; hieraus folgt $a = m(nc) = (mn)c$, also ist a theilbar durch c.

Allgemein: hat man eine Reihe von Zahlen, in welcher jede ein Vielfaches der nächstfolgenden ist, so ist auch jede frühere Zahl ein Vielfaches von jeder späteren.

2. Ist die Zahl a sowohl als auch b ein Multiplum einer dritten Zahl c, so ist auch die Summe und die Differenz der beiden ersteren ein Multiplum der dritten. Denn aus $a = mc$, $b = nc$ folgt $a \pm b = (m \pm n)c$.

§. 4.

Von der grössten Wichtigkeit für die Lehre von der Theilbarkeit der Zahlen ist folgende Aufgabe*): *Wenn irgend zwei ganze positive Zahlen a, b gegeben sind, so sollen die gemeinschaftlichen Theiler derselben, d. h. diejenigen Zahlen δ gefunden werden, welche gleichzeitig in a und in b aufgehen.*

Wir können annehmen, es sei a grösser oder wenigstens nicht kleiner als b; dann wird die Division von a durch b einen Quotienten m und einen Rest c geben, welcher letztere jedenfalls kleiner als b ist. Betrachten wir nun die aus dieser Division resultirende Gleichung

$$a = mb + c$$

und nehmen wir an, es sei δ irgend eine sowohl in a als in b aufgehende Zahl, so ist δ jedenfalls auch ein Divisor des Restes c; denn da a und b Multipla von δ sind, so ist (nach §. 3) mb, und folglich auch die Differenz $a - mb = c$ ein Multiplum von δ. Wir können daher sagen: jeder gemeinschaftliche Theiler der beiden Zahlen a, b ist auch ein gemeinschaftlicher Theiler der beiden Zahlen b, c. Umgekehrt, ist δ ein gemeinschaftlicher Divisor der beiden Zahlen b, c, so ist, da δ dann auch in mb aufgeht, die Summe $mb + c = a$ der beiden Multipla mb und c von δ ebenfalls ein Multiplum von δ; also ist jeder gemeinschaftliche Divisor der Zahlen b, c auch gemeinschaftlicher Divisor der Zahlen a, b. Mithin stimmen die gemeinschaftlichen Divisoren der beiden Zahlen a, b vollständig mit denen der beiden Zahlen b, c überein; unsere Untersuchung ist daher von dem Paare a, b auf

---

*) *Euclid's Elemente*, Buch VII, Satz 2.

das Paar b, c reducirt, und da b nicht grösser als a, c aber jedenfalls kleiner als b ist, so können wir mit Recht sagen, dass das Problem auf ein einfacheres zurückgeführt sei.

Wenn nun c von Null verschieden ist, die erste Division also nicht aufgeht, so können wir, indem wir b durch die kleinere Zahl c dividiren, wieder eine Gleichung von der Form

$$b = nc + d$$

bilden, in welcher der Divisionsrest d kleiner als der vorhergehende c ist. Durch eine der obigen ganz ähnliche Betrachtung ergiebt sich dann, dass die gemeinschaftlichen Divisoren der beiden Zahlen c, d vollständig mit denen der Zahlen b, c und also auch mit denen der Zahlen a, b übereinstimmen.

So kann man fortfahren, bis einmal die Division aufgeht, was nach einer endlichen Anzahl von Operationen durchaus eintreten muss; denn die Zahlen b, c, d . . . bilden eine Reihe von beständig abnehmenden Zahlen, und da es nur eine endliche Anzahl von Zahlen giebt, welche kleiner sind als b, so muss unter ihnen endlich auch die Null erscheinen. Wir haben dann eine Kette von Gleichungen von der Form

$$\begin{aligned} a &= mb + c \\ b &= nc + d \\ c &= pd + e \\ &\cdots\cdots\cdots\cdots \\ &\cdots\cdots\cdots\cdots \\ f &= sg + h \\ g &= th. \end{aligned}$$

Jeder gemeinschaftliche Divisor δ von a, b ist auch Divisor der folgenden Zahlen c, d . . ., endlich auch von h; umgekehrt, ist δ ein Divisor von h, so lehrt die letzte Gleichung, dass δ auch Divisor von g, also gemeinschaftlicher Divisor von g und h ist; folglich ist δ auch Divisor von f und ebenso von den vorhergehenden Zahlen, endlich auch von b und von a. Wir haben daher das Resultat:

Die gemeinschaftlichen Divisoren zweier Zahlen a und b stimmen überein mit den sämmtlichen Divisoren Einer bestimmten Zahl h, welche man durch den obigen Algorithmus stets finden kann. Da nun h selbst zu diesen Divisoren gehört und unter ihnen dem Werth nach der grösste ist, so nennt man diese Zahl h den *grössten gemeinschaftlichen Divisor* der beiden Zahlen a und b.

Hiermit ist nun zwar unser Problem nicht vollständig gelöst, sondern nur auf das andere zurückgeführt, sämmtliche Divisoren einer gegebenen Zahl h zu finden, für welches wir noch keine directe Lösung haben; allein es wird sich im Folgenden hinreichend zeigen, dass der obige Algorithmus ein Fundament bildet, auf welchem sich die Grundprincipien der Zahlentheorie mit ebenso grosser Strenge wie Leichtigkeit aufbauen lassen. Nur einige Bemerkungen noch, um auch nicht den geringsten Zweifel gegen die Allgemeinheit der folgenden Sätze aufkommen zu lassen: wir haben die obige Kette von Gleichungen gebildet unter der Voraussetzung, dass a nicht kleiner als b sei; allein für den Fall, dass $a < b$ sein sollte, braucht man nur $m = 0$, also $c = a$ zu nehmen, um dieselbe Form auch dann zu wahren. Ebenso leicht erkennt man, dass das Vorzeichen der Zahlen a, b ganz unwesentlich ist; ja, es darf sogar eine von ihnen $= 0$ sein; nur, wenn beide $= 0$ sind, kann von einem grössten gemeinschaftlichen Divisor derselben keine Rede sein.

§. 5.

Besonders interessant ist der specielle Fall, in welchem der grösste gemeinschaftliche Divisor zweier Zahlen a, b die Einheit ist; man nennt zwei solche Zahlen *relative Primzahlen*, auch wohl *Zahlen ohne gemeinschaftlichen Divisor*, indem man absieht von dem allen Zahlen gemeinschaftlichen Divisor 1; oder man sagt auch: a ist relative Primzahl *gegen* oder *zu* b. Dieser Definition zufolge erkennt man also zwei Zahlen als relative Primzahlen daran, dass bei dem Algorithmus des grössten gemeinschaftlichen Divisors einmal der Rest $h = 1$ auftritt. (Wenn eine der beiden Zahlen a, b gleich Null ist, so muss die andere offenbar $= \pm 1$ sein.) Für solche Zahlen gilt nun der folgende

Hauptsatz: Sind a, b relative Primzahlen, und ist k eine beliebige dritte Zahl, so ist jeder gemeinschaftliche Theiler der beiden Zahlen ak, b auch gemeinschaftlicher Theiler der beiden Zahlen k, b.

Um sich hiervon zu überzeugen, braucht man nur sämmtliche Gleichungen, die bei dem Algorithmus des grössten gemeinschaftlichen Divisors der Zahlen a, b gebildet werden, und deren vorletzte, da $h = 1$ ist, in unserem Falle $f = sg + 1$ lautet, mit k zu multipliciren; man erhält dann

$$\begin{aligned} ak &= mbk + ck \\ bk &= nck + dk \\ ck &= pdk + ek \\ &\cdots\cdots\cdots \\ &\cdots\cdots\cdots \\ fk &= sgk + k. \end{aligned}$$

Ist nun δ irgend ein gemeinschaftlicher Divisor von ak und b, so geht δ auch in bk, mbk, also auch in $ak - mbk = ck$ auf; es geht daher δ auch in nck und folglich auch in $bk - nck = dk$ auf. Und indem man diese Schlussweise fortsetzt, gelangt man zu dem Resultat, dass δ auch in fk, in gk, folglich auch in $fk - sgk = k$ aufgehen muss, was zu beweisen war.

Im Folgenden werden wir vorzüglich zwei specielle Fälle dieses Satzes gebrauchen, nämlich:

1. *Das Product zweier Zahlen a und k, deren jede relative Primzahl gegen eine dritte b ist, ist gleichfalls relative Primzahl zu b*; denn unserem Satze nach haben ak und b dieselben gemeinschaftlichen Divisoren, wie k und b; da aber k und b relative Primzahlen sind, so haben sie nur den einzigen gemeinschaftlichen Divisor 1; dasselbe gilt daher von ak und b, also sind diese Zahlen relative Primzahlen.

2. *Sind a und b relative Primzahlen, und ist ak durch b theilbar, so ist auch k durch b theilbar*; denn da der Annahme zufolge ak und b den gemeinschaftlichen Divisor b haben, so muss dem Hauptsatze nach b auch gemeinschaftlicher Divisor von k und b, also jedenfalls Divisor von k sein.

3. Den ersten dieser beiden Sätze kann man leicht verallgemeinern. Ist jede der Zahlen $a, b, c, d \ldots$ relative Primzahl gegen eine Zahl α, so ist auch ab, folglich auch das Product abc aus ab und c, folglich auch das Product $abcd$ aus abc und d u. s. f., kurz das Product $abcd \ldots$ aller jener Zahlen ebenfalls relative Primzahl gegen α. Allgemeiner, *hat man zwei Reihen von Zahlen*

$$a, b, c, d \ldots$$

und

$$\alpha, \beta, \gamma \ldots$$

von der Beschaffenheit, dass jede Zahl der einen Reihe relative Primzahl gegen jede Zahl der anderen Reihe ist, so ist auch das Product $abcd \ldots$ aller Zahlen der einen Reihe relative Primzahl gegen das Product $\alpha\beta\gamma \ldots$ aller Zahlen der anderen Reihe. Denn soeben ist bewiesen, dass jede der Zahlen $\alpha, \beta, \gamma \ldots$ relative Primzahl gegen das Product $a\,b\,c\,d\,\ldots$ ist, woraus durch nochmalige Anwendung desselben Satzes auch folgt, dass ihr Product $\alpha\beta\gamma\ldots$ ebenfalls relative Primzahl gegen $a\,b\,c\,d\,\ldots$ ist.

4. Hieraus können wir wieder einen speciellen Fall ableiten, indem wir annehmen, dass die Zahlen b, c, $d\ldots$ identisch mit a, ferner die Zahlen β, $\gamma\ldots$ identisch mit α sind; wir erhalten dann das Resultat: *ist a relative Primzahl gegen* α, *so ist auch jede Potenz der Zahl a relative Primzahl gegen jede Potenz der Zahl* α.

Eine Anwendung hiervon macht man bei dem Beweise des Satzes, dass die *m*te Wurzel aus einer ganzen Zahl A entweder irrational oder selbst eine ganze Zahl ist; denn wenn jene Wurzel rational, d. h. von der Form $r:s$ ist, wo r und s ganze Zahlen bedeuten, die man ohne gemeinschaftlichen Divisor annehmen kann, so ergiebt sich aus $r^m = As^m$, dass r^m durch s^m theilbar ist; da nun r und s, folglich auch r^m und s^m relative Primzahlen sind, so muss $s^m = 1$, also auch $s = 1$ sein; mithin ist jene Wurzel eine ganze Zahl r.

§. 6.

Die Aufgabe des §. 4 in der Weise verallgemeinert, dass für eine ganze Reihe gegebener Zahlen a, b, c, $d\ldots$ alle gemeinschaftlichen Divisoren gesucht werden, führt zu einem ganz ähnlichen Resultate. Es sei h der grösste gemeinschaftliche Divisor von a und b, so ist, wie wir früher fanden, jeder gemeinschaftliche Divisor von a und b auch Divisor von h und umgekehrt; jeder gemeinschaftliche Divisor der drei Zahlen a, b, c ist daher auch gemeinschaftlicher Divisor von h, c und umgekehrt; bezeichnet man daher mit k den grössten gemeinschaftlichen Divisor von h und c, so ist jede gleichzeitig in a, b, c aufgehende Zahl Divisor von k, und umgekehrt wird jeder Divisor von k auch Divisor der drei Zahlen a, b, c sein. Bildet man ferner den grössten gemeinschaftlichen Divisor l der beiden Zahlen k und d, so stimmen die gemeinschaftlichen Divisoren der vier Zahlen a, b, c, d vollständig überein mit den sämmtlichen Divisoren der Zahl l u. s. f. Wir haben daher das Resultat: *ist irgend eine Reihe von Zahlen a, b, c, d . . . gegeben, so giebt es stets eine — und natürlich auch nur eine — Zahl m von der Beschaffenheit, dass jede gleichzeitig in a, in b, in c, in d u. s. w. aufgehende Zahl auch in m aufgeht, und umgekehrt jeder Divisor von* m *auch Divisor jeder einzelnen der Zahlen* $a, b, c, d \ldots$ *ist.* Diese vollkommen bestimmte Zahl m heisst deshalb wieder der *grösste gemeinschaftliche Divisor* der gegebenen Zahlen. (Eine Ausnahme hiervon tritt nur dann ein, wenn die gegebenen Zahlen *alle* $= 0$ sind.) Setzt man ferner $a = ma'$, $b = mb'$, $c = mc'$, $d = md' \ldots$, so sind $a', b', c', d' \ldots$ ganze Zahlen, deren grösster gemeinschaftlicher Theiler $= 1$ ist, oder, wie man kurz sagt, *Zahlen ohne gemeinschaftlichen Theiler.* Umgekehrt, wenn $a', b', c', d' \ldots$ Zahlen ohne gemeinschaftlichen Theiler sind, so leuchtet ein, dass m der grösste gemeinschaftliche Theiler der Zahlen ma', mb', mc' $md' \ldots$ ist.

Dagegen bemerken wir an dieser Stelle ein- für allemal, dass, wenn Zahlen $a, b, c, d \ldots$ *relative Primzahlen* genannt werden, darunter stets zu verstehen ist, dass *je zwei* von ihnen relative Primzahlen sind; solche Zahlen sind daher stets zugleich Zahlen ohne gemeinschaftlichen Theiler; aber Zahlen ohne gemeinschaftlichen Theiler sind nicht nothwendig relative Primzahlen.

§. 7.

Gewissermaassen das Umgekehrte der vorhergehenden ist die folgende Aufgabe: *Wenn eine Reihe von Zahlen* $a, b, c, d \ldots$ *gegeben ist, so sollen alle gemeinschaftlichen Multipla derselben, d. h. alle Zahlen gefunden werden, welche durch jede einzelne der gegebenen Zahlen theilbar sind.* Da von den gesuchten Zahlen zuerst gefordert wird, dass sie durch a theilbar sein sollen, so sind sie jedenfalls in der Form sa enthalten, wo s irgend eine ganze Zahl bedeutet. Ist nun δ der grösste gemeinschaftliche Divisor der beiden Zahlen $a = \delta a'$ und $b = \delta b'$, so sind a' und b' relative Primzahlen; soll daher $sa = sa'\delta$ theilbar sein durch $b = b'\delta$, so muss sa' durch b', und folglich (§. 5, 2.) auch s durch b' theilbar, also von der Form $s'b'$ sein, wo s' wieder irgend eine ganze Zahl bedeutet. Sämmtliche sowohl durch a als durch b theilbare Zahlen sind daher von der Form $sa = s'.a'b'\delta$, und umgekehrt leuchtet ein, dass alle in dieser Form enthaltenen Zahlen sowohl durch $a = a'\delta$ als durch $b = b'\delta$ theilbar sind.

Es zeigt sich also, dass die sämmtlichen gemeinschaftlichen Multipla der beiden Zahlen a, b übereinstimmen mit den sämmtlichen Vielfachen *einer* bestimmten Zahl

$$a'b'\delta = \frac{ab}{\delta} = \mu,$$

welche man deshalb das *kleinste gemeinschaftliche Vielfache* der beiden Zahlen a, b nennt.

Um diesen Satz für eine beliebige Anzahl gegebener Zahlen $a, b, c, d \ldots$ zu verallgemeinern, braucht man nur zu bemerken, dass jedes gemeinschaftliche Vielfache der Zahlen

$$a, b, c, d \ldots,$$

nothwendig auch ein gemeinschaftliches Vielfaches der Zahlen

$$\mu, c, d \ldots$$

ist und umgekehrt. Man wird daher zunächst das kleinste gemeinschaftliche Multiplum ν der beiden Zahlen μ und c suchen; dann das kleinste gemeinschaftliche Vielfache ϱ von ν und d u. s. f. Auf diese Weise leuchtet ein, dass sämmtliche gemeinschaftliche Multipla der gegebenen Zahlen $a, b, c, d \ldots$ übereinstimmen mit den sämmtlichen Vielfachen einer einzigen vollständig bestimmten Zahl ω, welche man deshalb das *kleinste gemeinschaftliche Vielfache* der gegebenen Zahlen nennt.

Von besonderer Wichtigkeit ist der Fall, in welchem die Zahlen $a, b, c, d \ldots$ relative Primzahlen sind. In diesem Falle ist zunächst $\delta = 1$, also ist das kleinste gemeinschaftliche Vielfache der beiden relativen Primzahlen a und b ihr Product ab. Da nun c wieder relative Primzahl gegen a und gegen b, also (§. 5, 1.) auch gegen ab ist, so ist abc das kleinste gemeinschaftliche Multiplum der drei Zahlen a, b, c u. s. f. Kurz, man erhält das Resultat: *Sind $a, b, c, d \ldots$ relative Primzahlen, so ist jede Zahl, welche durch jede einzelne derselben theilbar ist, auch durch ihr Product $abcd \ldots$ theilbar.*

§. 8.

Da jede Zahl sowohl durch die Einheit, als auch durch sich selbst theilbar ist, so hat jede Zahl — die Einheit selbst ausgenommen — mindestens zwei (positive) Divisoren. Jede Zahl nun, welche keine anderen als diese beiden Divisoren besitzt, heisst eine *Primzahl (numerus primus)*; es ist zweckmässig, die Einheit nicht zu den Primzahlen zu rechnen, weil manche Sätze über Primzahlen nicht für die Zahl 1 gültig bleiben.

Aus dieser Erklärung ergiebt sich der Satz: *Wenn p eine Primzahl und a irgend eine ganze Zahl ist, so geht entweder p in* *a auf, oder p ist relative Primzahl zu a.* Denn der grösste gemeinschaftliche Divisor von p und a ist entweder p selbst oder die Einheit.

Hieraus folgt weiter: *Wenn ein Product aus mehreren Zahlen a, b, c, d . . . durch eine Primzahl p theilbar ist, so geht p mindestens in einem der Factoren a, b, c, d . . . auf.* Denn wäre keine einzige dieser Zahlen durch p theilbar, so wäre p relative Primzahl gegen jede einzelne von ihnen und folglich auch gegen ihr Product, was gegen die Annahme streitet, dass dies Product durch p theilbar ist.

Jede Zahl, welche ausser sich selbst und der Einheit noch andere Divisoren hat, heisst *zusammengesetzt (numerus compositus).* Diese Benennung wird gerechtfertigt durch folgenden

Fundamentalsatz: Jede zusammengesetzte Zahl lässt sich stets und nur auf eine einzige Weise als Product aus einer endlichen Anzahl von Primzahlen darstellen.

Beweis. Da jede zusammengesetzte Zahl m ausser 1 und m noch andere Divisoren hat, so sei a ein solcher; ist nun a keine Primzahl, also eine zusammengesetzte Zahl, so besitzt a ausser 1 und a noch andere Divisoren, z. B. b; ist b noch keine Primzahl, also zusammengesetzt, so hat b wieder mindestens einen Divisor c, der von 1 und b verschieden ist. Fährt man so fort, so muss man endlich einmal zu einer Primzahl gelangen; denn die Reihe der Zahlen $m, a, b, c \dots$ ist eine abnehmende, sie kann also, da es nur eine endliche Anzahl von Zahlen giebt, welche kleiner als m sind, nur eine endliche Anzahl von Gliedern enthalten; das letzte Glied derselben muss aber eine Primzahl sein, denn sonst könnte man ja die Reihe noch weiter fortsetzen. Bezeichnet man diese Primzahl mit p, so ist, da jedes Glied der Reihe ein Multiplum des folgenden ist, die erste Zahl m auch ein Multiplum von der letzten p. Man kann daher

$$m = pm'$$

setzen*). Nun ist m' entweder eine Primzahl — dann ist m schon als Product von Primzahlen dargestellt — oder m' ist zusammengesetzt; im letzteren Falle muss es wieder eine in m' aufgehende Primzahl p' geben, so dass

*) Für jede Zahl m bis zu neun Millionen findet man die *kleinste* in ihr aufgehende Primzahl p in den vorzüglichen Tafeln von *Burckhardt* (Paris, 1814—1817), *Glaisher* (London, 1879—1883), *Dase* und *Rosenberg* (Hamburg, 1862—1865).

$$m' = p'm'', \text{ also } m = pp'm''$$

wird. Ist nun m'' noch keine Primzahl, so kann man auf dieselbe Weise fortfahren, bis man m als Product von lauter Primzahlen dargestellt hat. Dass dies wirklich nach einer endlichen Anzahl von ähnlichen Zerlegungen geschehen muss, leuchtet daraus ein, dass die Reihe der Zahlen $m, m', m'' \ldots$ ebenfalls eine abnehmende und folglich eine endliche ist.

Hiermit ist der eine Hauptheil des Satzes erwiesen, welcher die Möglichkeit der Zerlegung behauptet; offenbar ist aber diese successive Ablösung von Primzahl-Factoren in mancher Beziehung willkürlich, und es bleibt daher noch nachzuweisen übrig, dass, auf welche Weise dieselbe auch ausgeführt sein mag, das Endresultat doch stets dasselbe sein muss. Nehmen wir daher an, man habe durch zwei verschiedene Anordnungen einmal

$$m = pp'p'' \ldots$$

ein anderes Mal

$$m = qq'q'' \ldots$$

gefunden, wo $p, p', p'' \ldots$ und $q, q', q'' \ldots$ sämmtlich Primzahlen bedeuten. Da nun das Product $pp'p'' \ldots$ durch die Primzahl q theilbar ist, so muss mindestens einer der Factoren, z. B. p, durch q theilbar sein; p besitzt aber als Primzahl nur die beiden Divisoren 1 und p, und folglich muss $q = p$ sein, da q nicht $= 1$ ist. Hieraus folgt nun

$$p'p'' \ldots = q'q'' \ldots$$

und man kann auf dieselbe Weise zeigen, dass q' mit einer der Primzahlen $p', p'' \ldots$, z. B. mit p', identisch sein muss, woraus dann wieder

$$p'' \ldots = q'' \ldots$$

folgt. Auf diese Weise überzeugt man sich davon, dass jede Primzahl, welche bei der zweiten Art der Zerlegung ein oder mehrere Male als Factor auftritt, mindestens ebenso oft auch bei der ersten Zerlegung vorkommt; da aber ferner auf dieselbe Weise gezeigt werden kann, dass sie bei der zweiten Zerlegung mindestens ebenso oft vorkommt wie bei der ersten, so muss jede Primzahl in beiden Zerlegungen gleich oft als Factor vorkommen, und folglich stimmt der Complex aller Primzahlen bei der einen Zerlegung vollständig mit dem bei der anderen überein.

Nachdem so der Satz in allen seinen Theilen bewiesen ist, können wir die Darstellung der zusammengesetzten Zahl m noch dadurch vereinfachen, dass wir jedesmal alle unter einander identischen Primzahl-Factoren zu einer Potenz vereinigen. Es sei nämlich a eine von den in m aufgehenden Primzahlen, und zwar mag dieselbe genau α mal als Factor in der Zerlegung vorkommen, so vereinigen wir diese α Factoren zu der Potenz a^α; sind hierdurch noch nicht alle Factoren erschöpft, und ist b eine der übrigen Primzahlen, so bilden wir, wenn sie genau β mal vorkommt, die Potenz b^β, und in derselben Weise fahren wir fort, wenn hierdurch noch nicht alle Primzahl-Factoren von m erschöpft sind. Auf diese Weise überzeugt man sich, dass man jeder zusammengesetzten Zahl m die Form

$$m = a^\alpha b^\beta c^\gamma \dots$$

geben kann, in welcher $a, b, c \dots$ die sämmtlichen unter einander verschiedenen, in m aufgehenden Primzahlen, und α, β, $\gamma \dots$ ganze positive Zahlen bedeuten. Dass aber in dieser Form nicht nur alle zusammengesetzten, sondern auch alle Primzahlen enthalten sind, leuchtet unmittelbar ein.

Die Primzahlen bilden daher gewissermaassen das Material, aus welchem alle anderen Zahlen sich zusammensetzen lassen. *Dass es unendlich viele Primzahlen giebt*, hat schon *Euclid**) bewiesen, und zwar in folgender Art. Gesetzt, es gäbe nur eine endliche Anzahl von Primzahlen, so würde eine von ihnen, die wir mit p bezeichnen wollen, die letzte, d. h. die grösste sein. Denken wir uns nun alle diese Primzahlen aufgeschrieben

$$2, 3, 5, 7, 11 \dots p,$$

so müsste jede Zahl, welche grösser als p ist, zusammengesetzt und folglich durch mindestens eine dieser Primzahlen theilbar sein. Allein es ist sehr leicht, eine Zahl zu bilden, welche erstens grösser als p und zweitens durch keine jener Primzahlen theilbar ist; dazu bilden wir das Product aller Primzahlen von 2 bis p und vergrössern dasselbe um eine Einheit. Diese Zahl

$$z = 2.3.5 \dots p + 1$$

ist in der That grösser als p, da ja schon $2p$ grösser als p ist; sie ist aber durch keine der Primzahlen theilbar, da z, durch jede derselben dividirt, immer den Rest 1 lässt. Damit ist also unsere Annahme im Widerspruch, und folglich giebt es unendlich viele Primzahlen.

*) *Elemente*, Buch IX, Satz 20.

Dieser Satz ist nur ein specieller Fall des anderen, dass in jeder unbegrenzten arithmetischen Progression, deren allgemeines Glied $kx + m$ ist, und in welcher das Anfangsglied m und die Differenz k relative Primzahlen sind, unendlich viele Primzahlen enthalten sind; allein, so einfach der Beweis für den speciellen Fall war, in welchem $k = 1$, so schwierig war es, einen strengen Beweis für den allgemeinen Satz zu geben, und dies ist bis jetzt nur durch Zuziehung von Principien gelungen, welche der Infinitesimalrechnung angehören*).

§. 9.

Durch den soeben bewiesenen Fundamentalsatz haben wir nun ein einfaches Kriterium gewonnen, nach welchem stets beurtheilt werden kann, ob eine Zahl m durch eine andere n theilbar ist oder nicht, sobald wir voraussetzen dürfen, dass beide in ihre Primfactoren zerlegt sind. Nehmen wir nämlich an, dass m durch n theilbar, dass also $m = nq$ ist, so leuchtet ein, dass jede in n aufgehende Primzahl auch in m aufgehen muss; es kann daher n keine anderen Primfactoren enthalten als m, und ausserdem kann auch ein solcher Primfactor nicht öfter in n als in m vorkommen; und umgekehrt, wenn jeder Primfactor der Zahl n mindestens ebenso oft in m vorkommt wie in n, so ist auch m durch n theilbar.

Sind daher $a, b, c \ldots$ die sämmtlichen von einander verschiedenen, in m aufgehenden Primzahlen, so dass

$$m = a^\alpha b^\beta c^\gamma \ldots,$$

so ist jeder Divisor n dieser Zahl in der Form

$$n = a^{\alpha'} b^{\beta'} c^{\gamma'} \ldots$$

enthalten, in welcher

α' irgend eine der $\alpha + 1$ Zahlen $0, 1, 2 \ldots \alpha$
β' „ „ „ $\beta + 1$ „ $0, 1, 2 \ldots \beta$
γ' „ „ „ $\gamma + 1$ „ $0, 1, 2 \ldots \gamma$
u. s. w.

bedeutet; und alle diese Zahlen n sind wirklich Divisoren von m. Hieraus gehen sogleich einige interessante Folgerungen hervor.

Zunächst leuchtet ein, da jede Combination eines Werthes von α' mit einem von β', mit einem von γ' u. s. w. einen Divisor

*) Siehe die Supplemente VI. §. 132 bis 137.

von m liefert, und da je zwei verschiedenen solchen Combinationen (nach §. 8) auch zwei ungleiche Divisoren von m entsprechen, dass die Anzahl aller Divisoren von m gleich

$$(\alpha + 1)(\beta + 1)(\gamma + 1) \ldots$$

ist; diese Anzahl hängt daher nur von den Exponenten $\alpha, \beta, \gamma \ldots$ ab, nicht aber von der Natur der in m aufgehenden Primzahlen a, b, c u. s. w.

Bildet man ferner das Schema

$$\begin{array}{l} 1, a, a^2 \ldots a^\alpha \\ 1, b, b^2 \ldots b^\beta \\ 1, c, c^2 \ldots c^\gamma \\ \text{u. s. w.} \end{array}$$

und bildet alle Producte $a^{\alpha'} b^{\beta'} c^{\gamma'} \ldots$, indem man aus jeder dieser Horizontalreihen ein Glied $a^{\alpha'}, b^{\beta'}, c^{\gamma'} \ldots$ auswählt, so erhält man alle Divisoren der Zahl m, und zwar jeden nur ein einziges Mal. Die Summe aller dieser Divisoren erhält man daher nach derselben Regel, nach welcher man die einzelnen Aggregate

$$1 + a + a^2 + \cdots + a^\alpha = \frac{a^{\alpha+1} - 1}{a - 1}$$

$$1 + b + b^2 + \cdots + b^\beta = \frac{b^{\beta+1} - 1}{b - 1}$$

$$1 + c + c^2 + \cdots + c^\gamma = \frac{c^{\gamma+1} - 1}{c - 1}$$

u. s. w.

mit einander zu multipliciren hat; folglich ist die Summe aller Divisoren der Zahl m gleich dem Product

$$\frac{a^{\alpha+1} - 1}{a - 1} \cdot \frac{b^{\beta+1} - 1}{b - 1} \cdot \frac{c^{\gamma+1} - 1}{c - 1} \ldots$$

Nehmen wir z. B. $m = 60 = 2^2 . 3 . 5$, so sind die sämmtlichen Divisoren folgende:

$$1, 2, 3, 4, 5, 6, 10, 12, 15, 20, 30, 60;$$

ihre Anzahl ist

$$(2 + 1)(1 + 1)(1 + 1) = 12$$

und ihre Summe

$$\frac{2^3 - 1}{2 - 1} \cdot \frac{3^2 - 1}{3 - 1} \cdot \frac{5^2 - 1}{5 - 1} = 7 . 4 . 6 = 168.$$

§. 10.

Wir kehren nun zu einigen früheren Aufgaben zurück, zunächst zu derjenigen (§. 6), den grössten gemeinschaftlichen Divisor einer Reihe von Zahlen zu bilden, jetzt unter der Voraussetzung, dass ihre Zerlegungen in Primfactoren gegeben sind. Man betrachte alle Primzahlen, welche in diesen Zerlegungen vorkommen, und scheide zunächst diejenigen unter ihnen aus, welche in einer oder mehreren der gegebenen Zahlen gar nicht als Primfactoren enthalten sind. Bleibt auf diese Weise gar keine Primzahl übrig, so ist die Einheit der gesuchte grösste gemeinschaftliche Divisor. Im entgegengesetzten Fall sei a eine Primzahl, welche bei dieser vorläufigen Ausscheidung zurückgeblieben ist und also in jeder der gegebenen Zahlen mindestens einmal enthalten ist; man zähle, wie oft a als Primfactor in jeder einzelnen der gegebenen Zahlen vorkommt, und nehme die kleinste dieser Anzahlen, die wir mit α bezeichnen, so dass a in mindestens einer der gegebenen Zahlen genau α mal, in allen übrigen aber mindestens ebenso oft als Primfactor vorkommt. Aehnlich verfahre man mit den übrigen Primzahlen $b, c \dots$, sofern diese noch nicht erschöpft sind, und bilde für jede, für b die Anzahl β, für c die Anzahl γ u. s. w. nach derselben Regel, nach welcher für die Primzahl a die Anzahl α gebildet wurde. Dann ist

$$a^\alpha \, b^\beta \, c^\gamma \dots$$

der gesuchte grösste gemeinschaftliche Divisor. Der Beweis für diese Regel leuchtet unmittelbar dadurch ein, dass der grösste gemeinschaftliche Divisor keine anderen Primfactoren enthalten kann, als solche, welche in jeder der gegebenen Zahlen enthalten sind, und dass er keinen Primfactor öfter enthalten kann, als irgend eine der gegebenen Zahlen.

Aehnlich gestaltet sich die Lösung der anderen Aufgabe, das kleinste gemeinschaftliche Multiplum einer Reihe von gegebenen Zahlen zu bilden (§. 7). Jetzt betrachte man *jede* Primzahl, die in irgend einer der gegebenen Zahlen als Factor enthalten ist, und sehe nach, in welcher sie am häufigsten vorkommt; ebenso oft nehme man sie als Factor in das kleinste gemeinschaftliche Multiplum auf; sind daher $a, b, c \dots$ die sämmtlichen Primzahlen, welche in den einzelnen Zerlegungen der gegebenen Zahlen vorkommen, so erhält man nach dieser Regel das gesuchte kleinste gemeinschaftliche Multiplum in der Form

$$a^{\alpha'}\, b^{\beta'}\, c^{\gamma'} \ldots,$$

wo z. B. der Exponent α' dadurch bestimmt ist, dass die Primzahl a in mindestens einer der gegebenen Zahlen genau α' mal, in allen übrigen aber nicht öfter als Factor enthalten ist. Der Beweis liegt hier darin, dass die gesuchte Zahl jeden Primfactor enthalten muss, der in einer der gegebenen Zahlen enthalten ist, und zwar mindestens ebenso oft, als diese.

Endlich können wir aus den vorhergehenden Principien noch ein Kriterium ableiten, nach welchem zu erkennen ist, ob eine Zahl

$$m = a^{\alpha}\, b^{\beta}\, c^{\gamma} \ldots$$

eine genaue $r$te Potenz einer ganzen Zahl k ist. Dazu ist offenbar erforderlich und hinreichend, dass alle Exponenten $\alpha, \beta, \gamma \ldots$ durch r theilbar sind, wie man sogleich aus der Annahme

$$m = k^r$$

erkennt.

§. 11.

Wir gehen nun zu einer Untersuchung über, welche an sich schon interessant und ausserdem für die Folge von der grössten Wichtigkeit ist. Denken wir uns einmal alle ganzen Zahlen

$$1, 2, 3, 4 \ldots m$$

bis zu einer beliebigen letzten m aufgeschrieben, und zählen wir ab, wie viele von ihnen relative Primzahlen gegen die letzte m sind. Diese Anzahl bezeichnet man in der Zahlentheorie durchgängig mit $\varphi(m)$, wo der Buchstabe φ die Rolle eines Functionszeichens spielt*). Da die Einheit relative Primzahl gegen sich selbst ist, so folgt zunächst

$$\varphi(1) = 1;$$

durch wirkliches Abzählen findet man ferner

$$\varphi(2) = 1,\ \varphi(3) = 2,\ \varphi(4) = 2,\ \varphi(5) = 4$$

u. s. w. Allein es kommt darauf an, einen allgemeinen Ausdruck für die Function $\varphi(m)$ zu finden, und wir werden sehen, dass man zu diesem Zweck nur die sämmtlichen von einander verschiedenen

*) *Gauss: Disquisitiones Arithmeticae* art. 38.

Primzahlen $a, b, c \ldots$ zu kennen braucht, welche in m aufgehen. Unsere Aufgabe ist nämlich identisch mit dieser: die Anzahl der obigen Zahlen zu bestimmen, welche durch keine dieser Primzahlen $a, b, c \ldots$ theilbar sind; und diese ist wieder nur ein specieller Fall der folgenden:

Wenn $a, b, c \ldots$ relative Primzahlen sind und sämmtlich in einer Zahl m aufgehen, so soll die Anzahl derjenigen der Zahlen

$$1, 2, 3 \ldots m \qquad (M)$$

bestimmt werden, welche durch keine der Zahlen $a, b, c \ldots$ theilbar sind.

Es zeigt sich nun, wie es häufig geschieht, dass die allgemeinere Aufgabe leichter zu lösen ist, als der direct angegriffene specielle Fall. Zu diesem Zweck scheiden wir zunächst aus dem Zahlencomplex (M) alle diejenigen aus, welche durch die Zahl a theilbar sind; es sind dies offenbar die Zahlen

$$a, 2a, 3a \ldots \frac{m}{a} a;$$

die Anzahl derselben ist $m : a$; es bleiben daher, nachdem dieselben aus dem Complex (M) ausgeschieden sind, nur

$$m - \frac{m}{a} = m\left(1 - \frac{1}{a}\right) \qquad (1)$$

Zahlen übrig, welche nicht durch a theilbar sind, und deren Complex wir mit (A) bezeichnen wollen.

Aus diesem Complex (A) sind nun zunächst alle durch b theilbaren Zahlen auszuscheiden; es sind dies offenbar alle diejenigen Zahlen des Complexes (M), welche der doppelten Forderung genügen, erstens dass sie nicht durch a, zweitens dass sie durch b theilbar sind. Alle Zahlen nun, welche der zweiten Forderung genügen, sind die folgenden

$$b, 2b, 3b, \ldots \frac{m}{b} b;$$

damit aber eine dieser Zahlen, z. B. rb, auch der ersten Forderung genüge, ist erforderlich und hinreichend, dass der Coefficient r nicht durch a theilbar sei; denn da der Annahme nach a und b relative Primzahlen sind, so ist rb theilbar oder nicht theilbar durch a, je nachdem r durch a theilbar ist oder nicht (§. 5, 2.). Die Anzahl der noch aus dem Complex (A) auszuscheidenden Zahlen stimmt daher überein mit der Anzahl derjenigen der Zahlen

$$1, 2, 3 \ldots \frac{m}{b},$$

welche nicht durch a theilbar sind. Da nun m durch a und b, folglich auch durch ab theilbar ist, so ist die letzte dieser Zahlen $m : b$ theilbar durch a; unsere Frage ist also dieselbe für die Zahl $m : b$ wie diejenige, welche wir durch den ersten Schritt für die Zahl m gelöst und durch die Formel (1) beantwortet haben. Die Anzahl der aus (A) auszuscheidenden Zahlen ist daher gleich

$$\frac{m}{b}\left(1 - \frac{1}{a}\right)$$

und wir erhalten

$$m\left(1 - \frac{1}{a}\right) - \frac{m}{b}\left(1 - \frac{1}{a}\right) = m\left(1 - \frac{1}{a}\right)\left(1 - \frac{1}{b}\right) \tag{2}$$

als Anzahl derjenigen im Complex (A) enthaltenen Zahlen, welche nicht durch b theilbar sind, oder, was dasselbe ist, als Anzahl derjenigen in (M) enthaltenen Zahlen, welche weder durch a noch durch b theilbar sind.

Bezeichnen wir den Complex dieser Zahlen mit (B), so kann man in derselben Weise fortfahren und gelangt so durch Induction zu dem Resultat, dass die Anzahl derjenigen in (M) enthaltenen Zahlen (K), welche durch keine der Zahlen $a, b, c \ldots k$ theilbar sind, gleich

$$m\left(1 - \frac{1}{a}\right)\left(1 - \frac{1}{b}\right)\left(1 - \frac{1}{c}\right) \ldots \left(1 - \frac{1}{k}\right) \tag{3}$$

ist. Um die Allgemeingültigkeit dieses Gesetzes nachzuweisen, nehmen wir an, dass die Richtigkeit desselben für die Zahlen $a, b, c \ldots k$ schon bewiesen sei, und untersuchen, was geschieht, wenn zu denselben noch eine andere l hinzukommt, wobei natürlich wieder vorausgesetzt wird, erstens dass l in m aufgeht, zweitens dass l relative Primzahl gegen jede der vorhergehenden Zahlen $a, b, c \ldots k$ ist.

Um die Anzahl aller in (M) enthaltenen Zahlen zu bestimmen, welche durch keine der Zahlen $a, b, c \ldots k, l$ theilbar sind, haben wir aus dem Complex (K) derjenigen Zahlen, welche durch keine der Zahlen $a, b, c \ldots k$ theilbar sind, und deren Anzahl durch die Formel (3) gegeben ist, nur noch die auszuscheiden, welche durch l theilbar sind; es sind dies alle diejenigen in (M) enthaltenen Zahlen, welche erstens nicht theilbar durch $a, b, c \ldots k$, zweitens theilbar durch l sind. Alle durch l theilbaren Zahlen des Complexes (M) sind diese

$$l,\ 2l,\ 3l \ldots \frac{m}{l}\, l,$$

und damit irgend eine derselben, z. B. rl, durch keine der Zahlen $a, b \ldots k$ theilbar sei, ist erforderlich und hinreichend, dass der Coefficient r dieselbe Eigenschaft habe. Die Anzahl der auszuscheidenden Zahlen stimmt daher überein mit der Anzahl derjenigen unter den Zahlen

$$1,\ 2, \ldots \frac{m}{l},$$

welche durch keine der Zahlen $a, b \ldots k$ theilbar sind; diese ist aber nach der als richtig vorausgesetzten Formel (3) gleich

$$\frac{m}{l}\left(1-\frac{1}{a}\right)\left(1-\frac{1}{b}\right)\cdots\left(1-\frac{1}{k}\right);$$

nach Ausscheidung derselben aus dem Complex (K) bleiben daher

$$\begin{aligned} & m\left(1-\frac{1}{a}\right)\left(1-\frac{1}{b}\right)\cdots\left(1-\frac{1}{k}\right) \\ & -\frac{m}{l}\left(1-\frac{1}{a}\right)\left(1-\frac{1}{b}\right)\cdots\left(1-\frac{1}{k}\right) \\ & = m\left(1-\frac{1}{a}\right)\left(1-\frac{1}{b}\right)\cdots\left(1-\frac{1}{k}\right)\left(1-\frac{1}{l}\right) \end{aligned}$$

Zahlen übrig, nämlich diejenigen, welche durch keine der Zahlen $a, b, c \ldots k, l$ theilbar sind.

Hiermit ist die Allgemeingültigkeit unseres Satzes bewiesen; kehren wir nun zu unserer ursprünglichen Aufgabe zurück, so erhalten wir das Resultat*):

Sind $a, b \ldots k, l$ die sämmtlichen von einander verschiedenen in m aufgehenden Primzahlen, so ist

$$\varphi(m) = m\left(1-\frac{1}{a}\right)\left(1-\frac{1}{b}\right)\cdots\left(1-\frac{1}{k}\right)\left(1-\frac{1}{l}\right)$$

---

*) *Euler: Theoremata arithmetica nova methodo demonstrata*, Comm. nov. Ac. Petrop. VIII, p. 74. *Speculationes circa quasdam insignes proprietates numerorum*, Acta Petrop. IV, 2, p. 18. — Eine höchst werthvolle Sammlung der arithmetischen Abhandlungen *Euler's* ist von den Brüdern *Fuss* unter folgendem Titel herausgegeben: *Leonhardi Euleri Commentationes Arithmeticae Collectae.* Petropoli 1849. 2 tom.

die Anzahl aller derjenigen der Zahlen

$$1, 2 \dots m,$$

welche relative Primzahlen gegen die letzte m sind.

Denn damit irgend eine Zahl relative Primzahl gegen m sei, ist erforderlich und hinreichend, dass sie durch keine der in m aufgehenden absoluten Primzahlen theilbar sei.

Wir können dem gefundenen Ausdruck eine andere Form geben, indem wir m als Product von Primzahl-Potenzen darstellen; da $a, b, c \dots$ die sämmtlichen von einander verschiedenen in m aufgehenden Primzahlen sind, so hat m die Form

$$m = a^\alpha b^\beta c^\gamma \dots$$

und es wird

$$\varphi(m) = (a - 1)\, a^{\alpha-1} \,.\, (b - 1)\, b^{\beta-1} \,.\, (c - 1)\, c^{\gamma-1} \dots$$

Um unseren Satz an einem Beispiel zu prüfen, wählen wir $m = 60$; die sämmtlichen Zahlen, welche nicht grösser als 60 und relative Primzahlen gegen 60 sind, bilden die Reihe

$$1, 7, 11, 13, 17, 19, 23, 29, 31, 37, 41, 43, 47, 49, 53, 59,$$

und ihre Anzahl ist $= 16$; in der That finden wir nach der obigen Formel, da 2, 3, 5 sämmtliche in 60 aufgehende Primzahlen sind,

$$\varphi(60) = 60 \cdot \frac{1}{2} \cdot \frac{2}{3} \cdot \frac{4}{5} = 16.$$

§. 12.

Aus der gefundenen Form der Function $\varphi(m)$ geht auch noch folgender Satz hervor: *Sind m und m' zwei relative Primzahlen, so ist*

$$\varphi(mm') = \varphi(m)\, \varphi(m').$$

Denn sind $a, b, c \dots$ sämmtliche in m, und $a', b', c' \dots$ sämmtliche in m' aufgehende Primzahlen, so stimmt, da m und m' relative Primzahlen sind, keine Primzahl der einen Reihe mit einer der anderen überein, d. h. alle Primzahlen

$$a, b, c \dots a', b', c' \dots$$

sind von einander verschieden. Sie gehen ferner sämmtlich in dem Product mm' auf, und umgekehrt muss jede in mm' aufgehende Primzahl, da sie in einem der beiden Factoren m, m' aufgehen muss, mit einer dieser Primzahlen übereinstimmen. Also sind dies die sämmtlichen von einander verschiedenen in mm' aufgehenden Primzahlen; hieraus folgt

$$\varphi(mm') = mm' \left\{ \begin{array}{l} \left(1-\frac{1}{a}\right)\left(1-\frac{1}{b}\right)\left(1-\frac{1}{c}\right)\cdots \\ \left(1-\frac{1}{a'}\right)\left(1-\frac{1}{b'}\right)\left(1-\frac{1}{c'}\right)\cdots \end{array} \right\}$$

Da nun andererseits

$$\varphi(m) = m\left(1-\frac{1}{a}\right)\left(1-\frac{1}{b}\right)\left(1-\frac{1}{c}\right)\cdots$$

und

$$\varphi(m') = m'\left(1-\frac{1}{a'}\right)\left(1-\frac{1}{b'}\right)\left(1-\frac{1}{c'}\right)\cdots$$

ist, so ergiebt sich durch den unmittelbaren Anblick die Richtigkeit des zu beweisenden Satzes.

So ist z. B.

$$\varphi(60) = \varphi(4\,.\,15) = \varphi(4)\,\varphi(15) = 2\,.\,8 = 16.$$

Uebrigens leuchtet ein, dass der soeben bewiesene Satz ohne Weiteres auf ein Product aus beliebig vielen Zahlen $m, m', m'' \ldots$ ausgedehnt werden kann, welche sämmtlich unter einander relative Primzahlen sind; denn es ist z. B.

$$\varphi(mm'm'') = \varphi(m)\,\varphi(m'm'') = \varphi(m)\,\varphi(m')\,\varphi(m'')$$

und ähnlich für eine grössere Anzahl von Factoren.

§. 13.

Die Aufgabe, den Werth der Function $\varphi(m)$ zu bestimmen, ist eigentlich nur ein specieller Fall von der folgenden:

Wenn δ irgend ein Divisor der Zahl $m = n\delta$ ist, so soll die Anzahl derjenigen der Zahlen

$$1, 2, 3 \ldots m$$

bestimmt werden, welche mit m den grössten gemeinschaftlichen Divisor δ haben.

Wir können dieselbe sogleich auf den früheren speciellen Fall zurückführen. Zunächst leuchtet nämlich ein, dass die Zahlen, um welche es sich handelt, unter den Vielfachen von δ, also unter den Zahlen

$$\delta,\ 2\delta,\ 3\delta, \ldots n\delta$$

zu suchen sind. Damit nun δ der grösste gemeinschaftliche Divisor von $m = n\delta$ und einer Zahl von der Form $r\delta$ sei, ist erforderlich und hinreichend, dass der Coefficient r relative Primzahl gegen n sei; die gesuchte Anzahl ist daher zugleich die Anzahl derjenigen der Zahlen

$$1, 2, 3 \ldots n,$$

welche relative Primzahlen gegen die letzte n derselben sind; diese Anzahl ist folglich $= \varphi(n)$. Offenbar geht diese allgemeinere Aufgabe wieder in die frühere über, wenn der Divisor $\delta = 1$ ist.

Aus der Lösung dieser Aufgabe lässt sich nun ein schöner Satz über die Function $\varphi(m)$ ableiten, der in späteren Untersuchungen eine grosse Rolle spielt. Schreiben wir einmal alle Divisoren

$$\delta', \delta'', \delta''' \ldots$$

der Zahl

$$m = n'\delta' = n''\delta'' = n'''\delta''' = \ldots$$

auf, und theilen wir alle m Zahlen

$$1, 2, 3 \ldots m$$

in ebenso viele Gruppen ein, als es Divisoren δ von m giebt, indem wir alle die Zahlen, welche mit m den grössten gemeinschaftlichen Divisor δ' haben, und deren Anzahl nach dem Vorhergehenden $= \varphi(n')$ ist, in die erste Gruppe, ebenso alle die $\varphi(n'')$ Zahlen, welche mit m den grössten gemeinschaftlichen Divisor δ'' haben, in die zweite Gruppe aufnehmen u. s. f. So leuchtet ein, dass jede der m Zahlen in eine, aber auch nur in eine solche Gruppe aufgenommen wird, und es muss daher das Aggregat der Zahlen

$$\varphi(n'), \varphi(n''), \varphi(n''') \ldots$$

welche angeben, wie viele Zahlen der ersten, zweiten, dritten u. s. w. Gruppe angehören, mit der Anzahl m der sämmtlichen in diese Gruppen vertheilten Zahlen übereinstimmen. Da nun die Zahlen $n', n'', n''' \ldots$ ebenfalls die sämmtlichen Divisoren der Zahl m bilden, so erhalten wir folgenden Satz*):

Durchläuft n alle Divisoren einer Zahl m, so ist die entsprechende Summe

$$\Sigma\, \varphi(n) = m.$$

Es wird gut sein, diesen Satz wieder an einem Beispiel zu prüfen. Nehmen wir $m = 60$, so sind die Zahlen

$$1, 2, 3, 4, 5, 6, 10, 12, 15, 20, 30, 60$$

die sämmtlichen Divisoren n von 60. Nun ist

---

*) *Gauss: D. A.* art. 39.

$$\varphi(1) = 1,\quad \varphi(2) = 1,\quad \varphi(3) = 2,\quad \varphi(4) = 2,$$
$$\varphi(5) = 4,\quad \varphi(6) = 2,\quad \varphi(10) = 4,\quad \varphi(12) = 4,$$
$$\varphi(15) = 8,\quad \varphi(20) = 8,\quad \varphi(30) = 8,\quad \varphi(60) = 16;$$

und die Summe aller dieser Zahlen ist in der That = 60.

§. 14.

Der soeben gegebene Beweis dieses wichtigen Satzes über die Function $\varphi(m)$ ergab sich unmittelbar aus dem Begriff dieser Function ohne Hülfe der vorher für dieselbe gefundenen Form und ohne alle Rechnung*); es wird aber gut sein, noch einen zweiten Beweis hinzuzufügen, welcher mehr rechnend zu Werke geht und die früher abgeleitete Form der Function und die daraus gezogenen Folgerungen voraussetzt.

Jeder Divisor n der Zahl

$$m = a^\alpha\, b^\beta\, c^\gamma \ldots$$

hat die Form

$$n = a^{\alpha'}\, b^{\beta'}\, c^{\gamma'} \ldots$$

wo wie früher $a, b, c \ldots$ von einander verschiedene Primzahlen bedeuten. Da also $a^{\alpha'}, b^{\beta'}, c^{\gamma'} \ldots$ unter einander relative Primzahlen sind, so ist

$$\varphi(n) = \varphi(a^{\alpha'})\, \varphi(b^{\beta'})\, \varphi(c^{\gamma'}) \ldots$$

Um nun alle Divisoren n der Zahl m zu erhalten, muss man

α' die Zahlen $0, 1, 2 \ldots \alpha$
β' „ „ $0, 1, 2 \ldots \beta$
γ' „ „ $0, 1, 2 \ldots \gamma$
u. s. w.

durchlaufen lassen. Bildet man nun das Aggregat aller entsprechenden Werthe $\varphi(n)$, so leuchtet ein, dass dasselbe mit dem Product aus den folgenden Summen

$$\varphi(1) + \varphi(a) + \varphi(a^2) + \cdots + \varphi(a^\alpha)$$
$$\varphi(1) + \varphi(b) + \varphi(b^2) + \cdots + \varphi(b^\beta)$$
$$\varphi(1) + \varphi(c) + \varphi(c^2) + \cdots + \varphi(c^\gamma)$$
u. s. w.

*) Dieser Satz charakterisirt umgekehrt die Function $\varphi(m)$ vollständig, so dass aus ihm auch die (in §. 11 gefundene) Form derselben abgeleitet werden kann; siehe die Supplemente VII, §. 138.

übereinstimmt. Die erste dieser Summen ist aber gleich

$$1 + (a - 1) + (a - 1)\,a + \cdots + (a - 1)\,a^{\alpha-1}$$
$$= 1 + (a^{\alpha} - 1) = a^{\alpha};$$

ebenso ist b^{β} die zweite, c^{γ} die dritte Summe u. s. f. Es ergiebt sich daher, dass das Aggregat

$$\Sigma\,\varphi(n) = a^{\alpha}\,.\,b^{\beta}\,.\,c^{\gamma}\,\ldots = m$$

ist, was zu beweisen war.

§. 15.

Wir wenden uns nun noch zu einer Aufgabe, deren Lösung zu einem rein arithmetischen Beweise eines Satzes führt, welcher sonst gewöhnlich durch andere Betrachtungen erwiesen wird. Es handelt sich darum, wenn m eine beliebige ganze Zahl und p eine beliebige Primzahl ist, den Exponenten der höchsten Potenz von p zu bestimmen, welche in der Facultät

$$m! = 1\,.\,2\,.\,3\,\ldots\,m$$

aufgeht. Bezeichnen wir mit m' die grösste in dem Bruch $m : p$ enthaltene ganze Zahl, so sind unter den m Factoren von $m!$ nur die folgenden m' durch p theilbar

$$p,\ 2p,\ 3p\,\ldots\,m'p;$$

und da die übrigen Factoren bei unserer Frage keine Rolle spielen, so stimmt der gesuchte Exponent mit dem Exponenten der höchsten Potenz von p überein, welche in dem Product

$$1\,.\,2\,\ldots\,m'\,.\,p^{m'}$$

dieser Multipla von p aufgeht, und ist daher gleich der Summe aus m' und dem Exponenten der höchsten Potenz von p, welche in der Facultät

$$m'! = 1\,.\,2\,\ldots\,m'$$

aufgeht. Hieraus ergiebt sich unmittelbar, dass der gesuchte Exponent gleich

$$m' + m'' + m''' + \cdots$$

ist, wo m'', m''' ... die grössten in den Brüchen $m' : p$, $m'' : p$ ... enthaltenen ganzen Zahlen bedeuten. Offenbar ist die Reihe der Zahlen m', m'', m''' ... eine abnehmende und folglich eine endliche; der gesuchte Exponent wird $= 0$ sein, wenn $p > m$ ist; denn dann ist schon $m' = 0$. Es mag beiläufig noch bemerkt werden, dass die Zahlen $m', m'', m''' \ldots$ auch die grössten resp. in den Brüchen $m : p$, $m : p^2$, $m : p^3 \ldots$ enthaltenen ganzen Zahlen sind; ist nämlich r die grösste in $m : a$, und s die grösste in $r : b$ enthaltene ganze Zahl, so ist, wie man leicht finden wird, s auch stets die grösste in $m : ab$ enthaltene ganze Zahl.

Ist z. B. $m = 60$ und $p = 7$, so ist die grösste in

$$\frac{60}{7} \text{ enthaltene ganze Zahl } m' = 8$$

und die grösste in

$$\frac{8}{7} \text{ oder in } \frac{60}{49} \text{ enthaltene ganze Zahl } m'' = 1$$

und die grösste in

$$\frac{1}{7} \text{ oder in } \frac{60}{343} \text{ enthaltene ganze Zahl } m''' = 0;$$

also ist

$$7^{8+1} = 7^9$$

die höchste Potenz von 7, welche in der Facultät $60!$ aufgeht.

Durch das so gewonnene Resultat sind wir in den Stand gesetzt, folgenden Satz zu beweisen: *Ist*

$$m = f + g + h + \cdots,$$

so ist

$$\frac{m!}{f!\, g!\, h! \ldots}$$

eine ganze Zahl.

Denn wenn p irgend eine im Nenner aufgehende Primzahl ist, und wenn wir eine der früheren analoge Bezeichnung beibehalten, so sind

$$f' + f'' + f''' + \cdots$$
$$g' + g'' + g''' + \cdots$$
$$h' + h'' + h''' + \cdots$$

u. s. w.

die Exponenten der höchsten Potenzen von p, welche resp. in $f!$, in $g!$, in $h!$ u. s. w. aufgehen, und folglich ist

$$(f' + g' + h' + \cdots) + (f'' + g'' + h'' + \cdots)$$
$$+ (f''' + g''' + h''' + \cdots) + \cdots$$

der Exponent der höchsten Potenz von p, welche in dem ganzen Nenner aufgeht. Andererseits ist

$$m' + m'' + m''' + \cdots$$

der Exponent der höchsten im Zähler aufgehenden Potenz von p; es ist daher nur zu zeigen, dass die letztere Summe nicht kleiner ist als die erstere. Da nun

$$\frac{m}{p} = \frac{f}{p} + \frac{g}{p} + \frac{h}{p} + \cdots$$

ist, so leuchtet unmittelbar ein, dass

$$m' \geqq f' + g' + h' + \cdots$$

sein muss; hieraus folgt aber wieder

$$\frac{m'}{p} \geqq \frac{f'}{p} + \frac{g'}{p} + \frac{h'}{p} + \cdots,$$

also *a fortiori*

$$m'' \geqq f'' + g'' + h'' + \cdots$$

u. s. f., woraus die Richtigkeit der obigen Behauptung erhellt. Da nun jede im Nenner aufgehende Primzahl mindestens ebenso oft im Zähler aufgeht, so ist der Zähler theilbar durch den Nenner, der Bruch selbst also wirklich eine ganze Zahl.

Hieraus folgt auch, dass jedes Product von m successiven ganzen Zahlen

$$(a + 1)(a + 2)\ldots(a + m - 1)(a + m)$$

stets durch das Product der ersten m ganzen Zahlen

$$m! = 1 \,.\, 2 \,.\, 3 \ldots (m - 1)m$$

theilbar ist; denn der Quotient

$$\frac{(a + 1)(a + 2)\ldots(a + m - 1)(a + m)}{1 \;.\; 2 \;\ldots\; (m - 1) \quad m}$$

ist gleich

$$\frac{(a + m)!}{a!\, m!}$$

und folglich eine ganze Zahl.

§. 16.

Hiermit beschliessen wir die Reihe der Sätze über die Theilbarkeit der Zahlen; aber es ist wohl der Mühe werth, an dieser Stelle noch einen Rückblick auf den Entwicklungsgang dieser unserer bisherigen Untersuchungen zu werfen. Da beobachten wir nun vor allen Dingen, dass das ganze Gebäude auf *einem* Fundament ruht, nämlich auf dem Algorithmus, welcher dazu dient, den grössten gemeinschaftlichen Theiler zweier Zahlen aufzufinden. Dass alle nachfolgenden Sätze, wenn sie sich auch zum Theil auf erst später eingeführte Begriffe, wie die der relativen und absoluten Primzahlen, beziehen, doch nur einfache Consequenzen aus dem Resultat jener ersten Untersuchung sind, ist so evident, dass man unmittelbar zu der Behauptung berechtigt wird: in jeder analogen Theorie, in welcher ein dem Algorithmus des grössten gemeinschaftlichen Divisors ähnlicher Algorithmus existirt, muss auch ein System von Folgerungen stattfinden, welches dem in unserer Theorie entwickelten ganz analog ist. In der That giebt es solche Theorieen; betrachtet man z. B. alle in der Form

$$t + u\sqrt{-a}$$

enthaltenen Zahlen, in welcher a eine bestimmte positive, t und u dagegen unbestimmte reelle ganze Zahlen bedeuten, und nennt dieselben ganze complexe Zahlen oder kurz ganze Zahlen, so kann man den Begriff des Vielfachen so fassen, dass eine solche Zahl ein Vielfaches von einer zweiten heisst, wenn die erste ein Product aus der zweiten und irgend einer dritten solchen Zahl ist. Aber nur für gewisse besondere Werthe von a, z. B. für $a = 1$, lässt sich die Frage nach den gemeinschaftlichen Divisoren zweier Zahlen durch einen endlich abschliessenden Algorithmus beantworten, der dem in unserer reellen Theorie ganz ähnlich ist; es findet daher in der Theorie der Zahlen von der Form $t + u\sqrt{-1}$ auch durchgängige Analogie mit unserer Theorie der reellen Zahlen statt. Ganz anders verhält es sich, wenn z. B. $a = 5$ ist; in der Theorie der Zahlen von der Form $t + u\sqrt{-5}$ findet unter anderen der Satz nicht mehr statt, dass eine Zahl nur auf eine einzige Weise als Product von nicht weiter zerlegbaren Zahlen dargestellt werden kann; so z. B. lässt sich die Zahl 21 einmal als $3 \,.\, 7$, ein anderes Mal als $(1 + 2\sqrt{-5})\,(1 - 2\sqrt{-5})$ darstellen, obgleich jede der vier Zahlen

$$3,\ 7,\ 1 + 2\sqrt{-5},\ 1 - 2\sqrt{-5}$$

nicht weiter in Factoren von der Form $t + u\sqrt{-5}$ zerlegbar ist. Der Grund dieser interessanten Erscheinung liegt allein darin, dass es bei den Zahlen dieser Form nicht mehr gelingt, einen nach einer endlichen Anzahl von Operationen abschliessenden

Algorithmus zur Auffindung der gemeinschaftlichen Divisoren zweier Zahlen zu bilden*).

---

*) Die Einführung der ganzen complexen Zahlen von der Form $t + u\sqrt{-1}$ rührt von *Gauss* her; eine kurze Darstellung der Elemente dieser neuen Zahlentheorie findet man in seiner Abhandlung *Theoria residuorum biquadraticorum* II, oder in einer Abhandlung von *Dirichlet: Recherches sur les formes quadratiques à coëfficients et à indéterminées complexes* (Crelle's Journal, Bd. 24), sowie in §. 159 dieses Buches. Das oben erwähnte abweichende Verhalten anderer Zahlformen hat *Kummer* zur Einführung der *idealen* Zahlen veranlasst (Crelle's Journal, Bd. 35). — Im letzten Supplemente dieses Werkes werden die Principien einer allgemeinen Theorie entwickelt, welche alle ganzen algebraischen Zahlen umfasst.

Zweiter Abschnitt.

Von der Congruenz der Zahlen.

§. 17.

Bedeutet k irgend eine positive ganze Zahl, so lässt sich jede beliebige ganze Zahl a stets und nur auf eine einzige Weise in die Form

$$a = sk + r$$

bringen, in welcher s eine ganze Zahl und r eine der k Zahlen

$$0, 1, 2 \dots (k - 1)$$

bedeutet. Denn lässt man zunächst s alle ganzen Zahlwerthe von $-\infty$ bis $+\infty$ durchlaufen, so bilden die Zahlen sk die sämmtlichen Multipla von k, und von einem solchen Multiplum sk bis zum nächst grösseren $(s + 1)k$ excl. giebt es immer nur k Zahlen, nämlich

$$sk, sk + 1, sk + 2 \dots sk + (k - 1);$$

giebt man daher dem s alle denkbaren ganzen Zahlwerthe, und dem r jedesmal alle jene bestimmten k Werthe, so durchläuft der Ausdruck $sk + r$ wirklich alle ganzen Zahlwerthe a; dass ferner jede Zahl a auf diese Weise nur ein einziges Mal erzeugt wird, leuchtet auf folgende Weise ein. Wenn

$$s'k + r' = sk + r$$

ist, so folgt daraus

$$r' - r = (s - s')k;$$

wenn nun r' ebenfalls eine der k Zahlen $0, 1, 2 \dots (k - 1)$ ist, so ist der absolute Werth von $r' - r$ ebenfalls eine dieser Zahlen, also kleiner als k; da aber $r' - r$ ein Multiplum von k ist, so kann $r' - r$ nur $= 0$ sein, woraus $r' = r$ und $s' = s$ folgt.

Wir werden nun im Folgenden sagen, dass die Zahl r der *Rest* der Zahl a in Bezug auf den *Modulus* k ist; sobald ferner zwei Zahlen a und b in Bezug auf denselben Modulus k denselben Rest r lassen, sollen sie *gleichrestig* oder (nach *Gauss*) *congruent* in Bezug auf den Modulus k heissen; da in diesem Fall $a = sk + r$ und $b = s'k + r$ ist, so folgt, dass die Differenz $a - b = (s - s')\,k$ durch den Modulus k theilbar ist; und umgekehrt, ist $a - b$ durch k theilbar, so sind die Zahlen a und b auch congruent in Bezug auf den Modul k; denn ist r der Rest von a, r' der von b, also

$$a = sk + r,\quad b = s'k + r',$$

so ist

$$a - b = (s - s')k + (r - r');$$

da nun der Voraussetzung nach $a - b$ ein Multiplum von k ist, so muss auch $r' - r$ ein solches sein, was, wie wir vorher gesehen haben, nicht anders möglich ist, als wenn $r' = r$ ist. Man könnte daher congruente Zahlen auch als solche definiren, deren Differenz durch den Modul theilbar ist. (Aus diesem Grunde hat man die Bedeutung des Wortes Rest in der Weise erweitert, dass jede von zwei einander nach dem Modul k congruenten Zahlen a und b ein *Rest* der anderen heisst.)

Da man sehr häufig die Congruenz zweier Zahlen a und b in Bezug auf eine dritte k als Modul auszudrücken hat, so ist von *Gauss**) für dieselbe folgende Bezeichnung eingeführt:

$$a \equiv b \pmod{k}.$$

So ist z. B.

$$3 \equiv -25 \pmod{4},\quad 65 \equiv 16 \pmod{7}.$$

Da die beiden Zahlen a und b in dem Begriffe der Congruenz dieselbe Rolle spielen, so darf man offenbar die zur Linken und Rechten des Zeichens $\equiv$ stehenden Zahlen mit einander vertauschen. Ferner leuchten aus dem Begriffe der Congruenz leicht die folgenden Sätze ein:

1. Sind a und k zwei beliebige Zahlen, so ist stets

$$a \equiv a \pmod{k}.$$

2. Ist in Bezug auf denselben Modulus k eine erste Zahl a einer zweiten b, diese wieder einer dritten c congruent, so ist auch die erste a der dritten c in Bezug auf k congruent; in Zeichen: ist

$$a \equiv b \pmod{k},\quad b \equiv c \pmod{k},$$

*) *D. A.* art. 2.

so ist auch

$$a \equiv c \pmod{k}.$$

Denn die Reste der drei Zahlen a, b, c sind einander gleich; oder auch, da $a - b$ und $b - c$ Multipla von k sind, so ist auch $(a - b) + (b - c) = a - c$ Multiplum von k.

3. Ist

$$a \equiv b \pmod{k} \text{ und } m \equiv n \pmod{k},$$

so ist auch

$$a + m \equiv b + n \pmod{k} \text{ und } a - m \equiv b - n \pmod{k}.$$

Denn da $a - b$ und $m - n$ Multipla von k sind, so sind auch $(a - b) + (m - n) = (a + m) - (b + n)$ und $(a - b) - (m - n) = (a - m) - (b - n)$ Multipla von k.

Dies lässt sich für eine beliebige Anzahl von Congruenzen erweitern, die sich auf denselben Modulus beziehen; man kann sie addiren und subtrahiren wie Gleichungen.

4. Ist wieder

$$a \equiv b \pmod{k} \text{ und } m \equiv n \pmod{k},$$

so ist auch

$$am \equiv bn \pmod{k}.$$

Denn da $a - b$ ein Vielfaches von k ist, so ist zunächst auch $(a - b)m = am - bm$ ein solches, also

$$am \equiv bm \pmod{k};$$

da ferner $m - n$ ein Vielfaches von k ist, so ist auch $b(m - n) = bm - bn$ ein solches, also

$$bm \equiv bn \pmod{k};$$

die beiden Zahlen am und bn sind daher derselben Zahl bm congruent, folglich sind sie auch unter einander congruent.

Auch dieser Satz lässt sich dahin verallgemeinern, dass man eine ganze Reihe von Congruenzen, die sich auf denselben Modul beziehen, mit einander multipliciren kann wie Gleichungen; und hieraus folgt wieder, dass gleich hohe Potenzen zweier congruenten Zahlen wieder congruent sind in Bezug auf denselben Modulus.

5. Die bisherigen Sätze kann man folgendermaassen zusammenfassen. Ist $f(x, y, z \ldots)$ eine ganze rationale Function der Unbestimmten $x, y, z \ldots$ deren Coefficienten ganze Zahlen sind, und ist in Bezug auf einen und denselben Modulus k

$$a \equiv a', \quad b \equiv b', \quad c \equiv c' \ldots,$$

so ist auch

$$f(a, b, c \ldots) \equiv f(a', b', c' \ldots) \pmod{k}.$$

6. Etwas anders verhält es sich bei der Division. Ist nämlich

$$am \equiv bm \pmod{k},$$

so kann man hieraus im Allgemeinen nicht mit Sicherheit schliessen, dass auch $a \equiv b \pmod{k}$ sein muss; bezeichnen wir mit δ den grössten gemeinschaftlichen Divisor der beiden Zahlen $m = m'\delta$ und $k = k'\delta$, so folgt aus der obigen Congruenz nur, dass

$$a \equiv b \left(\text{mod. } \frac{k}{\delta}\right)$$

sein muss. Denn da $m(a-b)$ durch k, also $m'(a-b)$ durch k' theilbar, und m' relative Primzahl gegen k' ist, so muss $(a-b)$ durch k' theilbar sein.

7. Ist

$$a \equiv b \pmod{k}$$

und m irgend ein Divisor von k, so ist auch

$$a \equiv b \pmod{m}.$$

Denn $a-b$ ist ein Multiplum von k, und k ein Multiplum von m; also ist $a-b$ auch ein Multiplum von m.

8. Ist

$a \equiv b \pmod{k}$ und $a \equiv b \pmod{l}$ und $a \equiv b \pmod{m}$ u. s. w., so ist auch

$$a \equiv b \pmod{h},$$

wo h das kleinste gemeinschaftliche Multiplum von $k, l, m \ldots$ bezeichnet. Denn $a-b$ ist ein gemeinschaftliches Multiplum aller dieser Zahlen, also auch Multiplum von h.

Hieraus folgt auch noch als ein besonders bemerkenswerther specieller Fall, dass, wenn eine Congruenz richtig ist in Bezug auf eine Reihe von Moduln, die sämmtlich unter einander relative Primzahlen sind, dieselbe auch in Bezug auf einen Modul gilt, welcher das Product aus allen jenen Moduln ist.

Wir bemerken schliesslich, dass auch *negative* Moduln k zugelassen werden; das Zeichen $a \equiv b \pmod{k}$ bedeutet auch dann, dass die Differenz $a-b$ durch k theilbar ist; offenbar behalten die vorstehenden Sätze auch nach dieser Erweiterung ihre volle Gültigkeit.

§. 18.

Da jede beliebige Zahl a ihrem Reste r in Bezug auf den (positiven) Modul k congruent ist, so ist jede Zahl a einer der k Zahlen

$$0, 1, 2 \ldots (k-1)$$

congruent; sie kann aber auch nur einer dieser Zahlen congruent sein, denn sonst müssten ja auch unter diesen k Resten mindestens zwei einander congruent sein, was offenbar nicht der Fall ist. Theilen wir daher sämmtliche Zahlen in *Classen**) ein nach dem Princip, dass wir jedesmal zwei Zahlen in dieselbe oder in verschiedene Classen werfen, je nachdem sie in Bezug auf den Modulus k congruent sind oder nicht, so ist die *Anzahl* dieser Classen offenbar $= k$; die eine enthält sämmtliche Zahlen, welche $\equiv 0 \pmod{k}$, d. h. durch k theilbar sind; die folgende Classe enthält alle Zahlen, welche $\equiv 1 \pmod{k}$ sind, u. s. f.

Greift man nun aus jeder dieser Classen nach Belieben ein Individuum heraus, so hat das so gebildete System von k Zahlen die charakteristische Eigenschaft, dass jede beliebige ganze Zahl stets einer und auch nur einer von diesen k Zahlen congruent ist; ein solches System, wie es z. B. auch die Zahlen

$$0, 1, 2 \ldots (k-1)$$

bilden, nennt man ein *vollständiges System nicht congruenter* (oder *incongruenter*) *Zahlen* oder ein *vollständiges Restsystem* in Bezug auf den Modul k; offenbar bilden auch die Zahlen

$$1, 2, 3 \ldots k$$

und ebenso je k successive ganze Zahlen ein solches System.

Alle Zahlen, welche einer und derselben Classe angehören, haben nun mehrere allen gemeinschaftliche Eigenschaften, so dass sie in Bezug auf den Modul fast die Rolle einer einzigen Zahl spielen. Wir haben schon früher gesehen, dass jede Zahl, welche in einer Congruenz als Summand oder als Factor auftritt, unbeschadet der Richtigkeit der Congruenz durch jede andere ihr congruente, d. h. derselben Classe angehörige Zahl ersetzt werden darf. Ein anderes Element, welches allen in einer Classe enthaltenen Individuen gemeinschaftlich ist, bildet der grösste Divisor, den sie mit dem Modul k gemeinschaftlich haben; denn sind a und b zwei congruente Zahlen, so ist

$$a = b + sk,$$

folglich ist jeder gemeinschaftliche Divisor von a und k auch gemeinschaftlicher Divisor von b und k, und umgekehrt. Man kann

---

*) In dieser Bedeutung scheint das Wort *Classe* zuerst von *Gauss* gebraucht zu sein in der Abhandlung *Theoria residuorum biquadraticorum.* II. art. 42.

daher nach diesem grössten gemeinschaftlichen Divisor die Classen wieder in Gruppen eintheilen, und da die Zahlen

$$1, 2 \ldots k$$

ein vollständiges System incongruenter Zahlen bilden, so ist (nach §. 13), wenn δ irgend einen Divisor von $k = n\delta$ bezeichnet, $\varphi(n)$ die Anzahl derjenigen Classen, welche solche Zahlen enthalten, die δ zum grössten gemeinschaftlichen Divisor mit dem Modul k haben. Speciell ist also $\varphi(k)$ die Anzahl derjenigen Classen, welche nur Zahlen enthalten, die relative Primzahlen gegen den Modulus k sind.

Von besonderer Wichtigkeit für spätere Untersuchungen ist auch noch folgender Satz:

Ist a relative Primzahl gegen den Modulus k, und setzt man in dem linearen Ausdruck $ax + b$ für x der Reihe nach alle k Glieder eines vollständigen Systems incongruenter Zahlen ein, so bilden die so entstehenden Werthe dieses Ausdrucks wieder ein vollständiges System incongruenter Zahlen.

Da nämlich aus

$$ax + b \equiv ay + b \pmod{k}$$

auch

$$ax \equiv ay \pmod{k}$$

und, da a relative Primzahl gegen k ist, nach §. 17, 6. auch

$$x \equiv y \pmod{k}$$

folgt, so ergiebt sich, dass alle Werthe des Ausdrucks $ax + b$, welche incongruenten Werthen von x entsprechen, ebenfalls incongruent sind; setzt man daher für x alle k incongruenten Zahlen ein, so erhält der Ausdruck $ax + b$ auch k incongruente Werthe, welche, da es überhaupt nur k Classen giebt, ein vollständiges System incongruenter Zahlen bilden.

§. 19.

Betrachten wir jetzt den Ausdruck ax, in welchem a wieder relative Primzahl gegen den Modul k ist, und setzen wir wieder für x der Reihe nach die Glieder eines vollständigen Systems incongruenter Zahlen ein, aber nicht alle, sondern nur diejenigen

$$a_1, a_2, a_3 \ldots,$$

welche relative Primzahlen gegen den Modul k sind, und deren Anzahl nach dem vorigen Paragraphen gleich $\varphi(k)$ ist, so leuchtet erstens ein, dass die Werthe des Ausdrucks ax, d. h. die Producte

$$a a_1,\ a a_2,\ a a_3 \ldots$$

sämmtlich incongruent sind, ferner, dass dieselben sämmtlich wieder relative Primzahlen gegen k sind; es wird daher jedes dieser Producte einem und nur einem Gliede der Reihe

$$a_1,\ a_2,\ a_3 \ldots$$

congruent sein. Wir können daher setzen

$$\left.\begin{aligned} a a_1 &\equiv b_1 \\ a a_2 &\equiv b_2 \\ a a_3 &\equiv b_3 \end{aligned}\right\} (\text{mod.} k),$$

u. s. w.

wo nun die Zahlen

$$b_1,\ b_2,\ b_3 \ldots$$

vollständig, wenn auch in anderer Ordnung, mit den Zahlen

$$a_1,\ a_2,\ a_3 \ldots$$

übereinstimmen, so dass namentlich

$$a_1 a_2 a_3 \ldots = b_1 b_2 b_3 \ldots$$

sein wird. Bezeichnen wir zur Abkürzung dieses Product mit P, und multipliciren wir die vorstehenden $\varphi(k)$ Congruenzen mit einander, so erhalten wir daher

$$a^{\varphi(k)} \,.\, P \equiv P\ (\text{mod.} k).$$

Nun ist aber P ein Product von lauter Zahlen, die relative Primzahlen gegen den Modul sind, also selbst relative Primzahl gegen den Modul k; es ist daher nach §. 17, 6. gestattet, die vorstehende Congruenz durch den gemeinschaftlichen Factor P beider Seiten ohne Weiteres zu dividiren. Auf diese Weise erhalten wir die Congruenz

$$a^{\varphi(k)} \equiv 1\ (\text{mod.} k);$$

in Worten kann man diesen höchst wichtigen Satz folgendermaassen aussprechen:

Ist a relative Primzahl gegen die positive Zahl k, und erhebt man a zu einer Potenz, deren Exponent $\varphi(k)$ angiebt, wie viele der Zahlen

$$1,\ 2,\ 3 \ldots k$$

relative Primzahlen gegen k sind, so lässt diese Potenz, durch k dividirt, stets den Rest 1.

Nehmen wir z. B. $k = 15$, $a = 2$, so ist a wirklich relative Primzahl gegen k; nun ist $\varphi(k) = \varphi(15) = \varphi(3)\varphi(5) = 8$; es muss daher 2^8, durch 15 dividirt, den Rest 1 lassen; in der That ist

$$2^8 = 256 = 17 \,.\, 15 + 1.$$

Es kann übrigens vorkommen, dass auch Potenzen von a mit niedrigerem Exponenten als $\varphi(k)$ denselben Rest 1 geben. Dies tritt wirklich in dem eben gewählten Beispiel ein, denn es ist auch

$$2^4 = 16 = 1 \,.\, 15 + 1.$$

Specialisiren wir unseren Satz für den Fall, dass k nur durch eine einzige Primzahl p theilbar, also

$$k = p^\pi,\ \varphi(k) = (p-1)p^{\pi-1}$$

ist, so erhalten wir den Satz:

Ist p eine Primzahl und a irgend eine durch p nicht theilbare Zahl, so ist

$$a^{(p-1)p^{\pi-1}} \equiv 1 \pmod{p^\pi}.$$

Nehmen wir ferner hierin $\pi = 1$, so erhalten wir einen berühmten Satz, der zuerst von *Fermat* aufgestellt ist und daher der Fermat'sche Satz heisst:

Ist p eine Primzahl und a irgend eine durch p nicht theilbare Zahl, so ist

$$a^{p-1} \equiv 1 \pmod{p}.$$

Man kann diesen Satz so umformen, dass er auch für den Fall gültig bleibt, wenn a durch p theilbar ist; zu diesem Zweck braucht man nur die vorstehende Congruenz mit a zu multipliciren, wodurch sie in die folgende

$$a^p \equiv a \pmod{p}$$

übergeht. Ist nämlich a theilbar durch p, so sind beide Seiten dieser Congruenz $\equiv 0 \pmod{p}$, also ist sie auch dann noch richtig. Umgekehrt kann man aus dieser Form des Satzes auch wieder die frühere ableiten; denn sobald a nicht theilbar durch p, also relativo Primzahl gegen p ist, darf man beide Seiten dieser Congruenz auch wieder durch a dividiren, ohne den Modul zu ändern.

Kehren wir zu dem allgemeinen Satz zurück, der zuerst von *Euler**) bewiesen ist und den Namen des verallgemeinerten Fer-

---

*) *Theoremata arithm. nova meth. demonstr.*, Comm. nov. Ac. Petrop. VIII. p. 74.

mat'schen Satzes führt, so können wir denselben auch in folgender Weise aussprechen: Sind $p, r, s \ldots$ von einander verschiedene absolute Primzahlen, und ist a durch keine dieser Primzahlen theilbar, so ist stets

$$a^{(p-1)p^{\pi-1}\,.\,(r-1)r^{\varrho-1}\,.\,(s-1)s^{\sigma-1}\,\cdots} \equiv 1 \pmod{p^{\pi} r^{\varrho} s^{\sigma} \ldots},$$

wo $\pi, \varrho, \sigma \ldots$ irgend welche ganze positive Zahlen bedeuten.

§. 20.

Es ist wohl nicht überflüssig, dem vorhergehenden Beweise dieses wichtigen Satzes einen zweiten hinzuzufügen, der gradatim zu Werke geht und sich zunächst auf den binomischen Satz stützt. Ist p irgend eine ganze positive Zahl, so ist zufolge dieses Satzes bekanntlich

$$(a+b)^p =$$

$$a^p + \frac{p}{1} a^{p-1} b + \cdots + \frac{p!}{r!\,(p-r)!}\, a^{p-r} b^r + \cdots + b^p;$$

hierin sind (nach §. 15) alle Coefficienten ganze Zahlen. Ist aber p eine Primzahl, so können wir hinzufügen, dass alle Coefficienten mit Ausnahme des ersten und letzten, welche $= 1$ sind, durch p theilbar sind; denn der Zähler des Bruches

$$\frac{p!}{r!\,(p-r)!},$$

in welchem r eine der Zahlen $1, 2, 3 \ldots (p-1)$ bedeutet, enthält den Factor p, der Nenner dagegen nicht; der Bruch ist also von der Form $pm : n$, wo n nicht theilbar durch p, also auch relative Primzahl gegen p ist; da wir aber ferner wissen, dass dieser Bruch eine ganze Zahl, dass also pm durch n theilbar ist, so muss m durch n theilbar sein; der Bruch hat daher die Form ps, wo der zweite Factor s eine ganze Zahl ist; und folglich ist jeder dieser $(p-1)$ Coefficienten $\equiv 0 \pmod{p}$. Sind daher a und b irgend welche ganze Zahlen, so erhalten wir die folgende Congruenz

$$(a+b)^p \equiv a^p + b^p \pmod{p},$$

wobei also vorausgesetzt ist, dass p eine Primzahl ist. Offenbar folgt hieraus weiter

$$(a+b+c)^p \equiv (a+b)^p + c^p \equiv a^p + b^p + c^p \pmod{p}$$

und allgemein für eine beliebige Reihe von n ganzen Zahlen $a, b \ldots h$:

$$(a+b+\cdots+h)^p \equiv a^p + b^p + \cdots + h^p \pmod{p}.$$

Setzen wir hierin $a = 1$, $b = 1 \ldots h = 1$, so erhalten wir für jede beliebige positive ganze Zahl n den Satz:

$$n^p \equiv n \pmod{p}.$$

Da ferner für jede ungerade Primzahl $(-1)^p \equiv -1$, und für die einzige gerade Primzahl $p = 2$ ebenfalls $(-1)^p = 1 \equiv -1 \pmod{p}$ ist, so erhalten wir durch Multiplication der vorstehenden Congruenz mit der anderen

$$(-1)^p \equiv -1 \pmod{p}$$

die neue

$$(-n)^p \equiv -n \pmod{p}.$$

Also ist der Fermat'sche Satz

$$a^p \equiv a \pmod{p}$$

für jede positive und negative Zahl a bewiesen, während er für $a = 0$ unmittelbar evident ist. Wenn nun a nicht durch p theilbar ist, was wir von jetzt annehmen wollen, so folgt hieraus, dass

$$a^{p-1} \equiv 1 \pmod{p}, \text{ d. h. } a^{p-1} = 1 + hp$$

ist, wo h eine ganze Zahl bedeutet. Erheben wir diese Gleichung zur $p$ten Potenz und entwickeln die rechte Seite wieder nach dem binomischen Satze, so zeigt sich, dass alle Glieder mit Ausnahme des ersten Multipla von p^2 sind; wir erhalten daher

$$a^{(p-1)p} = 1 + h'p^2 \text{ oder } a^{(p-1)p} \equiv 1 \pmod{p^2},$$

wo wieder h' eine ganze Zahl bedeutet. So kann man fortfahren, indem man jedesmal wieder zur $p$ten Potenz erhebt, und gelangt auf diese Weise zu der Congruenz

$$a^{(p-1)p^{\pi-1}} \equiv 1 \pmod{p^\pi},$$

deren Allgemeingültigkeit sich in derselben Weise durch den Schluss von π auf $\pi + 1$ nachweisen lässt.

Sind nun $r, s \ldots$ ebenfalls Primzahlen, welche nicht in a aufgehen, so ist nach demselben Satze

$$a^{(r-1)r^{\varrho-1}} \equiv 1 \pmod{r^\varrho}, \quad a^{(s-1)s^{\sigma-1}} \equiv 1 \pmod{s^\sigma} \ldots$$

Setzen wir nun ferner zur Abkürzung

$$h = (p-1)p^{\pi-1} \cdot (r-1)r^{\varrho-1} \cdot (s-1)s^{\sigma-1} \ldots$$

und berücksichtigen wir, dass aus jeder Congruenz von der Form

$$a^\alpha \equiv 1 \pmod{m}$$

auch die Congruenz

$$a^h \equiv 1 \pmod{m}$$

folgt, sobald h ein Multiplum von α ist, so ergiebt sich, dass die Congruenz

$$a^h \equiv 1$$

für jeden der Moduln p^π, r^ϱ, s^σ ... und folglich, da dieselben relative Primzahlen sind, auch für den Modul

$$k = p^\pi r^\varrho s^\sigma \ldots$$

gilt. Hiermit ist also von Neuem der verallgemeinerte Fermat'sche Satz erwiesen.

§. 21.

Es kommt häufig vor, dass eine oder beide Seiten einer Congruenz eine oder mehrere unbestimmte Zahlen x, y ... enthalten, und es wird dann die Aufgabe gestellt, alle ganzzahligen Werthe von x, y ... zu suchen, durch welche die beiden Seiten der Congruenz wirklich einander congruent werden. Je nach der Anzahl der Unbestimmten x, y ... heisst dann eine solche Congruenz eine Congruenz mit einer, zwei oder mehreren *Unbekannten*, ähnlich wie dies bei Gleichungen zu geschehen pflegt. Auch hier nennt man dann solche specielle Werthe von x, y . . ,, welche die Congruenz zu einer identischen machen, *Wurzeln* der Congruenz, und das Problem der Auflösung einer Congruenz besteht in der Auffindung ihrer sämmtlichen Wurzeln. Wir werden im Folgenden nur solche Congruenzen betrachten, welche eine einzige Unbekannte x enthalten und ausserdem sich auf die Form

$$a x^m + b x^{m-1} + \cdots + g x + h \equiv 0 \pmod{k}$$

bringen lassen, worin m eine positive ganze Zahl und $a, b \ldots g, h$ ebenfalls gegebene ganze Zahlen bedeuten. Jeder Werth von x, der, in die linke Seite eingesetzt, dieselbe durch den Modul k theilbar macht, heisst also eine Wurzel dieser Congruenz. Kennt man irgend eine solche Wurzel x, so sind offenbar nach §. 17, 5. alle ihr nach dem Modul k congruenten Zahlen, d. h. alle Individuen der Classe, welcher diese Zahl x angehört, ebenfalls Wurzeln derselben Congruenz; man sieht alle solche einander congruenten Wurzeln daher nur wie eine einzige Wurzel an, und das Problem der vollständigen Auflösung der Congruenz kommt daher darauf zurück, alle unter einander *incongruenten* Wurzeln derselben aufzufinden.

Ferner leuchtet ein, dass jede Wurzel der obigen Congruenz, sobald

$$a \equiv a', \quad b \equiv b' \ldots g \equiv g', \quad h \equiv h' \pmod{k}$$

ist, auch eine Wurzel der Congruenz

$$a' x^m + b' x^{m-1} + \cdots + g' x + h' \equiv 0 \pmod{k}$$

sein wird, und umgekehrt. Beide Congruenzen sind daher auch nur wie eine und dieselbe anzusehen; denn beide stellen an die Unbekannte x genau dieselbe Forderung. Hieraus erhellt unmittelbar, dass man aus jeder Congruenz von der obigen Form ohne Weiteres alle diejenigen Glieder fortstreichen darf, deren Coefficienten durch den Modul theilbar sind; der Exponent der höchsten Potenz von x, welche nach dieser vorläufigen Ausscheidung zurückbleibt, heisst dann der *Grad* dieser Congruenz; ist z. B. in der obigen Congruenz der erste Coefficient a nicht durch den Modul k theilbar, so heisst dieselbe eine Congruenz $m$ten Grades.

Wenden wir diese Benennungen z. B. auf die Congruenz

$$x^{\varphi(k)} \equiv 1 \pmod{k}$$

an, so müssen wir sagen, dass dieselbe genau ebenso viele (incongruente) Wurzeln besitzt, als ihr Grad $\varphi(k)$ Einheiten enthält; denn erstens genügen alle relativen Primzahlen gegen den Modul der Congruenz, und diese zerfallen in $\varphi(k)$ Classen; und zweitens kann die Congruenz keine anderen Wurzeln haben als diese; denn der grösste gemeinschaftliche Divisor δ einer Wurzel x und des Modul k ist auch gemeinschaftlicher Divisor der Zahlen $x^{\varphi(k)}$ und k, folglich auch (§. 18) der Zahlen 1 und k; folglich kann δ nur $= 1$ sein.

§. 22.

Wir wenden uns nun nach den vorhergehenden allgemeinen Erörterungen zu dem einfachsten speciellen Fall, nämlich zu der Congruenz ersten Grades, welcher man offenbar durch Transposition des bekannten Gliedes stets die Form

$$ax \equiv b \pmod{k} \tag{1}$$

geben kann. Betrachten wir auch hier zunächst nur den speciellen Fall, in welchem der Coefficient a relative Primzahl gegen den Modul k ist, so ergiebt sich unmittelbar, dass diese Congruenz stets eine, aber auch nur eine Wurzel hat. Denn wir haben früher (§. 18) gesehen, dass die Werthe des Ausdruckes ax, welche man erhält, wenn man für x sämmtliche k Individuen eines vollständigen Systems incongruenter Zahlen einsetzt, wieder ein solches System bilden; unter den Werthen dieses Ausdruckes wird sich daher auch einer und nur einer finden, welcher derselben Classe angehört wie b, d. h. welcher $\equiv b$ ist. Der verallgemeinerte Fermat'sche Satz giebt nun auch ein Mittel an die Hand, die Wurzel dieser Congruenz unmittelbar zu bestimmen; offenbar genügt jede Zahl

$$x \equiv b \,.\, a^{\varphi(k)-1} \pmod{k}$$

der obigen Congruenz. So findet man z. B., dass alle Wurzeln der Congruenz

$$2x \equiv -3 \pmod{15}$$

durch die Formel

$$x \equiv -3 \,.\, 2^7 \equiv 6 \pmod{15}$$

gegeben werden.

Wenden wir uns nun dem allgemeinen Fall zu und nehmen wir an, es sei δ der grösste gemeinschaftliche Divisor des Coefficienten a und des Modul k, so leuchtet znnächst ein, dass, wenn die Congruenz überhaupt eine Wurzel x besitzt, auch b durch δ theilbar sein muss; denn da ax mit dem Modul k den gemeinschaftlichen Divisor δ hat, so muss auch $b \equiv ax$ durch δ theilbar sein. Dies ist also eine unerlässliche Bedingung für die Möglichkeit der Congruenz; dass sie auch hinreichend für dieselbe ist, wird sich sogleich zeigen.

Gesetzt nun, es sei x eine Wurzel der Congruenz, also

$$ax = b + mk,$$

wo m irgend eine ganze Zahl, so folgt hieraus, wenn $a = a'\delta$, $b = b'\delta$, $k = k'\delta$ gesetzt wird, $a'x = b' + mk'$, d. h. jede Wurzel der ursprünglichen Congruenz ist auch Wurzel der Congruenz

$$a'x \equiv b' \pmod{k'} \tag{2}$$

und umgekehrt überzeugt man sich sogleich, dass jede Wurzel dieser letzteren Congruenz auch eine Wurzel der ersteren sein wird. Die beiden Congruenzen (1) und (2) stimmen daher hinsichtlich ihrer Wurzeln vollständig mit einander überein; da nun in der letzteren der Coefficient a' relative Primzahl gegen den Modul k' ist, so haben wir wieder den früheren Fall: diese Congruenz ist stets lösbar, und alle ihr genügenden Zahlen bilden in Bezug auf ihren Modul k' nur eine einzige Classe, in der Weise, dass, wenn α eine bestimmte derselben ist, alle anderen in der Form

$$x = \alpha + z k' \tag{3}$$

enthalten sind, wo z jede beliebige ganze Zahl bedeutet. Da nun alle diese Zahlen auch die sämmtlichen Wurzeln der Congruenz (1) bilden, so fragt es sich nur noch, wie viele in Bezug auf den Modul k incongruente Zahlen unter ihnen sich vorfinden. Irgend zwei in der Reihe (3) enthaltene Zahlen $\alpha + zk'$ und $\alpha + z'k'$ werden offenbar stets und auch nur dann congruent in Bezug auf den Modulus k sein, sobald $(z' - z)k'$ durch $k = k'\delta$, und also $z' - z$ durch δ theilbar ist; diese beiden Zahlen werden also einer und derselben Classe, oder verschiedenen Classen in Bezug auf den Modul k angehören, je nachdem die beiden Zahlen z und z' einer und derselben Classe, oder verschiedenen Classen in Bezug auf den Modulus δ angehören; woraus unmittelbar folgt, dass die Reihe (3) sämmtliche Individuen von δ verschiedenen Classen in Bezug auf den Modul k enthält, und es leuchtet ein, dass die folgenden δ Zahlen

$$\alpha,\ \alpha + k',\ \alpha + 2k' \ldots \alpha + (\delta - 1)k'$$

aus jeder dieser δ Classen einen Repräsentanten enthalten. Wir haben mithin folgendes allgemeine Resultat gewonnen:

Damit die Congruenz

$$ax \equiv b \pmod{k}$$

überhaupt Wurzeln besitze, ist erforderlich, dass b durch den grössten gemeinschaftlichen Divisor δ der beiden Zahlen a und k theilbar sei; ist diese Bedingung erfüllt, so hat die Congruenz genau δ incongruente Wurzeln.

Es ist zu bemerken, dass in dem früher behandelten Fall, in welchem $\delta = 1$ ist, die erforderliche Bedingung stets erfüllt ist, ferner, dass dieser Satz auch noch für den Fall $\delta = k$, in welchem also $a \equiv 0 \pmod{k}$ ist, seine Gültigkeit behält, indem, sobald b ebenfalls $\equiv 0 \pmod{k}$ ist, jede beliebige Zahl x dieser identischen Congruenz Genüge leistet.

Um auch ein Beispiel für den allgemeinen Fall zu behandeln, nehmen wir die Congruenz

$$8x \equiv -12 \pmod{60};$$

der grösste gemeinschaftliche Divisor des Coefficienten 8 und des Modul 60 ist hier $= 4$; da die rechte Seite -12 durch denselben theilbar ist, so ist sie möglich und wird 4 nach dem Modul 60 incongruente Wurzeln haben. Wir finden dieselben, indem wir zunächst die Wurzeln der entsprechenden Congruenz

$$2x \equiv -3 \pmod{15}$$

suchen; wir haben oben gesehen, dass dieselben in der Form

$$x \equiv 6 \pmod{15}$$

enthalten sind, und schliessen daraus, dass

$$x \equiv 6, \equiv 21, \equiv 36, \equiv 51 \pmod{60}$$

die vier Wurzeln der ursprünglichen Congruenz sind.

§. 23.

Obgleich im Vorhergehenden das Problem, zu entscheiden, ob eine vorgelegte Congruenz ersten Grades Wurzeln hat oder nicht, und im ersteren Fall dieselben aufzufinden, eine vollständige Lösung gefunden hat, so ist dieselbe, sobald der Modul k eine grosse Zahl ist, wegen der erforderlichen Potenzirung für praktische Zwecke nicht wohl anwendbar; wir wollen daher im Folgenden eine einfachere Methode angeben. Offenbar können wir uns auf den Fall beschränken, in welchem der Coefficient der Unbekannten relative Primzahl gegen den Modul ist; ausserdem können wir annehmen, dass die rechte Seite $= 1$ ist; denn um aus der Wurzel einer solchen Congruenz diejenige einer anderen zu finden, in welcher die rechte Seite eine andere Zahl ist, genügt es offenbar, dieselbe mit dieser Zahl zu multipliciren. Nennen wir der Bequemlichkeit halber den Modul nicht k, sondern b, so reducirt sich also unsere Aufgabe auf die Auflösung der Congruenz

$$ax \equiv 1 \pmod{b}$$

oder, was dasselbe ist, auf die Auflösung der unbestimmten Gleichung ersten Grades*)

$$ax - by = 1.$$

Wir schicken derselben einige Sätze über einen Algorithmus voraus, der zuerst von *Euler***) behandelt und für die Theorie der

---

*) Die erste Lösung dieser Aufgabe findet sich bei *Bachet de Méziriac: Problèmes plaisants et délectables qui se font par les nombres.* 2e éd. 1624. Dies interessante Werk ist vor Kurzem von *Labosne* neu herausgegeben. (Paris, 1874 und 1879.)

**) *Solutio problematis arithmetici de inveniendo numero, qui per datos numeros divisus, relinquat data residua*, Comm. Ac. Petrop. VII, p. 46. — *De usu novi algorithmi in problemate Pelliano solvendo*, Nov. Comm. Petrop. XI, p. 28. — Vergl. *Gauss: D. A.* art. 27.

Kettenbrüche, sowie auch für unsere späteren Untersuchungen von Wichtigkeit ist. Es seien

$$a, b \tag{1}$$

irgend zwei unbestimmte Grössen, und ebenso

$$\gamma, \delta, \varepsilon \ldots \lambda, \mu, \nu \tag{2}$$

eine Reihe von beliebig vielen unbestimmten Grössen. Aus diesen bilden wir nun successive eine neue Reihe $c, d, e \ldots l, m, n$ nach folgendem Gesetz:

$$\left.\begin{array}{l} c = \gamma b + a \\ d = \delta c + b \\ e = \varepsilon d + c \\ \cdot \quad \cdot \quad \cdot \quad \cdot \quad \cdot \\ n = \nu m + l \end{array}\right\} \tag{3}$$

Substituirt man den Ausdruck für c in den für d, so wird der letztere eine ähnliche Form annehmen wie der erstere, nämlich

$$d = \delta a + (\gamma\delta + 1) b;$$

er besteht also aus einem Gliede, welches den Factor a, und aus einem zweiten, welches den Factor b enthält. Substituirt man nun diesen Ausdruck für d, und den ersten für c in den Ausdruck für e, so nimmt auch dieser letztere dieselbe Form an. So kann man fortfahren, und aus dem Ausdruck für n erkennt man, dass dieses Gesetz allgemein ist; denn sobald l und m schon diese Form erhalten haben, so nimmt auch n dieselbe an. Wir können daher

$$n = Ga + Hb$$

setzen, wo nun G und H unabhängig von a und b sein werden. Man bezeichnet den Coefficienten H, der nur von den in der Reihe (2) befindlichen Grössen abhängt, durch das Zeichen*)

$$[\gamma, \delta, \varepsilon \ldots \lambda, \mu, \nu], \tag{4}$$

und wir werden im Folgenden einige interessante Sätze beweisen, die sich auf dasselbe beziehen.

Zunächst leuchtet ein, dass, wenn man mit den Anfangsgliedern

$$b, c = \gamma b + a \tag{1'}$$

und der Reihe

$$\delta, \varepsilon \ldots \lambda, \mu, \nu \tag{2'}$$

---

*) *Gauss: D. A.* art. 27.

in derselben Weise verfährt wie oben, man genau dieselben Glieder $d, e \dots l, m, n$ erhalten wird. Wir können daher gleichzeitig

$$n = Ga + [\gamma, \delta, \varepsilon \dots \mu, \nu] b$$

und

$$n = G'b + [\delta, \varepsilon \dots \mu, \nu] c$$

setzen; ersetzen wir hierin c durch $\gamma b + a$, so erhalten wir

$$n = [\delta, \varepsilon \dots \mu, \nu]\, a + (\gamma [\delta, \varepsilon \dots \mu, \nu] + G') b,$$

woraus, durch Vergleichung der Coefficienten von a in den beiden Formen für n, zunächst

$$G = [\delta, \varepsilon \dots \mu, \nu]$$

folgt. Der Coefficient G lässt sich daher durch dasselbe Zeichen ausdrücken wie H. Wir können also von jetzt an schreiben

$$n = [\delta \dots \mu, \nu]\, a + [\gamma, \delta \dots \mu, \nu] b;$$

da nun auch

$$G' = [\varepsilon \dots \mu, \nu]$$

sein muss, so erhalten wir durch Vergleichung der Coefficienten von b in den beiden Formen für n den Satz

$$[\gamma, \delta, \varepsilon \dots \nu] = \gamma\, [\delta, \varepsilon \dots \nu] + [\varepsilon \dots \nu], \tag{5}$$

in welchem das Gesetz ausgedrückt ist, nach welchem die Fortbildung der Ausdrücke von der Form (4) nach links hin geschieht.

Einen ganz analogen Satz für die Fortbildung nach rechts hin erhält man durch die einfache Bemerkung, dass durch die Annahme $a = 0$, $b = 1$ die drei Grössen l, m, n resp. in

$$[\gamma \dots \lambda], \quad [\gamma \dots \lambda, \mu], \quad [\gamma \dots \lambda, \mu, \nu]$$

übergehen, so dass zwischen diesen drei consecutiven Ausdrücken die Relation

$$[\gamma \dots \lambda, \mu, \nu] = [\gamma \dots \lambda, \mu]\, \nu + [\gamma \dots \lambda] \tag{6}$$

besteht.

Verbindet man diese beiden Sätze mit einander, so überzeugt man sich leicht von der Richtigkeit des folgenden:

$$[\nu, \mu \dots \delta, \gamma] = [\gamma, \delta \dots \mu, \nu]. \tag{7}$$

Nimmt man nämlich an, dieser Satz sei für alle Ausdrücke dieser Art bewiesen, welche eine kleinere Anzahl von Grössen enthalten, so dass also z. B.

$$[\delta, \varepsilon \dots \nu] = [\nu \dots \varepsilon, \delta] \text{ und } [\varepsilon \dots \nu] = [\nu \dots \varepsilon],$$

so folgt aus (5):

$$[\gamma, \delta, \varepsilon \ldots \nu] = [\nu \ldots \varepsilon, \delta]\gamma + [\nu \ldots \varepsilon];$$

verbindet man dies mit dem Satz (6), so ergiebt sich unmittelbar die Richtigkeit der Gleichung (7). In der That gilt aber der Satz wirklich für die ersten Fälle; enthält nämlich der Ausdruck nur eine einzige Grösse γ, so versteht sich dies von selbst; und ausserdem ist

$$[\gamma, \delta] = \gamma\delta + 1 = [\delta, \gamma].$$

Hieraus folgt also, dass der Satz auch für jede beliebige Anzahl der Grössen $\gamma, \delta \ldots \mu, \nu$ gilt.

Wir können die Gleichungen (3), durch welche das Bildungsgesetz der Grössen $c, d \ldots n$ ausgedrückt wird, auch in folgender Weise schreiben:

$$\begin{aligned} -c &= (-\gamma)b + (-a) \\ +d &= (-\delta)(-c) + b \\ -e &= (-\varepsilon)d + (-c) \\ &\ldots\ldots\ldots \\ \pm n &= (-\nu)(\mp m) + (\pm l), \end{aligned}$$

wo in der letzten Gleichung das obere oder untere Zeichen zu nehmen ist, je nachdem die Anzahl der Grössen $\gamma, \delta \ldots \mu, \nu$ gerade oder ungerade ist. Hieraus geht hervor, dass aus den Anfangsgliedern

$$-a, b \qquad (1'')$$

und der Reihe

$$-\gamma, -\delta, -\varepsilon \cdots -\lambda, -\mu, -\nu \qquad (2'')$$

durch dasselbe frühere Verfahren die Reihe

$$-c, +d, -e \cdots \pm n$$

entsteht. Es wird daher auch

$$\pm n = [-\delta, -\varepsilon \cdots -\nu](-a) + [-\gamma, -\delta, -\varepsilon \cdots -\nu]b$$

und folglich

$$[-\gamma, -\delta \cdots -\nu] = \pm[\gamma, \delta \ldots \nu] \qquad (8)$$

sein, worin wieder das obere oder untere Zeichen zu nehmen ist, je nachdem die Anzahl der Grössen $\gamma, \delta \ldots \nu$ gerade oder ungerade ist.

Endlich kann man die Gleichungen (3) auch in umgekehrter Folge so schreiben:

$$l = (-\nu) m + n$$
$$k = (-\mu) l + m$$
$$\cdot \quad \cdot \quad \cdot \quad \cdot \quad \cdot \quad \cdot \quad \cdot \quad \cdot$$
$$b = (-\delta) c + d$$
$$a = (-\gamma) b + c.$$

Es wird daher

$$a = [-\mu \cdots -\gamma] n + [-\nu, -\mu \cdots -\gamma] m$$

oder mit Hülfe des Satzes (8):

$$\pm a = -[\mu \ldots \gamma] n + [\nu, \mu \ldots \gamma] m$$

oder mit Berücksichtigung des Satzes (7):

$$\pm a = -[\gamma, \delta \ldots \mu] n + [\gamma, \delta \ldots \mu, \nu] m.$$

Wenn man nun $a = 1$, $b = 0$ setzt, so gehen m, n resp. in

$$[\delta \ldots \mu], \quad [\delta \ldots \mu, \nu]$$

über, und man erhält das Resultat:

$$[\delta \ldots \mu] [\gamma, \delta \ldots \mu, \nu] - [\delta \ldots \mu, \nu] [\gamma, \delta \ldots \mu] = \pm 1, \quad (9)$$

wo wieder das obere oder untere Zeichen zu nehmen ist, je nachdem die Anzahl der Grössen $\gamma, \delta \ldots \mu, \nu$ gerade oder ungerade ist.

Zum Schluss wollen wir bemerken, dass diese Ausdrücke in der Theorie der Kettenbrüche von der grössten Wichtigkeit sind; bezeichnen wir nämlich einen gewöhnlichen Kettenbruch, in welchem die Zähler sämmtlich $= 1$, und dessen sogenannte Quotienten $\gamma, \delta \ldots \mu, \nu$ sind, kurz durch das Symbol $(\gamma, \delta \ldots \mu, \nu)$, so dass also

$$(\gamma, \delta \ldots \lambda, \mu, \nu) = \gamma + \frac{1}{(\delta \ldots \lambda, \mu, \nu)}, \quad (\gamma) = \gamma$$

ist, so ergiebt sich allgemein durch Reduction desselben

$$(\gamma, \delta \ldots \mu, \nu) = \frac{[\gamma, \delta \ldots \mu, \nu]}{[\delta \ldots \mu, \nu]} \quad (10)$$

Denn gesetzt, dieser Satz sei schon für jede kleinere Anzahl der Grössen $\gamma, \delta, \varepsilon \ldots \mu, \nu$ bewiesen, so dass also namentlich

$$(\delta, \varepsilon \ldots \mu, \nu) = \frac{[\delta, \varepsilon \ldots \mu, \nu]}{[\varepsilon \ldots \mu, \nu]}$$

ist, so folgt hieraus

$$(\gamma, \delta, \varepsilon \ldots \mu, \nu) = \gamma + \frac{1}{(\delta, \varepsilon \ldots \mu, \nu)}$$
$$= \gamma + \frac{[\varepsilon \ldots \mu, \nu]}{[\delta, \varepsilon \ldots \mu, \nu]} = \frac{\gamma [\delta, \varepsilon \ldots \mu, \nu] + [\varepsilon \ldots \mu, \nu]}{[\delta, \varepsilon \ldots \mu, \nu]}$$

und hieraus ergiebt sich mit Berücksichtigung des Satzes (5) die Gleichung (10). In der That ist aber

$$(\gamma, \delta) = \gamma + \frac{1}{\delta} = \frac{\gamma\delta + 1}{\delta} = \frac{[\gamma, \delta]}{[\delta]};$$

da also der Satz für zwei Grössen γ, δ richtig ist, so ist er auch für jede grössere Anzahl der Grössen $\gamma, \delta \ldots \mu, \nu$ richtig.

Sind die Elemente $\gamma, \delta \ldots \mu, \nu$ ganze Zahlen, so gilt dasselbe von den Zählern und Nennern der Brüche

$$\frac{[\gamma]}{1}, \frac{[\gamma, \delta]}{[\delta]} \cdots \frac{[\gamma, \delta \ldots \mu, \nu]}{[\delta \ldots \mu, \nu]};$$

ferner ist jeder dieser Brüche irreducibel, d. h. durch die kleinsten Zahlen ausgedrückt; denn es folgt z. B. aus der Relation (9), dass Zähler und Nenner des letzten der obigen Brüche ohne gemeinschaftlichen Divisor sind.

§. 24.

Die vorstehenden Sätze, welche eigentlich in die Theorie der Differenzen-Gleichungen zweiter Ordnung*) gehören, sind deshalb gleich in solcher Vollständigkeit aufgestellt, damit wir bei einer späteren Untersuchung nicht nöthig haben, von Neuem auf denselben Algorithmus zurückzukommen; für unseren nächsten Bedarf, nämlich für die Auflösung der unbestimmten Gleichung

$$ax - by = 1,$$

in welcher wir nun wieder a und b als zwei gegebene relative Primzahlen ansehen, genügt schon ein kleiner Theil der vorhergehenden Resultate. Zu dem Zweck verfahren wir nun, wie es bei der Aufsuchung des grössten gemeinschaftlichen Divisors der beiden Zahlen (oder bei der Verwandlung des Bruches $a:b$ in einen Kettenbruch) geschieht, indem wir das System der folgenden Gleichungen bilden

$$\begin{aligned} a &= \gamma b + c \\ b &= \delta c + d \\ &\cdot \quad \cdot \quad \cdot \quad \cdot \quad \cdot \\ l &= \nu m + 1, \end{aligned}$$

wobei zuletzt der Rest 1 auftreten muss (§. 5); diese Gleichungen können wir auch so schreiben

*) Vergl. *Jacobi: Allgemeine Theorie der kettenbruchähnlichen Algorithmen, in welchen jede Zahl aus Drei vorhergehenden gebildet wird*, Crelle's Journal, Bd. 69.

$$\begin{aligned} c &= (-\gamma) b + a \\ d &= (-\delta) c + b \\ &\cdots\cdots \\ 1 &= (-\nu) m + l \end{aligned}$$

und hieraus folgt, dass

$$1 = [-\delta, -\varepsilon \cdots -\mu, -\nu]\, a + [-\gamma, -\delta, -\varepsilon \cdots -\mu, -\nu]\, b$$

oder nach §. 23, (8)

$$1 = \mp [\delta, \varepsilon \ldots \mu, \nu]\, a \pm [\gamma, \delta, \varepsilon \ldots \mu, \nu]\, b$$

ist, worin das obere oder untere Zeichen zu nehmen ist, je nachdem die Anzahl der Grössen $\gamma, \delta \ldots \mu, \nu$ gerade oder ungerade ist. Wir erhalten daher folgende Lösung der unbestimmten Gleichung:

$$x = \mp [\delta, \varepsilon \ldots \mu, \nu], \quad y = \mp [\gamma, \delta, \varepsilon \ldots \mu, \nu].$$

Hiermit ist also auch eine Wurzel x der Congruenz

$$a x \equiv 1 \pmod{b}$$

gefunden, und dies genügt vollständig, da alle anderen Wurzeln mit dieser einen nach dem Modul b congruent sind.

Wenden wir diese Methode auf unser Beispiel

$$2 x \equiv 1 \pmod{15}$$

an, so erhalten wir

$$2 = 0 \,.\, 15 + 2, \quad 15 = 7 \,.\, 2 + 1,$$

also

$$\gamma = 0, \ \delta = 7, \quad x \equiv -[\delta] \equiv -7 \equiv 8 \pmod{15}$$

und hieraus folgt, dass

$$x' \equiv -7 \,.\, (-3) \equiv 21 \equiv 6 \pmod{15}$$

die Wurzel der Congruenz

$$2 x' \equiv -3 \pmod{15}$$

ist.

Als zweites Beispiel wählen wir die Congruenz

$$37 x \equiv 1 \pmod{100};$$

indem wir ebenso verfahren, erhalten wir

$$37 = 0 \,.\, 100 + 37; \quad 100 = 2 \,.\, 37 + 26; \quad 37 = 1 \,.\, 26 + 11;$$
$$26 = 2 \,.\, 11 + 4; \quad 11 = 2 \,.\, 4 + 3; \quad 4 = 1 \,.\, 3 + 1$$

und also

$$x \equiv -[2, 1, 2, 2, 1] \pmod{100}.$$

Nun ist, wenn wir von rechts nach links rechnen,

$$[1] = 1,\ [2, 1] = 3,\ [2, 2, 1] = 7,\ [1, 2, 2, 1] = 10,$$
$$[2, 1, 2, 2, 1] = 27,$$

also

$$x \equiv -27 \equiv 73 \pmod{100}.$$

Da $\varphi(100) = \varphi(4)\,\varphi(25) = 2 \,.\, 20 = 40$ ist, so hätten wir nach unserer früheren Methode die Auflösung

$$x \equiv 37^{39} \pmod{100}$$

erhalten; die hierin angedeutete Rechnung würde sich zwar durch einige Kunstgriffe bedeutend abkürzen lassen, allein doch viel langwieriger sein, als die nach der zweiten Methode ausgeführte Rechnung.

Kommt es darauf an, auch den Werth von

$$y = \mp [\gamma, \delta, \varepsilon \ldots \mu, \nu]$$

zu berechnen, so ist es vortheilhaft, die Berechnung des Werthes

$$x = \mp [\delta, \varepsilon \ldots \mu, \nu]$$

von rechts nach links vorzunehmen; man findet dann nach der Formel (5) des §. 23 aus

$$[\varepsilon \ldots \mu, \nu] \text{ und } [\delta, \varepsilon \ldots \mu, \nu]$$

unmittelbar den Werth von y. So oft $\gamma = 0$, also $a < b$ ist, reducirt sich y auf

$$y = \mp [\varepsilon \ldots \mu, \nu].$$

Dies ist in unseren Beispielen der Fall; in dem zweiten erhält man auf diese Weise

$$y = -[0, 2, 1, 2, 2, 1] = -[1, 2, 2, 1] = -10,$$

und in der That ist

$$37 \,.\, (-27) - 100 \,.\, (-10) = 1.$$

Bei dieser Auflösung der unbestimmten Gleichung $ax - by = 1$ in ganzen Zahlen x, y ist stillschweigend vorausgesetzt, dass die beiden gegebenen relativen Primzahlen a, b *positive* Zahlen sind; doch erkennt man leicht, dass hierdurch die Allgemeinheit der Methode nicht beeinträchtigt wird.

Sobald nun eine bestimmte *Lösung*, d. h. ein bestimmtes Zahlenpaar x, y gefunden ist, welches der Gleichung $ax - by = 1$ genügt, so ist es leicht, daraus die allgemeine Form aller Lösungen x', y' derselben unbestimmten Gleichung abzuleiten. Ist nämlich

$$ax' - by' = 1,$$

so folgt durch Subtraction

$$a(x' - x) = b(y' - y);$$

da nun a und b relative Primzahlen sind, so muss (nach §. 5, 2.) die Zahl b in $(x' - x)$ aufgehen, es muss daher

$$x' = x + bz, \quad y' = y + az$$

sein, wo z eine ganze Zahl bedeutet, und umgekehrt entspricht jeder willkürlich gewählten ganzen Zahl z eine durch die vorstehenden Formeln herzustellende Lösung x', y' unserer unbestimmten Gleichung; jede Lösung x', y' wird, wenn z alle ganzen Zahlen von $-\infty$ bis $+\infty$ durchläuft, einmal und nur einmal erzeugt. Man erkennt auch leicht, dass dieses Resultat selbst dann noch gültig bleibt, wenn eine der beiden gegebenen relativen Primzahlen a, b gleich Null, und die andere folglich $= \pm 1$ ist.

Wir bemerken ferner, dass durch wiederholte Anwendung des obigen Verfahrens folgende allgemeinere Aufgabe gelöst werden kann: *Sind a, b, c ... gegebene ganze Zahlen, deren grösster gemeinschaftlicher Divisor m ist, so sollen ebensoviele ganze Zahlen x, y, z ... gefunden werden, welche der Gleichung*

$$ax + by + cz + \cdots = m$$

genügen. Denn gesetzt, man habe für die Zahlen b, c ..., deren grösster gemeinschaftlicher Divisor m' nothwendig ein Multiplum von m ist, schon ganze Zahlen y', z' ... gefunden, welche der Bedingung

$$by' + cz' + \cdots = m'$$

genügen, so löse man, da m der grösste gemeinschaftliche Divisor von a und m' ist, nach der obigen Methode die Gleichung

$$ax + m'x' = m$$

in ganzen Zahlen x, x', so wird die vorgelegte Gleichung durch die Zahlen x, $y = x'y'$, $z = x'z'$ ... befriedigt.

§. 25.

Auf das im Vorhergehenden behandelte Problem der Auflösung der Congruenzen ersten Grades lässt sich das folgende zurückführen:

Alle Zahlen x zu finden, welche in Bezug auf zwei gegebene Moduln a, b gegebenen Zahlen resp. α, β congruent sind, d. h. welche den beiden Forderungen

$$x \equiv \alpha \pmod{a}, \quad x \equiv \beta \pmod{b}$$

genügen.

Da nämlich alle Zahlen x, welche die erste dieser beiden Forderungen erfüllen, in der Form $x = \alpha + a t$ enthalten sind, wo t jede beliebige ganze Zahl bedeutet, so kommt es nur noch darauf an, dieses t näher so zu bestimmen, dass

$$a t \equiv \beta - \alpha \pmod{b} \tag{1}$$

wird. Bezeichnet man nun mit δ den grössten gemeinschaftlichen Divisor der beiden Moduln a und b, so muss, wenn diese Congruenz möglich sein soll, $\beta - \alpha$ durch δ theilbar, d. h. es muss

$$\alpha \equiv \beta \pmod{\delta} \tag{2}$$

sein (§. 22). Ist diese Bedingung nicht erfüllt, so existirt keine Zahl, welche der Aufgabe genügt; ist sie aber erfüllt, so sind sämmtliche der Congruenz (1) genügende Zahlen t in der Form

$$t \equiv t_0 \left(\text{mod. } \frac{b}{\delta}\right) \text{ oder } t = t_0 + \frac{b}{\delta} u$$

enthalten, wo t_0 eine bestimmte von ihnen, und u jede beliebige ganze Zahl bedeutet. Hieraus folgt, dass die gesuchten Zahlen durch die Formel

$$x = \alpha + a t_0 + \frac{a b}{\delta} u \text{ oder } x \equiv x_0 \left(\text{mod. } \frac{a b}{\delta}\right)$$

gegeben werden, wo $x_0 = \alpha + a t_0$ selbst eine der gesuchten Zahlen und der Modulus offenbar das kleinste gemeinschaftliche Multiplum der beiden gegebenen Moduln a, b ist.

Werden z. B. die Zahlen gesucht, welche durch 12 dividirt den Rest 7, durch 15 dividirt den Rest 4 lassen, so hat man die Congruenzen

$$x \equiv 7 \text{ (mod. 12)}, \quad x \equiv 4 \text{ (mod. 15)}.$$

Man setzt also $x = 7 + 12 t$, und erhält für t die Congruenz

$$12 t \equiv -3 \text{ (mod. 15)},$$

welche (da hier die Bedingung (2) erfüllt ist) sich auf

$$4 t \equiv -1 \text{ (mod. 5)}$$

reducirt. Hieraus folgt

$$t \equiv 1 \text{ (mod. 5)}$$

und also

$$x = 7 + 12 t \equiv 19 \text{ (mod. 60)}.$$

Besonders bemerkenswerth ist der besondere Fall, in welchem die beiden gegebenen Moduln a, b relative Primzahlen sind; da gleichzeitig $\delta = 1$ wird, so fällt die Bedingung (2) ganz fort; die Auflösung ist stets möglich und liefert ein Resultat von der Form

$$x \equiv x_0 \text{ (mod. } a b).$$

Die ursprüngliche Aufgabe lässt sich auch leicht für den Fall verallgemeinern, in welchem eine Reihe von beliebig vielen Moduln und eine Reihe ihnen entsprechender Reste gegeben ist; für uns ist indessen nur der Fall von Wichtigkeit, in welchem die gegebenen Moduln $a, b, c \ldots$ relative Primzahlen sind; wir beschränken uns daher auf denselben, und stellen uns unter dieser Voraussetzung die Aufgabe, alle Zahlen x zu finden, welche dem System von Congruenzen

$$x \equiv \alpha \pmod{a}, \quad x \equiv \beta \pmod{b}, \quad x \equiv \gamma \pmod{c} \ldots$$

genügen. Da wir nun schon wissen, dass alle Zahlen, welche die beiden ersten dieser Forderungen erfüllen, in der Form $x \equiv \beta_1 \pmod{ab}$ enthalten sind, wo die Zahl β_1 nach dem Vorhergehenden gefunden werden kann, so kommt unsere Aufgabe offenbar auf die einfachere zurück, alle Zahlen x zu finden, welche dem folgenden System von Congruenzen genügen:

$$x \equiv \beta_1 \pmod{ab}, \quad x \equiv \gamma \pmod{c} \ldots$$

Da nun der Modul ab der ersten dieser Congruenzen wieder relative Primzahl gegen jeden folgenden Modul $c \ldots$ ist, so kann man in derselben Weise fortfahren und gelangt so zu dem Resultat, dass sämmtliche Zahlen x in der Form

$$x \equiv x_0 \pmod{m}$$

enthalten sind, wo x_0 eine bestimmte von ihnen, und m das Product $abc \ldots$ aus allen gegebenen Moduln bedeutet.

Statt eine solche Zahl x_0 in der eben angegebenen Weise durch successive Auflösung einer Reihe von Congruenzen ersten Grades in Bezug auf die Moduln $b, c \ldots$ zu suchen, kann man auch auf folgende Art symmetrisch verfahren.

Man setze $m = aA = bB = cC \ldots$ und bestimme (nach §. 24) zunächst Zahlen $a', b', c' \ldots$, welche den Congruenzen

$$Aa' \equiv 1 \pmod{a}, \quad Bb' \equiv 1 \pmod{b}, \quad Cc' \equiv 1 \pmod{c} \ldots$$

genügen; so wird

$$x \equiv Aa'\alpha + Bb'\beta + Cc'\gamma + \cdots \pmod{m};$$

denn da $B, C \ldots$ durch a theilbar sind, so ist $x \equiv Aa'\alpha \equiv \alpha \pmod{a}$, und ebenso $\equiv \beta \pmod{b}$, $\equiv \gamma \pmod{c}$ u. s. w.

Ein besonderer Vortheil dieser Methode besteht darin, dass die Hülfszahlen $a', b', c' \ldots$ ganz unabhängig von $\alpha, \beta, \gamma \ldots$ sind, und daher stets dieselben bleiben, wie auch die letzteren variiren mögen, vorausgesetzt natürlich, dass das System der Moduln $a, b, c \ldots$ unverändert bleibt.

Es folgt ferner hieraus, dass x ein vollständiges Restsystem nach dem Modul m durchläuft, sobald die Reste $\alpha, \beta, \gamma \ldots$ vollständige Restsysteme resp. in Bezug auf die Moduln $a, b, c \ldots$ durchlaufen; denn wenn $\alpha', \beta', \gamma' \ldots$ irgend ein zweites System gegebener Reste ist, so wird

$$Aa'\alpha' + Bb'\beta' + Cc'\gamma' + \cdots$$

stets und nur dann

$$\equiv Aa'\alpha + Bb'\beta + Cc'\gamma + \cdots$$

nach dem Modulus m sein, wenn gleichzeitig

$$\alpha' \equiv \alpha \pmod{a}, \quad \beta' \equiv \beta \pmod{b}, \quad \gamma' \equiv \gamma \pmod{c}$$

u. s. w. ist; da ferner $\alpha, \beta, \gamma \ldots$ resp. $a, b, c \ldots$ verschiedene Werthe durchlaufen, so ist die Anzahl aller verschiedenen Restsysteme, also auch die Anzahl der resultirenden nach dem Modul m incongruenten Werthe von x gleich $abc \cdots = m$; d. h. x durchläuft ein vollständiges Restsystem nach dem Modul m.

Ist ferner α relative Primzahl zu a, β zu b u. s. f., so ist x auch relative Primzahl zu m, und umgekehrt; hieraus folgt leicht ein neuer Beweis des Satzes, dass $\varphi(ab) = \varphi(a)\,\varphi(b)$ ist.

Endlich ergiebt sich, dass, wenn x irgend eine ganze Zahl bedeutet, stets

$$\frac{x}{m} = h + \frac{u}{a} + \frac{v}{b} + \frac{w}{c} + \cdots$$

gesetzt werden kann, wo $h, u, v, w \ldots$ ganze Zahlen bedeuten. Denn lässt x in Bezug auf die Moduln $a, b, c \ldots$ resp. die Reste $\alpha, \beta, \gamma \ldots$, so ist nach dem Obigen

$$x = hm + Aa'\alpha + Bb'\beta + Cc'\gamma + \cdots,$$

wo h eine ganze Zahl bedeutet, und folglich

$$\frac{x}{m} = h + \frac{a'\alpha}{a} + \frac{b'\beta}{b} + \frac{c'\gamma}{c} + \cdots$$

§. 26.

Wir wenden uns nun zu der Betrachtung der Congruenzen höherer Grade, beschränken uns aber dabei auf den einfachsten Fall, in welchem der Modul p eine *Primzahl* ist. Die allgemeinste Form einer Congruenz $n$ten Grades ist die folgende:

$$ax^n + bx^{n-1} + cx^{n-2} + \cdots + h \equiv 0 \pmod{p},$$

in welcher der höchste Coefficient a als nicht theilbar durch die Primzahl p vorausgesetzt wird. Ebenso wie man jede Gleichung leicht auf den Fall zurückführen kann, in welchem der höchste Coefficient $=1$ ist, so erreicht man auch hier dasselbe, wenn man die Congruenz mit einer Zahl a' multiplicirt, welche der Bedingung $aa' \equiv 1 \pmod{p}$ genügt und also eine Wurzel der stets lösbaren Congruenz $ax \equiv 1 \pmod{p}$ ist. Doch hängt hiervon die Gültigkeit der folgenden Sätze nicht im Mindesten ab.

Wir bezeichnen der Einfachheit halber das auf der linken Seite der obigen Congruenz befindliche Polynom $n$ten Grades kurz mit $f(x)$. Hat nun eine solche Congruenz

$$f(x) \equiv 0 \pmod{p} \tag{1}$$

eine Wurzel $x \equiv \alpha$ und dividirt man $f(x)$ durch $x - \alpha$, so wird der Divisionsrest r_1 eine durch p theilbare Zahl sein; denn bezeichnet man den Quotienten der Division, welcher eine ganze Function vom $(n-1)$ten Grade mit ganzzahligen Coefficienten ist, mit $f_1(x)$, so ist

$$f(x) = (x-\alpha) f_1(x) + r_1 \tag{2}$$

und hierin ist $r_1 = f(\alpha)$ der Voraussetzung nach $\equiv 0 \pmod{p}$.

Hat nun die Congruenz (1) noch eine zweite von α verschiedene, d. h. nicht mit α congruente Wurzel β, so folgt aus (2), dass

$$(\beta - \alpha) f_1(\beta) \equiv 0 \pmod{p}$$

und also, da $\beta - \alpha$ nicht durch p theilbar ist, dass $f_1(\beta) \equiv 0$, d. h. dass β eine Wurzel der Congruenz $f_1(x) \equiv 0 \pmod{p}$ sein muss. Man kann daher wieder

$$f_1(x) = (x - \beta) f_2(x) + r_2$$

setzen, wo der Rest r_2 wieder eine durch p theilbare Zahl, und der Quotient $f_2(x)$ eine ganze Function $(n-2)$ten Grades mit ganzzahligen Coefficienten ist. Setzt man aber diesen Ausdruck für $f_1(x)$ in die Gleichung (2) ein, so nimmt dieselbe die Form

$$f(x) = (x-\alpha)(x-\beta) f_2(x) + r_2(x-\alpha) + r_1$$

oder, da r_1 und r_2 durch p theilbar sind, die Form

$$f(x) = (x-\alpha)(x-\beta) f_2(x) + p(lx + m)$$

an, in welcher l und m ganze Zahlen sind.

Besitzt nun die Congruenz (1) noch eine dritte von α und β verschiedene Wurzel γ, so ergiebt sich, da weder $(\gamma - \alpha)$ noch $(\gamma - \beta)$ durch p theilbar ist, dass γ eine Wurzel der Congruenz $f_2(x) \equiv 0$ ist; verfährt man daher wie früher, so erhält man eine Gleichung von der Form

$$f(x) = (x-\alpha)(x-\beta)(x-\gamma) f_3(x) + p(rx^2 + sx + t),$$

wo r, s, t ganze Zahlen bedeuten. Setzt man diese Schlussweise fort, so gelangt man offenbar zu folgendem Satze: *Besitzt die Congruenz $n$ten Grades*

$$f(x) \equiv 0 \pmod{p},$$

deren Modulus p eine Primzahl ist, n incongruente Wurzeln $\alpha, \beta, \gamma \ldots \lambda$, so ist ihre linke Seite von der Form

$$f(x) = a(x-\alpha)(x-\beta)(x-\gamma)\ldots(x-\lambda) + p\,\psi(x), \tag{3}$$

wo a den höchsten Coefficienten von $f(x)$, und $\psi(x)$ ein Polynom bedeutet, dessen Coefficienten ganze Zahlen sind.

Und aus diesem ersten Satze folgt sogleich der zweite*): *Eine Congruenz vom Grade n, deren Modulus eine Primzahl ist, kann niemals mehr als n incongruente Wurzeln haben.* Denn hätte die Congruenz (1) ausser den n Wurzeln $\alpha, \beta \ldots \lambda$ noch mindestens eine solche μ, die mit keiner der vorhergehenden congruent ist, so würde aus der Gleichung (3) folgen, dass das Product

$$a(\mu-\alpha)(\mu-\beta)(\mu-\gamma)\ldots(\mu-\lambda)$$

durch p theilbar wäre, was unmöglich ist, da der Voraussetzung nach keiner der Factoren durch p theilbar ist.

Man hätte diese beiden Sätze, welche für die Folge von der grössten Wichtigkeit sind, auch in umgekehrter Ordnung aus dem in der Gleichung (2) ausgesprochenen Resultat schliessen können. Da nämlich jede von α verschiedene Wurzel β der Congruenz (1) eine Wurzel der Congruenz nächst niedrigeren Grades

$$f_1(x) \equiv 0 \pmod{p}$$

ist, so folgt hieraus unmittelbar, dass die erstere Congruenz höchstens eine Wurzel mehr besitzt, als die letztere; da nun eine Congruenz ersten Grades (sobald der Modulus eine Primzahl ist) nur eine Wurzel besitzt, so kann eine Congruenz vom zweiten Grade höchstens 2, folglich eine Congruenz dritten Grades höchstens 3 u. s. f., allgemein eine Congruenz $n$ten Grades höchstens n incongruente Wurzeln besitzen. Und nachdem so der zweite Satz bewiesen ist, ergiebt sich auch der erste leicht auf folgende Weise. Gesetzt, die Congruenz (1) vom $n$ten Grade hat wirklich n incongruente Wurzeln $\alpha, \beta, \gamma \ldots \lambda$, so bilde man die Differenz

$$f(x) - a(x-\alpha)(x-\beta)(x-\gamma)\ldots(x-\lambda) = \varphi(x),$$

wo a den höchsten Coefficienten in $f(x)$ bezeichnet, und denke sich

*) *Lagrange: Nouvelle méthode pour résoudre les problèmes indéterminés en nombres entiers*, Mém. de l'Ac. de Berlin. T. XXIV.

dieselbe nach Potenzen von x geordnet; dann ist zu zeigen, dass alle Coefficienten dieses Polynoms $\varphi(x)$, dessen Grad höchstens $= n - 1$, also jedenfalls kleiner als n ist, durch p theilbar sind. Gesetzt, dies wäre nicht der Fall, und es wäre x^r die höchste in $\varphi(x)$ vorkommende Potenz von x, deren Coefficient nicht durch p theilbar wäre, so wäre

$$\varphi(x) \equiv 0 \pmod{p}$$

eine Congruenz vom $r$ten Grade, welche, wie man unmittelbar einsieht, die n incongruenten Zahlen $\alpha, \beta \ldots \lambda$ zu Wurzeln hätte, also, da $r < n$ ist, mehr Wurzeln besässe, als ihr Grad Einheiten enthält. Da dies gegen den schon bewiesenen Satz streitet, so müssen wirklich alle Coefficienten von $\varphi(x)$ durch p theilbar sein, d. h. es muss

$$\varphi(x) = p\,\psi(x)$$

sein, wo sämmtliche Coefficienten des Polynoms $\psi(x)$ ganze Zahlen sind. Dies war aber der Inhalt des ersten Satzes.

Wir können zu diesen beiden Sätzen noch den folgenden dritten hinzufügen: *Wenn*

$$f(x) = \varphi(x)\,\psi(x)$$

ist, wo die Coefficienten der Polynome $\varphi(x)$ und $\psi(x)$ sämmtlich ganze Zahlen sind, und wenn die Congruenz

$$f(x) \equiv 0 \pmod{p}, \tag{4}$$

(wo p wieder eine Primzahl bedeutet) ebenso viele incongruente Wurzeln besitzt, als ihr Grad Einheiten enthält, so gilt dasselbe von jeder der beiden Congruenzen

$$\varphi(x) \equiv 0 \pmod{p}, \quad \psi(x) \equiv 0 \pmod{p}. \tag{5}$$

Zunächst leuchtet nämlich ein, dass jede Wurzel α der Congruenz (4) auch eine Wurzel von mindestens einer der beiden Congruenzen (5) sein muss; denn aus

$$\varphi(\alpha)\,\psi(\alpha) = f(\alpha) \equiv 0 \pmod{p}$$

folgt, dass mindestens eine der beiden Zahlen $\varphi(\alpha)$, $\psi(\alpha)$ durch p theilbar sein muss. Hätte nun eine der beiden Congruenzen (5) weniger incongruente Wurzeln, als ihr Grad Einheiten enthält, so müsste nothwendig die Anzahl der Wurzeln der anderen Congruenz, d. h. der übrigen Wurzeln der Congruenz (4) ihren Grad übersteigen, da die Summe der Grade der beiden Polynome $\varphi(x)$ und $\psi(x)$ genau dem Grade des Polynoms $f(x)$ gleich ist. Da dies gegen den zweiten Satz verstossen würde, so muss die Anzahl der incongruenten Wurzeln einer jeden der beiden Congruenzen (5) genau ihrem Grade gleich sein*).

§. 27.

Von diesen wichtigen Sätzen machen wir sogleich eine Anwendung. Zufolge des Fermat'schen Satzes genügt jede der $(p-1)$ unter einander nach dem Modul p incongruenten Zahlen

$$1, 2, 3 \ldots (p-1)$$

der Congruenz

$$x^{p-1} - 1 \equiv 0 \pmod{p},$$

und diese Zahlen bilden auch ihre sämmtlichen incongruenten Wurzeln. Es ist daher nach dem ersten der vorhergehenden drei Sätze

$$x^{p-1} - 1 = (x-1)(x-2)(x-3)\ldots(x-p+1) + p\,\psi(x),$$

worin $\psi(x)$ ein Polynom mit ganzen Coefficienten bezeichnet. Entwickelt man daher das rechter Hand befindliche Product nach Potenzen von x, so muss der Coefficient einer jeden Potenz von x dem entsprechenden linker Hand in Bezug auf den Modul p congruent sein. Wir wollen hier nur den interessantesten Fall betrachten, der sich durch die Vergleichung der Glieder ergiebt, welche von x unabhängig sind. Ist zunächst p eine *ungerade* Primzahl, so ist dieses Glied rechter Hand, da die Anzahl $p-1$ der negativen Factoren gerade ist,

$$= 1 \,.\, 2 \,.\, 3 \ldots (p-1),$$

linker Hand dagegen $= -1$, und hieraus ergiebt sich der nach *Wilson* benannte Satz:

Wenn p eine Primzahl bedeutet, so ist das um eine Einheit vergrösserte Product aller kleineren Zahlen als p durch p theilbar, in Zeichen

$$1 \,.\, 2 \ldots (p-1) \equiv -1 \pmod{p}.$$

So ist z. B.

$$1 \,.\, 2 \,.\, 3 \,.\, 4 \,.\, 5 \,.\, 6 + 1 = 721$$

theilbar durch 7.

---

*) Eine weitere Entwickelung dieses Gegenstandes findet man in meiner Abhandlung: *Abriss einer Theorie der höheren Congruenzen in Bezug auf einen reellen Primzahl-Modulus*, Crelle's Journal, Bd. 54. — Vergl. die nachgelassene Abhandlung von *Gauss*: *Analysis Residuorum*, Gauss Werke, Bd. II. 1863.

Der Wilson'sche Satz gilt aber auch für die Primzahl 2, da in diesem Fall $+1$ und -1 einander congruent sind.

Dieser Satz ist dadurch bemerkenswerth, dass er sich umkehren lässt und deshalb ein charakteristisches Merkmal für eine Primzahl abgiebt. Denn nimmt man umgekehrt an, es sei

$$1 \,.\, 2 \,.\, 3 \ldots (p-1)+1$$

durch p theilbar, so muss p eine Primzahl sein; wäre nämlich p eine zusammengesetzte Zahl, also ausser durch 1 und durch sich selbst auch noch durch eine andere Zahl a theilbar, so würde a nothwendig eine der Zahlen 2, 3 ... $(p-1)$ sein müssen; da nun die obige Summe und ihr erstes Glied durch a theilbar ist, so müsste auch das zweite Glied 1 durch a theilbar sein, was nicht möglich ist.

Einen anderen interessanten Satz erhält man durch Anwendung des dritten der vorhergehenden Sätze auf dasselbe Beispiel. Bezeichnet nämlich δ irgend einen Divisor von $p-1$, so ist bekanntlich

$$x^{p-1}-1=(x^{\delta}-1)\,\psi(x);$$

wo $\psi(x)$ ein Polynom mit ganzen Coefficienten bedeutet. Hieraus folgt also: *Die Congruenz*

$$x^{\delta} \equiv 1 \ (\text{mod.} p),$$

deren Grad δ ein Divisor von $p-1$ ist, besitzt stets δ incongruente Wurzeln.

§. 28.

Der zuletzt abgeleitete Satz gehört seinem Inhalte nach eigentlich in eine allgemeinere Theorie, nämlich in die Theorie der *binomischen Congruenzen* von der Form

$$a x^{n} \equiv b \ (\text{mod.} k).$$

Dieselbe stützt sich auf die Betrachtung der sogenannten *Potenzreste*, d. h. der Reste der successiven Potenzen einer Zahl, und wir beschäftigen uns daher zunächst mit der Untersuchung der interessanten Gesetze, welche hier hervortreten.

Es sei also k ein beliebiger Modul, und a relative Primzahl gegen denselben; bilden wir nun die Reihe

$$1, a, a^2, a^3 \ldots$$

der successiven Potenzen von a und setzen dieselbe hinreichend weit fort, so muss es einmal geschehen, dass zwei verschiedene

Glieder a^s und a^{s+n} einander nach dem Modul k congruent werden; denn es giebt ja nur eine endliche Anzahl incongruenter Zahlen. Aus der Congruenz

$$a^{s+n} = a^s \cdot a^n \equiv a^s \pmod{k}$$

folgt aber, da a^s relative Primzahl gegen den Modul k ist, dass

$$a^n \equiv 1 \pmod{k}$$

ist. Es giebt daher, was wir auch schon durch den verallgemeinerten Fermat'schen Satz (§. 19) wussten, stets eine Potenz von a, welche durch k dividirt den Rest 1 lässt. Unter allen Potenzen von a, welche dieselbe Eigenschaft haben, ist aber besonders diejenige bemerkenswerth, welche den kleinsten Exponenten hat; doch versteht sich von selbst, dass der Exponent Null hier nicht in Betracht kommt, für welchen die entsprechende Potenz ja stets $\equiv 1$ sein würde. Bezeichnen wir mit δ diesen kleinsten positiven Exponenten, für welchen

$$a^\delta \equiv 1 \pmod{k}$$

wird, so wollen wir sagen, die Zahl a *gehöre* zu dem Exponenten δ oder zu der Zahl δ. Dann leuchtet zunächst ein, dass die ersten δ Glieder der obigen Potenzreihe, d. h. die Zahlen

$$1, \quad a, \quad a^2 \ldots a^{\delta-1}$$

sämmtlich incongruent unter einander sind; denn aus einer Congruenz von der Form $a^{s+n} \equiv a^s$, wo s und $s+n$ kleiner als δ sind, würde wieder $a^n \equiv 1$ folgen, was mit der Voraussetzung im Widerspruch steht, dass keine niedrigere Potenz als a^δ den Rest 1 lässt.

Die folgenden Glieder der Reihe geben nun genau dieselben Reste, und auch in derselben Reihenfolge, denn es ist

$$\begin{array}{lllll} a^\delta \equiv 1, & a^{\delta+1} \equiv a, & a^{\delta+2} \equiv a^2 & \ldots & a^{2\delta-1} \equiv a^{\delta-1} \\ a^{2\delta} \equiv 1, & a^{2\delta+1} \equiv a, & a^{2\delta+2} \equiv a^2 & \ldots & a^{3\delta-1} \equiv a^{\delta-1} \\ a^{3\delta} \equiv 1, & a^{3\delta+1} \equiv a, & a^{3\delta+2} \equiv a^2 & \ldots & a^{4\delta-1} \equiv a^{\delta-1} \end{array}$$

u. s. w.

Um daher zu erfahren, welchen Rest eine beliebige Potenz a^s lässt, dividire man den Exponenten s durch δ und bringe dadurch s in die Form $s = m\delta + r$, wo r eine der Zahlen $0, 1, 2 \ldots (\delta - 1)$ bezeichnet. Dann ist

$$a^s = a^{m\delta+r} \equiv a^r \pmod{k}.$$

Hieraus geht ferner hervor, dass zwei solche Potenzen wie a^s und $a^{s'}$ stets, aber auch nur dann congruent sein werden in Bezug auf den Modul k, wenn $s \equiv s'$ (mod. δ); denn ist r' der bei der Division von s' durch δ hervorgehende Rest, so ist $a^{s'} \equiv a^{r'}$ (mod. k). Ist daher

$$a^s \equiv a^{s'} \text{ (mod. } k),$$

so muss auch

$$a^r \equiv a^{r'} \text{ (mod. } k)$$

sein; da aber r und r' kleiner als δ sind, so ist dies nur dann möglich, wenn $r = r'$ ist, woraus $s \equiv s'$ (mod. δ) folgt; und umgekehrt leuchtet ein, dass, sobald $s \equiv s'$ (mod. δ), also $r = r'$ ist, auch $a^s \equiv a^{s'}$ (mod. k) sein muss.

Ein specieller Fall ist der, dass, sobald $a^s \equiv 1$, also $a^s \equiv a^0$ ist, nothwendig $s \equiv 0$ (mod. δ), d. h. dass s theilbar durch δ sein muss. Nun wissen wir schon aus dem verallgemeinerten Fermat'schen Satz, dass stets

$$a^{\varphi(k)} \equiv 1 \text{ (mod. } k)$$

ist; hieraus folgt also, dass die Zahl δ, zu welcher eine Zahl a gehört, stets ein Divisor von $\varphi(k)$ sein muss*).

§. 29.

Beschränken wir uns jetzt wieder auf den Fall, in welchem der Modul eine Primzahl p und also a irgend eine durch p nicht theilbare Zahl ist, so folgt aus der letzten Bemerkung, dass die Zahl δ, zu welcher a gehört, jedenfalls ein Divisor von $\varphi(p) = p - 1$ sein muss. Man kann nun umgekehrt fragen: wenn δ irgend ein Divisor von $p - 1$ ist, giebt es dann jedesmal auch Zahlen a, welche zu δ gehören? und wie viele? Nehmen wir zunächst einmal ein Beispiel, indem wir $p = 7$ setzen. Da aus $a \equiv b$ (mod. p) auch stets $a^s \equiv b^s$ (mod. p) folgt, so gehören je zwei congruente Zahlen auch stets zu demselben Exponenten, und wir brauchen daher in unserem Beispiel nur die Zahlen $a = 1, 2, 3, 4, 5, 6$ zu betrachten; durch wirkliches Potenziren, welches man dadurch abkürzt, dass man statt jeder Potenz immer ihren kleinsten Rest

*) Ein anderer Beweis dieses Satzes findet sich in den Supplementen V. §. 127.

substituirt, findet man nun das in der folgenden Tabelle ausgedrückte Resultat:

a	1	2	3	4	5	6
δ	1	3	6	3	6	2

Es gehört daher zu dem Divisor $\delta = 1$ nur die einzige Zahl 1, zu $\delta = 2$ nur die einzige Zahl 6; zu $\delta = 3$ gehören zwei Zahlen, nämlich 2 und 4, und zu $\delta = 6$ gehören die beiden Zahlen 3 und 5.

Nehmen wir nun vorläufig einmal an, dass *mindestens eine* Zahl a existirt, welche zu dem Exponenten δ gehört, so sind die δ Zahlen

$$1, a, a^2 \ldots a^{\delta-1} \qquad (A)$$

nach dem Vorhergehenden sämmtlich incongruent; da ferner $a^\delta \equiv 1$, so ist auch

$$(a^r)^\delta = (a^\delta)^r \equiv 1 \pmod{p},$$

d. h. die δ Zahlen (A) sind Wurzeln der Congruenz

$$x^\delta \equiv 1 \pmod{p},$$

und da sie unter einander incongruent sind, und der Modulus eine Primzahl ist, so bilden sie auch die sämmtlichen Wurzeln dieser Congruenz vom Grade δ. Jede Zahl aber, welche zum Exponenten δ gehört, muss vor Allem eine Wurzel dieser Congruenz sein, und wir haben daher alle etwa existirenden Zahlen, die zu δ gehören, unter den Zahlen (A) zu suchen. Wir fragen daher: zu welchem Exponenten h gehört irgend eine dieser Zahlen, z. B. a^r? d. h. welches ist die kleinste positive Zahl h, für welche

$$(a^r)^h = a^{rh} \equiv 1 \pmod{p}$$

ist? Offenbar muss rh (da a zum Exponenten δ gehört) durch δ theilbar sein; ist daher ε der grösste gemeinschaftliche Divisor von $r = \varepsilon r'$ und $\delta = \varepsilon\delta'$, so muss h durch δ' theilbar sein; die kleinste Zahl h, welche diese Bedingung erfüllt, ist offenbar δ' selbst, und es ist auch wirklich

$$(a^r)^{\delta'} = (a^\delta)^{r'} \equiv 1 \pmod{p};$$

also ist δ' die Zahl, zu welcher a^r gehört. Soll also a^r zum Exponenten δ gehören, so muss $\varepsilon = 1$, also r relative Primzahl gegen δ sein; und umgekehrt, sobald dies der Fall, also $\varepsilon = 1$ ist, gehört auch a^r wirklich zum Exponenten δ. Wir erhalten so das Resultat, dass unter den Zahlen (A) genau ebenso viele zu dem Exponenten δ gehören, als es unter den Exponenten

$$0, 1, 2 \ldots (\delta - 1)$$

relative Primzahlen zu δ giebt; es giebt daher $\varphi(\delta)$ solche Zahlen.

Da wir angenommen hatten, dass *mindestens eine* solche Zahl a existirte, so können wir das Bisherige so zusammenfassen: Ist p eine Primzahl und δ ein Divisor von $p-1$, so ist die Anzahl der incongruenten Zahlen, die zu δ gehören, entweder $=0$, oder $=\varphi(\delta)$. Um nun über diese Alternative zu entscheiden, betrachten wir die Gesammtheit aller $p-1$ nach dem Modul p incongruenten und durch p nicht theilbaren Zahlen; wir theilen dieselben in Gruppen ein, indem wir je zwei incongruente Zahlen in dieselbe oder in verschiedene Gruppen werfen, je nachdem sie zu demselben Divisor δ von $p-1$ gehören oder zu verschiedenen. Bezeichnen wir mit $\psi(\delta)$ die Anzahl der Individuen, welche in die dem Divisor δ entsprechende Gruppe gehören, so muss, da jede der $p-1$ vertheilten Zahlen in eine, aber auch nur in eine solche Gruppe gehört,

$$\Sigma\,\psi(\delta) = p - 1$$

sein, wo das Summenzeichen sich auf sämmtliche Divisoren δ von $p-1$ bezieht; wir wissen ferner schon, dass

$$\psi(\delta) \text{ entweder } = 0, \quad \text{oder } = \varphi(\delta)$$

ist. Da nun früher bewiesen ist (§. 13), dass auch

$$\Sigma\,\varphi(\delta) = p - 1$$

ist, so folgt hieraus mit Nothwendigkeit, dass

$$\psi(\delta) \text{ niemals } = 0, \text{ sondern stets } = \varphi(\delta)$$

ist. Denn da jedes Glied $\psi(\delta)$ der ersteren Summe dem entsprechenden der letzteren höchstens gleich sein, aber niemals dasselbe übertreffen kann, so würde, sobald nur ein einziges Mal oder öfter $\psi(\delta) = 0$ wäre, die erstere Summe nothwendig kleiner ausfallen müssen als die letztere, während sie in der That einander gleich sind. Wir haben so den wichtigen Satz*) gewonnen:

Die Anzahl der sämmtlichen incongruenten Zahlen, welche zu einem bestimmten Divisor δ von $p-1$ gehören, ist stets $=\varphi(\delta)$.

Es genügt, einen Blick auf das obige Beispiel zu werfen, in welchem $p = 7$, um diesen Satz bestätigt zu sehen.

---

*) *Gauss: D. A.* art. 54.

§. 30.

Am interessantesten und folgenreichsten ist der in diesem Resultat enthaltene specielle Fall, in welchem $\delta = p - 1$ ist:

Es giebt stets $\varphi(p-1)$ incongruente Zahlen g, welche zu dem Exponenten $p-1$ gehören, welche also die charakteristische Eigenschaft haben, dass die $p-1$ Potenzen

$$1, g, g^2, g^3 \ldots g^{p-2} \qquad (G)$$

sämmtlich incongruent (mod. p) *sind.*

Da es überhaupt nur $p-1$ incongruente und durch p nicht theilbare Zahlen c giebt, so folgt, dass jede solche Zahl c einer, und natürlich auch nur einer der Potenzen (G) congruent ist. Jede solche Zahl g, welche zum Exponenten $p-1$ gehört, heisst eine *primitive Wurzel der Primzahl* p *), und man kann daher sagen: wenn g eine primitive Wurzel von p ist, und c irgend eine durch p nicht theilbare Zahl, so existirt stets eine Zahl γ in der Reihe $0, 1, 2 \ldots p-2$ und nur eine von der Beschaffenheit, dass

$$c \equiv g^\gamma \pmod{p}$$

ist. Wenn man in dieser Weise alle incongruenten und — was im Folgenden immer hinzuzudenken ist — durch p nicht theilbaren Zahlen als Potenzen einer Basis g darstellt, so heissen die Exponenten γ die *Indices* der zugehörigen Zahlen c in Bezug auf die *Basis* g, und man schreibt z. B.

$$\text{Ind. } c = \gamma,$$

indem man die Basis g, so lange sie unverändert bleibt, in der Bezeichnung unterdrückt.

Nehmen wir z. B. $p = 13$, so überzeugt man sich leicht, dass 2 eine primitive Wurzel ist; denn durch Potenziren erhält man

$$2^0 \equiv 1, \quad 2^1 \equiv 2, \quad 2^2 \equiv 4, \quad 2^3 \equiv 8, \quad 2^4 \equiv 3, \quad 2^5 \equiv 6,$$
$$2^6 \equiv 12, \quad 2^7 \equiv 11, \quad 2^8 \equiv 9, \quad 2^9 \equiv 5, \quad 2^{10} \equiv 10, \quad 2^{11} \equiv 7.$$

Nehmen wir daher 2 zur Basis eines Systems von Indices, so erhalten wir folgende Tabellen:

*) *Euler: Demonstrationes circa residua ex divisione potestatum per numeros primos resultantia*, Nov. Comm. Petrop. XVIII, p. 85.

c	1	2	3	4	5	6	7	8	9	10	11	12
Ind. c	0	1	4	2	9	5	11	3	8	10	7	6

und

Ind. c	0	1	2	3	4	5	6	7	8	9	10	11
c	1	2	4	8	3	6	12	11	9	5	10	7

deren erstere dazu dient, zu einer Zahl c den Index zu finden, während die zweite den entgegengesetzten Zweck hat*).

Offenbar hat dieses ganze Verfahren die grösste Analogie mit der Construction von Logarithmentafeln, die ja auf dem ähnlichen Gedanken beruhen, alle positiven Zahlen als Potenzen einer einzigen Basis darzustellen; und es zeigt sich nun auch, dass in der Zahlentheorie die Indices ähnliche Gesetze befolgen und für praktische Zwecke ebenso brauchbar sind, wie die Logarithmen. Zunächst leuchtet ein, dass zwei congruente Zahlen auch stets denselben Index haben, in Zeichen: wenn $a \equiv b \pmod{p}$, so ist auch Ind. $a =$ Ind. b. Ist ferner $c \equiv ab \pmod{p}$, so ist Ind. $c \equiv$ Ind. a + Ind. b (mod. $p-1$), oder kürzer, es ist stets

$$\text{Ind.}\,(ab) \equiv \text{Ind.}\,a + \text{Ind.}\,b \pmod{p-1}.$$

Denn es ist ja

$$a \equiv g^{\text{Ind.}a} \pmod{p}; \quad b \equiv g^{\text{Ind.}b} \pmod{p},$$

also

$$ab \equiv g^{\text{Ind.}a + \text{Ind.}b} \pmod{p};$$

nun ist aber auch

$$ab \equiv g^{\text{Ind.}(ab)} \pmod{p},$$

folglich

$$g^{\text{Ind.}(ab)} \equiv g^{\text{Ind.}a + \text{Ind.}b} \pmod{p}.$$

Da nun g eine primitive Wurzel von p, also eine zum Exponenten $\delta = (p-1)$ gehörende Zahl ist, so folgt aus §. 28 die Richtigkeit der zu beweisenden Congruenz nach dem Modul $p-1$. Nehmen wir unser obiges Beispiel, in welchem $p = 13$, so ist z. B.

$$\text{Ind.}\,(7) = 11, \quad \text{Ind.}\,(9) = 8,$$

folglich

$$\text{Ind.}\,(63) \equiv 19 \pmod{12}$$

oder

$$\text{Ind.}\,(63) = 7,$$

---

*) Im *Canon Arithmeticus* von *Jacobi* (1839) findet man solche Tabellen für alle dem ersten Tausend angehörenden Primzahlen.

In der That ist aber $63 \equiv 11$ (mod. 13), und Ind. $(11) = 7$. Man sieht aus diesem Beispiel, wie eine solche Doppeltafel der Indices dazu benutzt werden kann, mit Leichtigkeit die Classe (11) zu finden, welcher das Product (63) aus zwei Zahlen (7 und 9) angehört.

Natürlich lässt sich der vorstehende Satz auf ein Product aus beliebig vielen Factoren in folgender Weise ausdehnen:

$$\text{Ind.}\,(abc\ldots) \equiv \text{Ind.}\,a + \text{Ind.}\,b + \text{Ind.}\,c + \cdots \pmod{p-1}.$$

Nimmt man hierin alle Factoren einander congruent, so erhält man:

$$\text{Ind.}\,(a^n) \equiv n\,\text{Ind.}\,a \pmod{p-1},$$

wo n irgend eine positive ganze Zahl bedeutet.

Es liesse sich hieraus auch leicht nachweisen, dass der Uebergang von einem System von Indices zu einem anderen, dessen Basis eine andere der $\varphi(p-1)$ primitiven Wurzeln ist, ganz ähnlichen Gesetzen unterliegt, wie der Uebergang von einem Logarithmensystem zu einem anderen; wir beschränken uns indessen auf folgende einfache Bemerkungen. Wie auch die Basis g gewählt sein mag, der Index von 1 ist stets $= 0$; denn es ist immer $g^0 = 1$. Ferner ist (den Fall $p=2$ ausgenommen) der Index von -1 stets $= \frac{1}{2}(p-1)$; denn da nach §. 19

$$g^{p-1} - 1 = (g^{\frac{p-1}{2}} - 1)(g^{\frac{p-1}{2}} + 1) \equiv 0 \pmod{p}$$

ist, so muss mindestens eine der beiden Zahlen

$$g^{\frac{p-1}{2}} - 1, \quad g^{\frac{p-1}{2}} + 1$$

durch p theilbar sein; die erstere ist es aber nicht, denn sonst wäre

$$g^{\frac{p-1}{2}} \equiv 1 \pmod{p},$$

was mit der Voraussetzung im Widerspruch ist, dass g zum Exponenten $p-1$ gehört; es ist daher stets

$$g^{\frac{p-1}{2}} \equiv -1 \pmod{p}$$

und folglich

$$\text{Ind.}\,(-1) = \frac{p-1}{2}.$$

Es verdient endlich noch bemerkt zu werden, dass man die Indices, statt aus den Zahlen $0, 1, 2 \ldots (p-2)$, ebenso gut aus jedem anderen vollständigen System incongruenter Zahlen in Bezug auf den Modul $p-1$ wählen kann; die soeben bewiesenen Fundamentalsätze erleiden dadurch nicht die geringste Aenderung.

Man kann nun die Indices benutzen, um eine Congruenz ersten Grades

$$ax \equiv b \pmod{p},$$

die hier die Stelle eines Divisionsproblems vertritt, mit Leichtigkeit aufzulösen; denn es muss offenbar

$$\text{Ind. } x \equiv \text{Ind. } b - \text{Ind. } a \pmod{p-1}$$

sein. Ist also z. B. die Congruenz

$$5x \equiv 6 \pmod{13}$$

zu lösen, so wird man, indem man wieder die primitive Wurzel 2 zur Basis des Indexsystems wählt,

$$\text{Ind. } x \equiv \text{Ind. } 6 - \text{Ind. } 5 \equiv 5 - 9 \equiv 8 \pmod{12}$$

und folglich

$$x \equiv 9 \pmod{13}$$

finden.

Diese Methode, Congruenzen ersten Grades aufzulösen, scheint auf den ersten Blick nur dann anwendbar, wenn der Modul eine Primzahl ist; allein man kann leicht zeigen, dass jede beliebige Congruenz ersten Grades

$$ax \equiv b \pmod{k},$$

deren Modul eine zusammengesetzte Zahl ist, auf eine Kette von Congruenzen reducirt werden kann, deren Moduln Primzahlen sind. Wir können uns hierbei auf den Fall beschränken, in welchem a relative Primzahl gegen k ist. Man löse nun zuerst die Congruenz

$$ax \equiv b \pmod{p},$$

wo p irgend eine in $k = pk'$ aufgehende Primzahl ist, nach der neuen Methode, so erhält man ein Resultat von der Form

$$x \equiv \alpha \pmod{p} \quad \text{oder} \quad x = \alpha + px',$$

wo x' eine beliebige ganze Zahl ist; substituirt man diesen Ausdruck in die gegebene Congruenz, so nimmt sie die folgende Form an:

$$pax' \equiv b - a\alpha \pmod{k}.$$

Da nun $b - a\alpha$ durch p theilbar, also von der Form $b'p$ ist, so stimmen sämmtliche Wurzeln der vorstehenden Congruenz mit den sämmtlichen Wurzeln der Congruenz

$$ax' \equiv b' \pmod{k'}$$

überein. Auf dieselbe Weise kann man nun fortfahren, indem man diese Congruenz zunächst nur in Bezug auf eine in k' aufgehende Primzahl p' löst, u. s. f.; man braucht dann zuletzt nur noch von der Wurzel der letzten dieser Congruenzen durch successive Substitution zu der der ursprünglichen überzugehen.

§. 31.

Wir benutzen nun noch die Theorie der Indices, um auf sie die Theorie der *binomischen Congruenzen* für einen Primzahlmodulus p zu stützen; nach einer früheren Bemerkung kann man einer jeden solchen binomischen Congruenz die Form

$$x^n \equiv D \pmod{p} \tag{1}$$

geben, in welcher der Coefficient der Potenz der Unbekannten $= 1$ ist; da ferner der Fall, in welchem $D \equiv 0 \pmod{p}$ und folglich auch $x \equiv 0 \pmod{p}$, ohne Interesse ist, so schliessen wir denselben aus.

Bezeichnen wir nun zur Abkürzung die Indices von D und x resp. mit γ und ξ (wenn irgend eine primitive Wurzel g von p zur Basis genommen ist), so reducirt sich die Auflösung der Congruenz (1) auf die Bestimmung aller Wurzeln ξ der Congruenz ersten Grades

$$n\xi \equiv \gamma \pmod{p-1}; \tag{2}$$

denn offenbar entspricht jeder Wurzel der einen dieser beiden Congruenzen (1) und (2) auch stets eine und nur eine Wurzel der anderen.

Es sei jetzt δ der grösste gemeinschaftliche Divisor der Zahlen $p-1$ und n, so ist (§. 22) die Congruenz (2) nur dann möglich, wenn die Bedingung

$$\gamma \equiv 0 \pmod{\delta} \tag{3}$$

erfüllt ist, und dann hat sie δ nach dem Modul $p-1$ incongruente Wurzeln ξ. Wir schliessen hieraus unmittelbar den Satz:

Ist δ der grösste gemeinschaftliche Divisor des Grades n der Congruenz (1) *und der Zahl $p-1$, so ist diese Congruenz nur dann möglich, wenn die Bedingung*

$$\text{Ind. } D \equiv 0 \pmod{\delta} \tag{4}$$

erfüllt ist, und dann besitzt sie δ nach dem Modul p incongruente Wurzeln x.

Liegt z. B. die Congruenz

$$x^8 \equiv 3 \pmod{13}$$

vor, so ist $\delta = 4$; nehmen wir ferner die primitive Wurzel 2 als Basis für die Indices, so ist Ind. $3 = 4$, also ist die Bedingung (4) erfüllt, und die vorgelegte Congruenz hat 4 nach dem Modul 13 incongruente Wurzeln; um diese zu finden, bilden wir die Congruenz ersten Grades

$$8\xi \equiv 4 \pmod{12} \quad \text{oder} \quad 2\xi \equiv 1 \pmod{3},$$

und erhalten hieraus

$$\xi \equiv 2 \pmod{3}$$

oder

$$\xi \equiv 2, \quad \text{oder } 5, \quad \text{oder } 8, \quad \text{oder } 11 \pmod{12},$$

folglich, indem wir zu diesen Indices ξ die zugehörigen Zahlen suchen,

$$x \equiv 4, \quad \text{oder } 6, \quad \text{oder } 9, \quad \text{oder } 7 \pmod{13}.$$

Da die Möglichkeit der binomischen Congruenz von der Wahl der primitiven Wurzel g, auf welche sich die Indices γ und ξ beziehen, nothwendig unabhängig sein muss, so wird das Kriterium, dass der Index γ einer Zahl D durch einen Divisor δ der Zahl $p-1$ theilbar sein muss, in eine von der Theorie der Indices unabhängige Form gebracht werden können. Dies bestätigt sich auf folgende Weise. Sobald in Bezug auf irgend eine Basis g der Index γ der Zahl D durch den Divisor δ von $p-1$ theilbar, also von der Form $h\delta$ ist, so haben wir die Congruenz

$$D \equiv g^{h\delta} \pmod{p}$$

und hieraus durch Potenzirung

$$D^{\frac{p-1}{\delta}} \equiv g^{h(p-1)} \equiv 1 \pmod{p};$$

und umgekehrt, sobald die Zahl D dieser Bedingung

$$D^{\frac{p-1}{\delta}} \equiv 1 \pmod{p} \tag{5}$$

genügt, muss der in Bezug auf eine beliebige Basis g genommene Index γ der Zahl D durch δ theilbar sein; denn es sei

$$D \equiv g^{\gamma} \pmod{p},$$

so folgt hieraus

$$g^{\gamma \cdot \frac{p-1}{\delta}} \equiv 1 \pmod{p},$$

und da g eine primitive Wurzel, d. h. eine zum Exponenten $p-1$ gehörende Zahl ist, so muss der Exponent durch $p-1$, und folglich der Index γ durch δ theilbar sein.

Nachdem hiermit die obige Bedingung (3) oder (4) in das von *Euler**) gefundene und nach ihm benannte Kriterium (5) umgeformt ist, können wir unseren Satz in folgender Weise unabhängig von der Theorie der Indices aussprechen:

Ist δ der grösste gemeinschaftliche Divisor der Zahlen n und $p-1$, so hat die Congruenz

$$x^n \equiv D \pmod{p}, \tag{1}$$

genau δ incongruente Wurzeln, oder gar keine, je nachdem die Zahl D der Bedingung

$$D^{\frac{p-1}{\delta}} \equiv 1 \pmod{p} \tag{5}$$

genügt oder nicht genügt.

Den speciellen Fall, in welchem $\delta = n$ und $D = 1$ ist, haben wir schon früher (§. 27) auf anderem Wege bewiesen; es würde nicht schwer sein, aus den dort angewandten Principien auch den allgemeinen Satz abzuleiten, ohne die Theorie der Indices zu Hülfe zu rufen; doch überlassen wir der Kürze halber diese Untersuchung dem Leser.

Wir können nun auch noch die Frage aufstellen: wenn der Grad n der Congruenz (1) gegeben ist, wie viele incongruente Zahlen D existiren, für welche die Congruenz (1) möglich ist? Hierauf liefert der Satz selbst sogleich die Antwort, denn diese Zahlen D sind ja die sämmtlichen Wurzeln der binomischen Congruenz

$$x^{\frac{p-1}{\delta}} \equiv 1 \pmod{p};$$

der grösste gemeinschaftliche Divisor des Exponenten $(p-1):\delta$ und der Zahl $p-1$ ist in diesem Falle der Exponent $(p-1):\delta$ selbst, und da das Kriterium für die Möglichkeit offenbar erfüllt ist, so ist also die Anzahl aller incongruenten Zahlen D, für welche die Congruenz (1) möglich ist, genau $= (p-1):\delta$. Man nennt

---

*) *Theoremata circa residua ex divisione potestatum relicta*, artt. 64, 72 (Nov. Comm. Petrop. VII).

solche Zahlen D, welche der $n$ten Potenz einer Zahl congruent sind, kurz $n$te Potenzreste, und wir können daher sagen:

Die Anzahl aller $n$ten Potenzreste ist $= (p-1):\delta$, *wo* δ *den grössten gemeinschaftlichen Divisor der Zahlen* n *und* $p-1$ *bezeichnet.*

Man findet dieselben offenbar, wenn man alle incongruenten Zahlen zur $n$ten Potenz erhebt und deren Reste bildet. Wenn $n = 2, 3, 4$ ist, so nennt man diese Zahlen resp. *quadratische, cubische, biquadratische Reste.* Mit der Theorie der ersteren, welche für sich allein schon eine grosse Ausdehnung besitzt, werden wir uns nun im Folgenden ausführlich beschäftigen.

Dritter Abschnitt.

Von den quadratischen Resten.

§. 32.

Wir behandeln im Folgenden ausführlich die Theorie der Congruenzen von der Form

$$x^2 \equiv D \pmod{k}, \tag{1}$$

in welcher wir stets D als *relative Primzahl* gegen den Modul k voraussetzen. Es würde sich leicht zeigen lassen, dass jede beliebige Congruenz zweiten Grades auf diesen Fall zurückgeführt werden kann; doch wollen wir uns dabei nicht aufhalten. So oft nun die Congruenz (1) möglich ist, d. h. so oft sie Wurzeln hat, heisst die Zahl D *quadratischer Rest der Zahl* k; im entgegengesetzten Fall heisst D *quadratischer Nichtrest der Zahl* k. Man lässt auch häufig, wenn kein Missverständniss zu befürchten ist, das Beiwort „quadratisch" fort und nennt kurz die Zahl D *Rest* oder *Nichtrest* von k, je nachdem die Congruenz (1) möglich ist oder nicht. Unmittelbar leuchtet hieraus ein, dass zwei nach dem Modul k congruente Zahlen entweder beide Reste von k, oder beide Nichtreste von k sind; d. h. alle in einer und derselben *Classe* enthaltenen Zahlen haben denselben Charakter; je nachdem eine von ihnen Rest oder Nichtrest des Modul k ist, sind sie alle Reste oder alle Nichtreste von k.

Die Theorie der quadratischen Reste zerfällt nun in zwei Hauptheile; man kann nämlich einmal die Frage aufwerfen:

Wenn der Modul k gegeben ist, welches sind dann die sämmtlichen incongruenten quadratischen Reste von k? und wie viele Wurzeln hat die einer jeden dieser Zahlen entsprechende Congruenz?

Bei weitem schwieriger ist aber die Beantwortung der folgenden zweiten Hauptfrage:

Wenn die Zahl D gegeben ist, welches sind dann die Moduln k, für welche die Congruenz (1) *möglich ist, d. h. welches sind die Zahlen k, von denen die gegebene Zahl D quadratischer Rest ist?*

§. 33.

Wir beschäftigen uns zuerst mit der ersten Frage und beginnen die Untersuchung mit dem einfachsten Falle, mit dem nämlich, wo der Modul eine *ungerade Primzahl* p ist (der Fall $p = 2$ erledigt sich unmittelbar durch die Bemerkung, dass jede ungerade Zahl $\equiv 1^2$, also quadratischer Rest von 2 ist). Hier erhalten wir die vollständige Antwort sogleich durch die vorhergehende Theorie der binomischen Congruenzen (§. 31). In unserem Falle ist nämlich $n = 2$ der Grad der binomischen Congruenz, und da $p - 1$ gerade ist, so ist $\delta = 2$ der grösste gemeinschaftliche Divisor von n und $p - 1$; die Congruenz

$$x^2 \equiv D \pmod{p}$$

ist daher stets und nur dann möglich, wenn

$$D^{\frac{p-1}{2}} \equiv 1 \pmod{p},$$

und zwar hat sie jedesmal zwei incongruente Wurzeln; es giebt $\frac{1}{2}(p-1)$ quadratische Reste, und folglich, da die Anzahl aller incongruenten und durch p nicht theilbaren Zahlen gleich $p - 1$ ist, auch $\frac{1}{2}(p-1)$ Nichtreste von p. Da ferner nach dem Fermat'schen Satze

$$D^{p-1} - 1 = (D^{\frac{p-1}{2}} - 1)(D^{\frac{p-1}{2}} + 1) \equiv 0 \pmod{p}$$

ist, so folgt, dass

$$D^{\frac{p-1}{2}} \equiv -1 \pmod{p}$$

sein muss, so oft D ein Nichtrest von p ist. Je nachdem also $D^{\frac{p-1}{2}} \equiv +1$ oder $\equiv -1$ ist, ist D ein Rest oder Nichtrest von p.

Nennt man die Eigenschaft einer Zahl D, Rest oder Nichtrest von p zu sein, ihren *Charakter*, so ist derselbe also durch dieses Euler'sche Kriterium vollständig bestimmt.

Es lässt sich indessen auch ganz elementar beweisen, dass die Anzahl sowohl der Reste als auch der Nichtreste $= \frac{1}{2}(p-1)$ ist. Quadrirt man nämlich die $\frac{1}{2}(p-1)$ Zahlen

$$1, 2, 3, \ldots \frac{p-1}{2},$$

so sind die Quadrate sämmtlich incongruent; denn sind r und s zwei verschiedene dieser Zahlen, so ist die Differenz ihrer Quadrate

$$r^2 - s^2 = (r+s)(r-s)$$

nicht theilbar durch p, da die Factoren $r+s$ und $r-s$ kleiner als p sind. Diese $\frac{1}{2}(p-1)$ Quadrate geben also wirklich $\frac{1}{2}(p-1)$ incongruente quadratische Reste; dagegen liefern die Quadrate der folgenden Zahlen

$$\frac{p+1}{2}, \frac{p+3}{2} \cdots (p-1)$$

dieselben Reste wieder; denn es ist allgemein

$$(p-r)^2 = p^2 - 2rp + r^2 \equiv r^2 \pmod{p}.$$

Also ist $\frac{1}{2}(p-1)$ die Anzahl aller quadratischen Reste, und folglich auch die der quadratischen Nichtreste.

Da ein Product aus mehreren Factoren, die nicht durch p theilbar sind, dieselbe Eigenschaft hat, so kann man nach dem Charakter des Productes fragen, wenn die Charaktere der Factoren gegeben sind. Beschränken wir uns zunächst auf zwei Factoren, so sind folgende drei Fälle zu unterscheiden.

I. Das Product aus zwei Resten ist wieder ein Rest; denn sind a und a' Reste, so giebt es Zahlen x, x' von der Beschaffenheit, dass $a \equiv x^2 \pmod{p}$, $a' \equiv x'^2 \pmod{p}$; hieraus folgt aber $aa' \equiv (xx')^2 \pmod{p}$, d. h. aa' ist Rest von p.

II. Das Product aus einem Rest und einem Nichtrest ist ein Nichtrest. Denn wenn wir ein vollständiges System incongruenter und durch p nicht theilbarer Zahlen bilden, so zerfällt dasselbe in zwei Gruppen, deren eine $\frac{1}{2}(p-1)$ Reste — wir wollen sie allgemein mit α bezeichnen — und deren zweite $\frac{1}{2}(p-1)$ Nichtreste β enthält. Multiplicirt man nun alle diese Zahlen α und β mit einem Reste a, so bilden die Producte $a\alpha$ und $a\beta$ wieder ein vollständiges System incongruenter (durch p nicht theilbarer) Zahlen, welches also wieder $\frac{1}{2}(p-1)$ Reste und $\frac{1}{2}(p-1)$ Nichtreste enthält. In der That sind nun (nach I.) die Producte $a\alpha$ sämmtlich wieder Reste; es müssen daher die anderen $\frac{1}{2}(p-1)$ Producte $a\beta$ sämmtlich Nichtreste sein; also ist das Product aus jedem Rest a und jedem Nichtrest β ein Nichtrest.

III. Das Product aus zwei Nichtresten ist ein Rest. Denn bildet man wieder das System der Reste α und Nichtreste β, und multiplicirt dieselben mit einem Nichtreste b, so sind die Producte $b\alpha$ (nach II.) sämmtlich Nichtreste; folglich müssen die übrigen $\frac{1}{2}(p-1)$ Producte $b\beta$ sämmtlich Reste sein.

Man kann diese wichtigen Sätze offenbar in den folgenden einen zusammenfassen:

Ein Product aus beliebig vielen, durch die Primzahl p nicht theilbaren Zahlen ist Rest oder Nichtrest von p, je nachdem die Anzahl der Nichtreste, welche sich unter den Factoren finden, gerade oder ungerade ist.

Dieser Satz ergiebt sich auch unmittelbar aus dem oben aufgestellten Kriterium für den Charakter einer Zahl; denn da

$$(abc\ldots)^{\frac{p-1}{2}} = a^{\frac{p-1}{2}}\, b^{\frac{p-1}{2}}\, c^{\frac{p-1}{2}} \ldots$$

ist, so wird

$$(abc\ldots)^{\frac{p-1}{2}} \equiv +1 \quad \text{oder} \quad \equiv -1 \pmod{p}$$

sein, je nachdem die Anzahl der Factoren $a^{\frac{p-1}{2}}, b^{\frac{p-1}{2}}, c^{\frac{p-1}{2}} \ldots$, welche $\equiv -1$ sind, eine gerade oder ungerade ist.

Man kann diesen Satz in Form einer Gleichung ausdrücken, wenn man sich eines von *Legendre**) in die Zahlentheorie eingeführten Zeichens bedient, welches in allen folgenden Untersuchungen eine grosse Rolle spielt. *Legendre* bezeichnet nämlich durch das Symbol

$$\left(\frac{m}{p}\right)$$

die positive oder negative Einheit, je nachdem die durch die Primzahl p nicht theilbare Zahl m quadratischer Rest oder Nichtrest von p ist; es ist daher stets

$$\left(\frac{m}{p}\right)\left(\frac{m}{p}\right) = +1 \quad \text{und} \quad m^{\frac{p-1}{2}} \equiv \left(\frac{m}{p}\right) \pmod{p}.$$

---

*) *Théorie des Nombres*, 3me éd. Tom. I, p. 197.

Den Satz über den Charakter eines Productes kann man dann offenbar durch die folgende Gleichung ausdrücken:

$$\left(\frac{m\,n\,l\ldots}{p}\right)=\left(\frac{m}{p}\right)\left(\frac{n}{p}\right)\left(\frac{l}{p}\right)\cdots$$

Es leuchtet ferner ein, dass, sobald $m\equiv n \pmod{p}$, auch

$$\left(\frac{m}{p}\right)=\left(\frac{n}{p}\right)$$

sein wird.

§. 34.

Es ist nun interessant, zu sehen, dass die soeben gewonnenen Sätze, welche zum Theil als Resultate einer ausgedehnten Theorie, wie der der binomischen Congruenzen, erscheinen, sich aus den ersten Principien auf einem ganz elementaren Wege ableiten lassen, der zugleich einen neuen Beweis des Wilson'schen und Fermat'schen Satzes liefern wird.

Es sei D irgend eine durch die (ungerade) Primzahl p nicht theilbare Zahl, und r irgend eine der Zahlen

$$1, 2, 3 \ldots (p-1); \tag{1}$$

dann existirt in derselben Reihe stets eine und nur eine Zahl s von der Beschaffenheit, dass

$$rs\equiv D \pmod{p}$$

ist; denn diese Zahl s ist ja die Wurzel der Congruenz ersten Grades $rx\equiv D \pmod{p}$; je zwei solche Zahlen r und s der Reihe (1), deren Product $\equiv D$ ist, wollen wir *zusammengehörige* Zahlen nennen; offenbar ist durch eine dieser beiden Zahlen die andere ebenfalls bestimmt. Identisch können diese beiden Zahlen nur dann werden, wenn die Congruenz

$$x^2\equiv D \pmod{p} \tag{2}$$

möglich ist. Danach theilen wir unsere Untersuchung in zwei Fälle ein.

Erstens: Die Congruenz (2) ist unmöglich. — Dann sind also je zwei zusammengehörige Zahlen von einander verschieden, und da zwei solche Paare stets identisch sind, sobald sie nur eine gemeinschaftliche Zahl haben, so zerfallen die sämmtlichen $p-1$

Zahlen (1) in $\frac{1}{2}(p-1)$ solche Paare zusammengehöriger Zahlen, und folglich ist ihr Product

$$1 \,.\, 2 \,.\, 3 \ldots (p-1) \equiv D^{\frac{p-1}{2}} \pmod{p}. \tag{3}$$

Zweitens: Die Congruenz (2) ist möglich. — Dann existirt also auch in der Reihe (1) mindestens eine Zahl ϱ von der Beschaffenheit, dass $\varrho^2 \equiv D$; sehen wir zu, ob ausser ϱ in der Reihe (1) noch eine solche Zahl σ existirt; dann muss $\sigma^2 \equiv \varrho^2$, folglich $(\sigma - \varrho)(\sigma + \varrho)$ durch p theilbar sein; da wir σ verschieden von ϱ voraussetzen, so ist $\sigma - \varrho$ nicht theilbar durch p, folglich muss $\sigma + \varrho$ theilbar durch p, also $\sigma = p - \varrho$ sein; und in der That ist wirklich $(p-\varrho)^2 \equiv D$. Trennen wir nun diese beiden (wirklich ungleichen) Zahlen ϱ und $\sigma = p - \varrho$, deren Product $\varrho\sigma \equiv -\varrho^2 \equiv -D$ ist, von den übrigen der Reihe (1), so zerfallen die letzteren in $\frac{1}{2}(p-3)$ Paare zusammengehöriger Zahlen von der Beschaffenheit, dass jedes Paar aus zwei verschiedenen Zahlen besteht. Demnach ist in diesem Fall das Product aller Zahlen der Reihe (1):

$$1 \,.\, 2 \,.\, 3 \ldots (p-1) \equiv -D^{\frac{p-1}{2}} \pmod{p}. \tag{4}$$

Nun giebt es aber einen Fall, in welchem die Congruenz (2) stets möglich ist, nämlich den, in welchem $D = 1 = 1^2$; wir erhalten daher zunächst aus (4) den Satz von *Wilson*:

$$1 \,.\, 2 \,.\, 3 \ldots (p-1) \equiv -1 \pmod{p}, \tag{5}$$

und substituiren wir dies in die Congruenzen (3) und (4), so erhalten wir das Resultat, dass

$$D^{\frac{p-1}{2}} \equiv +1 \quad \text{oder} \quad \equiv -1 \pmod{p}$$

ist, je nachdem die Congruenz (2) möglich oder nicht möglich ist. Da endlich ein dritter Fall nicht existiren kann, so erhalten wir allgemein

$$D^{p-1} = \left(D^{\frac{p-1}{2}}\right)^2 \equiv (\pm 1)^2 \equiv +1 \pmod{p},$$

also den Satz von *Fermat*.

Durch diese einfache Betrachtung sind wir also sogleich bis zu denselben Sätzen in der Theorie der quadratischen Reste gelangt, welche vorher aus der allgemeinen Theorie der binomischen Congruenzen abgeleitet waren.

§. 35.

Wir wenden uns jetzt zu der Untersuchung des Falls, in welchem der Modul k der quadratischen Congruenz

$$x^2 \equiv D \pmod{k}$$

die Potenz einer Primzahl p ist; dabei müssen wir den Fall, in welchem $p = 2$, gesondert von den übrigen behandeln, in welchen p eine ungerade Primzahl ist*).

Ist zunächst p eine ungerade Primzahl, und $k = p^\pi$, wo π irgend eine positive ganze Zahl bedeutet, und nehmen wir an, die Congruenz

$$x^2 \equiv D \pmod{p^\pi} \tag{1}$$

sei möglich, so überzeugt man sich leicht, dass sie im Ganzen *zwei* incongruente Wurzeln hat; denn ist α eine bestimmte, und x irgend eine Wurzel, so muss

$$x^2 - \alpha^2 = (x - \alpha)(x + \alpha) \equiv 0 \pmod{p^\pi}$$

sein; von den beiden Factoren $x - \alpha$ und $x + \alpha$ ist aber nur einer durch p theilbar; denn wären beide durch p theilbar, so wäre auch ihre Differenz 2α, und folglich auch α durch p theilbar, was nicht der Fall ist, da wir $D \equiv \alpha^2$ als nicht theilbar durch p vorausgesetzt haben. Da also einer der beiden Factoren relative Primzahl gegen p^π ist, so muss der andere für sich allein durch p^π theilbar sein. Es ist daher entweder

$$x \equiv \alpha \pmod{p^\pi}, \quad \text{oder} \quad x \equiv -\alpha \pmod{p^\pi};$$

also hat die Congruenz (1) entweder gar keine Wurzel, oder sie hat zwei incongruente Wurzeln α und $-\alpha$.

Es ist nun noch zu entscheiden, wann das Eine, wann das Andere stattfinden wird. Da nun jede Wurzel α der Congruenz (1) auch eine Wurzel der Congruenz

$$x^2 \equiv D \pmod{p} \tag{2}$$

ist, so leuchtet ein, dass die Congruenz (1) nur dann möglich ist, wenn D quadratischer Rest von p ist; es fragt sich daher nur, ob

---

*) Die nachfolgenden Resultate lassen sich auch aus dem in §. 145 bewiesenen Satze ableiten.

auch umgekehrt, wenn D quadratischer Rest von p ist, hieraus die Möglichkeit der Congruenz (1) folgt. Um dies zu zeigen, brauchen wir nur nachzuweisen, dass, sobald die Congruenz (2) eine Wurzel α besitzt (also D quadratischer Rest von p ist), hieraus sich eine Wurzel der Congruenz (1) ableiten lässt, welche $\equiv \alpha \pmod{p}$ ist; und da Aehnliches von jeder Congruenz $x^2 \equiv D \pmod{k}$ gilt, wo D stets dieselbe Zahl, k aber irgend eine Potenz der Primzahl p ist, so braucht man nur zu zeigen, dass aus einer Wurzel α der Congruenz (1) sich eine Wurzel der Congruenz

$$x^2 \equiv D \pmod{p^{\pi+1}} \tag{3}$$

ableiten lässt, welche $\equiv \alpha \pmod{p^\pi}$ ist. Es sei daher

$$\alpha^2 \equiv D \pmod{p^\pi} \quad \text{oder} \quad \alpha^2 - D = hp^\pi,$$

so setzen wir

$$x = \alpha + p^\pi y,$$

woraus

$$x^2 - D = hp^\pi + 2\alpha p^\pi y + p^{2\pi} y^2 \equiv p^\pi (h + 2\alpha y) \pmod{p^{\pi+1}}$$

folgt; damit nun $x^2 \equiv D \pmod{p^{\pi+1}}$ werde, braucht y nur so bestimmt zu werden, dass

$$2\alpha y \equiv -h \pmod{p}$$

werde; da nun D, folglich auch α, und also, da p ungerade ist, auch 2α eine durch p nicht theilbare Zahl ist, so lässt sich y stets so wählen, dass es dieser Congruenz ersten Grades genügt*). Wir sehen also, dass aus der Möglichkeit der Congruenz (1) auch stets die Möglichkeit der Congruenz (3) folgt; durch dieselbe wiederholt angewendete Schlussweise ergiebt sich also auch, dass aus der Möglichkeit der Congruenz (2) stets die der Congruenz (1) folgt, und wir haben auch eine Methode gefunden, um aus einer Wurzel der Congruenz $x^2 \equiv D$ für den Modul p successive eine Wurzel derselben Congruenz für die Moduln $p^2, p^3 \ldots p^\pi$ zu gewinnen. Wir haben mithin folgendes Resultat:

Ist p eine ungerade Primzahl, und D eine durch p nicht theilbare Zahl, so ist für die Möglichkeit der Congruenz

$$x^2 \equiv D \pmod{p^\pi}$$

erforderlich und hinreichend, dass

---

*) Zugleich wird $2\alpha x \equiv D + \alpha^2 \pmod{p^{\pi+1}}$.

$$\left(\frac{D}{p}\right) = 1,$$

d. h. dass D quadratischer Rest von p sei; sobald diese Bedingung erfüllt ist, besitzt die vorgelegte Congruenz zwei incongruente Wurzeln α und $-\alpha$, welche gefunden werden können, sobald man eine Wurzel der Congruenz

$$x^2 \equiv D \pmod{p}$$

gefunden hat.

§. 36.

Wir gehen nun zu dem besonderen Fall über, in welchem der Modul k eine Potenz der Primzahl 2 ist, so dass also D irgend eine ungerade Zahl bedeutet. Betrachten wir zunächst die Congruenz

$$x^2 \equiv D \pmod{4},$$

so erkennt man leicht, dass dieselbe stets und nur dann möglich ist, wenn

$$D \equiv 1 \pmod{4}$$

ist. Denn ist die Congruenz möglich, so ist x jedenfalls ungerade, und das Quadrat von $x = 2n + 1$ ist $4n^2 + 4n + 1 \equiv 1 \pmod{4}$; umgekehrt, ist $D \equiv 1 \pmod{4}$, so hat die Congruenz offenbar die beiden incongruenten Wurzeln $x \equiv 1$ und $x \equiv -1 \pmod{4}$.

Gehen wir nun zu der Congruenz

$$x^2 \equiv D \pmod{8}$$

über, so leuchtet ein, da das Quadrat einer jeden ungeraden Zahl $4n \pm 1$ gleich $16n^2 \pm 8n + 1 \equiv 1 \pmod{8}$ ist, dass diese Congruenz nur dann möglich ist, wenn

$$D \equiv 1 \pmod{8}$$

ist; und umgekehrt, sobald diese Bedingung erfüllt ist, hat die Congruenz die vier incongruenten Wurzeln $x \equiv 1$, $x \equiv 3$, $x \equiv 5$, $x \equiv 7$.

Betrachten wir jetzt die Congruenz

$$x^2 \equiv D \pmod{2^\pi},$$

wo $\pi \geqq 3$ ist, so kann diese Congruenz nur dann möglich sein, wenn die Congruenz

$$x^2 \equiv D \pmod{8}$$

möglich ist; es ist daher erforderlich, dass

$$D \equiv 1 \pmod{8}$$

sei. Wir wollen nun umgekehrt zeigen, dass diese Bedingung auch hinreicht, und dass dann die Congruenz stets vier incongruente Wurzeln hat. Nehmen wir nämlich an, dies sei für den Modul 2^π schon bewiesen, so können wir zeigen, dass dasselbe auch für den Modul $2^{\pi+1}$ gilt. Es sei nämlich α eine Wurzel der Congruenz

$$x^2 \equiv D \pmod{2^\pi},$$

also

$$\alpha^2 - D = h \, . \, 2^\pi,$$

so setzen wir

$$x = \alpha + 2^{\pi-1} . \, y;$$

dann wird

$$x^2 - D = h \, . \, 2^\pi + 2^\pi . \, \alpha y + 2^{2\pi-2} y^2.$$

Da nun $\pi \geqq 3$, so ist $2\pi - 2 \geqq \pi + 1$, folglich

$$x^2 - D \equiv 2^\pi (h + \alpha y) \pmod{2^{\pi+1}}.$$

Damit also $x^2 - D$ durch $2^{\pi+1}$ theilbar werde, braucht man nur y so zu wählen, dass

$$\alpha y \equiv -h \pmod{2}$$

werde*). Dies ist aber stets möglich, da α eine ungerade Zahl ist; also folgt aus der Möglichkeit der Congruenz

$$x^2 \equiv D \pmod{2^\pi},$$

wo $\pi \geqq 3$ ist, stets die Moglichkeit der Congruenz

$$x^2 \equiv D \pmod{2^{\pi+1}}.$$

Wir schliessen hieraus zunächst das folgende Resultat:

Damit die Congruenz

$$x^2 \equiv D \pmod{2^\pi},$$

in welcher $\pi \geqq 3$ ist, Wurzeln habe, ist erforderlich und hinreichend, dass

$$D \equiv 1 \pmod{8}$$

sei.

Ist nun α eine Wurzel dieser Congruenz — und eine solche kann immer nach der obigen Methode gefunden werden —, so muss, wenn x irgend eine Wurzel derselben Congruenz bezeichnet,

$$x^2 - \alpha^2 = (x - \alpha)(x + \alpha) \equiv 0 \pmod{2^\pi}$$

*) Zugleich wird $2\alpha x \equiv D + \alpha^2 \pmod{2^{\pi+1}}$.

sein. Da ferner α sowohl wie x ungerade Zahlen sein müssen, so sind die beiden Factoren $x - \alpha$ und $x + \alpha$ gerade Zahlen, und dann muss

$$\frac{x-\alpha}{2} \cdot \frac{x+\alpha}{2} \equiv 0 \pmod{2^{\pi-2}}$$

sein. Da nun die Differenz der beiden Factoren $\frac{1}{2}(x-\alpha)$ und $\frac{1}{2}(x+\alpha)$ eine ungerade Zahl ist, so muss einer von ihnen ungerade, und der andere folglich theilbar durch $2^{\pi-2}$ sein. Dies giebt folgende Fälle:

$$x \equiv \alpha \pmod{2^{\pi-1}} \quad \text{oder} \quad x \equiv -\alpha \pmod{2^{\pi-1}}$$

und diese liefern wieder folgende vier Fälle:

$$x \equiv \alpha \pmod{2^{\pi}}; \qquad x \equiv \alpha + 2^{\pi-1} \pmod{2^{\pi}};$$
$$x \equiv -\alpha \pmod{2^{\pi}}; \quad x \equiv -\alpha - 2^{\pi-1} \pmod{2^{\pi}}.$$

Und umgekehrt überzeugt man sich leicht, dass jede dieser vier in Bezug auf den Modul 2^{π} incongruenten Zahlen der Congruenz genügt.

Wir fassen die ganze Untersuchung in folgendem Satze zusammen:

Die Congruenz

$$x^2 \equiv D \pmod{2^{\pi}}$$

ist stets möglich, wenn $\pi = 1$, *und hat dann eine Wurzel; sie ist, wenn* $\pi = 2$, *stets und nur dann möglich, wenn* $D \equiv 1 \pmod{4}$, *und sie hat dann zwei Wurzeln; sie ist, wenn* $\pi \geqq 3$, *stets und nur dann möglich, wenn* $D \equiv 1 \pmod{8}$ *ist, und zwar hat sie dann vier Wurzeln.*

§. 37.

Es ist jetzt leicht, die Möglichkeit und die Anzahl der Wurzeln der Congruenz $x^2 \equiv D$ für einen beliebigen Modulus zu beurtheilen, der relative Primzahl zu D ist. Wir führen diese Untersuchung ganz allgemein in folgender Weise.

Es seien $a, b, c \ldots$ relative Primzahlen zu einander, und

$$f(x) \equiv 0 \pmod{abc \ldots} \tag{1}$$

eine beliebige zur Auflösung vorgelegte Congruenz, so lässt dieselbe sich stets auf die vollständige Auflösung der Congruenzen

$$\left.\begin{array}{l} f(x) \equiv 0 \pmod{a} \\ f(x) \equiv 0 \pmod{b} \\ f(x) \equiv 0 \pmod{c} \end{array}\right\} \qquad (2)$$
u. s. w.

zurückführen. Zunächst leuchtet ein, dass jede Wurzel x der Congruenz (1) auch allen Congruenzen (2) genügen muss; es wird daher die Congruenz (1) unmöglich sein, wenn dies mit irgend einer der Congruenzen (2) der Fall ist. Umgekehrt, ist α irgend eine Wurzel der Congruenz $f(x) \equiv 0 \pmod{a}$, ebenso β irgend eine Wurzel der Congruenz $f(x) \equiv 0 \pmod{b}$, γ eine Wurzel der Congruenz $f(x) \equiv 0 \pmod{c}$ u. s. w., so bestimme man (nach §. 25) eine Zahl x durch das System von Congruenzen

$$\left.\begin{array}{l} x \equiv \alpha \pmod{a} \\ x \equiv \beta \pmod{b} \\ x \equiv \gamma \pmod{c} \end{array}\right\} \qquad (3)$$
u. s. w.

so wird

$$\begin{array}{l} f(x) \equiv f(\alpha) \equiv 0 \pmod{a} \\ f(x) \equiv f(\beta) \equiv 0 \pmod{b} \\ f(x) \equiv f(\gamma) \equiv 0 \pmod{c} \end{array}$$
u. s. w.,

und folglich, da $a, b, c \ldots$ relative Primzahlen zu einander sind, auch

$$f(x) \equiv 0 \pmod{abc\ldots},$$

d. h. jede dem System (3) genügende Zahl x ist eine Wurzel der vorgelegten Congruenz (1). Da nun (nach §. 25) dem System (3) unendlich viele Zahlen x genügen, welche aber alle nach dem Modul $abc\ldots$ einander congruent sind, so liefert das System (3) eine und nur eine Wurzel x der Congruenz (1). Ist nun

λ die Anzahl aller incongruenten Wurzeln $\alpha \pmod{a}$
μ „ „ „ „ „ $\beta \pmod{b}$
ν „ „ „ „ „ $\gamma \pmod{c}$
u. s. w.,

so kann man im Ganzen $\lambda\mu\nu\ldots$ verschiedene Systeme (3) bilden, welchen (nach §. 25) ebensoviele verschiedene Wurzeln x der Congruenz (1) entsprechen; und andere Wurzeln kann diese letztere nicht besitzen, weil, wie schon oben bemerkt ist, jede bestimmte

Wurzel x der Congruenz (1) auch Wurzel aller Congruenzen (2) und folglich einem bestimmten α (mod. a), einem bestimmten β (mod. b), einem bestimmten γ (mod. c) u. s. f. congruent sein muss. Mithin ist die Anzahl aller nach dem Modul $abc\dots$ incongruenten Wurzeln der vorgelegten Congruenz $= \lambda\mu\nu\dots$

Mit Hülfe dieses allgemeinen Resultates sind wir im Stande zu beurtheilen, ob die Congruenz

$$x^2 \equiv D \pmod{k},$$

in welcher D und k relative Primzahlen sind, möglich, und wie gross die Anzahl σ ihrer incongruenten Wurzeln ist. Bedeutet p jede beliebige, in dem Modul k (also nicht in D) aufgehende ungerade Primzahl, so ist erforderlich, dass

$$\left(\frac{D}{p}\right) = +1$$

sei; ist diese Bedingung erfüllt, so hat die Congruenz $x^2 \equiv D$ in Bezug auf jeden Modulus von der Form p^π genau zwei incongruente Wurzeln. Ist daher der Modul k ungerade, und μ die Anzahl der von einander verschiedenen in k aufgehenden Primzahlen p, so ist

$$\sigma = 2^\mu.$$

Dasselbe ist der Fall, wenn der Modulus k das Doppelte einer ungeraden Zahl ist; denn die Congruenz $x^2 \equiv D$ (mod. 2) hat stets eine und nur eine Wurzel.

Ist aber k das Vierfache einer ungeraden Zahl, so ist ausser den früheren μ Bedingungen noch erforderlich, dass $D \equiv 1$ (mod. 4) sei; da alsdann die Congruenz $x^2 \equiv D$ (mod. 4) zwei Wurzeln besitzt, so ist

$$\sigma = 2^{\mu+1}.$$

Ist endlich $k \equiv 0$ (mod. 8), so ist ausser den früheren μ Bedingungen noch erforderlich, dass $D \equiv 1$ (mod. 8) sei; da dann die Congruenz $x^2 \equiv D$ (mod. 2^π), wo $\pi \geqq 3$, stets vier Wurzeln hat, so ist in diesem Fall

$$\sigma = 2^{\mu+2}.$$

§. 38.

Bevor wir diesen Gegenstand verlassen, wollen wir noch eine Anwendung von dem soeben gewonnenen Resultate auf eine

Verallgemeinerung des Wilson'schen Satzes (§. 27) machen. Setzen wir $D = 1$, so ergiebt sich, dass die Congruenz

$$x^2 \equiv 1 \pmod{k} \tag{1}$$

für jeden Modul k möglich ist; die Anzahl σ ihrer Wurzeln ist $= 1$, wenn $k = 1$ oder $k = 2$; sie ist $= 2$, wenn k eine Potenz einer ungeraden Primzahl oder das Doppelte einer solchen Potenz oder $= 4$ ist; in allen übrigen Fällen ist σ durch 4 theilbar. Schliessen wir die Fälle $k = 1$ und $k = 2$ aus, so zerfallen die σ Wurzeln in $\frac{1}{2}\sigma$ Paare von Wurzeln ϱ und $-\varrho$; denn mit ϱ ist gleichzeitig auch $-\varrho$ eine Wurzel, und da ϱ relative Primzahl zu k, und folglich 2ϱ nicht $\equiv 0 \pmod{k}$ sein kann, so sind je zwei solche Wurzeln ϱ und $-\varrho$ auch incongruent. Das Product $\varrho \times (-\varrho) = -\varrho^2$ zweier solcher Wurzeln ist $\equiv -1$, und folglich ist das Product aller σ Wurzeln $\equiv +1$ oder -1, je nachdem σ durch 4 theilbar ist oder nicht.

Unter den $\varphi(k)$ Zahlen z, welche nicht grösser als k und relative Primzahlen zu k sind, finden sich zunächst die σ Wurzeln der Congruenz (1); die übrigen $\varphi(k) - \sigma$ dieser Zahlen z (wenn noch solche vorhanden sind) lassen sich in Paare von je zwei solchen Zahlen r und s zerlegen, deren Product $rs \equiv 1$ ist; denn zu jeder Zahl r gehört (nach §. 22) eine solche Zahl s und nur eine, und ausserdem kann s nicht $\equiv r$ sein, weil sonst $r^2 \equiv 1$, und folglich r eine der σ Wurzeln der Congruenz (1) wäre. Mithin ist auch das Product aller dieser $\varphi(k) - \sigma$ Zahlen $\equiv 1$.

Multiplicirt man daher alle $\varphi(k)$ Zahlen z mit einander, so wird das Product $\equiv -1$, wenn k Potenz einer ungeraden Primzahl oder das Doppelte einer solchen Potenz oder $= 4$ ist, in allen übrigen Fällen aber $\equiv +1$. (In den beiden ausgeschlossenen Fällen $k = 1$ und $k = 2$ ist $\varphi(k) = 1$, und die einzige Zahl $z \equiv \pm 1$.) Dies ist der verallgemeinerte Wilson'sche Satz*).

§. 39.

Nachdem in den vorhergehenden Paragraphen die erste der beiden in §. 32 aufgeworfenen Fragen ihre vollständige Beantwortung gefunden hat, wenden wir uns jetzt zu der zweiten ungleich interessanteren, aber auch schwierigeren Aufgabe:

---

*) *Gauss*: *D. A.* art. 78.

Alle Moduln k zu finden, von welchen eine gegebene Zahl D quadratischer Rest ist.

Bevor wir zu der Lösung derselben übergehen, wollen wir erwähnen, dass man häufig, namentlich in den älteren Schriften, eine andere Ausdrucksweise vorfindet. Die Moduln k, für welche eine Congruenz $f(x) \equiv 0 \pmod{k}$ möglich ist, nennt man auch *Divisoren der Form* $f(x)$, weil es Zahlen x giebt, für welche die *Form* $f(x)$ durch einen solchen Modul k theilbar wird; die von uns gesuchten Zahlen k sind daher die Divisoren der Form $x^2 - D$; sie stimmen vollständig überein mit den Divisoren der Form $t^2 - Du^2$, in welcher t, u zwei unbestimmte ganze Zahlen bedeuten, die aber immer relative Primzahlen zu einander sein sollen. Dass wirklich jeder Divisor der Form $x^2 - D$ auch ein Divisor der Form $t^2 - Du^2$ ist, leuchtet unmittelbar ein, da die letztere in die erstere übergeht, wenn man $t = x$, $u = 1$ setzt. Umgekehrt, ist k Divisor der Form $t^2 - Du^2$, so ist u jedenfalls relative Primzahl zu k (denn ginge irgend eine Primzahl gleichzeitig in k und u auf, so müsste sie auch in t^2 und folglich auch in t aufgehen, gegen die Voraussetzung, dass t, u relative Primzahlen sind), und man kann folglich eine Zahl x finden, welche der Congruenz $ux \equiv t \pmod{k}$ genügt; da nun $t^2 - Du^2 \equiv 0 \pmod{k}$, so ist auch $u^2(x^2 - D) \equiv 0 \pmod{k}$ und folglich, da u^2 relative Primzahl zu k ist, auch $x^2 - D \equiv 0 \pmod{k}$, d. h. jeder Divisor k der Form $t^2 - Du^2$, in welcher t und u relative Primzahlen zu einander sind, ist auch Divisor der Form $x^2 - D$.

Das allgemeine Problem wird daher häufig auch so ausgedrückt: es sollen alle Divisoren der Form $t^2 - Du^2$ gefunden werden, in welcher D eine gegebene, t und u dagegen zwei unbestimmte ganze Zahlen bedeuten, die relative Primzahlen zu einander sind.

Wir beschränken uns auch hier auf solche (immer mit *positivem* Vorzeichen genommene) Moduln k, die relative Primzahlen zu D sind; da ferner nach den vorhergehenden Untersuchungen die Möglichkeit der Congruenz $x^2 \equiv D \pmod{k}$ nur von der Beschaffenheit der in k aufgehenden Primzahlen abhängt und für einen Modul von der Form 2^π immer leicht beurtheilt werden kann, so kommt es nur darauf an, alle ungeraden (in D nicht aufgehenden) Primzahlen p zu finden, von welchen D quadratischer Rest ist. Bedenken wir ferner, dass (nach §. 33) der quadratische Charakter einer Zahl D in Bezug auf einen solchen Modulus p

nur von den in D enthaltenen Factoren abhängt, so werden wir in letzter Instanz auf folgendes Problem geführt:

Alle ungeraden Primzahlen p zu finden, für welche irgend eine der drei Congruenzen

$$x^2 \equiv -1, \quad x^2 \equiv 2, \quad x^2 \equiv q \pmod{p}$$

möglich ist, wo q irgend eine gegebene positive ungerade Primzahl bedeutet.

§. 40.

Die Auffindung aller ungeraden Primzahlen p, für welche die Congruenz

$$x^2 \equiv -1 \pmod{p}$$

möglich ist, bietet keine Schwierigkeit mehr dar. Denn da (nach §. 33) allgemein

$$\left(\frac{D}{p}\right) \equiv D^{\frac{p-1}{2}} \pmod{p}$$

ist, so erhält man speciell

$$\left(\frac{-1}{p}\right) \equiv (-1)^{\frac{p-1}{2}} \pmod{p}$$

und folglich auch

$$\left(\frac{-1}{p}\right) = (-1)^{\frac{p-1}{2}}.$$

In Worten lautet dieser wichtige Satz*) folgendermaassen:

Die Zahl -1 *ist quadratischer Rest aller Primzahlen von der Form* $4n+1$, *dagegen quadratischer Nichtrest aller Primzahlen von der Form* $4n+3$.

Dasselbe Resultat erhält man auch auf folgendem Wege. Ist die Congruenz $x^2 \equiv -1 \pmod{p}$ möglich, und x eine Wurzel derselben, so folgt hieraus durch Potenzirung

$$x^{p-1} \equiv (-1)^{\frac{p-1}{2}} \pmod{p}$$

und hieraus (nach dem Fermat'schen Satze §. 19) $(-1)^{\frac{p-1}{2}} = 1$, also $p = 4n+1$; d. h. die Zahl -1 ist quadratischer Nichtrest

*) *Euler*: *Demonstratio theorematis Fermatiani, omnem numerum primum formae* $4n+1$ *esse summam duorum quadratorum*, Nov. Comm. Petrop. V, p. 3.

von allen Primzahlen von der Form $4n+3$. Ist umgekehrt p von der Form $4n+1$, so ist $x^{p-1}-1$ algebraisch theilbar durch x^4-1, also auch durch x^2+1; es ist folglich

$$x^{p-1}-1=(x^2+1)\psi(x),$$

wo $\psi(x)$ ein Polynom mit ganzen Coefficienten bedeutet; da nun (nach dem Fermat'schen Satze §. 19) die linke Seite dieser Gleichung für $p-1$ incongruente Werthe von x congruent Null wird, so wird (nach §. 26) auch x^2+1 für zwei incongruente Werthe von x congruent Null*), d. h. die Zahl -1 ist quadratischer Rest von allen Primzahlen von der Form $4n+1$. Der Satz ist also von Neuem bewiesen.

§. 41.

Wir gehen nun zu der Lösung der zweiten Aufgabe über, welche sich auf die Congruenz

$$x^2 \equiv 2 \pmod{p}$$

bezieht. *Fermat* hat, wahrscheinlich durch Induction, folgendes, zuerst von *Lagrange***) bewiesenes Resultat gefunden:

Die Zahl 2 *ist quadratischer Rest aller Primzahlen von einer der beiden Formen* $8n+1$ *oder* $8n+7$, *dagegen Nichtrest aller Primzahlen von einer der beiden Formen* $8n+3$ *oder* $8n+5$.

Wir beweisen zuerst den zweiten Theil des Satzes, dass nämlich 2 Nichtrest aller Primzahlen p von der Form $8n \pm 3$ ist. Offenbar ist derselbe für $p=3$ richtig, denn nur die Zahl 1 ist Rest von 3. Gesetzt nun, der Satz wäre nicht allgemein gültig, so müsste es doch eine *kleinste* Primzahl p von der Form $8n \pm 3$ geben, für welche er unrichtig würde, für welche also die Congruenz

$$x^2 \equiv 2 \pmod{p}$$

möglich würde. Hierin kann man immer die Wurzel x kleiner als p und ungerade voraussetzen, denn wenn x gerade ist, so ist die andere Wurzel $x'=p-x$ ungerade. Wir können daher

$$x^2-2=pf$$

---

*) Man findet auch leicht mit Hülfe des Wilson'schen Satzes (§. 27), dass diese Wurzeln $\equiv \pm 1.2.3 \ldots \frac{1}{2}(p-1)$ sind.

**) *Recherches d'Arithmétique*, Nouv. Mém. de l'Acad. de Berlin. 1775, p. 349, 351.

setzen, wo f positiv und kleiner als p ist; da ferner x^2 von der Form $8n+1$, also pf von der Form $8n-1$, und folglich f von der Form $8n \mp 3$ ist, so hat die Zahl f mindestens einen Primfactor p' von einer der Formen $8n+3$ oder $8n-3$; denn ein Product aus lauter Factoren von der Form $8n \pm 1$ würde wieder dieselbe Form $8n \pm 1$ haben. Für diese Primzahl p', die jedenfalls $< p$ ist, würde dann ebenfalls $x^2 \equiv 2 \pmod{p'}$ sein; allein dies streitet mit unserer Voraussetzung, dass p die kleinste in der Form $8n \pm 3$ enthaltene Primzahl ist, von welcher die Zahl 2 quadratischer Rest ist. Mithin ist diese Voraussetzung überhaupt unzulässig, und es folgt, dass stets

$$\left(\frac{2}{p}\right) = -1 \text{ ist, wenn } p = 8n \pm 3.$$

Wir wollen jetzt zweitens beweisen, dass die Zahl 2 quadratischer Rest aller Primzahlen p von der Form $8n+7$ ist; da nun (nach §. 40) -1 quadratischer Nichtrest aller dieser Primzahlen ist, so haben wir nur zu zeigen, dass die Zahl -2 ebenfalls Nichtrest aller dieser Primzahlen ist; statt dessen stellen wir uns die allgemeinere Aufgabe, zu beweisen, dass -2 Nichtrest von allen in den beiden Formen $8n+5$, $8n+7$ enthaltenen Primzahlen ist, obgleich dies für die Primzahlen der Form $8n+5$, von welchen (nach §. 40) -1 quadratischer Rest ist, schon im Vorhergehenden geschehen ist. Zunächst bemerken wir wieder, dass der Satz für die kleinste in einer dieser Formen enthaltene Primzahl 5 in der That richtig ist. Wenn nun der Satz nicht allgemein gültig ist, so sei p die kleinste ihm nicht gehorchende Primzahl, so dass also eine Zahl x existirt, für welche

$$x^2 + 2 \equiv 0 \pmod{p}$$

ist; auch hier können wir wieder annehmen, dass x kleiner als p und ungerade ist, so dass, wenn wir

$$x^2 + 2 = pf$$

setzen, die Zahl f positiv, ungerade und kleiner als p ausfällt. Da ferner $x^2 + 2 \equiv 3 \pmod{8}$ und $p \equiv 5$ oder $\equiv 7 \pmod{8}$ ist, so muss f entsprechend $\equiv 7$ oder $\equiv 5 \pmod{8}$ sein; und da ein Product aus lauter Factoren von den Formen $8n+1$, oder $8n+3$ stets wieder eine dieser Formen, niemals eine der Formen $8n+5$ oder $8n+7$ hat, so muss die Zahl f mindestens einen Primfactor p' von einer der Formen $8n+7$, $8n+5$ haben, für welchen der

Satz ebenfalls unrichtig ist, da $x^2 + 2 \equiv 0 \pmod{p'}$ ist; allein, da $p' < p$, so streitet dies mit der Annahme, dass p die kleinste dem Satze nicht gehorchende Primzahl ist. Also ist die Annahme überhaupt nicht zulässig und folglich der Satz allgemeingültig, dass

$$\left(\frac{-2}{p}\right) = -1 \text{ für } p = 8n + 5 \text{ oder } 8n + 7,$$

d. h. dass

$$\left(\frac{2}{p}\right) = -1 \text{ für } p = 8n + 5$$

$$\left(\frac{2}{p}\right) = +1 \text{ für } p = 8n + 7$$

ist.

Es bleibt jetzt nur noch zu beweisen übrig, dass 2 quadratischer Rest von allen Primzahlen p von der Form $8n + 1$ ist; hierauf ist die vorhergehende Methode aus dem Grunde nicht anwendbar, weil die Annahme des Gegentheils sich nicht in Form einer Congruenz darstellen lässt, die dann zur Auffindung des Widerspruchs benutzt werden könnte. Allein in diesem Falle kann man direct, wie folgt, verfahren; da $p = 8n + 1$ ist, so hat die Function $x^{p-1} - 1$ den Divisor $x^8 - 1$, also auch den Factor $x^4 + 1$, und hieraus folgt nach einem früheren Satze (§. 26), dass die Congruenz

$$x^4 + 1 \equiv 0 \pmod{p}$$

Wurzeln hat; ist nun x eine solche, so ist

$$x^4 + 1 = (x^2 \pm 1)^2 \mp 2x^2 \equiv 0 \pmod{p},$$

also

$$(x^2 \pm 1)^2 \equiv \pm 2x^2 \pmod{p};$$

es ist daher $\pm 2x^2$ und folglich auch ± 2 quadratischer Rest von p; in Zeichen

$$\left(\frac{\pm 2}{p}\right) = 1, \text{ wenn } p = 8n + 1.$$

Hiermit ist der Satz in allen seinen Theilen bewiesen; wir können denselben in der einen Gleichung

$$\left(\frac{2}{p}\right) = (-1)^{\frac{p^2-1}{8}}$$

zusammenfassen; denn je nachdem $p = 8n \pm 1$, oder $p = 8n \pm 3$ ist, wird $\frac{1}{2}(p^2 - 1)$ eine gerade oder ungerade Zahl.

§. 42.

Wir kommen nun zu der Untersuchung der dritten Frage: *von welchen ungeraden Primzahlen p ist die gegebene ungerade Primzahl q quadratischer Rest?* Die vollständige Antwort hierauf wird durch einen der wichtigsten und interessantesten Sätze der Zahlentheorie gegeben, welcher seines eigenthümlichen Charakters wegen den Namen des *Reciprocitäts-Satzes* erhalten hat. Man kann ihn folgendermaassen aussprechen:

Sind p und q zwei positive ungerade Primzahlen, von denen mindestens eine die Form $4n + 1$ hat, so ist q quadratischer Rest oder Nichtrest von p, je nachdem p quadratischer Rest oder Nichtrest von q ist; haben aber beide Primzahlen p und q die Form $4n + 3$, so ist q quadratischer Rest oder Nichtrest von p, je nachdem p quadratischer Nichtrest oder quadratischer Rest von q ist.

Offenbar lässt sich dieser Satz durch die für beide Fälle gültige Gleichung

$$\left(\frac{p}{q}\right)\left(\frac{q}{p}\right) = (-1)^{\frac{p-1}{2}\cdot\frac{q-1}{2}}$$

ausdrücken; denn sobald mindestens eine der beiden Primzahlen p oder q die Form $4n + 1$ hat, so ist die entsprechende der beiden Zahlen $\frac{1}{2}(p-1)$ oder $\frac{1}{2}(q-1)$, und folglich auch ihr Product $\frac{1}{2}(p-1)\cdot\frac{1}{2}(q-1)$ eine gerade Zahl, so dass

$$\left(\frac{p}{q}\right)\left(\frac{q}{p}\right) = 1, \text{ d. h. } \left(\frac{q}{p}\right) = \left(\frac{p}{q}\right)$$

ist, worin der erste Fall seinen Ausdruck findet; sind dagegen beide Primzahlen p und q von der Form $4n + 3$, so sind auch beide Zahlen $\frac{1}{2}(p-1)$ und $\frac{1}{2}(q-1)$, und folglich auch ihr Product $\frac{1}{2}(p-1)\cdot\frac{1}{2}(q-1)$ ungerade, so dass

$$\left(\frac{p}{q}\right)\left(\frac{q}{p}\right) = -1, \text{ d. h. } \left(\frac{q}{p}\right) = -\left(\frac{p}{q}\right)$$

wird, worin der zweite Theil des Satzes ausgedrückt ist.

Ist z. B. $p = 3$, $q = 5$, so ist p quadratischer Nichtrest von q und gleichzeitig q quadratischer Nichtrest von p, in Zeichen

$$\left(\frac{3}{5}\right) = \left(\frac{5}{3}\right) = -1.$$

Ist ferner $p = 3$, $q = 13$, so ist p quadratischer Rest von q und gleichzeitig q quadratischer Rest von p, in Zeichen

$$\left(\frac{3}{13}\right) = \left(\frac{13}{3}\right) = +1.$$

Ist dagegen $p = 3$, $q = 7$, so ist p quadratischer Nichtrest von q und gleichzeitig q quadratischer Rest von p, in Zeichen

$$\left(\frac{3}{7}\right) = -\left(\frac{7}{3}\right) = -1.$$

Hinsichtlich der Entdeckung und Begründung dieses berühmten Satzes ist jetzt festgestellt*), dass derselbe seinem vollständigen Inhalte nach, wenn auch in anderer Form, zuerst von *Euler***) ausgesprochen, aber nicht bewiesen ist; sodann hat *Legendre****), offenbar unabhängig von *Euler*, den Satz abermals aufgestellt, und ihm gebührt das Verdienst, wenigstens einen Theil desselben auf sehr scharfsinnige Weise bewiesen zu haben; endlich hat *Gauss* zuerst nicht nur einen, sondern nach und nach sechs vollständige, strenge, auf ganz verschiedenen Grundgedanken beruhende Beweise†) von diesem Satze gegeben, den er seiner Wichtigkeit

---

*) Vergl. *Kummer: Ueber die allgemeinen Reciprocitätsgesetze unter den Resten und Nichtresten der Potenzen, deren Grad eine Primzahl ist* (Abh. d. Berliner Akademie, 1859) und *Kronecker: Bemerkungen zur Geschichte des Reciprocitätsgesetzes* (Monatsber. d. Berliner Akademie vom 22. April 1875).

**) *Observationes circa divisionem quadratorum per numeros primos* im Bd. I der *Opuscula Analytica* (Petersburg 1783) oder in den schon erwähnten *Commentationes Arithmeticae*, Tom. I, p. 477.

***) *Recherches d'analyse indéterminée* (Hist. de l'Ac. d. Sc. 1785, p. 465).

†) *D. A.* artt. 125 bis 145 (vergl. §§. 48 bis 51 dieser Vorlesungen). — *D. A.* art. 262 (vergl. §§. 152 bis 154). — *Theorematis arithmetici demonstratio nova.* 1808. — *Summatio quarumdam serierum singularium.* 1808 (vergl. §. 115). — *Theorematis fundamentalis in doctrina de residuis quadraticis demonstrationes et ampliationes novae.* 1817. — In der nachgelassenen *Analysis Residuorum* art. 365 (Gauss' Werke Bd. II.) findet sich noch ein siebenter Beweis, welcher wohl als ein selbständiger bezeichnet zu werden verdient, obwohl er seine Quelle, die Kreistheilung, mit dem vierten und sechsten Beweise gemeinschaftlich hat. — Die meisten der von anderen Mathematikern, z. B. *Jacobi*, *Eisenstein*, veröffentlichten Beweise beruhen auf denselben Principien wie die von Gauss; ein besonders einfacher Beweis ist von dem Pfarrer *Zeller* gegeben (Monatsber. d. Berliner Akad. vom 16. Dec. 1872). Durchaus originell ist der Beweis von *Eisenstein* in der Abhandlung *Applications de l'Algèbre à l'Arithmétique transcendante* (Crelle's Journ. Bd. 29). Vergl. auch die Einleitung zu der Ab-

wegen das *Theorema fundamentale* in der Theorie der quadratischen Reste nannte. Wir folgen hier zunächst dem *dritten* dieser sechs Beweise, der sich auf ein Lemma stützt, durch welches das Euler'sche Kriterium (§. 33) über den Charakter einer Zahl D in Bezug auf die Primzahl p in ein anderes umgeformt wird.

§. 43.

Wir haben früher (§. 33) gesehen, dass eine durch p nicht theilbare Zahl D quadratischer Rest oder Nichtrest von p ist, je nachdem

$$D^{\frac{p-1}{2}} \equiv +1 \text{ oder } \equiv -1 \pmod{p}$$

ist; betrachten wir nun die Producte

$$D, \quad 2D, \quad 3D \ldots \tfrac{1}{2}(p-1)D$$

aus dieser Zahl D und aus den ersten $\frac{1}{2}(p-1)$ ganzen positiven Zahlen, so werden die kleinsten positiven Reste

$$r_1, \quad r_2, \quad r_3 \ldots r_{\frac{p-1}{2}}$$

derselben, nach dem Modulus p genommen, erstens sämmtlich verschieden von einander und kleiner als p sein, und keiner von ihnen kann gleich Null sein. Wir theilen nun diese $\frac{1}{2}(p-1)$ Reste in zwei Abtheilungen, je nachdem sie grösser oder kleiner als $\frac{1}{2}p$ sind, und bezeichnen die ersteren, deren Anzahl $= \mu$ sei, mit

$$\alpha_1, \quad \alpha_2 \ldots \alpha_\mu,$$

die übrigen Reste, welche kleiner als $\frac{1}{2}p$ sind, und deren Anzahl $\lambda = \frac{1}{2}(p-1) - \mu$ ist, mit

$$\beta_1, \quad \beta_2 \ldots \beta_\lambda.$$

Nimmt man nun von den ersteren μ Resten ihre Ergänzungen zur Zahl p, also die Zahlen

$$p - \alpha_1, \quad p - \alpha_2 \ldots p - \alpha_\mu,$$

---

handlung von *Kummer: Zwei neue Beweise der allgemeinen Reciprocitätsgesetze* etc. (Abh. d. Berliner Akad. 1861). Von grossem Interesse sind ferner die Mittheilungen von *Schering* und *Kronecker* in den Monatsber. d. Berliner Akad. vom 22. Juni 1876, vom 7. Februar u. 12. Juni 1884, 15. Januar, 30. April u. 26. November 1885, sowie die Abhandlungen von *Schering* in den Göttinger Nachrichten vom 26. März 1879 und in den Acta Mathematica, Bd. 1, 1882. — Vergl. auch *Baumgart: Ueber das quadratische Reciprocitätsgesetz* (Leipzig, 1885).

so liegen dieselben, ebenso wie die λ Zahlen $\beta_1, \beta_2 \ldots \beta_\lambda$, auch zwischen den Grenzen 0 und $\frac{1}{2}p$; ausserdem sind sie alle von einander verschieden; endlich lässt sich aber auch zeigen, dass sie von den λ Zahlen $\beta_1, \beta_2 \ldots \beta_\lambda$ verschieden sind; denn wäre z. B. $p - \alpha = \beta$, also $\alpha + \beta = p \equiv 0 \pmod{p}$, so müsste auch, wenn α der Rest von sD, β der Rest von tD ist,

$$sD + tD = (s + t)D \equiv 0 \pmod{p}$$

und folglich $s + t$ durch p theilbar sein; allein da jede der beiden Zahlen s und t zwischen 0 und $\frac{1}{2}p$ liegt, so liegt $s + t$ zwischen 0 und p (mit Ausschluss dieser beiden Grenzen); es kann daher $s + t$ nicht theilbar durch p, und folglich auch nicht $p - \alpha = \beta$ sein.

Mithin haben die folgenden $\frac{1}{2}(p - 1)$ Zahlen

$$p - \alpha_1, \quad p - \alpha_2 \ldots p - \alpha_\mu; \quad \beta_1, \quad \beta_2 \ldots \beta_\lambda$$

lauter von einander verschiedene Werthe, und da sie ihrem Werth nach zwischen 0 und $\frac{1}{2}p$ liegen, so müssen sie im Complex genommen identisch mit den $\frac{1}{2}(p - 1)$ Zahlen

$$1, \quad 2, \quad 3 \ldots \tfrac{1}{2}(p - 1)$$

sein, so dass ihr Product

$$(p - \alpha_1)(p - \alpha_2) \ldots (p - \alpha_\mu)\, \beta_1 \beta_2 \ldots \beta_\lambda = 1 . 2 . 3 \ldots \tfrac{1}{2}(p - 1)$$

ist. Werfen wir hieraus die Multipla von p weg, so erhalten wir die Congruenz

$$(-1)^\mu \alpha_1 \alpha_2 \ldots \alpha_\mu . \beta_1 \beta_2 \ldots \beta_\lambda \equiv 1 . 2 . 3 \ldots \tfrac{1}{2}(p - 1) \pmod{p};$$

da nun andererseits

$$\alpha_1 \alpha_2 \ldots \alpha_\mu . \beta_1 \beta_2 \ldots \beta_\lambda \equiv 1 . 2 \ldots \tfrac{1}{2}(p - 1)\, D^{\frac{p-1}{2}} \pmod{p}$$

ist, so folgt hieraus, dass

$$(-1)^\mu . 1 . 2 \ldots \tfrac{1}{2}(p - 1) . D^{\frac{p-1}{2}} \equiv 1 . 2 . 3 \ldots \tfrac{1}{2}(p - 1) \pmod{p}$$

und also auch

$$D^{\frac{p-1}{2}} \equiv (-1)^\mu \pmod{p}$$

oder, was dasselbe sagt, dass

$$\left(\frac{D}{p}\right) = (-1)^\mu$$

ist*). Hierin besteht die Umformung des Kennzeichens, welches darüber entscheidet, ob eine Zahl D quadratischer Rest oder Nichtrest der ungeraden Primzahl p ist:

Man braucht nur nachzusehen, ob die Anzahl μ der kleinsten positiven Reste der Zahlen

$$D,\quad 2D,\quad 3D \ldots \tfrac{1}{2}(p-1)D,$$

die grösser als $\frac{1}{2}p$ ausfallen, gerade oder ungerade ist; je nachdem das Erstere oder Letztere eintritt, ist D quadratischer Rest oder quadratischer Nichtrest von p.

Mit Hülfe dieses Satzes ist man schon im Stande, für jedes wirklich gegebene D die Formen für die Primzahlen aufzustellen, von welchen D Rest oder Nichtrest ist. Um dies deutlicher zu zeigen, betrachten wir den allerdings schon früher (§. 41) vollständig durchgeführten Fall $D = 2$. Bilden wir die Zahlen

$$2,\quad 4,\quad 6 \ldots (p-1),$$

so ist jede derselben auch ihr eigener kleinster positiver Rest in Bezug auf den Modulus p, und die Anzahl μ derjenigen dieser Zahlen, welche $> \frac{1}{2}p$ sind, wird durch die Bedingungen

$$p - 1 - 2\mu < \tfrac{1}{2}p < p + 1 - 2\mu \quad \text{oder} \quad \frac{p-2}{4} < \mu < \frac{p+2}{4}$$

bestimmt; bezeichnen wir daher allgemein mit $[x]$ die grösste in der reellen Zahl x enthaltene *ganze* Zahl, so dass stets $0 \leqq x - [x] < 1$ ist, so erhalten wir

$$\mu = \left[\frac{p+2}{4}\right].$$

Je nachdem nun p von einer der Formen $8n+1$, $8n+3$, $8n+5$, $8n+7$ ist, wird $\mu = 2n$, $2n+1$, $2n+1$, $2n+2$; es ist daher μ gerade und folglich

$$\left(\frac{2}{p}\right) = +1, \quad \text{wenn} \quad p \equiv \pm 1 \pmod{8};$$

und μ ist ungerade, also

$$\left(\frac{2}{p}\right) = -1, \quad \text{wenn} \quad p \equiv \pm 3 \pmod{8}.$$

---

*) Eine wichtige Verallgemeinerung dieses Satzes von *Gauss* ist von *Schering* gefunden; vergl. die Anmerkungen zu §§. 42, 46.

Auf diese Weise finden wir also eine vollständige Bestätigung des Resultats unserer früheren Untersuchung (§. 41), und ganz ebenso würde sich für jeden speciellen Werth von D die Untersuchung führen lassen, z. B. für die nächstliegenden Fälle $D = -1$, $D = 3$, $D = 5$ u. s. w.

§. 44.

Wir verlassen diese Anwendungen auf specielle Fälle und wenden uns zu einer weiteren Umformung, bei welcher wir der späteren Bezeichnung wegen q statt D schreiben wollen. Bezeichnen wir wieder mit $[x]$ die grösste in dem Werth x enthaltene ganze Zahl, und setzen wir zur Abkürzung $p = 2p' + 1$, so können wir

$$q = p\left[\frac{q}{p}\right] + r_1$$

$$2q = p\left[\frac{2q}{p}\right] + r_2$$

$$\dots\dots\dots\dots\dots\dots$$

$$p'q = p\left[\frac{p'q}{p}\right] + r_{p'}$$

setzen, wo wie früher (§. 43)

$$r_1, \; r_2 \dots r_{p'}$$

zwischen den Grenzen 0 und p liegen; theilen wir wieder diese kleinsten Reste in zwei Abtheilungen

$$\alpha_1, \; \alpha_2 \dots \alpha_\mu$$

und

$$\beta_1, \; \beta_2 \dots \beta_\lambda,$$

von denen die ersteren $> \frac{1}{2}p$, die letzteren $< \frac{1}{2}p$ sind, und bezeichnen wir mit A die Summe der μ ersteren, mit B die Summe der λ letzteren, ferner mit M die Summe

$$M = \left[\frac{q}{p}\right] + \left[\frac{2q}{p}\right] + \dots + \left[\frac{p'q}{p}\right],$$

so folgt durch Addition der vorstehenden Gleichungen

$$\frac{p^2-1}{8}\, q = pM + A + B;$$

da nun (nach §. 43) der Complex der Zahlen

$$p - \alpha_1,\ p - \alpha_2 \ldots p - \alpha_\mu;\ \beta_1,\ \beta_2 \ldots \beta_\lambda$$

mit dem Complex der Zahlen

$$1,\ 2,\ 3 \ldots \frac{p-1}{2}$$

vollständig übereinstimmt, so ist ihre Summe

$$\frac{p^2 - 1}{8} = \mu p - A + B;$$

zieht man diese Gleichung von der vorhergehenden ab, so erhält man

$$\frac{p^2 - 1}{8}(q - 1) = (M - \mu)p + 2A.$$

Nun kommt es uns lediglich darauf an, zu erfahren, ob μ gerade oder ungerade ist; lassen wir daher alle Multipla von 2 fort, so erhalten wir, da $p \equiv -1 \pmod{2}$ gesetzt werden kann,

$$\mu \equiv M + \frac{p^2 - 1}{8}(q - 1) \pmod{2}.$$

Je nachdem daher die zur Rechten befindliche Zahl gerade oder ungerade ist, wird q quadratischer Rest oder Nichtrest von p sein. Nehmen wir daher z. B. wieder den Fall $q = 2$, so ergiebt sich unmittelbar $M = 0$, also

$$\mu \equiv \frac{p^2 - 1}{8} \pmod{2},$$

folglich

$$\left(\frac{2}{p}\right) = (-1)^\mu = (-1)^{\frac{p^2-1}{8}};$$

dies ist aber genau die schon früher (§. 41) aufgestellte Formel.

Von jetzt an wollen wir die Untersuchung nur noch unter der Voraussetzung fortführen, dass q eine *ungerade*, also $q - 1$ eine gerade Zahl ist; dann ist also

$$\mu \equiv M \pmod{2},\quad \left(\frac{q}{p}\right) = (-1)^M;$$

und es reducirt sich daher die ganze Frage darauf, zu entscheiden, ob die oben mit M bezeichnete Summe *gerade* oder *ungerade* ist.

Um dies weiter zu untersuchen, machen wir die fernere Annahme, es sei q *positiv* und *kleiner als* p. Dann leuchtet zunächst ein, dass jedes Glied in der Reihe M höchstens um eine Einheit grösser ist als das unmittelbar vorhergehende, weil der Unterschied von zwei auf einander folgenden Brüchen

$$\frac{sq}{p} \text{ und } \frac{(s+1)q}{p}$$

< 1 ist, und folglich höchstens *eine* ganze Zahl zwischen beiden liegen kann; da ferner der letzte Bruch

$$\frac{p'q}{p} = \frac{(p-1)q}{2p} = \frac{q-1}{2} + \frac{p-q}{2p}$$

ist, so ist der Werth des letzten Gliedes in der obigen Reihe

$$\left[\frac{p'q}{p}\right] = \frac{q-1}{2} = q'.$$

Mithin kommen in der Summe M nach und nach Glieder vor, welche die Werthe 0, 1, 2 . . . q' besitzen; wir suchen nun gerade die Stellen auf, wo zwei auf einander folgende Glieder

$$\left[\frac{sq}{p}\right] \text{ und } \left[\frac{(s+1)q}{p}\right]$$

wirklich um eine Einheit verschieden sind, so dass, wenn t irgend eine der Zahlen 1, 2 . . . q' bedeutet,

$$\frac{sq}{p} < t < \frac{(s+1)q}{p}$$

wird (da q relative Primzahl zu p, und $s < p$ ist, so kann keiner der Brüche $sq : p$ eine ganze Zahl sein); hieraus folgt aber

$$s < \frac{tp}{q} < s + 1, \text{ also } s = \left[\frac{tp}{q}\right],$$

und folglich giebt es in der Reihe M jedesmal

$$\left[\frac{tp}{q}\right] - \left[\frac{(t-1)p}{q}\right]$$

Glieder, welche den Werth $(t-1)$ haben; und die Anzahl der letzten Glieder, welche den Werth q' haben, ist offenbar

$$p' - \left[\frac{q'p}{q}\right].$$

Multiplicirt man nun jedesmal die Anzahl einer solchen Gruppe von Gliedern, welche einen und denselben Werth haben, mit diesem

Werth, so muss die Summe aller dieser Producte $= M$ werden. Dies giebt

$$0 . \left[\frac{p}{q}\right] + 1 . \left(\left[\frac{2p}{q}\right] - \left[\frac{p}{q}\right]\right) + 2 . \left(\left[\frac{3p}{q}\right] - \left[\frac{2p}{q}\right]\right) + \cdots$$

$$+ (q' - 1) . \left(\left[\frac{q'p}{q}\right] - \left[\frac{(q'-1)p}{q}\right]\right) + q' . \left(\frac{p-1}{2} - \left[\frac{q'p}{q}\right]\right)$$

$$= - \left[\frac{p}{q}\right] - \left[\frac{2p}{q}\right] - \cdots - \left[\frac{q'p}{q}\right] + q' . \frac{p-1}{2}.$$

Setzen wir daher

$$N = \left[\frac{p}{q}\right] + \left[\frac{2p}{q}\right] + \cdots + \left[\frac{q'p}{q}\right],$$

so erhalten wir das Resultat

$$M + N = \frac{p-1}{2} . \frac{q-1}{2},$$

welches offenbar für *je zwei positive ungerade relative Primzahlen* p, q gültig ist; denn bei der Ableitung ist weiter Nichts vorausgesetzt, und da das Resultat vollkommen symmetrisch in Bezug auf die beiden Zahlen p, q ist, von welchen doch eine jedenfalls die kleinere sein muss, so ist auch die bei dem Beweise gemachte Annahme, es sei $p > q$, erlaubt.

Hiermit ist nun zwar die Summe M nicht selbst gefunden, sondern nur auf die Summe N zurückgeführt; aber dies genügt vollständig, um den Reciprocitätssatz daraus abzuleiten. Oben ist gezeigt, dass, wenn p eine positive ungerade Primzahl, und q irgend eine durch p nicht theilbare ungerade Zahl bedeutet, stets

$$\left(\frac{q}{p}\right) = (-1)^M$$

ist; nehmen wir daher jetzt ferner an, dass q ebenfalls eine positive ungerade Primzahl ist, so wird ebenso

$$\left(\frac{p}{q}\right) = (-1)^N,$$

und folglich, mit Rücksicht auf den soeben bewiesenen Satz,

$$\left(\frac{p}{q}\right)\left(\frac{q}{p}\right) = (-1)^{M+N} = (-1)^{\frac{p-1}{2} . \frac{q-1}{2}},$$

worin der Reciprocitätssatz besteht.

§. 45.

Wir betrachten zunächst ein Beispiel, um die Nützlichkeit des Reciprocitätssatzes für die Beurtheilung der Möglichkeit einer Congruenz von der Form

$$x^2 \equiv D \pmod{p}$$

nachzuweisen. Nehmen wir die Congruenz

$$x^2 \equiv 365 \pmod{1847},$$

so ist der Werth des Symbols

$$\left(\frac{365}{1847}\right)$$

zu ermitteln. Zunächst zerlegen wir 365 in Primfactoren, obgleich dies, wie wir später sehen werden, nicht nothwendig ist.

Aus dieser Zerlegung $365 = 5 \,.\, 73$ folgt unmittelbar

$$\left(\frac{365}{1847}\right) = \left(\frac{5}{1847}\right)\left(\frac{73}{1847}\right).$$

Da ferner 5 von der Form $4n + 1$ ist, so ergiebt sich aus dem Reciprocitätssatze

$$\left(\frac{5}{1847}\right) = \left(\frac{1847}{5}\right)$$

und also, da $1847 \equiv 2 \pmod{5}$ ist,

$$\left(\frac{5}{1847}\right) = \left(\frac{2}{5}\right) = -1$$

nach §. 41; da ferner auch 73 von der Form $4n + 1$ ist, so folgt wieder aus dem Reciprocitätssatze, und weil $1847 \equiv 22 \pmod{73}$ ist,

$$\left(\frac{73}{1847}\right) = \left(\frac{1847}{73}\right) = \left(\frac{22}{73}\right) = \left(\frac{2}{73}\right)\left(\frac{11}{73}\right);$$

nun ist aber $73 \equiv 1 \pmod{8}$, also (nach §. 41)

$$\left(\frac{2}{73}\right) = 1, \quad \text{folglich} \quad \left(\frac{73}{1847}\right) = \left(\frac{11}{73}\right);$$

nach dem Reciprocitätssatze ist aber wieder

$$\left(\frac{11}{73}\right) = \left(\frac{73}{11}\right) = \left(\frac{7}{11}\right),$$

und da beide Primzahlen 7 und 11 von der Form $4n + 3$ sind, so ist abermals nach dem Reciprocitätssatze

$$\left(\frac{7}{11}\right) = -\left(\frac{11}{7}\right) = -\left(\frac{4}{7}\right) = -\left(\frac{2}{7}\right)^2 = -1,$$

folglich

$$\left(\frac{73}{1847}\right) = \left(\frac{11}{73}\right) = \left(\frac{7}{11}\right) = -1$$

und also endlich

$$\left(\frac{365}{1847}\right) = \left(\frac{5}{1847}\right)\left(\frac{73}{1847}\right) = (-1)(-1) = +1,$$

es ist also 365 quadratischer Rest der Primzahl 1847, d. h. die oben vorgelegte Congruenz ist möglich; und in der That ist

$$(\pm 496)^2 = 246016 = 365 + 133 \,.\, 1847.$$

§. 46.

Der in dem eben behandelten Beispiel angewendete Algorithmus, welcher auch bei jedem ähnlichen Beispiel nach einer endlichen Anzahl von Operationen zum Ziele führt, lässt sich im Allgemeinen bedeutend abkürzen, wenn man sich einer zuerst von *Jacobi* *) in die Zahlentheorie eingeführten Verallgemeinerung des Legendre'schen Symbols bedient; da der Gebrauch dieses Zeichens auch für unsere späteren Untersuchungen unerlässlich ist, so beschäftigen wir uns zunächst mit der Erklärung desselben und den Gesetzen, denen es gehorcht.

Es sei die *ungerade* Zahl P in ihre Primzahlfactoren p, p', p'' u. s. w. zerlegt, also

$$P = pp'p'' \ldots$$

und m irgend eine *relative Primzahl* zu P, so setzen wir mit *Jacobi*

$$\left(\frac{m}{P}\right) = \left(\frac{m}{p}\right)\left(\frac{m}{p'}\right)\left(\frac{m}{p''}\right)\cdots;$$

*) Monatsbericht der Berliner Akademie. 1837. (Crelle's Journal Bd. 30.) Vergl. die in der letzten Anmerkung zu §. 42 erwähnten Mittheilungen von *Schering* und *Kronecker*.

offenbar ist der Werth dieses Symbols $= +1$ oder $= -1$, je nachdem die Anzahl derjenigen Primfactoren $p, p', p'' \ldots$, von welchen m quadratischer Nichtrest ist, gerade oder ungerade ist. Wenn m quadratischer Rest von P, und also auch von jeder einzelnen der Primzahlen $p, p', p'' \ldots$ ist, so ist

$$\left(\frac{m}{p}\right) = \left(\frac{m}{p'}\right) = \left(\frac{m}{p''}\right) \cdots = 1,$$

und folglich auch

$$\left(\frac{m}{P}\right) = \left(\frac{m}{p}\right)\left(\frac{m}{p'}\right)\left(\frac{m}{p''}\right) \cdots = 1;$$

aber man darf diesen Satz durchaus nicht umkehren; sobald nämlich die Zahl m von zweien der Primfactoren $p, p', p'' \ldots$ (oder von vier, von sechs u. s. w.) quadratischer Nichtrest ist, so hat das Symbol den Werth $+1$, und doch ist m quadratischer Nichtrest von P. Im einfachsten Fall, wo P selbst eine ungerade Primzahl ist, stimmt die Bedeutung des Zeichens offenbar mit der früheren überein. Der Vollständigkeit wegen wollen wir ferner festsetzen, dass, wenn $P = 1$, das Symbol immer die positive Einheit bedeuten soll.

Aus dieser Definition des Zeichens ergeben sich nun folgende Sätze:

1. Ist m relative Primzahl gegen jede der beiden ungeraden Zahlen P und Q, also auch gegen die ungerade Zahl PQ, so ist

$$\left(\frac{m}{P}\right)\left(\frac{m}{Q}\right) = \left(\frac{m}{PQ}\right);$$

denn, wenn

$$P = p\,p'\,p'' \ldots$$
$$Q = q\,q'\,q'' \ldots$$

ist, wo $p, p' \ldots q, q' \ldots$ lauter Primzahlen bedeuten, so ist

$$\left(\frac{m}{PQ}\right) = \left(\frac{m}{p}\right)\left(\frac{m}{p'}\right)\left(\frac{m}{p''}\right) \cdots \left(\frac{m}{q}\right)\left(\frac{m}{q'}\right)\left(\frac{m}{q''}\right) \cdots$$
$$= \left(\frac{m}{P}\right)\left(\frac{m}{Q}\right).$$

2. Sind die Zahlen $l, m, n \ldots$ relative Primzahlen gegen die ungerade Zahl P, so ist

$$\left(\frac{l}{P}\right)\left(\frac{m}{P}\right)\left(\frac{n}{P}\right) \cdots = \left(\frac{l\,m\,n \ldots}{P}\right);$$

denn, wenn wieder

$$P = p\,p'\,p'' \ldots$$

ist, so ist

$$\left(\frac{l}{P}\right) = \left(\frac{l}{p}\right)\left(\frac{l}{p'}\right)\left(\frac{l}{p''}\right)\cdots$$

$$\left(\frac{m}{P}\right) = \left(\frac{m}{p}\right)\left(\frac{m}{p'}\right)\left(\frac{m}{p''}\right)\cdots$$

$$\left(\frac{n}{P}\right) = \left(\frac{n}{p}\right)\left(\frac{n}{p'}\right)\left(\frac{n}{p''}\right)\cdots$$

u. s. w.

Da nun ferner, wie früher (§. 33) bewiesen ist,

$$\left(\frac{l}{p}\right)\left(\frac{m}{p}\right)\left(\frac{n}{p}\right)\cdots = \left(\frac{l\,m\,n\ldots}{p}\right)$$

ist, und Aehnliches für die anderen Primfactoren p', p'' u. s. w. gilt, so erhält man durch Multiplication der vorausgehenden Gleichungen

$$\left(\frac{l}{P}\right)\left(\frac{m}{P}\right)\left(\frac{n}{P}\right)\cdots = \left(\frac{l\,m\,n\ldots}{p}\right)\left(\frac{l\,m\,n\ldots}{p'}\right)\left(\frac{l\,m\,n\ldots}{p''}\right)\cdots,$$

worin der zu beweisende Satz besteht.

3. Ist m relative Primzahl zu der ungeraden Zahl P und $m \equiv m' \pmod{P}$, also auch m' relative Primzahl zu P, so ist

$$\left(\frac{m}{P}\right) = \left(\frac{m'}{P}\right);$$

denn, wenn $P = p\,p'\,p'' \ldots$ ist, so ist auch

$$m \equiv m' \pmod{p}, \quad m \equiv m' \pmod{p'},$$

u. s. w., also

$$\left(\frac{m}{p}\right) = \left(\frac{m'}{p}\right), \quad \left(\frac{m}{p'}\right) = \left(\frac{m'}{p'}\right),$$

u. s. w., und folglich

$$\left(\frac{m}{p}\right)\left(\frac{m}{p'}\right)\cdots = \left(\frac{m'}{p}\right)\left(\frac{m'}{p'}\right)\cdots,$$

was zu beweisen war. —

4. Die beiden letzten Sätze zeigen, dass das verallgemeinerte Symbol denselben Gesetzen gehorcht wie das einfache; wir wollen nun zeigen, dass auch die Werthe der Symbole

$$\left(\frac{-1}{P}\right),\ \left(\frac{2}{P}\right)$$

nach den früheren Regeln zu bestimmen sind, und endlich, dass auch ein dem früheren ganz analoger Reciprocitätssatz stattfindet; um aber den Gang der Beweise nicht zu unterbrechen, schicken wir folgende Bemerkungen voraus. Ist

$$R = r'\, r''\, r''' \ldots$$

eine beliebige ungerade Zahl, so sind $r'-1$, $r''-1$, $r'''-1 \ldots$ lauter gerade Zahlen, und folglich ist jedes Product aus zweien oder mehreren dieser Differenzen $\equiv 0 \pmod{4}$; bringt man daher R in die Form

$$R = (1 + (r'-1))\,(1 + (r''-1))\,(1 + (r'''-1)) \ldots$$

und führt die Multiplication aus, so ergiebt sich

$$R \equiv 1 + (r'-1) + (r''-1) + (r'''-1) + \cdots \pmod{4}$$

oder kürzer

$$\frac{R-1}{2} \equiv \Sigma\, \frac{r-1}{2} \pmod{2},$$

wo das Summenzeichen sich auf den Buchstaben r bezieht, der die einzelnen Factoren r', r'', r''' ... durchlaufen muss.

Auf ganz ähnliche Weise ergiebt sich aus denselben Voraussetzungen noch ein zweites Lemma; es ist nämlich $r^2 \equiv 1 \pmod{8}$ und folglich

$$R^2 = (1 + (r'^2-1))\,(1 + (r''^2-1))\,(1 + (r'''^2-1)) \ldots$$
$$\equiv 1 + \Sigma(r^2-1) \pmod{16},$$

also

$$\frac{R^2-1}{8} \equiv \Sigma\, \frac{r^2-1}{8} \pmod{2}.$$

Nach diesen Vorbemerkungen kehren wir zu unserem Gegenstande zurück.

5. Ist P eine positive ungerade Zahl, so ist

$$\left(\frac{-1}{P}\right) = (-1)^{\frac{P-1}{2}}$$

Denn wenn P das Product aus den positiven Primzahlen p', p'', p''' ... ist, so ist

$$\left(\frac{-1}{P}\right) = \left(\frac{-1}{p'}\right)\left(\frac{-1}{p''}\right)\left(\frac{-1}{p'''}\right)\cdots = (-1)^{\Sigma\frac{p-1}{2}},$$

wo der Summationsbuchstabe p alle Primfactoren $p', p'', p''' \ldots$ durchlaufen muss; da nun nach dem ersten Lemma 4.

$$\Sigma\frac{p-1}{2} \equiv \frac{P-1}{2} \pmod{2}$$

ist, so leuchtet die Richtigkeit des Satzes ein.

6. Ist P eine ungerade Zahl, so ist

$$\left(\frac{2}{P}\right) = (-1)^{\frac{P^2-1}{8}}$$

Denn mit Beibehaltung derselben Zeichen ist

$$\left(\frac{2}{P}\right) = \left(\frac{2}{p'}\right)\left(\frac{2}{p''}\right)\left(\frac{2}{p'''}\right)\cdots = (-1)^{\Sigma\frac{p^2-1}{8}},$$

und da nach dem zweiten Lemma 4.

$$\Sigma\frac{p^2-1}{8} \equiv \frac{P^2-1}{8} \pmod{2}$$

ist, so ergiebt sich unmittelbar die Richtigkeit des zu beweisenden Satzes.

7. Sind die beiden positiven ungeraden Zahlen P und Q relative Primzahlen zu einander, so ist

$$\left(\frac{P}{Q}\right)\left(\frac{Q}{P}\right) = (-1)^{\frac{P-1}{2}\cdot\frac{Q-1}{2}}$$

Denn es sei P das Product aus den Primzahlen

$$p', p'', p''' \ldots \qquad (p)$$

und Q das Product aus den Primzahlen

$$q', q'' \ldots \qquad (q)$$

welche also von den Primzahlen $p', p'', p''' \ldots$ verschieden sind. Dann ist zufolge der Erklärung und nach 2.

$$\left(\frac{P}{Q}\right) = \left(\frac{P}{q'}\right)\left(\frac{P}{q''}\right)\cdots = \Pi\left(\frac{p}{q}\right),$$

wo das Productzeichen Π sich auf alle Combinationen einer jeden der Primzahlen p mit einer jeden der Primzahlen q bezieht; ganz ebenso ist aber

$$\left(\frac{Q}{P}\right) = \Pi\left(\frac{q}{p}\right)$$

und folglich

$$\left(\frac{P}{Q}\right)\left(\frac{Q}{P}\right) = \Pi\left(\frac{p}{q}\right)\left(\frac{q}{p}\right),$$

wo das Productzeichen sich auf dieselben Combinationen bezieht; da nun nach dem Reciprocitätssatze

$$\left(\frac{p}{q}\right)\left(\frac{q}{p}\right) = (-1)^{\frac{p-1}{2}\cdot\frac{q-1}{2}}$$

ist, so ergiebt sich

$$\left(\frac{P}{Q}\right)\left(\frac{Q}{P}\right) = (-1)^{\Sigma\frac{p-1}{2}\cdot\frac{q-1}{2}},$$

wo wieder das Summenzeichen sich auf dieselben Combinationen jeder Primzahl p mit jeder Primzahl q erstreckt; es ist daher

$$\Sigma\frac{p-1}{2}\,\frac{q-1}{2} = \Sigma\frac{p-1}{2} \times \Sigma\frac{q-1}{2},$$

wo auf der rechten Seite das erste Summenzeichen sich auf alle Primzahlen p, das zweite sich auf alle Primzahlen q bezieht. Da nun nach dem ersten Lemma 4.

$$\Sigma\frac{p-1}{2} \equiv \frac{P-1}{2} \pmod{2}$$

und

$$\Sigma\frac{q-1}{2} \equiv \frac{Q-1}{2} \pmod{2}$$

ist, so ergiebt sich

$$\Sigma\frac{p-1}{2}\,\frac{q-1}{2} \equiv \frac{P-1}{2}\,\frac{Q-1}{2} \pmod{2},$$

und hieraus

$$\left(\frac{P}{Q}\right)\left(\frac{Q}{P}\right) = (-1)^{\frac{P-1}{2}\cdot\frac{Q-1}{2}},$$

was zu beweisen war. —

Es bleibt uns nun noch eine Bemerkung über das Symbol zu machen übrig; wir haben oben dieses Zeichen nur unter der Voraussetzung definirt, dass die Zahl P eine *positive ungerade* Zahl, und dass die positive oder negative Zahl m *relative Primzahl zu* P ist; wir erweitern jetzt die Bedeutung des Zeichens dahin, dass P auch eine *negative ungerade* Zahl sein kann, immer aber mit der Beschränkung, dass m *relative Primzahl zu* P ist*); und zwar setzen wir fest, dass

$$\left(\frac{m}{-P}\right) = \left(\frac{m}{P}\right)$$

sein soll. Dann leuchtet augenblicklich ein, dass die Sätze 1., 2., 3. und 6. ohne Beschränkung gültig bleiben; ferner, dass der Satz 5. nur dann richtig ist, wenn P positiv ist, dagegen für ein negatives P falsch wird; und endlich, dass der Satz 7. nur dann gültig bleibt, wenn mindestens eine der beiden Zahlen P und Q positiv ist, dagegen seine Gültigkeit verliert, wenn beide Zahlen P und Q negativ sind.

§. 47.

Die oben (§. 45) an einem Beispiel behandelte Aufgabe, den Werth des Legendre'schen Symbols zu bestimmen, bildet offenbar nur einen ganz speciellen Fall der allgemeinen Aufgabe, den Werth des Jacobi'schen Symbols zu bestimmen. Es zeigt sich nun, dass die damals nothwendige Zerlegung in Primzahlfactoren (abgesehen von dem Factor 2) ganz überflüssig geworden, und der anzuwendende Algorithmus demjenigen ganz ähnlich ist, durch welchen der grösste gemeinschaftliche Divisor zweier Zahlen gefunden wird. Einige Beispiele werden genügen, um diese einfachere Methode zu erläutern.

Beispiel 1: Nehmen wir das schon oben (§. 45) behandelte Beispiel, so können wir jetzt nach dem verallgemeinerten Reciprocitätssatze

$$\left(\frac{365}{1847}\right) = \left(\frac{1847}{365}\right)$$

setzen, weil 365 von der Form $4n + 1$ ist. Da ferner $1847 \equiv 22$ (mod. 365) ist, so ist nach §. 46, 3. und 2.

$$\left(\frac{1847}{365}\right) = \left(\frac{22}{365}\right) = \left(\frac{2}{365}\right)\left(\frac{11}{365}\right);$$

da ferner $365 \equiv 5$ (mod. 8), so ist nach §. 46, 6.

*) Später (Supplemente §. 116) werden wir festsetzen, dass das Symbol den Werth *Null* haben soll, sobald P eine ungerade Zahl, m aber keine relative Primzahl zu P ist.

$$\left(\frac{2}{365}\right) = -1,$$

also

$$\left(\frac{365}{1847}\right) = -\left(\frac{11}{365}\right).$$

Nach dem verallgemeinerten Reciprocitätssatz ist nun wieder

$$\left(\frac{11}{365}\right) = \left(\frac{365}{11}\right) = \left(\frac{2}{11}\right) = -1,$$

und folglich

$$\left(\frac{365}{1847}\right) = +1,$$

wie früher.

Beispiel 2: Nach dem verallgemeinerten Reciprocitätssatze ist

$$\left(\frac{195}{1901}\right) = \left(\frac{1901}{195}\right);$$

weil $1901 \equiv -49 \pmod{195}$, so ist

$$\left(\frac{1901}{195}\right) = \left(\frac{-49}{195}\right);$$

da ferner die Zahlen -49 und 195 nicht beide negativ sind, so gilt für sie der verallgemeinerte Reciprocitätssatz, und, weil beide von der Form $4n + 3$ sind, so ist

$$\left(\frac{-49}{195}\right) = -\left(\frac{195}{-49}\right) = -\left(\frac{195}{49}\right);$$

weil endlich $195 \equiv -1 \pmod{49}$, und 49 von der Form $4n + 1$ ist, so ist

$$\left(\frac{195}{49}\right) = \left(\frac{-1}{49}\right) = +1,$$

also

$$\left(\frac{195}{1901}\right) = -1,$$

d. h. 195 ist quadratischer Nichtrest der Primzahl 1901. Natürlich hätte sich die Auflösung abkürzen lassen durch Zerlegung in Factoren, nämlich durch die Bemerkung, dass $49 = 7 . 7$ und folglich

$$\left(\frac{-49}{195}\right) = \left(\frac{-1}{195}\right) = -1$$

ist; überhaupt wird die Operation immer bedeutend abgekürzt, wenn man im Zähler oder Nenner des Symbols quadratische Factoren bemerkt, da diese sogleich fortgelassen werden können.

Beispiel 3: Da $74 = 2.37$, und $101 \equiv 5 \pmod{8}$ ist, so ist

$$\left(\frac{74}{101}\right) = \left(\frac{2}{101}\right)\left(\frac{37}{101}\right) = -\left(\frac{37}{101}\right);$$

dann ist ferner nach dem Reciprocitätssatze

$$\left(\frac{37}{101}\right) = \left(\frac{101}{37}\right) = \left(\frac{-10}{37}\right) = \left(\frac{10}{37}\right)$$

und, weil 37 von der Form $8n + 5$ ist,

$$\left(\frac{10}{37}\right) = \left(\frac{2}{37}\right)\left(\frac{5}{37}\right) = -\left(\frac{5}{37}\right);$$

endlich ist wieder nach dem Reciprocitätssatze

$$\left(\frac{5}{37}\right) = \left(\frac{37}{5}\right) = \left(\frac{2}{5}\right) = -1$$

und folglich

$$\left(\frac{74}{101}\right) = -1.$$

Kürzer gelangt man durch folgende Kette zum Ziele:

$$\left(\frac{74}{101}\right) = \left(\frac{-27}{101}\right) = \left(\frac{101}{-27}\right) = \left(\frac{-7}{27}\right) = \left(\frac{27}{-7}\right) = \left(\frac{-1}{7}\right)$$
$$= -1.$$

§. 48.

Wegen der Wichtigkeit des Reciprocitätssatzes theilen wir hier noch einen anderen Beweis desselben mit, nämlich den *ersten* der von *Gauss* gegebenen sechs Beweise*); dies kann hier um so eher geschehen, als durch die im Vorhergehenden erörterte Verallgemeinerung des Legendre'schen Symbols mehrere der von *Gauss* unterschiedenen acht Fälle sich zusammenziehen lassen, wodurch der Beweis an Kürze und Uebersichtlichkeit bedeutend gewinnt**).

---

*) *Disquisitiones Arithmeticae* artt. 135—144.

**) *Dirichlet: Ueber den ersten der von Gauss gegebenen Beweise des Reciprocitätsgesetzes in der Theorie der quadratischen Reste* (Crelle's Journal Bd. 47).

Das Wesen dieses Beweises besteht in der sogenannten vollständigen Induction; wenn nämlich der Satz für je zwei Primzahlen p, p' richtig ist, welche kleiner sind, als eine bestimmte Primzahl q, so lässt sich zeigen, dass er auch für jede Combination einer solchen Primzahl p mit der Primzahl q selbst gelten muss; hieraus und weil der Satz für die beiden kleinsten ungeraden Primzahlen 3 und 5 wirklich richtig ist, folgt dann unmittelbar seine Allgemeingültigkeit.

Von besonderer Wichtigkeit für diesen Nachweis ist nun die vorläufige Bemerkung, dass aus der angenommenen Richtigkeit des Reciprocitätssatzes für je zwei Primzahlen p, p', welche kleiner als die Primzahl q sind, mit Nothwendigkeit auch die Gültigkeit des verallgemeinerten Satzes (§. 46, 7)

$$\left(\frac{P}{Q}\right)\left(\frac{Q}{P}\right) = (-1)^{\frac{P-1}{2}\cdot\frac{Q-1}{2}}$$

folgt, sobald die beiden ungeraden relativen Primzahlen P und Q (die nicht gleichzeitig negativ sein dürfen) nur solche Primzahlfactoren enthalten, die kleiner als q sind; denn der Beweis dieses verallgemeinerten Satzes gründete sich ausschliesslich auf die Richtigkeit des einfachen Satzes für alle die Paare von zwei Primzahlen, von denen die eine in P, die andere in Q aufgeht.

Bei dem Beweise nun, dass der Reciprocitätssatz für jede Combination von q mit einer Primzahl p gilt, welche kleiner als q ist, haben wir zwei Fälle zu unterscheiden. Der eine Fall und zwar der schwierigere findet statt, wenn q die Form $4n + 1$ hat, und zugleich p quadratischer Nichtrest von q ist; dann ist zu beweisen, dass auch q quadratischer Nichtrest von p ist. In irgend einem der anderen Fälle, nämlich wenn q von der Form $4n + 3$ ist, oder auch, wenn q zwar die Form $4n + 1$ hat, dann aber p quadratischer Rest von q ist, kann man offenbar der Primzahl p immer ein solches Vorzeichen geben, dass, wenn man $\omega = \pm p$ setzt, wenigstens für eins der beiden Vorzeichen ω quadratischer Rest von q wird; dann ist also zu beweisen, dass

$$\left(\frac{q}{\omega}\right) = (-1)^{\frac{1}{2}(\omega-1)\cdot\frac{1}{2}(q-1)}$$

ist; dieser letztere Fall ist deshalb leichter zu behandeln, weil die Annahme sogleich einen Ansatz giebt, welcher nur ausgebeutet zu werden braucht. Wir beginnen daher mit diesem Theile des Satzes.

§. 49.

Es sei also $\omega = \pm p$ quadratischer Rest von q, so hat die Congruenz $x^2 \equiv \omega \pmod{q}$ zwischen 0 und q immer zwei Wurzeln x, deren Summe $= q$, und von denen folglich die eine, welche wir mit e bezeichnen wollen, eine gerade Zahl ist. Dann wird

$$e^2 - \omega = qf$$

sein, wo f eine ganze Zahl bedeutet, welche jedenfalls nicht $= 0$ ist, weil sonst die Primzahl ω eine Quadratzahl sein müsste. Diese Zahl f kann aber auch nicht negativ sein; denn sonst wäre ω positiv $= p$, und $p - e^2$ eine positive durch q theilbare Zahl, was aber unmöglich ist, da $p - e^2 < p$, und der Voraussetzung nach $p < q$ ist. Diese positive Zahl f muss ferner ungerade sein; denn da e gerade ist, so ist $e^2 - \omega$ ungerade, und folglich auch jeder Divisor von $e^2 - \omega$, also auch f ungerade. Endlich ist diese positive ungerade Zahl f nothwendig $< q - 1$; denn da $e \leqq q - 1$, und $p < q - 1$, so ist $qf = e^2 - \omega < (q-1)^2 + (q-1)$, d. h. $qf < q(q-1)$, also wirklich $f < q - 1$.

Nun sind zwei Fälle möglich:

1. Ist f nicht durch p theilbar, so folgt aus der Gleichung $e^2 - \omega = qf$, dass

$$\left(\frac{\omega}{f}\right) = +1,$$

und ferner, weil qf quadratischer Rest von p ist, dass

$$\left(\frac{q}{\omega}\right) = \left(\frac{f}{\omega}\right)$$

sein muss; da nun die beiden ungeraden Zahlen f und ω relative Primzahlen zu einander, beide kleiner als q, und endlich nicht beide negativ sind, so gilt für sie der verallgemeinerte Reciprocitätssatz, d. h. es ist

$$\left(\frac{f}{\omega}\right)\left(\frac{\omega}{f}\right) = (-1)^{\frac{1}{2}(\omega-1)\cdot\frac{1}{2}(f-1)}$$

und hieraus ergiebt sich unter Berücksichtigung der beiden vorhergehenden Gleichungen

$$\left(\frac{q}{\omega}\right) = (-1)^{\frac{1}{2}(\omega-1)\cdot\frac{1}{2}(f-1)}.$$

Da ferner e eine gerade Zahl ist, so ist auch $-\omega \equiv qf$ (mod. 4), also (nach dem ersten Lemma 4. in §. 46)

$$-\frac{\omega+1}{2} \equiv \frac{qf-1}{2} \equiv \frac{q-1}{2} + \frac{f-1}{2} \pmod{2};$$

multiplicirt man diese Congruenz mit $\frac{1}{2}(\omega-1)$, so erhält man auf der linken Seite ein Product aus zwei successiven ganzen Zahlen, also gewiss eine gerade Zahl, und hieraus folgt unmittelbar

$$\frac{\omega-1}{2}\frac{f-1}{2} \equiv \frac{\omega-1}{2}\frac{q-1}{2} \pmod{2}$$

und also

$$\left(\frac{q}{\omega}\right) = (-1)^{\frac{1}{2}(\omega-1)\cdot\frac{1}{2}(q-1)},$$

was zu beweisen war.

2. Ist dagegen f theilbar durch p, so kann man $f = \omega\varphi$ setzen, wo φ eine ungerade Zahl bedeutet, die dasselbe Zeichen wie ω hat und ihrem absoluten Werthe nach $< q$ ist. Da nun $e^2 - \omega = q\omega\varphi$, so ist auch e theilbar durch ω und also $e = \varepsilon\omega$, wo ε wieder eine gerade Zahl ist. Hieraus ergiebt sich nun

$$\varepsilon^2\omega - 1 = q\varphi,$$

und es kann daher φ nicht durch ω theilbar sein. Nun war ω quadratischer Rest von $f = \omega\varphi$, und folglich auch von φ, also ist

$$\left(\frac{\omega}{\varphi}\right) = \left(\frac{\omega}{-\varphi}\right) = +1;$$

ausserdem folgt aus der vorhergehenden Gleichung, dass $-q\varphi$ quadratischer Rest von ω, dass also

$$\left(\frac{q}{\omega}\right) = \left(\frac{-\varphi}{\omega}\right)$$

ist; da endlich von den beiden ungeraden Zahlen $-\varphi$ und ω die eine positiv ist, und da sie relative Primzahlen zu einander und ausserdem beide $< q$ sind, so ist nach dem verallgemeinerten Reciprocitätssatze

$$\left(\frac{-\varphi}{\omega}\right)\left(\frac{\omega}{-\varphi}\right) = (-1)^{\frac{1}{2}(\omega-1)\cdot\frac{1}{2}(\varphi+1)}$$

und folglich unter Berücksichtigung der beiden vorhergehenden Gleichungen

$$\left(\frac{q}{\omega}\right) = (-1)^{\frac{1}{2}(\omega-1)\cdot\frac{1}{2}(\varphi+1)}.$$

Da nun ε eine gerade Zahl und folglich $q\varphi \equiv -1 \pmod{4}$ ist, so muss die eine der beiden Zahlen φ und q von der Form $4n+1$, die andere aber von der Form $4n+3$ sein, woraus folgt, dass

$$\frac{\varphi+1}{2} \equiv \frac{q-1}{2} \pmod{2}$$

und also

$$\left(\frac{q}{\omega}\right) = (-1)^{\frac{1}{2}(\omega-1) \cdot \frac{1}{2}(q-1)}$$

ist. Also ist auch für diesen Fall der Satz bewiesen.

§. 50.

Wir kommen nun zu dem zweiten Theile, in welchem vorausgesetzt wird, dass p Nichtrest von q, und q von der Form $4n+1$ ist, und in welchem bewiesen werden muss, dass q Nichtrest von p ist. Hier fehlt nun die Möglichkeit eines Ansatzes, und um diese zu gewinnen, kommt alles darauf an nachzuweisen, dass wenigstens eine Primzahl $p' < q$ existirt, von welcher q quadratischer Nichtrest ist, oder mit anderen Worten, dass die Primzahl q nicht von allen kleineren Primzahlen quadratischer Rest sein kann. Für den Fall, dass $q \equiv 5 \pmod{8}$ ist, hat dieser Nachweis nicht die geringste Schwierigkeit; denn dann ist $\frac{1}{2}(q+1) \equiv 3 \pmod{4}$, und folglich muss unter den Primfactoren dieser Zahl $\frac{1}{2}(q+1)$, welche natürlich alle $< q$ sind, mindestens einer p' von der Form $4n+3$ sein; dann ist aber $q \equiv -1 \pmod{p'}$ und folglich quadratischer Nichtrest einer kleineren Primzahl p'. Desto schwieriger war dieser Nachweis für den anderen Fall zu führen, in welchem $q \equiv 1 \pmod{8}$ ist; und *Gauss* selbst gesteht*), dass es ihm erst nach manchen vergeblichen Versuchen gelungen ist, diese capitale Schwierigkeit zu überwinden; er gelangte dazu durch folgende äusserst scharfsinnige Betrachtung.

Es sei $2m+1$ irgend eine ungerade Zahl, aber kleiner als q. Machen wir nun die *Annahme*, q sei quadratischer Rest von allen ungeraden Primzahlen z, welche diese Zahl $2m+1$ nicht übertreffen, so ist nach früheren Sätzen (§. 37) die Primzahl q, da sie $\equiv 1 \pmod{8}$ und also von jeder Potenz der Zahl 2 quadratischer Rest ist, auch quadratischer Rest von jeder Zahl, welche

*) *D. A.* art. 125.

keine anderen ungeraden Primfactoren als die Primzahlen z enthält, und also z. B. von der Zahl

$$M = 1 \,.\, 2 \,.\, 3 \,.\, 4 \,.\,.\,.\,.\,.\, (2m)\,(2m+1);$$

es giebt daher positive Zahlen k von der Beschaffenheit, dass

$$q \equiv k^2 \pmod{M}$$

ist, und zwar muss k relative Primzahl zu M sein, weil $2m + 1 < q$ und also auch q relative Primzahl zu M ist. Aus dieser Congruenz folgt nun weiter, dass in Bezug auf den Modul M

$$k(q-1^2)(q-2^2)(q-3^2)\ldots(q-m^2)$$

$$\equiv k(k^2-1^2)(k^2-2^2)(k^2-3^2)\ldots(k^2-m^2)$$

$$\equiv (k+m)(k+m-1)\ldots(k+1)\,k(k-1)\ldots(k-m+1)(k-m)$$

ist; da nun nach einem früheren Satze (§. 15) jedes Product von $(2m+1)$ successiven ganzen Zahlen durch M theilbar, und ausserdem k relative Primzahl zu M ist, so ist das Product

$$(q-1^2)(q-2^2)(q-3^2)\ldots(q-m^2)$$

theilbar durch das Product

$$M = (m+1)\left((m+1)^2-1^2\right)\left((m+1)^2-2^2\right)\ldots\left((m+1)^2-m^2\right),$$

d. h. das Product

$$\frac{1}{m+1} \cdot \frac{q-1^2}{(m+1)^2-1^2} \cdot \frac{q-2^2}{(m+1)^2-2^2} \cdots \frac{q-m^2}{(m+1)^2-m^2}$$

ist nothwendig eine ganze Zahl.

Andererseits leuchtet ein, dass dies Product gewiss *keine* ganze Zahl ist, sobald für m die grösste ganze Zahl unterhalb $\sqrt{q}$ genommen wird; denn, wenn $m < \sqrt{q} < m+1$ ist, so sind alle Factoren dieses Productes echte Brüche. Da ferner $q \geqq 17$, also $2\sqrt{q} + 1 < q$, mithin auch die Bedingung $2m + 1 < q$ erfüllt ist, so kann für diese Zahl m die obige *Annahme* nicht zulässig sein, und somit haben wir folgenden Satz gewonnen:

Ist q eine Primzahl von der Form $8n+1$, so giebt es unterhalb $2\sqrt{q}+1$ und folglich auch unterhalb q mindestens eine ungerade Primzahl p', von welcher q quadratischer Nichtrest ist.

§. 51.

Nachdem für jede Primzahl q von der Form $4n + 1$ die Existenz einer Primzahl $p' < q$ nachgewiesen ist, von welcher q quadratischer Nichtrest ist, gehen wir zum Beweise unseres zweiten Theiles über. Diese Primzahl p' muss Nichtrest von q sein; denn wäre p' Rest von q, so würde der schon (in §. 49) bewiesene Theil des Satzes anwendbar sein und zu dem Widerspruche

$$\left(\frac{q}{p'}\right) = (-1)^{\frac{1}{2}(p'-1) \cdot \frac{1}{2}(q-1)} = +1$$

führen. Mithin gilt für dieses Paar p', q das Reciprocitätsgesetz. Giebt es nun *ausser* p' noch *andere* ungerade Primzahlen $p < q$, welche Nichtreste von q sind, so ist nur zu beweisen, dass

$$\left(\frac{q}{p p'}\right) = +1$$

ist, weil hieraus zugleich folgt, dass q Nichtrest von p ist. Da nun p' und der Voraussetzung nach auch p quadratischer Nichtrest von q ist, so ist pp' quadratischer Rest von q, und es giebt daher wieder eine gerade Zahl $e < q$ von der Beschaffenheit, dass

$$e^2 - p p' = q \varphi$$

und φ eine ganze Zahl ist; und weil die linke Seite dieser Gleichung eine ungerade Zahl darstellt, welche ihrem absoluten Werthe nach $< q^2$ ist, so ist φ ebenfalls eine ungerade Zahl und zwar $< q$. Je nach der Beschaffenheit dieser Zahl φ zerfällt nun der Beweis in drei Theile.

1. Ist φ weder durch p noch durch p' theilbar, so ist

$$\left(\frac{p p'}{\varphi}\right) = +1,$$

und da $q \varphi$ quadratischer Rest von pp' ist, auch

$$\left(\frac{q \varphi}{p p'}\right) = 1, \text{ also } \left(\frac{q}{p p'}\right) = \left(\frac{\varphi}{p p'}\right);$$

da ferner die beiden ungeraden relativen Primzahlen φ und pp' (von denen die letztere positiv ist) nur solche Primfactoren enthalten, welche $< q$ sind, so gilt für diese beiden Zahlen auch das verallgemeinerte Reciprocitätsgesetz, d. h. es ist

$$\left(\frac{\varphi}{pp'}\right)\left(\frac{pp'}{\varphi}\right) = (-1)^{\frac{1}{2}(\varphi-1)\cdot\frac{1}{2}(pp'-1)}$$

und folglich, mit Berücksichtigung der beiden vorhergehenden Gleichungen

$$\left(\frac{q}{pp'}\right) = (-1)^{\frac{1}{2}(\varphi-1)\cdot\frac{1}{2}(pp'-1)}.$$

Da aber e eine gerade Zahl, so ist $q\varphi \equiv -pp'$ (mod. 4), also, da $q \equiv 1$ (mod. 4) ist,

$$\varphi \equiv -pp' \pmod{4}$$

$$\frac{\varphi-1}{2} \equiv -\frac{pp'+1}{2} \pmod{2},$$

also

$$\frac{\varphi-1}{2}\cdot\frac{pp'-1}{2} \equiv 0 \pmod{2}$$

und folglich

$$\left(\frac{q}{pp'}\right) = 1,$$

was zu beweisen war.

2. Ist φ durch p' theilbar, durch p nicht theilbar, so setze man $\varphi = p'\psi$, und, da auch e durch p' theilbar sein muss, $e = p'\varepsilon$; dann ist $\psi < q$ eine durch p nicht theilbare ungerade, und ε eine gerade Zahl, und es wird

$$p'\varepsilon^2 - p = q\psi.$$

Hieraus folgt nun zunächst wieder (da ψ relative Primzahl zu pp' ist)

$$\left(\frac{pp'}{\psi}\right) = +1,$$

ferner

$$\left(\frac{q\psi}{p}\right) = \left(\frac{p'}{p}\right), \text{ also } \left(\frac{q}{p}\right) = \left(\frac{p'}{p}\right)\left(\frac{\psi}{p}\right)$$

und

$$\left(\frac{q\psi}{p'}\right) = \left(\frac{-p}{p'}\right), \text{ also } \left(\frac{q}{p'}\right) = \left(\frac{-p}{p'}\right)\left(\frac{\psi}{p'}\right)$$

und folglich

$$\left(\frac{q}{pp'}\right) = \left(\frac{p'}{-p}\right)\left(\frac{-p}{p'}\right)\left(\frac{\psi}{pp'}\right) = (-1)^{\frac{1}{2}(p+1)\cdot\frac{1}{2}(p'-1)}\left(\frac{\psi}{pp'}\right);$$

da endlich ψ und pp' nur solche Primfactoren enthalten, die $< q$ sind, so ist nach dem verallgemeinerten Reciprocitätssatze

$$\left(\frac{\psi}{pp'}\right)\left(\frac{pp'}{\psi}\right) = (-1)^{\frac{1}{2}(\psi-1)\,.\,\frac{1}{2}(pp'-1)}$$

und hieraus in Verbindung mit zwei vorhergehenden Gleichungen

$$\left(\frac{q}{pp'}\right) = (-1)^{\frac{1}{2}(p+1)\,.\,\frac{1}{2}(p'-1) + \frac{1}{2}(\psi-1)\,.\,\frac{1}{2}(pp'-1)}.$$

Da nun $\varepsilon^2 \equiv 0 \pmod{4}$ und $q \equiv 1 \pmod{4}$, so ist $\psi \equiv -p \pmod{4}$, folglich

$$\tfrac{1}{2}(\psi - 1) \equiv \tfrac{1}{2}(p+1) \pmod{2},$$

also

$$\tfrac{1}{2}(p+1)\cdot\tfrac{1}{2}(p'-1) + \tfrac{1}{2}(\psi-1)\cdot\tfrac{1}{2}(pp'-1)$$
$$\equiv \tfrac{1}{2}(p+1)\,[\tfrac{1}{2}(p'-1) + \tfrac{1}{2}(pp'-1)] \pmod{2},$$

und da ferner (nach dem ersten Lemma 4. in §. 46)

$$\tfrac{1}{2}(pp'-1) \equiv \tfrac{1}{2}(p-1) + \tfrac{1}{2}(p'-1) \pmod{2}$$

ist, so ergiebt sich

$$\tfrac{1}{2}(p+1)\cdot\tfrac{1}{2}(p'-1) + \tfrac{1}{2}(\psi-1)\cdot\tfrac{1}{2}(pp'-1)$$
$$\equiv \tfrac{1}{2}(p+1)\cdot\tfrac{1}{2}(p-1) \equiv 0 \pmod{2}$$

und folglich

$$\left(\frac{q}{pp'}\right) = 1,$$

was zu beweisen war.

Da bei diesem Beweise die Thatsache, dass q Nichtrest von p' ist, gar nicht zur Anwendung gebracht ist, so wird durch einfache Vertauschung von p mit p' der Beweis für den Fall entstehen, dass φ durch p theilbar, durch p' nicht theilbar ist; denn im Uebrigen sind sowohl die Voraussetzungen als auch das zu beweisende Resultat vollständig symmetrisch in Bezug auf beide Primzahlen p und p'.

3. Ist φ sowohl durch p als auch durch p' und folglich (da p und p' verschiedene Primzahlen sind) auch durch pp' theilbar, so setze man $\varphi = pp'\psi$, und, da e dann ebenfalls durch pp' theilbar ist, $e = pp'\varepsilon$; dann bedeutet ψ eine ungerade Zahl $< q$, und ε eine gerade Zahl, und es wird

$$pp'\varepsilon^2 - 1 = q\psi.$$

Hieraus folgt, dass pp' relative Primzahl zu ψ und ausserdem quadratischer Rest von ψ, also

$$\left(\frac{pp'}{\psi}\right) = +1$$

ist; ebenso ergiebt sich aber, dass $-q\psi$ quadratischer Rest von pp', dass also

$$\left(\frac{q}{pp'}\right) = \left(\frac{-\psi}{pp'}\right)$$

ist; nach dem verallgemeinerten Reciprocitätssatze, welcher offenbar für die beiden Zahlen $-\psi$ und pp' gilt, ist ferner

$$\left(\frac{-\psi}{pp'}\right)\left(\frac{pp'}{-\psi}\right) = (-1)^{\frac{1}{2}(pp'-1).\frac{1}{2}(\psi+1)},$$

und hieraus ergiebt sich in Verbindung mit den beiden vorhergehenden Gleichungen

$$\left(\frac{q}{pp'}\right) = (-1)^{\frac{1}{2}(pp'-1).\frac{1}{2}(\psi+1)}.$$

Da aber ε eine gerade Zahl, und $q \equiv 1 \pmod{4}$, so ist $\psi \equiv -1$ (mod 4), also $\frac{1}{2}(\psi + 1)$ eine gerade Zahl, und folglich

$$\left(\frac{q}{pp'}\right) = 1,$$

was zu beweisen war.

Hiermit ist nun auch der zweite Theil des Beweises vollständig geführt und dadurch die Allgemeingültigkeit des Reciprocitätssatzes von Neuem nachgewiesen. Auf ähnliche Weise lassen sich auch die Sätze über die Charaktere der Zahlen -1 und 2 begründen, was dem Leser überlassen bleiben mag*).

§. 52.

Nach allen diesen Untersuchungen kehren wir nun zurück zu der Beantwortung der zweiten in §. 32 aufgeworfenen Frage, welche in §. 39 auf die folgende reducirt ist:

Von welchen ungeraden Primzahlen q ist die gegebene Zahl D quadratischer Rest?

Auch jetzt fragen wir nur nach denjenigen (positiv genommenen) Primzahlen q, welche nicht in D aufgehen, und setzen ausserdem der Einfachheit halber voraus, dass D kein Quadrat und auch durch kein Quadrat (ausser 1) theilbar ist, weil der allgemeinere

---

*) *Dirichlet* a. a. O.

Fall offenbar sogleich auf diesen einfacheren reducirt werden kann. Es wird sich zeigen, dass nicht blos alle diese Primzahlen q (die *Divisoren der Form* $t^2 - Du^2$ nach §. 39), sondern überhaupt alle positiven Zahlen n, welche relative Primzahlen zu $2D$ sind und der Bedingung

$$\left(\frac{D}{n}\right) = +1$$

genügen, in einer Anzahl von bestimmten Linearformen, d. h. von arithmetischen Reihen enthalten sind, deren Differenz entweder $= 2D$ oder $= 4D$ ist. Da wir vorausgesetzt haben, dass die positive oder negative Zahl D durch keine Quadratzahl theilbar ist, so wird, wenn wir das Product aller in D aufgehenden positiven ungeraden Primzahlen $p, p', p'' \ldots$ mit P bezeichnen, entweder $D = \pm P$, oder $D = \pm 2P$ sein; wenn D keine ungerade Primzahl p als Factor enthält (für welchen Fall das Resultat aber schon in den §§. 40, 41 oder allgemeiner in §. 46, 5. und 6. angegeben ist), wird $P = 1$ zu setzen sein. Wir unterscheiden im Ganzen vier Fälle.

I. $D = \pm P \equiv 1 \pmod{4}$.

In diesem Falle ist, wenn n irgend eine *positive* Zahl bedeutet, die relative Primzahl zu $2D$ ist, zufolge des verallgemeinerten Reciprocitätssatzes (§. 46, 7)

$$\left(\frac{D}{n}\right) = \left(\frac{n}{P}\right).$$

Da nun das Symbol rechts für alle Zahlen n, welche einer und derselben Classe (mod. P) angehören, nach §. 46, 3. einen und denselben Werth besitzt, so kommt es offenbar nur darauf an, ein vollständiges System von $\varphi(P)$ incongruenten Zahlen m (mod. P) zu betrachten, die relative Primzahlen zu P sind, und für jede den Werth des Symbols zu bestimmen. Es ist wichtig, dies etwas näher zu untersuchen.

Zunächst lässt sich beweisen, dass Zahlen b existiren, welche relative Primzahlen zu P sind und der Bedingung

$$\left(\frac{b}{P}\right) = -1 \tag{1}$$

genügen. Denn da D nicht $= +1$ sein kann, und folglich P mindestens eine Primzahl p enthält, so wähle man einen beliebigen Nichtrest β von p, und bestimme b (nach §. 25) durch die Bedingungen

$$b \equiv \beta \pmod{p}, \quad b \equiv 1 \pmod{P'},$$

wo $P = pP'$ gesetzt ist, so wird

$$\left(\frac{b}{P}\right) = \left(\frac{b}{p}\right)\left(\frac{b}{P'}\right) = \left(\frac{\beta}{p}\right)\left(\frac{1}{P'}\right) = -1.$$

Nachdem dieser Punct absolvirt ist, erkennt man leicht, dass die Anzahl aller incongruenten Zahlen b (mod. P), welche der Bedingung (1) genügen, $= \frac{1}{2}\varphi(P)$, und folglich die Anzahl aller incongruenten Zahlen a (mod. P), für welche

$$\left(\frac{a}{P}\right) = +1 \qquad (2)$$

ist, ebenso gross ist. Denn setzt man

$$S = \Sigma\left(\frac{m}{P}\right),$$

wo m das ganze System aller $\varphi(P)$ incongruenten Zahlen durchlaufen soll, so ist S gänzlich unabhängig von der Wahl der die einzelnen Zahlclassen repräsentirenden Individuen m; da nun, wenn b eine bestimmte Zahl von der Beschaffenheit (1) bedeutet, auch die Producte bm ein solches vollständiges System bilden, so ist auch

$$S = \Sigma\left(\frac{bm}{P}\right) = \left(\frac{b}{P}\right)\Sigma\left(\frac{m}{P}\right) = -S$$

und folglich

$$\Sigma\left(\frac{m}{P}\right) = 0, \qquad (3)$$

mithin ist die Anzahl der Glieder dieser Summe, welche den Werth $+1$ haben, gleich der Anzahl derjenigen, welche den Werth -1 haben; d. h. die Anzahl der Zahlclassen a ist gleich derjenigen der Zahlclassen b.

Es leuchtet ferner ein, dass man die Repräsentanten m (oder a und b) sämmtlich *ungerade* wählen kann; denn ist m gerade, so ist $m + P$ eine in derselben Zahlclasse enthaltene ungerade Zahl. Dann wird also

$$\left(\frac{D}{n}\right) = +1, \quad \text{wenn} \quad n \equiv a \text{ (mod. } 2P)$$

$$\left(\frac{D}{n}\right) = -1, \quad \text{wenn} \quad n \equiv b \text{ (mod. } 2P)$$

und jede (positive) Zahl n, welche relative Primzahl zu $2D$ ist, ist in einer und nur einer dieser arithmetischen Reihen (von der Differenz $2D$) enthalten.

Beispiel 1. Ist $D = + P = 21$, also $\varphi(P) = 12$, so sind die sämmtlichen relativen Primzahlen zu P congruent

$$\pm 1, \pm 2, \pm 4, \pm 5, \pm 8, \pm 10;$$

bestimmt man nun für jede dieser Zahlen den Werth des Jacobi'schen Symbols nach §. 47, so ergiebt sich

$$a \equiv \pm 1, \pm 4, \pm 5; \quad b \equiv \pm 2, \pm 8, \pm 10 \pmod{21};$$

es wird daher

$$\left(\frac{21}{n}\right) = +1, \quad \text{wenn} \quad n \equiv 1, 5, 17, 25, 37, 41 \pmod{42}$$

$$\left(\frac{21}{n}\right) = -1, \quad \text{wenn} \quad n \equiv 11, 13, 19, 23, 29, 31 \pmod{42}.$$

Beispiel 2. Ist $D = -P = -15$, so sind die zu betrachtenden Zahlclassen folgende $\pm 1, \pm 2, \pm 4, \pm 7$; diese zerfallen in $a \equiv +1, +2, +4, -7$, und $b \equiv -1, -2, -4, +7 \pmod{15}$. Es wird daher

$$\left(\frac{-15}{n}\right) = +1, \quad \text{wenn} \quad n \equiv 1, 17, 19, 23 \pmod{30}$$

$$\left(\frac{-15}{n}\right) = -1, \quad \text{wenn} \quad n \equiv 7, 11, 13, 29 \pmod{30}.$$

Wir gehen nun über zu dem Fall

II. $D = \pm P \equiv 3 \pmod{4}$.

Bedeutet n wieder eine *positive* relative Primzahl zu $2D$, so ist nach dem allgemeinen Reciprocitätssatze

$$\left(\frac{D}{n}\right) = (-1)^{\frac{n-1}{2}} \left(\frac{n}{P}\right);$$

behalten wir dieselbe Bezeichnung wie im ersten Falle bei, so wird

$$\left(\frac{D}{n}\right) = +1, \quad \text{wenn} \quad n \equiv 1 \pmod{4} \quad \text{und} \quad n \equiv a \pmod{P}$$
$$\text{oder} \quad n \equiv 3 \pmod{4} \quad \text{und} \quad n \equiv b \pmod{P},$$

dagegen

$$\left(\frac{D}{n}\right) = -1, \quad \text{wenn} \quad n \equiv 1 \pmod{4} \quad \text{und} \quad n \equiv b \pmod{P}$$
$$\text{oder} \quad n \equiv 3 \pmod{4} \quad \text{und} \quad n \equiv a \pmod{P}.$$

Einem jeden solchen Congruenzpaare entspricht aber (nach §. 25) eine bestimmte Classe von Zahlen n (mod. $4P$); man erhält daher $\varphi(P) = \frac{1}{2}\varphi(4P)$ solche Classen von Zahlen n, die der einen Kategorie angehören, und ebenso viele Classen von Zahlen n, die den entgegengesetzten Charakter haben; diese Classen bilden arithmetische Reihen von der Differenz $4D$. Dies Resultat gilt auch noch in dem Falle $D = -1$, obgleich dann keine Zahl b existirt.

Beispiel. Für $D = +15$ wird

$$\left(\frac{D}{n}\right) = +1, \text{ wenn } n \equiv 1 \text{ (mod. 4)}, \equiv +1, +2, +4, -7 \text{ (mod. 15)}$$
$$\text{oder } n \equiv 3 \text{ (mod. 4)}, \equiv -1, -2, -4, +7 \text{ (mod. 15)},$$

dagegen

$$\left(\frac{D}{n}\right) = -1, \text{ wenn } n \equiv 1 \text{ (mod. 4)}, \equiv -1, -2, -4, +7 \text{ (mod. 15)}$$
$$\text{oder } n \equiv 3 \text{ (mod. 4)}, \equiv +1, +2, +4, -7 \text{ (mod. 15)};$$

hieraus ergiebt sich

$$\left(\frac{15}{n}\right) = +1, \quad \text{wenn } n \equiv 1, 7, 11, 17, 43, 49, 53, 59 \text{ (mod. 60)}$$
$$\left(\frac{15}{n}\right) = -1, \quad \text{wenn } n \equiv 13, 19, 23, 29, 31, 37, 41, 47 \text{ (mod. 60)}.$$

Die Rechnung gestaltet sich am einfachsten, wenn man die sämmtlichen positiven relativen Primzahlen zu $4P$ darauf prüft, ob sie der einen oder anderen Kategorie angehören, und sie lässt sich noch durch manche Kunstgriffe abkürzen, die hier nicht erwähnt werden können.

III. $D = \pm 2P \equiv 2$ (mod. 8).

In diesem Falle ist, wenn n eine *positive* relative Primzahl zu D bedeutet,

$$\left(\frac{D}{n}\right) = (-1)^{1/8(n^2-1)}\left(\frac{n}{P}\right),$$

und folglich

$$\left(\frac{D}{n}\right) = +1, \quad \text{wenn } n \equiv \pm 1 \text{ (mod. 8)}, \equiv a \text{ (mod. } P)$$
$$\text{oder } n \equiv \pm 3 \text{ (mod. 8)}, \equiv b \text{ (mod. } P),$$

dagegen

$$\left(\frac{D}{n}\right) = -1, \quad \text{wenn } n \equiv \pm 1 \text{ (mod. 8)}, \equiv b \text{ (mod. } P)$$
$$\text{oder } n \equiv \pm 3 \text{ (mod. 8)}, \equiv a \text{ (mod. } P)$$

und jedem bestimmten Congruenzpaare entspricht eine bestimmte Zahlclasse n (mod. $8P$); die Zahlen n vertheilen sich daher in arithmetische Reihen von der Differenz $4D$; jeder der beiden Kategorien gehören gleich viele Zahlclassen an.

Beispiel. Ist $D = -6$, so ergiebt sich

$$\left(\frac{-6}{n}\right) = +1, \quad \text{wenn } n \equiv 1, 5, 7, 11 \pmod{24}$$

$$\left(\frac{-6}{n}\right) = -1, \quad \text{wenn } n \equiv 13, 17, 19, 23 \pmod{24}.$$

IV. $D = \pm 2P \equiv 6$ (mod. 8).

In diesem Falle ist

$$\left(\frac{D}{n}\right) = (-1)^{\frac{1}{2}(n-1) + \frac{1}{8}(n^2-1)} \left(\frac{n}{P}\right),$$

und folglich

$$\left(\frac{D}{n}\right) = +1, \quad \text{wenn } n \equiv 1, 3 \pmod{8}, \equiv a \pmod{P}$$
$$\text{oder } n \equiv 5, 7 \pmod{8}, \equiv b \pmod{P},$$

dagegen

$$\left(\frac{D}{n}\right) = -1, \quad \text{wenn } n \equiv 1, 3 \pmod{8}, \equiv b \pmod{P}$$
$$\text{oder } n \equiv 5, 7 \pmod{8}, \equiv a \pmod{P}.$$

Die Zahlen n vertheilen sich wieder in arithmetische Reihen von der Differenz $4D$; jeder der beiden Kategorien gehören gleich viele Zahlclassen an.

Beispiel. Für $D = +6$ ergiebt sich

$$\left(\frac{6}{n}\right) = +1, \quad \text{wenn } n \equiv 1, 5, 19, 23 \pmod{24}$$

$$\left(\frac{6}{n}\right) = -1, \quad \text{wenn } n \equiv 7, 11, 13, 17 \pmod{24}.$$

Wir bemerken schliesslich, dass die vier Fälle sich zusammenfassen lassen, wenn man zwei positive oder negative Einheiten δ, ε einführt, so, dass $\delta = +1$ oder $= -1$, je nachdem $\pm P \equiv 1$ oder $\equiv 3$ (mod. 4), und dass $\varepsilon = +1$ oder $= -1$, je nachdem D ungerade oder gerade ist. Die vier Fälle stellen sich dann folgendermaassen dar:

$$D = \pm\ P \equiv 1 \pmod{4},\quad \delta = +1,\quad \varepsilon = +1;$$
$$D = \pm\ P \equiv 3 \pmod{4},\quad \delta = -1,\quad \varepsilon = +1;$$
$$D = \pm 2P \equiv 2 \pmod{8},\quad \delta = +1,\quad \varepsilon = -1;$$
$$D = \pm 2P \equiv 6 \pmod{8},\quad \delta = -1,\quad \varepsilon = -1.$$

Dann ist vermöge des allgemcinen Reciprocitätssatzes und der Ergänzungssätze (§. 46)

$$\left(\frac{D}{n}\right) = \delta^{1/2(n-1)}\, \varepsilon^{1/8(n^2-1)} \left(\frac{n}{P}\right),$$

wo n wieder irgend cinc positive relative Primzahl zu $2D$ bedeutet.

Lässt man n ein vollständiges System incongruenter Zahlen nach dem Modulus $4D$ durchlaufen, welche zugleich positiv und relative Primzahlen zu $2D$ sind, so ergiebt sich in allen vier Fällen, dass die entsprechende Summe

$$\Sigma \left(\frac{D}{n}\right) = 0$$

ist; im ersten Falle genügt es schon, dass n ein solches vollständiges Restsystem nach dem Modulus $2D$ durchläuft.

Vierter Abschnitt.

Von den quadratischen Formen.

§. 53.

Unter einer *Form* versteht man in der Zahlentheorie im Allgemeinen eine ganze rationale Function von Variabelen, deren Coefficienten ganze Zahlen sind (vergl. §. 39). Je nach dem Grade derselben unterscheidet man *lineare*, *quadratische*, *cubische* Formen u. s. w.; je nach der Anzahl der vorkommenden Variabelen spricht man von *binären*, *ternären* Formen u. s. w. Wir werden uns im Folgenden ausschliesslich mit Ausdrücken von der Form

$$ax^2 + 2bxy + cy^2$$

beschäftigen, wo a, b, c bestimmte, gegebene ganze Zahlen, x und y aber unbestimmte, variabele ganze Zahlen bedeuten; und wir werden diese homogenen binären quadratischen Formen, wo kein Missverständniss zu besorgen ist, kurz Formen nennen.

Wir haben dem Coefficienten des Productes xy der beiden Variabelen gleich die Gestalt einer geraden Zahl $2b$ gegeben, weil die Untersuchung dadurch erleichtert wird; sollte in einer Form dieser Coefficient eine ungerade Zahl sein, so würde es genügen, die ganze Form mit 2 zu multipliciren, um diesen Fall auf den obigen zurückzuführen, und aus den Eigenschaften der so erhaltenen Form würde man mit Leichtigkeit auf die Eigenschaften der ursprünglichen Form zurückschliessen können.

Sind die drei Glieder in der obigen Anordnung geschrieben, so nennt man a den *ersten*, b (nicht $2b$) den *zweiten*, c den *dritten*

Coefficienten; a und c fasst man auch wohl unter dem gemeinschaftlichen Namen der *äusseren* Coefficienten zusammen, und nennt dann b im Gegensatz den *mittleren* Coefficienten; ähnlich heisst x die *erste*, y die *zweite Variabele.* Eine solche Form bezeichnet man wohl auch kurz durch das Symbol (a, b, c), wenn es sich nur darum handelt, die Coefficienten anzugeben, von denen allein die Eigenschaften der Form abhängen können.

Wir schliessen nun ein- für allemal die Fälle aus, in welchen die Form sich in zwei lineare Factoren mit *rationalen* Coefficienten zerfällen lässt, weil diese eine andere und zwar einfachere Behandlung gestatten. Zunächst folgt hieraus, dass in den Formen, mit welchen allein wir uns beschäftigen wollen, keiner der äusseren Coefficienten gleich Null sein wird; da ferner

$$ax^2 + 2bxy + cy^2 = \frac{1}{a}\left((ax + by)^2 - (b^2 - ac)y^2\right)$$

ist, so ergiebt sich weiter, dass die Zahl $b^2 - ac$ nie eine vollständige Quadratzahl sein darf, denn sonst würde die Form

$$ax^2 + 2bxy + cy^2 =$$
$$\frac{1}{a}\left(ax + (b + \sqrt{b^2 - ac})\,y\right)\left(ax + (b - \sqrt{b^2 - ac})\,y\right)$$

ein Product aus zwei linearen Factoren mit rationalen Coefficienten sein. Die Zahl $b^2 - ac$, von welcher, wie wir sehen werden, die Eigenschaften der Form (a, b, c) hauptsächlich abhängen, heisst die *Determinante*)* dieser Form; wir werden sie im Folgenden mit dem Buchstaben D bezeichnen. Die unseren Formen (a, b, c) auferlegte Beschränkung besteht mithin darin, dass D *kein Quadrat*, also auch *nicht Null* ist.

Einige höchst merkwürdige Sätze von *Fermat* haben *Euler* veranlasst, sich eingehend mit den quadratischen Formen zu beschäftigen, doch beziehen sich seine Untersuchungen grösstentheils nur auf specielle Fälle; *Lagrange***) legte den Grund zu einer allgemeinen Theorie derselben, die dann später von *Legendre****), vor Allen aber durch *Gauss* vervollständigt wurde.

---

*) *Gauss: D. A.* art. 154.

**) *Recherches d'Arithmétique* (Nouv. Mém. de l'Ac. de Berlin, 1773, 1775).

***) *Théorie des Nombres*, 3me ed. Paris 1830. Deutsche Uebersetzung von *Maser* (1886—1887).

Ihre Entstehung verdankt die ganze Theorie dem Probleme, zu entscheiden, ob eine gegebene Zahl m durch die gegebene Form (a, b, c) *darstellbar* ist, d. h. ob es specielle Werthe von x, y giebt, für welche die Form den Werth m erhält. Doch ist zur vollständigen Lösung desselben die Theorie der *Transformation* erforderlich, mit welcher wir uns zunächst beschäftigen wollen.

§. 54.

Ebenso wie die Gleichungen der Curven in der analytischen Geometrie ihre Gestalt ändern, wenn ein anderes Coordinatensystem gewählt wird, so geht eine quadratische Form (a, b, c) durch Einführung zweier neuen Variabelen in eine neue quadratische Form (a', b', c') über. Sind nämlich x, y die Variabelen der Form (a, b, c), und setzt man

$$\begin{aligned} x &= \alpha x' + \beta y', \\ y &= \gamma x' + \delta y', \end{aligned} \qquad (1)$$

wo $\alpha, \beta, \gamma, \delta$ vier bestimmte ganze Zahlen, und x', y' die neuen Variabelen bedeuten, so wird

$$a x^2 + 2 b x y + c y^2 = a' x'^2 + 2 b' x' y' + c' y'^2,$$

und die Coefficienten a', b', c' der neuen quadratischen Form hängen auf folgende Weise von denen der ursprünglichen Form und von den vier Coefficienten $\alpha, \beta, \gamma, \delta$ ab:

$$\begin{aligned} a' &= a\alpha^2 + 2 b\alpha\gamma + c\gamma^2 \\ b' &= a\alpha\beta + b(\alpha\delta + \beta\gamma) + c\gamma\delta \\ c' &= a\beta^2 + 2 b\beta\delta + c\delta^2. \end{aligned} \qquad (2)$$

Man drückt den Zusammenhang der beiden Formen kurz so aus: die Form $a x^2 + 2 b x y + c y^2$ geht durch die *Transformation* oder *Substitution* (1) in die Form $a' x'^2 + 2 b' x' y' + c' y'^2$ über. Die Zahlen $\alpha, \beta, \gamma, \delta$ heissen der Reihe nach der *erste*, *zweite*, *dritte*, *vierte Coefficient* der Substitution. Da die Wahl der Buchstaben zur Bezeichnung der Variabelen von ganz untergeordneter Bedeutung ist, und die Natur der Formen und Substitutionen nur von den Coefficienten abhängt, so drückt man sich häufig noch kürzer so aus: die Form (a, b, c) geht durch die Substitution $\alpha, \beta, \gamma, \delta$

oder $\binom{\alpha,\ \beta}{\gamma,\ \delta}$ in die Form (a', b', c') über; und diese Ausdrucksweise soll nicht mehr oder weniger sagen, als dass die drei Gleichungen (2) stattfinden. Hierbei ist wohl auf die Stellung der Coefficienten der Formen sowohl, wie derjenigen der Substitution zu achten; behalten wir die eben eingeführten Bezeichnungen bei, so müssen wir z. B. sagen, dass gleichzeitig die Form

(a, b, c) durch die Substitution $\begin{pmatrix}\alpha, & \beta\\ \gamma, & \delta\end{pmatrix}$ in (a', b', c'),

(a, b, c) „ „ „ $\begin{pmatrix}\beta, & \alpha\\ \delta, & \gamma\end{pmatrix}$ „ (c', b', a'),

(c, b, a) „ „ „ $\begin{pmatrix}\gamma, & \delta\\ \alpha, & \beta\end{pmatrix}$ „ (a', b', c'),

(c, b, a) „ „ „ $\begin{pmatrix}\delta, & \gamma\\ \beta, & \alpha\end{pmatrix}$ „ (c', b', a')

übergeht.

Es leuchtet ein, dass jede durch die zweite Form (a', b', c') darstellbare Zahl auch durch die erste Form (a, b, c) dargestellt werden kann; denn wird die Zahl m durch (a', b', c') dargestellt, indem den Variabelen x', y' die speciellen Werthe r', s' ertheilt werden, so setze man

$$r = \alpha r' + \beta s', \quad s = \gamma r' + \delta s',$$

und es wird die Form (a, b, c) dieselbe Zahl m darstellen, sobald $x = r$, $y = s$ gesetzt wird. Man sagt deshalb auch: die Form (a, b, c) *enthält* die Form (a', b', c'), oder deutlicher: die Form (a', b', c') ist unter der Form (a, b, c) *enthalten* *); eben weil sämmtliche durch (a', b', c') darstellbare Zahlen unter den durch (a, b, c) darstellbaren enthalten sind **).

Von besonderer Wichtigkeit ist die Relation, in welcher die Determinante

$$D' = b'^2 - a' c'$$

der neuen Form zu der der früheren steht; substituirt man für a', b', c' ihre Ausdrücke gemäss den Gleichungen (2), so findet man nach leichten Reductionen

$$D' = (\alpha\delta - \beta\gamma)^2 D;$$

---

*) *Gauss: D. A.* art. 157.

**) Ueber die Umkehrung dieses Satzes siehe *Schering: Théorèmes relatifs aux formes binaires quadratiques qui représentent les mêmes nombres*, Journal de Mathématiques publ. p. Liouville T. IV. 2e série. 1859.

die neue Determinante ist daher stets gleich der alten, multiplicirt mit einer Quadratzahl; beide Determinanten haben also auch dasselbe Vorzeichen. Da wir von vornherein Formen ausschliessen, deren Determinanten $= 0$ sind, so betrachten wir deshalb auch nur solche Substitutionen $\binom{\alpha,\ \beta}{\gamma,\ \delta}$, für welche die Coefficientenverbindung $\alpha\delta - \beta\gamma$ (die sogenannte *Determinante der Substitution*) einen von Null verschiedenen Werth hat. Hieran knüpft sich jedoch noch eine wichtige Unterscheidung; je nachdem nämlich dieser Ausdruck $\alpha\delta - \beta\gamma$ einen positiven oder negativen Werth hat, soll die Substitution $\binom{\alpha,\ \beta}{\gamma,\ \delta}$ eine *eigentliche* oder *uneigentliche* heissen, und diese Ausdrucksweise soll auf die Beziehung zwischen den Formen (a, b, c) und (a', b', c') übertragen werden, indem wir sagen, dass die Form (a', b', c') *eigentlich* oder *uneigentlich* unter der Form (a, b, c) *enthalten* sei, je nachdem die Substitution $\binom{\alpha,\ \beta}{\gamma,\ \delta}$, durch welche die letztere in die erstere übergeht, eigentlich oder uneigentlich ist. Um Missverständnisse zu vermeiden, fügen wir sogleich hinzu, dass eine Form eine andere sowohl eigentlich als auch uneigentlich enthalten kann; denn es tritt häufig der Fall ein, dass eine Form einmal durch eine eigentliche, ein anderes Mal durch eine uneigentliche Substitution in eine und dieselbe zweite Form transformirt wird. So z. B. geht die Form $(3, 13, 18)$ durch die eigentliche Substitution $\binom{+1,\ \ 0}{-1,\ +1}$, und ebenso durch die uneigentliche Substitution $\binom{+1,\ +2}{-1,\ -3}$ in die andere Form $(-5, -5, 18)$ über; die erstere enthält daher die letztere sowohl eigentlich als auch uneigentlich.

Man nennt ferner zwei Substitutionen *gleichartig*, wenn sie beide eigentlich, oder beide uneigentlich sind, *ungleichartig*, wenn die eine eigentlich, die andere uneigentlich ist.

§. 55.

Behalten wir die vorhergehenden Bezeichnungen bei, und nehmen wir an, dass die Form

$$(a', b', c') = a'x'^2 + 2b'x'y' + c'y'^2$$

durch eine neue Substitution

$$x' = \alpha'x'' + \beta'y''$$
$$y' = \gamma'x'' + \delta'y''$$

in die Form

$$(a'', b'', c'') = a''x''^2 + 2b''x''y'' + c''y''^2$$

übergeht, so geht offenbar die erste Form (a, b, c) durch die Substitution

$$x = \alpha(\alpha' x'' + \beta' y'') + \beta(\gamma' x'' + \delta' y'')$$
$$y = \gamma(\alpha' x'' + \beta' y'') + \delta(\gamma' x'' + \delta' y'')$$

oder

$$x = (\alpha\alpha' + \beta\gamma')x'' + (\alpha\beta' + \beta\delta')y''$$
$$y = (\gamma\alpha' + \delta\gamma')x'' + (\gamma\beta' + \delta\delta')y''$$

in die dritte Form (a'', b'', c'') über. Hieraus folgt der Satz:

Enthält eine Form eine zweite, diese wieder eine dritte, so enthält auch die erste Form die dritte.

Bezeichnet man nun die Coefficientenverbindung

$$(\alpha\alpha' + \beta\gamma')(\gamma\beta' + \delta\delta') - (\alpha\beta' + \beta\delta')(\gamma\alpha' + \delta\gamma')$$

mit ε, so ist nothwendig die Determinante der dritten Form $D'' = \varepsilon^2 D$; da aber andererseits

$$D' = (\alpha\delta - \beta\gamma)^2 D, \quad D'' = (\alpha'\delta' - \beta'\gamma')^2 D',$$

also auch

$$D'' = (\alpha\delta - \beta\gamma)^2 (\alpha'\delta' - \beta'\gamma')^2 D,$$

und D von Null verschieden ist, so schliessen wir hieraus, dass

$$\varepsilon^2 = (\alpha\delta - \beta\gamma)^2 (\alpha'\delta' - \beta'\gamma')^2$$

ist, und man überzeugt sich leicht durch Vergleichung beider Seiten, dass die Quadratwurzel in folgender Weise auszuziehen ist:

$$\varepsilon = (\alpha\delta - \beta\gamma)(\alpha'\delta' - \beta'\gamma').$$

Aus dieser Gleichung (welche einen der einfachsten Sätze der Determinantentheorie enthält) folgt noch eine wesentliche Vervollständigung des obigen Satzes, nämlich:

Die erste Form enthält die dritte eigentlich oder uneigentlich, je nachdem die erste die zweite in derselben oder in entgegengesetzter Art enthält, wie die zweite die dritte.

Fährt man in derselben Weise fort und transformirt die dritte Form in eine vierte, diese in eine fünfte u. s. f., so ergiebt sich unmittelbar der allgemeine Satz: *Wenn von einer Reihe von Formen jede die nächstfolgende enthält, so enthält die erste Form auch die letzte, und zwar eigentlich oder uneigentlich, je nachdem die Anzahl der hierbei auftretenden uneigentlichen Substitutionen gerade oder ungerade ist.*

Die Substitution, durch welche die erste Form unmittelbar in die letzte transformirt wird, heisst *zusammengesetzt* aus den einzelnen successiven Substitutionen; um die Zusammensetzung von zwei Substitutionen anzudeuten, wollen wir uns der Bezeichnung

$$\begin{pmatrix}\alpha, \beta\\ \gamma, \delta\end{pmatrix}\begin{pmatrix}\alpha', \beta'\\ \gamma', \delta'\end{pmatrix} = \begin{pmatrix}\alpha\alpha' + \beta\gamma', \alpha\beta' + \beta\delta'\\ \gamma\alpha' + \delta\gamma', \gamma\beta' + \delta\delta'\end{pmatrix}$$

bedienen; offenbar ist es im Allgemeinen nicht erlaubt, die Ordnung der beiden successiven Substitutionen umzukehren, weil hierdurch auch die resultirende Substitution geändert würde. So ist z. B.

$$\begin{pmatrix}+1, 0\\ -1, 1\end{pmatrix}\begin{pmatrix}+1, +2\\ -1, -3\end{pmatrix} = \begin{pmatrix}+1, +2\\ -2, -5\end{pmatrix},\quad \begin{pmatrix}+1, +2\\ -1, -3\end{pmatrix}\begin{pmatrix}+1, 0\\ -1, 1\end{pmatrix} = \begin{pmatrix}-1, +2\\ +2, -3\end{pmatrix}.$$

Dagegen ist es bei drei successiven Substitutionen S, S', S'' gleichgültig, ob man erst S und S' zusammensetzt, und dann das Resultat SS' mit S'' verbindet, oder ob man S mit dem Resultat $S'S''$ der zweiten und dritten Substitution zusammensetzt; in Zeichen:

$$(SS')S'' = S(S'S'').$$

Dies folgt unmittelbar aus dem Begriffe dieser Zusammensetzung; denn sind (x, y), (x', y'), (x'', y'') und (x''', y''') die successiven Variabelen, so ist es für die Ausdrücke von x, y durch x''', y''' gleichgültig, ob man die Variabelen x'', y'' oder die Variabelen x', y' als Zwischenglieder einschiebt. Diese aus den drei auf einander folgenden Substitutionen S, S', S'' zusammengesetzte Substitution kann daher kurz durch $SS'S''$ bezeichnet werden, und aus der in §. 2 vorgetragenen Schlussweise ergiebt sich, dass Aehnliches auch für jede grössere Anzahl von Substitutionen gilt, die in bestimmter Ordnung auf einander folgen und durch successive Verbindung von je zwei benachbarten Gliedern zu einer einzigen Substitution zusammengesetzt werden; setzt man z. B.

$$SS' = T,\quad S'S'' = T',\quad S''S''' = T'',$$

so ist zunächst $TS'' = ST'$, $T'S''' = S'T''$, und folglich

$$\begin{aligned}(TS'')S''' &= (ST')S''' = S(T'S''')\\ &= S(S'T'') = TT'' = SS'S''S'''.\end{aligned}$$

Ferner ist für die Folge zu bemerken, dass die Substitution $\binom{1,\ 0}{0,\ 1}$ bei der Zusammensetzung stets fortgelassen werden darf, da sie keine Aenderung hervorbringt.

Endlich leuchtet ein, dass der obige Satz auch so ausgesprochen werden kann: *Die aus den Substitutionen S, S', S'' ... zusammengesetzte Substitution $S\,S'\,S''$ ... ist eigentlich oder uneigentlich, je nachdem die Anzahl der unter ihnen befindlichen uneigentlichen Substitutionen gerade oder ungerade ist.*

§. 56.

Besonders wichtig ist nun die Frage: wann enthalten zwei Formen sich gegenseitig? Offenbar ist dann das System aller durch die eine Form darstellbaren Zahlen identisch mit dem System derjenigen Zahlen, welche durch die andere Form dargestellt werden können. Zwei solche Formen, die sich gegenseitig enthalten, werden wir *äquivalent**) nennen. Sind D, D' ihre Determinanten, so muss sowohl $D':D$, als auch $D:D'$, eine ganze Quadratzahl, also eine ganze positive Zahl sein, und hieraus folgt als eine für die Aequivalenz zweier Formen *erforderliche* Bedingung, dass ihre Determinanten D und D' gleich sein müssen.

Diese Bedingung ist aber umgekehrt *nicht hinreichend*, um auf die Aequivalenz schliessen zu können. Letzteres ist erst dann gestattet, wenn man ausserdem weiss, dass die eine der beiden Formen die andere enthält. In der That, wenn die beiden Formen (a, b, c) und (a', b', c') gleiche Determinanten haben, und wenn ausserdem die erstere durch die Substitution

$$x = \alpha x' + \beta y'$$
$$y = \gamma x' + \delta y'$$

in die letztere übergeht, so folgt aus der Relation

$$D' = (\alpha\delta - \beta\gamma)^2 D$$

und der Gleichheit von D' und D die Gleichung

$$\alpha\delta - \beta\gamma = \pm 1$$

und hieraus, wenn man zur Abkürzung $\alpha\delta - \beta\gamma = \pm 1 = \varepsilon$ setzt,

$$x' = + \varepsilon\delta x - \varepsilon\beta y$$
$$y' = - \varepsilon\gamma x + \varepsilon\alpha y$$

*) *Gauss: D. A.* art. 157.

und es geht daher durch diese Substitution mit ganzzahligen Coefficienten die Form (a', b', c') in die Form (a, b, c) über; also sind in der That beide Formen einander äquivalent. Die Substitutionen

$$\begin{pmatrix}\alpha, & \beta\\ \gamma, & \delta\end{pmatrix} \text{ und } \begin{pmatrix}+\varepsilon\delta, & -\varepsilon\beta\\ -\varepsilon\gamma, & +\varepsilon\alpha\end{pmatrix},$$

deren jede die *inverse* der anderen heisst, und durch deren Zusammensetzung immer die Substitution $\binom{1,\ 0}{0,\ 1}$ entsteht, sind offenbar entweder beide eigentlich, oder beide uneigentlich; je nachdem das Eine oder das Andere stattfindet, sollen die beiden Formen *eigentlich* oder *uneigentlich äquivalent**) heissen.

Sowie wir eben gesehen haben, dass die eine von zwei äquivalenten Formen in die andere immer durch eine Substitution $\binom{\alpha,\ \beta}{\gamma,\ \delta}$ übergeht, in welcher $\alpha\delta - \beta\gamma = \pm 1$ ist, so leuchtet auch umgekehrt ein, dass durch jede solche Substitution eine beliebige Form nothwendig in eine ihr äquivalente transformirt wird; denn die Determinanten beider Formen sind einander gleich. In der Existenz einer solchen Substitution besteht also die *erforderliche und hinreichende* Bedingung für die Aequivalenz zweier Formen.

Aus dem Begriffe der Aequivalenz ergiebt sich unmittelbar, dass jede Form sich selbst eigentlich äquivalent ist; denn sie geht durch die eigentliche Substitution $\binom{1,\ 0}{0,\ 1}$ in sich selbst über. Dies ist nur ein specieller Fall des folgenden Satzes, welcher sehr oft zur Anwendung kommen wird: *Wenn zwei Formen* (a, b, c) *und* (a, b', c') *von gleicher Determinante* D *denselben ersten Coefficienten* a *haben, und wenn ihre mittleren Coefficienten* b, b' *einander congruent sind in Bezug auf den Modul* a, *so dass* $b' = a\beta + b$; *so sind die beiden Formen eigentlich äquivalent, und die erstere geht durch die eigentliche Substitution* $\binom{1,\ \beta}{0,\ 1}$ *in die letztere über.*

Ferner bemerke man folgende Fälle der uneigentlichen Aequivalenz: Zwei *entgegengesetzte***) Formen (*formae oppositae*), d. h. zwei Formen (a, b, c) und $(a, -b, c)$, welche sich nur durch das Vorzeichen des mittleren Coefficienten unterscheiden, sind stets *uneigentlich* äquivalent, indem die eine durch die Substitution $\binom{1,\ \ 0}{0,\ -1}$ in die andere übergeht. Dasselbe gilt von zwei *Gefährten****)

*) *Gauss: D. A.* art. 158.
**) *Gauss: D. A.* art. 159.
***) *Gauss: D. A.* art. 187.

(*formae sociae*), d. h. von zwei Formen (a, b, c) und (c, b, a), welche dieselben Coefficienten, nur in umgekehrter Folge, haben; die eine geht in die andere durch die Substitution $\binom{0,\ 1}{1,\ 0}$ über.

Aus diesen beiden Fällen folgt wieder durch Zusammensetzung, dass die beiden Formen (a, b, c) und $(c, -b, a)$ *eigentlich* äquivalent sind; denn die erstere geht in die letztere durch die Substitution $\binom{0,\ 1}{-1,\ 0}$ über*).

§. 57.

Auch hier bei der Aequivalenz schliesst die eine Art derselben die andere nicht aus; es kommt häufig der Fall vor, dass zwei Formen einander sowohl eigentlich als uneigentlich äquivalent sind; in dem oben (§. 54) angeführten Beispiel sind wirklich die beiden Formen $(3, 13, 18)$ und $(-5, -5, 18)$ eigentlich und uneigentlich äquivalent; die erstere geht durch die Substitutionen $\binom{+1,\ 0}{-1,\ 1}$ und $\binom{+1,\ +2}{-1,\ -3}$ in die letztere über, und umgekehrt diese in jene durch die inversen Substitutionen $\binom{1,\ 0}{1,\ 1}$ und $\binom{+3,\ +2}{-1,\ -1}$.

Wenn zwei Formen sowohl eigentlich als uneigentlich äquivalent sind, so ist jede von ihnen sich selbst uneigentlich äquivalent.

Denn, wenn die Form (a, b, c) durch jede der beiden Substitutionen

$$\begin{pmatrix}\alpha', & \beta' \\ \gamma', & \delta'\end{pmatrix} \text{ und } \begin{pmatrix}\alpha'', & \beta'' \\ \gamma'', & \delta''\end{pmatrix},$$

in denen

$$\alpha'\delta' - \beta'\gamma' = +1, \quad \alpha''\delta'' - \beta''\gamma'' = -1,$$

in die Form (a', b', c') übergeht, so geht (a', b', c') durch jede der beiden inversen Substitutionen

$$\begin{pmatrix}+\delta', & -\beta' \\ -\gamma', & +\alpha'\end{pmatrix} \text{ und } \begin{pmatrix}-\delta'', & +\beta'' \\ +\gamma'', & -\alpha''\end{pmatrix}$$

---

*) Dieser Fall und ebenso der andere, oben erwähnte Fall der eigentlichen Aequivalenz treten so häufig auf, dass es sich rechtfertigen liesse, sie durch besondere Namen auszuzeichnen; nach einem in der vorigen Auflage dieses Werkes gemachten Vorschlage könnte man zwei Formen (a, b, c), (a, b', c'), die durch Substitutionen von der Gestalt $\binom{1,\ \beta}{0,\ 1}$ in einander übergehen, *parallele* Formen, und je zwei Formen (a, b, c), $(c, -b, a)$ *complementäre* Formen nennen (vergl. §. 63, Anmerkung).

in (a, b, c) über; und hieraus folgt, dass (a, b, c) durch jede der beiden zusammengesetzten, und zwar nothwendig uneigentlichen Substitutionen

$$\binom{\alpha', \beta'}{\gamma', \delta'}\binom{-\delta'', +\beta''}{+\gamma'', -\alpha''} \text{ und } \binom{\alpha'', \beta''}{\gamma'', \delta''}\binom{+\delta', -\beta'}{-\gamma', +\alpha'}$$

in sich selbst übergeht. So z. B. geht die Form (3, 13, 18) durch die uneigentlichen Substitutionen $\binom{+1, 0}{-1, 1}\binom{+3, +2}{-1, -1} = \binom{+3, +2}{-4, -3}$ und $\binom{+1, +2}{-1, -3}\binom{1, 0}{1, 1} = \binom{+3, +2}{-4, -3}$ in sich selbst über.

Es ist kein Zufall, dass diese beiden auf verschiedene Art zusammengesetzten Substitutionen identisch ausfallen; setzt man nämlich

$$\binom{\alpha', \beta'}{\gamma', \delta'}\binom{-\delta'', +\beta''}{+\gamma'', -\alpha''} = \binom{\alpha, \beta}{\gamma, \delta},$$

so findet man zunächst

$$\binom{\alpha'', \beta''}{\gamma'', \delta''}\binom{+\delta', -\beta'}{-\gamma', +\alpha'} = \binom{-\delta, +\beta}{+\gamma, -\alpha},$$

und wir haben daher, um die Identität dieser beiden (inversen) Substitutionen nachzuweisen, nur noch zu zeigen, dass in jeder uneigentlichen Substitution $\binom{\alpha, \beta}{\gamma, \delta}$, durch welche eine Form in sich selbst übergeht, stets der erste und vierte Coefficient einander gleich, aber entgegengesetzt sind. Dies geschieht leicht auf folgende Weise. Wenn die Form (a, b, c) durch die uneigentliche Substitution $\binom{\alpha, \beta}{\gamma, \delta}$ in sich selbst übergeht, so ist

$$\begin{gathered} a\alpha^2 + (2b\alpha + c\gamma)\gamma = a \\ a\alpha\beta + b(\alpha\delta + \beta\gamma) + c\gamma\delta = b \\ \alpha\delta - \beta\gamma = -1. \end{gathered}$$

Die zweite dieser drei Gleichungen geht, wenn man der dritten gemäss $\beta\gamma$ durch $\alpha\delta + 1$ ersetzt, in folgende über:

$$a\alpha\beta + (2b\alpha + c\gamma)\delta = 0;$$

eliminirt man aus dieser und aus der ersten jener drei Gleichungen die Grösse $2b\alpha + c\gamma$, so erhält man, wenn man den Factor a wegwirft (der ja von Null verschieden ist, weil sonst die Determinante D eine Quadratzahl wäre), die Relation

$$(\alpha^2 - 1)\delta = \alpha\beta\gamma,$$

woraus mit Rücksicht auf $\alpha\delta - \beta\gamma = -1$ wirklich folgt, dass $\delta = -\alpha$ ist, was zu beweisen war.

§. 58.

Jede uneigentliche Substitution, durch welche eine Form (a, b, c) in sich selbst übergeht, ist daher nothwendig von der Form $\binom{\alpha,\ +\beta}{\gamma,\ -\alpha}$ und es ist also gleichzeitig $\alpha^2 + \beta\gamma = 1$. Von besonderem Interesse ist der specielle Fall $\gamma = 0$; dann ist $\alpha = \pm 1$ und entsprechend $+ a\beta = 2b$; eine solche Form, deren doppelter mittlerer Coefficient durch den ersten theilbar ist, soll eine *forma anceps**) oder eine *zweiseitige***) Form heissen. Und umgekehrt ist leicht zu sehen, dass jede zweiseitige Form sich selbst uneigentlich äquivalent ist; denn wenn (a, b, c) eine solche Form, und also $2b = a\beta$ ist, so geht (a, b, c) wirklich durch die uneigentliche Substitution $\binom{1,\ +\beta}{0,\ -1}$ in sich selbst über. Dasselbe gilt offenbar von jeder Form, welche einer zweiseitigen Form äquivalent ist; aber es besteht auch der umgekehrte Satz***).

Wenn eine Form sich selbst uneigentlich äquivalent ist, so giebt es stets eine ihr äquivalente zweiseitige Form.

Beweis. Es sei φ eine solche Form, welche durch die uneigentliche Substitution $\binom{\alpha,\ +\beta}{\gamma,\ -\alpha}$ in sich selbst übergeht; ist $\gamma = 0$, so wissen wir, dass φ selbst eine zweiseitige Form, und folglich der Satz richtig ist. Ist aber γ von Null verschieden, so suchen wir eine eigentliche Substitution $\binom{\lambda,\ \mu}{\nu,\ \varrho}$, durch welche die Form φ in eine ihr äquivalente zweiseitige Form übergeht, die wir mit ψ bezeichnen wollen. Da also $\lambda\varrho - \mu\nu = +1$, und folglich ψ durch die inverse Substitution $\binom{+\varrho,\ -\mu}{-\nu,\ +\lambda}$ in φ übergeht, so muss ψ durch die offenbar uneigentliche, aus den drei successiven Substitutionen

---

*) *Gauss: D. A.* art. 163.

**) Im mündlichen Vortrage gebrauchte *Dirichlet* immer die Bezeichnung *forma anceps*, welche ich auch bei der Ausarbeitung der ersten Auflage (1863) beibehalten habe; in der zweiten und dritten Auflage (1871, 1879), wo diese Formen und die ihnen entsprechenden Formen-Classen häufiger auftraten (§§. 152, 153), habe ich sie im Anschluss an die von *Kummer* (Monatsber. d. Berliner Akad. vom 18. Februar 1858) auf einem verwandten Gebiete benutzte Bezeichnung *ambige* Formen genannt; da aber diese Wortbildung wohl mit Recht beanstandet ist, so schlage ich jetzt die obige Bezeichnung vor, welche sich auch ohne Zwang verallgemeineren lässt (vergl. §. 149).

***) *Gauss: D. A.* art. 164.

$$\begin{pmatrix} +\varrho, & -\mu \\ -\nu, & +\lambda \end{pmatrix}, \quad \begin{pmatrix} \alpha, & +\beta \\ \gamma, & -\alpha \end{pmatrix}, \quad \begin{pmatrix} \lambda, & \mu \\ \nu, & \varrho \end{pmatrix}$$

zusammengesetzte Substitution in sich selbst übergehen. Der dritte Coefficient dieser Substitution ist

$$\gamma\lambda^2 - 2\alpha\lambda\nu - \beta\nu^2,$$

und es kommt nur darauf an, zwei relative Primzahlen λ, ν so zu bestimmen, dass dieser Coefficient $= 0$ wird, denn dann ist ψ eine zweiseitige Form. Diese Forderung reducirt sich, wenn man mit γ multiplicirt und bedenkt, dass $\alpha^2 + \beta\gamma = 1$ ist, auf die folgende:

$$(\gamma\lambda - \alpha\nu)^2 - \nu^2 = 0; \quad \frac{\lambda}{\nu} = \frac{\alpha \pm 1}{\gamma} = \frac{-\beta}{\alpha \mp 1};$$

da unserer Annahme nach γ von Null verschieden ist, so kann man also λ und ν dieser Forderung gemäss bestimmen, und zwar als relative Primzahlen, wenn man den Bruch $(\alpha \pm 1) : \gamma$ auf seine kleinste Benennung $\lambda : \nu$ bringt. Dies Letztere ist erforderlich, weil ja die vier Coefficienten λ, μ, ν, ϱ der Gleichung $\lambda\varrho - \mu\nu = 1$ genügen müssen. Sobald nun λ und ν auf dem angegebenen Wege bestimmt sind, so kann man dann unendlich viele Werthenpaare für ϱ und μ (nach §. 24) finden, welche diese letzte Forderung erfüllen. Auf diese Weise ist also wirklich aus $\binom{\alpha,\ +\beta}{\gamma,\ -\alpha}$ eine eigentliche Substitution $\binom{\lambda,\ \mu}{\nu,\ \varrho}$ gefunden, welche die gegebene Form φ in eine ihr äquivalente zweiseitige Form ψ transformirt, und hierdurch der obige Satz bewiesen.

Nehmen wir als Beispiel die obige Form (3, 13, 18), welche durch die uneigentliche Substitution $\binom{+3,\ +2}{-4,\ -3}$ in sich selbst übergeht; wir haben also nur

$$\frac{\lambda}{\nu} = \frac{3 \pm 1}{-4}$$

zu setzen; nehmen wir das obere Zeichen, so ist $\lambda = \pm 1$, $\nu = \mp 1$ zu setzen, und entsprechend $\varrho + \mu = \pm 1$. Nehmen wir die oberen Zeichen und $\varrho = 1$, $\mu = 0$, so erhalten wir die Substitution $\binom{+1,\ 0}{-1,\ 1}$, durch welche, wie schon oben bemerkt ist, die Form (3, 13, 18) in die Form (— 5, — 5, 18) übergeht, welche in der That eine zweiseitige Form ist.

Ferner: Die Form (7, 1, — 1) geht durch die uneigentliche Substitution $\binom{+2,\ +1}{-3,\ -2}$ in sich selbst über; in diesem Fall haben wir also

$$\frac{\lambda}{\nu} = \frac{2 \pm 1}{-3}$$

zu setzen; nehmen wir der Einfachheit halber wieder das obere Zeichen, so können wir wieder $\lambda = 1$, $\nu = -1$, $\varrho = 1$, $\mu = 0$ setzen; und in der That geht die Form $(7, 1, -1)$ durch die Substitution $\left(\begin{smallmatrix}+1, & 0\\ -1, & 1\end{smallmatrix}\right)$ in die zweiseitige Form $(4, 2, -1)$ über.

§. 59.

Wir verlassen hiermit diesen interessanten Gegenstand und beschäftigen uns von jetzt an ausschliesslich mit der *eigentlichen* Aequivalenz; nur diese soll im Folgenden gemeint sein, wenn schlechthin von Aequivalenz gesprochen wird; ebenso soll unter Substitution immer nur noch die *eigentliche* Substitution verstanden sein. Werden daher zwei Formen f, f' äquivalent genannt, so bedeutet dieser Ausdruck stets (§. 56), dass eine Substitution $\left(\begin{smallmatrix}\alpha, & \beta\\ \gamma, & \delta\end{smallmatrix}\right)$ existirt, deren Coefficienten der Bedingung $\alpha\delta - \beta\gamma = +1$ genügen, und durch welche f in f' übergeht; umgekehrt geht dann f' in f über durch die inverse Substitution $\left(\begin{smallmatrix}\delta, & -\beta\\ -\gamma, & \alpha\end{smallmatrix}\right)$, deren Coefficienten derselben Bedingung $\delta\alpha - (-\beta)(-\gamma) = +1$ genügen. Aus dem allgemeinen Satze des §. 55 geht nun folgender specielle hervor: *Sind zwei Formen einer dritten äquivalent, so sind sie auch einander äquivalent;* und dieser Satz bildet die Grundlage für den wichtigsten Begriff in der ganzen Theorie der quadratischen Formen.

Es sei f eine bestimmte gegebene Form von der Determinante D, und F der Inbegriff aller der Formen $f, f', f'' \ldots$, welche mit f äquivalent sind; zufolge des eben erwähnten Satzes sind nun je zwei in dem System F vorkommende Formen f', f'' ebenfalls äquivalent; ist daher f' irgend eine in F vorkommende Form, so ist das System aller mit f' äquivalenten Formen identisch mit dem System F. Ein solches System unter einander äquivalenter Formen soll eine *Classe von Formen**) oder eine *Formenclasse* heissen, und es leuchtet ein, dass durch irgend ein Individuum einer solchen Classe alle anderen derselben Classe angehörenden Formen vollständig bestimmt sind; man kann daher immer ein solches Individuum als *Repräsentanten der Formenclasse* ansehen.

---

*) *Gauss: D. A.* art. 223.

Es würde nicht schwer sein, zu beweisen, dass es in jeder solchen Formenclasse unendlich viele Individuen giebt, d. h. dass die Anzahl der Formen, in welche eine gegebene Form f durch die unendlich vielen verschiedenen Substitutionen $\binom{\alpha,\ \beta}{\gamma,\ \delta}$ übergeht, in denen $\alpha\delta - \beta\gamma = +1$, unendlich gross ist, obgleich es vorkommen kann, und zwar bei positiven Determinanten immer vorkommt, dass unendlich viele von diesen Substitutionen die Form f nur in eine und dieselbe Form f' transformiren; allein dieser Nachweis hat für uns zunächst kein Interesse. Von grösserer Wichtigkeit und von dem grössten Interesse ist dagegen die folgende Betrachtung.

Denkt man sich alle Formen von einer und derselben Determinante D in ihre verschiedenen Classen eingetheilt, und wählt man aus jeder Classe nach Belieben eine Form als Repräsentanten derselben, so erhält man ein sogenanntes *vollständiges System nicht äquivalenter Formen* für diese Determinante D; die fundamentale und vollständig charakteristische Eigenschaft eines solchen vollständigen Formensystems S besteht darin, dass jede beliebige Form von der Determinante D stets einer, aber auch nur einer von den in diesem System S enthaltenen Formen äquivalent ist. Die Anzahl dieser verschiedenen Classen (und also auch ihrer Repräsentanten in dem vollständigen Formensystem S) ist nun, wie sich zunächst für negative, später auch für positive Determinanten herausstellen wird, eine *endliche*, und wir bezeichnen absichtlich schon jetzt die genaue Bestimmung dieser *Classenanzahl für eine gegebene Determinante*, welche innig mit den schönsten algebraischen und analytischen Untersuchungen dieses Jahrhunderts verknüpft ist, als die letzte und hauptsächlichste von uns zu lösende Aufgabe.

Der Weg zu diesem Ziele wird gebahnt durch die Lösung der beiden folgenden Hauptprobleme in der Theorie der Aequivalenz:

I. *Zu entscheiden, ob zwei gegebene Formen von gleicher Determinante äquivalent sind, also derselben Classe angehören, oder nicht.*

II. *Alle Substitutionen zu finden, durch welche die eine von zwei gegebenen äquivalenten Formen in die andere übergeht.*

Es wird aber gut sein, die Beschäftigung mit diesen beiden Problemen dadurch zu motiviren, dass wir zeigen, wie die Theorie der *Darstellung* der Zahlen durch quadratische Formen vollständig auf dieselben zurückgeführt werden kann; und so schicken wir im Folgenden einige Hauptsätze dieser Theorie voraus.

§. 60.

Man nennt, wie schon im Anfang dieses Abschnittes erwähnt ist, eine ganze Zahl m *darstellbar* durch die quadratische Form (a, b, c), wenn es zwei ganze Zahlen x, y giebt, welche der Gleichung

$$a x^2 + 2 b x y + c y^2 = m \tag{1}$$

genügen. Wir können uns aber zunächst auf sogenannte *eigentliche Darstellungen* (x, y) beschränken, in welchen die beiden *darstellenden Zahlen* x, y *relative Primzahlen* sind; denn ist δ der grösste gemeinschaftliche Divisor von x und y, so ist m nothwendig theilbar durch δ^2; setzt man nun $x = x'\delta$, $y = y'\delta$ und $m = m'\delta^2$, so wird m' offenbar durch die Form (a, b, c) dargestellt, wenn x' und y' als darstellende Zahlen genommen werden. Da nun die letzteren relative Primzahlen sind, so erkennt man leicht, dass, sobald alle eigentlichen Darstellungen der Zahlen bekannt sind, hieraus die übrigen (*uneigentlichen*) Darstellungen leicht gefunden werden können; wir schliessen daher die letzteren von unserer jetzigen Betrachtung ganz aus. Dies vorausgeschickt, schreiten wir zur Erforschung der erforderlichen und hinreichenden Bedingungen für die Darstellbarkeit einer gegebenen Zahl m durch eine gegebene Form (a, b, c).

1. Wir nehmen also an, die obige Darstellung (1) der Zahl m durch die Form (a, b, c) von der Determinante $D = b^2 - ac$ sei eine eigentliche, d. h. x und y seien relative Primzahlen. Dann giebt es (nach §§. 22, 24) immer unendlich viele Paare von ganzen Zahlen ξ, η, welche der unbestimmten Gleichung ersten Grades

$$x\eta - y\xi = +1 \tag{2}$$

Genüge leisten. Wählen wir ein solches Paar ξ, η nach Belieben aus, so geht (nach §. 56) die Form (a, b, c) durch die Substitution $\binom{x,\ \xi}{y,\ \eta}$ in eine äquivalente Form (m, n, l) über, deren erster Coefficient zufolge (1) die dargestellte Zahl m ist; der mittlere Coefficient wird

$$n = (ax + by)\xi + (bx + cy)\eta, \tag{3}$$

und der dritte Coefficient l ergiebt sich, da beide Formen (nach §. 56) dieselbe Determinante haben, aus der Gleichung $n^2 - ml = D$ (denn m kann nicht $= 0$ sein, weil sonst D ein Quadrat wäre). Da nun dieser dritte Coefficient l nothwendig eine ganze Zahl ist, so folgt, *dass D quadratischer Rest von m, und dass n eine Wurzel z der Congruenz*

$$z^2 \equiv D \pmod{m} \tag{4}$$

ist.

2. Gesetzt nun, man nimmt statt der beiden Zahlen ξ, η irgend ein anderes Paar von Zahlen ξ', η', welche derselben Bedingung (2) genügen, so geht die Form (a, b, c) durch die Substitution $\binom{x,\ \xi'}{y,\ \eta'}$ ebenfalls in eine äquivalente Form (m, n', l') über, und man erhält wieder eine Wurzel

$$n' = (ax + by)\xi' + (bx + cy)\eta'$$

der Congruenz (4). Es ist nun von Wichtigkeit, zu untersuchen, in welcher Beziehung diese zu der Wurzel n steht. Nach unseren früheren Untersuchungen (§. 24) wird jede Lösung ξ', η' der unbestimmten Gleichung $x\eta' - y\xi' = 1$ einmal und auch nur einmal erzeugt durch die Formeln

$$\xi' = \xi + xv, \quad \eta' = \eta + yv,$$

wenn v alle ganzen Zahlen von $-\infty$ bis $+\infty$ durchläuft. Substituirt man nun die vorstehenden Ausdrücke in den von n', so erhält man, mit Berücksichtigung von (1) und (3), das Resultat

$$n' = n + mv, \text{ also } n' \equiv n \pmod{m}.$$

Hieraus folgt, dass alle Wurzeln n, n' der Congruenz (4), welche auf die obige Art aus *einer* gegebenen eigentlichen Darstellung (x, y) der Zahl m durch die Form (a, b, c) abgeleitet werden können, die sämmtlichen Individuen einer und derselben Zahlclasse (mod. m) sind, also nur eine und dieselbe Wurzel dieser Congruenz bilden (§. 21); jedes Individuum dieser Zahlclasse wird, wenn v alle ganzen Zahlen durchläuft, d. h. wenn man der Reihe nach alle Auflösungen ξ, η der Gleichung (2) wirken lässt, einmal und auch nur einmal erzeugt. Man sagt daher, die Darstellung (x, y) der Zahl m *gehöre* zu dieser Wurzel n (mod. m) der Congruenz (4), weil durch den angegebenen Process nur diese und keine andere Wurzel derselben zum Vorschein kommt.

Zugleich leuchtet ein, dass die Form (a, b, c) durch die sämmtlichen Substitutionen $\binom{x,\ \xi}{y,\ \eta}$, deren erster und dritter Coefficient die beiden darstellenden Zahlen x und y sind, in unendlich viele äquivalente (parallele) Formen (m, n, l) übergeht (vergl. §. 56), deren gemeinschaftlicher erster Coefficient die dargestellte Zahl m ist, während der mittlere Coefficient n alle Zahlen einer völlig bestimmten Classe (mod. m), und zwar jedes Individuum derselben nur einmal, durchläuft*).

3. Das Vorhergehende reicht hin, um übersehen zu können, dass die *Aufgabe*, *alle eigentlichen Darstellungen einer gegebenen Zahl m durch eine gegebene Form (a, b, c) zu finden*, auf die Lösung der beiden Probleme zurückkommt, die wir am Schluss des vorigen Paragraphen aufgestellt haben. Man untersuche zunächst, ob D quadratischer Rest von m ist oder nicht; im letzteren Fall ist m durch keine einzige Form der Determinante D eigentlich darstellbar; im ersteren Fall bestimme man alle incongruenten Wurzeln der Congruenz (4), und verfahre mit jeder einzelnen, wie folgt. Es sei n ein bestimmter Repräsentant einer bestimmten Wurzel, und zwar $n^2 = D + ml$, so ist (m, n, l) eine bestimmte Form von der Determinante D. Giebt es nun eine Darstellung (x, y) der Zahl m durch (a, b, c), welche zu der durch n repräsentirten Wurzel der Congruenz (4) gehört, so ist die Form (a, b, c) äquivalent mit (m, n, l), und die Darstellung (x, y) liefert eine

---

*) Es liegt nahe, die Zahlclasse n (mod. m) unmittelbar aus der gegebenen Darstellung (x, y) selbst zu bestimmen, ohne Zuziehung der Zahlen ξ, η. Die Auflösung der beiden Gleichungen (2) und (3), welche beide vom ersten Grade in Bezug auf ξ, η sind, giebt

$$m\eta = ax + (b + n)y, \quad -m\xi = (b - n)x + cy,$$

und hieraus folgen die Congruenzen

$$-yn \equiv ax + by, \quad xn \equiv bx + cy \pmod{m},$$

durch welche die Zahlclasse n (mod. m), wie man leicht erkennt, vollständig bestimmt ist. —

Wir schalten an dieser Stelle noch folgenden Satz ein, von welchem wir später Gebrauch machen werden: Giebt es zwei ganze Zahlen x, y, welche den Bedingungen

$$ax^2 + 2bxy + cy^2 = m$$
$$ax + (b + n)y \equiv 0, \quad (b - n)x + cy \equiv 0 \pmod{m}$$

genügen, wo m, n, a, b, c gegebene Zahlen bedeuten, deren erste von Null verschieden ist, so ist die Form (a, b, c) mit einer Form (m, n, l) äquivalent, deren erste beide Coefficienten m, n sind. Denn setzt man die auf der linken Seite der beiden Congruenzen befindlichen Ausdrücke resp. gleich $m\eta$, $-m\xi$, so ergiebt sich durch Multiplication mit x, y und Addition $m(x\eta - y\xi) = m$, also $x\eta - y\xi = +1$, woraus dann das Uebrige leicht folgt. Dass ferner umgekehrt, wenn zwei Formen (a, b, c) und (m, n, l) äquivalent sind, stets zwei Zahlen x, y existiren, welche den vorstehenden Bedingungen genügen, leuchtet aus dem Obigen unmittelbar ein. Mithin ist die *Existenz* zweier solcher Zahlen x, y vollkommen charakteristisch für die Aequivalenz der beiden Formen.

und nur eine Substitution $\binom{x,\ \xi}{y,\ \eta}$, durch welche die erstere in die letztere übergeht. Es muss daher zunächst entschieden werden, ob die beiden gegebenen Formen (a, b, c) und (m, n, l) von der Determinante D äquivalent sind oder nicht — dies ist das *erste* der beiden genannten Probleme; gesetzt nun, die beiden Formen erweisen sich als nicht äquivalent, so existirt keine einzige zu dieser Wurzel n gehörige Darstellung der Zahl m durch die Form (a, b, c). Zeigt es sich aber, dass die beiden Formen äquivalent sind, so müssen alle Substitutionen $\binom{x,\ \xi}{y,\ \eta}$ aufgesucht werden, durch welche (a, b, c) in (m, n, l) übergeht — dies ist das *zweite* Problem. Der erste und dritte Coefficient (x und y) einer jeden solchen Substitution bilden dann auch wirklich eine eigentliche zu der Wurzel n gehörige Darstellung der Zahl m durch (a, b, c), und da, wie schon bemerkt, aus jeder solchen Darstellung (x, y) umgekehrt eine und nur eine solche Substitution $\binom{x,\ \xi}{y,\ \eta}$ entspringt, so erhält man durch die sämmtlichen Substitutionen der angegebenen Art auch *alle* zu n gehörigen Darstellungen, und jede nur *einmal*. Genau in derselben Weise verfährt man mit den übrigen Wurzeln der Congruenz (4), deren Anzahl, falls m und D relative Primzahlen sind, nach §. 37 zu bestimmen ist.

§. 61.

Nachdem wir uns in der vorhergehenden Digression davon überzeugt haben, dass in der That die Theorie der Darstellung vollständig auf die beiden (in §. 59) erwähnten Probleme der Lehre von der Aequivalenz zurückgeführt werden kann, so wenden wir uns nun zu der Lösung derselben. Das *erste*, zu erkennen, ob zwei Formen von gleicher Determinante äquivalent sind oder nicht, erfordert von vornherein ganz verschiedene Methoden, je nachdem die Determinante *positiv* oder *negativ* ist; in beiden Fällen ist aber die Lösung von der Art, dass, wenn die Aequivalenz der beiden Formen erkannt wird, zu gleicher Zeit auch eine Transformation der einen in die andere gefunden wird. Da also bei zwei wirklich äquivalenten Formen immer eine solche Transformation durch die Lösung der ersten Aufgabe gefunden ist, so besteht das *zweite* Problem nur noch darin, aus *einer* solchen Transformation *alle anderen* zu finden; und da die Lösung desselben zunächst nicht von dem Vorzeichen der Determinante abhängt, sondern für positive wie für negative Determinanten anfangs eine gleichmässige Behandlung zulässt, so stellen wir es dem anderen voran.

Unsere Aufgabe ist also die, aus *einer* Substitution L, durch welche eine Form φ in eine äquivalente Form ψ übergeht, *alle* Substitutionen S zu finden, welche denselben Erfolg haben. Wir können dieselbe sogleich durch einige Bemerkungen bedeutend vereinfachen, indem wir sie auf den einfachsten Fall reduciren, in welchem beide Formen identisch sind. Denn gesetzt, wir kennen *alle* Substitutionen T, durch welche die Form φ in sich selbst übergeht, so geht φ offenbar durch alle Substitutionen TL in die andere Form ψ über. Alle diese Substitutionen TL gehören also zu den gesuchten Substitutionen S. Jetzt behaupten wir auch umgekehrt, dass auf diese Weise alle Substitutionen S erzeugt werden, und jede nur ein einziges Mal; denn bezeichnen wir mit L' die inverse Substitution von L (durch welche also die Form ψ in die Form φ zurückkehrt), so ist jede in der Form SL' enthaltene Substitution eine solche, durch welche die Form φ in sich selbst übergeht, und gehört mithin zu den mit T bezeichneten Substitutionen, so dass wir $SL' = T$ setzen können. Da nun die aus L' und L zusammengesetzte Substitution $L'L = \binom{1,\ 0}{0,\ 1}$ ist, so folgt hieraus $SL'L = S = TL$, also wird wirklich jede Substitution S auf die angegebene Art erzeugt. Dass endlich jede Substitution S nur durch eine einzige Substitution T erzeugt wird, leuchtet hieraus ebenfalls ein; ist nämlich $TL = S$, so ist $T = SL'$, also ist die Substitution T, durch welche eine bestimmte Substitution S erzeugt wird, immer eine vollkommen bestimmte, so dass zwei verschiedene Substitutionen T auch zwei verschiedene Substitutionen S erzeugen.

Da also der Complex der Substitutionen S vollständig mit dem Complex der Substitutionen TL übereinstimmt, wo L die gegebene Substitution bedeutet, durch welche die Form φ in die äquivalente Form ψ übergeht, so kommt es nur noch darauf an, alle Substitutionen T zu finden; unser Problem ist daher auf das folgende zurückgeführt:

Alle Substitutionen zu finden, durch welche eine Form in sich selbst übergeht.

Bevor wir zur Lösung desselben schreiten, stellen wir eine Betrachtung an, welche für die Folge von grosser Wichtigkeit ist.

Bedeutet σ den grössten (positiven) gemeinschaftlichen Theiler der drei Zahlen a, $2b$, c, so leuchtet ein, dass alle durch die Form (a, b, c) darstellbaren Zahlen durch σ theilbar sind, und wir wollen, wo kein Missverständniss zu besorgen ist, diese Zahl σ kurz *den Theiler der Form* (a, b, c) nennen. Dann sind zwei Fälle möglich:

1. Ist $2b:\sigma$ eine gerade Zahl, so geht σ in b, und folglich σ^2 in der Determinante $D = b^2 - ac$ auf; und umgekehrt, wenn σ^2 in D aufgeht, so ist b durch σ theilbar, also $2b:\sigma$ eine gerade Zahl; zugleich ist dann σ der grösste gemeinschaftliche Theiler der drei Coefficienten a, b, c.

2. Ist $2b:\sigma$ eine ungerade Zahl, so ist σ jedenfalls gerade, und σ^2 geht nicht in D, wohl aber in $4D$ auf, und zwar ist

$$\frac{4D}{\sigma^2} = \left(\frac{2b}{\sigma}\right)^2 - 4\,\frac{a}{\sigma}\,\frac{c}{\sigma} \equiv 1 \pmod{4},$$

also $4D \equiv \sigma^2 \pmod{4\sigma^2}$; und umgekehrt, wenn $4D \equiv \sigma^2 \pmod{4\sigma^2}$, so ist auch $(2b)^2 \equiv \sigma^2 \pmod{4\sigma^2}$, folglich $2b:\sigma$ eine ungerade Zahl; zugleich ist $\frac{1}{2}\sigma$ der grösste gemeinschaftliche Theiler der drei Coefficienten a, b, c.

Der Theiler σ einer jeden Form von der Determinante D genügt daher entweder der Bedingung $D \equiv 0 \pmod{\sigma^2}$, oder dieser $4D \equiv \sigma^2 \pmod{4\sigma^2}$; umgekehrt, ist σ eine positive Zahl, welche der einen oder anderen dieser Bedingungen genügt, so existiren auch Formen (a, b, c) von der Determinante D, deren Theiler σ ist; je nachdem nämlich σ der ersten oder der zweiten Bedingung genügt, ist

$$\left(\sigma, 0, \frac{-D}{\sigma}\right) \text{ oder } \left(\sigma, \tfrac{1}{2}\sigma, \frac{\sigma^2 - 4D}{4\sigma}\right)$$

eine Form von der Determinante D und vom Theiler σ, und zwar die sogenannte *einfachste* solche Form (*forma simplicissima*); die einfachste Form $(1, 0, -D)$ vom Theiler 1 heisst die *Hauptform* (*forma principalis*) der Determinante D*).

Der grösste gemeinschaftliche Theiler τ der drei Coefficienten a, b, c einer Form (a, b, c) ist im ersten Fall $= \sigma$, im zweiten $= \frac{1}{2}\sigma$; ist nun $\tau = 1$, so heisst die Form eine *ursprüngliche***) (*forma*

---

*) *Gauss: D. A.* artt. 231, 250.

**) *Gauss: D. A.* art. 226.

primitiva), und zwar, wenn $\sigma = 1$ ist, eine Form der *ersten Art**) (*forma proprie primitiva* oder *forma propria* nach *Gauss*), dagegen, wenn $\sigma = 2$ und also $D \equiv 1$ (mod. 4) ist, eine Form der *zweiten Art* (*forma improprie primitiva* oder *forma impropria*). Ist ferner $\tau > 1$, und $a = \tau a', b = \tau b', c = \tau c', b'b' - a'c' = D'$, $D = \tau^2 D'$, so heisst die Form (a, b, c) *abgeleitet* (*derivata*) aus der ursprünglichen Form (a', b', c') der Determinante D'.

Aus den Formeln der Transformation [§. 54, (2)] geht nun hervor, dass, wenn eine Form (a', b', c') unter einer Form (a, b, c) enthalten ist, jeder gemeinschaftliche Theiler der Zahlen a, $2b$, c auch gemeinschaftlicher Theiler der Zahlen a', $2b'$, c' sein muss, woraus unmittelbar folgt, dass je zwei äquivalente Formen denselben Theiler σ besitzen; mithin kommt dieser Theiler allen zu einer und derselben Classe gehörigen Formen gemeinschaftlich zu, und kann daher füglich *der Theiler der Formenclasse* genannt werden. Dasselbe gilt offenbar von dem grössten gemeinschaftlichen Theiler τ der Coefficienten a, b, c einer jeden zu einer bestimmten Classe gehörigen Form (a, b, c). Hiernach leuchtet von selbst ein, was unter der *einfachsten Classe vom Theiler* σ, unter der *Hauptclasse*, unter einer *ursprünglichen Classe der ersten oder zweiten Art*, oder unter einer *abgeleiteten Classe* zu verstehen ist. Endlich bildet der Inbegriff aller Formen von gleicher Determinante D und von gleichem Theiler σ eine sogenannte *Ordnung***) (*ordo*), und aus dem Vorhergehenden folgt, dass dieselbe der Complex aller *Classen* der Determinante D ist, welche den Theiler σ haben.

§. 62.

Es sei nun $\binom{\lambda,\ \mu}{\nu,\ \varrho}$ irgend eine Substitution, durch welche die Form (a, b, c) von der Determinante D und vom Theiler σ in sich selbst übergeht, so ist zunächst

$$\lambda\varrho - \mu\nu = 1 \tag{1}$$

und ferner (nach §. 54)

$$a\lambda^2 + 2b\lambda\nu + c\nu^2 = a; \tag{2}$$

$$a\lambda\mu + b(\lambda\varrho + \mu\nu) + c\nu\varrho = b; \tag{3}$$

---

*) *Dirichlet: Recherches sur diverses applications de l'analyse infinitésimale à la théorie des nombres.* 2e partie. §. 7. Crelle's Journal, Bd. 21.

**) *Gauss: D. A.* art. 226.

da aus diesen drei Gleichungen schon folgt, dass (a, b, c) in eine äquivalente Form übergeht, deren erster und zweiter Coefficient a und b sind, so ist der letzte Coefficient c' der neuen Form wegen der Gleichheit der Determinanten nothwendig $= c$; und folglich drücken diese Gleichungen vollständig aus, dass $\binom{\lambda, \mu}{\nu, \varrho}$ eine Substitution der verlangten Art ist (dies würde nicht ebenso vollständig geschehen, wenn man die Gleichung $\lambda\varrho - \mu\nu = 1$ durch die andere Gleichung $a\mu^2 + 2b\mu\varrho + c\varrho^2 = c$ ersetzen wollte; denn dann würde man rückwärts nur schliessen können, dass $\lambda\varrho - \mu\nu = \pm 1$ ist).

Wir behandeln diese drei Gleichungen mit den vier Unbekannten $\lambda, \mu, \nu, \varrho$ auf folgende Weise.

Wird $\lambda\varrho$ durch $\mu\nu + 1$ ersetzt, so nimmt die Gleichung (3) die Form

$$a\lambda\mu + 2b\mu\nu + c\nu\varrho = 0$$

an; verbindet man hiermit die Gleichung (2) und eliminirt einmal $2b$, dann c, so erhält man unter Berücksichtigung der Gleichung (1) die beiden folgenden:

$$a\mu + c\nu = 0; \quad a(\lambda - \varrho) + 2b\nu = 0.$$

Da a von Null verschieden ist (weil sonst D eine Quadratzahl wäre), so kann man folglich

$$\nu = \frac{a}{\sigma}u, \quad \mu = -\frac{c}{\sigma}u, \quad \lambda - \varrho = -\frac{2b}{\sigma}u \tag{4}$$

setzen, worin u eine neue unbekannte, und zwar *ganze* Zahl bedeutet, weil $\nu, \mu, \lambda - \varrho$ ganze Zahlen sind, und σ der grösste gemeinschaftliche Divisor von $a, c, 2b$ ist. Setzen wir diese Ausdrücke für μ und ν in die Gleichung (1), so erhalten wir

$$\lambda\varrho = -\frac{ac}{\sigma^2}u^2 + 1,$$

und hieraus in Verbindung mit dem vorstehenden Ausdruck für $\lambda - \varrho$ die Gleichung

$$(\lambda + \varrho)^2 = (\lambda - \varrho)^2 + 4\lambda\varrho = \frac{4(Du^2 + \sigma^2)}{\sigma^2}$$

oder

$$\left(\frac{\sigma(\lambda + \varrho)}{2}\right)^2 = Du^2 + \sigma^2.$$

Hieraus ergiebt sich, dass $\frac{1}{2}\sigma(\lambda + \varrho)$ jedenfalls eine *ganze* Zahl sein muss; bezeichnen wir sie mit t, so erhalten wir

$$\lambda + \varrho = \frac{2t}{\sigma} \text{ und } t^2 = Du^2 + \sigma^2. \tag{5}$$

Wir können die vorstehende Untersuchung mit Rücksicht auf (4) und (5) in Folgendem zusammenfassen*):

Ist $\binom{\lambda,\ \mu}{\nu,\ \varrho}$ *eine Substitution, durch welche die Form* (a, b, c) *von der Determinante* D *und vom Theiler* σ *in sich selbst übergeht, so ist stets*

$$\begin{aligned} \lambda &= \frac{t - bu}{\sigma}, \quad & \mu &= -\frac{cu}{\sigma} \\ \nu &= \frac{au}{\sigma}, & \varrho &= \frac{t + bu}{\sigma} \end{aligned} \tag{I}$$

wo t, u *zwei ganze Zahlen bedeuten, welche der unbestimmten Gleichung*

$$t^2 - Du^2 = \sigma^2 \tag{II}$$

Genüge leisten.

Aber dieser Satz lässt sich auch umkehren:

Sind t, u *zwei ganze, der Gleichung* (II) *genügende Zahlen, so sind die durch die Gleichungen* (I) *bestimmten Zahlen* λ, μ, ν, ϱ *die ganzzahligen Coefficienten einer Substitution* $\binom{\lambda,\ \mu}{\nu,\ \varrho}$, *durch welche die Form* (a, b, c) *in sich selbst übergeht.*

Dies ergiebt sich auf folgende Weise. Zunächst ist zu beweisen, dass λ, μ, ν, ϱ ganze Zahlen werden; da σ in a und in c aufgeht, so sind ν und μ ganze Zahlen; da ferner σ^2 in $4D$ und zufolge (II) auch in $4t^2$ aufgeht, so ist $2t$ theilbar durch σ, und da σ auch in $2b$ aufgeht, so sind 2λ und 2ϱ ebenfalls ganze Zahlen, deren Summe $= 4t : \sigma$, also eine gerade Zahl ist; mithin sind 2λ und 2ϱ entweder beide gerade oder beide ungerade; da aber ihr Product

$$= 4\,\frac{t^2 - b^2u^2}{\sigma^2} = 4\,\frac{\sigma^2 - acu^2}{\sigma^2} = 4\left(1 - \frac{a}{\sigma}\,\frac{c}{\sigma}\,u^2\right)$$

gerade ist, so sind 2λ und 2ϱ gerade Zahlen, also λ und ϱ ganze Zahlen.

Nachdem dieser erste Punct sichergestellt ist, findet man leicht durch wirkliche Substitution der Ausdrücke (I) unter Be-

*) Vergl. *Gauss: D. A.* art. 162.

rücksichtigung der Gleichung (II), dass die drei Relationen (1), (2) und (3) identisch erfüllt sind, dass also in der That die Form (a, b, c) durch die Substitution $\binom{\lambda,\ \mu}{\nu,\ \varrho}$ in sich selbst übergeht.

Aus jeder bekannten Substitution $\binom{\lambda,\ \mu}{\nu,\ \varrho}$ kann daher (z. B. durch die Gleichungen $u = \sigma\nu : a$, $t = \sigma\lambda + bu$) eine Lösung t, u der Gleichung (II) gefunden werden, und umgekehrt. Es ist aber wichtig, zu bemerken, dass zwei verschiedenen Substitutionen auch zwei verschiedene Lösungen der Gleichung (II) entsprechen, und umgekehrt zwei verschiedenen Lösungen der Gleichung (II) auch zwei verschiedene Transformationen der Form (a, b, c) in sich selbst. Denn die Relationen (I) sind derartig, dass gegebenen Werthen t, u ein und nur ein System von Werthen $\lambda, \mu, \nu, \varrho$, und umgekehrt gegebenen Werthen von $\lambda, \mu, \nu, \varrho$ ein und nur ein System von Werthen t, u entspricht.

Hiermit ist also unser Problem nicht vollständig gelöst, sondern nur auf das andere reducirt:

Alle ganzzahligen Lösungen der unbestimmten Gleichung (II) *zu finden.*

Dieses letztere bietet nun nicht die geringste Schwierigkeit dar, sobald die Determinante D *negativ* ist. Wenn nämlich Δ ihr absoluter Werth, also $D = -\Delta$ ist, so hat die Gleichung (II)

$$t^2 + \Delta u^2 = \sigma^2$$

nur eine *endliche* Anzahl von Lösungen t, u; und zwar ist, wenn

1. $D \equiv 0 \pmod{\sigma^2}$, die Anzahl der Lösungen der Gleichung immer $= 2$, sobald $\Delta > \sigma^2$ ist; diese Lösungen sind offenbar

$$t = +\sigma, \quad u = 0 \quad \text{und} \quad t = -\sigma, \quad u = 0;$$

im Fall $\Delta = \sigma^2$ ist aber die Anzahl der Lösungen $= 4$; diese sind

$$t = \sigma, \quad u = 0; \quad t = -\sigma, \quad u = 0;$$
$$t = 0, \quad u = 1; \quad t = 0, \quad u = -1.$$

2. Ist $4D \equiv \sigma^2 \pmod{4\sigma^2}$ und folglich $4\Delta \equiv 3\sigma^2 \pmod{4\sigma^2}$, so ist die Anzahl der Lösungen der Gleichung stets $= 2$, so oft $4\Delta > 3\sigma^2$, also $4\Delta \geqq 7\sigma^2$; diese sind

$$t = \sigma, \quad u = 0; \quad \text{und} \quad t = -\sigma, \quad u = 0;$$

im Fall $4\Delta = 3\sigma^2$ ist aber die Anzahl der Lösungen $= 6$; diese sind

$$t = +\sigma,\ u = 0; \quad t = +\tfrac{1}{2}\sigma,\ u = +1; \quad t = +\tfrac{1}{2}\sigma,\ u = -1;$$
$$t = -\sigma,\ u = 0; \quad t = -\tfrac{1}{2}\sigma,\ u = -1; \quad t = -\tfrac{1}{2}\sigma,\ u = +1.$$

§. 63.

Bei weitem schwieriger ist die Theorie der Gleichung (II) für den Fall einer *positiven* Determinante D, und hierin zeigt sich zuerst die grosse Verschiedenheit in der Natur der Formen von positiver und derer von negativer Determinante. Wir lassen daher diese Untersuchung für jetzt fallen, um sie später (in §. 83) wieder aufzunehmen, nachdem das andere in §. 59 erwähnte Problem der Lehre von der Aequivalenz seine Lösung gefunden haben wird. Auch bei diesem stellt sich etwas Aehnliches heraus, indem es durchaus nothwendig wird, die Formen von positiver und negativer Determinante vollständig gesondert zu behandeln; und da auch hier die Formen von negativer Determinante weit weniger Schwierigkeiten darbieten, so behandeln wir diese zunächst.

Um aber den Gang der Untersuchung nicht zu unterbrechen, schicken wir eine Bemerkung voraus, welche sich gleichmässig auf Formen von positiver wie von negativer Determinante bezieht. Offenbar geht eine Form (a, b, a'), in welcher wir absichtlich den letzten Coefficienten nicht mit c, sondern mit a' bezeichnen, durch eine Substitution von der Form $\binom{0,\ 1}{-1,\ \delta}$ in eine äquivalente Form über, deren Coefficienten

$$a', \quad b' = -b - a'\delta, \quad a'' = a + 2b\delta + a'\delta^2$$

sind; diese Form (a', b', a'') soll der Form (a, b, a') *nach rechts benachbart**), und ebenso soll die leztere (a, b, a') der anderen (a', b', a'') *nach links benachbart* heissen. Das Charakteristische der Beziehung zweier solcher benachbarter Formen φ und φ' (*formae contiguae*) besteht *erstens* darin, dass sie dieselbe Determinante haben, *zweitens*, dass der letzte Coefficient a' der einen Form φ zugleich der erste Coefficient der anderen Form φ' ist, *drittens*, dass die Summe ihrer mittleren Coefficienten $b + b'$ durch diesen gemeinschaftlichen Coefficienten a' theilbar ist. Denn haben zwei Formen φ und φ' diese drei Eigenschaften, und setzt man $b + b' = -a'\delta$, so geht in der That die Form φ durch die Substitution

$$\begin{pmatrix} 0, & 1 \\ -1, & \delta \end{pmatrix}$$

*) *Gauss: D. A.* art. 160.

in eine neue Form über, deren erste beide Coefficienten a', b' mit denen der Form φ' übereinstimmen; und da die neue Form jedenfalls der Form φ äquivalent ist, also auch dieselbe Determinante wie φ und folglich auch wie φ' hat, so muss sie mit φ' identisch sein*).

§. 64.

Wir wenden uns nun zu der Untersuchung, ob zwei gegebene Formen von gleicher *negativer* Determinante $D = -\Delta$ äquivalent sind oder nicht. Zunächst ist zu bemerken, dass die beiden äusseren Coefficienten a und c einer solchen Form

$$\varphi = a x^2 + 2 b x y + c y^2$$

nothwendig gleiche Vorzeichen haben, da $ac = b^2 + \Delta$ positiv ist; da ferner

$$a \varphi = (a x + b y)^2 + \Delta y^2$$

ist, so zeigt sich, dass alle durch die Form φ darstellbaren Zahlen dasselbe Vorzeichen haben wie a und c. Sind daher (a, b, c) und (a', b', c') äquivalente Formen, so haben die äusseren Coefficienten a', c' der letzteren Form dasselbe Zeichen wie die der ersteren. Da ferner aus der Aequivalenz dieser beiden Formen auch die der beiden Formen $(-a, -b, -c)$ und $(-a', -b', -c')$ folgt, so können wir uns im Folgenden auf die Betrachtung der sogenannten

---

*) Da $\begin{pmatrix} 0, & 1 \\ -1, & \delta \end{pmatrix} = \begin{pmatrix} 0, & 1 \\ -1, & 0 \end{pmatrix} \begin{pmatrix} 1, & -\delta \\ 0, & 1 \end{pmatrix}$ ist, so setzt sich der Uebergang von (a, b, a') zu der nach rechts benachbarten Form (a', b', a'') zusammen aus dem Uebergange von (a, b, a') zu der (complementären) Form $(a', -b, a)$ und aus demjenigen von $(a', -b, a)$ zu der (parallelen) Form (a', b', a''); vergl. §. 56. — Der letzte Grund, weshalb die Substitutionen von der Form $\begin{pmatrix} 0, & 1 \\ -1, & \delta \end{pmatrix}$ eine so wichtige Rolle spielen, besteht darin, dass aus ihnen alle anderen sich zusammensetzen lassen; man kann die Coefficienten δ in ihrer Aufeinanderfolge noch gewissen Beschränkungen, namentlich in Bezug auf ihre Vorzeichen, unterwerfen, in der Art, dass jede beliebige Substitution sich auch nur auf eine einzige Weise aus solchen einfachen Substitutionen zusammensetzen lässt. Eine wichtige Anwendung findet diese Bemerkung in der Theorie der unendlich vielen Formen der ϑ-Functionen und in der Theorie der elliptischen Modulfunctionen. Man erkennt ferner leicht, dass auch der in §. 23 behandelte Algorithmus in der Theorie dieser Substitutionen und ihrer Zusammensetzung enthalten ist. Man vergleiche ferner §. 81.

positiven Formen beschränken, in welchen die beiden äusseren Coefficienten das *positive* Vorzeichen haben.

Um nun über die Aequivalenz zweier Formen dieser Art zu entscheiden, vergleicht man sie nicht direct mit einander, sondern mit sogenannten *reducirten**) Formen. Man nennt eine Form (A, B, C) von negativer Determinante (und positiven äusseren Coefficienten) eine reducirte, wenn der letzte Coefficient C nicht kleiner ist, als der erste A, und der erste A wieder nicht kleiner, als der absolute Werth des doppelten mittleren Coefficienten $2B$, in Zeichen, wenn

$$C \geqq A \geqq 2(B)$$

ist, wo (B) den absoluten Werth von B bedeuten soll. Wir beweisen nun zunächst folgenden Satz:

Jede Form von negativer Determinante ist einer reducirten Form äquivalent.

Zu dem Zweck betrachte man die der gegebenen Form (a, b, a') nach rechts benachbarten Formen (a', b', a''); unter diesen wird es immer eine (bisweilen auch zwei) geben, in welchen wenigstens die eine Bedingung $a' \geqq 2(b')$ erfüllt ist. Denn unter allen mit $-b$ nach dem Modul a' congruenten Zahlen giebt es eine b', deren absoluter Werth am kleinsten, und zwar kleiner oder wenigstens nicht grösser als $\frac{1}{2}a'$ ist (falls a' gerade und $b \equiv \frac{1}{2}a' \pmod{a'}$ ist, würde es zwei solche Zahlen b' geben, nämlich $\pm \frac{1}{2}a'$), so dass jedenfalls $b' \equiv -b \pmod{a'}$ und ausserdem $2(b') \leqq a'$ ist. Ist b' auf diese Weise gefunden, und $b + b' = -a'\delta$, so geht die Form (a, b, a') durch die Substitution

$$\begin{pmatrix} 0, & 1 \\ -1, & \delta \end{pmatrix}$$

in die nach rechts benachbarte Form (a', b', a'') über, in welcher $2(b') \leqq a'$ ist. Wenn nun gleichzeitig sich herausstellt, dass $a' \leqq a''$ ist, so ist (a', b', a'') eine reducirte Form und der Process geschlossen. Findet sich aber, dass das Gegentheil

$$a' > a''$$

stattfindet, so ist (a', b', a'') noch keine reducirte Form. Mit dieser verfahre man ebenso wie mit (a, b, a'), d. h. man transforformire sie in eine nach rechts benachbarte Form (a'', b'', a'''), in welcher $2(b'') \leqq a''$ ist; sobald dann gleichzeitig $a'' \leqq a'''$ ist,

*) *Gauss: D. A.* art. 171. Die Bedingung $A \leqq \sqrt{4/3\,\Delta}$ ist schon eine Folge der beiden anderen (vergl. §. 65).

so ist (a'', b'', a''') reducirt, folglich der Process geschlossen; ist dies aber nicht der Fall, also

$$a'' > a''',$$

so setze man den Process in derselben Weise fort. Immer aber wird er nach einer *endlichen* Anzahl von Operationen schliessen; denn wäre dies nicht der Fall, so hätte man eine nie abbrechende Reihe von positiven ganzen Zahler

$$a', a'' \; a''' \ldots a^{(n)}, a^{(n+1)} \ldots,$$

in welcher jede folgende mindestens um eine Einheit kleiner wäre, als die unmittelbar vorausgehende, was unmöglich ist, da es immer nur eine endliche Anzahl ganzer positiver Zahlen giebt, welche kleiner sind als eine gegebene.

Auf diese Weise ist bewiesen, dass man endlich zu einer Form $(a^{(n)}, b^{(n)}, a^{(n+1)})$ gelangen muss, in welcher nicht nur $2(b^{(n)}) \leqq a^{(n)}$, sondern auch $a^{(n)} \leqq a^{(n+1)}$ ist.

Zugleich ergiebt sich jedesmal durch die wirkliche Ausführung der Operationen eine Substitution, welche aus den successiven Substitutionen von der Form

$$\begin{pmatrix} 0, & 1 \\ -1, & \delta \end{pmatrix}$$

zusammengesetzt ist, und durch welche die gegebene Form (a, b, a') in die ihr äquivalente reducirte Form $(a^{(n)}, b^{(n)}, a^{(n+1)})$ übergeht.

Nehmen wir als Beispiel die Form (200, 100, 51), deren Determinante $D = -200$ ist, so haben wir $b' \equiv -100 \pmod{51}$ zu setzen und finden hieraus $b' = 2$ und $\delta = -2$; die Substitution, durch welche die gegebene Form (200, 100, 51) transformirt werden muss, ist daher gefunden; da wir aber den ersten und zweiten Coefficienten a' und b' und die Determinante D kennen, so brauchen wir diese Transformation nicht wirklich auszuführen, sondern wir berechnen den letzten Coefficienten a'' durch die Formel

$$a'' = \frac{b'^2 - D}{a'} = a + (b - b')\delta;$$

in unserem Fall finden wir also $a'' = 4$. Die benachbarte Form ist daher (51, 2, 4); sie ist nicht reducirt, weil der letzte Coefficient kleiner ist als der erste. Wir wiederholen daher dieselbe Operation, indem wir $b'' \equiv -2 \pmod{4}$ und folglich $b'' = \pm 2$ setzen, wo beide Zeichen zulässig sind; dann ergiebt sich $\delta' = -1$ oder $= 0$, je nachdem das obere oder untere Zeichen genommen wird, und ausserdem $a''' = 51$; also ist die neue Form $(4, \pm 2, 51)$, und diese ist, mag man das obere oder das untere Zeichen wählen, reducirt. Ferner geht die gegebene Form (200, 100, 51) durch die Substitution

$$\begin{pmatrix} 0, & +1 \\ -1, & -2 \end{pmatrix}\begin{pmatrix} 0, & +1 \\ -1, & -1 \end{pmatrix} = \begin{pmatrix} -1, & -1 \\ +2, & +1 \end{pmatrix}$$

in die Form (4, 2, 51), dagegen durch die Substitution

$$\begin{pmatrix} 0, & +1 \\ -1, & -2 \end{pmatrix}\begin{pmatrix} 0, & 1 \\ -1, & 0 \end{pmatrix} = \begin{pmatrix} -1, & 0 \\ +2, & -1 \end{pmatrix}$$

in die Form (4, — 2, 51) über. Man sieht aus diesem Beispiele, wie einfach der angegebene Algorithmus sich gestaltet.

§. 65.

Wir sehen ferner an dem eben behandelten Beispiele, dass eine und dieselbe Form zwei verschiedenen reducirten Formen äquivalent sein kann, woraus folgt, dass auch zwei verschiedene reducirte Formen unter einander äquivalent sein, also derselben Classe angehören können. Da es von grosser Wichtigkeit ist, dies allgemein zu untersuchen, so stellen wir uns die Frage:

Wann sind zwei reducirte Formen (a, b, c) und (a', b', c') von gleicher negativer Determinante $D = -\varDelta$ einander äquivalent?

Zunächst ziehen wir einige Folgerungen aus den beiden Bedingungen

$$2(b) \leqq a, \quad a \leqq c,$$

welche ausdrücken, dass die Form (a, b, c) eine reducirte ist. Es ergiebt sich nämlich aus der ersteren $4b^2 \leqq a^2$, aus der letzteren $a^2 \leqq ac$, also auch $4b^2 \leqq ac$ oder $3b^2 \leqq ac - b^2$, folglich

$$(b) \leqq \sqrt{\tfrac{1}{3}\varDelta}.$$

Hieraus folgt weiter, dass $3ac = 3\varDelta + 3b^2 \leqq 4\varDelta$ und, da $a^2 \leqq ac$ ist, dass

$$a \leqq \sqrt{\tfrac{4}{3}\varDelta}$$

ist.

Nehmen wir jetzt an, die beiden reducirten Formen (a, b, c), (a', b', c') seien äquivalent, so dürfen wir, ohne die Allgemeinheit zu beeinträchtigen, voraussetzen, dass

$$a' \leqq a$$

ist. Es sei nun $\binom{\alpha, \beta}{\gamma, \delta}$ die Substitution, durch welche (a, b, c) in (a', b', c') übergeht, also

$$1 = \alpha\delta - \beta\gamma \tag{1}$$

$$a' = a\alpha^2 + 2b\alpha\gamma + c\gamma^2 \tag{2}$$

$$b' = a\alpha\beta + b(\alpha\delta + \beta\gamma) + c\gamma\delta. \tag{3}$$

Multipliciren wir die Gleichung (2) mit a, so ergiebt sich

$$aa' = (a\alpha + b\gamma)^2 + \Delta\gamma^2;$$

da nun sowohl a, als auch $a' \leqq \sqrt{\frac{4}{3}\Delta}$, und also

$$aa' \leqq \tfrac{4}{3}\Delta$$

ist, so folgt, dass in der vorstehenden Gleichung γ^2 entweder $= 0$ oder $= 1$ sein muss; denn wäre $\gamma^2 \geqq 4$, so wäre $aa' \geqq 4\Delta$, was mit der Bedingung $aa' \leqq \frac{4}{3}\Delta$ streitet. Wir unterscheiden nun diese beiden Fälle:

I. $\gamma = 0$.

Dann lauten die drei obigen Gleichungen folgendermaassen:

$$\alpha\delta = 1;\ a' = a\alpha^2;\ b' = a\alpha\beta + b;$$

aus der ersten folgt $\alpha = \delta = \pm 1$; also ist $a' = a$, und die dritte Gleichung lehrt, dass $b' - b = \pm a\beta$ durch $a = a'$ theilbar ist; da nun aber $(b) \leqq \frac{1}{2}a$ und $(b') \leqq \frac{1}{2}a'$, also auch $(b') \leqq \frac{1}{2}a$ ist, so sind nur zwei Fälle möglich; entweder ist $b' - b = 0$, also $b' = b$ und folglich, da schon $a' = a$ ist, auch $c' = c$, d. h. die Formen sind identisch, in welchem Fall sich die Aequivalenz von selbst versteht; oder es ist der absolute Werth von $b' - b$, da er unmöglich grösser als a sein kann und doch durch a theilbar sein muss, gleich a; in diesem Fall muss eine der beiden Zahlen b, b' gleich $+\frac{1}{2}a$, die andere gleich $-\frac{1}{2}a$, und also $c' = c$ sein; wir werden daher auf zwei nicht identische zweiseitige Formen $(a, \frac{1}{2}a, c)$ und $(a, -\frac{1}{2}a, c)$ geführt. Diese sind aber in der That äquivalent, und die erstere geht in die letztere durch die Substitution $\binom{1, -1}{0, +1}$ über.

II. $\gamma = \pm 1$.

In diesem Fall lautet die Gleichung (2) folgendermaassen:

$$a' = a\alpha^2 \pm 2b\alpha + c;$$

da wir angenommen haben, dass a' nicht grösser als a, und folglich auch nicht grösser als c ist, so folgt, dass

$$a\alpha^2 \pm 2b\alpha \leqq 0$$

ist. Da nun andererseits $2(b) \leqq a$ und stets $(\alpha) \leqq \alpha^2$, also auch der absolute Werth von $2b\alpha$ nicht grösser ist als $a\alpha^2$, so ist ganz gewiss

$$a\alpha^2 \pm 2b\alpha \geqq 0.$$

Es kann also $a\alpha^2 \pm 2b\alpha$ weder positiv noch negativ sein, und folglich ist

$$a\alpha^2 \pm 2b\alpha = 0,$$

also $a' = c$; da aber $a' \leqq a$ und $a \leqq c$, so folgt weiter, dass sowohl $a' = a$, als auch $c = a$ ist. Nun kann man die Gleichung (3) mit Hülfe der Gleichung (1) in die Form

$$b + b' = a\alpha\beta + 2b\alpha\delta \pm c\delta$$

bringen, und da $c = a$, und $2b\alpha = \mp a\alpha^2$ ist, so ergiebt sich

$$b + b' = a(\alpha\beta \mp \alpha^2\delta \pm \delta),$$

d. h. $b + b'$ ist theilbar durch a. Hieraus folgt ganz ähnlich wie im Fall I, dass $b + b'$ entweder $= 0$, oder dass der absolute Werth von $b + b'$ gleich a sein muss. Im letzteren Fall müssen b und b' einander gleich, nämlich $= \pm \frac{1}{2}a$ sein, dann erhielte man also wieder den Fall zweier identischen Formen, der kein Interesse darbietet. Im ersteren Fall dagegen ist $b' = -b$, folglich, da $a' = a$, und auch $c = a$ ist, auch $c' = c = a$; wir haben daher folgende zwei Formen (a, b, a) und $(a, -b, a)$, welche (wenn b von Null verschieden ist) nicht identisch sind; diese sind wirklich äquivalent, und die erstere geht in die letztere durch die Substitution $\binom{0, -1}{1, 0}$ über.

Wir fassen das Resultat der Untersuchung in Folgendem zusammen:

Die beiden einzigen Fälle, in denen zwei nicht identische reducirte Formen derselben Classe angehören, sind die folgenden: die Formen $(a, \frac{1}{2}a, c)$ und (a, b, a) gehen resp. durch die Substitutionen

$$\begin{pmatrix}1, & -1\\ 0, & +1\end{pmatrix} \text{ und } \begin{pmatrix}0, & -1\\ 1, & 0\end{pmatrix}$$

in die entgegengesetzten Formen $(a, -\frac{1}{2}a, c)$ und $(a, -b, a)$ über.

§. 66.

Hiermit ist nun auch die Aufgabe gelöst, zu entscheiden, ob zwei Formen von gleicher negativer Determinante äquivalent sind oder nicht. Sind φ und ψ die beiden Formen, so transformire man jede derselben, falls sie noch nicht reducirt sein sollte, nach der oben (§. 64) angegebenen Methode in eine reducirte Form, φ in φ', ψ in ψ'. Stellt sich dann heraus, dass φ' und ψ' identisch ausfallen, oder dass sie einen der beiden eben untersuchten Fälle darbieten, in welchen zwei nicht identische reducirte Formen dennoch äquivalent sind (was durch den Anblick der beiden Formen augenblicklich erkannt wird), so sind die gegebenen Formen φ und ψ gewiss äquivalent. Und zugleich ergiebt sich eine Substitution, durch welche die eine Form in die andere übergeht; denn durch den Process der Reduction ergeben sich Substitutionen S, durch welche φ in φ', und T, durch welche ψ in ψ' übergeht. Sind daher φ' und ψ' identisch, so geht, wenn T' die inverse Substitution von T bedeutet, die Form φ durch die zusammengesetzte Substitution ST' in die Form ψ über. Sind dagegen φ' und ψ' nicht identisch, aber doch äquivalent, so ist, wie wir oben gesehen haben, immer eine Substitution U bekannt, durch welche φ' in ψ' übergeht; und dann geht φ durch die zusammengesetzte Substitution SUT' in ψ über.

Zeigt sich aber, dass die Formen φ' und ψ' nicht identisch sind, und dass sie auch keinen der beiden im vorigen Paragraphen erwähnten singulären Fälle darbieten, sind also diese beiden reducirten Formen nicht äquivalent, so sind auch die beiden gegebenen Formen φ und ψ nicht äquivalent, wie unmittelbar aus §. 59 folgt.

Hiermit sind für negative Determinanten die beiden in §. 59 aufgestellten Probleme der Lehre von der Aequivalenz vollständig gelöst: soeben das erstere, welches darin besteht, über die Aequivalenz oder Nichtäquivalenz zweier gegebenen Formen zu entscheiden; und zugleich haben wir jedesmal, wenn die Entscheidung für die erstere lautet, auch eine Substitution zu finden gelehrt, durch welche die eine Form in die andere übergeht. Das zweite Problem, aus einer gegebenen Substitution, durch welche eine gegebene Form in eine (hierdurch schon völlig bestimmte) äquivalente Form übergeht, alle Substitutionen zu finden, durch welche die erstere Form in dieselbe zweite Form übergeht, ist in den §§. 61, 62 ebenfalls vollständig gelöst.

§. 67.

Die Theorie der reducirten Formen setzt uns nun auch in den Stand, für jede gegebene *negative* Determinante ein *vollständiges System nicht-äquivalenter Formen* (§. 59) aufzustellen, wobei wir uns wieder auf solche Formen beschränken wollen, deren äussere Coefficienten positiv sind. Da nämlich jede Form von negativer Determinante $D = -\Delta$ einer reducirten Form und im Allgemeinen auch nur einer solchen reducirten Form äquivalent ist, so brauchen wir, um ein vollständiges Formensystem zu erhalten, nur die sämmtlichen reducirten Formen aufzusuchen und jedesmal, wenn zwei solche nicht identische Formen einen der beiden in §. 65 erwähnten Fälle darbieten, eine von ihnen nach Belieben fortzulassen, die andere beizubehalten. Dass die Anzahl der so übrig bleibenden nicht äquivalenten reducirten Formen endlich ist, ergiebt sich leicht aus den Bedingungen

$$2(b) \leqq a \leqq c,$$

denen eine reducirte Form (a, b, c) genügen muss, und der hieraus (in §. 65) gezogenen Folgerung

$$(b) \leqq \sqrt{\tfrac{1}{3}\Delta}.$$

Bezeichnet man nämlich die grösste ganze in $\sqrt{\frac{1}{3}\Delta}$ enthaltene Zahl mit λ (so dass $\lambda \leqq \sqrt{\frac{1}{3}\Delta} < \lambda + 1$), so kann der mittlere Coefficient b keine anderen, als die folgenden $2\lambda + 1$ Werthe

$$0, \pm 1, \pm 2 \ldots \pm \lambda$$

haben; und wenn man dem mittleren Coefficienten b irgend einen dieser Werthe beigelegt hat, so ist $ac = b^2 + \Delta$; also hat man die Zahl $b^2 + \Delta$ auf alle mögliche Arten in zwei positive Factoren zu zerlegen, und jedesmal denjenigen, welcher den anderen an Grösse nicht übertrifft, für a, den letzteren für c zu nehmen; stellt sich dann gleichzeitig heraus, dass $2(b) \leqq a$ ist, so ist die so gebildete Form wirklich eine reducirte und deshalb aufzuschreiben, im entgegengesetzten Falle aber fortzulassen. Auf diese Weise erhält man nothwendig alle reducirten Formen; ihre Anzahl ist aber nothwendig eine endliche, denn die Anzahl aller Zerlegungen der $(2\lambda + 1)$ Zahlen von der Form $(b^2 + \Delta)$ in zwei Factoren ist selbst endlich. Wir haben daher das Resultat:

Die Anzahl aller nicht äquivalenten reducirten Formen von negativer Determinante, d. h. die Classenanzahl selbst ist endlich.

Beispiel 1: Für die Determinante $D = -12$ ist $\Delta = 12$; hieraus $\lambda = \sqrt{\frac{1}{3}\Delta} = 2$; wir haben daher b folgende Werthe durchlaufen zu lassen

$$0, \quad \pm 1, \quad \pm 2,$$

und dann die Zahlen $b^2 + \Delta$, d. h. die Zahlen

$$12, \quad 13, \quad 16$$

auf alle möglichen Arten in zwei Factoren zu zerlegen; es ist

$$\begin{aligned} 12 &= 1 \,.\, 12 = 2 \,.\, 6 = 3 \,.\, 4 \\ 13 &= 1 \,.\, 13 \\ 16 &= 1 \,.\, 16 = 2 \,.\, 8 = 4 \,.\, 4. \end{aligned}$$

Dies giebt, indem der erste Factor immer $= a$, der zweite $= c$ gesetzt wird, die elf Formen

$$\begin{aligned} &(1, 0, 12), \quad (2, 0, 6), \quad (3, 0, 4); \\ &(1, \pm 1, 13); \\ &(1, \pm 2, 16), \quad (2, \pm 2, 8), \quad (4, \pm 2, 4). \end{aligned}$$

Von diesen sind die folgenden nicht reducirt

$$(1, \pm 1, 13), \quad (1, \pm 2, 16), \quad (2, \pm 2, 8),$$

weil in ihnen die Bedingung $2(b) \leqq a$ nicht erfüllt ist; als wirklich reducirte Formen bleiben daher nur die folgenden fünf übrig

$$(1, 0, 12), \quad (2, 0, 6), \quad (3, 0, 4), \quad (4, \pm 2, 4);$$

allein die beiden Formen $(4, 2, 4)$ und $(4, -2, 4)$ gehören unter die Ausnahmefälle des §. 65, sind also äquivalent. Mithin enthält das vollständige Formensystem nur *vier* Formen, nämlich

$$(1, 0, 12), \quad (2, 0, 6), \quad (3, 0, 4), \quad (4, 2, 4),$$

die als Repräsentanten ebenso vieler Classen gelten. Von diesen vier Formen sind nur die beiden folgenden

$$(1, 0, 12), \quad (3, 0, 4)$$

ursprünglich, und zwar sind (da D nicht $\equiv 1 \pmod{4}$ ist) beide von der ersten Art.

Beispiel 2: Ist $D = -35$, also $\Delta = +35$, so ist $\lambda = 3$, also kann b nur die sieben Werthe

$$0, \quad \pm 1, \quad \pm 2, \quad \pm 3$$

durchlaufen; diesen entsprechen die Zahlen $b^2 + \Delta$:

$$35, 36, 39, 44;$$

die Zerlegungen derselben in zwei Factoren sind folgende:

$$35 = 1 \,.\, 35 = 5 \,.\, 7$$
$$36 = 1 \,.\, 36 = 2 \,.\, 18 = 3 \,.\, 12 = 4 \,.\, 9 = 6 \,.\, 6$$
$$39 = 1 \,.\, 39 = 3 \,.\, 13$$
$$44 = 1 \,.\, 44 = 2 \,.\, 22 = 4 \,.\, 11.$$

Aber von den 22 entsprechenden Formen erfüllen nur die folgenden 10 die Bedingung $2(b) \leqq a$:

$$(1, 0, 35),\quad (5, 0, 7),\quad (2, \pm 1, 18)$$
$$(3, \pm 1, 12),\quad (4, \pm 1, 9),\quad (6, \pm 1, 6).$$

Da ferner die beiden Formen $(2, \pm 1, 18)$ den Fall I, die beiden Formen $(6, \pm 1, 6)$ den Fall II des §. 64 darbieten, so existiren nur *acht* nicht äquivalente reducirte Formen

$$(1, 0, 35),\quad (5, 0, 7),\quad (2, 1, 18)$$
$$(3, \pm 1, 12),\quad (4, \pm 1, 9),\quad (6, 1, 6);$$

diese sind alle ursprünglich; sechs, nämlich

$$(1, 0, 35),\quad (5, 0, 7),\quad (3, \pm 1, 12),\quad (4, \pm 1, 9)$$

sind von der ersten, die beiden anderen

$$(2, 1, 18),\quad (6, 1, 6)$$

sind von der zweiten Art.

Beispiel 3: Ist $D = -48 = -\Delta$, so ist $\lambda = 4$, so dass b folgende Zahlen

$$0, \pm 1, \pm 2, \pm 3, \pm 4$$

durchlaufen muss; die Zerlegungen der entsprechenden Zahlen $b^2 + \Delta$ sind folgende:

$$48 = 1 \,.\, 48 = 2 \,.\, 24 = 3 \,.\, 16 = 4 \,.\, 12 = 6 \,.\, 8$$
$$49 = 1 \,.\, 49 = 7 \,.\, 7$$
$$52 = 1 \,.\, 52 = 2 \,.\, 26 = 4 \,.\, 13$$
$$57 = 1 \,.\, 57 = 3 \,.\, 19$$
$$64 = 1 \,.\, 64 = 2 \,.\, 32 = 4 \,.\, 16 = 8 \,.\, 8.$$

Von den entsprechenden 27 Formen sind nur folgende 11 reducirt:

$$(1, 0, 48),\quad (2, 0, 24),\quad (3, 0, 16),\quad (4, 0, 12),$$
$$(6, 0, 8),\quad (7, \pm 1, 7),\quad (4, \pm 2, 13),\quad (8, \pm 4, 8).$$

Unter diesen besteht jedes der drei Paare $(7, \pm 1, 7)$, $(4, \pm 2, 13)$, $(8, \pm 4, 8)$ aus je zwei äquivalenten Formen; also bleiben nur *acht* nicht äquivalente Formen:

$$(1, 0, 48),\quad (2, 0, 24),\quad (3, 0, 16),\quad (4, 0, 12),$$
$$(6, 0, 8),\quad (7, 1, 7),\quad (4, 2, 13),\quad (8, 4, 8).$$

Ursprünglich von der ersten Art sind die folgenden vier:

$$(1, 0, 48),\quad (3, 0, 16),\quad (7, 1, 7),\quad (4, 2, 13),$$

die anderen vier sind derivirte Formen.

§. 68.

Um schon jetzt einen Begriff von der Fruchtbarkeit dieser Untersuchungen zu geben, verbinden wir in einigen Beispielen die gewonnenen Resultate mit der in §. 60 vorausgeschickten Theorie der Darstellung der Zahlen durch bestimmte quadratische Formen, bemerken jedoch gleich, dass die folgenden Sätze nur specielle Fälle eines grossen allgemeinen Satzes sind.

Die Formen der Determinante $D = -1$ bilden nur eine einzige Classe, denn es giebt für diese Determinante, wie man leicht erkennt, nur die einzige reducirte Form

$$(1, 0, 1) = x^2 + y^2.$$

Wir fragen nun nach dem System der durch diese Form darstellbaren, d. h. also in zwei Quadrate zerlegbaren Zahlen m; um aber die frühere Theorie unmittelbar anwenden zu können, lassen wir nur *eigentliche* Darstellungen (x, y) gelten, in denen die beiden darstellenden Zahlen x, y relative Primzahlen sind; ferner wollen wir uns der Einfachheit halber auf *ungerade* darstellbare Zahlen m beschränken. Es sei also m eine solche darstellbare ungerade Zahl, so ist zunächst m positiv. Da ferner die Determinante -1 quadratischer Rest von m ist, so müssen alle in m aufgehenden Primzahlen von der Form $4h + 1$ sein. Umgekehrt, ist diese Bedingung erfüllt, so ist die Determinante -1 quadratischer Rest von m, und die Congruenz

$$z^2 \equiv -1 \pmod{m}$$

hat im Ganzen (nach §. 37) 2^μ incongruente Wurzeln, wenn μ die Anzahl dieser von einander verschiedenen in m aufgehenden Primzahlen bedeutet (dies gilt selbst für den Fall, in welchem $\mu = 0$,

$m = 1$ ist). Es sei n ein bestimmter Repräsentant einer bestimmten dieser Wurzeln, und $n^2 + 1 = ml$, so bilde man die quadratische Form (m, n, l) von der Determinante -1; da nur eine einzige Formenclasse existirt, so ist diese Form der reducirten Form $(1, 0, 1)$ nothwendig äquivalent, und man wird durch die in §. 66 angegebene Methode eine, und hieraus nach §§. 61, 62 alle Transformationen finden, durch welche $(1, 0, 1)$ in (m, n, l) übergeht. Die Anzahl dieser von einander verschiedenen Transformationen $\binom{x, \xi}{y, \eta}$ ist (nach §§. 61, 62) stets $= 4$; ebenso viele Darstellungen (x, y) der Zahl m existiren daher, welche zu derjenigen Wurzel gehören, deren Repräsentant n ist. Und da dasselbe Raisonnement auf jede der 2^μ Wurzeln der obigen Congruenz passt, so existiren im Ganzen

$$4 \,.\, 2^\mu = 2^{\mu+2}$$

verschiedene Darstellungen der Zahl m.

Stellt man aber die Frage, auf wie viele verschiedene Arten eine solche Zahl m in zwei Quadrate zerlegt werden kann, ohne Rücksicht auf die Ordnung der beiden Quadrate und auf die Vorzeichen ihrer Wurzeln, so liefern je acht verschiedene Darstellungen von der Form

$$(\pm x, \pm y) \quad \text{und} \quad (\pm y, \pm x)$$

nur eine einzige Zerlegung $m = x^2 + y^2$ (von diesen acht Darstellungen gehören vier, nämlich

$$(x, y), \quad (-x, -y), \quad (-y, x), \quad (y, -x)$$

zu einer, und die anderen vier

$$(x, -y), \quad (-x, y), \quad (-y, -x), \quad (y, x)$$

zu der ihr entgegengesetzten Wurzel); folglich ist die Anzahl dieser verschiedenen Zerlegungen

$$= 2^{\mu-1},$$

mit einziger Ausnahme des Falles $m = 1$, weil dann nicht acht, sondern nur vier verschiedene Darstellungen

$$(\pm 1, 0) \quad \text{und} \quad (0, \pm 1)$$

existiren, die sich zu der einzigen Zerlegung $1 = 1^2 + 0^2$ vereinigen.

In diesem allgemeinen Resultat ist als specieller Fall der berühmte von *Fermat* aufgestellte, zuerst von *Euler**) bewiesene Satz enthalten:

---

*) *Demonstratio theorematis Fermatiani, omnem numerum primum formae* $4n + 1$ *esse summam duorum quadratorum,* Nov. Comm. Petrop.

Jede (positive) Primzahl von der Form $4h + 1$ lässt sich stets, und zwar nur auf eine einzige Weise in zwei Quadrate zerfällen.

Die Bedingung, dass die Quadrate keinen gemeinschaftlichen Factor haben, fällt hier fort, da sie sich von selbst versteht.

Beispiel 1: Die Zahl 37 ist eine Primzahl von der Form $4h + 1$; die beiden Wurzeln der Congruenz $z^2 \equiv -1 \pmod{37}$ findet man (z. B. mit Hülfe des Wilson'schen Satzes) $\equiv \pm 6$; nimmt man $n = 6$, so hat man die Form (37, 6, 1) zu betrachten, welche durch die Substitution $\begin{pmatrix} 0, & +1 \\ -1, & -6 \end{pmatrix}$ in die reducirte Form (1, 0, 1) übergeht; umgekehrt geht also (1, 0, 1) durch die inverse Substitution $\begin{pmatrix} -6, & -1 \\ +1, & 0 \end{pmatrix}$ in (37, 6, 1) über. Also ist die gesuchte Zerlegung folgende: $37 = 6^2 + 1^2$; es ist nicht nöthig, die vier zu dieser Wurzel $+6$, und die anderen vier zu der entgegengesetzten Wurzel -6 gehörenden Darstellungen hier einzeln aufzuschreiben.

Beispiel 2: Die Zahl $m = 65 = 5 \,.\, 13$ ist das Product aus den beiden Primzahlen 5 und 13, welche beide die Form $4h + 1$ haben. Mithin giebt es $2^4 = 16$ verschiedene Darstellungen, also nur zwei verschiedene Zerlegungen der Zahl 65. Die vier Wurzeln der Congruenz $z^2 \equiv -1 \pmod{65}$ sind ± 8 und ± 18; wir bilden daher die beiden Formen (65, 8, 1) und (65, 18, 5), welche durch die Substitutionen $\begin{pmatrix} 0, & +1 \\ -1, & -8 \end{pmatrix}$ und $\begin{pmatrix} -1, & -2 \\ +4, & +7 \end{pmatrix}$ in die reducirte Form (1, 0, 1) übergehen; die inversen Substitutionen sind $\begin{pmatrix} -8, & -1 \\ +1, & 0 \end{pmatrix}$ und $\begin{pmatrix} +7, & +2 \\ -4, & -1 \end{pmatrix}$, und folglich sind die beiden gesuchten Zerlegungen folgende:

$$65 = 8^2 + 1^2 = 7^2 + 4^2.$$

§. 69.

Alle Formen der Determinante $D = -2$ bilden ebenfalls nur eine einzige Classe, da nur eine einzige reducirte Form

$$(1, 0, 2) = x^2 + 2y^2$$

vorhanden ist. Wir fragen auch hier wieder nach allen durch diese Form darstellbaren *ungeraden* Zahlen m; die erste Bedin-

V, p. 3. — Unter den zahlreichen späteren Beweisen zeichnet sich der von *H. J. Smith* durch grosse Einfachheit aus: *De compositione numerorum primorum formae* $4\lambda + 1$ *ex duobus quadratis* (Crelle's Journal, Bd. 50). — Vergl. auch §. 83, Anmerkung, und §. 159.

gung ist die, dass -2 quadratischer Rest von m sein muss; dazu ist erforderlich und hinreichend, dass für jede in m aufgehende (also ungerade) Primzahl p

$$\left(\frac{-2}{p}\right) = +1,$$

also p von einer der beiden Formen $8h+1$ oder $8h+3$ sei. Umgekehrt: sind die sämmtlichen μ in m aufgehenden Primzahlen p alle von der Form $8h+1$ oder $8h+3$, so hat die Congruenz

$$z^2 \equiv - (\text{mod. } m)$$

stets 2^μ incongruente Wurzeln. Ist n ein bestimmter Repräsentant einer solchen Wurzel, und $n^2 + 2 = ml$, so ist die Form (m, n, l) nothwendig der Form $(1, 0, 2)$ äquivalent; man findet daher (nach §. 66) eine Substitution $\binom{x,\ \xi}{y,\ \eta}$, durch welche die letztere in die erstere übergeht; ausser dieser existirt (nach §. 62) nur noch die andere $\binom{-x,\ -\xi}{-y,\ -\eta}$, welche dieselbe Eigenschaft hat; es giebt daher zwei verschiedene Darstellungen (x, y) und $(-x, -y)$ der Zahl m, die zu dieser Wurzel gehören. Im Ganzen giebt es daher

$$2 \cdot 2^\mu = 2^{\mu+1}$$

verschiedene Darstellungen der Zahl m durch die Form $(1, 0, 2)$.

Man erkennt ferner leicht, dass, wenn die beiden Darstellungen $\pm(x, y)$ zu der Wurzel n gehören, entsprechend die beiden Darstellungen $\pm(x, -y)$ zu der entgegengesetzten Wurzel $-n$ gehören. Je vier solche Darstellungen geben eine und dieselbe Zerlegung der Zahl m in ein Quadrat und ein doppeltes Quadrat mithin ist die Anzahl aller verschiedenen Zerlegungen

$$= 2^{\mu-1};$$

die einzige Ausnahme bildet wieder der Fall, in welchem $\mu = 0$, also $m = 1$ ist; denn dann vereinigen sich die zwei verschiedenen Darstellungen [$+n$ ist $\equiv -n$ (mod. 1)] zu der einzigen Zerlegung $1 = 1^2 + 2 \cdot 0^2$. Der interessanteste specielle Fall*) ist wieder der, in welchem $\mu = 1$ ist:

Jede Primzahl p von einer der beiden Formen $8h+1$ oder $8h+3$ lässt sich stets und nur auf eine einzige Weise in ein Quadrat und ein doppeltes Quadrat zerlegen.

---

*) *Lagrange: Recherches d'Arithmétique* (Nouv. Mém. de l'Ac. de Berlin 1775).

Beispiel 1: Ist $m = 41$, so ist die Bedingung erfüllt; μ ist $= 1$; die beiden Wurzeln der Congruenz $z^2 \equiv -2 \pmod{41}$ sind ± 11; die Form (41, 11, 3) geht durch die Substitution $\binom{-1,\ -1}{+4,\ +3}$ in die Form (1, 0, 2) über, diese also rückwärts in jene durch die Substitution $\binom{+3,\ +1}{-4,\ -1}$; also ist $x = 3$, $y = -4$, und folglich

$$41 = 3^2 + 2 \,.\, 4^2.$$

Beispiel 2: Ist $m = 33 = 3 \,.\, 11$, so ist die Bedingung erfüllt; μ ist $= 2$, und folglich muss es zwei verschiedene Zerlegungen geben. Die Wurzeln der Congruenz $z^2 \equiv -2 \pmod{33}$ sind ± 8 und ± 14: wir bilden daher die beiden Formen (33, 8, 2) und (33, 14, 6), welche resp. durch die Substitutionen

$$\begin{pmatrix} -1, & 0 \\ +4, & -1 \end{pmatrix} \text{ und } \begin{pmatrix} -1, & +2 \\ +2, & -5 \end{pmatrix}$$

in die Form (1, 0, 2) übergehen; die inversen Substitutionen sind

$$\begin{pmatrix} -1, & 0 \\ -4, & -1 \end{pmatrix} \text{ und } \begin{pmatrix} -5, & -2 \\ -2, & -1 \end{pmatrix}$$

und folglich ist

$$33 = 1^2 + 2 \,.\, 4^2 = 5^2 + 2 \,.\, 2^2.$$

§. 70.

Alle Formen der Determinante $D = -3$ bilden *zwei* Classen, als deren Repräsentanten man die reducirten Formen

$$(1, 0, 3) = x^2 + 3y^2$$

und

$$(2, 1, 2) = 2x^2 + 2xy + 2y^2$$

annehmen kann; sie sind resp. von der ersten und zweiten Art. Ungerade Zahlen können offenbar nur durch die erstere dargestellt werden; es sei daher m eine ungerade und der Einfachheit wegen durch 3 nicht theilbare Zahl; damit sie durch die Form (1, 0, 3) darstellbar sei, ist erforderlich, dass, wenn p irgend eine in ihr aufgehende Primzahl ist,

$$\left(\frac{-3}{p}\right) = \left(\frac{p}{3}\right) = +1,$$

folglich p von der Form $3h + 1$ sei. Umgekehrt, sobald diese Bedingung für alle μ in m aufgehenden Primzahlen p erfüllt ist, so hat die Congruenz

$$z^2 \equiv -3 \pmod{m}$$

stets 2^μ incongruente Wurzeln; ist n ein bestimmter Repräsentant einer solchen, und $n^2 + 3 = ml$, so ist die Form (m, n, l) von der ersten Art (da m ungerade ist) und folglich der Form (1, 0, 3) äquivalent. Es giebt also (nach §. 62) zwei Substitutionen

$$\begin{pmatrix} x, & \xi \\ y, & \eta \end{pmatrix} \text{ und } \begin{pmatrix} -x, & -\xi \\ -y, & -\eta \end{pmatrix},$$

durch welche die Form (1, 0, 3) in die Form (m, n, l) übergeht, und folglich auch zwei Darstellungen (x, y) und $(-x, -y)$ der Zahl m, welche zu dieser Wurzel gehören. Im Ganzen giebt es daher

$$2 \,.\, 2^\mu = 2^{\mu+1}$$

verschiedene Darstellungen einer solchen Zahl m durch die Form (1, 0, 3), die sich aber wieder auf nur

$$\tfrac{1}{4} \,.\, 2^{\mu+1} = 2^{\mu-1}$$

verschiedene Zerlegungen der Zahl m in ein einfaches und ein dreifaches Quadrat reduciren (nur auf den Fall $\mu = 0$, also $m = 1$ passt die letztere Formel wieder nicht). Besonders bemerkenswerth ist der zuerst von *Euler**) bewiesene specielle Fall:

Jede Primzahl von der Form $3h + 1$ *ist stets und nur auf eine einzige Weise in ein einfaches und ein dreifaches Quadrat zerlegbar.*

Gehen wir nun zu den durch die zweite Form (2, 1, 2) darstellbaren, nothwendig geraden Zahlen über; wir beschränken uns auf diejenigen von der Form $2m$, wo m wieder eine ungerade und durch 3 nicht theilbare Zahl bedeutet. Dann erkennen wir leicht, dass der Complex dieser Zahlen m mit dem eben behandelten vollständig identisch ist. Denn aus der Möglichkeit der Congruenz $z^2 \equiv -3 \pmod{m}$ folgt auch die der Congruenz $z^2 \equiv -3 \pmod{2m}$, und umgekehrt (§. 37), und ausserdem ist die Anzahl der Wurzeln wieder $= 2^\mu$. Ist ferner n' ein bestimmter Repräsentant einer solchen, und $n'^2 + 3 = 2ml$, so ist die Form $(2m, n', l)$ nothwendig von der zweiten Art (denn der mittlere Coefficient n' ist ungerade, folglich l gerade) und also gewiss der Form (2, 1, 2) äquivalent; man kann daher (nach §. 62) sechs verschiedene Transformationen der letzteren Form in die erstere finden, aus welchen folgende sechs Darstellungen

$$\pm(x, y), \pm(y, -x-y), \pm(x+y, -x)$$

*) *Supplementum quorundam theorematum arithmeticorum.* (Nov. Comm. Petrop. VIII.)

entspringen, die alle zu derselben Wurzel n' gehören (die sechs zu der entgegengesetzten Wurzel $-n'$ gehörenden Darstellungen entstehen aus diesen durch Vertauschung der ersten darstellenden Zahl mit der zweiten)*). Im Ganzen existiren daher

$$6 \,.\, 2^\mu = 3 \,.\, 2^{\mu+1}$$

verschiedene Darstellungen der Zahl $2m$ durch die Form (2, 1, 2), oder, was dasselbe ist, der Zahl m durch die Form $x^2 + xy + y^2$. Sieht man je vier zusammengehörige Darstellungen von der Form

$$(x, y), (-x, -y), (y, x), (-y, -x)$$

als nicht wesentlich verschieden an, so ist die Anzahl der wesentlich verschiedenen Darstellungen nur noch

$$= 3 \,.\, 2^{\mu-1}.$$

Für eine Primzahl p von der Form $3h + 1$ giebt es daher immer drei wesentlich verschiedene Darstellungen durch die Form $x^2 + xy + y^2$.

Beispiel: Ist $m = 13$, so sind $n = \pm 7$ die Wurzeln der Congruenz $z^2 \equiv -3 \pmod{26}$ und also auch der Congruenz $z^2 \equiv -3 \pmod{13}$. Wir bilden daher die beiden Formen (13, 7, 4) und (26, 7, 2). Sie gehen resp. durch die Substitutionen

$$\begin{pmatrix} -1, & -1 \\ +2, & +1 \end{pmatrix} \text{ und } \begin{pmatrix} 0, & +1 \\ -1, & -4 \end{pmatrix}$$

in die Formen (1, 0, 3) und (2, 1, 2) über. Die beiden inversen Substitutionen sind

$$\begin{pmatrix} +1, & +1 \\ -2, & -1 \end{pmatrix} \text{ und } \begin{pmatrix} -4, & -1 \\ +1, & 0 \end{pmatrix}$$

und folglich ist

$$13 = 1^2 + 3(-2)^2 = (-4)^2 + (-4) \,.\, 1 + 1^2;$$

hieraus findet man leicht die beiden anderen Darstellungen

$$\begin{aligned} 13 &= 4^2 + 4 \,.\, (-3) + (-3)^2 \\ &= 3^2 + 3 \,.\, 1 + 1^2. \end{aligned}$$

*) Da von den Zahlen x, y, $x + y$ stets eine und nur eine gerade ist, so giebt es unter den sechs zu der Wurzel n' gehörenden Darstellungen der Zahl $2m$ immer zwei $\pm (x', y')$, in welchen y' gerade ist $= 2u$; setzt man ferner $x' + u = t$, so geht die Gleichung $x'x' + x'y' + y'y' = m$ über in $tt + 3uu = m$, d. h. man erhält eine Darstellung (t, u) der Zahl m durch die Form (1, 0, 3), und zwar gehört diese Darstellung zu derselben Wurzel n'. Hierin besteht der Zusammenhang zwischen den Darstellungen der Zahlen m und $2m$ resp. durch die Formen (1, 0, 3) und (2, 1, 2).

§. 71.

Als letztes Beispiel wählen wir die Determinante $D = -5$; es giebt *zwei* nicht äquivalente reducirte Formen

$$(1,\ 0,\ 5) \text{ und } (2,\ 1,\ 3),$$

beide sind ursprünglich und von der ersten Art. Wir suchen wieder das System aller ungeraden und durch 5 nicht theilbaren Zahlen m zu bestimmen, welche durch diese Formen darstellbar sind. Die dazu erforderliche Bedingung besteht darin, dass für jede in m aufgehende Primzahl p die Gleichung

$$\left(\frac{-5}{p}\right) = (-1)^{1/2(p-1)}\left(\frac{p}{5}\right) = +1$$

stattfinden muss; hieraus folgt (§. 52, II), dass jede solche Primzahl von einer der vier Formen

$$20h + 1,\quad 20h + 9,\quad 20h + 3,\quad 20h + 7$$

sein muss. Ist diese Bedingung erfüllt, und μ die Anzahl der verschiedenen Primzahlen p, so hat die Congruenz

$$z^2 \equiv -5 \pmod{m}$$

wieder 2^μ incongruente Wurzeln; ist n ein bestimmter Repräsentant einer solchen, und $n^2 + 5 = ml$, so ist die Form (m, n, l) nothwendig einer und nur einer der beiden obigen reducirten Formen äquivalent; es giebt dann jedesmal (nach §. 62) zwei Substitutionen, durch welche diese reducirte Form in (m, n, l) übergeht, also auch zwei zu der Wurzel n gehörige Darstellungen der Zahl m durch diese reducirte Form. Im Ganzen giebt es also

$$2 \,.\, 2^\mu = 2^{\mu+1}$$

Darstellungen einer solchen Zahl durch die obigen reducirten Formen. Allein es bleibt noch zweifelhaft, durch welche der beiden reducirten Formen die zu einer bestimmten Wurzel n gehörigen beiden Darstellungen erfolgen; und eine ähnliche Frage wird jedesmal da auftreten, wo es mehrere nicht äquivalente Formen derselben Art giebt. In unserem Falle ist es nicht schwierig, diesen Zweifel zu heben.

Ist nämlich die Zahl m darstellbar durch die Form $(1, 0, 5)$, also z. B. $m = x^2 + 5y^2$, so folgt hieraus $m \equiv x^2 \pmod{5}$, d. h.

m ist quadratischer Rest von 5; ist dagegen die Zahl m darstellbar durch die zweite Form (2, 1, 3), also z. B. $m = 2x^2 + 2xy + 3y^2$, so ist $2m = (2x + y)^2 + 5y^2 \equiv (2x + y)^2$ (mod. 5), und, da 2 quadratischer Nichtrest von 5 ist, so ist m ebenfalls quadratischer Nichtrest von 5. Es tritt also hier die besonders einfache Erscheinung auf, dass alle Darstellungen einer Zahl entweder nur durch die Form (1, 0, 5) oder nur durch die Form (2, 1, 3) geschehen, je nachdem m quadratischer Rest oder Nichtrest von 5, d. h. je nachdem $m \equiv \pm 1$, oder $\equiv \pm 2$ (mod. 5) ist. Hieraus folgen die speciellen Sätze:

Jede Primzahl von einer der beiden Formen $20h + 1$, $20h + 9$ *ist auf vier Arten durch die Form* (1, 0, 5) *darstellbar (welche wesentlich nur eine einzige Zerlegung in ein einfaches und ein fünffaches Quadrat bilden); jede Primzahl von einer der beiden Formen* $20h + 3$, $20h + 7$ *ist auf vier Arten durch die Form* (2, 1, 3) *darstellbar.*

Beispiel 1: Ist $m = 29$, so sind $n = \pm 13$ die beiden Wurzeln der Congruenz $z^2 \equiv -5$ (mod. 29); die hieraus gebildete Form (29, 13, 6) geht durch die Substitution

$$\begin{pmatrix} -1, & +1 \\ +2, & -3 \end{pmatrix}$$

in die reducirte Form (1, 0, 5) über; durch Umkehrung dieser Substitution erhält man die Zerlegung

$$29 = 3^2 + 5 \,.\, 2^2.$$

Beispiel 2: Für $m = 27$ findet man $n = \pm 7$; die beiden entsprechenden Formen (27, 7, 2) und (27, -7, 2) gehen bezüglich durch die Substitutionen

$$\begin{pmatrix} 0, & +1 \\ -1, & -4 \end{pmatrix} \text{ und } \begin{pmatrix} 0, & 1 \\ -1, & 3 \end{pmatrix}$$

in die reducirte Form (2, 1, 3) über; durch Umkehrung derselben erhält man daher die vier Darstellungen

$$27 = 2(\mp 4)^2 + 2(\mp 4)(\pm 1) + 3(\pm 1)^2$$
$$27 = 2(\pm 3)^2 + 2(\pm 3)(\pm 1) + 3(\pm 1)^2$$

von denen die beiden ersteren zu der Wurzel $+7$, die beiden letzteren zu der Wurzel -7 gehören.

§. 72.

Wir wenden uns nun zu den Formen mit *positiver* Determinante D, um auch für sie die Hauptprobleme der Theorie der Aequivalenz zu lösen. Das zweite Problem (§. 59), aus *einer* Transformation einer Form in eine zweite *alle* Transformationen der ersteren in die letztere zu finden, ist durch unsere frühere Untersuchung (§. 62) auf die Aufgabe zurückgeführt, alle ganzzahligen Lösungen der Gleichung

$$t^2 - Du^2 = \sigma^2$$

zu finden. Dieselbe ist für positive Determinanten bei weitem schwieriger zu lösen, als für negative. Dasselbe gilt von dem ersten Hauptproblem: zu erkennen, ob zwei Formen von gleicher Determinante äquivalent sind oder nicht. Wir schlagen zur Lösung desselben einen ganz anderen Weg ein, wie früher bei negativen Determinanten, einen Weg, der aber zugleich die Mittel an die Hand geben wird, auch die obige Gleichung vollständig aufzulösen*).

Das Charakteristische dieser Methode besteht darin, dass wir auch *irrationale* Grössen in den Kreis unserer Betrachtungen ziehen. Ist nämlich (a, b, c) oder

$$ax^2 + 2bxy + cy^2$$

eine Form, deren Determinante $b^2 - ac = D$ positiv ist, so hat die entsprechende quadratische Gleichung

$$a + 2b\omega + c\omega^2 = 0$$

zwei reelle Wurzeln

$$\omega = \frac{-b \mp \sqrt{D}}{c} = \frac{a}{-b \pm \sqrt{D}},$$

die wir, je nachdem das obere oder untere Zeichen genommen wird, als die *erste* oder *zweite Wurzel der Form* (a, b, c) bezeichnen und von einander unterscheiden wollen, indem wir ein- für allemal festsetzen, dass das Zeichen $\sqrt{D}$ stets die *positive* Quadratwurzel aus der Determinante bedeuten soll. Durch die Coefficienten der Form (a, b, c) ist also jede ihrer beiden Wurzeln voll-

*) *Lejeune Dirichlet: Vereinfachung der Theorie der binären quadratischen Formen von positiver Determinante* (Berliner Akad. 1854).

ständig, ohne Zweideutigkeit bestimmt. Aber umgekehrt ist auch jede Form (a, b, c) der Determinante D durch Angabe *einer* ihrer Wurzeln vollständig charakterisirt, in der Weise, dass zwei Formen (a, b, c) und (a', b', c') *derselben* Determinante D nothwendig identisch sind, sobald sie gleiche erste, oder gleiche zweite Wurzeln haben; denn aus der Gleichung

$$\frac{-b' \mp \sqrt{D}}{c'} = \frac{-b \mp \sqrt{D}}{c},$$

worin entweder die beiden oberen, oder die beiden unteren Zeichen zu nehmen sind, ergiebt sich in Folge der Irrationalität von $\sqrt{D}$ zunächst $c' = c$, und dann $b' = b$, also auch $a' = a$.

Im Folgenden nennen wir zwei Wurzeln ω, ω' zweier Formen resp. (a, b, c), (a', b', c') *gleichnamig*, wenn beide erste, oder beide zweite Wurzeln sind, *ungleichnamig* dagegen, wenn die eine die erste, die andere die zweite Wurzel ist. Wir können dann das eben erhaltene Resultat auch so aussprechen: *Wenn zwei Formen dieselbe (positive) Determinante besitzen, und wenn eine Wurzel der einen Form mit der gleichnamigen Wurzel der anderen Form übereinstimmt, so sind beide Formen identisch.*

§. 73.

Wir wollen nun annehmen, es seien (a, b, c) und (a', b', c') zwei äquivalente Formen, und zwar wollen wir für einen Augenblick die uneigentliche Aequivalenz nicht ausschliessen, weil dadurch der Nerv der Betrachtung deutlicher hervortritt. Es sei $\binom{\alpha,\ \beta}{\gamma,\ \delta}$ eine Substitution, durch welche (a, b, c) in (a', b', c') übergeht, also

$$\alpha\delta - \beta\gamma = \varepsilon = \pm 1.$$

Da durch diese Substitution

$$x = \alpha x' + \beta y',\ y = \gamma x' + \delta y'$$

identisch

$$a x^2 + 2 b x y + c y^2 = a' x'^2 + 2 b' x' y' + c' y'^2$$

wird, so leuchtet ein, dass vermöge der Formeln

$$\omega = \frac{\gamma + \delta\omega'}{\alpha + \beta\omega'},\quad \omega' = \frac{-\gamma + \alpha\omega}{\delta - \beta\omega}$$

aus einer Wurzel ω' der Form (a', b', c') eine Wurzel ω der Form (a, b, c) gefunden werden kann, und umgekehrt; denn die Wurzeln dieser Formen sind ja die Werthe der Verhältnisse $y:x$ und $y':x'$, für welche die Formen verschwinden. Aber es fragt sich vor allen Dingen, ob zwei so verbundene Wurzeln ω und ω' gleichnamig sind oder nicht. Da nun

$$\omega = \frac{-b \mp \sqrt{D}}{c}$$

ist, so folgt

$$\omega' = \frac{\gamma c - \alpha(-b \mp \sqrt{D})}{-\delta c + \beta(-b \mp \sqrt{D})} = \frac{b\alpha + c\gamma \pm \alpha\sqrt{D}}{-b\beta - c\delta \mp \beta\sqrt{D}};$$

machen wir den Nenner rational, indem wir den Bruch durch $-b\beta - c\delta \pm \beta\sqrt{D}$ erweitern, und berücksichtigen, dass

$$a\alpha\beta + b(\alpha\delta + \beta\gamma) + c\gamma\delta = b'$$
$$a\beta^2 + 2b\beta\delta + c\delta^2 = c'$$

ist, so ergiebt sich

$$\omega' = \frac{-b' \mp \varepsilon\sqrt{D}}{c'}.$$

Wir haben daher folgendes Resultat erhalten: *Wenn eine Form* (a, b, c) *durch eine Substitution* $\binom{\alpha, \beta}{\gamma, \delta}$ *in eine äquivalente Form* (a', b', c') *übergeht, so ist je eine Wurzel* ω *der ersteren mit je einer Wurzel* ω' *der letzteren Form durch die Relation*

$$\omega = \frac{\gamma + \delta\omega'}{\alpha + \beta\omega'}, \quad \omega' = \frac{-\gamma + \alpha\omega}{\delta - \beta\omega}$$

verbunden; und zwar bilden ω, ω' *ein Paar gleichnamiger oder ungleichnamiger Wurzeln der beiden Formen, je nachdem die Substitution eine eigentliche oder uneigentliche ist.*

Wir schliessen von jetzt an uneigentliche Aequivalenz und uneigentliche Substitutionen gänzlich aus; es sind dann also stets zwei *gleichnamige* Wurzeln der beiden äquivalenten Formen in der angegebenen Weise mit einander verbunden. Dieser Satz lässt sich in folgender Weise umkehren:

Wenn zwei Formen (a, b, c), (a', b', c') *dieselbe Determinante haben, und wenn zwei gleichnamige Wurzeln* ω *und* ω' *derselben durch die Gleichung*

$$\omega = \frac{\gamma + \delta\omega'}{\alpha + \beta\omega'}$$

verbunden sind, in welcher die vier ganzen Zahlen α, β, γ, δ *der Gleichung*

$$\alpha\delta - \beta\gamma = 1$$

genügen, so sind die beiden Formen äquivalent, und zwar geht die erstere durch die Substitution $\binom{\alpha,\ \beta}{\gamma,\ \delta}$ *in die letztere über.*

Denn durch diese Substitution geht (a, b, c) in eine äquivalente Form (a'', b'', c'') über, und bezeichnet man mit ω'' ihre mit ω gleichnamige Wurzel, so ist nach dem eben bewiesenen Satze

$$\omega = \frac{\gamma + \delta\omega''}{\alpha + \beta\omega''}, \text{ und folglich } \omega' = \omega'';$$

da ferner der Voraussetzung nach ω' mit ω, folglich auch mit ω'' gleichnamig ist, und da endlich (a', b', c') dieselbe Determinante wie (a, b, c), und folglich auch wie (a'', b'', c'') hat, so ist zufolge der Schlussbemerkung des vorigen Paragraphen (a', b', c') identisch mit (a'', b'', c''), d. h. (a, b, c) geht durch die obige Substitution in (a', b', c') über.

Von besonderer Wichtigkeit für das Folgende ist die Betrachtung zweier *benachbarten* Formen (a, b, a') und (a', b', a''), in welchen der Definition zufolge (§. 63) die Summe $b + b'$ durch a' theilbar, also $b + b' = -a'\delta$ ist, und von welchen die erstere in die letztere durch die Substitution $\binom{0,\ 1}{-1,\ \delta}$ übergeht. Die gleichnamigen Wurzeln ω und ω' dieser beiden Formen hängen durch die Gleichungen

$$\omega = \delta - \frac{1}{\omega'},\quad \omega' = \frac{1}{\delta - \omega}$$

zusammen.

§. 74.

Auch bei positiven Determinanten vergleicht man zwei Formen, deren Aequivalenz beurtheilt werden soll, nicht unmittelbar mit einander, sondern man transformirt jede von ihnen in eine sogenannte *reducirte**) Form; der Begriff einer solchen ist aber hier wesentlich verschieden von demjenigen, welcher früher (§. 64) für negative Determinanten aufgestellt ist.

Eine Form (a, b, c) von positiver Determinante D heisst eine reducirte Form, wenn, abgesehen vom Zeichen, ihre erste Wurzel

$$\frac{-b - \sqrt{D}}{c} > 1,$$

ihre zweite Wurzel

$$\frac{-b + \sqrt{D}}{c} < 1$$

*) *Gauss: D. A.* art. 183.

ist, und wenn ausserdem beide Wurzeln entgegengesetzte Zeichen haben.

Ziehen wir zunächst einige Folgerungen aus dieser Erklärung. Da die erste Wurzel numerisch grösser als die zweite, also auch die Summe der beiden Grössen b und $\sqrt{D}$ numerisch grösser als ihre Differenz sein soll, so muss, da $\sqrt{D}$ positiv ist, auch b positiv sein (nicht $= 0$); da ferner die beiden Wurzeln entgegengesetzte Zeichen haben, so gilt dasselbe auch von den beiden Grössen

$$-(b + \sqrt{D}) \quad \text{und} \quad -b + \sqrt{D};$$

und da die erstere gewiss negativ ist, so muss die letztere positiv sein; es ist daher

$$0 < b < \sqrt{D}.$$

Bezeichnen wir ferner mit (c) wieder den absoluten Werth des Coefficienten c, so muss also im algebraischen Sinne (d. h. mit Rücksicht auf die Vorzeichen)

$$\frac{b + \sqrt{D}}{(c)} > 1 \quad \text{und} \quad 0 < \frac{-b + \sqrt{D}}{(c)} < 1,$$

d. h. es muss

$$0 < \sqrt{D} - b < (c) < \sqrt{D} + b \tag{1}$$

sein; und umgekehrt leuchtet ein, dass jede Form (a, b, c), deren Coefficienten diesen letzteren Ungleichungen genügen, sicher eine reducirte Form ist, weil aus ihnen rückwärts die ursprünglichen Bedingungen sich ableiten lassen.

Aus der Definition ergeben sich noch weitere Folgerungen. Da $D = b^2 - ac$ und $b^2 < D$ ist, so müssen a und c entgegengesetzte Zeichen haben; da ferner die erste Wurzel und c ebenfalls entgegengesetzte Zeichen haben, so hat die erste Wurzel dasselbe Vorzeichen wie der erste Coefficient a der Form. Nun hat ferner die zweite Wurzel das entgegengesetzte Zeichen der ersten Wurzel, also dasselbe Vorzeichen wie der dritte Coefficient c der Form, was sich unmittelbar auch daraus ergiebt, dass $\sqrt{D} - b$ positv ist.

Für den absoluten Werth des ersten Coefficienten a gelten dieselben Bedingungen, wie für den von c; denn da

$$D = b^2 + (a)(c),$$

also

$$(a) = \frac{(\sqrt{D} + b)(\sqrt{D} - b)}{(c)}$$

ist, so ergiebt sich aus den Bedingungen

$$\frac{\sqrt{D}+b}{(c)} > 1, \quad 0 < \frac{\sqrt{D}-b}{(c)} < 1,$$

dass

$$(a) > \sqrt{D} - b, \quad \text{und} \quad (a) < \sqrt{D} + b$$

ist*).

Für das Folgende ist noch der specielle Fall bemerkenswerth, in welchem

$$\sqrt{D} - (a) < b < \sqrt{D} \quad \text{und} \quad (c) \geqq (a) \tag{2}$$

ist; aus diesen Bedingungen kann man nämlich stets schliessen, dass die Form (a, b, c) reducirt ist, obwohl die Umkehrung nicht gestattet ist. In der That, giebt man diesen Bedingungen die Form

$$0 < \sqrt{D} - b < (a) \overline{\gtrless} (c),$$

so ergiebt sich zunächst, dass die zweite Wurzel

$$\frac{-b + \sqrt{D}}{c}$$

numerisch < 1, ferner, dass die erste Wurzel

$$\frac{-b - \sqrt{D}}{c} = \frac{a}{\sqrt{D} - b}$$

numerisch > 1 ist. Hieraus folgt weiter, wie oben, dass b positiv ist, weil $\sqrt{D} + b$ numerisch grösser als $\sqrt{D} - b$ ist; und folglich haben, da ausserdem $b < \sqrt{D}$ ist, beide Wurzeln entgegengesetzte Zeichen. Also ist die Form gewiss eine reducirte.

§. 75.

Aus der Erklärung einer reducirten Form ergiebt sich ferner der folgende wichtige Satz**) (vergl. §. 67):

Für jede positive Determinante giebt es nur eine endliche Anzahl reducirter Formen.

Denn, bezeichnen wir mit λ die grösste ganze in $\sqrt{D}$ enthaltene Zahl, so dass $\lambda < \sqrt{D} < \lambda + 1$ und also λ mindestens $= 1$ ist, so kann der mittlere Coefficient b einer reducirten Form (a, b, c)

*) Dasselbe ergiebt sich unmittelbar daraus, dass die erste Wurzel einer Form (a, b, c) der reciproke Werth der zweiten Wurzel ihres *Gefährten* (c, b, a) ist; mithin sind entweder beide Formen reducirt, oder beide nicht reducirt.

**) *Gauss: D. A.* art. 185.

nur die λ verschiedenen Werthe $1, 2 \ldots \lambda$ haben; für jeden dieser Werthe von b ist $D - b^2 = (a)(c)$ auf alle mögliche Arten in zwei Factoren zu zerlegen, welche zwischen $\lambda - b$ und $\lambda + 1 + b$ exclusive (oder zwischen $\lambda + 1 - b$ und $\lambda + b$ inclusive) liegen; je zwei solchen Factoren a und c hat man entgegengesetzte Zeichen zu geben, und man muss sie permutiren, wenn sie ungleich sind. Dann sind aber wirklich alle reducirten Formen gefunden, und es giebt deren offenbar nur eine endliche Anzahl.

Beispiel 1: Ist $D = 13$, so ist $\lambda = 3$; wir haben daher folgende Fälle und Zerlegungen:

$$b = 1;\quad 12 = 3 \,.\, 4$$
$$b = 2;\quad 9 = 3 \,.\, 3$$
$$b = 3;\quad 4 = 1 \,.\, 4 = 2 \,.\, 2$$

und diese liefern die folgenden 12 reducirten Formen:

$$(\pm 3,\ 1, \mp 4),\ (\pm 1,\ 3, \mp 4),\ (\pm 3,\ 2, \mp 3),$$
$$(\pm 4,\ 1, \mp 3),\ (\pm 4,\ 3, \mp 1),\ (\pm 2,\ 3, \mp 2).$$

Beispiel 2: Für $D = 19$ ist $\lambda = 4$; wir bilden daher folgende Tabelle:

$b = 1$; 18 giebt keine Zerlegung;
$b = 2$; $15 = 3 \,.\, 5$;
$b = 3$; $10 = 2 \,.\, 5$;
$b = 4$; $3 = 1 \,.\, 3$;

hieraus ergeben sich folgende 12 reducirte Formen:

$$(\pm 3,\ 2, \mp 5),\ (\pm 2,\ 3, \mp 5),\ (\pm 1,\ 4, \mp 3),$$
$$(\pm 5,\ 2, \mp 3),\ (\pm 5,\ 3, \mp 2),\ (\pm 3,\ 4, \mp 1).$$

Beispiel 3: Für $D = 35$ ist $\lambda = 5$; also bilden wir die Tabelle

$b = 1$; 34 giebt keine Zerlegung;
$b = 2$; 31 " " "
$b = 3$; 26 " " "
$b = 4$; 19 " " "
$b = 5$; $10 = 1 \,.\, 10 = 2 \,.\, 5$;

wir erhalten daher 8 reducirte Formen:

$$(\pm 1,\ 5,\ \mp 10),\ (\pm 2,\ 5,\ \mp 5);$$
$$(\pm 10,\ 5,\ \mp 1),\ (\pm 5,\ 5,\ \mp 2).$$

Beispiel 4: Für $D = 79$ ist $\lambda = 8$; wir bilden daher folgende Tabelle:

$b = 1$; 78 giebt keine Zerlegung;
$b = 2$; 75 „ „ „
$b = 3$; $70 = 7 \,.\, 10$;
$b = 4$; $63 = 7 \,.\, 9$;
$b = 5$; $54 = 6 \,.\, 9$;
$b = 6$; 43 giebt keine Zerlegung;
$b = 7$; $30 = 2 \,.\, 15 = 3 \,.\, 10 = 5 \,.\, 6$;
$b = 8$; $15 = 1 \,.\, 15 = 3 \,.\, 5$;

wir erhalten daher 32 reducirte Formen:

$$(\pm 7, 3, \mp 10), (\pm 7, 4, \mp 9), (\pm 6, 5, \mp 9), (\pm 2, 7, \mp 15),$$
$$(\pm 3, 7, \mp 10), (\pm 5, 7, \mp 6), (\pm 1, 8, \mp 15), (\pm 3, 8, \mp 5),$$

und

$$(\pm 10, 3, \mp 7), (\pm 9, 4, \mp 7), (\pm 9, 5, \mp 6), (\pm 15, 7, \mp 2),$$
$$(\pm 10, 7, \mp 3), (\pm 6, 7, \mp 5), (\pm 15, 8, \mp 1), (\pm 5, 8, \mp 3).$$

§. 76.

Aehnlich wie bei negativen Determinanten (§. 64) beweisen wir auch die Richtigkeit des folgenden Satzes*):

Jede Form von positiver Determinante ist einer reducirten Form äquivalent.

Bezeichnen wir die gegebene Form von positiver Determinante D mit (a, b, a'), so suchen wir eine ihr nach rechts benachbarte Form (a', b', a'') so zu bestimmen, dass

$$\sqrt{D} - (a') < b' < \sqrt{D}$$

wird. Da zufolge der Erklärung einer benachbarten Form der mittlere Coefficient b' jeden Werth erhalten kann, welcher $\equiv -b$ (mod. a') ist, und keinen anderen, so fragt sich nur, ob zwischen den Grenzen $\sqrt{D} - (a')$ und $\sqrt{D}$ stets ein solcher Werth existirt; dies ist offenbar der Fall, da die sämmtlichen zwischen diesen beiden Grenzen enthaltenen ganzen Zahlen

$$\lambda + 1 - (a'),\quad \lambda + 2 - (a') \ldots \lambda - 1,\ \lambda$$

ein vollständiges Restsystem in Bezug auf den Modulus a' bilden; aus demselben Grunde ergiebt sich, dass nur eine einzige solche Zahl b' existirt. Nachdem $b' = -b - a'\delta$ bestimmt ist, geht die

*) *Gauss: D. A.* art. 183.

Form (a, b, a') durch die Substitution $\binom{0,\ 1}{-1,\ \delta}$ in die benachbarte Form (a', b', a'') über, deren Coefficienten a', b' der obigen Bedingung Genüge leisten. Findet sich nun, dass zu gleicher Zeit $(a'') \geqq (a')$ wird, so ist nach dem am Schlusse des §. 74 besonders hervorgehobenen speciellen Fall (2) die gefundene Form (a', b', a'') eine reducirte. Ist dagegen

$$(a') > (a''),$$

so verfahre man mit der gefundenen Form (a', b', a'') genau so wie mit der gegebenen Form, d. h. man bilde die ihr nach rechts benachbarte Form (a'', b'', a'''), in welcher

$$\sqrt{D} - (a'') < b'' < \sqrt{D}$$

ist, und welche gewiss eine reducirte ist, wenn $(a''') \geqq (a'')$ ist. Sollte aber wieder

$$(a'') > (a''')$$

sein, so setze man denselben Process in derselben Weise fort; da unter einer gegebenen positiven Zahl (a') nur eine endliche Anzahl von ganzen positiven Zahlen liegt, so muss man nach einer endlichen Anzahl von Transformationen durchaus zu einer Form $(a^{(n)}, b^{(n)}, a^{(n+1)})$, in welcher sowohl

$$\sqrt{D} - (a^{(n)}) < b^{(n)} < \sqrt{D}$$

als auch

$$(a^{(n+1)}) \geqq (a^{(n)})$$

ist, also zu einer reducirten Form gelangen, was zu beweisen war.

Es verdient bemerkt zu werden, dass bei diesem Process nicht gerade erst die letzte Form eine reducirte zu sein braucht, denn es giebt reducirte Formen, in welchen die zweite Bedingung des besonderen hier benutzten speciellen Falles nicht erfüllt ist. Von grösserer Wichtigkeit ist es aber, besonders darauf aufmerksam zu machen, dass durch den angegebenen Process auch jedesmal eine Substitution gefunden wird, durch welche die gegebene Form in die reducirte Form übergeht, und zwar erhält man diese Substitution durch Composition der successiven Substitutionen, welche in dem Processe auftreten. Der Algorithmus selbst ist durchaus nicht beschwerlich (vergl. §. 64), wie folgende Beispiele zeigen.

Beispiel 1: Die Form (4, 6, 7) hat die Determinante $D = 8$; es ist also $\lambda = 2$. Unter den Zahlen

$$-4,\ -3,\ -2,\ -1,\ 0,\ 1,\ 2$$

ist $b' = 1 \equiv -6 \pmod{7}$; dies giebt die benachbarte Form $(7, 1, -1)$, welche noch nicht reducirt ist. Da $(a'') = 1$ ist, so ist $b'' = \lambda = 2$, und folglich erhält man die benachbarte Form $(-1, 2, 4)$, welche wirklich reducirt ist. Durch die Substitution $\begin{pmatrix} 0, & +1 \\ -1, & -1 \end{pmatrix} \begin{pmatrix} 0, & 1 \\ -1, & 3 \end{pmatrix} = \begin{pmatrix} -1, & +3 \\ +1, & -4 \end{pmatrix}$ geht die gegebene Form in die gefundene über.

Beispiel 2: Die Form $(713, 60, 5)$ hat die Determinante $D = 35$; man findet nach der angegebenen Methode die nach rechts benachbarte Form $(5, 5, -2)$, und zu dieser wieder die Form $(-2, 5, 5)$, in welcher der letzte Coefficient in der That grösser ist als der erste. In diesem Beispiel ist aber auch schon die vorhergehende Form $(5, 5, -2)$ reducirt. Die gegebene Form geht durch die Substitution $\begin{pmatrix} 0, & +1 \\ -1, & -13 \end{pmatrix}$ in $(5, 5, -2)$ und durch die Substitution $\begin{pmatrix} 0, & +1 \\ -1, & -13 \end{pmatrix} \begin{pmatrix} 0, & 1 \\ -1, & 5 \end{pmatrix} = \begin{pmatrix} -1, & +5 \\ 13, & -66 \end{pmatrix}$ in $(-2, 5, 5)$ über.

Beispiel 3: Die Form $(62, 95, 145)$, deren Determinante $D = 35$, geht durch die folgenden successiven Substitutionen

$$\begin{pmatrix} 0, & 1 \\ -1, & 0 \end{pmatrix}, \begin{pmatrix} 0, & 1 \\ -1, & 2 \end{pmatrix}, \begin{pmatrix} 0, & 1 \\ -1, & 2 \end{pmatrix}, \begin{pmatrix} 0, & 1 \\ -1, & 4 \end{pmatrix}$$

successive in die Formen

$$(145, -95, 62), \quad (62, -29, 13), \quad (13, 3, -2), \quad (-2, 5, 5)$$

über, von denen erst die letzte reducirt ist; die Zusammensetzung dieser Substitutionen giebt die Substitution $\begin{pmatrix} -3, & +10 \\ +2, & -7 \end{pmatrix}$, durch welche $(62, 95, 145)$ in $(-2, 5, 5)$ übergeht.

§. 77.

Nachdem in den beiden vorhergehenden Paragraphen dargethan ist, dass jede Form von positiver Determinante einer reducirten Form äquivalent ist, und dass nur eine endliche Anzahl von reducirten Formen für jede gegebene Determinante existirt, so folgt hieraus unmittelbar:

Die Classen-Anzahl der Formen von positiver Determinante ist stets endlich.

Allein es bleibt noch die Hauptfrage zu beantworten, ob zwei nicht identische reducirte Formen derselben Determinante einander äquivalent sein können; denn erst dann haben wir (wie in §§. 65, 66 für negative Determinanten) die Mittel gewonnen, um über die Aequivalenz von zwei gegebenen Formen derselben positiven Determinante entscheiden zu können. Diese Untersuchung stösst bei positiven Determinanten auf bedeutende Schwierigkeiten, da in der That immer mehrere nicht identische und doch äquivalente reducirte Formen existiren.

Um einen sicheren Boden für diese Untersuchung zu gewinnen, stellen wir zunächst die bestimmte Frage *):

Kann eine reducirte Form (a, b, a') *eine ihr nach rechts benachbarte Form* (a', b', a'') *haben, welche ebenfalls reducirt ist?*

Nehmen wir einmal an, dies sei möglich, und es sei $\binom{0,\ 1}{-1,\ \delta}$ die Substitution, durch welche die reducirte Form (a, b, a') in die ebenfalls reducirte Form (a', b', a'') übergeht. Sind dann ω und ω' zwei gleichnamige Wurzeln der ersten und der zweiten Form, so hängen diese (nach §. 73) durch die Gleichungen

$$\omega = \delta - \frac{1}{\omega'},\quad \omega' = \frac{1}{\delta - \omega}$$

mit einander zusammen. Wir wollen der Einfachheit halber festsetzen, dass ω und ω' die beiden *ersten* Wurzeln der beiden Formen bedeuten (obgleich dieselbe Relation auch zwischen den beiden zweiten Wurzeln stattfindet). Da in einer reducirten Form die beiden äusseren Coefficienten entgegengesetzte Zeichen haben, und die erste Wurzel stets das Zeichen des ersten Coefficienten besitzt, so haben die beiden *unechten* Brüche ω und ω' bezüglich die Vorzeichen von a und a', also *entgegengesetzte* Vorzeichen, da der erste Coefficient a' der zweiten Form zugleich der letzte Coefficient der ersten Form ist. Zufolge der obigen Relationen muss daher $\omega - \delta$ ein *echter* Bruch sein von gleichem Vorzeichen wie ω; es muss daher δ diejenige vollständig bestimmte ganze Zahl sein, welche dem absoluten Werth nach nächst kleiner als ω ist und dem Vorzeichen nach mit ω übereinstimmt. Wir schliessen hieraus, dass eine reducirte Form (a, b, a') höchstens eine einzige nach rechts benachbarte Form (a', b', a'') hat, welche ebenfalls reducirt ist.

Aber es existirt auch wirklich immer eine solche der reducirten Form (a, b, a') nach rechts benachbarte und reducirte Form (a', b', a''). Denn es sei ω die erste Wurzel der reducirten Form (a, b, a'), also ein unechter Bruch, dessen Vorzeichen mit dem

*) *Gauss: D. A.* art. 184.

von a übereinstimmt; so wähle man die ganze Zahl δ so, dass ihr absoluter Werth (δ) die grösste ganze in (ω) enthaltene ganze Zahl (also nie $= 0$) wird, und gebe δ das Vorzeichen von ω; dann geht die gegebene Form (a, b, a') durch die so bestimmte Substitution $\binom{0,\ 1}{-1,\ \delta}$ in eine benachbarte Form (a', b', a'') über, deren erste Wurzel

$$\omega' = \frac{1}{\delta - \omega}$$

ein unechter Bruch ist, dessen Vorzeichen dem von ω und a entgegengesetzt ist und also mit dem von a' übereinstimmt. Bezeichnen wir nun mit ω_1 und ω'_1 die beiden zweiten Wurzeln, so besteht zwischen ihnen dieselbe Relation

$$\omega'_1 = \frac{1}{\delta - \omega_1};$$

da nun ω_1 ein echter Bruch ist, dessen Vorzeichen dem von ω, und also auch dem von δ entgegengesetzt, und da δ eine von Null verschiedene ganze Zahl ist, so folgt, dass $\delta - \omega_1$ ein unechter Bruch, und also ω'_1 ein echter Bruch ist, dessen Vorzeichen mit dem von δ, ω und a übereinstimmt, also dem von ω' und a' entgegengesetzt ist. Es ist also bewiesen, dass die beiden Wurzeln ω' und ω'_1 der neuen Form (a', b', a'') entgegengesetzte Zeichen haben, ferner, dass die erste ω' ein unechter, die zweite ω'_1 ein echter Bruch ist; folglich ist diese Form in der That eine reducirte, was zu beweisen war.

Jede reducirte Form hat daher eine und nur eine nach rechts benachbarte Form, welche ebenfalls reducirt ist, und diese kann auf die angegebene Weise immer leicht gefunden werden.

Genau ebenso liesse sich nun auch beweisen, dass jede reducirte Form eine und nur eine nach links benachbarte reducirte Form besitzt. Doch ist es bequemer, diesen Fall auf den eben behandelten durch die einleuchtende Bemerkung (§. 74 Anm.) zurückzuführen, dass die beiden Formen (a, b, a') und (a', b, a) gleichzeitig reducirte, oder gleichzeitig nicht reducirte Formen sind. Wenn nun die reducirte Form (a, b, a') eine nach links benachbarte und ebenfalls reducirte Form $('a, 'b, a)$ besitzt, so hat die reducirte Form (a', b, a) die nach rechts benachbarte Form $(a, 'b, 'a)$, welche ebenfalls reducirt ist; und umgekehrt, sobald die Form $(a, 'b, 'a)$ der reducirten Form (a', b, a) nach rechts benachbart und zugleich reducirt ist, so ist die Form $('a, 'b, a)$ ebenfalls reducirt und der Form (a, b, a') nach links benachbart. Da wir nun gesehen haben, dass eine reducirte Form (a', b, a) immer eine und nur eine nach rechts benachbarte reducirte Form $(a, 'b, 'a)$ hat, so folgt:

Jede reducirte Form (a, b, a') besitzt stets eine und nur eine nach links benachbarte reducirte Form $('a, 'b, a)$.

§. 78.

Aus den soeben bewiesenen Sätzen über die nach rechts und links benachbarten reducirten Formen ergiebt sich, dass man sämmtliche reducirte Formen einer positiven Determinante D in *Perioden**) eintheilen kann, die auf folgende Weise zu bilden sind. Man wähle irgend eine reducirte Form φ_0 und bilde die nach rechts und links fortgesetzte Reihe

$$\ldots \varphi_{-2}, \varphi_{-1}, \varphi_0, \varphi_1, \varphi_2 \ldots$$

der successiven nach rechts und nach links benachbarten reducirten Formen, welche durch das eine Glied φ_0 vollständig bestimmt sind. Da es nur eine endliche Anzahl von reducirten Formen der Determinante D giebt, und die ersten Coefficienten zweier auf einander folgenden Formen stets entgegengesetzte Zeichen haben, so muss einmal auf eine Form φ_μ dieser Reihe nach einer geraden Anzahl $2n$ von Gliedern eine mit φ_μ identische Form $\varphi_{\mu+2n}$ folgen; und da eine Form φ_μ oder $\varphi_{\mu+2n}$ nur eine einzige nach rechts, und nur eine einzige nach links benachbarte reducirte Form besitzt, so müssen auch die beiden Formen $\varphi_{\mu+1}$ und $\varphi_{\mu+1+2n}$, ebenso die beiden Formen $\varphi_{\mu-1}$ und $\varphi_{\mu-1+2n}$, und also auch allgemein je zwei Formen dieser Reihe identisch sein, deren Indices dieselbe Differenz $2n$ haben. In der ganzen Reihe sind daher höchstens $2n$ verschiedene Formen

$$\varphi_0, \varphi_1, \varphi_2 \ldots \varphi_{2n-2}, \varphi_{2n-1};$$

und diese werden in der That alle von einander verschieden sein, wenn keine der Formen $\varphi_2, \varphi_4 \ldots \varphi_{2n-2}$ mit φ_0 identisch ist; denn wären φ_ν und $\varphi_{\nu+2n'}$ zwei identische Formen, so müsste auch $\varphi_{2n'}$ mit φ_0 identisch sein. Nehmen wir also an, dass $2n$ die Anzahl der wirklich verschiedenen Formen dieser Reihe ist,

*) *Gauss: D. A.* art. 186.

so besteht dieselbe aus einer nach beiden Seiten sich unendlich oft periodisch wiederholenden Folge dieser $2n$ Formen; je zwei Formen φ_μ und φ_ν, deren Indices eine durch $2n$ theilbare Differenz $\mu - \nu$ haben, sind identisch; und umgekehrt, sind die Formen φ_μ und φ_ν identisch, so ist $\mu \equiv \nu \pmod{2n}$.

Es kann nun sein, dass diese $2n$ Formen alle reducirten Formen der Determinante D erschöpfen; aber es ist auch möglich, dass ausser ihnen noch andere reducirte Formen derselben Determinante existiren. Im letzteren Falle sei ψ_0 eine solche, in der obigen Periode nicht enthaltene reducirte Form, so entspricht ihr ebenso eine Periode von $2m$ unter einander verschiedenen Formen

$$\psi_0, \psi_1, \psi_2 \ldots \psi_{2m-2}, \psi_{2m-1};$$

alle diese Formen der zweiten Periode werden auch von denen der ersten verschieden sein; denn besässen beide Perioden eine gemeinschaftliche Form, so wären beide Reihen vollständig identisch, da von dieser gemeinschaftlichen Form aus die Reihe nur auf eine einzige Weise nach rechts und links fortgesetzt werden kann.

In derselben Weise kann man fortfahren, bis endlich alle reducirten Formen in verschiedene Perioden eingetheilt sind; die Anzahl der Perioden ist nothwendig eine endliche; die Anzahl der Glieder kann in verschiedenen Perioden verschieden sein, jedenfalls ist sie stets gerade*).

---

*) Von besonderem Interesse sind noch folgende Bemerkungen (*Gauss: D. A.* artt. 187, 194). Wenn (a, b, c) eine reducirte Form ist, so gilt dasselbe von ihrem Gefährten (c, b, a) (§. 74); sind die Perioden dieser beiden Formen entwickelt, und die beiden Formen selbst nach den Plätzen, welche sie in diesen Perioden einnehmen, mit φ_μ und ψ_ν bezeichnet, so leuchtet ein, dass auch $\varphi_{\mu+1}$ und $\psi_{\nu-1}$, allgemeiner je zwei Formen $\varphi_{\mu+h}$ und $\psi_{\nu-h}$ Gefährten sind, wo h jede beliebige ganze Zahl bedeutet. Hieraus geht hervor, dass beide Perioden aus gleich vielen Gliedern bestehen werden.

Es ist nun möglich, dass beide Perioden identisch sind, dass also ψ^ν selbst ein Glied in der Periode der Form φ_μ ist, und dann wird offenbar der Gefährte einer jeden Form dieser Periode ein Glied derselben Periode sein. Ist nun φ_r der Gefährte von φ_0, so ist, weil die äusseren Coefficienten einer reducirten Form entgegengesetzte Vorzeichen, und ausserdem die ersten Coefficienten der auf einander folgenden Formen abwechselnde Vorzeichen haben, nothwendig r ungerade $= 2m - 1$; da nun φ_0 und φ_{2m-1} Gefährten sind, so gilt dasselbe von φ_h und φ_{2m-1-h}, also auch von φ_m und φ_{m-1}, und ebenso, wenn $2n$ die Anzahl der Glieder der Periode bedeutet, von φ_{m+n} und $\varphi_{m-1-n} = \varphi_{m+n-1}$; bezeichnet man daher irgend eine der beiden Formen φ_m oder φ_{m+n} mit (A, B, C), so ist die ihr nach links

Beispiel 1: Wir haben (§. 75) das System der reducirten Formen für die Determinante $D = 13$ aufgestellt; nehmen wir z. B. für φ_0 die Form $(3, 1, -4)$, so erhalten wir folgende Periode von zehn Formen

$$\varphi_0 = (3, 1, -4);\quad \varphi_1 = (-4, 3, 1);$$
$$\varphi_2 = (1, 3, -4);\quad \varphi_3 = (-4, 1, 3);$$
$$\varphi_4 = (3, 2, -3);\quad \varphi_5 = (-3, 1, 4);$$
$$\varphi_6 = (4, 3, -1);\quad \varphi_7 = (-1, 3, 4);$$
$$\varphi_8 = (4, 1, -3);\quad \varphi_9 = (-3, 2, 3);$$

Diese Rechnung geschieht am einfachsten auf folgende Art; um aus der reducirten Form (a, b, a') die ihr nach rechts benachbarte reducirte Form (a', b', a'') zu finden, braucht man nur ihren mittleren Coefficienten b' zu suchen, welcher durch die Bedingung $b' = -b - a'\delta \equiv -b \pmod{a'}$ und die Nebenbedingungen

$$\lambda + 1 - (a') \leqq b' \leqq \lambda$$

stets vollständig bestimmt ist und durch den blossen Anblick der Form sogleich erkannt wird. In unserem Falle ist $\lambda = 3$; man findet daher den mittleren Coefficienten b' der Form φ_1 durch die Bedingungen

$$b' \equiv -1 \pmod{4},\quad 0 \leqq b' \leqq 3,$$

nämlich $b' = 3$. Und nachdem so b' und $\delta = 1$ gefunden sind, ergiebt sich

---

benachbarte Form identisch mit (C, B, A), und folglich ist $2B \equiv 0 \pmod{A}$ d. h. φ_m und φ_{m+n} sind *zweiseitige* Formen (§. 58); und sie sind verschieden, weil m nicht $\equiv m + n \pmod{2n}$ ist.

Umgekehrt, ist in einer Periode eine zweiseitige Form (A, B, C) enthalten, so ist ihr linker Nachbar ihr Gefährte (C, B, A), und folglich findet sich in derselben Periode noch eine zweite zweiseitige Form. Ausser diesen beiden zweiseitigen Formen φ_m und φ_{m+n} giebt es aber keine andere zweiseitige Form in derselben Periode; denn, wenn φ_s eine zweiseitige Form ist, so sind φ_{s-1} und φ_s, und folglich auch φ_{2s-1} und φ_0 Gefährten; mithin ist φ_{2s-1} identisch mit φ_{2m-1}, folglich $2s \equiv 2m \pmod{2n}$ also $s \equiv m$, oder $s \equiv m + n \pmod{2n}$.

Dieser Fall kann offenbar nur bei der Periode einer solchen Form eintreten (§§. 56, 58), welche ihrem Gefährten eigentlich und folglich sich selbst uneigentlich äquivalent ist, d. h. nur dann, wenn die Form einer *zweiseitigen Classe* angehört (vergl. §. 149). Dass umgekehrt jedesmal, wenn diese Bedingung erfüllt ist, die Periode der Form auch ihren Gefährten und folglich zwei zweiseitige Formen enthalten muss, ist eine unmittelbare Folge des weiter unten (§. 82) bewiesenen Hauptsatzes dieser ganzen Theorie. — Man vergleiche die Beispiele im Text.

$$a'' = \frac{b'^2 - D}{a'} = a + (b - b')\,\delta,$$

also in unserem Falle $a'' = 1$. In derselben Weise ist fortzufahren, bis die erste Form φ_0 sich reproducirt; in unserem Beispiel wird der mittlere Coefficient von φ_{10} dadurch bestimmt, dass er $\equiv -2$ (mod. 3) sein, und ausserdem nicht ausserhalb der Grenzen 1 und 3 liegen muss, woraus folgt, dass er $= 1$ ist; also wird φ_{10} identisch mit φ_0.

Die so gefundenen zehn ursprünglichen Formen der ersten Art erschöpfen aber noch nicht alle reducirten Formen der Determinante 13; es bleiben noch zwei ursprüngliche Formen der zweiten Art übrig

$$\psi_0 = (2, 3, -2), \quad \psi_1 = (-2, 3, 2),$$

welche offenbar noch eine zweite Periode bilden.

Beispiel 2: Für $D = 19$ erhalten wir folgende zwei Perioden, jede von sechs Gliedern:

$$\begin{aligned} \varphi_0 &= (3, 2, -5); & \varphi_1 &= (-5, 3, 2) \\ \varphi_2 &= (2, 3, -5); & \varphi_3 &= (-5, 2, 3) \\ \varphi_4 &= (3, 4, -1); & \varphi_5 &= (-1, 4, 3) \end{aligned}$$

und

$$\begin{aligned} \psi_0 &= (-3, 2, 5); & \psi_1 &= (5, 3, -2) \\ \psi_2 &= (-2, 3, 5); & \psi_3 &= (5, 2, -3) \\ \psi_4 &= (-3, 4, 1); & \psi_5 &= (1, 4, -3). \end{aligned}$$

Beispiel 3: Für $D = 35$ erhält man folgende vier Perioden, jede von zwei Gliedern:

$$\begin{aligned} \varphi_0 &= (1, 5, -10), & \varphi_1 &= (-10, 5, 1) \\ \psi_0 &= (10, 5, -1), & \psi_1 &= (-1, 5, 10) \\ \chi_0 &= (2, 5, -5), & \chi_1 &= (-5, 5, 2) \\ \theta_0 &= (5, 5, -2), & \theta_1 &= (-2, 5, 5). \end{aligned}$$

Beispiel 4: Die 32 reducirten Formen der Determinante $D = 79$ zerfallen in vier Perioden von je sechs Gliedern und zwei Perioden von je vier Gliedern; eine der sechsgliedrigen Perioden ist folgende:

$$\begin{aligned} \varphi_0 &= (7, 3, -10); & \varphi_1 &= (-10, 7, 3) \\ \varphi_2 &= (3, 8, -5); & \varphi_3 &= (-5, 7, 6) \\ \varphi_4 &= (6, 5, -9); & \varphi_5 &= (-9, 4, 7); \end{aligned}$$

aus ihr entstehen die drei anderen durch Vertauschung der äusseren Coefficienten (womit die Vertauschung von rechts nach links in der

Folge der Glieder verbunden ist), ferner durch Verwandlung der Vorzeichen der äusseren Coefficienten in die entgegengesetzten. Eine der beiden viergliedrigen Perioden ist

$$\psi_0 = (1, 8, -15); \quad \psi_1 = (-15, 7, 2)$$
$$\psi_2 = (2, 7, -15); \quad \psi_3 = (-15, 8, 1);$$

aus ihr entsteht die andere durch die Zeichenänderung der äusseren Coefficienten.

§. 79.

Die vorhergehenden Untersuchungen über die Perioden der reducirten Formen von positiver Determinante stehen in der engsten Beziehung zu der Entwicklung der Wurzeln dieser Formen in Kettenbrüche. Nehmen wir für die Anfangsform φ_0 einer Periode immer eine solche, deren erster Coefficient *positiv* ist, so ist auch ihre *erste* Wurzel ω_0 positiv. Wir bezeichnen mit ω_μ die *erste* Wurzel der Form φ_μ, mit δ_μ den vierten Coefficienten der Substitution

$$\begin{pmatrix} 0, & 1 \\ -1, & \delta_\mu \end{pmatrix},$$

durch welche φ_μ in die nach rechts benachbarte Form $\varphi_{\mu+1}$ übergeht, und endlich mit k_μ den absoluten Werth von δ_μ. Da (nach §. 77) der Coefficient δ_μ seinem Zeichen nach mit ω_μ übereinstimmt, und dem absoluten Werth nach die grösste in dem absoluten Werth von ω_μ enthaltene ganze Zahl ist, und da die Wurzeln $\omega_0, \omega_1, \omega_2 \ldots$ abwechselnd positiv und negativ sind, so ist $(-1)^\mu \omega_\mu$ stets positiv, und folglich

$$k_\mu = (-1)^\mu \delta_\mu;$$

zwischen den successiven Wurzeln $\omega_\mu, \omega_{\mu+1} \ldots$ bestehen aber folgende Relationen (§. 77):

$$\omega_\mu = \delta_\mu - \frac{1}{\omega_{\mu+1}}; \quad \omega_{\mu+1} = \delta_{\mu+1} - \frac{1}{\omega_{\mu+2}} \cdots$$

multiplicirt man diese Gleichungen der Reihe nach mit $\pm 1, \mp 1$ u. s. w. der Art, dass die linke Seite stets positiv wird, so erhält man

$$\pm \omega_\mu = k_\mu + \frac{1}{\mp \omega_{\mu+1}}; \mp \omega_{\mu+1} = k_{\mu+1} + \frac{1}{\pm \omega_{\mu+2}} \cdots$$

und hieraus ergiebt sich für den positiven irrationalen unechten Bruch $(-1)^\mu \omega_\mu$ der folgende unendliche Kettenbruch (§. 23):

$$(-1)^\mu \omega_\mu = (k_\mu, k_{\mu+1}, k_{\mu+2} \ldots).$$

Offenbar ist dieser Kettenbruch periodisch; denn besteht die Periode der reducirten Formen φ aus $2n$ Gliedern, so ist $\delta_{\mu+2n} = \delta_\mu$ und also auch $k_{\mu+2n} = k_\mu$; es wiederholt sich daher die Reihe der Zahlen k immer nach höchstens $2n$ Gliedern von Neuem.

Beispiel 1: Nehmen wir $D = 13$, so haben wir, um die erste Wurzel ω_0 der Form $\varphi_0 = (3, 1, -4)$ in einen Kettenbruch zu entwickeln, ihre Periode aufzustellen (§. 78):

$$\begin{aligned} \varphi_0 &= (3, 1, -4); & \varphi_1 &= (-4, 3, 1) \\ \varphi_2 &= (1, 3, -4); & \varphi_3 &= (-4, 1, 3) \\ \varphi_4 &= (3, 2, -3); & \varphi_5 &= (-3, 1, 4) \\ \varphi_6 &= (4, 3, -1); & \varphi_7 &= (-1, 3, 4) \\ \varphi_8 &= (4, 1, -3); & \varphi_9 &= (-3, 2, 3); \end{aligned}$$

die successiven Werthe der Substitutionscoefficienten δ sind folgende:

$$\begin{aligned} &\delta_0 = +1, \quad \delta_1 = -6, \quad \delta_2 = +1, \quad \delta_3 = -1, \quad \delta_4 = +1, \\ &\delta_5 = -1, \quad \delta_6 = +6, \quad \delta_7 = -1, \quad \delta_8 = +1, \quad \delta_9 = -1; \end{aligned}$$

daraus ergeben sich die absoluten Werthe

$$\begin{aligned} &k_0 = 1, \quad k_1 = 6, \quad k_2 = 1, \quad k_3 = 1, \quad k_4 = 1, \\ &k_5 = 1, \quad k_6 = 6, \quad k_7 = 1, \quad k_8 = 1, \quad k_9 = 1. \end{aligned}$$

Hier zeigt sich die eigenthümliche Erscheinung, dass die Periode des Kettenbruchs nur aus fünf Gliedern besteht, während die Periode der Formen doppelt so viele Glieder enthält; wir werden später (§. 83) darauf zurückkommen. Die gesuchte Kettenbruch-Entwicklung ergiebt sich hieraus als die folgende:

$$\frac{1 + \sqrt{13}}{4} = (1, 6, 1, 1, 1; 1, 6, 1, 1, 1; \ldots).$$

Ebenso liefern die beiden anderen reducirten Formen derselben Determinante $D = 13$, nämlich

$$\psi_0 = (2, 3, -2), \quad \psi_1 = (-2, 3, 2)$$

folgende Werthe

$$\delta_0 = +3, \quad \delta_1 = -3,$$

also

$$k_0 = 3, \qquad k_1 = 3$$

und folglich

$$\frac{3+\sqrt{13}}{2} = (3;\ 3;\ \ldots);$$

auch hier ist die Periode des Kettenbruchs nur halb so gross, wie die der reducirten Formen.

Beispiel 2: Für $D = 19$ giebt die sechsgliedrige Formenperiode

$$\begin{aligned} \varphi_0 &= (3, 2, -5); & \varphi_1 &= (-5, 3, 2) \\ \varphi_2 &= (2, 3, -5); & \varphi_3 &= (-5, 2, 3) \\ \varphi_4 &= (3, 4, -1); & \varphi_5 &= (-1, 4, 3) \end{aligned}$$

die Zahlen

$$\begin{aligned} &\delta_0 = +1, && \delta_1 = -3, && \delta_2 = +1, && \delta_3 = -2, && \delta_4 = +8, && \delta_5 = -2; \\ &k_0 = 1, && k_1 = 3, && k_2 = 1, && k_3 = 2, && k_4 = 8, && k_5 = 2; \end{aligned}$$

also

$$\frac{2+\sqrt{19}}{5} = (1, 3, 1, 2, 8, 2;\ \ldots).$$

Beispiel 3: Für $D = 79$ giebt die sechsgliedrige Periode

$$\begin{aligned} \varphi_0 &= (7, 3, -10); & \varphi_1 &= (-10, 7, 3) \\ \varphi_2 &= (3, 8, -5); & \varphi_3 &= (-5, 7, 6) \\ \varphi_4 &= (6, 5, -9); & \varphi_5 &= (-9, 4, 7) \end{aligned}$$

die Zahlen

$$\begin{aligned} &\delta_0 = +1, && \delta_1 = -5, && \delta_2 = +3, && \delta_3 = -2, && \delta_4 = +1, && \delta_5 = -1; \\ &k_0 = 1, && k_1 = 5, && k_2 = 3, && k_3 = 2, && k_4 = 1, && k_5 = 1; \end{aligned}$$

also entsteht die Entwicklung

$$\frac{3+\sqrt{79}}{10} = (1, 5, 3, 2, 1, 1;\ \ldots).$$

Ebenso liefert die viergliedrige Periode

$$\begin{aligned} \psi_0 &= (1, 8, -15); & \psi_1 &= (-15, 7, 2) \\ \psi_2 &= (2, 7, -15); & \psi_3 &= (-15, 8, 1) \end{aligned}$$

die Zahlen

$$\delta_0 = +1,\ \delta_1 = -7,\ \delta_2 = +1,\ \delta_3 = -16$$
$$k_0 = 1,\ k_1 = 7,\ k_2 = 1,\ k_3 = 16;$$

also den Kettenbruch

$$\frac{8+\sqrt{79}}{15} = (1, 7, 1, 16;\ \ldots).$$

Zu gleicher Zeit findet man natürlich auch die Entwicklung der Wurzeln der drei anderen Formen

$$-\frac{7+\sqrt{79}}{2} = -(7, 1, 16, 1; \ldots)$$

$$\frac{7+\sqrt{79}}{15} = (1, 16, 1, 7; \ldots)$$

$$-\frac{8+\sqrt{79}}{1} = -(16, 1, 7, 1; \ldots)$$

durch einfache Verschiebung der Periode*).

§. 80.

Es bleibt nun noch die schwierigste Frage zu beantworten übrig, nämlich die, ob zwei reducirte Formen derselben Determinante, welche verschiedenen Perioden angehören, äquivalent sein können oder nicht. Dazu müssen wir eine Digression über die Theorie der Kettenbrüche machen, in welcher wir einige weniger bekannte Sätze über dieselben beweisen wollen.

Ein Kettenbruch $(a, b, c, d \ldots)$, dessen sämmtliche Elemente $a, b, c, d \ldots$ positive ganze Zahlen sind (mit Ausnahme des ersten a, für welches auch der Werth Null gestattet ist), soll im Folgenden ein *regelmässiger* heissen; der Werth eines solchen endlichen oder unendlichen Kettenbruchs ist bekanntlich stets positiv, und umgekehrt ist bekannt, dass jeder positive Werth stets und nur auf eine einzige Weise in einen regelmässigen Kettenbruch verwandelt werden kann. Sehr wichtig für unsere Zwecke ist nun die Umwandlung eines *unregelmässigen* unendlichen Kettenbruchs

$$(\alpha, \beta, \gamma \ldots \mu, \nu, p, q, r \ldots u, v \ldots),$$

---

*) Die Form $(1, 0, -D)$ ist der reducirten Form $\varphi_0 = (1, \lambda, \lambda^2 - D)$ äquivalent; die letzte Form der entsprechenden Periode ist offenbar $\varphi_{2n-1} = (\lambda^2 - D, \lambda, 1)$, und hieraus folgt eine Entwicklung von der Form

$$\frac{1}{\sqrt{D} - \lambda} = (k_0 \ldots k_{n-2}, k_{n-1}, k_{n-2} \ldots k_0, 2\lambda; \ldots)$$

und

$$\sqrt{D} = (\lambda; k_0 \ldots k_{n-2}, k_{n-1}, k_{n-2} \ldots k_0, 2\lambda; \ldots).$$

Eine ähnliche Entwicklung tritt jedesmal auf, wenn in der Periode zwei zweiseitige Formen vorkommen (§. 78).

dessen Elemente ganze Zahlen und zwar von einem bestimmten p ab sämmtlich *positive* ganze Zahlen sind, in einen regelmässigen. Es wird sich zeigen, *dass bei dieser Umwandlung alle Elemente* $u, v \dots$ *von einem bestimmten, in endlicher Entfernung liegenden, Element* u *ab unverändert bleiben, und dass die Differenz zwischen der Anzahl der geänderten und der Anzahl der sie ersetzenden Elemente eine gerade oder ungerade Zahl ist, je nachdem der Werth des ganzen Kettenbruchs positiv oder negativ ist.*

Um dies zu beweisen, nehmen wir an, es sei ν das letzte nicht positive Element des Kettenbruchs, und wir setzen ausserdem zunächst voraus, dass ν nicht das erste Element des ganzen Kettenbruchs ist. Wir suchen nun die Unregelmässigkeit des Kettenbruchs von dieser äussersten Stelle ν zu entfernen und um mindestens eine Stelle weiter nach links zu drängen.

Hierzu brauchen wir offenbar nur den unendlichen Kettenbruch $(\mu, \nu, p, q \dots)$ zu betrachten, den wir auch in endlicher Form (μ, ν, p') oder (μ, ν, p, q') oder (μ, ν, p, q, r') u. s. w. schreiben können, wenn wir die unendlichen regelmässigen Kettenbrüche

$$(p, q, r, s \dots), \quad (q, r, s \dots), \quad (r, s \dots) \text{ u. s. w.}$$

zur Abkürzung mit p', q', r' u. s. w. bezeichnen. Wir haben nun folgende Fälle zu unterscheiden.

1. Ist $\nu = 0$, so ist

$$(\mu, 0, p') = \mu + p' = \mu + p + \frac{1}{q'}$$

oder also

$$(\mu, 0, p, q') = (\mu + p, q');$$

es ist also die Unregelmässigkeit von der Stelle $\nu = 0$ um mindestens eine Stelle nach links gedrängt, und zugleich ist an Stelle der abgeänderten drei Elemente μ, 0, p das einzige Element $\mu + p$ getreten.

2. Ist ν negativ $= -n$, und $n > 1$, so erhält man mit Benutzung der Identität

$$(g, -h) = (g - 1, 1, h - 1)$$

folgende successive Umformung:

$$(\mu, -n, p') = \left(\mu, -n + \frac{1}{p'}\right) = \left(\mu - 1, 1, n - 1 - \frac{1}{p'}\right)$$
$$= (\mu - 1, 1, n - 1, -p')$$

und hieraus durch nochmalige Anwendung derselben Identität

$$(\mu, -n, p, q') = (\mu - 1, 1, n - 2, 1, p' - 1)$$
$$= (\mu - 1, 1, n - 2, 1, p - 1, q').$$

An Stelle der drei abgeänderten Elemente μ, $-n$, p sind die fünf Elemente $\mu - 1$, 1, $n - 2$, 1, $p - 1$ getreten, und von diesen ist höchstens das erste negativ. Sollte ferner $n - 2$ oder $p - 1$, oder sollten beide Zahlen $= 0$ sein, so wird man durch einmalige oder zweimalige Anwendung der unter 1. aufgestellten Regel alle Elemente, mit Ausnahme des ersten, in positive verwandeln; auch dann wird der Unterschied zwischen der Anzahl der abgeänderten und der Anzahl der dieselben ersetzenden Elemente eine gerade Zahl bleiben, und die Unregelmässigkeit ist mindestens um eine Stelle nach links verschoben.

3. Ist $\nu = -1$, so ist die eben angegebene Regel nicht anwendbar; wenn gleichzeitig $p > 1$, so findet man

$$(\mu, -1, p, q') = (\mu - 2, 1, p - 2, q');$$

sollte $p = 2$ sein, so hat man wieder nach der unter 1. aufgestellten Regel zu verfahren. Ist aber $p = 1$, so hilft diese Formel nichts; dann ist aber

$$(\mu, -1, 1, q') = \mu - 1 - q'$$

und folglich

$$(\mu, -1, 1, q, r, s') = (\mu - 2 - q, 1, r - 1, s');$$

und sollte $r = 1$ sein, so würde man wie in 1. verfahren.

Auf diese Weise ist in allen Fällen ohne Ausnahme die Unregelmässigkeit des Kettenbruchs von der Stelle ν um mindestens eine Stelle weiter nach links gedrängt, und zugleich ist der Unterschied zwischen der Anzahl der abgeänderten und der Anzahl der sie ersetzenden Elemente jedesmal eine *gerade* Zahl. Durch successive Anwendung desselben Verfahrens wird man daher den ursprünglich gegebenen Kettenbruch

$$(\alpha, \beta, \gamma \ldots \mu, \nu, p, q, r \ldots t, u, v \ldots)$$

in einen anderen

$$(\alpha', b, c \ldots k, l, u, v \ldots)$$

umformen können, in welchem alle auf das erste folgenden Elemente $b, c \ldots$ positive ganze Zahlen sind, welche von einer in endlicher Entfernung liegenden Stelle u an mit den Elementen des gegebenen Kettenbruchs übereinstimmen; und zwar wird der Unterschied zwischen der Anzahl der abgeänderten Elemente

$$\alpha, \beta, \gamma \ldots \mu, \nu, p, q, r \ldots t$$

und der Anzahl der sie ersetzenden Elemente

$$\alpha', b, c \ldots k, l$$

eine gerade Zahl sein, weil dasselbe bei jedem einzelnen Act der gesammten Umformung stattfindet.

Ist nun α' positiv oder $= 0$, so ist die Umformung vollendet und der Werth des Kettenbruchs ist positiv; ist dagegen α' negativ $= -a$, so ist der Kettenbruch negativ, und zwar

$$= -(a - 1, 1, b - 1, c \ldots)$$

oder, wenn $b = 1$ sein sollte,

$$= -(a - 1, c + 1, d \ldots).$$

Bei diesem letzten Act ist die Anzahl der abgeänderten Elemente um eine Einheit kleiner oder grösser als die Anzahl der sie ersetzenden Elemente; und hiermit ist der letzte Punct unserer obigen Behauptung nachgewiesen.

§. 81.

Wir bedürfen zweitens für die Untersuchung der Aequivalenz zweier Formen noch des folgenden Satzes:

Sind $\alpha, \beta, \gamma, \delta$ vier ganze Zahlen, welche der Bedingung

$$\alpha\delta - \beta\gamma = 1$$

genügen, und deren erste α von Null verschieden ist; findet ferner zwischen zwei Grössen ω und Ω die Relation

$$\omega = \frac{\gamma + \delta\Omega}{\alpha + \beta\Omega}$$

statt, so kann man stets

$$\omega = (\gamma', m, n \ldots r, \beta', \Omega)$$

setzen, wo die Anzahl der positiven ganzen Zahlen $m, n \ldots r$ eine gerade ist, γ' und β' aber auch Null oder negative ganze Zahlen sein können.

Um diesen Satz zu beweisen, können wir, ohne die Allgemeinheit zu beeinträchtigen, annehmen, dass die von Null verschiedene ganze Zahl α *positiv* ist; denn sollte α negativ sein, so verwandle man die Zeichen aller vier Zahlen α, β, γ, δ in die entgegengesetzten, so bleibt die zwischen ihnen, und ebenso die zwischen ω und Ω bestehende Relation ungeändert. Ist nun zunächst $\alpha = 1$, also $\delta = \beta\gamma + 1$, so ist unmittelbar

$$\omega = \frac{\gamma + (\beta\gamma + 1)\Omega}{1 + \beta\Omega} = \gamma + \frac{\Omega}{1 + \beta\Omega} = (\gamma, \beta, \Omega),$$

also ist in diesem Falle unser Satz richtig. Ist aber $\alpha > 1$, so entwickle man den Bruch $\gamma : \alpha$ in den Kettenbruch $(\gamma', m, n \ldots r)$, dessen Elemente sämmtlich positive ganze Zahlen sind, mit Ausnahme des ersten γ', welches positiv, Null oder negativ sein wird, je nachdem γ positiv und grösser als α, oder positiv und kleiner als α, oder endlich negativ ist.

Wir können ferner voraussetzen, dass die Anzahl der positiven Elemente $m, n \ldots r$ gerade ist; denn da bei der gewöhnlichen Methode, einen Bruch $\gamma : \alpha$ in einen Kettenbruch zu verwandeln, das letzte Element r mindestens $= 2$ ist, so könnte man, wenn die Anzahl der Elemente $m, n \ldots r$ ungerade sein sollte, das letzte Element r in den Kettenbruch $r - 1 + \frac{1}{1}$ verwandeln und also statt des obigen Kettenbruchs den folgenden $(\gamma', m, n \ldots r - 1, 1)$ nehmen, in welchem die Anzahl der positiven Elemente $m, n \ldots r - 1, 1$ nun gerade ist. Bildet man nun nach der früher (§. 23) angegebenen Methode die sogenannten Näherungsbrüche,

$$\frac{[\gamma']}{1}, \quad \frac{[\gamma', m]}{[m]}, \quad \frac{[\gamma', m, n]}{[m, n]} \ldots \frac{[\gamma', m, n \ldots q, r]}{[m, n \ldots q, r]},$$

so erkennt man leicht, dass ihre Nenner sämmtlich positiv sind. Damals haben wir auch bewiesen, dass diese Brüche irreducibel sind, und da der letzte der obigen Brüche dem in Folge der Relation $\alpha\delta - \beta\gamma = 1$ ebenfalls irreducibelen Bruche $\gamma : \alpha$ gleich, und α positiv ist, so muss

$$\alpha = [m, n \ldots q, r], \quad \gamma = [\gamma', m, n \ldots q, r]$$

sein, weil ein Bruch nur auf eine einzige Weise in die irreducibele Form mit positivem Nenner gebracht werden kann. Da ferner die Anzahl der Elemente $\gamma', m, n \ldots q, r$ ungerade ist, so folgt aus der damals aufgestellten Formel [§. 23, (9)], dass

$$[m, n \ldots q]\,[\gamma', m, n \ldots q, r] - [m, n \ldots q, r]\,[\gamma', m, n \ldots q] = -1$$

oder also

$$\alpha[\gamma', m, n \ldots q] - [m, n \ldots q]\gamma = 1$$

ist; vergleicht man dies mit der Relation $\alpha\delta - \beta\gamma = 1$, so ergiebt sich (ähnlich wie im §. 24), dass man

$$\delta = [\gamma', m, n \ldots q] + \gamma\beta'$$
$$\beta = [m, n \ldots q] + \alpha\beta'$$

d. h.

$$\delta = [\gamma', m, n \ldots q, r, \beta']$$
$$\beta = [m, n \ldots q, r, \beta']$$

also

$$\frac{\delta}{\beta} = (\gamma', m, n \ldots q, r, \beta')$$

setzen kann, wo β' eine ganze Zahl bedeutet*). Nach demselben Bildungsgesetz ist nun

$$\gamma + \delta\Omega = [\gamma', m, n \ldots r, \beta', \Omega]$$
$$\alpha + \beta\Omega = [m, n \ldots r, \beta', \Omega]$$

und folglich, wie zu beweisen war,

$$\omega = (\gamma', m, n \ldots r, \beta', \Omega).$$

§. 82.

Nachdem auch dieser zweite Punct aus der Theorie der Kettenbrüche behandelt ist, schreiten wir zur definitiven Entscheidung der Frage, ob zwei verschiedene Perioden von reducirten Formen einer positiven Determinante äquivalente Formen enthalten können. Es seien daher (a, b, c) und (A, B, C) zwei reducirte (eigentlich) äquivalente Formen; da alle Formen einer und derselben Periode einander stets äquivalent sind, so können wir annehmen, dass die ersten Coefficienten a, A und folglich auch die ersten Wurzeln dieser beiden Formen *positiv* sind, weil im entgegengesetzten Fall die unmittelbar benachbarten Formen diese Eigenschaft besitzen würden. Bezeichnen wir (a, b, c) mit φ_0 und (A, B, C) mit Φ_0, und bilden wir für jede dieser beiden Formen (nach §. 78) die sie enthaltende Periode, so erhalten wir dadurch (nach §. 79) für die ersten Wurzeln ω_0, Ω_0 dieser beiden Formen die regelmässigen Kettenbrüche

---

*) Da die Brüche $\gamma : \alpha$, $\beta : \alpha$ resp. den Kettenbrüchen $(\gamma', m \ldots r)$, $(\beta', r \ldots m)$ gleich sind, so sind γ', β' die grössten in denselben enthaltenen ganzen Zahlen (im Sinne des §. 43).

$$\omega_0 = (k_0,\ k_1,\ k_2 \ldots),$$
$$\Omega_0 = (K_0, K_1, K_2 \ldots).$$

Ist nun $\binom{\alpha,\ \beta}{\gamma,\ \delta}$ eine Substitution, durch welche φ_0 in Φ_0 übergeht, so besteht zwischen den ersten Wurzeln ω_0, Ω_0 die Relation

$$\omega_0 = \frac{\gamma + \delta\,\Omega_0}{\alpha + \beta\,\Omega_0}, \tag{1}$$

und ausserdem ist

$$\alpha\delta - \beta\gamma = 1. \tag{2}$$

Da ferner α nicht $=0$ sein kann, weil sonst $A = c$, also A negativ wäre, so kann man nach dem soeben bewiesenen Satze

$$\omega_0 = (\gamma',\ m,\ n \ldots r,\ \beta', \Omega_0)$$

und also auch

$$\omega_0 = (\gamma',\ m,\ n \ldots r,\ \beta',\ K_0,\ K_1,\ K_2 \ldots) \tag{3}$$

setzen, und in diesem unendlichen Kettenbruch, welcher wenigstens von der Stelle K_0 ab keine Unregelmässigkeit enthält, ist die Anzahl der Elemente $\gamma', m, n \ldots r, \beta'$ eine gerade $= 2g$. Ist β' positiv, so ist, da $\omega_0 > 1$ ist, auch γ' positiv, also der Bruch regelmässig*). Ist aber $\beta' = 0$ oder negativ, so forme man den Kettenbruch nach den obigen Regeln (§. 80) in einen regelmässigen um; nimmt man μ hinreichend gross, so werden die Elemente K_μ, $K_{\mu+1} \ldots$ bei dieser Umformung ungeändert bleiben, und die Anzahl ν der Elemente, welche an die Stelle der vorhergehenden $(2g + \mu)$ Elemente

$$\gamma',\ m,\ n \ldots r,\ \beta',\ K_0 \ldots K_{\mu-1}$$

---

*) Sieht man von dem an sich klaren Fall $\alpha = \delta = \pm 1$, $\beta = \gamma = 0$ ab, und bedenkt, dass die Relation (1), welcher man zufolge (2) auch die Form

$$(\alpha + \beta\,\Omega_0)\,(\delta - \beta\,\omega_0) = 1$$

geben kann, nicht blos für die positiven unechten Brüche ω_0, Ω_0, sondern ebenso für die negativen echten Brüche ω_0', Ω_0' gilt, so ergiebt sich ohne Schwierigkeit, dass keine der Zahlen α, β, γ, δ verschwindet, und entweder

$$\frac{\beta}{\alpha} \geqq 1,\quad \frac{\gamma}{\alpha} \geqq 1,\quad \text{oder}\ \frac{-\beta}{\delta} \geqq 1,\quad \frac{-\gamma}{\delta} \geqq 1$$

ist; im ersten Falle sind die oben mit β', γ' bezeichneten Zahlen *positiv*, und folglich erscheint ω_0 in (3) sofort als *regelmässiger* Kettenbruch; der zweite Fall kommt auf diesen durch den Uebergang zu der inversen Substitution zurück, indem man Ω_0 durch ω_0 darstellt. Hierdurch wird also die Zuziehung der in §. 80 enthaltenen, an sich sehr interessanten Untersuchung gänzlich vermieden.

treten, wird $\equiv \mu$ (mod. 2) sein (nach §. 80), da der Werth des ganzen Kettenbruchs *positiv* ist. Da nun ω_0 nur auf eine einzige Weise als ein regelmässiger Kettenbruch dargestellt werden kann, so müssen die Zahlen

$$K_\mu,\ K_{\mu+1},\ K_{\mu+2} \ldots\ldots$$

resp. mit den Zahlen

$$k_\nu,\ k_{\nu+1},\ k_{\nu+2}, \ldots\ldots$$

identisch sein. Ist daher $\mu + h$ ein Multiplum von der Anzahl der Formen, welche die Periode der Form Φ_0 bilden, und also eine gerade Zahl, so ist auch $\nu + h$ eine gerade Zahl $= 2m$, und die Zahlen

$$K_{\mu+h},\ K_{\mu+h+1},\ K_{\mu+h+2} \ldots$$

stimmen mit den Zahlen

$$K_0,\ K_1,\ K_2 \ldots,$$

und diese folglich mit den Zahlen

$$k_{2m},\ k_{2m+1},\ k_{2m+2} \ldots$$

überein. Hieraus folgt unmittelbar

$$\Omega_0 = (k_{2m},\ k_{2m+1} \ldots) = \omega_{2m};$$

und da durch ihre erste Wurzel auch stets die Form vollständig charakterisirt ist (§. 72), so schliessen wir hieraus, dass die Form Φ_0 mit der Form φ_{2m} identisch sein muss, dass also Φ_0 sich in der aus φ_0 entwickelten Periode befinden muss. Wir haben so folgenden *Hauptsatz**) gewonnen:

Zwei äquivalente reducirte Formen von positiver Determinante gehören einer und derselben Periode an; zwei reducirte Formen können nicht äquivalent sein, wenn sie verschiedenen Perioden angehören.

Mit Hülfe dieses Satzes ergiebt sich nun eine Methode, um zu prüfen, ob zwei gegebene Formen von gleicher positiver Determinante äquivalent sind oder nicht. Man suche (nach §. 76) zu jeder der beiden Formen eine ihr äquivalente reducirte Form; je nachdem die so gefundenen reducirten Formen derselben oder verschiedenen Perioden angehören, sind die gegebenen Formen äquivalent, oder nicht äquivalent. Im ersteren Falle ergiebt sich offenbar zugleich eine Substitution, durch welche die eine Form in die andere übergeht (vergl. §. 66).

---

*) *Gauss: D. A.* art. 193.

Beispiel: Die beiden gegebenen Formen seien (713, 60, 5) und (62, 95, 145), welche dieselbe Determinante $D = 35$ haben. Die erste geht durch die Substitution $\begin{pmatrix} 0, & +1 \\ -1, & -13 \end{pmatrix}$ in die reducirte Form (5, 5, — 2), die zweite durch die Substitution $\begin{pmatrix} -3, & +10 \\ +2, & -7 \end{pmatrix}$ in die reducirte Form (— 2, 5, 5) über (§. 76). Diese beiden reducirten Formen gehören aber derselben zweigliedrigen Periode (5, 5, — 2), (— 2, 5, 5) an, und zwar geht die erstere durch die Substitution $\begin{pmatrix} 0, & 1 \\ -1, & 5 \end{pmatrix}$ in die letztere über. Mithin sind die beiden gegebenen Formen (713, 60, 5) und (62, 95, 145) äquivalent, und da $\begin{pmatrix} -7, & -10 \\ -2, & -3 \end{pmatrix}$ die inverse Substitution von $\begin{pmatrix} -3, & +10 \\ +2, & -7 \end{pmatrix}$ ist, so geht die erstere dieser beiden Formen durch die Substitution $\begin{pmatrix} 0, & +1 \\ -1, & -13 \end{pmatrix} \begin{pmatrix} 0, & 1 \\ -1, & 5 \end{pmatrix} \begin{pmatrix} -7, & -10 \\ -2, & -3 \end{pmatrix} = \begin{pmatrix} -3, & -5 \\ +41, & +68 \end{pmatrix}$ in die letztere über.

§. 83.

Durch unsere letzten Untersuchungen ist das erste der beiden in §. 59 aufgestellten Hauptprobleme auch für Formen von *positiver* Determinante gelöst; das zweite haben wir in §. 62 auf die Auflösung der unbestimmten Gleichung

$$t^2 - Du^2 = \sigma^2$$

zurückgeführt, und es bleibt daher, um in der Theorie der Formen von positiver Determinante zu demselben Abschluss zu kommen, wie früher für negative Determinanten, nur noch übrig, diese Gleichung für jeden positiven (nicht quadratischen) Werth der Determinante D vollständig aufzulösen. *Fermat* hat diese Gleichung den Mathematikern zuerst vorgelegt, worauf ihre Lösung von dem Engländer *Pell* angegeben wurde; allein obwohl seine Methode die Lösung in jedem Falle wirklich giebt, so lag doch in ihr nicht der Nachweis, dass sie immer zum Ziele führen muss, und dass die Gleichung ausser der evidenten Lösung $t = \pm \sigma$, $u = 0$ noch andere Lösungen besitzt. Diese Lücke ist erst von *Lagrange**) ausgefüllt, und hierin besteht wohl eine der bedeutend-

---

*) *Solution d'un Problème d'Arithmétique*, Miscellanea Taurinensia, Tom. IV. (Œuvres de Lagrange, publ. par Serret, T. I, 1867, p. 669.) — *Sur la solution des problèmes indéterminés du second degré*, Mém. de l'Ac. de Berlin T. XXIII. (Œuvres de L. T. II, 1868, p. 375.) — *Additions aux Élémens d'Algèbre par L. Euler* §§. II, VIII. — Das Verdienst, die tiefe Bedeutung der Pell'schen Gleichung für die allgemeine Auflösung der un-

sten Leistungen des grossen Mathematikers auf dem Gebiete der Zahlentheorie, da die von ihm zu diesem Zweck eingeführten Principien in hohem Grade der Verallgemeinerung fähig und deshalb auch auf ähnliche höhere Probleme anwendbar sind*).

Wir schlagen hier einen ganz anderen Weg ein, der sich den zunächst vorangehenden Untersuchungen unmittelbar anschliesst. Der Zusammenhang zwischen der obigen unbestimmten Gleichung und dem zweiten Hauptproblem in der Theorie der Aequivalenz war folgender. Ist (a, b, c) eine Form von der Determinante D und vom Theiler σ, und ist $\binom{\alpha,\ \beta}{\gamma,\ \delta}$ irgend eine eigentliche Substitution, durch welche (a, b, c) in sich selbst übergeht, so ist stets

$$\alpha = \frac{t - bu}{\sigma},\quad \beta = -\frac{cu}{\sigma},\quad \gamma = \frac{au}{\sigma},\quad \delta = \frac{t + bu}{\sigma},$$

wo t, u zwei der Gleichung

$$t^2 - Du^2 = \sigma^2$$

genügende ganze Zahlen bedeuten; und umgekehrt, jeder Lösung t, u der unbestimmten Gleichung entspricht durch die vorstehenden Formeln eine Substitution $\binom{\alpha,\ \beta}{\gamma,\ \delta}$, durch welche die Form (a, b, c) in sich selbst übergeht. Wir haben nun durch die letzten Untersuchungen, wie sich gleich zeigen wird, ein Mittel gewonnen, alle Transformationen $\binom{\alpha,\ \beta}{\gamma,\ \delta}$ einer reducirten Form von positiver Determinante D in sich selbst direct zu finden, und folglich können wir hieraus auch alle Lösungen t, u der unbestimmten Gleichung ableiten. Wir schicken der Ausführung dieser Untersuchung noch eine Bemerkung über die Perioden der reducirten Formen voraus.

Wir wissen, dass die Reihe der positiven Zahlen k, welche die Elemente des Kettenbruchs bilden, in den die erste Wurzel ω_0 einer reducirten Form φ_0 entwickelt wird, eine gerade Anzahl von Gliedern

$$k_0,\quad k_1 \ldots k_{2n-1}$$

enthält, nach welchen dieselben Glieder periodisch wiederkehren; und zwar ist diese Anzahl $2n$ die der reducirten Formen, welche

bestimmten Gleichungen zweiten Grades zuerst dargethan zu haben, gebührt *Euler*; man vergl.: *De solutione problematum Diophanteorum per numeros integros*, Comm. Petrop. VI, p. 175. *De resolutione formularum quadraticarum indeterminatarum per numeros integros*, Nov. Comm. Petrop. IX, p. 3. *De usu novi algorithmi in problemate Pelliano solvendo*, Nov. Comm. Petrop. XI, p. 28. *Nova subsidia pro resolutione formulae* $axx + 1 = yy$, Opusc. anal. I, p. 310. — Man vergleiche ferner *Gauss: D. A.* artt. 197—202.

*) Siehe Supplement VIII.

mit φ_0 in einer Periode enthalten sind. Wir haben aber oben (§. 79) an einzelnen Beispielen gesehen, dass die Zahlen k aus kleineren Perioden bestehen können; wir fanden z. B. aus der zehngliedrigen Formenperiode der Determinante $D = 13$ folgende Zahlen:

$$\delta_0 = +1,\ \delta_1 = -6,\ \delta_2 = +1,\ \delta_3 = -1,\ \delta_4 = +1;$$
$$\delta_5 = -1,\ \delta_6 = +6,\ \delta_7 = -1,\ \delta_8 = +1,\ \delta_9 = -1;$$

und also

$$k_0 = 1,\ k_1 = 6,\ k_2 = 1,\ k_3 = 1,\ k_4 = 1;$$

und hierauf wiederholt sich schon dieselbe Reihe

$$k_5 = 1,\ k_6 = 6,\ k_7 = 1,\ k_8 = 1,\ k_9 = 1.$$

Es ist nun wichtig zu untersuchen, wann dies eintreten kann. Es sei daher $2n$ die Gliederanzahl der Formenperiode und m die Gliederanzahl irgend einer Periode in der Reihe der Zahlen k. Dann ist, indem wir die früheren Bezeichnungen für die Formen und ihre ersten Wurzeln beibehalten, wenn m gerade ist,

$$\omega_m = (k_m, k_{m+1} \ldots) = (k_0, k_1 \ldots)$$

und folglich $\omega_m = \omega_0$, und also auch φ_m identisch mit φ_0, und daher nothwendig m ein Multiplum von $2n$; es existirt also jedenfalls keine kleinere Periode von gerader Gliederanzahl, als die der ganzen Formenperiode entsprechende. Ist dagegen m ungerade, so ist $2m$ ebenfalls die Gliederanzahl einer Periode in der Reihe der Zahlen k, und folglich ist nach dem eben Bewiesenen $2m$ ein Multiplum von $2n$, also m mindestens $= n$; der Fall, dass die Periode der Zahlen k kürzer ist, als die aus $2n$ Gliedern bestehende Periode der Formen, kann also nur dann eintreten, wenn n eine *ungerade* Zahl ist, indem dann, wie wir ja auch an dem obigen Beispiel sehen, die Periode der Zahlen k aus n Gliedern bestehen kann; es ist dann $\omega_n = -\omega_0$ und also $c_n = -c_0$, $b_n = b_0$, $a_n = -a_0$. Doch muss man sich hüten zu glauben, dass diese Erscheinung jedesmal wirklich eintreten *muss*, wenn n ungerade ist; denn wir haben nur gezeigt, dass sie in diesem Falle allein eintreten *kann*. Für $D = 19$ z. B. sind die beiden Formenperioden sechsgliedrig (§. 79), also ist $n = 3$; aber die Perioden der Zahlen k sind nicht dreigliedrig, sondern sechsgliedrig*).

---

*) Die Erscheinung, dass die Kettenbruch-Entwicklung nur halb so lang ist, als die Periode der Form, wird, wie oben gezeigt ist, nur dann eintreten, wenn die Formen (a, b, c) und $(-a, b, -c)$ äquivalent sind, und

Um nun die unbestimmte Gleichung $t^2 - Du^2 = \sigma^2$ zu lösen, in welcher D eine beliebige nicht quadratische positive Zahl, und

---

man erkennt leicht (aus §. 82), dass sie dann auch stets eintreten muss. Führt man nun die Untersuchung über die Aequivalenz dieser beiden Formen genau ebenso durch wie in §. 62, so erhält man das Resultat: Die Coefficienten einer jeden Substitution $\binom{\lambda, \mu}{\nu, \varrho}$, durch welche eine Form (a, b, c) von der Determinante D und vom Theiler σ in die Form $(-a, b, -c)$ übergeht, sind in den Formeln

$$\lambda = \frac{t - bu}{\sigma}, \quad \mu = \frac{cu}{\sigma}, \quad \nu = \frac{au}{\sigma}, \quad \varrho = -\frac{t + bu}{\sigma} \tag{I}$$

enthalten, wo t, u zwei ganze Zahlen bedeuten, welche der unbestimmten Gleichung

$$t^2 - Du^2 = -\sigma^2 \tag{II}$$

Genüge leisten; und umgekehrt, giebt es zwei solche ganze Zahlen t, u, so liefern jene Formeln (I) stets eine Substitution von der angegebenen Beschaffenheit. Die erwähnte Erscheinung wird daher stets und nur dann auftreten, wenn die Gleichung (II) *möglich* ist; tritt sie daher in der Periode irgend einer Form auf, so wird sie auch in allen Perioden derjenigen Formen auftreten, welche zu derselben *Ordnung* gehören (§. 61); ist ferner die Gleichung $t^2 - Du^2 = -1$ möglich, so wird sie bei allen Perioden dieser Determinante D auftreten. Dies ist z. B. stets der Fall, wenn $D = p^{2s+1}$ und p eine positive Primzahl $\equiv 1 \pmod{4}$ ist; denn sind T, U die *kleinsten* positiven Zahlen, welche der Gleichung $T^2 - DU^2 = +1$ genügen (§. 84), so ist T ungerade, U gerade, und

$$\frac{T-1}{2} \cdot \frac{T+1}{2} = D\left(\frac{U}{2}\right)^2;$$

da die beiden Factoren linker Hand relative Primzahlen sind, so ist einer und nur einer von ihnen durch D theilbar, und der Quotient gewiss eine Quadratzahl; wäre nun $T - 1 = 2Df^2$, $T + 1 = 2g^2$, $U = 2fg$, so wäre $g^2 - Df^2 = +1$, und $f < U$, gegen die Voraussetzung; es muss daher $T - 1 = 2f^2$, $T + 1 = 2Dg^2$, $U = 2fg$, und also $f^2 - Dg^2 = -1$ sein, w. z. b. w. Zugleich leuchtet ein, dass $T + U\sqrt{D} = (f + g\sqrt{D})^2$ ist, was nur ein specieller Fall eines allgemeineren Satzes ist.

Besonders interessante Resultate erhält man, wenn man, falls die Gleichung (II) möglich ist, die Perioden von *zweiseitigen* Formen betrachtet (§. 78). Um uns auf den einfachsten Fall zu beschränken, nehmen wir an, die Gleichung $t^2 - Du^2 = -1$ sei möglich; ist nun λ die grösste in $\sqrt{D}$ enthaltene ganze Zahl, also $\varphi_0 = (1, \lambda, \lambda^2 - D)$ eine reducirte und zugleich zweiseitige Form, deren Periode $2n$ Glieder enthält (§. 79), so ist n ungerade $= 2m + 1$; da ferner für jeden Index h gleichzeitig

$$\varphi_h = (a, b, c), \quad \varphi_{2n-1-h} = (c, b, a), \quad \varphi_{h+n} = (-a, b, -c)$$

ist, so folgt, dass $\varphi_m = (a, b, -a)$, $\varphi_{3m+1} = (-a, b, a)$, also $D = a^2 + b^2$ ist, wo a ungerade und relative Primzahl zu b ist, weil φ_0 eine ursprüngliche Form der ersten Art ist. Da wir vorhin gesehen haben, dass dieser Fall stets eintritt, wenn D eine Primzahl $\equiv 1 \pmod{4}$ ist, so liegt hierin entweder $D \equiv 0 \pmod{\sigma^2}$, oder $4D \equiv \sigma^2 \pmod{4\sigma^2}$ ist, nehmen wir eine beliebige *reducirte* Form (a, b, c) von der Determinante D und vom Theiler σ. (Dass eine solche stets existirt, leuchtet aus §§. 61, 76 unmittelbar ein.) Wir nehmen ferner, was stets gestattet ist, a *positiv*, und folglich c *negativ* an; dann ist die erste Wurzel ω dieser Form positiv, und folglich

$$\omega = (k_0, \; k_1 \ldots k_{2hn-2}, \; k_{2hn-1}, \; \omega),$$

wo $2n$ die Gliederanzahl der Formenperiode, und h eine beliebige positive ganze Zahl ist. Setzt man nun

$$\frac{\gamma}{\alpha} = (k_0, \; k_1 \ldots k_{2hn-2}); \; \frac{\delta}{\beta} = (k_0, \; k_1 \ldots k_{2hn-1}),$$

d. h. (nach §. 23):

$$\alpha = [k_1 \ldots k_{2hn-2}], \; \beta = [k_1 \ldots k_{2hn-2}, \; k_{2hn-1}],$$
$$\gamma = [k_0, k_1 \ldots k_{2hn-2}], \; \delta = [k_0, k_1 \ldots k_{2hn-2}, \; k_{2hn-1}],$$

so ist nach den schon öfter benutzten Sätzen $\alpha\delta - \beta\gamma = 1$ und

$$\alpha + \beta\omega = [k_1 \ldots k_{2hn-2}, \; k_{2hn-1}, \; \omega]$$
$$\gamma + \delta\omega = [k_0, k_1 \ldots k_{2hn-2}, \; k_{2hn-1}, \; \omega]$$

und folglich

$$\frac{\gamma + \delta\omega}{\alpha + \beta\omega} = (k_0, \; k_1 \ldots k_{2hn-2}, \; k_{2hn-1}, \; \omega) = \omega,$$

woraus unmittelbar folgt (§. 73), dass die Form (a, b, c) durch die Substitution $\binom{\alpha, \beta}{\gamma, \delta}$ in sich selbst übergeht.

Setzt man daher für h der Reihe nach alle positiven ganzen Zahlen 1, 2, 3 ..., so erhält man durch die Zähler und Nenner der Näherungsbrüche vom Range $2hn - 1$ und $2hn$ jedesmal eine entsprechende Transformation $\binom{\alpha, \beta}{\gamma, \delta}$ der Form (a, b, c) in sich selbst (wenn $n = 1$ ist und $h = 1$ genommen wird, hat man $\alpha = 1$, $\beta = k_1$, $\gamma = k_0$, $\delta = k_0 k_1 + 1$ zu setzen); die vier Coefficienten $\alpha, \beta, \gamma, \delta$ sind immer *positiv*, und da ausserdem mit wachsendem h auch nothwendig die Zähler und Nenner der Näherungsbrüche beständig wachsen, so entsprechen zwei verschiedenen Werthen von h auch zwei verschiedene Substitutionen $\binom{\alpha, \beta}{\gamma, \delta}$.

---

ein neuer Beweis des Fermat'schen Satzes (§. 68), und zugleich eine directe Methode, die Zerlegung einer solchen Primzahl D in zwei Quadrate aus der Entwicklung von $\sqrt{D}$ in einen Kettenbruch abzuleiten (vergl. *Gauss: D. A.* art. 265; *Legendre: Théorie des Nombres*, 3me éd. Tom. I, §. VII. (52)). Dies Resultat steht in der engsten Beziehung zu der biquadratischen Hülfsgleichung, welche bei der Theilung des Kreises in D gleiche Theile auftritt.

Umgekehrt wollen wir nun zeigen, dass man auf diese Weise *alle* die Transformationen $\binom{\alpha,\ \beta}{\gamma,\ \delta}$ der Form (a, b, c) in sich selbst erhält, in denen die vier Coefficienten $\alpha, \beta, \gamma, \delta$ sämmtlich *positiv* sind*). Denn es sei $\binom{\alpha,\ \beta}{\gamma,\ \delta}$ eine solche Substitution, so ist (§. 73)

$$\alpha\delta - \beta\gamma = 1 \text{ und } \omega = \frac{\gamma + \delta\omega}{\alpha + \beta\omega},$$

also auch

$$\beta\omega^2 + (\alpha - \delta)\omega - \gamma = 0,$$

und zwar müssen dieser quadratischen Gleichung beide Wurzeln der Form genügen. Da nun die eine zwischen 1 und $+\infty$, die andere zwischen -1 und 0 liegt, so muss die linke Seite dieser Gleichung für $\omega = 1$ negativ, für $\omega = -1$ positiv ausfallen; hieraus folgt, dass

$$\gamma + \delta > \alpha + \beta, \quad \beta + \delta > \alpha + \gamma$$

ist, wo die Ungleichheitszeichen die Gleichheit ausschliessen. Da wir beweisen wollen, dass $\gamma:\alpha$ und $\delta:\beta$ zwei auf einander folgende Näherungsbrüche eines regelmässigen Kettenbruchs $(k_0, k_1 \ldots)$ sind, so haben wir vor allem zu zeigen, dass $\gamma \geqq \alpha$ und $\delta > \gamma$ ist; dies ergiebt sich in der That aus den vorstehenden Ungleichheiten. Wäre nämlich $\delta \leqq \gamma$, so würde aus der zweiten Ungleichheit folgen, dass $\alpha < \beta$ und also auch $\alpha\delta < \beta\gamma$ sein müsste, während doch $\alpha\delta = \beta\gamma + 1$ ist; also ist gewiss $\delta > \gamma$. Wäre ferner $\gamma < \alpha$, also $\alpha = \gamma + \varrho$, wo ϱ eine positive ganze Zahl bedeutet, so würde aus der ersten Ungleichheit folgen, dass $\delta > \beta + \varrho$, also auch

$$\alpha\delta - \beta\gamma > (\beta + \gamma)\varrho + \varrho^2$$

wäre; dies ist aber wieder unmöglich, da die linke Seite $= 1$, die rechte aber mindestens $= 3$ ist, weil β, γ, ϱ positive ganze Zahlen bedeuten; also ist in der That $\gamma \geqq \alpha$.

Hieraus folgt nun weiter, dass man

$$\frac{\gamma}{\alpha} = (\gamma', m \ldots q, r)$$

setzen kann, wo die Elemente $\gamma', m \ldots q, r$ sämmtlich positiv sind, und zwar kann man es so einrichten, dass ihre Anzahl ungerade ist, weil man eventuell wieder r in $r - 1 + \frac{1}{1}$ auflösen

*) Das Folgende bildet nur einen speciellen Fall der in der Anmerkung zu §. 82 angedeuteten Untersuchung.

kann. Nehmen wir ferner zunächst an, dass $\alpha > 1$ ist, so ist auch $\gamma > \alpha$ und γ nicht theilbar durch α, und folglich enthält der Kettenbruch mindestens drei Elemente. Bilden wir daher den unmittelbar vorausgehenden Näherungsbruch

$$\frac{\varphi}{f} = (\gamma', m \ldots q),$$

so folgt aus $\alpha\varphi - f\gamma = 1$ und $\alpha\delta - \beta\gamma = 1$, dass man wieder $\beta = f + \alpha\beta'$, $\delta = \varphi + \gamma\beta'$ setzen kann, und hierin wird β' eine *positive* ganze Zahl sein. Wäre nämlich $\beta' = 0$, so wäre $\delta = \varphi$, und da φ gewiss $< \gamma$ ist, so wäre $\delta < \gamma$, während doch $\delta > \gamma$ ist; wäre ferner β' negativ, so wäre auch δ negativ, gegen unsere Voraussetzung, dass $\alpha, \beta, \gamma, \delta$ positive ganze Zahlen sind. Es ist daher

$$\frac{\delta}{\beta} = (\gamma', m \ldots q, r, \beta')$$

und folglich, ähnlich wie früher,

$$\omega = \frac{\gamma + \delta\omega}{\alpha + \beta\omega} = (\gamma', m \ldots q, r, \beta', \omega),$$

wo nun die Anzahl der positiven Elemente $\gamma', m \ldots q, r, \beta'$ gerade ist*). In dem bisher ausgeschlossenen Fall $\alpha = 1$ erhält man ein ganz ähnliches Resultat, denn dann ist

$$\omega = \frac{\gamma + (\beta\gamma + 1)\omega}{1 + \beta\omega} = (\gamma, \beta, \omega).$$

Wir erhalten daher für ω stets einen regelmässigen periodischen Kettenbruch

$$\omega = (\gamma', m \ldots q, r, \beta'; \gamma', m \ldots),$$

in welchem die Anzahl der Glieder $\gamma', m \ldots q, r, \beta'$ eine gerade ist. Da nun ein Werth ω nur auf eine einzige Weise in einen regelmässigen Kettenbruch entwickelt werden kann, so müssen die Zahlen $\gamma', m \ldots$ der Reihe nach mit den Zahlen $k_0, k_1 \ldots$ übereinstimmen; und da wir uns oben überzeugt haben, dass jede Periode der Zahlen k, deren Gliederzahl gerade ist, entweder mit der Reihe der den sämmtlichen $2n$ Formen entsprechenden Zahlen k identisch ist oder aus einer mehrmaligen Wiederholung

---

*) Dasselbe ergiebt sich auch unmittelbar daraus, dass die grössten in den Brüchen $\gamma : \alpha$, $\beta : \alpha$ enthaltenen ganzen Zahlen γ', β' zufolge der obigen Ungleichheiten positiv sind (vergl. §. 81).

dieser kleinsten Periode von gerader Gliederanzahl besteht, so ist also $r = k_{2hn-2}$, $\beta' = k_{2hn-1}$, wo h irgend eine positive ganze Zahl bezeichnet, und folglich

$$\frac{\gamma}{\alpha} = (k_0, k_1 \ldots k_{2hn-2}), \quad \frac{\delta}{\beta} = (k_0, k_1 \ldots k_{2hn-2}, k_{2hn-1}),$$

was zu beweisen war.

Nachdem wir gezeigt haben, wie wir alle aus vier *positiven* Coefficienten bestehenden Transformationen der reducirten Form (a, b, c) in sich selbst finden können, deren erster Coefficient a *positiv* ist, brauchen wir nur noch einen Blick auf die obigen Formeln

$$\alpha = \frac{t - bu}{\sigma}, \ \beta = -\frac{cu}{\sigma}, \ \gamma = \frac{au}{\sigma}, \ \delta = \frac{t + bu}{\sigma}$$

zu werfen, um sogleich zu erkennen, dass die hieraus resultirenden Lösungen t, u der unbestimmten Gleichung stets aus zwei *positiven* Zahlen t, u bestehen. Für u folgt dies aus der dritten Formel; da ferner, wie wir gesehen haben, $\delta > \gamma$ und $\gamma \geqq \alpha$, also $\delta > \alpha$ ist, so ergiebt sich, dass auch t positiv ist. Das Umgekehrte ist ebenfalls richtig; sind t, u zwei positive der unbestimmten Gleichung genügende Zahlen, so besteht die aus denselben abgeleitete Substitution $\binom{\alpha, \beta}{\gamma, \delta}$ aus vier positiven Zahlen; denn da die Form (a, b, c) reducirt, also b positiv, und der Annahme nach a positiv, also c negativ ist, so sind zunächst β, γ, δ positiv; endlich ist $t^2 - b^2u^2 = \sigma^2 - acu^2$ positiv, folglich hat $t - bu$, also auch α, dasselbe Zeichen wie $t + bu$, nämlich das positive.

§. 84.

Wir können daher behaupten, dass alle aus zwei positiven Zahlen t, u bestehenden Lösungen — und auf diese kommt es uns zunächst allein an — durch die Kettenbruchentwicklung der Wurzel ω der Form (a, b, c) gefunden werden, und zwar jede nur ein einziges Mal. Aus dem Anblick der unbestimmten Gleichung $t^2 - Du^2 = \sigma^2$ geht aber hervor, dass die zusammengehörigen positiven Werthe t, u gleichzeitig wachsen und gleichzeitig abnehmen; dasselbe folgt auch aus der Natur der Zähler und Nenner der Näherungsbrüche; u, und folglich auch t, wird gleichzeitig mit

γ, also auch mit der von uns mit h bezeichneten Zahl wachsen; nehmen wir $h = 1$, so wird die entsprechende Lösung, die wir mit (T, U) bezeichnen wollen, aus den kleinsten Zahlen bestehen, d. h. T wird die kleinste aller Zahlen t, und gleichzeitig wird U die kleinste aller Zahlen u sein (die Lösung $t = \sigma$, $u = 0$ gehört natürlich nicht zu den positiven Lösungen). Diese kleinste Lösung T, U findet man daher sehr leicht durch Entwicklung einer Periode von reducirten Formen.

Beispiel 1: Nimmt man für die Determinante $D = 79$ die reducirte Form $(7, 3, -10)$, welche natürlich von der ersten Art ist, so erhält man (§. 79)

$$k_0 = 1, \quad k_1 = 5, \quad k_2 = 3, \quad k_3 = 2, \quad k_4 = 1, \quad k_5 = 1;$$

die successiven Näherungsbrüche sind folgende:

$$\frac{1}{1}, \quad \frac{6}{5}, \quad \frac{19}{16}, \quad \frac{44}{37}, \quad \frac{63}{53}, \quad \frac{107}{90};$$

aus den beiden letzten ergiebt sich daher die Substitution $\binom{53,\ 90}{63,\ 107}$; will man nur die kleinste Lösung der Gleichung $t^2 - Du^2 = \sigma^2$, so braucht man nur die Nenner der Näherungsbrüche bis $\beta = 90$, oder die Zähler derselben bis $\gamma = 63$ zu bilden, so findet man durch die Formeln $\beta\sigma = -cu$ oder $\gamma\sigma = au$ die kleinste der Zahlen u, nämlich $U = 9$, und hieraus das zugehörige $T = \sqrt{(\sigma^2 + DU^2)} = 80$. Statt dessen findet man T auch durch die Formel $\alpha\sigma + bU$ oder $\delta\sigma - bU$.

Nimmt man die reducirte Form $(1, 8, -15)$, so findet man folgende Zahlen (§. 79)

$$k_0 = 1, \quad k_1 = 7, \quad k_2 = 1, \quad k_3 = 16;$$

also die Näherungsbrüche

$$\frac{1}{1}, \quad \frac{8}{7}, \quad \frac{9}{8}, \quad \frac{152}{135};$$

die beiden letzten liefern die Substitution $\binom{8,\ 135}{9,\ 152}$, und hieraus ergiebt sich wieder $U = 9$, $T = 80$, wie vorher.

Beispiel 2: Es sei $D = 13 \equiv 1 \pmod{4}$; um die kleinste Auflösung der Gleichung $t^2 - 13u^2 = 4$ zu finden, nehmen wir die reducirte Form $(2, 3, -2)$, so ist (§. 79)

$$k_0 = 3, \quad k_1 = 3;$$

die Näherungsbrüche sind also $\frac{3}{1}$ und $\frac{10}{3}$; dadurch erhalten wir die Substitution $\binom{1,\ 3}{3,\ 10}$ und hieraus $U = 3$, $T = 11$.

§. 85.

Nachdem wir gezeigt haben, wie die kleinste positive Lösung (T, U) der unbestimmten Gleichung immer gefunden werden kann, gehen wir dazu über, alle anderen Lösungen (t, u) auf diese eine zurückzuführen. Der Bequemlichkeit halber wollen wir, wenn t, u irgend zwei (positive oder negative) der Gleichung $t^2 - Du^2 = \sigma^2$ genügende Zahlen sind, und $\sqrt{D}$ stets positiv genommen wird, die Ausdrücke

$$\frac{t + u\sqrt{D}}{\sigma}, \quad \frac{t - u\sqrt{D}}{\sigma}$$

die zu dieser Lösung (t, u) gehörigen Factoren nennen und als *ersten* und *zweiten Factor* von einander unterscheiden; das Product beider ist stets $= 1$; sie haben daher immer gleiche Zeichen, und zwar das positive oder negative, je nachdem t positiv oder negativ ist; haben ferner t und u gleiche Zeichen, so ist der erste Factor numerisch grösser als der zweite, folglich ist dann der erste numerisch > 1, der zweite numerisch < 1; das Gegentheil findet statt, wenn t und u entgegengesetzte Zeichen haben; und wenn $u = 0$ ist, sind beide Factoren $= \pm 1$. Ist also z. B. (t, u) eine aus zwei positiven Zahlen bestehende Lösung, so ist ihr erster Factor ein positiver unechter Bruch; und umgekehrt, ist der erste Factor ein positiver unechter Bruch, so sind beide Zahlen t, u positiv.

Sind (t', u') und (t'', u'') irgend zwei identische oder verschiedene Lösungen, so kann man

$$\frac{t' + u'\sqrt{D}}{\sigma} \cdot \frac{t'' + u''\sqrt{D}}{\sigma} = \frac{t + u\sqrt{D}}{\sigma}$$

setzen, wo (t, u) wieder eine Lösung bedeutet. Denn entwickelt man das Product links und trennt das Rationale vom Irrationalen, so findet man

$$t = \frac{t't'' + Du'u''}{\sigma}, \quad u = \frac{t'u'' + u't''}{\sigma};$$

da ferner aus der obigen Gleichung unmittelbar durch Verwandlung von $\sqrt{D}$ in $-\sqrt{D}$ oder auch durch den blossen Anblick der Ausdrücke für t, u die andere Gleichung

$$\frac{t' - u'\sqrt{D}}{\sigma} \cdot \frac{t'' - u''\sqrt{D}}{\sigma} = \frac{t - u\sqrt{D}}{\sigma}$$

folgt, so ergiebt sich durch Multiplication beider

$$t^2 - Du^2 = \sigma^2;$$

es braucht daher nur noch gezeigt zu werden, dass u eine ganze Zahl ist, weil dann aus der vorstehenden Gleichung von selbst folgt, dass t^2, also auch t eine ganze Zahl ist. Geht nun σ^2 in D, folglich auch in t'^2, t''^2 auf, so sind t', t'' theilbar durch σ, und folglich ist u eine ganze Zahl; ist aber $4D \equiv \sigma^2 \pmod{4\sigma^2}$, so folgt $(2t')^2 \equiv (\sigma u')^2 \pmod{4\sigma^2}$, hieraus $2t' \equiv \sigma u'$, und ebenso $2t'' \equiv \sigma u'' \pmod{2\sigma}$, folglich $2(t'u'' + u't'') \equiv 2\sigma u'u'' \equiv 0 \pmod{2\sigma}$; mithin ist u auch jetzt eine ganze Zahl, w. z. b. w.

Dieser Satz lässt sich ohne Weiteres auf beliebig viele Lösungen (t', u'), (t'', u''), (t''', u''') . . . ausdehnen: setzt man

$$\frac{t' + u'\sqrt{D}}{\sigma} \cdot \frac{t'' + u''\sqrt{D}}{\sigma} \cdot \frac{t''' + u'''\sqrt{D}}{\sigma} \cdots = \frac{t + u\sqrt{D}}{\sigma},$$

so wird (t, u) stets wieder eine ganzzahlige Lösung sein. Bestehen ferner alle jene Lösungen aus zwei positiven Zahlen, so sind alle Factoren linker Hand positive unechte Brüche; dasselbe gilt also auch von dem ersten Factor der Auflösung (t, u), und folglich sind t, u zwei positive Zahlen.

Setzen wir alle die einzelnen Lösungen (t', u'), (t'', u'') . . . identisch mit der kleinsten positiven Lösung (T, U), so können wir

$$\left(\frac{T + U\sqrt{D}}{\sigma}\right)^n = \frac{t_n + u_n\sqrt{D}}{\sigma}$$

setzen, wo n eine beliebige positive ganze Zahl bedeutet, und es wird dann (t_n, u_n) jedesmal eine positive Lösung werden; zugleich leuchtet ein, dass mit wachsendem Exponenten n der Werth der linker Hand stehenden Potenz eines unechten Bruches, und folglich auch $t_n + u_n\sqrt{D}$ beständig wächst, so dass verschiedene Werthe von n auch verschiedene Lösungen (t_n, u_n) liefern; und da die beiden Zahlen t_n, u_n entweder beide gleichzeitig wachsen, oder beide gleichzeitig abnehmen, so tritt offenbar das erstere oder letztere ein, je nachdem n wächst oder abnimmt.

Umgekehrt können wir zeigen, dass durch die vorstehende Formel in der That jede positive Lösung (t, u) geliefert wird. Denn wäre der erste Factor einer solchen Lösung keine genaue

Potenz des ersten Factors der kleinsten Lösung (T, U), so müsste er, da beide positive unechte Brüche sind, zwischen zwei successiven Potenzen

$$\left(\frac{T + U\sqrt{D}}{\sigma}\right)^n \text{ und } \left(\frac{T + U\sqrt{D}}{\sigma}\right)^{n+1}$$

des letzteren liegen, wo n mindestens $= 1$ ist. Dann wäre also

$$\frac{t_n + u_n\sqrt{D}}{\sigma} < \frac{t + u\sqrt{D}}{\sigma} < \frac{t_n + u_n\sqrt{D}}{\sigma} \cdot \frac{T + U\sqrt{D}}{\sigma},$$

und folglich, wenn man

$$\frac{t + u\sqrt{D}}{\sigma} \cdot \frac{t_n - u_n\sqrt{D}}{\sigma} = \frac{t' + u'\sqrt{D}}{\sigma}$$

setzt,

$$1 < \frac{t' + u'\sqrt{D}}{\sigma} < \frac{T + U\sqrt{D}}{\sigma};$$

es existirte daher eine positive Lösung (t', u'), welche aus kleineren Zahlen t', u' bestände, als die kleinste Lösung (T, U); was unmöglich ist.

Man findet daher alle aus zwei positiven Zahlen bestehenden Lösungen durch die Formeln

$$\frac{t_n}{\sigma} = \frac{1}{\sigma^n}\left\{T^n + \frac{n(n-1)}{1.2} T^{n-2} U^2 D + \cdots\right\}$$

$$\frac{u_n}{\sigma} = \frac{1}{\sigma^n}\left\{\frac{n}{1} T^{n-1} U + \frac{n(n-1)(n-2)}{1.2.3} T^{n-3} U^3 D + \cdots\right\}$$

wenn man der Reihe nach für n alle positiven ganzen Zahlen setzt. Da nun ferner

$$\frac{t_n - u_n\sqrt{D}}{\sigma} = \left(\frac{T - U\sqrt{D}}{\sigma}\right)^n = \left(\frac{T + U\sqrt{D}}{\sigma}\right)^{-n}$$

ist, so ergiebt sich, dass durch die Formel

$$\frac{t_n + u_n\sqrt{D}}{\sigma} = \left(\frac{T + U\sqrt{D}}{\sigma}\right)^n$$

sämmtliche Lösungen t_n, u_n gegeben sind, in welchen t_n positiv ist, wenn man für n alle ganzen positiven und negativen Zahlen setzt, indem $u_{-n} = -u_n$, $t_{-n} = t_n$ ist. Für $n = 0$ ergiebt sich ferner $t_0 = +\sigma$, $u_0 = 0$. Will man daher alle Lösungen t, u ohne Ausnahme in eine Formel zusammendrängen, so braucht man nur

$$\frac{t + u\sqrt{D}}{\sigma} = \pm \left(\frac{T + U\sqrt{D}}{\sigma}\right)^n$$

zu setzen, und hierin jedes der beiden Vorzeichen mit jedem ganzzahligen Exponenten n zu combiniren. Dass auf diese Weise keine Lösung übergangen, und jede nur einmal erzeugt wird, folgt unmittelbar daraus, dass unter den vier verschiedenen Lösungen

$$(t, u), (t, -u), (-t, u), (-t, -u),$$

wenn u nicht $= 0$ ist, immer eine und nur eine aus zwei positiven Zahlen besteht.

Hiermit ist nun das zweite Hauptproblem der Lehre von der Aequivalenz auch für Formen von *positiver* Determinante vollständig gelöst. Wir sind durch die vollständige Auflösung der unbestimmten Gleichung $t^2 - Du^2 = \sigma^2$ in den Stand gesetzt, alle Transformationen einer solchen Form in sich selbst, und folglich auch alle Transformationen einer Form in eine äquivalente aus einer einzigen gegebenen solchen Transformation zu finden (§§. 61, 62); mithin ist auch die Aufgabe, alle eigentlichen Darstellungen einer gegebenen Zahl durch eine gegebene Form von positiver Determinante zu finden, als vollständig gelöst anzusehen (§. 60).

Fünfter Abschnitt.

Bestimmung der Anzahl der Classen, in welche die binären quadratischen Formen von gegebener Determinante zerfallen.

§. 86.

Wir schreiten nun, nachdem die elementaren Theile der Theorie der quadratischen Formen behandelt sind, zu tieferen Untersuchungen, und namentlich zur *Bestimmung der Classenanzahl der Formen von einer gegebenen Determinante**). Hierbei dürfen wir uns auf *ursprüngliche Formen der ersten oder zweiten Art* beschränken, weil die Classenanzahl derivirter Formen ($\tau a'$, $\tau b'$, $\tau c'$) sich offenbar aus der der ursprünglichen Formen (a', b', c') ergiebt (§. 61); wenn ferner die Determinante *negativ* ist, so beschränken wir uns auf die Formen mit *positiven äusseren Coefficienten*, da die Classenanzahl der anderen Formen offenbar genau ebenso gross ist (§. 64). Unter diesen Beschränkungen denken wir uns ein vollständiges Formensystem S der σten Art für die Determinante D gebildet (§. 59). Zur Bestimmung der Anzahl der in diesem System S enthaltenen Formen (a, b, c) führt die Betrachtung und genaue Definition aller durch sie darstellbaren Zahlen. Da durch eine Form der zweiten Art nur gerade Zahlen

---

*) *G. Lejeune Dirichlet: Recherches sur diverses applications de l'analyse infinitésimale à la théorie des nombres*, Crelle's Journal Bdde. 19, 21. — Vergl. *Gauss: D. A.* Additam. ad art. 306. X, und die nachgelassenen Abhandlungen: *De nexu inter multitudinem classium in quas formae binariae secundi gradus distribuuntur earumque determinantem*, Gauss Werke Bd. II. 1863. — Vergl. ferner *Hermite: Sur la théorie des formes quadratiques* (Comptes rendus de l'Ac. de Paris, 3. novembre 1862).

dargestellt werden können, so bezeichnen wir, um beide Fälle zusammenzufassen, die darstellbaren Zahlen allgemein mit σm, und ausserdem beschränken wir uns auf die Betrachtung derjenigen, in welchen m *positiv, ungerade und relative Primzahl gegen die Determinante* D ist. Endlich beschränken wir uns vorläufig noch auf *eigentliche* Darstellungen, d. h. auf die Annahme, dass die beiden darstellenden Zahlen x, y relative Primzahlen sind (§. 60).

Um den Charakter dieser Zahlen m genau festzustellen, erinnern wir uns, dass die Determinante D quadratischer Rest von jeder darstellbaren Zahl σm, d. h. dass die Congruenz

$$z^2 \equiv D \pmod{\sigma m}$$

möglich ist (§. 60). Es können daher in der ungeraden Zahl m nur solche Primzahlen f aufgehen, für welche

$$\left(\frac{D}{f}\right) = 1$$

ist. Umgekehrt: enthält m nur solche Primzahlen f, und ist die Anzahl der verschiedenen unter ihnen $= \mu$ (wo der Fall $\mu = 0$ nicht ausgeschlossen bleibt), so ist D quadratischer Rest von m, also auch von σm, und die obige Congruenz hat genau 2^μ incongruente Wurzeln (§. 37). Ist n ein bestimmter Repräsentant einer bestimmten dieser Wurzeln, so können wir $n^2 - D = \sigma^2 m l$ setzen, wo l eine ganze Zahl bedeutet (denn wenn $\sigma = 2$, also $D \equiv 1 \pmod{4}$ ist, so ist n ungerade, also $n^2 - D$ durch $\sigma^2 = 4$ theilbar). Dann ist $(\sigma m, n, \sigma l)$, weil m relative Primzahl zu $2D$, eine ursprüngliche Form der σten Art von der Determinante D und folglich einer und nur einer in dem System S enthaltenen Form äquivalent*). Ist (a, b, c) diese Form des Systems, so liefert nur sie solche Darstellungen (x, y) der Zahl σm, welche zu der durch n repräsentirten Wurzel der obigen Congruenz gehören, und zwar ebenso viele verschiedene solche Darstellungen (x, y), als es Transformationen $\binom{x, \xi}{y, \eta}$ der Form (a, b, c) in die Form $(\sigma m, n, \sigma l)$, d. h. ebenso viele, als es Lösungen (t, u) der unbestimmten Gleichung $t^2 - Du^2 = \sigma^2$ giebt (§§. 60, 61, 62). Den Complex aller dieser Darstellungen der Zahl σm, welche zu einer und derselben durch

*) Da der Coefficient σm positiv ist, so gilt dies auch für den Fall, in welchem D negativ ist, und also S nur Formen mit positiven äusseren Coefficienten enthält.

n repräsentirten Wurzel der obigen Congruenz gehören, wollen wir eine *Gruppe* von Darstellungen nennen. Den 2^μ incongruenten Wurzeln dieser Congruenz entsprechen daher 2^μ solche Gruppen von Darstellungen derselben Zahl σm durch Formen des Systems S, und in jeder Gruppe sind ebenso viele Darstellungen enthalten, als es Lösungen der Gleichung $t^2 - Du^2 = \sigma^2$ giebt.

Das System der Zahlen m ist nun also vollständig definirt durch die Bedingungen:

1. *m ist positiv;*
2. *m ist relative Primzahl gegen $2D$;*
3. *D ist quadratischer Rest von m.*

§. 87.

Jetzt haben wir die Darstellungen von σm, welche einer und derselben Gruppe angehören, genauer zu betrachten.

Für den Fall einer *negativen* Determinante D ist die Anzahl $\varkappa$ der Lösungen (t, u) der unbestimmten Gleichung $t^2 - Du^2 = \sigma^2$ endlich; dieselbe ist zugleich die Anzahl aller zu einer Gruppe gehörenden Darstellungen einer jeden Zahl σm; bedeutet also μ wieder die Anzahl der verschiedenen in m aufgehenden Primzahlen f, so ist 2^μ die Anzahl der Gruppen, deren jede $\varkappa$ Darstellungen enthält, und folglich ist

$$\varkappa \,.\, 2^\mu$$

die Gesammtanzahl aller Darstellungen der Zahl σm; und hierin ist (§. 62)

$$\varkappa = 2 \text{ im Allgemeinen;}$$
$$\varkappa = 4, \text{ wenn } D = -1,$$
$$\varkappa = 6, \text{ wenn } D = -3 \text{ und } \sigma = 2$$

ist.

Für den Fall einer *positiven* Determinante D dagegen ist die Anzahl der Lösungen (t, u) der unbestimmten Gleichung $t^2 - Du^2 = \sigma^2$, und folglich auch die Anzahl der in jeder der 2^μ Gruppen enthaltenen Darstellungen der Zahl σm *unendlich gross*. Wir gehen daher zunächst darauf aus, durch neue Bedingungen, welche den darstellenden Zahlen x, y aufzuerlegen sind, aus den unendlich vielen in einer Gruppe enthaltenen Darstellungen stets *eine einzige* zu isoliren. Dazu betrachten wir die allgemeine Form aller derselben Gruppe angehörenden Darstellungen (x, y) der Zahl σm. Ist wieder (a, b, c) die Form des Systems S, mit welcher die Form $(\sigma m, n, \sigma l)$ äquivalent ist, und ist $\binom{\alpha,\ \beta}{\gamma,\ \delta}$ eine bestimmte Transformation der ersteren Form in die letztere, so erhält man (nach §. 61) aus dieser einen alle anderen durch die Zusammensetzung

$$\binom{\lambda,\ \mu}{\nu,\ \varrho}\binom{\alpha,\ \beta}{\gamma,\ \delta} = \binom{\lambda\alpha + \mu\gamma,\ \lambda\beta + \mu\delta}{\nu\alpha + \varrho\gamma,\ \nu\beta + \varrho\delta}$$

aller Substitutionen $\binom{\lambda,\ \mu}{\nu,\ \varrho}$, durch welche (a, b, c) in sich selbst übergeht, mit dieser bestimmten Substitution $\binom{\alpha,\ \beta}{\gamma,\ \delta}$. Da nun (nach §. 60) jedesmal der erste und dritte Coefficient einer solchen Substitution eine zu der Wurzel n gehörende Darstellung liefern, und da auch umgekehrt jede solche Darstellung (x, y) auf diese Weise, und zwar nur ein einziges Mal erzeugt wird, so ist die allgemeine Form aller dieser Darstellungen folgende:

$$x = \lambda\alpha + \mu\gamma, \quad y = \nu\alpha + \varrho\gamma;$$

da (α, γ) selbst eine solche Darstellung ist, so kann man sagen, dass diese beiden Gleichungen aus einer bestimmten Darstellung (α, γ) alle derselben Gruppe angehörenden Darstellungen (x, y) finden lehren. Nun war aber (§. 62)

$$\lambda = \frac{t - bu}{\sigma}, \quad \mu = -\frac{cu}{\sigma},$$

$$\nu = \frac{au}{\sigma}, \quad \varrho = \frac{t + bu}{\sigma},$$

wo (t, u) jede beliebige Lösung der Gleichung $t^2 - Du^2 = \sigma^2$ bedeutete; folglich erhalten wir

$$x = \alpha\frac{t}{\sigma} - (b\alpha + c\gamma)\frac{u}{\sigma}, \quad y = \gamma\frac{t}{\sigma} + (a\alpha + b\gamma)\frac{u}{\sigma}\cdot$$

Für alle diese Werthe ist daher

$$ax^2 + 2bxy + cy^2 = \sigma m;$$

durch Multiplication mit dem ersten Coefficienten ergiebt sich wie früher

$$\sigma am = (ax + (b + \sqrt{D})y)(ax + (b - \sqrt{D})y),$$

und es tritt nun die höchst merkwürdige Erscheinung auf, dass jeder der beiden irrationalen Factoren rechter Hand eine geometrische Reihe constituirt; setzt man nämlich die vorstehenden Werthe von x, y ein, so ergiebt sich leicht

$$ax + (b + \sqrt{D})y = (a\alpha + (b + \sqrt{D})\gamma)\,\frac{t + u\sqrt{D}}{\sigma},$$

$$ax + (b - \sqrt{D})y = (a\alpha + (b - \sqrt{D})\gamma)\,\frac{t - u\sqrt{D}}{\sigma};$$

wenn man also mit T, U wie früher die kleinsten positiven Werthe von t, u bezeichnet und zur Abkürzung den positiven unechten Bruch

$$\frac{T + U\sqrt{D}}{\sigma} = \theta$$

setzt, so ist (nach §. 85)

$$\begin{aligned} ax + (b + \sqrt{D})y &= \pm (a\alpha + (b + \sqrt{D})\gamma)\theta^{n} \\ ax + (b - \sqrt{D})y &= \pm (a\alpha + (b - \sqrt{D})\gamma)\theta^{-n}, \end{aligned}$$

wo n eine beliebige positive oder negative ganze Zahl oder Null sein kann. Wir betrachten nur die erste dieser beiden Gleichungen, da aus ihr die zweite schon von selbst folgt. Ist nun k irgend ein von Null verschiedener reeller Zahlwerth, so leuchtet ein, dass man das Vorzeichen der rechten Seite und den Exponenten n stets und nur auf eine einzige Weise so bestimmen kann, dass der algebraische Werth von $ax + (b + \sqrt{D})y$ zwischen den Grenzen k und $k\theta$ liegt; denn nachdem das Zeichen $\pm$ so gewählt ist, dass $\pm (a\alpha + (b + \sqrt{D})\gamma)$ gleichstimmig mit k wird, giebt es nur noch ein einziges Glied der geometrischen Reihe zwischen den beiden vorgeschriebenen Grenzen, wenn man, um für jeden Fall Unbestimmtheit zu vermeiden, die eine derselben, z. B. $k\theta$, von dem Intervall ausschliesst. Durch diese Forderung für den Werth von $ax + (b + \sqrt{D})y$ ist dann aus der unendlichen Anzahl von Darstellungen (x, y) eine einzige vollständig isolirt. Es kommt jetzt nur noch darauf an, k zweckmässig zu wählen.

Dazu können wir immer voraussetzen, dass die, eine ganze Classe repräsentirende Form (a, b, c) des Systems S einen *positiven* ersten Coefficienten a hat; denn es giebt ja in jeder Classe sogar reducirte Formen, welche diese Eigenschaft haben. Wir machen daher von jetzt ab diese Voraussetzung über die Wahl der in S enthaltenen Formen (für negative Determinanten haben wir schon früher dieselbe Forderung gemacht, um dort die eine Hälfte aller Classen ganz von der Betrachtung auszuschliessen) und müssen sie dann natürlich für alles Folgende festhalten.

Dann wählen wir für k die *positive* Quadratwurzel aus der positiven Zahl $\sigma a m$, und erhalten so die Bedingungen

$$\sqrt{\sigma a m} \leqq a x + (b + \sqrt{D}) y < \theta \sqrt{\sigma a m},$$

durch welche aus allen, derselben Gruppe angehörigen Darstellungen von σm durch (a, b, c) eine einzige (x, y) isolirt wird. Sie lassen sich, da ihre drei Glieder *positiv* sind, so umformen: quadrirt man, und bedenkt, dass

$$\sigma a m = (a x + (b + \sqrt{D}) y)(a x + (b - \sqrt{D}) y)$$

ist, so erhält man durch Division

$$a x + (b - \sqrt{D}) y \leqq a x + (b + \sqrt{D}) y < \theta^2 (a x + (b - \sqrt{D}) y);$$

durch Vergleichung der beiden ersten Glieder ergiebt sich, da $\sqrt{D}$ stets *positiv* genommen wird, die Bedingung

$$y \geqq 0;$$

die beiden letzten Glieder geben durch Division mit θ zunächst

$$(\theta - \theta^{-1})(a x + b y) > (\theta + \theta^{-1}) y \sqrt{D},$$

und wenn man θ, θ^{-1} durch ihre Werthe

$$\theta = \frac{T + U\sqrt{D}}{\sigma}, \quad \theta^{-1} = \frac{T - U\sqrt{D}}{\sigma}$$

ersetzt, so ergiebt sich

$$U(a x + b y) > T y.$$

Umgekehrt überzeugt man sich leicht, dass aus diesen beiden Bedingungen

$$y \geqq 0, \quad U(a x + b y) > T y$$

rückwärts die obigen ursprünglichen Isolirungsbedingungen folgen. Ausserdem zeigt sich, was besonders zu bemerken ist, dass in Folge dieser beiden Bedingungen auch der Werth der Form $a x^2 + 2 b x y + c y^2$ von selbst positiv ausfällt; denn da $T > U\sqrt{D}$ ist, so ergiebt sich durch Addition von $\pm U y \sqrt{D}$ auf beiden Seiten der zweiten Bedingung, dass die beiden Factoren

$$a x + (b + \sqrt{D}) y, \quad a x + (b - \sqrt{D}) y$$

positiv sind; mithin gilt dasselbe auch für ihr Product $\sigma a m$ und folglich, da a positiv ist, auch für die dargestellte Zahl σm (für Formen von negativer Determinante versteht sich dies von selbst, da wir nur solche betrachten, deren äussere Coefficienten positiv sind).

§. 88.

Mit Rücksicht auf diese letzte Bemerkung können wir nun das Vorhergehende in folgender Weise noch einmal zusammenfassen:

Es sei S ein vollständiges System ursprünglicher Formen

$$(a, b, c), \quad (a', b', c') \ldots$$

der σten Art für eine gegebene Determinante D, mit positiven ersten Coefficienten a, a' ... Dann setze man in jede dieser Formen, z. B. (a, b, c), für die Variabelen alle ganzzahligen Werthenpaare x, y ein, welche folgenden Bedingungen genügen:

I. $\dfrac{ax^2 + 2bxy + cy^2}{\sigma}$ *ist relative Primzahl zu* $2D$;

II. *im Fall einer positiven Determinante D ist*

$$y \geqq 0, \quad U(ax + by) > Ty,$$

wo T, U die kleinsten positiven, der Bedingung

$$T^2 - DU^2 = \sigma^2$$

genügenden ganzen Zahlen bedeuten;

III. *x und y sind relative Primzahlen zu einander.*

Auf diese Weise werden durch die Formen S alle diejenigen ganzen Zahlen σm und nur solche dargestellt, welche folgenden Bedingungen genügen:

1. *m ist positiv,*
2. *m ist relative Primzahl zu 2D,*
3. *D ist quadratischer Rest von m,*

und die Gesammtanzahl dieser Darstellungen einer jeden solchen Zahl σm ist gleich

$$\varkappa \,.\, 2^{\mu},$$

wo μ die Anzahl der in m aufgehenden verschiedenen Primzahlen bedeutet, während ϰ von m unabhängig ist, nämlich

$$\begin{aligned} \varkappa &= 1 \textit{ für positive Determinanten } D, \\ &= 4 \textit{ für } D = -1, \\ &= 6 \textit{ für } D = -3 \textit{ und } \sigma = 2, \\ &= 2 \textit{ in den übrigen Fällen.} \end{aligned}$$

Dasselbe System der unendlich vielen Zahlen *m* kann daher auf doppelte Art erzeugt werden, erstens durch Zusammensetzung aus den Primzahlen f, von welchen D quadratischer Rest ist, und zweitens durch die Substitution aller erlaubten Zahlenpaare x, y in die Formen des Systems S. Dieses Resultat der früheren Untersuchungen über die Aequivalenz der Formen und die Darstellbarkeit der Zahlen bildet das *Grundprincip* der folgenden Untersuchung. Wir bemerken zunächst, dass die Identität der auf die beiden verschiedenen Arten erzeugten Zahlensysteme nicht aufhören wird, wenn wir von jeder der erzeugten Zahlen eine bestimmte Function ψ nehmen, d. h. es wird wieder Identität bestehen zwischen dem Complex der Zahlen

$$\psi\left(\frac{a x^2 + 2 b x y + c y^2}{\sigma}\right), \quad \psi\left(\frac{a' x^2 + 2 b' x y + c' y^2}{\sigma}\right) \cdots$$

und dem System der Zahlen $\psi(m)$, vorausgesetzt, dass der einem bestimmten Individuum m entsprechende Functionswerth $\psi(m)$ genau $\varkappa \cdot 2^\mu$mal in den letzteren Complex aufgenommen wird. Ist daher die sonst ganz beliebige Function ψ so gewählt, dass die *Summe* aller dieser Werthe eine von der Anordnung derselben unabhängige convergente Reihe bildet, so folgt aus der angegebenen Identität die *Fundamentalgleichung*

$$\Sigma\,\psi\left(\frac{ax^2 + 2bxy + cy^2}{\sigma}\right) + \Sigma\,\psi\left(\frac{a' x^2 + 2b' xy + c' y^2}{\sigma}\right) + \cdots$$
$$= \varkappa \sum 2^\mu \psi(m).$$

Die linke Seite derselben besteht aus ebensoviel Summen, als das System S Formen (a, b, c), $(a', b', c') \ldots$ enthält, d. h. als es Formenclassen für diese Determinante giebt. Jede Summe, wie z. B.

$$\Sigma\,\psi\left(\frac{ax^2 + 2bxy + cy^2}{\sigma}\right)$$

ist eine doppelt unendliche Reihe, deren Glieder den sämmtlichen durch die Bedingungen I., II., III. definirten Zahlenpaaren x, y entsprechen (die Bedingungen I. und II. sind natürlich für die folgende Summe so zu modificiren, dass (a', b', c') an die Stelle von (a, b, c) tritt). Endlich bezieht sich die rechts angedeutete Summation auf alle aus den Primzahlen f zusammengesetzten Zahlen m, und ebenso behalten μ und $\varkappa$ ihre frühere Bedeutung. Wir specialisiren nun die Function ψ so, dass wir

$$\psi(z) = \frac{1}{z^s}$$

setzen, wo s ein beliebiger positiver Werth, aber > 1 ist; diese letztere Bedingung ist, wie wir später nachträglich zeigen werden, nothwendig, damit die vorstehenden unendlichen Reihen convergiren. Hierdurch geht unsere obige Gleichung in die folgende über:

$$\Sigma \left(\frac{a x^2 + 2 b x y + c y^2}{\sigma}\right)^{-s} + \cdots = \varkappa \Sigma \frac{2^\mu}{m^s},$$

wo der Bequemlichkeit halber links nur eine einzige der den verschiedenen Formen entsprechenden Summen aufgeschrieben ist.

§. 89.

Wir beschäftigen uns nun zunächst mit einer Umformung*) der rechten Seite dieser Gleichung; zu dem Zweck betrachten wir das System

$$f_1, f_2, f_3 \ldots$$

der sämmtlichen Primzahlen f, welche nicht in $2D$ aufgehen, und von welchen D quadratischer Rest ist. Jede der oben definirten Zahlen m ist dann von der Form

$$f_1^{n_1} f_2^{n_2} f_3^{n_3} \ldots,$$

wo die Exponenten n_1, n_2, n_3 ... positive ganze Zahlen oder Null sind, und jedes m kann auch nur auf eine einzige Weise in diese Form gebracht werden. Bilden wir nun die diesen Primzahlen entsprechenden unendlichen Reihen

$$1 + \frac{2}{f_1^s} + \frac{2}{f_1^{2s}} + \frac{2}{f_1^{3s}} + \cdots + \frac{2}{f_1^{n_1 s}} + \cdots$$

$$1 + \frac{2}{f_2^s} + \frac{2}{f_2^{2s}} + \frac{2}{f_2^{3s}} + \cdots + \frac{2}{f_2^{n_2 s}} + \cdots$$

$$1 + \frac{2}{f_3^s} + \frac{2}{f_3^{2s}} + \frac{2}{f_3^{3s}} + \cdots + \frac{2}{f_3^{n_3 s}} + \cdots \text{ u. s. w.},$$

so erkennt man leicht mit Berücksichtigung der eben gemachten Bemerkung, dass das Product aller dieser Reihen nichts Anderes als die Summe

*) Wir machen darauf aufmerksam, dass diese Umformung auch auf die allgemeinere Reihe $\Sigma 2^\mu \psi(m)$ anwendbar ist, wenn nur die Function ψ für ganze Argumente der Bedingung $\psi(z)\, \psi(z') = \psi(z z')$ genügt (vergl. §. 124).

$$\Sigma \frac{2^\mu}{m^s}$$

ist. Denn das Product aus beliebigen Gliedern der ersten, zweiten, dritten Reihe u. s. f. hat die Form

$$\frac{2^\mu}{(f_1^{n_1} f_2^{n_2} f_3^{n_3} \ldots)^s} = \frac{2^\mu}{m^s},$$

wo μ die Anzahl der wirklich in m aufgehenden Primzahlen f bedeutet, d. h. derjenigen, deren Exponent n von Null verschieden ist; es entsteht daher auf diese Weise wirklich jedes Glied der genannten Reihe, und jedes auch nur ein einziges Mal. Da nun andererseits

$$1 + \frac{2}{f^s} + \frac{2}{f^{2s}} + \frac{2}{f^{3s}} + \cdots + \frac{2}{f^{ns}} + \cdots$$

$$= 1 + \frac{2}{f^s} \cdot \frac{1}{1 - \frac{1}{f^s}} = \frac{1 + \frac{1}{f^s}}{1 - \frac{1}{f^s}}$$

ist, so erhalten wir folgende Gleichung

$$\Sigma \frac{2^\mu}{m^s} = \Pi \frac{1 + \frac{1}{f^s}}{1 - \frac{1}{f^s}},$$

in welcher das Productzeichen Π sich auf die sämmtlichen oben definirten Primzahlen f bezieht.

Bezeichnen wir mit q allgemein *jede positive nicht in* $2D$ *aufgehende Primzahl*, so leuchtet ein, dass man die vorstehende Gleichung auch in folgender Form schreiben kann:

$$\Sigma \frac{2^\mu}{m^s} = \Pi \frac{1 + \frac{1}{q^s}}{1 - \left(\frac{D}{q}\right) \frac{1}{q^s}};$$

denn so oft q nicht zu den Primzahlen f gehört, reducirt sich der entsprechende Factor des Productes auf $+1$. In der so erhaltenen Gleichung multipliciren wir Zähler und Nenner des allgemeinen Factors zur Rechten mit $1 - q^{-s}$, wodurch derselbe gleich

$$\frac{1-\frac{1}{q^{2s}}}{\left(1-\frac{1}{q^s}\right)\left(1-\left(\frac{D}{q}\right)\frac{1}{q^s}\right)} = \frac{\left(\frac{1}{1-\frac{1}{q^s}}\right)\cdot\left(\frac{1}{1-\left(\frac{D}{q}\right)\frac{1}{q^s}}\right)}{\left(\frac{1}{1-\frac{1}{q^{2s}}}\right)}$$

wird, und indem wir das unendliche Product in drei unendliche Producte zerlegen, erhalten wir

$$\Sigma\frac{2^\mu}{m^s} = \frac{\Pi\frac{1}{1-\frac{1}{q^s}}\cdot\Pi\frac{1}{1-\left(\frac{D}{q}\right)\frac{1}{q^s}}}{\Pi\frac{1}{1-\frac{1}{q^{2s}}}}.$$

Jetzt können wir endlich jedes der drei rechts befindlichen Producte wieder in eine unendliche Reihe verwandeln. Da nämlich

$$\frac{1}{1-\left(\frac{D}{q}\right)\frac{1}{q^s}} = \Sigma\left(\frac{D}{q}\right)^r\frac{1}{q^{rs}} =$$

$$1+\left(\frac{D}{q}\right)\frac{1}{q^s}+\left(\frac{D}{q}\right)^2\frac{1}{q^{2s}}+\cdots+\left(\frac{D}{q}\right)^r\frac{1}{q^{rs}}+\cdots$$

ist, so wird, wenn man für q alle, nicht in $2D$ aufgehenden Primzahlen

$$q_1,\ q_2,\ q_3\ \ldots$$

setzt, das Product aller dieser Factoren gleich der Summe aller Glieder von der Form

$$\left(\frac{D}{q_1}\right)^{r_1}\left(\frac{D}{q_2}\right)^{r_2}\left(\frac{D}{q_3}\right)^{r_3}\cdots\frac{1}{(q_1^{r_1}\,q_2^{r_2}\,q_3^{r_3}\ldots)^s},$$

wo die Exponenten $r_1, r_2, r_3 \ldots$ alle positiven ganzen Zahlen und Null zu durchlaufen haben. Das System aller der in den Nennern unter dem Exponenten s vorkommenden Zahlen

$$q_1^{r_1}\,q_2^{r_2}\,q_3^{r_3}\ldots = n$$

besteht offenbar aus sämmtlichen *positiven ganzen Zahlen* n, *welche relative Primzahlen gegen* $2D$ *sind;* jede solche Zahl n wird einmal und auch nur einmal durch ein bestimmtes System von Exponenten $r_1, r_2, r_3 \ldots$ erzeugt; gleichzeitig ist dann mit Benutzung der von *Jacobi* erweiterten Bedeutung des Legendre'schen Zeichens

$$\left(\frac{D}{q_1}\right)^{r_1}\left(\frac{D}{q_2}\right)^{r_2}\left(\frac{D}{q_3}\right)^{r_3}\cdots=\left(\frac{D}{q_1^{\,r_1}}\right)\left(\frac{D}{q_2^{\,r_2}}\right)\left(\frac{D}{q_3^{\,r_3}}\right)\cdots$$
$$=\left(\frac{D}{q_1^{\,r_1}\,q_2^{\,r_2}\,q_3^{\,r_3}\ldots}\right)=\left(\frac{D}{n}\right).$$

Hierdurch gewinnen wir also folgende Verwandlung

$$\Pi\,\frac{1}{1-\left(\frac{D}{q}\right)\frac{1}{q^s}}=\Sigma\left(\frac{D}{n}\right)\frac{1}{n^s},$$

wo das Summenzeichen rechts sich auf alle positiven Zahlen n bezieht, die relative Primzahlen gegen $2D$ sind.

Verfährt man ganz ebenso, indem man alle die Entwicklungen

$$\frac{1}{1-\frac{1}{q^s}}=1+\frac{1}{q^s}+\cdots+\frac{1}{q^{rs}}+\cdots$$

mit einander multiplicirt, so erhält man offenbar

$$\Pi\,\frac{1}{1-\frac{1}{q^s}}=\Sigma\,\frac{1}{n^s}$$

und folglich auch

$$\Pi\,\frac{1}{1-\frac{1}{q^{2s}}}=\Sigma\,\frac{1}{n^{2s}}.$$

Hierdurch haben wir die wichtige Umformung

$$\Sigma\,\frac{2^\mu}{m^s}=\frac{\Sigma\,\frac{1}{n^s}\times\Sigma\left(\frac{D}{n}\right)\frac{1}{n^s}}{\Sigma\,\frac{1}{n^{2s}}}$$

gewonnen.

§. 90.

Wir multipliciren nun beide Seiten unserer Hauptgleichung (§. 88) mit der unendlichen Reihe

$$\Sigma\,\frac{1}{n^{2s}},$$

wodurch sie dem eben gewonnenen Resultat gemäss in die folgende übergeht:

$$\Sigma \frac{1}{n^{2s}} \times \Sigma \left(\frac{ax^2+2bxy+cy^2}{\sigma}\right)^{-s} + \cdots = \varkappa \Sigma \frac{1}{n^s} \times \Sigma \left(\frac{D}{n}\right) \frac{1}{n^s}.$$

Führen wir in dem ersten Gliede links die Multiplication der beiden Summen aus, so kann das Resultat als die dreifach unendliche Reihe

$$\Sigma \left(\frac{an^2x^2+2bn^2xy+cn^2y^2}{\sigma}\right)^{-s}$$

geschrieben werden, in welcher für x, y alle den früheren Bedingungen I., II., III. genügenden Werthe (§. 88), und für n alle positiven relativen Primzahlen gegen $2D$ zu setzen sind. Diese Reihe kann man aber auch wieder als eine doppelt unendliche ansehen, wenn man

$$nx = x', \quad ny = y'$$

setzt; denn dann nimmt sie die Gestalt

$$\Sigma \left(\frac{ax'^2+2bx'y'+cy'^2}{\sigma}\right)^{-s}$$

an, und es fragt sich nur, welche Bedingungen den neuen Summationsbuchstaben x', y' aufzuerlegen sind. Diese ergeben sich aus den Bedingungen für x, y, n folgendermaassen. *Erstens*: Da x, y zufolge der Bedingung I. so gewählt werden müssen, dass

$$\frac{ax^2+2bxy+cy^2}{\sigma}$$

relative Primzahl gegen $2D$ wird, und da n ebenfalls relative Primzahl gegen $2D$ ist, so gilt dasselbe von

$$\frac{ax'^2+2bx'y'+cy'^2}{\sigma} = n^2 \cdot \frac{ax^2+2bxy+cy^2}{\sigma}.$$

Zweitens: für den Fall einer positiven Determinante waren x, y den Isolirungsbedingungen II.

$$y \geqq 0, \quad U(ax+by) > Ty$$

zu unterwerfen; multiplicirt man dieselben mit n, so ergeben sich die ganz gleichlautenden Bedingungen

$$y' \geqq 0, \quad U(ax'+by') > Ty'.$$

Drittens: aus der Bedingung, dass x, y relative Primzahlen sein sollen, würde jetzt nur noch folgen, dass der grösste gemeinschaftliche Divisor n von x', y' relative Primzahl gegen $2D$ sein muss; allein diese Bedingung kann man gänzlich fallen lassen, da sie schon in der ersten enthalten ist; denn sobald x', y' einen gemeinschaftlichen Divisor hätten, der nicht relative Primzahl gegen $2D$ wäre, so könnte auch

$$\frac{ax'^2 + 2bx'y' + cy'^2}{\sigma}$$

nicht relative Primzahl gegen $2D$ sein.

Es zeigt sich also, dass die neuen Variabelen x', y' nur den beiden Bedingungen I. und II. zu unterwerfen sind, wenn man in denselben die Variabelen accentuirt, dass dagegen die Bedingung III. ganz fortgefallen ist. Umgekehrt überzeugt man sich leicht, dass ein jedes solches Werthenpaar x', y' einmal und nur einmal durch ein Werthenpaar x, y und eine Zahl n erzeugt wird.

Wir lassen nun der Bequemlichkeit halber die Accente der Variabelen wieder fort, und schreiben daher unsere Hauptgleichung in folgender Form*):

$$\Sigma \left(\frac{ax^2 + 2bxy + cy^2}{\sigma}\right)^{-s} + \cdots = \varkappa \Sigma \frac{1}{n^s} \times \Sigma \left(\frac{D}{n}\right) \frac{1}{n^s},$$

wo nun in der ersten, auf die Form (a, b, c) bezüglichen Summe die Summationsbuchstaben x, y nur noch den beiden folgenden Bedingungen zu unterwerfen sind:

I. Der Werth $\dfrac{ax^2 + 2bxy + cy^2}{\sigma}$ soll relative Primzahl gegen $2D$ sein.

II. Im Fall einer positiven Determinante soll

$$y \geqq 0, \quad U(ax + by) > Ty$$

sein, wo T, U die frühere Bedeutung haben.

§. 91.

Bevor wir weitergehen, wollen wir aus unserer letzten Gleichung einige interessante Folgerungen ziehen: die erste derselben ist rein zahlentheoretischer Natur und vervollständigt unsere frühere Theorie der Darstellung. Wir multipliciren die beiden unendlichen Reihen

*) Auf dieselbe Weise kann auch die allgemeinere Gleichung abgeleitet werden, in welcher statt der Function z^{-s} irgend eine Function $\psi(z)$ auftritt, welche der Bedingung $\psi(z)\psi(z') = \psi(zz')$ genügt, so oft z und z' ganze Zahlen sind.

$$\Sigma \frac{1}{n'^s}, \quad \Sigma \left(\frac{D}{n''}\right) \frac{1}{n''^s}$$

rechter Hand, nachdem wir die Summationsbuchstaben, um sie von einander zu unterscheiden, accentuirt haben; dann erhalten wir als Product die doppelt unendliche Reihe

$$\Sigma \left(\frac{D}{n''}\right) \frac{1}{(n' n'')^s},$$

in welcher sowohl n' als auch n'' das Gebiet aller Zahlen n, d. h. aller derjenigen positiven ganzen Zahlen zu durchlaufen hat, welche relative Primzahlen gegen $2D$ sind. Offenbar ist jedes Product von der Form $n' n''$ wieder in demselben Gebiet enthalten; fassen wir daher alle Glieder der Doppelsumme, in welchen das Product $n' n''$ denselben Werth n hat, immer in ein einziges zusammen, so können wir diese Doppelsumme wieder in die Form einer einfach unendlichen Reihe

$$\Sigma \frac{\tau_n}{n^s}$$

bringen; bezeichnet man mit δ die sämmtlichen Divisoren der Zahl n, so wird offenbar

$$\tau_n = \Sigma \left(\frac{D}{\delta}\right).$$

Dividiren wir ferner die Gleichung auf beiden Seiten durch σ^s, so nimmt sie folgende Form an:

$$\Sigma \frac{1}{(a x^2 + 2 b x y + c y^2)^s} + \cdots = \Sigma \frac{\varkappa \tau_n}{(\sigma n)^s}.$$

Fassen wir nun auch links alle in den verschiedenen Doppelsummen vorkommenden Glieder, welche denselben Werth haben, in ein einziges zusammen, so erhalten wir folgende Gleichung:

$$\Sigma \frac{\lambda_\nu}{\nu^s} = \Sigma \frac{\varkappa \tau_n}{(\sigma n)^s},$$

wo mit ν alle die durch die sämmtlichen Formen $(a, b, c) \ldots$ des Systems S darstellbaren Zahlen bezeichnet werden, und λ_ν die Anzahl der verschiedenen Darstellungen einer solchen Zahl ν bedeutet. Hierbei ist wohl zu bemerken, dass jetzt ebensowohl uneigentliche wie eigentliche Darstellungen zugelassen werden, indem die darstellenden Zahlen x, y nur noch den Bedingungen I. und II. des vorigen Paragraphen unterworfen sind, während sie früher auch relative Primzahlen unter einander sein mussten.

Besteht nun für jeden über einer gewissen Grenze liegenden positiven Werth des Exponenten s eine Gleichung von der Form

$$\frac{\alpha}{a^s} + \frac{\beta}{b^s} + \frac{\gamma}{c^s} + \cdots = \frac{\alpha'}{a'^s} + \frac{\beta'}{b'^s} + \frac{\gamma'}{c'^s} + \cdots$$

wo $a, b, c \ldots$ sowohl wie $a', b', c' \ldots$ positive und in ihrer Aufeinanderfolge wachsende Zahlwerthe bedeuten, und sind die sämmtlichen Coefficienten $\alpha, \beta, \gamma \ldots \alpha', \beta', \gamma' \ldots$ von Null verschieden, so folgt hieraus die vollständige Identität beider Reihen, d. h. es ist

$$a = a', \quad b = b', \quad c = c' \ldots$$
$$\alpha = \alpha', \quad \beta = \beta', \quad \gamma = \gamma' \ldots$$

Um dies zu beweisen, können wir annehmen, es sei $a \leqq a'$; multipliciren wir beide Seiten der Gleichung mit a^s, so erhalten wir

$$\alpha + \beta\left(\frac{a}{b}\right)^s + \gamma\left(\frac{a}{c}\right)^s + \cdots$$
$$= \alpha'\left(\frac{a}{a'}\right)^s + \beta'\left(\frac{a}{b'}\right)^s + \gamma'\left(\frac{a}{c'}\right)^s + \cdots$$

Da nun sowohl die Werthe

$$\frac{a}{b}, \quad \frac{a}{c} \cdots$$

als auch die Werthe

$$\frac{a}{b'}, \quad \frac{a}{c'} \cdots$$

fortwährend abnehmende echte Brüche sind, und beide Reihen convergiren, so überzeugt man sich leicht*), dass mit unbegrenzt wachsendem s die linke Seite der vorstehenden Gleichung sich dem Grenzwerth α nähert, und ebenso die rechte dem Grenzwerth α' oder 0, je nachdem $a = a'$ oder $< a'$ ist. Da nun beide Seiten sich nothwendig demselben Grenzwerth nähern müssen, und α von Null verschieden ist, so muss $a = a'$, und folglich auch $\alpha = \alpha'$ sein. Nachdem so die Identität der ersten Glieder auf beiden Seiten bewiesen ist, kann man dieselben fortlassen; aus der so entstehenden Gleichung

$$\frac{\beta}{b^s} + \frac{\gamma}{c^s} + \cdots = \frac{\beta'}{b'^s} + \frac{\gamma'}{c'^s} + \cdots$$

---

*) Vergl. Supplement IX, §. 143.

folgt dann auf dieselbe Weise, dass $b = b'$ und $\beta = \beta'$ sein muss, und so kann man fortfahren.

Wendet man dies Princip auf unsere obige Gleichung an, so ergiebt sich, dass jedes σn, dem ein von Null verschiedenes τ_n entspricht, nothwendig eine Zahl ν, d. h. eine durch die Formen S darstellbare Zahl, und dass die Anzahl λ_ν der verschiedenen Darstellungen eines solchen $\nu = \sigma n$ gleich $\varkappa \tau_n$ ist; wenn dagegen $\tau_n = 0$ ist, so kann auch σn keine durch die Formen S darstellbare Zahl ν sein; wir können daher in beiden Fällen sagen: *die Anzahl aller Darstellungen einer Zahl σn durch die Formen S ist immer*

$$= \varkappa \tau_n = \varkappa \sum \left(\frac{D}{\delta}\right),$$

*wo δ alle Divisoren der Zahl n durchlaufen muss**).

Wir wollen dieses Resultat auf einige Beispiele anwenden.

1. Ist $D = -1$ (und folglich $\sigma = 1$), so ist nur eine einzige Form in dem System S enthalten, für welche wir die Form $(1, 0, 1)$ wählen können; das System der Zahlen σn ist das der positiven ungeraden Zahlen, und da $\varkappa = 4$ ist, so erhalten wir das Resultat:

Die Anzahl aller Darstellungen einer beliebigen positiven ungeraden Zahl n durch die Form $(1, 0, 1) = x^2 + y^2$ ist gleich

$$4 \sum (-1)^{\frac{1}{2}(\delta - 1)} = 4(M - N),$$

d. h. gleich dem vierfachen Ueberschuss der Anzahl M ihrer Divisoren δ von der Form $4h + 1$ über die Anzahl N der Divisoren δ von der Form $4h + 3$.

Die darstellenden Zahlen x, y sind gar keiner Beschränkung unterworfen; es leuchtet ferner ein, dass jedesmal acht verschiedene Darstellungen eine einzige Zerlegung in zwei Quadrate geben; nur wenn eine der beiden darstellenden Zahlen $= 0$ ist, findet eine Ausnahme statt, weil dann nur vier verschiedene Darstellungen dieselbe Zerlegung liefern, ein Fall, der nur dann eintreten kann, wenn n eine Quadratzahl ist. Die Anzahl der verschiedenen Zerlegungen ist daher $\frac{1}{2}(M - N + 1)$ oder $\frac{1}{2}(M - N)$, je nachdem n eine Quadratzahl ist oder nicht. So ist z. B.

$$25 = 0^2 + 5^2 = 3^2 + 4^2$$
$$45 = 3^2 + 6^2$$
$$49 = 0^2 + 7^2$$
$$65 = 1^2 + 8^2 = 4^2 + 7^2.$$

---

*) Vergl. §. 124.

Ist endlich n eine Primzahl, so ergiebt sich wieder, dass n auf eine einzige, oder auf gar keine Weise in zwei Quadrate zerlegt werden kann, je nachdem n von der Form $4h + 1$, oder von der Form $4h + 3$ ist (§. 68).

2. Für die positive Determinante $D = 2$ existiren nur die beiden einander äquivalenten reducirten Formen $(1, 1, -1)$ und $(-1, 1, 1)$, also nur eine einzige Classe; als repräsentirende Form kann man daher auch $(1, 0, -2) = x^2 - 2y^2$ wählen. Da die kleinsten der Gleichung $T^2 - 2U^2 = 1$ genügenden Zahlen $T = 3$, $U = 2$ sind, so werden nur solche Darstellungen betrachtet, in welchen $y \geqq 0$, $2x > 3y$ ist. Da ferner

$$\left(\frac{2}{\delta}\right) = (-1)^{1/8(\delta^2-1)} = +1 \text{ oder } = -1$$

ist, je nachdem $\delta = 8h \pm 1$ oder $\delta = 8h \pm 5$ ist, so bekommen wir folgendes Resultat:

Die Anzahl aller den obigen Bedingungen genügenden Darstellungen (x, y) einer beliebigen positiven ungeraden Zahl n durch die Form $x^2 - 2y^2$ ist gleich dem Ueberschuss der Anzahl derjenigen Divisoren von n, welche die Form $8h \pm 1$ haben, über die Anzahl der anderen Divisoren.

§. 92.

Eine zweite interessante Anwendung der vorstehenden Untersuchung machen wir auf die Analysis. Wir haben gesehen, dass durch Einsetzen aller den Bedingungen I. und II. genügenden ganzzahligen Werthenpaare x, y in die Formen $(a, b, c) \ldots$ des Systems S die Zahlen σn erzeugt werden, und zwar ist

$$\varkappa \tau_n = \varkappa \sum \left(\frac{D}{\delta}\right)$$

die Anzahl der verschiedenen Erzeugungen einer solchen Zahl σn, wenn wieder für δ alle Divisoren von n gesetzt werden. Nehmen wir daher von jeder der Zahlen $ax^2 + 2bxy + cy^2$ eine bestimmte Function ψ, so entsteht auf diese Weise jeder Werth $\psi(\sigma n)$ so oft als $\varkappa \tau_n$ angiebt. Hieraus folgt wieder, dass

$$\sum \psi(ax^2 + 2bxy + cy^2) + \cdots = \varkappa \sum \tau_n \psi(\sigma n)$$

sein wird, sobald die Function ψ so gewählt wird, dass diese unendlichen Reihen bestimmte von der Anordnung ihrer Glieder unabhängige Summen haben. Dies ist der Fall, wenn man

$$\psi(z) = q^z$$

setzt, wo q eine reelle oder complexe Grösse bedeutet, deren Modulus ein echter Bruch ist. Man erhält auf diese Weise folgende sehr allgemeine Gleichung

$$\Sigma\, q^{ax^2 + 2bxy + cy^2} + \cdots = \varkappa \Sigma\, \tau_n q^{\sigma n};$$

da auf der rechten Seite der Coefficient τ_n selbst wieder eine Summe ist, in welcher δ die sämmtlichen Divisoren von n zu durchlaufen hat, so kann man, indem man n in $n'\delta$ verwandelt, die Gleichung auch so schreiben:

$$\Sigma\, q^{ax^2 + 2bxy + cy^2} + \cdots = \varkappa \Sigma \left(\frac{D}{\delta}\right) q^{\sigma n' \delta},$$

wo nun rechts eine Doppelsumme steht, in welcher jeder der beiden Summationsbuchstaben n' und δ das Gebiet aller Zahlen n zu durchlaufen hat.

Wir wollen die vorstehende Gleichung auf einige specielle Fälle anwenden. Nehmen wir z. B. $D = -1$, also $\sigma = 1$, so haben wir links nur eine einzige Doppelsumme; nehmen wir wieder (1, 0, 1) als die repräsentirende Form, so ist dieselbe gleich

$$\Sigma\, q^{x^2 + y^2},$$

worin x, y alle Werthenpaare zu durchlaufen haben, für welche $x^2 + y^2$ ungerade ausfällt; es muss daher eine der beiden Zahlen x, y ungerade, die andere gerade sein; da man nun in jeder erlaubten Combination x mit y vertauschen kann, so setzen wir fest, dass x nur die ungeraden, y nur die geraden Werthe durchlaufen soll, müssen dann aber die so beschränkte Doppelreihe mit 2 multipliciren; wir erhalten so

$$2\, \Sigma\, q^{x^2 + y^2} = 2\, \Sigma\, q^{x^2} q^{y^2} = 2\, \Sigma\, q^{x^2} \times \Sigma\, q^{y^2},$$

wo x alle positiven und negativen ungeraden, y alle positiven und negativen geraden Zahlen und Null zu durchlaufen hat; beschränken wir aber x auf alle positiven ungeraden, und y auf alle positiven geraden Zahlen, so können wir das vorstehende Product auch so schreiben

$$4\, \Sigma\, q^{x^2} \times (1 + 2\, \Sigma\, q^{y^2}).$$

Auf der rechten Seite haben wir (nach §. 88) die Doppelsumme

$$4\,\Sigma\left(\frac{-1}{\delta}\right) q^{n'\delta} = 4\,\Sigma\,(-1)^{\frac{1}{2}(\delta-1)}\, q^{n'\delta},$$

wo n' und δ alle positiven ungeraden Zahlen zu durchlaufen haben; die Summation in Bezug auf n' ergiebt

$$\Sigma\, q^{n'\delta} = q^{\delta} + q^{3\delta} + q^{5\delta} + \cdots = \frac{q^{\delta}}{1-q^{2\delta}},$$

mithin wird die rechte Seite gleich

$$4\,\Sigma\,(-1)^{\frac{1}{2}(\delta-1)}\,\frac{q^{\delta}}{1-q^{2\delta}}$$

und wir erhalten daher folgende merkwürdige Gleichung

$$(q + q^9 + q^{25} + q^{49} + \cdots)(1 + 2q^4 + 2q^{16} + 2q^{36} + \cdots)$$
$$= \frac{q}{1-q^2} - \frac{q^3}{1-q^6} + \frac{q^5}{1-q^{10}} - \frac{q^7}{1-q^{14}} + \cdots$$

welche, wie die anderen Gleichungen, welche negativen Determinanten entsprechen, auch aus der Theorie der *Elliptischen Functionen* abgeleitet werden kann*).

Für positive Determinanten fallen die entsprechenden Gleichungen weniger einfach aus, weil auf der linken Seite die Variabelen x, y immer noch der Bedingung II. unterworfen sind. Nehmen wir z. B. $D = 2$, also $\sigma = 1$, $\varkappa = 1$, so erhalten wir in ähnlicher Weise die Gleichung

$$\Sigma\, q^{x^2-2y^2} = \Sigma\left(\frac{2}{\delta}\right) q^{\delta n'}$$
$$= \frac{q}{1-q^2} - \frac{q^3}{1-q^6} - \frac{q^5}{1-q^{10}} + \frac{q^7}{1-q^{14}} + \cdots,$$

wo auf der linken Seite für x, y alle Werthenpaare zu setzen sind, die den Bedingungen $y \geqq 0$, $2x > 3y$ genügen, und für welche ausserdem $x^2 - 2y^2$ und also x ungerade ist.

---

*) Man vergleiche *Jacobi: Fundamenta nova theoriae functionum ellipticarum* 1829, pagg. 92, 103, 184.

§. 93.

Wir kehren nun zu unserem eigentlichen Gegenstande, der weiteren Behandlung der Gleichung (§. 90)

$$\Sigma\left(\frac{ax^2 + 2bxy + cy^2}{\sigma}\right)^{-s} + \cdots = \varkappa\,\Sigma\,\frac{1}{n^s} \times \Sigma\left(\frac{D}{n}\right)\frac{1}{n^s}$$

zurück, und es wird gut sein, den Gang der Untersuchung hier mit wenigen Worten im Voraus anzugeben. Man würde auf unübersteigliche Schwierigkeiten stossen, wenn man die auf der linken Seite angedeuteten Summationen für einen beliebigen Werth von $s > 1$ wirklich ausführen wollte. Lässt man dagegen den Exponenten s immer mehr abnehmen und gegen den Werth 1 convergiren, so wird gleichzeitig jede dieser Summen über alle Grenzen wachsen, und bei näherer Betrachtung zeigt sich, dass das Product aus einer solchen Summe und aus $(s - 1)$ sich einem festen endlichen Grenzwerth L nähert, welcher nur von der allen Formen gemeinschaftlichen Determinante D abhängt, und folglich wird der Grenzwerth der ganzen mit $(s - 1)$ multiplicirten linken Seite $= hL$ sein, wenn man mit h die Anzahl der Summen, d. h. also *die Anzahl der in dem Formensystem S enthaltenen Formen* $(a, b, c) \ldots$ bezeichnet. Da ferner der Grenzwerth der mit $(s - 1)$ multiplicirten rechten Seite sich direct bestimmen lässt, so erhält man auf diese Weise einen Ausdruck für die Classenzahl h, deren Bestimmung ja den Gegenstand unserer ganzen Untersuchung bildet.

Bevor wir aber dazu übergehen, diesen Grenzprocess durchzuführen, müssen wir noch einige vorläufige Fragen erörtern, deren Beantwortung für unseren Zweck durchaus erforderlich ist. Zunächst wenden wir uns dazu, die den Summationsbuchstaben x, y auferlegte Bedingung I. (§. 90) so umzuformen, dass man einen deutlichen Ueberblick über das System der ihr genügenden Werthenpaare x, y erhält. Zu dem Ende dürfen wir annehmen, dass der Repräsentant (a, b, c) einer ganzen Classe immer so gewählt ist, dass der Quotient $a:\sigma$ nicht nur, wie schon früher festgesetzt wurde, positiv, sondern auch *relative Primzahl gegen* $2D$ ist. Von der Berechtigung zu dieser Annahme wird man sich durch die folgende Betrachtung überzeugen. Ist

$$(a, b, c) = \sigma(Ax^2 + Bxy + Cy^2) = \sigma F$$

eine beliebige Form vom Theiler σ, und r irgend eine Primzahl, so kann man den beiden Variabelen x, y der Form stets solche Werthe beilegen, dass der Werth von F nicht durch r theilbar wird; denn ist eine der beiden Zahlen A, C, z. B. A, nicht durch r theilbar, so gebe man x einen durch r nicht theilbaren, y dagegen einen durch r theilbaren Werth; sind aber beide Coefficienten A, C durch r theilbar, so ist B gewiss nicht durch r theilbar, und folglich genügt es dann, x und y Werthe beizulegen, die beide nicht durch r theilbar sind. *Man kann folglich auch x und y immer so wählen, dass der Werth von F relative Primzahl gegen irgend eine vorgeschriebene Zahl k wird;* denn bezeichnet man mit r', r'', r''' ... die sämmtlichen in k aufgehenden Primzahlen, so braucht man nur zu bewirken, dass F durch keine einzige derselben theilbar wird, was nach dem eben Gesagten sich stets dadurch erreichen lässt, dass die beiden Variabelen x, y durch einige dieser Primzahlen theilbar, durch andere nicht theilbar angenommen werden — Bedingungen, die sich stets auf unendlich viele verschiedene Arten erfüllen lassen. Man kann hinzufügen, dass x, y ausserdem noch so gewählt werden können, dass der Werth von F *positiv* ausfällt; für eine negative Determinante D versteht sich dies von selbst, da wir Formen mit negativen äusseren Coefficienten ausschliessen; für eine positive Determinante braucht man, da

$$a\sigma F = (ax + by)^2 - Dy^2$$

ist, nur dafür zu sorgen, dass, je nachdem a positiv oder negativ ist, entsprechend $(ax + by)$ absolut genommen grösser oder kleiner als $y\sqrt{D}$ ausfällt, und offenbar lassen die bisher den Variabelen x, y auferlegten Bedingungen, durch einige Primzahlen theilbar, durch einige andere nicht theilbar zu sein, noch solchen Spielraum für ihr Grössenverhältniss, dass auch dieser Forderung noch auf unendlich viele verschiedene Arten genügt werden kann. Endlich können wir noch behaupten, dass für die Variabelen x, y auch solche Werthe gewählt werden können, welche unter einander *relative Primzahlen* sind und doch die übrigen Bedingungen erfüllen, dass F positiv und relative Primzahl gegen die vorgeschriebene Zahl k ist; denn haben x und y einen gemeinschaftlichen Divisor, so braucht man sie nur durch Division von demselben zu befreien, und die Quotienten, die unter einander relative Primzahlen sind, bilden ein solches allen Anforderungen genügendes Werthenpaar.

Wir machen von der vorstehenden (auch für andere Untersuchungen nützlichen) Betrachtung eine specielle Anwendung auf den Fall, in welchem $k = 2D$ ist; wir können dann so sagen: ist (a, b, c) irgend eine Form vom Theiler σ und von der Determinante D, so kann man stets zwei relative Primzahlen α, γ von der Beschaffenheit finden, dass

$$\frac{a'}{\sigma} = \frac{a\alpha^2 + 2b\alpha\gamma + c\gamma^2}{\sigma}$$

positiv und relative Primzahl gegen $2D$ wird. Da nun α, γ relative Primzahlen sind, so kann man (§. 24) irgend ein Paar von Werthen β, δ wählen, welche der Gleichung $\alpha\delta - \beta\gamma = 1$ genügen, und dann geht die Form (a, b, c) durch die Substitution $\binom{\alpha, \beta}{\gamma, \delta}$ in eine äquivalente Form über, deren erster Coefficient a' positiv ist und ausserdem die Eigenschaft hat, dass $a' : \sigma$ relative Primzahl gegen $2D$ ist. Und hiermit ist in der That der verlangte Nachweis geliefert, dass in jeder Formenclasse solche Repräsentanten ausgewählt werden können, welche die obige neue Bedingung erfüllen.

§. 94.

Wir nehmen daher jetzt an, dass die repräsentirende Form (a, b, c) so gewählt ist, das $a : \sigma$ nicht nur positiv, sondern auch relative Primzahl gegen $2D$ ist, und fragen nun nach dem System aller Werthenpaare x, y, welche der Bedingung I. genügen, dass

$$\frac{ax^2 + 2bxy + cy^2}{\sigma}$$

relative Primzahl gegen $2D$ wird*). Bezeichnen wir wie früher mit Δ den absoluten Werth der Determinante D, so kann man stets

$$x = 2\Delta v + \alpha, \quad y = 2\Delta w + \gamma$$

setzen, wo α und γ irgend welche der 2Δ Zahlen

$$0, 1, 2, \ldots (2\Delta - 1),$$

und v und w beliebige ganze Zahlen bedeuten; jede Combination zweier ganzen Zahlen x, y kann stets und nur auf eine einzige Weise in diese Form gebracht werden. Da nun aus

*) Ganz ähnlich lässt sich auch der Fall behandeln, wenn (a, b, c) keine *ursprüngliche* Form ist; man kann dann gleich darauf ausgehen, die Anzahl der Classen von *beliebigem* Theiler σ zu bestimmen, und erhält auf diese Weise ebenfalls das unten (in §. 100) gewonnene Resultat.

$$x \equiv \alpha \pmod{2\Delta} \quad \text{und} \quad y \equiv \gamma \pmod{2\Delta}$$

auch

$$\frac{ax^2 + 2bxy + cy^2}{\sigma} \equiv \frac{a\alpha^2 + 2b\alpha\gamma + c\gamma^2}{\sigma} \pmod{2\Delta}$$

folgt, so leuchtet ein, dass man unter den sämmtlichen $4\Delta^2$ Combinationen (α, γ) nur diejenigen zu ermitteln hat, für welche

$$\frac{a\alpha^2 + 2b\alpha\gamma + c\gamma^2}{\sigma}$$

relative Primzahl gegen 2Δ wird. Die gesuchten Combinationen (x, y) vertheilen sich dann in zusammengehörige Paare von arithmetischen Reihen, deren Differenz $= 2\Delta$ ist, und deren Anfangsglieder α, γ specielle solche Combinationen sind, die dieselbe Bedingung erfüllen. Uns kommt es nun weniger darauf an, wirklich alle diese Combinationen (α, γ) genau zu definiren, als vielmehr, nur ihre *Anzahl* sicher festzustellen, weil diese allein bei dem späteren Grenzübergang eine Rolle spielt. Hierzu ist es aber nöthig, verschiedene Fälle zu unterscheiden.

Erstens: $\sigma = 1$. Wir fragen nach der Anzahl der Combinationen (α, γ), für welche $a\alpha^2 + 2b\alpha\gamma + c\gamma^2$ oder, da a relative Primzahl gegen 2Δ ist, für welche

$$a(a\alpha^2 + 2b\alpha\gamma + c\gamma^2) = (a\alpha + b\gamma)^2 \pm \Delta\gamma^2$$

relative Primzahl gegen 2Δ wird. Setzt man zunächst für γ irgend eine der Δ geraden Zahlen

$$0, 2, 4 \ldots (2\Delta - 2),$$

so ist erforderlich und hinreichend, dass $(a\alpha + b\gamma)^2$ und folglich $(a\alpha + b\gamma)$ relative Primzahl gegen 2Δ werde; lässt man aber α das in Bezug auf den Modulus 2Δ vollständige Restsystem

$$0, 1, 2 \ldots (2\Delta - 1)$$

durchlaufen, während γ seinen Werth behält, so durchläuft (nach §. 18) der Ausdruck $(a\alpha + b\gamma)$, weil a relative Primzahl gegen den Modulus ist, ebenfalls ein vollständiges Restsystem, und folglich gehören zu jedem solchen geraden γ genau $\varphi(2\Delta)$ erlaubte Werthe von α, wo die Charakteristik φ im früheren Sinne (§. 11) gebraucht ist. Jedem der Δ ungeraden Werthe

$$1, 3 \ldots (2\Delta - 1)$$

von γ entsprechen ebenfalls $\varphi(2\Delta)$ erlaubte Werthe von α; dies leuchtet unmittelbar ein, wenn Δ gerade ist, weil die Forderung sich dann ebenfalls darauf reducirt, dass $(a\alpha + b\gamma)$ relative Primzahl gegen 2Δ werden muss. Ist aber Δ und also auch $\pm\Delta\gamma^2$ ungerade, so muss, da

$$(a\alpha + b\gamma)^2 + \Delta\gamma^2$$

ungerade und relative Primzahl gegen Δ werden soll, $(a\alpha + b\gamma)$ gerade und relative Primzahl gegen Δ werden, und folglich muss auch der Rest von $(a\alpha + b\gamma)$ in Bezug auf den Modul 2Δ gerade und relative Primzahl gegen Δ sein, und umgekehrt wird, sobald dies der Fall ist, die obige Forderung erfüllt sein. Durchläuft nun α alle seine 2Δ Werthe, so durchläuft der Rest von $(a\alpha + b\gamma)$ dieselben 2Δ Werthe; unter diesen sind die folgenden Δ Reste gerade

$$0,\ 2,\ 4\ \ldots\ 2(\Delta - 1),$$

und unter diesen sind $\varphi(\Delta)$ relative Primzahlen gegen die ungerade Zahl Δ. Dies ist also die Anzahl der zu jedem ungeraden γ gehörenden erlaubten Werthe von α; da nun aber Δ ungerade, also relative Primzahl gegen 2 ist, so ist auch $\varphi(2\Delta) = \varphi(2)\varphi(\Delta) = \varphi(\Delta)$, und folglich haben wir in allen Fällen dieselbe Antwort: zu jedem geraden oder ungeraden γ gehören stets $\varphi(2\Delta)$ erlaubte Werthe von α; mithin existiren im Ganzen $2\Delta\varphi(2\Delta)$ erlaubte Combinationen (α, γ).

Zweitens: $\sigma = 2$; a und c gerade, b ungerade, und $D \equiv 1 \pmod{4}$. Es fragt sich: für wie viele Combinationen (α, γ) ist

$$\tfrac{1}{2}a\alpha^2 + b\alpha\gamma + \tfrac{1}{2}c\gamma^2$$

ungerade und relative Primzahl gegen Δ? — Wir beschränken uns zunächst darauf, die Combinationen zu bestimmen, für welche dieser Werth ungerade ausfällt. Da wir den Repräsentanten (a, b, c) so gewählt haben, dass $\frac{1}{2}a$ relative Primzahl gegen 2Δ und also auch ungerade ist, so wird

$$D = b^2 - ac \equiv 1 \quad \text{oder} \quad \equiv 5 \pmod{8},$$

je nachdem $\frac{1}{2}c$ gerade oder ungerade ist; im ersten Falle muss daher $\alpha(\frac{1}{2}a\alpha + b\gamma)$ ungerade, also α ungerade und γ gerade sein; im zweiten Falle muss mindestens eine der beiden Zahlen α und γ ungerade sein. Die Anzahl der erlaubten Combinationen ist hierdurch im ersten Falle auf Δ^2, im zweiten auf $3\Delta^2$ herabgedrückt.

Soll nun der Werth von $\frac{1}{2}a\alpha^2 + b\alpha\gamma + \frac{1}{2}c\gamma^2$ auch relative Primzahl gegen $\varDelta$ werden, so ist erforderlich und hinreichend, dass

$$(a\alpha + b\gamma)^2 \pm \varDelta\gamma^2 = 2a(\tfrac{1}{2}a\alpha^2 + b\alpha\gamma + \tfrac{1}{2}c\gamma^2)$$

oder also $(a\alpha + b\gamma)$ relative Primzahl gegen $\varDelta$ werde. Im ersten Falle, wo $D \equiv 1 \pmod{8}$ ist, dürfen für γ nur gerade, für α nur ungerade Werthe gesetzt werden. Giebt man daher γ einen bestimmten der $\varDelta$ Werthe

$$0, 2, 4 \ldots (2\varDelta - 2)$$

und lässt dann α die sämmtlichen $\varDelta$ Werthe

$$1, 3, 5 \ldots (2\varDelta - 1)$$

durchlaufen, welche offenbar in Bezug auf den Modul $\varDelta$ ein vollständiges Restsystem bilden, so gilt (da a relative Primzahl gegen $\varDelta$ ist) dasselbe von den $\varDelta$ entsprechenden Zahlen $(a\alpha + b\gamma)$, und folglich sind unter denselben $\varphi(\varDelta) = \varphi(2\varDelta)$ relative Primzahlen gegen $\varDelta$. Im Ganzen giebt es daher in diesem Falle $\varDelta\varphi(2\varDelta)$ erlaubte Combinationen (α, γ). — Im zweiten Falle, wo $D \equiv 5 \pmod{8}$ ist, und in welchem mindestens eine der beiden Zahlen α, γ ungerade sein muss, findet man auf dieselbe Weise, dass jedem geraden Werthe von γ wieder $\varphi(\varDelta) = \varphi(2\varDelta)$ ungerade Werthe von α entsprechen, woraus zunächst $\varDelta\varphi(2\varDelta)$ zulässige Combinationen entspringen; ist aber γ ungerade, und durchläuft α seine sämmtlichen $2\varDelta$ Werthe, so durchläuft der Ausdruck $(a\alpha + b\gamma)$ zweimal dasselbe vollständige Restsystem in Bezug auf den Modulus $\varDelta$; es giebt daher immer $2\varphi(\varDelta) = 2\varphi(2\varDelta)$ erlaubte Werthe von α, so dass aus den $\varDelta$ ungeraden Werthen von γ genau $2\varDelta\varphi(2\varDelta)$ erlaubte Combinationen (α, γ) entspringen. Im Ganzen giebt es daher in diesem zweiten Falle $3\varDelta\varphi(2\varDelta)$ erlaubte Combinationen (α, γ).

Wir können die sämmtlichen Fälle so zusammenfassen: die Anzahl der Paare von zusammengehörigen arithmetischen Reihen

$$x = 2\varDelta v + \alpha, \quad y = 2\varDelta w + \gamma,$$

welche der Bedingung I. genügen, ist

$$= \omega \, . \, \varDelta\varphi(2\varDelta),$$

wo

$$\begin{aligned} \omega &= 2, \quad \text{wenn} \quad \sigma = 1 \\ \omega &= 1, \quad \text{wenn} \quad \sigma = 2 \quad \text{und} \quad D \equiv 1 \pmod{8} \\ \omega &= 3, \quad \text{wenn} \quad \sigma = 2 \quad \text{und} \quad D \equiv 5 \pmod{8} \end{aligned}$$

ist.

§. 95.

Wir kehren nun zu unserer Hauptgleichung zurück, der wir die Form

$$\varrho \sum \frac{1}{(ax^2 + 2bxy + cy^2)^{1+\varrho}} + \cdots = \frac{\varrho \varkappa}{\sigma^{1+\varrho}} \sum \frac{1}{n^{1+\varrho}} \sum \left(\frac{D}{n}\right) \frac{1}{n^{1+\varrho}}$$

geben, indem wir $s = 1 + \varrho$ setzen, mit ϱ multipliciren und durch $\sigma^{1+\varrho}$ dividiren; lassen wir jetzt die positive Zahl ϱ unendlich klein werden, so haben wir die Grenzwerthe der einzelnen Glieder zu bestimmen, welche sich auf der linken und rechten Seite befinden. Indem wir mit der Discussion der linken Seite beginnen, wird es wieder nothwendig, den Fall einer negativen Determinante von dem einer positiven vollständig zu trennen.

Wir nehmen daher zunächst an, die Determinante D sei *negativ* $= -\Delta$. Dann sind die Variabelen x, y in der der Form (a, b, c) entsprechenden Summe nur der Bedingung I. unterworfen, und wir haben eben gesehen, dass eine solche Summe in $\omega \Delta \varphi(2\Delta)$ Partialreihen zerfällt, welche den einzelnen zulässigen Combinationen (α, γ) entsprechen. Betrachten wir daher zunächst nur eine einzige solche Partialsumme

$$\varrho \sum \frac{1}{(ax^2 + 2bxy + cy^2)^{1+\varrho}},$$

in welcher x, y alle Werthe

$$x = 2\Delta v + \alpha, \quad y = 2\Delta w + \gamma$$

zu durchlaufen haben, die einer bestimmten zulässigen Combination (α, γ) und allen denkbaren ganzzahligen Werthen v, w entsprechen. Nach den in den Supplementen (II. §. 118) aufgestellten Principien ist der Grenzwerth des vorstehenden Productes identisch mit dem des Quotienten $T:t$, wo t eine über alle Grenzen wachsende positive Zahl, und T die zugehörige Anzahl der dargestellten Zahlen $ax^2 + 2bxy + cy^2$ bedeutet, welche nicht grösser als t sind, für welche also

$$a\left(\frac{x}{\sqrt{t}}\right)^2 + 2b\,\frac{x}{\sqrt{t}} \cdot \frac{y}{\sqrt{t}} + c\left(\frac{y}{\sqrt{t}}\right)^2 \leqq 1$$

ist. Dieser Grenzwerth des Quotienten $T:t$ lässt sich leicht mit Hülfe einer geometrischen Betrachtung bestimmen; setzt man nämlich

$$\frac{x}{\sqrt{t}} = \xi, \quad \frac{y}{\sqrt{t}} = \eta,$$

so ist T die Anzahl der Werthenpaare

$$\xi = \frac{2\Delta}{\sqrt{t}}\, v + \frac{\alpha}{\sqrt{t}}, \quad \eta = \frac{2\Delta}{\sqrt{t}}\, w + \frac{\gamma}{\sqrt{t}} \tag{1}$$

für welche

$$a\xi^2 + 2b\xi\eta + c\eta^2 \leqq 1 \tag{2}$$

wird; sieht man nun ξ, η als rechtwinklige Coordinaten eines Punctes in einer Ebene an, und lässt man v und w alle ganzzahligen Werthe durchlaufen, so bilden die durch die Formeln (1) bestimmten Puncte (ξ, η) ein Gitter, welches durch die rechtwinklige Kreuzung zweier Systeme von Geraden entsteht, die den Axen parallel sind, und von denen je zwei benachbarte die constante Distanz $\delta = 2\Delta : \sqrt{t}$ haben. Die ganze Ebene wird auf diese Weise in Quadrate von dem Flächeninhalt

$$\delta^2 = \frac{4\Delta^2}{t}$$

zerlegt, deren Eckpuncte jene Puncte (ξ, η) sind; und folglich ist T die Anzahl derjenigen dieser Gitterpuncte (ξ, η), welche nicht ausserhalb der durch die Gleichung

$$a\xi^2 + 2b\xi\eta + c\eta^2 = 1 \tag{3}$$

dargestellten Curve liegen; da nun $b^2 - ac = -\Delta$ negativ (und a positiv) ist, so ist diese Curve eine Ellipse, deren Mittelpunct mit dem Nullpunct des Coordinatensystems zusammenfällt. Nach einem ebenfalls in den Supplementen (III. §. 120) aufgestellten Hülfssatz hat folglich das Product

$$T \,.\, \delta^2 = 4\Delta^2 \cdot \frac{T}{t}$$

den Flächeninhalt A dieser Ellipse zum Grenzwerth, wenn t unendlich gross und also δ unendlich klein wird; es ist daher der gesuchte Grenzwerth

$$\lim \frac{T}{t} = \frac{A}{4\Delta^2},$$

woraus schon folgt, dass derselbe von (α, γ) unabhängig und also für jede der $\omega\Delta\varphi(2\Delta)$ Partialsummen, welche unsere Summe constituiren, derselbe ist. Mithin ist der Grenzwerth dieser, der Form (a, b, c) entsprechenden Summe

$$\varrho \sum \frac{1}{(ax^2 + 2bxy + cy^2)^{1+\varrho}}$$

gleich

$$\omega \Delta \varphi(2\Delta) \cdot \frac{A}{4\Delta^2} = \frac{\omega \varphi(2\Delta)}{4\Delta} A,$$

wo A den Flächeninhalt der Ellipse (3) bezeichnet*). Um diesen zu bestimmen, transformire man die Gleichung der Ellipse durch Einführung solcher rechtwinkliger Coordinaten, welche mit den Hauptaxen der Ellipse zusammenfallen, wodurch sie die Form

$$a' \xi'^2 + c' \eta'^2 = 1$$

annehmen wird. Bekanntlich bleibt bei einer solchen orthogonalen Transformation die Determinante $b^2 - ac$ ungeändert, so dass

$$a'c' = ac - b^2 = \Delta$$

ist; andererseits sind $\sqrt{a'}$ und $\sqrt{c'}$ die reciproken Werthe der beiden Halbaxen, und folglich ist

$$A = \frac{\pi}{\sqrt{a'c'}} = \frac{\pi}{\sqrt{\Delta}},$$

wo natürlich die Quadratwurzel *positiv* zu nehmen ist. Es ergiebt sich also das merkwürdige Resultat, dass dieser Flächeninhalt A, und folglich auch der obige Grenzwerth

$$\frac{\omega \pi \varphi(2\Delta)}{4\Delta\sqrt{\Delta}}$$

der auf die eine Form (a, b, c) bezüglichen Summe von den einzelnen Coefficienten a, b, c und folglich von der individuellen Natur dieser Form gänzlich unabhängig ist**). Denselben Grenzwerth wird daher jede andere, einer anderen Form (a', b', c') des Systems S entsprechende Summe haben; bezeichnen wir daher mit h die Anzahl dieser einzelnen Summen auf der linken Seite unserer Gleichung, d. h. also die *Anzahl der Classen ursprünglicher*

---

*) Daraus, dass der Quotient $T : t$ sich einem bestimmten Grenzwerth nähert, geht zufolge des in den Supplementen (II. §. 118) aufgestellten Satzes nachträglich hervor, dass die bisher betrachteten unendlichen Reihen für jeden positiven Werth von ϱ, also für alle Werthe $s > 1$ convergiren.

**) Durch eine tiefere Untersuchung des Verhaltens der obigen Reihen für unendlich kleine Werthe von ϱ ist *Kronecker* zu einem Satze gelangt, der eine der wichtigsten Grundlagen für die complexe Multiplication der elliptischen Functionen bildet (Monatsber. d. Berl. Ak. vom 22. Jan. 1863, u. Sitzungsber. aus den Jahren 1883, 1886, 1889).

Formen der σten Art für die negative Determinante $D = -\Delta$, so wird der Grenzwerth der ganzen linken Seite gleich

$$\frac{\omega\pi\varphi(2\Delta)}{4\Delta\sqrt{\Delta}}\,h.$$

§. 96.

Gehen wir nun zur rechten Seite der Gleichung über, so haben wir wieder mit Hülfe der in den Supplementen (II. §. 117) aufgestellten Principien den Grenzwerth des Productes

$$\varrho\,\Sigma\,\frac{1}{n^{1+\varrho}}$$

zu ermitteln, wo das Summenzeichen sich auf alle positiven ganzen Zahlen n bezieht, die relative Primzahlen gegen 2Δ sind. Bezeichnet man nun mit $\nu, \nu', \nu'' \ldots$ die $\varphi(2\Delta)$ ersten dieser Zahlen, nämlich diejenigen, welche $< 2\Delta$ sind, so kann man die vorstehende Summe in $\varphi(2\Delta)$ Partialsummen von der Form

$$\varrho\left\{\frac{1}{\nu^{1+\varrho}} + \frac{1}{(\nu+2\Delta)^{1+\varrho}} + \frac{1}{(\nu+4\Delta)^{1+\varrho}} + \frac{1}{(\nu+6\Delta)^{1+\varrho}} + \cdots\right\}$$

zerlegen, in welcher die unter dem Exponenten $(1+\varrho)$ stehenden Zahlen jedesmal eine arithmetische Reihe von der Differenz 2Δ bilden; da nun nach dem in den Supplementen behandelten speciellen Fall der Grenzwerth einer solchen Partialreihe

$$= \frac{1}{2\Delta}$$

und also unabhängig von ν ist, so wird der Grenzwerth der ganzen Summe

$$= \frac{\varphi(2\Delta)}{2\Delta},$$

und mithin wird der Grenzwerth der ganzen rechten Seite der Hauptgleichung

$$\frac{\varkappa\varphi(2\Delta)}{\sigma.2\Delta}\lim\Sigma\left(\frac{D}{n}\right)\frac{1}{n^{1+\varrho}}.$$

Da aber beide Seiten für jeden Werth von $s > 1$, d. h. für jeden positiven Werth von ϱ identisch sind, und da sie folglich, wenn überhaupt einen, nothwendig denselben Grenzwerth haben müssen, so ergiebt sich aus der Vergleichung, indem wir $D = -\Delta$ restituiren,

$$h = \frac{2\varkappa}{\sigma\omega\pi}\sqrt{-D} \,.\, \lim \Sigma \left(\frac{D}{n}\right)\frac{1}{n^{1+\varrho}}$$

als Ausdruck für die Classenanzahl der ursprünglichen Formen σter Art (mit positiven äusseren Coefficienten) für eine *negative* Determinante D; hierin ist ferner (nach §. 88)

$\varkappa = 4$, wenn $D = -1$,
$\varkappa = 6$, wenn $D = -3$ und $\sigma = 2$,
$\varkappa = 2$ in den übrigen Fällen;

und (nach §. 94)

$\omega = 2$, wenn $\sigma = 1$,
$\omega = 1$, wenn $\sigma = 2$ und $D \equiv 1 \pmod{8}$,
$\omega = 3$, wenn $\sigma = 2$ und $D \equiv 5 \pmod{8}$.

§. 97.

Für Formen der ersten Art erhalten wir daher, indem wir $\sigma = 1$, $\varkappa = 2$ und $\omega = 2$ setzen,

$$h = \frac{2}{\pi}\sqrt{-D} \,.\, \lim \Sigma \left(\frac{D}{n}\right)\frac{1}{n^{1+\varrho}},$$

mit Ausnahme des einzigen Falles $D = -1$, in welchem $\varkappa$ nicht $= 2$, sondern $= 4$ ist, und folglich

$$h = \frac{4}{\pi} \lim \Sigma \frac{(-1)^{\frac{1}{2}(n-1)}}{n^{1+\varrho}}$$

wird; es wird später (§. 101) allgemein gezeigt werden, dass

$$\lim \Sigma \left(\frac{D}{n}\right)\frac{1}{n^{1+\varrho}} = \Sigma \left(\frac{D}{n}\right)\frac{1}{n}$$

ist, vorausgesetzt, dass auf der rechten Seite die Glieder ihrer Grösse nach geordnet werden; in dem speciellen Falle $D = -1$ wird daher

$$h = \frac{4}{\pi}\left(1 - \frac{1}{3} + \frac{1}{5} - \frac{1}{7} + \cdots\right) = 1,$$

da der Werth der in der Parenthese befindlichen unendlichen Reihe von *Leibnitz* bekanntlich $= \frac{1}{4}\pi$ ist; hierin liegt also eine

Bestätigung unserer Principien, da in der That für die Determinante $D = -1$ nur eine einzige Classe von Formen (mit positiven äusseren Coefficienten) existirt.

Wir wollen nun mit der vorstehenden Formel für die Classenanzahl h der Formen der ersten Art die für die Anzahl h' der Formen der zweiten Art vergleichen. Wir unterscheiden zu dem Zweck die beiden Fälle, in welchen $D \equiv 1$ oder $D \equiv 5 \pmod{8}$ ist. Im ersten Falle ist $\varkappa = 2$ und $\omega = 1$, folglich

$$h' = \frac{2}{\pi}\sqrt{-D} \,.\, \lim \Sigma \left(\frac{D}{n}\right) \frac{1}{n^{1+\varrho}} = h;$$

im zweiten Falle dagegen ist $\omega = 3$ und $\varkappa = 2$, also

$$h' = \frac{1}{3} \cdot \frac{2}{\pi}\sqrt{-D} \,.\, \lim \Sigma \left(\frac{D}{n}\right) \frac{1}{n^{1+\varrho}} = \frac{1}{3}\, h,$$

ausgenommen den einzigen Fall $D = -3$, in welchem $\varkappa$ nicht $= 2$, sondern $= 6$, und folglich wieder

$$h' = h$$

ist. Wir können daher so zusammenfassen: es ist

$h' = h$, wenn $D \equiv 1 \pmod{8}$, und für $D = -3$;
$h' = \frac{1}{3} h$, wenn $D \equiv 5 \pmod{8}$, ausgenommen $D = -3$.

Diese Beziehungen zwischen der Anzahl der Formen der ersten und der zweiten Art hat schon *Gauss* gefunden, aber auf einem ganz anderen Wege*).

§. 98.

Wir haben nun dieselbe Untersuchung für den Fall einer *positiven* Determinante $D = \Delta$ zu wiederholen. Betrachten wir zunächst die linke Seite, so zerlegen wir wieder jede auf eine bestimmte Form (a, b, c) bezügliche Summe in $\omega \Delta \varphi(2\Delta)$ Partialsummen von der Form

$$\varrho \, \Sigma \frac{1}{(ax^2 + 2bxy + cy^2)^{1+\varrho}},$$

in deren jeder die Summationsbuchstaben alle Werthenpaare

$$x = 2\Delta v + \alpha, \quad y = 2\Delta w + \gamma \tag{1}$$

*) *D. A.* art. 256, VI. — Vergl. §. 151, I.

zu durchlaufen haben, die einer bestimmten Combination (α, γ) und allen ganzzahligen Werthen v, w entsprechen; jetzt aber treten ausserdem noch die Isolirungsbedingungen II. hinzu, denen gemäss

$$y \geqq 0, \quad U(ax + by) > Ty \tag{2}$$

sein soll. Diese letzteren Bedingungen haben, wie wir schon früher gesehen haben (§. 87), zur Folge, dass

$$ax + (b + \sqrt{D})y, \quad ax + (b - \sqrt{D})y,$$

und also auch

$$ax^2 + 2bxy + cy^2$$

positive Zahlen sind, und wir können daher wieder die in den Supplementen aufgestellten Principien anwenden; bezeichnen wir mit t einen beliebigen positiven Werth und mit τ die Anzahl derjenigen in den Reihen (1) enthaltenen und zugleich den Bedingungen (2) genügenden Werthenpaare x, y, für welche

$$ax^2 + 2bxy + cy^2 \leqq t \tag{3}$$

ist, so haben wir nur den Grenzwerth des Quotienten $\tau : t$ für unbegrenzt wachsende Werthe von t zu bestimmen, um dadurch zugleich den Grenzwerth der obigen Partialsumme zu finden, welche der einen Combination (α, γ) entspricht. Setzen wir wieder (indem wir $\sqrt{t}$ positiv nehmen)

$$\xi = \frac{x}{\sqrt{t}}, \quad \eta = \frac{y}{\sqrt{t}},$$

und sehen wir ξ, η als rechtwinklige Coordinaten eines Punctes einer Ebene an, so ist τ die Anzahl derjenigen in der Doppelreihe

$$\xi = \frac{2\Delta}{\sqrt{t}}\, v + \frac{\alpha}{\sqrt{t}}, \quad \eta = \frac{2\Delta}{\sqrt{t}}\, w + \frac{\gamma}{\sqrt{t}}$$

enthaltenen Gitterpuncte, welche den drei Ungleichheiten

$$\eta \geqq 0, \quad U(a\xi + b\eta) > T\eta,$$
$$a\xi^2 + 2b\xi\eta + c\eta^2 \leqq 1$$

Genüge leisten, d. h. welche innerhalb eines Stückes der $\xi\eta$-Ebene liegen, das zum Theil durch die Axe der ξ, zum Theil durch eine durch den Nullpunct gehende Gerade, und endlich durch eine Hyperbel begrenzt wird, die den Nullpunct zum Mittelpuncte hat. Bezeichnen wir mit B den Flächeninhalt dieses Stückes der $\xi\eta$-Ebene, so wird nach den in den Supplementen aufgestellten

Principien, wenn t unendlich gross, und also die Kante $\delta = 2\varDelta : \sqrt{t}$ der Gitterquadrate unendlich klein wird,

$$\lim \tau \,.\, \delta^2 = 4\varDelta^2 \,.\, \lim \frac{\tau}{t} = B,$$

also

$$\lim \frac{\tau}{t} = \frac{B}{4\varDelta^2}$$

sein. Da dieser Grenzwerth zugleich der Grenzwerth der Partialsumme ist, welche sich auf die eine Combination (α, γ) bezieht, so wird, da hierin die Werthe α, γ ganz herausgefallen sind, jede der $\omega\varDelta\varphi(2\varDelta)$ Partialsummen, welche den verschiedenen Combinationen (α, γ) entsprechen, und welche zusammen die auf die Form (a, b, c) bezügliche Summe constituiren, denselben Grenzwerth haben; und mithin wird

$$\frac{\omega\varphi(2\varDelta)}{4\varDelta} B$$

der Grenzwerth der ganzen Summe

$$\varrho \sum \frac{1}{(ax^2 + 2bxy + cy^2)^{1+\varrho}}$$

sein. Um nun den Flächeninhalt B des durch die drei obigen Ungleichheiten definirten Hyperbelsectors zu finden, wird man am besten Polarcoordinaten r, φ einführen, indem man

$$\xi = r\cos\varphi, \quad \eta = r\sin\varphi$$

setzt, wo, wie gewöhnlich, r stets positiv und φ zwischen 0 und 2π genommen werden soll, was hinreicht, um jeden Punct (ξ, η) der Ebene einmal und nur einmal zu erzeugen. Durch diese Transformation verwandeln sich die früheren Grenzbedingungen in folgende:

$$\sin\varphi \geqq 0; \quad U(a \operatorname{cotang}\varphi + b) > T;$$
$$r^2(a\cos\varphi^2 + 2b\cos\varphi\sin\varphi + c\sin\varphi^2) \leqq 1,$$

und wir wiederholen die frühere Bemerkung, dass für jeden, den beiden ersten Bedingungen genügenden Winkel φ die Grössen

$$a\cos\varphi + (b + \sqrt{D})\sin\varphi, \quad a\cos\varphi + (b - \sqrt{D})\sin\varphi,$$
$$a\cos\varphi^2 + 2b\cos\varphi\sin\varphi + c\sin\varphi^2$$

positiv sind, so dass also innerhalb des durch diese beiden ersten Bedingungen begrenzten Winkelraumes keine Asymptote, sondern nur ein endliches Stück der Hyperbel liegt, woraus schon folgt, dass der entsprechende Sector jedenfalls einen endlichen Werth hat*). Dieser wird bekanntlich durch die Formel

$$B = \int\int r\,d\,r\,d\,\varphi = \frac{1}{2}\int r^2\,d\,\varphi$$

gefunden, wo nun in dem einfachen Integral rechts für r^2 der in der Peripherie der Hyperbel geltende Werth

$$r^2 = \frac{1}{a\cos\varphi^2 + 2\,b\cos\varphi\sin\varphi + c\sin\varphi^2}$$

$$= \frac{a}{2\sqrt{D}}\left\{\frac{1}{a\,\mathrm{cotang}\,\varphi + b - \sqrt{D}} - \frac{1}{a\,\mathrm{cotang}\,\varphi + b + \sqrt{D}}\right\}\frac{1}{\sin\varphi^2}$$

zu setzen ist; wir erhalten daher, indem wir cotang φ als neue Variabele betrachten, und

$$\frac{d\,\varphi}{\sin\varphi^2} = -\,d\,\mathrm{cotang}\,\varphi$$

setzen, das unbestimmte Integral

$$\frac{1}{2}\int r^2\,d\,\varphi$$

$$= \frac{1}{4\sqrt{D}}\int\frac{a\,d\,\mathrm{cotang}\,\varphi}{a\,\mathrm{cotang}\,\varphi + b + \sqrt{D}} - \frac{1}{4\sqrt{D}}\int\frac{a\,d\,\mathrm{cotang}\,\varphi}{a\,\mathrm{cotang}\,\varphi + b - \sqrt{D}}$$

$$= \frac{1}{4\sqrt{D}}\log\frac{a\,\mathrm{cotang}\,\varphi + b + \sqrt{D}}{a\,\mathrm{cotang}\,\varphi + b - \sqrt{D}};$$

diese Integration ist aber auszudehnen über alle Werthe von φ, welche einen positiven Sinus haben, also von $\varphi = 0$ ab bis zu dem Werth, wo $U(a\,\mathrm{cotang}\,\varphi + b) = T$ wird; dieser Endwerth von φ ist durch die Bedingung, dass $\sin\varphi$ positiv sein soll, vollständig bestimmt, und wir haben schon oben darauf hingewiesen, dass innerhalb dieses ganzen Winkelraumes die beiden Grössen

$$a\,\mathrm{cotang}\,\varphi + b + \sqrt{D},\quad a\,\mathrm{cotang}\,\varphi + b - \sqrt{D}$$

stets das positive Zeichen behalten, so dass das obige unbestimmte Integral eine stetige reelle Function von φ ist, woraus folgt, dass wir nur die beiden Grenzen in dasselbe einzusetzen haben. Auf diese Weise erhalten wir

---

*) Hieraus folgt wieder nachträglich die Convergenz der bisher betrachteten Reihen für jeden positiven Werth von ϱ, d. h. für jeden Werth von $s > 1$.

$$B = \frac{1}{4\sqrt{D}} \log \frac{T + U\sqrt{D}}{T - U\sqrt{D}} = \frac{1}{2\sqrt{D}} \log \frac{T + U\sqrt{D}}{\sigma}.$$

Der Grenzwerth der auf die Form (a, b, c) bezüglichen Summe wird daher, wenn man statt $\varDelta$ wieder D schreibt, gleich

$$\frac{\omega\,\varphi(2D)}{8D\sqrt{D}} \log \frac{T + U\sqrt{D}}{\sigma},$$

wo, wie früher, T, U die beiden kleinsten der Bedingung $T^2 - DU^2 = \sigma^2$ genügenden positiven Zahlen bedeuten. Mithin zeigt sich auch hier, wie früher bei den Formen von negativer Determinante, dass der Grenzwerth einer auf eine einzelne Form (a, b, c) des Systems S bezüglichen Summe nur von der Determinante D (und der Art σ), dagegen gar nicht von dem individuellen Charakter der Form abhängt, dass er also für alle diese Formen derselbe ist. Bezeichnen wir wieder mit h die Anzahl aller in S enthaltenen Formen, d. h. die *Anzahl aller Classen ursprünglicher Formen σter Art für die positive Determinante D*, so ist daher

$$h \frac{\omega\,\varphi(2D)}{8D\sqrt{D}} \log \frac{T + U\sqrt{D}}{\sigma}$$

der Grenzwerth, welchem für unendlich abnehmende positive Werthe von ϱ die linke Seite unserer Hauptgleichung sich nähert. Auf der rechten Seite ist $\varkappa = 1$, ferner ebenso wie früher bei Formen von negativer Determinante

$$\lim \varrho \sum \frac{1}{n^{1+\varrho}} = \frac{\varphi(2\varDelta)}{2\varDelta} = \frac{\varphi(2D)}{2D},$$

und folglich erhalten wir durch Vergleichung beider Seiten der Hauptgleichung das Resultat

$$h = \frac{1}{\sigma\omega} \cdot \frac{4\sqrt{D}}{\log \frac{T + U\sqrt{D}}{\sigma}} \cdot \lim \sum \left(\frac{D}{n}\right) \frac{1}{n^{1+\varrho}}.$$

§. 99.

Für Formen der ersten Art ist $\sigma = 1$, und $\omega = 2$ (§. 94); hieraus folgt für die Anzahl der Classen ursprünglicher Formen erster Art der Ausdruck

$$h = \frac{2\sqrt{D}}{\log(T + U\sqrt{D})} \cdot \lim \sum \left(\frac{D}{n}\right) \frac{1}{n^{1+\varrho}},$$

wo T, U die kleinsten der Bedingung

$$T^2 - DU^2 = 1$$

genügenden positiven ganzen Zahlen bedeuten. Ist ferner $D \equiv 1 \pmod{4}$, so existiren auch Formen der zweiten Art, deren Anzahl wir mit h' bezeichnen wollen; es ist dann $\sigma = 2$, und $\omega = 1$ oder $= 3$ zu setzen, je nachdem $D \equiv 1 \pmod{8}$ oder $\equiv 5 \pmod{8}$ ist; wir erhalten daher, wenn wir zur Unterscheidung mit T', U' die kleinsten der Bedingung

$$T'^2 - DU'^2 = 4$$

genügenden ganzen positiven Zahlen bezeichnen,

$$h' = \frac{1}{\omega} \cdot \frac{2\sqrt{D}}{\log \frac{1}{2}(T' + U'\sqrt{D})} \cdot \lim \Sigma \left(\frac{D}{n}\right) \frac{1}{n^{1+\varrho}}.$$

Nun ist einleuchtend, dass jede Lösung (t, u) der Gleichung $t^2 - Du^2 = 1$ durch Verdoppelung eine Lösung $(t' = 2t,\ u' = 2u)$ der Gleichung $t'^2 - Du'^2 = 4$ giebt, und umgekehrt, dass man durch Halbirung jeder *geraden* Lösung (t', u') der letzteren eine Lösung (t, u) der ersteren erhält. Hieraus folgt unmittelbar, dass $(t' = 2T,\ u' = 2U)$ jedenfalls die kleinste gerade Lösung der Gleichung $t'^2 - Du'^2 = 4$ ist. Ist nun zunächst $D \equiv 1 \pmod{8}$, so kann diese Gleichung überhaupt nur gerade Lösungen haben; denn wäre eine der beiden Zahlen t', u' und folglich auch die andere ungerade, so wäre die linke Seite durch 8 theilbar, während sie doch $= 4$ sein soll; in diesem Falle ist daher

$$T' = 2T, \quad U' = 2U, \quad \frac{T' + U'\sqrt{D}}{2} = T + U\sqrt{D},$$

und da ausserdem $\omega = 1$ ist, so ergiebt sich

$$h' = h, \quad \text{wenn } D \equiv 1 \pmod{8}.$$

Im anderen Falle $D \equiv 5 \pmod{8}$ kann die Regel nicht so bestimmt ausgesprochen werden, indem bei manchen dieser Determinanten die kleinste Lösung (T', U') wieder eine gerade, bei anderen aber eine ungerade ist. Im ersten dieser beiden Fälle ist dann wieder $T' = 2T$, $U' = 2U$ und folglich, da $\omega = 3$ ist,

$$h' = \tfrac{1}{3} h, \quad \text{wenn } D \equiv 5 \pmod{8}, \text{ und } T', U' \text{ gerade};$$

es giebt unterhalb 200 nur 5 Determinanten, nämlich 37, 101, 141, 189, 197, für welche dieser Fall eintritt*).

Im zweiten Falle, wenn T', U' ungerade sind, haben wir unter allen positiven Lösungen (t', u'), welche (§. 85) aus der Formel

$$\frac{t' + u'\sqrt{D}}{2} = \left(\frac{T' + U'\sqrt{D}}{2}\right)^n$$

für positive Werthe von n entspringen, die kleinste gerade aufzusuchen. Versuchen wir daher die nächst grössere Lösung, welche dem Exponenten $n = 2$ entspricht, so erhalten wir

$$t' = \frac{T'^2 + DU'^2}{2}, \quad u' = T'U';$$

da u' offenbar ungerade ist, so gehen wir zu dem folgenden Exponenten $n = 3$ über, um die nächst grössere Lösung zu prüfen; da finden wir

$$t' = \frac{T'^3 + 3DT'U'^2}{4} = T' \frac{T'^2 + 3DU'^2}{4},$$

und da

$$T'^2 \equiv U'^2 \equiv 1 \pmod{8}, \quad 3D \equiv -1 \pmod{8}$$

ist, so folgt, dass t' und folglich auch u' gerade Zahlen werden, und also $t' = 2T$, $u' = 2U$ ist. Wir haben daher in diesem Falle

$$T + U\sqrt{D} = \left(\frac{T' + U'\sqrt{D}}{2}\right)^3$$

und

$$\log \frac{T' + U'\sqrt{D}}{2} = \tfrac{1}{3} \log (T + U\sqrt{D});$$

berücksichtigt man ferner, dass $\omega = 3$ ist, so ergiebt sich die Relation

$$h' = h, \quad \text{wenn } D \equiv 5 \pmod{8}, \quad \text{und } T', U' \text{ ungerade.}$$

Auch für positive Determinanten hat *Gauss***) ebenfalls die Relationen zwischen den Anzahlen der Formen der ersten und zweiten Art aufgestellt, für den letzten Fall aber, in welchem $D \equiv 5 \pmod{8}$ ist, in ganz anderer Form; er zeigt nämlich, dass die drei ursprünglichen Formen

---

*) Vergl. *Cayley: Note sur l'équation* $x^2 - Dy^2 = \pm 4$, $D \equiv 5 \pmod{8}$, Crelle's Journal, Bd. 53, p. 369. Man findet daselbst eine Tabelle, welche bis $D = 997$ reicht.

**) *D. A.* art. 256. VI. — Vergl. §. 151, I.

$$(1,\ 0,\ -D),\ \left(4,\ 1,\ \frac{1-D}{4}\right),\ \left(4,\ 3,\ \frac{9-D}{4}\right)$$

entweder alle äquivalent sind, oder drei verschiedenen Classen angehören; und je nachdem das Erstere oder Letztere eintritt, ist $h' = h$ oder $h' = \frac{1}{3}h$.

§. 100.

Nachdem wir im Vorhergehenden für alle Fälle gezeigt haben, wie die Classenanzahl der Formen zweiter Art aus der der Formen erster Art gefunden werden kann, beschränken wir die fernere Untersuchung lediglich auf die Bestimmung der letzteren. Bevor wir aber dazu übergehen, können wir eine weitere Zurückführung unserer Aufgabe vornehmen, indem wir zeigen, dass man nur solche Determinanten D zu betrachten braucht, welche durch keine Quadratzahl (ausser 1) theilbar sind.

Ist D eine beliebige Determinante, so kann man immer $D = D' S^2$ setzen, wo S^2 das grösste*) in D aufgehende Quadrat, und also D' ein Product aus lauter ungleichen Primzahlen (oder auch $= -1$) ist, welches dem Zeichen nach mit D übereinstimmt; dann lässt sich die Classenanzahl der Formen von der Determinante D auf die der Formen von der Determinante D' zurückführen. Bezeichnen wir alle auf die Determinante D bezüglichen Grössen durch beigesetzte Accente, so wollen wir zunächst die beiden Summen

$$\Sigma\left(\frac{D}{n}\right)\frac{1}{n^s} \quad \text{und} \quad \Sigma\left(\frac{D'}{n'}\right)\frac{1}{n'^s}$$

mit einander vergleichen, in welchen wir der Bequemlichkeit halber s statt $1 + \varrho$ geschrieben haben. In der zweiten muss der Buchstabe n' alle positiven Zahlen durchlaufen, welche relative Primzahlen gegen $2D'$ sind. Bezeichnen wir mit q' alle positiven ungeraden, nicht in D' aufgehenden, und, wie früher, mit q alle positiven ungeraden, nicht in D aufgehenden Primzahlen, so ist, wie wir früher gesehen haben,

*) Die folgende Untersuchung gilt auch für den Fall, dass D' selbst noch quadratische Factoren hat.

$$\Sigma\left(\frac{D}{n}\right)\frac{1}{n^s}=\Pi\frac{1}{1-\left(\frac{D}{q}\right)\frac{1}{q^s}}$$

und natürlich ebenso

$$\Sigma\left(\frac{D'}{n'}\right)\frac{1}{n'^s}=\Pi\frac{1}{1-\left(\frac{D'}{q'}\right)\frac{1}{q'^s}}.$$

Offenbar bildet nun das System der Primzahlen q nur einen Theil der Primzahlen q', denn eine in $D=D'S^2$ nicht aufgehende Primzahl q geht auch nicht in D' auf und ist folglich eine der Primzahlen q'. Das System der Primzahlen q' besteht daher aus dem der Primzahlen q und aus solchen ungeraden Primzahlen r, welche nicht in D', wohl aber in D, also auch in S aufgehen, und deren Anzahl offenbar endlich ist. Das auf die Determinante D' bezügliche unendliche Product wird sich daher in folgender Weise zerlegen

$$\Pi\frac{1}{1-\left(\frac{D'}{q'}\right)\frac{1}{q'^s}}=\Pi\frac{1}{1-\left(\frac{D'}{q}\right)\frac{1}{q^s}}\cdot\Pi\frac{1}{1-\left(\frac{D'}{r}\right)\frac{1}{r^s}};$$

da nun ferner $D=D'S^2$ und folglich

$$\left(\frac{D}{q}\right)=\left(\frac{D'S^2}{q}\right)=\left(\frac{D'}{q}\right)$$

ist, so erhalten wir, indem wir statt der beiden unendlichen Producte wieder die unendlichen Reihen aufschreiben, das Resultat

$$\Sigma\left(\frac{D}{n}\right)\frac{1}{n^s}=\Sigma\left(\frac{D'}{n'}\right)\frac{1}{n'^s}\cdot\Pi\left(1-\left(\frac{D'}{r}\right)\frac{1}{r^s}\right)$$

und hieraus

$$\lim\Sigma\left(\frac{D}{n}\right)\frac{1}{n^{1+\varrho}}=\Pi\left(1-\left(\frac{D'}{r}\right)\frac{1}{r}\right)\lim\Sigma\left(\frac{D'}{n'}\right)\frac{1}{n'^{1+\varrho}},$$

wo also das Productzeichen sich auf alle ungeraden in S, aber nicht in D' aufgehenden Primzahlen r bezieht.

Nachdem wir so für positive wie negative Determinanten das Verhältniss zwischen den beiden analogen Grenzwerthen bestimmt haben, die als Factoren in den Classenanzahlen h und h' für die Determinanten D und D' auftreten, müssen wir wieder die beiden Hauptfälle von einander trennen.

Ist zunächst D' und folglich auch D *negativ*, so haben wir (da wir uns auf Formen der ersten Art beschränken)

$$h = \frac{2\sqrt{-D}}{\pi} \lim \Sigma \left(\frac{D}{n}\right) \frac{1}{n^{1+\varrho}}$$

und, den einzigen Fall ausgenommen, in welchem $D' = -1$,

$$h' = \frac{2\sqrt{-D'}}{\pi} \lim \Sigma \left(\frac{D'}{n'}\right) \frac{1}{n'^{1+\varrho}}.$$

Mit Ausnahme des Falles $D' = -1$ ist daher, mit Rücksicht auf das eben gefundene Verhältniss der beiden Grenzwerthe der unendlichen Reihen,

$$h = h' \times S \,.\, \Pi \left(1 - \left(\frac{D'}{r}\right) \frac{1}{r}\right);$$

ist aber $D' = -1$, also $\varkappa' = 4$, $h' = 1$, und $D = -S^2$ nicht ebenfalls $= -1$, also $S > 1$, so ist die Classenanzahl für eine solche Determinante D gleich

$$\tfrac{1}{2} S \Pi \left(1 - \frac{(-1)^{1/2(r-1)}}{r}\right).$$

Für *positive* Determinanten haben wir folgende Formeln erhalten:

$$h = \frac{2\sqrt{D}}{\log(T + U\sqrt{D})} \lim \Sigma \left(\frac{D}{n}\right) \frac{1}{n^{1+\varrho}}$$

$$h' = \frac{2\sqrt{D'}}{\log(T' + U'\sqrt{D'})} \lim \Sigma \left(\frac{D'}{n'}\right) \frac{1}{n'^{1+\varrho}},$$

wo T', U' die kleinsten positiven Zahlen bedeuten, die der Bedingung $T'^2 - D'U'^2 = 1$ genügen; hieraus ergiebt sich

$$h = h' \frac{\log(T' + U'\sqrt{D'})}{\log(T + U\sqrt{D})} \times S \,.\, \Pi \left(1 - \left(\frac{D'}{r}\right) \frac{1}{r}\right),$$

und es kommt nur noch darauf an, das Verhältniss der beiden Logarithmen in rationaler Form anzugeben. Offenbar liefert nun jede Lösung (t, u) der Gleichung

$$t^2 - Du^2 = 1, \quad \text{d. h.} \quad t^2 - D'S^2u^2 = 1$$

eine Lösung der Gleichung

$$t'^2 - D'u'^2 = 1,$$

in welcher

$$t' = t, \quad u' = Su,$$

also das zweite Element u' durch S theilbar ist; und umgekehrt, sobald in der Lösung (t', u') das zweite Element u' durch S theilbar ist, so erhält man hieraus eine Lösung der ersteren. Hieraus folgt, dass die beiden Zahlen

$$t' = T, \quad u' = SU$$

die kleinste positive Lösung der zweiten Gleichung bilden, in welcher das zweite Element durch S theilbar ist, man kann daher

$$T + SU\sqrt{D'} = T + U\sqrt{D} = (T' + U'\sqrt{D'})^\lambda$$

setzen, wo λ der kleinste positive ganze Exponent ist, für welchen der irrationale Bestandtheil der Potenz einen durch S theilbaren Coefficienten erhält; und dann ist

$$h = h' \times \frac{1}{\lambda} \cdot S \cdot \Pi\left(1 - \left(\frac{D'}{r}\right)\frac{1}{r}\right).$$

Setzt man, wie früher,

$$(T' + U'\sqrt{D'})^\nu = t'_\nu + u'_\nu\sqrt{D'},$$

so lässt sich der Werth von λ unmittelbar angeben, wenn für jede einzelne in S aufgehende Primzahl p die kleinste Zahl ν bekannt ist, für welche u'_ν durch p theilbar, und zugleich die höchste Potenz von p gegeben ist, welche dann in u'_ν aufgeht*); doch gehen wir hierauf nicht weiter ein, da der Hauptzweck, das Verhältniss zwischen den Classenanzahlen h und h' für die Determinanten D und D' zu finden, erreicht ist.

Dieselbe Aufgabe ist, wenigstens für negative Determinanten, auch schon von *Gauss* vollständig gelöst**).

§. 101.

In Folge der vorhergehenden Untersuchungen können wir uns auf den Fall beschränken, in welchem die Determinante D durch kein Quadrat ausser 1 theilbar ist, und es bleibt nur noch übrig, den Grenzwerth der unendlichen Reihe

---

*) *Dirichlet: Ueber eine Eigenschaft der quadratischen Formen von positiver Determinante* (Crelle's Journal, Bd. 53).

**) *D. A.* art. 256. V. Uebrigens ist es sehr wahrscheinlich, dass *Gauss* auch für positive Determinanten die obige Lösung vollständig gefunden hat; vergl. die Abhandlung des Herausgebers: *Ueber die Anzahl der Ideal-Classen in den verschiedenen Ordnungen eines endlichen Körpers* (Braunschweig, 1877). — Vergl. §. 151, II. — Die obigen Sätze sind auf anderem Wege auch von *Lipschitz* bewiesen (Crelle's Journal, Bd. 53).

$$\Sigma \left(\frac{D}{n}\right) \frac{1}{n^{1+\varrho}}$$

für unendlich abnehmende positive Werthe von ϱ wirklich zu bestimmen.

So lange ϱ positiv bleibt, ist diese Reihe immer convergent, und zwar ist ihre Summe durchaus unabhängig von der Ordnung, in welcher man ihre Glieder auf einander folgen lässt; ist aber $\varrho = 0$, so gehört diese Reihe zu der Classe derjenigen, in welcher die Summe der positiven Glieder für sich, so wie die der negativen Glieder für sich genommen unendlich gross ist. Da nun unter der Summe einer unendlichen convergirenden Reihe stets der Grenzwerth verstanden wird, welchem sich die Summe ihrer *ersten n Glieder* nähert, wenn die Gliederanzahl n unbegrenzt wächst, so sieht man leicht ein, dass bei einer unendlichen Reihe von dieser eigenthümlichen Beschaffenheit erst dann von ihrer Convergenz und von ihrer Summe die Rede sein kann, nachdem ihre sämmtlichen Glieder in eine bestimmte *Ordnung* gebracht sind, nach welcher eines auf das andere folgt; denn die Summe, wenn sie überhaupt existirt, hängt wesentlich von der Compensation ab, welche zwischen den für sich allein unendlich wachsenden positiven und negativen Bestandtheilen gerade durch diese Anordnung der Glieder hervorgebracht wird. Eine solche unendliche Reihe hat daher ganz verschiedene Summen, je nach der verschiedenen Anordnung der Glieder. Aber gesetzt auch, dies wäre gar nicht der Fall, sondern die Reihe hätte auch für den Werth $\varrho = 0$ einen vollständig bestimmten Werth, so würde sich immer noch fragen, ob dieser Werth auch der Grenzwerth ist, welchem sich der Werth der Reihe unendlich nähert, wenn ϱ unendlich klein wird, d. h. es würde sich fragen, ob der Werth der unendlichen Reihe sich an der Stelle $\varrho = 0$ *stetig* mit ϱ ändert.

Ueber alle diese Zweifel entscheidet nun der folgende allgemeine Satz*): *Sind $\alpha_1, \alpha_2, \alpha_3 \ldots$ unendlich viele Constanten von der Beschaffenheit, dass die Summe*

$$\beta_n = \alpha_1 + \alpha_2 + \cdots + \alpha_n,$$

wie gross auch n werden mag, ihrem absoluten Werth nach stets kleiner bleibt als eine feste Constante C, so convergirt die unendliche Reihe

---

*) *Dirichlet: Recherches etc.* §. 1. — Vergl. §. 143.

$$\frac{\alpha_1}{1^s} + \frac{\alpha_2}{2^s} + \frac{\alpha_3}{3^s} + \cdots + \frac{\alpha_m}{m^s} + \cdots$$

für jeden positiven Werth des Exponenten s (*excl.* $s = 0$) *und ist zugleich eine stetige Function von* s.

Um dies zu beweisen, vergleichen wir die vorstehende Reihe mit der folgenden

$$\beta_1\left(\frac{1}{1^s} - \frac{1}{2^s}\right) + \beta_2\left(\frac{1}{2^s} - \frac{1}{3^s}\right) + \beta_3\left(\frac{1}{3^s} - \frac{1}{4^s}\right) + \cdots$$

Die Summen der ersten n Glieder der ersteren und letzteren Reihe unterscheiden sich von einander nur um

$$\frac{\beta_n}{(n+1)^s};$$

da nun der Voraussetzung nach β_n seinem absoluten Werth nach stets unterhalb der endlichen Grösse C bleibt, und s positiv ist, so wird dieser Unterschied mit unbegrenzt wachsendem n unendlich klein werden. Nähert sich daher die Summe der ersten n Glieder der einen Reihe einem bestimmten Grenzwerth, d. h. convergirt die eine Reihe, so ist dies auch mit der anderen der Fall, und zwar hat sie dieselbe Summe. Wir brauchen daher die obigen Behauptungen nur für die letztere Reihe zu beweisen; dazu betrachten wir die Summe von beliebig vielen Gliedern, welche auf die ersten n Glieder folgen:

$$\beta_{n+1}\left(\frac{1}{(n+1)^s} - \frac{1}{(n+2)^s}\right) + \cdots$$
$$+ \beta_{n+m}\left(\frac{1}{(n+m)^s} - \frac{1}{(n+m+1)^s}\right);$$

da die Differenzen

$$\frac{1}{(n+1)^s} - \frac{1}{(n+2)^s},\ \frac{1}{(n+2)^s} - \frac{1}{(n+3)^s} \cdots$$

sämmtlich positiv sind, und ihre Coefficienten

$$\beta_{n+1},\ \beta_{n+2} \cdots$$

absolut genommen sämmtlich kleiner als C sind, so ist die Summe dieser m Glieder absolut genommen auch kleiner als das Product aus C und der Summe jener m Differenzen, d. h. kleiner als

$$C\left(\frac{1}{(n+1)^s} - \frac{1}{(n+m+1)^s}\right)$$

und folglich auch kleiner als die von der Gliederanzahl m unabhängige Grösse

$$\frac{C}{(n+1)^s} < \frac{C}{n^s};$$

die Summe dieser m Glieder der Reihe kann daher, wie gross ihre Anzahl m auch genommen werden mag, durch hinreichend grosse Werthe von n kleiner gemacht werden, als jeder vorher vorgeschriebene noch so kleine Werth. Das Stattfinden dieser Erscheinung ist aber bekanntlich nicht nur ein erforderliches, sondern auch ein ausreichendes Kennzeichen für die Convergenz einer unendlichen Reihe.

Nachdem so für jeden positiven Werth von s die Convergenz der Reihe gezeigt ist, haben wir noch zu beweisen, dass der Werth der Reihe sich stetig mit s ändert; wir weisen dies nach für das Gebiet aller positiven Werthe von s, die grösser sind, als ein bestimmter positiver Werth σ; da man nämlich, wie klein ein von Null verschiedener positiver Werth s auch sein mag, immer noch einen positiven Werth σ angeben kann, welcher unterhalb s liegt, so wird der Beweis dann wirklich für alle positiven Werthe s (excl. $s = 0$) gelten. Nun können wir die ganze Reihe als aus zwei Theilen bestehend ansehen, deren erster die Summe ihrer ersten n Glieder

$$\beta_1\left(\frac{1}{1^s} - \frac{1}{2^s}\right) + \cdots + \beta_n\left(\frac{1}{n^s} - \frac{1}{(n+1)^s}\right),$$

also eine stetige Function von s ist, während der zweite, wie im Vorhergehenden bewiesen ist, sicher

$$< \frac{C}{n^s} \text{ und also auch } < \frac{C}{n^\sigma}$$

ist; dieser letztere Theil kann also durch die Wahl eines hinreichend grossen Werthes von n, d. h. durch eine zweckmässige Zerlegung der ganzen Reihe, kleiner gemacht werden, als irgend ein vorgeschriebener Werth; und zwar wird, was besonders wichtig ist, für alle Werthe von $s > \sigma$ dies durch einen und denselben Werth von n, d. h. durch eine und dieselbe Zerlegung der unendlichen Reihe bewirkt werden. Da nun der erste Bestandtheil stetig ist, so kann eine etwaige Unstetigkeit des Ganzen nur von einer Unstetigkeit des zweiten Bestandtheils herrühren, und folglich muss, da dieser zweite Theil für alle in Betracht kommenden Werthe von s absolut genommen $< Cn^{-\sigma}$ ist, die Grösse einer plötzlichen Werthänderung beim Durchlaufen eines bestimmten Werthes von s jedenfalls $< 2\,Cn^{-\sigma}$ sein. Da wir aber durch zweckmässige Wahl von n diesen Werth beliebig klein machen können, so folgt, dass gar keine Unstetigkeit vorkommen kann; denn fände wirklich ein Sprung um eine Grösse μ statt, so nehme man n so gross, dass $2\,Cn^{-\sigma} < \mu$ wird, so ergiebt sich augenblicklich der Widerspruch.

Nachdem so der obige Satz vollständig bewiesen ist, wenden wir ihn auf unsere Reihe*)

$$\Sigma \left(\frac{D}{n}\right) \frac{1}{n^{1+\varrho}}$$

an, in welcher die Glieder von jetzt ab stets *so geordnet* werden sollen, dass die Zahl n *beständig wächst.* Unter *dieser* Voraussetzung erkennt man leicht, dass diese Reihe einen speciellen Fall der in dem vorstehenden Satze untersuchten Reihe bildet; setzt man nämlich

$$\alpha_m = \left(\frac{D}{m}\right) \text{ oder } = 0,$$

je nachdem m relative Primzahl zu $2\,D$ (also eine Zahl n) ist oder nicht, und lässt m ein vollständiges Restsystem (mod. $4\,D$) durchlaufen, so ist die Summe der entsprechenden Coefficienten α_m stets $= 0$, weil diese Coefficienten α_m theils selbst $= 0$ sind und die übrigen, wie eine frühere Untersuchung (§. 52) ergeben hat, zur Hälfte den Werth $+ 1$, zur anderen Hälfte den Werth $- 1$ besitzen. Hieraus folgt unmittelbar, dass die Summe von noch so vielen auf einander folgenden Coefficienten α_m stets unterhalb einer endlichen Grösse ($\pm\, 2\,D$) bleibt. Mithin ist die in der oben angegebenen Art geordnete Reihe

$$\Sigma \frac{\alpha_m}{m^s} = \Sigma \left(\frac{D}{n}\right) \frac{1}{n^s}$$

convergent, so lange s positiv bleibt, und zugleich eine stetige Function von s; und folglich wird, wenn ϱ unendlich klein wird,

$$\lim \Sigma \left(\frac{D}{n}\right) \frac{1}{n^{1+\varrho}} = \Sigma \left(\frac{D}{n}\right) \frac{1}{n},$$

wo, wie wir nochmals hervorheben, die Glieder der Reihe *so geordnet* sind, dass n *beständig wächst.*

---

*) Die Eigenschaften derselben als Function der unbeschränkten Variabelen $s = 1 + \varrho$ sind von *Hurwitz* untersucht (Schlömilch, Zeitschr. f. Math. u. Phys. Jahrg. 27; 1882).

§. 102.

Es ist nun zweckmässig, bei der Bestimmung der Summe der unendlichen Reihe

$$N = \Sigma \left(\frac{D}{n}\right) \frac{1}{n}$$

dieselben vier Fälle zu unterscheiden, welche wir früher (§. 52) aufgestellt haben. Wir wenden uns zunächst zu dem Fall, in welchem

$$D = \pm P \equiv 1 \text{ (mod. 4), also} \left(\frac{D}{n}\right) = \left(\frac{n}{P}\right)$$

ist, wo P den absoluten Werth von D bedeutet, und also eine positive ungerade, durch kein Quadrat theilbare Zahl und > 1 ist. Dann lässt sich die Reihe

$$N = \Sigma \left(\frac{n}{P}\right) \frac{1}{n}$$

leicht auf die Reihe

$$M = \Sigma \left(\frac{m}{P}\right) \frac{1}{m}$$

zurückführen, in welcher m, beständig wachsend, *alle* positiven relativen Primzahlen zu P, auch die *geraden*, durchläuft. Da jedesmal, wenn m ein vollständiges Restsystem (mod. P) durchläuft, zufolge §. 52, (3)

$$\Sigma \left(\frac{m}{P}\right) = 0$$

ist, so convergirt die Reihe M; ist ferner k eine beliebige positive ganze Zahl, und betrachtet man alle diejenigen Zahlen m, welche $< 2kP$ sind, so sind dieselben zum Theil ungerade, zum Theil gerade; die ersteren stimmen offenbar mit allen Zahlen $n < 2kP$ überein, und die letzteren sind von der Form $2m'$, wo m' alle diejenigen Zahlen m durchläuft, welche $< kP$ sind. In dieser Ausdehnung ist daher

$$\Sigma \left(\frac{m}{P}\right) \frac{1}{m} = \Sigma \left(\frac{n}{P}\right) \frac{1}{n} + \Sigma \left(\frac{2m'}{P}\right) \frac{1}{2m'}$$
$$= \Sigma \left(\frac{n}{P}\right) \frac{1}{n} + \left(\frac{2}{P}\right) \frac{1}{2} \Sigma \left(\frac{m'}{P}\right) \frac{1}{m'},$$

und hieraus folgt, wenn man k über alle Grenzen wachsen lässt,

$$M = N + \left(\frac{2}{P}\right)\frac{1}{2}\cdot M;\quad N = \left(1 - \left(\frac{2}{P}\right)\frac{1}{2}\right)M.$$

Allgemeiner findet man leicht, dass

$$\Sigma\left(\frac{n}{P}\right)\frac{1}{n^s} = \left(1 - \left(\frac{2}{P}\right)\frac{1}{2^s}\right)\Sigma\left(\frac{m}{P}\right)\frac{1}{m^s}$$

ist; man braucht nur den reciproken Werth des ersten Factors auf der rechten Seite in eine geometrische Reihe zu verwandeln, und diese mit der Reihe auf der linken Seite zu multipliciren, so ergiebt sich als Product der zweite Factor auf der rechten Seite; oder man kann auch genau so wie oben verfahren, indem man die Zahlen m zerlegt in die Zahlen n und $2m'$.

§. 103.

Die nun noch auszuführende Summation kann mit Hülfe eines in den Supplementen (I. §. 116) bewiesenen Satzes auf verschiedene Arten bewerkstelligt werden, entweder durch Zurückführung auf Fourier'sche Reihen, oder durch die Integration eines rationalen Bruches. Wir schlagen den letzteren Weg als den directeren ein. Bedeutet m irgend eine positive ganze Zahl, so ist bekanntlich

$$\frac{1}{m} = \int_0^1 x^{m-1}\,dx,$$

und folglich ist auch

$$M = \Sigma\left(\frac{m}{P}\right)\frac{1}{m} = \Sigma\left(\frac{m}{P}\right)\int_0^1 x^{m-1}\,dx.$$

Da nun das Jacobi'sche Symbol für alle einander nach dem Modul P congruenten Zahlen m denselben Werth hat, so ist die Summe der Glieder unserer Reihe, in welchen $m < kP$, gleich

$$\int_0^1 \frac{dx}{x}\,f(x)\,\frac{1 - x^{kP}}{1 - x^P},$$

wo zur Abkürzung

$$f(x) = \Sigma\left(\frac{\mu}{P}\right)x^{\mu}$$

gesetzt ist, und der Summationsbuchstabe μ die Werthe m durchlaufen muss, welche $< P$ sind. Da dieselben ein vollständiges Restsystem in Bezug auf den Modul P bilden, so ist nach einem schon öfter benutzten Satze (§. 52)

$$f(1) = \Sigma \left(\frac{\mu}{P}\right) = 0;$$

es ist folglich $f(x)$ theilbar durch $x(x-1)$, und mithin hat der Bruch

$$\frac{1}{x} \cdot \frac{f(x)}{1-x^P}$$

im reellen Integrationsintervall $0 \leqq x \leqq 1$ endliche Werthe. Hieraus folgt leicht, dass mit unbegrenzt wachsendem k das Integral

$$\int_0^1 \frac{dx}{x} \frac{f(x)\, x^{kP}}{1-x^P}$$

unendlich klein wird, und wir erhalten folglich

$$\Sigma \left(\frac{m}{P}\right) \frac{1}{m} = \int_0^1 \frac{dx}{x} \frac{f(x)}{1-x^P};$$

die Aufgabe ist mithin darauf zurückgeführt, einen echten rationalen Bruch zu integriren, was bekanntlich durch Zerlegung desselben in sogenannte Partialbrüche geschieht. Setzen wir zur Abkürzung

$$\sqrt{-1} = i, \quad e^{\frac{2\pi i}{P}} = \theta,$$

so ist in unserem Falle der Nenner

$$x^P - 1 = \Pi (x - \theta^\alpha),$$

wo das Productzeichen sich auf den Buchstaben α bezieht, welcher ein vollständiges Restsystem in Bezug auf den Modul P durchlaufen muss; wir setzen fest, dass α die Werthe

$$0, 1, 2 \ldots (P-1)$$

durchlaufen soll; man erhält dann nach bekannten Regeln

$$\frac{1}{x} \frac{f(x)}{1-x^P} = -\frac{1}{P} \Sigma \frac{f(\theta^\alpha)}{x-\theta^\alpha},$$

wo das Summenzeichen sich auf den Buchstaben α bezieht. Nach der oben eingeführten Bezeichnung ist nun

$$f(\theta^\alpha) = \Sigma \left(\frac{\mu}{P}\right) e^{\mu \frac{2\alpha\pi i}{P}},$$

und diese Summe ist vermöge des in den Supplementen (I. §. 116) bewiesenen Satzes

$$=\left(\frac{\alpha}{P}\right)\sqrt{P}\,.\,i^{\frac{1}{4}(P-1)^2},$$

wo die Quadratwurzel $\sqrt{P}$ *positiv*, und

$$\left(\frac{\alpha}{P}\right)=0$$

zu nehmen ist, wenn α keine relative Primzahl zu P ist. Die Zerlegung in Partialbrüche liefert uns also das Resultat

$$\frac{1}{x}\,\frac{f(x)}{1-x^P}=-\frac{i^{\frac{1}{4}(P-1)^2}}{\sqrt{P}}\,\Sigma\,\frac{\left(\frac{\alpha}{P}\right)}{x-\theta^\alpha},$$

wo das Summenzeichen sich auf den Buchstaben α bezieht, der nur alle die positiven ganzen Zahlen zu durchlaufen braucht, welche $< P$ und relative Primzahlen zu P sind.

Die nun auszuführenden Integrationen der einzelnen $\varphi(P)$ Partialbrüche sind in der einen Formel

$$\int\frac{dx}{x-a-bi}=\tfrac{1}{2}\log\left\{(x-a)^2+b^2\right\}+i\,\operatorname{arctang}\frac{x-a}{b}$$

oder

$$\int\frac{dx}{x-e^{\delta i}}=\tfrac{1}{2}\log\left\{x^2-2x\cos\delta+1\right\}+i\,\operatorname{arctang}\frac{x-\cos\delta}{\sin\delta}$$

enthalten, aus welcher, wenn $0<\delta<2\pi$ ist,

$$\int_0^1\frac{dx}{x-e^{\delta i}}=$$

$$\log(2\sin\tfrac{1}{2}\delta)+i\left\{\operatorname{arctang}(\operatorname{tang}\tfrac{1}{2}\delta)+\operatorname{arctang}(\operatorname{cotang}\delta)\right\}$$

folgt, vorausgesetzt, dass die beiden Arcus, welche in der Parenthese stehen, in dem Intervall zwischen $+\frac{1}{2}\pi$ und $-\frac{1}{2}\pi$ genommen werden. Mag nun δ zwischen 0 und π, oder zwischen π und 2π liegen, so ergiebt sich hieraus leicht, dass immer

$$\int_0^1\frac{dx}{x-e^{\delta i}}=\log(2\sin\tfrac{1}{2}\delta)+i\,(\tfrac{1}{2}\pi-\tfrac{1}{2}\delta)$$

ist.

Wenden wir dies auf unseren Fall an, so erhalten wir

$$\int_0^1 \frac{dx}{x-\theta^\alpha} = \log\left(2\sin\frac{\alpha\pi}{P}\right) + i\left(\frac{\pi}{2}-\frac{\alpha\pi}{P}\right)$$

und folglich

$$\Sigma\left(\frac{m}{P}\right)\frac{1}{m} = -\frac{i^{1/4(P-1)^2}}{\sqrt{P}}\,\Sigma\left(\frac{\alpha}{P}\right)\left\{\log\left(2\sin\frac{\alpha\pi}{P}\right)+i\left(\frac{\pi}{2}-\frac{\alpha\pi}{P}\right)\right\},$$

wo das Summenzeichen rechts sich auf alle $\varphi(P)$ Werthe von α erstreckt. Da nun

$$\Sigma\left(\frac{\alpha}{P}\right) = 0$$

ist, so können die in der Parenthese befindlichen Glieder, welche von α unabhängig sind, wie $\log 2$ und $\frac{1}{2}\pi i$ weggelassen werden, und man erhält dann

$$\Sigma\left(\frac{m}{P}\right)\frac{1}{m} = -\frac{i^{1/4(P-1)^2}}{\sqrt{P}}\,\Sigma\left(\frac{\alpha}{P}\right)\left\{\log\sin\frac{\alpha\pi}{P}-\frac{\alpha\pi i}{P}\right\}.$$

Dieses Resultat nimmt noch einfachere Formen an, wenn man die beiden Fälle $P \equiv 1 \pmod{4}$ und $P \equiv 3 \pmod{4}$ von einander trennt. Im ersteren Falle ist nämlich

$$i^{1/4(P-1)^2} = 1$$

und folglich, da die linke Seite reell ist,

$$\Sigma\left(\frac{m}{P}\right)\frac{1}{m} = -\frac{1}{\sqrt{P}}\,\Sigma\left(\frac{\alpha}{P}\right)\log\sin\frac{\alpha\pi}{P}$$

$$\Sigma\left(\frac{\alpha}{P}\right)\alpha = 0;$$

im letzteren Falle dagegen ist

$$i^{1/4(P-1)^2} = i$$

und folglich

$$\Sigma\left(\frac{m}{P}\right)\frac{1}{m} = -\frac{\pi}{P\sqrt{P}}\,\Sigma\left(\frac{\alpha}{P}\right)\alpha$$

$$\Sigma\left(\frac{\alpha}{P}\right)\log\sin\frac{\alpha\pi}{P} = 0.$$

Diese beiden Vereinfachungen lassen sich auch auf folgende Weise verificiren. Bedenkt man, dass $(P-\alpha)$ dieselben Werthe wie α durchläuft, so folgt

$$\Sigma\left(\frac{\alpha}{P}\right)\alpha = \Sigma\left(\frac{P-\alpha}{P}\right)(P-\alpha) = -\Sigma\left(\frac{-\alpha}{P}\right)\alpha$$

$$\Sigma\left(\frac{\alpha}{P}\right)\log\sin\frac{\alpha\pi}{P} = \Sigma\left(\frac{P-\alpha}{P}\right)\log\sin\frac{(P-\alpha)\pi}{P}$$

$$= \Sigma\left(\frac{-\alpha}{P}\right)\log\sin\frac{\alpha\pi}{P};$$

ist nun $P \equiv 1$ (mod. 4), so folgt hieraus

$$\Sigma\left(\frac{\alpha}{P}\right)\alpha = -\Sigma\left(\frac{\alpha}{P}\right)\alpha = 0;$$

ist dagegen $P \equiv 3$ (mod. 4), so ergiebt sich

$$\Sigma\left(\frac{\alpha}{P}\right)\log\sin\frac{\alpha\pi}{P} = -\Sigma\left(\frac{\alpha}{P}\right)\log\sin\frac{\alpha\pi}{P} = 0.$$

§. 104.

Hiermit ist nun für den von uns betrachteten Fall, in welchem die Determinante $D = \pm P \equiv 1$ (mod. 4) und durch kein Quadrat theilbar ist, der gesuchte Grenzwerth

$$\Sigma\left(\frac{D}{n}\right)\frac{1}{n} = \left(1-\left(\frac{2}{P}\right)\frac{1}{2}\right)\Sigma\left(\frac{m}{P}\right)\frac{1}{m}$$

wirklich in Form eines geschlossenen Ausdrucks gefunden, und um die Anzahl h der zu dieser Determinante D gehörenden ursprünglichen Formen der ersten Art zu erhalten, brauchen wir nur noch die beiden Fälle, in welchen D negativ oder positiv ist, von einander zu trennen.

Erstens. Ist D negativ $= -P$, und also $P \equiv 3$ (mod. 4), so ist (§. 97)

$$h = \frac{2\sqrt{-D}}{\pi}\Sigma\left(\frac{D}{n}\right)\frac{1}{n}$$

und da in diesem Falle

$$\Sigma\left(\frac{D}{n}\right)\frac{1}{n} = \left(1-\left(\frac{2}{P}\right)\frac{1}{2}\right)\Sigma\left(\frac{m}{P}\right)\frac{1}{m}$$

$$= -\left(1-\left(\frac{2}{P}\right)\frac{1}{2}\right)\frac{\pi}{P\sqrt{P}}\Sigma\left(\frac{\alpha}{P}\right)\alpha$$

ist, so ergiebt sich

$$h = -\frac{1}{P}\left(2-\left(\frac{2}{P}\right)\right)\Sigma\left(\frac{\alpha}{P}\right)\alpha,$$

wo α wieder alle positiven ganzen Zahlen durchlaufen muss, die $< P$ und relative Primzahlen zu P sind. Offenbar muss dieser Ausdruck für die Classenanzahl sich noch in der Weise umformen lassen, dass der Divisor P verschwindet. Dies lässt sich in der That durch folgende Betrachtung erreichen. Bezeichnet man mit α' diejenigen Zahlen α, welche $< \frac{1}{2} P$ sind, so stimmen die Zahlen $(P - \alpha')$ mit denjenigen Zahlen α überein, welche $> \frac{1}{2} P$ sind; es ist daher

$$\Sigma \left(\frac{\alpha}{P}\right) \alpha = \Sigma \left(\frac{\alpha'}{P}\right) \alpha' + \Sigma \left(\frac{P - \alpha'}{P}\right) (P - \alpha'),$$

wo die Summenzeichen rechts sich auf den Buchstaben α' beziehen; da nun $P \equiv 3 \pmod{4}$, und also

$$\left(\frac{P - \alpha'}{P}\right) = \left(\frac{-1}{P}\right)\left(\frac{\alpha'}{P}\right) = -\left(\frac{\alpha'}{P}\right)$$

ist, so erhalten wir

$$\Sigma \left(\frac{\alpha}{P}\right) \alpha = 2 \Sigma \left(\frac{\alpha'}{P}\right) \alpha' - P \Sigma \left(\frac{\alpha'}{P}\right).$$

Offenbar wird die Reihe aller Zahlen α aber auch erschöpft durch die sämmtlichen Zahlen $2\alpha'$ und $(P - 2\alpha')$, und folglich ist auch

$$\Sigma \left(\frac{\alpha}{P}\right) \alpha = \Sigma \left(\frac{2\alpha'}{P}\right) 2\alpha' + \Sigma \left(\frac{P - 2\alpha'}{P}\right) (P - 2\alpha')$$

oder nach leichten Reductionen

$$\left(\frac{2}{P}\right) \Sigma \left(\frac{\alpha}{P}\right) \alpha = 4 \Sigma \left(\frac{\alpha'}{P}\right) \alpha' - P \Sigma \left(\frac{\alpha'}{P}\right).$$

Zieht man diese Gleichung von der früheren ab, nachdem dieselbe mit 2 multiplicirt ist, so erhält man

$$\left\{2 - \left(\frac{2}{P}\right)\right\} \Sigma \left(\frac{\alpha}{P}\right) \alpha = - P \Sigma \left(\frac{\alpha'}{P}\right)$$

und hierdurch verwandelt sich der obige Ausdruck für die Classenanzahl in den folgenden einfachsten:

$$h = \Sigma \left(\frac{\alpha'}{P}\right).$$

Wir können daher für diesen Fall als Resultat unserer ganzen Untersuchung folgenden Satz aussprechen:

Ist P eine positive, durch kein Quadrat theilbare Zahl von der Form $4n + 3$, *und bezeichnet man mit* α' *alle relativen Primzahlen zu P, welche* $< \frac{1}{2} P$ *sind, so findet man die Classenanzahl h der zu der Determinante* $D = -P$ *gehörenden Formen der ersten Art, wenn man von der Anzahl derjenigen der Zahlen* α', *für welche*

$$\left(\frac{\alpha'}{P}\right) = +1$$

ist, die Anzahl der übrigen Zahlen α' *abzieht.*

Der Ausdruck dieses Satzes vereinfacht sich in dem speciellen Falle, wenn P eine einfache Primzahl ist, folgendermaassen:

Ist der absolute Werth p der negativen Determinante $D = -p$ *eine Primzahl von der Form* $4n + 3$, *so ist die Classenanzahl h der zu ihr gehörigen Formen der ersten Art gleich dem Ueberschuss der Anzahl der zwischen* 0 *und* $\frac{1}{2}p$ *liegenden quadratischen Reste von p über die Anzahl der zwischen denselben Grenzen liegenden quadratischen Nichtreste von p.*

Dieser letztere Satz ist in einer nicht wesentlich verschiedenen Form schon einige Zeit vor der Veröffentlichung der Lösung des allgemeinen Problems*) durch Induction von *Jacobi***) gefunden.

Als Beispiel wählen wir die Determinante $D = -11$; unter den Zahlen 1, 2, 3, 4, 5 sind vier quadratische Reste 1, 3, 4, 5, und ein quadratischer Nichtrest 2 von 11; mithin ist die Anzahl der Formen erster Art $= 4 - 1 = 3$. In der That giebt es für diese Determinante nur drei (nicht äquivalente) reducirte Formen erster Art, nämlich (1, 0, 11), (3, 1, 4) und (3, —1, 4).

Beiläufig mag hier bemerkt werden, dass zufolge des gewonnenen Resultats die Anzahl der Zahlen α', für welche

$$\left(\frac{\alpha'}{P}\right) = +1,$$

stets grösser ist, als die Anzahl der Zahlen α', für welche

$$\left(\frac{\alpha'}{P}\right) = -1$$

ist, da h immer eine positive Zahl, nie $= 0$ ist: ein Satz, welcher auch für den einfachsten Fall, wo P eine Primzahl von der Form

---

*) *Dirichlet: Recherches sur diverses applications de l'analyse infinitésimale à la théorie des nombres* in Crelle's Journal Bdde. 19, 21.

**) *Observatio arithmetica* in Crelle's Journal Bd. 9; vergl. *Dirichlet: Gedächtnissrede auf C. G. J. Jacobi*, und *Kummer: Gedächtnissrede auf G. P. Lejeune Dirichlet.*

$4n + 3$ ist, auf anderem Wege noch nicht hat bewiesen werden können (vergl. das Theorem über die arithmetische Progression, Supplement VI.).

Zweitens. Ist die Determinante positiv $= + P$, und also $P \equiv 1 \pmod{4}$, so ist (nach §. 99) die Classenanzahl

$$h = \frac{2\sqrt{D}}{\log(T + U\sqrt{D})} \Sigma \left(\frac{D}{n}\right) \frac{1}{n}$$

und da in diesem Falle

$$\Sigma \left(\frac{D}{n}\right) \frac{1}{n} = \left(1 - \left(\frac{2}{P}\right) \frac{1}{2}\right) \Sigma \left(\frac{m}{P}\right) \frac{1}{m}$$

$$= - \frac{1 - \left(\frac{2}{P}\right) \frac{1}{2}}{\sqrt{P}} \Sigma \left(\frac{\alpha}{P}\right) \log \sin \frac{\alpha \pi}{P}$$

ist, so ergiebt sich

$$h = - \frac{2 - \left(\frac{2}{P}\right)}{\log(T + U\sqrt{P})} \Sigma \left(\frac{\alpha}{P}\right) \log \sin \frac{\alpha \pi}{P}.$$

Bezeichnet man die Zahlen α mit a oder mit b, je nachdem

$$\left(\frac{\alpha}{P}\right) = + 1 \text{ oder } = - 1$$

ist, so nimmt die vorstehende Gleichung folgende Gestalt an:

$$h = \frac{2 - \left(\frac{2}{P}\right)}{\log(T + U\sqrt{P})} \log \frac{\Pi \sin \frac{b\pi}{P}}{\Pi \sin \frac{a\pi}{P}};$$

hierin beziehen sich die Productzeichen Π im Zähler und Nenner resp. auf alle b und auf alle a; und ausserdem bedeuten T, U die kleinsten positiven ganzen Zahlen, welche der Pell'schen Gleichung

$$T^2 - PU^2 = 1$$

genügen. Der wahre Charakter dieses Resultates wird durch eine weitere Umformung (§. 107) noch deutlicher werden.

§. 105.

Nachdem im Vorhergehenden (§§. 102 bis 104) der Fall, in welchem $D \equiv 1 \pmod{4}$ ist, seine vollständige Erledigung gefunden hat, begnügen wir uns, die Hauptmomente für die allgemeine Untersuchung hervorzuheben. Es handelt sich zunächst um die Bestimmung der Reihe

$$N = \Sigma \left(\frac{D}{n}\right) \frac{1}{n},$$

in welcher n, beständig wachsend, alle positiven ganzen Zahlen durchlaufen muss, die relative Primzahlen zu $2D$ sind.

Gebrauchen wir nun die Buchstaben P, δ, ε genau in derselben Bedeutung, wie sie am Schluss des §. 52 festgesetzt ist, so ist

$$\left(\frac{D}{n}\right) = \delta^{\frac{1}{2}(n-1)} \varepsilon^{\frac{1}{8}(n^2-1)} \left(\frac{n}{P}\right),$$

und folglich stets

$$\left(\frac{D}{n}\right) = \left(\frac{D}{\nu}\right),$$

wenn $n \equiv \nu \pmod{8P}$ ist. Setzt man daher

$$\frac{1}{n} = \int_0^1 x^{n-1}\, dx,$$

und

$$f(x) = \Sigma \left(\frac{D}{\nu}\right) x^\nu,$$

wo ν alle die Zahlen n durchläuft, welche $< 8P$ sind, und berücksichtigt, dass $f(1) = 0$ ist (§. 52), so findet man unter der Voraussetzung, dass der Modulus von x auf dem Integrationswege < 1 bleibt, ähnlich wie in §. 103,

$$N = \int_0^1 \frac{f(x)}{1 - x^{8P}} \frac{dx}{x} = -\frac{1}{8P} \int_0^1 \Sigma \frac{f(\omega)\, dx}{x - \omega},$$

wo ω alle Wurzeln der Gleichung

$$\omega^{8P} = 1$$

durchlaufen muss; diese sind bekanntlich von der Form

$$\omega = j^r \theta^s,$$

wo zur Abkürzung

$$j = e^{\frac{\pi i}{4}} = \frac{1+i}{\sqrt{2}},\quad \theta = e^{\frac{2\pi i}{P}}$$

gesetzt ist; lässt man r und s vollständige Restsysteme resp. nach den Moduln 8 und P durchlaufen, so erhält ω seine sämmtlichen $8P$ Werthe.

Bedeuten nun μ und m resp. die kleinsten positiven Reste der Zahl ν in Bezug auf die Moduln 8 und P, so ist μ eine der vier Zahlen 1, 3, 5, 7, und m eine der $\varphi(P)$ relativen Primzahlen zu P; und da umgekehrt jedem solchen Restpaare μ, m eine und nur eine bestimmte Zahl ν entspricht (§. 25), so findet man, mit Zuziehung des in den Supplementen (§. 116) bewiesenen Hülfssatzes,

$$f(\omega) = \Sigma\left(\frac{D}{\nu}\right)\omega^\nu = \Sigma\,\delta^{1/2(\nu-1)}\,\varepsilon^{1/8(\nu^2-1)}\left(\frac{\nu}{P}\right)j^{\nu r}\theta^{\nu s}$$

$$= \Sigma\,\delta^{1/2(\mu-1)}\,\varepsilon^{1/8(\mu^2-1)}\,j^{\mu r}\,\Sigma\left(\frac{m}{P}\right)\theta^{ms}$$

$$= j^r(1+\delta i^{3r})(1+\varepsilon(-1)^r)\left(\frac{s}{P}\right)i^{\left(\frac{P-1}{2}\right)^2}\sqrt{P},$$

wo $\sqrt{P}$ *positiv* ist, und das Jacobi'sche Symbol den Werth Null hat, wenn s keine relative Primzahl zu P ist. Wenn $P = 1$, so sind die Factoren, in welchen P vorkommt, wegzulassen. Setzen wir nun zur Abkürzung

$$\psi(r) = \int_0^1 \Sigma\left(\frac{s}{P}\right)\frac{dx}{x - j^r\theta^s},$$

wo s alle incongruenten Zahlen (mod. P) zu durchlaufen hat, die relative Primzahlen zu P sind, so ergiebt sich

$$N = -\frac{i^{\left(\frac{P-1}{2}\right)^2}}{8\sqrt{P}}\,\Sigma j^r(1+\delta i^{3r})(1+\varepsilon(-1)^r)\psi(r),$$

wo r ein vollständiges Restsystem (mod. 8) durchlaufen muss. Trennt man jetzt die vier Fälle von einander, so erhält man folgende Resultate:

I. $D = \pm P \equiv 1 \pmod{4}$, $\delta = +1$, $\varepsilon = +1$;

$$N \,.\, 2\sqrt{P} = -\, i^{\left(\frac{P-1}{2}\right)^2} \{\psi(0) - \psi(4)\}.$$

II. $D = \pm P \equiv 3 \pmod{4}$, $\delta = -1$, $\varepsilon = +1$;

$$N \,.\, 2\sqrt{P} = -\, i \,.\, i^{\left(\frac{P-1}{2}\right)^2} \{\psi(2) - \psi(6)\}.$$

III. $D = \pm 2P \equiv 2 \pmod{8}$, $\delta = +1$, $\varepsilon = -1$;

$$N \,.\, 2\sqrt{2P} = -\, i^{\left(\frac{P-1}{2}\right)^2} \{\psi(1) - \psi(3) - \psi(5) + \psi(7)\}.$$

IV. $D = \pm 2P \equiv 6 \pmod{8}$, $\delta = -1$, $\varepsilon = -1$;

$$N \,.\, 2\sqrt{2P} = -\, i \,.\, i^{\left(\frac{P-1}{2}\right)^2} \{\psi(1) + \psi(3) - \psi(5) - \psi(7)\}.$$

Dieselben Formeln gelten auch noch für den Fall $P = 1$, d. h. für die Fälle $D = -1$, $D = +2$, $D = -2$, wenn

$$\psi(r) = \int_0^1 \frac{dx}{x - j^r}$$

gesetzt wird. Zur Bestimmung der Werthe $\psi(r)$, auf welche es jetzt allein noch ankommt, dient wieder die unter der Voraussetzung $0 < \varphi < 2\pi$ gültige Gleichung

$$\int_0^1 \frac{dx}{x - e^{\varphi i}} = \log\,(2 \sin \tfrac{1}{2}\varphi) + \tfrac{1}{2}(\pi - \varphi)\, i,$$

und man findet hieraus für den Fall $P = 1$ leicht folgende Resultate:

$$\begin{aligned} D &= -1;\quad N = \frac{\pi}{4} \\ D &= +2;\quad N = \frac{\log(1 + \sqrt{2})}{\sqrt{2}} \\ D &= -2;\quad N = \frac{\pi}{2\sqrt{2}}, \end{aligned} \tag{1}$$

wo $\sqrt{2}$ positiv zu nehmen ist. Schliessen wir von jetzt an den Fall $P = 1$ gänzlich aus, so ist

$$\int_0^1 \frac{dx}{x - j^r \theta^s} = \log\left(2 \sin \frac{m\pi}{8P}\right) + \left(\frac{\pi}{2} - \frac{m\pi}{8P}\right) i,$$

wo m den kleinsten positiven Rest der Zahl $(Pr + 8s)$ nach dem Modul $8P$ bedeutet, so dass

$$m \equiv Pr \text{ (mod. 8)}, \; m \equiv 8s \text{ (mod. } P), \; 0 < m < 8P$$

ist; hieraus folgt

$$\psi(r) = \left(\frac{2}{P}\right) \Sigma \left(\frac{m}{P}\right) \left\{\log\left(2 \sin \frac{m\pi}{8P}\right) + \left(\frac{\pi}{2} - \frac{m\pi}{8P}\right) i\right\},$$

wo m diejenigen $\varphi(P)$ positiven Zahlen durchlaufen muss, welche relative Primzahlen zu P, kleiner als $8P$ und zugleich $\equiv Pr$ (mod. 8) sind; da dieselben nach dem Modul P incongruent sind, so ist (§. 52)

$$\Sigma \left(\frac{m}{P}\right) = 0,$$

und folglich nimmt die vorstehende Gleichung folgende einfachere Gestalt an

$$\psi(r) = \left(\frac{2}{P}\right) \Sigma \left(\frac{m}{P}\right) \left(\log \sin \frac{m\pi}{8P} - \frac{m\pi i}{8P}\right), \qquad (2)$$
$$m \equiv Pr \text{ (mod. 8)}, \quad 0 < m < 8P.$$

Hierdurch ist nun der Werth der unendlichen Reihe N in allen Fällen auf eine Summe von einer endlichen Anzahl von Gliedern zurückgeführt; dieselbe ist aber noch bedeutender Vereinfachungen fähig, zufolge gewisser Eigenschaften der acht Ausdrücke $\psi(r)$, die entweder aus der soeben gefundenen Form, oder auch aus ihrer ursprünglichen Definition leicht abgeleitet werden können. Indem wir den letzteren Weg einschlagen, setzen wir zur Abkürzung

$$F(x) = \Pi(x - \theta^s)^{\left(\frac{s}{P}\right)} = \frac{\Pi(x - \theta^a)}{\Pi(x - \theta^b)}, \qquad (3)$$

wo die Buchstaben a und b die in §. 52 festgesetzte Bedeutung haben; dann wird zufolge der obigen Definition

$$\psi(r) = \int_0^1 d \log F(xj^{-r}),$$

wo der Modulus der Variabelen x auf dem Wege von 0 bis 1 stets < 1 bleibt, oder auch

$$\psi(r) = \int_0^{j^{-r}} d \log F(x),$$

wo, wenn die complexen Grössen in der bekannten Weise geometrisch durch Puncte einer Ebene dargestellt werden, der Punct

x von 0 bis j^{-r} sich so bewegen muss, dass er im Inneren des mit dem Halbmesser 1 um den Punct 0 beschriebenen Kreises bleibt. Die acht Puncte j^r zerlegen die Peripherie dieses Kreises in acht gleiche Octanten, auf welche sich die $\varphi(P)$ Puncte θ^s vertheilen, die ihrerseits wieder in zwei Classen θ^a und θ^b zerfallen.

Aus der Definition der Function $F(x)$ geht zunächst hervor, dass sie mit

$$\Pi(x' - \theta^{-s})^{\left(\frac{s}{P}\right)} = F(x')^{\left(\frac{-1}{P}\right)}$$

conjugirt ist, wenn x' den mit x conjugirten complexen Werth bedeutet; und hieraus folgt unmittelbar, dass $\psi(r)$ und

$$\left(\frac{-1}{P}\right)\int_0^{j^r} d\log F(x') = \left(\frac{-1}{P}\right)\psi(-r)$$

ebenfalls conjugirt sind. Setzt man daher zur Abkürzung

$$\left.\begin{aligned} R(r) &= \psi(-r) + \left(\frac{-1}{P}\right)\psi(r), \\ J(r) &= \psi(-r) - \left(\frac{-1}{P}\right)\psi(r), \end{aligned}\right\} \tag{4}$$

so wird R reell, und J rein imaginär oder $=0$; und man erkennt leicht, dass die Summe N sich auf Ausdrücke von der Form R oder J reducirt, je nachdem die Determinante D positiv oder negativ ist.

Aus der Definition der Function $F(x)$ folgt ferner leicht die Relation

$$F(x)F(-x) = F(x^2)^{\left(\frac{2}{P}\right)}; \tag{5}$$

da nun, wenn x im Inneren des Kreises von 0 bis j^{-r} geht, gleichzeitig $-x$ von 0 bis $j^{-(r+4)}$, und x^2 von 0 bis j^{-2r} fortrückt, so ergiebt sich

$$\psi(r) + \psi(r+4) = \left(\frac{2}{P}\right)\psi(2r); \tag{6}$$

dieselbe Eigenschaft kommt offenbar auch den Ausdrücken R und J zu.

Die Function $F(x)$ besitzt endlich noch die folgende Eigenschaft

$$F\left(\frac{1}{x}\right) = \theta^{\Sigma\left(\frac{s}{P}\right)s} F(x)^{\left(\frac{-1}{P}\right)}; \tag{7}$$

da nun, wenn x im Inneren des Kreises von 0 bis j^{-r} geht, der reciproke Werth y ausserhalb des Kreises von ∞ bis j^r fortrückt, so folgt

$$\int_{\infty}^{j^r} d \log F(y) = \left(\frac{-1}{P}\right) \psi(r),$$

und hieraus ergiebt sich

$$J(r) = \int_0^{\infty} d \log F(z_r),$$

wo z_r im Inneren des Kreises von 0 bis j^r, dann ausserhalb desselben von j^r bis ∞ geht. Die Differenz $J(r) - J(r+1)$ ist daher ein geschlossenes Integral, in welchem die Integrationsvariabele einen positiven Umlauf um diejenigen Puncte θ^s macht, die auf dem von den Puncten j^r und j^{r+1} begrenzten Octanten liegen, und folglich ist nach bekannten Sätzen der complexen Integration

$$J(r) - J(r+1) = 2\pi i \sum_r^{r+1} \left(\frac{s}{P}\right),$$

wo s alle Werthe durchläuft, die der Bedingung

$$\frac{r}{8} < \frac{s}{P} < \frac{r+1}{8}$$

genügen; hieraus ergiebt sich weiter

$$J(r) - J(r+4) = 2\pi i \sum_r^{r+4} \left(\frac{s}{P}\right),$$

und ebenso, wenn r *positiv* ist,

$$J(r) - J(2r) = 2\pi i \sum_r^{2r} \left(\frac{s}{P}\right);$$

setzt man die hieraus folgenden Werthe von $J(r+4)$ und $J(2r)$ in die aus (6) abgeleitete Gleichung

$$J(r) + J(r+4) = \left(\frac{2}{P}\right) J(2r)$$

ein, so erhält man

$$\left\{2 - \left(\frac{2}{P}\right)\right\} J(r) = 2\pi i \left\{\sum_r^{r+4} \left(\frac{s}{P}\right) - \left(\frac{2}{P}\right) \sum_r^{2r} \left(\frac{s}{P}\right)\right\}.$$

Bedenkt man ferner, dass

$$\sum_4^{4+r} \left(\frac{s}{P}\right) = \left(\frac{-1}{P}\right) \sum_{4-r}^{4} \left(\frac{s}{P}\right)$$

ist, so ergiebt sich

$$\left\{2-\left(\frac{2}{P}\right)\right\} J(0) = 2\pi i \sum_0^4 \left(\frac{s}{P}\right)$$

$$\left\{2-\left(\frac{2}{P}\right)\right\} J(2) = 2\pi i \left\{1 + \left(\frac{-1}{P}\right) - \left(\frac{2}{P}\right)\right\} \sum_2^4 \left(\frac{s}{P}\right)$$

$$J(1) + \left(\frac{-1}{P}\right) J(3) = 2\pi i \left\{\sum_1^4 \left(\frac{s}{P}\right) + \left(\frac{-1}{P}\right) \sum_3^4 \left(\frac{s}{P}\right)\right\}.$$

Da endlich zufolge (6) und (4)

$$\psi(0) - \psi(4) = \left\{2 - \left(\frac{2}{P}\right)\right\} \psi(0),$$

$$\left\{1 - \left(\frac{-1}{P}\right)\right\} \psi(0) = J(0),$$

$$\psi(6) - \left(\frac{-1}{P}\right) \psi(2) = J(2),$$

$$\{\psi(7) - \psi(3)\} + \left(\frac{-1}{P}\right) \{\psi(5) - \psi(3)\} = J(1) + \left(\frac{-1}{P}\right) J(3)$$

ist, so wird, wenn die Determinante D *negativ*, also P im ersten und dritten Falle $\equiv 3$, im zweiten und vierten Falle $\equiv 1 \pmod{4}$ ist,

$$\text{I.} \quad N = \frac{\pi}{2\sqrt{P}} \sum_0^4 \left(\frac{s}{P}\right),$$

$$\text{II.} \quad N = \frac{\pi}{\sqrt{P}} \sum_0^2 \left(\frac{s}{P}\right),$$

$$\text{III.} \quad N = \frac{\pi}{\sqrt{2P}} \sum_1^3 \left(\frac{s}{P}\right),$$

$$\text{IV.} \quad N = \frac{\pi}{\sqrt{2P}} \left\{\sum_0^1 \left(\frac{s}{P}\right) - \sum_3^4 \left(\frac{s}{P}\right)\right\},$$

wenn man berücksichtigt, dass im zweiten und vierten Falle

$$\sum_0^4 \left(\frac{s}{P}\right) = 0$$

ist.

Für *positive* Determinanten erhält man ebenfalls Vereinfachungen durch die Betrachtung des *reellen* Ausdrucks (4)

$$R(r) = \int_0^1 \Sigma \left(\frac{s}{P}\right) \left\{\frac{dx}{x - j^{-r}\theta^s} + \frac{dx}{x - j^r \theta_{-s}}\right\}$$

$$= \Sigma \left(\frac{s}{P}\right) \log\{(j^r - \theta^s)(j^{-r} - \theta^{-s})\}$$

$$= \log\left\{F(j^r)\, F(j^{-r})^{\left(\frac{-1}{P}\right)}\right\},$$

welcher zufolge (7) in den folgenden übergeht

$$R(r) = \log \{c\, F(j^r)^2\},$$

wo

$$c = \theta^{\Sigma b - \Sigma a} = \frac{-1 + i\sqrt{3}}{2} \text{ oder } = 1$$

ist, je nachdem $P = 3$ oder von 3 verschieden ist (§. 140). Da nun zufolge (6) und (4)

$$\psi(0) - \psi(4) = \left\{2 - \left(\frac{2}{P}\right)\right\} \psi(0)$$

$$\left\{1 + \left(\frac{-1}{P}\right)\right\} \psi(0) = R(0)$$

$$\psi(6) + \left(\frac{-1}{P}\right) \psi(2) = R(2)$$

$$\psi(7) + \left(\frac{-1}{P}\right) \psi(1) = R(1)$$

$$\psi(5) + \left(\frac{-1}{P}\right) \psi(3) = R(3)$$

ist, so erhält man, weil im ersten und dritten Falle $P \equiv 1$, im zweiten und vierten Falle $\equiv 3 \pmod{4}$ ist,

$$\text{I.} \quad N \,.\, 2\sqrt{P} = -\left\{1 - \left(\frac{2}{P}\right)\frac{1}{2}\right\} \log \{F(1)^2\}$$

$$\text{II.} \quad N \,.\, 2\sqrt{P} = -\log \{c\, F(i)^2\}$$

$$\text{III.} \quad N \,.\, 2\sqrt{2P} = \log \left\{\frac{F(j^3)^2}{F(j)^2}\right\}$$

$$\text{IV.} \quad N \,.\, 2\sqrt{2P} = -\log \{c^2 F(j)^2 F(j^3)^2\}.$$

§. 106.

Nachdem der Werth der unendlichen Reihe N für alle Fälle bestimmt ist, in welchen die Determinante D durch kein Quadrat (ausser 1) theilbar ist, können wir nun die Anzahl h der Classen der ursprünglichen Formen der ersten Art in geschlossener Form angeben*).

---

*) Vergl. *Kronecker: Ueber die Anzahl der verschiedenen Classen quadratischer Formen von negativer Determinante*, Crelle's Journal, Bd. 57. Daselbst findet man für negative Determinanten wesentlich neue Formeln, welche aus der Theorie der elliptischen Functionen abgeleitet sind.

A. Für *negative* Determinanten D ist (nach §. 97)

$$h = \frac{2\sqrt{-D}}{\pi} \cdot N,$$

mit Ausnahme des Falles $D = -1$, wo der Ausdruck rechter Hand zu verdoppeln ist. Hieraus ergeben sich folgende vier Resultate:

$$\text{I.}\quad D = -P \equiv 1 \pmod{4};\quad h = \sum_0^4 \left(\frac{s}{P}\right)$$

$$\text{II.}\quad D = -P \equiv 3 \pmod{4};\quad h = 2\sum_0^2 \left(\frac{s}{P}\right)$$

$$\text{III.}\quad D = -2P \equiv 2 \pmod{8};\quad h = 2\sum_1^3 \left(\frac{s}{P}\right)$$

$$\text{IV.}\quad D = -2P \equiv 6 \pmod{8};\quad h = 2\left\{\sum_0^1 \left(\frac{s}{P}\right) - \sum_3^4 \left(\frac{s}{P}\right)\right\},$$

wo die Grenzen der Summationen sich immer auf den Werth $8s : P$ beziehen*). Aus II. und IV. sind resp. die Fälle $D = -1$ und $D = -2$ auszunehmen, in welchen $h = 1$ ist.

B. Für *positive* Determinanten D ist (nach §. 99)

$$h \log(T + U\sqrt{D}) = N \,.\, 2\sqrt{D},$$

wo T, U die kleinsten positiven ganzen Zahlen bedeuten, welche der Bedingung

$$T^2 - DU^2 = 1$$

genügen und nach der angegebenen Methode (§. 84) stets gefunden werden können. Der Werth $N \,.\, 2\sqrt{D}$ ist am Schlusse des vorigen Paragraphen bestimmt; statt der dortigen Formeln kann man auch die folgenden aus der Gleichung (2) des vorigen Paragraphen ableiten:

I. $D = P \equiv 1 \pmod{4}$

$$h \log(T + U\sqrt{P}) = -\left\{4 - 2\left(\frac{2}{P}\right)\right\} \sum_0^1 \left(\frac{n}{P}\right) \log \sin \frac{n\pi}{P}$$

II. $D = P \equiv 3 \pmod{4}$

$$h \log(T + U\sqrt{P}) = -\sum_0^4 \left(\frac{-1}{n}\right)\left(\frac{n}{P}\right) \log \sin \frac{n\pi}{4P}$$

---

*) Umgekehrt kann man diese Formeln benutzen, um die Vertheilung der Zahlen a und b auf die acht Octanten mit Hülfe der Classenanzahlen für die Determinanten $-P$ und $-2P$ zu bestimmen (Gauss Werke, Bd. II, 1863, p. 288).

III. $D = 2P \equiv 2 \pmod{8}$

$$h \log(T + U\sqrt{2P}) = -\sum_{0}^{8} \left(\frac{2}{n}\right)\left(\frac{n}{P}\right) \log \sin \frac{n\pi}{8P}$$

IV. $D = 2P \equiv 6 \pmod{8}$

$$h \log(T + U\sqrt{2P}) = -\sum_{0}^{8} \left(\frac{-2}{n}\right)\left(\frac{n}{P}\right) \log \sin \frac{n\pi}{8P},$$

wo n alle relativen Primzahlen zu $2P$ durchlaufen muss, für welche $n:P$ zwischen den angegebenen Summationsgrenzen liegt. Die drei letzten Fälle lassen sich in der gemeinschaftlichen Formel

$$h \log(T + U\sqrt{D}) = -\sum \left(\frac{D}{n}\right) \log \sin \frac{n\pi}{4D}$$

zusammenfassen, wo n alle zwischen 0 und $4D$ liegenden relativen Primzahlen zu $4D$ durchlaufen muss.

§. 107.

Betrachten wir die so gewonnenen Resultate, so zeigt sich ein wesentlicher Unterschied zwischen den positiven und negativen Determinanten. Während nämlich der Ausdruck für die Classenanzahl bei einer negativen Determinante unmittelbar die Form einer *ganzen* Zahl hat — dass dieselbe zugleich *positiv* ist, hat freilich bis jetzt noch Niemand auf elementarem Wege nachgewiesen — so ist dies keineswegs unmittelbar ersichtlich bei den Ausdrücken, welche die Classenanzahl für eine positive Determinante darstellen. Es ist nun von hohem Interesse, dass mit Hülfe eines Satzes aus der von *Gauss**) gegründeten Theorie der *Kreistheilung* (Supplement VII) die obigen Ausdrücke für $h \log(T + U\sqrt{D})$ wirklich stets in die Form $\log(t + u\sqrt{D})$ übergeführt werden können, wo t, u ganze Zahlen bedeuten, welche der Gleichung $t^2 - Du^2 = 1$ genügen. Dies wollen wir jetzt nachweisen**).

Behalten wir die bisherigen Bezeichnungen bei, so können wir, wie im Supplement VII gezeigt ist, stets

---

*) *D. A.* Sectio VII.

**) *Lejeune Dirichlet: Sur la manière de résoudre l'équation $t^2 - pu^2 = 1$ au moyen des fonctions circulaires* (Crelle's Journal, Bd. 17). Vergl. *Jacobi: Ueber die Kreistheilung und ihre Anwendung auf die Zahlentheorie* (Berliner Monatsberichte 1837).

$$2A(x) = 2\prod(x-\theta^a) = Y(x) - i^{\left(\frac{P-1}{2}\right)^2} \sqrt{P}\,.\,Z(x)$$

$$2B(x) = 2\prod(x-\theta^b) = Y(x) + i^{\left(\frac{P-1}{2}\right)^2} \sqrt{P}\,.\,Z(x)$$

setzen, wo $\sqrt{P}$ positiv ist, und $Y(x)$, $Z(x)$ ganze Functionen von x bedeuten, deren Coefficienten ganze Zahlen sind. Zugleich ist

$$A(x)B(x) = \prod(x-\theta^s) = \frac{\prod(x^{\mu_1}-1)}{\prod(x^{\mu_2}-1)},$$

wo μ_1 jedes positive, μ_2 jedes negative Glied des entwickelten Productes

$$\varphi(P) = (p-1)\,(p'-1)\,(p''-1)\ldots = \Sigma\mu_1 - \Sigma\mu_2$$

bedeutet, und

$$F(x) = \prod(x-\theta^s)^{\left(\frac{s}{P}\right)} = \frac{A(x)}{B(x)}.$$

Wir wenden uns nun, indem wir die am Schlusse des §. 105 gefundenen Ausdrücke für das Product $h\log(T+U\sqrt{D}) = N.2\sqrt{D}$ zu Grunde legen, zunächst dem Falle I. zu, in welchem $D = P \equiv 1$ (mod. 4), und also

$$h\log(T+U\sqrt{P}) = -\left\{1-\left(\frac{2}{P}\right)\frac{1}{2}\right\}\log\{F(1)^2\}$$

ist. Da nun

$$A(1)B(1) = \frac{\prod\mu_1}{\prod\mu_2} = P^\varkappa$$

ist, wo $\varkappa = 1$ oder $= 0$ ist, je nachdem P eine Primzahl oder zusammengesetzt ist (§. 138), so ergiebt sich

$$F(1) = \frac{A(1)}{B(1)} = \frac{P^\varkappa}{B(1)^2};$$

da ferner

$$2A(1) = y - z\sqrt{P},\quad 2B(1) = y + z\sqrt{P}$$

ist, wo die ganzen Zahlen $Y(1)$, $Z(1)$ zur Abkürzung mit y, z bezeichnet sind, so wird

$$y^2 - Pz^2 = 4P^\varkappa,$$

und folglich muss, wenn P eine Primzahl ist, y durch P theilbar sein; mithin kann man in allen Fällen

$$y + z\sqrt{P} = (\alpha+\beta\sqrt{P})\,(\sqrt{P})^\varkappa$$

setzen, wo α, β ganze Zahlen bedeuten, welche der Gleichung

$$\alpha^2 - P\beta^2 = 4\,(-1)^\varkappa$$

genügen, und man erhält

$$(T + U\sqrt{P})^h = \left(\frac{\alpha + \beta\sqrt{P}}{2}\right)^{4-2\left(\frac{2}{P}\right)}$$

Sind nun die Zahlen y, z gerade, was jedenfalls eintreten muss, wenn $P \equiv 1$ (mod. 8) ist, so kann man $\alpha = 2\alpha'$, $\beta = 2\beta'$ setzen, wo die ganzen Zahlen α', β' der Gleichung

$$\alpha'^2 - P\beta'^2 = (-1)^\varkappa$$

genügen; setzt man ferner

$$(\alpha' + \beta'\sqrt{P})^{1+\varkappa} = t + u\sqrt{P},$$

so genügen die ganzen Zahlen t, u der Gleichung $t^2 - Pu^2 = 1$ und man erhält

$$(T + U\sqrt{P})^h = (t + u\sqrt{P})^{\left(2-\left(\frac{2}{P}\right)\right)(2-\varkappa)}$$

Sind dagegen die Zahlen y, z und folglich auch α, β ungerade, was nur dann eintreten kann, wenn $P \equiv 5$ (mod. 8) ist (z. B. wenn $P = 13$, während z. B. für $P = 37$ der frühere Fall stattfindet), so kann man

$$\left(\frac{\alpha + \beta\sqrt{P}}{2}\right)^3 = \alpha' + \beta'\sqrt{P}$$

setzen, wo α', β' ganze Zahlen sind, die der Gleichung

$$\alpha'^2 - P\beta'^2 = (-1)^\varkappa$$

genügen; setzt man nun wieder

$$(\alpha' + \beta'\sqrt{P})^{1+\varkappa} = t + u\sqrt{P},$$

so wird $t^2 - Pu^2 = 1$, und

$$(T + U\sqrt{P})^h = (t + u\sqrt{P})^{2-\varkappa}.$$

Es leuchtet ein, dass, wenn $P \equiv 5$ (mod. 8) ist, der erste oder zweite Fall eintreten wird, je nachdem die Classenanzahl h durch 3 theilbar ist oder nicht (vergl. §. 99). Ebenso leicht erkennt man, dass in allen Fällen $h \equiv \varkappa$ (mod. 2), d. h. dass die Classenanzahl h ungerade oder gerade sein wird, je nachdem P eine Primzahl oder zusammengesetzt ist (vergl. §. 83, Anm.). Endlich mag noch bemerkt werden, dass die Zahlen y, z beide positiv sind; da nämlich

$P \equiv 1 \pmod{4}$, so zerfallen die Zahlen a in Paare von der Form a und $-a$, ebenso die Zahlen b in Paare von der Form b und $-b$, und folglich sind $A(1)$, $B(1)$ und $A(1) + B(1) = y$ positiv; da ferner

$$\left\{2 - \left(\frac{2}{P}\right)\right\} \{\log B(1) - \log A(1)\} = h \log(T + U\sqrt{P})$$

positiv ist, weil h positiv, $T + U\sqrt{P} > 1$ ist, so muss $B(1) > A(1)$, und folglich z positiv sein: ein Resultat, das bisher auf anderem Wege noch nicht bewiesen ist.

§. 108.

Für den zweiten Fall $D = P \equiv 3 \pmod{4}$ haben wir oben das Resultat

$$h \log(T + U\sqrt{P}) = -\log\{c F(i)^2\}$$

erhalten; da nun, wenn m irgend eine ungerade Zahl bedeutet,

$$\frac{i^m - 1}{i - 1} = i^{1/4(m-1)^2}$$

ist, und da ferner

$$\Sigma \mu_1 - \Sigma \mu_2 = (p-1)(p'-1)(p''-1)\ldots$$
$$\Sigma \mu_1^2 - \Sigma \mu_2^2 = (p^2-1)(p'^2-1)(p''^2-1)\ldots$$

ist, so findet man leicht

$$A(i)\,B(i) = \frac{\prod(i^{\mu_1} - 1)}{\prod(i^{\mu_2} - 1)} = i^{\varkappa},$$

wo $\varkappa$ wieder $= 1$ oder $= 0$ ist, je nachdem P eine Primzahl oder zusammengesetzt ist. Folglich wird

$$F(i) = \frac{A(i)}{B(i)} = \frac{i^{\varkappa}}{B(i)^2},$$

und also, da $c^3 = 1$ ist,

$$(T + U\sqrt{P}) = c^2 (-1)^{\varkappa} B(i)^4.$$

Mit Ausnahme des Falles $P = 3$ ist nun (nach §. 140) $c = 1$, und

$$(-x)^{\tau} B\left(\frac{1}{x}\right) = A(x),\ (-x)^{\tau} A\left(\frac{1}{x}\right) = B(x),$$

wo $\varphi(P) = 2\tau$ gesetzt ist, folglich

$$i^{\tau} B(i) = A(-i),\quad i^{\tau} A(i) = B(-i),$$

also auch

$$i^{\tau} \,.\, Y(i) = Y(-i), \quad i^{\tau} \,.\, iZ(i) = -iZ(-i);$$

berücksichtigt man nun, dass

$$i^{\tau} = -\left(\frac{2}{P}\right) i \quad \text{oder} = 1$$

ist, je nachdem P eine Primzahl oder zusammengesetzt ist, so folgt hieraus, dass man

$$Y(i) = \left(1 + \left(\frac{2}{P}\right) i\right)^{\varkappa} y, \quad iZ(i) = \left(1 + \left(\frac{2}{P}\right) i\right)^{\varkappa} z,$$

also

$$2A(i) = \left(1 + \left(\frac{2}{P}\right) i\right)^{\varkappa} (y - z\sqrt{P}), \, 2B(i) = \left(1 + \left(\frac{2}{P}\right) i\right)^{\varkappa} (y + z\sqrt{P})$$

setzen kann, wo y, z ganze Zahlen bedeuten, welche der durch Multiplication entstehenden Gleichung

$$y^2 - Pz^2 = \left(\frac{2}{P^{\varkappa}}\right) 2^{2-\varkappa}$$

genügen; hieraus folgt weiter, dass man

$$(y + z\sqrt{P})^{1+\varkappa} = 2(t + u\sqrt{P})$$

setzen kann, wo t, u ganze Zahlen bedeuten, welche der Gleichung $t^2 - Pu^2 = 1$ genügen. Zugleich wird

$$B(i)^{1+\varkappa} = \left(\frac{2}{P^{\varkappa}}\right) i^{\varkappa} (t + u\sqrt{P}),$$

und folglich

$$(T + U\sqrt{P})^h = (t + u\sqrt{P})^{4-2\varkappa}.$$

Wir erwähnen, dass $h \equiv 2\varkappa \pmod{4}$ ist, und dass die Zahlen y, z stets dasselbe Vorzeichen haben.

In dem bisher ausgeschlossenen Falle $P = 3$ ist $T = 2$, $U = 1$, $c = \theta$, $B(i) = i - \theta^2$, woraus leicht folgt, dass

$$\frac{1}{cF(i)^2} = c^2(-1)^{\varkappa} B(i)^4 = (2 + \sqrt{3})^2,$$

also $h = 2$ ist.

§. 109.

Für den dritten Fall $D = 2P \equiv 2 \pmod{8}$ haben wir oben

$$h \log (T + U\sqrt{2P}) = \log \left\{\frac{F(j^3)^2}{F(j)^2}\right\}$$

gefunden. Berücksichtigt man nun, dass, wenn m irgend eine ungerade Zahl bedeutet,

$$\frac{(j^m - 1)(j^{3m} - 1)}{(j-1)(j^3-1)} = \left(\frac{-2}{m}\right)$$

ist, so findet man

$$A(j)\,B(j)\,A(j^3)\,B(j^3) = \frac{\Pi(j^{\mu_1} - 1)(j^{3\mu_1} - 1)}{\Pi(j^{\mu_2} - 1)(j^{3\mu_2} - 1)} = \left(\frac{-2}{P^\varkappa}\right),$$

und folglich

$$(T + U\sqrt{2P})^h = A(j^3)^4\,B(j)^4,$$

wo $\varkappa$ wieder $= 1$ oder $= 0$, je nachdem P eine Primzahl oder zusammengesetzt ist. Da nun $P \equiv 1 \pmod{4}$, und also $Y(j) = j^\tau\,Y(j^{-1})$, $Z(j) = j^\tau Z(j^{-1})$ ist (§. 140), so kann man

$$Y(j) = j^{\frac{1}{2}\tau}\,\{y' + y''(j - j^3)\}, \quad Z(j) = j^{\frac{1}{2}\tau}\,\{z' + z''(j - j^3)\}$$

setzen, wo y', y'', z', z'' ganze Zahlen bedeuten; da ferner $j - j^3 = \sqrt{2}$ ist, so erhält man, wenn man

$$\alpha = (-1)^{\frac{1}{2}\tau}\,\{y'^2 - 2y''^2 - P(z'^2 - 2z''^2)\},$$
$$\beta = (-1)^{\frac{1}{2}\tau}\,.\,2(y'z'' - y''z')$$

setzt,

$$4A(j^3)\,B(j) = \alpha + \beta\sqrt{2P}, \quad 4A(j)\,B(j^3) = \alpha - \beta\sqrt{2P},$$

wo die ganzen Zahlen α, β der Gleichung

$$\alpha^2 - 2P\beta^2 = 16\left(\frac{-2}{P^\varkappa}\right)$$

genügen und folglich beide durch 4 theilbar sind. Man kann daher

$$A(j^3)\,B(j) = y + z\sqrt{2P}$$

setzen, wo die ganzen Zahlen y, z der Gleichung

$$y^2 - 2Pz^2 = \left(\frac{-2}{P^\varkappa}\right)$$

genügen, und es ist

$$(T + U\sqrt{2P})^h = (y + z\sqrt{2P})^4.$$

Hieraus folgt, dass $h \equiv 2 \pmod{4}$, falls P eine Primzahl von der Form $8n + 5$, sonst aber $h \equiv 0 \pmod{4}$ ist.

In dem bisher ausgeschlossenen Falle $D = 2$ war $N\sqrt{D} = \log(1 + \sqrt{2})$; da ferner $T = 3$, $U = 2$ ist, so folgt

$$h \log(3 + 2\sqrt{2}) = 2 \log(1 + \sqrt{2}),$$

also $h = 1$.

§. 110.

Für den vierten Fall $D = 2P \equiv 6 \pmod{8}$ haben wir oben (§§. 105, 106) das Resultat

$$h \log(T + U\sqrt{2P}) = -\log\{c^2 F(j)^2 F(j^3)^2\}$$

gefunden, welches vermöge der Gleichung

$$A(j) B(j) A(j^3) B(j^3) = \left(\frac{-2}{P^\varkappa}\right)$$

in

$$(T + U\sqrt{2P})^h = c B(j)^4 B(j^3)^4$$

übergeht, weil $c^3 = 1$ ist. Lassen wir den Fall $P = 3$ unberücksichtigt, so ist (nach §. 140) $c = 1$, und $Y(j) = (-j)^\tau\, Y(j^{-1})$, $-Z(j) = (-j)^\tau\, Z(j^{-1})$; da ferner τ ungerade oder durch 4 theilbar ist, je nachdem $\varkappa = 1$ oder $= 0$, d. h. je nachdem P eine Primzahl oder zusammengesetzt ist, so kann man

$$Y(j) = (j^{\frac{1}{2}\tau(1+\varkappa)} - \varkappa)\,(y' + y''(j - j^3))$$
$$j^2 Z(j) = (j^{\frac{1}{2}\tau(1+\varkappa)} - \varkappa)\,(z' + z''(j - j^3))$$

setzen, wo y', y'', z', z'' ganze Zahlen bedeuten; berücksichtigt man, dass $j - j^3 = \sqrt{2}$ ist, und setzt

$$\alpha = y'^2 - Pz'^2 - 2y''^2 + 2Pz''^2$$
$$\beta = 2(y'z'' - z'y''),$$

so erhält man

$$4A(j)A(j^3) = (-j^\tau - j^{3\tau})^\varkappa (\alpha - \beta\sqrt{2P})$$
$$4B(j)B(j^3) = (-j^\tau - j^{3\tau})^\varkappa (\alpha + \beta\sqrt{2P}),$$

wo die ganzen Zahlen α, β der durch Multiplication entstehenden Gleichung

$$\alpha^2 - 2P\beta^2 = \left(\frac{-2}{P^\varkappa}\right)(-2)^{4-\varkappa}$$

genügen; man kann daher

$$(\alpha + \beta\sqrt{2P})^{1+\varkappa} = 2^{2+\varkappa}(t + u\sqrt{2P})$$

setzen, wo die ganzen Zahlen t, u der Gleichung $t^2 - 2Pu^2 = 1$ genügen; dann wird

$$B(j)^{1+\varkappa} B(j^3)^{1+\varkappa} = (-1)^\varkappa (t + u\sqrt{2P})$$

und folglich

$$(T + U\sqrt{2P})^h = (t + u\sqrt{2P})^{4-2\varkappa},$$

woraus leicht folgt, dass $h \equiv 2\varkappa$ (mod. 4) ist.

In dem ausgeschlossenen Falle $P = 3$ ist $c = \theta = \theta^4$, $T = 5$, $U = 2$, und man erhält

$$\theta B(j) B(j^3) = \theta(j - \theta^2)(j^3 - \theta^2) = -i(\sqrt{2} + \sqrt{3})$$

$$\theta^2 B(j)^2 B(j^3)^2 = -(5 + 2\sqrt{6}) = -(T + U\sqrt{2P})$$

und hieraus $h = 2$.

SUPPLEMENTE.

I. Ueber einige Sätze aus der Theorie der Kreistheilung von Gauss.

§. 111.

Wir schicken zunächst ein Lemma aus der Theorie der Fourier'schen Reihen voraus, deren Glieder nach den Cosinus der successiven Vielfachen eines Winkels fortschreiten; es wird in derselben nachgewiesen*), dass für alle reellen Werthe von x zwischen $x = 0$ und $x = \pi$ mit Einschluss dieser Grenzen stets

$$\varphi(x) = \tfrac{1}{2} a_0 + a_1 \cos x + a_2 \cos 2x + a_3 \cos 3x + \cdots$$

ist, wenn $\varphi(x)$ eine innerhalb dieses Intervalles endliche und stetige Function bedeutet, welche nicht unendlich viele Maxima und Minima hat, und wo die Coefficienten $a_0, a_1, a_2 \ldots$ durch die Gleichung

$$a_s = \frac{2}{\pi} \int_0^\pi \varphi(x) \cos sx \, dx$$

bestimmt werden. Hieraus folgt für $x = 0$

$$\pi \varphi(0) = \sum_{-\infty}^{+\infty} \int_0^\pi \varphi(x) \cos sx \, dx,$$

wo das Summenzeichen sich auf den Buchstaben s bezieht, für welchen Null und alle ganzen positiven und negativen Zahlwerthe der Reihe nach einzusetzen sind. Auf diesen der genannten Theorie entlehnten Satz stützen wir uns im Folgenden.

---

*) *Dirichlet: Sur la convergence des séries etc.* (Crelle's Journal Bd. 4); derselbe Beweis ist vereinfacht im Repertorium der Physik von Dove und Moser, Bd. I. Vergl. *B. Riemann: Ueber die Darstellbarkeit einer Function durch eine trigonometrische Reihe.* 1867. (Riemann's Werke, S. 213.)

Zunächst verallgemeinern wir denselben, indem wir das Integral

$$\int_0^{2h\pi} f(x) \cos sx\, dx$$

betrachten, in welchem h eine positive ganze Zahl, s eine positive oder negative ganze Zahl, und $f(x)$ eine Function bedeutet, welche innerhalb des Integrationsgebietes den obigen Bedingungen genügt. Man kann dasselbe in $2h$ Integrale von der Form

$$\int_{r\pi}^{(r+1)\pi} f(x) \cos sx\, dx$$

zerlegen, wo für r der Reihe nach die Zahlen 0, 1, 2 ... bis $2h - 1$ zu setzen sind; je nachdem r eine gerade oder ungerade Zahl ist, ersetzen wir die Integrationsvariabele x durch $r\pi + x$, oder durch $(r+1)\pi - x$; dadurch geht das vorstehende Integral in

$$\int_0^{\pi} f(r\pi + x) \cos sx\, dx, \text{ oder in } \int_0^{\pi} f((r+1)\pi - x) \cos sx\, dx$$

über, und hieraus ergiebt sich zufolge des obigen Satzes entsprechend

$$\sum_{-\infty}^{+\infty} \int_{r\pi}^{(r+1)\pi} f(x) \cos sx\, dx = \pi f(r\pi), \quad \text{oder} = \pi f((r+1)\pi),$$

wo die Summe links sich wieder auf alle ganzen Zahlen s bezieht. Setzt man hierin für r die ganzen Zahlen $0, 1, 2 \ldots 2h - 1$, und addirt die so entstehenden Gleichungen, so erhält man den Satz

$$2\pi \{\tfrac{1}{2} f(0) + f(2\pi) + f(4\pi) + \cdots + f(2(h-1)\pi) + \tfrac{1}{2} f(2h\pi)\}$$
$$= \sum_{-\infty}^{+\infty} \int_0^{2h\pi} f(x) \cos sx\, dx.$$

§. 112.

Wir beschäftigen uns nun mit den beiden folgenden bestimmten Integralen

$$p = \int_{-\infty}^{+\infty} \cos(x^2)\, dx, \quad q = \int_{-\infty}^{+\infty} \sin(x^2)\, dx;$$

dass dieselben wirklich bestimmte endliche Werthe besitzen, obgleich die Functionen unter den Integralzeichen für unendlich grosse Werthe von x nicht unendlich klein werden, erkennt man leicht durch die Transformationen

$$p = 2\int_0^{\infty} \cos(x^2)\, dx = \int_0^{\infty} \frac{\cos y}{\sqrt{y}}\, dy$$

$$q = 2\int_0^{\infty} \sin(x^2)\, dx = \int_0^{\infty} \frac{\sin y}{\sqrt{y}}\, dy;$$

denn zerlegt man das ganze unendliche Integrationsgebiet der positiven Variabelen y in solche Intervalle, in deren jedem die unter dem Integralzeichen befindliche Function ihr Zeichen nicht ändert, so ergiebt sich, dass die Bestandtheile, welche diesen Intervallen entsprechen, eine unendliche Reihe bilden, deren Glieder abwechselnde Zeichen haben und dem absoluten Werthe nach beständig und zwar ins Unendliche abnehmen; woraus folgt, dass diese Reihe, sowohl bei dem Integrale p, wie bei q, eine convergente ist. Für unseren Zweck genügt dieser Nachweis der Endlichkeit von p und q; die numerischen Werthe dieser Integrale werden sich von selbst aus der folgenden Untersuchung ergeben*).

Beide Integrale bilden nur specielle Fälle des folgenden

---

*) *Dirichlet: Recherches sur diverses appl.* etc. §. 9. Vergl. *Dirichlet: Sur l'usage des intégrales définies dans la sommation des séries finies ou infinies* (Crelle's Journal, Bd. 17).

$$\Delta = \int_{-\infty}^{+\infty} \cos(\delta + x^2)\, dx = p \cos\delta - q \sin\delta,$$

wo δ eine beliebige Constante bedeutet; bezeichnen wir ferner mit α eine beliebige positive Constante und mit $\sqrt{\alpha}$ die *positiv* genommene Quadratwurzel aus α, so ergiebt sich, wenn man die Integrationsvariabele x durch $x\sqrt{\alpha}$ ersetzt, folgende Gleichung:

$$\frac{\Delta}{\sqrt{\alpha}} = \int_{-\infty}^{+\infty} \cos(\delta + \alpha x^2)\, dx$$

(wäre $\sqrt{\alpha}$ negativ, so müsste man auch in dem Integrale rechter Hand die beiden Grenzen mit einander vertauschen). Wir führen nun eine zweite positive Constante β ein, und zerlegen das vorstehende Integral in unendlich viele Bestandtheile von der Form

$$\int_{s\beta}^{(s+1)\beta} \cos(\delta + \alpha x^2)\, dx,$$

wo für s successive alle ganzen Zahlen von $-\infty$ bis $+\infty$ einzusetzen sind; in jedem einzelnen solchen Integrale ersetzen wir die Integrationsvariabele x durch $s\beta + x$, wodurch es in das folgende übergeht

$$\int_0^{\beta} \cos(\delta + \alpha s^2 \beta^2 + 2\alpha s \beta x + \alpha x^2)\, dx.$$

Wir verfügen nun über die beiden bis jetzt ganz willkürlichen positiven Constanten α und β folgendermaassen: unter m verstehen wir irgend eine positive ganze Zahl, und setzen $\alpha\beta^2 = 2m\pi$, $2\alpha\beta = 1$, d. h. also

$$\beta = 4m\pi, \quad \alpha = \frac{1}{8m\pi}.$$

Da nun s eine ganze Zahl ist, so wird

$$\cos(\delta + \alpha s^2 \beta^2 + 2\alpha s \beta x + \alpha x^2) = \cos(\delta + sx + \alpha x^2)$$

$$= \cos\left(\delta + \frac{x^2}{8m\pi}\right) \cos sx - \sin\left(\delta + \frac{x^2}{8m\pi}\right) \sin sx,$$

und folglich

$$\int_{s\beta}^{(s+1)\beta} \cos(\delta + \alpha x^2)\, dx$$

$$= \int_0^{4m\pi} \cos\left(\delta + \frac{x^2}{8m\pi}\right) \cos sx\, dx - \int_0^{4m\pi} \sin\left(\delta + \frac{x^2}{8m\pi}\right) \sin sx\, dx.$$

Das zweite Integral rechter Hand, welches unter dem Integralzeichen den Factor sin sx enthält, verschwindet offenbar für $s = 0$, und nimmt für je zwei gleiche, aber entgegengesetzte Werthe von s ebenfalls gleiche, aber entgegengesetzte Werthe an. Summiren wir daher den vorstehenden Ausdruck für alle ganzen Zahlwerthe s von $-\infty$ bis $+\infty$, so ergiebt sich

$$\frac{\Delta}{\sqrt{\alpha}} = \Delta\sqrt{8m\pi} = \sum_{-\infty}^{+\infty} \int_0^{4m\pi} \cos\left(\delta + \frac{x^2}{8m\pi}\right) \cos sx\, dx.$$

Die rechte Seite dieser Gleichung ist nun genau so gebaut, wie in dem Satze am Schlusse des vorhergehenden Paragraphen; setzen wir zur Abkürzung

$$f(x) = \cos\left(\delta + \frac{x^2}{8m\pi}\right),$$

so erhalten wir

$$\Delta\sqrt{8m\pi} = 2\pi\{\tfrac{1}{2}f(0) + f(2\pi) + \cdots + f(2(2m-1)\pi) + \tfrac{1}{2}f(4m\pi)\},$$

wo links die Quadratwurzel

$$\sqrt{8m\pi} = \frac{1}{\sqrt{\alpha}}$$

positiv zu nehmen ist. Nun ist ferner, wenn s irgend eine ganze Zahl bedeutet,

$$f(4m\pi + 2s\pi) = f(2s\pi),$$

also

$$f(2s\pi) = \tfrac{1}{2}f(2s\pi) + \tfrac{1}{2}f(4m\pi + 2s\pi);$$

mithin kann die in den Parenthesen eingeschlossene Summe auch in die Form

$$\tfrac{1}{2}\sum f(2s\pi)$$

gebracht werden, wo der Buchstabe s die Zahlen

$$0,\ 1,\ 2\ \ldots\ (4m-1)$$

oder irgend ein anderes vollständiges Restsystem in Bezug auf den Modul $4m$ durchlaufen muss; und man erhält also

$$\Delta \sqrt{8m\pi} = \pi \sum \cos\left(\delta + s^2 \frac{\pi}{2m}\right).$$

Setzt man ferner $4m = n$, so dass n irgend eine ganze positive, aber durch 4 theilbare Zahl bedeutet, und bezeichnet man mit $\sqrt{n}$ und $\sqrt{\frac{1}{2}\pi}$ die *positiv* genommenen Quadratwurzeln aus n und $\frac{1}{2}\pi$, so nimmt die Gleichung folgende Gestalt an

$$\Delta \sqrt{n} = \sqrt{\tfrac{1}{2}\pi} \,.\, \sum \cos\left(\delta + s^2 \frac{2\pi}{n}\right),$$

wo s ein vollständiges Restsystem in Bezug auf den Modul n durchlaufen muss. Nun ist

$$\Delta = p \cos\delta - q \sin\delta,$$

wo p, q die obigen Integralwerthe bedeuten, die von n und dem willkürlichen δ ganz unabhängig sind; wir können daher p und q durch eine specielle Annahme für n, am einfachsten durch die Annahme $n = 4$ bestimmen; auf diese Weise erhalten wir

$$2(p\cos\delta - q\sin\delta) = 2(\cos\delta - \sin\delta)\sqrt{\tfrac{1}{2}\pi},$$

und in Folge der Willkürlichkeit von δ

$$p = q = \sqrt{\tfrac{1}{2}\pi}.$$

Nachdem so die Werthe von p und q gefunden sind, nimmt unsere obige Gleichung folgende Gestalt an

$$\sum \cos\left(\delta + s^2 \frac{2\pi}{n}\right) = (\cos\delta - \sin\delta)\sqrt{n},$$

und sie zerfällt in die beiden folgenden:

$$\sum \cos\left(s^2 \frac{2\pi}{n}\right) = \sqrt{n}$$

$$\sum \sin\left(s^2 \frac{2\pi}{n}\right) = \sqrt{n};$$

hierin bedeutet also n jede beliebige ganze positive Zahl, welche $\equiv 0 \pmod{4}$ ist, und $\sqrt{n}$ die *positiv* genommene Quadratwurzel aus n. Bezeichnet man zur Abkürzung $\sqrt{-1}$ mit i, und, wie gewöhnlich, mit e die Basis des natürlichen Logarithmensystems, so kann man beide Gleichungen in die eine Gleichung

$$\sum e^{s^2 \frac{2\pi i}{n}} = (1 + i)\sqrt{n}$$

zusammenziehen, in welcher der Buchstabe s ein vollständiges Restsystem (mod. n) zu durchlaufen hat.

§. 113.

Wir wollen jetzt Summen betrachten, welche die vorstehende als speciellen Fall enthalten; wir bezeichnen mit n irgend eine ganze positive Zahl, mit h irgend eine positive oder negative ganze Zahl, und setzen zur Abkürzung

$$\sum e^{s^2 \frac{2h\pi i}{n}} = \varphi(h, n),$$

wo der Summationsbuchstabe s irgend ein vollständiges Restsystem in Bezug auf den Modulus n durchlaufen muss. Mit Hülfe dieser Bezeichnungsweise können wir den im vorigen Paragraphen bewiesenen Satz in folgender Weise ausdrücken:

$$\varphi(1, n) = (1+i)\sqrt{n}, \quad \text{wenn} \quad n \equiv 0 \pmod{4}.$$

Der Ausdruck $\varphi(h, n)$ besitzt nun die folgenden drei Eigenschaften:

1. Ist $h \equiv h' \pmod{n}$, so ist

$$\varphi(h, n) = \varphi(h', n);$$

dies folgt unmittelbar daraus, dass für jeden ganzzahligen Werth von s stets

$$e^{s^2 \frac{2h\pi i}{n}} = e^{s^2 \frac{2h'\pi i}{n}}$$

ist.

2. Ist a relative Primzahl gegen n, so ist

$$\varphi(ha^2, n) = \varphi(h, n);$$

denn es ist

$$\varphi(ha^2, n) = \sum e^{(as)^2 \frac{2h\pi i}{n}},$$

und wenn s ein vollständiges Restsystem nach dem Modul n durchläuft, so gilt (nach §. 18) dasselbe von as.

3. Sind m, n irgend zwei relative Primzahlen, und beide positiv, so ist

$$\varphi(hm, n)\,\varphi(hn, m) = \varphi(h, mn).$$

Es ist nämlich

$$\varphi(hm, n) = \Sigma e^{s^2 \frac{2hm\pi i}{n}}, \quad \varphi(hn, m) = \Sigma e^{t^2 \frac{2hn\pi i}{m}},$$

wo die Buchstaben s, t vollständige Restsysteme resp. in Bezug auf die Moduln n, m durchlaufen müssen; und folglich ist

$$\varphi(hm, n)\, \varphi(hn, m) = \Sigma e^{\left(\frac{ms^2}{n} + \frac{nt^2}{m}\right) 2h\pi i},$$

wo das Summenzeichen rechter Hand sich auf alle mn Combinationen jedes Werthes von s mit jedem Werthe von t bezieht. Da nun

$$\frac{ms^2}{n} + \frac{nt^2}{m} = \frac{(ms + nt)^2}{mn} - 2st$$

ist, und alle Multipla von $2\pi i$ im Exponenten fortgelassen werden können, so ist auch

$$\varphi(hm, n)\, \varphi(hn, m) = \Sigma e^{(ms + nt)^2 \frac{2h\pi i}{mn}},$$

wo das Summenzeichen sich wieder auf sämmtliche Werthe von s und t bezieht. Setzt man nun

$$ms + nt = r,$$

so nimmt r, wenn s und t alle ihnen zukommenden Werthe durchlaufen, im Ganzen mn Werthe an, und zwar sind diese alle incongruent nach dem Modulus mn; denn aus

$$ms + nt \equiv ms' + nt' \pmod{mn}$$

folgt

$$ms \equiv ms' \pmod{n}, \quad nt \equiv nt' \pmod{m}$$

und folglich, da m und n relative Primzahlen sind,

$$s \equiv s' \pmod{n}, \quad t \equiv t' \pmod{m};$$

d. h. die Zahl r nimmt nur dann Werthe an, welche nach dem Modul mn congruent sind, wenn die Werthe von s congruent nach dem Modul n, und gleichzeitig die Werthe von t congruent nach dem Modul m sind. Den mn verschiedenen Combinationen von s und t correspondiren daher mn Werthe von r, welche nach dem Modul mn incongruent sind, und folglich bilden diese Werthe von r ein vollständiges Restsystem nach dem Modul mn. Es ist folglich

$$\varphi(hm, n)\, \varphi(hn, m) = \Sigma e^{r^2 \frac{2h\pi i}{mn}} = \varphi(h, mn),$$

was zu beweisen war.

§. 114.

Mit Hülfe dieser Sätze können wir nun den Werth von $\varphi(1, n)$, welcher für den Fall, dass $n \equiv 0 \pmod{4}$ ist, schon in §. 112 gefunden ist, auch für alle anderen Werthe der Zahl n bestimmen. Ist zunächst n irgend eine *ungerade* Zahl, so nehmen wir in dem letzten Satze des vorigen Paragraphen

$$h = 1, \quad m = 4,$$

und erhalten

$$\varphi(4, n)\,\varphi(n, 4) = \varphi(1, 4n);$$

nun ist nach dem zweiten Satze des vorigen Paragraphen

$$\varphi(4, n) = \varphi(2^2, n) = \varphi(1, n);$$

ferner ist

$$\varphi(n, 4) = 2(1 + i^n),$$

und nach dem in §. 112 gefundenen Resultat

$$\varphi(1, 4n) = (1 + i)\sqrt{4n} = 2(1 + i)\sqrt{n},$$

wo die Quadratwurzel $\sqrt{n}$ wieder positiv genommen werden muss. Hieraus ergiebt sich also

$$\varphi(1, n) \,.\, 2(1 + i^n) = 2(1 + i)\sqrt{n}$$

oder

$$\varphi(1, n) = \frac{1 + i}{1 + i^n}\sqrt{n};$$

je nachdem nun $n \equiv 1$ oder $\equiv 3 \pmod{4}$ ist, wird

$$i^n = i \quad \text{oder} \quad = -\,i$$

und folglich

$$\frac{1 + i}{1 + i^n} = 1 \quad \text{oder} \quad = \frac{1 + i}{1 - i} = i,$$

also

$$\varphi(1, n) = \sqrt{n} \quad \text{oder} \quad = i\sqrt{n};$$

diese beiden Fälle lassen sich aber in die eine Formel

$$\varphi(1, n) = i^{\frac{1}{4}(n-1)^2}\sqrt{n}$$

zusammenfassen.

Ist endlich n durch 2, aber nicht durch 4 theilbar, also das Doppelte einer ungeraden Zahl, so setzen wir in dem dritten Satze des vorigen Paragraphen $h = 1$, ferner $m = 2$, und $\frac{1}{2}n$ statt n, wodurch allen Bedingungen desselben Genüge geschieht, und erhalten

$$\varphi(2, \tfrac{1}{2}n)\,\varphi(\tfrac{1}{2}n, 2) = \varphi(1, n);$$

nun ist aber

$$\varphi(\tfrac{1}{2}n, 2) = 0,$$

und folglich auch

$$\varphi(1, n) = 0.$$

Wir wollen die so gewonnenen Resultate in folgender Tabelle zusammenfassen:

$$\begin{aligned} &\varphi(1, n) = (1+i)\sqrt{n}, && \text{wenn } n \equiv 0 \pmod{4} \\ &\varphi(1, n) = i^{\frac{1}{4}(n-1)^2}\sqrt{n}, && \text{wenn } n \equiv 1 \pmod{2} \\ &\varphi(1, n) = 0, && \text{wenn } n \equiv 2 \pmod{4}. \end{aligned}$$

Von der grössten Wichtigkeit ist aber die Bemerkung, dass die in den beiden ersten Formeln vorkommende Quadratwurzel $\sqrt{n}$ durchaus *positiv* genommen werden muss, wie es sich bei der Untersuchung in §. 112 herausgestellt hat. Ohne diese nähere Bestimmung würden die vorstehenden Sätze sich auf viel einfachere Art beweisen lassen; *Gauss* wurde zuerst in seiner Theorie der Kreistheilung auf die Betrachtung solcher Summen geführt*); es ergiebt sich dort ohne Schwierigkeit der Werth des Quadrates derselben; der viel tiefer liegenden Bestimmung des Vorzeichens der Quadratwurzel widmete er aber eine besondere Abhandlung**), in welcher er auf einem, von dem hier (in §. 112) eingeschlagenen gänzlich verschiedenen Wege, nämlich durch rein algebraische Zerlegung dieser Summen in Producte, vollständig zum Ziele gelangte.

---

*) *D. A.* art. 356.

**) *Summatio quarumdam serierum singularium.* 1808.

§. 115.

Wir suchen nun den Werth von $\varphi(h, n)$ auch für beliebige Werthe von h zu bestimmen, beschränken uns dabei aber auf den Fall, dass n eine ungerade Primzahl ist, die wir mit p bezeichnen wollen. Bezeichnen wir mit α die sämmtlichen $\frac{1}{2}(p-1)$ incongruenten quadratischen Reste von p, mit β die $\frac{1}{2}(p-1)$ quadratischen Nichtreste, so ist (nach §. 33)

$$\varphi(h, p) = \Sigma e^{s^2 \frac{2h\pi i}{p}} = 1 + 2\Sigma e^{\alpha \frac{2h\pi i}{p}};$$

da ferner

$$1 + \Sigma e^{\alpha \frac{2h\pi i}{p}} + \Sigma e^{\beta \frac{2h\pi i}{p}} = \Sigma e^{s \frac{2h\pi i}{p}} = 0$$

ist, sobald h nicht durch p theilbar ist, so können wir für diesen Fall mit Benutzung des Legendre'schen Symbols

$$\varphi(h, p) = \Sigma e^{\alpha \frac{2h\pi i}{p}} - \Sigma e^{\beta \frac{2h\pi i}{p}} = \Sigma \left(\frac{s}{p}\right) e^{s \frac{2h\pi i}{p}}$$

setzen, wo s die Werthe $1, 2 \ldots (p-1)$ durchläuft. Da ferner

$$\left(\frac{hs}{p}\right) = \left(\frac{h}{p}\right)\left(\frac{s}{p}\right), \quad \left(\frac{h}{p}\right)\left(\frac{h}{p}\right) = 1$$

ist, so wird

$$\varphi(h, p) = \left(\frac{h}{p}\right) \Sigma \left(\frac{hs}{p}\right) e^{hs \frac{2\pi i}{p}},$$

oder, da h nicht theilbar durch p ist, und folglich hs gleichzeitig mit s ein vollständiges Restsystem nach dem Modul p durchläuft (mit Ausschluss der Zahl $\equiv 0$),

$$\varphi(h, p) = \left(\frac{h}{p}\right) \Sigma \left(\frac{s}{p}\right) e^{s \frac{2\pi i}{p}};$$

für $h = 1$ ergiebt sich

$$\varphi(1, p) = \Sigma \left(\frac{s}{p}\right) e^{s \frac{2\pi i}{p}}$$

und folglich (nach §. 114)

$$\varphi(h, p) = \left(\frac{h}{p}\right) \varphi(1, p) = \left(\frac{h}{p}\right) i^{\left(\frac{p-1}{2}\right)^2} \sqrt{p},$$

wo die Quadratwurzel $\sqrt{p}$ wieder positiv zu nehmen ist. (Wenn h durch p theilbar ist, so ergiebt sich unmittelbar aus der Definition dieser Summen $\varphi(h, p) = p$.)

Aus dem vorstehenden Resultate in Verbindung mit dem dritten Satze des §. 113 lässt sich nun auf ganz einfache Weise das Reciprocitätsgesetz in der Theorie der quadratischen Reste (§. 42) für je zwei positive ungerade Primzahlen p und q ableiten. Es ist nämlich

$$\varphi(q, p) = \left(\frac{q}{p}\right) i^{\frac{1}{4}(p-1)^2} \sqrt{p},$$

und ebenso

$$\varphi(p, q) = \left(\frac{p}{q}\right) i^{\frac{1}{4}(q-1)^2} \sqrt{q},$$

und nach dem vorhergehenden Paragraphen

$$\varphi(1, pq) = i^{\frac{1}{4}(pq-1)^2} \sqrt{pq},$$

und zwar sind alle Quadratwurzeln *positiv* zu nehmen, woraus folgt, dass

$$\sqrt{pq} = \sqrt{p}\sqrt{q}$$

ist. Nach dem dritten Satze des §. 113 ist nun

$$\varphi(p, q)\, \varphi(q, p) = \varphi(1, pq),$$

folglich

$$\left(\frac{p}{q}\right)\left(\frac{q}{p}\right) i^{\frac{1}{4}(p-1)^2 + \frac{1}{4}(q-1)^2} \sqrt{p}\sqrt{q} = i^{\frac{1}{4}(pq-1)^2} \sqrt{pq},$$

und also

$$\left(\frac{p}{q}\right)\left(\frac{q}{p}\right) = i^{\lambda},$$

wo zur Abkürzung λ für

$$\frac{(pq-1)^2 - (p-1)^2 - (q-1)^2}{4} = \frac{p-1}{2}\,\frac{q-1}{2}\left\{(p+1)(q+1) - 2\right\}$$

gesetzt ist; da nun

$$(p+1)(q+1) - 2 \equiv 2 \pmod{4}$$

ist, so erhalten wir

$$\left(\frac{p}{q}\right)\left(\frac{q}{p}\right) = i^{\frac{1}{2}(p-1)(q-1)} = (-1)^{\frac{1}{2}(p-1) \cdot \frac{1}{2}(q-1)},$$

womit der Reciprocitätssatz von Neuem bewiesen ist. Dieser Beweis rührt ebenfalls von *Gauss* her*).

---

*) *Summatio quarumdam serierum singularium.* 1808. Vergl. *Kronecker*: *Ueber den vierten Gauss'schen Beweis des Reciprocitätsgesetzes für die quadratischen Reste* (Berliner Monatsber. vom 29. Juli u. 28. October 1880).

Auf ganz ähnliche Art lassen sich die Sätze (§§. 40, 41) über die Zahlen — 1 und 2 beweisen. Aus dem obigen Satze

$$\varphi(h, p) = \left(\frac{h}{p}\right) \varphi(1, p) = \left(\frac{h}{p}\right) i^{1/4(p-1)^2} \sqrt{p}$$

folgt nämlich

$$\varphi(-1, p) = \left(\frac{-1}{p}\right) i^{1/4(p-1)^2} \sqrt{p};$$

andererseits ist

$$\varphi(-1, p) = \Sigma e^{s^2 \frac{2\pi(-i)}{p}},$$

und hieraus folgt, dass $\varphi(-1, p)$ durch Vertauschung von i mit $-i$ aus $\varphi(1, p)$ hervorgeht, dass also

$$\varphi(-1, p) = (-i)^{1/4(p-1)^2} \sqrt{p}$$

ist; durch Vergleichung dieser beiden Ausdrücke, in denen $\sqrt{p}$ beide Male positiv zu nehmen ist, ergiebt sich aber

$$\left(\frac{-1}{p}\right) = (-1)^{1/4(p-1)^2} = (-1)^{1/2(p-1)}.$$

Setzen wir ferner in dem dritten Satze des §. 113

$$h = 1, \quad m = 8, \quad n = p,$$

so erhalten wir

$$\varphi(8, p)\, \varphi(p, 8) = \varphi(1, 8p);$$

nun ist aber

$$\varphi(1, 8p) = (1 + i)\sqrt{8p} = 4\sqrt{p} \,.\, e^{1/4 \pi i},$$

ferner

$$\varphi(p, 8) = 4 e^{1/4 p \pi i},$$

ferner (nach dem zweiten Satze des §. 113)

$$\varphi(8, p) = \varphi(2 \,.\, 2^2, p) = \varphi(2, p),$$

d. h.

$$\varphi(8, p) = \left(\frac{2}{p}\right) \varphi(1, p) = \left(\frac{2}{p}\right) i^{1/4(p-1)^2} \sqrt{p};$$

setzen wir diese Werthe für $\varphi(8, p)$, $\varphi(p, 8)$ und $\varphi(1, 8p)$ in die vorangehende Gleichung ein, so erhalten wir

$$\left(\frac{2}{p}\right) i^{1/4(p-1)^2} \sqrt{p} \,.\, 4 e^{1/4 p \pi i} = 4 \sqrt{p} \,.\, e^{1/4 \pi i},$$

und hieraus folgt leicht

$$\left(\frac{2}{p}\right) = (-1)^{1/8(p^2-1)}.$$

Auf diese Weise sind alle Hauptsätze der Theorie der quadratischen Reste von Neuem bewiesen.

§. 116.

Für den Fall, dass p eine ungerade Primzahl, und h irgend eine durch p nicht theilbare ganze Zahl ist, haben wir im vorigen Paragraphen folgende Gleichung erhalten

$$\Sigma \left(\frac{s}{p}\right) e^{s \frac{2 h \pi i}{p}} = \left(\frac{h}{p}\right) \varphi(1, p),$$

welche, wenn man den für $\varphi(1, p)$ gefundenen Werth einsetzt, in die folgende übergeht:

$$\Sigma \left(\frac{s}{p}\right) e^{s \frac{2 h \pi i}{p}} = \left(\frac{h}{p}\right) i^{\frac{1}{4}(p-1)^2} \sqrt{p}; \tag{1}$$

soll dieselbe auch für den vorher ausgeschlossenen Fall, in welchem $h \equiv 0 \pmod{p}$ ist, ihre Gültigkeit behalten, so müssen wir übereinkommen, immer

$$\left(\frac{h}{p}\right) = 0$$

zu setzen, wenn h durch p theilbar ist; denn die linke Seite der Gleichung wird

$$\Sigma \left(\frac{s}{p}\right) = 0,$$

weil die Anzahl der quadratischen Reste genau gleich ist der Anzahl der quadratischen Nichtreste. Nach dieser Erweiterung des von *Legendre* eingeführten Zeichens wird ferner, wenn man an der in §. 46 gegebenen Erklärung des Jacobi'schen Symbols festhält, stets

$$\left(\frac{m}{P}\right) = 0,$$

wenn m keine relative Primzahl zu P ist.

Die Gleichung (1) gilt jetzt allgemein für jede positive ungerade Primzahl p, wenn h irgend eine ganze Zahl bedeutet, und die Summation linker Hand darf auch auf die Zahlclasse $s \equiv 0 \pmod{p}$ ausgedehnt werden. Wir wollen nun zeigen, dass dieser Satz über ungerade positive Primzahlen p sich genau in derselben Fassung auch auf jede positive ungerade zusammengesetzte Zahl P übertragen lässt, welche durch keine Quadratzahl (ausser 1) theilbar ist. Wir setzen also

$$P = pp'p'' \ldots$$

wo $p, p', p'' \ldots$ lauter positive ungerade und von einander verschiedene Primzahlen bedeuten, und führen der Bequemlichkeit halber folgende Bezeichnung ein:

$$\frac{P}{p} = Q, \quad \frac{P}{p'} = Q', \quad \frac{P}{p''} = Q'' \ldots$$

Schreiben wir nun für jede der Primzahlen $p, p'\, p'' \ldots$ die obige Gleichung (1) auf:

$$\Sigma \left(\frac{s}{p}\right) e^{s\frac{2h\pi i}{p}} = \left(\frac{h}{p}\right) i^{1/4(p-1)^2} \sqrt{p}$$

$$\Sigma \left(\frac{s'}{p'}\right) e^{s'\frac{2h\pi i}{p'}} = \left(\frac{h}{p'}\right) i^{1/4(p'-1)^2} \sqrt{p'}$$

$$\Sigma \left(\frac{s''}{p''}\right) e^{s''\frac{2h\pi i}{p''}} = \left(\frac{h}{p''}\right) i^{1/4(p''-1)^2} \sqrt{p''}$$

. . . .

und setzen wir zur Abkürzung

$$s\,Q + s'\,Q' + s''\,Q'' + \cdots = m,$$

so ergiebt, da auch nach der neuen Erweiterung des Legendre'schen Symbols stets

$$\left(\frac{h}{p}\right)\left(\frac{h}{p'}\right)\left(\frac{h}{p''}\right) \cdots = \left(\frac{h}{P}\right)$$

ist, die Multiplication aller dieser Gleichungen folgendes Resultat

$$\begin{aligned} &\Sigma \left(\frac{s}{p}\right)\left(\frac{s'}{p'}\right)\left(\frac{s''}{p''}\right) \cdots e^{m\frac{2h\pi i}{P}} \\ &= \left(\frac{h}{P}\right) i^{1/4(p-1)^2 + 1/4(p'-1)^2 + 1/4(p''-1)^2 + \cdots} \sqrt{P}, \end{aligned} \tag{2}$$

wo $\sqrt{P}$ wieder positiv zu nehmen ist, und das Summenzeichen linker Hand sich auf alle $pp'p'' \ldots = P$ Combinationen aller Werthe von $s, s', s'' \ldots$ bezieht. Zunächst leuchtet nun ein, dass je zwei verschiedenen dieser Combinationen auch zwei nach dem Modulus P incongruente Werthe von m entsprechen; denn aus

$$s\,Q + s'\,Q' + s''\,Q'' + \cdots \equiv t\,Q + t'\,Q' + t''\,Q'' + \cdots \pmod{P}$$

würde, da Q', Q'' ... sämmtlich $\equiv 0 \pmod{p}$ sind, folgen, dass

$$s\,Q \equiv t\,Q \pmod{p},$$

und, da Q relative Primzahl zu p ist, auch

$$s \equiv t \pmod{p}$$

wäre; ähnlich würde aus derselben Annahme gleichzeitig

$$s' \equiv t' \pmod{p'};\quad s'' \equiv t'' \pmod{p''} \ldots$$

folgen, so dass also die beiden Combinationen $s, s', s'' \ldots$ und $t, t', t'' \ldots$ identisch wären. In der That durchläuft also m ein vollständiges Restsystem in Bezug auf den Modulus P. Ferner ist nun

$$\left(\frac{m}{p}\right) = \left(\frac{s\,Q + s'\,Q' + s''\,Q'' + \cdots}{p}\right) = \left(\frac{s\,Q}{p}\right) = \left(\frac{s}{p}\right)\left(\frac{Q}{p}\right),$$

und ebenso

$$\left(\frac{m}{p'}\right) = \left(\frac{s'}{p'}\right)\left(\frac{Q'}{p'}\right),\quad \left(\frac{m}{p''}\right) = \left(\frac{s''}{p''}\right)\left(\frac{Q''}{p''}\right)\cdots,$$

folglich auch, wenn man alle diese Gleichungen multiplicirt,

$$\left(\frac{m}{P}\right) = \left(\frac{s}{p}\right)\left(\frac{s'}{p'}\right)\left(\frac{s''}{p''}\right)\cdots\left(\frac{Q}{p}\right)\left(\frac{Q'}{p'}\right)\left(\frac{Q''}{p''}\right)\cdots$$

Multiplicirt man daher beide Seiten der obigen Gleichung (2) mit

$$\left(\frac{Q}{p}\right)\left(\frac{Q'}{p'}\right)\left(\frac{Q''}{p''}\right)\cdots,$$

so erhält man

$$\Sigma\left(\frac{m}{P}\right)e^{m\frac{2h\pi i}{P}} = \left(\frac{Q}{p}\right)\left(\frac{Q'}{p'}\right)\left(\frac{Q''}{p''}\right)\cdots\left(\frac{h}{P}\right) i^{\Sigma \frac{1}{4}(p-1)^2}\sqrt{P},$$

wo rechts zur Abkürzung

$$\left(\frac{p-1}{2}\right)^2 + \left(\frac{p'-1}{2}\right)^2 + \left(\frac{p''-1}{2}\right)^2 + \cdots = \Sigma\left(\frac{p-1}{2}\right)^2$$

gesetzt ist. Da nun ferner

$$\left(\frac{Q}{p}\right) = \left(\frac{p'}{p}\right)\left(\frac{p''}{p}\right)\cdots$$

$$\left(\frac{Q'}{p'}\right) = \left(\frac{p}{p'}\right)\left(\frac{p''}{p'}\right)\cdots$$

$$\left(\frac{Q''}{p''}\right) = \left(\frac{p}{p''}\right)\left(\frac{p'}{p''}\right)\cdots$$

$$\cdots\cdots\cdots\cdots\cdots\cdots$$

ist, so erhält man durch Multiplication

$$\left(\frac{Q}{p}\right)\left(\frac{Q'}{p'}\right)\left(\frac{Q''}{p''}\right)\cdots = \Pi\left(\frac{p}{p'}\right)\left(\frac{p'}{p}\right),$$

wo das Productzeichen Π sich auf alle möglichen Paare von je zwei verschiedenen Primzahlen p, p' bezieht. Da nun nach dem Reciprocitätssatze

$$\left(\frac{p}{p'}\right)\left(\frac{p'}{p}\right) = (-1)^{\frac{1}{2}(p-1)\,.\,\frac{1}{2}(p'-1)} = i^{\frac{1}{2}(p-1)\,(p'-1)}$$

ist, so erhält man

$$\left(\frac{Q}{p}\right)\left(\frac{Q'}{p'}\right)\left(\frac{Q''}{p''}\right)\cdots = i^{2\Sigma\frac{1}{2}(p-1)\,.\,\frac{1}{2}(p'-1)},$$

wo das Summenzeichen rechter Hand sich wieder auf alle Combinationen von je zwei verschiedenen Primzahlen p, p' bezieht; es ist ferner

$$\Sigma\left(\frac{p-1}{2}\right)^2 + 2\,\Sigma\,\frac{p-1}{2}\,\frac{p'-1}{2}$$
$$= \left(\frac{p-1}{2} + \frac{p'-1}{2} + \frac{p''-1}{2} + \cdots\right)^2,$$

folglich

$$\Sigma\left(\frac{m}{P}\right)e^{m\frac{2h\pi i}{P}} = \left(\frac{h}{P}\right)\, i^{[\frac{1}{2}(p-1) + \frac{1}{2}(p'-1) + \cdots]^2}\,\sqrt{P}.$$

Da endlich (vergl. §. 46)

$$P = (1 + (p-1))\,(1 + (p'-1))\,(1 + (p''-1))\ldots$$
$$\equiv 1 + (p-1) + (p'-1) + (p''-1) + \cdots \pmod{4}$$

und folglich

$$\frac{P-1}{2} \equiv \frac{p-1}{2} + \frac{p'-1}{2} + \frac{p''-1}{2} + \cdots \pmod{2}$$

und hieraus

$$\left(\frac{P-1}{2}\right)^2 \equiv \left(\frac{p-1}{2} + \frac{p'-1}{2} + \frac{p''-1}{2}\cdots\right)^2 \pmod{4}$$

ist, so ergiebt sich schliesslich

$$\Sigma\left(\frac{m}{P}\right)e^{m\frac{2h\pi i}{P}} = \left(\frac{h}{P}\right)\, i^{\frac{1}{4}(P-1)^2}\,\sqrt{P},$$

worin der zu beweisende Satz besteht. Nimmt man $h \equiv 0 \pmod{P}$, so erhält man wieder den (in §. 52, I. bewiesenen) Satz

$$\Sigma\left(\frac{m}{P}\right) = 0.$$

II. Ueber den Grenzwerth einer unendlichen Reihe.

§. 117.

Lehrsatz: Sind a und b zwei positive Constanten, so convergirt die unendliche Reihe

$$S = \frac{1}{b^{1+\varrho}} + \frac{1}{(b+a)^{1+\varrho}} + \frac{1}{(b+2a)^{1+\varrho}} + \frac{1}{(b+3a)^{1+\varrho}} + \cdots$$

für jeden positiven Werth von ϱ, und bei unbegrenzter Abnahme dieser positiven Zahl ϱ nähert sich das Product ϱS dem Grenzwerthe a^{-1}.

Beweis. Bedeuten x, y rechtwinklige Coordinaten, und construiren wir für einen bestimmten positiven Werth von ϱ die Curve, deren Gleichung

$$y = \frac{1}{x^{1+\varrho}}$$

ist, so hat die Fläche, welche zwischen ihr und der unendlichen positiven Abscissenaxe liegt, von $x = b$ an gerechnet, den endlichen Werth

$$\int_b^{+\infty} y\,dx = \frac{1}{\varrho b^{\varrho}}.$$

Die Ordinaten der Curve, welche den Abscissen

$$b, \; b+a, \; b+2a, \; b+3a \ldots$$

entsprechen, sind

$$\frac{1}{b^{1+\varrho}},\ \frac{1}{(b+a)^{1+\varrho}},\ \frac{1}{(b+2a)^{1+\varrho}},\ \frac{1}{(b+3a)^{1+\varrho}}\cdots;$$

ihre Fusspuncte sind äquidistant und zerlegen die Abscissenaxe in unendlich viele Stücke von der Grösse a. Construirt man über jedem dieser Stücke als Grundlinie ein Rechteck, dessen Höhe gleich der letzten Ordinate in diesem Stück ist, so haben diese Rechtecke der Reihe nach den Flächeninhalt

$$\frac{a}{(b+a)^{1+\varrho}},\ \frac{a}{(b+2a)^{1+\varrho}},\ \frac{a}{(b+3a)^{1+\varrho}}\cdots$$

Da nun die Ordinate y der Curve mit stetig wachsendem x stetig abnimmt, so ist jedes dieser Rechtecke kleiner als der über demselben Abscissenstück liegende, bis zur Curve ausgedehnte Flächenstreifen, und folglich ist die Summe von noch so vielen jener Rechtecke stets kleiner als die gesammte, oben von der Curve begrenzte Fläche; d. h. es ist

$$\frac{a}{(b+a)^{1+\varrho}}+\frac{a}{(b+2a)^{1+\varrho}}+\frac{a}{(b+3a)^{1+\varrho}}+\cdots<\frac{1}{\varrho b^{\varrho}},$$

oder es ist, wenn auf beiden Seiten $ab^{-1-\varrho}$ addirt wird,

$$aS<\frac{1}{\varrho b^{\varrho}}+\frac{a}{b^{1+\varrho}},$$

woraus folgt, dass die aus lauter positiven Gliedern bestehende Reihe S wirklich für jeden positiven Werth von ϱ convergirt.

Construirt man nun über jedem der obigen Abscissenstücke als Grundlinie ein zweites Rechteck, dessen Höhe gleich der ersten Ordinate in diesem Stück ist, so sind diese Rechtecke, deren Flächeninhalt gleich

$$\frac{a}{b^{1+\varrho}},\ \frac{a}{(b+a)^{1+\varrho}},\ \frac{a}{(b+2a)^{1+\varrho}}\cdots,$$

nothwendig grösser als die über denselben Stücken liegenden, bis zur Curve fortgesetzten Flächenstreifen, aus dem schon oben angeführten Grunde, weil mit wachsendem x die Ordinate y stetig abnimmt. Die Summe aller dieser Rechtecke ist daher grösser als die gesammte, oben von der Curve begrenzte Fläche, d. h. es ist

$$aS>\frac{1}{\varrho b^{\varrho}}.$$

Auf diese Weise ist der Werth der unendlichen Reihe S und folglich auch der des Productes ϱS in zwei Grenzen eingeschlossen; es ist nämlich

$$\frac{1}{a b^\varrho} < \varrho S < \frac{1}{a b^\varrho} + \frac{\varrho}{b^{1+\varrho}}\,.$$

Wenn nun der positive Werth ϱ unendlich klein wird, so nähert sich sowohl

$$\frac{1}{a b^\varrho}, \text{ als auch } \frac{1}{a b^\varrho} + \frac{\varrho}{b^{1+\varrho}}$$

einem und demselben Grenzwerth a^{-1}; mithin muss auch das Product ϱS sich demselben Grenzwerth a^{-1} nähern, was zu beweisen war.

§. 118.

Der soeben bewiesene Satz bildet nur einen speciellen Fall des folgenden, welcher seiner zahlreichen Anwendungen wegen von der grössten Wichtigkeit ist:

Es sei K ein System von positiven Zahlwerthen k, und T diejenige unstetige Function von einer positiven stetigen Veränderlichen t, welche angiebt, wie viele der in K enthaltenen Zahlwerthe k den Werth t nicht übertreffen; wenn nun mit unendlich wachsendem t der Quotient $T:t$ sich einem bestimmten endlichen Grenzwerthe ω nähert, so convergirt die über alle Werthe k ausgedehnte Reihe

$$S = \Sigma\, \frac{1}{k^{1+\varrho}}$$

für jeden positiven Werth von ϱ, und das Product ϱS nähert sich mit unendlich abnehmendem ϱ demselben Grenzwerthe ω.

Es wird gut sein, dem Beweise dieses allgemeinen Princips*) einige erläuternde Bemerkungen voranzuschicken. Zufolge der Bedeutung von T entspricht jedem endlichen Werthe von t auch

*) *Dirichlet: Recherches* etc. §. 1. — *Dirichlet: Sur un théorème relatif aux séries*, Crelle's Journal, Bd. 53.

ein endlicher Werth von T; denn wären in K unendlich viele Zahlen k enthalten, welche den endlichen Werth t nicht übertreffen, so würde auch jedem grösseren Werthe von t eine unendliche Anzahl T entsprechen; es würde daher das Verhältniss $T:t$ fortwährend unendlich gross sein; dies widerspricht aber der Annahme, dass $T:t$ sich einem endlichen Grenzwerth ω mit wachsendem t nähert. Es leuchtet ferner ein, dass die ganze Zahl T nur dann ihren Werth ändert, wenn t einen Werth erreicht, welcher einer oder mehreren einander gleichen in K enthaltenen Zahlen k gleich ist, und zwar wird T dann plötzlich um ebenso viele Einheiten zunehmen, als es Zahlen k giebt, welche diesem Werth t gleich sind.

In dem einfachsten Falle, wenn K nur aus einer endlichen Anzahl von Zahlwerthen k besteht, leuchtet die Richtigkeit des obigen Satzes unmittelbar ein; denn sobald t dem grössten dieser Werthe k gleich geworden ist, bleibt T bei weiter wachsendem t unverändert; es ist folglich $\omega = 0$; und da andererseits die Summe

$$\Sigma \frac{1}{k}$$

einen endlichen Werth hat, so wird auch das Product ϱS mit unendlich kleinem ϱ ebenfalls unendlich klein werden.

Ebenso bestätigt sich der allgemeine Satz in dem speciellen Falle, welcher in dem vorigen Paragraphen behandelt ist. Das System K besteht dort aus den sämmtlichen Zahlen von der Form $b + na$, die den sämmtlichen Werthen $0, 1, 2, 3 \ldots$ von n entsprechen; wenn nun $t = b + na$ oder $> b + na$, aber $< b + (n + 1)a$ ist, so ist entsprechend $T = n + 1$, und folglich nähert sich der Quotient $T:t$ mit unendlich wachsendem t, also auch mit unendlich wachsendem n dem Grenzwerth

$$\omega = \frac{1}{a};$$

und in der That haben wir gefunden, dass dieser Werth auch zugleich der Grenzwerth des Productes ϱS ist, wenn die positive Grösse ϱ unendlich klein wird.

§. 119.

Wir gehen nun zu dem Beweise des allgemeinen Satzes über und beginnen damit, die in K enthaltenen Zahlwerthe k ihrer Grösse nach zu ordnen und mit Indices zu versehen, in der Weise, dass

$$k_1 \leqq k_2 \leqq k_3 \leqq k_4 \leqq k_5 \ldots$$

wird; dies ist offenbar möglich, da unterhalb eines beliebigen endlichen positiven Werthes t immer nur eine endliche Anzahl von Zahlwerthen k vorhanden ist; sind mehrere Zahlen k gleich gross, so muss jede einzelne ihren besonderen Index erhalten, so dass dann mehreren auf einander folgenden Indices gleich grosse Zahlwerthe k entsprechen.

Sehen wir ab von dem interesselosen Falle, in welchem nur eine endliche Anzahl von Werthen k vorhanden ist, so lässt sich zunächst zeigen, dass mit unbegrenzt wachsendem n auch der Quotient

$$h_n = \frac{n}{k_n}$$

sich demselben Grenzwerth ω nähert, und durch diese Bemerkung wird dann der allgemeine Satz auf den vorher (§. 117) behandelten speciellen Fall zurückgeführt.

In der That, wenn δ eine beliebig kleine positive gegebene Grösse bedeutet, so kann man entsprechend einen positiven Werth τ immer so gross wählen, dass für alle Werthe $t \geqq \tau$ die Bedingung

$$\omega - \delta < \frac{T}{t} < \omega + \delta$$

erfüllt ist. Es sei ferner ν derjenige Werth von T, welcher $t = \tau$ entspricht, also $k_\nu \leqq \tau < k_{\nu+1}$, und n irgend eine der positiven ganzen Zahlen $\nu + 1$, $\nu + 2$, $\nu + 3 \ldots$; dann ist jedenfalls $k_n > \tau$ und wenn mehrere auf einander folgende Grössen k denselben Werth wie k_n besitzen, so sei k_{m+1} die erste, k_r die letzte von ihnen, also n eine der Zahlen $m + 1$, $m + 2 \ldots r$. Nähert sich nun t von k_m ab wachsend dem Werthe k_n immer mehr an, so bleibt $T = m$, und der Quotient $T : t$ nähert sich abnehmend unbegrenzt dem Werthe $m : k_n$, und da $m < n$ ist, so folgt, dass

$$\frac{T}{t} < h_n$$

ist, sobald t sehr nahe unterhalb k_n liegt; für $t = k_n$ wird aber $T = r \geqq n$, und folglich

$$\frac{T}{t} \geqq h_n.$$

Da nun bei diesem Wachsen von $t < k_n$ bis $t = k_n > \tau$ der Quotient $T:t$ stets zwischen $\omega - \delta$ und $\omega + \delta$ liegt, und zugleich, wie eben gezeigt ist, von Werthen, die $< h_n$ sind, auf einen Werth springt, der $\geqq h_n$ ist, so muss auch $\omega - \delta < h_n < \omega + \delta$ sein. Wie klein also auch δ sein mag, so kann n stets so gross gewählt werden, dass h_n definitiv um weniger als δ von ω verschieden wird, d. h. h_n nähert sich mit unbegrenzt wachsendem n demselben Grenzwerth ω.

Mit Hülfe dieses Resultates lässt sich der Beweis des allgemeinen Satzes leicht führen. Da nämlich

$$S = \Sigma \frac{1}{k^{1+\varrho}} = \frac{h_1^{1+\varrho}}{1^{1+\varrho}} + \frac{h_2^{1+\varrho}}{2^{1+\varrho}} + \frac{h_3^{1+\varrho}}{3^{1+\varrho}} + \cdots$$

ist, wo h_n mit unendlich wachsendem n sich dem Grenzwerthe ω nähert und folglich endlich, d. h. kleiner als eine angebbare Constante H bleibt, so ist die Summe S' der ersten n Glieder der Reihe S kleiner als das Product aus $H^{1+\varrho}$ und der Summe R' der ersten n Glieder der folgenden Reihe

$$R = \frac{1}{1^{1+\varrho}} + \frac{1}{2^{1+\varrho}} + \frac{1}{3^{1+\varrho}} + \cdots;$$

da nun die letztere (nach §. 117) für jeden *positiven* Werth von ϱ convergirt, so *convergirt* auch die Reihe S. Setzt man nun $S = S' + S''$, $R = R' + R''$, so wird $S'' = h^{1+\varrho} R''$, wo h einen (jedenfalls positiven) Mittelwerth aus den Werthen $h_{n+1}, h_{n+2} \ldots$ bedeutet. Ist daher δ eine beliebig kleine positive gegebene Grösse, und n so gross gewählt (was stets möglich ist), dass alle diese Werthe zwischen $\omega - \delta$ und $\omega + \delta$ liegen, so wird auch h, und für hinreichend kleine Werthe von ϱ auch $h^{1+\varrho}$ zwischen denselben Grenzen liegen. Da ferner (nach §. 117) das Product $\varrho R''$ mit unbegrenzt abnehmendem positiven ϱ sich der Einheit unendlich annähert, so wird für hinreichend kleine Werthe von ϱ auch das Product $\varrho S'' = h^{1+\varrho} \,.\, \varrho R''$ zwischen den Grenzen $\omega - \delta$ und $\omega + \delta$ liegen. Da endlich $\varrho S'$ gleichzeitig unendlich klein wird, weil S' nur eine endliche Anzahl von Gliedern enthält, so wird für sehr kleine Werthe von ϱ auch $\varrho S = \varrho S' + \varrho S''$ zwischen denselben Grenzen $\omega - \delta$ und $\omega + \delta$ liegen. Hiermit ist also auch bewiesen, dass mit unbegrenzt abnehmendem ϱ das Product ϱS *sich dem Grenzwerthe* ω *unendlich annähert**).

---

*) Es verdient bemerkt zu werden, dass man den obigen allgemeinen Satz nicht umkehren darf. Besteht z. B. das System K aus einer Zahl $k = 1$ aus $(\theta - 1)$ Zahlen $k = \theta$, aus $(\theta^2 - \theta)$ Zahlen $k = \theta^2$, aus $(\theta^3 - \theta^2)$ Zahlen $k = \theta^3$ u. s. f., wo θ eine positive ganze Zahl > 1 bedeutet, so ist für jeden positiven Werth von ϱ

$$S = 1 + \frac{\theta - 1}{\theta(\theta^\varrho - 1)},$$

und das Product ϱS nähert sich mit unendlich abnehmendem ϱ dem Grenzwerthe

$$\omega = \frac{\theta - 1}{\theta \log \theta},$$

während der Quotient $T : t$ bei unendlich wachsendem t fortwährend von dem Werth 1 abnehmend durch ω hindurch geht bis zu dem Werth $1 : \theta$, dann aber sogleich wieder zu dem Werth 1 zurückspringt, um von Neuem denselben Veränderungsprocess zu erleiden (vergl. §. 144).

III. Ueber einen geometrischen Satz.

§. 120.

In einer Ebene sei eine vollständig begrenzte Figur F von allenthalben endlichen Dimensionen construirt, deren Flächeninhalt wir mit A bezeichnen wollen. Sind ferner X und Y zwei auf einander senkrechte Axen, und construirt man parallel mit ihnen zwei Systeme äquidistanter Parallelen, welche ein über die ganze Ebene ausgebreitetes Gitter bilden, so wird, wenn δ der Abstand je zweier benachbarter Parallelen, und T die Anzahl der Gitterpuncte ist, welche innerhalb F liegen, das Product $T\delta^2$ mit unendlich abnehmendem δ sich dem Grenzwerthe A nähern*).

Um diesen Satz zu beweisen, betrachten wir das System der mit Y parallelen Geraden und nehmen der Einfachheit halber an, dass jede derselben die Begrenzung der Figur nur zweimal schneidet; bezeichnen wir mit h die Länge des innerhalb F liegenden Stückes irgend einer solchen Parallelen, so ist $h\delta$ nahezu der Flächeninhalt des zwischen dieser und der folgenden Parallelen enthaltenen Theiles der Fläche F, und es wird in der Lehre von der Quadratur bewiesen, dass die Summe aller dieser Rechtecke $h\delta$ sich mit unendlich abnehmendem δ dem wahren Flächeninhalt A der Figur unbegrenzt nähert. Bezeichnen wir nun mit n die Anzahl der auf h liegenden Gitterpuncte (wobei es gleichgültig ist, ob ein zufällig auf der Begrenzung von F liegender Gitterpunct mitgezählt oder ausgeschlossen wird), so besteht h aus $(n-1)$ Stücken $= \delta$ und aus einem Rest, welcher höchstens $= 2\delta$ ist,

---

*) *Dirichlet: Recherches* etc. §. 1.

so dass wir $h = n\delta + \varepsilon\delta$ setzen können, wo ε einen positiven oder negativen echten Bruch bedeutet. Es ist daher:

$$\sum h\delta = \sum (n\delta^2 + \varepsilon\delta^2) = T\delta^2 + \delta \sum \varepsilon\delta;$$

es ist ferner, da ε absolut genommen höchstens $= 1$ ist, die Summe $\sum \varepsilon\delta$ höchstens gleich der endlichen Ausdehnung der Figur F in der Richtung der Axe X, und es wird daher $\delta \sum \varepsilon\delta$ mit δ gleichzeitig unendlich klein. Folglich nähert sich das Product $T\delta^2$ demselben Grenzwerthe A, welchem sich $\sum h\delta$ nähert; was zu beweisen war.

Es leuchtet übrigens ein, dass dieser Satz nicht an die Beschränkung gebunden ist, nach welcher die Parallelen mit der Axe Y nur einmal in die Figur F ein- und nur einmal aus ihr austreten. Man kann immer die Figur F als ein Aggregat von positiven und negativen Flächentheilen ansehen, welche einzeln der angegebenen Bedingung genügen; und wendet man auf jeden einzelnen Theil den Satz an, so ergiebt sich daraus sofort die Richtigkeit desselben für die ganze Figur F.

IV. Ueber die Geschlechter, in welche die Classen der quadratischen Formen von bestimmter Determinante zerfallen*).

§. 121.

Ist (a, b, c) eine quadratische Form von der Determinante $b^2 - ac = D$, und sind n, n' irgend zwei durch diese Form darstellbare Zahlen (wobei es gleichgültig ist, ob die darstellenden Zahlen relative Primzahlen sind oder nicht), so lässt sich das Product nn' stets in die Form $x^2 - Dy^2$ bringen, wo x und y ganze Zahlen bedeuten; denn aus der Annahme

$$n = a\alpha^2 + 2\,b\alpha\gamma + c\gamma^2, \quad n' = a\beta^2 + 2\,b\beta\delta + c\delta^2$$

folgt (nach §. 54), dass die Form (a, b, c) durch die Substitution $\binom{\alpha,\ \beta}{\gamma,\ \delta}$ in eine Form (n, x, n') übergeht, deren Determinante $x^2 - nn'$ von der Form Dy^2 ist. Aus dieser Bemerkung lassen sich folgende Schlüsse ziehen**).

1. Ist l eine ungerade in D aufgehende Primzahl, so hat für alle durch l nicht theilbaren Zahlen n, welche durch die Form (a, b, c) darstellbar sind, das Symbol

$$\left(\frac{n}{l}\right)$$

einen und denselben Werth. Denn sind n und n' irgend zwei solche durch l nicht theilbare und durch (a, b, c) darstellbare

*) *Dirichlet: Recherches sur diverses applications* etc. §§. 3, 6 (Crelle's Journal, Bd. 19).

**) Vergl. *Gauss: D. A.* artt. 229—231.

Zahlen, so folgt aus $nn' = x^2 - Dy^2$, dass $nn' \equiv x^2 \pmod{l}$, und folglich

$$\left(\frac{nn'}{l}\right) = +1, \text{ also } \left(\frac{n}{l}\right) = \left(\frac{n'}{l}\right)$$

ist.

2. Ist $D \equiv 3 \pmod{4}$, so hat für alle ungeraden, durch die Form darstellbaren Zahlen n der Ausdruck

$$(-1)^{\frac{1}{2}(n-1)}$$

einen und denselben Werth. Denn sind n und n' irgend zwei solche ungerade Zahlen, so ist

$$nn' = x^2 - Dy^2 \equiv x^2 + y^2 \pmod{4};$$

da ferner nn' eine ungerade Zahl ist, so muss eine der beiden Zahlen x, y gerade, die andere ungerade sein; hieraus folgt $nn' \equiv 1 \pmod{4}$, also auch $n \equiv n' \pmod{4}$, und hieraus

$$(-1)^{\frac{1}{2}(n-1)} = (-1)^{\frac{1}{2}(n'-1)}.$$

3. Ist $D \equiv 2 \pmod{8}$, so hat für alle durch dieselbe Form darstellbaren ungeraden Zahlen n der Ausdruck

$$(-1)^{\frac{1}{8}(n^2-1)}$$

einen und denselben Werth. Denn aus

$$nn' = x^2 - Dy^2 \equiv x^2 - 2y^2 \pmod{8}$$

folgt, da x ungerade ist, $nn' \equiv \pm 1 \pmod{8}$, also auch $n \equiv \pm n' \pmod{8}$, woraus die obige Behauptung sich unmittelbar ergiebt.

4. Ist $D \equiv 6 \pmod{8}$, so hat für alle durch dieselbe Form darstellbaren ungeraden Zahlen n der Ausdruck

$$(-1)^{\frac{1}{2}(n-1) + \frac{1}{8}(n^2-1)}$$

einen und denselben Werth. Denn aus

$$nn' = x^2 - Dy^2 \equiv x^2 + 2y^2 \pmod{8}$$

folgt, da x ungerade ist, $nn' \equiv 1$ oder $\equiv 3 \pmod{8}$, je nachdem y gerade oder ungerade ist; dann ist entsprechend $n \equiv n'$ oder $\equiv 3n' \pmod{8}$, und man findet leicht, dass in beiden Fällen

$$\frac{n-1}{2} + \frac{n^2-1}{8} \equiv \frac{n'-1}{2} + \frac{n'^2-1}{8} \pmod{2}$$

ist, was zu beweisen war.

5. Ist $D \equiv 4 \pmod{8}$, so hat für alle durch dieselbe Form darstellbaren ungeraden Zahlen n der Ausdruck

$$(-1)^{\frac{1}{2}(n-1)}$$

einen und denselben Werth. Denn aus $nn' = x^2 - Dy^2$ folgt, da x ungerade ist, $nn' \equiv 1 \pmod{4}$, also $n \equiv n' \pmod{4}$.

6. Ist $D \equiv 0 \pmod{8}$, so hat für alle durch dieselbe Form darstellbaren ungeraden Zahlen n jeder der beiden Ausdrücke

$$(-1)^{\frac{1}{2}(n-1)} \quad \text{und} \quad (-1)^{\frac{1}{8}(n^2-1)}$$

für sich einen unveränderlichen Werth. Denn aus

$$nn' = x^2 - Dy^2 \equiv x^2 \equiv 1 \pmod{8}$$

folgt $n \equiv n' \pmod{8}$.

§. 122.

Auf den Sätzen des vorigen Paragraphen beruht die Eintheilung der quadratischen Formen einer gegebenen Determinante D in *Geschlechter;* wir beschränken uns hier auf die *ursprünglichen* Formen, weil das, was für sie gilt, leicht auf die anderen Formen übertragen werden kann; ausserdem betrachten wir für den Fall einer negativen Determinante nur *positive*, d. h. solche Formen, deren äussere Coefficienten positiv sind. Es sei also (a, b, c) eine ursprüngliche Form der σten Art (§. 61), so wissen wir (§. 93), dass man den Variabelen derselben stets solche Werthe x, y beilegen kann, dass

$$\frac{ax^2 + 2bxy + cy^2}{\sigma} = n$$

positiv und relative Primzahl zu $2D$ wird; dabei ist es gleichgültig, ob x und y relative Primzahlen zu einander sind oder nicht. Bezeichnet man nun mit $l, l', l'' \ldots$ alle von einander verschiedenen in D aufgehenden ungeraden Primzahlen, so hat für alle durch eine und dieselbe Form (a, b, c) erzeugten Zahlen σn jedes der Symbole

$$\left(\frac{\sigma n}{l}\right), \left(\frac{\sigma n}{l'}\right), \left(\frac{\sigma n}{l''}\right) \cdots$$

und folglich auch jedes der Symbole

$$\left(\frac{n}{l}\right), \left(\frac{n}{l'}\right), \left(\frac{n}{l''}\right) \cdots$$

für sich einen unveränderlichen Werth; ist ferner D nicht $\equiv 1$ (mod. 4), also $\sigma = 1$, so gilt dasselbe, je nachdem $D \equiv 3$ (mod. 4), $D \equiv 2$ (mod. 8), $D \equiv 6$ (mod. 8), $D \equiv 4$ (mod. 8), $D \equiv 0$ (mod. 8) ist, entsprechend von dem Ausdruck

$$(-1)^{\frac{1}{2}(n-1)},\quad (-1)^{\frac{1}{8}(n^2-1)},\quad (-1)^{\frac{1}{2}(n-1)+\frac{1}{8}(n^2-1)},\quad (-1)^{\frac{1}{2}(n-1)}$$

oder von jedem der beiden Ausdrücke

$$(-1)^{\frac{1}{2}(n-1)} \text{ und } (-1)^{\frac{1}{8}(n^2-1)}.$$

Die Anzahl dieser Ausdrücke

$$\left(\frac{n}{l}\right),\ \left(\frac{n}{l'}\right) \cdots (-1)^{\frac{1}{2}(n-1)} \text{ u. s. w.,}$$

die wir die *Charaktere* C nennen wollen, hängt nur von der Determinante D ab und soll im Folgenden immer mit λ bezeichnet werden; offenbar ist λ gleich der Anzahl der in D aufgehenden ungeraden Primzahlen $l, l', l'' \ldots$, wenn $D \equiv 1$ (mod. 4); in den übrigen Fällen mit Ausnahme von $D \equiv 0$ (mod. 8) ist sie um 1 und im Falle $D \equiv 0$ (mod. 8) ist sie um 2 grösser. Das System der bestimmten Werthe ± 1, welche diesen λ Charakteren C für eine bestimmte Form (a, b, c) zukommen, wollen wir den *Total-Charakter* dieser Form nennen. Nach dem Ausfall dieses Total-Charakters theilen wir sämmtliche ursprüngliche Formen von gleicher Determinante und gleicher Art in *Geschlechter* ein, indem wir je zwei Formen in dasselbe Geschlecht oder in zwei verschiedene Geschlechter werfen, je nachdem der Total-Charakter der einen Form mit dem der anderen identisch ist oder nicht; ein Geschlecht ist hiernach der Inbegriff aller ursprünglichen Formen von gleicher Determinante und gleicher Art, für welche jeder der λ Charaktere C für sich genommen denselben Werth besitzt. Da nun alle Zahlen σn, welche durch eine bestimmte Form darstellbar sind, auch durch alle mit ihr äquivalenten Formen dargestellt werden können, so gehören alle Formen einer und derselben *Classe* auch in ein und dasselbe *Geschlecht;* ein Geschlecht ist daher immer der Inbegriff einer bestimmten Anzahl von Formen-Classen. Da ferner jeder der λ Charaktere C zwei einander entgegengesetzte Werthe haben kann, so leuchtet ein, dass die sämmtlichen ursprünglichen Formen von einer gegebenen Determinante D und von der σten Art *höchstens* 2^λ verschiedene Geschlechter bilden können.

Wir bemerken nun noch, dass die äusseren Coefficienten einer Form immer durch diese Form dargestellt werden, wenn man der einen Variabeln den Werth 1, der anderen den Werth 0 beilegt; mithin können die Charaktere dieser Form immer aus einem dieser beiden Coefficienten erkannt werden.

Beispiel 1: Für die Determinante $D = -35 \equiv 1 \pmod{4}$ bilden (§. 67) die sechs Formen

$$(1,\ 0,\ 35),\quad (5,\ 0,\ 7),\quad (3,\ \pm 1,\ 12),\quad (4,\ \pm 1,\ 9)$$

ein vollständiges System nicht äquivalenter (positiver) Formen der ersten Art, und die beiden Formen

$$(2,\ 1,\ 18),\quad (6,\ 1,\ 6)$$

ein solches Formensystem der zweiten Art. Um diese Formen (oder die durch sie repräsentirten Classen) in Geschlechter einzutheilen, haben wir die beiden Charaktere

$$\left(\frac{n}{5}\right) \text{ und } \left(\frac{n}{7}\right)$$

zu betrachten, und da $\lambda = 2$ ist, so sind für jede der beiden Formenarten *höchstens vier* Geschlechter zu erwarten. Die wirkliche Untersuchung ergiebt als Resultat folgende Tabelle

(a, b, c)	$\left(\frac{n}{5}\right)$	$\left(\frac{n}{7}\right)$
(1, 0, 35)	+	+
(5, 0, 7)	—	—
(3, ± 1, 12)	—	—
(4, ± 1, 9)	+	+
(2, 1, 18)	+	+
(6, 1, 6)	—	—

Es zeigt sich also, dass jedes der beiden Systeme nur in *zwei* verschiedene Geschlechter zerfällt; die drei Formen

$$(1,\ 0,\ 35),\quad (4,\ \pm 1,\ 9)$$

bilden ein Geschlecht, dessen Total-Charakter durch

$$\left(\frac{n}{5}\right) = +1,\quad \left(\frac{n}{7}\right) = +1$$

bestimmt ist; die drei anderen Formen

$$(5,\ 0,\ 7),\quad (3,\ \pm 1,\ 12)$$

bilden ein zweites Geschlecht, dessen Total-Charakter durch

$$\left(\frac{n}{5}\right) = -1,\quad \left(\frac{n}{7}\right) = -1$$

bestimmt ist. Und jede der beiden Formen der zweiten Art bildet ein Geschlecht für sich.

Beispiel 2: Für die Determinante $D = -5 \equiv 3 \pmod{4}$ bilden (§. 71) die beiden Formen

$$(1,\ 0,\ 5),\quad (2,\ 1,\ 3)$$

ein vollständiges System nicht äquivalenter (positiver) Formen; um sie in Geschlechter einzutheilen, müssen wir die beiden Charaktere

$$(-1)^{\frac{1}{2}(n-1)} \quad \text{und} \quad \left(\frac{n}{5}\right)$$

betrachten. Der Form (1, 0, 5) entspricht

$$(-1)^{\frac{1}{2}(n-1)} = +1,\quad \left(\frac{n}{5}\right) = +1,$$

und der Form (2, 1, 3) entspricht

$$(-1)^{\frac{1}{2}(n-1)} = -1,\quad \left(\frac{n}{5}\right) = -1.$$

Jede dieser beiden Formen bildet also ein Geschlecht für sich; da $\lambda = 2$ ist, so ist auch hier die Anzahl der Geschlechter nicht $= 2^{\lambda}$, sondern nur $= 2^{\lambda-1}$.

Beispiel 3: Für die Determinante $D = 24 \equiv 0 \pmod{8}$ findet man leicht (nach §§. 75, 78, 82), dass folgende vier Formen

$$(1,\ 4,\ -8),\quad (-1,\ 4,\ 8),\quad (3,\ 3,\ -5),\quad (-3,\ 3,\ 5)$$

ein vollständiges Formensystem bilden; es sind hier die folgenden drei Charaktere zu betrachten:

$$(-1)^{\frac{1}{2}(n-1)},\quad (-1)^{\frac{1}{8}(n^2-1)},\quad \left(\frac{n}{3}\right);$$

der ersten der obigen Formen entspricht

$$(-1)^{\frac{1}{2}(n-1)} = +1,\quad (-1)^{\frac{1}{8}(n^2-1)} = +1,\quad \left(\frac{n}{3}\right) = +1;$$

der zweiten

$$(-1)^{\frac{1}{2}(n-1)} = -1,\quad (-1)^{\frac{1}{8}(n^2-1)} = +1,\quad \left(\frac{n}{3}\right) = -1;$$

der dritten

$$(-1)^{\frac{1}{2}(n-1)} = -1, \quad (-1)^{\frac{1}{8}(n^2-1)} = -1, \quad \left(\frac{n}{3}\right) = +1;$$

und der vierten

$$(-1)^{\frac{1}{2}(n-1)} = +1, \quad (-1)^{\frac{1}{8}(n^2-1)} = -1, \quad \left(\frac{n}{3}\right) = -1.$$

Auch hier zeigt sich also, dass die Anzahl der wirklich vorhandenen Geschlechter nicht $= 2^\lambda$, sondern nur $= 2^{\lambda-1}$ ist.

§. 123.

Mit Hülfe des *Reciprocitätssatzes* lässt sich nun in der That nachweisen, dass die Anzahl der verschiedenen Geschlechter *höchstens* $= 2^{\lambda-1}$ ist. Wir setzen $D = D' S^2$, wo S^2 das grösste in D aufgehende Quadrat bezeichnet, und legen den Buchstaben δ, ε, P dieselbe Bedeutung in Bezug auf D' bei, welche sie in §. 52 in Bezug auf die dort mit D bezeichnete Zahl erhalten haben. Dann wird

$$\left(\frac{D}{n}\right) = \left(\frac{D'}{n}\right) = \delta^{\frac{1}{2}(n-1)}\, \varepsilon^{\frac{1}{8}(n^2-1)} \left(\frac{n}{P}\right),$$

wo n jede beliebige positive ganze Zahl bedeutet, die relative Primzahl zu $2D$ ist. Da nun die Determinante D keine Quadratzahl, also D' nicht $= 1$ ist, so kann auch nicht gleichzeitig $\delta = +1$, $\varepsilon = +1$ und $P = 1$ sein, und hieraus folgt leicht, dass der Ausdruck

$$\delta^{\frac{1}{2}(n-1)}\, \varepsilon^{\frac{1}{8}(n^2-1)} \left(\frac{n}{P}\right)$$

entweder einer der Charaktere C selbst, oder ein Product aus mehreren dieser Charaktere ist; bezeichnen wir diese Charaktere mit C' und ihr Product mit $\prod C'$, so ist also stets

$$\prod C' = \left(\frac{D}{n}\right),$$

sobald n positiv und relative Primzahl zu $2D$ ist. Da nun durch jede ursprüngliche Form der σten Art stets Zahlen σn dargestellt werden können, in welchen n dieser Bedingung genügt (§. 93), und zwar solche Zahlen σn, von welchen D quadratischer Rest ist

(§. 60), so ergiebt sich, dass der Total-Charakter einer jeden Form so beschaffen ist, dass stets

$$\prod C' = +1$$

und niemals $\prod C' = -1$ wird. Da nun unter den sämmtlichen 2^{λ} Zeichencombinationen, welche man erhält, wenn man jedem der λ Charaktere C sowohl den Werth $+1$ wie den Werth -1 beilegt, offenbar die Hälfte so beschaffen ist, dass $\prod C' = -1$ wird, so folgt, dass diesen Zeichencombinationen oder Total-Charakteren keine wirklich existirenden Formen entsprechen können. Mithin ist die Anzahl der wirklich existirenden Geschlechter *höchstens* $= 2^{\lambda-1}$.

Im Folgenden soll nun bewiesen werden, dass allen denjenigen Total-Charakteren, welche in Uebereinstimmung mit der oben angegebenen Relation sind, wirklich *existirende* Formen entsprechen, dass also die Anzahl der wirklich vorhandenen Geschlechter $= 2^{\lambda-1}$ ist, und ausserdem, dass jedes Geschlecht eine *gleiche* Anzahl von Formen-Classen enthält.

§. 124.

Wir wollen wieder (wie in §. 89) mit n alle positiven ganzen Zahlen bezeichnen, die relative Primzahlen zu $2D$ sind, ferner mit m alle diejenigen Zahlen n, von welchen D quadratischer Rest ist, und mit μ die Anzahl der von einander verschiedenen in m aufgehenden Primzahlen. Es sei ferner $\psi(n)$ eine der Bedingung $\psi(n')\,\psi(n'') = \psi(n'n'')$ genügende Function, so ist stets

$$\sum \psi(n^2) \sum 2^{\mu} \psi(m) = \sum \psi(n) \sum \left(\frac{D}{n}\right) \psi(n),$$

vorausgesetzt, dass die hier vorkommenden unendlichen Reihen bestimmte von der Anordnung der Glieder unabhängige Werthe haben. Offenbar geht diese Gleichung durch die Specialisirung $\psi(n) = n^{-s}$ in die Endgleichung des §. 89 über, und sie könnte auch genau auf dieselbe Art wie diese bewiesen werden. Wir ziehen hier folgende Verification vor.

Verfährt man, wie in §. 91, so erhält man durch Ausführung der Multiplication der beiden unendlichen Reihen auf der rechten Seite

$$\Sigma\, \tau_n\, \psi(n),$$

wo

$$\tau_n = \Sigma \left(\frac{D}{\delta}\right)$$

ist, und δ alle Divisoren der Zahl n durchlaufen muss. Denkt man sich nun die Zahl n dargestellt als Product von Primzahlpotenzen $A, B \ldots$ und bezeichnet man mit a alle Divisoren von A, mit b alle Divisoren von B u. s. w., so leuchtet ein, dass τ_n das Product aus den Summen

$$\Sigma \left(\frac{D}{a}\right),\quad \Sigma \left(\frac{D}{b}\right) \cdots$$

ist. Wenn nun z. B. $A = q^\alpha$, und q eine Primzahl ist, so wird

$$\Sigma \left(\frac{D}{a}\right) = \alpha + 1,$$

wenn D quadratischer Rest von q ist; ist dagegen D Nichtrest von q, so wird

$$\Sigma \left(\frac{D}{a}\right) = 1 \quad \text{oder} \quad = 0,$$

je nachdem α gerade oder ungerade, d. h. je nachdem A ein Quadrat oder kein Quadrat ist. Bezeichnet man daher mit k alle diejenigen Zahlen n, in welchen nur solche Primfactoren aufgehen, von denen D Nichtrest ist, so folgt hieraus, dass jede Zahl n, für welche τ_n von Null verschieden ausfällt, von der Form mk^2 ist; und zwar ist dann τ_n gleich der Anzahl τ_m aller Divisoren von m. Da ferner $\psi(mk^2) = \psi(m)\,\psi(k^2)$ ist, so wird die rechte Seite unserer Gleichung gleich

$$\Sigma\, \tau_m\, \psi(mk^2) = \Sigma\, \psi(k^2) \,.\, \Sigma\, \tau_m\, \psi(m).$$

Wir wenden uns nun zur linken Seite; da jede Zahl n von der Form km ist, so ergiebt sich zunächst

$$\Sigma\, \psi(n^2) = \Sigma\, \psi(k^2) \,.\, \Sigma\, \psi(m^2),$$

und folglich braucht nur noch gezeigt zu werden, dass

$$\Sigma\, \psi(m^2)\, \Sigma\, 2^\mu\, \psi(m) = \Sigma\, \tau_m\, \psi(m)$$

ist*). Führen wir links die Multiplication aus, indem wir alle Glieder des Productes, welche denselben Factor $\psi(m)$ enthalten, in ein einziges zusammenfassen, so erhalten wir ein Resultat von der Form

$$\Sigma\, \tau'_m\, \psi(m),$$

*) Der gemeinschaftliche Werth beider Seiten ist das Quadrat von $\Sigma\psi(m)$.

wo der Coefficient

$$\tau'_m = \sum 2^\nu$$

aus ebenso vielen Gliedern besteht, als die Zahl m quadratische Divisoren δ^2 besitzt, und wo die Zahl ν für jede Zerlegung von der Form $m = \varepsilon\delta^2$ angiebt, wie viele verschiedene Primzahlen in ε aufgehen. Es braucht daher jetzt nur noch nachgewiesen zu werden, dass $\tau'_m = \tau_m$ ist, d. h. es muss folgender Satz bewiesen werden:

Zerlegt man eine ganze positive Zahl m auf alle mögliche Arten in zwei Factoren, von denen der eine ein Quadrat δ^2 ist, und bezeichnet man mit ν jedesmal die Anzahl der in dem anderen Factor ε aufgehenden von einander verschiedenen Primzahlen, so ist $\sum 2^\nu$ gleich der Anzahl τ_m aller Divisoren der Zahl m.

Von der Richtigkeit dieses Satzes überzeugt man sich aber leicht auf folgende Weise. Ist

$$m = a^\alpha b^\beta c^\gamma \ldots,$$

wo $a, b, c \ldots$ von einander verschiedene Primzahlen bedeuten, so ist jeder Divisor ε von der Form

$$\varepsilon = A\,B\,C \ldots,$$

wo $A, B, C \ldots$ resp. irgend welche Glieder aus den Reihen

$$\begin{array}{lll} a^\alpha, & a^{\alpha-2}, & a^{\alpha-4} \ldots \\ b^\beta, & b^{\beta-2}, & b^{\beta-4} \ldots \\ c^\gamma, & c^{\gamma-2}, & c^{\gamma-4} \ldots \end{array}$$

u. s. w. bedeuten, welche so weit fortzusetzen sind, als die Exponenten nicht negativ werden. Lässt man nun jedem Factor $A, B, C \ldots$ resp. einen Factor $A', B', C' \ldots$ entsprechen, welcher $= 2$ oder $= 1$ ist, je nachdem der entsprechende Exponent > 0 oder $= 0$ ist, so wird

$$2^\nu = A'\,B'\,C' \ldots,$$

und folglich

$$\sum 2^\nu = \sum A' \,.\, \sum B' \,.\, \sum C' \ldots;$$

da aber, wie unmittelbar einleuchtet,

$$\sum A' = \alpha + 1, \quad \sum B' = \beta + 1, \quad \sum C' = \gamma + 1 \ldots$$

ist, so findet man

$$\sum 2^\nu = (\alpha + 1)(\beta + 1)(\gamma + 1) \cdots = \tau_m,$$

was zu beweisen war.

Die Richtigkeit der obigen Gleichung ist also hiermit ebenfalls erwiesen.

Bei einer aufmerksamen Prüfung der vorstehenden Ableitung wird man leicht den Zusammenhang zwischen ihr und dem (in §. 91 aufgestellten) Satze über die sämmtlichen Darstellungen einer Zahl σn durch das vollständige System S der ursprünglichen Formen der σten Art erkennen, und man wird auf diese Weise zu einem sehr einfachen Beweise dieses letzteren Satzes gelangen, wenn man von dem in §. 60 oder §. 86 gewonnenen Resultat ausgeht, dass die Anzahl der verschiedenen *Gruppen* von *eigentlichen* Darstellungen einer Zahl σm durch die Formen des Systems S gleich 2^μ ist, wo μ die Anzahl der verschiedenen in m aufgehenden Primzahlen bedeutet.

Schliesslich bemerken wir, dass der Satz sich bedeutend verallgemeinern lässt, wenn man statt des in ihm vorkommenden Jacobi'schen Symbols irgend eine Function $\theta(n)$ einführt, welche der Bedingung $\theta(n')\,\theta(n'') = \theta(n'n'')$ genügt und nur eine *endliche* Anzahl verschiedener Werthe besitzt.

§. 125.

Nach §. 123 zerfallen die sämmtlichen (positiven) Formen von der Determinante D und von der σten Art, und also auch die sämmtlichen h Formenclassen in höchstens $\tau = 2^{\lambda-1}$ verschiedene Geschlechter, deren Total-Charaktere sämmtlich der Bedingung

$$\Pi\, C' = +1$$

genügen, und die wir mit

$$G_1,\ G_2 \ldots G_\tau$$

bezeichnen wollen; die Anzahl der Formen-Classen, welche diese Geschlechter enthalten, sollen entsprechend mit

$$g_1,\ g_2 \cdots g_\tau$$

bezeichnet werden, so dass also, wenn eins dieser Geschlechter, z. B. G_r, nicht wirklich vorhanden sein sollte, $g_r = 0$ zu setzen ist. Es soll nun gerade im Folgenden gezeigt werden, dass dies niemals eintritt, dass also diese τ Geschlechter wirklich *existiren*, und ausserdem, dass sie alle *gleich viele* Formen-Classen enthalten, dass also

$$g_1 = g_2 = g_3 \cdots = \frac{h}{\tau}$$

ist.

Zu diesem Zweck benutzen wir die im vorigen Paragraphen bewiesene Gleichung*), indem wir

$$\psi(n) = \frac{\chi(n)}{n^s}$$

setzen, wo $\chi(n)$ irgend eins der $2^\lambda = 2\tau$ Glieder der Summe bedeutet, welche durch die Entwicklung des über alle λ Charaktere C erstreckten Productes

$$\Pi(1 + C)$$

entsteht; der Bedingung $\psi(n)\psi(n') = \psi(nn')$ geschieht offenbar durch jede solche Specialisirung Genüge, denn alle Factoren C, aus denen eine solche Function $\chi(n)$ zusammengesetzt ist, genügen derselben Bedingung. Da ausserdem $\chi(n)$ für jede Zahl n, die relative Primzahl zu $2D$ ist, $= \pm 1$ ist, so convergiren die vier in der Gleichung vorkommenden unendlichen Reihen unabhängig von der Anordnung ihrer Glieder für jeden positiven Werth $s > 1$. Es ist also unter dieser Annahme, da $\chi(n^2) = \chi(n)\,\chi(n) = +1$ ist,

$$\Sigma \frac{1}{n^{2s}} \Sigma\, \chi(m) \frac{2^\mu}{m^s} = \Sigma \frac{\chi(n)}{n^s} \Sigma \left(\frac{D}{n}\right) \frac{\chi(n)}{n^s}.$$

Denken wir uns nun wieder (wie in §. 88) ein vollständiges System S von h Formen

$$(a, b, c), \quad (a', b', c') \ldots$$

von der Determinante D und von der σten Art aufgeschrieben, und unterwerfen wir die Variabelen x, y jeder Form den dort angegebenen Bedingungen I., II., III., so wird jede Zahl σm im Ganzen auf $\varkappa \,.\, 2^\mu$ verschiedene Arten erzeugt, wo $\varkappa$ die ebendaselbst festgesetzte, nur von D und σ abhängige Bedeutung hat. Die sämmtlichen h Formen des Systems S zerfallen nun in zwei Gruppen, nämlich in eine Gruppe von H Formen, die wir mit (a, b, c) bezeichnen wollen, für welche $\chi(m) = +1$ ist, und in

*) Auch ohne Hülfe derselben gelangt man auf einem etwas kürzeren, wenn auch principiell nicht verschiedenen Wege zum Ziele, wenn man von der aus §. 91 folgenden Gleichung $\varkappa\, \Sigma\, \tau_n \psi(n) = \Sigma\, \psi(\nu)$ ausgeht, wo ψ eine willkürliche Function, und $\sigma\nu$ alle die Zahlen bedeutet, welche durch das System der Formen (a, b, c) unter den Bedingungen I., II. des §. 90 erzeugt werden. Setzt man dann $\psi(n) = n^{-s}\, \Pi(1 + \gamma_r C)$, wo γ_r den Werth des Charakters C im Geschlechte G_r bedeutet, so wird dies letztere rechts sofort isolirt, während der Grenzprocess auf der linken Seite für jeden Bestandtheil $c_r\, \chi(n)$ des Productes $\Pi(1 + \gamma_r C)$ einzeln ausgeführt werden kann.

eine zweite Gruppe von H' Formen, die wir mit (a', b', c') bezeichnen wollen, für welche $\chi(m) = -1$ ist. Offenbar werden auf diese Weise alle g_r Formen des Systems S, welche einem und demselben Geschlecht G_r angehören, auch einer und derselben dieser beiden Gruppen zugetheilt; denn für alle diese Formen hat jeder Factor C von $\chi(m)$ für sich genommen und folglich auch $\chi(m)$ selbst einen und denselben Werth. Und umgekehrt leuchtet ein, dass alle Zahlen σm, denen $\chi(m) = +1$ entspricht, ausschliesslich durch Formen der ersten Gruppe, und alle Zahlen σm, denen $\chi(m) = -1$ entspricht, ausschliesslich durch Formen der zweiten Gruppe erzeugt werden. Mithin ist

$$\varkappa \sum \chi(m) \frac{2^\mu}{m^s} = \left\{ \begin{array}{l} + \sum \left(\dfrac{ax^2 + 2bxy + cy^2}{\sigma}\right)^{-s} + \cdots \\ - \sum \left(\dfrac{a'x^2 + 2b'xy + c'y^2}{\sigma}\right)^{-s} - \cdots \end{array} \right\},$$

wo auf der rechten Seite die den H Formen (a, b, c) der ersten Gruppe entsprechenden Doppelsummen mit positivem Vorzeichen, und die den H' Formen (a', b', c') der zweiten Gruppe entsprechenden Doppelsummen mit negativem Vorzeichen behaftet sind.

Multiplicirt man jetzt die Gleichung mit der unendlichen Reihe

$$\sum \frac{1}{n^{2s}},$$

so erhält man links zufolge der obigen Gleichung das Resultat

$$\varkappa \sum \frac{\chi(n)}{n^s} \sum \left(\frac{D}{n}\right) \frac{\chi(n)}{n^s};$$

führt man ferner auf der rechten Seite die Multiplication wie in §. 90 aus, so verändert sich äusserlich ihre Gestalt nicht, sondern es fällt allein die frühere Bedingung III. fort, nach welcher die den Variabelen x, y beigelegten Werthe relative Primzahlen zu einander sein mussten. Man erhält daher

$$\varkappa \sum \frac{\chi(n)}{n^s} \sum \left(\frac{D}{n}\right) \frac{\chi(n)}{n^s} = \left\{ \begin{array}{l} + \sum \left(\dfrac{ax^2 + 2bxy + cy^2}{\sigma}\right)^{-s} + \cdots \\ - \sum \left(\dfrac{a'x^2 + 2b'xy + c'y^2}{\sigma}\right)^{-s} - \cdots \end{array} \right\}.$$

Setzen wir jetzt $s = 1 + \varrho$, und multipliciren wir mit ϱ, so nähert sich mit unendlich abnehmendem positiven ϱ jedes der h Producte

$$\varrho \Sigma \left(\frac{ax^2 + 2bxy + cy^2}{\sigma}\right)^{-(1+\varrho)} \cdots \varrho \Sigma \left(\frac{a' x^2 + 2b'xy + c'y^2}{\sigma}\right)^{-(1+\varrho)} \cdots$$

einem und demselben von Null verschiedenen Grenzwerth W, welcher für eine negative Determinante in §. 95, für eine positive in §. 98 bestimmt ist; mithin wird der Grenzwerth, welchem sich das Product aus ϱ und aus der rechten Seite der vorstehenden Gleichung nähert, gleich $(H - H')\,W$.

Für die beiden Fälle nun, in welchen für $\chi(n)$ entweder das Anfangsglied 1 oder das Glied $\prod C'$ der Entwicklung des Productes $\prod(1 + C)$ genommen wird, ist $H = h$ und $H' = 0$; und die obige Gleichung stimmt genau mit der in §. 90 überein, welche später zur Bestimmung der Classenanzahl h führte. In den übrigen $(2\tau - 2)$ Fällen, d. h. also, wenn unter $\chi(n)$ irgend ein Glied des entwickelten Ausdrucks

$$\prod(1 + C) - 1 - \prod C'$$

verstanden wird, nähert sich aber, wie im folgenden Paragraphen nachträglich gezeigt werden soll, jede der beiden unendlichen Reihen

$$\Sigma \frac{\chi(n)}{n^{1+\varrho}} \quad \text{und} \quad \Sigma \left(\frac{D}{n}\right) \frac{\chi(n)}{n^{1+\varrho}}$$

mit unendlich abnehmendem ϱ einem *endlichen* Grenzwerth, und folglich das Product

$$\varrho \varkappa \Sigma \frac{\chi(n)}{n^{1+\varrho}} \cdot \Sigma \left(\frac{D}{n}\right) \frac{\chi(n)}{n^{1+\varrho}}$$

dem Grenzwerth Null. Vergleicht man dies mit dem oben gefundenen Grenzwerth $(H - H')\,W$, wo W eine von Null verschiedene Grösse war, so ergiebt sich

$$H - H' = 0,$$

d. h. jedem dieser $(2\tau - 2)$ Fälle entspricht eine Eintheilung aller h Formen des Systems S in zwei Gruppen, deren jede eine gleiche Anzahl $H = H' = \frac{1}{2} h$ Formen enthält.

Zufolge der obigen Bemerkung, dass die g_r Formen des Systems S, welche einem und demselben Geschlecht G_r angehören, bei jeder einzelnen Specialisirung von $\chi(n)$ entweder alle in die erste, oder alle in die zweite Gruppe fallen, lässt sich jede solche Gleichung von der Form $H - H' = 0$, welche einem dieser $(2\tau - 2)$ Fälle entspricht, in folgender Weise aufschreiben

$$g_1 \pm g_2 \pm g_3 \pm \cdots \pm g_\tau = 0, \qquad (g)$$

wo die Anzahl g_1 jedesmal mit positivem, irgend eine andere Anzahl g_r aber mit positivem oder negativem Vorzeichen behaftet ist, je nachdem in diesem Falle die Formen des Geschlechts G_r derselben Gruppe angehören, wie die Formen des Geschlechts G_1, oder nicht, d. h. je nachdem die Werthe, welche $\chi(n)$ in dem Geschlecht G_1 und in dem Geschlecht G_r erhält, gleich oder entgegengesetzt sind. Ist $\varDelta$ der Ueberschuss der Anzahl der Fälle, in welchen das Erstere eintritt, über die Anzahl der übrigen, so wird, wenn man alle Gleichungen (g) addirt, die den $(2\tau - 2)$ verschiedenen Fällen entsprechen, der Coefficient von g_1 gleich $(2\tau - 2)$, und der von g_r gleich $\varDelta$ werden. Um nun diesen Ueberschuss $\varDelta$ zu bestimmen, bezeichnen wir mit γ_1 und γ_r die bestimmten Werthe ± 1, welche irgend einer der λ Charaktere C resp. in dem Geschlecht G_1 und G_r annimmt, und unter diesen mit γ_1' und γ_r' diejenigen Werthe, welche den Charakteren C' entsprechen; man überzeugt sich dann leicht, dass

$$\varDelta = \Pi(1 + \gamma_1 \gamma_r) - 1 - \Pi \gamma_1' \gamma_r'$$

ist; denn wenn wir das erste, aus λ Factoren von der Form $(1 + \gamma_1 \gamma_r)$ bestehende Product rechter Hand entwickeln und die daraus entstehenden beiden Glieder 1 und $\Pi \gamma_1' \gamma_r'$ gegen die beiden anderen Glieder fortheben, so bleiben $2^\lambda - 2 = 2\tau - 2$ Glieder zurück, deren jedes einem bestimmten Gliede des entwickelten Ausdrucks

$$\Pi\,(1 + C) - 1 - \Pi\, C',$$

d. h. einer bestimmten Specialisirung von $\chi(n)$ entspricht, und zwar wird ein solches Glied $= +1$ oder $= -1$ werden, je nachdem die beiden Werthe, welche das correspondirende $\chi(n)$ im Geschlecht G_1 und im Geschlecht G_r annimmt, gleich oder entgegengesetzt ausfallen; die algebraische Summe aller dieser Glieder ist also in der That gleich dem Ueberschuss $\varDelta$, was zu beweisen war. Da nun die beiden Geschlechter G_1 und G_r verschieden sind, so ist mindestens einer der λ Factoren $(1 + \gamma_1 \gamma_r)$ gleich Null, und da ausserdem $\Pi \gamma_1' = 1$, $\Pi \gamma_r' = 1$ und folglich auch $\Pi \gamma_1' \gamma_r' = 1$ ist, so erhalten wir $\varDelta = -2$. Da dieser Ueberschuss $\varDelta$ nun für alle von G_1 verschiedenen Geschlechter gleich gross ist, so erhalten wir durch Addition sämmtlicher $(2\tau - 2)$ Gleichungen (g) das Resultat

$$(2\tau - 2)\, g_1 - 2\,(g_2 + g_3 + \cdots + g_\tau) = 0,$$

und da ausserdem

$$g_1 + g_2 + g_3 + \cdots + g_\tau = h$$

ist, so folgt

$$2\tau g_1 - 2h = 0, \quad \text{also} \quad g_1 = \frac{h}{\tau} = \frac{h}{2^{\lambda-1}}.$$

Da endlich für jedes andere Geschlecht $G_2, G_3 \dots G_\tau$ die Untersuchung ebenso geführt werden kann, wie für das Geschlecht G_1, so erhalten wir als Endresultat den Satz*):

Die Anzahl der wirklich existirenden Geschlechter ist gleich $2^{\lambda-1}$, *und alle diese Geschlechter enthalten gleich viele Formenclassen.*

§. 126.

Zur Vervollständigung des vorstehenden Beweises haben wir nun noch zu zeigen, dass für jede der $2\tau - 2$ Specialisirungen von $\chi(n)$, welche den Gliedern des obigen entwickelten Ausdrucks entsprechen, jede der beiden unendlichen Reihen

$$\Sigma \frac{\chi(n)}{n^{1+\varrho}}, \quad \Sigma \left(\frac{D}{n}\right) \frac{\chi(n)}{n^{1+\varrho}}$$

mit unendlich abnehmendem positiven ϱ sich einem endlichen Grenzwerth nähert. Dies kann mit Rücksicht auf frühere Untersuchungen (§. 101) in folgender Weise geschehen.

Jede der beiden in Rede stehenden Summen ist von der Form

$$\Sigma \frac{\alpha_n}{n^s} = \Sigma\, \theta^{\frac{1}{2}(n-1)}\, \eta^{\frac{1}{8}(n^2-1)} \left(\frac{n}{L}\right) \frac{1}{n^s},$$

---

*) *Gauss: D. A.* artt. 252, 261, 287. — Mit Hülfe des Satzes über die arithmetische Progression (Supplement VI.) lässt sich der obige Satz sehr kurz beweisen. Da nämlich alle Zahlen n, für welche jeder der λ Charaktere C einen vorgeschriebenen Werth ± 1 besitzt, in gewissen arithmetischen Reihen enthalten sind, deren Differenz $4D$ ist, während ihre Anfangsglieder relative Primzahlen zu $4D$ sind (vergl. §. 52), so existiren unter diesen Zahlen n auch *Primzahlen* p; genügen nun die für die Charaktere C vorgeschriebenen Werthe ± 1 der Bedingung $\Pi C' = +1$, so ist D *quadratischer Rest von* p, und folglich existirt eine (positive) ursprüngliche Form erster Art, deren erster Coefficient $= p$ ist, welche mithin den vorgeschriebenen Total-Charakter besitzt. — Vergl. ferner §§. 152—158.

wo $\theta^2 = 1$, $\eta^2 = 1$, und L irgend ein ungerader Divisor von D ist; da quadratische Factoren im Nenner eines Jacobi'schen Symbols fortgelassen werden dürfen, so können wir annehmen, dass L durch keine Quadratzahl (ausser 1) theilbar ist. Ferner ist jedenfalls nicht gleichzeitig $\theta = +1$, $\eta = +1$, $L = 1$; denn sonst wäre entweder $\chi(n) = 1$, oder $\chi(n) = \prod C'$, gegen unsere Voraussetzung.

Bezeichnen wir mit LL' das Product aus allen von einander verschiedenen in D aufgehenden ungeraden Primzahlen, so ist das System der Zahlen n identisch mit dem System aller positiven ganzen Zahlen, welche relative Primzahlen zu $8LL'$ sind; wir betrachten zunächst nur die ersten $\varphi(8LL')$ Zahlen n, d. h. diejenigen Zahlen n, welche kleiner als $8LL'$ sind, und zeigen, dass die Summe der entsprechenden Werthe von α_n gleich Null ist. Zu diesem Zwecke bezeichnen wir mit a irgend eine der vier Zahlen 1, 3, 5, 7; mit b irgend eine der $\varphi(L)$ Zahlen, welche relative Primzahlen zu L und nicht grösser als L sind; endlich mit b' irgend eine der $\varphi(L')$ Zahlen, welche relative Primzahlen zu L' und nicht grösser als L' sind. Es wird dann (nach §. 25) durch die drei Congruenzen

$$n \equiv a \pmod{8}, \quad n \equiv b \pmod{L}, \quad n \equiv b' \pmod{L'}$$

eine und nur eine Zahl n bestimmt, welche relative Primzahl zu $8LL'$ und zugleich kleiner als $8LL'$ ist; und wenn jede der drei Zahlen a, b, b' unabhängig von den anderen alle ihr zukommenden Werthe durchläuft, so werden auf diese Weise auch alle $\varphi(8LL')$ Zahlen n erzeugt, die relative Primzahlen zu $8LL'$ und kleiner als $8LL'$ sind. Da nun jedesmal

$$\theta^{1/2(n-1)}\,\eta^{1/8(n^2-1)} = \theta^{1/2(a-1)}\,\eta^{1/8(a^2-1)}, \quad \left(\frac{n}{L}\right) = \left(\frac{b}{L}\right)$$

ist, so wird die über diese Werthe von n ausgedehnte Summe

$$\Sigma\,\alpha_n = \varphi(L')\,.\,\Sigma\,\theta^{1/2(a-1)}\,\eta^{1/8(a^2-1)}\,.\,\Sigma\left(\frac{b}{L}\right);$$

nun ist aber (nach §. 52, I.)

$$\Sigma\left(\frac{b}{L}\right) = 0,$$

ausgenommen, wenn $L = 1$ ist; ausserdem findet man leicht, dass auch

$$\Sigma\,\theta^{1/2(a-1)}\,\eta^{1/8(a^2-1)} = 0$$

ist, ausgenommen, wenn $\theta = \eta = +1$ ist. Da nun, wie schon oben bemerkt ist, diese beiden Ausnahmefälle jedenfalls nicht gleichzeitig eintreten, so ist

$$\Sigma\, \alpha_n = 0,$$

wo das Summenzeichen sich auf die angegebenen Werthe von n bezieht.

Da ferner, sobald $n' \equiv n \pmod{8LL'}$, auch $\alpha_{n'} = \alpha_n$ ist, so wird immer

$$\Sigma\, \alpha_n = 0$$

sein, wenn die Summation auf beliebige $\varphi(8LL')$ auf einander folgende, also nach dem Modul $8LL'$ incongruente Werthe von n ausgedehnt wird. Und hieraus folgt unmittelbar, dass die Summe aller Werthe von α_n, die beliebig vielen auf einander folgenden Werthen von n entsprechen (von $n = 1$ an gerechnet) stets unterhalb einer endlichen angebbaren Grenze bleibt. Nach einer früheren Untersuchung (§. 101) ist daher die Reihe

$$\Sigma\, \frac{\alpha_n}{n^s},$$

wenn ihre Glieder nach der Grösse der Nenner geordnet werden, eine für jeden positiven Werth von s endliche und stetige Function von s; also nähert sich auch jede der beiden obigen Reihen mit unendlich abnehmendem positiven ϱ einem endlichen Grenzwerth, was zu beweisen war.

V. Theorie der Potenzreste für zusammengesetzte Moduli.

§. 127.

Es ist in §. 28 gezeigt, dass, wenn die Zahl a relative Primzahl gegen den Modul k ist, stets positive ganze Exponenten n von der Beschaffenheit existiren, dass $a^n \equiv 1 \pmod{k}$ ist; diese Exponenten n sind die sämmtlichen Vielfachen des kleinsten unter ihnen; bezeichnet man diesen mit δ, so sagt man, die Zahl a *gehöre* zum Exponenten δ; und die δ Zahlen

$$1,\ a,\ a^2 \ldots a^{\delta-1} \qquad (A)$$

sind sämmtlich incongruent. Mit Hülfe des verallgemeinerten Fermat'schen Satzes ist dort ebenfalls gezeigt, dass δ immer ein Divisor von $\varphi(k)$ ist; dies Resultat lässt sich aber auch ohne Hülfe des Fermat'schen Satzes ableiten durch eine eigenthümliche Methode, welche sehr häufig zum Nachweise der Theilbarkeit einer Zahl durch eine andere gebraucht werden kann. In unserem Falle gestaltet dieselbe sich folgendermaassen.

Ist a' irgend eine relative Primzahl zu k, so sind (nach §. 18) die δ Zahlen

$$a',\ a'a,\ a'a^2 \ldots a'a^{\delta-1} \qquad (A')$$

sämmtlich incongruent; dasselbe gilt von den δ Zahlen

$$a'',\ a''a,\ a''a^2 \ldots a''a^{\delta-1} \qquad (A'')$$

sobald a'' ebenfalls relative Primzahl zu k ist. Jeder solche Complex, wie A' oder A'', enthält δ unter einander incongruente Zahlen, die sämmtlich relative Primzahlen gegen k sind und also als Repräsentanten von δ Zahlclassen in Bezug auf den Modul k

angesehen werden können. Gesetzt nun, es findet sich eine und dieselbe Zahlclasse in jedem der beiden Complexe A' und A'' vertreten, so giebt es zwei Exponenten μ', μ'' von der Beschaffenheit, dass

$$a' \,.\, a^{\mu'} \equiv a'' \,.\, a^{\mu''} \pmod{k}$$

ist; nehmen wir an, was der Symmetrie wegen erlaubt ist, dass $\mu'' \geqq \mu'$, so erhält man durch Division mit $a^{\mu'}$ die Congruenz

$$a' \equiv a'' \,.\, a^{\mu'' - \mu'} \pmod{k};$$

und hieraus folgt sogleich, dass *jede* in A' enthaltene Zahl $a' \,.\, a^m$ auch einer Zahl von der Form $a'' \,.\, a^n$, d. h. einer in A'' enthaltenen Zahl congruent ist. Wir können hieraus schliessen, dass entweder zwei solche Complexe A', A'' dieselben δ Zahlclassen enthalten, oder dass keine einzige Classe in beiden gleichzeitig vertreten ist.

Bildet man nun der Reihe nach alle solche aus δ Zahlclassen bestehenden Complexe von der Form A', $A'' \ldots$, und zwar nur solche, welche von einander verschieden sind, so muss endlich jede der $\varphi(k)$ Zahlclassen, welche relative Primzahlen zu k enthalten, in einem dieser Complexe, und auch nur in einem, vertreten sein, ist daher ε die Anzahl dieser von einander verschiedenen Complexe, so muss $\varphi(k) = \varepsilon\delta$, also $\varphi(k)$ theilbar durch δ sein, was zu beweisen war.

Hieraus ergiebt sich nun der Fermat'sche Satz als Folgerung; denn erhebt man die Congruenz

$$a^\delta \equiv 1 \pmod{k}$$

zur εten Potenz, so erhält man

$$a^{\varphi(k)} \equiv 1 \pmod{k}.$$

§. 128.

Für den Fall, dass der Modul k eine Primzahl p ist, wurde ferner in §. 29 bewiesen, dass zu jedem Divisor δ von $\varphi(p) = p - 1$ genau $\varphi(\delta)$ Zahlen gehören, die nach dem Modul p incongruent sind; und in §. 30 sind die Eigenschaften der sogenannten primitiven Wurzeln von p betrachtet, d. h. derjenigen $\varphi(p-1)$ incongruenten Zahlen g, welche zum Exponenten $p - 1$ selbst gehören.

Wir wollen nun untersuchen, ob ähnliche Gesetze auch für zusammengesetzte Moduln gelten.

Zunächst beschränken wir uns auf den Fall, in welchem der Modul k eine *Potenz von einer ungeraden Primzahl* p ist, und wir werden der Analogie nach unter einer *primitiven Wurzel* von k jede Zahl g verstehen, welche zum Exponenten $\varphi(k)$ gehört. Dem Beweise der wirklichen Existenz solcher primitiven Wurzeln schicken wir folgenden Hülfssatz voraus:

Ist h irgend eine ganze Zahl und π eine positive ganze Zahl, so ist stets

$$(1 + hp^{\pi})^p \equiv 1 + hp^{\pi+1} \pmod{p^{\pi+2}}.$$

Man überzeugt sich hiervon leicht durch die Entwicklung der linken Seite nach dem binomischen Satze; man findet nämlich zunächst, indem man sich auf die drei ersten Glieder beschränkt,

$$(1 + hp^{\pi})^p \equiv 1 + hp^{\pi+1} + \tfrac{1}{2}(p-1)h^2p^{2\pi+1} \pmod{p^{3\pi}},$$

und hieraus ergiebt sich die obige Congruenz, wenn man bedenkt, dass p ungerade, also $\frac{1}{2}(p-1)$ eine ganze Zahl, und ferner, dass sowohl $p^{2\pi+1}$ als auch $p^{3\pi}$ durch $p^{\pi+2}$ theilbar ist.

Nach dieser Vorbemerkung gehen wir an unsere Untersuchung und nehmen zunächst einmal an, es existire für den Modul $p^{\pi+1}$, wo $\pi \geqq 1$ ist, wirklich eine primitive Wurzel g; dann liegt es nahe, zu fragen: zu welchem Exponenten gehört eine solche Zahl g in Bezug auf den Modul p^{π}? Es sei δ dieser Exponent, also

$$g^{\delta} = 1 + hp^{\pi},$$

so erhält man mit Hülfe des soeben bewiesenen Satzes

$$g^{\delta p} \equiv 1 \pmod{p^{\pi+1}};$$

da nun g primitive Wurzel von $p^{\pi+1}$ ist, so muss δp durch $\varphi(p^{\pi+1}) = (p-1)p^{\pi}$, und folglich δ durch $(p-1)p^{\pi-1}$ theilbar sein; andererseits muss aber, da g zum Exponenten δ in Bezug auf den Modul p^{π} gehört, nothwendig $\varphi(p^{\pi}) = (p-1)p^{\pi-1}$ durch δ theilbar sein; mithin ist $\delta = \varphi(p^{\pi})$, d. h. g ist auch primitive Wurzel von p^{π}. Zugleich leuchtet ein, dass die in der Gleichung

$$g^{(p-1)p^{\pi-1}} = 1 + hp^{\pi}$$

vorkommende Zahl h nicht durch p theilbar sein kann; denn sonst wäre

$$g^{(p-1)p^{\pi-1}} \equiv 1 \pmod{p^{\pi+1}},$$

also g keine primitive Wurzel von $p^{\pi+1}$.

Setzt man diese Schlüsse weiter fort, so erhält man zunächst das Resultat:

Jede primitive Wurzel g von einer höheren Potenz einer ungeraden Primzahl p ist nothwendig eine primitive Wurzel der Zahl p selbst, und zwar von der Beschaffenheit, dass $g^{p-1}-1$ nicht durch p^2 theilbar ist.

Wir wollen nun umgekehrt annehmen, es sei g eine primitive Wurzel von p^π, und zwar von der Beschaffenheit, dass die in der Gleichung

$$g^{(p-1)p^{\pi-1}} = 1 + hp^\pi$$

vorkommende Zahl h nicht durch p theilbar ist; und wir fragen jetzt: zu welchem Exponenten gehört diese Zahl g in Bezug auf den Modul $p^{\pi+1}$? Ist δ dieser Exponent, also

$$g^\delta \equiv 1 \pmod{p^{\pi+1}},$$

so ist auch

$$g^\delta \equiv 1 \pmod{p^\pi},$$

und folglich δ theilbar durch $\varphi(p^\pi)$; da aber andererseits δ ein Divisor von $\varphi(p^{\pi+1}) = p\varphi(p^\pi)$ sein muss, so ist δ entweder $= \varphi(p^\pi)$, oder $= \varphi(p^{\pi+1})$; das Erstere ist aber nicht der Fall, weil unserer Voraussetzung zufolge die Zahl h nicht durch p theilbar ist; also ist $\delta = \varphi(p^{\pi+1})$, d. h. die Zahl g ist primitive Wurzel von $p^{\pi+1}$. Zugleich leuchtet aus der Congruenz

$$g^{(p-1)p^\pi} = (1+hp^\pi)^p \equiv 1 + hp^{\pi+1} \pmod{p^{\pi+2}}$$

ein, dass die in der Gleichung

$$g^{(p-1)p^\pi} = 1 + h'p^{\pi+1}$$

vorkommende Zahl h' nicht durch p theilbar ist.

Durch Fortsetzung dieser Schlussweise erhalten wir das zweite Resultat:

Jede primitive Wurzel g einer ungeraden Primzahl p, für welche die Differenz $g^{p-1}-1$ nicht durch p^2 theilbar ist, ist auch eine primitive Wurzel aller höheren Potenzen von p.

Um also die Existenz von primitiven Wurzeln g für höhere Potenzen von p nachzuweisen, und um alle diese Zahlen g zu finden, haben wir nur noch zu zeigen, dass in der That primitive Wurzeln g von p existiren, für welche $g^{p-1}-1$, oder, was dasselbe sagt, für welche g^p-g nicht durch p^2 theilbar ist. Dies geschieht leicht auf folgende Weise. Ist f irgend eine primitive Wurzel von p, so sind alle in der Form

$$g = f + px$$

enthaltenen Zahlen g ebenfalls primitive Wurzeln von p; dann ist nach dem binomischen Satze

$$g^p \equiv f^p \pmod{p^2};$$

setzen wir daher

$$f^p \equiv f + f' p \pmod{p^2},$$

so wird

$$g^p - g \equiv p(f' - x) \pmod{p^2},$$

und folglich ist $g = f + px$ jedesmal eine primitive Wurzel aller Potenzen von p, ausgenommen, wenn $x \equiv f' \pmod{p}$, also

$$g \equiv f^p \pmod{p^2}$$

ist. Da nun $\varphi(p-1)$ nach dem Modul p incongruente Zahlen f existiren, und aus jeder Zahl f genau $(p-1)$ in Bezug auf den Modul p^2 incongruente Zahlen $g = f + px$ von der Beschaffenheit abgeleitet werden können, dass $g^{p-1}-1$ nicht durch p^2 theilbar wird, so erhalten wir das Resultat:

Die sämmtlichen primitiven Wurzeln von höheren Potenzen einer ungeraden Primzahl p sind die sämmtlichen Individuen von $(p-1)\,\varphi(p-1)$ verschiedenen Zahlclassen in Bezug auf den Modul p^2.

Beispiel: Sämmtliche primitive Wurzeln der Primzahl $p = 7$ sind in den beiden Reihen $7x + 3$, $7x + 5$ enthalten; da nun

$$3^7 \equiv 31, \quad 5^7 \equiv 19 \pmod{49}$$

ist, so sind alle in den arithmetischen Reihen $7x + 3$, $7x + 5$ enthaltenen Zahlen, mit Ausnahme derer, welche $\equiv 31$ oder $\equiv 19 \pmod{49}$ sind, auch primitive Wurzeln von allen höheren Potenzen von 7.

§. 129.

Nachdem im Vorhergehenden die Existenz von primitiven Wurzeln g für jeden Modul p^π nachgewiesen ist, der eine Potenz einer ungeraden Primzahl p ist, kann man leicht die übrigen elementaren Fragen über die Potenzreste beantworten. Setzt man zur Abkürzung

$$\varphi(p^\pi) = c,$$

so sind die Potenzen

$$g^0, g^1, g^2 \ldots g^{c-1} \pmod{p^\pi}$$

sämmtlich incongruent, und bilden daher ein vollständiges System incongruenter Zahlen, mit Ausschluss der durch p theilbaren Zahlen. Ist daher n irgend eine durch p nicht theilbare Zahl, so existiren stets unendlich viele Exponenten γ, die aber nach dem Modul c sämmtlich einander congruent sind, von der Beschaffenheit, dass

$$n \equiv g^\gamma \pmod{p^\pi};$$

man nennt dann γ den *Index der Zahl n für die Basis g*, und drückt dies in Zeichen so aus

$$\text{Ind. } n \equiv \gamma \pmod{c};$$

durchläuft γ ein vollständiges Restsystem in Bezug auf den Modul c, so durchläuft n ein vollständiges System von Zahlen, die relative Primzahlen zu p^π und unter einander nach dem Modul p^π incongruent sind. Für die Rechnung mit diesen Indices gelten dieselben Gesetze, wie die (in §. 30 angegebenen) für den Fall $\pi = 1$. Wir heben hier besonders hervor, dass

$$\text{Ind. }(1) \equiv 0, \quad \text{Ind. }(-1) \equiv \tfrac{1}{2} c \pmod{c},$$

und ferner, dass n quadratischer Rest oder Nichtrest von p^π ist, je nachdem Ind. n gerade oder ungerade ist.

Aus dem Index einer Zahl n lässt sich leicht der Exponent t bestimmen, zu welchem n in Bezug auf den Modul p^π gehört; aus

$$n \equiv g^{\text{Ind.} n} \pmod{p^\pi}$$

folgt nämlich

$$n^t \equiv g^{t\,\mathrm{Ind.}\,n} \pmod{p^\pi};$$

soll also $n^t \equiv 1$ sein, so muss t Ind. n durch c theilbar, und folglich t ein Multiplum von $c : \delta$ sein, wo δ den grössten gemeinschaftlichen Divisor von c und Ind. n bedeutet; die kleinste aller dieser Zahlen t, d. h. der Exponent, zu welchem n gehört, ist daher $= c : \delta$.

Hieraus folgt, dass n stets und nur dann eine primitive Wurzel von p^π ist, wenn Ind. n relative Primzahl zu c ist; die Anzahl aller nach dem Modul p^π incongruenten primitiven Wurzeln von p^π ist daher gleich der Anzahl derjenigen der Zahlen

$$0, 1, 2 \ldots c - 1,$$

welche relative Primzahlen zu c sind, also gleich $\varphi(c) = \varphi\varphi(p^\pi)$. Dasselbe Resultat ist aber auch eine unmittelbare Folge aus dem Schlusssatze des vorigen Paragraphen.

§. 130.

Die Primzahl 2 verhält sich anders als die ungeraden Primzahlen, welche bisher ausschliesslich betrachtet wurden.

Für den Modul 2 kann jede ungerade Zahl als primitive Wurzel angesehen werden.

Für den Modul $2^2 = 4$ ist $3 \equiv -1$ eine primitive Wurzel; zu jeder ungeraden Zahl n giebt es einen entsprechenden Exponenten α von der Beschaffenheit, dass

$$n \equiv (-1)^\alpha \pmod{4}$$

ist; und zwar ist $\alpha \equiv 0 \pmod{2}$ oder $\equiv 1 \pmod{2}$, je nachdem $n \equiv 1$ oder $\equiv 3 \pmod{4}$ ist.

Bis hierher findet also noch völlige Analogie mit den ungeraden Primzahlen statt; sobald aber ein Modul 2^λ betrachtet wird, in welchem der Exponent $\lambda \geqq 3$ ist, hört dieselbe auf. Es lässt sich nämlich zeigen, dass, wenn n irgend eine ungerade Zahl bedeutet, immer schon

$$n^{\frac{1}{2}\varphi(2^\lambda)} = n^{2^{\lambda-2}} \equiv 1 \pmod{2^\lambda}$$

ist. In der That ist dieser Satz richtig für $\lambda = 3$; denn das Quadrat jeder ungeraden Zahl n ist $\equiv 1 \pmod{8}$. Nehmen wir ferner an, der Satz sei für einen beliebigen Exponenten $\lambda \geqq 3$ schon bewiesen, es sei also

$$n^{2^{\lambda-2}} = 1 + h\,2^{\lambda},$$

so folgt hieraus durch Quadriren

$$n^{2^{\lambda-1}} = 1 + h\,2^{\lambda+1} + h^2\,2^{2\lambda} \equiv 1 \pmod{2^{\lambda+1}},$$

d. h. der Satz gilt auch für den nächstfolgenden Exponenten $\lambda + 1$. Er gilt mithin allgemein, da er für $\lambda = 3$ gilt.

Es fragt sich nun, ob es in diesen Fällen wenigstens Zahlen giebt, die zu dem Exponenten $\frac{1}{2}\varphi(2^{\lambda}) = 2^{\lambda-2}$ gehören; man überzeugt sich leicht, dass die Zahl 5 diese Eigenschaft für jeden Modul $2^{\lambda} \geqq 8$ besitzt. Es ist nämlich

$$\begin{aligned} 5 &\equiv 1 + 4 \pmod{8} \\ 5^2 &\equiv 1 + 8 \pmod{16} \\ 5^4 &\equiv 1 + 16 \pmod{32} \\ 5^8 &\equiv 1 + 32 \pmod{64} \end{aligned}$$

allgemein

$$5^{2^{\lambda-3}} \equiv 1 + 2^{\lambda-1} \pmod{2^{\lambda}},$$

also

$$5^{2^{\lambda-3}} \text{ niemals } \equiv 1 \pmod{2^{\lambda}},$$

woraus unmittelbar folgt, dass der Exponent, zu welchem die Zahl 5 nach dem Modul 2^{λ} gehört, kein Divisor von $2^{\lambda-3}$ sein kann und also, da er doch Divisor von $2^{\lambda-2}$ sein muss, nothwendig $= 2^{\lambda-2}$ ist.

Hieraus ergiebt sich nun, wenn man zur Abkürzung

$$\tfrac{1}{2}\varphi(2^{\lambda}) = 2^{\lambda-2} = b$$

setzt, dass die b Zahlen

$$5^0,\quad 5^1,\quad 5^2 \ldots 5^{b-1}$$

sämmtlich nach dem Modul 2^{λ} incongruent sind; dasselbe gilt von den Zahlen

$$-5^0,\quad -5^1,\quad -5^2 \ldots -5^{b-1};$$

da ferner die ersteren sämmtlich $\equiv 1 \pmod{4}$, die letzteren sämmtlich $\equiv 3 \pmod{4}$ sind, so bilden sie zusammengenommen ein System von $\varphi(2^{\lambda})$ nach dem Modul 2^{λ} incongruenten ungeraden Zahlen. Ist daher n irgend eine ungerade Zahl, so kann man stets

$$n \equiv (-1)^\alpha 5^\beta \pmod{2^\lambda}$$

setzen, wo α nach dem Modul 2 und β nach dem Modul b vollständig bestimmt ist. Durchläuft α ein vollständiges Restsystem in Bezug auf den Modul 2, und β unabhängig von α ein vollständiges Restsystem in Bezug auf den Modul b, so durchläuft n ein vollständiges System von Zahlen, die in Bezug auf den Modul 2^λ incongruent und relative Primzahlen zu 2^λ, d. h. ungerade sind. Diese beiden Zahlen α und β kann man die *Indices* der Zahl n nennen; sie befolgen ganz ähnliche Gesetze, wie die Indices für die früher betrachteten Moduli. Wir heben noch besonders hervor, dass $n \equiv \pm 1$ oder $\equiv \pm 3 \pmod{8}$ ist, je nachdem β gerade oder ungerade.

Es verdient bemerkt zu werden, dass die vorstehende Form, in welche jede ungerade Zahl n gebracht werden kann, auch noch für den Fall $\lambda = 2$ gilt; die Anzahl b der Werthe von β reducirt sich nämlich auf 1, und da $5 \equiv 1 \pmod{4}$, so geht die obige Form in die frühere $n \equiv (-1)^\alpha \pmod{4}$ über. Für eine spätere Untersuchung ist es sogar zweckmässig, dieselbe Form der Darstellung aller relativen Primzahlen zu einem Modul von der Form 2^λ auf die Fälle $\lambda = 0$ und $\lambda = 1$ auszudehnen; da in denselben nur eine einzige Zahlclasse darzustellen ist, so wird man α und β auch nur einen einzigen Werth beizulegen haben; setzen wir daher $a = b = 1$, wenn $\lambda = 0$ oder $\lambda = 1$ ist, in allen anderen Fällen ($\lambda \geqq 2$) aber $a = 2$, $b = \frac{1}{2}\varphi(2^\lambda)$, so können wir sagen, dass der Ausdruck

$$n \equiv (-1)^\alpha 5^\beta \pmod{2^\lambda}$$

alle incongruenten relativen Primzahlen zum Modul durchläuft, wenn α und β resp. vollständige Restsysteme in Bezug auf a und b durchlaufen, und stets ist $\varphi(2^\lambda) = ab$.

§. 131.

Es sei nun der Modul eine beliebige zusammengesetzte Zahl

$$k = 2^\lambda p^\pi p'^{\pi'} \ldots,$$

wo $p, p' \ldots$ von einander verschiedene ungerade Primzahlen, und $\lambda, \pi, \pi' \ldots$ ganze positive Exponenten bedeuten, deren erster, λ, auch $= 0$ sein kann. Ist n irgend eine relative Primzahl zu k, so kann man stets

$$n \equiv (-1)^\alpha 5^\beta \pmod{2^\lambda}$$
$$n \equiv g^\gamma \pmod{p^\pi}$$
$$n \equiv g'^{\gamma'} \pmod{p'^{\pi'}}$$
$$\ldots\ldots\ldots\ldots$$

setzen, wo $g, g' \ldots$ primitive Wurzeln resp. von $p^2, p'^2 \ldots$ bedeuten. Geben wir den Zahlen a, b die im vorigen Paragraphen festgesetzte Bedeutung und setzen wir zur Abkürzung

$$\varphi(p^\pi) = c, \quad \varphi(p'^{\pi'}) = c' \ldots,$$

so sind die Exponenten oder Indices

$$\alpha, \quad \beta, \quad \gamma, \quad \gamma' \ldots$$

vollständig bestimmt in Bezug auf die entsprechenden Moduli

$$a, \quad b, \quad c, \quad c' \ldots,$$

und umgekehrt entspricht jedem solchen Systeme von Indices (nach §. 25) eine bestimmte Classe von Zahlen n nach dem Modul k, die relative Primzahlen zu k sind. Durchlaufen die Indices $\alpha, \beta, \gamma, \gamma' \ldots$ unabhängig von einander ihre $a, b, c, c' \ldots$ Werthe, so durchläuft n sämmtliche

$$a\,b\,c\,c' \ldots = \varphi(k)$$

Zahlclassen in Bezug auf den Modul k, welche relative Primzahlen zu k enthalten.

Sind die Indices $\alpha, \beta, \gamma, \gamma' \ldots$ einer Zahl n bekannt, so ist es leicht, den Exponenten δ zu bestimmen, zu welchem die Zahl n gehört; denn offenbar ist δ das kleinste gemeinschaftliche Multiplum aller derjenigen Exponenten, zu welchen die Zahl n in Bezug auf die einzelnen Moduli $2^\lambda, p^\pi, p'^{\pi'} \ldots$ gehört. Dieser Exponent δ ist daher immer ein Divisor von dem kleinsten gemeinschaftlichen Vielfachen μ der Zahlen $a, b, c, c' \ldots$ Es können daher primitive Wurzeln von k, d. h. Zahlen, die zum Exponenten $\varphi(k)$ gehören, nur dann existiren, wenn $\mu = \varphi(k)$ ist; man überzeugt sich leicht, dass dies nur dann der Fall ist, wenn der Modul $k = 1$, oder $= 2$, oder $= 4$, oder eine Potenz einer ungeraden Primzahl, oder das Doppelte einer solchen Potenz ist; und umgekehrt leuchtet ein, dass in diesen Fällen immer primitive Wurzeln existiren.

Da ferner die Möglichkeit einer binomischen Congruenz von der Form

$$x^m \equiv n \pmod{k}$$

und die Anzahl ihrer Wurzeln nur von der Möglichkeit derselben Congruenz in Bezug auf die einzelnen Moduli 2^λ, p^π, $p'^{\pi'}$ ... abhängt (nach §. 37), so überzeugt man sich leicht, dass zur Beurtheilung dieser Frage und zur Auffindung der Wurzeln der Congruenz die Kenntniss der Indices der Zahl n vollständig ausreicht. Die wirkliche Ausführung dieser Untersuchung unterdrücken wir hier, weil sie sich ganz ebenso gestaltet wie in §. 31. Der Fall $m = 2$ würde auf diese Weise behandelt auf das in §. 37 gewonnene Resultat zurückführen. Ebenso leicht ist es, den verallgemeinerten Wilson'schen Satz (§. 38) von Neuem zu beweisen.

VI. Beweis des Satzes, dass jede unbegrenzte arithmetische Progression, deren erstes Glied und Differenz ganze Zahlen ohne gemeinschaftlichen Factor sind, unendlich viele Primzahlen enthält.

§. 132.

Der allgemeine Beweis dieses Satzes*) stützt sich auf die Betrachtung einer Classe von unendlichen Reihen von der Form

$$L = \Sigma\ \psi(n),$$

wo der Buchstabe n alle ganzen positiven Zahlen durchlaufen muss, und die reelle oder complexe Function $\psi(n)$ der Bedingung

$$\psi(n)\ \psi(n') = \psi(n n')$$

genügt. Hieraus folgt für $n = n' = 1$, dass $\psi(1) = 1$ oder $= 0$ ist; da aber im letzteren Falle $\psi(n) = \psi(1)\ \psi(n)$ für alle Werthe von n verschwinden würde, so nehmen wir immer an, dass $\psi(1) = 1$ ist. Wir nehmen ferner an, die Function $\psi(n)$ sei so beschaffen, dass die Summe der analytischen Moduln aller Werthe $\psi(n)$ *endlich* ist, woraus folgt, dass die Reihe L einen von der Anordnung ihrer Glieder unabhängigen endlichen Werth besitzt. Man überzeugt sich dann leicht von der Richtigkeit der folgenden Gleichung

$$\Pi \frac{1}{1-\psi(q)} = \Sigma\ \psi(n), \tag{I}$$

---

*) *Dirichlet:* Abhandlungen der Berliner Akademie aus dem Jahre 1837.

wo das Productzeichen sich auf alle, in beliebiger Ordnung auf einander folgenden Primzahlen q bezieht*).

Zunächst leuchtet ein, da die Reihe L die Glieder

$$\psi(1) = 1, \quad \psi(q) = z, \quad \psi(q^2) = z^2 \ldots$$

enthält, und die Summe derselben für sich einen endlichen Werth hat, dass der Modulus von $\psi(q) < 1$, und folglich

$$\frac{1}{1-\psi(q)} = 1 + \psi(q) + \psi(q^2) + \cdots$$

ist. Sind ferner $q_1, q_2, q_3 \ldots$ die sämmtlichen Primzahlen q, wie sie in dem Producte linker Hand aufeinander folgen, so wird das Product Q der ersten m Factoren

$$\frac{1}{1-\psi(q_1)}, \ \frac{1}{1-\psi(q_2)} \cdots \frac{1}{1-\psi(q_m)},$$

wenn man jeden derselben nach der vorstehenden Gleichung in eine unendliche Reihe entwickelt und die Multiplication ausführt, gleich $\Sigma\,\psi(l)$, wo die Summation über alle die ganzen positiven Zahlen l auszudehnen ist, in welchen keine anderen als die Primzahlen $q_1, q_2 \ldots q_m$ aufgehen. Ist daher h irgend eine positive ganze Zahl, und nimmt man m so gross, dass unter den Primzahlen $q_1, q_2 \ldots q_m$ sich alle diejenigen finden, welche $< h$ sind, so enthält $\Sigma\,\psi(l)$ alle Glieder der Reihe $\Sigma\,\psi(n)$, in welchen $n < h$ ist, und ausserdem noch unendlich viele andere, in denen $n > h$ ist. Mithin unterscheidet sich das Product Q von der Summe $\Sigma\,\psi(n)$ um eine Summe von der Form $\Sigma\,\psi(n')$, in welche aber nur noch Zahlen n' eingehen, welche $\geqq h$ sind. Da nun die Summe der Moduln aller Glieder $\psi(n)$ endlich ist, so kann man h, und also auch m so gross wählen, dass die Summe der Moduln aller Glieder $\psi(n')$, und folglich auch der Modul der Differenz $Q - \Sigma\,\psi(n)$ kleiner wird, als jede vorher gegebene Grösse; d. h. mit unbegrenzt wachsendem m nähert sich Q dem Grenzwerth $\Sigma\,\psi(n)$, was zu beweisen war.

Ausser diesen Reihen von der Form $L = \Sigma\,\psi(n)$ haben wir noch diejenigen Reihen zu betrachten, welche durch die Ent-

---

*) Unter dieser Classe von Reihen sind auch diejenigen enthalten, welche im fünften Abschnitt betrachtet sind. Vergl. §§. 124, 135. Der Werth einer solchen Function ψ ist offenbar für alle Zahlen vollständig bestimmt, sobald er für alle Primzahlen willkürlich angenommen ist. Die ältesten Untersuchungen über solche Reihen und Producte finden sich bei *Euler: Introductio in analysin infinitorum.* Cap. XV.

wicklung ihrer natürlichen Logarithmen entstehen. Wenn der Modulus von z ein echter Bruch ist, so ist bekanntlich

$$z + \tfrac{1}{2}z^2 + \tfrac{1}{3}z^3 + \tfrac{1}{4}z^4 + \cdots = \log \frac{1}{1-z},$$

und zwar ist der imaginäre Bestandtheil des Logarithmen rechter Hand stets zwischen den Grenzen $-\frac{1}{2}\pi i$ und $+\frac{1}{2}\pi i$ zu nehmen. Setzt man hierin $z = \psi(q)$ und für q alle Primzahlen, so erhält man zufolge der Gleichheit (I)

$$\Sigma\, \psi(q) + \tfrac{1}{2}\Sigma\, \psi(q^2) + \tfrac{1}{3}\Sigma\, \psi(q^3) + \cdots = \log L, \qquad \text{(II)}$$

und offenbar hat die aus unendlich vielen unendlichen Reihen bestehende linke Seite einen von der Anordnung der Summationen unabhängigen endlichen Werth, weil selbst die Summe der Moduln aller ihrer Glieder einen endlichen Werth besitzt. Der imaginäre Theil des Logarithmen rechter Hand ist die Summe aller imaginären Theile der Logarithmen der einzelnen Factoren, aus denen das obige unendliche Product besteht.

Wir fügen zu diesem Resultat noch einige Bemerkungen hinzu. Ist zunächst $\psi(n)$ eine reelle Function, so sind alle Factoren des unendlichen Productes positiv, also ist $\log L$ reell, und da die Reihe $\log L$ einen endlichen Werth hat, so ist L ein positiver von Null verschiedener Werth. Ist aber $\psi(n)$ imaginär, und $\psi'(n)$ der jedesmal mit $\psi(n)$ conjugirte complexe Werth, so ist auch $\psi'(n)\,\psi'(n') = \psi'(nn')$, und die über alle ganzen positiven Zahlen n ausgedehnte Summe $L' = \Sigma\,\psi'(n)$ ist die mit $L = \psi(n)$ conjugirte Zahl. Zugleich wird

$$\Sigma\, \psi'(q) + \tfrac{1}{2}\Sigma\, \psi'(q^2) + \tfrac{1}{3}\Sigma\, \psi'(q^3) + \cdots = \log L',$$

und zwar ist $\log L'$ conjugirt mit $\log L$, so dass die Summe $\log L + \log L' = \log(LL')$ reell wird.

Ist endlich der Werth der Function ψ für alle in einer bestimmten Zahl k aufgehenden Primzahlen $= 0$, so ist $\psi(n)$ jedesmal $= 0$, wenn n keine relative Primzahl zu k ist, und die Gleichungen (I) und (II) bleiben richtig, wenn man n alle relativen Primzahlen zu k, und q alle in k nicht aufgehenden Primzahlen durchlaufen lässt.

§. 133.

Es sei nun (wie in §. 131) k eine beliebige positive ganze Zahl, und zwar

$$k = 2^{\lambda} p^{\pi} p'^{\pi'} \ldots,$$

wo $p, p' \ldots$ von einander verschiedene ungerade Primzahlen bedeuten; wir geben ferner den Buchstaben

$$a, \quad b, \quad c, \quad c' \ldots$$

ihre frühere Bedeutung (§. 131) und bezeichnen entsprechend mit

$$\theta, \quad \eta, \quad \omega, \quad \omega' \ldots$$

irgend welche Wurzeln der Gleichungen

$$\theta^a = 1, \quad \eta^b = 1, \quad \omega^c = 1, \quad \omega'^{c'} = 1 \ldots$$

Ist nun n irgend eine positive ganze Zahl und zugleich relative Primzahl zu k, und sind ihre Indices

$$\alpha \text{ (mod. } a), \quad \beta \text{ (mod. } b), \quad \gamma \text{ (mod. } c), \quad \gamma' \text{ (mod. } c') \ldots,$$

so genügt, wie man leicht sieht, der Ausdruck

$$\psi(n) = \frac{\theta^{\alpha} \eta^{\beta} \omega^{\gamma} \omega'^{\gamma'} \ldots}{n^s}$$

der Bedingung $\psi(n)\psi(n') = \psi(nn')$ *); wenn ferner der Exponent $s > 1$ ist, was wir im Folgenden annehmen wollen, so ist die Summe der Moduln n^{-s} aller Glieder $\psi(n)$ endlich (§. 117), und folglich gelten die Gleichungen (I) und (II) des vorigen Paragraphen

$$\Pi \frac{1}{1 - \psi(q)} = \Sigma \psi(n) = L$$

$$\Sigma \psi(q) + \tfrac{1}{2} \Sigma \psi(q^2) + \tfrac{1}{3} \Sigma \psi(q^3) + \cdots = \log L$$

in welchen q alle in k nicht aufgehenden Primzahlen, n alle relativen Primzahlen zu k durchlaufen muss; beide Reihen haben,

---

*) Der Zähler $\chi(n) = \theta^{\alpha} \eta^{\beta} \omega^{\gamma} \omega'^{\gamma'} \ldots$ besitzt die charakteristischen Eigenschaften $\chi(n)\chi(n') = \chi(nn')$ und, wenn $n' \equiv n''$ (mod. k) ist, $\chi(n') = \chi(n'')$. Umgekehrt, wenn eine Function $\chi(n)$ die erste Eigenschaft hat, und wenn sie ausserdem nur eine *endliche* Anzahl m (von Null verschiedener) Werthe $\omega_1, \omega_2 \ldots \omega_m$ besitzt, so sind diese letzteren nothwendig die sämmtlichen Wurzeln der Gleichung $\omega^m = 1$.

so lange $s > 1$ ist, bestimmte von der Anordnung ihrer Glieder unabhängige Summen. Wir können hinzufügen, dass beide Reihen auch *stetige* Functionen von s sind, so lange $s > 1$ ist; wir beweisen diese Behauptung für alle Werthe von s, welche grösser als ein beliebiger unechter Bruch σ sind, weil hieraus offenbar die Stetigkeit dieser Reihen für alle Werthe von $s > 1$ (excl. 1) folgt.

Jede der beiden Reihen L und $\log L$ ist von der Form

$$\frac{\alpha_1}{1^s} + \frac{\alpha_2}{2^s} + \frac{\alpha_3}{3^s} + \cdots,$$

wo die Moduln der Coefficienten $\alpha_1, \alpha_2, \alpha_3 \ldots$ sämmtlich eine endliche Grösse A $(= 1)$ nicht übertreffen. Um die Stetigkeit einer Function von s innerhalb eines gewissen Intervalls $(s \geqq \sigma)$ zu beweisen, genügt es darzuthun, dass, wie klein auch eine positive gegebene Grösse δ sein mag, die Function jedesmal in einen ersten und zwar stetigen, und in einen zweiten Bestandtheil zerlegt werden kann, dessen Modulus innerhalb des ganzen Intervalls $(s \geqq \sigma) < \delta$ ist; denn hieraus folgt, dass der Modulus einer plötzlichen Werthänderung der Function, die doch nur von dem zweiten Bestandtheil herrühren kann, kleiner als 2δ, und folglich, da die gegebene Grösse δ beliebig klein sein darf, nothwendig $= 0$ sein muss (vergl. §§. 101, 143). In unserem Falle ergiebt sich die Möglichkeit einer solchen Zerlegung auf folgende Weise; ist n eine beliebige ganze Zahl, so ist die Summe der ersten n Glieder

$$\frac{\alpha_1}{1^s} + \frac{\alpha_2}{2^s} + \cdots + \frac{\alpha_n}{n^s}$$

eine stetige Function; der Modulus der Summe aller folgenden Glieder ist kleiner als

$$A\left(\frac{1}{(n+1)^s} + \frac{1}{(n+2)^s} + \cdots\right)$$

und folglich für *alle* Werthe $s \geqq \sigma$ auch kleiner als

$$A\left(\frac{1}{(n+1)^\sigma} + \frac{1}{(n+2)^\sigma} + \cdots\right);$$

da nun σ ein unechter Bruch ist, und folglich (nach §. 117) die Reihe

$$\frac{1}{1^\sigma} + \frac{1}{2^\sigma} + \frac{1}{3^\sigma} + \cdots$$

convergirt, so kann für jede gegebene Grösse δ entsprechend n so gross gewählt werden, dass

$$A\left(\frac{1}{(n+1)^\sigma}+\frac{1}{(n+2)^\sigma}+\cdots\right)<\delta$$

wird; hiermit ist für jede gegebene Grösse δ die Möglichkeit einer Zerlegung unserer Reihe in zwei Bestandtheile von der obigen Art, und also auch die Stetigkeit der Reihen L und $\log L$ für jeden Werth $s > 1$ nachgewiesen.

Der Beweis des Satzes über die arithmetische Progression gründet sich nun auf die Untersuchung des Verhaltens der Reihen L und $\log L$ bei unbegrenzter Annäherung des Exponenten s an den Werth 1. Wir bemerken zunächst, dass diese Reihen je nach der Wahl der in dem Ausdrucke $\psi(n)$ vorkommenden Einheitswurzeln $\theta, \eta, \omega, \omega' \ldots$ ein ganz verschiedenes Verhalten zeigen; da diese Wurzeln resp. $a, b, c, c' \ldots$ verschiedene Werthe haben können, so sind in der Form L im Ganzen

$$a\, b\, c\, c' \cdots = \varphi(k)$$

verschiedene besondere Reihen enthalten; wir theilen diese Reihen L in drei Classen ein:

In die *erste* Classe nehmen wir nur eine einzige Reihe L_1 auf, und zwar diejenige, in welcher alle Einheitswurzeln $\theta, \eta, \omega, \omega' \ldots$ den Werth $+1$ haben.

In die *zweite* Classe nehmen wir alle übrigen Reihen L_2 auf, in welchen alle Einheitswurzeln reelle Werthe, also die Werthe ± 1 haben.

In die *dritte* Classe nehmen wir alle übrigen Reihen L_3 auf, d. h. alle diejenigen, in welchen wenigstens eine der Einheitswurzeln imaginär ist. Die Anzahl dieser Reihen ist jedenfalls gerade, und sie sind paarweise mit einander conjugirt; denn entspricht eine solche Reihe L_3 den Wurzeln $\theta, \eta, \omega, \omega' \ldots$, so entspricht immer eine zweite solche Reihe L'_3 den Wurzeln θ^{-1}, $\eta^{-1}, \omega^{-1}, \omega'^{-1} \ldots$, und diese beiden Systeme von Wurzeln sind nicht identisch.

Wir wollen nun das Verhalten aller dieser Reihen genau untersuchen, wenn der Exponent $s = 1 + \varrho$ sich dem Werthe 1 nähert, d. h. also, wenn die positive Grösse ϱ unendlich klein wird.

§. 134.

Betrachten wir zunächst das Verhalten der ersten Reihe

$$L_1 = \Sigma \frac{1}{n^s} = \Sigma \frac{1}{n^{1+\varrho}},$$

in welcher n alle relativen Primzahlen zu k durchlaufen muss, so leuchtet ein, dass dieselbe als ein Aggregat von $\varphi(k)$ Partialreihen von der Form

$$\frac{1}{\nu^{1+\varrho}} + \frac{1}{(\nu+k)^{1+\varrho}} + \frac{1}{(\nu+2k)^{1+\varrho}} + \cdots$$

angesehen werden kann, wo ν relative Primzahl zu k und $\leqq k$ ist. Da nun (nach §. 117) das Product aus einer solchen Reihe und aus ϱ mit unendlich abnehmendem ϱ sich einem endlichen positiven, von Null verschiedenen Grenzwerth k^{-1} nähert, so können wir

$$L_1 = \frac{l}{\varrho}$$

setzen, wo l mit unendlich abnehmendem ϱ sich ebenfalls einem endlichen, positiven, von Null verschiedenen Grenzwerth nähert.

Ganz anders verhalten sich aber die Reihen L der zweiten und dritten Classe; wir haben gesehen, dass alle diese Reihen, so lange $s > 1$ ist, bestimmte von der Anordnung ihrer Glieder unabhängige Werthe besitzen; von jetzt an wollen wir aber ihre Glieder $\psi(n)$ so anordnen, dass die Zahlen n ihrer Grösse nach wachsend auf einander folgen; die so geordneten Reihen L der zweiten und dritten Classe *convergiren* dann für *alle positiven* Werthe von s und sind nebst ihren Derivirten auch *stetige* Functionen des positiven Exponenten s.

Um dies nachzuweisen, betrachten wir zunächst die ganze rationale Function

$$f(x) = \Sigma\, \theta^\alpha \eta^\beta \omega^\gamma \omega'^{\gamma'} \ldots x^\nu$$

der Variabelen x, wo das Summenzeichen sich auf diejenigen $\varphi(k)$ positiven ganzen Zahlen ν bezieht, die relative Primzahlen zu k und $< k$ sind, und wo $\alpha, \beta, \gamma, \gamma' \ldots$ die Indices der Zahl ν bedeuten. Setzt man $x = 1$, so erhält man

$$f(1) = \Sigma\, \theta^\alpha \eta^\beta \omega^\gamma \omega'^{\gamma'} \ldots,$$

wo die Indices $\alpha, \beta, \gamma, \gamma' \dots$ unabhängig von einander vollständige Restsysteme resp. in Bezug auf die Moduln $a, b, c, c' \dots$ durchlaufen müssen; es ist daher

$$f(1) = \Sigma\, \theta^{\alpha} \,.\, \Sigma\, \eta^{\beta} \,.\, \Sigma\, \omega^{\gamma} \,.\, \Sigma\, \omega'^{\gamma'} \dots$$

Da nun nach unserer Voraussetzung die Reihe L eine Reihe der zweiten oder dritten Classe, und folglich mindestens eine der Einheitswurzeln $\theta, \eta, \omega, \omega' \dots$ *nicht* $= +1$ ist, so ist auch mindestens eine der Summen

$$\Sigma\, \theta^{\alpha}, \quad \Sigma\, \eta^{\beta}, \quad \Sigma\, \omega^{\gamma}, \quad \Sigma\, \omega'^{\gamma'} \dots$$

gleich Null, und hieraus folgt

$$f(1) = 0.$$

Mit Hülfe dieses Resultates kann man nun die oben behaupteten Eigenschaften der Reihen L auf verschiedene Arten nachweisen. Die eine besteht darin, dass man die Reihe L in ein bestimmtes Integral verwandelt. Nach der von *Legendre* eingeführten Bezeichnung ist

$$\Gamma(s) = \int_0^1 \left(\log \frac{1}{x}\right)^{s-1} dx$$

eine für alle positiven Werthe von s endliche und stetige Function von s; bedeutet ferner n irgend einen positiven Werth, und ersetzt man x durch x^n, so ergiebt sich

$$\frac{\Gamma(s)}{n^s} = \int_0^1 x^{n-1} \left(\log \frac{1}{x}\right)^{s-1} dx;$$

und hieraus folgt leicht (ähnlich wie in den §§. 103, 105), dass die Summe der *ersten* $m\varphi(k)$ Glieder der Reihe L gleich

$$\frac{1}{\Gamma(s)} \int_0^1 \frac{1}{x} \frac{f(x)}{1-x^k} \left(\log \frac{1}{x}\right)^{s-1} (1 - x^{mk})\, dx$$

ist. Da nun $f(x)$ eine durch x theilbare ganze Function von x ist, welche für $x = 1$ verschwindet, so bleibt innerhalb des ganzen Integrationsgebietes der Modulus der Function

$$\frac{1}{x} \frac{f(x)}{1-x^k}$$

unterhalb einer angebbaren endlichen Grösse, und hieraus folgt leicht, wenn man m unendlich wachsen lässt, dass

$$L = \frac{1}{\Gamma(s)} \int_0^1 \frac{1}{x} \frac{f(x)}{1-x^k} \left(\log \frac{1}{x}\right)^{s-1} dx$$

ist. Es zeigt sich also in der That, dass die unendliche Reihe L der zweiten oder dritten Classe, wenn ihre Glieder in der angegebenen Weise geordnet sind, für jeden positiven Werth von s *convergirt*; beachtet man ferner, dass $\Gamma(s)$ für alle positiven Werthe von s ebenfalls positiv und von Null verschieden, sowie, dass die Derivirte von $\Gamma(s)$ eine stetige Function von s ist, so folgt aus dem vorstehenden geschlossenen Ausdruck für die Reihe L, dass dieselbe nebst ihrer Derivirten eine *stetige* Function von s ist, so lange s positiv bleibt.

Zu demselben Resultate gelangt man aber auch auf anderem Wege, nämlich mit Hülfe des weiter unten in §. 143 bewiesenen allgemeinen Satzes. Denn da zufolge der Gleichung $f(1) = 0$ die Summe der Coefficienten

$$\theta^{\alpha} \eta^{\beta} \omega^{\gamma} \omega'^{\gamma'} \ldots$$

von je $\varphi(k)$ auf einander folgenden Gliedern der Reihe L den Werth Null hat, so bildet die Reihe L eine solche unendliche Reihe, wie sie in §. 143 betrachtet wird; man braucht dort nur unter $k_1, k_2, k_3 \ldots$ die Werthe der successiven Zahlen n zu verstehen, so ergeben sich unmittelbar unsere obigen Behauptungen über die Convergenz und Stetigkeit der Reihe L und ihrer Derivirten.

Aus diesem Resultat ergiebt sich nun, dass jede Reihe L der zweiten oder dritten Classe, wenn der Exponent $s = 1 + \varrho$ abnehmend dem Werth 1 unendlich nahe kommt, sich einem völlig bestimmten *endlichen* Grenzwerth, nämlich dem Werth

$$\int_0^1 \frac{1}{x} \frac{f(x)}{1-x^k} dx$$

nähert, welchen die Reihe L bei der oben angegebenen Anordnung ihrer Glieder für $s = 1$ annimmt.

§. 135.

Es hat nun zwar gar keine Schwierigkeit, den Werth des vorstehenden Integrals mit Hülfe von Logarithmen und Kreisfunctionen darzustellen*); dass aber dieser endliche Grenzwerth einer Reihe L der zweiten oder dritten Classe *von Null verschieden* ist — und gerade hierin besteht der Hauptpunct der ganzen nachfolgenden Untersuchung — würde sich aus diesem Ausdrucke schwer oder gar nicht erkennen lassen. Es ist nun von dem höchsten Interesse, dass dieser Nachweis für die Reihen L_2 der zweiten Classe sich mit Hülfe der Untersuchungen des fünften Abschnitts über die Classenanzahl der quadratischen Formen führen lässt; ja wir können hinzufügen, dass historisch jene Untersuchungen ihren Ausgangspunct an dieser Stelle genommen haben.

Wir betrachten eine bestimmte Reihe L_2 der zweiten Classe, welche den Wurzeln

$$\theta = \pm 1, \quad \eta = \pm 1, \quad \omega = \pm 1, \quad \omega' = \pm 1 \ldots$$

entspricht; es sei P das Product aller der verschiedenen in k aufgehenden ungeraden Primzahlen p, denen eine negative Wurzel $\omega = -1$ entspricht, und S das Product der übrigen in k aufgehenden ungeraden Primzahlen (falls in der einen oder anderen dieser beiden Gruppen gar keine Primzahl enthalten sein sollte, ist P oder $S = 1$ zu setzen); da nun eine Zahl n quadratischer Rest oder Nichtrest einer Primzahl p ist, je nachdem ihr Index γ gerade oder ungerade ist (§. 129), so leuchtet ein, dass

$$\omega^{\gamma}\, \omega'^{\gamma'} \ldots = \left(\frac{n}{P}\right)$$

ist; wenn ferner $\theta = -1$, also $a = 2$, und $k \equiv 0 \pmod{4}$ ist, so sind alle Zahlen n ungerade, und es ist (nach §. 130)

$$\theta^{\alpha} = (-1)^{\alpha} = (-1)^{\frac{1}{2}(n-1)};$$

---

*) Bei der wirklichen Ausführung der Rechnung durch Zerlegung in Partialbrüche (ähnlich wie in den §§. 103, 105) würde man auf die in der Theorie der Kreistheilung vorkommenden Summen $f(r)$ stossen, wo r irgend eine Wurzel der Gleichung $r^k = 1$ bedeutet.

ebenso, wenn $\eta = -1$, also $b > 1$, und $k \equiv 0 \pmod{8}$ ist, so sind alle Zahlen n ungerade, und es ist (nach §. 130)

$$\eta^\beta = (-1)^\beta = (-1)^{1/8(n^2-1)}.$$

Diese Bemerkungen veranlassen uns (vergl. §§. 101, 123), je nach den vier verschiedenen Zeichencombinationen θ, η vier verschiedene Determinanten D zu betrachten; wir setzen nämlich, mit gehöriger Rücksicht auf das Zeichen ± 1:

$$\begin{array}{llll} D = \pm\ PS^2 \equiv 1 \pmod{4}, & \text{wenn} & \theta = +1, & \eta = +1 \\ D = \pm\ PS^2 \equiv 3 \pmod{4}, & \text{wenn} & \theta = -1, & \eta = +1 \\ D = \pm 2PS^2 \equiv 2 \pmod{8}, & \text{wenn} & \theta = +1, & \eta = -1 \\ D = \pm 2PS^2 \equiv 6 \pmod{8}, & \text{wenn} & \theta = -1, & \eta = -1. \end{array}$$

Nun sind alle ungeraden Zahlen n auch relative Primzahlen zu $2D$, und umgekehrt, alle relativen Primzahlen zu $2D$ sind auch ungerade Zahlen n und gleichzeitig ist

$$\theta^\alpha \eta^\beta \omega^\gamma \omega'^{\gamma'} \ldots = \theta^{1/2(n-1)} \eta^{1/8(n^2-1)} \left(\frac{n}{P}\right) = \left(\frac{D}{n}\right);$$

ist daher k gerade, so stimmen die sämmtlichen Zahlen n mit den sämmtlichen relativen Primzahlen zu $2D$ überein, und es ist

$$L_2 = \Sigma\, \psi(n) = \Sigma \left(\frac{D}{n}\right) \frac{1}{n^s};$$

ist aber k ungerade, so sind unter den Zahlen n auch gerade Zahlen; da in diesem Falle aber nothwendig $\theta = +1$, $\eta = +1$, also $D \equiv 1 \pmod{4}$ ist, so ist (vergl. §. 102)

$$L_2 = \Sigma \left(\frac{n}{P}\right) \frac{1}{n^s} = \frac{1}{1 - \left(\frac{2}{P}\right) \frac{1}{2^s}}\, \Sigma \left(\frac{D}{n}\right) \frac{1}{n^s},$$

wo in der letzten Summe rechter Hand der Buchstabe n nur noch alle ungeraden relativen Primzahlen zu k, d. h. alle relativen Primzahlen zu $2D$ zu durchlaufen hat.

Um daher zu beweisen, dass die Reihe L_2 sich einem von Null verschiedenen Grenzwerth nähert, braucht man dasselbe nur von der Reihe

$$\Sigma \left(\frac{D}{n}\right) \frac{1}{n^s}$$

nachzuweisen. Nun leuchtet ein, dass die Zahl D nie eine *Quadratzahl* sein kann; denn da eine Quadratzahl niemals $\equiv 3 \pmod{4}$, oder $\equiv 2 \pmod{8}$ oder $\equiv 6 \pmod{8}$ ist, so bleibt nur die einzige Möglichkeit $D \equiv 1 \pmod{4}$; da aber in diesem Falle $\theta = +1$, $\eta = +1$ ist, so muss, da L_2 eine Reihe der zweiten Classe ist, wenigstens eine der Wurzeln $\omega, \omega' \ldots = -1$ sein, und folglich P mindestens durch eine ungerade Primzahl p theilbar, also nicht $= 1$ sein; mithin ist D in keinem Falle eine Quadratzahl. Wir haben nun (in §§. 96 und 98) gesehen, dass für eine solche Determinante D die Classenanzahl h der quadratischen Formen ein Product aus mehreren Factoren ist, von denen der eine der Grenzwerth der obigen Reihe

$$\Sigma \left(\frac{D}{n}\right) \frac{1}{n^s}$$

ist; da nun immer mindestens eine Form $(1, 0, -D)$ existirt, also h niemals $= 0$ ist, und da ferner die übrigen in dem Ausdruck von h vorkommenden Factoren nicht unendlich gross sind, so ist auch dieser Grenzwerth von Null verschieden. Und hieraus folgt, dass auch der Grenzwerth einer jeden Reihe L_2 der zweiten Classe ein von Null verschiedener und folglich positiver Werth ist, was zu beweisen war.

In dem einfachsten Falle, wo k eine Potenz einer ungeraden Primzahl p oder das Doppelte einer solchen Potenz ist, existirt nur eine Reihe

$$L_2 = \Sigma \left(\frac{n}{p}\right) \frac{1}{n^s}$$

der zweiten Classe; in diesem Falle bedarf es nicht der Zuziehung der Theorie der quadratischen Formen, um nachzuweisen, dass der Grenzwerth

$$\Sigma \left(\frac{n}{p}\right) \frac{1}{n}$$

dieser Reihe von Null verschieden ist; für diese Summe haben wir nämlich in §. 103 einen Ausdruck gefunden, welcher neben solchen Factoren, die offenbar von Null verschieden sind, noch den Factor

$$\Sigma \left(\frac{m}{p}\right) m \quad \text{oder} \quad \Sigma \left(\frac{m}{p}\right) \log \sin \frac{m\pi}{p}$$

enthält, je nachdem $p \equiv 3$ oder $\equiv 1 \pmod{4}$ ist, und wo m alle Zahlen $1, 2, 3 \ldots (p-1)$ durchlaufen muss. Im ersten Falle ist aber Σm und folglich auch

$$\Sigma \left(\frac{m}{p}\right) m$$

ungerade, also von Null verschieden; im zweiten Falle ist (§. 107)

$$-\Sigma \left(\frac{m}{p}\right) \log \sin \frac{m\pi}{p} = \log \frac{y + z\sqrt{p}}{y - z\sqrt{p}},$$

wo die ganzen Zahlen y, z der Gleichung $y^2 - pz^2 = 4p$ genügen; es kann folglich z, und also auch der vorstehende Ausdruck nicht $= 0$ sein.

§. 136.

Um nun dasselbe auch für jede Reihe L_3 der dritten Classe zu beweisen, addiren wir alle $\varphi(k)$ Gleichungen von der Form

$$\Sigma\, \psi(q) + \tfrac{1}{2} \Sigma\, \psi(q^2) + \tfrac{1}{3} \Sigma\, \psi(q^3) + \cdots = \log L,$$

welche den verschiedenen Wurzel-Systemen θ, η, ω, ω' ... entsprechen. Bedeutet q irgend eine in k nicht aufgehende Primzahl, und μ irgend eine positive ganze Zahl, so liefert die linke Seite einer jeden solchen Gleichung ein Glied

$$\frac{1}{\mu}\, \psi(q^\mu),$$

in welchem

$$\frac{1}{\mu} \frac{1}{q^{\mu s}}$$

mit dem Coefficienten

$$\theta^{\alpha\mu}\, \eta^{\beta\mu}\, \omega^{\gamma\mu}\, \omega'^{\gamma'\mu} \ldots$$

behaftet ist, wo α, β, γ, γ' ... die Indices von q bedeuten. Die Summe aller dieser den verschiedenen Wurzelsystemen θ, η, ω, ω' ... entsprechenden Coefficienten wird daher gleich dem Product

$$\Sigma\, \theta^{\alpha\mu}\, \Sigma\, \eta^{\beta\mu}\, \Sigma\, \omega^{\gamma\mu}\, \Sigma\, \omega'^{\gamma'\mu} \ldots,$$

wo die Summenzeichen sich der Reihe nach auf die a, b, c, c' ... verschiedenen Werthe von θ, η, ω, ω' ... beziehen. Bekanntlich ist nun die Summe aller gleich hohen Potenzen der Wurzeln von einer Gleichung der Form $x^m = 1$ nur dann von Null verschieden, und zwar $= m$, wenn der Exponent dieser Potenzen durch m theilbar ist; mithin ist das vorstehende Product nur dann von Null verschieden, und zwar $= a\,b\,c\,c' \ldots = \varphi(k)$, wenn die Exponenten $\alpha\mu$, $\beta\mu$, $\gamma\mu$, $\gamma'\mu \ldots$ resp. durch $a, b, c, c' \ldots$ theilbar sind; da nun $\alpha\mu$, $\beta\mu$, $\gamma\mu$, $\gamma'\mu \ldots$ die Indices von q^μ sind, so wird dies nur dann und immer dann eintreten, wenn

$$q^\mu \equiv 1 \pmod{2^\lambda}, \quad q^\mu \equiv 1 \pmod{p^\pi}, \quad q^\mu \equiv 1 \pmod{p'^{\pi'}} \ldots,$$

d. h. also, wenn

$$q^\mu \equiv 1 \pmod{k}$$

ist. Mithin wird die Summe aller jener Gleichungen folgende Form annehmen

$$\varphi(k)\left\{\Sigma\,\frac{1}{q^s} + \tfrac{1}{2}\,\Sigma\,\frac{1}{q^{2s}} + \cdots + \frac{1}{\mu}\,\Sigma\,\frac{1}{q^{\mu s}} + \cdots\right\}$$
$$= \log L_1 + \Sigma\,\log L_2 + \Sigma\,\log(L_3\,L'_3),$$

wo auf der linken Seite das erste, zweite Summenzeichen u. s. f. sich auf alle die in k nicht aufgehenden Primzahlen q bezieht, welche resp. den Bedingungen $q \equiv 1$, $q^2 \equiv 1 \pmod{k}$ u. s. f. Genüge leisten; auf der rechten Seite bezieht sich das erste Summenzeichen auf alle Reihen L_2 der zweiten Classe, das zweite auf alle verschiedenen Paare $L_3\,L'_3$ conjugirter Reihen dritter Classe. Mit Hülfe dieser Gleichung sind wir im Stande, zu beweisen, dass der endliche Grenzwerth, welchem sich irgend eine Reihe L_3 der dritten Classe nähert, von Null verschieden ist.

Dieser Beweis stützt sich auf das schon früher (§. 134) erhaltene Resultat, dass jede solche Reihe L_3 für alle positiven Werthe von s eine stetige Function von s ist, und dass dasselbe auch von ihrer Derivirten gilt. Wir können daher

$$L_3 = f(s) + i\,F(s)$$
$$L'_3 = f(s) - i\,F(s)$$

setzen, wo $f(s)$, $F(s)$ und die Derivirten $f'(s)$, $F'(s)$ stetige Functionen von s sind, so lange s positiv bleibt; da also der Grenzwerth von $L_3 = f(1) + i\,F(1)$ ist, so muss, falls derselbe $= 0$ ist, nothwendig $f(1) = 0$ und $F(1) = 0$ sein; hieraus folgt nach einem bekannten Satze der Differentialrechnung, dass für jeden Werth $s = 1 + \varrho$, welcher > 1 ist,

$$L_3 = \varrho\,\{f'(1+\delta\varrho) + iF'(1+\varepsilon\varrho)\}$$
$$L'_3 = \varrho\,\{f'(1+\delta\varrho) - iF'(1+\varepsilon\varrho)\}$$

sein wird, wo δ und ε zwischen den Grenzen 0 und 1 liegen; mithin wird

$$L_3 L'_3 = \varrho^2\,\{f'(1+\delta\varrho)^2 + F'(1+\varepsilon\varrho)^2\} = \varrho^2 R,$$

wo R (in Folge der Endlichkeit und Stetigkeit der Derivirten $f'(s)$, $F'(s)$ mit unendlich abnehmendem positiven ϱ sich einem endlichen (nicht negativen) Grenzwerth

$$f'(1)^2 + F'(1)^2$$

nähert. Hieraus folgt nun

$$\log(L_3 L'_3) = -\,2\log\frac{1}{\varrho} + \log R,$$

wo $\log R$ mit unendlich abnehmendem ϱ sich entweder einem endlichen Grenzwerth nähert oder negativ über alle Grenzen wächst, falls R unendlich klein wird.

Sind im Ganzen m solche Paare von Reihen dritter Classe vorhanden, welche gleichzeitig mit ϱ unendlich klein werden, so ist folglich

$$\Sigma\,\log(L_3 L'_3) = -\,2m\,\log\frac{1}{\varrho} + t,$$

wo t jedenfalls nicht positiv über alle Grenzen wachsen kann, sondern entweder endlich bleibt, oder negativ über alle Grenzen wächst; denn jedes andere Product $L_3\,L'_3$ nähert sich einem endlichen positiven Werth, und folglich bleibt das entsprechende Glied $\log(L_3\,L'_3)$ endlich bei abnehmendem ϱ.

Da ferner schon gezeigt ist, dass der Grenzwerth einer jeden Reihe L_2 der zweiten Classe von Null verschieden ist, so nähert sich die Summe

$$\Sigma\,\log L_2$$

der (jedenfalls reellen) Reihen $\log L_2$ einem endlichen Grenzwerth.

Ausserdem ist schon bewiesen, dass das Product $\varrho\,L_1$ sich einem endlichen positiven Werth nähert; mithin ist

$$\log L_1 = \log\frac{1}{\varrho} + t',$$

wo t' endlich bleibt; folglich ist die ganze rechte Seite der obigen Gleichung von der Form

$$-(2m-1)\log\frac{1}{\varrho}+T,$$

wo T mit unendlich abnehmendem ϱ jedenfalls nicht positiv über alle Grenzen wachsen kann. Existirte also mindestens eine Reihe L_3 dritter Classe, welche mit ϱ unendlich klein würde, d. h. wäre m mindestens $= 1$, so würde die ganze rechte Seite unserer Gleichung mit unendlich abnehmendem positiven ϱ *negativ* unendlich wachsen. Dies ist aber unmöglich, da die linke Seite für alle Werthe von ϱ positiv bleibt. Mithin ist $m = 0$, d. h. jede Reihe der dritten Classe nähert sich einem von Null verschiedenen Grenzwerth, was zu beweisen war.

Hieraus folgt endlich noch, dass auch jede der Reihen $\log L_3$ einen endlichen Grenzwerth haben muss, wenn man berücksichtigt, dass nach dem früher Bewiesenen (§. 133) jede solche Reihe sich stetig mit s ändert, so lange $s > 1$ ist.

§. 137.

Das Resultat der vorhergehenden Untersuchungen besteht darin, dass bei dem unendlichen Abnehmen der positiven Grösse $\varrho = s - 1$ die Reihe $\log L_1$ positiv über alle Grenzen wächst, während alle übrigen Reihen $\log L$ sich endlichen Grenzwerthen nähern. Mit Hülfe desselben sind wir im Stande, den Satz über die arithmetische Progression vollständig zu beweisen.

Es sei nämlich m eine bestimmte relative Primzahl zu k, so multipliciren wir jede der $\varphi(k)$ Reihen von der Form

$$\Sigma\,\psi(q)+\tfrac{1}{2}\Sigma\,\psi(q^2)+\tfrac{1}{3}\Sigma\,\psi(q^3)+\cdots=\log L,$$

welche einem bestimmten System von Einheitswurzeln θ, η, ω, ω' . . . entspricht, mit dem correspondirenden Werth

$$\theta^{-\alpha_1}\,\eta^{-\beta_1}\,\omega^{-\gamma_1}\,\omega'^{-\gamma_1'}\ldots=\chi,$$

wo α_1, β_1, γ_1, γ_1' ... die Indices der Zahl m bedeuten, und addiren alle Producte; dann wird, wenn wieder α, β, γ, γ' . . . die Indices einer bestimmten Primzahl q sind, das Glied

$$\frac{1}{\mu}\,\frac{1}{q^{\mu s}}$$

den Coefficienten

$$\Sigma\, \theta^{\alpha\mu-\alpha_1}\, \eta^{\beta\mu-\beta_1}\, \omega^{\gamma\mu-\gamma_1}\, \omega'^{\gamma'\mu-\gamma_1'} \ldots$$

erhalten, wo sich das Summenzeichen auf alle $\varphi(k)$ Wurzelsysteme bezieht; dieser Coefficient ist daher auch gleich dem Product aus den einzelnen Summen

$$\Sigma\, \theta^{\alpha\mu-\alpha_1},\ \Sigma\, \eta^{\beta\mu-\beta_1},\ \Sigma\, \omega^{\gamma\mu-\gamma_1},\ \Sigma\, \omega'^{\gamma'\mu-\gamma_1'} \ldots,$$

in welchen die Buchstaben $\theta, \eta, \omega, \omega' \ldots$ resp. ihre $a, b, c, c' \ldots$ verschiedenen Werthe durchlaufen müssen; dieser Coefficient wird folglich nur dann von Null verschieden, und zwar $= a b c c' \ldots = \varphi(k)$ sein, wenn die Exponenten $\alpha\mu - \alpha_1$, $\beta\mu - \beta_1$, $\gamma\mu - \gamma_1$, $\gamma'\mu - \gamma_1' \ldots$ resp. durch $a, b, c, c' \ldots$ theilbar sind, d. h. wenn

$$q^\mu \equiv m \pmod{k}$$

ist. Die Summation aller Producte $\chi \log L$ giebt daher das Resultat

$$\varphi(k) \left\{ \Sigma \frac{1}{q^s} + \tfrac{1}{2} \Sigma \frac{1}{q^{2s}} + \tfrac{1}{3} \Sigma \frac{1}{q^{3s}} + \cdots \right\}$$
$$= \Sigma\, \chi \log L,$$

wo auf der linken Seite das erste, zweite, dritte Summenzeichen u. s. f. sich auf alle Primzahlen q bezieht, welche resp. den Bedingungen $q \equiv m$, $q^2 \equiv m$, $q^3 \equiv m \pmod{k}$ u. s. f. genügen, während das Summenzeichen auf der rechten Seite sich auf die sämmtlichen $\varphi(k)$ verschiedenen Wurzelsysteme $\theta, \eta, \omega, \omega' \ldots$ bezieht. Setzt man nun zur Abkürzung

$$\tfrac{1}{2} \Sigma \frac{1}{q^{2s}} + \tfrac{1}{3} \Sigma \frac{1}{q^{3s}} + \tfrac{1}{4} \Sigma \frac{1}{q^{4s}} + \cdots = Q$$

und bezeichnet mit z alle positiven ganzen Zahlen mit Ausnahme von 1, so ist offenbar

$$Q < \tfrac{1}{2} \Sigma \frac{1}{z^2} + \tfrac{1}{2} \Sigma \frac{1}{z^3} + \tfrac{1}{2} \Sigma \frac{1}{z^4} + \cdots,$$

wo in jeder Summe z alle seine Werthe durchläuft; da nun, sobald $z \geqq 2$, immer

$$\frac{1}{z^3} \leqq \frac{1}{2}\,\frac{1}{z^2},\quad \frac{1}{z^4} \leqq \frac{1}{4}\,\frac{1}{z^2},\quad \frac{1}{z^5} \leqq \frac{1}{8}\,\frac{1}{z^2} \ldots$$

ist, so ergiebt sich

$$Q < \Sigma \frac{1}{z^2};$$

es bleibt daher, während s abnehmend sich dem Werthe 1 nähert, Q fortwährend unterhalb einer endlichen Grösse. Da ferner in der Gleichung

$$\varphi(k)\left\{\Sigma\frac{1}{q^s}+Q\right\}=\Sigma\chi\log L$$

alle Glieder $\chi\log L$ sich endlichen Grenzwerthen nähern, mit Ausnahme des einzigen Gliedes $\log L_1$, welches über alle Grenzen wächst, so muss auch die Summe

$$\Sigma\frac{1}{q^s}$$

über alle Grenzen wachsen; dies wäre aber nicht möglich, wenn diese Summe aus einer endlichen Anzahl von Gliedern bestände, und folglich muss es unendlich viele Primzahlen q geben, welche $\equiv m \pmod{k}$ sind; d. h. also:

Jede unbegrenzte arithmetische Progression $kx+m$, deren Anfangsglied m und Differenz k relative Primzahlen sind, enthält unendlich viele positive Primzahlen q).*

---

*) Ueber die Ausdehnung dieses Satzes auf Linearformen mit complexen Coefficienten, sowie auf quadratische Formen siehe *Dirichlet: Untersuchungen über die Theorie der complexen Zahlen*, Abhandlungen der Berliner Akademie aus dem Jahre 1841; Monatsbericht der Berliner Akademie (März 1840) oder Crelle's Journal, Bd. 21; Comptes rendus der Pariser Akademie 1849, T. X, p. 285. — *H. Weber: Beweis des Satzes, dass jede eigentlich primitive quadratische Form unendlich viele Primzahlen darzustellen fähig ist* (Math. Annalen, Bd. 20). — *A. Meyer: Ueber einen Satz von Dirichlet* (Crelle's Journal, Bd. 103).

VII. Ueber einige Sätze aus der Theorie der Kreistheilung.

§. 138.

Sind p, p', p'' ... positive und von einander verschiedene Primzahlen, so stimmen (nach §. 9) die Glieder des entwickelten Productes

$$(p+1)(p'+1)(p''+1)\ldots$$

mit den sämmtlichen Divisoren des Productes

$$P = pp'p''\ldots$$

überein; dieselben Divisoren entstehen offenbar auch durch die Entwickelung des Productes

$$(p-1)(p'-1)(p''-1)\ldots,$$

aber die eine Hälfte derselben wird mit positivem, die andere mit negativem Zeichen behaftet sein; wir wollen die ersteren mit δ_1, die letzteren mit δ_2 bezeichnen, so dass

$$(p-1)(p'-1)(p''-1)\cdots = \Sigma\,\delta_1 - \Sigma\,\delta_2$$

wird, und wir bemerken, dass die Zahl P selbst zu der Classe der ersteren gehört. Ist nun δ irgend ein Divisor von P, aber $< P$, so lässt sich leicht zeigen, dass die Anzahl der durch δ theilbaren Zahlen δ_1 genau gleich der Anzahl der durch δ theilbaren Zahlen δ_2 ist. Denn setzt man $P = \delta q q' q'' \ldots$, wo q, q', q'' ... alle diejenigen Primfactoren von P bedeuten, welche nicht in δ aufgehen, so stimmen die durch δ theilbaren Zahlen δ_1 und $-\delta_2$ resp. mit den positiven und negativen Gliedern des entwickelten Productes

$$\delta(q-1)(q'-1)(q''-1)\ldots$$

überein, und da $\delta < P$ ist, also mindestens eine solche Primzahl q vorhanden ist, so ist die Anzahl der positiven Glieder dieses Productes genau gleich der Anzahl der negativen.

Dieser Satz lässt sich leicht verallgemeinern. Bedeutet m irgend eine positive ganze Zahl > 1, und sind $p, p', p'' \ldots$ die sämmtlichen von einander verschiedenen, in m aufgehenden positiven Primzahlen, so kann man

$$m\left(1-\frac{1}{p}\right)\left(1-\frac{1}{p'}\right)\left(1-\frac{1}{p''}\right)\cdots = \Sigma\,\mu_1 - \Sigma\,\mu_2$$

setzen, wo mit μ_1 und $-\mu_2$ resp. alle positiven und negativen Glieder des entwickelten Productes linker Hand bezeichnet sind; alle diese Zahlen μ_1 und μ_2 sind Divisoren der Zahl m, welche selbst eine der Zahlen μ_1 ist, und es gilt folgender Satz*):

Ist μ irgend ein Divisor von m, aber $< m$, so ist die Anzahl der durch μ theilbaren Zahlen μ_1 genau gleich der Anzahl der durch μ theilbaren Zahlen μ_2.

Um dies zu beweisen, behalten wir die obige Bedeutung von P, δ_1, δ_2 bei und setzen $m = nP$; dann ist n eine ganze Zahl, und es leuchtet ein, dass die Zahlen μ_1, μ_2 resp. mit den Producten $n\delta_1, n\delta_2$ übereinstimmen. Nun sei μ irgend ein Divisor von m, und ν der grösste gemeinschaftliche Theiler der beiden Zahlen $\mu = \nu\delta$ und $n = \nu\varepsilon$, so ist δ gewiss ein Divisor von P, weil

$$\frac{m}{\mu} = \frac{\varepsilon P}{\delta}$$

eine ganze Zahl, und weil δ, ε relative Primzahlen sind. Ist $\mu = m$, so ist offenbar $\varepsilon = 1$ und $\delta = P$; umgekehrt, wenn $\delta = P$ ist und folglich alle in m aufgehenden Primzahlen als Factoren enthält, so muss die Zahl ε, weil sie Divisor von m und zugleich relative Primzahl zu δ ist, nothwendig $= 1$ sein, und folglich ist $\mu = m$. Schliessen wir daher diesen Fall $\mu = m$ aus, so ist immer $\delta < P$, und es giebt folglich unter den Zahlen δ_1 ebenso viele durch δ theilbare, wie unter den Zahlen δ_2; da ferner eine Zahl $\mu_1 = n\delta_1 = \nu\varepsilon\delta_1$ oder eine Zahl $\mu_2 = n\delta_2 = \nu\varepsilon\delta_2$ stets und nur dann durch die Zahl $\mu = \nu\delta$ theilbar ist, wenn δ_1 oder δ_2 durch δ theilbar ist, so folgt, dass ebenso viele Zahlen μ_1 wie Zahlen μ_2 durch μ theilbar sind, was zu beweisen war.

---

*) Vergl. §. 22 meiner auf S. 61 citirten Abhandlung.

Von dieser Eigenschaft der Zahlen μ_1 und μ_2 kann man vielfache Anwendungen machen. Hängen z. B. zwei Functionen $f(m)$ und $F(m)$ einer beliebigen ganzen Zahl m durch eine der beiden Relationen

$$\Sigma f(\mu) = F(m)$$

oder

$$\Pi f(\mu) = F(m)$$

zusammen, wo das Summen- oder Productzeichen sich jedesmal auf alle Divisoren μ (incl. m) der Zahl m bezieht, so folgt daraus resp. die Umkehrung

$$f(m) = \Sigma\, F(\mu_1) - \Sigma\, F(\mu_2)$$

oder

$$f(m) = \frac{\Pi\, F(\mu_1)}{\Pi\, F(\mu_2)},$$

wo die Summen- oder Productzeichen sich auf alle Werthe von μ_1 oder auf alle Werthe von μ_2 beziehen; denn ersetzt man rechts jeden Werth $F(\mu_1)$ und $F(\mu_2)$ durch die Summe oder das Product der Werthe $f(\mu)$, die den sämmtlichen Divisoren μ von μ_1 oder μ_2 entsprechen, so werden zufolge der obigen Eigenschaft der Zahlen μ_1, μ_2 alle Werthe $f(\mu)$ sich aufheben, in welchen $\mu < m$ ist, und es wird allein der Werth $f(m)$ zurückbleiben*).

Als Beispiel wählen wir die Aufgabe, die Anzahl $\varphi(m)$ der ganzen Zahlen zu bestimmen, welche relative Primzahlen zu m und nicht grösser als m sind; aus dieser Definition der Function $\varphi(m)$ ist in §. 13 ohne alle Rechnung der Satz abgeleitet, dass

$$\Sigma\, \varphi(\mu) = m$$

ist, wo das Summenzeichen sich auf alle Divisoren μ von m bezieht; setzen wir daher $F(m) = m$, so ergiebt sich umgekehrt

$$\varphi(m) = \Sigma \mu_1 - \Sigma \mu_2,$$

also

$$\varphi(m) = m\left(1 - \frac{1}{p}\right)\left(1 - \frac{1}{p'}\right)\left(1 - \frac{1}{p''}\right)\cdots;$$

diese Function ist daher durch den Satz des §. 13 schon vollständig charakterisirt.

*) Dies bleibt auch für den in dem früheren Satze ausgeschlossenen Fall $m = 1$ gültig, wenn man annimmt, dass es dann nur eine einzige Zahl $\mu_1 = 1$ und gar keine Zahl μ_2 giebt.

Ein anderes Beispiel ist folgendes. Ist der Werth der Function $f(m) = p$, sobald die Zahl m eine Potenz einer Primzahl p ist, dagegen $= 1$, so oft $m = 1$ oder durch mehrere verschiedene Primzahlen theilbar ist, so leuchtet ein, dass

$$\Pi f(\mu) = m$$

ist, wo das Productzeichen sich auf alle Divisoren μ von m bezieht; hieraus folgt nach dem obigen Satze, dass umgekehrt der Quotient

$$\frac{\Pi \mu_1}{\Pi \mu_2} = f(m),$$

also nur dann von 1 verschieden ist, wenn m eine Potenz einer Primzahl ist; und zwar ist dieser Quotient dann gleich dieser Primzahl.

Aus der Definition der Divisoren μ_1 und μ_2 folgt endlich auch, dass stets

$$\psi(n)\,(\psi(p) - 1)\,(\psi(p') - 1)\,(\psi(p'') - 1) \cdots = \Sigma\, \psi(\mu_1) - \Sigma\, \psi(\mu_2)$$

ist, wenn die Function ψ die Eigenschaft $\psi(z)\,\psi(z') = \psi(z z')$ besitzt.

§. 139.

Die sämmtlichen Wurzeln ϱ der Gleichung

$$x^m = 1 \tag{1}$$

sind bekanntlich in der Form enthalten

$$\varrho = \cos \frac{2 h \pi}{m} + i \sin \frac{2 h \pi}{m},$$

wo h irgend ein vollständiges Restsystem (mod. m) durchlaufen muss.

Ist h relative Primzahl zu m, so sind die Potenzen

$$1,\ \varrho,\ \varrho^2 \ldots \varrho^{m-1}$$

sämmtlich ungleich, und sie bilden die sämmtlichen Wurzeln der obigen Gleichung (1); ϱ heisst in diesem Falle eine *primitive* Wurzel dieser Gleichung, und die Anzahl dieser primitiven Wurzeln ist offenbar $= \varphi(m)$. Ist allgemeiner k der grösste gemeinschaftliche

Divisor von h und $m = \mu k$, so ist ϱ eine primitive Wurzel der Gleichung

$$x^\mu = 1, \tag{2}$$

und da umgekehrt jede Wurzel der letzteren Gleichung (2) auch eine Wurzel der Gleichung (1) ist, so leuchtet ein, dass die sämmtlichen Wurzeln der Gleichung (1) identisch sind mit allen primitiven Wurzeln aller der Gleichungen (2), die den sämmtlichen Divisoren μ der Zahl m entsprechen. Bezeichnet man daher mit ϱ' alle $\varphi(\mu)$ primitiven Wurzeln der Gleichung (2), und setzt

$$f(\mu) = \Pi(x - \varrho'),$$

wo das Productzeichen sich auf alle Wurzeln ϱ' bezieht, so ist

$$\Pi f(\mu) = x^m - 1,$$

wo das Productzeichen sich auf alle Divisoren μ der Zahl m bezieht; durch Umkehrung dieser für jede Zahl m geltenden Relation erhält man nach dem vorhergehenden Paragraphen

$$f(m) = \frac{\Pi\,(x^{\mu_1} - 1)}{\Pi\,(x^{\mu_2} - 1)},$$

woraus folgt, dass die Coefficienten der ganzen Function $f(m)$ sämmtlich ganze rationale Zahlen sind.

Von jetzt an betrachten wir nur noch den Fall, in welchem $m = P = pp'p'' \ldots$ eine ungerade, durch kein Quadrat theilbare ganze Zahl und > 1 ist. Dann wird

$$\varphi(P) = (p-1)\,(p'-1)\,(p''-1) \cdots = \Pi\mu_1 - \Pi\mu_2$$

eine gerade Zahl, die wir mit 2τ bezeichnen wollen, und die sämmtlichen 2τ relativen Primzahlen zu P, welche $< P$ sind, zerfallen in τ Zahlen a und in τ Zahlen b von der Beschaffenheit, dass

$$\left(\frac{a}{P}\right) = +1, \quad \left(\frac{b}{P}\right) = -1$$

ist (§. 52, I. oder Supplemente §. 116). Setzen wir daher

$$\theta = \cos\frac{2\pi}{P} + i\sin\frac{2\pi}{P} = e^{\frac{2\pi i}{P}}$$

und

$$A(x) = \Pi\,(x - \theta^a), \quad B(x) = \Pi\,(x - \theta^b),$$

so wird

$$A(x)\,B(x) = \frac{\Pi\,(x^{\mu_1} - 1)}{\Pi\,(x^{\mu_2} - 1)},$$

und wir wollen im Folgenden die allgemeine Form der Coefficienten der Functionen $A(x)$, $B(x)$ bestimmen.

Zu diesem Zwecke erinnern wir zunächst an die Newton'schen Formeln, welche dazu dienen, aus den Coefficienten einer Gleichung die Summe gleich hoher Potenzen ihrer Wurzeln und umgekehrt aus diesen jene abzuleiten. Es seien

$$w_1,\ w_2 \ldots w_m$$

die Wurzeln einer Gleichung

$$x^m + c_1 x^{m-1} + c_2 x^{m-2} + \cdots + c_m = 0,$$

und

$$S_k = w_1^k + w_2^k + \cdots + w_m^k,$$

so lauten diese Formeln folgendermaassen:

$$\begin{array}{l}
S_1 + c_1 = 0 \\
S_2 + c_1 S_1 + 2 c_2 = 0 \\
S_3 + c_1 S_2 + c_2 S_1 + 3 c_3 = 0 \\
\cdots\cdots\cdots\cdots\cdots\cdots \\
S_m + c_1 S_{m-1} + c_2 S_{m-2} + \cdots + c_{m-1} S_1 + m c_m = 0.
\end{array}$$

Aus der Form derselben geht hervor, dass $S_1, S_2 \ldots S_m$ ganze rationale Zahlen sein werden, sobald die Coefficienten $c_1, c_2 \ldots c_m$ sämmtlich ganze rationale Zahlen sind. Wenden wir dies auf die Gleichung

$$\frac{\Pi\,(x^{\mu_1} - 1)}{\Pi\,(x^{\mu_2} - 1)} = 0$$

an, so ergiebt sich, dass

$$S_k = \Sigma\,\theta^{ak} + \Sigma\,\theta^{bk}$$

für jeden Werth $k = 1, 2, 3 \ldots$ eine ganze Zahl ist. Andererseits ist nun (Supplemente §. 116)

$$\Sigma\,\theta^{ak} - \Sigma\,\theta^{bk} = \left(\frac{k}{P}\right) i^{1/4\,(P-1)^2} \sqrt{P},$$

und folglich

$$\Sigma\,\theta^{ak} = \tfrac{1}{2}\left(S_k + \left(\frac{k}{P}\right) i^{1/4\,(P-1)^2} \sqrt{P}\right)$$

$$\Sigma\,\theta^{bk} = \tfrac{1}{2}\left(S_k - \left(\frac{k}{P}\right) i^{1/4\,(P-1)^2} \sqrt{P}\right);$$

hiermit sind die Summen der $k$ten Potenzen der Wurzeln von jeder der beiden Gleichungen

$$A(x) = 0, \quad B(x) = 0$$

gefunden, und da dieselben keine andere Irrationalität enthalten als die Quadratwurzel

$$i^{\frac{1}{4}(P-1)^2} \sqrt{P},$$

so gilt zufolge der Newton'schen Formeln dasselbe von sämmtlichen Coefficienten dieser beiden Gleichungen, und zwar werden zwei gleich hohe Coefficienten in beiden Gleichungen sich nur durch das Vorzeichen dieser Quadratwurzel von einander unterscheiden, d. h. zwei solche Coefficienten werden die Formen

$$y - z i^{\frac{1}{4}(P-1)^2} \sqrt{P} \quad \text{und} \quad y + z i^{\frac{1}{4}(P-1)^2} \sqrt{P}$$

haben, wo y und z rationale Zahlen bedeuten. Man kann ferner behaupten, dass y und z entweder ganze Zahlen oder Brüche mit dem Nenner 2 sind, obgleich dies aus den Newton'schen Formeln nicht unmittelbar hervorgeht; um den Beweis dieser Behauptung anzudeuten, wollen wir jede Gleichung, deren höchster Coefficient $= 1$, und deren übrige Coefficienten ganze rationale Zahlen sind, eine primäre Gleichung nennen; dann überzeugt man sich leicht, dass die Summe und Differenz zweier Wurzeln von primären Gleichungen (und ebenso ihr Product) wieder Wurzeln von primären Gleichungen sind*); da nun θ die Wurzel einer primären Gleichung ist, so gilt dasselbe von jedem Coefficienten der Functionen $A(x)$ und $B(x)$ und folglich auch von

$$2y \quad \text{und} \quad 2 z i^{\frac{1}{4}(P-1)^2} \sqrt{P},$$

und hieraus folgt sogleich, dass die rationalen Zahlen $2y$ und $2z$ *ganze* Zahlen sein müssen.

Fasst man dies zusammen, so ergiebt sich, dass man gleichzeitig

$$2A(x) = Y(x) - Z(x) i^{\frac{1}{4}(P-1)^2} \sqrt{P}$$
$$2B(x) = Y(x) + Z(x) i^{\frac{1}{4}(P-1)^2} \sqrt{P}$$

setzen kann, wo $Y(x)$ und $Z(x)$ ganze Functionen bedeuten, deren sämmtliche Coefficienten ganze rationale Zahlen sind**).

---

*) Dieser Satz wird in §. 173 bewiesen und so ausgesprochen, dass die Summen, Differenzen und Producte von *ganzen* algebraischen Zahlen ebenfalls solche Zahlen sind.

**) Vergl. *Gauss*: *D. A.* art. 357.

Multiplicirt man die beiden Gleichungen mit einander, so erhält man

$$Y(x)^2 - \left(\frac{-1}{P}\right) P\, Z(x)^2 = 4\, \frac{\prod (x^{\mu_1} - 1)}{\prod (x^{\mu_2} - 1)}.$$

§. 140.

Wir bemerken nun noch, dass man immer nur die Hälfte der Coefficienten von $Y(x)$ und $Z(x)$ zu berechnen braucht. Es ist nämlich

$$x^\tau A\left(\frac{1}{x}\right) = \prod (1 - \theta^a x) = (-1)^\tau \theta^{\Sigma a} \prod (x - \theta^{-a})$$

$$x^\tau B\left(\frac{1}{x}\right) = \prod (1 - \theta^b x) = (-1)^\tau \theta^{\Sigma b} \prod (x - \theta^{-b});$$

nun ist, je nachdem $P \equiv 1$, oder $P \equiv 3 \pmod{4}$ ist,

$$\left(\frac{-1}{P}\right) = +1, \quad \text{oder} \quad \left(\frac{-1}{P}\right) = -1,$$

und folglich

$$\prod (x - \theta^{-a}) = A(x), \quad \prod (x - \theta^{-b}) = B(x)$$

oder

$$\prod (x - \theta^{-a}) = B(x), \quad \prod (x - \theta^{-b}) = A(x);$$

ist ferner P nicht $= 3$, so existirt unter den Zahlen a eine Zahl a' von der Beschaffenheit, dass $(a' - 1)$ relative Primzahl zu P ist*), und da die Reste der Producte $a a'$ mit den Zahlen a, und die Reste der Producte $b a'$ mit den Zahlen b im Complex übereinstimmen, so ist

*) Ist nämlich $P > 3$, so giebt es auch eine in P aufgehende Primzahl $p > 3$, und da mindestens zwei incongruente quadratische Reste von p existiren, so kann man, wenn $P = p q$ gesetzt wird, eine Zahl h immer so wählen, dass

$$\left(\frac{h}{p}\right) = \left(\frac{2}{q}\right),$$

aber h nicht $\equiv 1 \pmod{p}$ wird; dann genügt die durch die Congruenzen

$$a' \equiv h \pmod{p}, \quad a' \equiv 2 \pmod{q}$$

bestimmte Zahl a' offenbar den oben gestellten Forderungen.

$$a' \Sigma a \equiv \Sigma a, \quad a' \Sigma b \equiv \Sigma b \pmod{P}$$

und folglich

$$\Sigma a \equiv 0, \quad \Sigma b \equiv 0 \pmod{P},$$

also

$$\theta^{\Sigma a} = 1, \quad \theta^{\Sigma b} = 1.$$

Mithin ergiebt sich (da τ gerade, sobald $P \equiv 1 \pmod{4}$)

$$\left.\begin{aligned} A(x) &= x^\tau A\left(\frac{1}{x}\right) \\ B(x) &= x^\tau B\left(\frac{1}{x}\right) \end{aligned}\right\}, \text{ wenn } P \equiv 1 \pmod{4}$$

und, mit Ausnahme von $P = 3$,

$$\left.\begin{aligned} A(x) &= (-x)^\tau B\left(\frac{1}{x}\right) \\ B(x) &= (-x)^\tau A\left(\frac{1}{x}\right) \end{aligned}\right\}, \text{ wenn } P \equiv 3 \pmod{4}$$

und hieraus

$$\left.\begin{aligned} Y(x) &= x^\tau Y\left(\frac{1}{x}\right) \\ Z(x) &= x^\tau Z\left(\frac{1}{x}\right) \end{aligned}\right\}, \text{ wenn } P \equiv 1 \pmod{4}$$

und, mit Ausnahme von $P = 3$,

$$\left.\begin{aligned} Y(x) &= (-x)^\tau Y\left(\frac{1}{x}\right) \\ -Z(x) &= (-x)^\tau Z\left(\frac{1}{x}\right) \end{aligned}\right\}, \text{ wenn } P \equiv 3 \pmod{4}.$$

Diese Gleichungen enthalten Relationen zwischen je zwei gleich weit vom Anfang und Ende abstehenden Coefficienten der Functionen $Y(x)$ und $Z(x)$.

Die wirkliche Berechnung der Coefficienten der beiden Functionen

$$\begin{aligned} Y(x) &= y_0 x^\tau + y_1 x^{\tau-1} + \cdots + y_\tau \\ Z(x) &= z_0 x^\tau + z_1 x^{\tau-1} + \cdots + z_\tau \end{aligned}$$

geschieht nun auf folgende Art. Zuerst bildet man die Potenzsummen

$$S_k = \Sigma \theta^{ak} + \Sigma \theta^{bk}$$

für $k = 1, 2, 3 \ldots$ bis zu $\frac{1}{2}\tau$ oder $\frac{1}{2}(\tau - 1)$, je nachdem τ gerade oder ungerade ist; dies kann nach dem Obigen dadurch geschehen, dass man ebenso viele Coefficienten der ganzen Function

$$\frac{\Pi\,(x^{\mu_1} - 1)}{\Pi\,(x^{\mu_2} - 1)}$$

vom höchsten an gerechnet durch wirkliche Division bestimmt, und dann die Newton'schen Formeln anwendet; indessen hält es nicht schwer, durch Betrachtungen, welche ebenfalls auf der im §. 138 bewiesenen Haupteigenschaft der Zahlen μ_1 und μ_2 beruhen, folgende Regel abzuleiten: es sei Q der grösste gemeinschaftliche Divisor von k und $P = QR$, und r die Anzahl der in R aufgehenden Primzahlen, so ist*)

$$S_k = (-1)^r\,\varphi(Q).$$

Nachdem diese Werthe S_k gefunden sind, erhält man die Coefficienten der Functionen $Y(x)$ und $Z(x)$ durch die beiden aus den Newton'schen Formeln abgeleiteten Recursionsgleichungen

$$2\,k\,y_k = \left\{\begin{array}{l} -\Big[S_k y_0 + S_{k-1} y_1 + \cdots + S_1 y_{k-1}\Big] \\ +\left(\frac{-1}{P}\right) P\left[\left(\frac{k}{P}\right) z_0 + \left(\frac{k-1}{P}\right) z_1 + \cdots + \left(\frac{1}{P}\right) z_{k-1}\right] \end{array}\right\}$$

$$2\,k\,z_k = \left\{\begin{array}{l} +\left[\left(\frac{k}{P}\right) y_0 + \left(\frac{k-1}{P}\right) y_1 + \cdots + \left(\frac{1}{P}\right) y_{k-1}\right] \\ -\Big[S_k z_0 + S_{k-1} z_1 + \cdots + S_1 z_{k-1}\Big] \end{array}\right\}$$

wenn man noch berücksichtigt, dass

$$y_0 = 2, \quad z_0 = 0$$

ist.

Beispiel 1: $P = 3$; $\tau = 1$; in diesem Falle müssen alle Coefficienten berechnet werden; da

---

*) Allgemeiner lautet diese Regel so: ist $m = m'P$ eine beliebige positive ganze Zahl, P das Product aus allen von einander verschiedenen in m aufgehenden Primzahlen, und S_k die Summe der $k$ten Potenzen aller primitiven Wurzeln der Gleichung $x^m = 1$, so ist $S_k = 0$, so oft k nicht durch m' theilbar ist; ist aber $k = m'K$, ferner Q der grösste gemeinschaftliche Divisor von K und $P = QR$, und r die Anzahl der in R aufgehenden Primzahlen, so ist

$$S_k = (-1)^r\,m'\,\varphi(Q).$$

$$S_1 = -1, \quad \left(\frac{1}{P}\right) = 1$$

ist, so erhält man

$$2\,y_1 = -\,S_1\,y_0 = 2, \quad 2\,z_1 = \left(\frac{1}{P}\right) y_0 = 2,$$

und folglich

$$Y(x) = 2x + 1, \quad Z(x) = 1.$$

Beispiel 2: $P = 5$; $\tau = 2$; da wieder

$$S_1 = -1, \quad \left(\frac{1}{P}\right) = 1$$

ist, so erhält man auch wieder

$$y_1 = 1, \quad z_1 = 1$$

und folglich

$$Y(x) = 2\,x^2 + x + 2, \quad Z(x) = x.$$

Beispiel 3: $P = 15 = 3.5$; $\tau = 4$; hier ist

$$S_1 = S_2 = 1; \quad \left(\frac{1}{P}\right) = \left(\frac{2}{P}\right) = 1; \quad \left(\frac{-1}{P}\right) = -1;$$

und folglich erhält man successive

$$y_1 = -1, \quad z_1 = 1$$

und

$$y_2 = -4, \quad z_2 = 0;$$

also ist

$$Y(x) = 2\,x^4 - x^3 - 4\,x^2 - x + 2, \quad Z(x) = x^3 - x.$$

VIII. Ueber die Pell'sche Gleichung.

§. 141.

Bedeutet D eine positive ganze Zahl, die aber kein vollständiges Quadrat ist, so ist in §. 83 durch die Betrachtung der Perioden von reducirten quadratischen Formen, die zur Determinante D gehören, nachgewiesen, dass die Pell'sche oder Fermat'sche Gleichung

$$t^2 - Du^2 = 1$$

immer unendlich viele Lösungen in ganzen positiven Zahlen t, u besitzt, und es ist dort auch eine Methode gegeben, durch welche alle diese Lösungen gefunden werden können. Es hat durchaus keine Schwierigkeit, den Zusammenhang zwischen allen diesen Lösungen zu finden, sobald nur erst der Hauptpunct bewiesen ist, dass wirklich eine Lösung existirt, in welcher u von Null verschieden ist (§. 85); *Lagrange* gebührt das Verdienst, durch Einführung neuer Principien in die Zahlentheorie diese Schwierigkeit zuerst vollständig überwunden zu haben, und diese Principien sind später von *Dirichlet**) in hohem Grade verallgemeinert. Wir wollen deshalb hier noch einen Beweis der Lösbarkeit der

*) Monatsberichte der Berliner Akademie vom October 1841, April 1842, März 1846; Comptes rendus der Pariser Akademie 1840, T. X, p. 286—288. — Vergl. Supplement XI, §. 183 und *P. Bachmann: De unitatum complexarum theoria.* 1864.

Pell'schen Gleichung mittheilen, welcher im Wesentlichen auf derselben Grundlage beruht.

Das Fundament dieses Beweises beruht auf der Thatsache, dass immer unendlich viele Paare von ganzen Zahlen x, y existiren, für welche, abgesehen vom Vorzeichen,

$$x^2 - Dy^2 < 1 + 2\sqrt{D}$$

ist; man überzeugt sich hiervon leicht, wenn man aus der Theorie der Kettenbrüche den Satz entlehnt, dass jeder Näherungswerth $x : y$, den man durch Entwickelung einer Grösse ω in einen Kettenbruch erhält, um weniger als y^{-2} von ω verschieden ist; nimmt man also $\omega = \sqrt{D}$, so giebt es, da $\sqrt{D}$ irrational ist, unendlich viele solche Zahlenpaare x, y von der Beschaffenheit, dass, abgesehen vom Vorzeichen,

$$\frac{x}{y} - \sqrt{D} < \frac{1}{y^2}, \quad \text{also} \quad x - y\sqrt{D} = \frac{\delta}{y}$$

ist, wo δ einen positiven oder negativen echten Bruch bedeutet; hieraus folgt

$$x + y\sqrt{D} = \frac{\delta}{y} + 2y\sqrt{D},$$

und durch Multiplication

$$x^2 - Dy^2 = \frac{\delta^2}{y^2} + 2\delta\sqrt{D} < 1 + 2\sqrt{D}.$$

Um aber Nichts aus der Theorie der Kettenbrüche zu entlehnen, wollen wir diesen Satz noch auf einem anderen und zwar ganz einfachen Wege beweisen. Es sei m irgend eine positive ganze Zahl, so legen wir der Zahl y der Reihe nach die $m + 1$ Werthe

$$0,\ 1,\ 2\ \ldots\ (m-1),\ m$$

bei, und bestimmen für jeden dieser Werthe die zugehörige ganze Zahl x durch die Bedingung

$$0 \leqq x - y\sqrt{D} < 1,$$

welche offenbar jedesmal durch eine, und nur durch eine ganze Zahl x erfüllt wird. Theilen wir nun das Intervall von 0 bis 1 in m gleiche Intervalle, welche durch die Werthe

$$\frac{0}{m}, \frac{1}{m}, \frac{2}{m} \cdots \frac{m-1}{m}, \frac{m}{m}$$

begrenzt werden, so muss, da die Anzahl $m + 1$ der Zahlenpaare x, y grösser ist als die Anzahl m dieser Intervalle, wenigstens eines dieser Intervalle mehr als einen, also mindestens zwei von den Werthen $x - y\sqrt{D}$ enthalten, die zwei *verschiedenen* Werthen von y entsprechen. Wir bezeichnen diese beiden Werthe mit $x' - y'\sqrt{D}$ und $x'' - y''\sqrt{D}$; dann ist, abgesehen vom Vorzeichen, ihr Unterschied

$$(x' - x'') - (y' - y'')\sqrt{D} = x - y\sqrt{D} < \frac{1}{m},$$

und da y', y'' ungleich, nicht negativ und $\leqq m$ sind, so ist (abgesehen vom Vorzeichen) auch $y = y' - y'' \leqq m$ und von Null verschieden; mithin wird $x - y\sqrt{D}$ auch $< y^{-1}$ und von Null verschieden, weil $\sqrt{D}$ irrational ist. Hieraus folgt aber wie oben, dass

$$x^2 - Dy^2 < 1 + 2\sqrt{D}$$

und von Null verschieden wird.

Dass nun aber auch unendlich viele solche Zahlenpaare x, y existiren, ergiebt sich leicht; sind nämlich schon beliebig viele solche Zahlenpaare x, y gefunden, so kann man immer die ganze Zahl m so gross nehmen, dass m^{-1} kleiner wird als der kleinste der bisher gefundenen Werthe $x - y\sqrt{D}$; für diese Zahl m erhält man aber auf die angegebene Weise wieder ein Zahlenpaar x, y von der Beschaffenheit, dass $x - y\sqrt{D} < m^{-1}$ und folglich auch kleiner als alle früher gefundenen Werthe $x - y\sqrt{D}$ wird, woraus folgt, dass dieses Zahlenpaar x, y von den früheren verschieden ist; mithin ist die Anzahl dieser Zahlenpaare unbegrenzt.

§. 142.

Mit Hülfe dieses Resultates, dass immer unendlich viele Paare von ganzen Zahlen x, y existiren, für welche der absolute Werth von $x^2 - Dy^2 < 1 + 2\sqrt{D}$ und von Null verschieden wird, lässt sich nun leicht beweisen, dass die Gleichung $t^2 - Du^2 = 1$ immer in ganzen Zahlen t, u lösbar ist, und zwar so, dass u von Null verschieden ausfällt.

Da die Anzahl der ganzen Zahlen, welche abgesehen vom Vorzeichen $< 1 + 2\sqrt{D}$ sind, endlich ist, so muss der Ausdruck $x^2 - Dy^2$ für unendlich viele Zahlenpaare x, y einer und derselben (von Null verschiedenen) Zahl k gleich werden; da ferner die Anzahl der verschiedenen Paare von Resten α, β, welche zwei Zahlen x, y (mod. k) lassen können, endlich, nämlich $= k^2$ ist, so leuchtet ebenso ein, dass mindestens ein solches Restsystem α, β unendlich oft auftreten muss, dass also unter den unendlich vielen Zahlenpaaren x, y, für welche $x^2 - Dy^2 = k$ wird, auch wieder unendlich viele Paare x, y sich finden müssen, in welchen $x \equiv \alpha$, $y \equiv \beta$ (mod. k) ist, wo α, β zwei bestimmte Reste bedeuten. Sind nun x', y' und x'', y'' irgend zwei solche Zahlenpaare, d. h. ist gleichzeitig

$$x'^2 - Dy'^2 = x''^2 - Dy''^2 = k$$

und

$$x' \equiv x'', \quad y' \equiv y'' \text{ (mod. } k),$$

so kann man

$$(x' - y'\sqrt{D})(x'' + y''\sqrt{D}) = k(t + u\sqrt{D})$$

setzen, wo t, u *ganze* Zahlen bedeuten, die offenbar der Gleichung

$$t^2 - Du^2 = 1$$

genügen; und zwar dürfen wir annehmen, dass u von Null verschieden ist; denn aus $u = 0$, $t = \pm 1$ ergiebt sich vermöge der obigen Gleichung $x' - y'\sqrt{D} = \pm(x'' - y''\sqrt{D})$; da aber unendlich viele solche Zahlenpaare x', y' und x'', y'' existiren, so können wir auch immer zwei solche auswählen, dass x'', y'' verschieden von $\pm x'$, $\pm y'$, und folglich u von Null verschieden ausfällt.

Hiermit ist also in der That bewiesen, dass immer eine Lösung t, u der vorstehenden Pell'schen Gleichung existirt, in welcher u von Null verschieden ist.

Hieraus lässt sich dann (wie in §. 85), ebenfalls ohne Hülfe der Theorie der reducirten Formen, zeigen, dass alle Auflösungen t, u sich aus der Gleichung

$$t + u\sqrt{D} = \pm(T + U\sqrt{D})^n$$

ergeben, wo T, U die kleinsten positiven ganzen Zahlen bedeuten, die der Gleichung genügen, und der Exponent n alle positiven und negativen ganzen Zahlen durchläuft. Nur in der einen Beziehung bleibt diese Theorie der Pell'schen Gleichung unvollständig, dass aus ihr keine directe Methode fliesst, diese kleinste positive Auflösung T, U unmittelbar zu finden. Hierzu und ebenso zur Beurtheilung der Aequivalenz zweier Formen und also auch der Darstellbarkeit einer Zahl durch eine Form bleibt die Theorie der reducirten Formen unentbehrlich.

IX. Ueber die Convergenz und Stetigkeit einiger unendlichen Reihen.

§. 143.

Die von *Abel**) herrührende Methode der theilweisen Summation, welche in §. 101 bei der Untersuchung der Convergenz und Stetigkeit einer unendlichen Reihe angewendet ist, führt zu dem Beweise des folgenden allgemeinen Satzes, in welchem aus gewissen, von einander unabhängigen Voraussetzungen über zwei Reihen von reellen oder complexen Grössen

$$a_1,\ a_2,\ a_3\ \ldots \qquad (a)$$

$$b_1,\ b_2,\ b_3\ \ldots \qquad (b)$$

Schlüsse auf die aus ihnen zusammengesetzte Grössenreihe

$$a_1 b_1,\quad a_2 b_2,\quad a_3 b_3\ \ldots$$

gezogen werden.

Wenn bei unbegrenzt wachsendem n der analytische Modulus der Summe

$$A_n = a_1 + a_2 + \cdots + a_n$$

endlich bleibt, wenn ferner die aus den Moduln der Differenzen

$$b_1 - b_2,\quad b_2 - b_3,\quad b_3 - b_4\ \ldots$$

gebildete Summe β *endlich ist, und ausserdem* b_n *mit wachsendem* n *unendlich klein wird, so convergirt die Reihe*

$$\gamma = a_1 b_1 + a_2 b_2 + a_3 b_3 + \cdots;$$

---

*) *Recherches sur la série etc.*, Œuvres complètes, 1839, T. I, p. 66; Crelle's Journal, Bd. 1, S. 311.

und wenn die Grössen der Reihe (b) sich stetig so ändern, dass auch β sich stetig ändert, so gilt dasselbe von γ.

Denn aus der Annahme, dass der Modulus von A_n stets kleiner als eine angebbare Constante H bleibt, und dass die Summe β einen endlichen Werth besitzt, folgt zunächst die unbedingte Convergenz der Reihe

$$\delta = A_1(b_1 - b_2) + A_2(b_2 - b_3) + A_3(b_3 - b_4) + \cdots,$$

weil selbst die Moduln ihrer Glieder eine convergente Reihe bilden, deren Summe $< H\beta$ ist. Bezeichnet man nun die Summen der ersten n Glieder der Reihen γ, δ resp. mit C_n, D_n, so ist

$$C_n = D_{n-1} + A_n b_n,$$

und da b_n mit wachsendem n unendlich klein wird, so convergirt auch die Reihe γ, und ihr Werth ist gleich dem der Reihe δ.

Es genügt daher, den letzten Theil des Satzes für die Reihe δ nachzuweisen, und dies geschieht in noch etwas erweitertem Umfange auf folgende Weise. Setzt man $\delta = D_n + \delta_n$ und $\beta = B_n + \beta_n$, wo B_n die Summe der ersten n Glieder der Reihe β bedeutet, so ist der Modulus des Restes δ_n offenbar $< H\beta_n$; bezeichnet man ferner mit δ', D'_n, β' ... diejenigen bestimmten Werthe von δ, D_n, β ..., welche einem bestimmten Grössensystem (b') entsprechen, so wird, wenn die veränderlichen Grössen b_n des Systems (b) sich den Grössen b'_n des Systems (b') unbegrenzt und zwar der Art annähern, dass β sich dem Werthe β' nähert, auch $\beta_n = \beta - B_n$ sich dem Grenzwerthe β'_n nähern, weil die aus einer endlichen Anzahl von Gliedern bestehende Summe B_n gewiss den Werth B'_n zum Grenzwerth hat. Nun kann man, wie klein auch eine gegebene positive Grösse ε sein mag, immer n so gross wählen, dass $H\beta'_n < \varepsilon$ ist; mithin wird im Verlaufe der Annäherung auch $H\beta_n$, und folglich auch der Modulus des Restes δ_n definitiv $< \varepsilon$ werden, während der andere in δ enthaltene Bestandtheil D_n sich seinem Grenzwerthe D'_n nähert; da aber $\delta - \delta' = (D_n - D'_n) + \delta_n - \delta'_n$ ist, so wird folglich der Modulus der Differenz $\delta - \delta'$ schliesslich unter 2ε herabsinken, also wird δ sich dem Grenzwerthe δ' nähern, was zu beweisen war*).

*) Offenbar bleibt δ, also auch γ selbst dann noch stetig, wenn die oben als constant vorausgesetzten Grössen des Systems (a) sich zugleich stetig und so ändern, dass das Maximum H der Moduln von A_n auch während der Aenderung endlich bleibt.

Dem vorstehenden Beweise des obigen Satzes fügen wir noch folgende Bemerkungen hinzu. Die zweite Voraussetzung, dass die Summe β endlich ist, hat für sich allein genommen zur Folge, dass die unendliche Reihe

$$b = b_1 + (b_2 - b_1) + (b_3 - b_2) + (b_4 - b_3) + \cdots$$

ebenfalls convergirt, dass also die Summe b_n ihrer ersten n Glieder mit wachsendem n sich einem bestimmten Grenzwerth b annähert, welcher aber sehr wohl von Null verschieden sein kann. Immerhin ergiebt sich hieraus in Verbindung mit der ersten Voraussetzung über A_n die unbedingte Convergenz der Reihe δ; lässt man aber die dritte Voraussetzung, nach welcher $b = 0$ war, jetzt fallen, so leuchtet ein, dass die Convergenz der Reihe γ, weil $C_n = D_{n-1} + A_n b_n$ ist, nur dann mit Sicherheit gefolgert werden kann, wenn die erste Annahme über A_n dahin verschärft wird, dass die unendliche Reihe

$$\alpha = a_1 + a_2 + a_3 + a_4 + \cdots$$

ebenfalls *convergirt*, und zwar ist dann

$$\gamma = \delta + \alpha b;$$

zugleich ergiebt sich, dass, wenn $\alpha = A_n + \alpha_n$, also $a_n = \alpha_{n-1} - \alpha_n$ gesetzt wird,

$$\gamma = \alpha b_1 + \alpha_1 (b_2 - b_1) + \alpha_2 (b_3 - b_2) + \cdots$$

ist; denn die Summe der ersten n Glieder der Reihe rechter Hand ist $= C_n + \alpha_n b_n$, und mit wachsendem n wird α_n, also auch $\alpha_n b_n$ unendlich klein. Von besonderer Wichtigkeit ist nun die Bemerkung, dass unter den jetzigen Annahmen die Grösse γ sich schon dann *stetig* mit den Grössen des Systems (b) ändert, sobald β im Verlaufe der Aenderung *endlich* bleibt, während δ mit β und b auch *unstetig* werden kann. Ist nämlich eine beliebig kleine positive Grösse ε gegeben, so giebt es einen bestimmten Index ν von der Beschaffenheit, dass für *alle* Werthe von n, welche $\geqq \nu$ sind, der Modulus von $\alpha_n < \varepsilon$ ist*); während daher die Summe der

---

*) Ist das System (a) ebenfalls veränderlich, so verliert der obige Beweis für die Stetigkeit von γ seine Kraft, selbst wenn man voraussetzt, dass α sich stetig mit den Grössen des Systems (a) ändert; denn hieraus folgt noch nicht die Möglichkeit, für jedes gegebene ε einen bestimmten Index ν so zu wählen, dass für alle Werthe $n \geqq \nu$ der Modulus von α_n auch während der Aenderung von (a) stets $< \varepsilon$ bleibt. Dass in der That γ

ersten ν Glieder in dem vorstehenden Ausdruck für γ sich stetig mit den Grössen des Systems (b) ändert, bleibt der Modulus des Restes $< \varepsilon\beta$ und kann folglich, wenn β während der Aenderung endlich, d. h. kleiner als eine angebbare Constante bleibt, durch ε so klein gemacht werden, wie man will; mithin ändert sich γ stetig, was zu beweisen war.

Wir wollen die vorstehenden Principien auf die *Dirichlet'schen Reihen* anwenden; unter dieser Benennung verstehen wir Reihen von folgender Form*):

$$f(s) = \frac{a_1}{k_1^s} + \frac{a_2}{k_2^s} + \frac{a_3}{k_3^s} + \cdots,$$

wo $k_1, k_2, k_3 \ldots$ positive Constanten von der Art bedeuten, dass $k_n \leqq k_{n+1}$ ist, und dass k_n mit n über alle Grenzen wächst; die Constanten $a_1, a_2, a_3 \ldots$ sind beliebige reelle oder complexe Grössen; ebenso kann die Variabele s beliebige reelle oder complexe Werthe annehmen, doch wollen wir uns hier der Einfachheit halber auf *reelle* Werthe s beschränken. Setzen wir, wie oben,

$$A_n = a_1 + a_2 + \cdots + a_n,$$

so ergiebt sich folgender Satz:

---

unstetig werden kann trotz der Stetigkeit von α und der Endlichkeit von β, lehrt die genaue Prüfung des folgenden Beispiels. Es sei $\psi(x)$ eine stetige Function, welche sowohl für unendlich grosse als auch für unendlich kleine Werthe x unendlich klein wird, wie z. B.

$$\psi(x) = \frac{x}{1+x^2};$$

es seien ferner die in den Systemen (a) und (b) enthaltenen Grössen als stetige Functionen einer Variabelen $h \geqq 0$ definirt durch die Gleichungen

$$a_n = \psi(nh) - \psi(nh - h)$$
$$b_n = 1 - nh, \quad \text{wenn } h \leqq \frac{1}{n}$$
$$b_n = 0, \quad \text{wenn } h \geqq \frac{1}{n},$$

so nähert sich γ, wenn h unendlich klein wird, nicht dem Werthe Null, welcher dem Werthe $h = 0$ entspricht, sondern dem Werthe

$$\int_0^1 \psi(x)\,dx,$$

obgleich α stetig $= 0$, und β zwar nicht stetig, aber doch endlich bleibt.

*) Sie nehmen die Gestalt von Potenzreihen an, wenn man $s = -\log x$ setzt.

Bleibt A_n endlich bei wachsendem n, so convergirt die Reihe $f(s)$ für alle positiven Werthe s und sie ist nebst ihren sämmtlichen Derivirten stetig; convergirt die Reihe noch für $s = 0$, so ist sie auch an dieser Stelle stetig.

Die Behauptungen, welche sich auf $f(s)$ beziehen, folgen unmittelbar aus der vorhergehenden allgemeinen Untersuchung, wenn man $b_n = k_n^{-s}$ setzt, wodurch $\gamma = f(s)$ wird; in der That wird hierdurch $\beta = k_1^{-s}$ oder $= 0$, je nachdem $s > 0$ oder $= 0$ ist. Die Endlichkeit und Stetigkeit der Derivirten $f'(s)$ ergiebt sich aber durch eine andere Specialisirung; bedeutet s einen festen positiven Werth, und ε eine sehr kleine (positive oder negative) Grösse, so setzen wir

$$b_n = \frac{1}{\varepsilon}\left(\frac{1}{k_n^s} - \frac{1}{k_n^{s-\varepsilon}}\right),$$

wodurch

$$\gamma = \frac{f(s) - f(s+\varepsilon)}{\varepsilon}$$

wird. Wählt man nun ν so gross, dass $s \log k_\nu > 1$, und ε so klein, dass

$$\frac{s}{\varepsilon} \log\left(1 + \frac{\varepsilon}{s}\right) < s \log k_\nu$$

wird, so ist $b_\nu \geqq b_{\nu+1} \geqq b_{\nu+2} \ldots$, weil die Derivirte der Function

$$\frac{1}{\varepsilon}\left(\frac{1}{x^s} - \frac{1}{x^{s+\varepsilon}}\right)$$

für alle Werthe $x \geqq k_\nu$ negativ ist; ausserdem ist $b = 0$, also $\beta_{\nu-1} = b_\nu$. Wird nun ε unendlich klein, so nähert sich b_n dem Grenzwerthe

$$b'_n = \frac{\log k_n}{k_n^s},$$

und da $b'_\nu \geqq b'_{\nu+1} \geqq b'_{\nu+2} \ldots$, ferner $b' = 0$, also $\beta'_{\nu-1} = b'_\nu$ ist, so geht $\beta_{\nu-1}$ stetig in den Grenzwerth $\beta'_{\nu-1}$, und folglich auch β stetig in den Werth β' über. Mithin nähert sich auch γ dem Grenzwerthe γ', d. h. es ist

$$-f'(s) = \frac{a_1 \log k_1}{k_1^s} + \frac{a_2 \log k_2}{k_2^s} + \cdots,$$

und da diese Reihe wieder von derselben Beschaffenheit ist, so ist $f'(s)$ auch eine *stetige* Function der positiven Grösse s. Ganz ähnlich lässt sich der Beweis für die Derivirten höherer Ordnung führen.

§. 144.

Der wahre Charakter des zuletzt bewiesenen Satzes besteht darin, dass aus dem Verhalten einer Dirichlet'schen Reihe $f(s)$ für $s = 0$ ein Schluss auf ihr Verhalten für alle positiven Werthe s gezogen wird (man kann ihn leicht so umformen, dass von dem beliebigen Werthe $s = \sigma$ auf alle Werthe $s > \sigma$ geschlossen wird). Unter diesem Gesichtspuncte erscheint von besonderem Interesse eine Vergleichung dieses Satzes mit dem allgemeinen Princip des §. 118; beachtet man nämlich, dass, wenn die dort mit t bezeichnete Grösse zwischen k_n und $k_{n+1} > k_n$ liegt, die entsprechende Grösse $T = n$ nichts Anderes ist, als die Summe der ersten n Glieder der Reihe

$$\frac{1}{k_1^{1+s}} + \frac{1}{k_2^{1+s}} + \frac{1}{k_3^{1+s}} + \cdots$$

für $s = -1$, so erkennt man, dass dort aus dem Verhalten der Reihe für $s = -1$ ein Schluss auf ihr Verhalten für alle positiven Werthe s, und namentlich auf ihr Verhalten an der Stelle $s = 0$ gezogen wird. Eine genauere, auf die Vereinigung und Verallgemeinerung beider Sätze hinzielende Untersuchung führt zu den nachstehenden Resultaten, in welchen zur Abkürzung

$$S_n = \frac{a_1}{k_1^s} + \frac{a_2}{k_2^s} + \cdots + \frac{a_n}{k_n^s}$$

gesetzt ist, während A_n seine frühere Bedeutung behält.

1. *Bleibt $S_n k_n^s$ für einen bestimmten negativen Werth s endlich bei wachsendem n, so gilt dasselbe für jeden negativen Werth s, und ebenso bleibt $A_n : \log k_n$ endlich.*

2. *Bleibt $A_n : \log k_n$ endlich bei wachsendem n, so convergirt die Reihe $f(s)$ für jeden positiven Werth s.*

3. *Nähern sich $s\, S_n k_n^s$ und $s\, S_n k_{n+1}^s$ für einen bestimmten negativen Werth s bei wachsendem n einem gemeinschaftlichen Grenzwerthe $-\omega$, so gilt Dasselbe für jeden negativen Werth s,*

und ebenso nähern sich $A_n : \log k_n$ und $A_n : \log k_{n+1}$ dem gemeinschaftlichen Grenzwerthe $+\omega$.

4. *Nähern sich $A_n : \log k_n$ und $A_n : \log k_{n+1}$ bei wachsendem n einem gemeinschaftlichen Grenzwerthe ω, so nähert sich $s f(s)$, wenn s positiv unendlich klein wird, demselben Grenzwerthe ω.*

Offenbar entspringt der Satz des vorigen Paragraphen aus 2., und der Satz des §. 118 aus 3. und 4.; um die Beweise kurz zu führen, bemerken wir, dass, wenn

$$R_n = \frac{a_1}{k_1^r} + \frac{a_2}{k_2^r} + \cdots + \frac{a_n}{k_n^r}$$

gesetzt wird,

$$S_n - R_n k_n^{r-s} = R_1 (k_1^{r-s} - k_2^{r-s}) + \cdots + R_{n-1} (k_{n-1}^{r-s} - k_n^{r-s})$$

ist; zerlegt man die Summe rechter Hand in zwei Bestandtheile, von denen der eine die ersten $(m-1)$ Glieder, der andere die übrigen $(n-m)$ Glieder enthält, und berücksichtigt, dass man allgemein

$$\frac{k_\nu^{r-s} - k_{\nu+1}^{r-s}}{r-s} = \int_{k_{\nu+1}}^{k_\nu} x^{r-s-1}\, dx = h_\nu^r \int_{k_{\nu+1}}^{k_\nu} x^{-s-1}\, dx = h_\nu^r \frac{k_{\nu+1}^{-s} - k_\nu^{-s}}{s}$$

setzen kann, wo $k_\nu \leqq h_\nu \leqq k_{\nu+1}$ ist, so erhält man

$$S_n - R_n k_n^{r-s} = \frac{r-s}{s} \left\{ M(k_m^{-s} - k_1^{-s}) + N(k_n^{-s} - k_m^{-s}) \right\},$$

von M und N Mittelwerthe*) aus den Grössen $R_\nu h_\nu^r$ resp. von $\nu = 1$ bis $\nu = m-1$, und von $\nu = m$ bis $\nu = n-1$ bedeuten. Nimmt man nun, wie im *dritten* Satze an, dass es einen (negativen) Werth r giebt, für welchen die Grössen $r R_\nu k_\nu^r$, $r R_\nu k_{\nu+1}^r$, also auch die Grössen $r R_\nu h_\nu^r$ mit wachsendem ν sich einem Grenzwerthe $-\omega$ nähern, und lässt man m mit n, doch so langsam über alle Grenzen wachsen, dass $k_m : k_n$ unendlich klein wird, so nähert sich $r N$ dem Grenzwerthe $-\omega$, während M endlich bleibt,

---

*) Unter einem Mittelwerthe aus complexen Grössen z ist jeder complexe Werth ζ von der Beschaffenheit zu verstehen, dass die reellen Bestandtheile von ζ und ζi resp. Mittelwerthe aus den reellen Bestandtheilen der Grössen z und der Grössen $z i$ sind.

und folglich wird, wenn s negativ ist, $s\,S_n k_n^s$ sich ebenfalls dem Grenzwerthe $-\omega$ nähern. Ist aber $s = 0$, so folgt

$$A_n - R_n k_n^r = r\left\{M \log\left(\frac{k_1}{k_m}\right) + N \log\left(\frac{k_m}{k_n}\right)\right\},$$

und wenn man m der Art mit n über alle Grenzen wachsen lässt, dass $\log k_m : \log k_n$ unendlich klein wird, so ergiebt sich, dass $A\ \ : \log k_n$ sich dem Werthe $+\omega$ nähert. Die Behauptungen über $s\,S_n k_{n+1}^s$ und $A_n : \log k_{n+1}$ ergeben sich von selbst, weil aus der Annahme hervorgeht, dass, wenn ω von Null verschieden ist, nothwendig $k_n : k_{n+1}$ sich dem Werthe 1 nähert. Zugleich leuchtet ein, dass der Beweis des *ersten* Satzes auf dieselbe Weise geführt werden kann, und zwar viel einfacher, weil es gar keiner Zerlegung der obigen Summe in zwei Bestandtheile bedarf*).

Der Beweis des *zweiten* und *vierten* Satzes lässt sich in ähnlicher Weise führen; setzt man nämlich, wenn s einen *positiven* Werth hat,

$$K_n = \int_{k_n}^{\infty} \frac{s \log x\, dx}{x^{s+1}} = \frac{1 + s \log k_n}{s k_n^s},$$

so ist

$$K_n - K_{n+1} = \int_{k_n}^{k_{n+1}} \frac{s \log x\, dx}{x^{s+1}} = \log h_n (k_n^{-s} - k_{n+1}^{-s});$$

---

*) Die Sätze 1. und 3. sind aus einem leicht erkennbaren Grunde so gefasst, dass der in der Prämisse auftretende bestimmte Werth s als negativ vorausgesetzt wird, obgleich der obige Beweis, in welchem dieser Werth s mit r bezeichnet ist, auch dann seine Kraft bewahrt, wenn r positiv ist. Diese auf den ersten Blick auffallende Erscheinung hängt damit zusammen, dass den obigen Sätzen eine Reihe von ähnlichen Sätzen entspricht, welche von dem Verschwinden des Restes $S'_n = f(s) - S_n$ für positive Werthe s bei wachsendem n handeln; von diesen Sätzen (die sich wie die obigen Satze auch auf gewisse Integrale übertragen lassen) wollen wir beispielsweise den folgenden erwähnen: Convergirt die Reihe $f(s)$ für einen bestimmten positiven Werth s, wird also der Rest S'_n mit wachsendem n unendlich klein und zwar in der Art, dass die Producte $s\,S'_n k_n^s$ und $s\,S'_n k_{n+1}^s$ sich einem gemeinschaftlichen Grenzwerthe ω nähern, so nähern sich für jeden negativen Werth s die Producte $s\,S_n k_n^s$ und $s\,S_n k_{n+1}^s$ dem Grenzwerthe $-\omega$.

nimmt man daher an, dass $A_n : \log k_n$ endlich bleibt, so folgt hieraus leicht*), dass die unendliche Reihe

$$A_1 (k_1^{-s} - k_2^{-s}) + A_2 (k_2^{-s} - k_3^{-s}) + \cdots$$
$$= \frac{A_1}{\log h_1} (K_1 - K_2) + \frac{A_2}{\log h_2} (K_2 - K_3) + \cdots$$

convergirt, und dass ihre Summe mit $f(s)$ übereinstimmt, womit der zweite Satz bewiesen ist. Bezeichnet man ferner mit M und M' Mittelwerthe aus den Grössen $A_n : \log h_n$ resp. von $n = 1$ bis $n = m - 1$, und von $n = m$ bis $n = \infty$, so kann man

$$f(s) = M(K_1 - K_m) + M' K_m$$

setzen; nimmt man nun (wie im vierten Satze) an, dass die Grössen $A_n : \log k_n$ und $A_n : \log k_{n+1}$ sich einem gemeinschaftlichen Grenzwerthe ω nähern, so gilt Dasselbe von $A_n : \log h_n$; lässt man daher, während s positiv unendlich klein wird, gleichzeitig m über alle Grenzen, doch so langsam wachsen, dass $s \log k_m$ unendlich klein wird, so nähert sich M' dem Grenzwerthe ω, während M endlich bleibt, und da $s K_1$ und $s K_m$ sich dem gemeinschaftlichen Grenzwerthe 1 nähern, so nähert sich $s f(s)$ dem Grenzwerthe ω, was zu beweisen war**).

Nachdem die obigen Sätze bewiesen sind, führen wir einige Beispiele an, hauptsächlich um zu zeigen, dass sie nicht ohne Weiteres umgekehrt werden dürfen.

Beispiel 1. Ist $c > 1$, und $s > 0$, so ist

$$f(s) = \frac{a}{c^s} + \frac{b}{c^{2s}} + \frac{a}{c^{3s}} + \frac{b}{c^{4s}} + \cdots = \frac{a c^s + b}{c^{2s} - 1};$$

für jeden negativen Werth s ist bei wachsendem n

$$\lim S_{2n} c^{2ns} = \frac{a c^s + b}{1 - c^{2s}}, \quad \lim S_{2n+1} c^{(2n+1)s} = \frac{a + b c^s}{1 - c^{2s}},$$

also schwankt $S_n k_n^s$, und nur, wenn $b = a$ ist, wird

$$\lim S_n k_n^s = \frac{a}{1 - c^s};$$

trotzdem ist, auch wenn a und b ungleich sind,

---

*) Offenbar darf man, ohne die Allgemeinheit der Sätze zu beeinträchtigen, bei ihrem Beweise annehmen, dass schon $k_1 > 1$ ist.

**) Weitere Untersuchungen findet man in der Abhandlung von *Pringsheim: Zur Theorie der Dirichlet'schen Reihen* (Math. Annalen, Bd. 37).

$$\lim \frac{A_n}{\log k_n} = \lim \frac{A_n}{\log k_{n+1}} = \frac{a+b}{2\log c},$$

und wirklich nähert sich $s f(s)$ für unendlich kleine positive Werthe von s demselben Grenzwerth.

Beispiel 2. Ist wieder $c > 1$, und $s > 0$, so ist

$$f(s) = \frac{1}{c^s} - \frac{2}{c^{2s}} + \frac{3}{c^{3s}} - \frac{4}{c^{4s}} + \cdots = \frac{c^s}{(c^s+1)^2};$$

da $A_{2n} = -n$, $A_{2n-1} = +n$ ist, so schwankt $A_n : \log k_n$; dennoch nähert sich $s f(s)$ dem bestimmten Grenzwerth Null, wenn s positiv unendlich klein wird.

Beispiel 3. Von grösserem Interesse ist die folgende Reihe

$$f(s) = e^{-s} + c e^{-sc} + c^2 e^{-sc^2} + c^3 e^{-sc^3} + \cdots,$$

wo c wieder > 1 ist; da $\log k_n = c^{n-1}$, und

$$A_n = 1 + c + c^2 + \cdots + c^{n-1} = \frac{c^n - 1}{c-1},$$

so ergiebt sich bei wachsendem n

$$\lim \frac{A_n}{\log k_n} = \frac{c}{c-1}, \quad \lim \frac{A_n}{\log k_{n+1}} = \frac{1}{c-1},$$

und es zeigt sich, dass $s f(s)$ für unendlich kleine positive Werthe von s sich keinem Grenzwerthe nähert, sondern hin und her schwankt. Ist nämlich r ein bestimmter positiver Werth, und lässt man $s = r c^{-\varrho}$ dadurch unendlich klein werden, dass ϱ wachsend alle positiven ganzen Zahlen durchläuft, so nähert sich $s f(s)$ dem bestimmten, aber von r abhängigen Grenzwerth

$$\psi(r) = \Sigma\, r c^n e^{-rc^n},$$

wo n alle ganzen Zahlen von $-\infty$ bis $+\infty$ durchlaufen muss. Offenbar ist $\psi(r)$ eine periodische Function von $\log r$, welche sich in die Fourier'sche Reihe

$$\frac{1}{\log c}\, \Sigma\, z^n\, \Pi\left(\frac{2n\pi i}{\log c}\right)$$

verwandeln lässt, wo $\log z \log c = -2\pi i \log r$ ist, Π das Euler-sche Integral zweiter Art bedeutet, und n alle ganzen Zahlen von $-\infty$ bis $+\infty$ durchläuft; sie convergirt für jeden complexen

Werth r, dessen reeller Bestandtheil positiv ist; sie ist zugleich der Grenzwerth des Integrals

$$\int_{-\infty}^{+\infty} r\, c^x\, e^{-r c^x}\, dx \cdot \frac{\sin(2n+1)\pi x}{\sin \pi x}$$

für unendlich grosse Werthe der positiven ganzen Zahl n. Wird s stetig positiv unendlich klein, so schwankt $sf(s)$ um den mittleren Werth $1 : \log c$, welcher auch zwischen den Grenzwerthen von $A_n : \log k_n$ und $A_n : \log k_{n+1}$ liegt.

X. Ueber die Composition der binären quadratischen Formen.

§. 145.

Unserer Darstellung der von *Gauss**) gegründeten Theorie der Composition schicken wir zwei Hülfssätze aus der Lehre von den Congruenzen voraus, deren erster eine auch sonst nützliche Verallgemeinerung der in §. 25 behandelten Aufgabe enthält, während der daraus folgende zweite die Grundlage für die genannte Theorie bilden wird.

1. *Hat der Modul m mit den ganzen Zahlen $p_1, p_2 \ldots p_n$ keinen gemeinsamen Theiler, und sind alle aus ihnen und den ganzen Zahlen $q_1, q_2 \ldots q_n$ gebildeten Determinanten $p_r q_s - q_r p_s$ theilbar durch m, so giebt es eine und nur eine Classe von Zahlen* B (mod. m), *die den gleichzeitigen linearen Congruenzen*

$$p_1 B \equiv q_1, \quad p_2 B \equiv q_2 \ldots p_n B \equiv q_n \pmod{m} \qquad (1)$$

*genügen***).

Zum Beweise wählen wir (nach §. 24) ein bestimmtes System von ganzen Zahlen $h, h_1, h_2 \ldots h_n$, die der Bedingung

$$mh + p_1 h_1 + p_2 h_2 + \cdots + p_n h_n = 1,$$

also der Congruenz

$$\Sigma p_s h_s = p_1 h_1 + p_2 h_2 + \cdots + p_n h_n \equiv 1 \pmod{m}$$

genügen, und setzen

$$\Sigma q_s h_s = q_1 h_1 + q_2 h_2 + \cdots + q_n h_n = B_0.$$

---

*) *D. A.* art. 234. seqq. — Vergl. *Lejeune Dirichlet: De formarum binariarum secundi gradus compositione.* 1851.

**) Man überzeugt sich leicht, dass auch die Umkehrung dieses Satzes gilt.

Giebt es nun eine Zahl B, welche den Congruenzen (1) genügt, so folgt durch Multiplication der letzteren mit $h_1, h_2 \ldots h_n$ und Addition, dass $B \equiv B_0 \pmod{m}$ sein muss; und umgekehrt, wenn B irgend eine Zahl der durch B_0 repräsentirten Classe bedeutet, so folgt aus $p_r q_s \equiv q_r p_s \pmod{m}$, dass

$$p_r B \equiv p_r \Sigma q_s h_s = \Sigma p_r q_s h_s \equiv \Sigma q_r p_s h_s = q_r \Sigma p_s h_s \equiv q_r \pmod{m}$$

ist; also genügt B den Congruenzen (1), was zu beweisen war.

2. *Ist*

$$b b \equiv D \pmod{a}, \quad b' b' \equiv D \pmod{a'} \tag{2}$$

und haben die drei Zahlen $a, a', b + b'$ keinen gemeinschaftlichen Theiler, so existirt in Bezug auf den Modulus $a a'$ eine und nur eine Classe von Zahlen B, welche den drei Bedingungen

$$B \equiv b \pmod{a}, \quad B \equiv b' \pmod{a'}, \quad BB \equiv D \pmod{a a'} \tag{3}$$

genügen, und die Zahlen a, a', $2B$ haben ebenfalls keinen gemeinschaftlichen Theiler.

Dies ergiebt sich unmittelbar aus dem vorhergehenden Satze; da nämlich

$$(B - b)(B - b') = BB - (b + b')B + bb'$$

ist, so leuchtet ein, dass die Bedingungen (3) mit den linearen Congruenzen

$$a' B \equiv a' b, \quad a B \equiv a b', \quad (b + b') B \equiv b b' + D \pmod{a a'}$$

völlig gleichbedeutend sind; da nun die Coefficienten a', a, $b + b'$ keinen gemeinschaftlichen Theiler haben, und die Determinanten

$$a' . a b' - a' b . a = a a' (b' - b)$$
$$a' (b b' + D) - a' b (b + b') = a' (D - b b)$$
$$a (b b' + D) - a b' (b + b') = a (D - b' b')$$

zufolge (2) alle durch den Modul $a a'$ theilbar sind, so ist der erste Theil unseres Satzes bewiesen.

Ist ferner δ ein gemeinschaftlicher Theiler von a, a', $2B$, so folgt aus (3), dass $B \equiv b \equiv b' \pmod{\delta}$, also $b + b' \equiv 2B \equiv 0 \pmod{\delta}$ ist; mithin ist δ auch ein gemeinschaftlicher Theiler von a, a', $b + b'$ und folglich $= 1$, was zu beweisen war*).

---

*) Fasst man die Theorie der binären quadratischen Formen nur als einen speciellen Fall der allgemeinen Theorie der ganzen algebraischen Zahlen auf (Supplement XI.), so sprechen manche Gründe dafür, statt der

§. 146.

Zwei binäre quadratische Formen (a, b, c), (a', b', c') von gleicher Determinante D sollen *einig**) heissen, wenn die Zahlen a, a', $b + b'$ keinen gemeinschaftlichen Theiler haben. Da $bb \equiv D$ (mod. a), $b'b' \equiv D$ (mod. a') ist, so folgt aus dem vorhergehenden Lemma unmittelbar die Existenz von unendlich vielen parallelen (nach §. 56 äquivalenten) Formen (aa', B, C) derselben Determinante D, deren mittlere Coefficienten B den Bedingungen $B \equiv b$ (mod. a), $B \equiv b'$ (mod. a') genügen; jede solche Form (aa', B, C) heisse *zusammengesetzt***) (*composita*) *aus* (a, b, c) *und* (a', b', c').

Wir bemerken zunächst, dass (nach §. 56) die Formen (a, b, c), (a', b', c') resp. den Formen $(a, B, a'C)$, (a', B, aC) äquivalent sind; diese letzteren sind ebenfalls einig, weil die Zahlen $a, a', 2B$ keinen gemeinschaftlichen Theiler haben (§. 145), und aus ihnen ist ebenfalls die Form (aa', B, C) zusammengesetzt. Bedeuten nun x, y, x', y' variabele Grössen, und setzt man

$$X = xx' - Cyy', \quad Y = (ax + By)y' + (a'x' + By')y, \tag{1}$$

so wird

$$(ax + (B + \sqrt{D})y)(a'x' + (B + \sqrt{D})y') = aa'X + (B + \sqrt{D})Y; \tag{2}$$

ersetzt man hierin $\sqrt{D}$ durch $-\sqrt{D}$ und multiplicirt die so entstehende Gleichung mit der vorstehenden, so ergiebt sich nach Wegwerfung des beiden Seiten gemeinschaftlichen Factors aa' die Gleichung

$$\begin{aligned}(ax^2 + 2Bxy + a'Cy^2)(a'x'^2 + 2Bx'y' + aCy'^2) \\ = aa'X^2 + 2BXY + CY^2,\end{aligned} \tag{3}$$

---

von *Gauss* und *Dirichlet* zu Grunde gelegten Form $ax^2 + 2bxy + cy^2$, in welcher der Coefficient von xy immer eine *gerade* Zahl ist, die allgemeinere Form $ax^2 + bxy + cy^2$ zu wählen und unter deren Discriminante immer die Grösse $d = bb - 4ac$ zu verstehen. Das obige Lemma ist dann durch das folgende, etwas umfassendere zu ersetzen: Ist $bb \equiv d$ (mod. $4a$), $b'b' \equiv d$ (mod. $4a'$), und haben die drei Zahlen a, a', $\frac{1}{2}(b + b')$ keinen gemeinschaftlichen Theiler, so existirt in Bezug auf den Modulus $2aa'$ eine und nur eine Classe von Zahlen B, welche den drei Bedingungen $B \equiv b$ (mod. $2a$), $B \equiv b'$ (mod. $2a'$), $BB \equiv d$ (mod. $4aa'$) genügen; und die Zahlen a, a', B haben keinen gemeinschaftlichen Theiler.

*) Diese Benennung soll an die *radices concordantes* von *Dirichlet* erinnern.

**) Vergl. *Gauss: D. A.* artt. 235, 242, 243, 244.

d. h. *die Form* $(a a', B, C)$ *geht durch die bilineare Substitution* (1) *in das Product aus den beiden Formen* $(a, B, a' C)$, $(a', B, a C)$ *über.*

Auf dem vorstehenden Resultate beruht zugleich der Beweis des folgenden Fundamentalsatzes*):

Sind die beiden einigen Formen (a, b, c), (a', b', c') *resp. äquivalent den beiden einigen Formen* (m, n, l), (m', n', l'), *so ist auch die aus den beiden ersteren zusammengesetzte Form* $(a a', B, C)$ *äquivalent der aus den beiden letzteren zusammengesetzten Form* $(m m', N, L)$.

Aus den Voraussetzungen folgt zunächst, dass die Formen $(a, B, a' C)$, $(a', B, a C)$ resp. den Formen $(m, N, m' L)$, $(m', N, m L)$ äquivalent sind, und hieraus (nach §. 60, Anmerkung) die Existenz von vier ganzen Zahlen x, y, x', y', welche den folgenden Bedingungen genügen

$$a x^2 + 2 B x y + a' C y^2 = m,\ a' x'^2 + 2 B x' y' + a C y'^2 = m' \quad (4)$$

$$a x + (B + N) y \equiv 0,\ (B - N) x + a' C y \equiv 0 \pmod{m} \quad (5)$$

$$a' x' + (B + N) y' \equiv 0,\ (B - N) x' + a C y' \equiv 0 \pmod{m'}, \quad (6)$$

und ebenso braucht man, um die Aequivalenz der beiden Formen $(a a', B, C)$, $(m m', N, L)$ darzuthun, nur die Existenz von zwei ganzen Zahlen X, Y nachzuweisen, welche die Forderungen

$$a a' X^2 + 2 B X Y + C Y^2 = m m' \quad (7)$$

$$a a' X + (B + N) Y \equiv 0 \pmod{m m'} \quad (8)$$

$$(B - N) X + C Y \equiv 0 \pmod{m m'} \quad (9)$$

befriedigen. Es lässt sich nun leicht zeigen, dass die beiden (offenbar ganzen) Zahlen X, Y, welche nach (1) aus den vier ganzen Zahlen x, y, x', y' gebildet sind, in der That den vorstehenden Bedingungen genügen. Zunächst folgt (7) unmittelbar aus (3) und (4). Da ferner aus jeder Gleichung von der Form

$$(t + u \sqrt{D})(t' + u' \sqrt{D}) = (t'' + u'' \sqrt{D})(t''' + u''' \sqrt{D}),$$

wo t, u, t' u. s. w. ganze Zahlen bedeuten, die in Bezug auf die Variabele z identische Gleichung

$$(t + u z)(t' + u' z) = (t'' + u'' z)(t''' + u''' z) + (u u' - u'' u''')(z z - D),$$

und hieraus, da $N N \equiv D \pmod{m m'}$ ist, auch die Congruenz

$$(t + u N)(t' + u' N) \equiv (t'' + u'' N)(t''' + u''' N) \pmod{m m'}$$

*) *Gauss*: *D. A.* art. 239. — *Dirichlet* a. a. O.

hervorgeht, so folgt (8) unmittelbar aus (2) unter Berücksichtigung von (5) und (6). Dieselbe Gleichung (2) lässt sich endlich durch Multiplication mit $B - \sqrt{D}$, oder mit C, und durch Division mit a oder mit a' auf die folgenden vier Formen bringen

$$((B - \sqrt{D})x + a'Cy)\,(a'x' + (B + \sqrt{D})y') = a'U$$
$$(ax + (B + \sqrt{D})y)\,((B - \sqrt{D})x' + aCy') = aU$$
$$((B - \sqrt{D})x + a'Cy)\,((B - \sqrt{D})x' + aCy') = (B - \sqrt{D})\,U$$
$$C(ax + (B + \sqrt{D})y)\,(a'x' + (B + \sqrt{D})y') = (B + \sqrt{D})\,U,$$

wo zur Abkürzung

$$(B - \sqrt{D})\,X + CY = U$$

gesetzt ist; ersetzt man überall $\sqrt{D}$ durch N, so gehen nach dem oben angeführten Princip diese Gleichungen wieder in Congruenzen nach dem Modulus mm' über; bezeichnet man den aus U hervorgehenden Ausdruck, d. h. die linke Seite der zu beweisenden Congruenz (9), mit V, so ergiebt sich unter Berücksichtigung von (5) und (6), dass die Producte $a'V$, aV, $(B - N)\,V$, $(B + N)\,V$, mithin auch $2BV$ durch mm' theilbar sind; da aber die Factoren a, a', $2B$ keinen gemeinschaftlichen Theiler haben, so muss der andere Factor V für sich allein durch mm' theilbar sein, also die Congruenz (9) wirklich Statt finden.

Mithin genügen die beiden ganzen Zahlen X, Y den Bedingungen (7), (8), (9), und hieraus folgt (nach §. 60. Anmerkung) die Aequivalenz der Formen (aa', B, C), (mm', N, L); was zu beweisen war.

§. 147.

Um den Charakter des eben bewiesenen Fundamentalsatzes in das rechte Licht zu setzen, bemerken wir zunächst Folgendes: *Sind* (a, b, c), (a', b', c') *zwei einige Formen, so sind ihre Theiler* σ, σ' (§. 61) *relative Primzahlen, und* $\sigma\sigma'$ *ist der Theiler der aus ihnen zusammengesetzten Form* (aa', B, C). Denn da die Formen (a, b, c), (a', b', c') resp. den Formen $(a, B, a'C)$, (a', B, aC) äquivalent sind, so ist (nach §. 61) σ der grösste gemeinschaftliche Divisor von a, $2B$, $a'C$, und σ' ist der grösste gemeinschaftliche Divisor von a', $2B$, aC; da nun a, a', $2B$ keinen gemeinschaftlichen Divisor haben, so muss die in a und $2B$ aufgehende Zahl σ relative Primzahl zu a' (und also auch zu der in a' aufgehenden Zahl σ') sein; und da σ in $a'C$ aufgeht, so muss σ auch in C aufgehen; ebenso muss σ' relative Primzahl zu a sein und folglich auch in C

aufgehen. Da ferner schon gezeigt ist, dass σ und σ' relative Primzahlen sind, und da beide sowohl in $2B$, als auch in C aufgehen, so ist $\sigma\sigma'$ offenbar gemeinschaftlicher Divisor der drei Zahlen aa', $2B$, C. Wollte man nun annehmen, $\sigma\sigma'$ wäre nicht ihr grösster gemeinschaftlicher Divisor, sondern sie liessen sich nach der Division mit $\sigma\sigma'$ noch durch eine Primzahl p theilen, so müsste p wenigstens in einer der beiden Zahlen $a:\sigma$ oder $a':\sigma'$ aufgehen; gesetzt aber, p ginge in $a:\sigma$ auf, so hätten die drei Zahlen a, $2B$, $a'C$ den gemeinschaftlichen Divisor $p\sigma$, während doch σ ihr grösster gemeinschaftlicher Divisor ist. Ebenso wenig kann p in $a':\sigma'$ aufgehen, und folglich ist $\sigma\sigma'$ der grösste gemeinschaftliche Divisor der Zahlen aa', $2B$, C, d. h. $\sigma\sigma'$ ist der Theiler der Form (aa', B, C), was zu beweisen war.

Umgekehrt: *hat man zwei Formenclassen K, K' von gleicher Determinante D, deren Theiler σ, σ' relative Primzahlen sind, so kann man stets zwei einige Formen (a, b, c), (a', b', c') resp. aus den Classen K, K' auswählen.* Denn man kann (nach §. 93) den Repräsentanten (a, b, c) der Classe K zunächst so wählen, dass a relative Primzahl zu σ' wird, worauf der Repräsentant (a', b', c') der Classe K' so gewählt werden kann, dass a' relative Primzahl zu a wird; dann sind aber (a, b, c), (a', b', c') gewiss zwei einige Formen. Zwei solche *Classen K, K'* sollen daher ebenfalls *einig* heissen. Wie nun auch zwei einige Formen aus den Classen K, K' ausgewählt sein mögen, so wird zufolge des bewiesenen Fundamentalsatzes die aus ihnen zusammengesetzte Form stets einer und derselben Formenclasse L von derselben Determinante D angehören, deren Theiler nach dem Obigen $= \sigma\sigma'$ ist. Wir werden daher sagen, dass diese *Classe L aus den beiden einigen Classen K, K' zusammengesetzt* ist, und werden dies durch die symbolische Gleichung*)

$$L = KK' = K'K$$

ausdrücken.

Sind ferner je zwei der drei Classen K, K', K'' einig, so lassen sie sich successive zu einer Classe zusammensetzen, und zwar wird diese resultirende Classe von der Anordnung der beiden successiven Compositionen völlig unabhängig sein**); d. h. symbolisch ausgedrückt, es wird

*) *Gauss* bezeichnet die aus K und K' zusammengesetzte Classe mit $K + K'$ (*D. A.* art. 249).

**) *Gauss: D. A.* artt. 240, 241.

$$(KK')K'' = (KK'')K' = (K'K'')K$$

sein. Man kann nämlich die Repräsentanten (a, b, c), (a', b', c'), (a'', b'', c'') der drei Classen K, K', K'' (nach §. 93) so wählen, dass a, a', a'' relative Primzahlen sind; bestimmt man nun (nach §. 25) B durch die Congruenzen

$$B \equiv b \pmod{a},\ B \equiv b' \pmod{a'},\ B \equiv b'' \pmod{a''},$$

so wird von selbst $BB \equiv D \pmod{aa'a''}$, also $D = BB - aa'a''C$, wo C eine ganze Zahl bedeutet. Dann enthält

die Classe	K	die Form		$(a, B, a'a''C)$
„ „	K'	„	„	$(a', B, aa''C)$
„ „	K''	„	„	$(a'', B, aa'C)$
„ „	KK'	„	„	$(aa', B, a''C)$
„ „	KK''	„	„	$(aa'', B, a'C)$
„ „	$K'K''$	„	„	$(a'a''B, aC)$

und jede der Classen $(KK')K''$, $(KK'')K'$, $(K'K'')K$ enthält folglich dieselbe Form $(aa'a'', B, C)$; mithin sind diese drei Classen identisch. Diese eine Classe kann daher einfach durch das Symbol $KK'K''$ bezeichnet werden, wobei die Stellung der drei Symbole K, K', K'' gleichgültig ist.

Wendet man nun dieselbe Schlussfolgerung an, wie in §. 2, so ergiebt sich, dass auch für jede grössere Anzahl von Classen $K, K' \ldots$ die durch ihre successive Composition entstehende Classe völlig bestimmt, und von der Anordnung der Composition gänzlich unabhängig ist. Erforderlich bleibt aber die Bedingung, dass diese Classen $K, K' \ldots$ zu derselben Determinante gehören, und dass ihre Theiler $\sigma, \sigma' \ldots$ relative Primzahlen sind, weil nur dann die Composition in der oben angegebenen Art ausgeführt werden kann; für unsere Zwecke reicht aber dieser specielle Fall der allgemeineren Theorie der Composition völlig aus.

§. 148.

Wir betrachten zunächst einige besonders wichtige specielle Fälle der Classencomposition*).

1. Die Hauptform $(1, 0, -D)$ ist offenbar einig mit jeder Form (a, b, c) derselben Determinante, und die Composition beider

*) *Gauss: D. A.* artt. 243, 250.

Formen giebt als Resultat dieselbe Form (a, b, c), also: *Durch Composition irgend einer Classe K mit der Hauptclasse entsteht immer die Classe K.* Bezeichnet man daher die Hauptclasse durch das Symbol 1, so ist immer $1K = K$, wo K eine beliebige Classe bedeutet.

2. Ist (a, b, c) eine ursprüngliche Form der ersten Art, so ist sie einig mit der Form (c, b, a), und aus beiden ist die Form $(ac, b, 1)$ zusammengesetzt. Da nun (c, b, a) mit $(a, -b, c)$, und ebenso $(ac, b, 1)$ mit $(1, -b, ac)$ und folglich auch mit der Hauptform $(1, 0, -D)$ äquivalent ist (§. 56), so kann man dies Resultat kurz so aussprechen: *Die Composition von zwei entgegengesetzten ursprünglichen Classen der ersten Art H, H' giebt stets die Hauptclasse $HH' = 1$.*

Hieraus ziehen wir eine wichtige Folgerung, von welcher sehr häufig Gebrauch gemacht wird: *Bedeutet H eine ursprüngliche Classe erster Art, so folgt aus $HK = HL$ auch stets $K = L$.* Ist nämlich H' der Classe H entgegengesetzt, also $HH' = 1$, so folgt aus $HK = HL$ zunächst $(HK)H' = (HL)H'$, und hieraus $(HH')K = (HH')L$, also $K = L$.

3. Ist K eine Classe vom Theiler σ, so kann man (nach §. 93) ihren Repräsentanten $(a\sigma, b, c)$ so wählen, dass a relative Primzahl zu σ ist; dann ist diese Form offenbar zusammengesetzt aus den beiden einigen Formen $(a, b, c\sigma)$ und (σ, b, ac), deren letztere den Theiler σ hat und der einfachsten Classe dieses Theilers angehört (§. 61), woraus von selbst folgt, dass die erstere Form eine ursprüngliche Form der ersten Art sein muss, was sich auch leicht direct nachweisen liesse. Wir haben daher das Resultat: *Ist S die einfachste, und K irgend eine Classe vom Theiler σ, so giebt es immer mindestens eine ursprüngliche Classe erster Art H von der Beschaffenheit, dass $SH = K$ ist.*

Man überzeugt sich leicht mit Hülfe von 2., dass der Satz 3. auch dann noch gilt, wenn S und K irgend welche Classen desselben Theilers bedeuten; ebenso leuchtet ein, dass aus den einfachsten Classen der Theiler σ, σ' stets die einfachste Classe des Theilers $\sigma\sigma'$ zusammengesetzt ist, natürlich unter der Voraussetzung, dass σ und σ' relative Primzahlen sind. Wir verweilen aber nicht länger bei diesen und anderen ebenso leicht zu beweisenden Sätzen, weil sie für die nachfolgenden Untersuchungen völlig entbehrlich sind.

§. 149.

In diesem Paragraphen wollen wir uns auf die Betrachtung aller zu einer bestimmten Determinante D gehörenden *ursprünglichen Classen erster Art* ($\sigma = 1$) beschränken; das System dieser Classen wollen wir mit $\mathfrak{H}$, ihre (nach §§. 67, 77 endliche) Anzahl mit h bezeichnen. Je zwei solche Classen sind einig, und durch ihre Composition erhält man immer wieder eine Classe desselben Systems $\mathfrak{H}$. Dies gilt auch dann, wenn die beiden Classen identisch sind, und die durch Composition einer Classe A mit sich selbst, oder kürzer, die durch *Duplication**) der Classe A entstehende Classe AA soll mit A^2 bezeichnet werden; ähnlich ist die allgemeine Bezeichnung A^m zu verstehen, wo m irgend eine positive ganze Zahl bedeutet. Durch Anwendung derselben Schlüsse, wie in §. 28, findet man nun leicht, dass immer ein kleinster positiver Exponent δ existirt, welcher der Bedingung $A^\delta = 1$ genügt; dann sind die Classen

$$1, A, A^2 \ldots A^{\delta-1},$$

welche die sogenannte *Periode***) der Classe A bilden, von einander verschieden, und wir wollen sagen, die Classe A *gehöre* zum Exponenten δ; aus $A^r = A^s$ folgt $r \equiv s \pmod{\delta}$, und umgekehrt; verallgemeinert man hiernach die Bezeichnung A^m, indem man sie auch auf negative Exponenten m (und auf $m = 0$) ausdehnt, so ist z. B. $A^{-1} = A^{\delta-1}$ das Symbol für die Classe, welche der Classe A entgegengesetzt ist (§. 148, 2.).

Ist $A^2 = 1$, also $A = A^{-1}$, so ist jede Form (a, b, c) der Classe A eigentlich äquivalent der ihr entgegengesetzten Form $(a, -b, c)$ und folglich sich selbst uneigentlich äquivalent; die Classe A enthält daher (nach §. 58) eine *zweiseitige* Form und soll deshalb auch eine *zweiseitige Classe (classis anceps)* heissen***).

Eine solche Classenperiode bildet nur einen speciellen Fall des folgenden neuen Begriffs, welcher von der höchsten Wichtigkeit für die Gesetze der Composition ist: Ein System $\mathfrak{A}$ von

---

*) *Gauss: D. A.* art. 249.

**) *Gauss: D. A.* art. 306. II.

***) *Gauss: D. A.* art. 224. Allgemein kann man, wenn $A^n = 1$ ist, A eine *n-seitige* Classe nennen.

ursprünglichen Classen der ersten Art soll eine *Gruppe* *) heissen, wenn die Composition von je zwei Classen des Systems $\mathfrak{A}$ immer wieder eine Classe desselben Systems liefert; die Anzahl a der in $\mathfrak{A}$ enthaltenen verschiedenen Classen heisse der *Grad* dieser Gruppe $\mathfrak{A}$. Offenbar bildet das System $\mathfrak{H}$ selbst eine Gruppe vom Grade h.

Aus dieser Erklärung folgt sofort, dass, wenn die Classe A in einer Gruppe $\mathfrak{A}$ enthalten ist, auch die ganze Periode der Classe A, also auch die entgegengesetzte Classe A^{-1} und die Hauptclasse sich in $\mathfrak{A}$ vorfindet. Setzt man ferner jede in der Gruppe $\mathfrak{A}$ enthaltene Classe $A_1, A_2 \ldots A_a$ mit einer ursprünglichen Classe erster Art B zusammen, so sind die entstehenden Classen $A_1 B$, $A_2 B \ldots A_a B$ von einander verschieden (§. 148, 2.) und bilden einen Complex, den wir kurz durch $\mathfrak{A} B$ bezeichnen können; zwei so gebildete Complexe $\mathfrak{A} B$ und $\mathfrak{A} B'$ sind nun entweder vollständig identisch (was wieder durch das Zeichen $=$ angedeutet werden soll), oder sie haben keine einzige gemeinschaftliche Classe; denn wenn sie eine gemeinschaftliche Classe $AB = A' B'$ haben, wo A und A' in $\mathfrak{A}$ enthalten sind, so folgt $B = A^{-1} A' B' = A'' B'$, wo $A'' = A^{-1} A'$ eine ebenfalls in $\mathfrak{A}$ enthaltene Classe bedeutet, und hieraus $\mathfrak{A} B = \mathfrak{A} A'' B' = \mathfrak{A} B'$, weil offenbar der Complex $\mathfrak{A} A''$ mit $\mathfrak{A}$ selbst identisch ist.

Stützt man sich auf diese fundamentale Eigenschaft einer Gruppe und wendet dieselbe Schlussfolgerung an, wie in §. 127, so ergiebt sich unmittelbar folgender Satz:

Sind alle a Classen einer Gruppe $\mathfrak{A}$ zugleich in einer Gruppe $\mathfrak{M}$ vom Grade m enthalten, so ist a ein Divisor von $m = \mu a$, und die Gruppe $\mathfrak{M}$ besteht aus μ Complexen von der Form $\mathfrak{A} M$; die Gruppe $\mathfrak{A}$ soll daher auch ein *Divisor* der Gruppe $\mathfrak{M}$, letztere ein *Multiplum* der ersteren heissen.

Hiernach ist jede Gruppe $\mathfrak{A}$ ein Divisor der Gruppe $\mathfrak{H}$, ihr Grad a ein Divisor von h; da nun die Periode einer Classe A, welche zum Exponenten δ gehört, eine Gruppe vom Grade δ bildet, so ist δ ein Divisor von h, und folglich genügt jede Classe A der Bedingung $A^h = 1$.

Sind ferner $\mathfrak{A}$ und $\mathfrak{B}$ zwei beliebige Gruppen, so bildet das System $\mathfrak{D}$ aller in $\mathfrak{A}$ und $\mathfrak{B}$ gemeinschaftlich enthaltenen Classen

---

*) Vergl. *Galois: Sur les conditions de résolubilité des équations par radicaux* (Liouville's Journal, Bd. XI, 1846).

ebenfalls eine Gruppe, welche der grösste gemeinschaftliche Divisor von $\mathfrak{A}$ und $\mathfrak{B}$ heissen mag; sind a, b, d die Grade dieser drei Gruppen, so ist d ein gemeinschaftlicher Divisor von $a = \alpha d$ und $b = \beta d$; besteht ferner die Gruppe $\mathfrak{B}$ aus den β Complexen $\mathfrak{D} B_1$, $\mathfrak{D} B_2 \ldots \mathfrak{D} B_\beta$, so bilden, wie man leicht erkennt, auch die β Complexe $\mathfrak{A} B_1$, $\mathfrak{A} B_2 \ldots \mathfrak{A} B_\beta$ eine Gruppe $\mathfrak{M}$ vom Grade $m = a\beta = b\alpha = ab : d$, und zwar ist diese Gruppe $\mathfrak{M}$ das kleinste gemeinschaftliche Multiplum der beiden Gruppen $\mathfrak{A}$ und $\mathfrak{B}$*).

Die am leichtesten zu überblickenden Gruppen sind die oben erwähnten Perioden; jede solche Gruppe, deren Classen durch wiederholte Composition aus einer einzigen Classe entstehen, wollen wir eine *reguläre* Gruppe nennen; jede *irreguläre* Gruppe lässt sich als das kleinste Multiplum von gewissen regulären Gruppen ansehen, und zwar kann man die Classen A, B, $C \ldots$ aus der Gruppe so wählen, dass jede in ihr enthaltene Classe sich stets und wesentlich nur auf eine einzige Weise in der Form $A^m B^n C^r \ldots$ darstellen lässt. Auf diese Darstellung und die damit zusammenhängenden Sätze von *Gauss***), deren Beweis leicht auf das Vorhergehende gegründet werden kann, wollen wir aber hier nicht mehr eingehen.

§. 150.

Eine der hauptsächlichsten Anwendungen, welche *Gauss* von der Theorie der Composition gemacht hat, besteht in der Bestimmung des *Verhältnisses* zwischen der Anzahl h' der Classen vom Theiler σ und der Anzahl h der ursprünglichen Classen erster Art***); offenbar ist dies dieselbe Aufgabe, deren Lösung

---

*) Bei solchen Compositionen, wo die Symbole AB und BA *verschiedene* Bedeutungen haben (vergl. z. B. §. 55), verliert der obige Satz über $\mathfrak{M}$ seine allgemeine Gültigkeit.

**) *D. A.* artt. 305—307; ferner *Démonstration de quelques théorèmes concernants les périodes des classes des formes binaires du second degré* (Gauss' Werke, Bd. II, p. 266; 1863). — Vergl. *Schering: Die Fundamental-Classen der zusammensetzbaren arithmetischen Formen.* Göttingen 1869. — *Kronecker: Auseinandersetzung einiger Eigenschaften der Classenanzahl idealer complexer Zahlen.* §. 1. (Monatsber. d. Berliner Ak. 1. Dec. 1870).

***) *D. A.* artt. 253—256.

nach Dirichlet'schen Principien schon oben (§§. 97, 99, 100) mitgetheilt ist.

Bedeutet S die einfachste, und K irgend eine Classe vom Theiler σ, so existirt (nach §. 148, 3.) *mindestens eine* ursprüngliche Classe erster Art H, welche mit S componirt die Classe K hervorbringt; durch Composition von S mit allen h Classen H müssen also jedenfalls alle Classen K vom Theiler σ, jede mindestens einmal erzeugt werden. Es seien nun $R_1, R_2 \ldots R_r$ die sämmtlichen r von einander verschiedenen ursprünglichen Classen erster Art, welche mit S componirt die Classe S selbst hervorbringen; da aus $SR = S$ und $SR' = S$ auch $S(RR') = S$ folgt, so bilden diese r Classen eine Gruppe $\mathfrak{R}$ vom Grade r; und da das System aller h ursprünglichen Classen erster Art ebenfalls eine Gruppe $\mathfrak{H}$ bildet, welche ein Multiplum der Gruppe $\mathfrak{R}$ ist (§. 149), so ist $h = rk$, und die Gruppe $\mathfrak{H}$ zerfällt in k Complexe von der Form $\mathfrak{R}H$; alle r Classen eines solchen Complexes $\mathfrak{R}H$ geben, mit S componirt, eine und dieselbe Classe SH vom Theiler σ; und umgekehrt, wenn $SH' = SH$ ist, so folgt $SH'H^{-1} = S$, also ist $H'H^{-1} = R$ in $\mathfrak{R}$, mithin $H' = RH$ in dem Complex $\mathfrak{R}H$ enthalten. Die Anzahl h' der verschiedenen Classen vom Theiler σ ist daher $= k$, und wir sind also zu folgendem Resultate gelangt:

Die Anzahl h der ursprünglichen Classen der ersten Art ist theilbar durch die Anzahl h' der Classen vom Theiler σ; diejenigen r ursprünglichen Classen erster Art, welche mit der einfachsten Classe vom Theiler σ zusammengesetzt diese letztere wieder erzeugen, bilden eine Gruppe $\mathfrak{R}$, und es ist $h = rh'$.

Dies Resultat behält offenbar seine Gültigkeit für eine negative Determinante auch dann, wenn nicht alle, sondern nur die sogenannten positiven Classen gezählt werden (§. 64).

Es kommt jetzt offenbar nur noch darauf an, den Grad r der Gruppe $\mathfrak{R}$ zu bestimmen, und zu diesem Zwecke stellt *Gauss* folgenden schönen Satz auf:

Die Gruppe $\mathfrak{R}$ besteht aus denjenigen r Classen R, durch deren Formen das Quadrat des Theilers σ eigentlich oder uneigentlich dargestellt werden kann.

Um denselben zu beweisen, bemerken wir zunächst, dass man als Repräsentanten einer *jeden* ursprünglichen Classe H der ersten Art stets eine Form $(a, B, C\sigma)$ annehmen kann, in welcher a relative Primzahl zu σ ist, $2B$ und C aber durch σ theilbar sind;

hat man nämlich (nach §. 93) als Repräsentanten zunächst eine Form (a, b, c) gewählt, in welcher a relative Primzahl zu σ ist, und componirt man dieselbe mit einer Form (σ, b', c') aus der einfachsten Classe S vom Theiler σ, so erhält man (§§. 146, 147) eine Form $(a\sigma, B, C)$ vom Theiler σ, und zwar so, dass die Formen (a, b, c), (σ, b', c') resp. den Formen $(a, B, C\sigma)$, (σ, B, aC) äquivalent sind; es kann daher die Form $(a, B, C\sigma)$, deren Coefficienten offenbar die oben angegebenen Eigenschaften besitzen, statt (a, b, c) als Repräsentant der Classe H gewählt werden.

Ist nun $SH = S$, also H eine der r Classen aus der Gruppe $\mathfrak{R}$, so ist $(a\sigma, B, C)$ äquivalent mit (σ, B, aC), und folglich existiren zwei ganze Zahlen x, y, welche der Bedingung

$$a\sigma x^2 + 2Bxy + Cy^2 = \sigma$$

genügen; hieraus folgt aber

$$a(\sigma x)^2 + 2B(\sigma x)y + C\sigma y^2 = \sigma^2,$$

d. h. σ^2 wird durch die Form $(a, B, C\sigma)$ der Classe H dargestellt, wenn den Variabelen die Werthe σx, y beigelegt werden.

Umgekehrt, ist σ^2 durch die Formen der Classe H, also auch durch die Form $(a, B, C\sigma)$ darstellbar, so existiren zwei ganze Zahlen z, y, welche der Bedingung

$$az^2 + 2Bzy + C\sigma y^2 = \sigma^2$$

genügen. Zunächst ergiebt sich hieraus, dass z durch σ theilbar sein muss; bezeichnet man nämlich mit δ den grössten gemeinschaftlichen Theiler der beiden Zahlen $z = \delta x$ und $\sigma = \delta\varrho$, so lässt sich die vorstehende Gleichung, weil die Zahlen $2B$ und C durch σ theilbar sind, durch δ^2 dividiren, und man erhält

$$ax^2 + \frac{2B}{\sigma}\varrho xy + \frac{C}{\sigma}\varrho^2 y^2 = \varrho^2,$$

also ist ax^2 theilbar durch ϱ; da aber ϱ (als Divisor von σ) relative Primzahl zu a und (zufolge der Definition von δ) auch zu x ist, so muss $\varrho = 1$, also $\delta = \sigma$, und $z = \sigma x$ sein. Zugleich ergiebt sich aus der vorstehenden Gleichung, dass x, y relative Primzahlen sind; mithin ist die Zahl

$$\sigma = a\sigma x^2 + 2Bxy + Cy^2$$

eigentlich darstellbar durch die Form $(a\sigma, B, C)$ vom Theiler σ, welche folglich (§. 60) einer Form (σ, b', c') äquivalent sein muss, deren erster Coefficient $= \sigma$ ist, und deshalb der einfachsten

Classe S vom Theiler σ angehört. Da nun $(a\sigma, B, C)$ auch der Classe SH angehört, so ist $SH = S$, d. h. H ist eine Classe aus der Gruppe $\mathfrak{R}$, was zu beweisen war.

Durch den hiermit bewiesenen obigen Satz sind wir nun in den Stand gesetzt, den Grad r der Gruppe $\mathfrak{R}$ genau zu bestimmen. Ist R eine Classe aus dieser Gruppe, und wird σ^2 durch ihre Formen so dargestellt, dass die beiden darstellenden Zahlen (x, y) den grössten gemeinschaftlichen Theiler δ haben, so geht δ^2 in σ^2, folglich δ in $\sigma = \delta\varrho$ auf; mithin ist (nach §. 60) ϱ^2 eigentlich darstellbar durch die Formen der Classe R, und folglich kann man (nach §. 60) als Repräsentanten von R eine Form wählen, deren erster Coefficient $= \varrho^2$ ist. Da umgekehrt durch jede solche Form auch σ^2 dargestellt wird, wenn den Variabelen die Werthe $x = \delta$, $y = 0$ ertheilt werden, so gehört sie, wenn sie zugleich ursprünglich von der ersten Art ist, einer Classe R aus der Gruppe $\mathfrak{R}$ an. Wir haben mithin folgenden Satz erhalten:

Der Grad r der Gruppe $\mathfrak{R}$ ist gleich der Anzahl aller nicht äquivalenten ursprünglichen Formen der ersten Art, deren erster Coefficient eine in σ^2 aufgehende Quadratzahl ϱ^2 ist.

Wir bemerken schliesslich, dass für jede solche Zahl ϱ^2 (zufolge §. 56) nur alle diejenigen Formen zu untersuchen sind, deren mittlere Coefficienten nach dem Modulus ϱ^2 incongruent sind.

§. 151.

Nachdem im Vorhergehenden der Weg allgemein vorgezeichnet ist, auf welchem man zur Bestimmung des Verhältnisses der Classenanzahlen h und h' gelangt, schreiten wir zur Betrachtung der speciellen Fälle, in welchen σ eine *Primzahl* ist, weil aus ihnen das allgemeine Resultat abgeleitet werden kann.

I. Ist die Determinante $D = 1 - 4n \equiv 1 \pmod{4}$, und $\sigma = 2$, so handelt es sich um die Vergleichung der Classenanzahlen der ursprünglichen Formen der ersten und zweiten Art. Bezeichnet man dieselben wieder mit h und h', so ist $h = rh'$, wo r die Anzahl der nicht äquivalenten ursprünglichen Formen erster Art bedeutet, deren erster Coefficient $= 1$ oder $= 4$ ist. Da im zweiten Falle der mittlere Coefficient ungerade sein muss, so sind nur die drei Formen

$$(1,\ 0,\ -D),\ (4,\ \pm 1,\ n)$$

in Betracht zu ziehen.

Ist $D \equiv 1 \pmod{8}$, also n gerade, so ist nur die erste dieser Formen ursprünglich von der ersten Art, folglich $r = 1$, und $h = h'$.

Ist aber $D \equiv 5 \pmod{8}$, also n ungerade, so sind alle drei Formen ursprünglich von der ersten Art, und es braucht nur noch untersucht zu werden, ob sie verschiedenen Classen angehören oder nicht. Zunächst lässt sich beweisen, dass sie entweder zu einer und derselben, oder zu drei verschiedenen Classen gehören. *Gauss* zeigt dies durch die Composition der ihnen entsprechenden Classen $1, P, Q$; da die Classen P, Q entgegengesetzt sind, so ist $PQ = 1$, und ferner lässt sich leicht zeigen, dass $PP = Q$ und $QQ = P$ ist (denn aus den beiden einigen, in P enthaltenen Formen $(4, 1, n)$, $(n, -1, 4)$ ist die Form $(4n, 2n-1, n)$ zusammengesetzt, und da diese mit $(n, 1-2n, 4n)$, $(n, 1, 4)$, $(4, -1, n)$ äquivalent ist, so folgt $PP = Q$); nimmt man nun an, dass zwei der drei Classen $1, P, Q$ identisch sind, so ergiebt sich hieraus sofort, dass auch die dritte mit ihnen übereinstimmt. Dasselbe lässt sich auch durch die folgenden Sätze erweisen.

Sind irgend zwei der drei Formen $(1, 0, -D)$, $(4, \pm 1, n)$ *äquivalent, so ist die Gleichung* $t^2 - Du^2 = 4$ *durch ungerade Zahlen* t, u *lösbar.*

Ist nämlich die erste Form mit einer der beiden anderen äquivalent, so ist (nach §. 60) der erste Coefficient 4 dieser letzteren eigentlich darstellbar durch die Form $(1, 0, -D)$, also giebt es zwei relative Primzahlen t, u, welche der Gleichung $t^2 - Du^2 = 4$ genügen, woraus folgt, dass t, u, da sie nicht beide gerade sein können, nothwendig beide ungerade sein müssen. Sind ferner die beiden letzten Formen äquivalent, so giebt es (nach §. 60 Anm.) zwei ganze Zahlen x, y, welche den Bedingungen

$$4x^2 + 2xy + ny^2 = 4,\quad 2x + ny \equiv 0 \pmod{4}$$

genügen; da n ungerade ist, so muss y gerade sein $= 2u$; setzt man dann $2x + u = t$, so gehen diese Bedingungen in die folgenden über

$$t^2 - Du^2 = 4,\ t \equiv -u \pmod{4};$$

da aus der letzteren $t^2 \equiv u^2 \pmod{8}$ folgt, und ausserdem $-D \equiv 3 \pmod{8}$ ist, so folgt aus der ersteren $4u^2 \equiv 4 \pmod{8}$, mithin ist u, also auch t ungerade, was zu beweisen war.

Ist die Gleichung $t^2 - Du^2 = 4$ durch ungerade Zahlen t, u lösbar, so sind alle drei Formen $(1, 0, -D)$, $(4, \pm 1, n)$ *äquivalent.*

Denn wenn man t mit beliebigem Vorzeichen, dann aber $u \equiv -t \pmod{4}$ wählt, so geht die Form $(1, 0, -D)$ durch die Substitutionen

$$\begin{pmatrix} t, & \pm \dfrac{t + Du}{4} \\ \pm u, & \dfrac{t + u}{4} \end{pmatrix}$$

in die beiden Formen $(4, \pm 1, n)$ über. — Durch Verbindung der beiden vorstehenden Sätze ergiebt sich:

Die drei obigen Formen sind äquivalent oder gehören drei verschiedenen Classen an, je nachdem die Gleichung $t^2 - Du^2 = 4$ durch ungerade Zahlen t, u lösbar ist oder nicht; im ersten Falle ist $h = h'$, im zweiten $h = 3h'$.

Ist nun D positiv, so tritt der erste Fall ein oder der zweite, je nachdem die *kleinste* Lösung $t = T'$, $u = U'$ aus ungeraden oder geraden Zahlen besteht (§. 99). Ist D negativ, so besitzt die Gleichung im Allgemeinen nur die beiden Auflösungen $t = \pm 2$, $u = 0$, und mithin ist $h = 3h'$; die einzige Ausnahme hiervon bildet die Determinante $D = -3$, weil die Gleichung ausser den beiden Lösungen $t^2 = 4$, $u = 0$ noch die vier Lösungen $t^2 = u^2 = 1$ besitzt, und folglich ist in diesem Falle wieder $h = h'$.

Diese Resultate stimmen vollkommen mit denjenigen überein, welche wir früher (§§. 97, 99) mit Hülfe ganz anderer Principien abgeleitet haben.

II. Ist $D = D'\sigma^2$, so leuchtet ein, dass h' zugleich die Anzahl der ursprünglichen Classen erster Art von der Determinante D' ist. Zufolge der Voraussetzung, dass σ eine Primzahl ist, haben wir, um das Verhältniss $r = h : h'$ zu bestimmen, nur die l Formen

$$(1, 0, -D) = E \text{ und } (\sigma^2, b\sigma, b^2 - D') = F_b \qquad (1)$$

zu betrachten, wo b ein vollständiges Restsystem (mod. σ) mit Ausnahme derjenigen Werthe durchlaufen muss, für welche $b^2 \equiv D' \pmod{\sigma}$ wird, weil diesen keine ursprünglichen Formen entsprechen; die Anzahl der Formen (1) ist daher

$$l = 2 \text{ oder } \sigma - \left(\frac{D'}{\sigma}\right) \tag{2}$$

je nachdem $\sigma = 2$ oder eine ungerade Primzahl ist. Zur Bestimmung der Anzahl r der verschiedenen *Classen*, welchen diese l verschiedenen Formen (1) angehören, gelangen wir durch die folgenden Sätze.

Die beiden Formen E, F_β sind stets und nur dann äquivalent, wenn die Gleichung

$$t't' - D'u'u' = 1 \tag{3}$$

eine Lösung in ganzen Zahlen t', u' besitzt, die der Bedingung

$$t' + \beta u' \equiv 0 \pmod{\sigma} \tag{4}$$

genügen.

Denn die genannte Aequivalenz findet (nach §. 60 Anmerkung) stets und nur dann statt, wenn zwei ganze Zahlen x, y existiren, welche die drei Bedingungen

$$x^2 - D'\sigma^2 y^2 = \sigma^2,$$
$$x + \beta\sigma y \equiv 0, \; -\beta\sigma x - D'\sigma^2 y \equiv 0 \pmod{\sigma^2}$$

erfüllen; da nun aus der ersten folgt, dass x durch σ theilbar ist, und da sie durch die Substitution $x = \sigma t'$, $y = u'$ in die Bedingungen (3) und (4) übergehen, aus welchen sie umgekehrt folgen, so ist der Satz erwiesen.

Die beiden Formen F_b, $F_{b'}$ sind stets und nur dann äquivalent, wenn die Gleichung (3) *eine Lösung besitzt, die der Bedingung*

$$(b - b')t' + (bb' - D')u' \equiv 0 \pmod{\sigma} \tag{5}$$

genügt.

Denn diese Aequivalenz ist gleichbedeutend mit der Existenz zweier ganzen Zahlen x, y, welche die Bedingungen

$$\sigma^2 x^2 + 2b\sigma xy + (b^2 - D')y^2 = \sigma^2,$$
$$\sigma^2 x + (b + b')\sigma y \equiv 0, \; (b - b')\sigma x + (b^2 - D')y \equiv 0 \pmod{\sigma^2}$$

befriedigen; da nun nach Voraussetzung $b^2 - D'$ nicht durch σ theilbar ist, so muss y durch die Primzahl σ theilbar sein; da ferner die vorstehenden Bedingungen durch die Substitution $y = \sigma u'$, $x = t' - bu'$ in die Bedingungen (3) und (5) übergehen, aus denen sie auch rückwärts folgen, so ist der Satz bewiesen.

Bedeutet λ die Anzahl derjenigen Formen (1), *welche der Hauptclasse angehören, so ist $l = r\lambda$.*

Gehört die Form F_β der Hauptclasse an, so existirt eine Lösung (t', u') der Gleichung (3), welche der Congruenz (4) genügt, und folglich kann u' nicht durch σ theilbar sein. Ist umgekehrt (t', u') eine Lösung der Gleichung (3), und u' nicht theilbar durch σ, so existirt stets eine und nur eine Zahlclasse β (mod. σ), welche der Congruenz (4) genügt, und ihr entspricht folglich eine zur Hauptclasse gehörige Form F_β. Um also alle diese Formen zu erhalten, muss man alle Lösungen (t', u') der Gleichung (3) aufstellen, in welchen u' nicht durch σ theilbar ist, und jedesmal die entsprechende Zahlclasse β (mod. σ) durch die Congruenz (4) bestimmen. Da ausserdem die Form E zur Hauptclasse gehört, und λ die Anzahl aller zur Hauptclasse gehörenden Formen (1) bedeutet, so ist $\lambda - 1$ die Anzahl der sämmtlichen incongruenten Zahlclassen β (mod. σ), welche aus Lösungen (t', u') der Gleichung (3) vermöge der Congruenz (4) erzeugt werden können.

Sind hierdurch schon alle Formen (1) erschöpft, so ist $l = \lambda$ und $r = 1$, also der Satz richtig. Giebt es aber in (1) eine nicht zur Hauptclasse gehörende Form $F_{b'}$, d. h. giebt es eine von den $\lambda - 1$ Zahlclassen β (mod. σ) verschiedene Zahlclasse b' von der Beschaffenheit, dass $b'b' - D'$ nicht durch σ theilbar ist, so wollen wir zeigen, dass unter den l Formen (1) sich genau $(\lambda - 1)$ verschiedene Formen F_b finden, welche alle mit der Form $F_{b'}$ äquivalent und von ihr verschieden sind. Ist nämlich F_b eine solche Form, so giebt es, wie oben gezeigt ist, eine Lösung (t', u') der Gleichung (3), welche der Congruenz (5) genügt, und da F_b verschieden von $F_{b'}$, also $b - b'$ nicht durch σ theilbar ist, so kann auch u' nicht durch σ theilbar sein; mithin gehört zu dieser Lösung eine der Congruenz (4) genügende Zahl β, und durch Elimination von t' aus (4) und (5) ergiebt sich, dass diese Zahlclasse β durch die Congruenz*)

---

*) Diese Congruenz hat folgende tiefere Bedeutung. Sind F_b, $F_{b'}$ zwei *beliebige* Formen des Systems (1), und R_b, $R_{b'}$ die Classen, denen sie angehören, so ist offenbar $R_b R_{b'} = 1$, wenn $b + b' \equiv 0$ (mod. σ); ist aber $b + b'$ nicht theilbar durch σ, so ist $R_b R_{b'} = R_{b''}$, wo b'' durch die Congruenz

$$(b + b')\, b'' \equiv bb' + D' \text{ (mod. } \sigma)$$

bestimmt ist. Hiervon kann man sich mit den hier zu Gebote stehenden Mitteln (§§. 60, 145) wohl am kürzesten auf folgende Weise überzeugen. Zunächst leuchtet ein, dass $F_{b''}$ eine in (1) enthaltene und von F_b verschiedene Form ist; dieselbe geht durch eine Substitution, deren erster und dritter Coefficient die relativen Primzahlen $b - b''$ und σ sind, in eine

$$(b - b')\beta \equiv bb' - D' \pmod{\sigma} \qquad (6)$$

vollständig bestimmt ist; jeder der Formen F_b, welche mit der gegebenen Form $F_{b'}$ äquivalent, aber von ihr verschieden sind, entspricht daher eine und nur eine der $\lambda - 1$ Zahlen β. Umgekehrt, wenn β eine der $\lambda - 1$ Zahlen ist, denen Formen F_β entsprechen, die der Hauptclasse angehören, so kann $\beta - b'$, weil $F_{b'}$ nicht zur Hauptclasse gehört, nicht durch σ theilbar sein, und folglich giebt es eine und nur eine Zahlclasse b, welche der mit (6) identischen Congruenz

$$(\beta - b')b \equiv \beta b' - D' \pmod{\sigma} \qquad (6)$$

genügt; wäre nun $b^2 \equiv D' \pmod{\sigma}$, so würde die vorstehende Congruenz in $(b + \beta)(b - b') \equiv 0 \pmod{\sigma}$ übergehen, es wäre folglich eine der beiden Zahlen $b + \beta$, $b - b'$, also auch eine der beiden Zahlen $\beta^2 - D'$, $b'^2 - D'$ durch σ theilbar, was aber nicht der Fall ist; mithin ist $b^2 - D'$ nicht durch σ theilbar, und folglich entspricht der Zahl b eine wirklich in (1) enthaltene Form F_b. Dieselbe ist verschieden von $F_{b'}$, weil aus der Annahme $b \equiv b' \pmod{\sigma}$ wieder $b'^2 \equiv D' \pmod{\sigma}$ folgen würde. Aber sie ist äquivalent mit $F_{b'}$; denn da eine Lösung (t', u') der Gleichung (3) existirt, aus welcher β vermöge (4) hervorgegangen ist, so erhält man aus (6) durch Multiplication mit u' die Congruenz (5), welche in Verbindung mit (3) für die Aequivalenz der beiden in (1) enthaltenen Formen F_b, $F_{b'}$ charakteristisch ist. Man findet daher alle mit der Form $F_{b'}$ äquivalenten, aber von ihr verschiedenen Formen F_b des Systems (1), und jede auch nur einmal, wenn man für jede der $\lambda - 1$ Zahlen β die zugehörige Zahl b vermöge der Congruenz (6) bestimmt. Von den l Formen (1) gehören daher immer je λ, und nicht mehr, zu einer und derselben Classe, folglich ist $l = r\lambda$, was zu beweisen war.

Ist die Determinante $D = D'\sigma^2$ negativ, so ist h im Allgemeinen $= lh'$, und nur dann $= \frac{1}{2}lh'$, wenn $D' = -1$.

Denn die Gleichung (3) besitzt nur im letzteren Falle Lösungen ($t' = 0$, $u' = \pm 1$), in welchen u' nicht durch σ theilbar

---

äquivalente Form $(c\sigma^2, n, p)$ über, wo $c = b^2 - D'$, $n \equiv -b\sigma \pmod{c}$, $n \equiv b'\sigma \pmod{\sigma^2}$ ist; diese Form ist daher aus der mit F_b äquivalenten Form $(c, -b\sigma, \sigma^2)$ und $F_{b'}$ zusammengesetzt, was zu beweisen war. Die Congruenz (6) besagt mithin, dass $R_\beta R_b = R_{b'}$, also $R_b = R_{b'}$ ist, weil $R_\beta = 1$. Viel einfacher und durchsichtiger gestalten sich alle Untersuchungen über die Composition in der Theorie der ganzen algebraischen Zahlen.

ist; da denselben nur die eine Zahlclasse $\beta \equiv 0 \pmod{\sigma}$ entspricht, so ist $\lambda = 2$, also $r = \frac{1}{2} l$; in allen anderen Fällen ist $\lambda = 1$, also $r = l$.

Ist die Determinante $D = D'\sigma^2$ positiv, und bedeuten (T, U), (T', U') resp. die kleinsten positiven Auflösungen der Gleichungen $T^2 - DU^2 = 1$, $T'^2 - D'U'^2 = 1$, so ist

$$h \log(T + U\sqrt{D}) = l h' \log(T' + U'\sqrt{D'}).$$

Um dies zu beweisen, schicken wir eine Bemerkung über die Lösungen der Gleichung (3) voraus. Wenn zwei solche Lösungen (t', u'), (t'', u'') der Bedingung

$$t'u'' - u't'' \equiv 0 \pmod{\sigma} \tag{7}$$

genügen, so kann man, wenn $\sqrt{D'}$ und $\sqrt{D} = \sigma\sqrt{D'}$ immer positiv genommen werden,

$$t' + u'\sqrt{D'} = (t'' + u''\sqrt{D'})(t + u\sqrt{D}) \tag{8}$$

setzen, wo die ganzen Zahlen t, u eine Lösung der Gleichung

$$t^2 - Du^2 = 1 \tag{9}$$

bilden. Umgekehrt, sind (t'', u''), (t, u) resp. Lösungen der Gleichungen (3), (9), so liefert die Gleichung (8) stets eine Lösung (t', u') der Gleichung (3), welche zugleich der Bedingung (7) genügt. Je zwei solche Lösungen (t', u'), (t'', u'') der Gleichung (3) wollen wir äquivalent nennen; dann leuchtet sofort ein, dass zwei Lösungen, welche einer dritten äquivalent sind, auch einander äquivalent sein müssen. Man kann daher die sämmtlichen Lösungen der Gleichung (3) in Classen eintheilen, deren jede alle und nur solche Lösungen enthält, die unter einander äquivalent sind. Eine von diesen Classen besteht offenbar aus denjenigen Lösungen (t', u'), deren zweite Elemente u' durch σ theilbar sind. Jede andere Lösung (t', u') liefert aber durch die Congruenz (4) eine zugehörige Zahlclasse $\beta \pmod{\sigma}$, und da offenbar zwei solche Lösungen stets und nur dann äquivalent sind, wenn sie congruente Zahlen β erzeugen, so ist λ auch die Anzahl aller verschiedenen Classen, in welche die sämmtlichen Lösungen (t', u') zerfallen.

Nun lehrt die Gleichung (8), aus einer gegebenen Lösung (t'', u'') alle ihr äquivalenten Lösungen (t', u') zu finden, und da

$$t + u\sqrt{D} = \pm (T + U\sqrt{D})^n$$

ist, wo das Vorzeichen nach Belieben, und für n jede ganze Zahl gewählt werden darf (§. 85), so leuchtet ein (vergl. §. 87), dass in jeder der λ Classen von Lösungen ein und nur ein Repräsentant (t', u') existirt, welcher der Bedingung

$$1 \leqq t' + u'\sqrt{D'} < T + U\sqrt{D} = T + \sigma U\sqrt{D'}$$

genügt; da aber diese λ Grössen $t' + u'\sqrt{D'}$, wie auch $T + U\sqrt{D}$ von der Form

$$(T' + U'\sqrt{D'})^{n'}$$

sind, wo $n' \geqq 0$, und da diese Potenz gleichzeitig mit dem Exponenten n' wächst, so muss

$$T + U\sqrt{D} = (T' + U'\sqrt{D'})^{\lambda}$$

sein, woraus mit Rücksicht auf $h = rh'$ und $l = r\lambda$ die zu beweisende Gleichung folgt.

Offenbar lässt sich aus dem hier behandelten speciellen Falle ohne Schwierigkeit das in §. 100 erhaltene Resultat für den allgemeinen Fall ableiten, in welchem σ eine beliebige zusammengesetzte Zahl ist.

§. 152.

Wir beschränken uns nun wieder (wie in §. 149) auf die Composition von *ursprünglichen Classen erster Art*, und behalten ausserdem, wenn die Determinante D negativ ist, nur die positiven Classen bei, deren Zusammensetzung offenbar immer wieder zu positiven Classen führt. Diese h Classen, welche die Gruppe $\mathfrak{H}$ bilden, zerfallen (§. 122) je nach dem Ausfall der λ Charaktere C, welche dieser Determinante D entsprechen, in Geschlechter, und es ist mit Hülfe des Reciprocitätssatzes gezeigt (§. 123), dass *höchstens* der Hälfte aller angebbaren Totalcharaktere wirklich existirende Classen entsprechen. *Gauss* *) leitet aber diesen letzteren Satz aus der Theorie der Composition ab, und er benutzt ihn, um darauf umgekehrt einen neuen, seinen *zweiten* Beweis des Reciprocitätssatzes zu gründen. Da diese tiefsinnigen Principien sich auf die Beweise von höheren Reciprocitätsgesetzen übertragen

*) *D. A.* artt. 257—262.

lassen*), so theilen wir dieselben in diesem und den folgenden Paragraphen mit.

Sind ε, ε' die Werthe eines Charakters C resp. für die Classen H, H', so ist $C = \varepsilon\,\varepsilon'$ für die Classe HH'.

Man kann als Repräsentanten der Classen H, H' immer zwei einige Formen nehmen, deren erste Coefficienten a, a' relative Primzahlen zu $2D$ sind; da die aus ihnen zusammengesetzte, also der Classe HH' angehörende Form den ersten Coefficienten aa' hat, welcher ebenfalls relative Primzahl zu $2D$ ist, so ergiebt sich der zu beweisende Satz unmittelbar, wenn man bedenkt, dass der Charakter C oder $C(n)$ ein Ausdruck von der Art

$$(-1)^{\frac{1}{2}(n-1)},\ (-1)^{\frac{1}{8}(n^2-1)},\ (-1)^{\frac{1}{2}(n-1)+\frac{1}{8}(n^2-1)},\ \left(\frac{n}{l}\right)\cdots$$

ist (§. 122), und dass folglich die drei Werthe $C(a)$, $C(a')$, $C(aa')$, welche dieser Charakter resp. in den drei Classen H, H', HH' besitzt, der Bedingung $C(a)\,C(a') = C(aa')$ genügen.

Aus diesem Satze ergiebt sich, dass, wenn die Classen K, K' resp. denselben Geschlechtern G, G' angehören, wie die Classen H, H', dann auch die Classen KK' und HH' sich in einem und demselben Geschlechte finden, welches das aus G, G' *zusammengesetzte Geschlecht* heissen soll**). Sind ferner N, N' zwei Classen des *Hauptgeschlechtes*, d. h. desjenigen Geschlechtes, in welchem sich die Hauptform $(1, 0, -D)$ findet, und folglich alle Charaktere C den Werth $+1$ haben, so gehört die zusammengesetzte Classe NN' ebenfalls diesem Geschlechte an, mithin bilden alle n Classen des Hauptgeschlechtes eine Gruppe $\mathfrak{N}$ vom Grade n (§. 149); zugleich zerfallen die sämmtlichen h Classen in g Complexe $\mathfrak{N}H$ von je n Classen, welche jedesmal einem und demselben Geschlecht angehören; zwei verschiedene solche Complexe gehören, wie man leicht erkennt, auch zu verschiedenen Geschlechtern; mithin ist $h = ng$, und g die Anzahl der wirklich existirenden von einander verschiedenen Geschlechter***).

---

*) *Kummer: Ueber die allgemeinen Reciprocitätsgesetze unter den Resten und Nichtresten der Potenzen, deren Grad eine Primzahl ist.* 1859. Vergl. Berl. Monatsbericht vom 18. Febr. 1858.

**) *Gauss: D. A.* artt. 246, 247.

***) *Gauss: D. A.* art. 252.

Die Determinante D heisst *regulär* oder *irregulär*, je nachdem die von den n Classen des Hauptgeschlechtes gebildete Gruppe regulär ist oder nicht (§. 149); bedeutet im letzteren Falle δ den Grad der grössten in ihr enthaltenen regulären Gruppe, so heisst die ganze Zahl $n : \delta$ der *Irregularitätsexponent* der Determinante*).

Aus dem obigen Satze über den Charakter einer zusammengesetzten Classe ergiebt sich ferner unmittelbar der folgende:

Jede Classe Q, welche durch Duplication einer Classe entsteht, gehört dem Hauptgeschlechte an.

Mithin ist die Anzahl q der verschiedenen Classen Q, welche durch Duplication der sämmtlichen h Classen entstehen, $\leqq n$ (da diese Classen, wie leicht zu ersehen ist, eine Gruppe $\mathfrak{Q}$ bilden, so muss q gewiss ein Divisor von n sein). Um sie genauer zu bestimmen, nehmen wir an, Q entstehe durch Duplication der bestimmten Classe H, und fragen nach allen Classen H', durch deren Duplication dieselbe Classe Q entsteht. Aus der Annahme $H'H' = Q = HH$ folgt nun, wenn man $H' = AH$ setzt, $AA = 1$, also $A = A^{-1}$, d. h. A ist eine *zweiseitige* Classe (§. 149). Umgekehrt, ist $H' = AH$, und A eine zweiseitige Classe, so ist auch $H'H' = HH$. Schreibt man daher alle α zweiseitigen Classen A auf, welche offenbar eine Gruppe $\mathfrak{A}$ bilden, so zerfallen alle h Classen in q Complexe $\mathfrak{A}H$ von je α Classen, deren Duplication eine und dieselbe Classe HH hervorbringt, während zwei Classen, welche zwei verschiedenen solchen Complexen angehören, durch Duplication auch zwei verschiedene Classen hervorbringen; und folglich ist $h = \alpha q$.

Da nun h auch $= ng$, und ausserdem $q \leqq n$ ist, so ergiebt sich $g \leqq \alpha$, d. h. der Satz: *Die Anzahl der wirklich existirenden verschiedenen Geschlechter ist höchstens gleich der Anzahl der zweiseitigen Classen.*

§. 153.

Es kommt also jetzt darauf an, für eine gegebene Determinante D die Anzahl α aller zweiseitigen Classen A genau zu bestimmen, welche ursprünglich von erster Art sind.

Da in jeder zweiseitigen Classe $A = A^{-1}$ stets mindestens eine zweiseitige Form (a, b, c) zu finden ist (§. 58), so bleibt

---

*) *Gauss: D. A.* art. 306, VII.

gewiss keine jener α Classen unvertreten, wenn wir alle zweiseitigen Formen aufschreiben. Da nun in einer solchen Form $2b$ durch a theilbar, folglich b entweder $\equiv 0$, oder $\equiv \frac{1}{2}a \pmod{a}$, also (a, b, c) selbst mit einer Form äquivalent ist (§. 56), deren mittlerer Coefficient entweder Null, oder die Hälfte des ersten Coefficienten ist, so genügt es, alle Formen

$$\left(a, 0, \frac{-D}{a}\right) \text{ und } \left(2b, b, \frac{b^2 - D}{2b}\right)$$

zu betrachten, welche ursprünglich von erster Art sind.

Bedeutet μ die Anzahl aller verschiedenen *ungeraden* Primzahlen, welche in D aufgehen, ist ferner $\nu = 0$ oder $= 1$, je nachdem D ungerade oder gerade, so ist $\mu + \nu$ die Anzahl *aller* verschiedenen in D aufgehenden Primzahlen. Dann leuchtet ein, dass die Anzahl aller ursprünglichen Formen vom Typus

$$(a, 0, a')$$

gleich $2^{\mu+\nu+1}$ ist; die eine Hälfte derselben hat positive erste Coefficienten, die andere Hälfte negative.

Betrachten wir nun die anderen zweiseitigen ursprünglichen Formen erster Art, deren Typus

$$\left(2b, b, \frac{b^2 - D}{2b}\right)$$

ist, so muss b ein solcher Divisor von $D = -bb'$ sein, dass der dritte Coefficient $\frac{1}{2}(b + b')$ eine ganze Zahl und relative Primzahl zu $2b$ wird; mithin muss zunächst $b + b' \equiv 2 \pmod{4}$ sein, und ferner dürfen b und b' keinen gemeinschaftlichen ungeraden Divisor haben. Sind nun b und b' ungerade, so folgt $b' \equiv b$, $D \equiv -bb \equiv 3 \pmod{4}$; umgekehrt, wenn $D \equiv 3 \pmod{4}$, so kann b nur ungerade sein, und aus $bb' = -D \equiv 1 \pmod{4}$ folgt von selbst, dass $b \equiv b'$, also $b + b' \equiv 2 \pmod{4}$ wird; mithin kann b jeder Divisor von D sein, für welchen b und b' relative Primzahlen werden. Die Anzahl dieser Formen

$$(2b, b, \tfrac{1}{2}(b + b'))$$

ist daher $= 2^{\mu+1}$, unter welchen ebenso viele mit positiven wie mit negativen ersten Coefficienten vorkommen. Sind aber b und b' gerade Zahlen, so ist eine von ihnen $\equiv 0$, die andere $\equiv 2 \pmod{4}$, mithin $D \equiv 0 \pmod{8}$, und $\frac{1}{2}b$, $\frac{1}{2}b'$ sind relative Primzahlen. Umgekehrt, wenn $D \equiv 0 \pmod{8}$ ist, so muss b gerade sein, und man kann für $\frac{1}{2}b$ jeden Divisor von $\frac{1}{4}D = -\frac{1}{2}b \cdot \frac{1}{2}b'$ wählen, für welchen $\frac{1}{2}b$, $\frac{1}{2}b'$ relative Primzahlen werden; mithin ist die Anzahl dieser Formen, da $\frac{1}{4}D$ gerade ist, gleich $2^{\mu+2}$, und unter ihnen finden sich ebenso viele mit positiven wie mit negativen ersten Coefficienten.

Die Anzahl *aller* dieser zweiseitigen ursprünglichen Formen erster Art ist daher gleich

$$\begin{array}{lll} 2^{\mu+1}, & \text{wenn} & D \equiv 1 \pmod{4} \\ 2^{\mu+2}, & \text{„} & D \equiv 2, 3, 4, 6, 7 \pmod{8}, \\ 2^{\mu+3}, & \text{„} & D \equiv 0 \pmod{8}; \end{array}$$

sie ist folglich in allen Fällen genau doppelt so gross, als die Anzahl $2^\lambda = 2\tau$ aller angebbaren Totalcharaktere für die Determinante D (§. 122). Es kommt jetzt darauf an, die Anzahl der verschiedenen Classen zu bestimmen, welche durch diese 4τ Formen repräsentirt werden.

Sieht man von dem singulären Fall $D = -1$ vorläufig ganz ab, so erkennt man leicht, dass die Coefficienten a und a', ebenso die Zahlen b und b', selbst ihren absoluten Werthen nach, von einander verschieden sein müssen. Hätten nämlich die relativen Primzahlen a, a' denselben absoluten Werth 1, so wäre $D = \pm 1$; dasselbe würde sich ergeben, wenn man annehmen wollte, die ungeraden Zahlen b und b' hätten denselben absoluten Werth; sind endlich b und b' gerade, so ist die eine der Zahlen $\frac{1}{2}b$, $\frac{1}{2}b'$ gerade, die andere ungerade, also haben sie verschiedene absolute Werthe. Hieraus folgt, dass die sämmtlichen obigen Formen immer in Paare von je zwei von einander verschiedenen Formen $(a, 0, a')$, $(a', 0, a)$, und $(2b, b, \frac{1}{2}(b+b'))$, $(2b', b', \frac{1}{2}(b+b'))$ zerfallen, und da die erste resp. durch die Substitutionen $\binom{0,\ 1}{-1,\ 0}$, $\binom{-1,\ -1}{+2,\ +1}$ in die zweite übergeht, so genügt es, diejenige von ihnen beizubehalten, deren erster Coefficient der kleinere ist; mithin haben wir nur noch 2τ Formen $(a, 0, a')$, $(2b, b, \frac{1}{2}(b+b'))$, in welchen die absoluten Werthe (a) und $(b) < \sqrt{(D)}$ sind; und unter diesen Formen giebt es wieder ebenso viele mit positiven ersten Coefficienten, wie mit negativen.

Ist nun D *negativ*, so behalten wir nur die τ Formen bei, deren äussere Coefficienten positiv sind, und wir wollen zeigen, dass sie die Repräsentanten von ebenso vielen verschiedenen Classen sind. Zunächst sind alle Formen $(a, 0, a')$ und diejenigen Formen $(2b, b, \frac{1}{2}(b+b'))$, in welchen $3b \leqq b'$ ist, *reducirt* (§. 64), und statt jeder nicht reducirten Form $(2b, b, \frac{1}{2}(b + b'))$, in welcher also $3b > b'$, können wir die ihr nach rechts benachbarte reducirte Form $(\frac{1}{2}(b + b'), \frac{1}{2}(b' - b), \frac{1}{2}(b + b'))$ substituiren. Man erkennt nun leicht, dass alle diese τ reducirten Formen von einander verschieden, und dass auch keine zwei einander entgegengesetzt sind, weil keiner der mittleren Coefficienten negativ ist; sie gehören daher (§. 65) ebenso vielen verschiedenen Classen an. Wir haben daher das Resultat: *Die Anzahl α aller positiven zweiseitigen ursprünglichen Classen erster Art von negativer Determinante D ist halb so gross wie die Anzahl 2τ aller angebbaren Totalcharaktere.* Dies gilt offenbar auch noch für den oben ausgeschlossenen singulären Fall $D = -1$, da die beiden Formen (1, 0, 1), (2, 1, 1) äquivalent sind.

Ist aber die Determinante D *positiv*, so entspricht jeder der obigen 2τ zweiseitigen Formen (A, B, C) eine einzige ihr äquivalente zweiseitige Form (A, B', C'), wo B' durch die Bedingungen

$$B' \equiv B \pmod{A}, \quad 0 < \sqrt{D} - B' < (A)$$

vollständig bestimmt ist; offenbar entstehen auf diese Weise wieder 2τ zweiseitige und von einander verschiedene Formen (A, B', C'). Um nun zu zeigen, dass alle diese Formen zugleich *reducirt* sind (§. 74), braucht nur nachgewiesen zu werden, dass $(A) < \sqrt{D} + B'$ ist; wenn $(A) < \sqrt{D}$ ist, so folgt dies unmittelbar daraus, dass zufolge der obigen Grenzbedingungen B' positiv ist; wenn aber $(A) > \sqrt{D}$ ist, was nur bei den Formen des zweiten Typus eintreten kann, so ist $A = 2B$, und $(B) < \sqrt{D}$, folglich $B' = (B)$, weil dieser Werth allen an B' gestellten Forderungen genügt, und also wieder $(A) < \sqrt{D} + B'$. Endlich behaupten wir, dass jede zweiseitige reducirte Form (a, b, c), welche zugleich ursprünglich von erster Art ist, nothwendig mit einer dieser 2τ Formen (A, B', C') identisch sein muss; ist nämlich b theilbar durch a, so muss $(a) < \sqrt{D}$ sein, weil in einer reducirten Form $0 < b < \sqrt{D}$ ist, und die mit (a, b, c) äquivalente Form $(a, 0, a')$ ist eine der 2τ Formen (A, B, C), woraus folgt, dass (a, b, c) selbst mit der entsprechenden Form (A, B', C') identisch sein muss, weil b als mittlerer Coefficient einer reducirten Form denselben charakteristischen Bedingungen genügt, wie B'; ist aber b nicht theilbar durch a, so ist wenigstens $(a) < 2\sqrt{D}$, und folglich die mit (a, b, c) äquivalente Form $(a, \frac{1}{2}a, c')$ eine der Formen (A, B, C), woraus wieder folgt, dass (a, b, c) mit der entsprechenden Form

(A, B', C') identisch ist. Wir müssen aus dem Vorhergehenden schliessen, dass die Anzahl aller zweiseitigen ursprünglichen Formen erster Art, welche zugleich reducirt sind, genau $= 2\tau$ ist; da nun in jeder zweiseitigen Classe sich stets zwei und nur zwei solche Formen finden (§. 78 Anm.), so erhalten wir dasselbe Resultat, wie für negative Determinanten: *Die Anzahl α aller zweiseitigen ursprünglichen Classen erster Art von positiver Determinante D ist genau halb so gross wie die Anzahl 2τ aller angebbaren Totalcharaktere.*

Verbinden wir diese Resultate mit dem des vorigen Paragraphen, so ergiebt sich folgender Satz*):

Die Anzahl der wirklich existirenden verschiedenen Geschlechter ist höchstens halb so gross wie die Anzahl der angebbaren Totalcharaktere.

§. 154.

Das eben erhaltene Resultat führt nun zu einem neuen Beweise des Reciprocitätssatzes, sowie der Ergänzungssätze über den Charakter der Zahlen -1 und 2. Hierzu schicken wir die Betrachtung dreier Fälle von Determinanten D voraus, für welche die ursprünglichen Formen erster Art nur ein einziges Geschlecht, nämlich das stets vorhandene, durch die Hauptform $(1, 0, -D)$ vertretene Hauptgeschlecht bilden.

1. Ist $D = -1$, so existirt (§. 122) nur ein einziger Charakter,

$$C = (-1)^{\frac{1}{2}(n-1)},$$

und da folglich die Anzahl aller angebbaren Totalcharaktere $= 2^{\lambda} = 2$ ist, so gehören alle positiven Formen (a, b, c) zufolge des im vorigen Paragraphen gewonnenen Resultates einem einzigen, nämlich dem durch die Form $(1, 0, 1)$ repräsentirten Hauptgeschlechte an (was auch unmittelbar daraus folgt, dass alle diese Formen nur eine einzige Classe bilden); da nun im Hauptgeschlechte alle Charaktere C den Werth $+1$ haben, so wird, wenn a ungerade ist, immer

$$(-1)^{\frac{1}{2}(a-1)} = +1, \quad \text{also} \quad a \equiv 1 \pmod{4}$$

sein.

---

*) Vergl. §. 123.

2. Ist $D = +2$, so existirt (§. 122) nur ein einziger Charakter,

$$C = (-1)^{1/8(n^2-1)};$$

alle Formen (a, b, c) dieser Determinante gehören daher (§. 153) dem Hauptgeschlechte an, mithin ist immer

$$(-1)^{1/8(a^2-1)} = +1, \quad \text{also} \quad a \equiv \pm 1 \pmod{8},$$

wenn a ungerade ist.

3. Ist $D = \pm p \equiv 1 \pmod{4}$, wo p (wie immer im Folgenden) eine *positive ungerade Primzahl* bedeutet, so existirt (§. 122) nur ein einziger Charakter,

$$C = \left(\frac{n}{p}\right);$$

alle (eventuell die positiven) Formen (a, b, c) erster Art gehören daher (§. 153) dem Hauptgeschlechte an, und folglich ist immer

$$\left(\frac{a}{p}\right) = +1,$$

wenn a nicht durch p theilbar ist.

4. Wir wenden uns nun zu dem Beweise des Satzes (§. 40) über den Charakter der Zahl -1; da beide Seiten der zu beweisenden Gleichung

$$\left(\frac{-1}{p}\right) = (-1)^{1/2(p-1)}$$

nur einen der beiden Werthe ± 1 besitzen können, so genügt es offenbar, zu zeigen, dass, sobald irgend eine dieser beiden Grössen $= +1$ ist, dann auch die andere $= +1$ sein muss, weil hieraus von selbst folgt, dass, wenn eine von beiden $= -1$ ist, auch die andere $= -1$ sein muss (dieselbe Bemerkung gilt ebenso für die beiden folgenden Sätze). Ist nun erstens die rechte Seite $= +1$, so ist $(-1, 0, p)$ eine Form erster Art von der positiven Determinante $D = p \equiv 1 \pmod{4}$, woraus (nach 3.) folgt, dass auch die linke Seite $= +1$ ist. Umgekehrt, wenn dies Letztere der Fall, also -1 quadratischer Rest von p ist, so existiren zwei Zahlen b, c, welche der Bedingung $b^2 - pc = -1$ genügen; dann ist (p, b, c) eine positive Form von der Determinante $D = -1$, woraus (nach 1.) folgt, dass auch die rechte Seite $= +1$ ist, was zu beweisen war.

5. Ganz ähnlich gestaltet sich der Beweis des Satzes (§. 41) über den Charakter der Zahl 2. Ist die rechte Seite der zu beweisenden Gleichung

$$\left(\frac{2}{p}\right) = (-1)^{1/8(p^2-1)}$$

gleich $+1$, also $p \equiv \pm 1 \pmod{8}$, so setze man $b = 1$ oder 3, je nachdem $\pm p \equiv 9$ oder 1 (mod. 16) ist; dann ist $b^2 \mp p = 8c$, wo c eine ungerade Zahl, mithin $(8, b, c)$ eine (eventuell positive) Form erster Art von der Determinante $D = \pm p \equiv 1 \pmod{4}$, woraus (nach 3.) folgt, dass

$$\left(\frac{8}{p}\right) = +1, \quad \text{also auch} \quad \left(\frac{2}{p}\right) = +1$$

ist. Umgekehrt, wenn dies Letztere der Fall, so giebt es zwei Zahlen b, c, welche der Bedingung $b^2 - pc = 2$ genügen; dann ist (p, b, c) eine Form der Determinante $D = +2$, woraus (nach 2.) folgt, dass auch

$$(-1)^{1/8(p^2-1)} = +1$$

ist, was zu beweisen war.

6. Ist wenigstens eine der beiden von einander verschiedenen, positiven ungeraden Primzahlen p, q von der Form $4h + 1$, so wollen wir beweisen, dass

$$\left(\frac{p}{q}\right) = \left(\frac{q}{p}\right)$$

ist. Der Symmetrie wegen dürfen wir annehmen, dass $p \equiv 1$ (mod. 4) ist. Hat nun die rechte Seite den Werth $+1$, so ist (nach 4. und §. 33, I.) auch $-q$ quadratischer Rest von p; man kann daher, nachdem das Vorzeichen $\pm$ so gewählt ist, dass $\pm q \equiv 1 \pmod{4}$ wird, immer zwei Zahlen b, c finden, welche der Bedingung $b^2 - pc = \pm q$ genügen; dann ist (p, b, c) eine (eventuell positive) Form erster Art von der Determinante $D = \pm q \equiv 1$ (mod. 4), woraus (nach 3.) folgt, dass auch die linke Seite $= +1$ ist. Umgekehrt, wenn dies Letztere der Fall ist, so giebt es zwei Zahlen b, c, welche der Bedingung $b^2 - qc = p$ genügen; dann ist (q, b, c) eine Form erster Art von der positiven Determinante $D = p \equiv 1 \pmod{4}$, woraus (nach 3.) folgt, dass auch die rechte Seite $= +1$ ist, was zu beweisen war.

7. Sind aber beide Primzahlen p, q von der Form $4h + 3$, so ist zu beweisen, dass

$$\left(\frac{p}{q}\right) = -\left(\frac{q}{p}\right)$$

ist. Dies ergiebt sich am einfachsten durch die Betrachtung der positiven Determinante $D = pq \equiv 1 \pmod{4}$, für welche (nach §. 122) zwei Charaktere C, nämlich

$$\left(\frac{n}{p}\right) \text{ und } \left(\frac{n}{q}\right)$$

existiren; es lassen sich daher vier Totalcharaktere angeben, und folglich (§. 153) zerfallen alle Formen erster Art in *höchstens zwei* verschiedene Geschlechter. Nun sind aber $(1, 0, -pq)$, $(-1, 0, pq)$ zwei solche Formen, und ihre ersten Coefficienten lehren, dass die erste den Totalcharakter

$$\left(\frac{n}{p}\right) = +1, \quad \left(\frac{n}{q}\right) = +1,$$

die zweite (zufolge 4.) den entgegengesetzten Totalcharakter

$$\left(\frac{n}{p}\right) = -1, \quad \left(\frac{n}{q}\right) = -1$$

besitzt; jede andere zu derselben Determinante gehörige Form erster Art, z. B. die Form $(p, 0, -q)$ muss daher entweder den ersten oder den zweiten Totalcharakter besitzen; wendet man dies auf die beiden durch diese Form darstellbaren Zahlen p und $-q$ an, so ergiebt sich, dass im ersten Falle gleichzeitig

$$\left(\frac{p}{q}\right) = +1 \text{ und } \left(\frac{-q}{p}\right) = +1, \text{ also } \left(\frac{q}{p}\right) = -1,$$

im zweiten Falle gleichzeitig

$$\left(\frac{p}{q}\right) = -1 \text{ und } \left(\frac{-q}{p}\right) = -1, \text{ also } \left(\frac{q}{p}\right) = +1$$

ist; und hiermit ist offenbar auch der letzte Theil unserer Aufgabe erledigt.

§. 155.

Mit Hülfe des so von Neuem bewiesenen Reciprocitätssatzes lässt sich nun wieder, wie in §. 123 geschehen ist, darthun, dass höchstens diejenigen τ Geschlechter existiren können, deren Totalcharaktere der dortigen Bedingung $\Pi C' = +1$ genügen; der ungleich tiefer liegende Satz aber, welchen *Dirichlet* aus seinen Principien auf die oben (§. 125) angegebene Weise abgeleitet hat, der Satz, *dass alle diese* τ *Geschlechter wirklich existiren*, ist von *Gauss* entdeckt und mit Hülfe der von ihm gegründeten Theorie der ternären quadratischen Formen

$$Ax^2 + By^2 + Cz^2 + 2A'yz + 2B'zx + 2C'xy$$

bewiesen*). Da oben (§. 152) gezeigt ist, dass $ng = \alpha q$ ist, wo g die Anzahl der wirklich existirenden Geschlechter, n die Anzahl der in jedem derselben enthaltenen Classen, $\alpha = \tau$ die Anzahl der zweiseitigen Classen oder also die Anzahl der Totalcharaktere, welche der Bedingung $\Pi C' = +1$ genügen, und q die Anzahl der durch Duplication entstehenden Classen bedeutet, so leuchtet ein, dass der zu beweisende Satz $g = \tau$ wesentlich identisch ist mit dem Satze $n = q$; da ferner n die Anzahl aller Classen des Hauptgeschlechtes ist, und jede der durch Duplication entstehenden q Classen gewiss dem Hauptgeschlechte angehört (§. 152), so ist der zu beweisende Satz (§. 125) wesentlich identisch mit dem folgenden**):

Jede Classe des Hauptgeschlechtes entsteht durch Duplication.

Wir können hier unmöglich darauf eingehen, den Beweis mitzutheilen, welchen *Gauss* auf die Theorie der ternären Formen gestützt hat; da dieses tiefe Theorem aber den schönsten Abschluss der Lehre von der Composition bildet, so können wir es uns nicht versagen, dasselbe auch ohne Hülfe der Dirichlet'schen Principien noch auf einem zweiten Wege abzuleiten, der zugleich die Grundlage für andere wichtige Untersuchungen bildet.

Um einen bestimmten Boden für diese Untersuchung zu gewinnen, heben wir zunächst eine charakteristische Eigenschaft aller der Classen Q hervor, welche durch Duplication entstehen: *alle Formen dieser Classen und nur diese Formen sind fähig, Quadratzahlen darzustellen, welche relative Primzahlen zu* $2D$ *sind.* Entsteht nämlich Q durch Duplication einer Classe K, so kann man aus K immer eine solche Form auswählen, deren erster Coefficient x relative Primzahl zu $2D$ ist; da alsdann diese Form mit sich selbst einig ist, so entsteht durch Duplication eine der Classe Q angehörige Form, deren erster Coefficient $= x^2$ ist, und folglich ist diese Quadratzahl durch die Formen der Classe Q eigentlich darstellbar. Umgekehrt, ist Q eine Classe, durch deren Formen eine Quadratzahl dargestellt werden kann, welche relative Prim-

*) *D. A.* art. 287.

**) *Gauss: D. A.* art. 286.

zahl zu $2D$ ist, so giebt es auch eine solche Quadratzahl x^2, welche durch diese Formen *eigentlich* darstellbar ist, und folglich findet sich in dieser Classe Q eine Form (x^2, x', x''), welche offenbar durch Duplication der Form (x, x', xx'') entsteht; mithin ist $Q = K^2$, wo K die Classe bedeutet, welcher die Form (x, x', xx'') angehört. Das obige zu beweisende Theorem ist daher identisch mit dem folgenden:

Ist (A, B, C) eine Form des Hauptgeschlechtes der Determinante D, so ist die Gleichung

$$Az^2 + 2Bzy + Cy^2 = x^2$$

stets lösbar in ganzen Zahlen z, y, x, deren letzte relative Primzahl zu $2D$ ist.

§. 156.

Durch die vorstehende Betrachtung sind wir dahin geführt, die Lösbarkeit einer Gleichung von der Form

$$ax^2 + by^2 + cz^2 + 2a'yz + 2b'zx + 2c'xy = 0$$

in ganzen Zahlen x, y, z (oder was dasselbe ist, die Lösbarkeit der allgemeinen Gleichung

$$au^2 + bv^2 + 2c'uv + 2b'u + 2a'v + c = 0$$

in *rationalen* Zahlen u, v) zu untersuchen. Dieselbe kann, allgemein zu reden, auf den speciellen Fall zurückgeführt werden, in welchem die Coefficienten $a', b', c' = 0$ sind*), und wir beschäftigen uns daher im Folgenden nur mit Gleichungen von der Form

$$ax^2 + by^2 + cz^2 = 0, \qquad (1)$$

wo a, b, c drei gegebene, von Null verschiedene ganze Zahlen bedeuten, die wir ausserdem stets als *relative Primzahlen* annehmen, weil jeder andere Fall, wie man leicht erkennt, sich auf diesen zurückführen lässt**). Wir wollen nun eine Lösung x, y, z eine *eigentliche* Lösung nennen, wenn die drei Zahlen ax, by, cz keinen gemeinschaftlichen Theiler haben; dann leuchtet ein, dass dieselben auch relative Primzahlen sind; ginge nämlich eine Primzahl p in zweien von ihnen auf, so müsste p zufolge (1) auch in der dritten

---

*) *Gauss: D. A.* artt. 299, 300.

**) *Gauss: D. A.* art. 298.

aufgehen. Hieraus folgt, dass auch x, y, z relative Primzahlen sind; umgekehrt, wenn dies der Fall ist, so bilden sie eine eigentliche Lösung; denn wenn ax, by, cz durch eine Primzahl p theilbar wären, welche doch höchstens in einer der Zahlen x, y, z aufgehen kann, so müssten mindestens zwei der Coefficienten a, b, c durch p theilbar sein, was unmöglich ist, weil dieselben relative Primzahlen sind.

Nach dieser Vorbemerkung beginnen wir unsere Untersuchung*), indem wir uns die Aufgabe stellen:

I. *Aus einer gegebenen eigentlichen Lösung* $x = u$, $y = v$, $z = w$ *der Gleichung* (1) *ihre sämmtlichen Lösungen abzuleiten.*

Da au, bv, cw relative Primzahlen sind, und eine von ihnen, z. B. au, zufolge der Gleichung

$$au^2 + bv^2 + cw^2 = 0 \tag{2}$$

gerade ist, so haben auch die Zahlen $2au$, bv, cw keinen gemeinschaftlichen Theiler, und man kann daher (nach §. 24) die Gleichung

$$aul + bvm + cwn = 1$$

so lösen, dass l gerade, und folglich die eine der beiden Zahlen m, n gerade, die andere ungerade wird; setzt man nun

$$al^2 + bm^2 + cn^2 = h$$

und

$$u' = 2l - hu,\ v' = 2m - hv,\ w' = 2n - hw,$$

so wird h ungerade und man erhält**)

$$au'^2 + bv'^2 + cw'^2 = 0 \tag{3}$$

$$auu' + bvv' + cww' = 2 \tag{4}$$

$$u \equiv u',\ v \equiv v',\ w \equiv w' \pmod{2}; \tag{5}$$

man kann daher

$$vw' - wv' = 2u'',\ wu' - uw' = 2v'',\ uv' - vu' = 2w'' \tag{6}$$

---

*) Sie ist der Kürze halber synthetisch geführt; derselbe Gegenstand ist auf andere Weise behandelt in der Abhandlung von *G. Cantor: De aequationibus secundi gradus indeterminatis.* 1867.

**) Umgekehrt lässt sich aus (2), (3), (4), (5) leicht beweisen, dass a, b, c relative Primzahlen sind, und dass sowohl u, v, w, als auch u'. v', w' eigentliche Lösungen der Gleichung (1) bilden; doch ist dies für unsere Zwecke nicht nöthig.

setzen, wo u'', v'', w'' ganze Zahlen bedeuten, welche mit den anderen noch durch folgende Relationen*) verbunden sind:

$$\left.\begin{aligned} auu' &= 1 + bcu''^2 \\ bvv' &= 1 + cav''^2 \\ cww' &= 1 + abw''^2 \end{aligned}\right\} \tag{7}$$

$$bcu''^2 + cav''^2 + abw''^2 = -1 \tag{8}$$

$$\left.\begin{aligned} vw' + wv' &= 2av''w'' \\ wu' + uw' &= 2bw''u'' \\ uv' + vu' &= 2cu''v'' \end{aligned}\right\} \tag{9}$$

Mit Hülfe derselben ist es leicht, unsere Aufgabe allgemein zu lösen. Sind x, y, z drei beliebige ganze Zahlen, so werden auch

$$\left.\begin{aligned} t &= au'x + bv'y + cw'z \\ t' &= aux + bvy + cwz \\ t'' &= u''x + v''y + w''z \end{aligned}\right\} \tag{10}$$

ganze Zahlen, welche zufolge (5) der Bedingung

$$t \equiv t' \pmod{2} \tag{11}$$

genügen; umgekehrt, sind t, t', t'' drei beliebige ganze Zahlen, welche nur der Bedingung (11) unterworfen sind, so folgt aus (10) unter Berücksichtigung von (5), (7) und (9), dass

$$\left.\begin{aligned} 2x &= ut + u't' - 2bcu''t'' \\ 2y &= vt + v't' - 2cav''t'' \\ 2z &= wt + w't' - 2abw''t'' \end{aligned}\right\} \tag{12}$$

gerade, also x, y, z ganze Zahlen sind**). Multiplicirt man diese letzten Gleichungen resp. mit ax, by, cz, und addirt mit Rücksicht auf (10), so folgt

---

*) Man findet z. B. die erste der Gleichungen (7) aus der identischen Gleichung

$$(bv^2 + cw^2)(bv'^2 + cw'^2) = (bvv' + cww')^2 + bc(vw' - wv')^2$$

unter Berücksichtigung von (2), (3), (4), (6); die Gleichung (8) ergiebt sich durch Addition aus (7) mit Rücksicht auf (4), und die erste der Gleichungen (9) folgt aus der Identität

$$(auu' + bvv' + cww')(vw' + wv') - a(wu' - uw')(uv' - vu')$$
$$= (au^2 + bv^2 + cw^2)v'w' + (au'^2 + bv'^2 + cw'^2)vw.$$

**) Führt man statt t, t', t'' die Grössen

$$s = \frac{t + t'}{2}, \quad s' = \frac{t - t'}{2}, \quad s'' = t''$$

als neue Variabele ein, so sind dieselben mit den Grössen x, y, z durch lineare Gleichungen verbunden, deren Determinante $= 1$ ist; an die Stelle der Gleichung (13) tritt die folgende

$$s^2 - s'^2 - abcs''^2 = 0,$$

$$a x^2 + b y^2 + c z^2 = t t' - a b c t''^2;$$

mithin haben wir folgendes Resultat: *Bilden die ganzen Zahlen* x, y, z *eine Lösung der Gleichung* (1), *so werden* t, t', t'' *vermöge* (10) *ganze Zahlen, welche den Bedingungen* (11) *und*

$$t t' = a b c t''^2 \tag{13}$$

genügen; umgekehrt, befriedigen die ganzen Zahlen t, t', t'' *die Bedingungen* (11) *und* (13), *so werden* x, y, z *vermöge* (12) *ganze Zahlen, welche der Gleichung* (1) *genügen**).

Zur Vervollständigung fügen wir hinzu: *Damit die Zahlen* x, y, z *eine eigentliche Lösung der Gleichung* (1) *bilden, ist ferner erforderlich und hinreichend, dass die Zahlen* t, t' *keinen ungeraden gemeinschaftlichen Theiler haben, und dass, wenn beide gerade sind,*

$$t + t' \equiv 2 \pmod{4} \tag{14}$$

ist.

Für unseren Zweck genügt es, zu beweisen, dass die beiden angegebenen Bedingungen hinreichend sind. Gesetzt, es ginge eine Primzahl p in den drei Zahlen ax, by, cz auf, so müsste sie zufolge (10) auch in t und t' aufgehen; da aber t, t' der Annahme nach keinen ungeraden gemeinschaftlichen Theiler haben, so

---

welche von derselben Form wie (1) ist, und damit x, y, z eine eigentliche Lösung bilden, ist erforderlich und hinreichend, dass s und s' relative Primzahlen sind. Aber die Beibehaltung der Grössen t, t', t'' gewährt wieder andere Vortheile.

*) Die allgemeinste Lösung der Gleichung (13), deren wir zwar in der Folge nicht bedürfen, besteht, wie man sehr leicht findet, in den Gleichungen

$$t = \tau d \omega^2, \quad t' = \tau d' \omega'^2, \quad t'' = \tau \omega \omega',$$

wo $d, d', \tau, \omega, \omega'$ beliebige ganze Zahlen bedeuten, welche der einzigen Bedingung

$$d d' = a b c$$

unterworfen sind; man kann aber auch, ohne die Allgemeinheit zu beeinträchtigen, annehmen, dass τ der grösste gemeinschaftliche Theiler von t, t', t'', und dass $\tau d, \tau d'$ die grössten Theiler sind, welche $\tau a b c$ resp. mit t, t' gemeinschaftlich hat. Führt man diese Ausdrücke in (12) ein, so erhält man die binären quadratischen Formen

$$\frac{2x}{\tau} = (du, \; - bcu'', \; d'u'), \quad \frac{2y}{\tau} = (dv, \; - cav'', \; d'v'),$$

$$\frac{2z}{\tau} = (dw, \; - abw'', \; d'w'),$$

deren Variabelen ω, ω', und deren Determinanten zufolge (7) die Zahlen $-bc, -ca, -ab$ sind. Transformirt man diejenige dieser Formen, deren Determinante negativ ist, in eine reducirte Form (§. 64), so erhält man die einfachsten Lösungen.

müsste $p = 2$ sein, und es wären also t, t', ax, by, cz gerade Zahlen; dann würde aber aus (10) mit Rücksicht auf (5) folgen, dass $t + t' \equiv 0 \pmod{4}$ wäre, während wir doch angenommen haben, dass $t + t' \equiv 2 \pmod{4}$ ist, sobald t und t' gerade Zahlen sind. Hieraus folgt also, dass ax, by, cz keinen gemeinschaftlichen Theiler haben, was zu beweisen war*).

II. Bilden die Zahlen x, y, z eine eigentliche Lösung der Gleichung (1), so sind ax, by, cz relative Primzahlen, und man kann folglich drei Zahlen $\mathfrak{A}, \mathfrak{B}, \mathfrak{C}$ bestimmen, welche den Congruenzen

$$\mathfrak{A}z \equiv by \pmod{a},\ \mathfrak{B}x \equiv cz \pmod{b},\ \mathfrak{C}y \equiv ax \pmod{c} \quad (15)$$

genügen, woraus in Verbindung mit (1)

$$\mathfrak{A}^2 \equiv -bc \pmod{a},\ \mathfrak{B}^2 \equiv -ca \pmod{b},\ \mathfrak{C}^2 \equiv -ab \pmod{c} \quad (16)$$

folgt. Wir haben mithin folgenden Satz erhalten:

Ist die Gleichung (1) *eigentlich lösbar, so sind die Zahlen* $-bc, -ca, -ab$ *resp. quadratische Reste der Zahlen* $a, b, c,$ *und jede eigentliche Lösung* x, y, z *führt durch die Congruenzen* (15) *zu drei völlig bestimmten Zahlclassen* $\mathfrak{A} \pmod{a}$, $\mathfrak{B} \pmod{b}$, $\mathfrak{C} \pmod{c}$, *welche den Congruenzen* (16) *genügen***).

Von der grössten Wichtigkeit für unsere Untersuchungen ist es aber, dass dieser Satz sich in folgender Weise umkehren lässt:

Ist die Gleichung (1) *eigentlich lösbar, und sind drei Zahlen* $\mathfrak{A}, \mathfrak{B}, \mathfrak{C}$ *gegeben, welche den Congruenzen* (16) *genügen, so kann man stets eigentliche Lösungen* x, y, z *finden, welche die Bedingungen* (15) *erfüllen:*

---

*) Es ist leicht, wenn auch für unseren Zweck nicht erforderlich, die beiden angegebenen Bedingungen auf die Zahlen $d, d', \tau, \omega, \omega'$ zu übertragen: die Zahlen d, d' müssen relative Primzahlen sein, und nur, wenn $abc \equiv 0 \pmod{8}$, können sie auch den grössten gemeinschaftlichen Theiler 2 haben; umgekehrt, genügt die Zerlegung $abc = dd'$ diesen Bedingungen, so kann man τ, ω, ω' so wählen, dass x, y, z eine eigentliche Lösung der Gleichung (1) bilden.

**) Wirft man zwei eigentliche Lösungen in dieselbe oder in verschiedene *Classen*, je nachdem sie zu denselben drei Zahlclassen $\mathfrak{A} \pmod{a}$, $\mathfrak{B} \pmod{b}$, $\mathfrak{C} \pmod{c}$ führen oder nicht, so ist die Anzahl aller verschiedenen Classen *höchstens* gleich der Anzahl der incongruenten Wurzeln der Congruenz $\varkappa^2 \equiv 1 \pmod{abc}$, und der nachfolgende Satz behauptet die wirkliche Existenz aller dieser Classen von eigentlichen Lösungen.

Um dies zu beweisen, bestimmen wir zunächst drei Zahlen X, Y, Z durch die (nach §. 25) stets vereinbaren Congruenzpaare

$$\left.\begin{aligned} X &\equiv c \pmod{b}, & Y &\equiv a \pmod{c}, & Z &\equiv b \pmod{a} \\ X &\equiv \mathfrak{C} \pmod{c}, & Y &\equiv \mathfrak{A} \pmod{a}, & Z &\equiv \mathfrak{B} \pmod{b} \end{aligned}\right\} \qquad (17)$$

aus welchen unter Berücksichtigung der Annahme (16) die der Gleichung (1) ähnliche Congruenz

$$aX^2 + bY^2 + cZ^2 \equiv 0 \pmod{abc} \qquad (1')$$

folgt, weil ihre linke Seite durch jede der drei relativen Primzahlen a, b, c theilbar ist. Da ferner die Existenz einer eigentlichen Lösung u, v, w der Gleichung (1) angenommen ist, so behalten wir alle früheren Bezeichnungen bei und setzen

$$\left.\begin{aligned} T &\equiv au'X + bv'Y + cw'Z \\ T' &\equiv auX + bvY + cwZ \end{aligned}\right\} \pmod{2abc} \qquad (10')$$

woraus zufolge (5)

$$T \equiv T' \pmod{2} \qquad (11')$$

und mit Rücksicht auf (7) und (9)

$$\left.\begin{aligned} 2X &\equiv uT + u'T' \pmod{2bc} \\ 2Y &\equiv vT + v'T' \pmod{2ca} \\ 2Z &\equiv wT + w'T' \pmod{2ab} \end{aligned}\right\} \qquad (12')$$

folgt; multiplicirt man diese Congruenzen resp. mit aX, bY, cZ, wodurch sie in Congruenzen nach dem Modulus $2abc$ übergehen, so ergiebt sich durch Addition unter Berücksichtigung von (1') und (10')

$$TT' \equiv 0 \pmod{abc}. \qquad (13')$$

Wir behaupten nun, dass die drei Zahlen T, T', abc keinen ungeraden gemeinschaftlichen Divisor haben, und dass, wenn abc gerade ist,

$$T + T' \equiv 2 \pmod{4} \qquad (14')$$

ist. Ginge nämlich eine ungerade Primzahl p in T, T' und abc, also auch z. B. in c auf, so würde Y zufolge (12') durch p theilbar sein, und da $a \equiv Y \pmod{c}$ ist, so hätten a und c den gemeinschaftlichen Theiler p, was unmöglich ist. Wenn ferner abc, und also auch z. B. c gerade ist, so sind zufolge (11') und (13') auch T und T' gerade Zahlen; wäre nun die Congruenz (14') unrichtig, so wäre $T' \equiv T \pmod{4}$, und aus (12') würde folgen, dass $2Y \equiv (v + v')\, T \equiv 0 \pmod{4}$, also Y gerade wäre, was abermals gegen die Congruenz $a \equiv Y \pmod{c}$ streitet, weil a relative Primzahl zu c ist.

Nach diesen Vorbereitungen sind wir im Stande, eine eigentliche Lösung x, y, z nachzuweisen, welche den Bedingungen (15) genügt; diese letzteren gehen vermöge der Definition (17) der Zahlen X, Y, Z in die folgenden über

$$Yz \equiv Zy \pmod{a}, \quad Zx \equiv Xz \pmod{b}, \quad Xy \equiv Yx \pmod{c};$$

da ferner aus den Definitionen (10) und (10′) der Zahlen t, t', T, T' die Congruenz

$$\left.\begin{array}{c} T't - Tt' \equiv \\ 2bcu''(Yz-Zy) + 2cav''(Zx-Xz) + 2abw''(Xy-Yx) \end{array}\right\} \pmod{2abc}$$

folgt, und da u'', v'', w'' zufolge (7) resp. relative Primzahlen zu a, b, c sind, so fallen die von x, y, z zu erfüllenden Bedingungen (15) durchaus mit der einzigen Forderung

$$T't \equiv Tt' \pmod{2abc}$$

zusammen, welcher die Zahlen t, t' genügen müssen; sollen ferner die Zahlen x, y, z eine eigentliche Lösung der Gleichung (1) bilden, so haben t und t' ausserdem noch die früher erwähnten Bedingungen (11), (13), (14) zu erfüllen. Dies Alles lässt sich in der That auf folgende Weise erreichen.

Ist abc ungerade, so sei d der grösste gemeinschaftliche Theiler der beiden Zahlen T und $abc = dd'$; da nun zufolge (13′) TT' durch abc theilbar ist, so geht d' in T' auf, und da, wie oben gezeigt ist, die Zahlen T, T', abc keinen ungeraden gemeinschaftlichen Theiler haben, so sind d und d' relative Primzahlen, und d' ist zugleich der grösste gemeinschaftliche Theiler der beiden Zahlen T' und abc. Dann leuchtet ein, dass man allen Forderungen genügt, wenn man z. B. $t = d$, $t' = d'$, $t'' = 1$ nimmt; denn weil $t \equiv t' \equiv 1 \pmod{2}$, so werden x, y, z ganze Zahlen, die wegen $tt' = abct''^2$ eine Lösung der Gleichung (1) bilden; diese Lösung ist eine eigentliche, weil t, t' ungerade relative Primzahlen sind; da endlich $t \equiv t'$, $T \equiv T' \pmod{2}$, und $T't \equiv Tt' \equiv 0 \pmod{dd'}$ ist, so folgt auch $T't \equiv Tt' \pmod{2abc}$, d. h. die eigentliche Lösung x, y, z genügt den vorgeschriebenen Congruenzen (15).

Ist aber abc, und folglich auch T, T' gerade, und zwar $T + T' \equiv 2 \pmod{4}$, so können wir der Symmetrie wegen annehmen, es sei $T \equiv 0$, $T' \equiv 2 \pmod{4}$; dann sei d wieder der grösste gemeinschaftliche Theiler der beiden Zahlen T und $abc = dd'$, so wird d' in T' aufgehen. Ist nun d' ungerade, so genügt man allen Bedingungen, wenn man z. B. $t = 2d$, $t' = 2d'$, $t'' = 2$ nimmt; denn es ist $t \equiv 0$, $t' \equiv 2 \pmod{4}$, $tt' = abct''^2$, $T't \equiv Tt' \equiv 0 \pmod{2abc}$, und t, t' haben keinen ungeraden gemeinschaftlichen Theiler. Ist aber d' gerade, so kann man wieder durch $t = d$, $t' = d'$, $t'' = 1$ allen Bedingungen genügen; da nämlich $T : d$ relative Primzahl zu d' und folglich ungerade ist, so muss, weil $T \equiv 0 \pmod{4}$, auch $d \equiv 0 \pmod{4}$ sein; da ferner d' in T' aufgeht, und $T' \equiv 2 \pmod{4}$ ist, so muss auch $d' \equiv 2 \pmod{4}$ sein; mithin ist $t \equiv 0$, $t' \equiv 2 \pmod{4}$; es ist ferner $tt' = abct''^2$, und die Zahlen t, t' haben keinen ungeraden gemeinschaftlichen Theiler; da endlich die Quotienten $T : d$ und $T' : d'$ ungerade sind, so ist ihre Differenz gerade, und folglich, wenn man mit $dd' = abc$ multiplicirt, $Td' - T'd = Tt' - T't \equiv 0 \pmod{2abc}$, was zu beweisen war.

Es hat keine Schwierigkeit, ausser den eben angegebenen speciellen Lösungen, welche die vorgeschriebenen Congruenzen (15) erfüllen, alle anderen zu bestimmen, und man findet namentlich leicht, dass zwei eigentliche Lösungen x, y, z und x_1, y_1, z_1, welche resp. durch die Werthe t, t', t'' und t_1, t_1', t_1'' hervorgebracht werden, stets und nur dann denselben Congruenzen (15) genügen, wenn $tt_1' \equiv t't_1 \pmod{2abc}$ ist*); allein alle diese an sich interessanten Vervollständigungen sind für unsere Zwecke nicht erforderlich. Wir begnügen uns daher, aus den obigen Resultaten noch den Beweis des folgenden Satzes abzuleiten, dessen wir später durchaus bedürfen.

III. *Ist die Gleichung* (1) *eigentlich lösbar, und ist* $-bc$ *quadratischer Rest von* ap^2, *wo* p *eine in* bc *nicht aufgehende Primzahl bedeutet, so besitzt die Gleichung* (1) *auch solche eigent-*

*) Hieraus folgt, dass allen zu derselben Classe gehörigen eigentlichen Lösungen dieselbe Zerlegung $abc = dd'$ entspricht, mit einziger Ausnahme des Falles, wo $abc \equiv 2 \pmod{4}$, in welchem der Factor 2 nach Belieben in d oder in d' aufgenommen werden kann, ohne dass eine Aenderung der Classe eintritt. Auf diese Weise ergiebt sich (vergl. die früheren Noten), dass die Anzahl der wesentlich verschiedenen Zerlegungen, und also auch die der wirklich existirenden Classen genau mit der Anzahl der incongruenten Wurzeln der Congruenz $\varkappa^2 \equiv 1 \pmod{abc}$ übereinstimmt; hierin liegt also ein neuer Beweis des obigen Satzes. Aber es schien angemessener, ihn so zu führen, dass zugleich eine Lösung gefunden wird, welche den vorgeschriebenen Congruenzen genügt.

liche Lösungen x, y, z, *welche der Bedingung* $x \equiv 0$ (*mod.* p) *genügen.*

Der Annahme zufolge besitzt die Gleichung (1) eine eigentliche Lösung u, v, w, und wir können alle hieraus in I. gezogenen Folgerungen für uns in Anspruch nehmen; es versteht sich von selbst, dass wir den vorstehenden Satz nur für den Fall zu beweisen brauchen, dass keine der beiden Zahlen u, u' durch p theilbar ist.

Ist nun p ungerade, so kann man, da der Annahme nach $-bc \equiv \alpha^2$ (mod. p) ist, das Vorzeichen von α so wählen, dass $bcu'' + \alpha$ nicht theilbar durch p ist; wären nämlich beide Zahlen $bcu'' + \alpha$ und $bcu'' - \alpha$ durch p theilbar, so müsste auch ihre Differenz 2α, also auch α durch die ungerade Primzahl p theilbar sein, was gegen $-bc \equiv \alpha^2$ (mod. p) und die Annahme streitet, dass p nicht in bc aufgeht. Da nun u ebenfalls nicht durch p theilbar ist, so kann man eine Zahl ω stets so bestimmen (§. 25), dass sie der Congruenz

$$u\omega \equiv bcu'' + \alpha \text{ (mod. } p)$$

genügt und ausserdem relative Primzahl zu $2abc$ wird, weil ω, falls p in $2abc$, also in a aufgehen sollte, schon vermöge dieser Congruenz relative Primzahl zu p wird. Setzt man nun

$$t = \tau\omega^2, \quad t' = \tau abc, \quad t'' = \tau\omega,$$

wo $\tau = 1$ oder $= 2$ zu nehmen ist, je nachdem abc ungerade oder gerade ist, so erhält man eine entsprechende eigentliche Lösung x, y, z, welche auch der Bedingung $x \equiv 0$ (mod. p) genügt. Ist nämlich abc ungerade, also $\tau = 1$, so ist $t \equiv t' \equiv 1$ (mod. 2); ist aber abc gerade, also $\tau = 2$, so ist $t \equiv 2$, $t' \equiv 0$ (mod. 4); da ferner ω relative Primzahl zu abc ist, so haben t, t' keinen ungeraden gemeinschaftlichen Divisor, und da $tt' = abct''^2$ ist, so bilden x, y, z eine eigentliche Lösung der Gleichung (1). Nun ist nach (12)

$$\begin{aligned} 2x &= ut + u't' - 2bcu''t'' \\ &= \tau(u\omega^2 - 2bcu''\omega + abcu'), \end{aligned}$$

also mit Rücksicht auf (7)

$$2ux = \tau\,\{(u\omega - bcu'')^2 + bc\} \equiv 0 \text{ (mod. } p),$$

weil $u\omega - bcu'' \equiv \alpha$, $bc \equiv -\alpha^2$ ist; da endlich $2u$ nicht durch p theilbar ist, so folgt hieraus $x \equiv 0$ (mod. p).

Wir gehen jetzt zu dem Falle $p = 2$ über. Ist erstens a gerade, aber nicht $\equiv 0 \pmod{8}$, so ergiebt sich leicht, da der Annahme nach $-bc$ quadratischer Rest von $4a$, also $bc \equiv -1 \pmod{8}$ ist, dass u gar nicht ungerade sein kann; da nämlich a gerade, also bv, cw ungerade sind, und $b \equiv -c \pmod{8}$ ist, so folgt aus $au^2 + bv^2 + cw^2 = 0$, dass $au^2 \equiv 0 \pmod{8}$, und folglich, da a nicht $\equiv 0 \pmod{8}$ ist, jedenfalls u gerade sein muss; und offenbar haben dann alle anderen eigentlichen Auflösungen x, y, z dieselbe Eigenschaft $x \equiv 0 \pmod{2}$. Ist zweitens $a \equiv 0 \pmod{8}$, also $-bc \equiv 1 \pmod{8}$, so nehme man $t'' = 1$, und $tt' = abc$ der Art, dass einer der beiden Factoren, z. B. $t \equiv 2 \pmod{4}$, also der andere $t' \equiv 0 \pmod{4}$ wird, und dass sie keinen ungeraden gemeinschaftlichen Divisor erhalten, was sich stets erreichen lässt. Hieraus folgt, dass die Zahlen x, y, z eine eigentliche Lösung bilden werden. Da nun der Voraussetzung nach u ungerade ist, und da aus $1 + bcu''^2 = auu' \equiv 0 \pmod{8}$ folgt, dass auch u'' ungerade ist, so ergiebt sich

$$2x = ut + u't' - 2bcu''t'' \equiv 2 + 0 - 2 \equiv 0 \pmod{4},$$

also ist $x \equiv 0 \pmod{2}$. Ist endlich drittens a ungerade, und $-bc$ quadratischer Rest von $4a$, also $bc \equiv -1 \pmod{4}$, so nehme man $t'' = 1$, und nach Belieben $tt' = abc$, nur so, dass t und t' relative Primzahlen werden; dann bilden x, y, z eine eigentliche Lösung, weil ausserdem $t \equiv t' \equiv 1 \pmod{2}$ ist. Da nun der Voraussetzung nach keine der Zahlen u, u' gerade ist, so folgt aus $auu' = 1 + bcu''^2$, dass u'' gerade, und folglich $auu' \equiv 1 \pmod{4}$ ist; mithin ist $ut.u't' = auu'.bc \equiv -1 \pmod{4}$, also $ut \equiv -u't'$ (mod. 4), und hieraus ergiebt sich

$$2x = ut + u't' - 2bcu''t'' \equiv 0 \pmod{4},$$

also ist $x \equiv 0 \pmod{2}$.

Hiermit ist der obige Satz vollständig bewiesen, und dieser Beweis enthält offenbar eine Methode, aus einer eigentlichen Lösung u, v, w einer Gleichung, deren Coefficienten a, b, c sind, eine eigentliche Lösung $x:p, y, z$ derjenigen Gleichung abzuleiten, deren Coefficienten ap^2, b, c sind, vorausgesetzt, dass $-bc$ quadratischer Rest von ap^2 und nicht durch die Primzahl p theilbar ist. Durch wiederholte Anwendung desselben Satzes gelangt man offenbar zu folgendem Resultat:

Sind die Zahlen $A = aP^2$, $B = bQ^2$, $C = cR^2$ relative Primzahlen, und sind die Zahlen $-BC$, $-CA$, $-AB$ resp.

quadratische Reste von A, B, C, so folgt aus der Existenz einer eigentlichen Lösung der Gleichung

$$ax^2 + by^2 + cz^2 = 0$$

stets die Existenz einer eigentlichen Lösung der Gleichung

$$Ax^2 + By^2 + Cz^2 = 0.$$

§. 157.

Durch den zuletzt bewiesenen Satz ist offenbar die Frage nach der eigentlichen Lösbarkeit der Gleichung

$$ax^2 + by^2 + cz^2 = 0 \qquad (1)$$

auf den Fall zurückgeführt, in welchem keine der relativen Primzahlen a, b, c durch ein Quadrat theilbar ist; als eine erforderliche Bedingung für die Lösbarkeit ist ferner im vorigen Paragraphen (II) erkannt, dass die Zahlen $-bc$, $-ca$, $-ab$ resp. quadratische Reste von den Zahlen a, b, c sein müssen, und ausserdem leuchtet ein, dass die letzteren unmöglich alle dasselbe Vorzeichen haben können. Mit Hülfe einer Reductionsmethode, welche im Wesentlichen von *Lagrange**) herrührt, lässt sich nun wirklich beweisen, dass diese Bedingungen auch die hinreichenden sind, dass also folgender Satz**) besteht:

Sind a, b, c drei von Null verschiedene und durch kein Quadrat theilbare relative Primzahlen, welche nicht alle dasselbe Vorzeichen haben, und sind die Zahlen $-bc$, $-ca$, $-ba$ resp. quadratische Reste der Zahlen a, b, c, so ist die Gleichung (1) *eigentlich lösbar.*

Zunächst bemerken wir, dass der Satz in dem speciellen Falle richtig ist, wenn einer der Coefficienten, z. B. $a = +1$, ein anderer, z. B. $b = -1$ ist; denn man genügt der Gleichung (1) durch die relativen Primzahlen $x = y = 1$, $z = 0$.

Um uns nun bequemer ausdrücken zu können, nennen wir, indem wir den absoluten Werth einer Grösse k mit (k) bezeichnen,

---

*) *Sur la solution des problèmes indéterminés du second degré.* Mém. de l'Acad. de Berlin. T. XXIII. 1769. (Oeuvres de L. T. II. 1868. p. 375.) — *Additions aux Élémens d'Algèbre par L. Euler.* §. V.

*) *Legendre: Théorie des Nombres*, 3me éd. T. I. §§. III, IV. — *Gauss: D. A.* artt. 294, 295. — Der nachfolgende Beweis lässt sich auf den Fall ausdehnen, dass a, b, c quadratische Divisoren besitzen.

dasjenige der drei Producte (bc), (ca), (ab), welches der Grösse nach zwischen den beiden anderen liegt, den *Index* der Gleichung (1), und wenn etwa zwei dieser Producte oder alle drei einander gleich sein sollten, so soll unter dem Index der gemeinschaftliche Werth dieser beiden oder aller Producte verstanden werden. Aus dieser Erklärung ergiebt sich unmittelbar die Richtigkeit des Satzes für den Fall, dass ihr Index $= 1$ ist; denn dann muss, wie man leicht erkennt, $(a) = (b) = (c) = 1$ sein, und da die Coefficienten nicht alle dasselbe Vorzeichen haben, so ergiebt sich die Lösbarkeit der Gleichung aus der vorausgeschickten Bemerkung.

Um nun den Beweis allgemein zu führen, nehmen wir an, er sei schon geleistet für alle Gleichungen, deren Index kleiner als eine bestimmte positive ganze Zahl J ist, und zeigen, dass der Satz dann auch für alle Gleichungen gelten muss, deren Index $= J$ ist. Gelingt dies, so gilt der Satz allgemein, weil er für $J = 1$ richtig ist.

Es sei daher $J \geqq 2$ der Index der Gleichung (1). Nehmen wir an, was der Symmetrie wegen erlaubt ist, es sei $(a) \leqq (b) \leqq (c)$, also auch $(ab) \leqq (ac) \leqq (bc)$, so ist $J = (ac)$; wäre nun $(b) = (c)$, so müsste, weil b und c relative Primzahlen sind, $(b) = (c) = 1$ sein, woraus auch $J = 1$ folgen würde, was mit unserer Annahme streitet; mithin ist

$$(a) \leqq (b) < (c),\ (ab) < (ac) = J \leqq (bc). \tag{2}$$

Der Annahme nach ist nun $-ab$ quadratischer Rest von c, und folglich kann man eine Zahl r so bestimmen, dass $ar^2 \equiv -b \pmod{c}$ und zugleich $(r) \overline{\overline{<}} \frac{1}{2}(c)$ wird; setzt man dann

$$ar^2 + b = cC, \tag{3}$$

so wird C eine ganze Zahl, deren absoluter Werth

$$(C) \leqq \frac{(a)\,r^2 + (b)}{(c)} < \tfrac{1}{4}J + 1 < J \tag{4}$$

ist, weil $(r) \leq \frac{1}{2}(c)$, $(ac) = J \geq 2$, und $(b) < (c)$ ist.

Ist nun $C = 0$, so folgt $b = -ar^2$, also, da b relative Primzahl zu a und durch kein Quadrat theilbar ist, $(r) = 1$ und $b = -a = \pm 1$, und mithin besitzt die Gleichung (1) in diesem Falle wieder die eigentliche Lösung $x = y = 1$, $z = 0$.

Ist aber C von Null verschieden, so führen wir die Gleichung (1) folgendermaassen auf eine andere von kleinerem Index zurück.

Es sei a' der grösste gemeinschaftliche Divisor der drei in der Gleichung (3) vorkommenden Glieder $a r^2$, b, $c\,C$, so ist a' zugleich der grösste gemeinschaftliche Divisor von je zweien dieser Zahlen, so dass die drei Glieder der Gleichung

$$\frac{a r^2}{a'} + \frac{b}{a'} = \frac{c\,C}{a'}$$

gewiss relative Primzahlen sind. Da nun a' in b aufgeht, also relative Primzahl zu c und zu a ist, so muss a' in C und in r^2, also auch in r selbst aufgehen, weil a' als Divisor von b durch kein Quadrat theilbar ist. Man kann daher

$$r = a'\,\alpha, \quad b = a'\,\beta, \quad C = a'\,C' = a'\,c'\,\gamma^2 \tag{5}$$

setzen, wo γ^2 das grösste in $C' = c'\,\gamma^2$ aufgehende Quadrat bedeutet; hierdurch geht die Gleichung (3) in die folgende über

$$a a' \alpha^2 + \beta = c c' \gamma^2, \tag{6}$$

deren drei Glieder also relative Primzahlen sind; setzen wir endlich noch

$$b' = a\beta, \tag{7}$$

so sind hierdurch drei Zahlen a', b', c' definirt, welche, wie wir beweisen wollen, dieselben Eigenschaften besitzen, wie die gegebenen Zahlen a, b, c.

Dass erstens keine der Zahlen a', b', $c' = 0$ ist, leuchtet ein, weil $a' b' = a' a \beta = a b$ ist, und c' in C aufgeht. Aus $a' b' = a b$ folgt ferner, dass a', b' relative Primzahlen und durch kein Quadrat theilbar sind, weil a, b dieselben Eigenschaften haben; da ferner γ^2 das grösste in $C' = c'\,\gamma^2$ aufgehende Quadrat ist, so kann c' durch kein Quadrat theilbar sein; und da die Glieder der Gleichung (6) relative Primzahlen sind, so ist c' auch relative Primzahl zu $a a' \beta = a' b'$.

Die Zahlen a', b', c' können auch nicht alle dasselbe Vorzeichen haben; ist nämlich $a b = a' b'$ negativ, so haben a', b' entgegengesetzte Zeichen; ist aber $a b$ positiv, folglich $c a$ und $b c$ negativ, so ergiebt sich aus der Gleichung $a r^2 + b = c\,a'\,c' \gamma^2$, dass $a' c'$ negativ ist, dass also a', c' entgegengesetzte Vorzeichen haben.

Da ferner zufolge der Gleichung (6), deren drei Glieder relative Primzahlen sind, die drei Zahlen $\beta c c', a c a' c', -a a' \beta = -a' b'$ resp. quadratische Reste der drei Zahlen $a a', \beta, c'$ sein müssen, und da nach Voraussetzung die beiden Zahlen $-bc = -\beta a'c$, $-ca$ resp. Reste von den beiden Zahlen a, $b = a'\beta$ sind, so ergiebt sich hieraus leicht, dass die drei Zahlen $-b'c'$, $-c'a'$, $-a'b'$ resp. Reste der drei Zahlen a', b', c' sind.

Endlich ist $(a'b') = (ab) < J$ zufolge (2), und $(c'a') \leqq (c'a')\gamma^2 = (C) < J$ zufolge (4); mithin ist der Index der Gleichung

$$a'x'^2 + b'y'^2 + c'z'^2 = 0$$

gewiss kleiner als J, und folglich ist sie nach unserer obigen Voraussetzung lösbar in relativen Primzahlen x', y', z'; da nun die Zahlen $a'\alpha x' - \beta y'$, $x' + a\alpha y'$ nicht beide verschwinden, weil sonst auch $x' = y' = 0$ wäre, so kann man

$$mx = a'\alpha x' - \beta y'; \quad my = x' + a\alpha y'; \quad mz = c'\gamma z'$$

setzen, wo m den grössten gemeinschaftlichen Theiler der drei Zahlen rechter Hand bedeutet; hieraus folgt aber mit Beachtung von (5), (6), (7)

$$m^2(ax^2 + by^2 + cz^2) = cc'\gamma^2(a'x'^2 + b'y'^2 + c'z'^2) = 0,$$

also, da m nicht $= 0$ ist, auch

$$ax^2 + by^2 + cz^2 = 0;$$

da endlich die Zahlen x, y, z keinen gemeinschaftlichen Theiler haben, und keine der Zahlen a, b, c durch ein Quadrat theilbar ist, so sind x, y, z auch relative Primzahlen und bilden folglich eine eigentliche Lösung der Gleichung (1).

Hiermit ist der Schluss vollständig durchgeführt, und also auch der obige Satz allgemein bewiesen. Es leuchtet ferner ein, dass in der successiven Zurückführung der Gleichung (1) auf ähnliche Gleichungen von immer kleinerem Index und endlich auf eine Gleichung, in welcher ein Coefficient $= +1$, ein anderer $= -1$ ist, auch eine Methode liegt, eine Lösung derselben zu finden.

Nachdem für diejenigen Gleichungen, deren Coefficienten durch kein Quadrat theilbar sind, die oben genannteu *erforderlichen* Bedingungen zugleich als *hinreichend* für die Existenz eigentlicher Lösungen erkannt sind, so geht aus dem Schlusssatze des vorigen Paragraphen hervor, dass genau dasselbe stattfindet für alle Gleichungen (1), deren Coefficienten von Null verschieden und relative Primzahlen sind. Wir können daher das Gesammtresultat unserer Untersuchungen in dem folgenden wichtigen Satze niederlegen:

Sind die Zahlen a, b, c relative Primzahlen und von Null verschieden, so ist die Gleichung

$$ax^2 + by^2 + cz^2 = 0$$

stets und nur dann in relativen Primzahlen x, y, z lösbar, wenn die Zahlen $-bc$, $-ca$, $-ab$ *resp. quadratische Reste von den Zahlen a, b, c sind, und diese letzteren nicht alle dasselbe Vorzeichen haben; ist ferner*

$$-bc \equiv \mathfrak{A}^2 \pmod{a}, \quad -ca \equiv \mathfrak{B}^2 \pmod{b}, \quad -ab \equiv \mathfrak{C}^2 \pmod{c},$$

so ist die obige Gleichung in relativen Primzahlen x, y, z derart lösbar, dass

$$\mathfrak{A}z \equiv by \pmod{a}, \quad \mathfrak{B}x \equiv cz \pmod{b}, \quad \mathfrak{C}y \equiv ax \pmod{c}$$

wird.

§. 158.

Mit Hülfe dieses Satzes lässt sich nun das oben (§. 155) erwähnte grosse Theorem von *Gauss* leicht beweisen:

Jede Classe des Hauptgeschlechtes entsteht durch Duplication.

Als Repräsentanten der dem Hauptgeschlechte der Determinante D angehörenden Classe wählen wir eine Form (A, B, C), deren erster Coefficient A relative Primzahl zu $2D$ ist (§. 93). Da die Zahl A durch diese Form darstellbar ist, und alle Einzel-Charaktere derselben den Werth $+1$ haben, so ist A quadratischer Rest von jeder in D aufgehenden ungeraden Primzahl, und auch von 4 oder von 8, falls D durch 4 oder 8 theilbar ist (§§. 121, 122); mithin ist (nach §. 37) A quadratischer Rest von D selbst (umgekehrt ergiebt sich leicht, zum Theil mit Hülfe des Reciprocitätssatzes, dass die Form (A, B, C) gewiss dem Hauptgeschlecht angehört, wenn A relative Primzahl zu $2D$, quadratischer Rest von D, und, falls D negativ sein sollte, positiv ist). Ja, man kann sogar voraussetzen, dass A quadratischer Rest von $4D$ ist, d. h. dass $A \equiv 1 \pmod{4}$, oder $A \equiv 1 \pmod{8}$ ist, je nachdem D ungerade oder gerade ist. Dies ist in der That von selbst der Fall, wenn $D \equiv 3 \pmod{4}$, oder $D \equiv 0 \pmod{8}$ ist; sollte ferner A in den übrigen Fällen dieser Bedingung nicht genügen, wäre also $A \equiv 3 \pmod{4}$, $\equiv 7 \pmod{8}$, $\equiv 3 \pmod{8}$, $\equiv 5 \pmod{8}$, je nachdem $D \equiv 1 \pmod{4}$, $\equiv 2 \pmod{8}$, $\equiv 6 \pmod{8}$, $\equiv 4 \pmod{8}$, so kann man die Form (A, B, C) durch eine Substitution $\binom{\alpha, -1}{1, \ \ 0}$ in eine Form transformiren, deren erster Coefficient $A' = A\alpha^2 + 2B\alpha + C$ relative Primzahl zu $2D$ ist und zugleich die verlangte Eigenschaft besitzt; da nämlich $AA' = (A\alpha + B)^2 - D$ ist, so braucht man α nur so zu wählen, dass $A\alpha + B$ im ersten Falle gerade, in den drei übrigen Fällen aber ungerade wird, was sich stets in der Art erreichen lässt, dass $A\alpha + B$ zugleich relative Primzahl zu D wird.

Wir setzen daher voraus, dass A quadratischer Rest von $4D$ und relative Primzahl zu $4D$ ist; da nun $4D \equiv (2B)^2 \pmod{A}$, also quadratischer Rest von A ist, und da die Zahlen A, $4D$ nicht beide negativ sind, so besitzt die Gleichung

$$Ax^2 + 4Dy^2 - z^2 = 0$$

immer eigentliche Lösungen x, y, z, welche der Bedingung

$$2Bz \equiv 4Dy, \quad \text{also} \quad z \equiv 2By \pmod{A}$$

genügen (§. 157); man kann daher $z = At + 2By$ setzen, wodurch die obige Gleichung in die folgende übergeht

$$At^2 + 2B(2y) + C(2y)^2 = x^2;$$

da Ax, $2Dy$, z relative Primzahlen sind, so sind auch t, $2y$ relative Primzahlen, und folglich ist (A, B, C) einer Form äquivalent (§. 60), deren erster Coefficient x^2 eine Quadratzahl und relative Primzahl zu $2D$ ist, und welche folglich (nach §. 155) durch Duplication einer Form entsteht, deren erster Coefficient $= x$ ist. Was zu beweisen war*).

Die unendlich vielen eigentlichen Lösungen x, y, z der obigen Gleichung, welche der Bedingung $z \equiv 2By \pmod{A}$ genügen, zerfallen nun noch in verschiedene Classen in Bezug auf den Modul $4D$ (§. 156, II.); auf den Zusammenhang dieser Lösungen mit den verschiedenen Classen, durch deren Duplication dieselbe gegebene Classe des Hauptgeschlechtes entsteht, können wir aber hier nicht mehr eingehen.

*) Die Zurückführung dieses Satzes von *Gauss* auf den von *Lagrange* und *Legendre* ist zuerst von *Arndt* ausgeführt (*Ueber die Anzahl der Genera der quadratischen Formen;* Crelle's Journal, Bd. 56), doch weicht die obige Darstellung in mehreren Puncten von der seinigen ab. In Wahrheit gehört der Satz von *Lagrange* nach Inhalt und Methode des Beweises in die Theorie der ternären Formen. — Man vergleiche ferner *Kronecker: Ueber den Gebrauch der Dirichlet'schen Methoden in der Theorie der quadratischen Formen* (Monatsber. d. Berliner Akad. 12. Mai 1864).

XI. Ueber die Theorie der ganzen algebraischen Zahlen.

§. 159.

Der Begriff der *ganzen Zahl* hat in diesem Jahrhundert eine Erweiterung erfahren, durch welche der Zahlentheorie wesentlich neue Bahnen eröffnet sind; den ersten und wichtigsten Schritt auf diesem Gebiete hat *Gauss* *) gethan, und wir wollen zunächst die Theorie der von ihm eingeführten *ganzen complexen Zahlen* wenigstens in ihren wichtigsten Grundzügen darstellen, weil hierdurch das Verständniss der später folgenden Untersuchungen über die allgemeinsten ganzen algebraischen Zahlen gewiss erleichtert wird.

Bisher haben wir unter *ganzen* Zahlen ausschliesslich die Zahlen

$$0, \pm 1, \pm 2, \pm 3, \pm 4 \ldots$$

verstanden, nämlich alle diejenigen Zahlen, welche durch wiederholte Addition und Subtraction aus der Zahl 1 entstehen; diese Zahlen reproduciren sich durch Addition, Subtraction und Multiplication, oder mit anderen Worten, die Summen, Differenzen und Producte von je zwei ganzen Zahlen sind wieder ganze Zahlen. Dagegen führt die vierte Grundoperation, die Division, auf den umfassenderen Begriff der *rationalen Zahlen*, unter welchem Namen die Quotienten**) von irgend zwei ganzen Zahlen verstanden

---

*) *Theoria residuorum biquadraticorum.* II. 1832. — Vergl. die Abhandlungen von *Dirichlet: Recherches sur les formes quadratiques à coefficients et à indéterminées complexes* (Crelle's Journal, Bd. 24) und *Untersuchungen über die Theorie der complexen Zahlen* (Abh. d. Berliner Akad. 1841).

**) Dem Begriffe eines Quotienten gemäss wird es hier und im Folgenden als selbstverständlich angesehen, dass der Divisor oder Nenner eine von Null verschiedene Zahl ist.

werden; offenbar reproduciren sich diese rationalen Zahlen durch alle vier Grundoperationen. Jedes System von reellen oder complexen Zahlen, welches diese fundamentale Eigenschaft der Reproduction besitzt, wollen wir künftig einen *Zahlkörper* oder kurz einen *Körper* nennen; der Inbegriff R aller rationalen Zahlen ist daher ein Körper, und zwar bildet er das einfachste Beispiel eines solchen. Dieser Körper R der rationalen Zahlen besteht nun aus ganzen und gebrochenen, d. h. nicht ganzen Zahlen; die ersteren wollen wir in Zukunft *rationale ganze Zahlen* nennen, um sie von den neu einzuführenden ganzen Zahlen zu unterscheiden.

Wir wenden uns nun, indem wir zur Abkürzung $\sqrt{-1} = i$ setzen, zu der Betrachtung desjenigen Körpers J, welcher aus allen complexen Zahlen ω von der Form

$$x + yi$$

besteht, wo x und y willkürliche *rationale* Zahlen bedeuten, die wir die *Coordinaten* der Zahl ω nennen wollen. Diese Zahlen ω bilden in der That einen Körper; denn, wenn

$$\alpha = x_1 + y_1 i \quad \text{und} \quad \beta = x_2 + y_2 i$$

irgend zwei solche Zahlen sind, so gehören auch ihre Summe, Differenz, ihr Product und Quotient, d. h. die Zahlen

$$\begin{aligned} \alpha \pm \beta &= (x_1 \pm x_2) + (y_1 \pm y_2) i \\ \alpha\beta &= (x_1 x_2 - y_1 y_2) + (x_1 y_2 + y_1 x_2) i \\ \frac{\alpha}{\beta} &= \frac{x_1 x_2 + y_1 y_2}{x_2^2 + y_2^2} + \frac{y_1 x_2 - x_1 y_2}{x_2^2 + y_2^2} i \end{aligned}$$

demselben System J an. Dieser Körper J, welcher offenbar auch alle rationalen Zahlen enthält, soll ein *Körper zweiten Grades* oder ein *quadratischer Körper* heissen, weil alle seine Zahlen ω durch wiederholte Anwendung der vier Grundoperationen aus der einen Zahl i entstehen, welche eine Wurzel der mit rationalen Coefficienten behafteten quadratischen Gleichung

$$i^2 + 1 = 0$$

ist. Diese Gleichung hat die Zahl $-i$ zur zweiten Wurzel; ist nun $\omega = x + yi$ auf die angegebene Weise aus i entstanden, also eine Zahl des Körpers J, so wird aus der Zahl $-i$ durch dieselben Operationen die mit ω *conjugirte* Zahl $x - yi$ entstehen, die ebenfalls dem Körper J angehört, und welche wir immer mit ω' bezeichnen wollen. Dann ist umgekehrt die mit ω' conjugirte

Zahl $(\omega')' = \omega$, und man überzeugt sich leicht, dass für je zwei Zahlen α, β des Körpers J die folgenden Gesetze gelten:

$$(\alpha \pm \beta)' = \alpha' \pm \beta'$$
$$(\alpha\beta)' = \alpha'\beta'$$
$$\left(\frac{\alpha}{\beta}\right)' = \frac{\alpha'}{\beta'}.$$

Unter der *Norm* einer Zahl ω verstehen wir das Product $\omega\,\omega'$ aus den beiden conjugirten Zahlen ω und ω', und wir bezeichnen diese Norm durch das Symbol $N(\omega)$; es wird daher

$$N(x + yi) = (x + yi)\,(x - yi) = x^2 + y^2,$$

und hieraus folgt, dass die Norm immer eine positive rationale Zahl ist und nur dann verschwindet, wenn $\omega = 0$, also $x = 0$ und $y = 0$ ist. Da ferner $(\alpha\beta)' = \alpha'\,\beta'$, also

$$(\alpha\beta)\,(\alpha\beta)' = (\alpha\alpha')\,(\beta\beta')$$

ist, so ergiebt sich der Satz:

$$N(\alpha\beta) = N(\alpha)\,N(\beta),$$

d. h. die Norm eines Productes ist gleich dem Producte aus den Normen der Factoren; und ein ganz ähnlicher Satz gilt offenbar auch für die Quotienten.

Wir theilen nun alle Zahlen des Körpers J in zwei grosse Classen ein; eine solche Zahl $\omega = x + yi$ soll eine *ganze complexe* oder kürzer eine *ganze Zahl* heissen, wenn ihre beiden Coordinaten x, y *ganze* rationale Zahlen sind; ist aber mindestens eine der beiden Coordinaten eine gebrochene Zahl, so soll auch ω eine *gebrochene* Zahl heissen. Offenbar bilden die ganzen rationalen Zahlen x einen Theil des Systems aller ganzen complexen Zahlen, und umgekehrt ist jede ganze complexe Zahl $x + yi$, wenn sie zugleich rational ist, nothwendig eine ganze rationale Zahl x. Unter einer *natürlichen* Zahl verstehen wir nach altem Herkommen immer eine *positive*, also von Null verschiedene, *ganze rationale* Zahl.

Aus den obigen Formeln für die Summe, Differenz und das Product zweier in J enthaltenen Zahlen leuchtet nun zunächst ein, dass unsere ganzen Zahlen sich durch Addition, Subtraction und Multiplication reproduciren. Die Analogie mit der Theorie der rationalen Zahlen veranlasst uns daher, den Begriff der *Theilbarkeit* einzuführen: die ganze Zahl α heisst *theilbar* durch die ganze Zahl β, wenn $\alpha = \beta\gamma$, und γ ebenfalls eine ganze Zahl ist; zugleich heisst α ein Vielfaches oder Multiplum von β, und β ein Theiler oder Divisor oder Factor von α, oder man sagt auch, β gehe in α

auf. Aus dieser Erklärung, durch welche der Begriff der Theilbarkeit für rationale ganze Zahlen nicht geändert wird, ergeben sich (wie in §. 3) die beiden folgenden *Elementarsätze*:

I. *Sind α und β theilbar durch μ, so sind auch die Zahlen $\alpha + \beta$ und $\alpha - \beta$ theilbar durch μ.* Denn aus $\alpha = \mu\,\alpha_1$ und $\beta = \mu\,\beta_1$ folgt $\alpha \pm \beta = \mu\,(\alpha_1 \pm \beta_1)$, und da α_1, β_1 ganze Zahlen sind, so gilt dasselbe auch von den Zahlen $\alpha_1 \pm \beta_1$.

II. *Ist $\varkappa$ theilbar durch λ, und λ theilbar durch μ, so ist auch $\varkappa$ theilbar durch μ.* Denn aus $\varkappa = \alpha\,\lambda$ und $\lambda = \beta\,\mu$ folgt $\varkappa = (\alpha\,\beta)\,\mu$, und da α und β ganze Zahlen sind, so ist auch $\alpha\beta$ eine ganze Zahl.

Ist $\omega = x + yi$ eine ganze Zahl, so ist offenbar die conjugirte Zahl $\omega' = x - yi$ ebenfalls eine ganze Zahl, und folglich ist $N(\omega)$ theilbar durch ω. Diese Norm ist immer eine natürliche Zahl, wenn ω von Null verschieden ist, und aus dem Satze über die Norm eines Productes ergiebt sich der folgende, welcher aber nicht umgekehrt werden darf:

Ist α theilbar durch β, so ist $N(\alpha)$ auch theilbar durch $N(\beta)$.

Unter einer *Einheit* wird jede ganze Zahl ε verstanden, welche ein Divisor der Zahl 1 ist und folglich auch in allen ganzen Zahlen aufgeht; nach dem vorstehenden Satze muss $N(\varepsilon)$ in $N(1)$, d. h. in der Zahl 1 aufgehen, und folglich muss

$$N(\varepsilon) = 1, \text{ d. h. } \varepsilon\,\varepsilon' = 1$$

sein; und umgekehrt leuchtet ein, dass jede ganze Zahl ε, deren Norm $= 1$ ist, gewiss eine Einheit ist. Setzt man nun $\varepsilon = x + yi$, so ist $x^2 + y^2 = 1$, und da x, y ganze rationale Zahlen sind, so ist entweder $x^2 = 1$ und $y = 0$, oder $x = 0$ und $y^2 = 1$; man erhält daher die folgenden vier Einheiten

$$\varepsilon = 1, -1, i, -i,$$

welche man auch in der Form

$$\varepsilon = i^n$$

zusammenfassen kann, wo n eine beliebige ganze rationale Zahl bedeutet. In der Theorie der rationalen Zahlen giebt es nur zwei Einheiten, nämlich die Zahlen ± 1.

Sind zwei ganze, von Null verschiedene Zahlen α, β gegenseitig durch einander theilbar, so sind die Quotienten

$$\frac{\beta}{\alpha} \text{ und } \frac{\alpha}{\beta}$$

ganze Zahlen, und da ihr Product $= 1$ ist, so sind sie nothwendig Einheiten, mithin ist $\beta = \alpha\varepsilon$, wo ε eine Einheit; umgekehrt, wenn dies der Fall ist, so ist auch $\alpha = \beta\varepsilon'$, also ist jede der beiden Zahlen α, β durch die andere theilbar. Zwei solche Zahlen heissen *associirte* Zahlen, und es leuchtet ein, dass je vier associirte Zahlen

$$\alpha,\ \alpha i,\ -\alpha,\ -\alpha i$$

bei allen Fragen der Theilbarkeit sich ganz gleich verhalten; ist nämlich eine ganze Zahl α theilbar durch eine ganze Zahl μ, so ist auch jede mit α associirte Zahl durch jede mit μ associirte Zahl theilbar. Wir sehen daher im Folgenden vier solche associirte Zahlen als nicht *wesentlich* verschieden an.

Um nun eine ausreichende Grundlage für die Theorie der Theilbarkeit in unserem Gebiete der ganzen complexen Zahlen zu gewinnen, bemerken wir zunächst, dass jede dem Körper J angehörige Zahl $\omega = x + yi$, mag sie ganz oder gebrochen sein, stets als Summe von zwei Zahlen ν und ω_1 dargestellt werden kann, von denen die erstere ν eine ganze Zahl ist, während $N(\omega_1) < 1$ wird; sondert man nämlich aus den rationalen Coordinaten x, y die nächstliegenden ganzen Zahlen r, s aus, so wird $x = r + x_1$, $y = s + y_1$, wo x_1, y_1 rationale Zahlen bedeuten, deren absolute Werthe $\leqq \frac{1}{2}$ sind; setzt man daher $\nu = r + si$, $\omega_1 = x_1 + y_1 i$, so wird $\omega = \nu + \omega_1$, wo ν eine ganze Zahl, und

$$N(\omega_1) = x_1^2 + y_1^2 \leqq \tfrac{1}{2} < 1$$

ist. Hieraus ergiebt sich unmittelbar der folgende wichtige Satz:

Ist α eine beliebige ganze, und β eine von Null verschiedene ganze Zahl, so kann man zwei ganze Zahlen γ und ν immer so wählen, dass

$$\alpha = \nu\beta + \gamma, \text{ und } N(\gamma) < N(\beta)$$

wird.

Da nämlich der Quotient der beiden Zahlen α, β eine dem Körper J angehörige Zahl ω ist, so kann man

$$\frac{\alpha}{\beta} = \nu + \omega_1, \text{ also } \alpha = \nu\beta + \beta\omega_1$$

setzen, wo ν eine ganze Zahl, und $N(\omega_1) < 1$ ist; hieraus folgt aber, dass die Zahl $\gamma = \beta\omega_1 = \alpha - \nu\beta$ ebenfalls eine ganze Zahl, und dass ihre Norm

$$N(\gamma) = N(\beta)\, N(\omega_1) < N(\beta)$$

ist, was zu beweisen war.

Mit Hülfe dieses Satzes lässt sich nun die Aufgabe behandeln, alle gemeinschaftlichen Divisoren von zwei gegebenen ganzen Zahlen α, β zu finden (vergl. §. 4); behalten nämlich ν und γ die eben festgesetzte Bedeutung, so ergiebt sich aus den obigen Elementarsätzen I. und II., dass jeder gemeinschaftliche Divisor von α, β auch gemeinschaftlicher Divisor von β, γ ist, und umgekehrt; man wird daher, wenn γ nicht $= 0$ ist, wieder zwei ganze Zahlen δ und π so bestimmen, dass

$$\beta = \pi\gamma + \delta, \text{ und } N(\delta) < N(\gamma)$$

wird, und wenn δ noch nicht $= 0$ ist, wird man auf dieselbe Weise so lange fortfahren, bis unter den successiven Divisionsresten γ, δ ... die Zahl Null auftritt. Dies muss nothwendig nach einer endlichen Anzahl von Operationen geschehen, weil die Normen dieser Reste natürliche Zahlen sind, die beständig abnehmen. Ist μ der letzte von diesen Resten, welcher einen von Null verschiedenen Werth hat, so haben wir eine Kette von Gleichungen von der Form

$$\begin{aligned}
\alpha &= \nu\beta + \gamma \\
\beta &= \pi\gamma + \delta \\
&\cdots\cdots \\
\varkappa &= \sigma\lambda + \mu \\
\lambda &= \tau\mu,
\end{aligned}$$

aus welcher hervorgeht, dass μ gemeinschaftlicher Divisor von α, β, und dass umgekehrt jeder gemeinschaftliche Divisor von α, β nothwendig ein Divisor von μ ist. Diese Zahl μ, und ebenso jede mit ihr associirte Zahl, heisst der *grösste* gemeinschaftliche Divisor von α und β, weil er unter allen gemeinschaftlichen Divisoren die grösste Norm hat. Sind α und β *rational*, so ist μ ebenfalls rational und identisch mit derjenigen Zahl, welche in der Theorie der rationalen Zahlen der grösste gemeinschaftliche Divisor von α und β genannt wurde.

Durch Umkehrung der obigen Gleichungen, wobei man sich wieder des Euler'schen Algorithmus (§. 23) bedienen kann, ergiebt sich, dass immer zwei ganze Zahlen ξ, η existiren, welche der Bedingung

$$\alpha\xi + \beta\eta = \mu$$

genügen (im Falle $\gamma = 0$, $\mu = \beta$, kann man $\xi = 0$, $\eta = 1$ setzen), und derselbe Satz gilt offenbar auch dann, wenn μ nicht den grössten gemeinschaftlichen Theiler von α, β selbst, sondern irgend eine durch denselben theilbare Zahl bedeutet.

Nachdem für je zwei ganze Zahlen α, β (die nicht beide verschwinden) die Existenz eines grössten gemeinschaftlichen Theilers nachgewiesen, und zugleich eine Methode zur Auffindung desselben angegeben ist, leuchtet ein, dass die Lehre von der Theilbarkeit der complexen ganzen Zahlen sich ganz ähnlich gestalten muss, wie bei den rationalen Zahlen. Wir heben zunächst folgende Puncte hervor. Zwei ganze Zahlen α, β heissen *relative Primzahlen* oder Zahlen ohne gemeinschaftlichen Divisor, wenn sie ausser den vier Einheiten keinen gemeinschaftlichen Divisor besitzen; es giebt dann immer zwei ganze Zahlen ξ, η, welche der Bedingung

$$\alpha\xi + \beta\eta = 1$$

genügen, und umgekehrt folgt aus der vorstehenden Gleichung, dass α, β relative Primzahlen sind. Ist nun ω eine beliebige ganze Zahl, so ergiebt sich aus

$$\alpha(\omega\xi) + (\beta\omega)\eta = \omega,$$

dass jeder gemeinschaftliche Theiler von α und $\beta\omega$ nothwendig Divisor von ω ist (vergl. §. 5); wenn daher ω ebenfalls relative Primzahl zu α ist, so folgt, dass auch das Product $\beta\omega$ relative Primzahl zu α ist, und dieser Satz, wiederholt angewendet, liefert den folgenden:

Wenn jede der Zahlen $\alpha_1, \alpha_2, \alpha_3 \ldots$ relative Primzahl zu jeder der Zahlen $\beta_1, \beta_2 \ldots$ ist, so sind auch die beiden Producte $\alpha_1\alpha_2\alpha_3 \ldots$ und $\beta_1\beta_2 \ldots$ relative Primzahlen.

Aus derselben Gleichung ergeben sich offenbar auch die folgenden Sätze:

Sind α, β relative Primzahlen, und ist $\beta\omega$ theilbar durch α, so ist auch ω theilbar durch α.

Ist ω ein gemeinschaftliches Multiplum der beiden relativen Primzahlen α, β, so ist ω auch durch ihr Product $\alpha\beta$ theilbar.

Unter einer *complexen Primzahl* ist eine ganze Zahl π zu verstehen, welche keine Einheit ist, und deren Divisoren entweder mit π associirt oder Einheiten sind (vergl. §. 8). Ist nun α eine beliebige ganze Zahl, so muss einer und nur einer der beiden folgenden Fälle eintreten: entweder ist α theilbar durch die

Primzahl π, oder α ist relative Primzahl zu π; denn der grösste gemeinschaftliche Theiler der beiden Zahlen α, π ist entweder associirt mit π oder eine Einheit. Mit Rücksicht auf das Vorhergehende folgt hieraus offenbar der Satz:

Wenn ein Product aus mehreren ganzen Zahlen α, β, γ . . . durch eine Primzahl π theilbar ist, so geht π mindestens in einem der Factoren α, β, γ . . . auf.

Jede ganze, von Null verschiedene Zahl α ist nun entweder eine Einheit, oder eine Primzahl, oder sie besitzt mindestens einen Divisor β, welcher weder eine Einheit, noch mit α associirt ist; in diesem letzten Falle heisst α eine *zusammengesetzte Zahl*, und wenn $\alpha = \beta\lambda$ gesetzt wird, so ist auch λ keine Einheit, und da $N(\alpha) = N(\beta)\,N(\lambda)$ ist, so ergiebt sich $N(\alpha) > N(\beta) > 1$, weil die vier Einheiten die einzigen Zahlen sind, deren Norm $= 1$ ist. Hieraus folgt leicht (vergl. §. 8), dass mindestens eine in α aufgehende Primzahl existirt; denn wenn β noch keine Primzahl, mithin eine zusammengesetzte Zahl ist, so besitzt sie wieder einen Divisor γ, der der Bedingung $N(\beta) > N(\gamma) > 1$ genügt, und wenn γ noch keine Primzahl ist, so kann man in derselben Weise so lange fortfahren, bis in der Reihe der Zahlen α, β, γ . . . eine Primzahl π auftritt, was nach einer endlichen Anzahl von Zerlegungen geschehen muss, weil die Reihe der beständig abnehmenden natürlichen Zahlen $N(\alpha)$, $N(\beta)$, $N(\gamma)$ . . . nothwendig einmal abbrechen wird. Offenbar ist nun α theilbar durch π und folglich von der Form $\pi\alpha_1$, wo α_1 entweder eine Primzahl oder eine zusammengesetzte Zahl ist; im letzteren Falle kann man wieder $\alpha_1 = \pi_1\alpha_2$, also $\alpha = \pi\pi_1\alpha_2$ setzen, wo π_1 eine Primzahl bedeutet, und wenn α_2 noch keine Primzahl, sondern eine zusammengesetzte Zahl ist, so kann man in derselben Weise fortfahren, bis in der Reihe der Zahlen α_1, α_2 . . . eine Primzahl $\alpha_n = \pi_n$ auftritt, was, wie sich abermals aus der Betrachtung der Normen ergiebt, nach einer endlichen Anzahl von Zerlegungen geschehen muss. Dann ist die zusammengesetzte Zahl

$$\alpha = \pi\pi_1\pi_2 \ldots \pi_n$$

dargestellt als ein Product von $n + 1$ Factoren, welche sämmtlich Primzahlen sind. Gesetzt nun, dieselbe Zahl α sei auch ein Product aus $m + 1$ Primzahlen ϱ, ϱ_1, ϱ_2 . . . ϱ_m, also

$$\pi\pi_1\pi_2 \ldots \pi_n = \varrho\varrho_1\varrho_2 \ldots \varrho_m,$$

so muss nach dem oben bewiesenen Satze die in diesem Producte α aufgehende Primzahl π nothwendig in einem der Factoren ϱ, ϱ_1, $\varrho_2 \ldots \varrho_m$, z. B. in ϱ aufgehen; da aber ϱ ebenfalls eine Primzahl ist und folglich ausser den Einheiten nur solche Divisoren besitzt, welche mit ϱ associirt sind, so muss $\pi = \varepsilon \varrho$ sein, wo ε eine Einheit bedeutet, und hieraus folgt durch Division mit ϱ die Gleichung

$$\varepsilon \pi_1 \pi_2 \ldots \pi_n = \varrho_1 \varrho_2 \ldots \varrho_m;$$

da nun das Product rechter Hand durch die Primzahl π_1 theilbar ist, so muss zufolge derselben Schlüsse die Zahl π_1 mit einem der Factoren dieses Productes, z. B. mit ϱ_1 associirt, also von der Form $\varepsilon_1 \varrho_1$ sein, wo ε_1 eine Einheit bedeutet. Die durch Division mit ϱ_1 entstehende Gleichung

$$\varepsilon \varepsilon_1 \pi_2 \ldots \pi_n = \varrho_2 \ldots \varrho_m$$

kann man offenbar in derselben Weise weiter behandeln; es ergiebt sich hieraus zunächst, dass m nicht kleiner als n ist, und dass man $\pi_2 = \varepsilon_2 \varrho_2$, $\pi_3 = \varepsilon_3 \varrho_3 \ldots \pi_n = \varepsilon_n \varrho_n$ setzen kann, wo ε_2, $\varepsilon_3 \ldots \varepsilon_n$ Einheiten bedeuten. Wäre nun $m > n$, so würde sich

$$\varepsilon \varepsilon_1 \varepsilon_2 \ldots \varepsilon_n = \varrho_{n+1} \varrho_{n+2} \ldots \varrho_m$$

ergeben, und es wäre folglich ein Product von lauter Einheiten durch mindestens eine Primzahl ϱ_{n+1} theilbar, was unmöglich ist. Mithin ist $m = n$, und die beiden Zerlegungen der Zahl α in Primfactoren sind *wesentlich* identisch, d. h. wenn in der einen Zerlegung genau r Factoren auftreten, welche mit einer und derselben Primzahl π associirt sind, so finden sich auch in der anderen Zerlegung genau r solche mit π associirte Factoren. In diesem Sinne ist der hiermit bewiesene *Fundamentalsatz* (vergl. §. 8) zu verstehen:

Jede zusammengesetzte Zahl lässt sich stets und wesentlich nur auf eine einzige Weise als Product aus einer endlichen Anzahl von Primzahlen darstellen.

Es ist nun auch nicht schwer, sich einen deutlichen Ueberblick über alle in unserem Körper J vorhandenen complexen Primzahlen π zu verschaffen. Es giebt offenbar unendlich viele natürliche Zahlen, die durch eine bestimmte Primzahl π theilbar sind (eine solche ist z. B. $N(\pi) = \pi \pi'$); von allen diesen Zahlen muss die *kleinste* p nothwendig eine *natürliche Primzahl*, d. h. eine positive Primzahl des Körpers R, also eine Primzahl im alten

Sinne des Wortes sein; denn p ist > 1, weil sonst π eine Einheit wäre, und p kann auch nicht ein Product von zwei kleineren natürlichen Zahlen sein, weil sonst π als Primzahl in einer derselben aufgehen müsste, was aber der Definition von p widerspricht. Jede complexe Primzahl π ist daher Divisor von einer (und offenbar auch nur von einer einzigen) natürlichen Primzahl p, und es werden folglich alle complexen Primzahlen π entdeckt werden, wenn man die Divisoren aller natürlichen Primzahlen p aufsucht. Es sei daher p eine natürliche Primzahl, und π eine in p aufgehende complexe Primzahl, so ist $N(\pi)$ ein Divisor von $p^2 = N(p)$, und folglich ist $N(\pi)$ entweder $= p$ oder $= p^2$; je nachdem der erste oder zweite Fall eintritt, wollen wir π eine Primzahl *ersten* oder *zweiten Grades* nennen. Im ersten Falle ist $p = \pi\pi' = N(\pi)$ das Product aus zwei conjugirten Primzahlen ersten Grades, weil offenbar π' stets gleichzeitig mit π eine Primzahl ist; im zweiten Falle ist $p = \pi\,\varepsilon$, $N(\varepsilon) = 1$, also ist p associirt mit π und folglich selbst eine complexe Primzahl zweiten Grades.

Die Entscheidung über das Eintreten des einen oder anderen Falles je nach der Beschaffenheit der natürlichen Primzahl p würde sich augenblicklich aus der Theorie der binären quadratischen Formen von der Determinante -1 ergeben (§. 68); allein unser Hauptziel besteht gerade darin, nachzuweisen, dass die Theorie der Formen überhaupt entbehrlich ist, oder vielmehr, dass sie auf die einfachere und zugleich tiefer eindringende Theorie der ganzen algebraischen Zahlen zurückgeführt werden kann. Wir suchen daher auch hier unsere Aufgabe selbständig zu lösen. Es leuchtet nun ein, dass der zweite Fall jedesmal stattfinden muss, wenn $p \equiv 3 \pmod{4}$ ist; denn da die Norm einer jeden ganzen complexen Zahl eine Summe von zwei ganzen rationalen Quadratzahlen ist und folglich, durch vier dividirt, den Rest 0, 1 oder 2 lässt, je nachdem beide Quadrate gerade, oder eines, oder beide ungerade sind, so kann der erste Fall höchstens dann eintreten, wenn $p = 2$, oder $p \equiv 1 \pmod{4}$ ist. Wir erhalten hiermit das erste Resultat:

Jede natürliche Primzahl p von der Form $4h + 3$ ist eine complexe Primzahl zweiten Grades.

Der Fall $p = 2$ erledigt sich unmittelbar durch die Bemerkung, dass

$$2 = N(1-i) = (1-i)(1+i) = i\,(1-i)^2$$

ist, und liefert das Resultat:

Die Zahl 2 *ist associirt mit dem Quadrate der Primzahl ersten Grades* $1 - i$.

Es handelt sich jetzt nur noch um die natürlichen Primzahlen p von der Form $4h + 1$; die Entscheidung wird sofort gegeben, sobald man aus der Theorie der rationalen Zahlen den Satz (§. 40) entlehnt, dass die Zahl -1 quadratischer Rest von jeder solchen Zahl p ist, dass also eine ganze rationale Zahl x existirt, für welche $x^2 + 1$, d. h. das Product $(x + i)(x - i)$ durch p theilbar ist; da nämlich keiner der beiden Factoren $x + i$, $x - i$ durch p theilbar ist, so kann (nach dem obigen Satze) p keine complexe Primzahl sein, und folglich ist p gewiss das Product aus zwei conjugirten Primzahlen ersten Grades π und π'. Setzt man $\pi = a + bi$, so ergiebt sich auf diese Weise der Fermat'sche Satz (§. 68)

$$p = a^2 + b^2.$$

Die beiden Primzahlen π, π' können nicht associirt sein, weil aus $a - bi = i^n (a + bi)$ entweder $b = 0$, oder $a = 0$, oder $a^2 = b^2$ folgen würde, was alles unmöglich ist. Mithin ergiebt sich das letzte Resultat:

Jede natürliche Primzahl p *von der Form* $4h + 1$ *ist das Product aus zwei conjugirten, nicht associirten complexen Primzahlen ersten Grades.*

Will man aber den obigen Satz aus der Theorie der quadratischen Reste nicht voraussetzen, so ergiebt sich dasselbe Resultat im weiteren Fortgange der Theorie unserer complexen Zahlen, wie folgt. Zwei ganze complexe Zahlen α, β heissen *congruent* in Bezug auf eine dritte μ, den *Modulus*, wenn ihre Differenz $\alpha - \beta$ durch μ theilbar ist, und dies wird durch die *Congruenz*

$$\alpha \equiv \beta \pmod{\mu}$$

angedeutet. Es leuchtet dann ohne Weiteres ein, dass die elementaren Sätze über Congruenzen (§. 17) von den rationalen Zahlen unmittelbar auf die complexen Zahlen übertragen werden dürfen, und es ergiebt sich ebenso wie früher (§. 26), dass eine Congruenz n^{ten} Grades, deren Modulus eine complexe *Primzahl* ist, niemals mehr als n incongruente Wurzeln besitzen kann. Ist nun p eine natürliche Primzahl von der Form $4h + 1$, so wird die Congruenz $(p - 1)^{\text{ten}}$ Grades

$$\omega^{p-1} \equiv 1 \pmod{p}$$

durch mindestens p incongruente Zahlen ω, nämlich durch $\omega = i$ und (nach §. 19) durch $\omega = 1, 2, 3 \ldots (p-1)$ befriedigt; mithin ist der Modulus p keine complexe Primzahl, und hieraus folgt dasselbe Resultat wie oben.

Nachdem die Grundlagen der Theorie der complexen ganzen Zahlen im Vorhergehenden gewonnen sind, wollen wir uns darauf beschränken, einige wenige Fragen zu behandeln, bei deren Auswahl uns der Wunsch leitet, gewisse Begriffe, welche in der später folgenden allgemeinen Theorie der ganzen algebraischen Zahlen auftreten werden, an dem einfachen, uns vorliegenden Beispiel des Körpers J zu entwickeln.

Ist μ eine ganze complexe und zwar von Null verschiedene Zahl, so theilen wir alle ganzen complexen Zahlen in *Zahl-Classen* ein, indem wir zwei Zahlen stets und nur dann in dieselbe Classe aufnehmen, wenn sie in Bezug auf μ congruent sind (vergl. §. 18); der Grund für die Möglichkeit einer solchen Eintheilung liegt darin, dass zwei mit einer dritten congruente Zahlen nothwendig auch mit einander congruent sind. Wir stellen uns die Aufgabe, die *Anzahl* dieser verschiedenen Classen zu bestimmen. Zu diesem Zweck betrachten wir vorläufig nur eine einzige von diesen Classen, nämlich den *Inbegriff* $\mathfrak{m}$ aller derjenigen Zahlen, welche durch μ theilbar, d. h. $\equiv 0 \pmod{\mu}$ sind. Dieser Inbegriff $\mathfrak{m}$ ist identisch mit dem System aller Zahlen von der Form $\mu(x + yi)$, wo x und y willkürliche ganze rationale Zahlen bedeuten. Auf solche *homogene lineare Formen*, in welchen die Variabelen *ganze rationale Zahlen* sind, werden wir in der Folge*) sehr häufig stossen, und wir wollen, wenn z. B. α, β irgend welche reelle oder complexe Constanten, x und y aber willkürliche ganze rationale Zahlen bedeuten, den *Inbegriff* aller in der Linearform $\alpha x + \beta y$ enthaltenen Werthe zur Abkürzung mit dem Symbol $[\alpha, \beta]$ bezeichnen, welches also von jetzt an in ganz anderer Bedeutung gebraucht wird, als früher bei dem Euler'schen Kettenbruch-Algorithmus. Die beiden Constanten α, β, welche wir die *Basiszahlen* des Systems $[\alpha, \beta]$ nennen, können nun auf unendlich mannigfaltige Weise abgeändert, d. h. durch andere Basiszahlen α_1, β_1 ersetzt werden, und zwar so, dass das System $[\alpha_1, \beta_1]$ vollständig identisch mit dem System $[\alpha, \beta]$ bleibt. Dies wird z. B. immer dann eintreten, wenn zwischen den beiden Paaren von Basiszahlen zwei Relationen von der Form

*) Vergl. §§. 168, 172.

$$\alpha = p\alpha_1 + q\beta_1, \quad \beta = r\alpha_1 + s\beta_1$$

stattfinden, wo p, q, r, s vier ganze rationale Zahlen bedeuten, deren Determinante

$$ps - qr = \pm 1$$

ist; denn hieraus folgt umgekehrt

$$\pm\alpha_1 = s\alpha - q\beta, \quad \pm\beta_1 = -r\alpha + p\beta,$$

mithin ist jede Zahl, welche dem einen der beiden Systeme $[\alpha, \beta]$, $[\alpha_1, \beta_1]$ angehört, auch in dem anderen enthalten, was wir kurz durch $[\alpha, \beta] = [\alpha_1, \beta_1]$ ausdrücken wollen.

Eine solche Transformation der Basis wollen wir auf unseren Fall anwenden, in welchem es sich um das System

$$\mathfrak{m} = [\mu, \mu i]$$

aller durch μ theilbaren Zahlen $\mu(x + yi)$ handelt. Wir bezeichnen mit m die grösste in μ aufgehende natürliche Zahl und setzen demgemäss

$$\mu = m(p - qi), \quad \mu i = m(q + pi),$$

wo p, q ganze rationale Zahlen ohne gemeinschaftlichen Theiler bedeuten; hierauf wählen wir (nach §. 24) zwei ganze rationale Zahlen r, s, welche der Bedingung

$$ps - qr = 1$$

genügen, und setzen

$$a = p^2 + q^2, \quad b = pr + qs,$$

so ist

$$ma = p \cdot \mu + q \cdot \mu i$$
$$m(b + i) = r \cdot \mu + s \cdot \mu i,$$

und hieraus folgt nach der obigen Bemerkung, dass diese beiden Zahlen ma und $m(b + i)$ ebenfalls eine Basis des Systems $\mathfrak{m}$ bilden, d. h. es wird

$$\mathfrak{m} = [ma, m(b + i)].$$

Mit Hülfe dieser Transformation können wir leicht die Anzahl aller in Bezug auf den Modul μ incongruenten Zahlen bestimmen. Denn, wenn

$$\omega = h + ki$$

eine beliebige gegebene ganze complexe Zahl ist, so erhält man die Classe, welche aus allen mit ihr congruenten Zahlen

$$\omega_1 = h_1 + k_1 i$$

besteht, indem man

$$\omega_1 = \omega + m a x + m(b + i) y,$$

also

$$h_1 = h + m a x + m b y, \quad k_1 = k + m y$$

setzt, wo x, y alle ganzen rationalen Zahlen durchlaufen; aus der Form dieser beiden Gleichungen geht aber hervor, dass man zuerst y, hierauf x immer und nur auf eine einzige Weise so bestimmen kann, dass

$$0 \leqq k_1 < m \quad \text{und} \quad 0 \leqq h_1 < m a$$

wird. Es giebt daher in jeder Classe einen und nur einen Repräsentanten $\omega_1 = h_1 + k_1 i$, welcher den beiden vorstehenden Bedingungen genügt; mithin ist die Anzahl aller verschiedenen Classen gleich der Anzahl aller verschiedenen, diese Bedingungen erfüllenden Paare h_1, k_1, also gleich dem Producte $m^2 a = N(\mu)$ aus der Anzahl m der Werthe von k_1 und der Anzahl $m a$ der Werthe von h_1. Wir erhalten mithin das folgende Resultat:

Die Anzahl aller in Bezug auf den Modul μ incongruenten Zahlen ist $= N(\mu)$.

Es hat nun auch keine Schwierigkeit, die Anzahl $\psi(\mu)$ aller derjenigen von diesen incongruenten Zahlen zu bestimmen, welche relative Primzahlen zum Modul μ sind; diese Function $\psi(\mu)$ hat für unsere jetzige Zahlentheorie augenscheinlich dieselbe Wichtigkeit, wie die Function $\varphi(m)$ für die Theorie der rationalen Zahlen (§§. 11—14, 138); durch Betrachtungen, welche den damals angestellten ganz ähnlich sind, findet man

$$\psi(\mu) = 1,$$

wenn μ eine Einheit ist, sonst aber

$$\psi(\mu) = N(\mu) \Pi \left(1 - \frac{1}{N(\pi)}\right),$$

wo das Productzeichen sich auf alle wesentlich verschiedenen, in μ aufgehenden Primzahlen π bezieht; ausserdem ist

$$\psi(\mu_1 \mu_2) = \psi(\mu_1) \psi(\mu_2),$$

wenn μ_1, μ_2 relative Primzahlen sind, und

$$\Sigma \psi(\delta) = N(\mu),$$

wo das Summenzeichen sich auf alle wesentlich verschiedenen Divisoren δ der Zahl μ bezieht. Ist ferner ω relative Primzahl zu μ, so ist stets

$$\omega^{\psi(\mu)} \equiv 1 \pmod{\mu},$$

was dem Satze von Fermat entspricht (§§. 19, 127). Wir müssen aber der Kürze halber die Durchführung der Beweise dieser Sätze dem Leser überlassen, und wir dürfen dies um so eher thun, als wir später (§. 180) dieselben Fragen in ihrer allgemeinsten Form behandeln werden.

Dagegen wollen wir noch mit einigen Worten auf den Zusammenhang eingehen, welcher zwischen der Theorie der complexen ganzen Zahlen und derjenigen der *quadratischen Formen* von der Determinante -1 besteht. Wir haben oben das System $\mathfrak{m} = [\mu, \mu i]$ aller durch μ theilbaren Zahlen in die Form $[ma, m(b+i)]$ gebracht, wo die Zahlen m, a, b nach gewissen Regeln aus der gegebenen Zahl μ abzuleiten waren; von diesen drei Zahlen waren m und a völlig bestimmt, während b von der Wahl der beiden Hülfszahlen r, s abhing; jedes andere Paar r_1, s_1, welches der Bedingung

$$ps_1 - qr_1 = 1$$

genügt, ist (nach §. 24) von der Form

$$r_1 = r + hp, \quad s_1 = s + hq,$$

wo h eine willkürliche ganze rationale Zahl bedeutet, und liefert an Stelle von b die Zahl

$$b_1 = pr_1 + qs_1 = b + ha \equiv b \pmod{a};$$

die rationalen Zahlen b_1 durchlaufen daher alle Individuen einer völlig bestimmten Zahlclasse in Bezug auf den Modul a, und es ist offenbar gleichgültig, welchen Repräsentanten b dieser Classe man wählt. Dieselbe lässt sich auch direct, ohne Zuziehung der Hülfszahlen r, s definiren; da nämlich $a = p^2 + q^2$ ist, so ergiebt sich aus der Definition von b, dass

$$pb \equiv q, \quad qb \equiv -p \pmod{a}$$

ist, und da jede der beiden gegebenen Zahlen p, q, weil sie keinen gemeinschaftlichen Theiler haben, nothwendig relative Primzahl zu a ist, so ist b durch jede einzelne dieser beiden Congruenzen vollständig bestimmt in Bezug auf den Modul a. Quadrirt man eine dieser Congruenzen und bedenkt, dass $p^2 \equiv -q^2 \pmod{a}$ ist, so ergiebt sich

$$b^2 \equiv -1 \pmod{a};$$

es ist folglich

$$b^2 = -1 + ac,$$

wo c, wie a, eine natürliche Zahl, und (a, b, c) ist eine positive quadratische Form von der Determinante -1. Nun sind alle durch μ theilbaren, also in dem System $\mathfrak{m}$ enthaltenen Zahlen λ von der Form

$$\lambda = m(ax + (b + i)y),$$

wo x, y willkürliche ganze rationale Zahlen bedeuten, und durch Multiplication mit der conjugirten Zahl λ' erhält man, weil $m^2 a = N(\mu)$ ist, das Resultat

$$N(\lambda) = N(\mu)(ax^2 + 2bxy + cy^2).$$

Auf diese Weise führt jede bestimmte ganze complexe Zahl μ zu einer bestimmten Schaar von parallelen*) quadratischen Formen (a, b, c), deren Determinante $= -1$ ist.

Umgekehrt, wenn (a, b, c) eine solche (positive) Form, und folglich

$$ac = (b + i)(b - i)$$

ist, so bezeichnen wir mit γ den grössten gemeinschaftlichen Theiler der beiden ganzen complexen Zahlen a und $b + i$, und setzen

$$a = \alpha\gamma, \quad b + i = \beta\gamma;$$

da nun α, β relative Primzahlen sind und beide in der Zahl $\alpha c = \beta(b - i)$ aufgehen, so muss diese durch das Product $\alpha\beta$ theilbar sein, und folglich ist

$$c = \beta\delta, \quad b - i = \alpha\delta,$$

wo δ ebenfalls eine ganze complexe Zahl bedeutet. Ersetzt man, was stets erlaubt ist, alle hier auftretenden Zahlen durch die conjugirten Zahlen, so ergiebt sich

$$a = \alpha'\gamma', \quad b + i = \alpha'\delta',$$

und da γ der grösste gemeinschaftliche Theiler dieser beiden Zahlen ist, so muss die in beiden aufgehende Zahl α' nothwendig auch in γ aufgehen; setzt man demgemäss

$$\gamma = \varepsilon\alpha',$$

so folgt

$$a = \varepsilon\alpha\alpha' = \varepsilon N(\alpha),$$

mithin ist ε eine natürliche Zahl, und da dieselbe in γ, also auch in $b + i$ aufgeht, so muss sie $= 1$ sein. Wir erhalten daher $\gamma = \alpha'$, also

$$a = \alpha\alpha' = N(\alpha), \quad b + i = \beta\alpha';$$

*) Vergl. §. 56, Anmerkung.

da aber $b + i = \alpha' \delta'$, so folgt $\delta' = \beta$, $\delta = \beta'$, mithin

$$c = \beta \beta' = N(\beta), \quad b - i = \alpha \beta'.$$

Man setze nun

$$\alpha = p + qi, \quad \beta = r + si,$$

so folgt

$$a = p^2 + q^2, \quad c = r^2 + s^2$$
$$b = pr + qs, \quad 1 = ps - qr,$$

mithin geht die Form (1, 0, 1) durch die Substitution $\binom{p,\ r}{q,\ s}$ in die Form (a, b, c) über (§. 54); unsere Theorie der ganzen complexen Zahlen liefert also unmittelbar den Beweis, dass alle (positiven) Formen von der Determinante — 1 äquivalent sind (§. 68). —

Genau in derselben Weise, wie hier die ganzen complexen Zahlen $x + yi$ untersucht sind, würden sich noch manche andere Gebiete von ganzen Zahlen behandeln lassen. Bedeutet z. B. θ eine Wurzel von einer der folgenden acht quadratischen Gleichungen

$$\theta^2 + \theta + 1 = 0,\ \theta^2 + \theta + 2 = 0,\ \theta^2 + 2 = 0,\ \theta^2 + \theta + 3 = 0,$$
$$\theta^2 + \theta - 1 = 0,\ \theta^2 - 2 = 0,\ \theta^2 - 3 = 0,\ \theta^2 + \theta - 3 = 0,$$

und lässt man x, y alle ganzen und gebrochenen rationalen Zahlen durchlaufen, so bilden die entsprechenden Zahlen von der Form $x + y\theta$ einen quadratischen Körper; nach der allgemeinsten Definition der *ganzen algebraischen Zahl*, welche wir in §. 173 aufstellen werden, sind von diesen Zahlen $x + y\theta$ alle und nur diejenigen als ganze Zahlen anzusehen, deren Coordinaten x, y *ganze* rationale Zahlen sind. In jedem der acht auf diese Weise gebildeten Gebiete $[1, \theta]$ von ganzen algebraischen Zahlen gelten nun dieselben Fundamentalgesetze über die Theilbarkeit und die Zusammensetzung der Zahlen aus solchen Zahlen, welche den Namen von Primzahlen verdienen. Dies ergiebt sich sofort durch die Bemerkung, dass in allen diesen Fällen der grösste gemeinschaftliche Theiler von zwei solchen ganzen Zahlen sich durch den bekannten Divisionsprocess finden lässt; man erkennt auch ebenso leicht den Zusammenhang dieser Zahlgebiete mit den quadratischen Formen theils erster, theils zweiter Art (§. 61), deren Determinanten die acht Zahlen

$$-3,\ -7,\ -2,\ -11,$$
$$+5,\ +2,\ +3,\ +13$$

sind. In den letzten vier Fällen giebt es zwar unendlich viele Einheiten (welche den sämmtlichen Lösungen der Pell'schen

Gleichung entsprechen), doch wird hierdurch die Theorie dieser Gebiete nicht wesentlich erschwert. Die genannten Formen bilden jedesmal eine einzige Classe; nur für die Determinante $+3$ giebt es zwei Classen, welche aber durch Multiplication mit -1 in einander übergehen (vergl. §§. 181, 182).

Es giebt ferner Zahlengebiete, in welchen zwar der genannte Divisionsprocess (wenigstens in seiner obigen, einfachsten Form) *nicht* mehr gelingt, in welchen aber *dennoch* dieselben Gesetze der Zusammensetzung der Zahlen aus Primzahlen gelten. Ein Beispiel hierzu liefert das Gebiet der ganzen Zahlen von der Form $x + y\theta$, wo θ eine Wurzel der Gleichung

$$\theta^2 + \theta + 5 = 0$$

ist; die entsprechenden quadratischen Formen zweiter Art von der Determinante -19 bilden wieder nur eine einzige Classe.

Gänzlich anders verhält es sich aber z. B. mit dem Gebiete $[1, \theta]$ der ganzen Zahlen von der Form $x + y\theta$, wo θ eine Wurzel der Gleichung

$$\theta^2 + 5 = 0$$

bedeutet, und x, y wieder alle ganzen rationalen Zahlen durchlaufen. Hier gelingt der genannte Divisionsprocess nicht mehr, und zugleich tritt hier zum ersten Male die eigenthümliche Erscheinung auf, dass Zahlen, welche nicht weiter in Factoren von kleinerer Norm zerlegt werden können, doch nicht den Charakter von eigentlichen Primzahlen besitzen, dass vielmehr eine und dieselbe Zahl häufig auf mehrere, wesentlich verschiedene Arten als Product von solchen unzerlegbaren Zahlen dargestellt werden kann; es ist z. B. die Zahl 21 gleich

$$3 \,.\, 7 = (1 + 2\theta)(1 - 2\theta)$$

und jede der vier Zahlen 3, 7, $1 \pm 2\theta$ eine unzerlegbare Zahl*). Die entsprechenden quadratischen Formen von der Determinante -5 zerfallen in *zwei* verschiedene Classen, als deren Repräsentanten die Formen (1, 0, 5) und (2, 1, 3) angesehen werden können (§. 71), und hiermit hängt die eben beschriebene Erscheinung untrennbar zusammen.

Dieselbe Erscheinung tritt bei unendlich vielen anderen Gebieten von ganzen algebraischen Zahlen in Körpern zweiten oder höheren Grades auf; in allen diesen Fällen schien es ein durchaus hoffnungsloses Unternehmen, die Zusammensetzung und Theilbarkeit der Zahlen auf einfache Gesetze zurückführen zu wollen. Allein, wie es sich bei ähnlicher Lage der Dinge schon öfter in der Entwicklung der mathematischen Wissenschaften ereignet hat, so ist auch hier diese scheinbar unüberwindliche Schwierigkeit zur Quelle einer wahrhaft grossen und folgenschweren Entdeckung geworden; in der That fand *Kummer* *) bei der Untersuchung derjenigen Zahlengebiete, auf welche das Problem der Kreistheilung führt, dass die alten Euclidischen Gesetze der Theilbarkeit auch in diesen Gebieten ihre volle Geltung wieder erlangen, sobald dieselben durch die Einführung neuer Zahlen, die er *ideale Zahlen* nannte, vervollständigt werden. Dasselbe Resultat für *jedes*, aus einer beliebigen algebraischen Gleichung entspringende Gebiet von ganzen Zahlen zu erreichen, ist nun die Aufgabe, die wir in diesem letzten Supplemente des vorliegenden Werkes behandeln und dadurch lösen wollen, dass wir die *Grundlagen einer allgemeinen Zahlentheorie* entwickeln, welche alle speciellen Fälle ohne Ausnahme umfasst.

§. 160.

Um dieses Ziel zu erreichen, müssen wir uns vor Allem mit den wichtigsten Grundlagen der heutigen Algebra beschäftigen, was in den nächsten Paragraphen (bis §. 167) geschehen soll. Den Ausgangspunct für unsere Darstellung dieses Gegenstandes bildet der folgende, schon oben erwähnte Begriff:

Ein System A von reellen oder complexen Zahlen a soll ein *Körper* **) heissen, wenn die Summen, Differenzen, Producte und

---

*) *Zur Theorie der complexen Zahlen* (Crelle's Journal, Bd. 35).

**) Vergl. §. 159 der zweiten Auflage dieses Werkes (1871). Dieser Name soll, ähnlich wie in den Naturwissenschaften, in der Geometrie und im Leben der menschlichen Gesellschaft, auch hier ein System bezeichnen, das eine gewisse Vollständigkeit, Vollkommenheit, Abgeschlossenheit besitzt, wodurch es als ein organisches Ganzes, als eine natürliche Einheit erscheint. Anfangs, in meinen Göttinger Vorlesungen (1857 bis 1858), hätte ich denselben Begriff mit dem Namen eines *rationalen Gebietes* belegt, der aber weniger bequem ist. Der Begriff fällt im Wesentlichen zusammen mit Dem, was *Kronecker* einen *Rationalitätsbereich* genannt hat (*Grundzüge einer arithmetischen Theorie der algebraischen Grössen.* 1882). Vergl. auch die von *H. Weber* und mir verfasste *Theorie der algebraischen Functionen einer Veränderlichen.* (Crelle's Journal, Bd. 92, 1882).

Quotienten von je zwei dieser Zahlen a demselben System A angehören.

Dieselbe Eigenschaft sprechen wir auch so aus, dass die Zahlen eines Körpers sich durch die rationalen Operationen (Addition, Subtraction, Multiplication, Division) reproduciren. Hierbei sehen wir es als selbstverständlich an, dass die Zahl Null niemals den Nenner eines Quotienten bilden kann; wir setzen deshalb auch immer voraus, dass ein Körper mindestens eine von Null verschiedene Zahl enthält, weil sonst von einem Quotienten innerhalb dieses Systems gar nicht gesprochen werden könnte.

Offenbar bildet das System R aller *rationalen* Zahlen einen Körper, und dies ist der einfachste oder, wie man auch sagen kann, der *kleinste* Körper, weil er in jedem anderen Körper A vollständig enthalten ist. In der That, wählt man aus A nach Belieben eine von Null verschiedene Zahl a aus, so ist der Quotient dieser Zahl a in sich selbst, d. h. die Zahl 1, zufolge der Definition ebenfalls in A enthalten, und da aus dieser Zahl durch wiederholte Addition und Subtraction alle ganzen rationalen Zahlen, und hieraus durch Division alle rationalen Zahlen entstehen, so ist R gänzlich in A enthalten.

Jede bestimmte irrationale Wurzel θ einer quadratischen Gleichung mit rationalen Coefficienten erzeugt, wie schon in §. 159 bemerkt ist, einen bestimmten *quadratischen* Körper, den wir mit $R(\theta)$ bezeichnen werden; er besteht aus allen Zahlen von der Form $x + y\theta$, wo x und y alle rationalen Zahlen durchlaufen. Man sieht leicht ein, dass es unendlich viele verschiedene quadratische Körper $R(\theta)$ giebt, obgleich ein und derselbe Körper immer durch unendlich viele verschiedene Zahlen θ erzeugt wird.

Das System Z *aller* reellen und complexen Zahlen ist ebenfalls ein Körper, und zwar der denkbar *grösste*, weil jeder andere Körper in ihm enthalten ist. Zwischen den beiden Extremen R und Z liegt ferner der Körper, welcher aus allen *reellen*, sowohl rationalen als irrationalen Zahlen besteht.

Man hat, wie schon die eben erwähnten Beispiele zeigen, sehr häufig auszudrücken, dass alle Zahlen eines Körpers D auch einem Körper M angehören; in diesem Falle wollen wir der Kürze halber D einen *Divisor* von M, umgekehrt M ein *Multiplum* von D nennen. Hiernach ist jeder Körper Divisor und Multiplum von sich selbst, und wenn jeder der beiden Körper

A, B Divisor des anderen ist, so sind sie identisch, was durch $A = B$ bezeichnet wird. Ist D ein Divisor von M, aber verschieden von M, so mag D ein *echter* Divisor von M, und M ein *echtes* Multiplum von D heissen. Ist A Divisor von B, und B Divisor von C, so ist A auch Divisor von C. Der Körper R ist ein gemeinschaftlicher Divisor, der Körper Z ein gemeinsames Multiplum aller Körper.

Aus gegebenen Körpern lassen sich nun nach bestimmten Regeln neue Körper bilden; wir betrachten im Folgenden zwei solche Körperbildungen, nämlich die des *grössten* gemeinsamen Divisors und die des *kleinsten* gemeinsamen Multiplums oder des *Productes.*

Sind A, B zwei beliebige Körper, so ist der Inbegriff D aller derjenigen Zahlen u, v . . ., welche beiden Körpern gemeinsam angehören, wieder ein Körper, weil die Summen, Differenzen, Producte, Quotienten von u, v sowohl in A als in B, also auch in D enthalten sind. Dieser Körper D ist ein gemeinsamer Divisor von A, B, und er soll der *grösste* gemeinsame Divisor von A, B heissen, weil jeder andere offenbar Divisor von D ist. Wenn A Divisor von B ist, so ist $D = A$, und umgekehrt.

Diese Betrachtung lässt sich unmittelbar auf ein System von mehr als zwei, ja von unendlich vielen Körpern A, B . . . übertragen; die Gesammtheit derjenigen Zahlen, welche allen diesen Körpern gemeinsam angehören, ist ein Körper und heisst ihr grösster gemeinsamer Divisor.

Die zweite Art der Körperbildung beruht auf der folgenden, ebenfalls sehr einfachen Betrachtung. Ist ein bestimmtes System G von Zahlen g gegeben, deren Anzahl endlich oder unendlich sein kann, so giebt es immer solche Körper M' (z. B. den oben genannten Körper Z), in welchen alle diese Zahlen g enthalten sind; der grösste gemeinsame Divisor M aller dieser Körper M' ist nach dem Obigen selbst ein solcher Körper M', und zwar von allen der kleinste. Es ist wichtig, sich von diesem, durch das System G vollständig bestimmten Körper M, durch eine einfache Construction ein deutliches Bild zu verschaffen, wobei wir annehmen dürfen, dass G nicht aus der einzigen Zahl Null besteht. Zunächst muss M jede Zahl h enthalten, welche entweder selbst eine Zahl g oder doch ein Product aus mehreren*) Factoren g

*) Hiermit soll, wie auch später, immer eine *endliche* Anzahl von Dingen bezeichnet werden.

ist; diese Zahlen h reproduciren sich durch Multiplication. Sodann muss M jede Zahl k enthalten, welche entweder selbst eine Zahl h oder doch eine Summe von mehreren Zahlen h ist; diese Zahlen k, unter denen sich auch die Zahlen g befinden, reproduciren sich durch Addition und Multiplication. Ferner muss M jede Differenz l von irgend zwei Zahlen k enthalten; diese Zahlen l reproduciren sich durch Addition, Subtraction und Multiplication, und unter ihnen befinden sich auch alle Zahlen $k = (k + k) - k$. Endlich muss M auch jeden Quotienten m von irgend zwei Zahlen l enthalten; diese Zahlen m reproduciren sich durch alle vier rationalen Operationen und bilden offenbar den Körper M, weil unter ihnen sich jede Zahl $l = ll : l$, folglich auch jede Zahl k, h, g befindet. Auf diese Weise hat sich ergeben, dass jede Zahl m dieses Körpers M durch eine *endliche* Anzahl rationaler Operationen aus den Zahlen $g', g'' \ldots$ des gegebenen Systems G herstellbar ist; solche Zahlen m heissen *rational darstellbar durch das System* G; der Körper M ist der Inbegriff aller dieser Zahlen m und kann zweckmässig durch $R(G)$ oder $R(g', g'' \ldots)$ bezeichnet werden. Im Anschluss an eine von *Galois* herrührende Ausdrucksweise wollen wir auch sagen, der Körper M entstehe aus dem Körper R der rationalen Zahlen durch *Adjunction* des Systems G der Zahlen $g', g'' \ldots$; allgemeiner bezeichnen wir, wenn A irgend ein Körper ist, mit $A(g', g'' \ldots)$ den durch Adjunction der Zahlen $g', g'' \ldots$ aus A erzeugten Körper, d. h. den kleinsten Körper, welcher ausser den Zahlen des Körpers A auch die Zahlen $g', g'' \ldots$ enthält.

Liegt nun irgend ein System von Körpern $A, B \ldots$ vor, und nimmt man in das System G jede und nur jede solche Zahl g auf, welche in mindestens einem dieser Körper enthalten ist, so wird der entsprechende Körper M, welcher aus allen durch diese Zahlen g rational darstellbaren Zahlen m besteht, ein gemeinsames Multiplum von $A, B \ldots$, und zwar das *kleinste*, weil nach dem Obigen jedes andere M' ein Multiplum von M ist. Der Kürze halber werden wir aber den Körper M auch das *Product* der *Factoren* $A, B \ldots$ nennen und mit $AB \ldots$ bezeichnen, wobei die Anordnung der Factoren gleichgültig ist; denn offenbar ist $AB = BA$, $(AB)C = A(BC)$ u. s. w. Wendet man die oben beschriebene Construction des Körpers M auf den Fall von zwei Körpern A, B an, so besteht das System G aus allen Zahlen a des Körpers A und allen Zahlen b des Körpers B, die Zahlen h sind die Producte ab, die Zahlen k und l sind Summen von solchen Producten, und folglich besteht das Product AB aus allen Quotienten von der Form

$$m = \frac{a'_1 b'_1 + a'_2 b'_2 + \cdots + a'_r b'_r}{a_1 b_1 + a_2 b_2 + \cdots + a_s b_s}.$$

Dass A ein Divisor von B ist, kann bequem durch $AB = B$ ausgedrückt werden, und immer ist $AA = A$.

§. 161.

Es geschieht in der Mathematik und in anderen Wissenschaften sehr häufig, dass, wenn ein System A von Dingen oder Elementen a vorliegt, jedes bestimmte Element a nach einem gewissen Gesetze durch ein bestimmtes, ihm entsprechendes Element a' ersetzt wird (welches in A enthalten sein kann oder auch nicht); ein solches Gesetz pflegt man eine *Substitution* zu nennen, und man sagt, dass durch diese Substitution das Element a in das Element a', und ebenso das System A in das System A' der Elemente a' übergeht*). Die Ausdrucksweise gestaltet sich noch etwas bequemer und anschaulicher, wenn man, was wir thun wollen, diese Substitution wie eine *Abbildung* des Systems A auffasst und demgemäss a' das *Bild* von a, ebenso A' das Bild von A nennt. Der Deutlichkeit halber ist es oft nothwendig, ein solches Abbildungsgesetz, um es von anderen zu unterscheiden, mit einem besonderen Zeichen, z. B. φ, zu belegen; geschieht dies, so wollen wir das Bild a', in welches a durch φ übergeht, auch durch $a\varphi$ bezeichnen; ist ferner T ein *Theil* von A, d. h. ein System von Elementen t, welche alle in A enthalten sind, so soll $T\varphi$ das System bedeuten, welches aus den Bildern

---

*) Schon in der dritten Auflage dieses Werkes (1879, Anmerkung auf S. 470) ist ausgesprochen, dass auf dieser Fähigkeit des Geistes, ein Ding a mit einem Ding a' zu vergleichen, oder a auf a' zu beziehen, oder dem a ein a' entsprechen zu lassen, ohne welche überhaupt kein Denken möglich ist, auch die gesammte Wissenschaft der Zahlen beruht. Die Durchführung dieses Gedankens ist seitdem veröffentlicht in meiner Schrift *Was sind und was sollen die Zahlen?* (Braunschweig 1888); die daselbst angewandte Bezeichnungsweise für Abbildungen und deren Zusammensetzung weicht äusserlich von der hier gebrauchten ein wenig ab.

$t\varphi$ aller dieser Elemente t besteht; demnach ist $A\varphi$ identisch mit dem obigen A'.

Wir wenden nun diesen Begriff auf einen beliebigen *Zahlenkörper* A an, betrachten aber nur solche Substitutionen φ, durch welche jede in A enthaltene Zahl a wieder in eine Zahl $a' = a\varphi$ übergeht. In dieser Allgemeinheit aufgefasst, würden solche Substitutionen indessen noch gar kein Interesse darbieten; wir fragen vielmehr, ob es möglich ist, die Zahlen a des Körpers A in der Weise durch Zahlen a' abzubilden, *dass alle zwischen den Zahlen a bestehenden rationalen Beziehungen sich vollständig auf die Bilder a' übertragen*; oder mit anderen Worten, wir verlangen, dass, wenn aus beliebigen Zahlen $u, v, w \ldots$ des Körpers A durch rationale Operationen eine Zahl t abgeleitet ist, welche folglich ebenfalls dem Körper A angehört, durch dieselben rationalen Operationen aus den Bildern $u', v', w' \ldots$ immer das Bild t' der Zahl t entstehen soll. Eine Substitution oder Abbildung φ, welche sich durch diese Eigenschaft vor anderen auszeichnet, wollen wir eine *Permutation des Körpers A* nennen. Da jede rationale Operation aus einer endlichen Anzahl von einfachen Additionen, Subtractionen, Multiplicationen und Divisionen zusammengesetzt ist, so leuchtet ein, dass die Abbildung φ stets und nur dann eine solche Permutation ist, wenn für je zwei in A enthaltene Zahlen u, v die folgenden vier *Grundgesetze* gelten:

$$(u + v)' = u' + v' \tag{1}$$

$$(u - v)' = u' - v' \tag{2}$$

$$(uv)' = u'v' \tag{3}$$

$$\left(\frac{u}{v}\right)' = \frac{u'}{v'}. \tag{4}$$

Von diesen für eine Permutation charakteristischen, d. h. erforderlichen und hinreichenden Bedingungen verlangt die letzte offenbar, *dass die Bilder a' nicht alle verschwinden;* umgekehrt, wenn eine *Abbildung* φ, durch welche jede Zahl a des Körpers A in eine Zahl a' übergeht, diese Eigenschaft besitzt und ausserdem den Gesetzen (1) und (3) gehorcht, so ergeben sich hieraus, wie wir jetzt beweisen wollen, die Gesetze (2) und (4), und folglich ist φ eine *Permutation* des Körpers A. In der That, aus der Gleichung (1) folgt unmittelbar die Gleichung (2), wenn man, was offenbar erlaubt ist, die willkürliche Zahl u des Körpers

A durch die ebenfalls in A enthaltene Zahl $(u - v)$ ersetzt; ebenso darf man in (3), wenn v von Null verschieden ist, u durch den Quotienten $u : v$ ersetzen, wodurch man zunächst

$$u' = \left(\frac{u}{v}\right)' v'$$

erhält; wäre nun $v' = 0$, so würden die Bilder u' von *allen* in A enthaltenen Zahlen u verschwinden, was aber im Widerspruch mit unserer ausdrücklichen Voraussetzung steht; mithin ist das Bild v' jeder von Null verschiedenen Zahl v ebenfalls von Null verschieden, und es gilt folglich das Gesetz (4), was zu beweisen war.

Es ergiebt sich ferner, dass das System A', in welches der Körper A durch eine Permutation φ übergeht, wieder ein *Körper* ist. Berücksichtigt man nämlich, dass A' aus allen und nur solchen Zahlen $u', v' \ldots$, besteht, welche Bilder von Zahlen $u, v \ldots$ des Körpers A sind, und dass jede von Null verschiedene Zahl v' des Systems A' zufolge (1) gewiss das Bild einer von Null verschiedenen Zahl v des Körpers A ist, so ergiebt sich, dass die Summen, Differenzen, Producte, Quotienten von je zwei in A' enthaltenen Zahlen u', v' ebenfalls dem System A' angehören, weil sie zufolge der Gesetze (1), (2), (3), (4) ebenfalls Bilder von Zahlen des Körpers A sind; mithin ist A' ein Körper, was zu beweisen war.

Wir bemerken sodann, dass je zwei von einander *verschiedene* Zahlen u, v des Körpers A auch von einander *verschiedene* Bilder u', v' besitzen*), weil sonst zufolge (2) das Bild der von Null verschiedenen Zahl $(u - v)$ verschwinden würde, was, wie wir oben schon bewiesen haben, nicht möglich ist. Mithin ist jede bestimmte im Körper A' enthaltene Zahl a' das Bild von einer einzigen, völlig bestimmten Zahl a des Körpers A, und folglich kann man der Permutation φ, durch welche A in A' übergeht, eine mit φ^{-1} zu bezeichnende Abbildung des Körpers A' gegenüberstellen, durch welche jede bestimmte, in A' enthaltene Zahl a' in diese bestimmte Zahl a des Körpers A übergeht; diese Abbildung φ^{-1} ist aber gewiss eine *Permutation des*

---

*) Nach der in der oben citirten Schrift (§. 3) gewählten Ausdrucksweise ist daher jede Permutation eines Körpers eine *ähnliche* oder *deutliche* Abbildung desselben; A und A' sind *ähnliche* Systeme.

Körpers A'; denn wenn u', v' zwei beliebige Zahlen des Körpers A', und u, v die ihnen entsprechenden Zahlen des Körpers A bedeuten, so gehen zufolge (1) und (3) die Zahlen $u' + v'$ und $u'v'$ des Körpers A' durch φ^{-1} in die Zahlen $u + v$ und uv über, was zu zeigen war. Ausserdem leuchtet ein, dass der Körper A' durch φ^{-1} in den vollen Körper A, nicht etwa in einen echten Divisor von A übergeht; denn *jede* in A enthaltene Zahl a ist wirklich das durch die Permutation φ^{-1} erzeugte Bild einer in A' enthaltenen Zahl a'. Wir wollen jede dieser beiden Permutationen φ und φ^{-1} die *umgekehrte* oder *inverse* der anderen nennen, die beiden Körper A und A' sollen *conjugirte Körper*, und je zwei einander entsprechende Zahlen a und a' sollen *conjugirte Zahlen* heissen.

Diejenige Abbildung eines Körpers A durch welche jede seiner Zahlen *in sich selbst* übergeht, genügt offenbar den Bedingungen (1), (2), (3), (4) und ist folglich eine Permutation; wir wollen sie die *identische* Permutation von A nennen. Hieraus geht hervor, dass jeder Körper mit sich selbst conjugirt ist.

Der in §. 159 betrachtete Körper J oder $R(i)$ besitzt ausser der identischen noch eine zweite Permutation, durch welche jede in ihm enthaltene Zahl $x + yi$ in die conjugirte Zahl $x - yi$ übergeht. Dieselbe Permutation gilt, wenn x, y nicht auf rationale Zahlen beschränkt werden, sondern beliebige reelle Zahlen bedeuten, auch für den aus allen Zahlen bestehenden Körper Z.

Wir haben im vorigen Paragraphen gesehen, dass jeder Körper A auch alle rationalen Zahlen enthält; ist nun φ wieder eine beliebige Permutation von A, und wendet man das Gesetz (4) auf den Fall $u = v$ an, so ergiebt sich, dass $1' = 1$ ist, und hieraus folgt mit Rücksicht auf die Gesetze (1), (2), (3), (4), dass jede *rationale* Zahl des Körpers A, weil sie durch eine endliche Anzahl von einfachen rationalen Operationen aus der Zahl 1 entsteht, durch die Permutation φ *in sich selbst* übergeht. Der Körper R der rationalen Zahlen besitzt daher keine andere, als die identische Permutation.

Ist φ eine Permutation des Körpers A, so wollen wir umgekehrt sagen, A *gehöre zu* φ oder sei der zu φ *gehörige* Körper, oder wir wollen der Kürze halber A auch geradezu *den Körper der Permutation* φ nennen, während $A\varphi$ *der durch* φ *erzeugte Körper* heisst.

Dass φ und ψ nur verschiedene Zeichen für eine und dieselbe Körper-Permutation sind, werden wir durch $\varphi = \psi$ andeuten; hierin liegt also, dass φ und ψ Permutationen desselben Körpers A sind, und dass für jede in A enthaltene Zahl a stets $a\varphi = a\psi$ ist. Falls eine dieser beiden Bedingungen nicht erfüllt ist, nennen wir φ und ψ *verschieden*.

Bedeutet nun Φ ein System von Permutationen irgend welcher Körper, so wollen wir eine in allen diesen Körpern (also auch in ihrem grössten gemeinsamen Divisor) enthaltene Zahl *einwerthig*, *zweiwerthig* u. s. w. *in Bezug auf* Φ oder *zu* Φ nennen, je nachdem die Anzahl der *verschiedenen* Werthe, in welche sie durch alle diese Permutationen übergeht, $= 1, 2$ u. s. w. ist. Nach dem Obigen ist daher jede *rationale* Zahl einwerthig in Bezug auf jedes System Φ; ebenso wichtig ist der folgende Satz:

Ist Φ ein System von n verschiedenen Permutationen $\varphi_1, \varphi_2 \ldots \varphi_n$ desselben Körpers A, so giebt es in letzterem unendlich viele Zahlen, welche n-werthig zu Φ sind.

Um dies zu beweisen, wollen wir, wenn t irgend eine Zahl in A bedeutet, der Kürze halber $t\varphi_r = t_r$ setzen. Ist $n = 2$, so versteht sich der Satz nach dem Obigen von selbst. Ist $n > 2$, so dürfen wir annehmen, es sei schon eine Zahl a in A gefunden, welche durch die $n - 1$ Permutationen $\varphi_2, \varphi_3 \ldots \varphi_n$ in ebenso viele verschiedene Zahlen $a_2, a_3 \ldots a_n$ übergeht. Wenn nun a_1 ebenfalls von allen diesen Zahlen verschieden ist, so besitzt die Zahl a die im Satze ausgesprochene Eigenschaft. Im entgegengesetzten Falle, wenn z. B. $a_1 = a_2$ ist, wähle man aus A eine andere Zahl b aus, welche durch φ_1, φ_2 in zwei verschiedene Zahlen b_1, b_2 übergeht, und betrachte alle Zahlen von der Form $y = ax + b$, welche durch beliebige *rationale* Zahlen x erzeugt werden und folglich demselben Körper A angehören; da x nach dem Obigen durch jede Permutation in sich selbst übergeht, so ist nach den Gesetzen (1) und (3) allgemein $y_r = a_r x + b_r$, also auch

$$y_r - y_s = (a_r - a_s)x + (b_r - b_s),$$

wo r, s irgend eine Combination von zwei verschiedenen Zahlen aus der Reihe $1, 2 \ldots n$ bedeutet. Für die Combination $r = 1$, $s = 2$ ergiebt sich, dass die Zahlen y_1, y_2 stets von einander verschieden ausfallen, wie auch die rationale Zahl x gewählt sein mag, weil $a_1 = a_2$, aber b_1 von b_2 verschieden ist. Für jede der übrigen Combinationen r, s ist a_r verschieden von a_s, und folglich giebt es entweder gar keine oder nur eine rationale Zahl x, für die $y_r = y_s$ wird; schliesst man, indem man alle Combinationen durchgeht, diese etwa vorhandenen Zahlen x aus, deren Anzahl gewiss $< \frac{1}{2} n(n-1)$ ist, so erzeugt jede andere rationale Zahl x gewiss eine Zahl y, welche durch die n Permutationen in n verschiedene Zahlen $y_1, y_2 \ldots y_n$ übergeht, was zu beweisen war.

Hieraus ziehen wir noch eine wichtige Folgerung. Nach einem sehr bekannten Satze der Determinanten-Theorie, auf den wir später (in §. 167) noch einmal zurückkommen werden, ist das Product aller derjenigen Differenzen $y_r - y_s$, in denen $r < s$, gleich der Determinante

$$\begin{vmatrix} y_1^{n-1} & y_1^{n-2} & \ldots & y_1 & 1 \\ y_2^{n-1} & y_2^{n-2} & \ldots & y_2 & 1 \\ \cdot & \cdot & \cdot & \cdot & \cdot \\ y_n^{n-1} & y_n^{n-2} & \ldots & y_n & 1 \end{vmatrix}$$

deren Elemente die Potenzen $(y_r)^{n-s}$ sind, wo jetzt r, s unabhängig von einander alle Werthe $1, 2 \ldots n$ durchlaufen. Diese Determinante ist daher in unserem Falle von Null verschieden Da nun $y_r = y\varphi_r$ und folglich nach dem Gesetze (3) die Potenz $(y_r)^{n-s} = (y^{n-s})\varphi_r$ ist, so erhält man, wenn man $y^{n-s} = a^{(s)}$ setzt, den Satz:

Sind die n Permutationen $\varphi_1, \varphi_2 \ldots \varphi_n$ desselben Körpers A von einander verschieden, so giebt es in A ein System von n Zahlen $a', a'' \ldots a^{(n)}$ der Art, dass die aus den Elementen $a^{(s)}\varphi_r$ gebildete Determinante nicht verschwindet.

§. 162.

Nach diesen Betrachtungen, welche sich auf Permutationen eines und desselben Körpers beziehen, gehen wir zu der *Zusammensetzung* *) von zwei Permutationen φ, ψ über, die aber nur dann möglich ist, wenn ψ eine Permutation des durch φ erzeugten Körpers $A\varphi$ ist; im Anschluss an die einzuführende

*) Dieselbe bildet nur einen speciellen Fall der Zusammensetzung von Abbildungen beliebiger Systeme; vergl. den Schluss in §. 2 meiner oben citirten Schrift, wo aber die Bezeichnungsweise eine andere ist.

Zeichensprache kann man zweckmässig ψ einen *rechten Nachbar von* φ, und φ einen *linken Nachbar von* ψ nennen. Jede bestimmte Zahl a des Körpers A geht durch die Permutation φ in eine bestimmte Zahl $a\varphi$ des Körpers $A\varphi$, und diese geht durch ψ in eine bestimmte Zahl $(a\varphi)\psi$ über; man kann daher eine *Abbildung* π des Körpers A dadurch definiren, dass man allgemein $a\pi = (a\varphi)\psi$ setzt. Wendet man nun die Gesetze (1) und (3) des vorigen Paragraphen erst auf φ, dann auf ψ an, so ergiebt sich, wie der Leser leicht finden wird, dass dieselben Gesetze auch für diese Abbildung π gelten, und da die Bilder $a\pi$ offenbar nicht alle verschwinden (weil z. B. $1\pi = 1$ ist), so ist π eine *Permutation* des Körpers A. Wir nennen sie die *Resultante der Componenten* φ, ψ und bezeichnen sie durch das Symbol $\varphi\psi$, wobei der Einfluss der *linken* oder *ersten* Componente φ von dem der *rechten* oder *zweiten* Componente ψ durch die Stellung wohl zu unterscheiden ist. Die Definition dieser Resultante $\varphi\psi$ besteht nach dem Obigen darin, dass das aus jeder in A enthaltenen Zahl a erzeugte Bild

$$a(\varphi\psi) = (a\varphi)\psi$$

ist; man kann daher unbedenklich die Klammern weglassen und dieses Bild kurz durch $a\varphi\psi$ bezeichnen. Ebenso leicht erkennt man, dass, wenn T irgend ein Theil von A ist, die beiden Systeme $T(\varphi\psi)$ und $(T\varphi)\psi$ vollständig identisch sind und daher kurz durch $T\varphi\psi$ bezeichnet werden können. Hieraus ergiebt sich unmittelbar der Satz:

Wenn zwei Körper A, A'' mit einem dritten A' conjugirt sind, so sind sie auch mit einander conjugirt.

Denn zufolge der Annahme giebt es eine Permutation φ von A, und eine Permutation ψ von A', für welche $A\varphi = A'$, und $A'\psi = A''$ wird; mithin ist $A(\varphi\psi) = (A\varphi)\psi = A'\psi = A''$, was zu beweisen war.

Nachdem die Zusammensetzung benachbarter Permutationen ausführlich beschrieben ist, heben wir noch die folgenden, darauf bezüglichen wichtigen Sätze hervor, deren Beweise der Leser leicht finden wird.

Ist φ eine Permutation des Körpers A, so ist $\varphi\varphi^{-1}$ die identische Permutation von A. Ist ψ ein rechter Nachbar von φ, so ist ψ^{-1} ein linker Nachbar von φ^{-1}, und $(\varphi\psi)^{-1} = \psi^{-1}\varphi^{-1}$. Ist ferner ψ_1 ebenfalls ein rechter Nachbar von φ, und φ_1 ein linker Nachbar von ψ, so folgt aus $\varphi\psi = \varphi\psi_1$, dass $\psi = \psi_1$, und aus $\varphi\psi = \varphi_1\psi$, dass $\varphi = \varphi_1$ ist. Wenn ausserdem die Permutation χ ein rechter Nachbar von ψ ist, so ist $(\varphi\psi)\chi = \varphi(\psi\chi)$, und man kann daher diese Resultante kurz durch $\varphi\psi\chi$ bezeichnen; hieraus ergiebt sich, wenn man dieselbe Schlussweise wie in §. 2 anwendet, die vollständig bestimmte Bedeutung der Resultante $\varphi_1 \varphi_2 \ldots \varphi_{n-1} \varphi_n$ von n Componenten $\varphi_1, \varphi_2 \ldots \varphi_{n-1}, \varphi_n$, deren jede ein rechter Nachbar der vorhergehenden ist; da die Componenten nicht mit einander vertauscht werden dürfen, und jede immer nur mit der nächstfolgenden zu einer Resultante verbunden werden kann, so ist die Anzahl der verschiedenen Herstellungsarten dieser Resultante $= (n-1)(n-2)\ldots 2.1$.

§. 163.

Ausser der eben beschriebenen Zusammensetzung benachbarter Permutationen haben wir nun noch die ebenso wichtigen Beziehungen zu betrachten, welche zwischen den Permutationen eines Körpers und denen seiner Divisoren stattfinden. Ist der Körper A ein Divisor des Körpers M, und π eine Permutation des letzteren, so ist in ihr immer eine *vollständig bestimmte* Abbildung φ von A enthalten, welche darin besteht, dass für jede in A, also auch in M enthaltene Zahl a das Bild $a\varphi = a\pi$ ist, und es leuchtet aus den Grundgesetzen in §. 161 unmittelbar ein, dass diese Abbildung φ eine *Permutation* von A ist; wir wollen sie *den auf A bezüglichen Divisor* von π, und umgekehrt *π ein Multiplum von φ* nennen. Offenbar ist φ^{-1} zugleich ein Divisor von π^{-1}. Wenn $A = M$ ist, so ist natürlich auch $\varphi = \pi$; in jedem anderen Falle, d. h. wenn A ein *echter* Divisor von M ist, wird man aber φ von π streng unterscheiden müssen*). Ist π wieder ein Divisor einer Permutation ϱ, so leuchtet ein, dass φ auch ein Divisor von ϱ ist. Ist π die identische Permutation von M, so ist φ die identische Permutation von A. Die einzige — nämlich die identische — Permutation des Körpers R der rationalen Zahlen ist (nach §. 161) gemeinsamer Divisor aller Körper-Permutationen. Allgemein gilt der folgende Fundamentalsatz:

---

*) Auf diese Unterscheidung brauchte in der oben citirten Schrift (§. 2) kein Gewicht gelegt zu werden.

Bedeutet Π irgend ein System von Permutationen π beliebiger Körper M, so bildet die Gesammtheit A aller zu Π einwerthigen Zahlen a einen Körper, der ein gemeinsamer Divisor der Körper M ist; die Permutationen π haben alle einen und denselben auf A bezüglichen Divisor φ, und jeder gemeinsame Divisor ψ der Permutationen π ist Divisor dieser Permutation φ.

Denn das Wesen einer zu Π *einwerthigen* Zahl a besteht (nach §. 161) darin, dass die den sämmtlichen Permutationen π entsprechenden Bilder $a\pi$ einen und denselben Werth besitzen, mithin folgt aus den Grundgesetzen (in §. 161), dass die Summen, Differenzen, Producte und Quotienten von je zwei solchen einwerthigen Zahlen u, v ebenfalls einwerthig zu Π sind; also ist A ein Körper. Definirt man ferner die Abbildung φ von A, indem man $a\varphi = a\pi$ setzt, so ist φ offenbar der auf A bezügliche Divisor von jeder einzelnen Permutation π. Wenn endlich eine Permutation ψ eines Körpers B gemeinsamer Divisor der Permutationen π, und b irgend eine Zahl in B ist, so muss $b\psi$ mit jedem der Bilder $b\pi$ übereinstimmen, d. h. b ist eine zu Π einwerthige Zahl; folglich ist B Divisor von A, und zugleich ψ Divisor von φ, was zu beweisen war.

Da dieser Körper A, welcher ein gemeinsamer, aber keineswegs immer der grösste gemeinsame Divisor der Körper M ist, durch das System Π vollständig bestimmt ist, so wollen wir sagen, A *gehöre* zu Π oder sei der *zu Π gehörige* Körper, oder wir wollen kurz *A den Körper des Systems Π* nennen, und man sieht sofort, dass diese Ausdrucksweise, falls Π nur aus einer einzigen Permutation besteht, vollständig mit der in §. 161 eingeführten übereinstimmt. Die Permutation φ kann unbedenklich der *grösste* gemeinsame Divisor der Permutationen π genannt werden; der Kürze halber wollen wir aber φ auch den *Rest* des Systems Π oder der Permutationen π nennen. —

Ganz anders verhält es sich dagegen mit der Existenz eines *gemeinsamen Multiplum* von gegebenen Permutationen; denn es leuchtet z. B. ein, dass zwei *verschiedene* Permutationen eines und desselben Körpers gewiss kein gemeinsames Multiplum haben. Hierauf gründet sich eine sehr wichtige Unterscheidung: die Permutationen $\varphi, \psi \ldots$ sollen *einig* (harmonisch) oder *uneinig* heissen, je nachdem sie ein gemeinsames Multiplum besitzen oder nicht. Beschränken wir uns auf die Betrachtung von *zwei einigen* Permutationen φ, ψ der Körper A, B, und bezeichnen mit ϱ ein gemeinsames Multiplum von φ, ψ, so ist der zu ϱ gehörige Körper ein gemeinsames Multiplum von A, B und folglich auch von AB; bedeutet ferner a jede in A, b jede in B enthaltene Zahl, und π den auf AB bezüglichen Divisor von ϱ, so ist $a\varphi = a\varrho = a\pi$, $b\psi = b\varrho = b\pi$, und folglich ist π ebenfalls ein gemeinsames Multiplum von φ, ψ. Da nun jede bestimmte Zahl m des Körpers AB (nach §. 160) durch eine endliche Menge von Zahlen a, b rational darstellbar ist, und das Bild $m\pi$ (nach den Grundgesetzen jeder Permutation) auf dieselbe Weise aus den Bildern $a\pi$, $b\pi$, also aus den Zahlen $a\varphi$, $b\psi$ abgeleitet wird, so ergiebt sich, dass die Permutation π des Productes AB durch die Permutationen φ, ψ der Factoren A, B *vollständig bestimmt*, also gänzlich unabhängig von der Auswahl der obigen Permutation ϱ ist. Diese Permutation π, welche folglich Divisor von jedem gemeinsamen Multiplum ϱ der Permutationen φ, ψ ist, kann daher ihr *kleinstes* gemeinsames Multiplum oder kürzer ihre *Union**) genannt werden.

Umgekehrt, wenn π eine Permutation eines Productes AB, und φ, ψ die auf A, B bezüglichen Divisoren von π bedeuten, so sind diese Permutationen φ, ψ offenbar einig, und π ist ihre Union. Zugleich leuchtet ein, dass $(AB)\pi = (A\pi)(B\pi) = (A\varphi)(B\psi)$, und dass π^{-1} die Union von φ^{-1}, ψ^{-1} ist. Sind ausserdem φ_1, ψ_1 zwei einige Permutationen der Körper $A\varphi$, $B\psi$, und π_1 ihre Union, so erkennt man leicht, dass die Resultanten $\varphi\varphi_1$, $\psi\psi_1$ ebenfalls einig sind, und dass die Resultante $\pi\pi_1$ ihre Union ist.

Auf diesen Betrachtungen, die genau ebenso für Systeme von mehr als zwei, ja von unendlich vielen *einigen* Permutationen gelten, beruht endlich noch der folgende Begriff. Ein System von beliebigen (einigen oder uneinigen) Permutationen

$$\varphi_1, \varphi_2, \varphi_3 \ldots$$

und ein System von correspondirenden Permutationen

$$\varphi'_1, \varphi'_2, \varphi'_3 \ldots$$

sollen *conjugirte* Systeme heissen, wenn je zwei correspondirende Glieder φ_r, φ'_r Permutationen eines und desselben Körpers A_r sind, und wenn zugleich die resultirenden Permutationen

---

*) Ich würde das Wort *Product* vorziehen, wenn dasselbe nicht von manchen Schriftstellern schon bei der Zusammensetzung von Substitutionen in dem Sinne benutzt wäre, wofür ich oben (§. 162) den ebenfalls gebräuchlichen Namen *Resultante* gewählt habe.

$$\varphi_1^{-1}\varphi'_1,\ \varphi_2^{-1}\varphi'_2,\ \varphi_3^{-1}\varphi'_3\ \ldots$$

einig sind. Aus dem Vorhergehenden ergiebt sich dann sofort der Satz, dass zwei mit einem dritten conjugirte Systeme von Permutationen auch mit einander conjugirt sind. Der Nutzen, welchen diese und die früher entwickelten Begriffe gewähren, würde freilich erst bei einer ausführlicheren, ins Einzelne gehenden Darstellung der Algebra deutlich erkennbar werden.

§. 164.

Für die genaue Untersuchung der Verwandtschaft zwischen den verschiedenen Körpern — und hierin besteht der eigentliche Gegenstand der heutigen Algebra — bildet der folgende Begriff*) die allgemeinste und zugleich einfachste Grundlage:

Ein System T von m Zahlen $\omega_1,\ \omega_2 \ldots \omega_m$ heisst *reducibel in Bezug auf einen Körper* A, wenn es m Zahlen $a_1,\ a_2 \ldots a_m$ in A giebt, die der Bedingung

$$a_1\omega_1 + a_2\omega_2 + \cdots + a_m\omega_m = 0$$

genügen und nicht alle verschwinden; im entgegengesetzten Falle heisst das System T *irreducibel nach* A. Je nachdem der erstere oder letztere Fall stattfindet, werden wir auch sagen, die m Zahlen $\omega_1,\ \omega_2 \ldots \omega_m$ seien von einander *abhängig* oder *unabhängig* (in Bezug auf A).

Ist A ein Divisor des Körpers B, so leuchtet ein, dass jedes in Bezug auf A reducibele System auch reducibel nach B, und jedes nach B irreducibele System auch irreducibel in Bezug auf A ist. Bei den zunächst folgenden Bemerkungen werden aber alle Systeme T immer auf einen und denselben Körper A bezogen, und es wird deshalb erlaubt sein, diese Beziehung unerwähnt zu lassen.

Jedes irreducibele System besteht aus lauter von einander und von Null verschiedenen Zahlen, und ein aus einer einzigen Zahl bestehendes System ist dann und nur dann irreducibel, wenn diese Zahl von Null verschieden ist.

---

*) Vergl. *Dirichlet: Verallgemeinerung eines Satzes aus der Lehre von den Kettenbrüchen nebst einigen Anwendungen auf die Theorie der Zahlen.* (Berliner Monatsberichte, April 1842, oder Dirichlet's Werke, Bd. 1, S. 633.)

Ein reducibeles oder irreducibeles System behält diesen Charakter, wenn die Zahlen desselben mit einem beliebigen gemeinsamen, von Null verschiedenen Factor multiplicirt werden.

Fügt man zu einem reducibelen Systeme noch eine oder mehrere Zahlen hinzu, so bleibt das System reducibel; jeder Theil eines irreducibelen Systems ist irreducibel.

Von besonderem Interesse ist die folgende Anwendung des obigen Begriffes. Wir sagen, eine Zahl θ sei *algebraisch in Bezug auf den Körper* A, wenn sie die Wurzel einer endlichen algebraischen Gleichung von der Form

$$\theta^n + a_1\theta^{n-1} + \cdots + a_{n-1}\theta + a_n = 0$$

ist, deren Coefficienten a_r dem Körper A angehören. Dieselbe Eigenschaft können wir jetzt so aussprechen, dass die $n+1$ Potenzen $\theta^n, \theta^{n-1} \ldots \theta, 1$ ein nach A reducibeles System bilden. Unter allen positiven Exponenten n, für welche diese Reducibilität besteht, muss es nun einen *kleinsten* n geben, in der Weise, dass das System der n Potenzen $\theta^{n-1} \ldots \theta, 1$ irreducibel ist, aber durch Hinzufügung von θ^n reducibel wird; diese natürliche Zahl n wollen wir den *Grad* der Zahl θ in Bezug auf A nennen, und wir sagen kurz, θ sei eine (algebraische) Zahl $n$ten Grades in Bezug auf A. Ist $n = 1$, so ist θ offenbar in A enthalten, und umgekehrt ist jede Zahl des Körpers A algebraisch vom ersten Grade in Bezug auf A.

Kehren wir jetzt zu dem allgemeinen Falle zurück und nehmen wir an, das obige System der m Zahlen $\omega_1, \omega_2 \ldots \omega_m$ (die nicht alle verschwinden) sei reducibel, so wird offenbar ein Theil dieses Systems, der etwa aus den n Zahlen $\omega_1, \omega_2 \ldots \omega_n$ bestehen mag, irreducibel sein, während jede der übrigen $m-n$ Zahlen $\omega_{n+1}, \omega_{n+2} \ldots \omega_m$ mit jenen ein reducibeles System bildet. Wir wollen nun allgemein mit ω *jede* Zahl bezeichnen, welche von den Zahlen $\omega_1, \omega_2 \ldots \omega_n$ *abhängig* ist, d. h. welche mit diesen Zahlen ein reducibeles System bildet; es leuchtet ein, dass jede solche Zahl ω stets und nur auf eine *einzige* Art in der Form

$$\omega = h_1\omega_1 + h_2\omega_2 + \cdots + h_n\omega_n \tag{1}$$

darstellbar ist, wo die Coefficienten $h_1, h_2 \ldots h_n$ Zahlen des Körpers A bedeuten, und dass umgekehrt jede in dieser Form darstellbare Zahl abhängig ist von den n Zahlen $\omega_1, \omega_2 \ldots \omega_n$. Die Gesammtheit Ω aller dieser Zahlen ω nennen wir eine *Schaar* (in Bezug auf A); das System der n bestimmten Zahlen ω_1, $\omega_2 \ldots \omega_n$ heisst eine (irreducibele) *Basis* der Schaar Ω, und diese n Zahlen ω_r selbst heissen die *Glieder* oder *Elemente* dieser Basis. Zu jeder in Ω enthaltenen Zahl ω gehören dann n völlig bestimmte Zahlen $h_1, h_2 \ldots h_n$ des Körpers A, die in der Darstellung (1) von ω auftreten und die *Coordinaten von* ω in Bezug auf diese Basis heissen sollen. Die charakteristischen Eigenschaften einer solchen Schaar Ω sind die folgenden:

I. *Die Zahlen in Ω reproduciren sich durch Addition und Subtraction, d. h. die Summen und Differenzen von je zwei solchen Zahlen sind ebenfalls Zahlen in Ω.*

II. *Jedes Product aus einer Zahl in Ω und einer Zahl in A ist eine Zahl in Ω.*

III. *Es giebt n von einander unabhängige Zahlen in Ω, aber je $n+1$ solche Zahlen sind von einander abhängig.*

Nur der zweite Theil dieser letzten Eigenschaft bedarf noch einer Begründung, und wir dürfen dabei annehmen, dass sie für jede ähnliche Schaar, deren Basis aus weniger als n Gliedern besteht, schon bewiesen sei. Nimmt man nun $n+1$ beliebige Zahlen $\alpha, \alpha_1, \alpha_2 \ldots \alpha_n$ aus Ω, so sind sie, falls eine von ihnen, z. B. $\alpha = 0$ ist, gewiss von einander abhängig; im entgegengesetzten Falle dürfen wir voraussetzen, dass z. B. die erste Coordinate der Zahl α nicht verschwindet; dann kann man offenbar n Zahlen $c_1, c_2 \ldots c_n$ in A so bestimmen, dass die erste Coordinate von jeder der n Zahlen

$$\alpha_1 + c_1\alpha,\ \alpha_2 + c_2\alpha \ldots \alpha_n + c_n\alpha$$

verschwindet*); diese n Zahlen gehören dann einer Schaar an, deren Basis aus nur $n-1$ Zahlen $\omega_2, \omega_3 \ldots \omega_n$ besteht, und sind folglich von einander abhängig; es giebt daher n Zahlen $a_1, a_2 \ldots a_n$ in A, die nicht alle verschwinden, und welche der Bedingung

$$a_1(\alpha_1 + c_1\alpha) + a_2(\alpha_2 + c_2\alpha) + \cdots + a_n(\alpha_n + c_n\alpha) = 0$$

genügen, und da auch die Summe $a = a_1c_1 + a_2c_2 + \cdots + a_nc_n$ in A enthalten ist, so folgt hieraus, dass die $n+1$ Zahlen $\alpha, \alpha_1, \alpha_2 \ldots \alpha_n$ wirklich von einander abhängig sind, was zu beweisen war.

---

*) Im Falle $n = 1$ ist hierdurch allein die Behauptung schon erwiesen.

Umgekehrt, wenn ein Zahlensystem Ω die obigen drei Eigenschaften I, II, III besitzt, so folgt aus der letzten, dass, nachdem man n von einander unabhängige Zahlen $\omega_1, \omega_2 \ldots \omega_n$ aus Ω gewählt hat, jede in Ω enthaltene Zahl ω gewiss von der Form (1) ist; sodann folgt aus II und I, dass auch jede in der Form (1) enthaltene Zahl ω dem System Ω angehört. Also sind wirklich diese drei Eigenschaften charakteristisch für die aus allen Zahlen ω von der Form (1) bestehende Schaar Ω.

Zugleich leuchtet hieraus ein, dass jedes aus n solchen Zahlen ω bestehende irreducibele System ebenfalls als eine Basis von Ω angesehen und benutzt werden kann; mit jedem Uebergange von einer Basis zu einer anderen ist offenbar eine Transformation der Coordinaten aller Zahlen ω verbunden, ähnlich wie in der analytischen Geometrie. Auf die Auswahl einer solchen neuen Basis bezieht sich der folgende wichtige Satz, von dem wir, wenn auch erst später, oft Gebrauch zu machen haben werden.

IV. *Ein beliebiges System von n Zahlen der Schaar Ω ist reducibel oder irreducibel, je nachdem die aus ihren Coordinaten gebildete Determinante verschwindet oder nicht verschwindet.*

Um dies zu beweisen, betrachten wir ein beliebiges System von n Zahlen $\alpha_1, \alpha_2 \ldots \alpha_n$, die in Ω enthalten, also von der Form

$$\alpha_r = a_{r,1}\omega_1 + a_{r,2}\omega_2 + \cdots + a_{r,n}\omega_n$$

sind, und bezeichnen mit a die aus den Coordinaten $a_{r,s}$ gebildete Determinante. Bilden nun diese n Zahlen α_r ein reducibeles System, so giebt es n Zahlen $x_1, x_2 \ldots x_n$ in A, die nicht alle verschwinden und die der Bedingung

$$x_1\alpha_1 + x_2\alpha_2 + \cdots + x_n\alpha_n = 0$$

genügen; ersetzt man hierin die n Zahlen α_r durch die vorstehenden Ausdrücke, so müssen, weil die n Zahlen ω_s von einander unabhängig sind, die in A enthaltenen n Summen

$$a_{1,s}x_1 + a_{2,s}x_2 + \cdots + a_{n,s}x_s = 0$$

sein, und hieraus folgt bekanntlich, dass jedes der Producte $ax_1, ax_2 \ldots ax_n$, also auch a selbst verschwindet. Bilden aber die n Zahlen α_r ein irreducibeles System, also auch eine neue Basis von Ω, so sind die n Zahlen ω_s darstellbar in der Form

$$\omega_s = b_{1,s}\alpha_1 + b_{2,s}\alpha_2 + \cdots + b_{n,s}\alpha_n$$

wo wieder alle Coefficienten $b_{r,s}$, deren Determinante wir mit b bezeichnen, in A enthalten sind. Substituirt man diese Darstellungen der Zahlen ω_s in den obigen Ausdruck für α_r, so folgt, dass jede der in A enthaltenen n^2 Summen

$$a_{r,1}\, b_{s,1} + a_{r,2}\, b_{s,2} + \cdots + a_{r,n}\, b_{s,n} = 1 \quad \text{oder} \quad = 0$$

ist, je nachdem r, s gleich oder verschieden sind; nach dem bekannten Satze über die Multiplication der Determinanten folgt hieraus $ab = 1$, mithin ist a von Null verschieden, was zu beweisen war. —

Wir wenden uns nun zu der wichtigen Frage: wann ist eine solche, durch die Eigenschaften I, II, III charakterisirte Schaar Ω ein *Körper?* Soll dies der Fall sein, so müssen alle Producte $\omega_r\, \omega_s$ aus je zwei Elementen der Basis ebenfalls in Ω enthalten, also muss

$$\omega_r \omega_s = a_1^{r,s}\, \omega_1 + a_2^{r,s}\, \omega_2 + \cdots + a_n^{r,s}\, \omega_n$$

sein, wo alle Coefficienten $a_m^{r,s}$ Zahlen des Körpers A bedeuten*). Sind diese Bedingungen erfüllt, so leuchtet ein, dass die Zahlen ω der Schaar Ω sich nicht nur (zufolge I) durch Addition und Subtraction, sondern auch durch Multiplication reproduciren; ist ferner α eine beliebige, aber von Null verschiedene Zahl in Ω, so bilden die n Producte $\alpha\omega_r$ gewiss ein irreducibeles System, und da sie ebenfalls in Ω enthalten sind, so können sie als eine neue Basis von Ω dienen; mithin ist jede Zahl ω auch darstellbar in der Form:

$$\omega = \alpha(k_1\, \omega_1 + k_2\, \omega_2 + \cdots + k_n\, \omega_n),$$

wo die n neuen Coordinaten k_r wieder dem Körper A angehören, und folglich ist auch jeder Quotient von zwei Zahlen ω, α der Schaar Ω wieder eine Zahl in Ω. Wir haben daher folgenden Satz gewonnen:

V. *Die erforderlichen und hinreichenden Bedingungen dafür, dass die Schaar Ω ein Körper ist, bestehen darin, dass alle Producte aus zwei Elementen einer Basis von Ω wieder in Ω enthalten sind.*

---

*) Zufolge der allgemeinen Gesetze $\omega_r\omega_s = \omega_s\omega_r$ und $(\omega\ \omega_s)\,\omega_t = \omega_r\,(\omega_s\,\omega_t)$ müssen diese Coefficienten gewisse Bedingungen erfüllen, die wir aber hier nicht weiter zu verfolgen brauchen. Vergl. §. 159 der *zweiten* Auflage (1871) dieses Werkes und meinen Aufsatz: *Zur Theorie der aus n Haupteinheiten gebildeten complexen Grössen* (Nachrichten von der Göttinger Ges. d. W. 1885. S. 141).

Jede Basis der Schaar Ω nennen wir nun auch eine Basis des Körpers Ω in Bezug auf A. Da dieser Körper Ω gewiss die Zahl 1 enthält, so ergiebt sich aus II der Satz:

VI. *Ist die Schaar Ω ein Körper, so ist A ein Divisor von Ω.*

Da ferner, wenn ω eine beliebige Zahl dieses Körpers Ω bedeutet, auch alle Potenzen $\omega^2, \omega^3 \ldots$ in Ω enthalten sind, so bilden zufolge III die $n+1$ Zahlen $\omega^n, \omega^{n-1} \ldots \omega, 1$ gewiss ein reducibeles System, was wir so aussprechen können:

VII. *Ist die Schaar Ω ein Körper, so ist jede darin enthaltene Zahl algebraisch in Bezug auf A und zwar höchstens vom Grade n.*

Wir betrachten jetzt zwei Körper A, B und nehmen an, es gebe n Zahlen $\omega_1, \omega_2 \ldots \omega_n$ in B, die ein nach A irreducibeles System bilden, aber jedes System von $n+1$ Zahlen des Körpers B sei reducibel; da jeder Theil eines irreducibelen Systems eben falls irreducibel ist, so kann es nur eine einzige solche Anzahl n geben; in diesem Falle sagen wir, der Körper B sei *endlich* und vom *Grade* n in Bezug auf A, und bezeichnen dies durch die Gleichung*)

$$(B, A) = n.$$

Zunächst leuchtet ein, dass der Fall $n = 1$ dann und nur dann eintritt, wenn B Divisor von A ist; die beiden Gleichungen

$$(B, A) = 1, \quad AB = A$$

sind daher gleichbedeutend. Für einen beliebigen Grad n ergiebt sich, dass B in der Schaar Ω enthalten ist, welche aus allen Zahlen ω von der Form (1) besteht, und da alle Producte $\omega_r \omega_s$ in B, mithin auch in Ω enthalten sind, so ist Ω (nach V, VI) ein Körper, und zwar ein Multiplum von AB; da ferner jede Zahl ω rational aus Zahlen h_r des Körpers A und Zahlen ω_r des Körpers B gebildet und folglich in AB enthalten ist, so ergiebt sich, dass Ω auch ein Divisor von AB, mithin $\Omega = AB$ ist. Wir können also folgenden Satz aussprechen:

VIII. *Ist B ein Körper n^{ten} Grades in Bezug auf den Körper A, so ist auch*

---

*) In dieser Bedeutung habe ich das Symbol (B, A) zuerst benutzt auf S. 21 der Literaturzeitung im Jahrgang 18 von Schlömilch's Zeitschrift für Mathematik und Physik (1873).

$$(AB, A) = (B, A) = n \qquad (2)$$

und jedes nach A irreducibele System von n Zahlen in B oder in AB bildet eine Basis der Schaar AB in Bezug auf A.

Zugleich ergiebt sich (aus VII), dass alle Zahlen in AB, also auch alle Zahlen in B *algebraisch* in Bezug auf A sind, und zwar *höchstens vom Grade n*; dass es in B auch Zahlen n^{ten} Grades giebt, könnte zwar schon jetzt bewiesen werden, doch wollen wir, weil dies später (in §. 165, VI) sich ganz von selbst ergeben wird, für jetzt darauf verzichten und nur die folgende Umkehrung beweisen:

IX. *Ist θ eine algebraische Zahl n^{ten} Grades in Bezug auf A, und B der Körper $R(\theta)$, welcher aus allen durch θ rational darstellbaren Zahlen besteht, also $AB = A(\theta)$, so ist $(B, A) = n$, und die n Potenzen $\theta^{n-1}, \theta^{n-2} \ldots \theta, 1$ bilden eine Basis von $A(\theta)$ in Bezug auf A.*

Hierzu betrachten wir die Schaar Ω aller Zahlen ω von der Form

$$\omega = h_1 \theta^{n-1} + h_2 \theta^{n-2} + \cdots + h_{n-1} \theta + h_n,$$

deren Coordinaten h_r beliebige Zahlen in A sind. Da (nach Annahme) die Potenz θ^n in Ω enthalten ist, so gilt dasselbe (nach II, I) von $h_1 \theta^n$ und von jedem Producte $\omega\theta$, also auch von allen höheren Potenzen $\theta^{n+1}, \theta^{n+2} \ldots$; mithin sind alle Producte aus je zwei Gliedern der Basis ebenfalls in Ω enthalten, und folglich ist Ω (nach V) ein Körper. Da dieser Körper Ω ein Multiplum von A ist und die Zahl θ enthält, so ist er auch ein Multiplum von $A(\theta)$ und folglich $= A(\theta)$, weil umgekehrt jede Zahl ω gewiss in $A(\theta)$ enthalten ist. Der Körper $A(\theta)$ oder AB ist daher vom Grade n in Bezug auf A, und dasselbe gilt folglich auch von B, was zu beweisen war.

Hieran knüpfen wir die folgenden Bemerkungen. Bedeutet t eine *Variabele*, und bezeichnen wir mit $F(t), f(t), f_1(t), f_2(t) \ldots$ ausschliesslich solche ganze Functionen von t, deren Coefficienten im Körper A enthalten sind, so sind die Summen, Differenzen, Producte derselben ebenfalls solche Functionen, und durch Division von $f_1(t)$ durch $f(t)$ entspringt eine Identität von der Form $f_1(t) = f(t) f_2(t) + F(t)$, wo der Rest $F(t)$ von niedrigerem Grade als $f(t)$, oder identisch $= 0$ wird, falls $f_1(t)$ durch $f(t)$ theilbar ist. Hat nun θ dieselbe Bedeutung wie im vorstehenden Satze, so giebt es eine und nur eine Function n^{ten} Grades

$$f(t) = t^n + a_1 t^{n-1} + \cdots + a_{n-1} t + a_n, \tag{3}$$

welche zugleich mit $t - \theta$ verschwindet und folglich durch die Zahl θ (und A) vollständig bestimmt ist. Bezeichnet man mit $F(t)$ jede Function, deren Grad $< n$ ist, so wird nur dann $F(\theta) = 0$, wenn identisch $F(t) = 0$ ist. Ist daher $f_1(\theta) = 0$, so muss $f_1(t)$ *durch* $f(t)$ *theilbar* sein. Die Function $f(t)$ selbst kann durch keine Function $F(t)$ theilbar sein, weil aus $f(t) = F(t) F_1(t)$ und $f(\theta) = 0$ entweder $F(\theta) = 0$ oder $F_1(\theta) = 0$ folgen würde, was unmöglich ist. Eine solche Function $f(t)$, deren Coefficienten in A enthalten sind, und welche durch keine ähnliche Function niedrigeren Grades theilbar ist, heisst *irreducibel* oder eine *Primfunction* in Bezug auf A, und ebenso heisst auch die *Gleichung* $f(\theta) = 0$ *irreducibel*. Der Körper $A(\theta)$ besteht aus allen Zahlen ω von der Form $F(\theta)$, und jede solche Zahl ω kann auch nur auf eine einzige Weise in der Form $F(\theta)$ dargestellt werden.

Hierauf gehen wir zur Betrachtung von *drei* Körpern A, B, C über und stellen folgenden Satz*) auf:

X. *Ist B endlich in Bezug auf A, und C endlich in Bezug auf AB, so ist auch BC endlich in Bezug auf A, und*

$$(BC, A) = (C, AB)(B, A). \tag{4}$$

Bilden nämlich, wenn $(B, A) = n$ und $(C, AB) = p$ gesetzt wird, die n Zahlen ω_r in B ein irreducibeles System nach A, und die p Zahlen τ_s in C ein irreducibeles System nach AB, so bilden, wie man leicht sieht, die np Producte $\omega_r \tau_s$ eine irreducibele Basis des Körpers ABC in Bezug auf A, was zu beweisen war.

Am häufigsten tritt der Fall auf, wo B Multiplum von A und zugleich Divisor von C, also $AB = B$, $BC = C$, und folglich

$$(C, A) = (C, B)\,(B, A) \tag{5}$$

ist. Ausserdem folgt aus dem Satze X, dass jedes Product aus zwei oder mehreren, in Bezug auf A endlichen Körpern wieder ein solcher Körper ist. Sind nun θ, η irgend zwei *algebraische* Zahlen in Bezug auf A, so sind (nach IX) die Körper $R(\theta)$, $R(\eta)$ endlich in Bezug auf A, und folglich gilt dasselbe von ihrem Producte $R(\theta, \eta)$; mithin sind auch die in dem letzteren ent-

*) Vergl. das vorhergehende Citat.

haltene Summe, die Differenz, das Product und der Quotient von θ, η *algebraisch* in Bezug auf A, und folglich ist der Inbegriff aller in Bezug auf A algebraischen Zahlen ein *Körper*.

Es ist vortheilhaft, dem Symbol (B, A) auch dann eine Bedeutung beizulegen und zwar $(B, A) = 0$ zu setzen*), wenn B *nicht* endlich in Bezug auf A ist. Hierdurch erreicht man nämlich, wie der Leser leicht finden wird, dass die in den beiden Gleichungen (2), (4) enthaltenen Sätze *ohne jede Voraussetzung* für beliebige Körper A, B, C gelten. Vertauscht man nun die letzteren mit einander, so erhält man gewisse Reciprocitäten und andere Beziehungen, wie z. B.

$$(B, C)\,(C, A)\,(A, B) = (C, B)\,(A, C)\,(B, A), \qquad (6)$$

deren tiefere Bedeutung aber erst durch die nachfolgenden Untersuchungen erkannt werden kann.

§. 165.

Wir verbinden jetzt die in den vorhergehenden Paragraphen erklärten Begriffe mit einander und nehmen an, der Körper A sei ein Divisor des Körpers M, und π sei eine Permutation des letzteren; der Kürze wegen bezeichnen wir, wenn ω irgend eine Zahl in M bedeutet, mit ω' die conjugirte Zahl $\omega\pi$. Bilden nun die in M enthaltenen m Zahlen $\omega_1, \omega_2 \ldots \omega_m$ ein nach A *reducibeles* System T, giebt es also m Zahlen $a_1, a_2 \ldots a_m$ in A, die der Bedingung

$$a_1\omega_1 + a_2\omega_2 + \cdots + a_m\omega_m = 0$$

genügen und nicht alle verschwinden, so folgt hieraus, weil $0' = 0$ ist, auch

$$a'_1\omega'_1 + a'_2\omega'_2 + \cdots + a'_m\omega'_m = 0,$$

und da einer von Null verschiedenen Zahl a in A immer eine von Null verschiedene Zahl a' in $A\pi$ entspricht, so ist das in $M\pi$ enthaltene, aus den m Zahlen $\omega'_1, \omega'_2 \ldots \omega'_m$ bestehende System $T\pi$ *reducibel* in Bezug auf $A\pi$. Da ferner jede Zahl ω' des Körpers $M\pi$ durch die inverse Permutation π^{-1} in eine Zahl ω des Körpers M übergeht, so ist umgekehrt das System T

*) Wenn man es vorzieht, so mag man $(B, A) = \infty$ setzen, was im Wesentlichen denselben Erfolg hat.

gewiss reducibel nach A, wenn das System $T\pi$ reducibel nach $A\pi$ ist. Wir können daher folgenden Satz aussprechen:

I. *Ist der Körper M ein Multiplum des Körpers A, und π eine Permutation von M, so wird, je nachdem das in M enthaltene System T reducibel oder irreducibel nach A ist, das System $T\pi$ auch reducibel oder irreducibel nach $A\pi$ sein.*

Wenden wir dies auf den Fall an, wo M das Product der beiden Körper A, B ist, so ergiebt sich unmittelbar der Satz:

II. *Ist π eine Permutation des Productes AB der beiden Körper A, B, so ist*

$$(B, A) = (B\pi, A\pi).$$

Hierauf schreiten wir zum Beweise des folgenden Fundamentalsatzes:

III. *Ist der Körper B endlich in Bezug auf den Körper A, und φ eine Permutation von A, so ist der Grad (B, A) die Anzahl aller derjenigen verschiedenen Permutationen π des Productes AB, welche Multipla von φ sind. Zugleich ist A der Körper und φ der Rest des Systems Π dieser Permutationen π.*

Derselbe leuchtet für den Fall $(B, A) = 1$ unmittelbar ein, weil dann B ein Divisor von A, also $AB = A$, mithin nothwendig $\pi = \varphi$ sein muss. Um ihn allgemein zu beweisen, wenden wir die vollständige Induction an; wir nehmen an, er sei schon für alle Fälle bewiesen, wo der Grad $(B, A) < n$ ist, und zeigen, dass er dann auch für $(B, A) = n$ gilt.

Hierbei müssen wir *zwei Fälle* unterscheiden, deren *erster* dann eintritt, wenn es einen dritten Körper K giebt, der ein *echter* Divisor von AB und zugleich ein *echtes* Multiplum von A ist. Setzen wir $(AB, K) = p$, $(K, A) = q$, so ist (nach den Sätzen VIII und X in §. 164) $n = (B, A) = (AB, A) = (AB, K)(K, A) = pq$, und da K verschieden von AB und A ist, so ist jeder der beiden Grade p, $q > 1$ und folglich auch $< n$. Nach unserer Annahme giebt es daher q und nur q verschiedene Permutationen

$$\chi_1, \chi_2 \ldots \chi_q$$

des Körpers $AK = K$, welche Multipla von φ sind, und wenn χ_r irgend eine dieser Permutationen ist, so giebt es p und nur p verschiedene Permutationen

$$\pi_{r,1}, \pi_{r,2} \ldots \pi_{r,p}$$

des Körpers $ABK = AB$, welche Multipla von χ_r sind, und jede dieser Permutationen $\pi_{r,s}$ ist (nach §. 163) zugleich Multiplum von φ. Da ferner jeder Permutation π des Körpers AB, welche Multiplum von φ ist, immer eine und nur eine Permutation χ von K entspricht, welche Divisor von π und folglich ebenfalls Multiplum von φ ist, so sind die oben erhaltenen n Permutationen $\pi_{r,s}$, welche den q Werthen r und den p Werthen s entsprechen, alle von einander verschieden, und ausser diesen n Permutationen $\pi_{r,s}$ kann es keine andere Permutation π von AB geben, die ein Multiplum von φ wäre. Also ist in diesem Falle unser Satz über die *Anzahl* der Permutationen π bewiesen.

Im entgegengesetzten *zweiten* Falle, wo es keinen Körper K von der obigen Beschaffenheit giebt, wählen wir aus B (oder auch aus AB) eine nicht in A enthaltene Zahl θ, was stets möglich ist, weil $n > 1$, also B nicht Divisor von A ist. Dann muss der aus A durch Adjunction von θ erzeugte Körper $A(\theta) = AB$ sein, weil er Divisor von AB und zugleich Multiplum von A, aber verschieden von A ist, und die in Bezug auf A algebraische Zahl θ ist (nach IX in §. 164) gewiss vom Grade $n = (B, A)$; der Körper $A(\theta)$ besteht aus allen Zahlen α von der Form

$$\alpha = F(\theta) = x_1\theta^{n-1} + x_2\theta^{n-2} + \cdots + x_{n-1}\theta + x_n, \quad (1)$$

wo die n Coefficienten oder Coordinaten x willkürliche Zahlen in A bedeuten, und zwar ist jede Zahl α nur auf eine einzige Art so darstellbar, weil die n Potenzen $\theta^{n-1} \ldots \theta, 1$ ein nach A irreducibeles System bilden. Die Zahl θ ist die Wurzel einer bestimmten, nach A irreducibelen Gleichung

$$f(\theta) = \theta^n + a_1\theta^{n-1} + a_2\theta^{n-2} + \cdots + a_{n-1}\theta + a_n = 0, \quad (2)$$

deren Coefficienten a_r zugleich die Coordinaten der Zahl $-\theta^n$ sind*).

Wir suchen nun alle etwa vorhandenen Permutationen π dieses Körpers $A(\theta)$, welche Multipla von der gegebenen Permutation φ des Körpers A sind. Der Einfachheit halber setzen wir, wenn x irgend eine Zahl in A bedeutet, die aus ihr durch φ erzeugte, also gegebene Zahl

$$x\varphi = x'; \quad (3)$$

*) Es ist gut, zu bemerken, dass alles Folgende für *jeden* solchen Körper $A(\theta)$ gilt, der aus einer Zahl θ vom Grade n entspringt.

dann muss, weil π ein Multiplum von φ sein soll, auch

$$x\pi = x' \tag{4}$$

sein, und da alle Zahlen α des Körpers AB rational aus Zahlen x und der einzigen Zahl θ gebildet sind, so wird die Permutation π vollständig bestimmt sein, sobald auch $\theta\pi$ bekannt ist; setzen wir der Kürze halber diese Zahl

$$\theta\pi = \eta, \tag{5}$$

so folgt aus (1) und (2), dass jede in der Form (1) dargestellte Zahl α durch π in die zugehörige Zahl

$$\alpha\pi = \mathfrak{F}(\eta) = x'_1\eta^{n-1} + x'_2\eta^{n-2} + \cdots + x'_{n-1}\eta + x'_n \tag{6}$$

übergeht, und dass η eine Wurzel der bestimmten Gleichung

$$\mathfrak{f}(\eta) = \eta^n + a'_1\eta^{n-1} + a'_2\eta^{n-2} + \cdots + a'_{n-1}\eta + a'_n = 0 \tag{7}$$

sein muss. Umgekehrt, wenn η eine bestimmte Wurzel dieser Gleichung (7) bedeutet, so ist, weil jede Zahl α des Körpers $A(\theta)$ stets und nur auf eine einzige Weise in der Form (1) darstellbar ist, durch das Gesetz (6), worin (4) und (5) als specielle Fälle enthalten sind, eine *Abbildung* π dieses Körpers vollständig bestimmt, und wir wollen jetzt beweisen, dass dieselbe wirklich eine *Permutation* ist. Hierzu brauchen wir (nach §. 161) nur zu zeigen, dass für je zwei Zahlen α, β des Körpers AB die beiden Gesetze

$$(\alpha + \beta)\pi = \alpha\pi + \beta\pi \tag{8}$$

$$(\alpha\beta)\pi = (\alpha\pi)(\beta\pi) \tag{9}$$

gelten. Bezeichnet man mit y_r die Coordinaten von β, so sind $x_r + y_r$ diejenigen von $\alpha + \beta$; da nun φ eine Permutation von A, also $(x_r + y_r)' = x'_r + y'_r$ ist, so ergiebt sich aus (6) unmittelbar das Gesetz (8). Da dasselbe natürlich auch für Summen von mehr als zwei Gliedern gilt, und da jede Zahl β eine Summe von Producten ist, deren Factoren theils in A enthalten, theils $= \theta$ sind, so erkennt man leicht, dass das Gesetz (9) nur noch für die beiden Fälle zu beweisen ist, wo β entweder eine beliebige Zahl y des Körpers A oder $= \theta$ ist. Da nun die Coordinaten yx_r des Productes αy durch die Permutation φ in $(yx_r)' = y'x'_r$ übergehen, so folgt aus (6) der erste Fall $(\alpha y)\pi = (\alpha\pi)y'$, und ebenso leicht ergiebt sich der zweite Fall $(\alpha\theta)\pi = (\alpha\pi)\eta$, wenn man bedenkt, dass zufolge (2), (6), (7) auch $(\theta^n)\pi = \eta^n$ ist. Hiermit ist der Beweis geliefert, dass jeder Wurzel η der

Gleichung (7) wirklich eine durch (6) definirte *Permutation* π des Körpers AB entspricht, welche ein Multiplum von φ ist*).

Zugleich folgt aus dem Satze I, dass die n Potenzen $\eta^{n-1} \dots \eta, 1$ ein *irreducibeles* System in Bezug auf den Körper $A\pi = A\varphi$ bilden. Nun giebt es nach dem zuerst von *Gauss* bewiesenen Hauptsatze der Algebra im Allgemeinen n verschiedene Wurzeln η der Gleichung (7), und ihre Anzahl ist bekanntlich nur dann kleiner als n, wenn wenigstens eine dieser Zahlen η zugleich der Bedingung

$$\mathfrak{f}'(\eta) = n\eta^{n-1} + (n-1)a'_1\eta^{n-2} + (n-2)a'_2\eta^{n-3} + \cdots + a'_{n-1} = 0$$

genügt; da dies aber mit der eben bewiesenen Irreducibilität im Widerspruch stehen würde, so hat die Gleichung (7) wirklich n verschiedene Wurzeln η, und es giebt folglich genau *n verschiedene* Permutationen π des Körpers AB, welche Multipla von φ sind, was zu beweisen war.

Nachdem hiermit der Satz III, soweit er von der *Anzahl* der Permutationen π handelt, allgemein bewiesen ist, können wir auch seinen letzten Theil leicht erledigen. Denn wenn K den *Körper*, und χ den *Rest* des Systems Π bedeutet, so besteht K (nach §. 163) aus allen zu Π einwerthigen Zahlen, ist also Multiplum von A und Divisor von AB, und seine Permutation χ ist Multiplum von φ; setzt man wieder $(AB, K) = p$, $(K, A) = q$, so ist $n = pq$, und nach dem schon bewiesenen Theile des Satzes ist p die genaue Anzahl derjenigen verschiedenen Permutationen von AB, welche Multipla von χ sind; unter diesen befinden sich aber gewiss die n Permutationen π, und folglich ist $p \geqq n$, mithin $p = n$, $q = 1$, $K = A$, $\chi = \varphi$, was zu beweisen war. —

Nachdem der Fundamentalsatz III vollständig bewiesen ist, bemerken wir zunächst, dass die auf B bezüglichen Divisoren ψ der n Permutationen π ebenfalls von einander verschieden sind, weil (nach §. 163) jede Permutation π des Productes AB um-

*) Bedeuten (wie in §. 164) $f(t)$, $F(t)$, $f_1(t) \dots$ ganze Functionen der *Variabelen* t, deren Coefficienten c in A enthalten sind, und gehen aus ihnen resp. die Functionen $\mathfrak{f}(t)$, $\mathfrak{F}(t)$, $\mathfrak{f}_1(t) \dots$ dadurch hervor, dass jeder Coefficient c durch $c' = c\varphi$ ersetzt wird, so folgen, weil φ eine *Permutation* von A ist, aus den Identitäten $F(t) + F_1(t) = F_2(t)$, $F(t)F_1(t) = f(t)f_1(t) + F_3(t)$ immer die Identitäten $\mathfrak{F}(t) + \mathfrak{F}_1(t) = \mathfrak{F}_2(t)$, $\mathfrak{F}(t)\mathfrak{F}_1(t) = \mathfrak{f}(t)\mathfrak{f}_1(t) + \mathfrak{F}_3(t)$. Hierin liegt offenbar ein Beweis der Gesetze (8) und (9), von welchem der oben im Text gegebene nur eine Umschreibung ist.

gekehrt durch ihre auf A, B bezüglichen Divisoren φ, ψ vollständig bestimmt ist. Der Körper des Systems Ψ dieser n mit φ *einigen* Permutationen ψ ist, wie unmittelbar einleuchtet, der grösste gemeinsame Divisor D von A, B, und der Rest von Ψ ist der auf D bezügliche Divisor von φ.

Ist ferner φ' ebenfalls eine Permutation von A, also $\varphi^{-1}\varphi$ eine Permutation von $A\varphi$, und Π' das System derjenigen n Permutationen π' von AB, welche Multipla von φ' sind, so sind, wenn π eine bestimmte Permutation in Π bedeutet, die n Permutationen $\pi^{-1}\pi'$ des Körpers $(AB)\pi$ verschieden und zugleich Multipla von $\varphi^{-1}\varphi'$ (nach §. 163), und da der Körper $(AB)\pi$ zufolge II vom Grade n in Bezug auf $A\varphi$ ist, so kann es zufolge III ausser diesen n Permutationen $\pi^{-1}\pi'$, durch welche $(AB)\pi$ in die n Körper $(AB)\pi'$ übergeht, und deren Complex zweckmässig durch $\pi^{-1}\Pi'$ bezeichnet wird, keine andere Permutation von $(AB)\pi$ geben, die zugleich Multiplum von $\varphi^{-1}\varphi'$ wäre; es ist also $A\varphi$ der Körper, $\varphi^{-1}\varphi'$ der Rest des Systems $\pi^{-1}\Pi'$. —

Von jetzt ab wollen wir nur noch den speciellen Fall betrachten, in welchem φ die *identische* Permutation von A ist; dann sind in den Systemen Π, Ψ offenbar auch die *identischen* Permutationen von AB, B enthalten; A ist der Inbegriff aller Zahlen in AB, welche durch jede Permutation π *in sich selbst* übergehen, und ebenso ist D der Inbegriff aller Zahlen in B, welche durch jede Permutation ψ in sich selbst übergehen. Bedeutet nun T irgend eine in AB enthaltene Reihe von n Zahlen $\omega_1, \omega_2 \ldots \omega_n$, und sind $\pi_1, \pi_2 \ldots \pi_n$ die in einer bestimmten Folge geordneten Permutationen in Π, so wollen wir die aus den n^2 Elementen $\omega_r\pi_s$ gebildete Determinante

$$\begin{vmatrix} \omega_1\pi_1, & \omega_2\pi_1 & \ldots & \omega_n\pi_1 \\ \omega_1\pi_2, & \omega_2\pi_2 & \ldots & \omega_n\pi_2 \\ \cdot & \cdot & \cdot & \cdot \\ \omega_1\pi_n, & \omega_2\pi_n & \ldots & \omega_n\pi_n \end{vmatrix} = (T) \qquad (10)$$

setzen und kurz die *Determinante des Systems* T nennen. Dann gilt folgender Satz:

IV. *Die erforderliche und hinreichende Bedingung dafür, dass das System* T *irreducibel nach* A *ist und folglich eine Basis von* AB *bildet, besteht darin, dass die Determinante* (T)

nicht verschwindet; und der Quotient von je zwei solchen Determinanten (T) *ist in* A *enthalten.*

Denn wenn T *irreducibel* ist, so kann jede Zahl α der Schaar AB in der Form

$$\alpha = x_1\,\omega_1 + x_2\,\omega_2 + \cdots + x_n\,\omega_n \tag{11}$$

dargestellt werden, wo die Zahlen x_r die in A enthaltenen Coordinaten von α bedeuten, und folglich ist zugleich

$$\alpha\pi_s = x_1(\omega_1\pi_s) + x_2(\omega_2\pi_s) + \cdots + x_n(\omega_n\pi_s). \tag{12}$$

Ist nun U ein System von n solchen Zahlen $\alpha_1, \alpha_2 \ldots \alpha_n$, und $a_{r,s}$ die s^{te} Coordinate von α_r, so ist

$$\alpha_r = a_{r,1}\,\omega_1 + a_{r,2}\,\omega_2 + \cdots + a_{r,n}\,\omega_n \tag{13}$$
$$\alpha_r\pi_s = a_{r,1}(\omega_1\pi_s) + a_{r,2}(\omega_2\pi_s) + \cdots + a_{r,n}(\omega_n\pi_s)$$

und folglich nach dem bekannten Satze der Determinanten-Theorie

$$(U) = a(T), \tag{14}$$

wo a die aus den Coordinaten $a_{r,s}$ gebildete Determinante

$$a = \begin{vmatrix} a_{1,1}, & a_{1,2} & \ldots & a_{1,n} \\ a_{2,1}, & a_{2,2} & \ldots & a_{2,n} \\ \cdot & \cdot & \cdot & \cdot \\ a_{n,1}, & a_{n,2} & \ldots & a_{n,n} \end{vmatrix} \tag{15}$$

bedeutet, also in A enthalten ist. Da nun nach einem früheren Satze (am Schlusse von §. 161) in AB gewiss ein System U existirt, dessen Determinante (U) nicht verschwindet, so folgt aus (14), dass (T) von Null verschieden ist*). Wenn aber zweitens T *reducibel* ist, so giebt es n Zahlen x_r in A, welche nicht sämmtlich verschwinden, für welche aber die Summe α in (11), also auch alle n Summen $\alpha\pi_s$ in (12) verschwinden, und hieraus folgt bekanntlich, dass auch $(T) = 0$ ist, was zu beweisen war.

Unter der in Bezug auf A genommenen *Norm* des Körpers B verstehen wir das Product P der n conjugirten Körper $B\pi$ oder $B\psi$, in welche B durch die n Permutationen ψ des Systems Ψ übergeht; da unter diesen sich auch die identische Permutation von B befindet, so ist die Norm P immer ein

*) Man vergleiche hiermit den Satz IV in §. 164.

Multiplum von B. Offenbar ist AP zugleich die Norm von AB, weil $A\pi = A$, also $(AB)\pi = A(B\psi)$ ist, und aus dem Beweise des vorhergehenden Satzes ergiebt sich leicht der folgende:

V. *Ist P die Norm des Körpers B in Bezug auf A, und Q der grösste gemeinsame Divisor von P und A, so ist* $(B, A) = (B, Q)$.

Denn wenn man aus B ein nach A irreducibeles System T von n Zahlen $\omega_1, \omega_2 \ldots \omega_n$ wählt, so ist jede Zahl α des Körpers B in der Form (11) darstellbar; da nun die Determinante (T) nicht verschwindet, und da alle in (12) auftretenden Zahlen $\alpha\pi$, $\omega_r\pi$ in P enthalten sind, so gilt dasselbe von den Coordinaten x_r, welche mithin gewiss dem Körper Q angehören; das nach A, und folglich auch nach Q irreducibele System T wird daher durch Hinzufügung jeder in B enthaltenen Zahl α reducibel nach Q, und folglich ist $(B, Q) = n$, was zu beweisen war.

Bedeutet ferner θ eine beliebige Zahl in AB, und T das System der n Potenzen $\theta^{n-1}, \theta^{n-2} \ldots \theta, 1$, so ist die Determinante (T), wie wir schon früher (am Schlusse von §. 161) bemerkt haben, das Product der sämmtlichen Differenzen $\theta\pi_r - \theta\pi_s$, wo $r < s$, und folglich wird das System T stets und nur dann *irreducibel* nach A, wenn θ eine *n-werthige* Zahl zu Π ist; da nun jede in AB enthaltene Zahl (nach §. 164, VIII) algebraisch in Bezug auf A und höchstens vom Grade n ist, so folgt hieraus, dass *jede n-werthige Zahl θ und keine andere vom Grade n* ist. Da ferner das System Ψ aus n verschiedenen Permutationen ψ des Körpers B besteht, so giebt es in B (nach §. 161) unendlich viele Zahlen θ, welche n-werthig zu Ψ, also auch zu Π sind, und wir können daher folgenden Satz aussprechen:

VI. *Ist B ein Körper n^{ten} Grades in Bezug auf A, so giebt es in B auch unendlich viele Zahlen θ vom Grade n in Bezug auf A, und zugleich ist* $A(\theta) = AB$.

Wenn umgekehrt ein Körper B aus lauter Zahlen besteht, die algebraisch in Bezug auf A sind, und deren Grade eine endliche Höhe nicht überschreiten, so ergiebt sich aus den vorhergehenden Sätzen ohne Schwierigkeit, dass B *endlich* in Bezug auf A ist. Ein anderes, ebenfalls charakteristisches Kriterium dieser Endlichkeit besteht darin, dass die *Anzahl* aller der verschiedenen Körper K, welche Multipla von A und zugleich Divisoren von AB sind, *endlich* ist. Wir wollen hier aber nur auf den einen Theil dieses Satzes eingehen, indem wir wieder annehmen, B sei vom Grade n in Bezug auf A, und mit Π das System der n Permutationen π von AB bezeichnen, welche Multipla der *identischen* Permutation φ von A sind; setzt man $(AB, K) = p$, $(K, A) = q$, so ist $n = pq$, und K ist (nach VI) von der Form $A(\alpha)$, wo α eine in K, also auch in AB enthaltene Zahl vom Grade q bedeutet, und umgekehrt erzeugt jede Zahl α in AB einen solchen Körper $K = A(\alpha)$. Nun giebt es (nach III) q verschiedene Permutationen χ von K, welche Multipla von φ sind, und durch welche α in q verschiedene Werthe $\alpha\chi$ übergeht; jede bestimmte solche Permutation χ ist wieder der Rest eines Systems Π' von p Permutationen π', welche einen und denselben Werth $\alpha\pi' = \alpha\chi$ erzeugen, und das System Π besteht aus diesen q Complexen Π'. Da nun umgekehrt K durch jeden einzelnen Complex Π' als zugehöriger Körper (nach §. 163) vollständig bestimmt ist, so leuchtet ein, dass die Anzahl solcher Körper K endlich ist, weil ein endliches System Π auch nur eine endliche Anzahl von Theilen Π' besitzt. — Auf den Beweis der Umkehrung, welcher zwar nicht schwierig ist, aber doch einige Hülfssätze erfordert, müssen wir der Kürze halber hier verzichten.

Für die Algebra bildet nun die vollständige Bestimmung aller dieser Körper K und die Untersuchung ihrer gegenseitigen Beziehungen die wichtigste Aufgabe, deren Lösung von *Lagrange* *) begonnen und endlich von *Galois* **) zu einem systematischen Abschluss durch die *Theorie der Gruppen* gebracht ist. Obgleich wir auf die letztere selbst nicht näher eingehen können, so wollen wir doch von unserem Standpuncte aus noch andeuten, worin diese Zurückführung besteht.

§. 166.

Ein System Π von n verschiedenen Körper-Permutationen π heisst eine *Gruppe*, wenn jede mit jeder zusammensetzbar, und wenn die Resultante immer in Π enthalten ist.

---

*) *Réflexions sur la résolution algébrique des équations* (Mém. de l'Acad. de Berlin. 1770, 1771. — OEuvres de L. Tome III).

**) *Sur les conditions de résolubilité des équations par radicaux* (Liouville's Journal, t. XI, 1846).

Aus dieser Erklärung folgt zunächst, dass die in einer Gruppe Π enthaltenen Permutationen π sich alle auf einen und denselben Körper beziehen, und dass dieser Körper M durch jede Permutation π in sich selbst übergeht. Bedeutet ferner π' eine bestimmte dieser n Permutationen, während π sie alle durchläuft, so sind die n Resultanten $\pi\pi'$ (nach §. 162) alle verschieden, mithin ist ihr Complex identisch mit Π; es giebt daher, wenn π', π'' zwei bestimmte Permutationen sind, immer eine und nur eine Permutation π, welche der Bedingung $\pi\pi' = \pi''$ genügt. Nimmt man $\pi' = \pi''$, so ergiebt sich, dass in Π auch die *identische* Permutation von M enthalten ist. Auf diesen Eigenschaften einer Gruppe beruht der folgende Fundamentalsatz:

I. *Besteht eine Gruppe Π aus n verschiedenen Permutationen π des Körpers M, und ist A der Körper von Π, so ist $(M, A) = n$, und der Rest von Π ist die identische Permutation von A.*

Um dies zu beweisen, wählen wir (nach §. 161) aus M ein System von n Zahlen α_r so aus, dass die aus den n^2 Zahlen $\alpha_r\pi$ gebildete Determinante nicht verschwindet; dann giebt es, wenn ω irgend eine bestimmte Zahl in M bedeutet, ein und nur ein System von n Zahlen x_r, welche den n linearen Gleichungen

$$\omega\pi = x_1(\alpha_1\pi) + x_2(\alpha_2\pi) + \cdots + x_n(\alpha_n\pi) \qquad (1)$$

genügen; da alle hier auftretenden Zahlen $\omega\pi$, $\alpha\pi$ in M enthalten sind, so gilt dasselbe auch von diesen n Zahlen x_r, und folglich entspringt, wenn π' eine bestimmte Permutation in Π bedeutet, aus dem vorstehenden System (1) das folgende

$$\omega\pi\pi' = (x_1\pi')(\alpha_1\pi\pi') + (x_2\pi')(\alpha_2\pi\pi') + \cdots + (x_n\pi')(\alpha_n\pi'),$$

welches, weil $\pi\pi'$ zugleich mit π das ganze System Π durchläuft, auch in der Form

$$\omega\pi = (x_1\pi')(\alpha_1\pi) + (x_2\pi')(\alpha_2\pi) + \cdots + (x_n\pi')(\alpha_n\pi)$$

dargestellt werden kann; durch Vergleichung mit (1) ergiebt sich hieraus $x_r\pi' = x_r$, und folglich sind die n Zahlen x_r in dem Körper A enthalten, welcher (nach §. 163) aus allen zu Π einwerthigen Zahlen besteht. Da unter den Permutationen π sich auch die identische Permutation von M befindet, so folgt aus (1), dass jede Zahl ω des Körpers M in der Form

$$\omega = x_1\alpha_1 + x_2\alpha_2 + \cdots + x_n\alpha_n$$

darstellbar ist, wo die Coefficienten x_r dem Körper A angehören; mithin ist M endlich in Bezug auf A, und zwar $(M, A) \leqq n$;

da es aber n *verschiedene* Permutationen π von M giebt, welche Multipla der identischen Permutation von A sind, so folgt (nach §. 165, III), dass $(M, A) = n$, und dass das System der n Zahlen α_r *irreducibel* nach A ist, was zu beweisen war.

Bildet nun ein Theil der Gruppe Π ebenfalls eine *Gruppe* Π', welche aus p Permutationen π' besteht, so ist der zu Π' gehörige Körper A' Divisor von M und Multiplum von A, weil jede zu Π einwerthige Zahl auch einwerthig zu Π' ist, und zugleich ist $n = pq$, wo $p = (M, A')$, $q = (A', A)$; bezeichnet man ferner, wenn π eine bestimmte Permutation in Π bedeutet, π' aber alle Permutationen der Gruppe Π' durchläuft, mit $\Pi'\pi$ den Complex der p Resultanten $\pi'\pi$, und mit φ' den Rest von $\Pi'\pi$, so besteht die Gruppe Π aus q verschiedenen Complexen $\Pi'\pi$, und deren Reste φ' stimmen überein mit denjenigen q Permutationen des Körpers A', welche Multipla der identischen Permutation von A sind. Umgekehrt, wenn ein Körper A' Divisor von M und Multiplum von A ist, so bilden, wie man leicht sieht, diejenigen Permutationen von M, welche Multipla der identischen Permutation von A' sind, eine in Π enthaltene Gruppe Π', und A' ist der zu Π' gehörige Körper. Ist ferner Π'' ebenfalls eine in Π enthaltene Gruppe, und A'' der zugehörige Körper, so bilden die den beiden Gruppen Π', Π'' gemeinsamen Permutationen wieder eine Gruppe; und der zugehörige Körper ist das Product $A'\,A''$.

Hieraus erkennt man, dass die vollständige Bestimmung aller dieser Körper A', A'' ... und die Untersuchung ihrer gegenseitigen Beziehungen vollständig erledigt wird durch die Bestimmung aller in der Gruppe Π enthaltenen Gruppen Π', Π'' ..., und diese Aufgabe gehört in die allgemeine*) Theorie der Gruppen.

Nun lässt sich der allgemeine Fall (§. 165), wo $(B, A) = n > 0$, und wo es sich um die Bestimmung aller Körper K handelt, die Multipla von A und zugleich Divisoren von AB sind, leicht auf den eben besprochenen zurückführen. Bedeutet φ wieder die *identische* Permutation von A, und Π das System der n Permutationen π von AB, welche Multipla von φ sind, so haben wir schon bemerkt, dass die Norm von B, d. h. das Product P der n Körper $B\pi$, ein Multiplum von B ist. Wenn nun $P = B$,

*) Schon in meinen Göttinger Vorlesungen (1857—1858) habe ich diese Theorie in der Weise vorgetragen, dass sie für Gruppen Π von *beliebigen Elementen* π gilt.

also B seine eigene Norm ist, soll B ein *Normalkörper* in Bezug auf A heissen; dieser Fall tritt stets und auch nur*) dann ein, wenn alle Körper $B\pi$ identisch mit B sind, und offenbar ist dann auch AB normal in Bezug auf A. Ist nun das Letztere der Fall — was, wie wir doch bemerken wollen, auch eintreten kann, ohne dass B normal in Bezug auf A ist —, so überzeugt man sich leicht, dass Π eine *Gruppe* ist, und dass Alles, was oben von dem Körper M gesagt ist, für diesen Körper AB gilt. Ist aber AB (und folglich auch B) nicht normal in Bezug auf A, so ist doch immer die Norm P von B und folglich auch AP normal in Bezug auf A; ist nämlich χ eine bestimmte Permutation von AP und zwar Multiplum von φ, so sind (nach §. 165) die auf die n Körper $AB\pi$ bezüglichen Divisoren von χ von der Form $\pi^{-1}\pi'$, wo π' gleichzeitig mit π *alle* in Π enthaltenen Permutationen durchläuft**), und folglich ist $(AP)\chi = AP$, d. h. AP (und ebenso auch P) ist normal in Bezug auf A, das System X aller Permutationen χ ist eine Gruppe, φ deren Rest, und die obigen Principien gelten für den Körper $M = AP$.

Hieraus folgt beiläufig auch noch der wichtige Satz, dass, wenn ω irgend eine in AB enthaltene Zahl bedeutet, jede aus den n Zahlen $\omega\pi$ auf rationale und *symmetrische* Weise abgeleitete Zahl gewiss in A enthalten ist, weil sie offenbar *einwerthig* zu X ist.

---

*) Zunächst folgt allerdings nur, dass jeder Körper $B\pi$ Divisor von B sein muss; da aber (nach §. 164) jede Zahl ω in B *algebraisch* in Bezug auf A ist, und da die Zahlen der unendlichen Kette ω, $\omega' = \omega\pi$, $\omega'' = \omega'\pi$, $\omega''' = \omega''\pi$ ... in B enthalten und Wurzeln einer und derselben, nach A irreducibelen Gleichung sind, so müssen in ihr Wiederholungen von der Form $\omega^{(r)} = \omega^{(r+s)}$ auftreten, wo $s > 0$, und da aus $\alpha\pi = \beta\pi$ stets $\alpha = \beta$ folgt, so ergiebt sich $\omega = \omega^{(s)}$, und folglich ist jede in B enthaltene Zahl ω auch in $B\pi$ enthalten, also $B\pi = B$. — Um diese Betrachtung in das rechte Licht zu setzen, bemerken wir noch Folgendes. Sind τ, τ' irgend zwei *transcendente*, d. h. nicht algebraische Zahlen in Bezug auf A, so geht der Körper $A(\tau)$ durch unendlich viele Permutationen, welche Multipla der identischen Permutation von A sind, in $A(\tau')$ über, und unter ihnen ist eine einzige π, für welche $\tau\pi = \tau'$ wird; nimmt man nun z. B. $\tau' = \tau^2$, so leuchtet leicht ein, dass der mit $A(\tau)$ conjugirte Körper $A(\tau^2)$ ein *echter* Divisor von $A(\tau)$ ist.

**) Denn wählt man aus AB irgend eine n-werthige Zahl θ, so müssen die n verschiedenen, in AP enthaltenen Zahlen $\theta\pi$ durch die Permutation χ (nach §. 161) auch in n verschiedene Bilder $\theta\pi'$ übergehen, und folglich sind auch die n Permutationen π' verschieden; die Permutation χ erzeugt also eine gewisse Vertauschung (Permutation) der n Werthe $\theta\pi$ unter einander.

§. 167.

Wir bezeichnen wieder mit φ die *identische* Permutation eines Körpers A, mit B einen in Bezug auf A endlichen Körper vom Grade n, mit Π das System der n verschiedenen Permutationen π von AB, welche Multipla von φ sind, und führen folgende Begriffe ein. Ist α eine beliebige Zahl in AB, so verstehen wir unter ihrer *Spur* $S(\alpha)$ die Summe, unter ihrer *Norm* $N(\alpha)$ das Product der n mit α conjugirten Zahlen $\alpha\pi$; da (nach §. 161) das Bild $\alpha\pi$ einer von Null verschiedenen Zahl α niemals verschwindet, so ist nur dann $N(\alpha) = 0$, wenn $\alpha = 0$ ist. Ist x eine einwerthige, also in A enthaltene Zahl, so ergiebt sich

$$S(x) = nx,\ S(x\alpha) = x\,S(\alpha) \tag{1}$$

$$N(x) = x^n,\ N(x\alpha) = x^n N(\alpha), \tag{2}$$

und wenn β ebenfalls eine in AB enthaltene Zahl ist, so folgt aus den Gesetzen $(\alpha \pm \beta)\pi = \alpha\pi \pm \beta\pi$ und $(\alpha\beta)\pi = (\alpha\pi)(\beta\pi)$, dass

$$S(\alpha \pm \beta) = S(\alpha) \pm S(\beta) \tag{3}$$

$$N(\alpha\beta) = N(\alpha)\,N(\beta), \tag{4}$$

dass also die Spur einer Summe von Zahlen gleich der Summe ihrer Spuren, und die Norm eines Productes gleich dem Producte aus den Normen der Factoren ist.

Bedeutet T irgend ein System von n Zahlen $\omega_1, \omega_2 \ldots \omega_n$ in AB, so haben wir schon (in §. 165, (10)) die aus den n^2 Zahlen $\omega_r \pi_s$ gebildete Determinante mit (T) bezeichnet, und wir wollen jetzt das *Quadrat* von (T), welches von der Reihenfolge der Zahlen ω_r und der Permutationen π_s gänzlich unabhängig ist, die *Discriminante* des Systems T nennen und kurz mit ΔT oder $\Delta(\omega_1, \omega_2 \ldots \omega_n)$ bezeichnen; dieselbe ist (nach §. 165, IV) stets und nur dann von Null verschieden, wenn das System T *irreducibel* ist und folglich eine *Basis* von AB bildet; und wenn ein System U von n Zahlen $\alpha_1, \alpha_2 \ldots \alpha_n$ mit T durch n Gleichungen von der Form

$$\alpha_r = a_{r,1}\,\omega_1 + a_{r,2}\,\omega_2 + \cdots + a_{r,n}\,\omega_n \tag{5}$$

verbunden ist, wo alle Coefficienten $a_{r,s}$ in A enthalten sind so folgt

$$(U) = a\,(T),\ \Delta\,U = a^2\,\Delta\,T, \tag{6}$$

wo a die aus diesen Coefficienten $a_{r,s}$ gebildete *Determinante* bedeutet (§. 165, (13) bis (15)).

Zwischen den Determinanten (T), den Spuren und Normen bestehen ferner die folgenden Beziehungen. Bezeichnet man das System der n Producte $\alpha\omega_1, \alpha\omega_2 \dots \alpha\omega_n$ kurz mit αT, so folgt aus $(\alpha\omega_r)\pi_s = (\alpha\pi_s)(\omega_r\pi_s)$, dass die zugehörige Determinante

$$(\alpha T) = N(\alpha)(T) \tag{7}$$

ist. Wenn ferner U ein System von n Zahlen α_r, und V ein System von n Zahlen β_s ist, so folgt bekanntlich aus

$$S(\alpha_r\beta_s) = (\alpha_r\pi_1)(\beta_s\pi_1) + \cdots + (\alpha_r\pi_n)(\beta_s\pi_n),$$

dass das Product

$$(U)(V) = \begin{vmatrix} S(\alpha_1\beta_1) & \dots & S(\alpha_1\beta_n) \\ \cdot & \cdot\;\cdot\;\cdot & \cdot \\ S(\alpha_n\beta_1) & \dots & S(\alpha_n\beta_n) \end{vmatrix} \tag{8}$$

und folglich die Discriminante

$$\Delta T = \begin{vmatrix} S(\omega_1\omega_1) & \dots & S(\omega_1\omega_n) \\ \cdot & \cdot\;\cdot\;\cdot & \cdot \\ S(\omega_n\omega_1) & \dots & S(\omega_n\omega_n) \end{vmatrix} \tag{9}$$

ist.

Aus der Schlussbemerkung des vorigen Paragraphen folgt unmittelbar, dass alle Spuren und Normen *Zahlen des Körpers A* sind, und da (nach §. 165, VI) alle Zahlen des Körpers AB rational durch die des Körpers A und durch eine einzige n-werthige Zahl θ darstellbar sind, so folgt dasselbe (ohne Zuziehung von (8) und (9)) auch für jedes Product von zwei Determinanten (T), also auch für jede Discriminante ΔT, weil diese Grössen ebenfalls *symmetrisch* aus den n conjugirten Zahlen $\theta\pi$ gebildet sind. Es ist aber von Wichtigkeit, diese Voraussagungen der allgemeinen Theorie durch die Rechnung zu bestätigen. Zu diesem Zwecke wählen wir aus AB ein *irreducibeles* System T von n Zahlen ω_r; dann ergiebt sich schon aus (6) und (7), dass die Norm $N(\alpha)$ als Quotient der beiden Determinanten (αT) und (T) gewiss in A enthalten ist. Wir wollen dies etwas näher ausführen. Da T eine Basis von AB bildet, so kann man

$$\alpha = x_1\omega_1 + x_2\omega_2 + \cdots + x_n\omega_n \tag{10}$$

und ebenso

$$\alpha\omega_r = x_{r,1}\omega_1 + x_{r,2}\omega_2 + \cdots + x_{r,n}\omega_n \tag{11}$$

setzen, wo die Coordinaten x_r und $x_{r,s}$ sämmtlich in A enthalten sind, und zufolge (6) und (7) ist die aus den letzteren*) gebildete Determinante

$$\Sigma \pm x_{1,1}\, x_{2,2} \ldots x_{n,n} = N(\alpha). \tag{12}$$

Jeder Zahl α entspricht nun, wenn t eine *Variabele* bedeutet, eine ganze Function n^{ten} Grades

$$f(t) = \Pi(t - \alpha\pi) = t^n + a_1 t^{n-1} + \cdots + a_{n-1} t + a_n, \tag{13}$$

wo sich das Productzeichen Π auf alle n Permutationen π bezieht. Dieselbe ist offenbar dadurch völlig bestimmt, dass für *jeden in A enthaltenen Werth t*

$$f(t) = N(t - \alpha) \tag{14}$$

wird; ersetzt man aber in (11) die Zahl α durch $\alpha - t$, so bleiben die Coordinaten $x_{r,s}$ ungeändert mit Ausnahme derjenigen $x_{r,r}$, welche in der Diagonale liegen und durch $x_{r,r} - t$ zu ersetzen sind, und folglich entspringt aus (12) die Gleichung

$$\begin{vmatrix} x_{1,1} - t & \cdots & x_{1,n} \\ \cdot & \cdot\;\cdot\;\cdot & \cdot \\ x_{n,1} & \cdots & x_{n,n} - t \end{vmatrix} = (-1)^n f(t), \tag{15}$$

welche identisch für *jeden* Werth von t gilt, weil auch die linke Seite eine ganze Function n^{ten} Grades von t ist; mithin sind *die Coefficienten a_r der Function $f(t)$ in A enthalten.* Dies gilt also insbesondere von der Spur

$$S(\alpha) = x_{1,1} + x_{2,2} + \cdots + x_{n,n} = -a_1 \tag{16}$$

und zufolge (8) und (9) auch von allen Producten $(U)\,(V)$ und von allen Discriminanten $\Delta\, T$, was zu beweisen war.

Ist α eine n-werthige und folglich (nach §. 165) eine Zahl n^{ten} Grades in Bezug auf A, so ist die zugehörige *Function $f(t)$ irreducibel* in Bezug auf A, d. h. sie kann nicht in Factoren niedrigeren Grades zerlegt werden, deren Coefficienten ebenfalls in A enthalten sind (§. 164); allgemein, wenn α eine q-werthige Zahl ist, so ist (nach §. 165) $n = pq$, und $f(t)$ ist die p^{te} Potenz einer irreducibelen Function vom Grade q. Da die Function $f(t)$, also auch ihre Derivirte $f'(t)$ durch die Zahl α vollständig be-

---

*) Diese sind offenbar homogene lineare Functionen der n Coordinaten x_r, und die Coefficienten dieser Functionen sind die Coordinaten der Producte $\omega_r \omega_s$. Vergl. §. 182.

stimmt ist, so gehört zu jeder Zahl α eine bestimmte Zahl α^*, welche durch

$$\alpha^* = f'(\alpha) = n\alpha^{n-1} + \cdots + a_{n-1} \tag{17}$$

definirt wird und ebenfalls in AB enthalten ist, und wenn π eine bestimmte Permutation in Π bedeutet, so folgt aus (13), dass

$$\alpha^*\pi = f'(\alpha\pi) = \prod{}'(\alpha\pi - \alpha\pi') \tag{18}$$

ist, wo das Productzeichen $\prod'$ sich auf alle $n-1$ von π verschiedenen Permutationen π' bezieht, und hieraus ergiebt sich

$$N(\alpha^*) = (-1)^{\frac{1}{2}n(n-1)} \prod{}''(\alpha\pi_r - \alpha\pi_s)^2, \tag{19}$$

wo die Multiplication $\prod''$ auf alle Combinationen r, s auszudehnen ist, in denen $r < s$ ist. Offenbar ist die Zahl α^* dann und nur dann von Null verschieden, wenn α eine n-werthige, also eine Zahl n^{ten} Grades ist, und folglich das aus den n Potenzen $\alpha^{n-1}, \alpha^{n-2} \ldots \alpha, 1$ bestehende System T_α eine *Basis* von AB bildet. In dieser Annahme folgt aus

$$f(\alpha) = \alpha^n + a_1\alpha^{n-1} + \cdots + a_n = 0, \tag{20}$$

dass a_r die r^{te} Coordinate der Zahl $-\alpha^n$ ist; bedeuten ferner x, y willkürliche Variabele, so können wir

$$\frac{f(x) - f(y)}{x - y} = f_1(x)y^{n-1} + f_2(x)y^{n-2} + \cdots + f_n(x) \tag{21}$$

setzen, wo

$$f_r(x) = x^{r-1} + a_1x^{r-2} + \cdots + a_{r-2}x + a_{r-1},$$

und hieraus entspringt wieder ein bestimmtes System U_α von n Zahlen $\alpha_1, \alpha_2 \cdots \alpha_n$, welche durch

$$\alpha_r = f_r(\alpha) = \alpha^{r-1} + a_1\alpha^{r-2} + \cdots + a_{r-2}\alpha + a_{r-1} \tag{22}$$

definirt sind und den Bedingungen

$$\alpha_1 = 1;\quad \alpha_{r+1} = \alpha\alpha_r + a_r;\quad 0 = \alpha\alpha_n + a_n \tag{23}$$

genügen. Da die aus ihren Coordinaten gebildete Determinante $= (-1)^{\frac{1}{2}n(n-1)}$ ist, so folgt aus (6):

$$(U_\alpha) = (-1)^{\frac{1}{2}n(n-1)}(T_\alpha). \tag{24}$$

Wählt man ferner irgend zwei Permutationen π, π' und setzt $x = \alpha\pi$, $y = \alpha\pi'$, so ergiebt sich aus (21), dass die Summe

$$\begin{aligned}(\alpha_1\pi)(\alpha^{n-1}\pi') + (\alpha_2\pi)(\alpha^{n-2}\pi') + \cdots + (\alpha_n\pi)(1\pi') \\ = \alpha^*\pi \text{ oder } = 0\end{aligned} \tag{25}$$

ist, je nachdem π, π' gleich oder verschieden sind; lässt man π und π' unabhängig von einander alle n Permutationen durchlaufen, und bildet man die Determinante aus den entsprechenden n^2 Summen, so ist dieselbe bekanntlich das Product aus den Determinanten (U_α), (T_α), und man erhält daher

$$(U_\alpha)\,(T_\alpha) = N(\alpha^*), \tag{26}$$

also mit Rücksicht auf (24) auch

$$N(\alpha^*) = (-1)^{1/2 n(n-1)} \Delta T_\alpha; \tag{27}$$

da nach einem sehr bekannten, schon öfter (z. B. in §. 161) von uns benutzten Satze die Determinante (T_α) gleich dem Producte aller Differenzen $\alpha\pi_r - \alpha\pi_s$ ist, wo $r < s$, so stimmt (27) völlig mit (19) überein.

Das Vorhergehende hängt nahe zusammen mit der folgenden allgemeinen Betrachtung*). Bedeutet wieder T irgend ein *irreducibeles* System von n Zahlen ω_r, so giebt es, weil die in (9) dargestellte Discriminante ΔT von Null verschieden ist, immer ein und nur ein System T' von n correspondirenden Zahlen ω'_r, welches den n linearen Gleichungen

$$\omega_r = S(\omega_r\omega_1)\,\omega'_1 + S(\omega_r\omega_2)\,\omega'_2 + \cdots + S(\omega_r\omega_n)\,\omega'_n \tag{28}$$

genügt und offenbar ebenfalls in AB enthalten ist, weil dies von allen anderen hier auftretenden Zahlen ω_r, $S(\omega_r\omega_s)$ gilt. Setzt man diese Ausdrücke (28) in die Gleichung (10) ein, so geht die letztere mit Rücksicht auf (1) und (3) in die Gleichung

$$\alpha = S(\alpha\omega_1)\,\omega'_1 + S(\alpha\omega_2)\,\omega'_2 + \cdots + S(\alpha\omega_n)\,\omega'_n \tag{29}$$

über, in welcher umgekehrt die Gleichungen (28) als specielle Fälle enthalten sind. Zugleich leuchtet ein, dass das System T' ebenfalls eine Basis von AB bildet, und dass die ihr entsprechenden *Coordinaten* einer beliebigen Zahl α die n Spuren $S(\alpha\omega_r)$ sind. Wir wollen T' die *zu T complementäre Basis* oder das *Complement von T* nennen, wobei wohl zu beachten ist, dass jedem Elemente ω_r der Basis T ein bestimmtes Element ω'_r der Basis T' entspricht. Setzt man nun $\alpha = \omega'_s$, so ergiebt sich aus (29), dass

$$S(\omega_r\omega'_s) = 1 \text{ oder } = 0 \tag{30}$$

---

*) Vergl. meine Abhandlung *Ueber die Discriminanten endlicher Körper* (1882, Bd. 29 der Abhandlungen der Ges. d. Wissensch. zu Göttingen).

ist, je nachdem r, s gleich oder verschieden sind, und aus (8) folgt daher

$$(T)\,(T') = 1\,,\ \Delta T\,.\,\Delta T' = 1. \tag{31}$$

Umgekehrt, wenn zwei Systeme T und T' von je n Zahlen ω_r und ω'_r des Körpers AB den n^2 Gleichungen (30) genügen, so folgt zunächst aus (31), dass beide Systeme Basen von AB sind; jede Zahl α in AB ist daher von der Form

$$\alpha = y_1\,\omega'_1 + y_2\,\omega'_2 + \cdots + y_n\,\omega'_n,$$

wo die Coefficienten y_r in A enthalten sind; multiplicirt man mit ω_r, so ergiebt sich mit Rücksicht auf (1), (3) und (30), dass $y_r = S(\alpha\omega_r)$ ist; mithin gilt (29), also auch (28), und folglich ist T' das Complement von T. Da aber die Gleichungen (30) durchaus symmetrisch in Bezug auf die beiden Systeme T und T' sind, so ist zugleich *T das Complement von T'*. Aus denselben Gleichungen (30) und aus der Bedeutung einer Spur ergiebt sich ferner nach bekannten Sätzen, dass $\omega'_r\pi_s\,.\,(T)$ der Coefficient des Elementes $\omega_r\pi_s$ in der Determinante (T) ist; zugleich folgt, dass auch die Summe

$$(\omega_1\,\pi)\,(\omega'_1\,\pi') + \cdots + (\omega_n\,\pi)\,(\omega'_n\,\pi') = 1 \text{ oder } = 0 \tag{32}$$

ist, je nachdem die Permutationen π, π' gleich oder verschieden sind, und umgekehrt folgt (30) aus (32). Nimmt man für π und π' die identische Permutation von AB, so ergiebt sich die Beziehung

$$\omega_1\,\omega'_1 + \omega_2\,\omega'_2 + \cdots + \omega_n\omega'_n = 1, \tag{33}$$

welche man auch auf anderem Wege aus (29) und (16) ableiten kann.

Vergleicht man die Gleichungen (25) mit (32), so ergiebt sich, dass das dort mit U_α bezeichnete System $= \alpha^*\,T'_\alpha$ ist, wo T'_α das Complement des dortigen Systems T_α bedeutet; hieraus folgt zugleich mit Rücksicht auf (30), dass

$$S\left(\frac{\alpha_r\,\alpha^{n-s}}{\alpha^*}\right) = 1 \text{ oder } = 0 \tag{34}$$

ist, je nachdem r, s gleich oder verschieden sind; das Letztere ergiebt sich aber auch unmittelbar aus dem bekannten Satze über die Zerlegung echt gebrochener Functionen mit dem Nenner $f(t)$ in Partialbrüche.

Durch Vertauschung von T mit T' ergiebt sich aus (29), dass jede Zahl α auch in der Form

$$\alpha = S(\alpha\omega'_1)\omega_1 + S(\alpha\omega'_2)\omega_2 + \cdots + S(\alpha\omega'_n)\omega_n \qquad (35)$$

darstellbar, also $S(\alpha\omega'_s)$ die s^{te} Coordinate von α in Bezug auf die Basis T ist. Verstehen wir jetzt unter $\alpha_1, \alpha_2 \cdots \alpha_n$ nicht mehr die in (22) definirten Zahlen, sondern die in (5) dargestellten Elemente einer *beliebigen* Basis U, so ist die Zahl $a_{r,s} = S(\alpha_r\omega'_s)$ die s^{te} Coordinate von α_r in Bezug auf die Basis T und folglich zugleich die r^{te} Coordinate von ω'_s in Bezug auf die Basis U'; hieraus ergiebt sich, dass gleichzeitig mit den n Gleichungen (5) auch die n Gleichungen

$$\omega'_s = a_{1,s}\alpha'_1 + a_{2,s}\alpha'_2 + \cdots + a_{n,s}\alpha'_n \qquad (36)$$

gelten. —

Zum Schlusse der in den §§. 160 bis 167 enthaltenen Darstellung algebraischer Grundlagen bemerken wir, dass in dem weiteren Verlaufe des vorliegenden Werkes der Körper, auf welchen sich die Begriffe der reducibelen und irreducibelen Systeme, der algebraischen Zahlen, der endlichen Körper u. s. w beziehen, ausschliesslich *der Körper R der rationalen Zahlen* sein wird. Ein System von m Zahlen $\omega_1, \omega_2 \ldots \omega_m$ heisst daher *reducibel*, wenn es m rationale Zahlen $a_1, a_2 \ldots a_m$ giebt, die der Bedingung $a_1\omega_1 + a_2\omega_2 + \cdots + a_m\omega_m = 0$ genügen und nicht alle verschwinden; im entgegengesetzten Falle heisst das System schlechthin *irreducibel*. Eine Zahl θ heisst *algebraisch**) und vom Grade n, wenn die n Potenzen $1, \theta, \theta^2 \ldots \theta^{n-1}$ ein

---

*) Aus dem Satze X in §. 164 und dessen unmittelbaren Folgerungen geht hervor, dass der Inbegriff $\mathfrak{A}$ aller dieser algebraischen Zahlen ein (nicht endlicher) Körper, und dass jede in Bezug auf $\mathfrak{A}$ algebraische Zahl nothwendig in $\mathfrak{A}$ selbst enthalten ist. Dass aber mit $\mathfrak{A}$ das Reich aller Zahlen noch nicht erschöpft ist, dass es also noch andere, sogenannte *transcendente* Zahlen giebt, ist meines Wissens zuerst von *Liouville* bewiesen (*Sur des classes très-étendues de quantités dont la valeur n'est ni algébrique, ni même réductible à des irrationnelles algébriques.* Journal de Math. t. XVI, 1851). Einen anderen Beweis findet man in der Abhandlung von *G. Cantor: Ueber eine Eigenschaft des Inbegriffes aller reellen algebraischen Zahlen* (Crelle's Journal, Bd. 77, 1874). Dann hat *Ch. Hermite* (in der Abhandlung *Sur la fonction exponentielle*, 1874) zuerst den strengen Beweis geliefert, dass die Basis e des natürlichen Logarithmensystems eine transcendente Zahl ist, und durch die hieran sich anschliessenden Untersuchungen von *Lindemann (Ueber die Zahl π*; Math. Annalen, Bd. 20) und *Weierstrass* (Sitzungsberichte der Berliner Ak. 1885) ist endlich der allgemeinere Satz bewiesen, dass, wenn α irgend welche verschiedene Zahlen

irreducibeles System bilden, das durch Hinzufügung von θ^n reducibel wird. Aus jeder solchen Zahl θ entspringt ein *endlicher Körper* $R(\theta)$, und umgekehrt ist jeder endliche Körper n^{ten} Grades von dieser Form; er besitzt, weil es nur eine einzige Permutation von R giebt, n und nur n verschiedene Permutationen, von denen eine die identische Permutation ist.

§. 168.

Wir wenden uns jetzt zu einer anderen allgemeinen Untersuchung, welche eine wichtige Grundlage unserer Zahlentheorie bildet und auch auf andere Theile der Mathematik sich mit Nutzen anwenden lässt. Sie beruht auf dem folgenden einfachen Begriffe:

Ein System $\mathfrak{a}$ von beliebigen reellen oder complexen Zahlen soll ein *Modul* heissen, wenn dieselben sich durch Subtraction reproduciren, d. h. wenn die Differenzen von je zwei solchen Zahlen demselben System $\mathfrak{a}$ angehören.

Zufolge dieser Erklärung ist jeder Zahlenkörper (§. 160) gewiss auch ein Modul; aber wir wollen von vornherein bemerken, dass in der folgenden allgemeinen Theorie auf diesen Umstand nicht das geringste Gewicht zu legen ist, weil diejenigen besonderen Moduln, welche wir später (§. 172) ausschliesslich zu betrachten haben, niemals zugleich Körper sind.

In jedem Modul $\mathfrak{a}$ ist die Zahl *Null* enthalten; denn wenn α irgend eine Zahl in $\mathfrak{a}$ bedeutet, so muss auch die Differenz $\alpha - \alpha$ in $\mathfrak{a}$ enthalten sein. Zugleich leuchtet ein, dass die Zahl Null für sich allein schon einen Modul, den Modul 0, bildet.

Hieraus folgt weiter, dass mit α auch stets die entgegengesetzte Zahl $-\alpha = 0 - \alpha$ in $\mathfrak{a}$ enthalten ist. Sind ferner α_1, α_2 und folglich auch $-\alpha_2$ Zahlen in $\mathfrak{a}$, so gilt dasselbe von der Differenz $\alpha_1 - (-\alpha_2)$, d. h. von der *Summe* $\alpha_1 + \alpha_2$, und ebenso

---

in $\mathfrak{A}$ durchläuft, die entsprechenden Potenzen e^α immer ein nach $\mathfrak{A}$ irreducibeles System bilden, woraus als specieller Fall die Transcendenz der Ludolph'schen Zahl π, also auch die vorher noch nicht erwiesene Unmöglichkeit der Quadratur des Cirkels hervorgeht. Vergl. auch *Hurwitz: Ueber arithmetische Eigenschaften gewisser transcendenter Functionen* (Math. Annalen, Bdde. 22 und 32), ferner die neuesten, sehr einfachen Beweise für die Transcendenz der Zahlen e und π von *Hilbert* und *Hurwitz* (Nachr. v. d. Göttinger Ges. d. W., 1893).

von jeder aus mehreren Zahlen des Moduls $\mathfrak{a}$ gebildeten Summe. Die Zahlen eines Moduls reproduciren sich daher nicht bloss durch Subtraction, sondern auch durch Addition*), und folglich besteht jeder von 0 verschiedene Modul immer aus unendlich vielen verschiedenen Zahlen; denn wenn α in $\mathfrak{a}$ enthalten ist, so müssen auch alle Zahlen von der Form $x\alpha$ in $\mathfrak{a}$ enthalten sein, wo x alle ganzen rationalen Zahlen durchläuft.

Hieran schliesst sich die Bemerkung, dass jedes endliche oder unendliche System T von Zahlen α, falls es nicht selbst schon ein Modul ist, durch Hinzufügung der Zahlen $-\alpha$ und aller Summen von mehreren Zahlen $\pm\alpha$ offenbar zu einem Modul $\mathfrak{a}$ ergänzt wird; diesen, durch das System T vollständig bestimmten Modul $\mathfrak{a}$ kann man zweckmässig durch das Symbol $[T]$ bezeichnen, und wir wollen T *eine Basis* des Moduls $\mathfrak{a}$ nennen. Zugleich leuchtet ein, dass jeder Modul $\mathfrak{d}$, welcher alle Zahlen α des Systems T enthält, auch alle Zahlen des Moduls $[T]$ enthalten muss.

Ist T ein *endliches* System, welches aus den n Zahlen $\alpha_1, \alpha_2 \ldots \alpha_n$ besteht, so bezeichnen wir den zugehörigen Modul $\mathfrak{a}$ durch das Symbol

$$[\alpha_1, \alpha_2 \ldots \alpha_n];$$

derselbe besteht offenbar aus allen Zahlen von der Form

$$x_1\alpha_1 + x_2\alpha_2 + \cdots + x_n\alpha_n,$$

wo $x_1, x_2 \ldots x_n$ willkürliche ganze rationale Zahlen bedeuten. Jeden solchen Modul $\mathfrak{a}$ wollen wir einen *endlichen Modul* nennen; die n Zahlen $\alpha_1, \alpha_2 \ldots \alpha_n$ heissen die *Elemente* oder *Glieder* seiner Basis, und $\mathfrak{a}$ selbst heisst danach ein *n-gliedriger* Modul. Offenbar ist es stets erlaubt, diese Basis in der Weise abzuändern, dass man zu ihren Gliedern noch irgend welche in dem Modul $\mathfrak{a}$ enthaltene Zahlen als neue Glieder hinzufügt; derselbe Modul $\mathfrak{a}$ ist daher auch ein $(n+1)$-gliedriger Modul**). Der eingliedrige Modul $[1]$, *den wir immer durch* $\mathfrak{z}$ *bezeichnen wollen*, ist nichts

*) In §. 161 der *zweiten* Auflage dieses Werkes (1871), wo der Begriff des Moduls zuerst in die Zahlentheorie eingeführt ist, und ebenso in §. 165 der *dritten* Auflage (1879) war diese Eigenschaft in die Erklärung selbst aufgenommen.

**) Erst später (§. 172) kann es zweckmässig erscheinen, diese Ausdrucksweise abzuändern.

Anderes als das System aller ganzen rationalen Zahlen; ebenso ist [2] oder auch [2, 6, 10] das System aller geraden Zahlen, und der zweigliedrige Modul [1, *i*] ist das System aller ganzen complexen Zahlen von *Gauss* (§. 159).

§. 169.

Sehr häufig wird, wie z. B. in der vorstehenden Betrachtung der Fall auftreten, dass alle Zahlen eines Moduls $\mathfrak{m}$ auch in einem Modul $\mathfrak{d}$ enthalten sind; dann heisst $\mathfrak{m}$ *theilbar durch* $\mathfrak{d}$, oder wir sagen, $\mathfrak{m}$ sei ein *Vielfaches* oder *Multiplum* von $\mathfrak{d}$, $\mathfrak{d}$ sei ein *Theiler* oder *Divisor* von $\mathfrak{m}$, oder $\mathfrak{d}$ *gehe in* $\mathfrak{m}$ *auf*, und wir bezeichnen dies symbolisch*) auf doppelte Weise durch

$$\mathfrak{m} > \mathfrak{d} \quad \text{oder} \quad \mathfrak{d} < \mathfrak{m}.$$

Diese Ausdrucks- und Bezeichnungsweise mag auf den ersten Blick Anstoss erregen, weil das Vielfache $\mathfrak{m}$ in Wahrheit einen *Theil* des Theilers $\mathfrak{d}$ bildet, doch wird dieselbe sich in der Folge hinreichend rechtfertigen durch die Analogie mit der Theilbarkeit der Zahlen**); so ist z. B. [4] ein Vielfaches von [2], weil alle durch 4 theilbaren ganzen rationalen Zahlen auch gerade Zahlen sind. Allgemein bemerken wir, dass der Modul 0 ein gemeinschaftliches Vielfaches, und das System aller Zahlen ein gemeinsamer Theiler aller Moduln ist. Der im vorigen Paragraphen betrachtete Modul [*T*] ist theilbar durch jeden Modul, welcher alle Zahlen der Basis *T* enthält. Ist jeder der Moduln $\mathfrak{a}_1, \mathfrak{a}_2, \mathfrak{a}_3 \ldots$ durch den zunächst folgenden theilbar, so ist jeder auch ein Multiplum von allen folgenden. Jeder Modul ist durch sich selbst theilbar, und wenn jeder der beiden Moduln $\mathfrak{m}$, $\mathfrak{d}$ durch den anderen theilbar, also $\mathfrak{m} > \mathfrak{d}$ und $\mathfrak{d} > \mathfrak{m}$ ist, so folgt $\mathfrak{m} = \mathfrak{d}$, d. h. $\mathfrak{m}$ und $\mathfrak{d}$ sind nur verschiedene Zeichen für einen und denselben Modul. Wenn dagegen $\mathfrak{m}$ theilbar durch $\mathfrak{d}$, aber

---

*) Diese und die später folgenden Zeichen $\mathfrak{a} + \mathfrak{b}$, $\mathfrak{a} - \mathfrak{b}$ u. s. w. habe ich schon benutzt in der Festschrift: *Ueber die Anzahl der Ideal-Classen in den verschiedenen Ordnungen eines endlichen Körpers* (Braunschweig 1877).

**) Selbst der Umstand, dass bei den *Körpern*, die doch auch Moduln sind, die entgegengesetzte Ausdrucksweise gebraucht ist, kann hier nicht ins Gewicht fallen, weil bei einiger Aufmerksamkeit eine Verwechselung nicht möglich ist.

verschieden von $\mathfrak{d}$ ist, so soll $\mathfrak{d}$ ein *echter* Theiler von $\mathfrak{m}$, und $\mathfrak{m}$ ein *echtes* Vielfaches von $\mathfrak{d}$ heissen; es giebt dann in $\mathfrak{d}$ mindestens eine und folglich, wie leicht zu sehen, auch unendlich viele Zahlen, die nicht in $\mathfrak{m}$ enthalten sind.

Sind nun $\mathfrak{a}$, $\mathfrak{b}$ irgend zwei Moduln, und bedeutet α jede Zahl in $\mathfrak{a}$, ebenso β jede Zahl in $\mathfrak{b}$, so bezeichnen wir mit

$$\mathfrak{a} + \mathfrak{b}$$

das System aller in der Form $\alpha + \beta$ darstellbaren Zahlen; dasselbe ist ebenfalls ein Modul, weil die Differenz von je zwei solchen Zahlen $\alpha_1 + \beta_1$, $\alpha_2 + \beta_2$, nämlich $(\alpha_1 - \alpha_2) + (\beta_1 - \beta_2)$ wieder in $\mathfrak{a} + \mathfrak{b}$ enthalten ist. Dieser Modul, den wir kurz die *Summe* der beiden Moduln $\mathfrak{a}$, $\mathfrak{b}$ nennen, ist offenbar ein gemeinsamer Theiler von $\mathfrak{a}$, $\mathfrak{b}$, weil er alle Zahlen $\alpha + 0$ des Moduls $\mathfrak{a}$ und alle Zahlen $0 + \beta$ des Moduls $\mathfrak{b}$ enthält. Ist ferner der Modul $\mathfrak{d}$ irgend ein gemeinsamer Theiler von $\mathfrak{a}$, $\mathfrak{b}$, also $\mathfrak{d} < \mathfrak{a}$ und $\mathfrak{d} < \mathfrak{b}$, so sind alle Zahlen α, β, also auch alle Summen $\alpha + \beta$ in $\mathfrak{d}$ enthalten, mithin ist $\mathfrak{d} < \mathfrak{a} + \mathfrak{b}$. Aus diesem Grunde nennen wir der Analogie wegen die Summe $\mathfrak{a} + \mathfrak{b}$ auch den *grössten* gemeinsamen Theiler von $\mathfrak{a}$, $\mathfrak{b}$, obgleich er unter allen Moduln $\mathfrak{d}$ den kleinsten Zahleninhalt besitzt.

Aus dieser Erklärung folgen unmittelbar die für beliebige Moduln $\mathfrak{a}$, $\mathfrak{b}$, $\mathfrak{c}$ . . . geltenden Sätze:

$$\mathfrak{a} + \mathfrak{a} = \mathfrak{a} \tag{1}$$

$$\mathfrak{a} + \mathfrak{b} = \mathfrak{b} + \mathfrak{a} \tag{2}$$

$$(\mathfrak{a} + \mathfrak{b}) + \mathfrak{c} = \mathfrak{a} + (\mathfrak{b} + \mathfrak{c}), \tag{3}$$

und wendet man auf (2) und (3) die in §. 2 vorgetragene Schlussweise an, so ergiebt sich die Bedeutung der in beliebiger Ordnung gebildeten Summe

$$\sum \mathfrak{a} = \mathfrak{a}_1 + \mathfrak{a}_2 + \cdots + \mathfrak{a}_n \tag{4}$$

von beliebigen Moduln $\mathfrak{a}$, deren Anzahl *endlich* ist; diese Summe ist der grösste gemeinsame Theiler aller n Moduln $\mathfrak{a}$, d. h. sie geht in jedem Modul $\mathfrak{a}$ auf und ist zugleich theilbar durch jeden gemeinsamen Theiler aller $\mathfrak{a}$. Offenbar ist z. B.

$$[\alpha_1, \alpha_2 \ldots \alpha_n] = [\alpha_1] + [\alpha_2] + \cdots + [\alpha_n], \tag{5}$$

und die Summe von mehreren endlichen Moduln ist wieder ein endlicher Modul. Ausserdem leuchtet ein, dass die *Theilbarkeit* eines Moduls $\mathfrak{m}$ durch einen Modul $\mathfrak{d}$ vollständig durch

$$\mathfrak{m} + \mathfrak{d} = \mathfrak{d} \tag{6}$$

ausgedrückt wird, und dass aus $\mathfrak{a} > \mathfrak{a}'$ und $\mathfrak{b} > \mathfrak{b}'$ auch $\mathfrak{a} + \mathfrak{b} > \mathfrak{a}' + \mathfrak{b}'$ folgt.

Der Begriff der Summe $\sum \mathfrak{a}$ oder des grössten gemeinsamen Theilers von beliebigen Moduln $\mathfrak{a}$ lässt sich aber von vornherein auch so erklären, dass er einen vollständig bestimmten Sinn und zwar die oben ausgesprochene Bedeutung behält, mag die Anzahl der Moduln $\mathfrak{a}$ endlich oder *unendlich gross* sein, welcher letztere Fall auch bei unseren Untersuchungen gelegentlich auftreten wird. Hierzu führt am kürzesten die im vorigen Paragraphen betrachtete Bildung des Moduls $[T]$ aus einem gegebenen System T; in der That, nimmt man in T jede und nur jede solche Zahl α auf, welche in wenigstens einem der Moduln $\mathfrak{a}$ enthalten ist*), so besteht der zugehörige Modul $[T]$ aus diesen Zahlen α und allen Summen von mehreren Zahlen α, und es leuchtet ein, dass dieser Modul $[T]$, den wir nun auch durch $\sum \mathfrak{a}$ bezeichnen, im obigen Sinne auch der grösste gemeinsame Theiler aller Moduln $\mathfrak{a}$ ist.

Ein besonderer Fall, welcher uns später (§§. 172, 173) wirklich begegnen wird, ist der, wo die Moduln $\mathfrak{a}$ eine einfach unendliche Reihe $\mathfrak{a}_1, \mathfrak{a}_2, \mathfrak{a}_3 \ldots$ von der Art bilden, dass jeder Modul $\mathfrak{a}_n$ durch den nächstfolgenden $\mathfrak{a}_{n+1}$ und also durch alle folgenden theilbar ist. Dann ist offenbar ihr grösster gemeinsamer Theiler $[T] = T$; bedeuten nämlich ϱ, σ irgend zwei Zahlen in T, so gehört ϱ einem Modul $\mathfrak{a}_r$, ebenso σ einem Modul $\mathfrak{a}_s$ an; ist nun $r \leqq s$, so sind beide Zahlen ϱ, σ in $\mathfrak{a}_s$ enthalten, und da $\mathfrak{a}_s$ ein Modul ist, so ist die Differenz $\varrho - \sigma$ in $\mathfrak{a}_s$ und folglich auch in T enthalten, mithin ist T ein Modul und folglich $= [T]$, wie behauptet war. Offenbar kann der grösste gemeinsame Theiler $[T]$ oder $\sum \mathfrak{a}$ in diesem Falle zweckmässig mit $\mathfrak{a}_\infty$ bezeichnet werden.

Ist z. B. $\mathfrak{a}_n = [2^{-n}]$, so besteht $\mathfrak{a}_n$ aus allen ganzen und denjenigen gebrochenen rationalen Zahlen, welche, auf die kleinste Benennung gebracht, zum Nenner eine Potenz von 2 haben, deren Exponent $\leqq n$ ist; offenbar ist $\mathfrak{a}_{n+1}$ ein echter Theiler von $\mathfrak{a}_n$; der grösste gemeinsame Theiler $\mathfrak{a}_\infty$ aller dieser Moduln $\mathfrak{a}_n$ ist das System aller derjenigen rationalen Zahlen, deren Nenner irgend eine Potenz von 2 ist; alle Moduln $\mathfrak{a}_n$ sind endliche, eingliedrige Moduln, aber $\mathfrak{a}_\infty$ ist kein endlicher Modul. —

*) Nach der Ausdrucksweise der in §. 161 mehrmals citirten Schrift (§. 1) ist T das aus den Systemen $\mathfrak{a}$ *zusammengesetzte* System.

Auf der Erklärung der Theilbarkeit der Moduln, aus welcher der Begriff des grössten gemeinsamen Theilers von beliebigen Moduln $\mathfrak{a}$ hervorgegangen ist, beruht ebenso der Begriff ihres *kleinsten gemeinsamen Vielfachen;* wir verstehen darunter das System $\mathfrak{m}$ aller derjenigen Zahlen μ, welche (wie z. B. die Zahl 0) allen Moduln $\mathfrak{a}$ gemeinsam angehören, deren jede also in jedem dieser Moduln $\mathfrak{a}$ enthalten ist*). Da, wenn μ_1, μ_2 zwei solche Zahlen in $\mathfrak{m}$ sind, auch ihre Differenz $\mu_1 - \mu_2$ in jedem der Moduln $\mathfrak{a}$ und folglich auch in $\mathfrak{m}$ enthalten ist, so ist $\mathfrak{m}$ ein Modul und zwar ein gemeinsames Vielfaches dieser Moduln $\mathfrak{a}$. Da ferner jedes gemeinsame Vielfache $\mathfrak{m}'$ der Moduln $\mathfrak{a}$ nur aus solchen Zahlen besteht, welche in jedem dieser Moduln $\mathfrak{a}$ und folglich in $\mathfrak{m}$ enthalten sind, so ist $\mathfrak{m}' > \mathfrak{m}$; aus diesem Grunde haben wir der Analogie wegen $\mathfrak{m}$ das *kleinste* gemeinsame Vielfache der Moduln $\mathfrak{a}$ genannt, obgleich $\mathfrak{m}$ unter allen Moduln $\mathfrak{m}'$ den grössten Zahleninhalt besitzt.

Bezeichnet man das kleinste gemeinsame Vielfache zweier Moduln $\mathfrak{a}$, $\mathfrak{b}$ durch das Symbol

$$\mathfrak{a} - \mathfrak{b},$$

so ergeben sich folgende Sätze, deren Beweise wir wieder übergehen dürfen:

$$\mathfrak{a} - \mathfrak{a} = \mathfrak{a} \qquad (1')$$

$$\mathfrak{a} - \mathfrak{b} = \mathfrak{b} - \mathfrak{a} \qquad (2')$$

$$(\mathfrak{a} - \mathfrak{b}) - \mathfrak{c} = \mathfrak{a} - (\mathfrak{b} - \mathfrak{c}). \qquad (3')$$

Zugleich leuchtet ein, dass die *Theilbarkeit* eines Moduls $\mathfrak{m}$ durch einen Modul $\mathfrak{d}$ vollständig durch

$$\mathfrak{m} - \mathfrak{d} = \mathfrak{m} \qquad (6')$$

ausgedrückt wird, und dass aus $\mathfrak{a} > \mathfrak{a}'$ und $\mathfrak{b} > \mathfrak{b}'$ auch $\mathfrak{a} - \mathfrak{b} > \mathfrak{a}' - \mathfrak{b}'$ folgt. —

Zwischen den Begriffen des grössten gemeinsamen Theilers und des kleinsten gemeinsamen Vielfachen beliebiger Moduln besteht ein eigenthümlicher Dualismus, dessen *letzter* Grund schwer zu erkennen sein mag. Wir führen hier nur folgenden besonders charakteristischen Satz an:

Ist $\mathfrak{m}$ *theilbar durch* $\mathfrak{d}$, *und* $\mathfrak{a}$ *ein beliebiger Modul, so ist***)

$$\mathfrak{m} + (\mathfrak{a} - \mathfrak{d}) = (\mathfrak{m} + \mathfrak{a}) - \mathfrak{d}. \qquad (7)$$

*) Nach der Ausdrucksweise der eben wieder citirten Schrift (§. 1) ist $\mathfrak{m}$ die *Gemeinheit* der Systeme $\mathfrak{a}$.

**) Dass umgekehrt, wenn drei Moduln $\mathfrak{m}$, $\mathfrak{d}$, $\mathfrak{a}$ die Gleichung (7) erfüllen, $\mathfrak{m}$ durch $\mathfrak{d}$ theilbar ist, leuchtet unmittelbar ein.

Um dies zu beweisen, bezeichnen wir den Modul linker Hand mit $\mathfrak{p}$, den rechter Hand mit $\mathfrak{q}$, und wir haben zu zeigen, dass sie gegenseitig durch einander theilbar sind. Die Theilbarkeit von $\mathfrak{p}$ *durch* $\mathfrak{q}$ ergiebt sich ohne Mühe aus den früheren Sätzen, weil jeder der beiden Moduln $\mathfrak{m}$ und $\mathfrak{a} - \mathfrak{d}$ theilbar durch jeden der beiden Moduln $\mathfrak{m} + \mathfrak{a}$ und $\mathfrak{d}$, und folglich der grösste gemeinsame Divisor $\mathfrak{p}$ der beiden ersteren auch theilbar durch das kleinste gemeinsame Vielfache $\mathfrak{q}$ der beiden letzteren ist. Um aber die Theilbarkeit von $\mathfrak{q}$ *durch* $\mathfrak{p}$ darzuthun, genügen die früheren Sätze durchaus nicht, sondern es ist erforderlich, noch einmal auf den Begriff des Moduls zurückzugehen und die in $\mathfrak{q}$ enthaltenen Zahlen zu betrachten; da jede solche Zahl gleichzeitig in $\mathfrak{m} + \mathfrak{a}$ und $\mathfrak{d}$ enthalten ist, so ist sie von der Form $\mu + \alpha = \delta$, wo μ, α, δ resp. in $\mathfrak{m}, \mathfrak{a}, \mathfrak{d}$ enthalten sind; da nun $\mathfrak{m} > \mathfrak{d}$, also μ auch in $\mathfrak{d}$ enthalten ist, so gilt dasselbe von der Zahl $\alpha = \delta - \mu$, welche folglich auch in $\mathfrak{a} - \mathfrak{d}$ enthalten ist, und hieraus folgt, dass die Zahl $\mu + \alpha$ wirklich in $\mathfrak{p}$ enthalten ist, was zu beweisen war.

Bedeuten nun $\mathfrak{a}, \mathfrak{b}, \mathfrak{c}$ willkürliche Moduln, und setzt man in dem eben bewiesenen Satze einmal $\mathfrak{m} = \mathfrak{b}$, $\mathfrak{d} = \mathfrak{b} + \mathfrak{c}$, hierauf $\mathfrak{m} = \mathfrak{b} - \mathfrak{c}$, $\mathfrak{d} = \mathfrak{b}$, so ist die Bedingung $\mathfrak{m} > \mathfrak{d}$ erfüllt, und man erhält die beiden Sätze

$$(\mathfrak{a} + \mathfrak{b}) - (\mathfrak{b} + \mathfrak{c}) = \mathfrak{b} + (\mathfrak{a} - (\mathfrak{b} + \mathfrak{c})) \tag{8}$$
$$(\mathfrak{a} - \mathfrak{b}) + (\mathfrak{b} - \mathfrak{c}) = \mathfrak{b} - (\mathfrak{a} + (\mathfrak{b} - \mathfrak{c})), \tag{8'}$$

in welchen sich der erwähnte Dualismus recht auffällig ausspricht*). Aus jedem dieser beiden Sätze folgt rückwärts der Satz (7), aus dem ersten, wenn man $\mathfrak{b} = \mathfrak{m}$, $\mathfrak{c} = \mathfrak{d}$, aus dem zweiten, wenn man $\mathfrak{b} = \mathfrak{d}$, $\mathfrak{c} = \mathfrak{m}$ setzt und wieder $\mathfrak{m} > \mathfrak{d}$ voraussetzt. Der Satz (7) entspricht dualistisch sich selbst.

*) Leitet man aus drei beliebigen Moduln neue Moduln ab, indem man immer wieder die gemeinsamen grössten Theiler und kleinsten Vielfachen bildet, so gelangt man zu einer endlichen *Modulgruppe*, welche im Allgemeinen aus 28 verschiedenen Moduln besteht. Die merkwürdigen Gesetze jeder Gruppe, welche mit je zwei Moduln $\mathfrak{a}, \mathfrak{b}$ zugleich die Moduln $\mathfrak{a} \pm \mathfrak{b}$ enthält, sollen an einem anderen Orte besprochen werden; hier mag nur der folgende, oft anzuwendende Satz erwähnt werden: sind $\mathfrak{a}, \mathfrak{b}$ zwei beliebige Moduln, so findet zwischen der Gruppe aller Moduln $\mathfrak{a}'$, welche Theiler von $\mathfrak{a}$, und zugleich Vielfache von $\mathfrak{a} + \mathfrak{b}$ sind, und der Gruppe aller Moduln $\mathfrak{b}_1$, welche Vielfache von $\mathfrak{b}$ und zugleich Theiler von $\mathfrak{a} - \mathfrak{b}$ sind, eine gegenseitige eindeutige Correspondenz statt, welche durch jede der beiden, wechselseitig aus einander folgenden Beziehungen $\mathfrak{b}_1 = \mathfrak{b} - \mathfrak{a}'$, $\mathfrak{a}' = \mathfrak{a} + \mathfrak{b}_1$ ausgedrückt wird.

§. 170.

Während die eben betrachteten Modulbildungen auf dem Begriffe der *Theilbarkeit* beruhten, gehen wir jetzt zu der hiervon durchaus unabhängigen *Multiplication* der Moduln über. Sind $\mathfrak{a}$, $\mathfrak{b}$ zwei beliebige Moduln, und bedeutet α jede Zahl in $\mathfrak{a}$, ebenso β jede Zahl in $\mathfrak{b}$, so verstehen wir unter dem *Producte* $\mathfrak{a}\mathfrak{b}$ *der Factoren* $\mathfrak{a}$, $\mathfrak{b}$ den Inbegriff aller Zahlen μ, welche als ein Product $\alpha\beta$ oder als Summe von mehreren solchen Producten $\alpha\beta$ darstellbar sind. Da auch jede Zahl $-\alpha$ in $\mathfrak{a}$ enthalten ist, so leuchtet ein, dass jede Differenz von zwei Zahlen μ ebenfalls eine solche Zahl μ, dass also das Product $\mathfrak{a}\mathfrak{b}$ wieder ein *Modul* ist; aber man darf, wie kaum bemerkt zu werden braucht, das Product $\mathfrak{a}\mathfrak{b}$ nicht mit einem *Vielfachen* von $\mathfrak{a}$, $\mathfrak{b}$ verwechseln.

Aus dieser Erklärung ergiebt sich ohne Weiteres, dass

$$\mathfrak{a}\mathfrak{b} = \mathfrak{b}\mathfrak{a} \tag{1}$$

$$(\mathfrak{a}\mathfrak{b})\mathfrak{c} = \mathfrak{a}(\mathfrak{b}\mathfrak{c}) \tag{2}$$

ist; wir bezeichnen dieses letztere Product kurz mit $\mathfrak{a}\mathfrak{b}\mathfrak{c}$, und aus der schon oft angewendeten Schlussweise (§. 2) geht hervor, dass das mit $\mathfrak{a}_1\,\mathfrak{a}_2 \ldots \mathfrak{a}_m$ zu bezeichnende Product aus m beliebigen Moduln $\mathfrak{a}_1, \mathfrak{a}_2 \ldots \mathfrak{a}_m$ eine vollständig bestimmte, von der Anordnung der auf einander folgenden Multiplicationen gänzlich unabhängige Bedeutung hat. Man könnte dieses Product auch unmittelbar als den Modul $[T]$ erklären (§. 168), dessen Basis T aus allen Producten $\alpha_1\,\alpha_2 \ldots \alpha_m$ besteht, wo $\alpha_1, \alpha_2 \ldots \alpha_m$ resp. beliebige Zahlen der Moduln $\mathfrak{a}_1, \mathfrak{a}_2 \ldots \mathfrak{a}_m$ bedeuten. Sind alle diese m Moduln mit einander identisch $= \mathfrak{a}$, so bezeichnen wir ihr Product mit $\mathfrak{a}^m$, und nennen es die m^{te} *Potenz* von $\mathfrak{a}$; m heisst der *Exponent* derselben, und wir dehnen diese Erklärung auch auf den Fall $m = 1$ aus, indem wir $\mathfrak{a}^1 = \mathfrak{a}$ setzen; dann gelten allgemein die Sätze

$$\mathfrak{a}^r\,\mathfrak{a}^s = \mathfrak{a}^{r+s},\ (\mathfrak{a}^r)^s = \mathfrak{a}^{rs},\ (\mathfrak{a}\mathfrak{b})^r = \mathfrak{a}^r\mathfrak{b}^r. \tag{3}$$

Wir bemerken zunächst, dass ein Product aus zwei oder mehreren Moduln dann und nur dann $= 0$ ist, wenn unter den Factoren sich auch der Modul Null befindet. Sodann leuchtet ein, dass, wenn $\mathfrak{z}$ wieder das System $[1]$ aller ganzen rationalen Zahlen bedeutet, immer

$$\mathfrak{a}\mathfrak{z} = \mathfrak{a} \tag{4}$$

ist; und zwar ist $\mathfrak{z}$ auch der einzige Modul $\mathfrak{b}$, welcher als Factor *jeden* Modul $\mathfrak{a}$ ungeändert lässt, weil $\mathfrak{b}\mathfrak{z} = \mathfrak{b} = \mathfrak{z}$ sein muss.

Sehr häufig wird der Fall auftreten, wo der eine Factor $\mathfrak{b}$ eines Productes $\mathfrak{a}\mathfrak{b}$ ein eingliedriger Modul $[\eta]$ ist; dann setzen wir zur Abkürzung das Product

$$\mathfrak{a}[\eta] = \mathfrak{a}\eta = \eta\mathfrak{a}; \tag{5}$$

dasselbe besteht offenbar aus allen Producten $\alpha\eta$, wo α alle Zahlen in $\mathfrak{a}$ durchläuft, und insbesondere ist stets

$$[\eta] = \mathfrak{z}\eta. \tag{6}$$

Ferner ergiebt sich, dass das Product $(\mathfrak{a}\eta)\eta_1 = (\mathfrak{a}\eta_1)\eta = \mathfrak{a}(\eta\eta_1)$ ist und deshalb kurz durch $\mathfrak{a}\eta\eta_1$ bezeichnet werden darf.

Sodann leuchtet ein, dass ein Product aus zwei oder mehreren *endlichen* Moduln (§. 168) wieder ein *endlicher* Modul ist; bilden z. B. die m Zahlen α_r eine Basis von $\mathfrak{a}$, und die n Zahlen β_s eine Basis von $\mathfrak{b}$, so bilden die mn Producte $\alpha_r\beta_s$ eine Basis des Productes $\mathfrak{a}\mathfrak{b}$. Insbesondere ist

$$\eta[\alpha_1, \alpha_2 \ldots \alpha_m] = [\eta\alpha_1, \eta\alpha_2 \ldots \eta\alpha_m]. \tag{7}$$

Nach diesen, allein auf die Multiplication der Moduln bezüglichen Bemerkungen lassen wir zunächst einige Sätze folgen, in welchen es sich um eine Verbindung mit dem Begriffe der *Theilbarkeit* handelt:

I. *Ist* $\mathfrak{a} > \mathfrak{a}'$, *so ist auch* $\mathfrak{a}\mathfrak{b} > \mathfrak{a}'\mathfrak{b}$, *und wenn ausserdem* $\mathfrak{b} > \mathfrak{b}'$ *ist, so ist* $\mathfrak{a}\mathfrak{b} > \mathfrak{a}'\mathfrak{b}'$.

Denn weil jede Zahl α des Moduls $\mathfrak{a}$ auch in $\mathfrak{a}'$, und jede Zahl β des Moduls $\mathfrak{b}$ auch in $\mathfrak{b}'$ enthalten ist, so ist jedes Product $\alpha\beta$ und folglich auch jede Summe solcher Producte $\alpha\beta$ zugleich in $\mathfrak{a}'\mathfrak{b}'$ enthalten, was zu beweisen war.

Mit Rücksicht auf (4), oder auch unmittelbar aus den Begriffen selbst, ergiebt sich der besondere Satz:

II. *Ist die Zahl* 1 *in dem Modul* $\mathfrak{o}$ *enthalten, also* $\mathfrak{z} > \mathfrak{o}$, *so ist allgemein* $\mathfrak{a} > \mathfrak{a}\mathfrak{o}$.

Wir wollen noch bemerken, dass umgekehrt aus der Theilbarkeit von $\mathfrak{a}\mathfrak{b}$ durch $\mathfrak{a}'\mathfrak{b}$ *nicht* allgemein die Theilbarkeit von $\mathfrak{a}$ durch $\mathfrak{a}'$ folgt*); doch ist dies offenbar der Fall,

---

*) Nimmt man z. B. $\mathfrak{a} = [1]$, $\mathfrak{a}' = [i]$, $\mathfrak{b} = [1, i]$, wo $i^2 = -1$, so ist $\mathfrak{a}\mathfrak{b} = \mathfrak{a}'\mathfrak{b} = \mathfrak{b}$, aber keiner der beiden Moduln $\mathfrak{a}$, $\mathfrak{a}'$ ist durch den anderen theilbar.

wenn $\mathfrak{b}$ ein von Null verschiedener eingliedriger Modul $[\eta]$ ist, d. h. es besteht der Satz:

III. *Ist* η *eine von Null verschiedene Zahl, und* $\mathfrak{a}\eta > \mathfrak{a}'\eta$, *so ist* $\mathfrak{a} > \mathfrak{a}'$; *und aus* $\mathfrak{a}\eta = \mathfrak{a}'\eta$ *folgt* $\mathfrak{a} = \mathfrak{a}'$.

Von der grössten Wichtigkeit ist aber der folgende Satz:

IV. *Sind* $\mathfrak{a}, \mathfrak{b}, \mathfrak{c}$ *drei beliebige Moduln, so ist immer*

$$(\mathfrak{a} + \mathfrak{b})\mathfrak{c} = \mathfrak{a}\mathfrak{c} + \mathfrak{b}\mathfrak{c}. \tag{8}$$

Bezeichnen wir den Modul linker Hand mit $\mathfrak{p}$, den rechter Hand mit $\mathfrak{q}$, so haben wir zu zeigen, dass $\mathfrak{p} > \mathfrak{q}$, und $\mathfrak{q} > \mathfrak{p}$ ist. Das Letztere folgt ohne Weiteres aus dem Satze I; da nämlich $\mathfrak{a} + \mathfrak{b}$ ein gemeinsamer Theiler von $\mathfrak{a}, \mathfrak{b}$ ist, so muss das Product $\mathfrak{p}$ auch ein gemeinsamer Theiler der Producte $\mathfrak{a}\mathfrak{c}, \mathfrak{b}\mathfrak{c}$, also ein Theiler von deren grösstem gemeinsamen Theiler $\mathfrak{q}$ sein. Um aber das Erstere zu beweisen, müssen wir alle in den Moduln $\mathfrak{a}, \mathfrak{b}, \mathfrak{c}$ enthaltenen Zahlen α, β, γ betrachten; nun ist jede Zahl des Productes $\mathfrak{p}$ ein Product $(\alpha + \beta)\gamma$ oder eine Summe von mehreren solchen Producten, und da $(\alpha + \beta)\gamma = \alpha\gamma + \beta\gamma$ die Summe einer in $\mathfrak{a}\mathfrak{c}$ enthaltenen Zahl $\alpha\gamma$ und einer in $\mathfrak{b}\mathfrak{c}$ enthaltenen Zahl $\beta\gamma$ ist, so ist jedes Product $(\alpha + \beta)\gamma$ und folglich jede Zahl des Moduls $\mathfrak{p}$ in der Summe $\mathfrak{q}$ der Moduln $\mathfrak{a}\mathfrak{c}, \mathfrak{b}\mathfrak{c}$ enthalten, d. h. $\mathfrak{p} > \mathfrak{q}$, was zu beweisen war.

Wir bemerken, dass es keinen ebenso bestimmten Satz für das kleinste gemeinsame Vielfache giebt; aus dem Satze I folgt lediglich, dass

$$(\mathfrak{a} - \mathfrak{b})\mathfrak{c} > \mathfrak{a}\mathfrak{c} - \mathfrak{b}\mathfrak{c} \tag{9}$$

ist, und mehr lässt sich im Allgemeinen nicht beweisen*). Wenn aber $\mathfrak{c}$ z. B. ein eingliedriger Modul $[\eta]$ ist, so ergiebt sich leicht

$$(\mathfrak{a} - \mathfrak{b})\eta = \mathfrak{a}\eta - \mathfrak{b}\eta. \tag{10}$$

Der Satz IV lässt sich, wie man leicht erkennt, auf Producte von beliebig vielen Factoren (in endlicher Anzahl) ausdehnen, deren jeder eine Summe von beliebig vielen (auch unendlich vielen) Moduln ist; als specieller Fall ergiebt sich z. B. wieder, dass jedes Product aus zwei endlichen Moduln $\Sigma[\alpha_r]$ und $\Sigma[\beta_s]$ ebenfalls ein endlicher Modul $\Sigma[\alpha_r\beta_s]$ ist. Zugleich leuchtet ein, dass sehr viele Identitäten der gewöhn-

*) Ist z. B. $\mathfrak{a} = [1]$, $\mathfrak{b} = [i]$, $\mathfrak{c} = [1, i]$, wo $i^2 = -1$, so ist $\mathfrak{a} - \mathfrak{b} = (\mathfrak{a} - \mathfrak{b})\,\mathfrak{c} = 0$, hingegen $\mathfrak{a}\mathfrak{c} = \mathfrak{b}\mathfrak{c} = \mathfrak{a}\mathfrak{c} - \mathfrak{b}\mathfrak{c} = \mathfrak{c}$.

lichen Buchstabenrechnung, in denen nur die Addition und Multiplication der *Zahlen* auftritt, sich unmittelbar auf unsere *Moduln* übertragen lassen. So ist z. B.:

$$(\mathfrak{a}+\mathfrak{b}_1)(\mathfrak{a}+\mathfrak{b}_2)\dots(\mathfrak{a}+\mathfrak{b}_n) \\ =\mathfrak{a}^n+\mathfrak{c}_1\mathfrak{a}^{n-1}+\mathfrak{c}_2\mathfrak{a}^{n-2}+\cdots+\mathfrak{c}_{n-1}\mathfrak{a}+\mathfrak{c}_n, \qquad (11)$$

wo $\mathfrak{c}_1, \mathfrak{c}_2 \dots \mathfrak{c}_{n-1}, \mathfrak{c}_n$ die einfachsten, auf symmetrische Weise aus $\mathfrak{b}_1, \mathfrak{b}_2 \dots \mathfrak{b}_n$ gebildeten Moduln (Summen von Producten) bedeuten. Allein viele dieser Sätze erleiden doch, weil $\mathfrak{a}+\mathfrak{a}=\mathfrak{a}$ und *nicht* $= 2\mathfrak{a}$ ist, eine wesentliche Aenderung. Sind z. B. in der vorstehenden Gleichung die n Moduln $\mathfrak{b}_1, \mathfrak{b}_2 \dots \mathfrak{b}_n$ alle $=\mathfrak{b}$, so wird $\mathfrak{c}_r=\mathfrak{b}^r$, und man erhält

$$(\mathfrak{a}+\mathfrak{b})^n=\mathfrak{a}^n+\mathfrak{a}^{n-1}\mathfrak{b}+\mathfrak{a}^{n-2}\mathfrak{b}^2+\cdots+\mathfrak{b}^n. \qquad (12)$$

Unter diesen, der Modultheorie eigenthümlichen Identitäten müssen wir wenigstens eine hier noch besonders hervorheben, weil sie uns später (§. 173) von sehr grossem Nutzen sein wird, nämlich

$$(\mathfrak{a}+\mathfrak{b}+\mathfrak{c})(\mathfrak{b}\mathfrak{c}+\mathfrak{c}\mathfrak{a}+\mathfrak{a}\mathfrak{b})=(\mathfrak{b}+\mathfrak{c})(\mathfrak{c}+\mathfrak{a})(\mathfrak{a}+\mathfrak{b}). \qquad (13)$$

Ihre Wahrheit ergiebt sich unmittelbar durch Auflösung aller Klammern, worauf beide Producte dieselbe Form

$$\mathfrak{a}\mathfrak{b}\mathfrak{c}+\mathfrak{a}\mathfrak{b}^2+\mathfrak{a}\mathfrak{c}^2+\mathfrak{b}\mathfrak{c}^2+\mathfrak{b}\mathfrak{a}^2+\mathfrak{c}\mathfrak{a}^2+\mathfrak{c}\mathfrak{b}^2$$

annehmen. Das Charakteristische dieses Satzes*) besteht darin, dass ein und derselbe Modul auf zwei wesentlich verschiedene Arten als Product von Factoren dargestellt wird, und dass eine Summe von *drei* beliebigen Moduln $\mathfrak{a}, \mathfrak{b}, \mathfrak{c}$ durch Multiplication mit einem Modul, dessen Zahlen auf *rationale* Weise aus denen von $\mathfrak{a}, \mathfrak{b}, \mathfrak{c}$ gebildet sind, in ein Product verwandelt wird, dessen Factoren die Summen von je *zwei* dieser Moduln sind. —

---

*) Derselbe ist nur ein specieller Fall des folgenden allgemeinen, nicht ganz leicht zu beweisenden Satzes, in welchem wir die oben in (11) gebrauchte Bezeichnung beibehalten: Wenn $n > r > 0$, so ist das Product aller Summen von je $(r+1)$ mit verschiedenen Zeigern behafteten Moduln aus der Reihe $\mathfrak{b}_1, \mathfrak{b}_2 \dots \mathfrak{b}_n$ identisch mit dem Producte

$$\mathfrak{c}_1^{e_1}\,\mathfrak{c}_2^{e_2}\dots\mathfrak{c}_{n-r}^{e_{n-r}},$$

wo die Exponenten die Binomialcoefficienten

$$e_s=\frac{\Pi(n-1-s)}{\Pi(r-1)\,\Pi(n-r-s)}$$

bedeuten. Für $r=1$ wird dieses Product $=\mathfrak{c}_1\mathfrak{c}_2\dots\mathfrak{c}_{n-2}\mathfrak{c}_{n-1}$, und hieraus folgt unser obiger Satz (13) für $n=3$.

Wir wenden uns endlich zu einer letzten Art von Modulbildung, der *Division*. Unter dem *Quotienten*

$$\frac{\mathfrak{b}}{\mathfrak{a}} \text{ oder } \mathfrak{b} : \mathfrak{a}$$

zweier Moduln, des *Nenners* $\mathfrak{a}$ und des *Zählers* $\mathfrak{b}$ verstehen wir den Inbegriff $\mathfrak{n}$ aller derjenigen Zahlen ν (z. B. 0), für welche $\mathfrak{a}\nu > \mathfrak{b}$ wird. Sind ν_1, ν_2 solche Zahlen, während α jede Zahl in $\mathfrak{a}$ bedeutet, so sind alle Producte $\alpha\nu_1$, $\alpha\nu_2$, also auch alle Producte $\alpha(\nu_1 - \nu_2)$ in dem Modul $\mathfrak{b}$ enthalten, also ist $\mathfrak{a}(\nu_1 - \nu_2) > \mathfrak{b}$, und folglich gehört die Differenz $\nu_1 - \nu_2$ ebenfalls dem Quotienten $\mathfrak{n}$ an, welcher mithin ein *Modul* ist*). Offenbar ist jede der beiden Aussagen

$$\mathfrak{a}\mathfrak{m} > \mathfrak{b} \quad \text{und} \quad \mathfrak{m} > \frac{\mathfrak{b}}{\mathfrak{a}} \tag{14}$$

eine Folge der anderen, mithin könnte der Quotient $\mathfrak{n}$ auch erklärt werden als der grösste gemeinsame Theiler (die Summe) aller der Moduln $\mathfrak{m}$, welche der Bedingung $\mathfrak{a}\mathfrak{m} > \mathfrak{b}$ genügen. Hierauf beruhen die leicht zu findenden Beweise der folgenden Sätze, in denen sich eine gewisse Fortsetzung des im §. 169 erwähnten Dualismus offenbart:

$$\text{Aus } \mathfrak{a} > \mathfrak{a}',\ \mathfrak{b} > \mathfrak{b}' \text{ folgt } \frac{\mathfrak{b}}{\mathfrak{a}'} > \frac{\mathfrak{b}'}{\mathfrak{a}}. \tag{15}$$

$$\text{Allgemein ist } \mathfrak{a}\left(\frac{\mathfrak{b}}{\mathfrak{a}}\right) > \mathfrak{b} > \frac{\mathfrak{a}\mathfrak{b}}{\mathfrak{a}}, \tag{16}$$

aber der erste Modul ist gleich dem zweiten, wenn $\mathfrak{a}$ ein Factor von $\mathfrak{b}$, d. h. wenn $\mathfrak{b} = \mathfrak{a}\mathfrak{c}$, und der zweite Modul ist gleich dem dritten, wenn $\mathfrak{b} = \mathfrak{c} : \mathfrak{a}$ ist. Ferner ergiebt sich

$$\frac{\mathfrak{a}}{\mathfrak{z}} = \mathfrak{a};\quad \frac{\mathfrak{c}}{\mathfrak{a}\mathfrak{b}} = \left(\frac{\mathfrak{c}}{\mathfrak{a}}\right) : \mathfrak{b};\ \mathfrak{b}\left(\frac{\mathfrak{a}}{\mathfrak{c}}\right) > \frac{\mathfrak{a}\mathfrak{b}}{\mathfrak{c}} \tag{17}$$

$$\frac{\mathfrak{a} - \mathfrak{b}}{\mathfrak{c}} = \frac{\mathfrak{a}}{\mathfrak{c}} - \frac{\mathfrak{b}}{\mathfrak{c}};\quad \frac{\mathfrak{c}}{\mathfrak{a} + \mathfrak{b}} = \frac{\mathfrak{c}}{\mathfrak{a}} - \frac{\mathfrak{c}}{\mathfrak{b}} \tag{18}$$

$$\frac{\mathfrak{c}}{\mathfrak{a} - \mathfrak{b}} < \frac{\mathfrak{c}}{\mathfrak{a}} + \frac{\mathfrak{c}}{\mathfrak{b}};\quad \frac{\mathfrak{a} + \mathfrak{b}}{\mathfrak{c}} < \frac{\mathfrak{a}}{\mathfrak{c}} + \frac{\mathfrak{b}}{\mathfrak{c}}. \tag{19}$$

In den Untersuchungen, auf welche wir uns *hier* beschränken müssen, wird vorzugsweise der besondere Fall auftreten, wo

*) Ist der Nenner $\mathfrak{a} = 0$, so ist der Quotient der Inbegriff aller Zahlen.

Zähler und Nenner eines Quotienten mit einander identisch sind. Wenn $\mathfrak{a}$ ein beliebiger Modul ist, so setzen wir

$$\mathfrak{a}^0 = \frac{\mathfrak{a}}{\mathfrak{a}} \tag{20}$$

und nennen $\mathfrak{a}^0$ die *Ordnung von* $\mathfrak{a}$; nach (14) ist dann jede der beiden Aussagen

$$\mathfrak{a}\mathfrak{m} > \mathfrak{a} \quad \text{und} \quad \mathfrak{m} > \mathfrak{a}^0 \tag{21}$$

eine Folge der anderen. Hieraus ergiebt sich nach (4) zunächst

$$\mathfrak{z} > \mathfrak{a}^0, \text{ also allgemein } \mathfrak{b} > \mathfrak{b}\mathfrak{a}^0, \tag{22}$$

d. h. in jeder Ordnung sind alle ganzen rationalen Zahlen enthalten. Da mithin $\mathfrak{a} > \mathfrak{a}\mathfrak{a}^0$, und zufolge (21) auch $\mathfrak{a}\mathfrak{a}^0 > \mathfrak{a}$ ist, so ergiebt sich

$$\mathfrak{a}\mathfrak{a}^0 = \mathfrak{a}, \tag{23}$$

und hieraus ebenso leicht

$$\frac{\mathfrak{a}}{\mathfrak{a}^0} = \mathfrak{a}. \tag{24}$$

Aus (23) folgt $\mathfrak{a}\mathfrak{a}^0\mathfrak{a}^0 = \mathfrak{a}$, also nach (21) auch $\mathfrak{a}^0\mathfrak{a}^0 > \mathfrak{a}^0$, und da aus (22) ebenso $\mathfrak{a}^0 > \mathfrak{a}^0\mathfrak{a}^0$ folgt, so ist

$$\mathfrak{a}^0\mathfrak{a}^0 = \mathfrak{a}^0, \tag{25}$$

mithin reproduciren sich die Zahlen einer jeden Ordnung nicht bloss durch Addition und Subtraction, sondern auch durch *Multiplication.*

Umgekehrt, wenn ein Modul $\mathfrak{o}$ die Zahl 1 enthält, und wenn seine Zahlen sich durch Multiplication reproduciren, wenn also

$$\mathfrak{z} > \mathfrak{o}, \ \mathfrak{o}^2 > \mathfrak{o} \tag{26}$$

ist, so folgt leicht, dass $\mathfrak{o}$ eine *Ordnung*, nämlich

$$\mathfrak{o} = \mathfrak{o}^0 \tag{27}$$

ist; denn zufolge der zweiten Annahme (26) ist $\mathfrak{o} > \mathfrak{o}^0$ und aus der ersten folgt durch Multiplication mit $\mathfrak{o}^0$ und mit Rücksicht auf (23) auch $\mathfrak{o}^0 > \mathfrak{o}$, woraus sich (27) ergiebt.

Da nun zufolge (22), (25) jede Ordnung $\mathfrak{a}^0$ die beiden Eigenschaften (26) besitzt, so folgt

$$(\mathfrak{a}^0)^0 = \mathfrak{a}^0, \tag{28}$$

und ebenso findet man, dass das kleinste gemeinsame Vielfache $\mathfrak{a}^0 - \mathfrak{b}^0$ von zwei Ordnungen $\mathfrak{a}^0$, $\mathfrak{b}^0$, und ihr Product $\mathfrak{a}^0\mathfrak{b}^0$, welches auch $= (\mathfrak{a}^0 + \mathfrak{b}^0)^2$ und $< \mathfrak{a}^0 + \mathfrak{b}^0$ ist, wieder Ordnungen sind. Offenbar ist

$$\mathfrak{a}\mathfrak{b} = \mathfrak{a}^0(\mathfrak{a}\mathfrak{b}) = \mathfrak{b}^0(\mathfrak{a}\mathfrak{b}) = \mathfrak{a}^0\mathfrak{b}^0(\mathfrak{a}\mathfrak{b}), \tag{29}$$

und aus (14), (16), (22), (23) folgt ebenso

$$\frac{\mathfrak{b}}{\mathfrak{a}} = \mathfrak{a}^0\left(\frac{\mathfrak{b}}{\mathfrak{a}}\right) = \mathfrak{b}^0\left(\frac{\mathfrak{b}}{\mathfrak{a}}\right) = \mathfrak{a}^0\mathfrak{b}^0\left(\frac{\mathfrak{b}}{\mathfrak{a}}\right), \tag{30}$$

mithin

$$\mathfrak{a}^0 + \mathfrak{b}^0 > \mathfrak{a}^0\mathfrak{b}^0 > (\mathfrak{a}\mathfrak{b})^0, \quad \mathfrak{a}^0\mathfrak{b}^0 > \left(\frac{\mathfrak{b}}{\mathfrak{a}}\right)^0. \tag{31}$$

Es liegt nun nahe, den Begriff der Potenz eines Moduls $\mathfrak{a}$ auch auf den Fall *negativer* Exponenten auszudehnen, indem man

$$\mathfrak{a}^{-n} = \frac{\mathfrak{a}^0}{\mathfrak{a}^n} \tag{32}$$

setzt, wenn $n > 0$ ist. Allein es ist *im Allgemeinen* unmöglich, die Gesetze der Multiplication und Division von Zahlenpotenzen auf die Modulpotenzen zu übertragen; vielmehr zerfallen die Moduln hinsichtlich ihres Verhaltens zu ihrer Ordnung in zwei wesentlich verschiedene Arten. Aus (16) und (30) folgt jedenfalls

$$\mathfrak{a}\mathfrak{a}^{-1} > \mathfrak{a}^0, \quad \mathfrak{a}^0\mathfrak{a}^{-1} = \mathfrak{a}^{-1}, \quad \mathfrak{a}^0 > (\mathfrak{a}^{-1})^0, \quad \mathfrak{a} > (\mathfrak{a}^{-1})^{-1}; \tag{33}$$

wir wollen aber $\mathfrak{a}$ einen *eigentlichen* Modul nennen,

$$\text{wenn } \mathfrak{a}\mathfrak{a}^{-1} = \mathfrak{a}^0, \tag{34}$$

oder, was nach (4), (23), (33) hiermit gleichwerthig ist,

$$\text{wenn } \mathfrak{z} > \mathfrak{a}\mathfrak{a}^{-1} \tag{34'}$$

ist. Aus dieser Erklärung ergeben sich die folgenden Sätze.

V. *Ein Modul* $\mathfrak{a}$ *ist gewiss (und auch nur dann) ein eigentlicher Modul, wenn er ein Factor seiner Ordnung* $\mathfrak{a}^0$ *ist, d h. wenn es einen Modul* $\mathfrak{n}$ *giebt, welcher der Bedingung* $\mathfrak{a}\mathfrak{n} = \mathfrak{a}^0$ *genügt; und hieraus folgt* $\mathfrak{a}^{-1} = \mathfrak{n}\mathfrak{a}^0$.

Denn nach (23) ist $\mathfrak{a}(\mathfrak{n}\mathfrak{a}^0) = \mathfrak{a}^0$, also $\mathfrak{n}\mathfrak{a}^0 > \mathfrak{a}^{-1}$, und aus (33) folgt $\mathfrak{a}^{-1} = \mathfrak{a}^0\mathfrak{a}^{-1} = \mathfrak{n}\mathfrak{a}\mathfrak{a}^{-1} > \mathfrak{n}\mathfrak{a}^0$; mithin ist $\mathfrak{a}^{-1} = \mathfrak{n}\mathfrak{a}^0$, und folglich $\mathfrak{a}\mathfrak{a}^{-1} = \mathfrak{n}\mathfrak{a}\mathfrak{a}^0 = \mathfrak{n}\mathfrak{a} = \mathfrak{a}^0$, was zu beweisen war.

VI. *Ist* $\mathfrak{a}$ *ein eigentlicher Modul, so gilt dasselbe von* $\mathfrak{a}^{-1}$, *und es ist*

$$(\mathfrak{a}^{-1})^0 = \mathfrak{a}^0, \; (\mathfrak{a}^{-1})^{-1} = \mathfrak{a}. \tag{35}$$

Denn da nach (31) die Ordnung eines Productes ein Theiler von der Ordnung jedes Factors ist, so folgt aus (34) mit Rücksicht auf (28), dass $\mathfrak{a}^0 < (\mathfrak{a}^{-1})^0$, und hieraus mit Rücksicht auf (33), dass $\mathfrak{a}^0 = (\mathfrak{a}^{-1})^0$ ist. Da nun zufolge (34) der Modul $\mathfrak{a}^{-1}$ ein Factor seiner Ordnung $\mathfrak{a}^0$ ist, so ist er zufolge V ein eigentlicher Modul, und zugleich ergiebt sich die zweite Gleichung (35), was zu beweisen war.

VII. *Ist* $\mathfrak{a}$ *ein eigentlicher,* $\mathfrak{b}$ *ein beliebiger Modul, so ist*

$$\frac{\mathfrak{a}\mathfrak{b}}{\mathfrak{a}} = \mathfrak{b}\mathfrak{a}^0, \quad \frac{\mathfrak{b}\mathfrak{a}^0}{\mathfrak{a}} = \mathfrak{b}\mathfrak{a}^{-1}. \tag{36}$$

Diese beiden Sätze gehen aus einander hervor, wenn man $\mathfrak{b}$ durch $\mathfrak{b}\mathfrak{a}^{-1}$ oder durch $\mathfrak{b}\mathfrak{a}$ ersetzt und (34), (33), (23) berücksichtigt. Bezeichnet man die linke und rechte Seite der ersten Gleichung resp. mit $\mathfrak{p}$ und $\mathfrak{q}$, so ist zufolge (17) immer $\mathfrak{q} > \mathfrak{p}$. Ist aber $\mathfrak{a}$ ein eigentlicher Modul (34), so ist zufolge (22) $\mathfrak{p} > \mathfrak{p}\mathfrak{a}\mathfrak{a}^{-1}$, und da nach (16) $\mathfrak{p}\mathfrak{a} > \mathfrak{b}\mathfrak{a}$, also $\mathfrak{p}\mathfrak{a}\mathfrak{a}^{-1} > \mathfrak{b}\mathfrak{a}\mathfrak{a}^{-1}$ ist, so folgt $\mathfrak{p} > \mathfrak{q}$, mithin $\mathfrak{p} = \mathfrak{q}$, was zu beweisen war.

VIII. *Sind* $\mathfrak{a}$, $\mathfrak{b}$ *eigentliche Moduln, so gilt dasselbe von ihrem Producte* $\mathfrak{a}\mathfrak{b}$, *und es ist*

$$(\mathfrak{a}\mathfrak{b})^0 = \mathfrak{a}^0\mathfrak{b}^0, \quad (\mathfrak{a}\mathfrak{b})^{-1} = \mathfrak{a}^{-1}\mathfrak{b}^{-1}. \tag{37}$$

Die erste Gleichung ergiebt sich aus dem zweiten Satze (17), wenn man $\mathfrak{c} = \mathfrak{a}\mathfrak{b}$ setzt und den ersten Satz (36) zweimal anwendet. Da ferner $\mathfrak{a}\mathfrak{a}^{-1} = \mathfrak{a}^0$, $\mathfrak{b}\mathfrak{b}^{-1} = \mathfrak{b}^0$, mithin $(\mathfrak{a}\mathfrak{b})(\mathfrak{a}^{-1}\mathfrak{b}^{-1}) = \mathfrak{a}^0\mathfrak{b}^0 = (\mathfrak{a}\mathfrak{b})^0$, also das Product $\mathfrak{a}\mathfrak{b}$ ein Factor seiner Ordnung $(\mathfrak{a}\mathfrak{b})^0$ ist, so ist es nach V ein eigentlicher Modul, und zugleich ergiebt sich mit Rücksicht auf (33), dass $(\mathfrak{a}\mathfrak{b})^{-1} = (\mathfrak{a}\mathfrak{b})^0(\mathfrak{a}^{-1}\mathfrak{b}^{-1}) = \mathfrak{a}^0\mathfrak{b}^0\mathfrak{a}^{-1}\mathfrak{b}^{-1} = \mathfrak{a}^{-1}\mathfrak{b}^{-1}$ ist, was zu beweisen war.

Mit Hülfe dieser Sätze wird man leicht finden, dass die Multiplication und Division *aller* Potenzen eines eigentlichen Moduls, ebenso aller eigentlichen Moduln, welche *dieselbe* Ordnung haben, genau nach denselben Regeln geschieht, wie bei Producten und Quotienten von Zahlen.

§. 171.

Wir gehen nun zu derjenigen Betrachtung über, die uns veranlasst hat, für die hier untersuchten Zahlengebiete den Namen *Moduln* zu wählen, obgleich derselbe schon in so vielen anderen Bedeutungen gebraucht wird. Wenn $\mathfrak{m}$ ein beliebiger Modul ist, so nennen wir zwei Zahlen α, β *congruent nach* $\mathfrak{m}$, wenn ihre Differenz $\alpha - \beta$ in $\mathfrak{m}$ enthalten ist, und wir bezeichnen dies durch die *Congruenz*

$$\alpha \equiv \beta \pmod{\mathfrak{m}}, \tag{1}$$

in welcher offenbar die beiden Zahlen α, β, deren jede auch ein *Rest* der anderen heisst, stets mit einander vertauscht werden dürfen. Wir nennen dagegen die Zahlen α, β, γ ... *incongruent nach* $\mathfrak{m}$, wenn keine von ihnen mit einer der übrigen congruent ist*). Aus dem Begriffe eines Moduls und aus den früheren Sätzen folgt, dass man beliebig viele solche Congruenzen, die sich auf einen und denselben Modul $\mathfrak{m}$ beziehen, addiren und subtrahiren darf, wie Gleichungen; auch darf man beide Seiten einer solchen Congruenz mit derselben ganzen rationalen Zahl. allgemeiner mit jeder in der *Ordnung* $\mathfrak{m}^0$ des Moduls $\mathfrak{m}$ enthaltenen Zahl multipliciren. Aus der Congruenz zweier Zahlen in Bezug auf einen Modul $\mathfrak{m}$ folgt auch ihre Congruenz in Bezug auf jeden Theiler von $\mathfrak{m}$, und wenn eine Congruenz in Bezug auf mehrere Moduln gilt, so gilt sie auch für deren kleinstes gemeinsames Vielfaches.

Ferner leuchtet ein, dass jede Zahl sich selbst congruent, und dass zwei mit einer dritten Zahl γ congruente Zahlen α, β auch einander congruent sind; denn wenn $\alpha - \gamma$, $\beta - \gamma$ Zahlen des Moduls $\mathfrak{m}$ sind, so ist auch ihre Differenz $\alpha - \beta$ im $\mathfrak{m}$ enthalten. Hierauf beruht die Möglichkeit, *alle* Zahlen in Bezug auf einen Modul $\mathfrak{m}$ in *Zahlclassen* einzutheilen, in der Weise, dass je zwei beliebige Zahlen in dieselbe oder in verschiedene Classen aufgenommen werden, je nachdem sie congruent oder incongruent sind; ist α eine bestimmte Zahl, während μ alle Zahlen des Moduls $\mathfrak{m}$ durchläuft, so bilden die Zahlen $\alpha + \mu$ eine solche Classe, die wir mit $\alpha + \mathfrak{m}$ oder $\mathfrak{m} + \alpha$ bezeichnen wollen, und man kann α oder jede andere dieser Zahlen als *Repräsentant* oder auch als *Rest der Classe* ansehen. Die Gleichung $\mathfrak{m} + \alpha = \mathfrak{m} + \beta$ ist dann gleichbedeutend mit der Congruenz (1); findet

*) Der von Gauss zuerst eingeführte Begriff der Congruenz bildet offenbar einen besonderen Fall des obigen; denn wenn a, b, m ganze rationale Zahlen sind, so ist die Congruenz $a \equiv b \pmod{m}$ gleichbedeutend mit der Congruenz der Zahlen a, b nach dem Modul $[m] = m\,[1]$; und wenn α, β, μ ganze Zahlen des Körpers J sind (§. 159), so ist die Congruenz $\alpha \equiv \beta \pmod{\mu}$ gleichbedeutend mit der Congruenz der Zahlen α, β nach dem Modul $[\mu, \mu i] = \mu\,[1, i]$.

sie *nicht* statt, so sind die Classen $\alpha + \mathfrak{m}$, $\beta + \mathfrak{m}$ verschieden und besitzen keine einzige gemeinsame Zahl. Offenbar bildet der Modul $\mathfrak{m}$ selbst die durch die Zahl 0 repräsentirte Classe.

Auf diesem Begriffe beruhen die folgenden Betrachtungen. Ist $\mathfrak{a}$ ein *Theiler* von $\mathfrak{m}$, und α' eine bestimmte Zahl in $\mathfrak{a}$, so sind alle Zahlen der Classe $\alpha' + \mathfrak{m}$ auch in $\mathfrak{a}$ enthalten, und folglich *besteht* der Modul $\mathfrak{a}$ aus einer endlichen oder unendlichen Anzahl verschiedener Classen $\alpha' + \mathfrak{m}$, von denen je zwei keine gemeinsame Zahl besitzen. Ist ferner ϱ eine beliebige Zahl, so besteht zugleich die auf den Modul $\mathfrak{a}$ bezügliche Classe $\varrho + \mathfrak{a}$ aus den sämmtlichen entsprechenden, ebenfalls verschiedenen Zahlclassen $(\varrho + \alpha') + \mathfrak{m}$.

Allgemeiner, sind $\mathfrak{a}$, $\mathfrak{b}$ zwei beliebige Moduln, deren kleinstes gemeinsames Vielfaches $\mathfrak{a} - \mathfrak{b}$ zur Abkürzung mit $\mathfrak{m}$ bezeichnet werden möge, und ist α' eine bestimmte Zahl in $\mathfrak{a}$, so bilden alle diejenigen in $\mathfrak{a}$ enthaltenen Zahlen α, welche $\equiv \alpha'$ (mod. $\mathfrak{b}$) sind, die auf $\mathfrak{m}$ bezügliche, durch α' repräsentirte Classe $\alpha' + \mathfrak{m}$; da nämlich $\alpha - \alpha'$ sowohl in $\mathfrak{a}$ als auch in $\mathfrak{b}$ enthalten ist, so ist $\alpha = \alpha' + \mu$, wo μ eine Zahl des Moduls $\mathfrak{m}$ bedeutet, und umgekehrt, wenn μ in $\mathfrak{m}$, also auch in $\mathfrak{a}$ und in $\mathfrak{b}$ enthalten ist, so ist die Summe $\alpha = \alpha' + \mu$ in $\mathfrak{a}$ enthalten und zugleich $\equiv \alpha'$ (mod. $\mathfrak{b}$). Wählt man daher aus jeder der verschiedenen Classen $\alpha' + \mathfrak{m}$, aus denen $\mathfrak{a}$ besteht, einen bestimmten Rest α' aus, so besitzt das System aller dieser in $\mathfrak{a}$ enthaltenen Zahlen α' offenbar die charakteristische Eigenschaft, dass jede beliebige in $\mathfrak{a}$ enthaltene Zahl α mit einer, aber auch nur mit einer einzigen Zahl α' congruent ist nach dem Modul $\mathfrak{b}$; ein solches System von Zahlen α' nennen wir daher ein *Repräsentanten-System* oder ein *Restsystem von* $\mathfrak{a}$ *nach* $\mathfrak{b}$. Ist die *Anzahl* dieser in $\mathfrak{a}$ enthaltenen, nach $\mathfrak{b}$ incongruenten Zahlen α' *endlich*, so wollen wir dieselbe durch das Symbol

$$(\mathfrak{a}, \mathfrak{b})$$

bezeichnen*), und dies ist zugleich die Anzahl der Classen $\alpha' + \mathfrak{m}$, aus denen $\mathfrak{a}$ besteht; ist sie aber *unendlich*, so ist es zweckmässig, unter dem Symbol $(\mathfrak{a}, \mathfrak{b})$ die Zahl *Null* zu verstehen, weil

---

*) Dasselbe habe ich zuerst in §. 169 der zweiten Auflage benutzt. Sollten die Moduln $\mathfrak{a}$, $\mathfrak{b}$ zugleich Körper sein, was aber bei unseren Untersuchungen niemals vorkommen wird, so würde die dem Symbol $(\mathfrak{a}, \mathfrak{b})$ jetzt beigelegte Bedeutung von der in §. 164 wohl zu unterscheiden sein.

dann die meisten Sätze allgemein gültig bleiben*). Ist $(\mathfrak{a}, \mathfrak{b}) = 1$, sind also alle Zahlen α des Moduls $\mathfrak{a}$ einander congruent, mithin alle $\alpha \equiv 0 \pmod{\mathfrak{b}}$, so ist $\mathfrak{a}$ *theilbar* durch $\mathfrak{b}$, und aus dieser Theilbarkeit folgt umgekehrt $(\mathfrak{a}, \mathfrak{b}) = 1$.

Aus dem Obigen leuchtet unmittelbar ein, dass dieselben Zahlen α' zugleich ein Restsystem von $\mathfrak{a}$ nach $\mathfrak{m}$ bilden, und folglich ist in allen Fällen

$$(\mathfrak{a}, \mathfrak{b}) = (\mathfrak{a}, \mathfrak{a} - \mathfrak{b}). \tag{2}$$

Dieselben Zahlen α' bilden aber auch ein Restsystem von $\mathfrak{a} + \mathfrak{b}$ nach $\mathfrak{b}$, d. h. $\mathfrak{a} + \mathfrak{b}$ besteht aus den sämmtlichen Classen $\alpha' + \mathfrak{b}$, und folglich ist

$$(\mathfrak{a}, \mathfrak{b}) = (\mathfrak{a} + \mathfrak{b}, \mathfrak{b}); \tag{3}$$

denn die Zahlen α' sind auch in $\mathfrak{a} + \mathfrak{b}$ enthalten und incongruent nach $\mathfrak{b}$, und jede in $\mathfrak{a} + \mathfrak{b}$ enthaltene Zahl $\alpha + \beta$ ist $\equiv \alpha \pmod{\mathfrak{b}}$, also auch congruent mit einer der Zahlen α', was zu beweisen war.

Auf dieselbe Weise ergiebt sich, dass, wenn η eine *von Null verschiedene Zahl* ist, die Producte $\eta\alpha'$ ein Restsystem von $\mathfrak{a}\eta$ nach $\mathfrak{b}\eta$ bilden, und folglich ist

$$(\mathfrak{a}\eta, \mathfrak{b}\eta) = (\mathfrak{a}, \mathfrak{b}). \tag{4}$$

Ist ferner $\mathfrak{a}$ ein *Theiler* von $\mathfrak{b}$, und $\mathfrak{b}$ ein *Theiler* von $\mathfrak{c}$, also $(\mathfrak{b}, \mathfrak{a}) = (\mathfrak{c}, \mathfrak{b}) = 1$, so bilden, wenn α' ein Restsystem von $\mathfrak{a}$ nach $\mathfrak{b}$, und β ein Restsystem von $\mathfrak{b}$ nach $\mathfrak{c}$ durchläuft, die sämmtlichen Summen $\alpha' + \beta'$ ein Restsystem von $\mathfrak{a}$ nach $\mathfrak{c}$, und folglich ist

$$(\mathfrak{a}, \mathfrak{c}) = (\mathfrak{a}, \mathfrak{b})(\mathfrak{b}, \mathfrak{c}), \text{ wenn } \mathfrak{a} < \mathfrak{b} < \mathfrak{c}. \tag{5}$$

Denn $\mathfrak{a}$ besteht aus allen Classen $\alpha' + \mathfrak{b}$, und jede dieser Classen wieder aus den, allen β' entsprechenden Classen $(\alpha' + \beta') + \mathfrak{c}$, mithin besteht $\mathfrak{a}$ aus allen Classen $(\alpha' + \beta') + \mathfrak{c}$, wo α' und β' alle ihre Werthe durchlaufen.

Zu diesen Sätzen, durch deren Verbindung sich viele andere**) ableiten lassen, fügen wir noch die folgenden hinzu.

---

*) Vergl. z. B. die Sätze im folgenden §. 172.

**) Aus drei beliebigen Moduln $\mathfrak{a}, \mathfrak{b}, \mathfrak{c}$ entspringt, wie in der Anmerkung auf S. 499 erwähnt ist, eine Gruppe von 28 Moduln $\mathfrak{m}, \mathfrak{n} \ldots$; die sämmtlichen Classenanzahlen $(\mathfrak{m}, \mathfrak{n})$ lassen sich aus sieben von ihnen bestimmen; bezeichnet man diese mit a, b, c, a_1, b_1, c_1 und d, so ist z. B.:

I. *Sind* $\mathfrak{a}$, $\mathfrak{b}$ *zwei beliebige Moduln, so genügt jede in* $\mathfrak{a}$ *enthaltene Zahl* α *der Congruenz*

$$(\mathfrak{a}, \mathfrak{b})\, \alpha \equiv 0 \ (\text{mod. } \mathfrak{a} - \mathfrak{b}), \tag{6}$$

also ist $(\mathfrak{a}, \mathfrak{b})\, \mathfrak{a} > \mathfrak{a} - \mathfrak{b}$.

Dies leuchtet, wenn $(\mathfrak{a}, \mathfrak{b}) = 0$ ist, unmittelbar ein. Ist aber $(\mathfrak{a}, \mathfrak{b}) = n > 0$, und durchläuft α' ein Restsystem von $\mathfrak{a}$ nach $\mathfrak{a} - \mathfrak{b}$, während α eine bestimmte Zahl in $\mathfrak{a}$ bedeutet, so bilden die n Zahlen $\alpha + \alpha'$, weil sie in $\mathfrak{a}$ enthalten und incongruent nach $\mathfrak{a} - \mathfrak{b}$ sind, ebenfalls ein solches Restsystem; jede dieser Zahlen $\alpha + \alpha'$ ist daher mit einer der Zahlen α', umgekehrt jede der letzteren mit einer der ersteren congruent; mithin ist auch die Summe σ der Zahlen α' congruent der Summe $n\alpha + \sigma$, woraus (6) folgt, was zu beweisen war.

II. *Ist* $\mathfrak{c} > \mathfrak{a}$, *und* $(\mathfrak{a}, \mathfrak{c}) > 0$, *so giebt es nur eine endliche Anzahl solcher Moduln* $\mathfrak{b}$, *welche* $> \mathfrak{a}$ *und zugleich* $< \mathfrak{c}$ *sind**).

Da nämlich jeder solche Modul $\mathfrak{b}$ aus gewissen Zahlclassen $\beta' + \mathfrak{c}$ bestehen muss, welche in $\mathfrak{a}$ enthalten sind, und unter denen sich immer $\mathfrak{c}$ selbst befindet, und da die Anzahl m aller in $\mathfrak{a}$ enthaltenen Classen $\alpha' + \mathfrak{c}$ endlich, nämlich $= (\mathfrak{a}, \mathfrak{c})$ ist, so kann die Anzahl der Moduln $\mathfrak{b}$ höchstens gleich 2^{m-1} sein, was zu beweisen war.

Wir schliessen diese Betrachtungen mit der Verallgemeinerung zweier in §. 25 und §. 11 bewiesenen Sätze.

III. *Sind* ϱ, σ *gegebene Zahlen, und* $\mathfrak{a}$, $\mathfrak{b}$ *irgend zwei Moduln, so haben die beiden gleichzeitigen Congruenzen*

$$\omega \equiv \varrho \ (\text{mod. } \mathfrak{a}), \quad \omega \equiv \sigma \ (\text{mod. } \mathfrak{b}) \tag{7}$$

$$(\mathfrak{b}, \mathfrak{c}) = b\, c_1\, d,\ (\mathfrak{c}, \mathfrak{a}) = c\, a_1\, d,\ (\mathfrak{a}, \mathfrak{b}) = a\, b_1\, d,$$
$$(\mathfrak{c}, \mathfrak{b}) = c\, b_1\, d,\ (\mathfrak{a}, \mathfrak{c}) = a\, c_1\, d,\ (\mathfrak{b}, \mathfrak{a}) = b\, a_1\, d.$$

Hieraus folgt der schon in der zweiten Auflage dieses Werkes (S. 490) angeführte Satz

$$(\mathfrak{b}, \mathfrak{c})(\mathfrak{c}, \mathfrak{a})(\mathfrak{a}, \mathfrak{b}) = (\mathfrak{c}, \mathfrak{b})(\mathfrak{a}, \mathfrak{c})(\mathfrak{b}, \mathfrak{a}),$$

welcher sich aber auch leicht auf kürzerem Wege beweisen lässt.

*) Dass auch die Umkehrung dieses Satzes wahr ist, wird man leicht beweisen, z. B. durch die Betrachtung aller Moduln von der Form $\mathfrak{c}$, $\mathfrak{c} + [\alpha]$, $\mathfrak{c} + [2\alpha]$, $\mathfrak{c} + [3\alpha] \ldots$, wo α jede beliebige Zahl in $\mathfrak{a}$ bedeutet. Man kann auch von dem Begriffe eines *unmittelbaren* oder *nächsten* Theilers von $\mathfrak{c}$ ausgehen; so soll ein echter Theiler $\mathfrak{b}$ von $\mathfrak{c}$ heissen, wenn es ausser $\mathfrak{b}$ und $\mathfrak{c}$ keinen Modul giebt, der $> \mathfrak{b}$ und zugleich $< \mathfrak{c}$ ist; die erforderliche und hinreichende Bedingung hierfür besteht darin, dass $(\mathfrak{b}, \mathfrak{c})$ eine *Primzahl* ist. Man vergleiche hiermit die Betrachtungen im folgenden §. 172.

stets und nur dann gemeinsame Wurzeln ω, *wenn*

$$\varrho \equiv \sigma \ (\text{mod. } \mathfrak{a} + \mathfrak{b}) \tag{8}$$

ist, und alle diese Wurzeln, d. h. alle den beiden Classen $\mathfrak{a} + \varrho$, $\mathfrak{b} + \sigma$ *gemeinsamen Zahlen* ω *bilden eine bestimmte Classe in Bezug auf den Modul* $\mathfrak{a} - \mathfrak{b}$.

In der That, wenn eine Zahl ω den Congruenzen (7) genügt, so sind die Zahlen $\omega - \varrho$, $\omega - \sigma$, also auch ihre Differenz in $\mathfrak{a} + \mathfrak{b}$ enthalten, d. h. die Bedingung (8) ist erfüllt. Umgekehrt, wenn dies der Fall ist, so giebt es zufolge der Definition von $\mathfrak{a} + \mathfrak{b}$ eine Zahl α in $\mathfrak{a}$ und eine Zahl β in $\mathfrak{b}$, deren Summe $\alpha + \beta = \varrho - \sigma$ ist, und dann erfüllt die Zahl $\omega = \varrho - \alpha = \sigma + \beta$ die Congruenzen (7). Genügt ferner ω' denselben Congruenzen (7), so ist $\omega' - \omega$ in $\mathfrak{a}$ und $\mathfrak{b}$, also in $\mathfrak{a} - \mathfrak{b}$ enthalten, mithin $\omega' \equiv \omega$ (mod. $\mathfrak{a} - \mathfrak{b}$), und umgekehrt leuchtet ein, dass jede Zahl ω' der Classe $\omega + (\mathfrak{a} - \mathfrak{b})$ auch den Congruenzen (7) genügt, was zu beweisen war*).

IV. *Ist* $(\mathfrak{a}, \mathfrak{m}) > 0$, *und* $\mathfrak{a} - \mathfrak{m}$ *theilbar durch jeden der* r *Moduln* $\mathfrak{n}$, *so ist die Anzahl aller derjenigen nach* $\mathfrak{m}$ *incongruenten Zahlen* α *in* $\mathfrak{a}$, *die in keinem Modul* $\mathfrak{n}$ *enthalten sind, gleich der Summendifferenz*

$$\Sigma\, (\mathfrak{n}', \mathfrak{m}) - \Sigma\, (\mathfrak{n}'', \mathfrak{m}), \tag{9}$$

wo für $\mathfrak{n}'$ *der Modul* $\mathfrak{a}$ *und jedes aus* $\mathfrak{a}$ *und einer geraden Anzahl, für* $\mathfrak{n}''$ *jedes aus* $\mathfrak{a}$ *und einer ungeraden Anzahl von Moduln* $\mathfrak{n}$ *gebildete kleinste Vielfache zu setzen ist.*

Denn wenn ω irgend eine Zahl in $\mathfrak{a}$ bedeutet, so ist nach dem Obigen die Classe $(\mathfrak{a} - \mathfrak{m}) + \omega$ der Inbegriff aller der Zahlen in $\mathfrak{a}$, welche $\equiv \omega$ (mod. $\mathfrak{m}$) sind, und $\mathfrak{a}$ besteht aus $(\mathfrak{a}, \mathfrak{m})$ solchen Classen. Ist nun $\mathfrak{a} - \mathfrak{m} > \mathfrak{n}$, und ω in $\mathfrak{n}$, also auch in $\mathfrak{a} - \mathfrak{n}$ enthalten, so gilt dasselbe von allen Zahlen der Classe $(\mathfrak{a} - \mathfrak{m}) + \omega$, und da $\mathfrak{a} - \mathfrak{n}$ aus $(\mathfrak{a} - \mathfrak{n}, \mathfrak{m})$ solchen Classen besteht, so ist $(\mathfrak{a}, \mathfrak{m}) - (\mathfrak{a} - \mathfrak{n}, \mathfrak{m})$ die Anzahl derjenigen nach $\mathfrak{m}$ incongruenten Zahlen in $\mathfrak{a}$, welche nicht in $\mathfrak{n}$ enthalten sind. Mithin gilt unser Satz für den Fall $r = 1$, weil es dann nur

*) Schwieriger gestaltet sich die Untersuchung, ob drei oder mehr gegebene Zahlclassen $\mathfrak{a} + \varrho$, $\mathfrak{b} + \sigma$, $\mathfrak{c} + \tau \ldots$ gemeinsame Zahlen besitzen oder nicht; im ersteren Falle kann man diese Classen *einig* nennen, und es leuchtet ein, dass ihre Gemeinheit, d. h. der Inbegriff aller ihnen gemeinsamen Zahlen, eine auf den Modul $\mathfrak{a} - \mathfrak{b} - \mathfrak{c} \ldots$ bezügliche Classe ist.

einen Modul $\mathfrak{n}' = \mathfrak{a}$, und nur einen Modul $\mathfrak{n}'' = \mathfrak{a} - \mathfrak{n}$ giebt. Nimmt man an, er sei für eine bestimmte Anzahl r von Moduln $\mathfrak{n}$ allgemein bewiesen, und der Modul $\mathfrak{p}$ gehe ebenfalls in $\mathfrak{a} - \mathfrak{m}$ auf, so darf man $\mathfrak{a}$ auch durch $\mathfrak{a} - \mathfrak{p}$ ersetzen, weil $(\mathfrak{a} - \mathfrak{p}, \mathfrak{m}) > 0$, und weil der Modul $(\mathfrak{a} - \mathfrak{p}) - \mathfrak{m} = \mathfrak{a} - \mathfrak{m}$, also durch jeden Modul $\mathfrak{n}$ theilbar ist; zufolge (9) ist daher die Differenz

$$\Sigma\,(\mathfrak{n}' - \mathfrak{p}, \mathfrak{m}) - \Sigma\,(\mathfrak{n}'' - \mathfrak{p}, \mathfrak{m})$$

die Anzahl derjenigen, im Satze mit α bezeichneten Zahlen, welche in $\mathfrak{p}$ enthalten sind; zieht man dieselbe von der in (9) angegebenen Anzahl aller Zahlen α ab, so erhält man die Differenz

$$\{\Sigma\,(\mathfrak{n}', \mathfrak{m}) + \Sigma\,(\mathfrak{n}'' - \mathfrak{p}, \mathfrak{m})\} - \{\Sigma\,(\mathfrak{n}'', \mathfrak{m}) + \Sigma\,(\mathfrak{n}' - \mathfrak{p}, \mathfrak{m})\}$$

als Anzahl aller nicht in $\mathfrak{p}$ enthaltenen Zahlen α, d. h. aller nach $\mathfrak{m}$ incongruenten Zahlen in $\mathfrak{a}$, welche in keinem der $(r + 1)$ Moduln $\mathfrak{n}$, $\mathfrak{p}$ enthalten sind. Vergleicht man diesen Ausdruck mit (9), so ergiebt sich, dass unser Satz auch für die nächstfolgende Anzahl $(r + 1)$, mithin allgemein gilt, was zu beweisen war.

Statt die vollständige Induction anzuwenden (wie in §. 11), kann man unseren Satz auch unmittelbar auf folgende Art beweisen. Wir schicken die Bemerkung voraus, dass die Anzahl der Moduln $\mathfrak{n}'$ immer gleich der der Moduln $\mathfrak{n}''$, nämlich $= 2^{r-1}$ ist; sondert man nämlich einen bestimmten Modul $\mathfrak{n}$ aus, und bezeichnet mit $\mathfrak{o}'$, $\mathfrak{o}''$ resp. diejenigen $\mathfrak{n}'$, $\mathfrak{n}''$, zu deren Bildung $\mathfrak{n}$ nicht mitwirkt, so besteht das System der Moduln $\mathfrak{n}'$ aus den Moduln $\mathfrak{o}'$, $\mathfrak{o}'' - \mathfrak{n}$, ebenso das System der Moduln $\mathfrak{n}''$ aus den Moduln $\mathfrak{o}' - \mathfrak{n}$, $\mathfrak{o}''$, wodurch unsere Behauptung erwiesen ist*). Lässt man nun ω ein Restsystem von $\mathfrak{a}$ nach $\mathfrak{m}$ durchlaufen, und bezeichnet mit ω', ω'' resp. die Anzahl der Moduln $\mathfrak{n}'$, $\mathfrak{n}''$, denen ω angehört, so ist offenbar $\Sigma\,\omega' = \Sigma\,(\mathfrak{n}', \mathfrak{m})$, $\Sigma\,\omega'' = \Sigma\,(\mathfrak{n}'', \mathfrak{m})$, also die in (9) angegebene Differenz $= \Sigma\,(\omega' - \omega'')$. Da nun die Anzahl der Zahlen α offenbar $= \Sigma\,(\alpha' - \alpha'')$ ist, weil $\alpha' = 1$, $\alpha'' = 0$, so wird unser Satz bewiesen sein, wenn wir zeigen, dass für jede andere Zahl ω die Differenz $\omega' - \omega'' = 0$, also $\omega' = \omega''$ ist

*) Wenn $\mathfrak{n}$ in $\mathfrak{a}$ aufgeht, also $\mathfrak{o}' - \mathfrak{n} = \mathfrak{o}'$, $\mathfrak{o}'' - \mathfrak{n} = \mathfrak{o}''$ ist, so fällt das System der Moduln $\mathfrak{n}'$ mit dem der Moduln $\mathfrak{n}''$ zusammen, und folglich verschwindet die Differenz in (9), was damit übereinstimmt, dass es in diesem Falle selbstverständlich gar keine Zahl α giebt. Aber man darf nicht umgekehrt aus der letzteren Thatsache schliessen, dass mindestens einer der Moduln $\mathfrak{n}$ in $\mathfrak{a}$ aufgeht (vergl. §. 178, IX).

(vergl. §. 138). Bezeichnet man mit $\mathfrak{p}$ diejenigen s Moduln $\mathfrak{n}$, denen ω angehört, und mit $\mathfrak{p}'$, $\mathfrak{p}''$ resp. diejenigen Moduln $\mathfrak{n}'$, $\mathfrak{n}''$, welche aus $\mathfrak{a}$ und nur diesen Moduln $\mathfrak{p}$ gebildet sind, so gehört ω allen diesen Moduln $\mathfrak{p}'$, $\mathfrak{p}''$ und keinem anderen Modul $\mathfrak{n}'$, $\mathfrak{n}''$ an, und hieraus folgt nach der obigen Bemerkung $\omega' = \omega'' = 2^{s-1}$, w. z. b. w.

§. 172.

Von diesen allgemeinen Sätzen über die Beziehungen zwischen *beliebigen* Moduln wenden wir uns jetzt zur Betrachtung der besonderen Erscheinungen, welche dann auftreten, wenn diese Moduln zum Theil oder alle *endlich* sind (§. 168). Da jeder endliche Modul entweder *eingliedrig* oder (nach (5) in §. 169) eine Summe von mehreren eingliedrigen Moduln ist, so gehen wir von dem folgenden Satze aus:

I. *Jedes Vielfache* $\mathfrak{m}$ *eines eingliedrigen Moduls* $\mathfrak{n}$ *ist ebenfalls eingliedrig, und zwar ist*

$$\mathfrak{m} = (\mathfrak{n}, \mathfrak{m})\, \mathfrak{n}. \tag{1}$$

Um dies zu beweisen, setzen wir $\mathfrak{z} = [1]$, $\mathfrak{n} = \mathfrak{z}\omega$ und bemerken, dass jede in $\mathfrak{m}$, also auch in $\mathfrak{n}$ enthaltene Zahl ein Product $x\omega$ ist, wo x eine Zahl in $\mathfrak{z}$ bedeutet, und dass der Inbegriff $\mathfrak{x}$ aller dieser Zahlen x, welche durch Multiplication mit ω in Zahlen des Moduls $\mathfrak{m}$ verwandelt werden, offenbar ein durch $\mathfrak{z}$ theilbarer Modul ist; zugleich ist $\mathfrak{m} = \mathfrak{x}\omega$. Schliessen wir zunächst den Fall aus, wo $\mathfrak{x} = 0$ ist, und bezeichnen wir mit a die *kleinste positive* Zahl in $\mathfrak{x}$, so ergiebt sich leicht, dass $\mathfrak{x} = a\mathfrak{z}$, also $\mathfrak{m} = a\mathfrak{n}$ ist; denn wenn z jede Zahl in $\mathfrak{z}$ bedeutet, so ist az in $\mathfrak{x}$ enthalten, also $a\mathfrak{z} > \mathfrak{x}$; umgekehrt lässt sich jede in $\mathfrak{x}$ enthaltene Zahl x (nach §. 4 oder §. 17) in die Form $x = az + y$ setzen*), wo y eine der a Zahlen $0, 1, 2 \ldots (a-1)$ bedeutet, und da $y = x - az$ in $\mathfrak{x}$ enthalten ist, so muss $y = 0$, $x = az$, $\mathfrak{x} > a\mathfrak{z}$, also wirklich $\mathfrak{x} = a\mathfrak{z}$ sein**). Da ferner irgend zwei Zahlen $z_1\omega$, $z_2\omega$ des Moduls $\mathfrak{n}$ dann und nur dann congruent nach $\mathfrak{m}$ sind, wenn ihre Differenz $(z_1 - z_2)\omega$ in $\mathfrak{m}$, also die Differenz $z_1 - z_2$ in $\mathfrak{x} = a\mathfrak{z}$ enthalten ist, so bilden die a Zahlen

$$0, \omega, 2\omega \ldots (a-1)\,\omega \tag{2}$$

---

*) Dies ist die Grundlage aller Zahlentheorie.

**) Offenbar ist dies selbst nur ein specieller Fall unseres Satzes.

ein *Restsystem* von $\mathfrak{n}$ nach $\mathfrak{m}$; mithin ist

$$a = (\mathfrak{n}, \mathfrak{m}), \tag{3}$$

und da, wie wir oben gesehen haben, $\mathfrak{m} = \mathfrak{x}\omega = a\mathfrak{n}$ ist, so ergiebt sich hieraus unser Satz (1). Offenbar gilt derselbe aber auch in dem bisher ausgeschlossenen Falle, wo $\mathfrak{x} = 0$ ist; dann ist nämlich $\mathfrak{m} = \mathfrak{x}\omega = 0$, und da je zwei verschiedenen ganzen rationalen Zahlen z_1, z_2 zwei Zahlen $z_1\omega$, $z_2\omega$ des Moduls $\mathfrak{n}$ entsprechen, welche incongruent nach $\mathfrak{m}$ sind, so ist (nach §. 171) auch $(\mathfrak{n}, \mathfrak{m}) = 0$, w. z. b. w.

Um zu zeigen, wie nützlich dieser Satz schon in den ersten Anfangsgründen der Zahlentheorie verwendet werden kann, leiten wir aus ihm zunächst den folgenden ab:

II. *Jeder endliche, aus lauter rationalen Zahlen bestehende Modul* $\mathfrak{c}$ *ist darstellbar als eingliedriger Modul.*

Besteht nämlich eine Basis von $\mathfrak{c}$ aus m ganzen oder gebrochenen rationalen Zahlen $c_1, c_2 \dots c_m$, die nicht alle verschwinden*), so kann man bekanntlich eine natürliche Zahl b immer so wählen, dass die m Producte $bc_1, bc_2 \dots bc_m$ *ganze* Zahlen werden; da dieselben eine Basis des von Null verschiedenen Moduls $b\mathfrak{c}$ bilden, so ist letzterer theilbar durch den eingliedrigen Modul $\mathfrak{z}$, also $b\mathfrak{c} = a\mathfrak{z} = [a]$, wo a eine natürliche Zahl bedeutet; setzt man noch $a = bc$, so ist c eine positive rationale Zahl, und man erhält $\mathfrak{c} = [c]$, w. z. b. w.

Nach der Bedeutung unserer Symbole besagt nun die eben bewiesene Gleichung

$$[c_1, c_2 \dots c_m] = [c] \tag{4}$$

erstens, dass es m *ganze* rationale Zahlen $q_1, q_2 \dots q_m$ giebt, welche der Bedingung

$$c_1 q_1 + c_2 q_2 + \cdots + c_m q_m = c \tag{5}$$

genügen, und zweitens, dass

$$c_1 = cp_1,\ c_2 = cp_2 \dots c_m = cp_m, \tag{6}$$

also

$$p_1 q_1 + p_2 q_2 + \cdots + p_m q_m = 1 \tag{7}$$

ist, wo $p_1, p_2 \dots p_m$ ebenfalls *ganze* rationale Zahlen bedeuten. Da der Modul $[c]$ der grösste gemeinsame Theiler der m Moduln $[c_r]$ ist, so nennen wir die *Zahl* c auch den *grössten gemeinsamen*

*) Im entgegengesetzten Falle ist offenbar $\mathfrak{c} = 0 = [0]$.

Theiler der m Zahlen c_r, und offenbar ist die gewöhnliche Bedeutung dieses Wortes (§§. 6 und 24) hierin als specieller Fall enthalten. Ja es ist zweckmässig, diese Ausdrucksweise selbst auf den oben ausgeschlossenen Fall zu übertragen, wo die m Zahlen c_r sämmtlich verschwinden, und unter deren grösstem gemeinsamen Theiler die Zahl $c = 0$ zu verstehen, wodurch die Gleichung (4) erhalten bleibt. —

Da, wenn $\mathfrak{a}$, $\mathfrak{n}$ irgend welche Moduln bedeuten, immer $(\mathfrak{n}, \mathfrak{a}) = (\mathfrak{n}, \mathfrak{a} - \mathfrak{n}) = (\mathfrak{a} + \mathfrak{n}, \mathfrak{a})$ ist (§. 171), so können wir den in (1) enthaltenen Satz auch so aussprechen:

III. *Ist* $\mathfrak{n}$ *ein eingliedriger, und* $\mathfrak{a}$ *ein beliebiger Modul, so ist*

$$\mathfrak{a} - \mathfrak{n} = (\mathfrak{n}, \mathfrak{a})\, \mathfrak{n} = (\mathfrak{a} + \mathfrak{n}, \mathfrak{a})\, \mathfrak{n}. \tag{8}$$

Derselbe dient zum Beweise des folgenden:

IV. *Ist der letzte der drei Moduln* $\mathfrak{a}$, $\mathfrak{b}$, $\mathfrak{n}$ *eingliedrig* $= [\omega]$, *so kann man einen eingliedrigen Modul* $\mathfrak{n}' = [\alpha']$ *so wählen, dass*

$$\mathfrak{a} - (\mathfrak{b} + \mathfrak{n}) = (\mathfrak{a} - \mathfrak{b}) + \mathfrak{n}' \tag{9}$$

wird.

Dies lässt sich in der That immer auf folgende Weise erreichen. Setzen wir zur Abkürzung

$$(\mathfrak{n}, \mathfrak{a} + \mathfrak{b}) = (\mathfrak{a} + \mathfrak{b} + \mathfrak{n}, \mathfrak{a} + \mathfrak{b}) = a \tag{10}$$

so ist zufolge (8)

$$(\mathfrak{a} + \mathfrak{b}) - \mathfrak{n} = a\mathfrak{n} = [a\omega]; \tag{11}$$

da nun $a\omega$ in $\mathfrak{a} + \mathfrak{b}$ enthalten ist, so kann man eine Zahl α' in $\mathfrak{a}$ und eine Zahl β' in $\mathfrak{b}$ so wählen, dass

$$a\omega = \alpha' - \beta',\ \text{also}\ \alpha' = \beta' + a\omega \tag{12}$$

wird, und wir wollen beweisen, dass der eingliedrige Modul $\mathfrak{n}' = [\alpha']$ die Gleichung (9) erfüllt. Hierzu bezeichnen wir deren linke und rechte Seite resp. mit $\mathfrak{p}$, $\mathfrak{q}$, und wir haben zu zeigen, dass $\mathfrak{p}$ durch $\mathfrak{q}$, und $\mathfrak{q}$ durch $\mathfrak{p}$ theilbar ist. Das Erstere ergiebt sich daraus, das jede in $\mathfrak{p}$ enthaltene Zahl von der Form $\alpha = \beta + \nu$ ist, wo α, β, ν resp. Zahlen der Moduln $\mathfrak{a}$, $\mathfrak{b}$, $\mathfrak{n}$ bedeuten; denn hieraus folgt zunächst, dass die Zahl $\alpha - \beta = \nu$ in $(\mathfrak{a} + \mathfrak{b}) - \mathfrak{n}$ enthalten, also zufolge (11) und (12) auch $= x\,(\alpha' - \beta')$ ist, wo x eine ganze rationale Zahl bedeutet, und folglich ist die Zahl $\mu = \alpha - x\alpha' = \beta - x\beta'$ in $\mathfrak{a} - \mathfrak{b}$ enthalten; mithin ergiebt sich, dass jede in $\mathfrak{p}$ enthaltene Zahl $\alpha = \mu + x\alpha'$ auch in $\mathfrak{q}$ enthalten, also wirklich $\mathfrak{p}$ *durch* $\mathfrak{q}$ *theilbar* ist. Umgekehrt leuchtet ein, dass $\mathfrak{a} - \mathfrak{b}$ durch jeden der beiden Moduln $\mathfrak{a}$ und $\mathfrak{b} + \mathfrak{n}$, also auch durch $\mathfrak{p}$ theilbar, und da dasselbe zufolge (12) von dem Modul $\mathfrak{n}' = [\alpha']$ gilt, so muss auch der grösste gemeinsame Theiler von $\mathfrak{a} - \mathfrak{b}$ und $\mathfrak{n}'$, d. h. $\mathfrak{q}$ *durch* $\mathfrak{p}$ *theilbar* sein. Mithin ist $\mathfrak{p} = \mathfrak{q}$, was zu beweisen war. Hieraus folgt der Satz:

V. *Jedes Vielfache eines n-gliedrigen Moduls ist ein n-gliedriger Modul.*

Für eingliedrige Moduln ergiebt sich derselbe aus (1) oder (8). Da ferner, wenn $n > 1$, jeder n-gliedrige Modul $\mathfrak{o} = \mathfrak{b} + \mathfrak{n}$ gesetzt werden kann, wo $\mathfrak{n}$ eingliedrig, $\mathfrak{b}$ aber $(n - 1)$-gliedrig ist, und da wir annehmen dürfen, der Satz sei schon für jedes Vielfache $\mathfrak{a} - \mathfrak{b}$ von $\mathfrak{b}$ bewiesen, so folgt aus (9), dass er auch für jedes Vielfache $\mathfrak{a} - \mathfrak{o}$ von $\mathfrak{o}$, also allgemein gilt, w. z. b. w.

Es ist aber von Wichtigkeit, wenn irgend ein n-gliedriger Modul

$$\mathfrak{o} = [\omega_1, \omega_2 \ldots \omega_n] \tag{13}$$

gegeben ist, die Basis des Vielfachen $\mathfrak{a} - \mathfrak{o}$ nach den in (10) und (12) enthaltenen Vorschriften wirklich herzustellen. Zu diesem Zweck setzen wir, wenn r irgend eine Zahl aus der Reihe $1, 2 \ldots n$ ist,

$$\mathfrak{o}_r = [\omega_1, \omega_2 \ldots \omega_r], \tag{14}$$

und wenden den Satz (9) auf das Beispiel $\mathfrak{b} = \mathfrak{o}_{r-1}$, $\omega = \omega_r$ an, woraus $\mathfrak{n} = [\omega_r]$, $\mathfrak{b} + \mathfrak{n} = \mathfrak{o}_r$ folgt; bezeichnen wir zugleich die Basis α' des Moduls $\mathfrak{n}'$ mit α_r, so erhalten wir:

$$\mathfrak{a} - \mathfrak{o}_r = (\mathfrak{a} - \mathfrak{o}_{r-1}) + [\alpha_r],$$

und da $\mathfrak{o}_n = \mathfrak{o}$, $\mathfrak{o}_0 = 0$ zu setzen ist, so ergiebt sich:

$$\mathfrak{a} - \mathfrak{o} = \Sigma\,[\alpha_r] = [\alpha_1, \alpha_2 \ldots \alpha_n]. \tag{15}$$

Um die Zahlen α_r zu bestimmen, setzen wir nach (10):

$$(\mathfrak{a} + \mathfrak{o}_r, \mathfrak{a} + \mathfrak{o}_{r-1}) = a_r^{(r)}; \tag{16}$$

dann folgt aus (12), weil β' in $\mathfrak{b}$, d. h. in $\mathfrak{o}_{r-1}$ enthalten ist, die Darstellung:

$$\alpha_r = a_1^{(r)}\,\omega_1 + a_2^{(r)}\,\omega_2 + \cdots + a_{r-1}^{(r)}\,\omega_{r-1} + a_r^{(r)}\,\omega_r, \tag{17}$$

wo alle Coefficienten $a_s^{(r)}$ ganze rationale Zahlen bedeuten, und $a_s^{(r)} = 0$ ist, wenn $s > r$. Multiplicirt man die n Gleichungen (16) mit einander und bedenkt, dass $\mathfrak{a} + \mathfrak{o}_r$ ein Theiler von

$\mathfrak{a} + \mathfrak{o}_{r-1}$ ist, so ergiebt sich mit Rücksicht auf die Sätze (5), (3), (2) in §. 171 die wichtige Beziehung:

$$(\mathfrak{a} + \mathfrak{o}, \mathfrak{a}) = (\mathfrak{o}, \mathfrak{a}) = (\mathfrak{o}, \mathfrak{a} - \mathfrak{o}) = a'_1\, a''_2 \ldots a_n^{(n)}, \qquad (18)$$

wo das Product rechter Hand zugleich die *Determinante* der n^2 Coefficienten $a_s^{(r)}$ ist. Diese Zahl $(\mathfrak{o}, \mathfrak{a})$ ist von Null verschieden, wenn keine der n Zahlen $a_r^{(r)}$ in (16) verschwindet, und bedeutet dann die Anzahl der in $\mathfrak{o}$ enthaltenen, nach $\mathfrak{a}$ incongruenten Zahlen ω'; erinnert man sich der Bedeutung des obigen Restsystems (2), und lässt $x_1, x_2 \ldots x_n$ alle ganzen Zahlen durchlaufen, welche den Bedingungen

$$0 \leqq x_r < a_r^{(r)} \qquad (19)$$

genügen, so folgt aus den genannten Sätzen des vorigen Paragraphen leicht, dass die entsprechenden Zahlen

$$\omega' = x_1\,\omega_1 + x_2\,\omega_2 + \cdots + x_n\,\omega_n \qquad (20)$$

ein *Restsystem von* $\mathfrak{o}$ *nach* $\mathfrak{a}$ bilden*). —

Die in (4) enthaltene Zurückführung einer mehrgliedrigen Basis auf eine eingliedrige bildet nur einen besonderen Fall eines sehr wichtigen allgemeinen Satzes, in welchem der Begriff des endlichen Moduls sich mit dem des *irreducibelen Systems* (§. 164) verbindet; wir bemerken aber (wie schon am Schluss von §. 167), dass dieser letztere Begriff hier und in der Folge stets auf den Körper der *rationalen* Zahlen zu beziehen ist. Unser Satz lautet:

VI. *Jeder endliche, von Null verschiedene Modul besitzt eine irreducibele Basis.*

Um dies zu beweisen, nehmen wir an, es liege ein m-gliedriger Modul

$$\mathfrak{a} = [\mu_1, \mu_2 \ldots \mu_m] \qquad (21)$$

mit einer *reducibelen* Basis vor, welche aus m Zahlen μ_s besteht, die nicht alle verschwinden. Bedeutet nun n die *grösste* Anzahl von einander unabhängiger Zahlen, die man aus diesen m Zahlen μ_s und folglich (nach §. 164) aus dem Modul $\mathfrak{a}$ auswählen kann, so lassen sie sich sämmtlich in der Form

$$\mu_s = c_1^{(s)}\,\omega_1 + c_2^{(s)}\,\omega_2 + \cdots + c_n^{(s)}\,\omega_n \qquad (22)$$

darstellen, wo die n Zahlen ω_r ein irreducibeles System bilden,

---

*) Vergl. das Beispiel in §. 159, S. 445 bis 447.

und die $m\,n$ Coefficienten $c_r^{(s)}$ ganze rationale Zahlen sind; denn da wir annehmen dürfen, dass z. B. die ersten n Zahlen $\mu_1, \mu_2 \ldots \mu_n$ ein irreducibeles System bilden, so ist jede der m Zahlen μ_s, weil sie mit jenen ein reducibeles System bildet, von der Form

$$\mu_s = e_1^{(s)}\,\mu_1 + e_2^{(s)}\,\mu_2 + \cdots + e_n^{(s)}\,\mu_n,$$

wo die $m\,n$ Coefficienten $e_r^{(s)}$ rationale, im Allgemeinen gebrochene Zahlen bedeuten; nun kann man immer eine natürliche Zahl c so wählen, dass alle Producte $c\,e_r^{(s)}$ ganze Zahlen $c_r^{(s)}$ werden, und wenn man

$$\mu_1 = c\,\omega_1,\ \mu_2 = c\,\omega_2 \ldots \mu_n = c\,\omega_n$$

setzt, so nehmen die vorhergehenden Gleichungen wirklich die Form (22) an, und die n Zahlen ω_r bilden ebenfalls ein irreducibeles System. Nachdem dies nachgewiesen ist, leuchtet ein, dass der Modul $\mathfrak{a}$ durch den n-gliedrigen Modul (13) theilbar und folglich selbst ein n-gliedriger Modul von der Form (15) ist, dessen Basis aus n Zahlen α_r von der Form (17) besteht und gewiss *irreducibel* ist, weil sonst je n Zahlen in $\mathfrak{a}$ ein reducibeles System bilden würden, w. z. b. w.

An den Beweis des vorstehenden Satzes knüpfen wir die folgende Beschreibung eines einfachen Verfahrens*), durch welches man die aus *m gegebenen* Zahlen μ_s von der Form (22) bestehende Basis des Moduls $\mathfrak{a}$ in eine irreducibele, aus n Zahlen α_r von der Form (17) bestehende Basis überführen kann. Die m Coefficienten $c_n', c_n'' \ldots c_n^{(m)}$, mit welchen die letzte Zahl ω_n in den m Gleichungen (22) multiplicirt ist, können gewiss nicht alle verschwinden, weil sonst (nach §. 164, III) schon je n der m Zahlen μ_s ein reducibeles System bilden würden; sind nun von diesen m Coefficienten $c_n^{(s)}$ *mindestens zwei* von Null verschieden, z. B. c_n' und c_n'', und ist (absolut genommen) $c_n' \geqq c_n''$, so kann man (nach §. 4) die ganze rationale Zahl x so wählen, dass $c_n' + x\,c_n'' < c_n''$, also auch $< c_n'$ wird. Nun bleibt offenbar der Modul $\mathfrak{a}$ in (21) ungeändert, wenn man das erste Glied μ_1 seiner Basis durch $\mu_1 + x\,\mu_2$ ersetzt, alle anderen $\mu_2, \mu_3 \ldots \mu_m$ aber beibehält, d. h. es ist

$$\mathfrak{a} = [\mu_1, \mu_2 \ldots \mu_m] = [\mu_1 + x\,\mu_2, \mu_2 \ldots \mu_m]; \qquad (23)$$

hiermit ist das System der $m\,n$ Coefficienten $c_r^{(s)}$ in (22) nur in-

*) Die Kenntniss desselben ist unerlässlich für Diejenigen, welche bestimmte Beispiele in der Theorie der Moduln und Ideale zu berechnen haben. Vergl. §. 176.

sofern abgeändert, als an Stelle der n Coefficienten c'_r die Coefficienten $c'_r + x c''_r$ getreten sind, und von diesen ist der letzte $c'_n + x c''_n$ absolut *kleiner* als der frühere c'_n. Durch wiederholte Anwendung solcher elementaren Transformationen (23) wird man endlich zu einer neuen Basis von m Gliedern gelangen, von denen $m - 1$ in dem nach (14) mit $\mathfrak{o}_{n-1}$ zu bezeichnenden Modul enthalten sind, während ein einziges Glied α_n von der Form (17) ist, und zwar kann man den Coefficienten $a_n^{(n)}$, welcher offenbar der grösste gemeinsame Theiler der m Coefficienten $c_n^{(s)}$ ist, *positiv* annehmen, weil α_n auch durch $-\alpha_n$ ersetzt werden darf. In derselben Weise kann man nun, indem man α_n ungeändert lässt, die übrigen, in $\mathfrak{o}_{n-1}$ enthaltenen $m - 1$ Glieder der neuen Basis transformiren, bis alle Coefficienten von ω_{n-1} mit Ausnahme eines einzigen $a_{n-1}^{(n-1)}$ verschwinden, welcher in einem Gliede α_{n-1} auftritt. Durch Fortsetzung dieses Verfahrens gelangt man endlich zu einer Basis von m Gliedern, unter denen sich n Zahlen α_r von der Form (17) befinden, während die übrigen $m - n$ Glieder $= 0$ sind und deshalb gänzlich unterdrückt werden dürfen.

Nachdem auf diese Weise die Basis (22) wirklich durch eine Kette elementarer Transformationen (23), von denen sich mehrere auch gleichzeitig ausführen lassen, in eine Basis (17) übergeführt ist, in welcher die n Coefficienten $a_r^{(r)}$ (nach §. 164, III) von Null verschieden sind und als positiv angenommen werden dürfen, während alle Coefficienten $a_s^{(r)} = 0$ sind, in denen $s > r$, kann man offenbar durch fernere Anwendung von elementaren Transformationen (23) noch erreichen, dass alle anderen Coefficienten, in denen $s < r$, der Bedingung $0 \leqq a_s^{(r)} < a_s^{(s)}$ genügen, und man überzeugt sich leicht, dass hierdurch das System der Coefficienten $a_s^{(r)}$ vollständig bestimmt ist, dass also der Modul $\mathfrak{a}$ nur eine *einzige* solche Basis besitzt. Ausserdem leuchtet ein, dass das ganze Verfahren auch auf den Fall anwendbar ist, wo $m = n$, also der Modul $\mathfrak{a}$ schon in (21) durch eine irreducibele Basis dargestellt ist. Ein Beispiel, auf welches wir später (in §. 176) zurückkommen werden, möge zur Erläuterung dienen:

$$\begin{aligned} & [21\,\omega_1,\ 12\,\omega_1 + 3\,\omega_2,\ 14\,\omega_1 + 7\,\omega_2,\ 3\,\omega_1 + 6\,\omega_2] \\ = & [21\,\omega_1,\ 12\,\omega_1 + 3\,\omega_2,\ -10\,\omega_1 + \omega_2,\ -21\,\omega_1] \\ = & [21\,\omega_1,\ 42\,\omega_1,\ -10\,\omega_1 + \omega_2,\ -21\,\omega_1] \\ = & [21\,\omega_1,\ 0,\ -10\,\omega_1 + \omega_2,\ 0] \\ = & [21\,\omega_1,\ -10\,\omega_1 + \omega_2] = [21\,\omega_1,\ 11\,\omega_1 + \omega_2] \end{aligned}$$

Aehnlich findet man:

$[21\omega_1, 7\omega_1+7\omega_2, 9\omega_1+3\omega_2, -2\omega_1+4\omega_2] = [21\omega_1, 10\omega_1+\omega_2]$

$[3\omega_1, \omega_1+\omega_2, 2\omega_1+\omega_2, -\omega_1+\omega_2] = [\omega_1, \omega_2]$

$[7\omega_1, 3\omega_1+\omega_2, 4\omega_1+\omega_2, \omega_1+\omega_2] = [\omega_1, \omega_2]$

$[\omega_1+2\omega_2, -10\omega_1+\omega_2] = [21\omega_1, 11\omega_1+\omega_2]$

$[\omega_1-2\omega_2, 10\omega_1+\omega_2] = [21\omega_1, 10\omega_1+\omega_2]$.

Wenn nun ein Modul $\mathfrak{a}$, welcher durch (21) und (22) als Vielfaches des Moduls $\mathfrak{o}$ in (13) dargestellt wird, durch das angegebene Verfahren in die Form (15) übergeführt ist, so folgt aus (18) auch der Werth der *Classenanzahl* $(\mathfrak{o}, \mathfrak{a})$; aber es ist sehr wichtig, dass man dieselbe auch *unmittelbar* aus den Coefficienten $c_r^{(s)}$ in (22), nämlich durch die aus ihnen gebildeten *Determinanten* n^{ten} Grades bestimmen kann. Bedeutet σ irgend eine Combination von n der m Zahlen $s = 1, 2 \ldots m$, so wollen wir mit $C(\sigma)$ die entsprechende Determinante bezeichnen, welche aus den n^2 zugehörigen Coefficienten $c_r^{(s)}$ gebildet und natürlich eine ganze rationale Zahl ist; die Anzahl dieser Combinationen σ und Determinanten $C(\sigma)$ ist bekanntlich

$$= \frac{m(m-1)\ldots(m-n+1)}{1 \,.\, 2 \quad \ldots \quad n}.$$

Wie verändern sich nun diese Determinanten bei der in (23) dargestellten Transformation der Basis? Bezeichnet man mit σ_1 alle diejenigen Combinationen σ, in denen die Zahl 1, aber nicht 2 auftritt, und mit σ_2 alle anderen Combinationen, so leuchtet ein, dass, wenn μ_1 durch $\mu_1 + x\mu_2$ ersetzt wird, alle Determinanten $C(\sigma_2)$ ungeändert bleiben, während $C(\sigma_1)$ in eine Summe von der Form $C(\sigma_1) + x\,C(\sigma_2)$ übergeht. Hieraus folgt offenbar, dass der *grösste gemeinsame Theiler* C *aller Determinanten* $C(\sigma)$ vor wie nach der Transformation (23) derselbe ist und folglich bis zum Schlusse des ganzen Verfahrens ungeändert erhalten bleibt. Da nun die letzte Basis aus den n Zahlen α_r in (17) und aus $m-n$ Nullen besteht, so giebt es nur noch eine einzige von Null verschiedene Determinante (18), und folglich ist

$$(\mathfrak{o}, \mathfrak{a}) = C. \tag{24}$$

Bei dem Beweise dieses Satzes haben wir eben nur die einfachsten Sätze über Determinanten benutzt; zu demselben Resultate gelangt man auch auf folgendem Wege, der etwas tiefere Kenntnisse voraussetzt. Die doppelte Darstellung desselben Moduls $\mathfrak{a}$

durch (21) und (15) ist nach der Bedeutung unserer Symbole nur ein kurzer Ausdruck dafür, dass m Gleichungen

$$\mu_s = p_1^{(s)}\,\alpha_1 + p_2^{(s)}\,\alpha_2 + \cdots + p_n^{(s)}\,\alpha_n \tag{25}$$

und n Gleichungen

$$\alpha_r = q_r'\,\mu_1 + q_r''\,\mu_2 + \cdots + q_r^{(m)}\,\mu_m \tag{26}$$

bestehen, wo alle Coefficienten $p_r^{(s)}$ und $q_r^{(s)}$ ganze rationale Zahlen bedeuten *). Da nun die n Zahlen α_r ein irreducibeles System bilden, so ergiebt sich durch Substitution von (25) in (26), dass die Summe

$$p_t'\,q_r' + p_t''\,q_r'' + \cdots + p_t^{(m)}\,q_r^{(m)} = 1 \text{ oder } = 0 \tag{27}$$

ist, je nachdem die in der Reihe $1, 2 \ldots n$ enthaltenen Zahlen t, r gleich oder verschieden sind. Hieraus folgt nach einem bekannten Satze der Determinanten-Theorie die Gleichung

$$\Sigma\, P(\sigma)\; Q(\sigma) = 1, \tag{28}$$

wo σ jede Combination von n der m Zahlen $s = 1, 2 \ldots m$ durchläuft, und $P(\sigma)$, $Q(\sigma)$ die zugehörigen, aus den Coefficienten $p_r^{(s)}$, $q_r^{(s)}$ gebildeten Determinanten n^{ten} Grades bedeuten; mithin sind die Determinanten $P(\sigma)$ — und ebenso die Determinanten $Q(\sigma)$ — *Zahlen ohne gemeinsamen Theiler*. Substituirt man ferner (17) in (25), so folgt durch Vergleichung mit (22):

$$c_r^{(s)} = p_1^{(s)}\,a_r' + p_2^{(s)}\,a_r'' + \cdots + p_n^{(s)}\,a_r^{(n)}, \tag{29}$$

und hieraus mit Rücksicht auf (18):

$$C(\sigma) = (\mathfrak{o}, \mathfrak{a})\, P(\sigma), \tag{30}$$

wodurch unser Satz (24) abermals bewiesen ist.

Wir wenden uns nun noch zu dem wichtigen Fall $m = n$ und sprechen den besonderen, in (24) enthaltenen Satz **) so aus:

---

*) Das oben beschriebene Verfahren liefert durch Zusammensetzung aller Transformationen (23) und deren Umkehrung immer ein solches System von Coefficienten p, q; die allgemeinste Lösung der Aufgabe, alle solche Systeme zu finden, besteht in der Verallgemeinerung einer Methode, welche von *Gauss* in einigen besonderen Fällen angewendet ist (D. A. artt. 234, 236, 279). Der Fall $n = 1$ ist oben schon in den Gleichungen (4) bis (7) behandelt.

**) Wenn unter den Elementen $c_r^{(s)}$ der Determinante C sich auch *gebrochene* rationale Zahlen befinden, also $\mathfrak{a}$ *nicht* theilbar durch $\mathfrak{o}$ ist, so gilt der allgemeinere Satz $(\mathfrak{o}, \mathfrak{a}) = \pm\,(\mathfrak{a}, \mathfrak{o})\,C$, und zwar ist der umgekehrte Werth von $(\mathfrak{a}, \mathfrak{o})$ vollständig bestimmt als der grösste gemeinsame Theiler der Determinante C und aller ihrer Unterdeterminanten, zu denen auch

VII. *Sind die irreducibelen Basen zweier n-gliedrigen Moduln*

$$\mathfrak{o} = [\omega_1, \omega_2 \ldots \omega_n], \; \mathfrak{a} = [\mu_1, \mu_2 \ldots \mu_n]$$

durch n Gleichungen von der Form

$$\mu_s = c_1^{(s)}\,\omega_1 + c_2^{(s)}\,\omega_2 + \cdots + c_n^{(s)}\,\omega_n$$

mit einander verbunden, wo die Coefficienten $c_r^{(s)}$ *ganze rationale Zahlen bedeuten, so ist deren Determinante*

$$C = \pm (\mathfrak{o}, \mathfrak{a}). \tag{31}$$

Wir schliessen diesen, der Modultheorie gewidmeten Abschnitt mit der folgenden Betrachtung. Es leuchtet ein, dass jeder von Null verschiedene Modul $\mathfrak{n}$ — mag er endlich sein oder nicht — unendlich viele verschiedene Vielfache $\mathfrak{m}$ besitzt, und dass man sogar unendliche Ketten von solchen Vielfachen $\mathfrak{m}, \mathfrak{m}_1, \mathfrak{m}_2 \ldots$ bilden kann, deren jedes ein *echter Theiler* des nächstfolgenden ist; denn wenn ω eine beliebige, von Null verschiedene Zahl in $\mathfrak{n}$ bedeutet, so bilden die Moduln $[\omega]$, $[2\omega]$, $[4\omega]$, $[8\omega] \ldots$ offenbar eine solche Kette. Es wird daher auf den ersten Blick vielleicht auffallen, dass ein *endlicher* Modul $\mathfrak{n}$ keine unendliche Kette von Vielfachen $\mathfrak{a}_1, \mathfrak{a}_2, \mathfrak{a}_3 \ldots$ besitzen kann, in welcher jeder Modul ein *echtes Vielfaches* des nächstfolgenden wäre. In der That besteht folgender Satz, von welchem wir bald (in §. 173) eine wichtige Anwendung machen werden:

VIII. *Sind alle Moduln der unendlichen Kette* $\mathfrak{a}_1, \mathfrak{a}_2, \mathfrak{a}_3 \ldots$ *theilbar durch den endlichen Modul* $\mathfrak{n}$, *und ist jeder von ihnen theilbar durch den nächstfolgenden, so sind von einer bestimmten Stelle an alle folgenden Moduln* $\mathfrak{a}_n, \mathfrak{a}_{n+1}, \mathfrak{a}_{n+2} \ldots$ *mit einander identisch.*

Denn der grösste gemeinsame Theiler aller dieser Moduln $\mathfrak{a}$, den man (nach §. 169) zweckmässig durch $\mathfrak{a}_\infty$ bezeichnen kann, ist theilbar durch ihren gemeinsamen Theiler $\mathfrak{n}$, mithin ebenfalls ein endlicher Modul $[\alpha_1, \alpha_2 \ldots \alpha_m]$, und da jede in $\mathfrak{a}_\infty$ enthaltene Zahl auch in einem Modul $\mathfrak{a}_r$ und folglich in allen folgenden $\mathfrak{a}_{r+1}$, $\mathfrak{a}_{r+2} \ldots$ enthalten ist, so muss es auch einen solchen Modul $\mathfrak{a}_n$ geben, welcher die sämmtlichen m Zahlen $\alpha_1, \alpha_2 \ldots \alpha_m$ enthält, aus denen

---

die Zahl 1 als Determinante 0ten Grades zu rechnen ist; dies ergiebt sich leicht aus den obigen Sätzen durch Betrachtung des Moduls $\mathfrak{a} + \mathfrak{o}$. Ist endlich $C = 0$, so bilden die n Zahlen μ_s ein reducibeles System, und die Gleichung (31) bleibt gültig.

die Basis von $\mathfrak{a}_\infty$ besteht; dann ist $\mathfrak{a}_\infty$ theilbar durch $\mathfrak{a}_n$, und da umgekehrt $\mathfrak{a}_n$ durch $\mathfrak{a}_\infty$ theilbar ist, so muss $\mathfrak{a}_n$ und ebenso jeder folgende Modul $\mathfrak{a}_{n+1}, \mathfrak{a}_{n+2} \ldots$ mit $\mathfrak{a}_\infty$ identisch sein, w. z. b. w.

§. 173.

Wir nennen, wie schon früher (am Schluss von §. 167) bemerkt ist, eine Zahl ω eine *algebraische Zahl* schlechthin, wenn die hinreichend weit fortgesetzte Reihe der Potenzen $1, \omega, \omega^2 \ldots \omega^{n-1}, \omega^n$ ein *reducibeles* System bildet, d, h. wenn ω einer Gleichung von der Form

$$\omega^n + a_1 \omega^{n-1} + \cdots + a_{n-1}\, \omega + a_n = 0 \qquad (1)$$

genügt, deren Coefficienten a_r *rationale* Zahlen sind. Indem wir uns jetzt dem eigentlichen Gegenstande unserer Untersuchung zuwenden, theilen wir den unendlichen Körper aller algebraischen Zahlen in zwei wesentlich verschiedene Theile ein: wir nennen eine solche Zahl ω eine *ganze algebraische Zahl* oder kürzer eine *ganze Zahl* *), wenn sie einer Gleichung von der Form (1) genügt, deren höchster Coefficient $= 1$, und deren übrige Coefficienten a_r *ganze* rationale Zahlen sind; jede andere algebraische Zahl soll eine *gebrochene Zahl* heissen.

Vor Allem müssen wir uns versichern, dass der neue, erweiterte Begriff der ganzen Zahl mit dem alten, engeren Sinne desselben Wortes niemals in Widerspruch gerathen kann. Bezeichnen wir auch ferner mit $\mathfrak{z}$ den Inbegriff [1] aller ganzen rationalen Zahlen, so leuchtet zunächst ein, dass jede solche Zahl a auch eine ganze algebraische Zahl ω, nämlich die Wurzel der Gleichung $\omega - a = 0$ ist; wir müssen aber auch umgekehrt beweisen, dass jede ganze algebraische Zahl ω, welche zugleich dem Körper R der rationalen Zahlen angehört, auch in $\mathfrak{z}$ enthalten ist. Dies geschieht leicht auf folgende Weise. Da ω eine ganze algebraische Zahl ist, so genügt sie einer Gleichung von der Form (1) mit ganzen rationalen Coefficienten a_r; da sie zugleich rational, also ein Quotient ist, dessen Zähler b und Nenner c in $\mathfrak{z}$ enthalten und zwar relative Primzahlen sind, so

---

*) Vergl. §. 160 der *zweiten* Auflage dieses Werkes (1871); ob dieselben Benennungen schon früher in diesem Sinne gebraucht sind, ist mir nicht bekannt.

ergiebt sich durch Multiplication der Gleichung (1) mit c^n, dass die Potenz b^n, welche ebenfalls relative Primzahl zu c ist, durch c theilbar ist; mithin muss $c = \pm 1$, also $\omega = \pm b$ sein, w. z. b. w.

Genau auf dieselbe Weise würde sich zeigen lassen, dass jede ganze algebraische Zahl ω, welche dem in §. 159 behandelten Körper J angehört, nothwendig eine ganze complexe Zahl, d. h. in dem Modul $[1, i]$ enthalten ist, und umgekehrt leuchtet ein, dass jede solche ganze complexe Zahl $\omega = x + yi$ eine Wurzel der Gleichung

$$\omega^2 - 2x\omega + (x^2 + y^2) = 0$$

und folglich eine ganze algebraische Zahl ist.

Um jedes Missverständniss zu verhüten, bemerken wir ferner, dass, wenn unter den rationalen Coefficienten a_r in (1) sich auch gebrochene Zahlen befinden, dennoch ω eine ganze Zahl sein, also einer anderen Gleichung mit lauter ganzen Coefficienten genügen kann. So z. B. genügt die Zahl $\omega = \sqrt{2} = 1,414\ldots$ der Gleichung

$$\omega^3 + \tfrac{1}{2}\,\omega^2 - 2\omega - 1 = 0,$$

in welcher ein Coefficient gebrochen ist; sie genügt aber auch der Gleichung $\omega^2 - 2 = 0$ und ist folglich eine ganze Zahl. Doch werden wir am Schlusse dieses Paragraphen beweisen, dass die Gleichung (1), wenn sie eine ganze Wurzel ω besitzt und zugleich *irreducibel* ist, nothwendig lauter *ganze* Coefficienten a_r haben muss; und aus diesem Satze folgt offenbar wieder das, was wir eben über die ganzen Zahlen der Körper R und J bemerkt haben.

Wenn aber ω eine gebrochene Zahl ist, und folglich die Coefficienten a_r der Gleichung (1) nicht alle ganz sind, so kann man eine natürliche Zahl c so wählen, dass die Producte ca_r, also auch die Producte $b_r = a_r c^r$ ganze Zahlen werden; multiplicirt man nun (1) mit c^n und setzt $c\omega = \beta$, so erhält man

$$\beta^n + b_1\beta^{n-1} + \cdots + b_{n-1}\beta + b_n = 0,$$

und folglich ist β eine ganze Zahl. Wir können daher folgenden Satz aussprechen:

I. *Jede gebrochene Zahl lässt sich durch Multiplication mit einer natürlichen Zahl in eine ganze Zahl verwandeln.*

Unsere obige Erklärung einer ganzen Zahl lässt sich nun, wenn man die Begriffe und Bezeichnungen der vorausgeschickten

Theorie der *Moduln* zuzieht, in mehrere Formen bringen, die für die nächsten Beweisführungen von grossem Nutzen sind. Setzen wir zur Abkürzung den aus einer *beliebigen* Zahl ω gebildeten m-gliedrigen Modul

$$[\omega^{m-1}, \omega^{m-2} \dots \omega, 1] = (\omega)_m, \tag{2}$$

so ist $(\omega)_m$ *stets theilbar durch* $(\omega)_{m+1} = [\omega^m] + (\omega)_m$; ist aber ω eine *ganze* Zahl, also eine Wurzel einer Gleichung von der Form (1) mit ganzen rationalen Coefficienten a_r, so ist ω^n in $(\omega)_n$ enthalten, also $(\omega)_{n+1}$ *theilbar durch* $(\omega)_n$, und folglich

$$(\omega)_n = (\omega)_{n+1}; \tag{3}$$

umgekehrt folgt aus einer solchen Identität (3) offenbar, dass ω einer Gleichung (1) mit ganzen rationalen Coefficienten a_r genügt, also eine *ganze* Zahl ist. Zugleich leuchtet ein, dass dann auch alle folgenden Moduln $(\omega)_{n+2}, (\omega)_{n+3} \dots$ mit $(\omega)_n$ identisch sind.

Ein endlicher, von Null verschiedener Modul $\mathfrak{a}$ soll im Folgenden eine *Hülle der Zahl* ω heissen, wenn $\mathfrak{a}\,\omega > \mathfrak{a}$, also ω in der *Ordnung* $\mathfrak{a}^0$ enthalten ist (§. 170); dann wird der Charakter einer ganzen Zahl auf die einfachste Weise durch den folgenden Satz *) ausgesprochen:

II. *Eine Zahl ist dann und nur dann eine ganze Zahl, wenn sie eine Hülle besitzt.*

Der Beweis des zweiten Theils ergiebt sich leicht aus dem Vorhergehenden; denn wenn ω eine ganze Zahl ist, so besteht eine Identität von der Form (3), und da $(\omega)_{n+1} = \omega(\omega)_n + \mathfrak{z}$ stets ein Theiler des Productes $\omega(\omega)_n$ ist, so ist $(\omega)_n$ eine Hülle von ω. Um auch den ersten Theil zu beweisen, nehmen wir an, der von Null verschiedene Modul

$$\mathfrak{a} = [\alpha_1, \alpha_2 \dots \alpha_n]$$

sei eine Hülle der Zahl ω, d. h. es bestehen n Gleichungen von der Form

$$\omega\alpha_r = a_{r,1}\alpha_1 + a_{r,2}\alpha_2 + \dots + a_{r,n}\alpha_n,$$

wo alle Coefficienten $a_{r,s}$ ganze rationale Zahlen bedeuten; da nun die n Zahlen α_r nicht alle verschwinden, so ergiebt sich durch ihre Elimination bekanntlich die Determinanten-Gleichung

*) Vergl. die Anmerkung zu S. 481—482 in der *dritten* Auflage dieses Werkes (1879).

$$\begin{vmatrix} a_{1,1} - \omega \ldots a_{1,n} \\ \ldots\ldots\ldots\ldots \\ a_{n,1} \quad \ldots a_{n,n} - \omega \end{vmatrix} = 0,$$

deren Entwickelung offenbar zu einer Gleichung von der Form (1) mit ganzen rationalen Coefficienten a_r führt, und folglich ist ω eine ganze Zahl, w. z. b. w.

So kurz sich dieser Beweis durch die Zuziehung der Theorie der Determinanten gestaltet, so muss man doch zugestehen, dass diese Theorie dem eigentlichen Inhalte des Satzes gänzlich fern steht; es wird daher hoffentlich nicht überflüssig erscheinen, wenn wir diesen Theil des Satzes und seinen Beweis in die folgende Form einkleiden:

III. *Die Ordnung* $\mathfrak{a}^0$ *eines jeden endlichen, von Null verschiedenen Moduls* $\mathfrak{a}$ *ist ebenfalls ein solcher Modul und besteht aus lauter ganzen Zahlen* ω.

Wählt man aus $\mathfrak{a}$ irgend eine von Null verschiedene Zahl α und bedenkt, dass nach dem Satze (23) in §. 170 immer $\mathfrak{a}\mathfrak{a}^0 = \mathfrak{a}$ ist, so folgt $\alpha\mathfrak{a}^0 > \mathfrak{a}$, mithin ist $\mathfrak{a}^0$ theilbar durch den endlichen Modul $\mathfrak{a}\alpha^{-1}$ und folglich (nach §. 172) ebenfalls ein *endlicher* Modul. Da (nach §. 170) jede Ordnung ein Theiler des Moduls $\mathfrak{z}$ ist, und die in ihr enthaltenen Zahlen sich auch durch Multiplication reproduciren, so sind, wenn ω eine Zahl in $\mathfrak{a}^0$ bedeutet, alle in (2) definirten Moduln $(\omega)_m$ theilbar durch $\mathfrak{a}^0$, und da zugleich jeder solche Modul $(\omega)_m$ durch den nächstfolgenden $(\omega)_{m+1}$ theilbar ist, so muss nach dem Schlusssatze des vorigen Paragraphen endlich eine Identität von der Form (3) eintreten, und folglich ist ω eine ganze Zahl, w. z. b. w.

Hieraus geht auch hervor, dass gleichzeitig mit dem Modul $\mathfrak{a}$ auch dessen Ordnung $\mathfrak{a}^0$ eine Hülle der Zahl ω ist, weil $\mathfrak{a}^0$ ein endlicher, von Null verschiedener Modul ist, dessen Zahlen sich durch Multiplication reproduciren, so dass auch $\omega\mathfrak{a}^0 > \mathfrak{a}^0$ ist. Wichtiger ist aber die andere Bemerkung, dass, wenn $\mathfrak{n}$ einen willkürlichen endlichen, von Null verschiedenen Modul bedeutet, auch das Product $\mathfrak{a}\mathfrak{n}$ eine Hülle von ω ist, weil aus $\mathfrak{a}\omega > \mathfrak{a}$ auch $\mathfrak{a}\mathfrak{n}\omega > \mathfrak{a}\mathfrak{n}$ folgt. Sind daher $\alpha_1, \alpha_2 \ldots \alpha_n$ irgend welche ganze Zahlen in endlicher Anzahl, die resp. die Hüllen $\mathfrak{a}_1, \mathfrak{a}_2 \ldots \mathfrak{a}_n$ besitzen, so ist das Product $\mathfrak{a} = \mathfrak{a}_1\mathfrak{a}_2 \ldots \mathfrak{a}_n$ eine *gemeinsame* Hülle dieser Zahlen. Hieraus ergeben sich unmittelbar die folgenden Sätze:

IV. *Die ganzen Zahlen reproduciren sich durch Addition, Subtraction und Multiplication.*

Denn je zwei ganze Zahlen α_1, α_2 besitzen eine gemeinsame Hülle $\mathfrak{a}$ und sind folglich in deren Ordnung $\mathfrak{a}^0$ enthalten; da nun diese Ordnung $\mathfrak{a}^0$ (nach III) aus lauter ganzen Zahlen besteht, die sich (nach §. 170) durch Addition, Subtraction, Multiplication reproduciren, so sind auch die Zahlen $\alpha_1 + \alpha_2$, $\alpha_1 - \alpha_2$, $\alpha_1 \alpha_2$ in $\mathfrak{a}^0$ enthalten und folglich ganze Zahlen, w. z. b. w.

V. *Genügt eine Zahl ω einer Gleichung von der Form*

$$\omega^n + \alpha_1 \omega^{n-1} + \cdots + \alpha_{n-1} \omega + \alpha_n = 0, \tag{4}$$

deren höchster Coefficient $= 1$, *und deren übrige Coefficienten* α_r *ganze Zahlen sind, so ist auch ω eine ganze Zahl.*

Denn wenn $\mathfrak{a}$ eine gemeinsame Hülle der Coefficienten α_r ist, so ergiebt sich leicht, dass das Product $\mathfrak{a}(\omega)_n$ eine Hülle von ω ist. In der That, bedeutet α irgend eine Zahl in $\mathfrak{a}$, so sind die n Producte $\alpha \alpha_r$ in $\mathfrak{a}$ enthalten, und hieraus folgt nach (4), dass $\alpha \omega^n$ in $\mathfrak{a}(\omega)_n$ enthalten, mithin $\mathfrak{a} \omega^n > \mathfrak{a}(\omega)_n$ ist; da ferner $\omega(\omega)_n > (\omega)_{n+1} = [\omega^n] + (\omega)_n$ ist, so folgt $\omega \mathfrak{a}(\omega)_n > \mathfrak{a}(\omega)_{n+1}$ $= \mathfrak{a} \omega^n + \mathfrak{a}(\omega)_n$, also $\omega \mathfrak{a}(\omega)_n > \mathfrak{a}(\omega)_n$, w. z. b. w.

Als einen speciellen Fall, von welchem oft Gebrauch zu machen ist, erwähnen wir, dass jede Wurzel $\sqrt[n]{\alpha}$ aus einer ganzen Zahl α eine ganze Zahl ist. Hierauf beweisen wir den folgenden wichtigen Satz:

VI. *Jeder endliche, von Null verschiedene Modul* $\mathfrak{m}$, *der aus ganzen oder gebrochenen algebraischen Zahlen besteht, kann durch Multiplication mit einem Modul* $\mathfrak{n}$, *dessen Zahlen aus denen von* $\mathfrak{m}$ *auf rationale Weise gebildet sind, in einen Modul* $\mathfrak{m}\mathfrak{n}$ *verwandelt werden, welcher aus lauter ganzen Zahlen besteht und ein Theiler des Moduls* $\mathfrak{z}$ *ist.*

Ist $\mathfrak{m}$ *eingliedrig* $= [\alpha]$, so genügt der Modul $\mathfrak{n} = [\alpha^{-1}]$ dem Satze, weil $\mathfrak{m}\mathfrak{n} = \mathfrak{z}$ wird. Liegt ein *zweigliedriger* Modul

$$\mathfrak{m} = [\alpha, \beta] \tag{5}$$

vor, wo α, β algebraische Zahlen und von Null verschieden sind, so besteht, weil ihr Quotient ebenfalls algebraisch ist, eine homogene Gleichung von der Form

$$c_0 \alpha^n + c_1 \alpha^{n-1} \beta + \cdots + c_{n-1} \alpha \beta^{n-1} + c_n \beta^n = 0, \tag{6}$$

deren Coefficienten c_s ganze rationale Zahlen ohne gemeinsamen Theiler sind, was nach unserer Bezeichnung kurz durch

$$[c_0, c_1 \ldots c_{n-1}, c_n] = \mathfrak{z} \tag{7}$$

ausgedrückt wird. Es ist vortheilhaft, die Reihe dieser Coefficienten nach beiden Seiten in der Weise fortzusetzen, dass immer $c_s = 0$ ist, wenn s grösser als n oder negativ ist. Sodann bilden wir eine entsprechende Reihe von Zahlen ν_s, indem wir

$$\beta \nu_{s+1} - \alpha \nu_s = c_s \tag{8}$$

und das Anfangsglied

$$\nu_0 = 0 \tag{9}$$

setzen; hierdurch sind alle diese Zahlen ν_s vollständig bestimmt, und zwar sind sie auf rationale Weise aus α und β gebildet*). Zunächst ergiebt sich, dass auch $\nu_s = 0$ ist, wenn s grösser als n oder negativ ist; das Letztere folgt unmittelbar aus (8) und (9), wenn man s die Zahlen $-1, -2, -3 \ldots$ durchlaufen lässt; setzt man ferner

$$\gamma_s = \alpha^{n-s+1} \beta^s \nu_s, \text{ also } \gamma_0 = 0,$$

so wird zufolge (8)

$$c_s \alpha^{n-s} \beta^s = \gamma_{s+1} - \gamma_s,$$

und hieraus ergiebt sich mit Rücksicht auf (6), dass $\gamma_{n+1} = \gamma_0 = 0$, also auch $\nu_{n+1} = 0$ ist; setzt man weiter $s = n + 1$, $n + 2 \ldots$, so folgt aus (8), dass auch alle folgenden Zahlen $\nu_{n+2}, \nu_{n+3} \ldots$ verschwinden. Nun ist leicht zu zeigen, dass der n-gliedrige Modul

$$\mathfrak{n} = [\nu_1, \nu_2 \ldots \nu_n] \tag{10}$$

die im Satze angegebenen Eigenschaften besitzt. In der That folgt zunächst aus (7) und (8), dass der Modul $\mathfrak{z}$ *durch* $\mathfrak{m}\mathfrak{n}$ *theilbar*, also auch $\mathfrak{n}$ von Null verschieden ist. Multiplicirt man ferner (8) mit ν_{r+1}, so folgt

$$\beta \nu_{r+1} \nu_{s+1} \equiv \alpha \nu_{r+1} \nu_s \pmod{\mathfrak{n}} \tag{11}$$

und hieraus durch Vertauschung von r mit s

$$\alpha \nu_{r+1} \nu_s \equiv \alpha \nu_r \nu_{s+1} \pmod{\mathfrak{n}};$$

mithin sind alle diejenigen Producte $\alpha \nu_p \nu_q$, in denen die Summe $p + q$ einen und denselben Werth hat, einander congruent nach $\mathfrak{n}$, und da unter diesen Producten sich auch solche befinden, die

*) Die leicht herzustellenden Ausdrücke für die Zahlen ν_s sind hier völlig entbehrlich.

$= 0$ sind (wie z. B. $\alpha\nu_0\nu_{p+q}$), so sind sie *alle* in $\mathfrak{n}$ enthalten, und zufolge (11) gilt dasselbe von *allen* Producten $\beta\nu_p\nu_q$. Mithin ist der Modul $\mathfrak{m}\mathfrak{n}^2$ theilbar durch $\mathfrak{n}$, also $\mathfrak{m}\mathfrak{n}$ theilbar durch die Ordnung $\mathfrak{n}^0$ des endlichen, von Null verschiedenen Moduls $\mathfrak{n}$, und folglich besteht $\mathfrak{m}\mathfrak{n}$ aus lauter *ganzen* Zahlen, womit unser Satz auch für den Fall eines *zweigliedrigen* Moduls $\mathfrak{m}$ bewiesen ist.

Wir machen nun, wenn $m > 2$ ist, die Annahme, der Satz sei für jeden endlichen algebraischen Modul $\mathfrak{m}$ bewiesen, dessen Basis aus weniger als m Gliedern besteht, und brauchen nur zu zeigen, dass er dann auch für jeden m-gliedrigen Modul $\mathfrak{m}$ gilt. Zu diesem Zwecke bedienen wir uns der früher (§. 170, (13)) bewiesenen Identität:

$$(\mathfrak{a}+\mathfrak{b}+\mathfrak{c})(\mathfrak{b}\mathfrak{c}+\mathfrak{c}\mathfrak{a}+\mathfrak{a}\mathfrak{b}) = (\mathfrak{b}+\mathfrak{c})(\mathfrak{c}+\mathfrak{a})(\mathfrak{a}+\mathfrak{b})$$

in folgender Weise. Wir vertheilen die (von Null verschiedenen) m Zahlen, aus denen die Basis von $\mathfrak{m}$ besteht, nach Belieben in drei Gruppen, doch so, dass jede Gruppe wenigstens eine dieser Zahlen enthält, und bezeichnen mit $\mathfrak{a}$, $\mathfrak{b}$, $\mathfrak{c}$ die drei Moduln, deren Basen aus je einer dieser Gruppen bestehen, wodurch

$$\mathfrak{m} = \mathfrak{a}+\mathfrak{b}+\mathfrak{c}$$

wird. Da nun die von Null verschiedenen Moduln $\mathfrak{b}+\mathfrak{c}$, $\mathfrak{c}+\mathfrak{a}$, $\mathfrak{a}+\mathfrak{b}$ nur algebraische Zahlen, nämlich Zahlen des Moduls $\mathfrak{m}$ enthalten, und ihre Basen aus höchstens $m-1$ Gliedern bestehen, so kann man nach unserer Annahme drei Moduln $\mathfrak{a}'$, $\mathfrak{b}'$, $\mathfrak{c}'$, deren Zahlen auf rationale Weise aus denen von $\mathfrak{m}$ gebildet sind, so wählen, dass jeder der drei Moduln $(\mathfrak{b}+\mathfrak{c})\mathfrak{a}'$, $(\mathfrak{c}+\mathfrak{a})\mathfrak{b}'$, $(\mathfrak{a}+\mathfrak{b})\mathfrak{c}'$, und *folglich* auch ihr Product

$$\mathfrak{m}(\mathfrak{b}\mathfrak{c}+\mathfrak{c}\mathfrak{a}+\mathfrak{a}\mathfrak{b})\mathfrak{a}'\mathfrak{b}'\mathfrak{c}'$$

nur ganze Zahlen enthält und zugleich ein Theiler von $\mathfrak{z}$ wird. Mithin genügt der Modul

$$\mathfrak{n} = (\mathfrak{b}\mathfrak{c}+\mathfrak{c}\mathfrak{a}+\mathfrak{a}\mathfrak{b})\mathfrak{a}'\mathfrak{b}'\mathfrak{c}',$$

dessen Zahlen ebenfalls auf rationale Weise aus denen von $\mathfrak{m}$ gebildet sind, unserem Satze, w. z. b. w.

Derselbe Satz kann, wie man leicht findet, auch in folgender Weise ausgesprochen werden:

VII. *Aus je m algebraischen Zahlen μ_r, die nicht alle verschwinden, kann man auf rationale Weise m Zahlen ν_s ableiten, welche der Gleichung*

$$\mu_1 \nu_1 + \mu_2 \nu_2 + \cdots + \mu_m \nu_m = 1 \qquad (12)$$

und ausserdem der Bedingung genügen, dass alle m^2 *Producte* $\mu_r \nu_s$ *ganze Zahlen sind.*

Wir bemerken zugleich, dass, wenn die gegebenen algebraischen Zahlen μ_r überhaupt eine Lösung der Gleichung

$$\mu_1 \xi_1 + \mu_2 \xi_2 + \cdots + \mu_m \xi_m = 1 \qquad (13)$$

durch *ganze* Zahlen ξ_r zulassen, es gewiss auch eine solche Lösung innerhalb des Körpers $R(\mu_1, \mu_2 \ldots \mu_m)$ giebt; denn wenn man (13) mit jeder der eben mit ν_r bezeichneten Zahlen multiplicirt, so ergiebt sich, dass diese Zahlen ν_r ebenfalls *ganze* Zahlen sind.

Wir schliessen mit dem folgenden Satze:

VIII. *Jede mit einer ganzen Zahl* θ *conjugirte Zahl ist eine ganze Zahl; bedeutet ferner* A *irgend einen Körper, und* t *eine Variabele, so hat die zu* θ *gehörige, nach* A *irreducibele Function*

$$f(t) = t^n + a_1 t^{n-1} + \cdots + a_{n-1} t + a_n,$$

welche mit $t - \theta$ *verschwindet, lauter ganze Coefficienten* a_r.

Denn weil θ eine ganze Zahl ist, so giebt es eine ganze Function $f_1(t)$, welche mit $t - \theta$ verschwindet und lauter *ganze rationale* Coefficienten c_s hat, deren höchster $= 1$ ist. Bedeutet nun π eine Permutation irgend eines Körpers M, in welchem θ enthalten ist, so folgt aus $f_1(\theta) = 0$, weil $c_s \pi = c_s$ ist, auch $f_1(\theta)\pi = f_1(\theta\pi) = 0$, mithin ist jede mit θ conjugirte Zahl $\theta\pi$ eine ganze Zahl. Da ferner (nach den auf den Satz IX in §. 164 folgenden Bemerkungen) $f_1(t)$ durch $f(t)$ theilbar ist, so genügt jede Wurzel η der Gleichung $f(\eta) = 0$ auch der Gleichung $f_1(\eta) = 0$ und ist folglich eine ganze Zahl; mithin müssen (nach IV) auch die in A enthaltenen Zahlen $\pm a_r$, welche bekanntlich durch Addition und Multiplication aus diesen n Wurzeln η gebildet sind, ganze algebraische Zahlen sein, w. z. b. w.

§. 174.

Eine ganze Zahl α heisst *theilbar* durch eine ganze Zahl β, wenn $\alpha = \beta\gamma$, und γ ebenfalls eine ganze Zahl ist, und ebenso übertragen wir die anderen Ausdrucksarten, welche in der Theorie der rationalen Zahlen zur Bezeichnung der Theilbarkeit einer Zahl durch eine andere gebräuchlich sind, auf unser Gebiet *aller* ganzen Zahlen. Zunächst ergeben sich wieder dieselben beiden *Elementarsätze:*

I. *Sind* α *und* β *theilbar durch* μ, *so sind auch die Zahlen* $\alpha + \beta$ *und* $\alpha - \beta$ *theilbar durch* μ.

II. *Ist* $\varkappa$ *theilbar durch* λ, *und* λ *theilbar durch* μ, *so ist auch* $\varkappa$ *theilbar durch* μ.

Die Beweise derselben beruhen offenbar auf der im vorigen Paragraphen bewiesenen Reproduction der ganzen Zahlen durch Addition, Subtraction und Multiplication (vergl. §§. 3, 159).

Unter einer *Einheit* verstehen wir jede ganze Zahl, welche in der Zahl 1 und folglich auch in jeder ganzen Zahl aufgeht. Offenbar ist ein Product von beliebig vielen Einheiten immer wieder eine Einheit, und da der reciproke Werth einer Einheit, ferner jede Wurzel aus einer Einheit ebenfalls eine Einheit ist, so reproduciren sich die Einheiten durch Multiplication, Division und Wurzelausziehung. Es giebt unendlich viele Einheiten; denn jede Wurzel einer Gleichung, deren höchster und niedrigster Coefficient Einheiten, und deren übrige Coefficienten beliebige ganze Zahlen sind, ist immer wieder eine Einheit.

Wenn zwei ganze, von Null verschiedene Zahlen α, β gegenseitig durch einander theilbar sind, so sind ihre beiden Quotienten ganze Zahlen und zwar Einheiten, weil ihr Product $= 1$ ist. Es ist folglich $\beta = \alpha\varepsilon$, wo ε eine Einheit bedeutet; umgekehrt, wenn dies der Fall ist, so ist $1 = \varepsilon\varepsilon'$, wo ε' ebenfalls eine Einheit bedeutet, und folglich $\alpha = \beta\varepsilon'$. Zwei solche Zahlen α, β sollen *associirte* Zahlen heissen; aus dieser Definition ergiebt sich sofort, dass zwei mit einer dritten associirte Zahlen auch mit einander associirt sind, und hierauf beruht die Möglichkeit einer Eintheilung aller ganzen Zahlen in Systeme von associirten Zahlen, in der Weise, dass zwei beliebige ganze Zahlen demselben oder zwei verschiedenen Systemen zugetheilt werden, je nachdem sie associirt sind oder nicht. So lange es sich nur um die Theilbarkeit der Zahlen handelt, verhalten sich alle mit einander associirten Zahlen wie eine einzige Zahl; denn, wenn α durch μ theilbar ist, so ist auch jede mit α associirte Zahl theilbar durch jede mit μ associirte Zahl.

Die Definition von relativen Primzahlen kann auf verschiedene Arten gefasst werden; diejenige, welche uns augenblicklich am weitesten führen wird, obwohl sie etwas formell ist und deshalb wohl nicht als die beste bezeichnet werden darf, lautet folgendermaassen: Zwei ganze Zahlen α, β heissen *relative Primzahlen*, wenn es zwei ganze Zahlen ξ, η giebt, welche der Bedingung

$$\alpha\xi + \beta\eta = 1$$

genügen*). In der That gewinnt man hieraus leicht die folgenden Sätze:

Ist α relative Primzahl zu β und zu γ, so *ist α auch relative Primzahl zu dem Product $\beta\gamma$.*

Denn zufolge der Annahme existiren ganze Zahlen ξ, η, ξ', η', welche den Bedingungen

$$\alpha\xi + \beta\eta = 1, \ \alpha\xi' + \gamma\eta' = 1$$

genügen, und hieraus folgt durch Multiplication die Existenz von zwei ganzen Zahlen

$$\xi'' = \alpha\xi\xi' + \beta\eta\xi' + \gamma\xi\eta', \ \eta'' = \eta\eta',$$

welche der Bedingung

$$\alpha\xi'' + (\beta\gamma)\eta'' = 1$$

genügen, was zu beweisen war. Durch wiederholte Anwendung dieses Satzes ergiebt sich seine Verallgemeinerung:

Ist jede der Zahlen $\alpha_1, \alpha_2, \alpha_3 \ldots$ relative Primzahl zu jeder der Zahlen $\beta_1, \beta_2 \ldots$, so sind die Producte $\alpha_1\alpha_2\alpha_3 \ldots$ und $\beta_1\beta_2 \ldots$ relative Primzahlen.

Multiplicirt man ferner die obige Gleichung, welche ausdrückt, dass α, β relative Primzahlen sind, mit einer beliebigen ganzen Zahl ω, so erhält man $\omega = \alpha\omega\xi + \beta\omega\eta$, woraus sich ohne Weiteres die folgenden Sätze ergeben:

Sind α, β relative Primzahlen, und ist $\beta\omega$ theilbar durch α, so ist auch ω theilbar durch α.

Ist ω ein gemeinschaftliches Multiplum von zwei relativen Primzahlen α, β, so ist ω auch durch das Product $\alpha\beta$ theilbar.

Es leuchtet ferner ein, dass, wenn α, β relative Primzahlen sind, auch jeder Divisor von α relative Primzahl zu jedem Divisor von β ist, und so liessen sich noch sehr viele andere Sätze aus den vorhergehenden durch Combination ableiten, die wir aber übergehen, weil sie uns doch keinen wesentlichen Dienst leisten würden. Auf einen Punct müssen wir indessen hier noch auf-

*) Zufolge der bei (13) in §. 173 gemachten Bemerkung können diese ganzen Zahlen ξ, η dem Körper $R(\alpha, \beta)$ entnommen werden.

merksam machen. Offenbar ergiebt sich aus der obigen Definition auch der folgende Satz:

Jeder gemeinschaftliche Divisor von zwei relativen Primzahlen ist nothwendig eine Einheit.

Ob aber auch die Umkehrung dieses Satzes gilt, ob also zwei ganze Zahlen, welche ausser den Einheiten keine gemeinschaftlichen Divisoren besitzen, immer relative Primzahlen im Sinne der obigen Definition sind, dies zu entscheiden sind wir mit den augenblicklich uns zu Gebote stehenden Hülfsmitteln noch nicht im Stande. Erst später (§. 181) wird uns dies gelingen, und zwar werden wir folgenden allgemeinen Satz beweisen:

Zwei beliebige ganze Zahlen α, β besitzen immer einen gemeinschaftlichen Divisor δ, welcher in der Form $\alpha\xi + \beta\eta$ darstellbar ist, wo ξ, η ganze Zahlen bedeuten, und diese Zahl δ wird folglich durch jeden gemeinschaftlichen Theiler von α und β theilbar sein.

Hieraus ergiebt sich dann sofort, dass die eben aufgeworfene Frage zu bejahen ist, und man wird die obige Definition, ohne ihren Inhalt zu ändern, durch folgende einfachere ersetzen können: zwei ganze Zahlen heissen relative Primzahlen, wenn sie ausser den Einheiten keinen gemeinschaftlichen Divisor besitzen.

Wenden wir uns bei dieser vorläufigen Orientirung im Gebiete aller ganzen Zahlen endlich noch zu dem Begriffe der *Primzahl*, so würden wir nach Analogie der Theorie der rationalen Zahlen unter einer Primzahl eine solche ganze Zahl α verstehen, welche keine Einheit ist, und deren sämmtliche Divisoren entweder Einheiten oder mit α associirt sind. Allein es folgt aus dem Satze V des vorigen Paragraphen, dass diese Bedingungen einen Widerspruch enthalten, dass also eine solche Zahl gar nicht existiren kann; denn wenn die ganze Zahl α keine Einheit ist, so ist auch die ganze Zahl $\sqrt{\alpha}$ keine Einheit, und sie ist auch nicht associirt mit α, aber sie ist ein Divisor von α. Ueberhaupt geht aus dem genannten Satze leicht hervor, dass jede ganze Zahl, die keine Einheit ist, immer und zwar auf unendlich viele wesentlich verschiedene Arten in eine beliebig vorgeschriebene Anzahl von ganzen Factoren zerlegt werden kann, von denen keiner eine Einheit ist. In dem von uns bis jetzt betrachteten, aus *allen* ganzen Zahlen bestehenden Gebiete findet daher eine unbeschränkte Zerlegbarkeit statt.

Das System aller ganzen Zahlen ist ein Theil des Körpers aller algebraischen Zahlen; um nun von diesem Körper, in welchem die ganzen Zahlen eine unbeschränkte Zerlegbarkeit besitzen, zu solchen Gebieten zu gelangen, innerhalb deren die Zerlegbarkeit eine begrenzte ist, müssen wir diejenigen Körper betrachten, welche wir (am Schlusse von §. 167) schlechthin *endliche Körper* genannt haben. Mit diesen werden wir uns von jetzt ab ausschliesslich beschäftigen.

§. 175.

Es sei Ω ein endlicher Körper n^{ten} Grades; derselbe besitzt, wie schon früher (am Schlusse von §. 167) bemerkt ist, n und nur n verschiedene Permutationen $\pi_1, \pi_2 \dots \pi_n$, unter denen sich auch die identische Permutation befindet, und wir wollen, wenn ω irgend eine Zahl in Ω bedeutet, die conjugirten Zahlen $\omega\pi_1, \omega\pi_2 \dots \omega\pi_n$ kurz mit $\omega', \omega'' \dots \omega^{(n)}$ bezeichnen. Nach den in §. 167 aufgestellten Definitionen ist dann

$$S(\omega) = \omega' + \omega'' + \cdots + \omega^{(n)} \tag{1}$$

$$N(\omega) = \omega' \omega'' \dots \omega^{(n)} \tag{2}$$

$$\Delta(\alpha_1, \alpha_2 \dots \alpha_n) = (\Sigma \pm \alpha_1' \alpha_2'' \dots \alpha_n^{(n)})^2 \tag{3}$$

$$\Delta(\omega\alpha_1, \omega\alpha_2 \dots \omega\alpha_n) = N(\omega)^2 \Delta(\alpha_1, \alpha_2 \dots \alpha_n) \tag{4}$$

wo $\alpha_1, \alpha_2 \dots \alpha_n$ irgend welche n Zahlen des Körpers bedeuten, und alle diese Spuren, Normen und Discriminanten sind *rationale* Zahlen. Die Norm von ω verschwindet nur dann, wenn $\omega = 0$ ist, und die Discriminante (3) ist stets und nur dann von Null verschieden, wenn die n Zahlen α_r ein irreducibeles System und folglich eine Basis von Ω bilden, durch welche jede in Ω enthaltene Zahl ω in der Form

$$\omega = x_1\alpha_1 + x_2\alpha_2 + \cdots + x_n\alpha_n \tag{5}$$

mit *rationalen* Coordinaten x_r darstellbar ist. Wenn ferner die n Zahlen $\beta_1, \beta_2 \dots \beta_n$ ebenfalls eine Basis von Ω bilden, so bestehen n Gleichungen von der Form:

$$\alpha_r = c_{r,1}\beta_1 + c_{r,2}\beta_2 + \cdots + c_{r,n}\beta_n \tag{6}$$

mit *rationalen* Coefficienten $c_{r,s}$, und wenn deren Determinante mit C bezeichnet wird, so ist

$$\Delta(\alpha_1, \alpha_2 \dots \alpha_n) = C^2 \Delta(\beta_1, \beta_2 \dots \beta_n). \tag{7}$$

Hieran knüpfen wir die folgende Betrachtung. Setzen wir

$$\mathfrak{a} = [\alpha_1, \alpha_2 \dots \alpha_n], \ \mathfrak{b} = [\beta_1, \beta_2 \dots \beta_n], \tag{8}$$

so sind $\mathfrak{a}$, $\mathfrak{b}$ endliche, in Ω enthaltene Moduln, deren Basen zugleich Basen von Ω sind, und umgekehrt leuchtet ein (nach §. 172, VI), dass jeder endliche, in Ω enthaltene Modul, unter dessen Zahlen sich auch n von einander unabhängige befinden, gewiss von der Form (8) ist. Hieraus folgt leicht, dass

$$\mathfrak{a} + \mathfrak{b}, \ \mathfrak{a}\mathfrak{b}, \ \mathfrak{a} - \mathfrak{b}, \ \mathfrak{b} : \mathfrak{a}, \ \mathfrak{a}^0, \ \mathfrak{b}^0$$

ebenfalls solche Moduln sind; von den beiden ersten leuchtet dies unmittelbar ein; wählt man ferner eine natürliche Zahl m so, dass alle Producte $m c_{r,s}$ ganze Zahlen werden, so sind die n von einander unabhängigen Producte $m\alpha_r$ in $\mathfrak{a} - \mathfrak{b}$ enthalten, mithin hat der Modul $\mathfrak{a} - \mathfrak{b}$ dieselbe Eigenschaft, weil er als Vielfaches von $\mathfrak{a}$ zugleich endlich ist; dasselbe gilt auch von dem Quotienten $\mathfrak{b} : \mathfrak{a}$, weil er das kleinste gemeinsame Vielfache der n Moduln $\mathfrak{b}\alpha_r^{-1}$ ist, mithin auch von den Ordnungen $\mathfrak{a}^0$, $\mathfrak{b}^0$.

Da die Moduln $\mathfrak{a}$, $\mathfrak{b}$ (nach §. 172, VII) stets und nur dann mit einander identisch sind, wenn alle Coefficienten $c_{r,s}$ in (6) ganze Zahlen sind, und ausserdem ihre Determinante $C = \pm 1$ ist, so folgt aus (7), dass alle Basen eines und desselben Moduls $\mathfrak{a}$ eine und dieselbe Discriminante besitzen; diese von der Wahl der Basis gänzlich unabhängige Zahl wollen wir daher die *Discriminante des Moduls* $\mathfrak{a}$ nennen und mit $\Delta(\mathfrak{a})$ bezeichnen*) Nehmen wir jetzt nur noch an, $\mathfrak{a}$ sei *theilbar* durch $\mathfrak{b}$, so sind die Coefficienten $c_{r,s}$ in (6) ganze Zahlen, und da (nach §. 172, VII) ihre Determinante $C = \pm (\mathfrak{b}, \mathfrak{a})$ ist, so nimmt die Gleichung (7) die Form $\Delta(\mathfrak{a}) = (\mathfrak{b}, \mathfrak{a})^2 \Delta(\mathfrak{b})$ an. Sind endlich $\mathfrak{a}, \mathfrak{b}$ zwei *beliebige* Moduln von der Form (8), so ergiebt sich hieraus, weil $(\mathfrak{a}, \mathfrak{a} - \mathfrak{b}) = (\mathfrak{a}, \mathfrak{b})$ ist, der allgemeinste Satz

*) Auf dieselbe Weise ergiebt sich aus den Gleichungen (5) und (36) in §. 167, dass die zu allen Basen des Moduls $\mathfrak{a}$ complementären Basen auch Basen eines und desselben Moduls sind, den man deshalb das *Complement von* $\mathfrak{a}$ nennen und mit $\mathfrak{a}'$ bezeichnen kann; umgekehrt ist dann $\mathfrak{a}$ das Complement von $\mathfrak{a}'$, und $\Delta(\mathfrak{a})\,\Delta(\mathfrak{a}') = 1$. Verbindet man ferner die dortigen Sätze über complementäre Systeme ebenfalls mit dem Satze VII in §. 172, so erhält man die wichtigen Sätze

$$(\mathfrak{a}, \mathfrak{b}) = (\mathfrak{b}', \mathfrak{a}'), \ (\mathfrak{a} + \mathfrak{b})' = \mathfrak{a}' - \mathfrak{b}', \ (\mathfrak{a}\,\omega)' = \mathfrak{a}'\,\omega^{-1}, \ (\mathfrak{a}\mathfrak{b})' = \mathfrak{a}' : \mathfrak{b},$$

welche in meiner (in §. 167 citirten) Abhandlung *Ueber die Discriminanten endlicher Körper* weiter verfolgt sind.

$$\Delta(\mathfrak{a}-\mathfrak{b}) = (\mathfrak{a}, \mathfrak{b})^2 \Delta(\mathfrak{a}) = (\mathfrak{b}, \mathfrak{a})^2 \Delta(\mathfrak{b}), \tag{9}$$

zugleich folgen mit Rücksicht auf (7) und (4) die Sätze*):

$$\frac{(\mathfrak{b}, \mathfrak{a})}{(\mathfrak{a}, \mathfrak{b})} = \sqrt{\frac{\Delta(\mathfrak{a})}{\Delta(\mathfrak{b})}} = \pm C \tag{10}$$

$$(\mathfrak{b}, \mathfrak{c})(\mathfrak{c}, \mathfrak{a})(\mathfrak{a}, \mathfrak{b}) = (\mathfrak{c}, \mathfrak{b})(\mathfrak{a}, \mathfrak{c})(\mathfrak{b}, \mathfrak{a}) \tag{11}$$

$$\frac{(\mathfrak{a}, \mathfrak{a}\omega)}{(\mathfrak{a}\omega, \mathfrak{a})} = \sqrt{\frac{\Delta(\mathfrak{a}\omega)}{\Delta(\mathfrak{a})}} = \pm N(\omega), \tag{12}$$

und wenn $(\mathfrak{a}\omega, \mathfrak{a}) = 1$, also $\mathfrak{a}\omega > \mathfrak{a}$, und folglich ω eine Zahl der Ordnung $\mathfrak{a}^0$ ist, so ist $(\mathfrak{a}, \mathfrak{a}\omega) = \pm N(\omega)$. —

Alle im Körper Ω enthaltenen Zahlen sind *algebraisch* und zerfallen daher in *ganze* und *gebrochene* Zahlen. Wir bezeichnen mit $\mathfrak{o}$ *den Inbegriff aller ganzen Zahlen des Körpers* Ω, und unsere Aufgabe besteht darin, *die Gesetze der Theilbarkeit der Zahlen* innerhalb dieses Gebietes $\mathfrak{o}$ zu entwickeln. Da die Summen, Differenzen und Producte von je zwei solchen Zahlen (nach §. 173, IV) wieder ganze Zahlen und in Ω, also auch in $\mathfrak{o}$ enthalten sind, so ist $\mathfrak{o}$ ein *Modul*, und $\mathfrak{o}^2 > \mathfrak{o}$, und da alle rationalen Zahlen in Ω enthalten sind, also auch $\mathfrak{z} > \mathfrak{o}$ ist, so ist dieser Modul $\mathfrak{o}$ (nach §. 170) eine *Ordnung*, mithin

$$\mathfrak{o}^2 = \mathfrak{o}. \tag{13}$$

Es kommt nun vor allen Dingen darauf an, einen deutlichen Ueberblick über die Ausdehnung dieses Zahlengebietes $\mathfrak{o}$ zu gewinnen. Zunächst ergiebt sich leicht, dass man immer, und zwar auf unendlich viele Arten, eine *ganze Basis*, d. h. eine Basis von Ω finden kann, welche aus lauter *ganzen* Zahlen besteht. Denn wenn man ein beliebiges irreducibeles System von n Zahlen $\omega_1, \omega_2 \ldots \omega_n$ aus Ω gewählt hat, so giebt es (nach §. 173, I) n natürliche Zahlen $c_1, c_2 \ldots c_n$ von der Art, dass die n Producte $\alpha_r = c_r \omega_r$ ganze Zahlen werden, und offenbar bilden dieselben ebenfalls ein irreducibeles System. Nimmt man dasselbe als Basis von Ω, so leuchtet ein, dass alle diejenigen Zahlen ω in (5), deren Coordinaten x_r ganze Zahlen sind, d. h. alle Zahlen des Moduls $\mathfrak{a}$ in (8) gewiss ganze Zahlen sind, also $\mathfrak{a}$ *durch* $\mathfrak{o}$ *theilbar* ist; jeden solchen Modul $\mathfrak{a}$ wollen wir einen *ganzen* Modul nennen.

---

*) Vergl. die Anmerkungen auf S. 522, 511.

Da ferner alle mit einer ganzen Zahl conjugirte Zahlen (nach §. 173, VIII) ebenfalls ganze Zahlen sind, so ist die rationale und von Null verschiedene Discriminante $\Delta(\mathfrak{a})$ nothwendig eine *ganze* Zahl, weil sie nach (3) aus lauter ganzen Zahlen $\alpha_r^{(s)}$ durch Addition, Subtraction und Multiplication gebildet ist. Bedeutet nun ω irgend eine Zahl in $\mathfrak{o}$, so wird sie nach (5) immer in der Form

$$\omega = \frac{m_1 \alpha_1 + m_2 \alpha_2 + \cdots + m_n \alpha_n}{m} \tag{14}$$

darstellbar sein, wo $m, m_1, m_2 \ldots m_n$ ganze rationale Zahlen *ohne gemeinschaftlichen Theiler* bedeuten, deren erste, m, positiv angenommen werden darf; dann ist (nach §. 172, III) offenbar $\mathfrak{a} - [\omega] = [m\omega]$, und wenn man $\mathfrak{b} = \mathfrak{a} + [\omega]$ setzt, so ist $m = (\mathfrak{b}, \mathfrak{a})$, und $(\mathfrak{a}, \mathfrak{b}) = 1$, also zufolge (9):

$$\Delta(\mathfrak{a}) = m^2 \Delta(\mathfrak{b}); \tag{15}$$

da ferner der Modul $\mathfrak{b}$ gewiss wieder von der Form (8) und zwar ein ganzer Modul ist, so können wir folgenden Satz aussprechen:

I. *Ist $\mathfrak{a}$ ein endlicher und ganzer Modul, dessen Basis zugleich eine Basis des Körpers Ω bildet, und ist m der kleinste natürliche Factor, durch welchen eine ganze Zahl ω in eine Zahl $m\omega$ des Moduls $\mathfrak{a}$ verwandelt wird, so ist die Discriminante $\Delta(\mathfrak{a})$ theilbar durch m^2, und der Quotient ist die Discriminante $\Delta(\mathfrak{b})$ des ganzen Moduls $\mathfrak{b} = \mathfrak{a} + [\omega]$.*

Da nun die Discriminanten aller dieser Moduln $\mathfrak{a}, \mathfrak{b} \ldots$ ganze rationale Zahlen und von Null verschieden sind, so muss es auch einen solchen Modul $\mathfrak{a}$ geben, dessen Discriminante $\Delta(\mathfrak{a})$, absolut genommen, ein *Minimum* ist, und aus dem vorhergehenden Satze leuchtet ein, dass jede ganze Zahl ω nothwendig in diesem ganzen Modul $\mathfrak{a}$ enthalten, und folglich $\mathfrak{a} = \mathfrak{o}$ sein muss. Wir haben daher den folgenden Fundamentalsatz gewonnen:

II. *Der Inbegriff $\mathfrak{o}$ aller ganzen Zahlen eines endlichen Körpers Ω ist ein endlicher Modul, dessen Basis zugleich eine Basis von Ω bildet.*

Nächst dem *Grade n* ist nun diese Minimal-Discriminante von der grössten Bedeutung für die Beschaffenheit des Körpers Ω; wir wollen sie deshalb die *Grundzahl* oder auch die *Discriminante von Ω* nennen und immer mit D bezeichnen, also

$$D = \Delta(\mathfrak{o}) \tag{16}$$

setzen; für jeden ganzen Modul $\mathfrak{a}$ von der obigen Beschaffenheit gilt dann zufolge (9) der Satz:

$$\Delta(\mathfrak{a}) = D(\mathfrak{o}, \mathfrak{a})^2. \tag{17}$$

Im einfachsten Falle $n = 1$, wo Ω der Körper R der rationalen Zahlen, also $\mathfrak{o} = \mathfrak{z} = [1]$ ist, hat man $D = 1$ zu setzen.

Zur Erläuterung wollen wir das nächstliegende Beispiel, den Fall eines *quadratischen* Körpers Ω betrachten. Jede Wurzel θ einer irreducibelen quadratischen Gleichung lässt sich auf die Form $a + b\sqrt{d}$ bringen, wo d eine ganze rationale, positive oder negative Zahl bedeutet, welche durch kein Quadrat (ausser 1) theilbar und auch nicht $= +1$ ist, während a, b rationale Zahlen sind, deren letztere nicht verschwindet. Alle in Ω enthaltenen, d. h. durch θ rational darstellbaren Zahlen sind dann von der Form $\alpha = t + u\sqrt{d}$, wo t, u willkürliche rationale Zahlen bedeuten. Durch die nicht identische Permutation des Körpers geht $\sqrt{d}$ in $-\sqrt{d}$, also α in die conjugirte Zahl $\alpha' = t - u\sqrt{d}$ über, welche ebenfalls in Ω enthalten ist; mithin ist Ω ein Normalkörper (§. 166). Die ganzen Zahlen 1 und $\sqrt{d}$ sind von einander unabhängig, und da ihre Discriminante

$$\Delta(1, \sqrt{d}) = \begin{vmatrix} 1, & \sqrt{d} \\ 1, & -\sqrt{d} \end{vmatrix}^2 = 4d$$

durch keine Quadratzahl m^2 ausser 1 und 4 theilbar ist, so schliessen wir aus den obigen Sätzen, dass die Grundzahl D des Körpers entweder $= 4d$ oder $= d$ ist, und das Letztere wird stets und nur dann eintreten, wenn es in Ω eine ganze Zahl $\omega = \frac{1}{2}(x + y\sqrt{d})$ giebt, wo x, y ganze rationale Zahlen bedeuten, die nicht beide gerade sind. Um diese Möglichkeit zu prüfen, dürfen wir uns diese Zahlen x, y schon auf ihre kleinsten Reste 0 oder 1 nach dem Modul 2 reducirt denken; offenbar kann y nicht $= 0$ sein, weil sonst auch $x = 0$ sein müsste, und von den beiden übrigen Zahlen $\omega = \frac{1}{2}\sqrt{d}$ und $\omega = \frac{1}{2}(1 + \sqrt{d})$ ist die erstere gebrochen, weil ihr Quadrat keine ganze Zahl ist; die letztere genügt der irreducibelen Gleichung

$$\omega^2 - \omega + \tfrac{1}{4}(1 - d) = 0$$

und ist folglich dann und nur dann eine ganze Zahl, wenn $d \equiv 1 \pmod{4}$ ist. Hieraus ergiebt sich also:

$$\mathfrak{o} = [1, \sqrt{d}],\ D = 4d, \text{ wenn } d \equiv 2 \text{ oder } 3 \pmod{4} \tag{18}$$

$$\mathfrak{o} = \left[1, \frac{1 + \sqrt{d}}{2}\right],\ D = d, \text{ wenn } d \equiv 1 \pmod{4} \tag{19}$$

und in beiden Fällen

$$\mathfrak{o} = \left[1, \frac{D + \sqrt{D}}{2}\right]. \tag{20}$$

Es giebt 61 quadratische Körper, deren Grundzahlen D absolut genommen kleiner als 100 sind; unter diesen Zahlen D sind 30 positive Zahlen:

5, 8, 12, 13, 17, 21, 24, 28, 29, 33, 37, 40, 41, 44, 53,
56, 57, 60, 61, 65, 69, 73, 76, 77, 85, 88, 89, 92, 93, 97

und die absoluten Werthe der 31 negativen Zahlen D sind:

3, 4, 7, 8, 11, 15, 19, 20, 23, 24, 31, 35, 39, 40, 43, 47,
51, 52, 55, 56, 59, 67, 68, 71, 79, 83, 84, 87, 88, 91, 95.

Die Grundzahl des Körpers J (§. 159) ist $= -4$ *).

§. 176.

Das Gebiet $\mathfrak{o}$ aller ganzen Zahlen ω, welche in einem Körper Ω vom Grade n enthalten sind, und mit denen wir uns im Folgenden ausschliesslich beschäftigen, besitzt einige allgemeine Eigenschaften, welche denen der früher behandelten speciellen Gebiete [1] und [1, i] genau entsprechen. Wir wollen diese Analogie zunächst verfolgen, um sodann diejenige wesentlich neue Erscheinung hervorzuheben, welche uns zur Einführung neuer Begriffe nöthigen wird.

Wir wiederholen zunächst, dass die Zahlen ω, zu denen auch alle ganzen rationalen Zahlen gehören, sich durch Addition, Subtraction und Multiplication reproduciren; wenn ferner von zwei solchen Zahlen λ, μ die erstere durch die letztere *theilbar*

*) Um schon hier einen Begriff von der Bedeutung der Grundzahl D zu geben, wollen wir nur darauf aufmerksam machen, dass (zufolge §. 52, I — IV) die natürlichen Primzahlen p, von welchen d quadratischer Rest ist, immer in arithmetischen Reihen von der kleinsten Differenz D enthalten sind; diese Zahlen p verlieren in dem quadratischen Körper Ω den eigentlichen Primzahl-Charakter, und dem in *dieser* Form ausgesprochenen Gesetze fügt sich auch die Zahl $p = 2$ (vergl. §. 186). Dies aus dem Reciprocitätssatze abgeleitete Gesetz der Vertheilung in arithmetische Reihen hängt wesentlich damit zusammen, dass Ω ein Divisor desjenigen Kreistheilungs-Körpers $R(\theta)$ ist, welcher aus der Gleichung $\theta^D = 1$ entspringt, während aus jeder Gleichung $\theta^m = 1$, deren Grad m absolut $< D$, immer ein Körper $R(\theta)$ entspringt, welcher die Zahl $\sqrt{d}$ *nicht* enthält.

ist (§. 174), so ist $\lambda = \mu\nu$, und die Zahl ν gehört demselben Gebiete $\mathfrak{o}$ an. Zugleich leuchtet ein, dass in $\mathfrak{o}$ die beiden *Elementarsätze* der Theilbarkeit gelten, die wir früher (§. 174, I und II) für das Gebiet aller ganzen algebraischen Zahlen bewiesen haben.

Die Spur $S(\mu)$ und die Norm $N(\mu)$ einer Zahl μ des Gebietes $\mathfrak{o}$ sind *ganze* rationale Zahlen, weil sie aus den n mit μ conjugirten Zahlen, die (zufolge §. 173, VIII) ebenfalls ganze Zahlen sind, durch Addition und Multiplication gebildet sind. Zugleich folgt aus dem (in §. 167, (4) bewiesenen) Satze

$$N(\mu\nu) = N(\mu)N(\nu) \tag{1}$$

der häufig anzuwendende, aber nicht umzukehrende Satz:

I. *Ist λ theilbar durch μ, so ist auch $N(\lambda)$ theilbar durch $N(\mu)$.*

Die Norm besitzt nun eine äusserst wichtige Bedeutung, welche mit dem folgenden Begriffe zusammenhängt. Zwei Zahlen α, β heissen *congruent* in Bezug auf die Zahl μ, den *Modulus*, wenn ihre Differenz $\alpha - \beta$ durch μ theilbar ist, und wir bezeichnen dies durch die *Congruenz*

$$\alpha \equiv \beta \pmod{\mu}; \tag{2}$$

wir nennen dagegen die Zahlen $\alpha, \beta, \gamma \ldots$ *incongruent* nach μ, wenn keine von ihnen mit einer der übrigen congruent ist. Aus der oben erwähnten Reproduction unserer Zahlen ω durch Addition, Subtraction und Multiplication folgt, dass man beliebig viele solche Congruenzen, die sich auf einen und denselben Modul μ beziehen, addiren, subtrahiren und multipliciren darf, wie Gleichungen (vergl. §. 17). Da nun *der Inbegriff aller durch μ theilbaren Zahlen $\omega\mu$* offenbar identisch mit dem *Modul $\mathfrak{o}\mu$* ist (§. 170), so stimmt die Congruenz (2) gänzlich überein mit

$$\alpha \equiv \beta \pmod{\mathfrak{o}\mu}, \tag{3}$$

und folglich ist die Anzahl aller nach μ incongruenten Zahlen zugleich die Anzahl $(\mathfrak{o}, \mathfrak{o}\mu)$ aller auf den Modul $\mathfrak{o}\mu$ bezüglichen Zahlclassen, aus welchen $\mathfrak{o}$ besteht; da ferner $\mathfrak{o}\mu > \mathfrak{o}$, also $(\mathfrak{o}\mu, \mathfrak{o}) = 1$ ist, so folgt aus (12) in §. 175 der Satz:

II. *Die Anzahl aller nach μ incongruenten Zahlen ist*

$$(\mathfrak{o}, \mathfrak{o}\mu) = \pm N(\mu). \tag{4}$$

Hierbei ist vorausgesetzt, dass μ und folglich auch $N(\mu)$ von Null verschieden ist; wenn aber μ verschwindet, so ist die

Anzahl der incongruenten Zahlen offenbar unendlich gross, und die Gleichung (4) bleibt richtig, wenn $(\mathfrak{o}, \mathfrak{o}\mu)$ wieder $= 0$ gesetzt wird (§. 171); doch wollen wir diesen uninteressanten Fall im Folgenden ausschliessen. Die Betrachtung der Moduln von der Form $\mathfrak{o}\mu$ wird uns auch in der Folge grosse Dienste leisten, und ihre Bedeutung für unsere Aufgabe spricht sich schon in dem folgenden Satze aus:

III. *Die Theilbarkeit der Zahl λ durch die Zahl μ ist gleichbedeutend mit der Theilbarkeit des Moduls $\mathfrak{o}\lambda$ durch den Modul $\mathfrak{o}\mu$, also mit $\mathfrak{o}\lambda > \mathfrak{o}\mu$.*

Dies leuchtet unmittelbar ein; denn wenn λ durch μ theilbar ist, so ist nach dem zweiten Elementarsatze der Theilbarkeit jede durch λ theilbare, d. h. in $\mathfrak{o}\lambda$ enthaltene Zahl $\varkappa$ auch theilbar durch μ, also in $\mathfrak{o}\mu$ enthalten, mithin $\mathfrak{o}\lambda > \mathfrak{o}\mu$; und umgekehrt, wenn $\mathfrak{o}\lambda > \mathfrak{o}\mu$, so ist jede in $\mathfrak{o}\lambda$ enthaltene Zahl, also z. B. λ selbst auch in $\mathfrak{o}\mu$ enthalten, d. h. theilbar durch μ, w. z. b. w.

Um hiervon sogleich eine Anwendung zu machen, erinnern wir an den für zwei beliebige Moduln $\mathfrak{a}, \mathfrak{b}$ geltenden Satz $(\mathfrak{a}, \mathfrak{b})\, \mathfrak{a} > \mathfrak{b}$ (§. 171, I); setzen wir $\mathfrak{a} = \mathfrak{o}$, $\mathfrak{b} = \mathfrak{o}\mu$, so folgt aus (4) der Satz:

IV. *Die Norm der Zahl μ ist theilbar durch μ.*

Derselbe ergiebt sich aber auch unmittelbar daraus, dass $N(\mu)$ das Product aus den n mit μ conjugirten, also ganzen Zahlen, und dass eine derselben $= \mu$ ist; mithin ist

$$N(\mu) = \mu\nu, \tag{5}$$

wo ν das Product aus den übrigen $n-1$ Factoren, also eine ganze Zahl bedeutet, welche wir das *Supplement**) der Zahl μ nennen wollen. Da $N(\mu)$ eine rationale Zahl, und folglich $NN(\mu) = N(\mu)^n$ ist, so folgt aus (1):

$$N(\nu) = N(\mu)^{n-1}. \tag{6}$$

Wir bemerken noch, dass jeder Zahl μ (nach §. 167) eine bestimmte Function einer Variabelen t entspricht, welche durch

$$\begin{aligned} f(t) &= (t-\mu')(t-\mu'')\dots(t-\mu^{(n)}) \\ &= t^n + a_1 t^{n-1} + \dots + a_{n-1}t + a_n \end{aligned} \tag{7}$$

---

*) In den früheren Auflagen habe ich ν die zu μ *adjungirte* Zahl genannt, was aber unzweckmässig erscheint, weil diesem Worte von *Galois* eine ganz andere Bedeutung beigelegt ist (§. 160).

definirt wird, und deren Coefficienten a_r in unserem Falle *ganze* rationale Zahlen sind; insbesondere ist

$$S(\mu) = -a_1;\ N(\mu) = (-1)^n a_n, \tag{8}$$

und da $f(\mu) = 0$ ist, so ergiebt sich auch hieraus wieder der Satz IV und zugleich die Darstellung des Supplementes ν durch die Gleichung

$$(-1)^{n-1}\nu = \mu^{n-1} + a_1\mu^{n-2} + \cdots + a_{n-1}. \tag{9}$$

Bedeutet ε irgend eine (in $\mathfrak{o}$ enthaltene) *Einheit*, also eine Zahl, welche in allen ganzen Zahlen aufgeht (§. 174), so ist $\mathfrak{o}$ theilbar durch $\mathfrak{o}\varepsilon$, und folglich

$$\mathfrak{o}\varepsilon = \mathfrak{o}, \tag{10}$$

weil $\mathfrak{o}\varepsilon$ auch theilbar durch $\mathfrak{o}$ ist; und umgekehrt, wenn eine Zahl ε dieser Bedingung (10) genügt, so ist sie offenbar in $\mathfrak{o}$ enthalten und zwar eine Einheit, weil die in $\mathfrak{o}$ enthaltene Zahl 1, und folglich jede ganze Zahl durch ε theilbar ist*). Zufolge (4) ist diese, für jede in $\mathfrak{o}$ enthaltene Einheit ε charakteristische Bedingung (10) gänzlich gleichbedeutend mit der folgenden

$$N(\varepsilon) = \pm 1. \tag{11}$$

Dasselbe ergiebt sich aber auch so: wenn ε eine Einheit ist, also in der Zahl 1 aufgeht, so geht (nach I) die ganze rationale Zahl $N(\varepsilon)$ auch in $N(1)$, d. h. in 1 auf und ist folglich $= \pm 1$; umgekehrt, wenn eine ganze Zahl ε der Bedingung (11) genügt, so geht sie (nach IV) auch in der Zahl 1 auf, und ist folglich eine Einheit.

Betrachten wir jetzt eine Zahl μ, welche von Null verschieden und auch keine Einheit ist, so ist $N(\mu)$ absolut $\geqq 2$, und umgekehrt; jede solche Zahl μ ist gewiss durch alle Einheiten ε, und ausserdem durch alle mit μ associirten Zahlen $\varepsilon\mu$ theilbar. Nun sind zwei Fälle möglich: wenn die Zahl μ ausser den eben genannten Zahlen ε und $\varepsilon\mu$ keinen anderen Divisor in $\mathfrak{o}$ besitzt, so heisst μ *unzerlegbar* (in $\mathfrak{o}$, was immer hinzuzudenken ist); sie soll dagegen *zerlegbar* heissen, wenn sie einen von den Zahlen ε und $\varepsilon\mu$ verschiedenen Divisor α besitzt. In dem letzteren Falle ist $\mu = \alpha\beta$, und es leuchtet ein, dass auch β weder eine Einheit, noch mit μ associirt sein kann, weil sonst α entweder mit

*) Allgemein, wenn $\mathfrak{a}$ irgend ein endlicher, von Null verschiedener Modul, und $\mathfrak{a}\varepsilon = \mathfrak{a}$ ist, so ist ε eine in der Ordnung $\mathfrak{a}^0$ enthaltene Einheit, und umgekehrt genügt jede solche Einheit ε der Bedingung $\mathfrak{a}\varepsilon = \mathfrak{a}$.

μ oder mit 1 associirt wäre; da ferner $N(\mu) = N(\alpha) N(\beta)$ ist, so folgt, dass (absolut) $N(\mu) > N(\alpha) > 1$ ist. Zerlegt man nun α und β, falls es angeht, weiter in solche Factoren, die keine Einheiten sind, und fährt man so fort, so ergiebt sich aus der angeführten Beschaffenheit der Normen, dass diese Zerlegung nach einer endlichen Anzahl von Schritten ihr Ende finden muss; während also in dem aus *allen* algebraischen Zahlen bestehenden Körper eine unbeschränkte Zerlegbarkeit der ganzen Zahlen stattfindet (§. 174), gilt für jeden *endlichen* Körper Ω der folgende Satz:

V. *Jede zerlegbare Zahl ist darstellbar als Product aus einer endlichen Anzahl von unzerlegbaren Factoren.*

Diese Operation der Zerlegung einer Zahl μ ist vollständig analog derjenigen, welche wir früher bei den Körpern R und J (§§. 8 und 159) beschrieben haben; aber in diesen beiden speciellen Fällen besass das Schlussresultat eine grössere Bestimmtheit als dasjenige, zu welchem wir hier gelangt sind, denn wir konnten damals beweisen, dass das System der unzerlegbaren Factoren von μ ein im Wesentlichen bestimmtes, einziges war, vorausgesetzt, dass zwei associirte Zahlen als nicht wesentlich verschieden angesehen wurden. Dieser Nachweis gründete sich bei beiden Körpern auf diejenige Eigenschaft ihrer unzerlegbaren Zahlen, welche wir den *Primzahl-Charakter* nennen wollen, die aber bei einem *beliebigen* endlichen Körper Ω mit der Unzerlegbarkeit keineswegs nothwendig verbunden ist. Um diesen Unterschied kurz bezeichnen zu können, stellen wir der obigen Eintheilung der Zahlen ω in zerlegbare und unzerlegbare Zahlen die folgende gegenüber:

Eine von Null verschiedene Zahl μ, welche keine Einheit ist, soll eine *Primzahl* (in $\mathfrak{o}$) heissen, wenn je zwei durch μ nicht theilbare Zahlen ω auch ein durch μ untheilbares Product besitzen*); giebt es aber zwei durch μ nicht theilbare Zahlen ω,

---

*) Ist also $\alpha\beta$ theilbar durch die Primzahl μ, so ist wenigstens einer der beiden Factoren α, β durch μ theilbar. — Aus dieser Definition folgt leicht, dass die kleinste, durch μ theilbare natürliche Zahl p eine Primzahl in R, und dass $\pm N(\mu) = p^f$ ist; der Exponent f, welcher immer > 0 und $\leqq n$ ist, kann der *Grad* der Primzahl μ genannt werden. Die Umkehrung dieses Satzes ist im Allgemeinen nicht gestattet, doch gilt der folgende, ebenfalls leicht zu beweisende Satz: ist $N(\mu)$ eine Primzahl in R, so ist μ eine Primzahl (ersten Grades) in Ω.

deren Product durch μ theilbar ist, so soll μ eine *zusammengesetzte Zahl* heissen.

Es leuchtet unmittelbar ein, dass jede zerlegbare Zahl gewiss auch eine zusammengesetzte Zahl, also jede Primzahl gewiss eine unzerlegbare Zahl ist. In den beiden speciellen Fällen der Körper R und J decken sich nun beide Eintheilungen vollständig, d. h. jede unzerlegbare Zahl ist auch eine Primzahl, und jede zusammengesetzte Zahl ist auch eine zerlegbare Zahl, und man erkennt sofort, dass gerade hierin der Grund liegt, weshalb die Zerlegung einer Zahl in unzerlegbare Factoren eine einzige, völlig bestimmte war (§§. 8 und 159); dieselbe Bestimmtheit der Zerlegungen wird deshalb bei allen Körpern Ω vorhanden sein, bei welchen die Begriffe der unzerlegbaren Zahl und der Primzahl sich vollständig decken. Sobald aber eine unzerlegbare Zahl μ existirt, welche keine Primzahl, also eine zusammengesetzte Zahl ist, so giebt es zwei durch μ nicht theilbare Zahlen α, β, deren Product γ durch μ theilbar, also von der Form $\mu\nu$ ist; mag man nun die Zahlen α, β, ν, wenn sie zerlegbar sind, auf irgend welche Weise in unzerlegbare Factoren aufgelöst haben, so entspringen aus den Gleichungen

$$\gamma = \alpha\beta \text{ und } \gamma = \mu\nu$$

zwei Zerlegungen derselben Zahl γ in unzerlegbare Factoren, und diese beiden Zerlegungen sind *wesentlich verschieden*, weil unter den Factoren der durch μ nicht theilbaren Zahlen α und β kein einziger mit μ associirt sein kann.

Auf eine solche Erscheinung ist *Kummer* bei seinen Untersuchungen über diejenigen Zahlengebiete $\mathfrak{o}$ gestossen, welche aus dem Problem der Kreistheilung entspringen; aber durch die Einführung seiner *idealen Zahlen* ist es ihm gelungen, die hiermit zusammenhängenden grossen Schwierigkeiten zu überwinden. Diese Schöpfung neuer Zahlen beruht auf einem Gedanken, welcher für unseren obigen Fall sich etwa in folgender Weise darstellen lässt. Wären die Zahlen α, β, μ, ν, welche durch die Gleichung

$$\alpha\beta = \mu\nu \tag{12}$$

mit einander verbunden sind, ganze *rationale* Zahlen und zwar ohne gemeinschaftlichen Theiler, so würde hieraus nach den in R herrschenden Gesetzen der Theilbarkeit eine *Zerlegung* dieser Zahlen in rationale Factoren folgen, nämlich

$$\alpha = \alpha_1 \alpha_2, \ \beta = \beta_1 \beta_2, \ \mu = \alpha_1 \beta_2, \ \nu = \beta_1 \alpha_2, \tag{13}$$

und zwar würde α_1 relative Primzahl zu β_1, und ebenso α_2 relative Primzahl zu β_2 sein; selbst wenn man nun diese Zerlegung nicht wirklich ausgeführt hätte, wenn man also die vier ganzen rationalen Zahlen α_1, α_2, β_1, β_2 noch nicht kännte, so wären dieselben doch *wesentlich* bestimmt, und, was das Wichtigste ist, man wäre mit alleiniger Hülfe der *gegebenen* Zahlen α, β, μ, ν völlig im Stande zu entscheiden, ob eine beliebige ganze rationale Zahl ω durch eine der unbekannten Zahlen, z. B. durch α_1, *theilbar* ist oder nicht; denn offenbar ist die Congruenz

$$\omega \equiv 0 \ (\text{mod.}\ \alpha_1) \tag{14}$$

völlig gleichbedeutend mit jeder der beiden Congruenzen

$$\beta\omega \equiv 0 \ (\text{mod.}\ \mu), \quad \nu\omega \equiv 0 \ (\text{mod.}\ \alpha). \tag{15}$$

Wir haben es nun in Wahrheit nicht mit rationalen, sondern mit Zahlen α, β, μ, ν zu thun, welche dem Gebiete $\mathfrak{o}$ angehören, und da die Zahl μ unzerlegbar, und keine der Zahlen α, β durch μ theilbar ist, so existirt innerhalb $\mathfrak{o}$ eine Zerlegung von der Form (13) in Wirklichkeit nicht; aber obgleich eine Zahl wie α_1 nicht in $\mathfrak{o}$ vorhanden ist, so kann man mit *Kummer* doch eine solche Zahl α_1 als einen *idealen* Factor der *wirklichen* Zahl μ in die Untersuchung einführen; diese ideale Zahl α_1 tritt zwar niemals isolirt auf, aber in Verbindung mit anderen, ebenfalls idealen Zahlen α_2, β_2 kann sie wirkliche Zahlen α, μ des Gebietes $\mathfrak{o}$ erzeugen, und vor allen Dingen lässt sich die *Theilbarkeit* einer beliebigen wirklichen Zahl ω durch die ideale Zahl α_1 mit voller Klarheit, nämlich durch jede der beiden obigen Congruenzen (15) definiren.

Eine solche fingirte Zahl α_1 wird man eine *ideale Primzahl* nennen, wenn je zwei durch α_1 nicht theilbare Zahlen ein Product geben, welches ebenfalls durch α_1 nicht theilbar ist; man kann auch *Potenzen* solcher Primzahlen einführen und die Theilbarkeit einer beliebigen wirklichen Zahl ω durch α_1^r so definiren, dass die Congruenz

$$\omega \equiv 0 \ (\text{mod.}\ \alpha_1^r)$$

als gleichbedeutend mit jeder der beiden Congruenzen

$$\beta^r\, \omega \equiv 0 \ (\text{mod.}\ \mu^r), \quad \nu^r\, \omega \equiv 0 \ (\text{mod.}\ \alpha^r)$$

angesehen wird. Zur Erläuterung möge folgendes einfache, schon in §§. 16, 159 erwähnte Beispiel dienen*).

Der quadratische Körper Ω, welcher aus einer Wurzel θ der Gleichung

$$\theta^2 + 5 = 0 \tag{16}$$

entspringt, hat die Grundzahl $D = -20$, und der endliche Modul

$$\mathfrak{o} = [1, \theta] \tag{17}$$

ist (nach §. 175) der Inbegriff aller in Ω enthaltenen ganzen Zahlen

$$\omega = x + y\theta, \tag{18}$$

wo x, y beliebige ganze rationale Zahlen bedeuten. Da hieraus

$$N(\omega) = \omega\omega' = (x + y\theta)(x - y\theta) = x^2 + 5y^2 \tag{19}$$

folgt, so sind die einzigen Einheiten die beiden Zahlen ± 1. Nun sind die vier Zahlen

$$\alpha = 3,\ \beta = 7,\ \mu = 1 + 2\theta,\ \nu = 1 - 2\theta \tag{20}$$

durch die Gleichung (12) mit einander verbunden, und zwar sind sie alle *unzerlegbar;* denn wäre z. B. $\alpha = 3 = \alpha_1\alpha_2$, und keine der beiden ganzen Zahlen α_1, α_2 eine Einheit, so würde aus $N(\alpha) = 9 = N(\alpha_1)N(\alpha_2)$ folgen, dass $N(\alpha_1) = N(\alpha_2) = 3$ sein müsste, was aber zufolge (19) unmöglich ist; und ebenso würde sich die Unzerlegbarkeit der drei anderen Zahlen β, μ, ν beweisen lassen**). Man wird daher vier *ideale* Zahlen $\alpha_1, \alpha_2, \beta_1, \beta_2$ einführen und so definiren, dass eine beliebige Zahl ω *theilbar* durch $\alpha_1, \alpha_2, \beta_1, \beta_2$ heisst, wenn die entsprechende Congruenz

$$\nu\omega \equiv 0 \pmod{3} \tag{α_1}$$
$$\mu\omega \equiv 0 \pmod{3} \tag{α_2}$$
$$\mu\omega \equiv 0 \pmod{7} \tag{β_1}$$
$$\nu\omega \equiv 0 \pmod{7} \tag{β_2}$$

erfüllt ist. Zufolge (18) und (20) ist aber

$$\begin{aligned} \nu\omega &= (x + 10y) + (y - 2x)\theta \\ \mu\omega &= (x - 10y) + (y + 2x)\theta, \end{aligned} \tag{21}$$

*) Dasselbe ist ausführlicher behandelt in meiner Abhandlung *Sur la théorie des nombres entiers algébriques* §§. 7—12 (Paris 1877; Abdruck aus dem Bulletin des Sciences math. et astron. von Darboux und Hoüel, 1re série, t. XI, et 2e série, t. I).

**) Vergl. §§. 71, 159.

und die vorstehenden Congruenzen gehen über in

$$x + y \equiv 0 \pmod{3} \qquad (\alpha_1)$$
$$x - y \equiv 0 \pmod{3} \qquad (\alpha_2)$$
$$x - 3y \equiv 0 \pmod{7} \qquad (\beta_1)$$
$$x + 3y \equiv 0 \pmod{7}. \qquad (\beta_2)$$

Setzt man ferner $\omega_1 = x_1 + y_1\theta$, so wird $\omega\omega_1 = x_2 + y_2\theta$, wo $x_2 = xx_1 - 5yy_1$, $y_2 = xy_1 + yx_1$, mithin z. B.:

$$x_2 + y_2 \equiv (x + y)(x_1 + y_1) \pmod{3};$$

hieraus folgt mit Rücksicht auf (α_1), dass das Product $\omega\omega_1$ dann und nur dann durch die ideale Zahl α_1 theilbar ist, wenn mindestens einer der beiden Factoren ω, ω_1 durch α_1 theilbar ist, und folglich werden wir α_1 eine ideale *Primzahl* nennen; ganz dasselbe gilt, wie man leicht findet, auch für die drei anderen idealen Zahlen α_2, β_1, β_2. Da ferner die Zahl μ theilbar durch α_1, untheilbar durch α_2, und ebenso die Zahl ν theilbar durch α_2, untheilbar durch α_1 ist, so sind die beiden idealen Primzahlen α_1, α_2 als *verschieden* anzusehen, und in demselben Sinne sind die Zahlen β_1, β_2 von einander und von α_1, α_2 verschieden. Nun geht aus (α_1) und (α_2) hervor, dass eine Zahl ω dann und nur dann durch die Zahl $\alpha = 3$ theilbar ist, wenn sie sowohl durch α_1 als auch durch α_2 theilbar ist, und da α_1, α_2 für zwei verschiedene ideale Primzahlen zu halten sind, so wird man nach Analogie der Theorie der rationalen Zahlen die Zahl $\alpha = 3$ als *wesentlich* identisch mit dem *Producte* dieser Zahlen α_1, α_2 ansehen, also in diesem Sinne $\alpha = \alpha_1\alpha_2$ setzen; ebenso würden sich die drei anderen Gleichungen in (13) rechtfertigen lassen, und diese Zerlegungen der Zahlen α, β, μ, ν in ideale *Factoren* α_1, α_2, β_1, β_2 würden in (12) eine schöne *Bestätigung* finden.

Durch die Einführung dieser und unendlich vieler anderen idealen Primzahlen, sowie ihrer Potenzen, gewinnt nun die Theorie dieses Zahlengebietes $\mathfrak{o}$ eine bewunderungswürdige Einfachheit; in der That gelangt man auf diese Weise zu dem überraschenden Resultate, dass die in der Theorie der rationalen (ebenso der complexen) Zahlen herrschenden allgemeinen Gesetze der Theilbarkeit, welche in unserem Gebiete $\mathfrak{o}$ ihre Geltung zu verlieren drohten, nun vollständig wieder hergestellt werden; jede Zahl ω des Gebietes $\mathfrak{o}$ kann wie ein Product von völlig bestimmten Potenzen von wirklichen oder idealen Primzahlen angesehen werden, und sie geht dann und nur dann in einer zweiten Zahl auf, wenn diese durch jede solche Potenz theilbar ist.

Mit diesem Versuche, den Grundgedanken der Kummer'schen Schöpfung zu erläutern, müssen wir uns hier begnügen; es würde sich nämlich selbst bei dem einfachen, hier gewählten Beispiele bald zeigen, dass eine völlig klare und strenge Durchführung dieser Untersuchung einige Schwierigkeiten darbietet, die zwar nicht erheblich sind, deren Beseitigung aber doch etwas umständlich ist. In bei weitem höheren Maasse treten solche Schwierigkeiten auf, wenn man zu Körpern höheren Grades übergehen oder gar, was unsere eigentliche Aufgabe ist, die allgemeinen Gesetze der Theilbarkeit ergründen will, welche für *jeden* endlichen Körper Ω gelten. Wegen dieser Schwierigkeiten, deren genauere Erörterung uns hier zu weit führen würde*), verzichten wir im Folgenden gänzlich auf die Einführung *idealer Zahlen* und gründen unsere Theorie auf einen anderen Begriff, den Begriff des *Ideals*, worunter immer ein mit gewissen charakteristischen Eigenschaften begabtes System von unendlich vielen *wirklichen* Zahlen verstanden werden soll.

Es wird gut sein, diesen Begriff an unserem obigen Beispiele zu erläutern. Die erforderliche und hinreichende Bedingung dafür, dass eine ganze Zahl $\omega = x + y\theta$ durch die ideale Primzahl α_1 theilbar ist, besteht nach (α_1) darin, dass $x \equiv 2y \pmod{3}$, also $x = 3z + 2y$ ist, wo z eine beliebige ganze rationale Zahl bedeutet; jede solche Zahl ω ist also von der Form $3z + (2+\theta)y$. Bezeichnet man daher mit $\mathfrak{a}_1$ den Inbegriff *aller* durch α_1 theilbaren Zahlen ω, so ist

$$\mathfrak{a}_1 = [3,\ 2 + \theta], \tag{22}$$

und ebenso findet man, dass die Inbegriffe aller durch α_2, β_1, β_2 theilbaren Zahlen resp. die Moduln

$$\mathfrak{a}_2 = [3,\ 1+\theta],\ \mathfrak{b}_1 = [7,\ 3+\theta],\ \mathfrak{b}_2 = [7,\ 4+\theta] \tag{22}$$

sind. Bilden wir nun auch die Inbegriffe

$$\begin{aligned} \mathfrak{o}\alpha &= [3,\ 3\theta], \quad \mathfrak{o}\beta = [7,\ 7\theta], \\ \mathfrak{o}\mu &= [1+2\theta,\ -10+\theta],\ \mathfrak{o}\nu = [1-2\theta,\ 10+\theta] \end{aligned} \tag{23}$$

der durch α, β, μ, ν theilbaren Zahlen, von denen die letzteren in (21) dargestellt sind, so ergiebt sich leicht, dass diese acht Moduln durch die Gleichungen

---

*) Vergl. die Einleitung der Schrift *Sur la théorie des nombres entiers algébriques.*

$$\mathfrak{o}\alpha = \mathfrak{a}_1\mathfrak{a}_2,\ \mathfrak{o}\beta = \mathfrak{b}_1\mathfrak{b}_2,\ \mathfrak{o}\mu = \mathfrak{a}_1\mathfrak{b}_2,\ \mathfrak{o}\nu = \mathfrak{b}_1\mathfrak{a}_2 \tag{24}$$

mit einander verbunden sind. Zunächst freilich erscheinen die rechts befindlichen Producte von je zwei zweigliedrigen Moduln als die viergliedrigen Moduln

$$\begin{aligned} \mathfrak{a}_1\mathfrak{a}_2 &= [9,\ 3 + 3\theta,\ 6 + 3\theta,\ -3 + 3\theta] \\ \mathfrak{b}_1\mathfrak{b}_2 &= [49,\ 21 + 7\theta,\ 28 + 7\theta,\ 7 + 7\theta] \\ \mathfrak{a}_1\mathfrak{b}_2 &= [21,\ 12 + 3\theta,\ 14 + 7\theta,\ 3 + 6\theta] \\ \mathfrak{b}_1\mathfrak{a}_2 &= [21,\ 7 + 7\theta,\ 9 + 3\theta,\ -2 + 4\theta], \end{aligned}$$

aber diese und auch die Moduln $\mathfrak{o}\mu$, $\mathfrak{o}\nu$ lassen sich nach der in §. 172 angegebenen Methode auf zweigliedrige Moduln von der Form $[a, b + c\theta]$ reduciren, wo a, b, c ganze rationale Zahlen bedeuten; diese Reduction ist in den dortigen Beispielen, wo man nur $\omega_1 = 1$, $\omega_2 = \theta$ zu setzen braucht, schon ausgeführt und ergiebt als Resultat die Gleichungen (24). Offenbar bilden nun diese Zerlegungen (24), in welchen nur von wirklich in $\mathfrak{o}$ enthaltenen Zahlen die Rede ist, einen vollständigen Ersatz für die Zerlegungen (13), die innerhalb dieses Gebietes $\mathfrak{o}$ schlechterdings unausführbar sind.

§. 177.

Das soeben behandelte Beispiel lässt vermuthen, dass die eigenthümlichen Lücken, die bei der Untersuchung über die Theilbarkeit der Zahlen ω innerhalb eines Gebietes $\mathfrak{o}$ auftreten und eine gewisse Unvollständigkeit desselben erkennen lassen, dadurch ausgefüllt werden können, dass man statt der *einzelnen* Zahlen ω in $\mathfrak{o}$ ganze *Systeme* solcher Zahlen einführt. Am nächsten liegt, wenn μ eine bestimmte, von Null verschiedene Zahl in $\mathfrak{o}$ bedeutet, die Betrachtung des schon im vorigen Paragraphen besprochenen Systems $\mathfrak{m} = \mathfrak{o}\mu$ *aller durch* μ *theilbaren Zahlen* $\omega\mu$. Wir heben die dort erwähnten Elementarsätze der Theilbarkeit nochmals als Eigenschaften eines jeden solchen Systems $\mathfrak{m}$ in folgender Weise hervor:

I. *Das System* $\mathfrak{m}$ *besteht aus lauter ganzen Zahlen des Körpers* Ω, *und diese Zahlen reproduciren sich durch Addition und Subtraction, d. h.* $\mathfrak{m}$ *ist ein durch* $\mathfrak{o}$ *theilbarer, also ganzer Modul.*

II. *Ist* λ *eine in* $\mathfrak{m}$ *enthaltene Zahl, so ist jede durch* λ *theilbare Zahl* $\omega\lambda$ *des Körpers* Ω *ebenfalls in* $\mathfrak{m}$ *enthalten, d. h. das Product* $\mathfrak{o}\mathfrak{m}$ *ist theilbar durch* $\mathfrak{m}$.

Dieselben beiden Eigenschaften kommen aber nicht bloss solchen Systemen $\mathfrak{m}$ zu, welche von der Form $\mathfrak{o}\mu$ sind, sondern z. B. auch dem System $\mathfrak{m}$ aller in $\mathfrak{o}$ enthaltenen Wurzeln ω einer Congruenz von der Form $\nu\omega \equiv 0 \pmod{\alpha}$, wo ν und α bestimmte Zahlen in $\mathfrak{o}$ bedeuten, und in dem eben behandelten Beispiel hat sich gezeigt, dass es solche Systeme $\mathfrak{m}$ giebt, welche schlechterdings nicht von der Form $\mathfrak{o}\mu$ sind, die aber doch einen wesentlichen Dienst leisten, indem sie bei den Untersuchungen über die Theilbarkeit einen gewissen Ersatz für die fehlende (ideale) Zahl μ liefern. Diese Erscheinung veranlasst uns, von der Existenz einer Zahl μ, durch welche ein solches System $\mathfrak{m}$ erzeugt werden könnte, ganz abzusehen und lediglich an den Eigenschaften I und II festzuhalten, welche an sich einen vollkommen klaren und bestimmten, von der Existenz einer erzeugenden Zahl μ unabhängigen Sinn haben. Jedes System $\mathfrak{m}$, welches diese beiden Eigenschaften besitzt, wollen wir (wegen der im vorigen Paragraphen besprochenen Beziehung zu *Kummer's* idealen Zahlen) ein *Ideal* des Körpers Ω oder des Gebietes $\mathfrak{o}$ nennen; ist aber $\mathfrak{m} = \mathfrak{o}\mu$, giebt es also eine Zahl μ, durch welche das Ideal $\mathfrak{m}$ in der angegebenen Weise erzeugt wird, so soll $\mathfrak{m}$ ein *Hauptideal* genannt werden, weil solche Ideale unter den übrigen eine ähnliche oder vielmehr dieselbe Stellung einnehmen, welche z. B. in der Theorie der binären quadratischen Formen den der Hauptclasse angehörigen Formen unter den übrigen zukommt.

Zufolge dieser Definition würde die Zahl Null für sich allein ein Ideal bilden, und manche der im Folgenden zu entwickelnden Sätze würden ihre Gültigkeit auch für diesen besonderen Fall nicht verlieren; da es aber für die Ausdrucksweise lästig sein würde, die etwaigen Ausnahmen immer anzugeben, so wollen wir diesen Fall lieber gänzlich ausschliessen. Die vollständige Definition lautet daher:

III. *Ein Modul* $\mathfrak{m}$ *heisst ein Ideal (in* $\mathfrak{o}$*), wenn er von Null verschieden ist und den beiden Bedingungen* $\mathfrak{m} > \mathfrak{o}$, $\mathfrak{o}\mathfrak{m} > \mathfrak{m}$ *genügt.*

Unsere Aufgabe besteht nun darin, aus dieser Erklärung alle Eigenschaften der in $\mathfrak{o}$ enthaltenen Ideale und alle ihre Beziehungen zu einander abzuleiten. In dieser *Theorie der Ideale* sind (nach §. 176, III) jedenfalls die *Gesetze der Theilbarkeit der Zahlen* innerhalb $\mathfrak{o}$ vollständig enthalten; aber es wird sich auch umgekehrt zeigen, dass diese Theilbarkeitsgesetze nur durch Zuziehung *aller* Ideale gewonnen werden können. Da jedes Ideal ein Modul ist, so benutzen wir hierbei alle Begriffe und Sätze der allgemeinen Theorie der Moduln (§§. 168—172); die Theorie der Ideale $\mathfrak{m}$ wird aber in Folge der zweiten Eigenschaft, nach welcher $\mathfrak{o}\mathfrak{m} > \mathfrak{m}$ ist, eine bei Weitem bestimmtere Gestalt erhalten.

Wir bemerken zunächst, dass jedes Ideal $\mathfrak{m}$ zufolge der ersten Eigenschaft $\mathfrak{m} > \mathfrak{o}$ ein *endlicher* Modul ist (§. 172, V), und da es zufolge der zweiten Eigenschaft $\mathfrak{o}\mathfrak{m} > \mathfrak{m}$ offenbar n von einander unabhängige Zahlen enthält, so ist jedes Ideal $\mathfrak{m}$ ein Modul von der Form (8) in §. 175. Sodann leuchtet ein, dass diese zweite Eigenschaft, weil $\mathfrak{z} > \mathfrak{o}$, also $\mathfrak{m} > \mathfrak{o}\mathfrak{m}$ ist, sich in der schärferen Form

$$\mathfrak{o}\mathfrak{m} = \mathfrak{m} \tag{1}$$

darstellen lässt, und hierin liegt, weil $\mathfrak{o}$ offenbar selbst ein *Ideal* ist, ein erster Satz über die Multiplication der Ideale, mit welcher wir uns sogleich näher zu beschäftigen haben. Schon hieraus erkennt man, dass dieses in allen Idealen aufgehende Ideal $\mathfrak{o}$ hier dieselbe Stellung einnimmt, wie die Zahl 1 in der rationalen Zahlentheorie. Wir können hinzufügen, dass $\mathfrak{o}$ ein *Hauptideal* ist; denn wenn $\varepsilon = 1$ oder irgend eine andere Einheit ist, so ist $\mathfrak{o}\varepsilon = \mathfrak{o}$ (§. 176, (10)). Ferner leuchtet ein, dass ein Hauptideal $\mathfrak{o}\mu$ stets und nur dann durch ein Ideal $\mathfrak{m}$ theilbar ist, wenn die Zahl μ in $\mathfrak{m}$ enthalten ist, weil $\mathfrak{o}\mathfrak{m} > \mathfrak{m}$, und μ in $\mathfrak{o}\mu$ enthalten ist. Aus diesem Grunde wollen wir von jeder in $\mathfrak{m}$ enthaltenen *Zahl* μ (selbst von der Zahl Null) auch sagen, sie sei *theilbar durch* $\mathfrak{m}$, oder $\mathfrak{m}$ *gehe in* μ *auf*, oder $\mathfrak{m}$ sei ein *Theiler von* μ. Offenbar ist $\mathfrak{o}$ das *einzige* Ideal, das in einer Einheit ε aufgeht, weil $\mathfrak{o}\varepsilon = \mathfrak{o}$ ist. Ebenso soll ein Ideal $\mathfrak{m}$ *theilbar durch die Zahl* α heissen, wenn $\mathfrak{m} > \mathfrak{o}\alpha$, also jede in $\mathfrak{m}$ enthaltene Zahl μ durch α theilbar ist; setzt man $\mu = \alpha\beta$, so erkennt man leicht, dass die Quotienten β, welche allen Zahlen μ entsprechen, ein *Ideal* $\mathfrak{b} = \mathfrak{m}\alpha^{-1}$ bilden, mithin $\mathfrak{m} = \alpha\mathfrak{b}$ ist (vergl. den unten folgenden Satz VII). Nach diesen vorläufigen Bemerkungen wenden wir uns zu den folgenden Hauptsätzen über die Multiplication der Ideale.

IV. *Das Product von zwei Idealen* $\mathfrak{a}$, $\mathfrak{b}$ *ist ein Ideal und zwar ein gemeinsames Vielfaches von* $\mathfrak{a}$, $\mathfrak{b}$, *mithin*

$$\mathfrak{a}\mathfrak{b} > \mathfrak{a} - \mathfrak{b}. \tag{2}$$

Denn weil $\mathfrak{a}$ und $\mathfrak{b}$ von Null verschieden sind, so gilt dasselbe von $\mathfrak{a}\mathfrak{b}$; aus $\mathfrak{o}\mathfrak{a} = \mathfrak{a}$ folgt ferner $\mathfrak{o}(\mathfrak{a}\mathfrak{b}) = (\mathfrak{o}\mathfrak{a})\mathfrak{b} = \mathfrak{a}\mathfrak{b}$; da endlich $\mathfrak{a}$ und $\mathfrak{b}$ durch $\mathfrak{o}$ theilbar sind, so ist $\mathfrak{a}\mathfrak{b}$ (nach §. 170, I) theilbar durch $\mathfrak{o}\mathfrak{b}$ und $\mathfrak{a}\mathfrak{o}$, d. h. durch $\mathfrak{b}$ und $\mathfrak{a}$, also auch durch $\mathfrak{o}$, w. z. b. w.

V. *Jedes Ideal* $\mathfrak{m}$ *ist ein eigentlicher Modul, dessen Ordnung* $= \mathfrak{o}$, *mithin*

$$\mathfrak{m}\mathfrak{m}^{-1} = \mathfrak{o}. \tag{3}$$

Denn $\mathfrak{m}$ ist ein endlicher, von Null verschiedener Modul, der aus lauter algebraischen Zahlen besteht; mithin lässt sich $\mathfrak{m}$ (nach §. 173, VI) durch Multiplication mit einem Modul $\mathfrak{n}$, dessen Zahlen im Körper Ω enthalten sind, in einen Modul $\mathfrak{m}\mathfrak{n}$ verwandeln, welcher $< \mathfrak{z}$ ist und aus lauter *ganzen* Zahlen des Körpers Ω besteht, also $> \mathfrak{o}$ ist; da nun $\mathfrak{o}\mathfrak{z} = \mathfrak{o}\mathfrak{o} = \mathfrak{o}$, und $\mathfrak{o}(\mathfrak{m}\mathfrak{n}) = (\mathfrak{o}\mathfrak{m})\mathfrak{n} = \mathfrak{m}\mathfrak{n}$ ist, so folgt aus $\mathfrak{z} > \mathfrak{m}\mathfrak{n} > \mathfrak{o}$ durch Multiplication mit $\mathfrak{o}$, dass $\mathfrak{m}\mathfrak{n} = \mathfrak{o}$ ist, woraus alles Uebrige sich leicht ergiebt. Denn wenn man mit der Ordnung $\mathfrak{m}^0$ multiplicirt und berücksichtigt, dass stets $\mathfrak{m}\mathfrak{m}^0 = \mathfrak{m}$ ist (§. 170, (23)), so erhält man zunächst $\mathfrak{o}\mathfrak{m}^0 = \mathfrak{o}$, also $\mathfrak{m}^0 > \mathfrak{o}$, und da andererseits aus $\mathfrak{o}\mathfrak{m} > \mathfrak{m}$ auch $\mathfrak{o} > \mathfrak{m}^0$ folgt, so ist $\mathfrak{m}^0 = \mathfrak{o}$ *). Jedes Ideal $\mathfrak{m}$ ist also ein Factor seiner Ordnung $\mathfrak{o} = \mathfrak{m}\mathfrak{n}$, und hieraus folgt (nach §. 170, V), dass $\mathfrak{m}$ ein *eigentlicher* Modul, dass $\mathfrak{m}^{-1} = \mathfrak{o}\mathfrak{n}$, und $\mathfrak{m}\mathfrak{m}^{-1} = \mathfrak{o}$ ist, w. z. b. w.

VI. *Sind* $\mathfrak{a}$, $\mathfrak{b}$, $\mathfrak{b}'$ *Ideale, und ist* $\mathfrak{a}\mathfrak{b} > \mathfrak{a}\mathfrak{b}'$, *so ist* $\mathfrak{b} > \mathfrak{b}'$; *aus* $\mathfrak{a}\mathfrak{b} = \mathfrak{a}\mathfrak{b}'$ *folgt* $\mathfrak{b} = \mathfrak{b}'$, *und wenn* $\mathfrak{a} > \mathfrak{a}\mathfrak{b}$, *so ist* $\mathfrak{b} = \mathfrak{o}$.

Dies ergiebt sich unmittelbar durch Multiplication mit $\mathfrak{a}^{-1}$ mit Rücksicht auf (3) und (1).

VII. *Ist das Ideal* $\mathfrak{m}$ *theilbar durch das Ideal* $\mathfrak{a}$, *so giebt es ein (und nur ein) Ideal* $\mathfrak{b}$, *welches der Bedingung* $\mathfrak{a}\mathfrak{b} = \mathfrak{m}$ *genügt, und zwar ist* $\mathfrak{b} = \mathfrak{m} : \mathfrak{a} = \mathfrak{m}\mathfrak{a}^{-1}$.

Denn der Modul $\mathfrak{b} = \mathfrak{m}\mathfrak{a}^{-1}$, welcher (nach §. 170, VII) auch $= \mathfrak{m} : \mathfrak{a}$ ist, erfüllt zufolge (3) und (1) die Forderung $\mathfrak{a}\mathfrak{b} = \mathfrak{m}$ und ist daher auch von Null verschieden; aus $\mathfrak{m} > \mathfrak{a}$ folgt durch Multiplication mit $\mathfrak{a}^{-1}$, dass $\mathfrak{b} > \mathfrak{o}$ ist, und da $\mathfrak{o}\mathfrak{b} = (\mathfrak{o}\mathfrak{m})\mathfrak{a}^{-1} = \mathfrak{m}\mathfrak{a}^{-1} = \mathfrak{b}$ ist, so ist $\mathfrak{b}$ ein Ideal, w. z. b. w.

---

*) Dies würde sich auch ohne Zuziehung des Satzes VI in §. 173 leicht beweisen lassen.

Durch diesen Satz, welcher als eine Umkehrung des Satzes IV angesehen werden kann, ist der wichtige Zusammenhang zwischen den Begriffen der *Theilbarkeit* der Ideale und ihrer *Multiplication* aufgedeckt *). Der Kürze halber wollen wir in der Folge unter einem *Factor eines Ideals* $\mathfrak{m}$ ausschliesslich jeden *Theiler* $\mathfrak{a}$ von $\mathfrak{m}$ verstehen, der selbst ein *Ideal* ist. Dann besteht folgender Satz:

VIII. *Die Anzahl der Factoren eines Ideals ist endlich.*

Denn wählt man aus dem Ideal $\mathfrak{m}$ nach Belieben eine von Null verschiedene Zahl μ, so ist (nach §. 176, II) die Classenanzahl $(\mathfrak{o}, \mathfrak{o}\mu) = \pm N(\mu) > 0$, und folglich giebt es (nach §. 171, II) nur eine endliche Anzahl von Moduln, welche $> \mathfrak{o}$ und zugleich $< \mathfrak{o}\mu$ sind; da aber $\mathfrak{o}\mu > \mathfrak{m}$, so ist jeder Factor von $\mathfrak{m}$ ein solcher Modul, und folglich ist auch die Anzahl dieser Factoren endlich, w. z. b. w.

IX. *Jedes Ideal* $\mathfrak{m}$ *kann durch Multiplication mit einem Ideal* $\mathfrak{n}$ *in ein Hauptideal* $\mathfrak{o}\mu = \mathfrak{m}\mathfrak{n}$ *verwandelt werden* **).

Denn wenn μ wieder irgend eine von Null verschiedene Zahl in $\mathfrak{m}$ bedeutet, so ist $\mathfrak{o}\mu > \mathfrak{m}$, woraus der Satz (nach VII) folgt. Da ferner $N(\mu)$ (nach §. 176, IV) durch μ, also auch durch $\mathfrak{m}$ theilbar und von Null verschieden ist, so ergiebt sich (aus §. 172, I) noch der folgende Satz:

X. *In jedem Ideal* $\mathfrak{m}$ *giebt es unendlich viele rationale Zahlen, deren Inbegriff*

$$\mathfrak{m} - \mathfrak{z} = [m]$$

ist, wo $m = (\mathfrak{z}, \mathfrak{m})$ *die kleinste durch* $\mathfrak{m}$ *theilbare natürliche Zahl bedeutet.*

§. 178.

Der grösste gemeinsame Theiler $\mathfrak{a} + \mathfrak{b}$ und das kleinste gemeinsame Vielfache $\mathfrak{a} - \mathfrak{b}$ von zwei Idealen $\mathfrak{a}, \mathfrak{b}$ sind ebenfalls

---

*) Hierin bestand die grösste Schwierigkeit, welche bei der ersten Begründung der Ideal-Theorie zu überwinden war. Um dieselbe zu würdigen, vergleiche man die zweite und dritte Auflage dieses Werkes und §. 23 meiner Schrift *Sur la théorie des nombres entiers algébriques* (Paris 1877); denn wenn jetzt durch Zuziehung des Satzes VI in §. 173 dieser Cardinalpunct schon im Anfange der Theorie gewonnen wird, so lassen die früheren Darstellungen das Wesen desselben deutlicher erkennen, was für gewisse Verallgemeinerungen der Ideal-Theorie sehr wichtig ist.

**) Vergl. §. 178, XI.

Ideale. Denn jedenfalls sind die Moduln $\mathfrak{a}+\mathfrak{b}$ und $\mathfrak{a}-\mathfrak{b}$ theilbar durch $\mathfrak{o}$, weil dasselbe von $\mathfrak{a}$ und $\mathfrak{b}$ gilt; da nun $\mathfrak{a}-\mathfrak{b}$ theilbar ist durch $\mathfrak{a}$ und $\mathfrak{b}$, so ist $\mathfrak{o}(\mathfrak{a}-\mathfrak{b})$ theilbar durch $\mathfrak{o}\mathfrak{a}$ und $\mathfrak{o}\mathfrak{b}$, d. h. durch $\mathfrak{a}$ und $\mathfrak{b}$, also auch durch $\mathfrak{a}-\mathfrak{b}$; und da das von Null verschiedene Product $\mathfrak{a}\mathfrak{b}$ (nach §. 177, IV) durch $\mathfrak{a}-\mathfrak{b}$ theilbar ist, so ist $\mathfrak{a}-\mathfrak{b}$ auch von Null verschieden und folglich ein Ideal. Da ferner $\mathfrak{o}(\mathfrak{a}+\mathfrak{b}) = \mathfrak{o}\mathfrak{a}+\mathfrak{o}\mathfrak{b} = \mathfrak{a}+\mathfrak{b}$, und $\mathfrak{a}+\mathfrak{b}$ als Theiler des Ideals $\mathfrak{a}$ oder $\mathfrak{b}$ gewiss von Null verschieden ist, so ist $\mathfrak{a}+\mathfrak{b}$ ein Ideal. Dasselbe gilt offenbar von dem gemeinsamen grössten Theiler und kleinsten Vielfachen von beliebig vielen Idealen, und es ergeben sich die folgenden Sätze:

I. *Sind* $\mathfrak{a}, \mathfrak{b}, \mathfrak{c} \ldots$ *beliebige Ideale, so ist deren kleinstes gemeinsames Vielfaches*

$$\mathfrak{a}-\mathfrak{b}-\mathfrak{c}-\cdots = \mathfrak{a}\mathfrak{a}_1 = \mathfrak{b}\mathfrak{b}_1 = \mathfrak{c}\mathfrak{c}_1 = \ldots, \tag{1}$$

wo $\mathfrak{a}_1, \mathfrak{b}_1, \mathfrak{c}_1 \ldots$ *Ideale bedeuten, deren grösster gemeinsamer Theiler*

$$\mathfrak{a}_1+\mathfrak{b}_1+\mathfrak{c}_1+\cdots = \mathfrak{o} \tag{2}$$

ist.

Denn wenn man der Kürze wegen $\mathfrak{m} = \mathfrak{a}-\mathfrak{b}-\mathfrak{c}-\cdots$ und $\mathfrak{n} = \mathfrak{a}_1+\mathfrak{b}_1+\mathfrak{c}_1+\cdots$ setzt, so ist das Ideal $\mathfrak{m}$ theilbar durch $\mathfrak{a}, \mathfrak{b}, \mathfrak{c} \ldots$, und folglich genügen (nach §. 177, VII) die Ideale $\mathfrak{a}_1 = \mathfrak{m}\mathfrak{a}^{-1}$, $\mathfrak{b}_1 = \mathfrak{m}\mathfrak{b}^{-1}$, $\mathfrak{c}_1 = \mathfrak{m}\mathfrak{c}^{-1} \ldots$ den Bedingungen (1); da sie ferner alle durch das Ideal $\mathfrak{n}$ theilbar sind, so sind auch die Producte $\mathfrak{a}_1\mathfrak{n}^{-1}$, $\mathfrak{b}_1\mathfrak{n}^{-1}$, $\mathfrak{c}_1\mathfrak{n}^{-1} \ldots$ Ideale, und hieraus folgt nach (1), dass $\mathfrak{m}\mathfrak{n}^{-1}$ (zufolge §. 177, IV) durch $\mathfrak{a}, \mathfrak{b}, \mathfrak{c} \ldots$ theilbar, also $\mathfrak{m}\mathfrak{n}^{-1} > \mathfrak{m}$, $\mathfrak{m} > \mathfrak{m}\mathfrak{n}$, mithin (nach §. 177, VI) $\mathfrak{n} = \mathfrak{o}$ ist, w. z. b. w.

Aus dem Beweise folgt, dass der in (2) enthaltene Satz auch in der Form

$$(\mathfrak{a}-\mathfrak{b}-\mathfrak{c}-\cdots)^{-1} = \mathfrak{a}^{-1}+\mathfrak{b}^{-1}+\mathfrak{c}^{-1}+\cdots \tag{3}$$

dargestellt werden kann; er bildet das dualistische Gegenstück zu dem Satze

$$(\mathfrak{a}+\mathfrak{b}+\mathfrak{c}+\cdots)^{-1} = \mathfrak{a}^{-1}-\mathfrak{b}^{-1}-\mathfrak{c}^{-1}-\cdots, \tag{4}$$

welcher eine unmittelbare Folge des zweiten Modulsatzes (18) in §. 170 ist.

II. *Zu je zwei Idealen* $\mathfrak{a}, \mathfrak{b}$ *gehören zwei Ideale* $\mathfrak{a}', \mathfrak{b}'$, *welche den Bedingungen*

$$\mathfrak{a}-\mathfrak{b} = \mathfrak{a}\mathfrak{b}' = \mathfrak{b}\mathfrak{a}' \tag{5}$$

$$\mathfrak{a}'+\mathfrak{b}' = \mathfrak{o} \tag{6}$$

$$\mathfrak{a} = (\mathfrak{a}+\mathfrak{b})\mathfrak{a}', \quad \mathfrak{b} = (\mathfrak{a}+\mathfrak{b})\mathfrak{b}' \tag{7}$$

genügen; *zugleich ist*

$$(\mathfrak{a} + \mathfrak{b})(\mathfrak{a} - \mathfrak{b}) = \mathfrak{a}\mathfrak{b}. \tag{8}$$

Die Gleichungen (5), (6) folgen als specieller Fall aus (1), (2); multiplicirt man (6) mit $\mathfrak{a}$ oder mit $\mathfrak{b}$, so folgt (7) aus (5), und wenn man (5) mit $\mathfrak{a} + \mathfrak{b}$ multiplicirt. so folgt (8) aus (7), w. z. b. w.

Ersetzt man $\mathfrak{a}$ und $\mathfrak{b}$ in (8) durch $\mathfrak{a}\mathfrak{c}$ und $\mathfrak{b}\mathfrak{c}$, wo $\mathfrak{c}$ ein beliebiges Ideal bedeutet, und dividirt durch

$$\mathfrak{a}\mathfrak{c} + \mathfrak{b}\mathfrak{c} = (\mathfrak{a} + \mathfrak{b})\mathfrak{c}, \tag{9}$$

so folgt aus (8) auch der Satz*)

$$\mathfrak{a}\mathfrak{c} - \mathfrak{b}\mathfrak{c} = (\mathfrak{a} - \mathfrak{b})\mathfrak{c}; \tag{10}$$

derselbe ergiebt sich auch aus (5), wenn man bedenkt, dass zufolge (7) und (9) die Ideale $\mathfrak{a}'$, $\mathfrak{b}'$ ungeändert bleiben, wenn man $\mathfrak{a}$, $\mathfrak{b}$ durch $\mathfrak{a}\mathfrak{c}$, $\mathfrak{b}\mathfrak{c}$ ersetzt.

Zwei Ideale $\mathfrak{a}$, $\mathfrak{b}$ heissen *relative Primideale*, wenn ihr grösster gemeinsamer Theiler $\mathfrak{a} + \mathfrak{b} = \mathfrak{o}$ ist. In diesem Falle sind die eben mit $\mathfrak{a}'$, $\mathfrak{b}'$ bezeichneten Ideale (welche zufolge (6) *immer* relative Primideale sind) identisch mit $\mathfrak{a}$, $\mathfrak{b}$, und zufolge (8) oder (5) ist *das kleinste gemeinsame Vielfache zweier relativen Primideale zugleich ihr Product;* umgekehrt folgt aus $\mathfrak{a} - \mathfrak{b} = \mathfrak{a}\mathfrak{b}$, dass $\mathfrak{a} + \mathfrak{b} = \mathfrak{o}$, dass also $\mathfrak{a}$, $\mathfrak{b}$ relative Primideale sind. Offenbar ist $\mathfrak{o}$ relatives Primideal zu jedem Ideal, also auch zu sich selbst, und kein anderes Ideal hat diese Eigenschaft. Die zunächst folgenden Sätze stimmen vollständig mit denen der rationalen Zahlentheorie überein (§. 5), wobei wir ein- für allemal bemerken, dass mehr als zwei Ideale dann und nur dann relative Primideale heissen sollen, wenn jedes von ihnen relatives Primideal zu jedem der übrigen ist.

III. *Sind* $\mathfrak{a}$, $\mathfrak{b}$ *relative Primideale, und ist* $\mathfrak{c}$ *ein beliebiges Ideal, so ist der grösste gemeinschaftliche Theiler der beiden Ideale* $\mathfrak{a}$, $\mathfrak{b}\mathfrak{c}$ *zugleich derjenige der beiden Ideale* $\mathfrak{a}$, $\mathfrak{c}$, *also* $\mathfrak{a} + \mathfrak{b}\mathfrak{c} = \mathfrak{a} + \mathfrak{c}$.

Denn durch Multiplication von $\mathfrak{a} + \mathfrak{b} = \mathfrak{o}$ mit $\mathfrak{c}$ folgt zunächst $\mathfrak{a}\mathfrak{c} + \mathfrak{b}\mathfrak{c} = \mathfrak{c}$; addirt man $\mathfrak{a}$ und bedenkt, dass $\mathfrak{a}\mathfrak{c} > \mathfrak{a}$, also $\mathfrak{a}\mathfrak{c} + \mathfrak{a} = \mathfrak{a}$ ist, so folgt $\mathfrak{a} + \mathfrak{b}\mathfrak{c} = \mathfrak{a} + \mathfrak{c}$, w. z. b. w.

---

*) Vergl. die Sätze (8), (9) in §. 170. — Wir bemerken noch, dass die in der Anmerkung zu §. 171 auf S. 510 erwähnte Gruppe von 28 Moduln, welche aus drei beliebigen *Moduln* $\mathfrak{a}$, $\mathfrak{b}$, $\mathfrak{c}$ entspringt, auf eine Gruppe von 18 Moduln einschrumpft, falls $\mathfrak{a}$, $\mathfrak{b}$, $\mathfrak{c}$ *Ideale* sind, weil gleichzeitig die dortige Classenanzahl $d = 1$ wird.

IV. *Ist* $\mathfrak{a}$ *relatives Primideal zu jedem der beiden Ideale* $\mathfrak{b}$, $\mathfrak{c}$, *so ist* $\mathfrak{a}$ *auch relatives Primideal zu deren Producte* $\mathfrak{b}\mathfrak{c}$.

Dies folgt unmittelbar aus dem vorhergehenden Satze, weil $\mathfrak{a} + \mathfrak{c} = \mathfrak{o}$ ist. Durch wiederholte Anwendung ergiebt sich (wie in §. 5) der Satz:

V. *Ist jedes der Ideale* $\mathfrak{a}, \mathfrak{a}_1, \mathfrak{a}_2, \mathfrak{a}_3 \ldots$ *relatives Primideal zu jedem der Ideale* $\mathfrak{b}, \mathfrak{b}_1, \mathfrak{b}_2 \ldots$, *so sind auch die beiden Producte* $\mathfrak{a}\mathfrak{a}_1\mathfrak{a}_2\mathfrak{a}_3 \ldots$ *und* $\mathfrak{b}\mathfrak{b}_1\mathfrak{b}_2 \ldots$, *und ebenso auch irgend zwei Potenzen* $\mathfrak{a}^r$, $\mathfrak{b}^s$ *relative Primideale.*

VI. *Sind* $\mathfrak{a}$, $\mathfrak{b}$ *relative Primideale, und ist* $\mathfrak{b}\mathfrak{c} > \mathfrak{a}$, *so ist auch* $\mathfrak{c} > \mathfrak{a}$.

Dies folgt ebenfalls aus III, weil $\mathfrak{a} + \mathfrak{b}\mathfrak{c} = \mathfrak{a}$ ist.

VII. *Sind* $\mathfrak{a}$, $\mathfrak{b}$ *relative Primideale, so ist jeder Factor* $\mathfrak{a}'$ *von* $\mathfrak{a}$ *relatives Primideal zu jedem Factor* $\mathfrak{b}'$ *von* $\mathfrak{b}$.

Denn aus $\mathfrak{a} > \mathfrak{a}' > \mathfrak{o}$ und $\mathfrak{b} > \mathfrak{b}' > \mathfrak{o}$ folgt $\mathfrak{a} + \mathfrak{b} > \mathfrak{a}' + \mathfrak{b}' > \mathfrak{o}$, und da $\mathfrak{a} + \mathfrak{b} = \mathfrak{o}$ ist, so ist auch $\mathfrak{a}' + \mathfrak{b}' = \mathfrak{o}$, w. z. b. w.

VIII. *Sind* $\mathfrak{a}, \mathfrak{b}, \mathfrak{c} \ldots$ *relative Primideale, so ist ihr kleinstes gemeinsames Vielfaches zugleich ihr Product, also*

$$\mathfrak{a} - \mathfrak{b} - \mathfrak{c} - \cdots = \mathfrak{a}\mathfrak{b}\mathfrak{c} \ldots \qquad (11)$$

Für zwei relative Primideale $\mathfrak{a}$, $\mathfrak{b}$ ist dieser Satz schon oben aus II. abgeleitet. Nehmen wir an, er sei für r relative Primideale $\mathfrak{b}, \mathfrak{c} \ldots$ bewiesen, und $\mathfrak{a}$ sei relatives Primideal zu jedem von ihnen, also auch zu ihrem Producte $\mathfrak{a}_1 = \mathfrak{b}\mathfrak{c} \cdots = \mathfrak{b} - \mathfrak{c} - \cdots$, so ist das kleinste gemeinsame Vielfache aller $(r + 1)$ Ideale $= \mathfrak{a} - \mathfrak{a}_1 = \mathfrak{a}\mathfrak{a}_1$, mithin gilt der Satz allgemein, w. z. b. w.

Zugleich leuchtet ein, dass die im Satze I auftretenden $(r + 1)$ Ideale $\mathfrak{a}_1, \mathfrak{b}_1, \mathfrak{c}_1 \ldots$ in unserem Falle die aus je r von den Idealen $\mathfrak{a}, \mathfrak{b}, \mathfrak{c} \ldots$ gebildeten Producte sind. — Aus den vorhergehenden Sätzen ergiebt sich nun der folgende wichtige Existenzsatz*):

---

*) Auf den ersten Blick könnte es scheinen, als müsste derselbe auch für beliebige *Moduln* gelten. Dies ist wirklich noch wahr, wenn nur *zwei* Moduln $\mathfrak{c}_1$, $\mathfrak{c}_2$ vorliegen; denn wählt man aus $\mathfrak{a}$ zwei Zahlen α_1, α_2, von denen die erste nicht in $\mathfrak{c}_1$, die zweite nicht in $\mathfrak{c}_2$ enthalten ist, so hat mindestens eine der drei Zahlen α_1, α_2, $\alpha_1 + \alpha_2$ offenbar die geforderte Eigenschaft. Dass aber schon für *drei* Moduln $\mathfrak{c}_1$, $\mathfrak{c}_2$, $\mathfrak{c}_3$ der Satz nicht allgemein gilt, ergiebt sich leicht aus der Betrachtung des Beispiels

$$\mathfrak{a} = [1, \omega], \ \mathfrak{c}_1 = [2, \omega], \ \mathfrak{c}_2 = [1, 2\omega], \ \mathfrak{c}_3 = [2, 1 + \omega],$$

wo ω irgend eine irrationale Zahl bedeutet (vergl. §. 171, IV).

IX. *Ist das Ideal $\mathfrak{a}$ durch keins der Ideale $\mathfrak{c}_1, \mathfrak{c}_2 \ldots$ theilbar, so giebt es in $\mathfrak{a}$ auch eine Zahl α, welche in keinem der Ideale $\mathfrak{c}$ enthalten ist.*

Wenn nur ein einziges Ideal $\mathfrak{c}$ vorliegt (oder wenn $\mathfrak{a}$ ein Hauptideal ist), so versteht sich der Satz von selbst. Wir nehmen an, er sei schon für alle Fälle bewiesen, wo die Anzahl der Ideale $\mathfrak{c}$ kleiner als r ist, und zeigen, dass er dann auch für r Ideale $\mathfrak{c}_1, \mathfrak{c}_2 \ldots \mathfrak{c}_r$, mithin allgemein gilt. Jedem dieser Ideale $\mathfrak{c}_s$ entspricht ein Ideal $\mathfrak{b}_s$, welches der Bedingung $\mathfrak{a}\mathfrak{b}_s = \mathfrak{a} - \mathfrak{c}_s$ genügt und folglich von $\mathfrak{o}$ verschieden ist; das Ideal $\mathfrak{a}$ ist durch keins der r Producte $\mathfrak{a}\mathfrak{b}_s$ theilbar, und es genügt, die Existenz einer in $\mathfrak{a}$ enthaltenen Zahl α nachzuweisen, welche durch keins dieser Producte und folglich auch durch keins der Ideale $\mathfrak{c}_s$ theilbar ist. Giebt es nun unter den r Idealen $\mathfrak{b}_s$ ein Paar, z. B. $\mathfrak{b}_1$ und $\mathfrak{b}_2$, deren grösster gemeinschaftlicher Theiler von $\mathfrak{o}$ verschieden ist, so ist $\mathfrak{a}$ auch nicht theilbar durch $\mathfrak{a}(\mathfrak{b}_1 + \mathfrak{b}_2)$, und folglich giebt es (nach unserer Annahme) in $\mathfrak{a}$ eine Zahl α, welche durch keins der $(r-1)$ Ideale $\mathfrak{a}(\mathfrak{b}_1 + \mathfrak{b}_2), \mathfrak{a}\mathfrak{b}_3 \ldots \mathfrak{a}\mathfrak{b}_r$ theilbar ist, mithin die geforderte Eigenschaft besitzt, weil $\mathfrak{a}\mathfrak{b}_1$ und $\mathfrak{a}\mathfrak{b}_2$ durch $\mathfrak{a}(\mathfrak{b}_1 + \mathfrak{b}_2)$ theilbar sind. Es bleibt daher nur noch der Fall übrig, wo die r Ideale $\mathfrak{b}_s$ relative Primideale sind. Dann ist jedes dieser Ideale $\mathfrak{b}_s$ relatives Primideal zu dem aus allen übrigen gebildeten Producte $\mathfrak{b}'_s$, und da $\mathfrak{b}_s$ von $\mathfrak{o}$ verschieden ist, so ist $\mathfrak{b}'_s$ nicht theilbar durch $\mathfrak{b}_s$, also $\mathfrak{a}\mathfrak{b}'_s$ auch nicht theilbar durch $\mathfrak{a}\mathfrak{b}_s$, und es giebt folglich in $\mathfrak{a}\mathfrak{b}'_s$ eine Zahl α_s, welche nicht durch $\mathfrak{a}\mathfrak{b}_s$ theilbar ist. Setzt man nun $\alpha = \alpha_1 + \alpha_2 + \cdots + \alpha_r$, so ist die Zahl α wie jede der r Zahlen α_s in $\mathfrak{a}$ enthalten, aber sie kann durch keins der r Producte $\mathfrak{a}\mathfrak{b}_s$ theilbar sein; denn weil die Ideale $\mathfrak{b}'_2, \mathfrak{b}'_3 \ldots \mathfrak{b}'_r$ alle durch $\mathfrak{b}_1$, also die Zahlen $\alpha_2, \alpha_3 \ldots \alpha_r$ alle durch $\mathfrak{a}\mathfrak{b}_1$ theilbar sind, während das Gegentheil für α_1 gilt, so kann auch α nicht durch $\mathfrak{a}\mathfrak{b}_1$, und ebenso wenig kann α durch eins der übrigen Producte $\mathfrak{a}\mathfrak{b}_s$ theilbar sein. Mithin hat die Zahl α die geforderte Eigenschaft, w. z. b. w.

X. *Sind $\mathfrak{a}, \mathfrak{b}$ irgend zwei Ideale, so kann man eine von Null verschiedene Zahl α immer so wählen, dass $\mathfrak{a}\mathfrak{b} + \mathfrak{o}\alpha = \mathfrak{a}$, also $\mathfrak{a}\mathfrak{b} - \mathfrak{o}\alpha = \mathfrak{b}\alpha$ wird.*

Denn wenn $\mathfrak{b} = \mathfrak{o}$ ist, so genügt offenbar jede Zahl α des Ideals $\mathfrak{a}$ dieser Forderung. Ist aber $\mathfrak{b}$ von $\mathfrak{o}$ verschieden, und bezeichnet man mit $\mathfrak{c}$ alle Ideale, welche $< \mathfrak{a}\mathfrak{b}$ und zugleich $> \mathfrak{a}$, aber verschieden von $\mathfrak{a}$ sind, so giebt es, weil deren Anzahl (nach §. 177, VIII) endlich ist, in $\mathfrak{a}$ eine Zahl α, welche durch keins der Ideale $\mathfrak{c}$ theilbar ist; mithin ist auch das Ideal $\mathfrak{a}\mathfrak{b} + \mathfrak{o}\alpha$ verschieden von allen $\mathfrak{c}$, und da es ebenfalls $< \mathfrak{a}\mathfrak{b}$ und $> \mathfrak{a}$ ist, so muss $\mathfrak{a}\mathfrak{b} + \mathfrak{o}\alpha = \mathfrak{a}$, und nach (8) zugleich $\mathfrak{a}\mathfrak{b} - \mathfrak{o}\alpha = \mathfrak{b}\alpha$ sein, w. z. b. w.

XI. *Sind* $\mathfrak{a}$, $\mathfrak{b}$ *Ideale, so lässt sich* $\mathfrak{a}$ *in ein Hauptideal* $\mathfrak{o}\alpha$ *verwandeln durch Multiplication mit einem Ideal* $\mathfrak{m}$, *welches relatives Primideal zu* $\mathfrak{b}$ *ist.*

Denn setzt man in dem vorigen Satze das durch $\mathfrak{a}$ theilbare Hauptideal $\mathfrak{o}\alpha = \mathfrak{a}\mathfrak{m}$, so ist $\mathfrak{a}\mathfrak{b} + \mathfrak{a}\mathfrak{m} = \mathfrak{a}(\mathfrak{b} + \mathfrak{m}) = \mathfrak{a}$, also $\mathfrak{b} + \mathfrak{m} = \mathfrak{o}$, w. z. b. w.

XII. *Jedes Ideal* $\mathfrak{a}$ *ist darstellbar als grösster gemeinsamer Theiler von zwei Hauptidealen.*

Denn wählt man nach Belieben aus $\mathfrak{a}$ eine von Null verschiedene Zahl μ, so ist $\mathfrak{o}\mu = \mathfrak{a}\mathfrak{b}$, und man kann (nach X) die Zahl α so wählen, dass $\mathfrak{o}\mu + \mathfrak{o}\alpha = \mathfrak{a}$ wird, w. z. b. w.

XIII. *Zwei von Null verschiedene Zahlen* α, β *in* $\mathfrak{o}$ *sind stets und nur dann relative Primzahlen, wenn die durch sie erzeugten Hauptideale* $\mathfrak{o}\alpha$, $\mathfrak{o}\beta$ *relative Primideale sind, und es giebt dann immer zwei Zahlen* ξ, η *in* $\mathfrak{o}$, *welche der Bedingung*

$$\alpha\xi + \beta\eta = 1 \tag{12}$$

genügen.

Denn wenn $\mathfrak{o}\alpha + \mathfrak{o}\beta = \mathfrak{o}$ ist, so ist die in $\mathfrak{o}$ enthaltene Zahl 1 als Summe von zwei in $\mathfrak{o}\alpha$, $\mathfrak{o}\beta$ enthaltenen Zahlen, also in der Form (12) darstellbar, d. h. α, β sind relative Primzahlen (§. 174). Im entgegengesetzten Falle, wenn $\mathfrak{o}\alpha + \mathfrak{o}\beta$ verschieden von $\mathfrak{o}$, also $\mathfrak{o}\alpha - \mathfrak{o}\beta$ zufolge (8) ein *echter* Theiler von $\mathfrak{o}\alpha\beta$ ist, giebt es eine durch α und β theilbare, d. h. eine in $\mathfrak{o}\alpha - \mathfrak{o}\beta$ enthaltene Zahl ω, welche nicht durch $\alpha\beta$ theilbar ist, und folglich können α, β (nach §. 174) nicht relative Primzahlen sein, w. z. b. w.

Der zweite Theil dieses Satzes ergiebt sich auch unmittelbar aus der Anmerkung zu §. 174; denn zufolge derselben giebt es, wenn α, β relative Primzahlen in $\mathfrak{o}$ sind, auch zwei *in* $\mathfrak{o}$ *enthaltene* Zahlen ξ, η, welche die Bedingung (12) erfüllen, und hieraus folgt offenbar $\mathfrak{o}\alpha + \mathfrak{o}\beta = \mathfrak{o}$. Aber beide Beweise fliessen, wie man leicht sieht, aus derselben Quelle, nämlich aus dem Satze VI in §. 173.

Wir bemerken noch, dass wir unter dem grössten gemeinsamen Theiler eines *Ideals* $\mathfrak{m}$ *und einer Zahl* α (selbst wenn letztere $= 0$ sein sollte) immer das Ideal $\mathfrak{m} + \mathfrak{o}\alpha$ verstehen; und wir sagen, $\mathfrak{m}$ sei relatives Primideal zu α, oder α sei relative Primzahl zu $\mathfrak{m}$, wenn $\mathfrak{m} + \mathfrak{o}\alpha = \mathfrak{o}$ ist*). Dann besteht folgender Satz:

XIV. *Ist* $\mathfrak{m}$ *relatives Primideal zu der natürlichen Zahl* k, *so ist die kleinste durch* $\mathfrak{m}$ *theilbare natürliche Zahl* $m = (\mathfrak{z}, \mathfrak{m})$ *auch relative Primzahl zu* k.

Denn bedeutet e den grössten gemeinsamen Theiler der Zahlen $m = em'$ und k, so ist ihr kleinstes gemeinsames Vielfaches km' theilbar durch $\mathfrak{m}$ und $\mathfrak{o}k$, also auch durch $\mathfrak{m} - \mathfrak{o}k = k\mathfrak{m}$; mithin ist m' theilbar durch $\mathfrak{m}$, folglich $m' = m$, $e = 1$, w. z. b. w.

§. 179.

Das Ideal $\mathfrak{o}$ hat nur den einzigen Factor $\mathfrak{o}$. Jedes von $\mathfrak{o}$ verschiedene Ideal $\mathfrak{p}$ besitzt gewiss zwei verschiedene Factoren, nämlich $\mathfrak{o}$ und $\mathfrak{p}$, und es soll ein (absolutes) *Primideal* heissen, wenn es keine anderen Factoren hat. Ein Ideal, welches mehr als zwei verschiedene Factoren besitzt, heisst *zusammengesetzt* (vergl. §. 8). Aus dieser Erklärung ergeben sich die folgenden Sätze.

I. *Ist* $\mathfrak{p}$ *ein Primideal, und* $\mathfrak{a}$ *irgend ein Ideal, so ist entweder* $\mathfrak{a}$ *theilbar durch* $\mathfrak{p}$, *oder* $\mathfrak{a}$ *und* $\mathfrak{p}$ *sind relative Primideale.*

Denn das Ideal $\mathfrak{a} + \mathfrak{p}$ ist als Factor von $\mathfrak{p}$ entweder $= \mathfrak{p}$, oder $= \mathfrak{o}$, und im ersteren Falle ist $\mathfrak{a} > \mathfrak{p}$, w. z. b. w.

---

*) Endlich erwähnen wir, dass jeder *Idealbruch*, d. h. jeder Quotient von zwei Idealen, immer ein im Körper Ω enthaltener endlicher Modul $\mathfrak{i}$ von der Ordnung $\mathfrak{o}$ ist, und dass umgekehrt jeder solche Modul $\mathfrak{i}$ auf unendlich viele Arten als Idealbruch, und nur auf eine einzige Weise als ein solcher Idealbruch dargestellt werden kann, dessen Zähler und Nenner relative Primideale sind. Jedes Ideal ist ein Idealbruch mit dem Nenner $\mathfrak{o}$. Der grösste gemeinsame Theiler, das kleinste gemeinsame Vielfache, das Product und der Quotient von irgend zwei Idealbrüchen sind ebenfalls Idealbrüche, und die Gesetze ihrer Bildung stimmen genau mit denen der rationalen Zahlentheorie überein. Die Beweise, welche hauptsächlich auf den in §. 170 bewiesenen Sätzen über *eigentliche* Moduln beruhen, wird der Leser leicht finden.

II. *Geht das Primideal* $\mathfrak{p}$ *in dem Producte der Ideale* $\mathfrak{a}, \mathfrak{b}, \mathfrak{c} \ldots$ *auf, so ist mindestens eins derselben durch* $\mathfrak{p}$ *theilbar.*

Denn wenn $\mathfrak{p}$ in keinem der Ideale $\mathfrak{a}, \mathfrak{b}, \mathfrak{c} \ldots$ aufgeht, so ist $\mathfrak{p}$ (nach I) relatives Primideal zu jedem derselben, also (nach §. 178, V) auch zu ihrem Producte $\mathfrak{a}\mathfrak{b}\mathfrak{c} \ldots$, und folglich kann letzteres (nach I) auch nicht durch $\mathfrak{p}$ theilbar sein, w. z. b. w.

III. *Ist* $\mathfrak{m}$ *ein zusammengesetztes Ideal, so giebt es zwei durch* $\mathfrak{m}$ *nicht theilbare Zahlen* α, β, *deren Product* $\alpha\beta$ *durch* $\mathfrak{m}$ *theilbar ist.*

Denn $\mathfrak{m}$ besitzt einen von $\mathfrak{o}$ und $\mathfrak{m}$ verschiedenen Factor $\mathfrak{a}$ und ist folglich $= \mathfrak{a}\mathfrak{b}$, wo $\mathfrak{b}$ ein von $\mathfrak{o}$ verschiedenes Ideal bedeutet; da nun (nach §. 177, VI) weder $\mathfrak{a}$ noch $\mathfrak{b}$ durch $\mathfrak{m}$, d. h. durch $\mathfrak{a}\mathfrak{b}$ theilbar ist, so kann man aus $\mathfrak{a}$, $\mathfrak{b}$ Zahlen α, β wählen, die nicht in $\mathfrak{m}$, deren Product $\alpha\beta$ aber in $\mathfrak{a}\mathfrak{b}$, d. h. in $\mathfrak{m}$ enthalten ist, w. z. b. w.

Mithin ist eine Zahl μ dann und nur dann eine *Primzahl* (S. 544), wenn $\mathfrak{o}\mu$ ein *Primideal* ist.

IV. *Jedes von* $\mathfrak{o}$ *verschiedene Ideal* $\mathfrak{a}$ *ist durch mindestens ein Primideal theilbar.*

Der Satz ist richtig, wenn $\mathfrak{a}$ selbst ein Primideal ist. Im entgegengesetzten Falle besitzt $\mathfrak{a}$ einen von $\mathfrak{a}$ und $\mathfrak{o}$ verschiedenen Factor $\mathfrak{b}$, und wenn dieser noch kein Primideal ist, so besitzt er einen von $\mathfrak{b}$ und $\mathfrak{o}$ verschiedenen Factor $\mathfrak{c}$, und wenn dieser kein Primideal ist, so kann mau in derselben Weise fortfahren. Da nun die in dieser Kette auftretenden Ideale $\mathfrak{a}, \mathfrak{b}, \mathfrak{c} \ldots$, deren jedes ein echtes Vielfaches des folgenden ist, alle von einander verschieden und zugleich Factoren des Ideals $\mathfrak{a}$ sind, welches (nach §. 177, VIII) nur eine endliche Anzahl von Factoren besitzt, so muss diese Kette nothwendig eine endliche sein, sie muss ein letztes Glied $\mathfrak{p}$ enthalten, und dieses muss, weil sonst die Kette sich noch weiter fortsetzen liesse, ein Primideal sein, w. z. b. w.

V. *Jedes von* $\mathfrak{o}$ *verschiedene Ideal* $\mathfrak{a}$ *ist entweder ein Primideal, oder es lässt sich, und zwar nur auf eine einzige Weise, als ein Product von Primidealen darstellen.*

Denn $\mathfrak{a}$ ist durch ein Primideal $\mathfrak{p}_1$ theilbar, also von der Form $\mathfrak{p}_1 \mathfrak{a}_1$, wo $\mathfrak{a}_1$ ein Ideal; ist dasselbe $= \mathfrak{o}$, so ist $\mathfrak{a} = \mathfrak{p}_1$ ein Primideal. Ist aber $\mathfrak{a}_1$ verschieden von $\mathfrak{o}$, so ist wieder $\mathfrak{a}_1 = \mathfrak{p}_2 \mathfrak{a}_2$, wo das erste der beiden Ideale $\mathfrak{p}_2$, $\mathfrak{a}_2$ ein Primideal bedeutet, und wenn $\mathfrak{a}_2$ von $\mathfrak{o}$ verschieden ist, so kann man in derselben

Weise fortfahren. Die Kette der Ideale $\mathfrak{a}, \mathfrak{a}_1, \mathfrak{a}_2 \ldots$, deren jedes ein echtes Vielfaches des folgenden ist, muss eine endliche sein, also ein letztes Glied $\mathfrak{a}_r$ enthalten, und dieses muss $= \mathfrak{o}$ sein, weil sonst die Kette sich noch fortsetzen liesse. Zugleich ergiebt sich die gewünschte Darstellung

$$\mathfrak{a} = \mathfrak{p}_1 \mathfrak{p}_2 \ldots \mathfrak{p}_r. \tag{1}$$

Um zu zeigen, dass es im Wesentlichen, d. h. abgesehen von der Aufeinanderfolge der Factoren, nur eine einzige solche Darstellung giebt, bemerken wir zunächst, dass jeder der r Primfactoren $\mathfrak{p}_1, \mathfrak{p}_2 \ldots \mathfrak{p}_r$ offenbar in $\mathfrak{a}$ aufgeht, und dass umgekehrt jedes in $\mathfrak{a}$ aufgehende Primideal $\mathfrak{p}$ nothwendig mit einem dieser r Primfactoren identisch sein muss; denn da $\mathfrak{p}$ in dem Producte $\mathfrak{p}_1 \mathfrak{p}_2 \ldots \mathfrak{p}_r$ aufgeht, so muss (nach II) mindestens einer der Factoren, z. B. $\mathfrak{p}_1$, durch $\mathfrak{p}$ theilbar sein, und da $\mathfrak{p}_1$ als Primideal nur die beiden Factoren $\mathfrak{p}_1$ und $\mathfrak{o}$ besitzt, so muss das Primideal $\mathfrak{p}$, weil es von $\mathfrak{o}$ verschieden ist, nothwendig $= \mathfrak{p}_1$ sein. Die in einer solchen Darstellung (1) auftretenden Factoren sind also *die sämmtlichen in dem Ideal* $\mathfrak{a}$ *aufgehenden Primideale* $\mathfrak{p}$ *und keine anderen.* Ist ferner e die genaue Anzahl derjenigen von diesen r Factoren, welche mit einem bestimmten Primideal $\mathfrak{p}$ identisch sind, so kann man $\mathfrak{a} = \mathfrak{b}\mathfrak{p}^e$ setzen, wo $\mathfrak{b}$ entweder $= \mathfrak{o}$ oder, falls $e < r$ ist, das Product der übrigen $r - e$ Primfactoren ist; da die letzteren alle von $\mathfrak{p}$ verschieden sind, so ist $\mathfrak{b}$ keinenfalls durch $\mathfrak{p}$ theilbar, und hieraus folgt (nach §. 177, VI), dass $\mathfrak{a}$ zwar durch $\mathfrak{p}^e$, aber durch keine höhere Potenz von $\mathfrak{p}$ theilbar, dass also die *Anzahl e zugleich der Exponent der höchsten in dem Ideal* $\mathfrak{a}$ *aufgehenden Potenz des Primideals* $\mathfrak{p}$ *ist.* Mithin sind die in der Darstellung (1) des Ideals $\mathfrak{a}$ erscheinenden Primfactoren $\mathfrak{p}$ nicht nur an sich, sondern auch nach der Häufigkeit ihres Auftretens vollständig bestimmt durch $\mathfrak{a}$ allein, w. z. b. w.

An den Beweis dieses Fundamentalsatzes knüpfen wir noch folgende Bemerkungen. Bezeichnet man jetzt mit $\mathfrak{p}_1, \mathfrak{p}_2, \mathfrak{p}_3 \ldots$ alle *von einander verschiedenen*, in dem Ideal $\mathfrak{a}$ aufgehenden Primideale, so nimmt die Darstellung (1) die Form

$$\mathfrak{a} = \mathfrak{p}_1^{e_1} \mathfrak{p}_2^{e_2} \mathfrak{p}_3^{e_3} \ldots \tag{2}$$

an, wo die natürlichen Zahlen $e_1, e_2, e_3 \ldots$ die Häufigkeit des Auftretens für die einzelnen Primfactoren angeben. Es kann gelegentlich, bei der Vergleichung mehrerer Ideale, von Vortheil sein, auch den Exponenten Null zuzulassen, in welchem Falle (nach §. 177, V) die Potenz $\mathfrak{p}^0 = \mathfrak{o}$ zu setzen ist; dies bedeutet natürlich, dass das Ideal $\mathfrak{a}$ durch das Primideal $\mathfrak{p}$ gar nicht theilbar ist. In jedem Falle erscheint das Ideal $\mathfrak{a}$ als das Product oder (nach §. 178, VIII) auch als das kleinste gemeinschaftliche Vielfache aller in ihm aufgehenden höchsten Primideal-Potenzen $\mathfrak{p}_1^{e_1}, \mathfrak{p}_2^{e_2}, \mathfrak{p}_3^{e_3} \ldots$, welche ja zugleich auch relative Primideale sind, und es ergiebt sich der Satz

VI. *Ein Ideal $\mathfrak{a}$ ist dann (und nur dann) durch ein Ideal $\mathfrak{d}$ theilbar, wenn jede in $\mathfrak{d}$ aufgehende Primideal-Potenz auch in $\mathfrak{a}$ aufgeht.*

Denn wenn $\mathfrak{a}$ ein Vielfaches aller in $\mathfrak{d}$ aufgehenden Primideal-Potenzen ist, so ist $\mathfrak{a}$ auch theilbar durch deren kleinstes gemeinsames Vielfaches $\mathfrak{d}$, w. z. b. w.

Hieraus folgt zugleich, dass jeder Factor $\mathfrak{d}$ des in (2) dargestellten Ideals $\mathfrak{a}$ gewiss in der Form

$$\mathfrak{d} = \mathfrak{p}_1^{r_1}\, \mathfrak{p}_2^{r_2}\, \mathfrak{p}_3^{r_3} \ldots \tag{3}$$

darstellbar ist, wo z. B. r_1 eine der Zahlen $0, 1, 2 \ldots e_1$ bedeutet; und da je zwei solche Ideale $\mathfrak{d}$ von der Form (3), die verschiedenen Systemen von Exponenten $r_1, r_2, r_3 \ldots$ entsprechen, auch verschieden sind (nach V), so ist das Product

$$(e_1 + 1)\,(e_2 + 1)\,(e_3 + 1) \ldots \tag{4}$$

die Anzahl aller verschiedenen Factoren $\mathfrak{d}$ des Ideals $\mathfrak{a}$. Zugleich leuchtet ein, dass die Regeln zur Bestimmung des grössten gemeinsamen Theilers und des kleinsten gemeinsamen Vielfachen von beliebig vielen in der Form (2) dargestellten Idealen vollständig übereinstimmen mit denen der rationalen Zahlentheorie (§. 10).

VII. *Die kleinste durch das Primideal $\mathfrak{p}$ theilbare natürliche Zahl $p = (\mathfrak{z}, \mathfrak{p})$ ist eine natürliche Primzahl, und zwar ist p die einzige durch $\mathfrak{p}$ theilbare natürliche Primzahl.*

Denn jedenfalls ist $p > 1$, weil sonst $\mathfrak{p} = \mathfrak{o}$ wäre, und wenn p ein Product aus zwei kleineren natürlichen Zahlen r, s wäre, so müsste das in dem Producte $\mathfrak{o}r . \mathfrak{o}s$ aufgehende Primideal $\mathfrak{p}$ (zufolge II) auch in einem der Factoren, also auch in einer der Zahlen r, s aufgehen, was der Definition von p widersprechen würde; mithin ist p eine Primzahl, und da $[p]$ der Inbegriff aller durch $\mathfrak{p}$ theilbaren rationalen Zahlen ist (§. 177, X), so kann keine andere natürliche Primzahl durch $\mathfrak{p}$ theilbar sein, w. z. b. w.

§. 180.

Nachdem in den §§. 177 bis 179 die Theorie der *Theilbarkeit* der Ideale und also auch der Zahlen in $\mathfrak{o}$ vollständig erledigt ist (vergl. §§. 1 bis 10), wenden wir uns zur Betrachtung der auf Ideale bezüglichen *Zahlclassen und Congruenzen von Zahlen in* $\mathfrak{o}$. Ist μ von Null verschieden, so ist $\mathfrak{o}\mu$ ein Hauptideal, und wir haben schon (in §. 176, II) bewiesen, dass

$$(\mathfrak{o}, \mathfrak{o}\mu) = \pm N(\mu), \tag{1}$$

also von Null verschieden ist. Wählt man nun aus irgend einem Ideal $\mathfrak{m}$ eine solche Zahl μ, so folgt aus $\mathfrak{o} < \mathfrak{m} < \mathfrak{o}\mu$ (nach §. 171, (5)), dass $(\mathfrak{o}, \mathfrak{m})(\mathfrak{m}, \mathfrak{o}\mu) = (\mathfrak{o}, \mathfrak{o}\mu)$, mithin auch $(\mathfrak{o}, \mathfrak{m})$ von Null verschieden ist; wir wollen in Rücksicht auf (1) diese Classenanzahl

$$(\mathfrak{o}, \mathfrak{m}) = N(\mathfrak{m}) \tag{2}$$

setzen und die *Norm des Ideals* $\mathfrak{m}$ nennen; offenbar ist $\mathfrak{o}$ das einzige Ideal, dessen Norm $= 1$ ist. Dann geht die Gleichung (1) in

$$N(\mathfrak{o}\mu) = \pm N(\mu) \tag{3}$$

über, und für beliebige Ideale $\mathfrak{a}$, $\mathfrak{b}$ gelten die Sätze

$$(\mathfrak{a}, \mathfrak{a}\mathfrak{b}) = N(\mathfrak{b}) \tag{4}$$

$$N(\mathfrak{a}\mathfrak{b}) = N(\mathfrak{a})\, N(\mathfrak{b}). \tag{5}$$

Denn wählt man (nach §. 178, X) eine von Null verschiedene Zahl α so, dass $\mathfrak{a}\mathfrak{b} + \mathfrak{o}\alpha = \mathfrak{a}$, $\mathfrak{a}\mathfrak{b} - \mathfrak{o}\alpha = \mathfrak{b}\alpha$ wird, so folgt (4) aus den in §. 171 bewiesenen Sätzen (3), (2), (4), weil $(\mathfrak{o}\alpha, \mathfrak{a}\mathfrak{b}) = (\mathfrak{a}, \mathfrak{a}\mathfrak{b}) = (\mathfrak{o}\alpha, \mathfrak{b}\alpha) = (\mathfrak{o}, \mathfrak{b})$ wird, und hieraus folgt (5), weil $\mathfrak{o} < \mathfrak{a} < \mathfrak{a}\mathfrak{b}$, also $(\mathfrak{o}, \mathfrak{a}\mathfrak{b}) = (\mathfrak{o}, \mathfrak{a})(\mathfrak{a}, \mathfrak{a}\mathfrak{b}) = (\mathfrak{o}, \mathfrak{a})(\mathfrak{o}, \mathfrak{b})$ ist, was zu beweisen war. Setzt man ferner (wie in §. 178, II):

$$\frac{\mathfrak{b}}{\mathfrak{a} + \mathfrak{b}} = \frac{\mathfrak{a} - \mathfrak{b}}{\mathfrak{a}} = \mathfrak{b}', \tag{6}$$

so wird, wenn $\mathfrak{c}$ ein beliebiges Ideal bedeutet,

$$(\mathfrak{a}\mathfrak{c}, \mathfrak{b}\mathfrak{c}) = (\mathfrak{a}, \mathfrak{b}) = N(\mathfrak{b}'), \tag{7}$$

weil $(\mathfrak{a}\mathfrak{c}, \mathfrak{b}\mathfrak{c}) = (\mathfrak{a}\mathfrak{c} + \mathfrak{b}\mathfrak{c}, \mathfrak{b}\mathfrak{c})$ und $\mathfrak{b}\mathfrak{c} = (\mathfrak{a}\mathfrak{c} + \mathfrak{b}\mathfrak{c})\mathfrak{b}'$ ist*).

---

*) Die vorstehenden Sätze gelten auch für die in der Anmerkung zu §. 178, S. 560 besprochenen *Idealbrüche* $\mathfrak{i}$, wenn deren *Norm* durch

$$N(\mathfrak{i}) = \frac{(\mathfrak{o}, \mathfrak{i})}{(\mathfrak{i}, \mathfrak{o})}$$

Nach dem Satze I in §. 171 ist $\mathfrak{o}(\mathfrak{o}, \mathfrak{m}) > \mathfrak{m}$, d. h. *die Norm* $N(\mathfrak{m})$ *des Ideals* $\mathfrak{m}$ *ist theilbar durch* $\mathfrak{m}$, und folglich kann man das Hauptideal

$$\mathfrak{o}\, N(\mathfrak{m}) = \mathfrak{m}\,\mathfrak{n} \tag{8}$$

setzen, wo $\mathfrak{n}$ ein Ideal bedeutet; hierin liegt eine Verallgemeinerung des Satzes IV in §. 176, und man kann das Ideal

$$\mathfrak{n} = N(\mathfrak{m})\,\mathfrak{m}^{-1} \tag{9}$$

das *Supplement* von $\mathfrak{m}$ nennen; da die Norm der rationalen Zahl $N(\mathfrak{m})$ gleich $N(\mathfrak{m})^n$ ist, so folgt aus (8), (5) und (3), dass

$$N(\mathfrak{n}) = N(\mathfrak{m})^{n-1}, \tag{10}$$

mithin $\mathfrak{m}\, N(\mathfrak{m})^{n-2}$ das Supplement von $\mathfrak{n}$ ist.

Die kleinste durch $\mathfrak{m}$ theilbare natürliche Zahl $m = (\mathfrak{z}, \mathfrak{m})$ geht jedenfalls in $N(\mathfrak{m})$ auf, weil $[m]$ der Inbegriff aller in $\mathfrak{m}$ enthaltenen rationalen Zahlen ist (§. 177, X); da andererseits das Ideal $\mathfrak{o}\, m$ durch $\mathfrak{m}$ theilbar, also von der Form $\mathfrak{m}\,\mathfrak{q}$ ist, so folgt aus (5) und (3), dass $N(\mathfrak{m})$ in $N(\mathfrak{o}\, m)$, d. h. in m^n aufgeht, und hieraus ergiebt sich (nach §. 178, XIV) der Satz:

I. *Ist* $\mathfrak{m}$ *relatives Primideal zu der natürlichen Zahl* k, *so ist* $N(\mathfrak{m})$ *auch relative Primzahl zu* k.

Da ferner die kleinste, durch ein *Primideal* $\mathfrak{p}$ theilbare natürliche Zahl

$$p = (\mathfrak{z}, \mathfrak{p}) \tag{11}$$

immer eine *natürliche Primzahl* ist (§. 179, VII), so ist $N(\mathfrak{p})$ als Divisor von p^n selbst eine Potenz von p; wir setzen

$$N(\mathfrak{p}) = p^f \tag{12}$$

und nennen den Exponenten f, der stets > 0 und $\leqq n$ ist, den *Grad* des Primideals $\mathfrak{p}$.

Allgemeiner verstehen wir unter dem *Grade eines beliebigen Ideals* $\mathfrak{m}$ die Anzahl der (gleichen oder verschiedenen) natürlichen Primzahlen, deren Product $= N(\mathfrak{m})$ ist; dann ist zufolge

---

erklärt wird. Wählt man die ganze Zahl α so, dass $\mathfrak{i}\alpha$ ein Ideal wird, so ergiebt sich leicht aus $(\mathfrak{o}, \mathfrak{i}) = (\mathfrak{o}\alpha, \mathfrak{i}\alpha) = (\mathfrak{o}\alpha + \mathfrak{i}\alpha, \mathfrak{i}\alpha)$ und $(\mathfrak{i}, \mathfrak{o}) = (\mathfrak{i}\alpha, \mathfrak{o}\alpha) = (\mathfrak{o}\alpha + \mathfrak{i}\alpha, \mathfrak{o}\alpha)$, dass $N(\mathfrak{i})\, N(\mathfrak{o}\alpha) = N(\mathfrak{i}\alpha)$, und folglich allgemein

$$N(\mathfrak{i}) = \frac{N(\mathfrak{b})}{N(\mathfrak{a})} = \frac{(\mathfrak{a}, \mathfrak{b})}{(\mathfrak{b}, \mathfrak{a})}$$

ist, wo $\mathfrak{a}$, $\mathfrak{b}$ irgend zwei Ideale bedeuten, welche der Bedingung $\mathfrak{a}\,\mathfrak{i} = \mathfrak{b}$, d. h. $\mathfrak{b} : \mathfrak{a} = \mathfrak{i}$ genügen.

(5) der Grad eines Productes gleich der Summe der Grade der Factoren, und $\mathfrak{o}$ ist das einzige Ideal vom Grade Null.

Indem wir nun zu der Betrachtung der *Congruenz* der Zahlen (in $\mathfrak{o}$) in Bezug auf ein beliebiges *Ideal* $\mathfrak{m}$ übergehen, bemerken wir zunächst, dass zwei solche Congruenzen

$$\alpha \equiv \alpha', \ \beta \equiv \beta' \ (\text{mod. } \mathfrak{m}) \tag{13}$$

nicht nur (wie in §. 171) addirt und subtrahirt, sondern auch multiplicirt (mithin auch potenzirt) werden dürfen; denn weil $\mathfrak{o}\mathfrak{m} > \mathfrak{m}$ ist, so ist jedes der Producte $(\alpha - \alpha')\beta$, $\alpha'(\beta - \beta')$, mithin auch deren Summe $\alpha\beta - \alpha'\beta'$ durch $\mathfrak{m}$ theilbar, also

$$\alpha\beta \equiv \alpha'\beta' \ (\text{mod. } \mathfrak{m}). \tag{14}$$

Setzt man ferner

$$\mathfrak{a} = \mathfrak{m} + \mathfrak{o}\alpha, \ \mathfrak{m} = \mathfrak{a}\mathfrak{b}, \ \mathfrak{o}\alpha = \mathfrak{a}\mathfrak{a}', \tag{15}$$

so sind $\mathfrak{b}$ und $\mathfrak{a}'$ (nach §. 178) relative Primideale, und aus einer Congruenz von der Form

$$\alpha\omega \equiv \alpha\omega' \ (\text{mod. } \mathfrak{m}) \tag{16}$$

folgt stets die Congruenz

$$\omega \equiv \omega' \ (\text{mod. } \mathfrak{b}); \tag{17}$$

denn weil $\alpha(\omega - \omega')$ in $\mathfrak{m}$ enthalten, also $\mathfrak{a}\mathfrak{a}'(\omega - \omega') > \mathfrak{a}\mathfrak{b}$ ist, so folgt $\mathfrak{a}'(\omega - \omega') > \mathfrak{b}$, also auch $\mathfrak{o}(\omega - \omega') > \mathfrak{b}$, was zu zeigen war. Dass umgekehrt aus (17) auch (16) folgt, leuchtet unmittelbar ein.

Ist α *relative Primzahl zu* $\mathfrak{m}$, also $\mathfrak{a} = \mathfrak{o}$, so ist $\mathfrak{b} = \mathfrak{m}$, mithin darf in diesem Falle die Congruenz (16) ohne Weiteres durch α dividirt werden. Dasselbe ergiebt sich auch unmittelbar aus $\mathfrak{o} = \mathfrak{m} + \mathfrak{o}\alpha$; denn da die in $\mathfrak{o}$ enthaltene Zahl $1 = \mu + \alpha\xi$ ist, wo μ in $\mathfrak{m}$ enthalten, so giebt es in diesem Falle eine Zahl ξ, welche der Congruenz

$$\alpha\xi \equiv 1 \ (\text{mod. } \mathfrak{m}) \tag{18}$$

genügt (und umgekehrt folgt hieraus offenbar, dass $\mathfrak{m} + \mathfrak{o}\alpha = \mathfrak{o}$, also α relative Primzahl zu $\mathfrak{m}$ ist); multiplicirt man nun (16) mit ξ, so folgt $\omega \equiv \omega'$ (mod. $\mathfrak{m}$), was zu zeigen war.

Die Anzahl aller in $\mathfrak{o}$ enthaltenen, auf das Ideal $\mathfrak{m}$ bezüglichen Zahlclassen $\mathfrak{m} + \alpha$ ist $= (\mathfrak{o}, \mathfrak{m}) = N(\mathfrak{m})$. Man sieht leicht ein, dass zwei beliebige, nach $\mathfrak{m}$ congruente Zahlen α, α' mit $\mathfrak{m}$ einen und denselben grössten gemeinsamen Theiler haben, dass also aus $\mathfrak{m} + \alpha = \mathfrak{m} + \alpha'$ auch $\mathfrak{m} + \mathfrak{o}\alpha = \mathfrak{m} + \mathfrak{o}\alpha'$ folgt; da nämlich $\alpha - \alpha'$ durch $\mathfrak{m}$ theilbar ist, so muss jeder Factor von $\mathfrak{m}$, der in der einen Zahl α' aufgeht, auch in der anderen aufgehen, weil $\alpha = (\alpha - \alpha') + \alpha'$ ist. Jede bestimmte Zahlclasse $\mathfrak{m} + \alpha$ erzeugt daher ein bestimmtes, von der Wahl ihres Repräsentanten α gänzlich unabhängiges, in $\mathfrak{m}$ aufgehendes Ideal $\mathfrak{m} + \mathfrak{o}\alpha$, und wir stellen uns, wenn $\mathfrak{a}$ ein gegebener Factor von $\mathfrak{m} = \mathfrak{a}\mathfrak{b}$ ist, die Aufgabe, die *Anzahl* aller Classen $\mathfrak{m} + \alpha$ zu bestimmen, welche diesen Factor $\mathfrak{a}$ erzeugen, also der Bedingung $\mathfrak{m} + \mathfrak{o}\alpha = \mathfrak{a}$ genügen. Im Falle $\mathfrak{a} = \mathfrak{m}$, $\mathfrak{b} = \mathfrak{o}$ ist diese Anzahl offenbar $= 1$; ist aber $\mathfrak{a}$ ein echter Factor von $\mathfrak{m}$, also $\mathfrak{b}$ von $\mathfrak{o}$ verschieden, so wird unsere Frage sofort durch den Satz IV in §. 171 beantwortet, wenn man dort $\mathfrak{n} = \mathfrak{a}\mathfrak{p}$ und für $\mathfrak{p}$ alle in $\mathfrak{b}$ aufgehenden Primideale setzt. Wir ziehen es aber vor, uns auf die folgenden Betrachtungen zu stützen, die ohnehin aus anderen Gründen unentbehrlich sind.

Zunächst lässt sich die Aufgabe auf den besonders wichtigen speciellen Fall $\mathfrak{a} = \mathfrak{o}$, $\mathfrak{b} = \mathfrak{m}$ zurückführen; es handelt sich dann um diejenigen Classen $\mathfrak{m} + \alpha$, deren Zahlen *relative Primzahlen zu* $\mathfrak{m}$ sind, und deren *Anzahl* wir immer mit $\varphi(\mathfrak{m})$ bezeichnen wollen; offenbar hat diese Function genau dieselbe Bedeutung für unser Gebiet $\mathfrak{o}$, wie die in §. 11 betrachtete Function φ für das Gebiet $\mathfrak{z}$ der ganzen rationalen Zahlen, und sie geht im Falle $n = 1$ in die letztere über*). Bedeutet nun $\mathfrak{a}$ wieder einen *beliebigen* Factor von $\mathfrak{m} = \mathfrak{a}\mathfrak{b}$, so ist (in §. 178, X) schon die Existenz einer Zahl α bewiesen, welche der Bedingung $\mathfrak{m} + \mathfrak{o}\alpha = \mathfrak{a}$ genügt, und es kommt nur darauf an, aus α *alle* Zahlen α' zu finden, welche die Bedingung $\mathfrak{m} + \mathfrak{o}\alpha' = \mathfrak{m} + \mathfrak{o}\alpha$ erfüllen. Da nun eine Modulgleichung von der Form $\mathfrak{m} + \mathfrak{p} = \mathfrak{m} + \mathfrak{q}$ nur den Inhalt hat, dass jede Zahl in $\mathfrak{p}$ mit einer Zahl in $\mathfrak{q}$ congruent ist (mod. $\mathfrak{m}$) und umgekehrt, so wird eine Zahl α' dann und nur dann unsere Forderung erfüllen, wenn es zwei Zahlen ω, ω' giebt, welche den Congruenzen $\alpha' \equiv \alpha\omega$, $\alpha \equiv \alpha'\omega'$ (mod. $\mathfrak{m}$) genügen. Hieraus folgt $\alpha\omega\omega' \equiv \alpha$ (mod. $\mathfrak{m}$), also nach (16) und (17) auch $\omega\omega' \equiv 1$ (mod. $\mathfrak{b}$), mithin ist ω zufolge (18) *relative Primzahl zu* $\mathfrak{b}$; umgekehrt, wenn Letzteres der Fall ist, und $\alpha' \equiv \alpha\omega$ (mod. $\mathfrak{m}$) gesetzt wird, so kann man nach (18) eine Zahl ω' so wählen, dass $\omega\omega' \equiv 1$ (mod. $\mathfrak{b}$) wird, woraus durch Multiplication

*) Hieraus kann keine Zweideutigkeit entspringen, weil durch das Ideal $\mathfrak{m}$ auch der Körper Ω, also die Bedeutung von $\varphi(\mathfrak{m})$ vollständig bestimmt ist; aus diesem Grunde ersetze ich das in der dritten Auflage (§. 174) gewählte Zeichen ψ jetzt durch φ.

mit α auch $\alpha \equiv \alpha' \omega'$ (mod. $\mathfrak{m}$) folgt. Man erhält daher alle von uns gesuchten Zahlen α' und nur solche, wenn man $\alpha' \equiv \alpha \omega$ (mod. $\mathfrak{m}$) setzt, und ω alle relativen Primzahlen zu $\mathfrak{b}$ durchlaufen lässt. Da nun zufolge (16) und (17) die durch zwei solche Zahlen ω erzeugten Producte $\omega \alpha$ dann und nur dann nach $\mathfrak{m}$ congruent sind, wenn diese Zahlen ω nach $\mathfrak{b}$ congruent sind, so ergiebt sich, *dass die Anzahl der Classen* $\mathfrak{m} + \alpha'$, *welche der Bedingung* $\mathfrak{m} + \mathfrak{o}\alpha' = \mathfrak{a}$ *genügen*, $= \varphi(\mathfrak{b})$ *ist, wo* $\mathfrak{a}\mathfrak{b} = \mathfrak{m}$ (vergl. §. 13).

Da die Anzahl aller auf $\mathfrak{m}$ bezüglichen Zahlclassen $= N(\mathfrak{m})$ ist, so folgt hieraus offenbar (wie in §. 13) der Satz

$$\Sigma \varphi(\mathfrak{b}) = N(\mathfrak{m}), \tag{19}$$

wo $\mathfrak{b}$ alle verschiedenen Factoren von $\mathfrak{m}$ durchläuft. Ueberträgt man die in §. 138 enthaltenen Betrachtungen auf unser Gebiet, was keine Schwierigkeit hat, so überzeugt man sich, dass die Function φ durch diesen Satz vollständig bestimmt ist, und ihr allgemeiner Ausdruck leicht gewonnen werden kann. Wir überlassen dies dem Leser und schlagen einen anderen Weg ein, welcher auf der Verallgemeinerung der in §. 25 behandelten Aufgabe, nämlich auf dem folgenden, häufig anzuwendenden Satze beruht.

II. *Ist* $\mathfrak{m}$ *das Product aus den relativen Primidealen* $\mathfrak{a}, \mathfrak{b}, \mathfrak{c} \ldots$, *und sind* $\varrho, \sigma, \tau \ldots$ *ebenso viele gegebene Zahlen, so giebt es immer Zahlen* ω, *welche den gleichzeitigen Congruenzen*

$$\omega \equiv \varrho \text{ (mod. } \mathfrak{a}), \ \omega \equiv \sigma \text{ (mod. } \mathfrak{b}), \ \omega \equiv \tau \text{ (mod. } \mathfrak{c}) \ldots \tag{20}$$

genügen, und alle diese Zahlen ω *bilden eine bestimmte Zahlclasse in Bezug auf* $\mathfrak{m}$.

Handelt es sich nur um zwei relative Primideale $\mathfrak{a}, \mathfrak{b}$, so folgt dies unmittelbar aus dem Satze III in §. 171, weil $\mathfrak{a} + \mathfrak{b} = \mathfrak{o}$, $\mathfrak{a} - \mathfrak{b} = \mathfrak{a}\mathfrak{b}$ ist, und hieraus ergiebt sich durch Wiederholung derselben Schlüsse, weil $\mathfrak{a}\mathfrak{b}, \mathfrak{c}, \mathfrak{d} \ldots$ relative Primideale sind, leicht unser allgemeiner Satz. Derselbe lässt sich aber auch unmittelbar auf folgende Art beweisen. Setzt man (wie in §. 178, I und VIII) $\mathfrak{m} = \mathfrak{a}\mathfrak{a}_1 = \mathfrak{b}\mathfrak{b}_1 = \mathfrak{c}\mathfrak{c}_1 \ldots$, so ist $\mathfrak{a}_1 + \mathfrak{b}_1 + \mathfrak{c}_1 + \cdots = \mathfrak{o}$, und folglich giebt es in den Idealen $\mathfrak{a}_1, \mathfrak{b}_1, \mathfrak{c}_1 \ldots$ resp. Zahlen $\alpha_1, \beta_1, \gamma_1 \ldots$, welche der Bedingung

$$\alpha_1 + \beta_1 + \gamma_1 + \cdots = 1 \tag{21}$$

genügen. Erfüllt nun eine Zahl ω die Congruenzen (20), so folgen daraus durch Multiplication mit α_1, β_1, $\gamma_1 \ldots$ die auf $\mathfrak{m}$ bezüglichen Congruenzen $\omega\alpha_1 \equiv \varrho\alpha_1$, $\omega\beta_1 \equiv \sigma\beta_1$, $\omega\gamma_1 \equiv \tau\gamma_1 \ldots$ und durch deren Addition zufolge (21) die Congruenz

$$\omega \equiv \varrho\alpha_1 + \sigma\beta_1 + \tau\gamma_1 + \cdots \pmod{\mathfrak{m}}; \tag{22}$$

umgekehrt genügt jede in dieser Form (22) darstellbare Zahl ω allen Congruenzen (20), z. B. der ersten von ihnen, weil die Zahlen β_1, $\gamma_1 \ldots$ alle durch $\mathfrak{a}$ theilbar, also zufolge (21) die Zahl $\alpha_1 \equiv 1 \pmod{\mathfrak{a}}$ ist, w. z. b. w.

Jeder Combination von Classen $\mathfrak{a} + \varrho$, $\mathfrak{b} + \sigma$, $\mathfrak{c} + \tau \ldots$ entspricht daher immer eine bestimmte Classe $\mathfrak{m} + \omega$ als Inbegriff aller derjenigen Zahlen, welche jenen Classen gemeinsam sind; umgekehrt leuchtet ein, dass jede Classe $\mathfrak{m} + \omega$ immer aus einer und nur einer solchen Combination entspringt. Da ferner zufolge (20) die Zahl ω dann und nur dann relative Primzahl zu $\mathfrak{m}$ wird, wenn die Zahlen ϱ, σ, $\tau \ldots$ resp. relative Primzahlen zu $\mathfrak{a}$, $\mathfrak{b}$, $\mathfrak{c} \ldots$ sind, so ergiebt sich der folgende Satz (vergl. §. 12):

III. *Sind* $\mathfrak{a}$, $\mathfrak{b}$, $\mathfrak{c} \ldots$ *relative Primideale, so ist*

$$\varphi(\mathfrak{a}\mathfrak{b}\mathfrak{c}\ldots) = \varphi(\mathfrak{a})\,\varphi(\mathfrak{b})\,\varphi(\mathfrak{c})\ldots \tag{23}$$

Da nun jedes von $\mathfrak{o}$ verschiedene Ideal entweder eine Potenz eines Primideals oder ein Product aus mehreren solchen Potenzen $\mathfrak{a}$, $\mathfrak{b}$, $\mathfrak{c} \ldots$ ist, die zugleich relative Primideale sind, während offenbar

$$\varphi(\mathfrak{o}) = 1 \tag{24}$$

ist, so kommt es nur noch darauf an, die Function $\varphi(\mathfrak{a})$ für den Fall zu bestimmen, dass $\mathfrak{a}$ durch ein und nur ein Primideal $\mathfrak{p}$ theilbar ist; da aber eine Zahl ϱ dann und nur dann relative Primzahl zu $\mathfrak{a}$ ist, wenn sie nicht durch $\mathfrak{p}$ theilbar ist, so hat man, um die Anzahl $\varphi(\mathfrak{a})$ aller dieser Classen $\mathfrak{a} + \varrho$ zu erhalten, von der Anzahl $(\mathfrak{o}, \mathfrak{a})$ aller Classen die Anzahl $(\mathfrak{p}, \mathfrak{a})$ derjenigen Classen abzuziehen, deren Zahlen durch $\mathfrak{p}$ theilbar sind, und da $(\mathfrak{o}, \mathfrak{p})(\mathfrak{p}, \mathfrak{a}) = (\mathfrak{o}, \mathfrak{a}) = N(\mathfrak{a})$ ist, so ergiebt sich

$$\varphi(\mathfrak{a}) = N(\mathfrak{a})\left(1 - \frac{1}{N(\mathfrak{p})}\right) \tag{25}$$

und hieraus der allgemeine Satz

$$\varphi(\mathfrak{m}) = N(\mathfrak{m})\,\Pi\left(1 - \frac{1}{N(\mathfrak{p})}\right), \tag{26}$$

wo das Productzeichen sich auf alle verschiedenen, in $\mathfrak{m}$ aufgehenden Primideale $\mathfrak{p}$ bezieht. Man erkennt leicht, wie hieraus rückwärts sich die Sätze (23) und (19) ableiten lassen (vergl. §§. 12, 14). Unsere Aufgabe ist hiermit gelöst. —

Bedeutet nun ϱ irgend eine bestimmte relative Primzahl zu $\mathfrak{m}$, während ϱ' ein System von $\varphi(\mathfrak{m})$ nach $\mathfrak{m}$ incongruenten Zahlen durchläuft, die relative Primzahlen zu $\mathfrak{m}$ sind, so sind die Producte $\varrho\varrho'$ incongruent und ebenfalls relative Primzahlen zu $\mathfrak{m}$; jede dieser Zahlen $\varrho\varrho'$ ist daher mit einer der Zahlen ϱ', und jede der letzteren mit einer der ersteren congruent; mithin ist auch das Product σ der Zahlen ϱ' congruent dem Producte $\sigma\varrho^{\varphi(\mathfrak{m})}$ der Zahlen $\varrho\varrho'$, und da σ ebenfalls relative Primzahl zu $\mathfrak{m}$ ist, so erhält man den Satz:

IV. *Ist* $\mathfrak{m}$ *ein Ideal, und* ϱ *relative Primzahl zu* $\mathfrak{m}$, *so ist*

$$\varrho^{\varphi(\mathfrak{m})} \equiv 1 \pmod{\mathfrak{m}}. \tag{27}$$

Derselbe entspricht offenbar dem verallgemeinerten Fermat'schen Satze der rationalen Zahlentheorie (§. 19), und aus ihm folgt unmittelbar der Satz:

V. *Ist* $\mathfrak{p}$ *ein Primideal, so genügt jede Zahl* ω *der Congruenz*

$$\omega^{N(\mathfrak{p})} \equiv \omega \pmod{\mathfrak{p}}. \tag{28}$$

Von der unerschöpflichen Reihe von Untersuchungen, welche von diesem Fundamentalsatze ausgehen, dürfen wir des Raumes wegen nur einige Andeutungen geben, die der Leser ohne Schwierigkeit ausführen kann*). Zunächst wird man alle in den §§. 26 bis 31 enthaltenen Sätze über Congruenzen, Potenzreste, primitive Wurzeln auf solche Congruenzen übertragen, deren Coefficienten irgend welche Zahlen unseres Gebietes $\mathfrak{o}$, und deren Modul ein Primideal $\mathfrak{p}$ ist. Behalten p und f die in (11) und (12) angegebene Bedeutung, so ergiebt sich hieraus in Verbindung mit (28) die in Bezug auf die *Variabele* t identische Congruenz

$$t^{p^f} - t \equiv \prod (t - \omega) \pmod{\mathfrak{p}}, \tag{29}$$

wo das Productzeichen $\prod$ sich auf alle incongruenten Zahlen ω

---

*) Vergl. meine von der Gesellschaft der Wissenschaften zu Göttingen herausgegebenen Abhandlungen *Ueber den Zusammenhang zwischen der Theorie der Ideale und der Theorie der höheren Congruenzen* (Bd. 23, 1878) und *Ueber die Discriminanten endlicher Körper* (Bd. 29, 1882), ferner die Abhandlung von *Stickelberger: Ueber eine Verallgemeinerung der Kreistheilung* (Math. Annalen, Bd. 37).

bezieht. Hierzu kommt eine Betrachtung, welche in der Theorie der rationalen Zahlen noch nicht auftreten konnte. Versteht man unter der *Höhe* einer Zahl α (in Bezug auf $\mathfrak{p}$) die *kleinste* natürliche Zahl a, welche der Bedingung

$$\alpha^{p^a} \equiv \alpha \pmod{\mathfrak{p}} \tag{30}$$

genügt, so sind die a Zahlen

$$\alpha, \alpha^p, \alpha^{p^2} \ldots \alpha^{p^{a-1}} \tag{31}$$

incongruent, und die beiden Congruenzen

$$\alpha^{p^r} \equiv \alpha^{p^s} \pmod{\mathfrak{p}} \text{ und } r \equiv s \pmod{a} \tag{32}$$

sind gleichbedeutend, woraus zugleich folgt, dass die Höhe a ein *Divisor* des Grades f ist. Das System aller Zahlen, deren Höhe $= 1$ ist, fällt zusammen mit dem Modul $\mathfrak{p} + \mathfrak{z}$, d. h. mit dem System aller derjenigen Zahlen, welche einer *rationalen* Zahl congruent sind. Zu den Zahlen von der Höhe f gehören z. B. alle primitiven Wurzeln von $\mathfrak{p}$.

Die a Zahlen (31) oder irgend welche ihnen congruente Zahlen bilden die *Periode* der Zahl α; jede von ihnen hat dieselbe Höhe und erzeugt dieselbe Periode. Nun gilt zufolge der in §. 20 erwähnten Eigenschaft der Binomialcoefficienten für je zwei ganze Zahlen μ, ν die Congruenz

$$(\mu \pm \nu)^p \equiv \mu^p \pm \nu^p \pmod{p}; \tag{33}$$

hieraus folgt, dass jede durch Addition und Multiplication gebildete symmetrische Function der Zahlen (31) die Höhe 1 besitzt, und dass folglich eine identische Congruenz von der Form

$$(t-\alpha)(t-\alpha^p)\ldots(t-\alpha^{p^{a-1}}) \equiv P(t) \pmod{\mathfrak{p}} \tag{34}$$

besteht, wo $P(t)$ eine ganze Function von t mit ganzen *rationalen* Coefficienten bedeutet. In der Theorie *dieser* auf den Modul p bezogenen Functionen ist $P(t)$ eine sogenannte *Primfunction* *), weil aus einer Congruenz von der Form

$$P(\alpha) \equiv 0 \pmod{\mathfrak{p}} \tag{35}$$

durch Potenziren auch $P(\alpha') \equiv 0 \pmod{\mathfrak{p}}$ folgt, wo α' *jede* Zahl der Periode (31) bedeutet. Verbindet man nun in (29) immer diejenigen Factoren $t - \omega$, welche den zu einer Periode gehörenden Zahlen ω entsprechen, zu einer Function $P(t)$ und

*) Vergl. meine auf S. 61 citirte Abhandlung art. 6.

bedenkt, dass jede auf $\mathfrak{p}$ bezügliche Congruenz zwischen rationalen Zahlen auch in Bezug auf den Modul p gilt, so erhält man eine von der Beschaffenheit des Körpers Ω gänzlich unabhängige identische Congruenz von der Form

$$t^{p^f} - t \equiv \Pi P(t) \text{ (mod. } p); \tag{36}$$

die rechte Seite ist ein Product von lauter solchen Primfunctionen, deren Grade Divisoren von f sind, und in der Theorie dieser identischen Functionen-Congruenzen wird gezeigt*), dass in diesem Producte auch jede solche Primfunction einmal auftreten muss.

Bildet man aus einer Zahl α von der Höhe a und aus ganzen rationalen Coefficienten x alle Zahlen ν von der Form

$$\nu \equiv x_1 \alpha^{a-1} + x_2 \alpha^{a-2} + \cdots + x_a \text{ (mod. } \mathfrak{p}), \tag{37}$$

so überzeugt man sich leicht, dass dieselben mit allen Wurzeln der Congruenz

$$\nu^{p^a} \equiv \nu \text{ (mod. } \mathfrak{p}), \tag{38}$$

also mit allen denjenigen Zahlen zusammenfallen, deren Höhe ein Divisor von a ist. Der Inbegriff $\mathfrak{n}$ aller dieser Zahlen ν, welcher nach §. 173 auch durch $\mathfrak{p} + (\alpha)_a$ bezeichnet werden kann, ist eine *Ordnung* (§. 170), und ausser diesen, den sämmtlichen Divisoren a von f entsprechenden Ordnungen giebt es in $\mathfrak{o}$ keine andere in $\mathfrak{p}$ aufgehende Ordnung. Der *Führer* der Ordnung $\mathfrak{n}$, worunter immer der Quotient $\mathfrak{n} : \mathfrak{o}$ zu verstehen ist**), ist $= \mathfrak{p}$ oder $= \mathfrak{o}$, je nachdem $a < f$ oder $a = f$ ist, weil im letzteren Falle offenbar $\mathfrak{n} = \mathfrak{o}$ ist. Dass es, wenn a irgend ein Divisor von f ist, immer auch Zahlen α von der Höhe a giebt, folgt leicht aus den früheren Sätzen, und durch Anwendung der in §. 138 enthaltenen Methode findet man auch den allgemeinen Ausdruck für die Anzahl aller incongruenten solchen Zahlen.

Wir bemerken endlich, dass die oben erwähnte Theorie der *identischen* Congruenzen, in welcher Functionen einer *Variabelen* mit rationalen Coefficienten auf eine natürliche Primzahl p als Modulus bezogen werden, sich ebenfalls auf Functionen übertragen lässt, deren Coefficienten beliebige Zahlen unseres Gebietes $\mathfrak{o}$ sind, während als Modulus irgend ein Primideal $\mathfrak{p}$ auf-

---

*) A. a. O. art. 19.

**) Vergl. §. 7 meiner Abhandlung *Ueber die Discriminanten endlicher Körper* (Göttingen 1882).

tritt, und da diese Uebertragung für manche tiefere Untersuchung erfordert wird, so empfehlen wir dem Leser, dieselbe durchzuführen.

§. 181.

Wir haben gesehen, dass jedes Ideal $\mathfrak{a}$ durch Multiplication mit einem geeigneten Ideal $\mathfrak{m}$ in ein Hauptideal $\mathfrak{a}\mathfrak{m}$ verwandelt werden kann (§. 177, IX), und wollen nun zwei Ideale $\mathfrak{a}$, $\mathfrak{a}'$ *äquivalent* nennen, wenn beide durch Multiplication mit einem und demselben Factor $\mathfrak{m}$ in Hauptideale $\mathfrak{a}\mathfrak{m} = \mathfrak{o}\mu$, $\mathfrak{a}'\mathfrak{m} = \mathfrak{o}\mu'$ übergehen; dann ist $\mathfrak{a}\mu' = \mathfrak{a}'\mu$, und wenn man die (ganze oder gebrochene) Zahl $\mu'\mu^{-1} = \eta$ setzt, so wird $\mathfrak{a}' = \mathfrak{a}\eta$. Umgekehrt, wenn es eine Zahl η giebt, welche dieser Bedingung genügt, so sind die Ideale $\mathfrak{a}$, $\mathfrak{a}'$ äquivalent, weil dann aus $\mathfrak{a}\mathfrak{m} = \mathfrak{o}\mu$ auch $\mathfrak{a}'\mathfrak{m} = \mathfrak{o}\mu'$ folgt, wo $\mu' = \mu\eta$ gewiss eine ganze Zahl ist. Zugleich ergiebt sich hieraus, dass *jeder* Factor $\mathfrak{m}$, welcher das eine von zwei äquivalenten Idealen $\mathfrak{a}$, $\mathfrak{a}'$ in ein Hauptideal verwandelt, Gleiches auch für das andere Ideal leistet, und dass folglich je zwei Ideale $\mathfrak{a}'$, $\mathfrak{a}''$, die mit einem dritten Ideal $\mathfrak{a}$ äquivalent sind, stets auch mit einander äquivalent sein müssen. Auf diesem Satze beruht die Möglichkeit, alle Ideale in *Idealclassen* einzutheilen; ist $\mathfrak{a}$ ein bestimmtes Ideal, so hat der Inbegriff *A aller* mit $\mathfrak{a}$ äquivalenten Ideale $\mathfrak{a}$, $\mathfrak{a}'$, $\mathfrak{a}''$ ... die Eigenschaft, dass je zwei darin enthaltene Ideale $\mathfrak{a}'$, $\mathfrak{a}''$ einander äquivalent sind, und wenn $\mathfrak{a}'$ irgend ein in A enthaltenes Ideal ist, so ist A zugleich der Inbegriff aller mit $\mathfrak{a}'$ äquivalenten Ideale. Ein solches System A von Idealen nennen wir eine *Idealclasse* oder auch kürzer eine *Classe*, da eine Verwechselung mit Zahlclassen hier nicht zu befürchten ist; jede Classe A ist durch ein beliebiges in ihr enthaltenes Ideal $\mathfrak{a}$ vollständig bestimmt, und letzteres kann daher immer als *Repräsentant* der ganzen Classe A angesehen werden.

Die durch das Ideal $\mathfrak{o}$ repräsentirte Classe wollen wir mit O bezeichnen und die *Hauptclasse* nennen, weil sie offenbar aus allen Hauptidealen $\mathfrak{o}\eta$ besteht.

Sind $\mathfrak{a}$, $\mathfrak{a}'$ äquivalent, so gilt dasselbe von $\mathfrak{a}\mathfrak{b}$, $\mathfrak{a}'\mathfrak{b}$, weil aus $\mathfrak{a}' = \mathfrak{a}\eta$ auch $\mathfrak{a}'\mathfrak{b} = (\mathfrak{a}\mathfrak{b})\eta$ folgt; sind ausserdem $\mathfrak{b}$, $\mathfrak{b}'$ äquivalent, so folgt ebenso, dass $\mathfrak{a}'\mathfrak{b}$, $\mathfrak{a}'\mathfrak{b}'$, also auch $\mathfrak{a}\mathfrak{b}$, $\mathfrak{a}'\mathfrak{b}'$ äquivalent sind. Durchläuft daher $\mathfrak{a}$ alle Ideale der Classe A, und ebenso $\mathfrak{b}$ alle Ideale der Classe B, so gehören alle Producte $\mathfrak{a}\mathfrak{b}$ einer und derselben Classe K an, die aber noch unendlich viele andere Ideale enthalten kann; diese Classe K wollen wir mit AB bezeichnen, und sie soll das *Product* aus A, B oder die aus A und B *zusammengesetzte* Classe heissen. Offenbar ist $AB = BA$, wo das Gleichheitszeichen die Identität der beiden Classen bedeutet, und aus $(\mathfrak{a}\mathfrak{b})\mathfrak{c} = \mathfrak{a}(\mathfrak{b}\mathfrak{c})$ folgt für drei beliebige Classen der Satz $(AB)\,C = A(B\,C)$. Man kann daher dieselben Schlüsse anwenden, wie bei der Multiplication von Zahlen oder Idealen, und beweisen, dass bei der Zusammensetzung von beliebig vielen Classen $A_1, A_2 \ldots A_m$ die Anordnung der successiven Multiplicationen, durch welche jedesmal zwei Classen zu ihrem Producte vereinigt werden, keinen Einfluss auf das Endresultat hat, welches kurz durch $A_1 A_2 \ldots A_m$ bezeichnet werden kann (vergl. §. 2). Sind die Ideale $\mathfrak{a}_1, \mathfrak{a}_2 \ldots \mathfrak{a}_m$ Repräsentanten der Classen $A_1, A_2 \ldots A_m$, so ist das Ideal $\mathfrak{a}_1 \mathfrak{a}_2 \ldots \mathfrak{a}_m$ ein Repräsentant des Productes $A_1 A_2 \ldots A_m$. Sind alle m Factoren $= A$, so heisst ihr Product die m^{te} *Potenz* von A und wird mit A^m bezeichnet; ausserdem setzen wir $A^1 = A$ und $A^0 = O$. Von besonderer Wichtigkeit sind die beiden folgenden Fälle.

Aus $\mathfrak{o}\mathfrak{a} = \mathfrak{a}$ folgt der für jede Classe A gültige Satz $OA = A$.

Da ferner jedes Ideal $\mathfrak{a}$ durch Multiplication mit einem Ideal $\mathfrak{m}$ in ein Hauptideal $\mathfrak{a}\mathfrak{m}$ verwandelt werden kann, so giebt es für jede Classe A eine zugehörige Classe M, welche der Bedingung $AM = O$ genügt, und zwar nur eine einzige; denn wenn die Classe M' ebenfalls die Bedingung $AM' = O$ erfüllt, so folgt

$$M' = OM' = (AM)M' = (AM')M = OM = M.$$

Diese Classe M heisst die *entgegengesetzte* oder die *inverse* Classe von A, und sie soll durch A^{-1} bezeichnet werden; offenbar ist umgekehrt A die inverse Classe von A^{-1}. Definirt man ferner A^{-m} als die inverse Classe von A^m, so gelten für beliebige ganze rationale Exponenten r, s die Sätze:

$$A^r A^s = A^{r+s},\quad (A^r)^s = A^{rs},\quad (AB)^r = A^r B^r.$$

Endlich leuchtet ein, dass aus $AB = AC$ durch Multiplication mit A^{-1} stets $B = C$ folgt.

Um nun tiefer in die Natur der Idealclassen einzudringen, wählen wir eine beliebige, aus n ganzen Zahlen $\omega_1, \omega_2 \ldots \omega_n$ bestehende Basis von $\mathfrak{o}$; dann wird jede Zahl

$$\omega = h_1\omega_1 + h_2\omega_2 + \cdots + h_n\omega_n, \tag{1}$$

welche ganze Coordinaten $h_1, h_2 \cdots + h_n$ hat, ebenfalls eine ganze Zahl des Körpers. Legt man den Coordinaten alle ganzen

Werthe bei, welche, absolut genommen, einen bestimmten positiven Werth k nicht überschreiten, so werden offenbar die absoluten Werthe der entsprechenden Zahlen ω, wenn sie reell sind, oder ihre analytischen Moduln, wenn sie imaginär sind, sämmtlich $\leqq rk$ sein, wo r die Summe der absoluten Werthe oder der Moduln von $\omega_1, \omega_2 \ldots \omega_n$ bedeutet und folglich eine von k gänzlich unabhängige Constante ist. Da ferner die Norm $N(\omega)$ ein Product aus n conjugirten Zahlen ω von der obigen Form ist, so wird gleichzeitig

$$\pm N(\omega) \leqq Hk^n, \tag{2}$$

wo H ebenfalls eine lediglich von der Basis abhängige Constante bedeutet. Dann gilt der folgende Satz:

I. *Aus jedem endlichen Modul* $\mathfrak{a}$, *dessen Basis zugleich eine Basis des Körpers* Ω *ist, kann man eine ganze, von Null verschiedene Zahl* α *so auswählen, dass*

$$\pm N(\alpha) \leqq H(\mathfrak{o}, \mathfrak{a}) \tag{3}$$

wird.

Denn bestimmt man, da $(\mathfrak{o}, \mathfrak{a}) > 0$ ist (§. 175), die natürliche Zahl k durch die Bedingungen

$$k^n \leqq (\mathfrak{o}, \mathfrak{a}) < (k+1)^n \tag{4}$$

und legt jeder der n Coordinaten in (1) die sämmtlichen $(k+1)$ Werthe $0, 1, 2 \ldots k$ bei, so entstehen lauter verschiedene Zahlen ω, und da ihre Anzahl $= (k+1)^n$, also $> (\mathfrak{o}, \mathfrak{a})$ ist, so giebt es unter ihnen, mindestens zwei verschiedene β, γ, welche nach $\mathfrak{a}$ congruent sind; mithin wird ihre Differenz $\beta - \gamma$ eine von Null verschiedene, ganze Zahl α in $\mathfrak{a}$. Da nun die Coordinaten der Zahlen β, γ in der Reihe $0, 1, 2 \ldots k$ enthalten sind, so überschreiten die Coordinaten dieser Zahl α, absolut genommen, den Werth k nicht, und hieraus ergiebt sich mit Rücksicht auf (2) und (4) die Gleichung (3), w. z. b. w.

Als eine unmittelbare Folgerung ergiebt sich hieraus der Fundamentalsatz:

II. *In jeder Idealclasse* M *giebt es mindestens ein Ideal* $\mathfrak{m}$, *dessen Norm die Constante* H *nicht überschreitet**), *und folglich ist die Anzahl der Idealclassen endlich.*

---

*) Vergl. *H. Minkowski*: *Théorèmes arithmétiques* (Compte rendu der Pariser Akademie vom 26. Januar 1891); *Ueber die positiven quadratischen Formen und über kettenbruchähnliche Algorithmen* (Crelle's Journal, Bd. 107).

Denn wendet man den vorigen Satz auf ein *Ideal* $\mathfrak{a}$ an, welches nach Belieben aus der inversen Classe M^{-1} gewählt ist, so wird $\mathfrak{o}\alpha > \mathfrak{a}$, also $\mathfrak{o}\alpha = \mathfrak{a}\mathfrak{m}$, wo $\mathfrak{m}$ ein Ideal der Classe M bedeutet; zugleich wird $\pm N(\alpha) = N(\mathfrak{a})N(\mathfrak{m}) = (\mathfrak{o}, \mathfrak{a})N(\mathfrak{m})$, also $N(\mathfrak{m}) \leqq H$. Bedenkt man aber, dass es nur eine endliche Anzahl von natürlichen Zahlen giebt, die den Werth H nicht überschreiten, und dass jedes Ideal $\mathfrak{m}$ (nach §. 180, (8)) ein Factor seiner Norm ist, so ergiebt sich (nach §. 177, VIII), dass die Anzahl der Ideale $\mathfrak{m}$, welche der Bedingung $N(\mathfrak{m}) \leqq H$ genügen, und folglich auch die Anzahl der Idealclassen M endlich ist, w. z. b. w.

Es leuchtet nun unmittelbar ein, dass Alles, was wir in der Theorie der quadratischen Formen über die Zusammensetzung der ursprünglichen Classen erster Art gesagt haben (§. 149), sich Wort für Wort auf unsere Idealclassen übertragen lässt. Wir heben hier aber nur den einen Satz hervor, dass, wenn h die *Anzahl aller Classen* bedeutet, jede Idealclasse A der Bedingung

$$A^h = O$$

genügt. Ist daher $\mathfrak{a}$ ein beliebiges Ideal, so ist $\mathfrak{a}^h$ immer ein *Hauptideal;* setzt man nun

$$\mathfrak{a}^h = \mathfrak{o}\mu$$

und

$$\alpha_0^h = \mu, \quad \alpha_0 = \sqrt[h]{\mu},$$

so ist α_0 eine ganze algebraische Zahl (§. 173, V); gehört dieselbe dem Körper Ω, also auch dem Gebiete $\mathfrak{o}$ an, so ist $\mathfrak{a}$ offenbar ein Hauptideal, nämlich $= \mathfrak{o}\alpha_0$, und es wird folglich, wenn $\mathfrak{a}$ kein Hauptideal ist, die Zahl α_0 dem Körper Ω gewiss nicht angehören. Nichtsdestoweniger findet auch im letzteren Falle zwischen dem Ideal $\mathfrak{a}$ und der Zahl α_0 der Zusammenhang statt, dass $\mathfrak{a}$ der Inbegriff aller derjenigen in $\mathfrak{o}$ enthaltenen Zahlen ist, welche durch α_0 theilbar sind (§. 174). Denn wenn α in $\mathfrak{a}$ enthalten, also α^h durch $\mathfrak{a}^h$, mithin auch durch μ theilbar ist, so ist α auch theilbar durch $\sqrt[h]{\mu} = \alpha_0$; und umgekehrt, ist α eine in $\mathfrak{o}$ enthaltene und durch α_0 theilbare Zahl, so ist α^h

---

Aus diesen wichtigen Untersuchungen, welche in weiterer Ausführung demnächst als besonderes Werk (*Geometrie der Zahlen*) erscheinen werden, geht unter Anderem hervor, dass (wenn $n > 1$) die Constante H *kleiner* angenommen werden darf, als die Quadratwurzel aus dem absoluten Werthe der Grundzahl D, woraus zugleich folgt, dass D absolut > 1 ist.

theilbar durch $\alpha_0^h = \mu$, also auch durch $\mathfrak{a}^h$, woraus (nach §. 179) leicht folgt, dass α auch durch $\mathfrak{a}$ theilbar ist. Nennt man daher eine solche Zahl α_0 eine *ideale Zahl* des Körpers Ω im Gegensatze zu den in Ω enthaltenen *wirklichen* Zahlen, so kann jedes Ideal $\mathfrak{a}$ als der Inbegriff aller in $\mathfrak{o}$ enthaltenen, durch eine wirkliche oder ideale Zahl α_0 theilbaren Zahlen angesehen werden. Hieran knüpfen wir den Beweis des folgenden, schon früher (§. 174) angekündigten Satzes:

III. *Zwei beliebige ganze algebraische Zahlen* α, β *besitzen immer einen gemeinschaftlichen Theiler* δ_0, *welcher in der Form* $\alpha\xi_0 + \beta\eta_0$ *darstellbar ist, wo* ξ_0, η_0 *ebenfalls ganze algebraische Zahlen bedeuten.*

Wir nehmen an, dass beide Zahlen α, β von Null verschieden sind, weil im entgegengesetzten Falle der Satz evident ist. Es giebt nun (nach §. 164) immer einen endlichen Körper Ω, welcher beide Zahlen α, β enthält, und es sei $\mathfrak{o}$ wieder das System aller ganzen Zahlen dieses Körpers, ferner h die Anzahl der Idealclassen. Ist $\mathfrak{d}$ der grösste gemeinschaftliche Theiler der beiden Hauptideale

$$\mathfrak{o}\alpha = \mathfrak{a}\mathfrak{d}, \quad \mathfrak{o}\beta = \mathfrak{b}\mathfrak{d},$$

so sind $\mathfrak{a}$, $\mathfrak{b}$ relative Primideale, und dasselbe gilt folglich von ihren Potenzen $\mathfrak{a}^h$, $\mathfrak{b}^h$. Setzt man nun

$$\mathfrak{d}^h = \mathfrak{o}\gamma,$$

wo γ in $\mathfrak{o}$ enthalten, so wird, weil α^h und β^h durch $\mathfrak{d}^h$ theilbar sind,

$$\alpha^h = \mu\gamma, \quad \beta^h = \nu\gamma, \quad \mathfrak{o}\mu = \mathfrak{a}^h, \quad \mathfrak{o}\nu = \mathfrak{b}^h,$$

wo μ, ν ebenfalls in $\mathfrak{o}$ enthalten und zwar relative Primzahlen sind (§. 178, XIII); es giebt daher in $\mathfrak{o}$ zwei Zahlen ϱ, σ, welche der Bedingung

$$\mu\varrho + \nu\sigma = 1$$

genügen. Man definire jetzt die zu $\mathfrak{d}$ gehörige ideale Zahl δ_0 und ferner die Zahlen α_0, β_0 durch

$$\delta_0 = \sqrt[h]{\gamma}, \quad \alpha = \alpha_0\delta_0, \quad \beta = \beta_0\delta_0,$$

so wird

$$\gamma = \delta_0^h, \quad \mu = \alpha_0^h, \quad \nu = \beta_0^h,$$

mithin sind α_0, β_0 die zu $\mathfrak{a}$, $\mathfrak{b}$ gehörigen idealen ganzen Zahlen, und δ_0 ist ein *gemeinsamer Divisor* der beiden gegebenen Zahlen α, β. Setzt man endlich

$$\xi_0 = \alpha_0^{h-1}\varrho, \quad \eta_0 = \beta_0^{h-1}\sigma,$$

so sind ξ_0, η_0 ganze Zahlen, welche den Bedingungen

$$\alpha_0\xi_0 + \beta_0\eta_0 = 1, \quad \alpha\xi_0 + \beta\eta_0 = \delta_0$$

genügen, was zu beweisen war.

Diese Zahl δ_0, aber auch jede mit ihr associirte Zahl, verdient den Namen des *grössten gemeinschaftlichen Theilers von* α, β, weil jeder gemeinschaftliche Theiler dieser beiden Zahlen in δ_0 aufgehen muss. Da ferner jedes Ideal $\mathfrak{d}$ als grösster gemeinschaftlicher Theiler von zwei Hauptidealen $\mathfrak{o}\alpha$, $\mathfrak{o}\beta$ darstellbar ist (§. 178, XII), so kann unter einer *idealen Zahl* des Körpers Ω auch jede Zahl δ_0 verstanden werden, welche der grösste gemeinschaftliche Theiler von zwei *wirklichen*, d. h. in $\mathfrak{o}$ enthaltenen Zahlen α, β ist.

Nach dieser Abschweifung kehren wir noch einmal zu der Eintheilung aller Ideale in *Classen* zurück; es giebt nämlich einen Fall, für welchen es zweckmässig sein kann, an Stelle der oben beschriebenen Eintheilung eine andere zu setzen, die noch etwas tiefer eingreift. Zwei Hauptideale $\mathfrak{o}\mu$, $\mathfrak{o}\nu$ sind offenbar stets und nur dann identisch, wenn die beiden Zahlen μ, ν associirt, d. h. wenn $\nu = \varepsilon\mu$ ist, wo ε eine Einheit bedeutet. Ist die Norm von μ *positiv*, so ist sie zugleich die Norm des Hauptideals $\mathfrak{o}\mu$. Es kann aber auch der Fall eintreten, dass die Normen *aller* mit einer bestimmten Zahl μ associirten Zahlen $\varepsilon\mu$ *negativ* sind; dies wird immer und nur dann geschehen, wenn es in dem Körper Ω Zahlen von negativer Norm, unter diesen aber keine Einheit giebt*). In diesem Falle ist es für manche Untersuchungen zweckmässig, zwei Ideale $\mathfrak{a}$, $\mathfrak{a}'$ nur dann *äquivalent* zu nennen, wenn es eine Zahl η von *positiver* Norm giebt, welche der Bedingung $\mathfrak{a}\eta = \mathfrak{a}'$ genügt, und hierdurch verdoppelt sich offenbar die Anzahl der Idealclassen; die Hauptclasse O besteht nur noch aus denjenigen Hauptidealen $\mathfrak{o}\mu$, welche den Zahlen μ von positiver Norm entsprechen, während die übrigen Hauptideale eine besondere, sich selbst entgegengesetzte Classe bilden**). Die

*) Der Grad n eines solchen Körpers Ω muss, wie leicht zu sehen, eine *gerade* Zahl, und unter den mit Ω conjugirten Körpern müssen auch solche sein, welche aus lauter *reellen* Zahlen bestehen. Ein solcher Körper ist z. B. der quadratische Körper, dessen Grundzahl $= +12$, während der von der Grundzahl $+8$ diese Eigenschaft nicht besitzt.

**) Eine noch weiter gehende Beschränkung erhält man durch die

allgemeinen Sätze über die Zusammensetzung der Classen werden aber hierdurch nicht geändert. Man kann auch leicht beweisen, dass jedes Ideal $\mathfrak{a}$ in ein Ideal der jetzigen Hauptclasse O verwandelt werden kann durch Multiplication mit einem Factor $\mathfrak{m}$, welcher relatives Primideal zu einem beliebig gegebenen Ideal $\mathfrak{b}$ ist; denn hat man (nach §. 178, X) aus $\mathfrak{a}$ eine Zahl α so ausgewählt, dass $\mathfrak{a}\mathfrak{b} + \mathfrak{o}\alpha = \mathfrak{a}$ wird, so hat (nach §. 180) jede Zahl μ, welche $\equiv \alpha$ (mod. $\mathfrak{a}\mathfrak{b}$) ist, dieselbe Eigenschaft, und es braucht nur noch gezeigt zu werden, dass es unter diesen Zahlen μ auch solche von positiver Norm giebt; dies erreicht man offenbar, wenn man $\mu = \alpha + m$ setzt und die durch $\mathfrak{a}\mathfrak{b}$ theilbare natürliche Zahl m so gross wählt, dass alle mit μ conjugirten reellen Zahlen positiv ausfallen; aus $\mathfrak{o}(\alpha + m) = \mathfrak{a}\mathfrak{m}$ ergiebt sich dann der verlangte Factor $\mathfrak{m}$. Den hiermit in erweitertem Umfange bewiesenen Satz kann man offenbar auch so aussprechen:

IV. *In jeder Idealclasse M giebt es Ideale* $\mathfrak{m}$, *die mit einem beliebig gegebenen Ideale keinen gemeinschaftlichen Theiler ausser* $\mathfrak{o}$ *haben.*

Zum Schlusse bemerken wir, dass man die Eintheilung der *Ideale* in Classen auf alle *Moduln* von der Form (8) in §. 175 übertragen kann, indem man zwei solche Moduln $\mathfrak{a}$, $\mathfrak{a}'$ *äquivalent* nennt und in dieselbe *Modulclasse* A aufnimmt, wenn es eine Zahl η giebt, welche der Bedingung $\mathfrak{a}\eta = \mathfrak{a}'$ genügt. Alle Moduln einer Classe A haben dieselbe Ordnung $\mathfrak{n}$, und die Hauptclasse dieser Ordnung besteht aus allen Hauptmoduln $\mathfrak{n}\eta$, wo η jede von Null verschiedene Zahl des Körpers Ω bedeutet. Jede Classe besteht aus unendlich vielen ganzen und gebrochenen Moduln; eine Classe von der Ordnung $\mathfrak{o}$ besteht aus Idealen und Idealbrüchen (Anm. auf S. 560), und das System der ersteren ist eine Idealclasse im obigen Sinne. Durchlaufen $\mathfrak{a}$, $\mathfrak{b}$ resp. alle Moduln der Classen A, B, so bilden die Producte $\mathfrak{a}\mathfrak{b}$ eine Classe AB, und die Quotienten $\mathfrak{b} : \mathfrak{a}$ eine Classe $B : A$, woraus auch die Bedeutung der Zeichen A^0 und A^{-1} einleuchtet; ebenso bilden die Complemente aller in einer Classe enthaltenen Moduln eine Classe (Anm. auf Seite 536). Je nachdem eine Classe aus lauter eigentlichen oder aus lauter uneigentlichen Moduln besteht (S. 506), heisse sie eine eigentliche oder uneigentliche Classe.

Forderung, dass jede mit der erzeugenden Zahl μ conjugirte reelle Zahl positiv sein soll.

Durch das Auftreten der letzteren wird (schon bei Körpern dritten Grades) diese Theorie, welche für gewisse Untersuchungen (z. B. über höhere Reciprocitätsgesetze) doch unerlässlich scheint, nicht wenig erschwert*). Schon der Beweis, dass die Anzahl der zu einer bestimmten Ordnung $\mathfrak{n}$ gehörenden Classen A endlich ist, muss etwas anders geführt werden, wie oben für die Ideale, etwa in folgender Weise. Greift man nach Belieben aus A einen durch die Ordnung $\mathfrak{n}$ theilbaren Modul $\mathfrak{a}$ heraus, und wendet auf ihn den Satz I an, so wird $\mathfrak{a}\alpha > \mathfrak{n}\alpha > \mathfrak{a} > \mathfrak{n} > \mathfrak{o}$, also $(\mathfrak{o}, \mathfrak{a}) = (\mathfrak{o}, \mathfrak{n})(\mathfrak{n}, \mathfrak{a})$, und da (nach §. 175, (12)) zugleich $\pm N(\alpha) = (\mathfrak{a}, \mathfrak{a}\alpha) = (\mathfrak{a}, \mathfrak{n}\alpha)(\mathfrak{n}\alpha, \mathfrak{a}\alpha) = (\mathfrak{a}, \mathfrak{n}\alpha)(\mathfrak{n}, \mathfrak{a})$ ist, so folgt $(\mathfrak{a}, \mathfrak{n}\alpha) \leqq H(\mathfrak{o}, \mathfrak{n})$; also giebt es in jeder Classe A der Ordnung $\mathfrak{n}$ mindestens einen Modul $\mathfrak{a}' = \mathfrak{a}\alpha^{-1}$, welcher den Bedingungen $\mathfrak{n} > \mathfrak{a}'$ und $(\mathfrak{a}', \mathfrak{n}) \leqq H(\mathfrak{o}, \mathfrak{n})$ genügt. Betrachtet man aber eine bestimmte der (in endlicher Anzahl vorhandenen) natürlichen Zahlen m, welche $\leqq H(\mathfrak{o}, \mathfrak{n})$ sind, und bedenkt, dass $(\mathfrak{n}m^{-1}, \mathfrak{n}) = (\mathfrak{n}, \mathfrak{n}m) = m^n > 0$ ist, so folgt aus den Sätzen I und II in §. 171, dass die Anzahl aller Moduln $\mathfrak{a}'$, welche den Bedingungen $\mathfrak{n} > \mathfrak{a}'$ und $(\mathfrak{a}', \mathfrak{n}) = m$, also auch $\mathfrak{a}' > \mathfrak{n}m^{-1}$ genügen, endlich ist. Mithin ist auch die Anzahl der Classen A von der Ordnung $\mathfrak{n}$ *endlich*, was zu beweisen war.

§. 182.

Die Theorie der Ideale eines Körpers Ω hängt unmittelbar zusammen mit der Theorie der *zerlegbaren Formen*, welche demselben Körper entsprechen**); wir beschränken uns hier darauf, diesen Zusammenhang in seinen Grundzügen anzudeuten.

Es sei X eine ganze homogene Function n^{ten} Grades von n unabhängigen Variabelen $x_1, x_2 \ldots x_n$, und wir wollen annehmen, dieselbe sei eine zerlegbare Form, d. h. sie lasse sich als Product von n *linearen* Functionen $u_1, u_2 \ldots u_n$ darstellen. Alsdann verstehen wir unter der *Discriminante* der Form X das Quadrat

*) In einem gewissen Umfange ist sie behandelt in meiner Schrift: *Ueber die Anzahl der Ideal-Classen in den verschiedenen Ordnungen eines endlichen Körpers* (Braunschweig 1877). Vergl. §. 187.

**) Solche Formen sind zuerst von *Lagrange* betrachtet in der Abhandlung: *Sur la solution des problèmes indéterminés du second degré.* §. VI. Mém. de l'Ac. de Berlin. T. XXIII, 1769. (OEuvres de L. T. II, 1868, p. 375.) — *Additions aux Élémens d'Algèbre par L. Euler.* §. IX.

$$\left(\Sigma \pm \frac{\partial u_1}{\partial x_1} \frac{\partial u_2}{\partial x_2} \cdots \frac{\partial u_n}{\partial x_n}\right)^2 = \varDelta(X) \tag{1}$$

der Functional-Determinante, welche aus den in den Factoren u auftretenden constanten Coefficienten gebildet ist*). Nun sind zwar, wenn

$$X = u_1\, u_2 \ldots u_n \tag{2}$$

eine solche gegebene zerlegbare Form ist, die Functionen $u_1, u_2 \ldots u_n$ nur bis auf constante Factoren bestimmt, und man könnte sie, ohne X zu ändern, durch $c_1 u_1, c_2 u_2 \ldots c_n u_n$ ersetzen, wo $c_1, c_2 \ldots c_n$ beliebige Constanten bedeuten, die nur der Bedingung genügen müssen, dass ihr Product $= 1$ ist; hieraus ergiebt sich aber, dass $\varDelta(X)$ von der Wahl dieser Constanten unabhängig, also durch die Form X allein vollständig bestimmt ist. Dasselbe folgt auch aus dem Satze

$$X^2 \Sigma \pm \frac{\partial^2 \log X}{\partial x_1 \partial x_1} \frac{\partial^2 \log X}{\partial x_2 \partial x_2} \cdots \frac{\partial^2 \log X}{\partial x_n \partial x_n} = (-1)^n \varDelta(X), \tag{3}$$

welcher aus

$$-\frac{\partial^2 \log X}{\partial x_r \partial x_s} =$$

$$\frac{\partial \log u_1}{\partial x_r} \frac{\partial \log u_1}{\partial x_s} + \frac{\partial \log u_2}{\partial x_r} \frac{\partial \log u_2}{\partial x_s} + \cdots + \frac{\partial \log u_n}{\partial x_r} \frac{\partial \log u_n}{\partial x_s}$$

hervorgeht und leicht in verschiedene andere Formen, z. B.

$$\begin{vmatrix} X & \dfrac{\partial X}{\partial x_1} & \cdots & \dfrac{\partial X}{\partial x_n} \\ \dfrac{\partial X}{\partial x_1} & \dfrac{\partial^2 X}{\partial x_1 \partial x_1} & \cdots & \dfrac{\partial^2 X}{\partial x_1 \partial x_n} \\ \cdot & \cdot & \cdot & \cdot \\ \dfrac{\partial X}{\partial x_n} & \dfrac{\partial^2 X}{\partial x_n \partial x_1} & \cdots & \dfrac{\partial^2 X}{\partial x_n \partial x_n} \end{vmatrix} = (-1)^n X^{n-1} \varDelta(X) \tag{4}$$

umgewandelt werden kann. Besitzt X lauter ganze rationale Coefficienten, so wollen wir deren grössten gemeinschaftlichen Theiler t auch den *Theiler der Form* X nennen (vergl. §. 61); da sich nun leicht allgemein zeigen lässt, dass der Theiler eines Productes aus beliebigen Formen mit ganzen rationalen Coefficienten gleich dem Producte aus den Theilern der einzelnen

---

*) *Hermite: Sur la théorie des formes quadratiques* (Crelle's Journal, Bd. 47, S. 331). — Die Discriminante der binären quadratischen Form $a x^2 + b x y + c y^2$ ist $= b^2 - 4 a c$.

Formen ist*), so folgt aus der vorstehenden Gleichung, dass $\Delta(X)$ eine ganze rationale, durch t^2 theilbare Zahl ist. Wir bemerken ferner, dass $\Delta(aX) = a^2 \Delta(X)$ ist, wenn a irgend einen constanten Factor bedeutet.

Wir beschränken uns nun auf die Betrachtung derjenigen zerlegbaren Formen X, welche den *Idealen* des Körpers Ω entsprechen und auf die folgende Weise entstehen. Zunächst wählen wir eine bestimmte Basis $\omega_1, \omega_2 \ldots \omega_n$ für das aus allen ganzen Zahlen ω des Körpers bestehende Ideal

$$\mathfrak{o} = [\omega_1, \omega_2 \ldots \omega_n] \tag{5}$$

und setzen (wie in §. 175) die Grundzahl des Körpers, d. h. die Discriminante

$$\Delta(\mathfrak{o}) = \Delta(\omega_1, \omega_2 \ldots \omega_n) = D. \tag{6}$$

Nach §. 177 (S. 552) ist jedes Ideal $\mathfrak{a}$ ein endlicher Modul von der Form

$$\mathfrak{a} = [\alpha_1, \alpha_2 \ldots \alpha_n], \tag{7}$$

wo die Zahlen α_r zugleich eine Basis des Körpers Ω bilden. Da dieselben ganze Zahlen sind, so gelten n Gleichungen von der Form **)

$$\alpha_r = \Sigma\, a_{r,\iota}\, \omega_\iota, \tag{8}$$

wo die Coordinaten $a_{r,s}$ ganze rationale Zahlen sind, und zwar wollen wir die Basiszahlen stets, wie wir ein- für allemal bemerken, so wählen, dass die aus diesen Coordinaten gebildete Determinante einen *positiven* Werth erhält, dass also

$$\Sigma \pm a_{1,1}\, a_{2,2} \ldots a_{n,n} = (\mathfrak{o}, \mathfrak{a}) = N(\mathfrak{a}) \tag{9}$$

wird (nach §. 172, VII). Aus den vorstehenden Gleichungen folgt ferner (nach §. 175, (7) oder (9)), dass die von der Wahl der Basis unabhängige Discriminante

$$\Delta(\mathfrak{a}) = \Delta(\alpha_1, \alpha_2 \ldots \alpha_n) = D\, N(\mathfrak{a})^2 \tag{10}$$

ist.

---

*) Vergl. *Gauss: D. A.* art. 42 und meine Abhandlung: *Ueber einen arithmetischen Satz von Gauss* (Mittheilungen d. Deutschen math. Ges. in Prag. 1892).

**) Wir bezeichnen in der Folge mit $\iota, \iota', \iota'' \ldots$ ausschliesslich Summationsbuchstaben, welche die n Werthe $1, 2 \ldots n$ durchlaufen sollen, und ein einfaches Summenzeichen Σ bezieht sich stets auf *alle* solche, hinter demselben auftretende $\iota, \iota', \iota'' \ldots$, während $r, s \ldots$ constante Indices bedeuten.

Wir führen jetzt ein System von n unabhängigen *Variabelen* $x_1, x_2 \dots x_n$ und die homogene lineare Function

$$\alpha = \sum x_\iota \alpha_\iota \tag{11}$$

ein; dann kann man, weil jedes Product $\alpha_r \omega_s$ in dem Ideal $\mathfrak{a}$ enthalten ist,

$$\alpha \omega_r = \sum x_{r,\iota} \alpha_\iota = \sum x_{r,\iota} a_{\iota,\iota'} \omega_{\iota'} \tag{12}$$

setzen, wo die n^2 Grössen $x_{r,s}$ homogene lineare Functionen der Veränderlichen $x_1, x_2 \dots x_n$ mit *ganzen* rationalen Coefficienten bedeuten; setzt man daher die aus ihnen gebildete Determinante

$$\sum \pm x_{1,1} x_{2,2} \dots x_{n,n} = X, \tag{13}$$

so ist X eine ganze homogene Function der n Variabelen x_ι, deren Coefficienten ganze rationale Zahlen sind, und wir wollen sagen, diese Form X *entspreche* der Basis $\alpha_1, \alpha_2 \dots \alpha_n$ des Ideals $\mathfrak{a}$. So oft nun die Variabelen x_ι rationale Werthe erhalten, wird α eine Zahl des Körpers Ω, und aus (12) folgt (nach §. 167, (12)), dass die Norm von α durch Multiplication der beiden aus den Grössen $x_{\iota,\iota'}$ und $a_{\iota,\iota'}$ gebildeten Determinanten (9) und (13) entsteht, dass also

$$N(\alpha) = N(\mathfrak{a}) X \tag{14}$$

ist; da nun diese Norm das Product der n mit α conjugirten Zahlen, welche homogene lineare Functionen der Variabelen x_ι sind, und da zufolge (10) die Discriminante dieses Productes $= D N(\mathfrak{a})^2$ ist, so ergiebt sich, dass X ebenfalls eine zerlegbare Form, und dass ihre Discriminante

$$\Delta(X) = D \tag{15}$$

ist.

Legt man den Variabelen x_ι *ganze* rationale Werthe bei, so wird α theilbar durch $\mathfrak{a}$, und umgekehrt wird jede Zahl des Ideals $\mathfrak{a}$ durch ein und nur ein solches System von Werthen x_ι erzeugt; dann ist

$$\mathfrak{o}\alpha = \mathfrak{a}\mathfrak{m}, \quad N(\alpha) = N(\mathfrak{a}) X = \pm N(\mathfrak{a}) N(\mathfrak{m}),$$

mithin

$$X = \pm N(\mathfrak{m}) = \pm (\mathfrak{a}, \mathfrak{o}\alpha). \tag{16}$$

Ist nun k eine beliebig gegebene natürliche Zahl, so kann man (nach §. 178, XI) die Zahl α aus dem Ideal $\mathfrak{a}$ so auswählen, dass $\mathfrak{m}$ relatives Primideal zu k, also (nach §. 180, I) der zugehörige Werth der Form X *relative Primzahl zu* k wird, woraus unmittelbar folgt, dass X eine *ursprüngliche*, d. h. eine solche Form ist, deren Coefficienten keinen gemeinschaftlichen Theiler haben.

Verfährt man bei der Eintheilung der Ideale in Classen nach der schärferen Regel, welche auf S. 578 beschrieben ist — und dies soll im Folgenden immer geschehen —, so wird, wenn $\mathfrak{a}$ der Classe A angehört, und $\mathfrak{m}$ jedes beliebige Ideal der inversen Classe A^{-1} bedeutet, immer eine Zahl α von *positiver* Norm existiren, welche der Bedingung $\mathfrak{o}\,\alpha = \mathfrak{a}\,\mathfrak{m}$ genügt, und gleichzeitig wird $X = + N(\mathfrak{m})$; mithin können durch die Form X die Normen aller in der Classe A^{-1} enthaltenen Ideale $\mathfrak{m}$ *dargestellt* werden (vergl. §. 60). Umgekehrt leuchtet ein, dass jeder durch die Form X darstellbare positive Werth, welcher ganzen rationalen Werthen der Variabelen x_ι entspricht, die Norm eines solchen Ideals $\mathfrak{m}$ ist.

Wählt man für dasselbe Ideal $\mathfrak{a}$ ein beliebiges anderes System von Basiszahlen $\beta_1, \beta_2 \ldots \beta_n$, die aber ebenfalls der Bedingung genügen, dass die aus ihren Coordinaten gebildete Determinante *positiv* ist, so ist

$$\beta_r = \Sigma\, c_{r,\iota}\, \alpha_\iota; \quad \Sigma \pm c_{1,1}\, c_{2,2} \ldots c_{n,n} = +1 \tag{17}$$

und die der Basis $\alpha_1, \alpha_2 \ldots \alpha_n$ entsprechende Form X geht durch die Substitution

$$x_r = \Sigma\, c_{\iota,r}\, y_\iota, \tag{18}$$

deren Coefficienten $c_{\iota,\iota'}$ ganze rationale Zahlen sind, in eine *äquivalente* Form Y über, welche der neuen Basis entspricht und eine ganze homogene Function der neuen Variabelen y_ι ist. Umgekehrt, wenn Y mit X äquivalent ist, d. h. wenn X durch eine Substitution von der Form (18) mit ganzen rationalen Coefficienten $c_{\iota,\iota'}$, deren Determinante $= +1$ ist, in Y übergeht, so giebt es offenbar eine Basis des Ideals $\mathfrak{a}$, welcher diese Form Y entspricht. Allen Basen desselben Ideals $\mathfrak{a}$ entspricht daher eine bestimmte *Formenclasse*, d. h. ein System von Formen X, $Y \ldots$ der Art, dass je zwei von ihnen einander äquivalent sind, und wir wollen sagen, dass diese Formenclasse dem Ideale $\mathfrak{a}$ entspricht. Ist ferner $\mathfrak{a}'$ ein beliebiges mit $\mathfrak{a}$ äquivalentes Ideal, so giebt es eine Zahl η von positiver Norm, welche der Bedingung $\mathfrak{a}\,\eta = \mathfrak{a}'$ genügt; dann bilden die n Producte $\eta\,\alpha_\iota$ eine Basis von $\mathfrak{a}'$, und aus (12) geht durch Multiplication mit η

hervor, dass die Form X auch dem Ideal $\mathfrak{a}'$, mithin die Formenclasse auch allen Idealen der Classe A entspricht. Jeder Idealclasse entspricht daher eine bestimmte Formenclasse. Die schwierigere Frage aber, ob mehreren verschiedenen Idealclassen eine und dieselbe Formenclasse entsprechen kann, müssen wir der Kürze halber hier unerörtert lassen. Dasselbe gilt von der Aufgabe, *alle* Transformationen der Form X in sich selbst zu finden, und wir beschränken uns auf die einleuchtende Bemerkung, dass durch jede *Einheit* ε, deren Norm positiv, also $= +1$ ist, eine solche Transformation erzeugt wird, weil die n Zahlen $\varepsilon\alpha_\iota$ ebenfalls eine Basis des Ideals $\mathfrak{a}$ bilden (vergl. §§. 62, 83—85).

Die *Composition* der Formen X entspricht der Multiplication der Ideale. Es seien zwei beliebige Ideale

$$\mathfrak{a} = [\alpha_1, \alpha_2 \ldots \alpha_n], \quad \mathfrak{b} = [\beta_1, \beta_2 \ldots \beta_n] \tag{19}$$

mit bestimmten Basen α_ι, β_ι gegeben, so kann man ihr Product

$$\mathfrak{a}\mathfrak{b} = \mathfrak{c} = [\gamma_1, \gamma_2 \ldots \gamma_n] \tag{20}$$

setzen; aus dem Begriffe der Multiplication der Moduln (§. 170) folgt aber unmittelbar, dass $\mathfrak{a}\mathfrak{b}$ ein endlicher Modul ist, welcher die n^2 Producte $\alpha_\iota \beta_{\iota'}$ zu Basiszahlen hat; zwischen diesen und den n Basiszahlen γ_ι desselben Moduls müssen daher (zufolge §. 172, (25) bis (30)) Relationen von der Form

$$\alpha_r \beta_s = \sum p_\iota^{r,s} \gamma_\iota, \quad \gamma_r = \sum q_r^{\iota,\iota'} \alpha_\iota \beta_{\iota'} \tag{21}$$

stattfinden, wo die Coefficienten p, q ganze rationale Zahlen sind; die sämmtlichen Determinanten P, welche sich aus je n der n^2 Zeilen

$$p_1^{r,s}, \quad p_2^{r,s} \ldots p_{n-1}^{r,s}, \quad p_n^{r,s} \tag{22}$$

bilden lassen, sind Zahlen ohne gemeinschaftlichen Theiler. Man führe jetzt drei Systeme von je n Variabelen x_ι, y_ι, z_ι ein und setze

$$\alpha = \sum x_\iota \alpha_\iota, \quad \beta = \sum y_\iota \beta_\iota, \quad \gamma = \sum z_\iota \gamma_\iota, \tag{23}$$

so wird

$$N(\alpha) = N(\mathfrak{a})\, X, \quad N(\beta) = N(\mathfrak{b})\, Y, \quad N(\gamma) = N(\mathfrak{c})\, Z, \tag{24}$$

wo X, Y, Z die den obigen Basen der Ideale $\mathfrak{a}$, $\mathfrak{b}$, $\mathfrak{c}$ entsprechenden Formen bedeuten. Macht man nun die Variabelen z_ι durch die bilineare Substitution

$$z_r = \sum p_r^{\iota,\iota'} x_\iota y_{\iota'} \tag{25}$$

zu Functionen der Variabelen x_ι, y_ι, so wird

$$\gamma = \alpha\beta, \text{ also } N(\gamma) = N(\alpha)\, N(\beta), \tag{26}$$

und da ausserdem $N(\mathfrak{c}) = N(\mathfrak{a})\, N(\mathfrak{b})$ ist, so folgt

$$Z = X\, Y, \tag{27}$$

d. h. die Form Z geht durch die Substitution (25) in das Product der beiden Formen X, Y über, und wir wollen deshalb sagen, die Form Z sei aus den beiden Formen X, Y *zusammengesetzt*.

Diese Formen sind durch die Substitution (25) vollständig bestimmt. Aus (26) folgt nämlich zunächst

$$\alpha \beta_r = \Sigma \frac{\partial z_\iota}{\partial y_r} \gamma_\iota; \tag{28}$$

nun lassen sich die Zahlen γ_ι, weil sie in $\mathfrak{c}$ und also auch in $\mathfrak{b}$ enthalten sind, in der Form

$$\gamma_\iota = \Sigma c_{r,\iota} \beta_\iota$$

darstellen, wo die Coefficienten $c_{\iota,\iota'}$ ganze rationale Zahlen bedeuten, deren Determinante

$$\Sigma \pm c_{1,1} c_{2,2} \ldots c_{n,n} = (\mathfrak{b}, \mathfrak{c}) = N(\mathfrak{a})$$

ist; es wird mithin

$$\alpha \beta_r = \Sigma \frac{\partial z_\iota}{\partial y_r} c_{\iota,\iota'} \beta_{\iota'},$$

woraus

$$N(\alpha) = N(\mathfrak{a}) \Sigma \pm \frac{\partial z_1}{\partial y_1} \frac{\partial z_2}{\partial y_2} \cdots \frac{\partial z_n}{\partial y_n},$$

also

$$X = \Sigma \pm \frac{\partial z_1}{\partial y_1} \frac{\partial z_2}{\partial y_2} \cdots \frac{\partial z_n}{\partial y_n} \tag{29}$$

folgt. Auf ganz ähnliche Weise ergiebt sich natürlich aus den Gleichungen

$$\beta \alpha_r = \Sigma \frac{\partial z_\iota}{\partial x_r} \gamma_\iota \tag{30}$$

die Form

$$Y = \Sigma \pm \frac{\partial z_1}{\partial x_1} \frac{\partial z_2}{\partial x_2} \cdots \frac{\partial z_n}{\partial x_n}. \tag{31}$$

Unsere obigen Gleichungen (12) und (13) gehen offenbar durch die specielle Annahme $\mathfrak{b} = \mathfrak{o}$ aus den allgemeinen Gleichungen (28) und (29) hervor. Die in den letzteren auftretenden n^2 Grössen

$$\frac{\partial z_m}{\partial y_s} = \Sigma p_m^{\iota,s} x_\iota \tag{32}$$

sind homogene lineare Functionen der n Variabelen x_ι mit ganzen rationalen Coefficienten $p_m^{r,s}$, und zwar sind

$$p_m^{1,s},\ p_m^{2,s} \ldots p_m^{n-1,s},\ p_m^{n,s} \tag{33}$$

die in einer und derselben Zeile enthaltenen Coefficienten. Es ist nun von Wichtigkeit, dass umgekehrt die n Variabelen x_ι

sich (auf unendlich viele Arten) als homogene lineare Functionen der n^2 Grössen (32) mit *ganzen* rationalen Coefficienten darstellen lassen, oder, was offenbar auf dasselbe hinauskommt, dass die sämmtlichen Determinanten R, welche aus je n von den n^2 Zeilen (33) gebildet und von den oben mit P bezeichneten Determinanten wohl zu unterscheiden sind, ebenfalls keinen gemeinschaftlichen Theiler haben. Um dies Letztere zu beweisen, bemerken wir zunächst, dass die Determinanten R gewiss nicht alle verschwinden; denn betrachtet man z. B. solche n Zeilen (33), in welchen der Index s ungeändert bleibt, so ist, wie sich durch Vertauschung der Horizontal- und Verticalreihen unter Berücksichtigung von (21) leicht ergiebt, die entsprechende Determinante

$$\begin{vmatrix} p_1^{1,s} \dots p_1^{n,s} \\ \dots\dots \\ p_n^{1,s} \dots p_n^{n,s} \end{vmatrix} = \begin{vmatrix} p_1^{1,s} \dots p_n^{1,s} \\ \dots\dots \\ p_1^{n,s} \dots p_n^{n,s} \end{vmatrix} = \frac{N(\beta_s)}{N(\mathfrak{b})},$$

also von Null verschieden. Bedeutet nun e den grössten gemeinschaftlichen Theiler aller Determinanten R, so folgt aus unserer allgemeinen Untersuchung über die Reduction eines endlichen Moduls auf eine irreducibele Basis (§. 172), dass sich zwei Systeme von ganzen rationalen Zahlen $h_m^{r,s}$ und $e_{r,s}$ aufstellen lassen, welche den Bedingungen

$$p_m^{r,s} = \sum h_m^{\iota,s} e_{r,\iota}, \quad \sum \pm e_{1,1} e_{2,2} \dots e_{n,n} = e$$

genügen*). Hierauf definire man n Zahlen μ_ι durch die Gleichungen

---

*) Man braucht nur n beliebige, aber von einander unabhängige Zahlen α'_ι zu wählen und den Modul, dessen Basis aus den n^2 Summen

$$\varepsilon_m^{(s)} = \Sigma p_m^{\iota,s} \alpha'_\iota$$

besteht, auf eine irreducibele, also aus n Zahlen

$$\varepsilon_r = \Sigma e_{\iota,r} \alpha'_\iota$$

bestehende Basis zu reduciren, so wird

$$\varepsilon_m^{(s)} = \Sigma h_m^{\iota,s} \varepsilon_\iota,$$

und hieraus ergeben sich die obigen Beziehungen. — Bedeuten $\mathfrak{a}$, $\mathfrak{b}$ beliebige *Moduln* von der Form (8) in §. 175, und wählt man für die n Zahlen α'_ι die zu α_ι *complementären* Zahlen (§. 167 und §. 175 Anm.), so wird $\varepsilon_m^{(s)} = \beta_s \gamma'_m$, wo die Zahlen γ'_ι complementär zu γ_ι sind, und hieraus ergiebt sich (nach §. 172), dass der grösste gemeinsame Theiler $e = (\mathfrak{a}', \mathfrak{b}\mathfrak{c}')$ ist, wo $\mathfrak{a}'$, $\mathfrak{b}'$, $\mathfrak{c}'$ die zu $\mathfrak{a}$, $\mathfrak{b}$, $\mathfrak{c}$ complementären Moduln bedeuten; sind aber $\mathfrak{a}$, $\mathfrak{b}$ (also auch $\mathfrak{c}$) *Idealbrüche* (Anm. zu §§. 178, 180), so gilt dasselbe von $\mathfrak{a}'$, $\mathfrak{b}'$, $\mathfrak{c}'$, und aus §. 170, VII folgt leicht, dass in diesem Falle $\mathfrak{a}' = \mathfrak{b}\mathfrak{c}'$, also $e = 1$ ist.

$$e\,\alpha_r = \Sigma\, e_{r,\iota}\,\mu_\iota,$$

aus denen durch Umkehrung

$$\mu_r = \Sigma\, e'_{\iota,r}\,\alpha_\iota$$

folgt, wo die Coefficienten $e'_{\iota,\iota'}$ ganze rationale Zahlen sind, deren Determinante

$$\Sigma \pm e'_{1,1}\,e'_{2,2}\,\ldots\,e'_{n,n} = e^{n-1}$$

ist, weil

$$\Sigma\, e'_{\iota,r}\,e_{\iota,s} = e \text{ oder } = 0$$

ist, je nachdem r, s gleich oder ungleich sind. Mit Rücksicht auf (21) folgt nun aus den vorstehenden Gleichungen

$$\begin{aligned}\mu_r\,\beta_s &= \Sigma\, e'_{\iota',r}\,\alpha_{\iota'}\,\beta_s = \Sigma e'_{\iota',r}\,p_\iota^{\iota',s}\,\gamma_\iota\\ &= \Sigma\, e'_{\iota',r}\,h_\iota^{\iota'',s}\,e_{\iota',\iota''}\,\gamma_\iota = e\,\Sigma\, h_\iota^{r,s}\,\gamma_\iota\,;\end{aligned}$$

mithin ist $\mathfrak{b}\,\mu_r$ theilbar durch $e\,\mathfrak{c} = e\,\mathfrak{a}\,\mathfrak{b}$, also μ_r theilbar durch $e\,\mathfrak{a}$, und hieraus folgt, dass alle Coefficienten $e'_{\iota,\iota'}$ durch e theilbar sind, mithin $e = 1$ ist, was zu beweisen war.

Derselbe Satz gilt selbstverständlich auch für die Determinanten S, welche aus je n Zeilen von der Form

$$p_m^{r,1},\ p_m^{r,2}\ldots p_m^{r,n-1},\ p_m^{r,n} \tag{34}$$

gebildet sind; also lassen sich die n Variabelen y_ι auch als homogene lineare Functionen der n^2 Grössen

$$\frac{\partial z_m}{\partial x_r} = \Sigma\, p_m^{r,\iota}\,y_\iota, \tag{35}$$

und zwar mit *ganzen* rationalen Coefficienten darstellen.

Ganz ähnliche Eigenschaften, wie die linearen Functionen (32) und (35), besitzen auch die aus ihnen gebildeten Determinanten $(n-1)^{\text{ten}}$ Grades, d. h. die Coefficienten, mit welchen sie in den Determinanten (29) und (31) behaftet sind. Das Ideal $\mathfrak{a}$ besitzt (nach §. 180) ein durch die Bedingung $\mathfrak{o}\,N(\mathfrak{a}) = \mathfrak{a}\,\mathfrak{a}'$ bestimmtes Supplement*)

$$\mathfrak{a}' = [\alpha'_1,\ \alpha'_2\ \ldots\ \alpha'_n], \tag{36}$$

dessen Basis wir beliebig wählen; bedeutet nun α wieder irgend eine Zahl des Ideals $\mathfrak{a}$, und setzt man, wie in (16), $\mathfrak{o}\,\alpha = \mathfrak{a}\,\mathfrak{m}$, so folgt, wenn man mit $\mathfrak{m}'$ das Supplement von $\mathfrak{m}$ bezeichnet,

$$\mathfrak{o}\,N(\alpha) = \mathfrak{o}\,N(\mathfrak{a})\,N(\mathfrak{m}) = \mathfrak{a}\,\mathfrak{a}'\,\mathfrak{m}\,\mathfrak{m}' = \alpha\,\mathfrak{a}'\,\mathfrak{m}';$$

---

*) Dieses Ideal $\mathfrak{a}'$ und seine Basiszahlen α'_ι dürfen natürlich nicht verwechselt werden mit dem in der vorigen Anmerkung erwähnten Complement von $\mathfrak{a}$ und mit den zu α_ι complementären Zahlen.

es ergiebt sich daher von Neuem, dass $N(\alpha)$ durch α theilbar ist (§. 176, IV), und wenn α' das durch die Gleichung

$$N(\alpha) = \alpha\,\alpha' \tag{37}$$

definirte Supplement der Zahl α bedeutet, so folgt $\mathfrak{d}\,\alpha' = \mathfrak{a}'\,\mathfrak{m}'$, d. h. α' ist theilbar durch $\mathfrak{a}'$, also von der Form

$$\alpha' = \Sigma\, x'_\iota\, \alpha'_\iota, \tag{38}$$

wo die n Coefficienten x'_ι ganze rationale Zahlen sind, die in bestimmter Weise von den ganzen rationalen Zahlen x_ι in (11) oder (23) abhängen. Setzt man nun wieder $\mathfrak{a}\,\mathfrak{b} = \mathfrak{c}$ und behält alle hierauf bezüglichen, im Vorhergehenden gebrauchten Bezeichnungen bei, so folgt $\mathfrak{a}'\,\mathfrak{c} = \mathfrak{b}\,N(\mathfrak{a})$; man kann daher, wenn man die Grössen x'_ι in (38) als willkürliche Variabele ansieht, n Gleichungen von der Form

$$\alpha'\,\gamma_r = N(\mathfrak{a})\, \Sigma\, x'_{r,\iota}\, \beta_\iota \tag{39}$$

aufstellen, welche den Gleichungen (28) entsprechen; die n^2 Grössen $x'_{\iota,\iota'}$ sind homogene lineare Functionen der n Variabelen x'_ι mit ganzen rationalen Coefficienten, und umgekehrt lassen sich, wie oben gezeigt ist, die Variabelen x'_ι (auf unendlich viele Arten) als ebensolche Functionen von den Grössen $x'_{\iota,\iota'}$ darstellen. Multiplicirt man aber (39) mit α unter Berücksichtigung von (37) und (24), so ergiebt sich

$$X\,\gamma_r = \alpha\, \Sigma\, x'_{r,\iota}\, \beta_\iota, \tag{40}$$

und hieraus geht mit Rücksicht auf (28) hervor, dass $x'_{m,s}$ der Coefficient ist, mit welchem das Element (32) in der Determinante (29) multiplicirt wird. Die sämmtlichen Grössen $x'_{\iota,\iota'}$ und folglich auch die Grössen x'_ι, welche letzteren offenbar von der Wahl der Basis des Ideals $\mathfrak{a}'$ abhängen, sind daher ganze homogene Functionen $(n-1)^{\text{ten}}$ Grades von den Variabelen x_ι mit ganzen rationalen Coefficienten, und hiermit ist unsere obige Behauptung bewiesen. —

Auf diese kurze Darstellung der wichtigsten Eigenschaften der Formen X müssen wir uns hier beschränken; allein wir dürfen nicht unterlassen, darauf aufmerksam zu machen, dass diese Formen X, deren Discriminante $= D$ ist, nur einen unendlich kleinen Theil aller zerlegbaren Formen bilden, welche dem Körper Ω entsprechen, und wir wollen hierüber wenigstens noch Folgendes bemerken. Bedeutet $\mathfrak{a}$ in (7) einen beliebigen *Modul*, dessen Basis zugleich eine Basis des Körpers Ω ist, und verfährt man mit $\mathfrak{a}$ genau ebenso, wie oben in den Gleichungen (11) bis (16) mit dem Ideal $\mathfrak{a}$, indem man nur an Stelle von $\mathfrak{o}$ die *Ordnung* $\mathfrak{n}$ des Moduls $\mathfrak{a}$ eintreten lässt, so gelangt man zu einer entsprechenden zerlegbaren Form $X = \pm(\mathfrak{a}, \mathfrak{n}\alpha)$, deren Discriminante $= D(\mathfrak{o}, \mathfrak{n})^2 = \varDelta(\mathfrak{n})$ ist. Wir nennen die Zahl $(\mathfrak{o}, \mathfrak{n})$ den *Index* und den Quotient $\mathfrak{n} : \mathfrak{o}$ den *Führer der Ordnung* $\mathfrak{n}$; der letztere ist immer ein *Ideal* und zwar der grösste gemeinsame Theiler aller durch $\mathfrak{n}$ theilbaren Ideale, und der Index ist immer theilbar durch den Führer *).

§. 183.

Von der grössten Wichtigkeit für die Theorie der in einem endlichen Körper Ω enthaltenen ganzen Zahlen ist die Frage nach dem Inbegriff aller unter ihnen befindlichen *Einheiten* (§§. 174, 176). Im Körper R der rationalen Zahlen giebt es nur die beiden Einheiten ± 1, und dasselbe gilt für alle quadratischen Körper von *negativer* Grundzahl D, mit Ausnahme der beiden Fälle $D = -3$ und $D = -4$, in welchen sechs resp. vier Einheiten vorhanden sind. Bei allen anderen Körpern ist aber die Anzahl der Einheiten stets unendlich gross, und es ist äusserst schwierig gewesen, den Zusammenhang zwischen allen diesen Einheiten genau zu ergründen und in der einfachsten Form darzustellen; für den Fall der quadratischen Körper von *positiver* Grundzahl D fällt diese Frage im Wesentlichen zusammen mit der Auflösung der Pell'schen Gleichung $t^2 - D u^2 = 4$, und wir haben schon früher bemerkt, dass die Existenz solcher Lösungen t, u, in welchen u nicht verschwindet, zuerst von *Lagrange* bewiesen ist. Die Principien, welche diesem Beweise zu Grunde liegen, sind endlich von *Dirichlet* zur höchsten Allgemeinheit erhoben, und ihm gebührt der Ruhm, zuerst eine strenge und vollständige, alle endlichen Körper umfassende Theorie der Einheiten aufgebaut zu haben (vergl. §§. 83, 141). Wir kleiden dieselbe in unsere Ausdrucksweise ein und heben die Hauptmomente im Folgenden so kurz wie möglich hervor.

1. Wir bezeichnen, wie bisher, mit Ω einen Körper n^{ten} Grades und mit

---

*) Vergl. meine auf S. 570 und 580 citirten Schriften, wo das Wort Index in einer specielleren Bedeutung gebraucht ist.

$$\mathfrak{o} = [\omega_1, \omega_2 \ldots \omega_n] \tag{1}$$

den Inbegriff aller in Ω enthaltenen ganzen Zahlen

$$\omega = h_1 \omega_1 + h_2 \omega_2 + \cdots + h_n \omega_n = \Sigma h_\iota \omega_\iota, \tag{2}$$

wo die n Coordinaten h_ι alle ganzen rationalen Zahlen durchlaufen. Durch die n Permutationen des Körpers, die wir wieder mit $\pi_1, \pi_2 \ldots \pi_n$ bezeichnen, geht eine solche Zahl ω in die n conjugirten Zahlen

$$\omega^{(r)} = \Sigma h_\iota \omega_\iota^{(r)} \tag{3}$$

über, welche homogene lineare Functionen der variabelen Coordinaten h_ι sind. Die Coefficienten derselben sind die n^2 Constanten $\omega_s^{(r)}$, welche durch die Wahl der Basis von $\mathfrak{o}$ ein- für allemal bestimmt sind. Wir bilden nun, indem wir unter $M(z)$ stets den analytischen Modul (oder absoluten Betrag) der complexen Zahl z verstehen, für jede Permutation π_r die Summe

$$M(\omega_1^{(r)}) + M(\omega_2^{(r)}) + \cdots + M(\omega_n^{(r)})$$

und bezeichnen mit c die *grösste* von diesen n Summen; dann leuchtet ein, dass, wenn k eine positive Grösse und ω eine Zahl ist, deren Coordinaten absolut genommen den Werth k nicht überschreiten, immer

$$M(\omega^{(r)}) \leqq ck \tag{4}$$

sein wird.

2. Die aus den n^2 Coefficienten $\omega_s^{(r)}$ gebildete Determinante

$$\Sigma \pm \omega_1' \omega_2'' \ldots \omega_n^{(n)} = \sqrt{D} \tag{5}$$

ist von Null verschieden (§. 175), und wenn man mit $\varkappa_1, \varkappa_2 \ldots \varkappa_n$ die zu $\omega_1, \omega_2 \ldots \omega_n$ complementären Zahlen bezeichnet (§. 167), so erhält man durch Umkehrung der Gleichungen (3) die n Coordinaten

$$h_s = S(\omega \varkappa_s) = \varkappa_s' \omega' + \cdots + \varkappa_s^{(n)} \omega^{(n)} \tag{6}$$

als homogene lineare Functionen der n Conjugirten $\omega^{(r)}$; da die Coefficienten $\varkappa_s^{(r)}$ ebenfalls durch die Basis von $\mathfrak{o}$ vollständig bestimmt sind, so schliesst man ebenso wie vorher, dass, wenn die n Moduln $M(\omega^{(r)})$ eine gegebene Constante C nicht überschreiten, auch die absoluten Werthe der Coordinaten h_s eine entsprechende Constante nicht überschreiten können, und da sie *ganze* rationale Zahlen sind, so folgt hieraus offenbar der Satz:

I. *Ist C eine positive Constante, so giebt es in $\mathfrak{o}$ nur eine endliche Anzahl von solchen Zahlen ω, deren Conjugirte sämmtlich der Bedingung $M(\omega^{(r)}) < C$ genügen.*

3. Bedeutet θ eine Zahl n^{ten} Grades in Ω, so ist Ω der Inbegriff $R(\theta)$ aller durch θ rational darstellbaren Zahlen (§. 165, VI), und die n verschiedenen conjugirten Zahlen $\theta^{(r)}$ sind die Wurzeln einer irreducibelen Gleichung mit rationalen Coefficienten. Durch die Permutation π_r geht der Körper Ω in den Körper $\Omega^{(r)} = R(\theta^{(r)})$ über, und wir nennen π_r eine *reelle* Permutation, wenn $\theta^{(r)}$ reell ist, also $\Omega^{(r)}$ aus lauter reellen Zahlen besteht; zugleich ist $\omega^{(r)}$ in (3) eine reelle, d. h. eine mit lauter reellen Coefficienten $\omega_s^{(r)}$ behaftete, lineare Function der Coordinaten h_ι. Ist aber z. B. θ' imaginär $= p + qi$, so nennen wir π_1 eine *imaginäre* Permutation, weil Ω' ausser reellen auch imaginäre Zahlen enthält; die n Constanten ω'_ι können nicht alle reell sein, und es wird folglich die Function ω' die Form $u + vi$ annehmen, wo u, v reelle lineare Functionen der Coordinaten h_ι bedeuten. In diesem Falle giebt es bekanntlich*) unter den conjugirten Zahlen $\theta^{(r)}$ immer eine zweite $\theta'' = p - qi$, und durch die entsprechende Permutation π_2 geht ω in $\omega'' = u - v.i$ über; wir wollen zwei solche Permutationen π_1, π_2 (sowie die Körper Ω', Ω'' und die Functionen ω', ω'') immer ein imaginäres *Paar*, und u, v das zugehörige reelle Functionen-Paar nennen. Bezeichnen wir die Anzahl dieser Paare mit $(n - \nu)$, so ist $2(n - \nu)$ die Anzahl der imaginären, und $(2\nu - n)$ diejenige der reellen Permutationen, und ν ist die Gesammtanzahl aller imaginären Paare und aller reellen Permutationen. Diese Zahl ν, welche von der grössten Bedeutung für die Theorie der Einheiten ist, wird offenbar nur dann $= 1$, wenn Ω der Körper R der rationalen Zahlen oder ein quadratischer Körper von negativer Grundzahl ist; da es aber in diesen Fällen, wie oben bemerkt, nur zwei (oder vier oder sechs) Einheiten giebt. so bieten sie kein weiteres Interesse dar, und wir setzen daher im Folgenden voraus, es sei $\nu \geqq 2$. Verbindet man je zwei, einem imaginären Paar entsprechende Zeilen der Determinante (5) durch Addition und Subtraction, so ergiebt sich, dass immer

$$D = (-1)^{n-\nu}(D) \tag{7}$$

ist, wo (D) den absoluten Werth der Grundzahl bedeutet.

4. Wir vertheilen nun die n Permutationen π_r nach Belieben in zwei Classen, doch so, dass jede dieser Classen wenig-

*) Dies beruht darauf, dass die Gleichung $i^2 + 1 = 0$ in Bezug auf jeden reellen Körper irreducibel ist.

stens eine Permutation enthält, und dass die beiden Permutationen eines imaginären Paares in dieselbe Classe fallen *); dann gilt, wenn c die obige Bedeutung behält, und allgemein mit α die zur ersten, mit β die zur zweiten Classe gehörenden Functionen $\omega^{(r)}$ bezeichnet werden, der folgende Satz:

II. *Ist a ein beliebig kleiner, b ein beliebig grosser positiver gegebener Werth, so kann man in $\mathfrak{o}$ eine Zahl ω so wählen, dass alle $M(\alpha) < a$, alle $M(\beta) > b$ ausfallen, und dass absolut $N(\omega) < (3c)^n$ wird.*

Um dies zu beweisen, betrachten wir zunächst nur die Functionen α der ersten Classe, deren Anzahl wir mit μ bezeichnen wollen; indem wir jedes unter ihnen befindliche imaginäre Paar durch das zugehörige reelle Paar ersetzen, jede reelle Function α aber beibehalten, gelangen wir offenbar zu μ reellen homogenen linearen Functionen w, die wir in bestimmter Ordnung mit $w_1, w_2 \ldots w_\mu$ bezeichnen wollen. Ist nun k eine bestimmte natürliche Zahl, und legt man den Coordinaten h_ι alle Werthe aus der Reihe der $(k+1)$ Zahlen $0, 1, 2 \ldots k$ bei, so erhält man $(k+1)^n$ verschiedene Zahlen ω in $\mathfrak{o}$, für welche alle $M(\alpha) \leqq ck$ ausfallen, und folglich liegen alle zugehörigen Werthe der μ Functionen w zwischen $-ck$ und $+ck$. Das durch diese beiden Zahlen $\pm ck$ begrenzte reelle Zahlengebiet wollen wir auf folgende Weise in kleinere Intervalle eintheilen. Da $n > \mu > 0$, und $k > 0$ ist, so ergiebt sich leicht **), dass die Differenz

$$(k+1)^{\frac{n}{\mu}} - k^{\frac{n}{\mu}} > 1$$

ist, und dass folglich zwischen Minuend und Subtrahend mindestens eine natürliche Zahl m liegt, welche mithin den Bedingungen

$$(k+1)^n > m^\mu > k^n \tag{8}$$

genügt; setzt man nun zur Abkürzung

$$d = \frac{2ck}{m} < 2ck^{1-\frac{n}{\mu}}, \tag{9}$$

so zerfällt das obige Zahlgebiet durch Einschaltung der $(m-1)$ Zahlen

---

*) Diese Bedingungen würden nur in dem ausgeschlossenen Falle $\nu = 1$ sich *nicht* vereinigen lassen.

**) Ist die Constante $s > 1$, so hat die Function $\varphi(x) = (x+1)^s - x^s - 1$, welche zugleich mit x verschwindet, eine Derivirte $\varphi'(x)$, die für $x \geqq 0$ stets positiv ist, und folglich ist $\varphi(x) > 0$ für $x > 0$.

$$- ck + d, \quad - ck + 2d \ldots \quad - ck + (m-1)d$$

in m Intervalle von gleicher Breite d, wobei man diese $(m-1)$ Zahlen selbst nach Belieben dem einen oder anderen der beiden benachbarten Intervalle zurechnen kann. Schreiben wir ferner einem reellen Werthe w die bestimmte *Intervallzahl* s zu, wenn w dem von den beiden Zahlen $-ck+(s-1)d$ und $-ck+sd$ begrenzten Intervalle angehört, so besitzen die zu einer bestimmten Zahl ω gehörenden μ Werthe $w_1(\omega)$, $w_2(\omega) \ldots w_\mu(\omega)$ ihre entsprechenden Intervallzahlen $s_1, s_2 \ldots s_\mu$, und wir dürfen dies kurz so ausdrücken, dass der Zahl ω diese bestimmte *Folge* $s_1, s_2 \ldots s_\mu$ entspricht. Da jede Intervallzahl s eine der m Zahlen $1, 2 \ldots m$ ist, so ist m^μ die Anzahl aller überhaupt denkbaren Folgen, und da dieselbe zufolge (8) *kleiner* ist als die Anzahl $(k+1)^n$ aller von einander verschiedenen Zahlen ω, welche auf die obige Weise gebildet werden können, so muss es unter den letzteren mindestens zwei verschiedene $\varkappa$, λ geben, denen *eine und dieselbe* Folge von Intervallzahlen $s_1, s_2 \ldots s_\mu$ entspricht; es werden daher, wenn man die von Null verschiedene, in $\mathfrak{o}$ enthaltene Zahl $\varkappa - \lambda = \omega$ setzt, die absoluten Werthe der μ Differenzen

$$w_1(\varkappa) - w_1(\lambda) = w_1(\omega) \ldots w_\mu(\varkappa) - w_\mu(\lambda) = w_\mu(\omega)$$

sämmtlich $\leqq d$ sein, weil jedesmal der Minuend und Subtrahend in dasselbe Intervall fallen. Hieraus folgt für die Werthe der zur ersten Classe gehörigen, mit dieser Zahl ω conjugirten Zahlen α, welche entweder mit einer Grösse $w(\omega)$ übereinstimmen oder von der Form $w_1(\omega) \pm i w_2(\omega)$ sind, dass $M(\alpha) \leqq d\sqrt{2}$, also zufolge (9) auch

$$M(\alpha) < 3ck^{1-\frac{n}{\mu}} \tag{10}$$

ist. Bedeuten nun A, B resp. die absoluten Werthe der beiden Producte aus den μ Conjugirten α und aus den $(n-\mu)$ Conjugirten β, welche zu der zweiten Classe gehören, so ist $\pm N(\omega) = AB$, und $A < (3c)^\mu k^{\mu-n}$; da ferner die Coordinaten der Differenz $\omega = \varkappa - \lambda$ absolut genommen den Werth k nicht überschreiten, also $M(\beta) \leqq ck$, $B \leqq (ck)^{n-\mu}$ ist, so folgt

$$\pm N(\omega) < (3c)^n. \tag{11}$$

Da endlich $N(\omega)$ eine von Null verschiedene ganze rationale Zahl ist, so wird $AB \geqq 1$, also $B > (3c)^{-\mu} k^{n-\mu}$; greift man nun aus der zweiten Classe eine beliebige Zahl β heraus und setzt $B = B_1 M(\beta)$, so ist $B_1 \leqq (ck)^{n-\mu-1}$, mithin

$$M(\beta) > (3c)^{1-n} k. \tag{12}$$

Offenbar kann nun, wie klein auch a, und wie gross auch b gegeben sein mag, die Zahl k zufolge (10) und (12) stets so gross gewählt werden, dass alle $M(\alpha) < a$, alle $M(\beta) > b$ ausfallen, während zufolge (11) immer $N(\omega)$ absolut $< (3c)^n$ wird, w. z. b. w.

5. Aus dem soeben bewiesenen Satze II ergiebt sich, indem man dieselbe Eintheilung der Permutationen π_r in zwei Classen beibehält, dass man eine nie abreissende Kette von auf einander folgenden, von Null verschiedenen ganzen Zahlen

$$\omega = \eta_1, \eta_2, \eta_3 \ldots \eta_s, \eta_{s+1} \ldots \tag{13}$$

bilden kann, deren Normen absolut $< (3c)^n$ sind, und welche ausserdem noch die zweite Eigenschaft besitzen, dass, wenn mit a_s der kleinste, mit b_s der grösste der n Moduln

$$M(\eta_s'), M(\eta_s'') \ldots M(\eta_s^{(n)}) \tag{14}$$

bezeichnet wird, die zunächst folgenden Moduln

$$M(\eta_{s+1}'), M(\eta_{s+1}'') \ldots M(\eta_{s+1}^{(n)})$$

stets $< a_s$ oder $> b_s$ ausfallen, je nachdem sie zu der ersten oder zweiten Classe gehören; da hieraus $a_{s+1} < a_s$ und $b_{s+1} > b_s$ folgt, so leuchtet ein, dass bei einer so gebildeten Kette (13) die einem beliebigen Gliede η_s entsprechenden Moduln (14), je nachdem sie zu der ersten oder zweiten Classe gehören, kleiner resp. grösser sind als alle Moduln aller vorausgehenden Glieder η_1, $\eta_2 \ldots \eta_{s-1}$. Da ferner die Normen aller dieser Zahlen η ganze rationale Zahlen und absolut kleiner als die endliche Constante $(3c)^n$ sind, so müssen unendlich viele solche Zahlen η eine und dieselbe, von Null verschiedene Norm m haben; da (nach §. 176, II bis IV) zugleich m durch η theilbar, also $\mathfrak{o}m > \mathfrak{o}\eta > \mathfrak{o}$, und $(\mathfrak{o}, \mathfrak{o}m) = \pm m^n > 0$ ist, so ist (nach §. 171, II) die Anzahl dieser Moduln $\mathfrak{o}\eta$ endlich, und folglich muss es in der Kette (13) auch unendlich viele solche Zahlen η geben, welche einen und denselben Modul $\mathfrak{o}\eta$ erzeugen; sind $\varkappa$, λ irgend zwei solche Zahlen, von denen $\varkappa$ den früheren, λ den späteren Platz in der Kette (13) einnimmt, und setzt man $\varkappa = \lambda\varepsilon$, so folgt aus $\mathfrak{o}\varkappa = \mathfrak{o}\lambda$ auch $\mathfrak{o}\varepsilon = \mathfrak{o}$; mithin ist ε eine *Einheit*, und da zugleich $\varkappa^{(r)} = \lambda^{(r)}\varepsilon^{(r)}$, also auch $M(\varkappa^{(r)}) = M(\lambda^{(r)}) M(\varepsilon^{(r)})$ ist, so ergiebt sich mit Rücksicht auf die obige Bemerkung über die conjugirten Moduln der in der Kette (13) enthaltenen Zahlen der folgende Satz:

III. *Es giebt in* $\mathfrak{o}$ *eine Einheit von der Art, dass die Moduln der mit ihr conjugirten Zahlen in der ersten Classe* > 1, *in der zweiten Classe* < 1 *ausfallen.*

6. Von jetzt ab wollen wir, wenn unter den Permutationen π_r imaginäre Paare vorhanden sind, von jedem solchen Paar nur die eine beibehalten, die andere gänzlich fallen lassen; es bleiben dann ν Permutationen

$$\pi_1,\ \pi_2 \ldots \pi_\nu, \tag{15}$$

und je nachdem eine solche Permutation π_s reell oder imaginär ist, wollen wir

$$c_s = 1 \quad \text{oder} \quad c_s = 2 \tag{16}$$

setzen, so dass

$$c_1 + c_2 + \cdots + c_\nu = n \tag{17}$$

wird. Bedeutet ferner α irgend eine von Null verschiedene Zahl des Körpers Ω, so soll, wenn π_s eine der Permutationen (15) ist, mit $l_s(\alpha)$ der *reelle* Bestandtheil von $c_s \log \alpha^{(s)}$ bezeichnet werden, woraus offenbar

$$l_1(\alpha) + l_2(\alpha) + \cdots + l_\nu(\alpha) = \log N((\alpha)) \tag{18}$$

folgt, wo $N((\alpha))$ den absoluten Werth von $N(\alpha)$ bedeutet; zugleich ist allgemein

$$l_s(\alpha\beta) = l_s(\alpha) + l_s(\beta). \tag{19}$$

Für jede *Einheit* ε ergiebt sich aus (18) speciell

$$l_1(\varepsilon) + l_2(\varepsilon) + \cdots + l_\nu(\varepsilon) = 0, \tag{20}$$

und der obige Satz III kann offenbar so ausgesprochen werden:

IV. *Vertheilt man die* ν *Permutationen* (15) *nach Belieben in zwei Classen, doch so, dass jede von ihnen mindestens eine Permutation enthält, so giebt es in* $\mathfrak{o}$ *immer eine Einheit* ε *von der Art, dass* $l_s(\varepsilon)$ *positiv oder negativ ausfällt, je nachdem* π_s *zu der ersten oder zweiten Classe gehört.*

Betrachtet man jetzt ein System S von $(\nu - 1)$ Einheiten $\varepsilon_1, \varepsilon_2 \ldots \varepsilon_{\nu-1}$ und setzt zur Abkürzung $l_s(\varepsilon_m) = l_{s,m}$, während $u_1, u_2 \ldots u_\nu$ willkürliche Grössen bedeuten, so ist die Determinante

$$\begin{vmatrix} l_{1,1} & \dots & l_{1,\nu-1}, & u_1 \\ \cdot & \cdot & \cdot & \cdot \\ l_{\nu,1} & \dots & l_{\nu,\nu-1}, & u_\nu \end{vmatrix} = (u_1 + \dots + u_\nu)\, S', \tag{21}$$

wo

$$S' = \Sigma \pm l_{1,1}\, l_{2,2} \dots l_{\nu-1,\nu-1}; \tag{22}$$

denn wenn man zu der letzten Zeile alle vorhergehenden addirt, so verschwinden zufolge (20) alle ihre Elemente mit Ausnahme des letzten, welches gleich der Summe der Grössen u_s wird. Die Determinante S' oder auch deren absoluter Werth, welcher durch das System S vollständig bestimmt ist, soll der *Regulator* dieses Systems heissen*). Fügt man zu S noch eine Einheit ε_ν hinzu und setzt $u_s = l_s(\varepsilon_\nu)$, so verschwindet zufolge (20) die aus ν Einheiten gebildete Determinante (21). Von der grössten Wichtigkeit ist aber der folgende Satz:

V. *Es giebt ein aus* $(\nu - 1)$ *Einheiten* $\varepsilon_1, \varepsilon_2 \dots \varepsilon_{\nu-1}$ *bestehendes System* S, *dessen Regulator von Null verschieden ist.*

In der That, da $\nu \geqq 2$ ist, so folgt aus dem obigen Satze IV, wenn man π_1 in die erste, alle anderen Permutationen aber in die zweite Classe aufnimmt, die Existenz einer Einheit ε_1, für welche $l_{1,1}$ positiv ausfällt, womit der Fall $\nu = 2$ erledigt ist. Wenn aber $\nu > 2$ ist, und m eine natürliche Zahl bedeutet, die $< \nu$, aber > 1 ist, so wollen wir annehmen, man habe schon $(m - 1)$ Einheiten $\varepsilon_1, \varepsilon_2 \dots \varepsilon_{m-1}$ gefunden, die eine positive Determinante

$$D_m = \Sigma \pm l_{1,1}\, l_{2,2} \dots l_{m-1,m-1}$$

erzeugen, und wir wollen mit Hülfe desselben Satzes IV die Existenz einer Einheit ε_m beweisen, für welche auch die Determinante

$$E_{m+1} = \Sigma \pm l_{1,1}\, l_{2,2} \dots l_{m-1,m-1}\, l_{m,m}$$

positiv ausfällt. Hierzu ordnen wir die letztere nach den aus ε_m entspringenden Elementen, wodurch sie die Form

$$E_{m+1} = D_1\, l_{1,m} + \dots + D_{m-1}\, l_{m-1,m} + D_m\, l_{m,m}$$

annimmt, wo D_m nach unserer Annahme positiv ist, während die übrigen aus $\varepsilon_1, \varepsilon_2 \dots \varepsilon_{m-1}$ gebildeten Determinanten $D_1, D_2 \dots D_{m-1}$

*) Dieser Ausdruck findet sich in verwandter, freilich etwas anderer Bedeutung in §. 4 der Abhandlung von *Eisenstein*: *Allgemeine Untersuchungen über die Formen dritten Grades mit drei Variabeln, welche der Kreistheilung ihre Entstehung verdanken* (Crelle's Journal, Bd. 28, 29).

positiv, negativ oder auch $= 0$ sein können. Bildet man nun wieder zwei Classen und nimmt von den m Permutationen π_1, $\pi_2 \ldots \pi_m$ alle diejenigen in die erste Classe auf, denen positive Werthe $D_1, D_2 \ldots D_m$ entsprechen, also jedenfalls die Permutation π_m, während die übrigen und die Permutationen $\pi_{m+1} \ldots \pi_\nu$, also jedenfalls π_ν, in die zweite Classe fallen, so giebt es nach dem obigen Satze IV eine Einheit ε_m, für welche $l_{s,m}$ positiv oder negativ ausfällt, je nachdem π_s zu der ersten oder zweiten Classe gehört; mithin wird die Summe E_{m+1}, da sie mindestens ein positives Glied $D_m l_{m,m}$ und kein einziges negatives Glied enthält, gewiss positiv, was zu zeigen war. Auf diese Weise kann man offenbar von $m = 2$ bis $m = \nu - 1$ fortschliessen, wodurch man zuletzt ein System S von $\nu - 1$ Einheiten erhält, dessen Regulator S' von Null verschieden ist, w. z. b. w.

7. Ein solches, aus $\nu - 1$ *unabhängigen* Einheiten $\varepsilon_1, \varepsilon_2 \ldots \varepsilon_{\nu-1}$ bestehendes System S, dessen Regulator S' von Null verschieden ist, nennen wir ein *vollständiges* System, und wir bilden aus dieser *Basis* S, indem wir die Exponenten $m_1, m_2 \ldots m_{\nu-1}$ alle ganzen rationalen Zahlen von $-\infty$ bis $+\infty$ durchlaufen lassen, eine zugehörige *Gruppe* (S) von unendlich vielen Einheiten

$$\sigma = \varepsilon_1^{m_1} \varepsilon_2^{m_2} \ldots \varepsilon_{\nu-1}^{m_{\nu-1}}, \tag{23}$$

welche sich durch Multiplication und Division reproduciren*); dass je zwei verschiedenen Systemen von Exponenten $m_1, m_2 \ldots m_{\nu-1}$ auch zwei verschiedene Einheiten σ entsprechen, dass also nur dann $\sigma = 1$ wird, wenn alle diese Exponenten verschwinden, wird sich aus dem Folgenden beiläufig ergeben.

Ist α irgend eine von Null verschiedene Zahl des Körpers Ω, so bezeichnen wir mit $\alpha(S)$ den Complex aller Producte $\alpha\sigma$, welche den sämmtlichen Einheiten σ der Gruppe (S) entsprechen, und es leuchtet ein, dass zwei solche Complexe $\alpha(S)$, $\beta(S)$ entweder keine einzige gemeinsame Zahl besitzen oder vollständig identisch sind; jede in $\alpha(S)$ enthaltene Zahl kann an Stelle von α treten und als Repräsentant dieses Complexes angesehen werden. Um nun von allen diesen Zahlen $\alpha\sigma$ eine einzige durch besondere Bedingungen herauszuheben, verfahren wir auf folgende

*) Die jetzt folgenden Betrachtungen bieten eine vollständige und auf leicht ersichtlichen Gründen beruhende Analogie mit der Theorie der endlichen Moduln dar (§. 172).

Weise (vergl. §. 87). Da die Determinante (21), wenn man die Grössen u_s durch die in (16), (17) eingeführten Zahlen c_s ersetzt, den von Null verschiedenen Werth $n\,S'$ annimmt, so entspricht jeder von Null verschiedenen Zahl α des Körpers Ω ein *vollständig bestimmtes* System von ν reellen Grössen $e_1(\alpha)$, $e_2(\alpha)\dots$ $e_{\nu-1}(\alpha)$ und $f(\alpha)$, welche den ν linearen Gleichungen

$$\begin{array}{c} l_{1,1}\,e_1(\alpha) + \cdots + l_{1,\nu-1}\,e_{\nu-1}(\alpha) + c_1 f(\alpha) = l_1(\alpha) \\ \cdots\cdots\cdots\cdots\cdots\cdots\cdots \\ l_{\nu,1}\,e_1(\alpha) + \cdots + l_{\nu,\nu-1}\,e_{\nu-1}(\alpha) + c_\nu f(\alpha) = l_\nu(\alpha) \end{array} \qquad (24)$$

genügen und zufolge (19) die Eigenschaften

$$e_s(\alpha\beta) = e_s(\alpha) + e_s(\beta),\ f(\alpha\beta) = f(\alpha) + f(\beta) \qquad (25)$$

besitzen. Die $(\nu - 1)$ Grössen $e_s(\alpha)$ wollen wir die *Exponenten* der Zahl α in Bezug auf die Basis S nennen, und α soll eine in Bezug auf S *reducirte* Zahl heissen, wenn ihre Exponenten sämmtlich < 1 und nicht negativ sind. Die Bedeutung der Grösse $f(\alpha)$ ergiebt sich unmittelbar durch Addition der Gleichungen (24), woraus mit Rücksicht auf (17), (18), (20)

$$n f(\alpha) = \log N((\alpha)) \qquad (26)$$

folgt; ist ε irgend eine Einheit, so ist $f(\varepsilon) = 0$. Da ferner zufolge (19) und (23)

$$l_s(\sigma) = l_{s,1}\,m_1 + l_{s,2}\,m_2 + \cdots + l_{s,\nu-1}\,m_{\nu-1}$$

und ausserdem $f(\sigma) = 0$ ist, so lehrt die Vergleichung mit (24), dass die in (23) dargestellte Einheit σ der Gruppe (S) die ganzen rationalen Exponenten

$$e_s(\sigma) = m_s \qquad (27)$$

besitzt; hieraus folgt zugleich, dass σ wirklich nur auf eine einzige Weise in der Form (23) darstellbar ist, und dass die einzige in (S) enthaltene reducirte Einheit $= 1$ ist, weil ihre Exponenten m_s sämmtlich verschwinden müssen. Betrachtet man nun irgend eine in dem Complex $\alpha(S)$ enthaltene Zahl $\alpha\sigma$, so sind zufolge (25) und (27) ihre Exponenten $e_s(\alpha\sigma) = e_s(\alpha) + m_s$, und da die ganzen rationalen Zahlen m_s immer und nur auf eine einzige Weise so gewählt werden können, dass die Exponenten $e_s(\alpha\sigma) < 1$ und nicht negativ werden, so ergiebt sich der Satz:

VI. *In jedem Complex $\alpha(S)$ giebt es eine und auch nur eine einzige reducirte Zahl.*

Die wichtigste Grundlage für alles Folgende ergiebt sich aber aus den Gleichungen (24), wenn man alle diejenigen reducirten Zahlen α betrachtet, deren absolute Norm einen gegebenen positiven Werth t nicht überschreitet; da nämlich die $\nu - 1$ Exponenten $e_s(\alpha)$ zwischen 0 und 1 liegen, und zufolge (26) im algebraischen Sinne $nf(\alpha) \leqq \log t$ ist, so sind die ν Grössen $l_s(\alpha)$ algebraisch kleiner als eine endliche, nur von t und der Basis S abhängige Grösse, und folglich sind auch die Moduln aller mit einer solchen Zahl α conjugirten Zahlen kleiner als eine endliche positive Grösse C, welche ebenfalls nur von t und S abhängt. Fügt man jetzt noch die Bedingung hinzu, dass α eine *ganze* Zahl sein soll, so ergiebt sich hieraus mit Rücksicht auf I. der Satz:

VII. *Ist t eine gegebene positive Grösse, so giebt es nur eine endliche Anzahl solcher ganzen Zahlen, welche in Bezug auf S reducirt, und deren absolute Normen $\leqq t$ sind.*

Mithin ist auch die *Anzahl aller reducirten Einheiten ϱ endlich*, und das System *aller* Einheiten ε des Körpers besteht (zufolge VI) aus ebenso vielen verschiedenen Complexen von der Form $\varrho(S)$. Hieraus folgt leicht der Satz:

VIII. *Bedeutet r die Anzahl aller in Bezug auf S reducirten Einheiten ϱ, und ε irgend eine Einheit, so ist ε^r in der Gruppe (S) enthalten.*

Denn wenn $\varrho_1, \varrho_2 \ldots \varrho_r$ die r reducirten Einheiten sind, so kann man die Einheiten

$$\varepsilon\varrho_1 = \eta_1\sigma_1, \quad \varepsilon\varrho_2 = \eta_2\sigma_2 \ldots \varepsilon\varrho_r = \eta_r\sigma_r \tag{28}$$

setzen, wo $\sigma_1, \sigma_2 \ldots \sigma_r$ der Gruppe (S) angehören, während $\eta_1, \eta_2 \ldots \eta_r$ reducirte Einheiten sind; wäre nun z. B. $\eta_1 = \eta_2$, also auch $\varrho_1\sigma_2 = \varrho_2\sigma_1$, so gehörten die beiden verschiedenen Einheiten ϱ_1, ϱ_2 einem und demselben Complex $\varrho_1(S) = \varrho_2(S)$ an, was (nach VI) unmöglich ist; mithin sind die r reducirten Einheiten η sämmtlich von einander verschieden, und sie fallen daher in ihrer Gesammtheit, wenn auch in anderer Ordnung, mit den r Einheiten ϱ zusammen; multiplicirt man nun die obigen r Gleichungen (28) und dividirt durch das Product der reducirten Einheiten ϱ oder η, so ergiebt sich $\varepsilon^r = \sigma_1\sigma_2 \ldots \sigma_r$, w. z. b. w.

8. Die Exponenten von ε^r sind daher zufolge (27) immer ganze rationale Zahlen, und da zufolge (25) diese Exponenten $e_s(\varepsilon^r) = r\,e_s(\varepsilon)$ sind, so ergiebt sich, dass die Exponenten $e_s(\varepsilon)$ einer jeden Einheit ε *rationale* Zahlen mit dem gemeinsamen

Nenner r sind. Ist nun K irgend ein System von $\nu - 1$ Einheiten $\varkappa$, und setzt man dieselben in (24) für α ein, so ergiebt sich, weil $f(\varkappa) = 0$ ist, aus der Definition (22) der Regulator

$$K' = k\,S', \tag{29}$$

wo k die aus den Exponenten der Einheiten $\varkappa$ gebildete Determinante, also eine rationale Zahl mit dem Nenner $r^{\nu-1}$ bedeutet; mithin ist K dann und nur dann ein vollständiges System, wenn k, also auch die *ganze* Zahl $k\,r^{\nu-1}$ von Null verschieden ist. Hieraus folgt zugleich, dass es unter allen vollständigen Systemen auch ein sogenanntes *Fundamentalsystem*, d. h. ein System von absolut *kleinstem* Regulator geben muss, und wir wollen jetzt annehmen, unser obiges System S sei selbst ein solches Fundamentalsystem. Dann folgt zunächst, dass die Exponenten einer jeden reducirten Einheit ϱ sämmtlich verschwinden; denn ersetzt man eine der in S enthaltenen Einheiten, z. B. ε_s durch ϱ, während man die übrigen beibehält, so entsteht aus S ein System K, welches zufolge (29) den Regulator $K' = e_s(\varrho)\,S'$ besitzt; wäre nun der Exponent $e_s(\varrho)$ von Null verschieden und folglich ein positiver echter Bruch, so wäre K ein vollständiges System, und sein Regulator K' absolut kleiner als S', was unmöglich ist; mithin ist $e_s(\varrho) = 0$. Aus dieser Eigenschaft, welche, wie man leicht zeigen könnte, für jedes Fundamentalsystem S auch charakteristisch ist, folgt zunächst, dass die Exponenten einer jeden Einheit ε, weil sie in einem Complexe $\varrho(S)$ enthalten ist, sämmtlich *ganze* rationale Zahlen sind. Ferner folgt hieraus, dass jedes Product aus zwei reducirten Einheiten ϱ, weil seine Exponenten zufolge (25) sämmtlich verschwinden, ebenfalls eine reducirte Einheit ist; behält daher r die obige Bedeutung, so ist ϱ^r eine reducirte Einheit, welche (nach VIII) der Gruppe (S) angehört, und hieraus folgt nach einer früheren Bemerkung

$$\varrho^r = 1. \tag{30}$$

Da umgekehrt jede in $\mathfrak{o}$ enthaltene Einheitswurzel $\varepsilon = \sqrt[m]{1}$ immer eine reducirte Einheit ist, weil die Grössen $l_s(\varepsilon)$ und $e_s(\varepsilon)$ sämmtlich verschwinden, so fallen die r reducirten Einheiten ϱ mit allen in $\mathfrak{o}$ enthaltenen Einheitswurzeln zusammen; unter diesen befinden sich immer die beiden Zahlen ± 1, und hieraus folgt offenbar, dass r stets eine *gerade* Zahl ist, die aber, wie man leicht erkennt, nur dann > 2 sein kann, wenn $n = 2\nu$ ist. Da endlich das System aller Einheiten ε aus den r Complexen

$\varrho(S)$ besteht, so haben wir hiermit den folgenden grossen Satz von *Dirichlet* *) bewiesen:

IX. *Bezeichnet* ν *die Gesammtanzahl der reellen, sowie der Paare von imaginären Permutationen des Körpers* Ω, *so giebt es in* $\mathfrak{o}$ *immer* $\nu - 1$ *Fundamentaleinheiten von solcher Beschaffenheit, dass, wenn man dieselben beliebig oft in einander multiplicirt und dividirt und dem so gebildeten allgemeinen Product die sämmtlichen in* $\mathfrak{o}$ *enthaltenen Einheitswurzeln* ϱ, *deren Anzahl* r *stets endlich ist, einzeln als Factor zugesellt, alle Einheiten in* $\mathfrak{o}$ *und zwar jede nur einmal dargestellt werden.*

Wir fügen diesem Resultate noch einige Bemerkungen hinzu. Es leuchtet ein, dass allen Fundamentalsystemen S nicht bloss derselbe absolute Minimal-Regulator S', sondern auch dieselbe Anzahl r der reducirten Einheiten entspricht; bei den meisten Untersuchungen tritt der aus beiden gebildete Quotient

$$E = \frac{S'}{r} \tag{31}$$

auf **), und diese Grösse besitzt für den Körper Ω eine Bedeutung von ähnlicher Wichtigkeit wie seine Grundzahl D. Durch Betrachtungen, welche den in der Theorie der endlichen Moduln angewendeten analog sind (§. 172), kann man leicht beweisen, dass dieser Quotient auch denselben Werth E besitzt, wenn S ein *beliebiges* vollständiges System, und r die Anzahl der in Bezug auf S reducirten Einheiten bedeutet; dasselbe wird sich aber auch beiläufig aus der im folgenden Paragraphen enthaltenen Untersuchung ergeben.

Ganz ähnliche Resultate erhält man, wenn man nicht alle Einheiten betrachtet, sondern nur diejenigen, deren Norm *positiv* ***) ist, oder gar nur diejenigen, welche durch alle reellen Permutationen in *positive* Werthe übergehen; man kann dieselbe Untersuchung entweder von vornherein mit Rücksicht auf solche

---

*) Monatsbericht der Berliner Akademie vom 30. März 1846, oder Dirichlet's Werke, Bd. 1, S. 642.

**) Im Falle $\nu = 1$ ist $S' = 1$, und r gleich der Anzahl aller Einheiten in $\mathfrak{o}$ zu setzen.

***) Vergl. die *dritte* Auflage S. 561; bei dem dortigen Ausspruche des Schlusssatzes (S. 567) hätte aber ausdrücklich bemerkt werden sollen, dass im Falle eines ungeraden n von den beiden einzigen reducirten Einheiten $+1$ und -1 nur die erstere beizubehalten ist.

Nebenbedingungen führen, oder man kann auch nachträglich die etwaigen Modificationen des obigen Resultates leicht ableiten, wenn man bedenkt, dass jedes Quadrat einer Einheit diesen Bedingungen genügt.

Die obige Untersuchung ist ferner so dargestellt, dass sie auch dann gültig bleibt, wenn das Gebiet $\mathfrak{o}$ *aller* in Ω enthaltenen ganzen Zahlen überall durch irgend eine endliche *Ordnung* $\mathfrak{n}$ ersetzt wird, deren Basis zugleich eine Basis von Ω ist*); aber auch für diesen Fall kann man die eintretenden Modificationen leicht nachträglich ableiten, wenn man den *Führer* der Ordnung, d. h. das Ideal $\mathfrak{f} = \mathfrak{n} : \mathfrak{o}$ betrachtet und bedenkt, dass jede Einheit durch Potenzirung mit dem Exponenten $\varphi(\mathfrak{f})$ in eine Einheit dieser Ordnung verwandelt wird (§. 180, IV).

§. 184.

Der eben bewiesene Satz bildet neben der Theorie der Ideale die wichtigste Grundlage für das tiefere Studium der ganzen Zahlen des Körpers Ω, und er ist unentbehrlich für die wirkliche Bestimmung der *Anzahl der Idealclassen* nach Dirichlet's Principien. Die vollständige und allgemeine Lösung dieser grossen Aufgabe, von welcher die Bestimmung der Classenanzahl der binären quadratischen Formen nur den einfachsten Fall bildet, scheint nach dem heutigen Stande der Wissenschaft noch in weiter Ferne zu liegen, allein mit Hülfe des genannten Satzes gelingt es doch, einen wesentlichen Theil derselben allgemein zu erledigen und die Classenanzahl als Grenzwerth einer unendlichen Reihe darzustellen. Da die entsprechenden Sätze über die quadratischen Formen (§§. 95, 96, 98) hierdurch abermals in ein helleres Licht gesetzt werden, so wollen wir diese Untersuchung im Folgenden ausführen; hierbei kommt es vorzüglich darauf an, den folgenden Hauptsatz zu beweisen, in welchem die Bezeichnungen des vorigen Paragraphen beibehalten sind:

I. *Ist* $\mathfrak{m}$ *ein gegebenes Ideal, und bezeichnet man, wenn* t *ein beliebiger positiver Werth ist, mit* T *die zugehörige Anzahl aller*

---

*) Vergl. die *zweite* Auflage (§. 166) und meine auf S. 580 citirte Festschrift: *Ueber die Anzahl der Ideal-Classen in den verschiedenen Ordnungen eines endlichen Körpers* (1877).

derjenigen verschiedenen, durch $\mathfrak{m}$ *theilbaren Hauptideale, deren Normen nicht grösser als* t *sind, so wird für unendlich grosse Werthe von* t

$$\lim \frac{T}{t} = \frac{2^{\nu} \pi^{n-\nu} E}{N(\mathfrak{m}) \sqrt{(D)}}. \tag{1}$$

Wir bemerken zunächst, dass wir hier den Begriff des Hauptideals in seiner ursprünglichen Bedeutung nehmen (§. 177), also unter einem Hauptideal jeden Modul von der Form $\mathfrak{o}\alpha$ verstehen, wo α jede von Null verschiedene Zahl in $\mathfrak{o}$ bedeutet, mag ihre Norm positiv oder negativ sein. Um unseren Satz zu beweisen, wählen wir nach Belieben eine bestimmte Basis des Ideals

$$\mathfrak{m} = [\mu_1, \mu_2 \dots \mu_n], \tag{2}$$

ebenso irgend ein vollständiges System S von $\nu - 1$ Einheiten

$$\varepsilon_1, \varepsilon_2 \dots \varepsilon_{\nu-1}, \tag{3}$$

und behalten für dasselbe alle im vorigen Paragraphen benutzten Bezeichnungen bei. Wir erhalten nun gewiss alle durch $\mathfrak{m}$ theilbaren Hauptideale $\mathfrak{m}'$, deren Normen den Werth t nicht überschreiten, wenn wir $\mathfrak{m}' = \mathfrak{o}\alpha$ und

$$\alpha = a_1 \mu_1 + a_2 \mu_2 + \dots + a_n \mu_n \tag{4}$$

setzen, wo die n Coordinaten $a_1, a_2 \dots a_n$ alle diejenigen *ganzen rationalen* Zahlen durchlaufen, welche der Bedingung

$$0 < N((\alpha)) \leq t \tag{5}$$

genügen. Auf diese Weise würde aber (abgesehen von dem Falle $\nu = 1$) jedes solche Ideal $\mathfrak{m}'$ durch unendlich viele verschiedene Zahlen $\alpha = \varepsilon\alpha_0$ (und nur durch diese) erzeugt werden, wo α_0 eine bestimmte solche Zahl ist, ε aber alle Einheiten durchläuft. Bedeutet nun r wieder die Anzahl der in Bezug auf S reducirten Einheiten ϱ, so besteht das System aller dieser Zahlen α aus r verschiedenen Complexen $\varrho\alpha_0(S)$, und da es in jedem solchen Complex eine und nur eine reducirte Zahl α giebt, so wird, wenn wir zu (4) und (5) noch die $\nu - 1$ Bedingungen

$$0 \leq e_s(\alpha) < 1 \tag{6}$$

hinzufügen, jedes Ideal $\mathfrak{m}'$ genau r-mal erzeugt werden; mithin ist die Anzahl aller derjenigen Zahlen α, welche diesen Bedingungen (4), (5), (6) genügen, $= rT$, wo T die im Satze angegebene Bedeutung hat.

Hierauf wenden wir uns zur Betrachtung des stetigen, n-fach ausgedehnten arithmetischen Raumes $\mathfrak{R}$; unter einem Puncte desselben verstehen wir jede Folge x von n reellen Werthen $x_1, x_2 \ldots x_n$, welche umgekehrt die Coordinaten des Punctes x heissen sollen*). Aus diesem unendlichen Raume $\mathfrak{R}$ wollen wir durch gewisse Bedingungen, welche den obigen nachgebildet sind, ein durch endliche Grenzen eingeschlossenes Gebiet $\mathfrak{A}$ ausscheiden. Zunächst bilden wir die, allen n Permutationen entsprechenden Functionen

$$\begin{aligned} \xi' &= x_1 \mu_1' + x_2 \mu_2' + \cdots + x_n \mu_n' \\ &\cdots\cdots\cdots\cdots\cdots \\ \xi^{(n)} &= x_1 \mu_1^{(n)} + x_2 \mu_2^{(n)} + \cdots + x_n \mu_n^{(n)} \end{aligned} \tag{7}$$

und unterwerfen den Punct x, indem wir mit u den absoluten Werth des reellen Productes

$$\xi' \xi'' \ldots \xi^{(n)} = \pm u \tag{8}$$

bezeichnen, der ersten Bedingung

$$0 < u \leqq 1. \tag{9}$$

Ist ferner π_s eine der ν Permutationen (15) in §. 183, so bezeichnen wir mit y_s den *reellen* Theil von $c_s \log \xi^{(s)}$ und bestimmen aus $y_1, y_2 \ldots y_\nu$ abermals ν reelle Grössen $z_1, z_2 \ldots z_{\nu-1}$ und v durch die ν linearen Gleichungen

$$\begin{aligned} l_{1,1} z_1 + \cdots + l_{1,\nu-1} z_{\nu-1} + c_1 v &= y_1 \\ \cdots\cdots\cdots\cdots\cdots \\ l_{\nu,1} z_1 + \cdots + l_{\nu,\nu-1} z_{\nu-1} + c_\nu v &= y_\nu, \end{aligned} \tag{10}$$

aus welchen durch Addition offenbar

$$n v = y_1 + y_2 + \cdots + y_\nu = \log u \tag{11}$$

folgt. Hiernach verstehen wir unter dem Gebiete $\mathfrak{A}$ den Inbegriff aller derjenigen Puncte x, welche der Bedingung (9) und ausserdem den $\nu - 1$ Bedingungen

$$0 \leqq z_s < 1 \tag{12}$$

genügen; mit Rücksicht auf (10) und (11) folgt hieraus, dass die ν Grössen y_s algebraisch kleiner, also die Moduln der n Grössen $\xi^{(s)}$ absolut kleiner als eine nur von S abhängige Constante sind, und aus (7) ergiebt sich weiter, dass auch die Coordinaten x_s aller in $\mathfrak{A}$ gelegenen Puncte x absolut kleiner sind, als eine

---

*) Nach der Ausdrucksweise meiner in §. 161 citirten Schrift ist jeder Punct x eine bestimmte Abbildung des Systems Z_n der ersten n natürlichen Zahlen im Körper aller reellen Zahlen, und der Raum $\mathfrak{R}$ ist der Inbegriff aller dieser Abbildungen x.

Constante, welche theils von S, theils von der obigen Basis des Ideals $\mathfrak{m}$ abhängt.

Zwischen diesem Gebiete $\mathfrak{A}$ und den vorher betrachteten Grössen t und T besteht nun folgende Beziehung. Setzen wir zur Abkürzung die positive Grösse

$$t^{-\frac{1}{n}} = \delta, \tag{13}$$

so erzeugt jede *Zahl* α, welche den Bedingungen (4), (5), (6) genügt, einen *Punct* x, dessen Coordinaten

$$x_1 = \delta a_1, \quad x_2 = \delta a_2 \ldots x_n = \delta a_n \tag{14}$$

aus den ganzen Coordinaten $a_1, a_2 \ldots a_n$ der Zahl α durch Multiplication mit δ entstehen, also dem Modul $[\delta]$ angehören da nun zufolge (7), (8), (10), (11) gleichzeitig mit (14) auch

$$\begin{gathered} \xi^{(s)} = \delta\, \alpha^{(s)}, \qquad y_s = c_s \log \delta + l_s(\alpha), \\ u = \delta^n N((\alpha)), \quad v = \log \delta + f(\alpha), \quad z_s = e_s(\alpha) \end{gathered} \tag{15}$$

wird, so folgt aus (5) und (6) auch (9) und (12), mithin liegt der Punct x im Gebiete $\mathfrak{A}$; und umgekehrt leuchtet ein, dass jeder Punct x des Gebietes $\mathfrak{A}$, dessen Coordinaten in $[\delta]$ enthalten sind, auf diese Weise (14) durch eine und nur eine solche Zahl α erzeugt wird, welche den Bedingungen (4), (5), (6) genügt. Mithin ist die Anzahl $r\,T$ dieser Zahlen α zugleich die Anzahl T' dieser Puncte x.

Um nun hieraus den gesuchten Grenzwerth abzuleiten, berufen wir uns auf das folgende allgemeine Princip*), welches seinen unmittelbaren Grund in dem Begriffe eines vielfachen Integrals findet und deshalb keines besonderen Beweises bedarf:

Setzt man das über ein reelles, in endliche Grenzen eingeschlossenes Gebiet $\mathfrak{A}$ ausgedehnte, aus lauter positiven Elementen gebildete n-fache Integral

$$\int \partial x_1\, \partial x_2 \ldots \partial x_n = (\mathfrak{A}), \tag{16}$$

und bezeichnet man, wenn δ eine beliebig kleine positive Grösse ist, mit T' die zugehörige Anzahl aller derjenigen verschiedenen in $\mathfrak{A}$ liegenden Puncte x, deren Coordinaten $x_1, x_2 \ldots x_n$ ganze rationale Vielfache von δ sind, so wird für unendlich kleine Werthe von δ

$$\lim (T' \delta^n) = (\mathfrak{A}). \tag{17}$$

*) Für den Fall $n = 2$ fällt dasselbe mit dem in §. 120 besprochenen geometrischen Satze zusammen.

Da in unserem Falle $T' = r\,T$ und $\delta^n = t^{-1}$ ist, so erhalten wir

$$\lim\left(\frac{T}{t}\right) = \frac{(\mathfrak{A})}{r}, \tag{18}$$

und es kommt nur noch darauf an, den Werth des Integrals $(\mathfrak{A})$ zu ermitteln. Zu diesem Zweck führen wir an Stelle der Coordinaten $x_1, x_2 \dots x_n$ ein neues System von n unabhängigen reellen Variabelen ein, und zwar erwählen wir als solche die schon oben definirten ν Grössen $u, z_1, z_2 \dots z_{\nu-1}$ und ausserdem noch $(n - \nu)$ Grössen $\varphi_{\nu+1}, \varphi_{\nu+2} \dots \varphi_n$, welche dadurch vollständig bestimmt sind, dass sie, mit i multiplicirt, die *imaginären* Bestandtheile der Logarithmen von $\xi^{(\nu+1)}, \xi^{(\nu+2)} \dots \xi^{(n)}$ bilden und zugleich den Bedingungen

$$0 \leqq \varphi_m < 2\pi \tag{19}$$

genügen, wo m jede der Zahlen $\nu + 1, \nu + 2 \dots n$ bedeutet.

Zu jedem Puncte x des Gebietes $\mathfrak{A}$ gehört offenbar ein einziges, den Bedingungen (9), (12), (19) genügendes System der neuen Variabelen u, z_s, φ_m. Umgekehrt leuchtet ein, dass durch ein solches Werthsystem u, z_s, φ_m die unter den n Grössen $\xi', \xi'' \dots \xi^{(n)}$ befindlichen imaginären Paare vollständig bestimmt sind, während für die übrigen $\xi^{(s)}$, welche den $(2\nu - n)$ reellen Permutationen π_s entsprechen, nur die absoluten Werthe gegeben werden. Aus diesem Grunde zerfällt unser Gebiet $\mathfrak{A}$ offenbar in $2^{2\nu-n}$ Stücke $\mathfrak{B}$, deren jedes aus allen denjenigen Puncten x besteht, für welche jede der letztgenannten Grössen $\xi^{(s)}$ ein unveränderliches Vorzeichen besitzt; betrachtet man daher ein bestimmtes solches Stück $\mathfrak{B}$, so entspricht zufolge (7) jedem Werthsystem u, z_s, φ_m ein und nur ein bestimmter Punct x in $\mathfrak{B}$. Das Integral $(\mathfrak{A})$ ist die Summe aller, den einzelnen Stücken $\mathfrak{B}$ entsprechenden Integrale $(\mathfrak{B})$, und um für ein bestimmtes solches Stück $\mathfrak{B}$ die Transformation des Integrals $(\mathfrak{B})$ auszuführen, müssen wir bekanntlich den absoluten Werth der mit

$$\frac{d(x_1 \dots x_{\nu-1},\ x_\nu,\ x_{\nu+1} \dots x_n)}{d(z_1 \dots z_{\nu-1},\ u,\ \varphi_{\nu+1} \dots \varphi_n)}$$

zu bezeichnenden Functional-Determinante der alten Variabelen in Bezug auf die neuen bestimmen. Dies führen wir nach bekannten Sätzen so aus, dass wir bei dem Uebergange von jenen zu diesen noch andere Systeme von Variabelen, und zwar zunächst das der n Grössen $\xi', \xi'' \dots \xi^{(n)}$ einschalten; da zufolge (7) das

Quadrat der Functional-Determinante der Grössen ξ in Bezug auf die Grössen x die Discriminante des Ideals $\mathfrak{m}$, also $= \Delta(\mathfrak{m}) = D\,N(\mathfrak{m})^2$ ist, so folgt

$$\frac{d(x_1 \dots x_n)}{d(\xi' \dots \xi^{(n)})} = \frac{1}{N(\mathfrak{m})\sqrt{D}}.$$

Hierauf führen wir die ν Grössen y_s und die $(n-\nu)$ Grössen φ_m ein; ist π_s eine reelle Permutation, so ist $y_s = \log(\pm\,\xi^{(s)})$, wo $\pm$ das in diesem Stück $\mathfrak{B}$ herrschende Vorzeichen von $\xi^{(s)}$ bedeutet, mithin

$$d\,\xi^{(s)} = \xi^{(s)}\,d\,y_s;$$

bilden aber π_s und π_m ein imaginäres Paar, so ist

$$\log \xi^{(s)} = {}^1\!/_2\, y_s - \varphi_m i,\ \log \xi^{(m)} = {}^1\!/_2\, y_s + \varphi_m i,$$

also

$$\frac{d(\xi^{(s)}, \xi^{(m)})}{d(y_s, \varphi_m)} = i\,\xi^{(s)}\xi^{(m)},$$

und hieraus folgt mit Rücksicht auf (8)

$$\frac{d(\xi' \dots \xi^{(\nu)}, \xi^{(\nu+1)} \dots \xi^{(n)})}{d(y_1 \dots y_\nu, \varphi_{\nu+1} \dots \varphi_n)} = \pm\, u\, i^{n-\nu}.$$

Führt man endlich statt der Grössen y_s die Grössen z_s und u ein, so folgt aus (10) und (11) mit Rücksicht auf die Gleichungen (17) und (21) des vorigen Paragraphen

$$\frac{d(y_1 \dots y_{\nu-1}, y_\nu)}{d(z_1 \dots z_{\nu-1}, u)} = \frac{S'}{u}.$$

Durch Verbindung dieser Uebergänge erhält man

$$\frac{d(x_1 \dots x_{\nu-1}, x_\nu, x_{\nu+1} \dots x_n)}{d(z_1 \dots z_{\nu-1}, u, \varphi_{\nu+1} \dots \varphi_n)} = \frac{S'}{N(\mathfrak{m})\sqrt{(D)}},$$

mithin

$$(\mathfrak{B}) = \frac{S'}{N(\mathfrak{m})\sqrt{(D)}} \int \partial z_1 \dots \partial z_{\nu-1}\, \partial u\, \partial \varphi_{\nu+1} \dots \partial \varphi_n,$$

oder wenn man die Integrationen in den durch (9), (12), (19) angegebenen Grenzen ausführt,

$$(\mathfrak{B}) = \frac{(2\pi)^{n-\nu} S'}{N(\mathfrak{m})\sqrt{(D)}},$$

wo der Regulator S' und $\sqrt{(D)}$ absolut zu nehmen sind. Da jedem der $2^{2\nu-n}$ Stücke $\mathfrak{B}$, aus welchen $\mathfrak{A}$ besteht, ein und derselbe Integralwerth $(\mathfrak{B})$ entspricht, so folgt

$$(\mathfrak{A}) = \frac{2^\nu \pi^{n-\nu} S'}{N(\mathfrak{m})\sqrt{(D)}},$$

und zufolge (18) ergiebt sich hieraus der gesuchte Grenzwerth

$$\lim \left(\frac{T}{t}\right) = \frac{2^\nu \pi^{n-\nu}}{N(\mathfrak{m})\sqrt{D}} \cdot \frac{S'}{r}.$$

Da dieser Grenzwerth seiner Bedeutung nach von der Auswahl des bei unserem Beweise benutzten vollständigen Einheits-Systems S gänzlich unabhängig ist, so ergiebt sich beiläufig der auch auf elementare Weise leicht zu beweisende Satz, dass der Quotient $S' : r$ für alle vollständigen Systeme S einen und denselben absoluten Werth hat; bezeichnet man denselben mit E, so nimmt die letzte Gleichung die Form (1) an, w. z. b. w.

Mit Hülfe dieses Fundamentes lassen sich die nachfolgenden Sätze ohne jede Schwierigkeit ableiten; wir bemerken vorher, dass wir den Begriff der Idealclasse (§. 181) im ursprünglichen Sinne nehmen, also zwei Ideale $\mathfrak{a}$, $\mathfrak{a}'$ äquivalent nennen und derselben Classe zutheilen, wenn es eine Zahl η (von positiver oder negativer Norm) giebt, welche der Bedingung $\mathfrak{a}\eta = \mathfrak{a}'$ genügt. Dann gilt folgender Satz:

II. *Ist A irgend eine Idealclasse, und bezeichnet man, wenn t ein beliebiger positiver Werth ist, mit T die Anzahl aller derjenigen in A enthaltenen Ideale, deren Normen nicht grösser als t sind, so wird für unendlich grosse Werthe von t*

$$\lim \frac{T}{t} = \frac{2^\nu \pi^{n-\nu} E}{\sqrt{D}} = g. \qquad (20)$$

Um dies zu beweisen, wählen wir aus der inversen Classe A^{-1} nach Belieben ein bestimmtes Ideal $\mathfrak{m}$; ist nun $\mathfrak{a}$ ein beliebiges Ideal in A, so ist $\mathfrak{a}\mathfrak{m}$ ein durch $\mathfrak{m}$ theilbares Hauptideal $\mathfrak{m}'$, und umgekehrt ist jedes solches Hauptideal $\mathfrak{m}'$ von der Form $\mathfrak{a}\mathfrak{m}$, wo $\mathfrak{a}$ der Classe A angehört; da ferner je zwei verschiedenen Idealen $\mathfrak{a}$ auch zwei verschiedene Ideale $\mathfrak{a}\mathfrak{m}$ entsprechen und umgekehrt, so folgt aus $N(\mathfrak{a}\mathfrak{m}) = N(\mathfrak{a})N(\mathfrak{m})$, dass T zugleich die Anzahl aller derjenigen verschiedenen, durch $\mathfrak{m}$ theilbaren Hauptideale $\mathfrak{a}\mathfrak{m}$ ist, deren Normen nicht grösser als $tN(\mathfrak{m})$ sind; ersetzt man daher t in dem Satze I durch $tN(\mathfrak{m})$, so geht die Gleichung (1) in (20) über, w. z. b. w.

Da dieser Grenzwerth von der Classe A gänzlich unabhängig ist, und da jedes Ideal einer und nur einer Classe angehört, so folgt hieraus ohne Weiteres der nachstehende Satz:

III. *Bedeutet h die Anzahl aller Idealclassen, und bezeichnet man, wenn t ein beliebiger positiver Werth ist, mit T die Anzahl* *aller derjenigen verschiedenen Ideale, deren Normen nicht grösser als t sind, so wird für unendlich grosse Werthe von t*

$$\lim \frac{T}{t} = \frac{2^{\nu} \pi^{n-\nu} E h}{\sqrt{(D)}} = g h. \tag{21}$$

Verbindet man hiermit das allgemeine, in §. 118 aufgestellte Princip, so ergiebt sich Folgendes:

IV. *Bedeutet s eine Variabele, und setzt man die über alle Ideale* $\mathfrak{a}$ *ausgedehnte unendliche Reihe*

$$\Sigma \frac{1}{N(\mathfrak{a})^s} = \Omega(s), \tag{22}$$

so convergirt dieselbe für alle Werthe $s > 1$, *und für unendlich kleine Werthe von* $(s - 1)$ *wird*

$$\lim (s-1)\,\Omega(s) = g h. \tag{23}$$

Hiermit ist, wenn die Werthe von D und E schon gefunden sind, die Classenanzahl h als Grenzwerth einer unendlichen Reihe dargestellt. Gelingt es, denselben Grenzwerth noch auf eine andere Weise, nämlich unmittelbar aus der Beschaffenheit der im Körper Ω auftretenden Ideale $\mathfrak{a}$ zu bestimmen, so ist damit auch die Classenanzahl h gefunden; dies ist aber bis jetzt nur in sehr wenigen Fällen geglückt, von denen wir einige in den folgenden Paragraphen betrachten wollen, und vermuthlich befinden wir uns noch sehr weit von einer allgemeinen Lösung dieses grossen Problems. Hier wollen wir nur noch die folgenden Bemerkungen hinzufügen.

Aus den Gesetzen, nach welchen alle Ideale $\mathfrak{a}$ aus den sämmtlichen Primidealen $\mathfrak{p}$ durch Multiplication gebildet werden (§. 179), ergiebt sich als unmittelbare Folgerung die Identität

$$\Sigma\, \psi(\mathfrak{a}) = \Pi \frac{1}{1 - \psi(\mathfrak{p})}, \tag{24}$$

wenn die Function ψ die Eigenschaft

$$\psi(\mathfrak{a}\mathfrak{b}) = \psi(\mathfrak{a})\,\psi(\mathfrak{b}) \tag{25}$$

besitzt, und wenn ausserdem die Summe linker Hand einen von der Anordnung ihrer Glieder unabhängigen endlichen Werth besitzt; der Beweis für diese Identität zwischen der Summe und dem unendlichen Producte stimmt vollständig mit demjenigen überein, welchen wir früher (§. 132) für den speciellen Fall $n = 1$ gegeben haben, und kann deshalb hier unterdrückt werden. Für unsere, in (22) definirte Function $\Omega(s)$ ergiebt sich hieraus die folgende zweite Darstellung

$$\Omega(s) = \Pi \frac{1}{1 - \frac{1}{N(\mathfrak{p})^s}}; \tag{26}$$

bedeuten nun, wenn p eine beliebige natürliche Primzahl ist, $\mathfrak{p}_1, \mathfrak{p}_2 \ldots \mathfrak{p}_e$ die von einander verschiedenen, in p aufgehenden Primideale, und $n_1, n_2 \ldots n_e$ deren Grade (§. 179), so nimmt diese Gleichung die folgende Gestalt an

$$\Omega(s) = \Pi \left(\frac{1}{1 - p^{-s n_1}} \cdot \frac{1}{1 - p^{-s n_2}} \cdots \frac{1}{1 - p^{-s n_e}} \right), \tag{27}$$

wo das Product über alle Primzahlen p zu erstrecken ist. Bezeichnet man ferner, wenn m eine beliebige natürliche Zahl ist, mit $F(m)$ die Anzahl aller derjenigen verschiedenen Ideale, deren Norm $= m$ ist, so ist offenbar

$$\Omega(s) = \Sigma \frac{F(m)}{m^s}, \tag{28}$$

und man erkennt leicht, dass für je zwei relative Primzahlen m', m'' stets

$$F(m' m'') = F(m') F(m'') \tag{29}$$

ist, während die unendliche Reihe

$$1 + \frac{F(p)}{p^s} + \frac{F(p^2)}{p^{2s}} + \frac{F(p^3)}{p^{3s}} + \cdots \tag{30}$$

mit dem allgemeinen Factor des Productes (27) übereinstimmt. Ausserdem geht aus (21) hervor, dass für unendlich grosse Werthe von m

$$\lim \frac{F(1) + F(2) + \cdots + F(m)}{m} = g h \tag{31}$$

ist.

Tiefere Untersuchungen, zu denen z. B. die über die Geschlechter der quadratischen Formen (Supplement IV) und die über die Vertheilung der Primideale auf die verschiedenen Idealclassen gehören *), knüpfen sich an die Betrachtung allgemeinerer Reihen und Producte, welche aus (24) hervorgehen, wenn man

$$\psi(\mathfrak{a}) = \frac{\chi(\mathfrak{a})}{N(\mathfrak{a})^s}$$

*) Vergl. die schon in §. 137 citirte Abhandlung von *Dirichlet* (Crelle's Journal, Bd. 21, S. 98).

setzt, wo die Function $\chi(\mathfrak{a})$ ausser der Eigenschaft (25) noch die andere besitzt, für alle derselben Classe A angehörenden Ideale $\mathfrak{a}$ denselben Werth anzunehmen, welcher mithin zweckmässig durch $\chi(A)$ bezeichnet wird und offenbar immer eine h^{te} Wurzel der Einheit ist. Solche Functionen χ, die man im erweiterten Sinne *Charaktere* nennen kann, existiren immer, und zwar geht aus den am Schlusse des §. 149 erwähnten Sätzen leicht hervor, dass die Classenanzahl h zugleich die Anzahl aller verschiedenen Charaktere χ_1, $\chi_2 \ldots \chi_h$ ist, und dass jede Classe A durch die ihr entsprechenden h Werthe $\chi_1(A)$, $\chi_2(A) \ldots \chi_h(A)$ vollständig charakterisirt, d. h. von allen anderen Classen unterschieden wird. Setzt man noch die über alle Ideale $\mathfrak{a}$ der Classe A ausgedehnte Summe

$$\Sigma \frac{1}{N(\mathfrak{a})^s} = A(s),$$

und bezeichnet mit A_1, $A_2 \ldots A_h$ alle verschiedenen Classen, so nimmt für den Charakter χ die Gleichung (24) die Form

$$\chi(A_1)\, A_1(s) + \cdots + \chi(A_h)\, A_h(s) = \Pi \frac{1}{1 - \chi(\mathfrak{p})\, N(\mathfrak{p})^{-s}}$$

an; auf die Folgerungen, welche sich aus der Betrachtung dieser h Ausdrücke und deren Logarithmen ergeben, können wir aber hier nicht mehr eingehen.

§. 185.

Um den Nutzen und die Bedeutung unserer bisherigen Untersuchungen erkennen zu lassen, deren Resultate nur die ersten Elemente einer allgemeinen Zahlentheorie bilden, wollen wir dieselben auf zwei bestimmte Beispiele anwenden, die zugleich in unmittelbarem Zusammenhange mit dem Hauptgegenstande dieses Werkes stehen. Als erstes Beispiel wählen wir den classischen Fall der Kreistheilung, an welchem *Kummer* zuerst seine Schöpfung der idealen Zahlen mit dem schönsten Erfolge durchgeführt hat*).

---

*) Die bezüglichen, zuerst in Crelle's Journal (Bdde. 35, 40) veröffentlichten Untersuchungen sind zusammengestellt in der Abhandlung: *Sur la théorie des nombres complexes composés de racines de l'unité et de nombres entiers* (Liouville's Journal, Bd. 16, 1851), und eine Ergänzung derselben findet sich in der Abhandlung: *Ueber die den Gaussischen Perioden der*

Es sei m eine natürliche ungerade Primzahl, θ eine primitive Wurzel der Gleichung

$$\theta^m = 1, \tag{1}$$

und n der Grad des Körpers Ω, der aus allen durch θ rational darstellbaren Zahlen besteht. Setzen wir (nach §. 139)

$$f(t) = \frac{t^m - 1}{t - 1} = (t - \theta)(t - \theta^2) \dots (t - \theta^{m-1}), \tag{2}$$

wo t eine Variabele bedeutet, so ist $f(\theta) = 0$, und da die Coefficienten dieser Gleichung rational sind, so ist $n \leq m - 1$. Um n genau zu bestimmen, setzen wir $t = 1$, wodurch wir

$$m = (1 - \theta)(1 - \theta^2) \dots (1 - \theta^{m-1}) \tag{3}$$

erhalten; da θ eine ganze Zahl ist, so gilt dasselbe von den $(m - 1)$ Factoren $1 - \theta^r$, und man erkennt leicht, dass dieselben mit einander associirt sind; denn wählt man die positive ganze Zahl s so, dass $rs \equiv 1 \pmod{m}$, also $1 - \theta = 1 - \theta^{rs}$ wird, so ist gleichzeitig

$$\frac{1 - \theta^r}{1 - \theta} = 1 + \theta + \theta^2 + \dots + \theta^{r-1}$$

und

$$\frac{1 - \theta}{1 - \theta^r} = 1 + \theta^r + \theta^{2r} + \dots + \theta^{(s-1)r};$$

mithin ist jede der beiden Zahlen $1 - \theta$ und $1 - \theta^r$ durch die andere theilbar. Setzt man daher

$$1 - \theta = \mu, \tag{4}$$

so geht die Gleichung (3) in

$$m = \varepsilon\, \mu^{m-1} \tag{5}$$

über, wo ε eine *Einheit* bedeutet, woraus zugleich hervorgeht, dass μ keine Einheit, und folglich jede durch μ theilbare *rationale* Zahl auch durch die Primzahl m theilbar ist. Da alle mit Ω conjugirten Körper zufolge (2) imaginär, und folglich alle Normen positiv sind, so folgt hieraus

$$m^n = N(\mu)^{m-1},$$

mithin ist die natürliche Zahl $N(\mu)$ selbst eine Potenz der Primzahl m; setzt man nun $N(\mu) = m^a$, so folgt $n = a(m - 1)$,

---

Kreistheilung entsprechenden Congruenzwurzeln (Crelle's Journal, Bd. 53). — Vergl. *Bachmann: Die Lehre von der Kreistheilung* (Vorl. 17, 18) und meine Anzeige dieses Werkes in Schlömilch's Zeitschrift für Math. u. Phys., Jahrgang 18 (1873), Literaturzeitung S. 14 bis 24, 43.

und da, wie oben bemerkt, $n \leqq m - 1$ ist, so ergiebt sich $a = 1$, mithin

$$n = m - 1, \quad N(\mu) = m. \tag{6}$$

Die in (2) definirte Function $f(t)$ ist daher *irreducibel* *), also bilden die $m - 1$ Potenzen $1, \theta, \theta^2 \dots \theta^{m-2}$ eine Basis des Körpers Ω, und wir wollen jetzt zeigen, dass

$$\mathfrak{o} = [1, \theta \dots \theta^{m-2}] = [1, \mu \dots \mu^{m-2}] \tag{7}$$

ist, wo $\mathfrak{o}$ wieder das System aller ganzen Zahlen des Körpers Ω bedeutet. Zunächst leuchtet aus (4) ein, dass die Potenzen von θ und diejenigen der Zahl μ jedenfalls Basen eines und desselben ganzen Moduls bilden, den wir vorläufig mit $\mathfrak{a}$ bezeichnen wollen; um seine Discriminante $\Delta(\mathfrak{a})$ zu bestimmen, multipliciren wir (2) mit $t - 1$, differentiiren nach t und setzen $t = \theta$, $f'(\theta) = \theta^*$, wodurch wir $(\theta - 1)\theta^* = m\theta^{m-1}$ erhalten; da $N(\theta - 1) = m$, und θ zufolge (1) eine Einheit ist, so ergiebt sich $N(\theta^*) = m^{m-2}$ und hieraus (nach §. 167, (27))

$$\Delta(\mathfrak{a}) = (-1)^{\frac{m-1}{2}} m^{m-2}. \tag{8}$$

Sodann bemerken wir, dass jede durch m theilbare Zahl des Moduls $\mathfrak{a}$ auch in $m\mathfrak{a}$ enthalten ist; denn wenn die in $\mathfrak{a}$ enthaltene Zahl

$$a_0 + a_1\mu + a_2\mu^2 + \cdots + a_{m-2}\mu^{m-2}$$

durch m, also durch $\mu, \mu^2 \dots \mu^{m-1}$ theilbar sein soll, so ergiebt sich schrittweise, dass die ganzen rationalen Zahlen $a_0, a_1, a_2 \dots a_{m-2}$ durch μ, also auch durch m theilbar sein müssen. Hieraus folgt unmittelbar, dass der *kleinste* natürliche Factor k, durch welchen irgend eine ganze Zahl ω in eine Zahl $k\omega$ des Moduls $\mathfrak{a}$ verwandelt wird, nicht durch m theilbar sein kann; denn wäre $k = mh$, so wäre die in $\mathfrak{a}$ enthaltene Zahl $k\omega = mh\omega$ zugleich theilbar durch m, also in $m\mathfrak{a}$ enthalten, mithin wäre das Product $h\omega$ in $\mathfrak{a}$ enthalten, was der Bedeutung von k widerspricht, weil $h < k$ wäre. Da nun andererseits k^2 (nach dem Satze I in §. 175) in der Discriminante $\Delta(\mathfrak{a})$ aufgehen muss, so folgt aus (8), dass stets $k = 1$, also jede ganze Zahl ω in $\mathfrak{a}$ enthalten, mithin $\mathfrak{o} = \mathfrak{a}$ ist, w. z. b. w. Zugleich ergiebt sich aus (8) die Grundzahl

$$D = \Delta(\mathfrak{o}) = (-1)^{\frac{m-1}{2}} m^{m-2}. \tag{9}$$

*) *Gauss*: *D. A.* art. 341.

Aus (6) folgt ferner, dass μ eine *Primzahl*, $\mathfrak{o}\,\mu$ ein *Primideal ersten Grades* ist; bedeutet nämlich $\mathfrak{a}$ irgend ein in μ aufgehendes Primideal, so ist $\mathfrak{o}\,\mu = \mathfrak{a}\,\mathfrak{b}$, also $N(\mathfrak{a})\,N(\mathfrak{b}) = N(\mu) = m$; da aber m eine natürliche Primzahl, und $N(\mathfrak{a}) > 1$ ist, so muss $N(\mathfrak{a}) = m$, $N(\mathfrak{b}) = 1$, mithin $\mathfrak{b} = \mathfrak{o}$, und $\mathfrak{a} = \mathfrak{o}\,\mu$ sein, wie behauptet war. Zufolge (5) ist ferner

$$\mathfrak{o}\,m = (\mathfrak{o}\,\mu)^{m-1}, \tag{10}$$

und hiermit ist die Zerlegung von $\mathfrak{o}\,m$ in Primfactoren gefunden.

Die mit θ conjugirten Zahlen sind zufolge (2) die $m - 1$ Potenzen $\theta, \theta^2 \ldots \theta^{m-1}$, d. h. alle *primitiven* Wurzeln der Gleichung (1); da dieselben ebenfalls dem Körper Ω angehören, so sind alle mit Ω conjugirten Körper identisch mit Ω, d. h. Ω ist ein *Normalkörper* (§. 166); seine Permutationen lassen sich mit einander zusammensetzen und bilden daher eine *Gruppe*; geht ferner θ durch die Permutationen ϱ, σ resp. in θ^r, θ^s über, so geht θ sowohl durch $\varrho\,\sigma$, als auch durch $\sigma\,\varrho$ in θ^{rs} über, und folglich ist $\varrho\,\sigma = \sigma\,\varrho$; Normalkörper, deren Permutationen diese Eigenschaft besitzen, werden zweckmässig *Abel'sche Körper* genannt*). Um eine für das Folgende geeignete Bezeichnung dieser Permutationen zu gewinnen, wählen wir nach Belieben eine bestimmte *primitive Wurzel* c der Primzahl m als Basis eines Systems von *Indices* (§. 30); ist r eine durch m nicht theilbare ganze rationale Zahl, so setzen wir der Kürze halber

$$\text{Ind. } r = r', \quad \text{also} \quad r \equiv c^{r'} \pmod{m} \tag{11}$$

und bezeichnen mit $\pi_{r'}$ diejenige Permutation, durch welche θ in θ^r übergeht; hierbei darf der Index r', den wir auch den Index dieser Permutation nennen, durch jede beliebige Zahl ersetzt werden, welche $\equiv r' \pmod{m-1}$ ist. Gleichzeitig soll die Zahl, in welche eine beliebige Zahl ω des Körpers durch $\pi_{r'}$ übergeht, durch $\omega_{r'}$ bezeichnet werden; bedeutet daher $\varphi(t)$ irgend eine ganze Function von t mit *rationalen* Coefficienten, so ist gleichzeitig

$$\omega = \varphi(\theta) \text{ und } \omega_{r'} = \varphi(\theta^r); \tag{12}$$

---

*) *Mémoire sur une classe particulière d'équations résolubles algébriquement* (OEuvres complètes de *Abel*, t. 1, oder Crelle's Journal, Bd. 4). Der wichtige Satz von *Kronecker* (Monatsber. der Berliner Akademie 1853), dass jeder Abel'sche Körper auf rationale Weise aus Einheitswurzeln entsteht, ist vollständig bewiesen von *H. Weber* (*Theorie der Abel'schen Zahlkörper*, Acta Mathematica, Bd. 8 und 9).

offenbar ist π_0 die identische Permutation, also $\omega_0 = \omega$, und der obige Satz über die Zusammensetzung der Permutationen wird durch $\pi_{r'}\pi_{s'} = \pi_{s'}\pi_{r'} = \pi_{(rs)'} = \pi_{r'+s'}$, also durch die Gleichung

$$(\omega_{r'})_{s'} = (\omega_{s'})_{r'} = \omega_{(rs)'} = \omega_{r'+s'} \tag{13}$$

ausgedrückt; zugleich leuchtet ein, dass alle Permutationen durch Wiederholung aus der einzigen Permutation $\pi_{c'} = \pi_1$ entstehen. Setzen wir ferner

$$n = m - 1 = 2\nu, \tag{14}$$

so ist

$$(-1)' \equiv \nu, \ (-r)' \equiv r' + \nu \ (\text{mod. } 2\nu), \tag{15}$$

und es bilden je zwei Permutationen $\pi_{r'}$ und $\pi_{r'+\nu}$, durch welche θ in θ^r und θ^{-r} übergeht, ein imaginäres Paar (§. 183, 3).

Wir gehen jetzt zur Bestimmung aller von $\mathfrak{o}\mu$ verschiedenen Primideale $\mathfrak{p}$ über und bemerken zunächst, dass aus

$$\theta^r \equiv \theta^s \ (\text{mod. } \mathfrak{p}) \text{ stets } r \equiv s \ (\text{mod. } m), \tag{16}$$

also $\theta^r = \theta^s$ folgt, weil sonst die Zahl $\theta^r - \theta^s = \theta^r(1 - \theta^{s-r})$ associirt mit μ und folglich *nicht* theilbar durch $\mathfrak{p}$ wäre; es sind daher die m Potenzen

$$1, \theta, \theta^2 \ldots \theta^{m-1},$$

oder, was dasselbe sagt, die Zahlen

$$1, \theta_1, \theta_2 \ldots \theta_{m-1}$$

sämmtlich *incongruent* nach $\mathfrak{p}$. Bezeichnen wir nun mit p die durch $\mathfrak{p}$ theilbare natürliche Primzahl (§. 179, VII), so ist p verschieden von m, weil m nur durch das einzige Primideal $\mathfrak{o}\mu$ theilbar ist; es sei ferner f der Exponent, zu welchem p nach dem Modul m *gehört* (§. 28), d. h. es sei f die kleinste natürliche Zahl, welche der Congruenz

$$p^f \equiv 1 \ (\text{mod. } m), \tag{17}$$

also auch der Congruenz

$$fp' \equiv 0 \ (\text{mod. } 2\nu) \tag{18}$$

genügt, so ist

$$2\nu = m - 1 = ef, \tag{19}$$

und e ist der grösste gemeinschaftliche Theiler von p' und 2ν (§§. 29, 30).

Sind nun $\alpha, \beta, \gamma \ldots$ beliebige ganze Zahlen, so folgt aus einer bekannten Eigenschaft der Binomialcoefficienten (§. 20), dass immer

$$(\alpha + \beta + \gamma + \cdots)^p \equiv \alpha^p + \beta^p + \gamma^p + \cdots \text{ (mod. } p)$$

ist; bezeichnet man daher mit $\varphi(t)$ eine beliebige ganze Function der Variabelen t mit ganzen *rationalen* Coefficienten a und bedenkt, dass nach dem Fermat'schen Satze (§. 19) immer $a^p \equiv a$ (mod. p) ist, so erhält man den für jede ganze Zahl α gültigen Satz

$$\varphi(\alpha)^p \equiv \varphi(\alpha^p) \text{ (mod. } p). \tag{20}$$

Wenden wir denselben auf den Fall $\alpha = \theta$ an, so ergiebt sich mit Rücksicht auf (7) und (12), dass für *jede* in unserem Gebiete $\mathfrak{o}$ enthaltene Zahl ω die Congruenz

$$\omega^p \equiv \omega_{p'} \text{ (mod. } p) \tag{21}$$

gilt, aus welcher durch fortgesetzte Erhebung zur p^{ten} Potenz nach (13) die allgemeinere Congruenz

$$\omega^{p^r} \equiv \omega_{rp'} \text{ (mod. } p) \tag{22}$$

folgt; da nun fp' zufolge (18) durch 2ν theilbar, also $\omega_{fp'} = \omega$ ist, so erhält man das Resultat

$$\omega^{p^f} \equiv \omega \text{ (mod. } p). \tag{23}$$

Hieraus schliessen wir zunächst, dass $\mathfrak{o}p$ entweder ein Primideal oder ein Product von lauter *verschiedenen* Primidealen ist; nehmen wir nämlich im Gegentheil an, es sei p durch das Quadrat eines Primideals $\mathfrak{p}$ theilbar, so ist $\mathfrak{o}p = \mathfrak{p}^2\mathfrak{q}$, und da $\mathfrak{p}\mathfrak{q}$ ein *echter* Theiler von $\mathfrak{o}p$ ist, so giebt es eine Zahl ω, welche durch $\mathfrak{p}\mathfrak{q}$, aber nicht durch p theilbar ist; dann ist ω^2 und folglich auch ω^{p^f} theilbar durch $\mathfrak{p}^2\mathfrak{q}^2 = p\mathfrak{q}$, also auch durch p; allein dies widerspricht der Congruenz (23), weil ω nicht durch p theilbar ist. Unsere Annahme ist daher unzulässig.

Da ferner $\mathfrak{p}$ in p aufgeht, so genügt jede ganze Zahl ω auch der Congruenz

$$\omega^{p^f} \equiv \omega \text{ (mod. } \mathfrak{p}), \tag{24}$$

d. h. die Anzahl der incongruenten Wurzeln ω dieser Congruenz vom Grade p^f ist $= (\mathfrak{o}, \mathfrak{p}) = N(\mathfrak{p})$, und folglich ist

$$N(\mathfrak{p}) \leqq p^f, \tag{25}$$

weil in Bezug auf ein *Primideal* eine Congruenz r^{ten} Grades niemals mehr als r incongruente Wurzeln haben kann (vergl. §§. 26, 180). Nach dem verallgemeinerten Fermat'schen Satze (§. 180, V) ist ferner

$$\theta^{N(\mathfrak{p})} \equiv \theta \text{ (mod. } \mathfrak{p}),$$

woraus wir nach (16) folgern, dass

$$N(\mathfrak{p}) \equiv 1 \pmod{m} \tag{26}$$

ist. Nun wissen wir (nach §. 180, (12)), dass $N(\mathfrak{p})$ eine Potenz von p mit positivem Exponenten ist, und da unter allen solchen Potenzen, welche durch m dividirt den Rest 1 lassen, p^f die kleinste ist, so muss $N(\mathfrak{p}) \geqq p^f$ sein, woraus mit Rücksicht auf (25) folgt, dass

$$N(\mathfrak{p}) = p^f \tag{27}$$

ist. Mithin ist der Exponent f, zu welchem die Primzahl p nach dem Modul m gehört, zugleich der *Grad* eines jeden in p aufgehenden Primideals $\mathfrak{p}$; da ferner

$$N(p) = p^{m-1} = p^{ef}$$

ist, so erhalten wir die Zerlegung

$$\mathfrak{o}\, p = \mathfrak{p}_1 \mathfrak{p}_2 \ldots \mathfrak{p}_e, \tag{28}$$

wo $\mathfrak{p}_1, \mathfrak{p}_2 \ldots \mathfrak{p}_e$ von einander verschiedene Primideale vom Grade f bedeuten *).

Hiermit ist die Natur aller in unserem Körper Ω auftretenden Primideale erkannt, und dies Resultat reicht aus für die

*) Ist m eine beliebige natürliche Zahl, so hat der aus einer primitiven Wurzel θ der Gleichung (1) entspringende Körper Ω den Grad $\varphi(m)$; ist p eine Primzahl, p' die höchste in $m = p'm'$ aufgehende Potenz von p, und gehört p zum Exponenten f (mod. m'), so ist $\varphi(m') = ef$ (§. 28), und

$$\mathfrak{o}\, p = (\mathfrak{p}_1 \mathfrak{p}_2 \ldots \mathfrak{p}_e)^{\varphi(p')},$$

wo $\mathfrak{p}_1, \mathfrak{p}_2 \ldots \mathfrak{p}_e$ von einander verschiedene Primideale vom Grade f bedeuten; ist ferner $p' > 1$, so ist

$$\mathfrak{o}(1 - \theta^{m'}) = \mathfrak{p}_1 \mathfrak{p}_2 \ldots \mathfrak{p}_e.$$

Vergl. *Kummer: Theorie der idealen Primfactoren der complexen Zahlen, welche aus den Wurzeln der Gleichung* $\omega^n = 1$ *gebildet sind, wenn* n *eine zusammengesetzte Zahl ist* (Abh. d. Berliner Ak. 1856). — Für alle in einem solchen Körper Ω als Divisoren enthaltenen Körper, zu denen auch die quadratischen Körper gehören, habe ich die Bestimmung der Primideale als Resultat einer allgemeinen Untersuchung mitgetheilt, welche ich demnächst zu veröffentlichen gedenke *(Sur la théorie des nombres entiers algébriques*, §. 27, und Compte rendu der Pariser Ak. vom 24. Mai 1880); über specielle Fälle solcher Divisoren vergl. *Eisenstein: Allgemeine Untersuchungen über die Formen dritten Grades mit drei Variabeln, welche der Kreistheilung ihre Entstehung verdanken* (Crelle's Journ. Bd. 28); *Fuchs: Ueber die aus Einheitswurzeln gebildeten complexen Zahlen von periodischem Verhalten, insbesondere die Bestimmung der Klassenanzahl derselben* (Crelle's Journ. Bd. 65); *Bachmann: Die Theorie der complexen Zahlen, welche aus zwei Quadratwurzeln zusammengesetzt sind* (Berlin 1867).

Bestimmung der Anzahl der Idealclassen; bevor wir aber zu dieser Untersuchung übergehen, wollen wir im Anschluss an §. 180 noch einige Bemerkungen über die Zerlegungen (10) und (28) hinzufügen, aus welchen sich die Zerlegung der Function (2) in rationale Primfunctionen nach den Moduln m und p ergiebt.

Da die Zahl θ und alle ihre Potenzen $\equiv 1$ (mod. μ) sind, und da jede auf μ bezügliche Congruenz zwischen rationalen Zahlen auch für den Modul m gilt, so folgt aus (2) die ohnehin evidente identische Congruenz

$$f(t) \equiv (t-1)^{m-1} \text{ (mod. } m). \tag{29}$$

Für jede andere natürliche Primzahl p und deren Primfactoren $\mathfrak{p}$ folgt zunächst aus (16), dass der Grad f von $\mathfrak{p}$ zugleich die *Höhe* jeder mit θ conjugirten Zahl θ_r ist, und dass folglich die f Zahlen $\theta_{r+p'}, \theta_{r+2p'} \dots \theta_{r+fp'}$, deren Complex mit dem der Zahlen $\theta_{r+e}, \theta_{r+2e} \dots \theta_{r+fe}$ zusammenfällt, eine *Periode* in Bezug auf $\mathfrak{p}$ bilden (S. 571). Setzt man daher

$$F_r(t) = F_{r+e}(t) = (t-\theta_{r+e})(t-\theta_{r+2e}) \dots (t-\theta_{r+fe}), \tag{30}$$

so wird

$$F_r(t) \equiv P_r(t) \text{ (mod. } \mathfrak{p}), \tag{31}$$

wo $P_r(t)$ eine mit ganzen rationalen Coefficienten behaftete Primfunction in Bezug auf den Modul p bedeutet. Zufolge (2) ist nun

$$f(t) = F_1(t) F_2(t) \dots F_e(t), \tag{32}$$

und da jede auf $\mathfrak{p}$ bezügliche Congruenz zwischen rationalen Zahlen auch für den Modul p gilt, so ergiebt sich die identische Congruenz *)

$$f(t) \equiv P_1(t) P_2(t) \dots P_e(t) \text{ (mod. } p); \tag{33}$$

zugleich folgt aus (16), dass diese e Primfunctionen wesentlich verschieden sind. Man findet auch leicht, dass $\mathfrak{p}$ der grösste gemeinsame Theiler der durch die Zahlen p und $P_e(\theta)$ erzeugten Hauptideale ist.

Mit dieser Zerlegung hängt die folgende algebraische Betrachtung nahe zusammen. Die f Permutationen

$$\pi_e, \pi_{2e} \dots \pi_{fe}, \tag{34}$$

*) *Schönemann: Grundzüge einer allgemeinen Theorie der höheren Congruenzen, deren Modul eine reelle Primzahl ist.* §. 50. (Crelle's Journal, Bd. 31). — *Gauss: Disquisitiones generales de congruentiis*, artt. 360—367 (Werke, Bd. II, 1863).

deren Indices durch e theilbar sind, und welche alle durch Wiederholung der einzigen Permutation π_e entstehen, bilden eine *Gruppe* (§. 166), und der zugehörige Körper H besteht aus allen denjenigen in Ω enthaltenen Zahlen ω, welche der Bedingung $\omega_e = \omega$ genügen; zugleich ist $(H, R) = e$, $(\Omega, H) = f$. Die Darstellung aller dieser Zahlen ω ergiebt sich sehr leicht, wenn man bedenkt, dass auch die n Potenzen $\theta, \theta^2 \ldots \theta^{m-1}$, d. h. alle mit θ conjugirten Zahlen $\theta_1, \theta_2 \ldots \theta_n$ eine Basis von Ω, ja auch eine Basis von $\mathfrak{o}$ bilden, weil θ eine Einheit, also $\mathfrak{o}\theta = \mathfrak{o}$ ist. Jede Zahl ω des Körpers Ω ist daher von der Form

$$\omega = x^{(1)}\theta_1 + x^{(2)}\theta_2 + \cdots + x^{(n)}\theta_n,$$

wo die Coordinaten $x^{(r)}$ willkürliche rationale Zahlen bedeuten, deren Zeiger r auch durch jede nach n congruente Zahl ersetzt werden darf. Soll nun ω dem Körper H angehören, also der Bedingung $\omega_e = \omega$ genügen, so folgt $x^{(r)} = x^{(r+e)}$, also

$$\omega = x^{(1)}\eta_1 + x^{(2)}\eta_2 + \cdots + x^{(e)}\eta_e, \tag{35}$$

wo die e conjugirten Zahlen

$$\eta_r = \eta_{r+e} = \theta_{r+e} + \theta_{r+2e} + \cdots + \theta_{r+fe} \tag{36}$$

die sogenannten f-gliedrigen *Perioden* bedeuten*). Zugleich ergiebt sich, dass der Modul

$$\mathfrak{e} = [\eta_1, \eta_2 \ldots \eta_e] \tag{37}$$

der Inbegriff aller ganzen Zahlen des Körpers H ist, und hieraus folgt nach später zu erwähnenden Sätzen**), dass seine Grundzahl $\Delta(\mathfrak{e}) = \pm m^{e-1}$ ist, wo das untere Zeichen gilt, wenn f ungerade und $e \equiv 2 \pmod{4}$ ist. Bedeutet y eine Variabele, so ist

$$G(y) = (y - \eta_1)(y - \eta_2) \ldots (y - \eta_e) \tag{38}$$

eine irreducibele Function mit ganzen rationalen Coefficienten, und die Coefficienten der in (30) definirten e Functionen

$$F_r(t) = t^f - \eta_r t^{f-1} + \cdots \tag{39}$$

sind ganze Zahlen des Körpers H, also in $\mathfrak{e}$ enthalten***).

Hieraus ergiebt sich durch Vergleichung mit der Congruenz (31), dass jede der e Perioden η_r und folglich jede in $\mathfrak{e}$ ent-

---

*) *Gauss: D. A.* artt. 343, 348.

**) Vergl. unten (59) und die Anmerkung auf S. 631.

***) *Gauss: D. A.* artt. 348, 351.

haltene Zahl in Bezug auf $\mathfrak{p}$ einer *rationalen* Zahl congruent ist; setzen wir die Primfunction

$$P_r(t) \equiv t^f - \eta_r^0 t^{f-1} + \cdots \pmod{p}, \tag{40}$$

wo $\eta_r^0 = \eta_{r+e}^0$ rational, so wird

$$\eta_r \equiv \eta_r^0 \pmod{\mathfrak{p}}, \tag{41}$$

und da jede auf $\mathfrak{p}$ bezügliche Congruenz zwischen rationalen Zahlen auch für den Modul p gilt, so ergiebt sich aus (38) die identische Congruenz

$$G(y) \equiv (y - \eta_1^0)(y - \eta_2^0) \ldots (y - \eta_e^0) \pmod{p}, \tag{42}$$

auf welche *Kummer* seine Theorie der idealen Zahlen gegründet hat.

Um endlich noch den inneren Zusammenhang zwischen den e verschiedenen, in p aufgehenden Primidealen $\mathfrak{p}$ zu ergründen, schalten wir folgende allgemeine Bemerkungen ein. Ist Ω ein beliebiger endlicher Körper, welcher durch die Permutation π in Ω' übergeht, und ist $\mathfrak{a}$ ein beliebiges Ideal in Ω, so geht aus den Begriffen des Körpers und des Ideals unmittelbar hervor, dass das System $\mathfrak{a}'$ aller Zahlen, in welche die sämmtlichen Zahlen des Ideals $\mathfrak{a}$ durch π übergehen, ein Ideal in Ω' ist, und dass $\mathfrak{a}'$ durch die inverse Permutation in $\mathfrak{a}$ übergeht; zwei solche Ideale $\mathfrak{a}$, $\mathfrak{a}'$ nennen wir *conjugirte* Ideale. Dann leuchtet ferner ein, dass $(\mathfrak{a}\mathfrak{b})' = \mathfrak{a}'\mathfrak{b}'$ ist, dass folglich ein Primideal $\mathfrak{p}$ in ein Primideal $\mathfrak{p}'$ übergeht, und dass, wenn p die durch $\mathfrak{p}$ theilbare natürliche Primzahl bedeutet, p auch durch $\mathfrak{p}'$ theilbar ist. Wenden wir dies auf unseren Kreiskörper Ω an, der durch alle seine Permutationen π_s in sich selbst übergeht, so folgt, dass jedes der e Primideale $\mathfrak{p}$ durch eine solche Permutation π_s immer wieder in eins von diesen Idealen übergehen muss. Nun ergiebt sich zunächst aus (21), dass jede durch $\mathfrak{p}$ theilbare Zahl ω durch die Permutation $\pi_{p'}$ in eine ebenfalls durch $\mathfrak{p}$ theilbare Zahl $\omega_{p'}$ übergeht; mithin geht $\mathfrak{p}$ durch $\pi_{p'}$, und folglich durch jede der f Permutationen (34) in ein Primideal über, welches durch $\mathfrak{p}$ theilbar, also auch mit $\mathfrak{p}$ identisch ist. Umgekehrt, wenn $\mathfrak{p}$ durch die Permutation π_s in sich selbst übergeht, so muss, weil $P_e(\theta)$ durch $\mathfrak{p}$ theilbar ist, auch $P_e(\theta_s) \equiv 0 \pmod{\mathfrak{p}}$ sein; da aber die Congruenz $P_e(\alpha) \equiv 0 \pmod{\mathfrak{p}}$ nur die Wurzeln $\theta_e, \theta_{2e} \ldots \theta_{fe}$ hat, so muss eine von ihnen mit θ_s congruent, also zufolge (16) auch mit θ_s identisch sein, woraus sich ergiebt, dass die oben genannten f Permutationen die einzigen sind, durch welche $\mathfrak{p}$ in sich selbst übergeht. Sodann leuchtet ein, dass $\mathfrak{p}$ durch je f Permutationen, deren Indices nach e congruent sind, in ein und dasselbe Primideal übergeht; umgekehrt, wenn $\mathfrak{p}$ durch π_r und π_s in dasselbe Primideal übergeht, so geht $\mathfrak{p}$ durch $\pi_r \pi_s^{-1} = \pi_{r-s}$ offenbar in sich selbst über, und folglich ist $r \equiv s$ (mod. e). Hieraus folgt, dass die e Ideale $\mathfrak{p}$ sämmtlich mit einander conjugirt sind, und dass jedes von ihnen in jedes durch f bestimmte Permutationen übergeht; durch die e Permutationen $\pi_1, \pi_2 \ldots \pi_e$ geht jedes dieser Ideale in e verschiedene Ideale über, und wir werden daher am zweckmässigsten mit $\mathfrak{p}_r$ dasjenige Ideal bezeichnen, in welches $\mathfrak{p}$ durch π_r übergeht; demgemäss ist $\mathfrak{p}_{r+e} = \mathfrak{p}_r$ zu setzen, und aus (31) und (41) folgen die Congruenzen

$$F_{r+s}(t) \equiv P_r(t) \text{ (mod. } \mathfrak{p}_s) \tag{43}$$

$$\eta_{r+s} \equiv \eta_r^0 \text{ (mod. } \mathfrak{p}_s). \tag{44}$$

Es wird gut sein, die vorstehenden Sätze an einem bestimmten Zahlenbeispiele*) zu bestätigen; wählen wir zu diesem Zweck $m = 13$, $p = 3$, so ist $f = 3$, $e = 4$. Legen wir ferner die primitive Wurzel $c = 2$ zu Grunde, so wird

$$\theta_0 = \theta, \quad \theta_1 = \theta^2, \quad \theta_2 = \theta^4, \quad \theta_3 = \theta^8, \quad \theta_4 = \theta^3, \quad \theta_5 = \theta^6,$$
$$\theta_6 = \theta^{12}, \quad \theta_7 = \theta^{11}, \quad \theta_8 = \theta^9, \quad \theta_9 = \theta^5, \quad \theta_{10} = \theta^{10}, \quad \theta_{11} = \theta^7,$$

also

$$\eta = \theta + \theta^3 + \theta^9, \quad \eta_1 = \theta^2 + \theta^6 + \theta^5,$$
$$\eta_2 = \theta^4 + \theta^{12} + \theta^{10}, \quad \eta_3 = \theta^8 + \theta^{11} + \theta^7,$$

und

$$F_r(t) = t^3 - \eta_r t^2 + \eta_{r+2} t - 1.$$

Man findet ferner leicht die Gleichungen**)

$$\eta\eta = \eta_1 + 2\eta_2$$
$$\eta\eta_1 = \eta + \eta_1 + \eta_3 = -1 - \eta_2$$
$$\eta\eta_2 = -3\eta - 2\eta_1 - 3\eta_2 - 2\eta_3 = 3 + \eta_1 + \eta_3$$
$$\eta\eta_3 = \eta + \eta_2 + \eta_3 = -1 - \eta_1$$

und hieraus

$$G(y) = y^4 + y^3 + 2y^2 - 4y + 3.$$

Die Wurzeln der Congruenz $G(y) \equiv 0$ (mod. 3) ergeben sich am kürzesten durch Versuche, und man findet auf diese Weise in Uebereinstimmung mit (42) die identische Congruenz

---

*) Ein überaus reiches Material findet man in dem Werke von *Reuschle: Tafeln complexer Primzahlen, welche aus Wurzeln der Einheit gebildet sind.* 1875.

**) *Gauss: D. A.* art. 345.

$$G(y) \equiv y(y-1)(y+1)^2 \pmod{3}.$$

Da eine der Wurzeln $\equiv 0 \pmod{3}$ ist, so dürfen wir das in 3 aufgehende Primideal $\mathfrak{p}$ durch die Congruenz $\eta \equiv 0 \pmod{\mathfrak{p}}$ definiren*), woraus durch Substitution in die vorstehenden Ausdrücke für η^2, $\eta\eta_1$, $\eta\eta_2$, $\eta\eta_3$ sich $\eta_1 \equiv -1$, $\eta_2 \equiv -1$, $\eta_3 \equiv 1 \pmod{\mathfrak{p}}$ ergiebt; zufolge (41) wird daher

$$\eta_0^0 \equiv 0, \quad \eta_1^0 \equiv -1, \quad \eta_2^0 \equiv -1, \quad \eta_3^0 \equiv +1 \pmod{3}.$$

Ersetzt man ferner die in $F_r(t)$ auftretenden Coefficienten η_r, η_{r+2} resp. durch die nach $\mathfrak{p}$ congruenten rationalen Zahlen η_r^0, η_{r+2}^0, so folgt aus (31)

$$P_r(t) \equiv t^3 - \eta_r^0 t^2 + \eta_{r+2}^0 t - 1 \pmod{3},$$

und durch wirkliche Ausführung der Multiplication bestätigt sich die Congruenz (33). Setzt man endlich

$$\varrho = \theta^3 - \theta - 1 \equiv P_0(\theta) \pmod{3},$$

so ist $\mathfrak{p}$ der grösste gemeinschaftliche Theiler von 3 und $\mathfrak{o}\varrho$; allein in unserem Falle erkennt man leicht (nach §. 180), dass $\mathfrak{p} = \mathfrak{o}\eta$, also auch $\mathfrak{p}_r = \mathfrak{o}\eta_r$ ist, weil η durch $\mathfrak{p}$ theilbar, und ausserdem $\eta\eta_1\eta_2\eta_3 = 3$, mithin $N(\eta) = 3^3 = N(\mathfrak{p})$ ist. Es muss folglich ϱ durch η theilbar sein; in der That findet man

$$\varrho = \eta\theta^2(\theta+1)(\theta^4+1),$$

woraus sich sogar ergiebt, dass zufällig ϱ mit η associirt, also auch $\mathfrak{o}\varrho = \mathfrak{p}$ ist. —

Nach dieser Abschweifung kehren wir zu unserem obigen, in den Gleichungen (6), (10), (27), (28) enthaltenen Hauptresultate zurück, welches ausreicht, um mit Hülfe der im vorigen Paragraphen entwickelten Principien einen geschlossenen Ausdruck für die *Anzahl h der Idealclassen* zu gewinnen. Diese Untersuchung ist ebenfalls von *Kummer* zuerst durchgeführt**), und

---

*) Ebenso folgt aus der Annahme $\eta \equiv 1 \pmod{\mathfrak{p}}$ mit Bestimmtheit $\eta_1 \equiv 0$, $\eta_2 \equiv -1$, $\eta_3 \equiv -1 \pmod{\mathfrak{p}}$. Dagegen entsprechen der Annahme $\eta \equiv -1 \pmod{\mathfrak{p}}$ *zwei* verschiedene Systeme, wie aus $\eta_2\eta_3 \equiv -1 - \eta \equiv 0 \pmod{\mathfrak{p}}$ hervorgeht; entweder ist $\eta_1 \equiv 1$, $\eta_2 \equiv 0$, $\eta_3 \equiv -1$, oder es ist $\eta_1 \equiv -1$, $\eta_2 \equiv -1$, $\eta_3 \equiv 0 \pmod{\mathfrak{p}}$.

**) Das auch *Dirichlet* dieselbe Aufgabe, aber in anderer Einkleidung gelöst hat, berichtet *Kummer* in seiner ausgezeichneten *Gedächtnissrede auf Gustav Peter Lejeune-Dirichlet* (1860, S. 21 bis 22) mit den Worten: „Für diejenigen zerlegbaren Formen höherer Grade, deren lineäre Factoren keine anderen Irrationalitäten, als Einheitswurzeln für einen Primzahl-Exponenten, enthalten, hat *Dirichlet* während seines Aufenthalts in Italien

sie bietet die überraschendsten Beziehungen zu dem Satze über die arithmetische Progression dar (Supplement VI). Wir setzen, wie im vorigen Paragraphen,

$$\Omega(s) = \Sigma N(\mathfrak{a})^{-s} = \Pi(1 - N(\mathfrak{p})^{-s})^{-1} \tag{45}$$

und untersuchen das Verhalten dieser Function für unendlich kleine positive Werthe der Variabelen $s - 1$. Da m nur durch ein einziges Primideal ersten Grades, und jede andere Primzahl p, wenn sie zum Exponenten f gehört, durch e verschiedene Primideale vom Grade f theilbar ist, wo $ef = m - 1$, so erhalten wir

$$\Omega(s) = (1 - m^{-s})^{-1} \Pi(1 - p^{-sf})^{-e},$$

wo das Product auf alle von m verschiedenen Primzahlen p zu erstrecken ist. Der allgemeine Factor dieses Productes lässt sich in folgender Weise umformen. Bezeichnet man, wenn $m - 1$ wieder $= 2\nu$ gesetzt wird, mit α alle Wurzeln der Gleichung

$$\alpha^{2\nu} = 1, \tag{46}$$

ferner mit γ eine primitive Wurzel derselben Gleichung, so ist

$$\alpha = 1, \gamma, \gamma^2 \dots \gamma^{2\nu-1};$$

da nun der Index p' mit 2ν den grössten gemeinschaftlichen Theiler e hat, so ist $\gamma^{p'}$ eine Wurzel δ der Gleichung $\delta^f = 1$, und zwar eine primitive; mithin tritt *jede* Wurzel δ dieser Gleichung unter den 2ν Zahlen

$$\alpha^{p'} = 1, \quad \gamma^{p'}, \quad \gamma^{2p'} \dots \gamma^{(2\nu-1)p'}$$

genau e mal auf, und hieraus folgt unmittelbar, dass

$$(1 - p^{-sf})^e = \Pi(1 - \alpha^{p'} p^{-s})$$

ist, wo das Productzeichen sich auf alle α bezieht. Man erhält daher

$$\Omega(s) = (1 - m^{-s})^{-1} \Pi(1 - \alpha^{p'} p^{-s})^{-1},$$

und dieses Product, in welchem α und p alle ihre Werthe durchlaufen müssen, hat, so lange $s > 1$ ist, einen von der Anordnung der Factoren unabhängigen Werth. Bezeichnet man mit $L(\alpha)$ das Product aller derjenigen Factoren, welche allen Werthen von p, aber einem bestimmten Werthe α entsprechen, so ist folglich

$$\Omega(s) = (1 - m^{-s})^{-1} \Pi L(\alpha), \tag{47}$$

---

die Klassenanzahl bestimmt, aber er hat von dieser Arbeit leider nichts veröffentlicht."

wo das Productzeichen sich auf alle α bezieht, und hierin ist nach früheren Sätzen (§§. 132, 133)

$$L(\alpha) = \prod (1 - \alpha^{p'} p^{-s})^{-1} = \sum \alpha^{z'} z^{-s}, \tag{48}$$

wo z alle natürlichen Zahlen durchläuft, die nicht durch m theilbar sind, und wo z' wieder den Index von z bedeutet.

Wenn nun die Variabele s abnehmend sich dem Grenzwerthe 1 nähert, so wächst die Function $L(1)$ über alle Grenzen und zwar so, dass

$$\lim (s - 1)(1 - m^{-s})^{-1} L(1) = 1 \tag{49}$$

wird (§. 117). Ist aber α verschieden von 1, also eine Wurzel der Gleichung

$$\frac{\alpha^{2\nu} - 1}{\alpha - 1} = 1 + \alpha + \alpha^2 + \cdots + \alpha^{2\nu - 1} = 0, \tag{50}$$

so nähert sich, wie wir früher (§. 134) gesehen haben, die Function $L(\alpha)$ einem endlichen Grenzwerth; da nämlich, wenn die Glieder der Reihe (48) nach wachsenden z geordnet werden, die Summe von je 2ν auf einander folgenden Coefficienten $\alpha^{z'}$ zufolge (50) verschwindet, so convergirt (nach §. 101) diese Reihe für alle *positiven* Werthe von s, und sie ist zugleich eine stetige Function von s; setzt man daher bei dieser Anordnung der Glieder

$$L^0(\alpha) = \sum \alpha^{z'} z^{-1}, \tag{51}$$

so ist $L^0(\alpha)$ endlich und zugleich der Grenzwerth von $L(\alpha)$. Bis zu diesem Puncte war es leicht, das Verhalten der Reihen $L(\alpha)$ an der Stelle $s = 1$ zu ergründen; bei dem Beweise des Satzes über die arithmetische Progression musste aber ausserdem gezeigt werden, dass der Grenzwerth $L^0(\alpha)$ stets von Null verschieden ist, und dies verursachte damals erhebliche Schwierigkeiten. Es ist daher von hohem Interesse, dass dieselbe Thatsache jetzt als eine unmittelbare Folge unserer Untersuchung über die Anzahl h der Idealclassen erscheint*). In der That, da im vorigen Paragraphen allgemein gezeigt ist, dass

$$\lim (s - 1)\,\Omega(s) = g\,h$$

ist, wo g einen bestimmten, von Null verschiedenen Werth bedeutet, so erhalten wir zufolge (47) und (49) für unseren Fall

$$g\,h = \prod L^0(\alpha), \tag{52}$$

*) Genau dasselbe gilt auch, wenn die Differenz m der arithmetischen Progression eine zusammengesetzte Zahl ist.

und da h immer eine positive ganze Zahl, niemals $= 0$ ist, so kann auch keiner der endlichen Factoren $L^0(\alpha)$ verschwinden, w. z. b. w.

Nachdem wir auf diesen Zusammenhang unserer Untersuchung mit dem Beweise des Satzes über die arithmetische Progression aufmerksam gemacht haben, wollen wir, was für den letzteren kein weiteres Interesse darbot, die Werthe $L^0(\alpha)$ in geschlossener Form darstellen. Setzt man, wenn x eine Variabele bedeutet, zur Abkürzung

$$(\alpha, x) = \sum \alpha^{r'} x^r, \tag{53}$$

wo r die Werthe $1, 2, 3 \ldots m - 1$ durchlaufen soll, und verfährt man wie damals (§. 134 oder §. 103), indem man in (51) die Grössen z^{-1} durch bestimmte Integrale ersetzt und die mit (50) übereinstimmende Gleichung

$$(\alpha, 1) = 0 \tag{54}$$

berücksichtigt, so erhält man zunächst

$$L^0(\alpha) = \int_0^1 \frac{(\alpha, x)}{1 - x^m} \frac{dx}{x}. \tag{55}$$

Da nun

$$x^m - 1 = (x - 1) \prod (x - \theta_s)$$

ist, wo s ein vollständiges Restsystem nach dem Modul 2ν durchläuft, so ergiebt sich mit Rücksicht auf (54) durch Zerlegung in Partialbrüche

$$\frac{(\alpha, x)}{x(1 - x^m)} = -\frac{1}{m} \sum \frac{(\alpha, \theta_s)}{x - \theta_s}.$$

Hierin lassen sich die Zähler sämmtlich auf (α, θ) zurückführen; da nämlich $\theta_s^r = \theta_{s+r'}$ ist, so folgt

$$(\alpha, \theta_s) = \sum \alpha^{r'} \theta_{s+r'},$$

wo r' ein beliebiges Restsystem nach dem Modul 2ν zu durchlaufen hat; man darf daher r' durch $r' - s$ ersetzen, und erhält so die in der Theorie der Kreistheilung wohlbekannte Relation

$$(\alpha, \theta_s) = \alpha^{-s} \sum \alpha^{r'} \theta_{r'} = \alpha^{-s} (\alpha, \theta). \tag{56}$$

Mithin ist

$$\frac{(\alpha, x)}{x(1 - x^m)} = -\frac{(\alpha, \theta)}{m} \sum \frac{\alpha^{-s}}{x - \theta_s},$$

und hierdurch geht die Gleichung (55) in die folgende über

$$L^0(\alpha) = -\frac{(\alpha, \theta)}{m}\Sigma\,\alpha^{-s}\int\limits_0^1 \frac{dx}{x-\theta_s};$$

es ist ferner

$$\int\limits_0^1 \frac{dx}{x-\theta_s} = \log\left(\frac{1-\theta_s}{-\theta_s}\right) = \log(1-\theta_s^{-1}) = \log\mu_{s+\nu},$$

und dieser Logarithme ist (nach §. 103, S. 262) dadurch *vollständig bestimmt*, dass sein imaginärer Bestandtheil zwischen den Grenzen $\pm\, {}^1/_2\,\pi i$ liegt. Setzen wir daher zur Abkürzung

$$\psi(\alpha) = -\,\Sigma\,\alpha^{-s}\log\mu_{s+\nu}, \tag{57}$$

wo s ein vollständiges Restsystem nach dem Modul 2ν durchläuft, so erhalten wir das Resultat

$$L^0(\alpha) = \frac{1}{m}(\alpha, \theta)\,\psi(\alpha). \tag{58}$$

Um nun, wie es die Gleichung (52) verlangt, das Product der Grössen $L^0(\alpha)$ für alle Wurzeln α der Gleichung (50) zu bilden, beginnen wir mit dem Factor (α, θ) und benutzen hierbei den Hülfssatz

$$(\alpha, \theta)\,(\alpha^{-1}, \theta) = m\,\alpha^{\nu} = \pm\, m; \tag{59}$$

derselbe ergiebt sich leicht aus (56), wenn man mit θ_s multiplicirt, s ein Restsystem nach dem Modul 2ν durchlaufen lässt und die Summe bildet; man erhält auf diese Weise zunächst

$$(\alpha, \theta)\,(\alpha^{-1}, \theta) = \Sigma\,(\alpha, \theta_s)\,\theta_s = \Sigma\,\alpha^u\,\theta_{s+u}\,\theta_s = \Sigma\,\alpha^u\,(\theta\,\theta_u)_s,$$

wo u ebenfalls ein solches Restsystem durchläuft; je nachdem nun u mit ν congruent ist oder nicht, ist $\theta\,\theta_u = 1$ oder conjugirt mit θ, und folglich ist die nach s genommene Summe $\Sigma(\theta\,\theta_u)_s$ im ersten Falle $= 2\nu = m-1$, in allen übrigen Fällen aber $= \Sigma\,\theta_s = -1$, woraus mit Rücksicht auf (50) der zu beweisende Satz (59) unmittelbar folgt. Für $\alpha = -1$ ergiebt sich

$$(-1, \theta)^2 = m(-1)^{\nu},$$

also

$$(-1, \theta) = \Sigma\,(-1)^{r'}\theta^r = \Sigma\left(\frac{r}{m}\right)\theta^r = i^{\nu^2}\sqrt{m}, \tag{60}$$

und hierin ist (nach §. 115) die Quadratwurzel *positiv*, wenn, was wir von jetzt ab festsetzen wollen,

$$\theta = e^{\frac{2\pi i}{m}} \tag{61}$$

genommen wird. Da nun die Wurzeln α der Gleichung (50) aus der Zahl -1 und $(\nu-1)$ Paaren von der Form α, α^{-1} bestehen, so folgt aus (59) und (60) bei gehöriger Beachtung der Factoren α^ν das Resultat

$$\Pi(\alpha, \theta) = i^\nu m^{\nu-1} \sqrt{m}. \tag{62}$$

Wir wenden uns jetzt zu der näheren Betrachtung des in (58) ferner auftretenden Factors $\psi(\alpha)$, welcher einen wesentlich verschiedenen Charakter besitzt, je nachdem $\alpha^\nu = +1$ oder $= -1$ ist; wir behandeln zuerst den Fall

$$\alpha^\nu = -1. \tag{63}$$

Ersetzt man in (57) den Summations-Buchstaben s durch $s-\nu$ und nimmt das Mittel aus dem so entstehenden und dem ursprünglichen Ausdruck, so erhält man

$$\psi(\alpha) = \frac{1}{2} \Sigma \alpha^{-s} \log\left(\frac{\mu_s}{\mu_{s+\nu}}\right),$$

wo zufolge der obigen Bemerkung die Logarithmen so zu nehmen sind, dass ihr imaginärer Theil zwischen den Grenzen $\pm \pi i$ liegt; setzt man nun wieder $s = r'$ und unterwirft r der Bedingung $0 < r < m$, so ist

$$\frac{\mu_s}{\mu_{s+\nu}} = \frac{1-\theta^r}{1-\theta^{-r}} = -\theta^r = e^{\pi i\left(\frac{2r}{m}-1\right)},$$

mithin

$$\log\left(\frac{\mu_s}{\mu_{s+\nu}}\right) = \pi i\left(\frac{2r}{m} - 1\right).$$

Setzt man daher zur Abkürzung

$$\varphi(\alpha) = -\Sigma r \alpha^{-r'}, \tag{64}$$

wo r die Werthe $1, 2, 3 \ldots (m-1)$ zu durchlaufen hat, so erhält man mit Rücksicht auf (50) das Resultat

$$\psi(\alpha) = -\frac{\pi i}{m} \varphi(\alpha). \tag{65}$$

Offenbar ist $\varphi(\alpha)$ eine ganze algebraische Zahl; bezieht man daher das Productzeichen Π' auf alle Wurzeln α der Gleichung (63), so ist $\Pi' \varphi(\alpha)$ als symmetrische Function dieser Wurzeln*)

---

*) Will man sich hierauf nicht berufen, so leuchtet doch ein, dass das fragliche Product rational ist, weil man es als eine Norm oder als ein Product mehrerer Normen in denjenigen Körpern ansehen kann, welche den Wurzeln der Gleichung (63) entsprechen.

eine ganze *rationale* Zahl, und wir wollen zeigen, dass dieselbe positiv und ausserdem durch $(2m)^{\nu-1}$ theilbar ist. Das Erstere leuchtet sofort ein, wenn ν gerade ist, weil in diesem Falle die Wurzeln der Gleichung (63) aus imaginären Paaren von der Form α, α^{-1} bestehen; ist ferner ν ungerade, also $m \equiv 3$ (mod. 4), so tritt ausser solchen Paaren noch die reelle Wurzel $\alpha = -1$ auf, also auch der reelle Factor

$$\varphi(-1) = -\Sigma r(-1)^{-r'} = -\Sigma\left(\frac{r}{m}\right)r,$$

welcher aber nach einer früheren Untersuchung (§. 104, S. 264) einen positiven Werth hat. Um auch die zweite Behauptung zu erweisen, bilden wir das Product

$$c\,\varphi(\alpha) = -\alpha\,\Sigma(cr)\,\alpha^{-(cr)'},$$

wo c wieder die Basis unseres Index-Systems bedeutet; reducirt man hierin die Producte cr auf ihre kleinsten positiven Reste nach m, so stimmen dieselben im Complex wieder mit den Zahlen r überein, woraus offenbar folgt, dass $(c-\alpha)\,\varphi(\alpha)$ durch m theilbar, mithin

$$\Pi'(c-\alpha) \,.\, \Pi'\varphi(\alpha) \equiv 0 \pmod{m^\nu}$$

ist; hierin ist der erste Factor

$$\Pi'(c-\alpha) = c^\nu + 1 \equiv 0 \pmod{m};$$

wählt man aber die Zahl c so, dass sie eine primitive Wurzel auch von m^2 wird (§. 128), so ist $c^{2\nu}-1$ und folglich auch $c^\nu + 1$ nicht durch m^2 theilbar, und hieraus folgt, dass $\Pi'\varphi(\alpha)$ durch $m^{\nu-1}$ theilbar ist*). Ganz ähnlich ergiebt sich die Theilbarkeit durch $2^{\nu-1}$; durchläuft nämlich u diejenigen ν Werthe r, deren Indices $u' \equiv 0, -1, -2 \cdots -(\nu-1) \pmod{2\nu}$ sind, so durchläuft die Zahl $(m-u)$, deren Index $\equiv u' + \nu \pmod{2\nu}$, die übrigen Werthe r, und man erhält

$$\varphi(\alpha) = -\Sigma(2u-m)\,\alpha^{-u'};$$

da aber

$$\Sigma\alpha^{-u'} = 1 + \alpha + \cdots + \alpha^{\nu-1} = \frac{1-\alpha^\nu}{1-\alpha} = \frac{2}{1-\alpha},$$

also

$$\varphi(\alpha) = \frac{2m}{1-\alpha} - 2\,\Sigma u\,\alpha^{-u'}$$

---

*) Natürlich ist dies Resultat von der bei dem Beweise gemachten speciellen Annahme über c gänzlich unabhängig.

ist, so folgt, dass $(1-\alpha)\varphi(\alpha)$ durch 2 theilbar ist, und hieraus ergiebt sich, dass $\prod'\varphi(\alpha)$ durch $2^{\nu-1}$ theilbar ist, weil $\prod'(1-\alpha) = 1^\nu + 1 = 2$ ist. Nachdem hiermit unsere obigen Behauptungen bewiesen sind, können wir

$$\prod{}'\varphi(\alpha) = (2m)^{\nu-1}a \tag{66}$$

setzen, wo a eine *natürliche Zahl* *) bedeutet, und hiermit ergiebt sich zugleich

$$\prod{}'\psi(\alpha) = \frac{(-2\pi i)^\nu a}{2m}. \tag{67}$$

Wir haben jetzt den Ausdruck $\psi(\alpha)$ für den zweiten Fall zu untersuchen, in welchem $\alpha^\nu = +1$ oder vielmehr

$$\frac{\alpha^\nu - 1}{\alpha - 1} = 1 + \alpha + \alpha^2 + \cdots + \alpha^{\nu-1} = 0 \tag{68}$$

ist (im Falle $m=3$, $\nu=1$ giebt es keine solche Zahl α, also auch keinen solchen Factor $\psi(\alpha)$). Lässt man u ein vollständiges Restsystem nach dem Modul ν durchlaufen, so bilden diese Zahlen u in Verbindung mit den Zahlen $u+\nu$ ein vollständiges System von incongruenten Zahlen s in Bezug auf den Modul 2ν, und aus der Definition (57) folgt daher in unserem Falle

$$\psi(\alpha) = -\sum \alpha^{-u}\log(\mu_u\,\mu_{u+\nu}), \tag{69}$$

wo die imaginären Theile der Logarithmen wieder zwischen den Grenzen $\pm\pi i$ liegen; da aber die Producte $\mu_u\,\mu_{u+\nu}$ positiv sind, so folgt hieraus, dass die Logarithmen *reell* sind. Bezieht sich nun das Productzeichen $\prod''$ auf alle Wurzeln α der Gleichung (68), so ergiebt sich zunächst, dass $\prod''\psi(\alpha)$ *positiv* ist; dies leuchtet sofort ein, wenn ν ungerade ist, weil in diesem Falle die genannten Wurzeln aus imaginären Paaren von der Form α, α^{-1} bestehen; ist ferner ν gerade, also $m \equiv 1 \pmod{4}$, so tritt ausser solchen Paaren noch die reelle Wurzel $\alpha = -1$ auf, also auch der reelle Factor

$$\psi(-1) = -\sum(-1)^{-s}\log\mu_{s+\nu} = -\sum\left(\frac{r}{m}\right)\log(1-\theta^{-r}),$$

welcher aber nach einer früheren Untersuchung (§. 104, S. 267) einen positiven Werth hat. Setzt man nun nach Belieben

$$\tau = \frac{\mu_1}{\mu} \quad \text{oder} \quad = \frac{(\mu\,\theta^\nu)_1}{\mu\,\theta^\nu}, \tag{70}$$

---

*) Dieselbe ist von Kummer mit $P'(m)$ bezeichnet.

welcher letztere Werth der Bedingung $\tau_\nu = \tau$ genügt, also *reell* ist, so ist τ eine *Einheit* in Ω, weil μ und μ_1 associirt sind, und wir wollen beweisen, dass das positive Product

$$\Pi''\,\psi(\alpha) = T' \tag{71}$$

ist, wo T' den *Regulator* des aus den $\nu - 1$ conjugirten Einheiten

$$\tau_0,\ \tau_1 \ldots \tau_{\nu-2} \tag{72}$$

bestehenden Systems T bedeutet (S. 597).

Hierzu setzen wir im Anschluss an die in §. 183 (S. 596) eingeführte Bezeichnung den reellen Logarithmus

$$\log(\omega_u\,\omega_{u+\nu}) = l_u(\omega), \tag{73}$$

wo u auch durch jede nach ν congruente Zahl ersetzt werden darf; dann ist allgemein

$$l_u(\omega_v) = l_{u+v}(\omega),$$

und wenn man zur Abkürzung

$$l_u(\mu) = \lambda_u$$

setzt, so folgt aus (70)

$$l_u(\tau_v) = l_{u+v}\left(\frac{\mu_1}{\mu}\right) = \lambda_{u+v+1} - \lambda_{u+v}.$$

Multiplicirt man nun das Product der $\nu - 1$ Factoren

$$\psi(\alpha) = -\sum \lambda_u\,\alpha^{-u}$$

noch mit dem von Null verschiedenen Factor

$$\psi(1) = -(\lambda_0 + \lambda_1 + \cdots + \lambda_{\nu-1}) = -\log N(\mu) = -\log m,$$

so wird nach einem sehr bekannten Satze*) der Determinanten-Theorie das Product

$$\psi(1)\,\Pi''\,\psi(\alpha) = (-1)^\nu \begin{vmatrix} \lambda_0, & \lambda_1 \ldots \lambda_{\nu-2}, & \lambda_{\nu-1} \\ \lambda_{\nu-1}, & \lambda_0 \ldots \lambda_{\nu-3}, & \lambda_{\nu-2} \\ \cdot & \cdot\ \cdot\ \cdot\ \cdot\ \cdot & \cdot \\ \lambda_2, & \lambda_3 \ldots \lambda_0, & \lambda_1 \\ \lambda_1, & \lambda_2 \ldots \lambda_{\nu-1}, & \lambda_0 \end{vmatrix}$$

$$= \begin{vmatrix} \lambda_1 - \lambda_0, & \lambda_2 - \lambda_1 \ldots \lambda_{\nu-1} - \lambda_{\nu-2}, & -\lambda_{\nu-1} \\ \lambda_0 - \lambda_{\nu-1}, & \lambda_1 - \lambda_0 \ldots \lambda_{\nu-2} - \lambda_{\nu-3}, & -\lambda_{\nu-2} \\ \cdot & \cdot\ \cdot\ \cdot\ \cdot\ \cdot & \cdot \\ \lambda_3 - \lambda_2, & \lambda_4 - \lambda_3 \ldots \lambda_1 - \lambda_0, & -\lambda_1 \\ \lambda_2 - \lambda_1, & \lambda_3 - \lambda_2 \ldots \lambda_0 - \lambda_{\nu-1}, & -\lambda_0 \end{vmatrix}$$

*) Vergl. *Baltzer: Theorie und Anwendung der Determinanten*, §. 11, 2. (vierte Auflage, 1875).

$$= \begin{vmatrix} l_0(\tau_0), & l_0(\tau_1) & \ldots l_0(\tau_{\nu-2}), & -\lambda_{\nu-1} \\ l_{\nu-1}(\tau_0), & l_{\nu-1}(\tau_1) & \ldots l_{\nu-1}(\tau_{\nu-2}), & -\lambda_{\nu-2} \\ \cdot & \cdot & \cdot & \cdot \\ l_2(\tau_0), & l_2(\tau_1) & \ldots l_2(\tau_{\nu-2}), & -\lambda_1 \\ l_1(\tau_0), & l_1(\tau_1) & \ldots l_1(\tau_{\nu-2}), & -\lambda_0 \end{vmatrix}$$

und da diese Determinante (nach §. 183, S. 597) gleich $\psi(1)\,T'$ ist, so ergiebt sich hieraus die zu beweisende Gleichung (71).

Bezeichnet man nun wieder mit S ein System von $\nu - 1$ *Fundamentaleinheiten*, und mit σ die in der entsprechenden Gruppe (S) enthaltenen Einheiten, so lässt sich jede Einheit τ_0, $\tau_1 \ldots \tau_{\nu-2}$ in die Form $\varrho\,\sigma$ setzen, wo ϱ eine der r reducirten Einheiten bedeutet und eine Wurzel der Gleichung $\varrho^r = 1$ ist; man kann folglich die positive Grösse

$$T' = b\,S' \tag{74}$$

setzen, wo S' den positiven Regulator des Systems S, und b eine *natürliche Zahl**) bedeutet (§. 183, 8). Unter den r reducirten Einheiten ϱ befinden sich jedenfalls die $2m$ Einheiten

$$\pm 1, \pm \theta, \pm \theta^2 \ldots \pm \theta^{m-1},$$

weil ihre in Bezug auf S genommenen *Exponenten* sämmtlich verschwinden, und da $(-\theta)^r = 1$ sein muss, so ist r jedenfalls theilbar durch $2m$. Wir wollen nun zeigen, dass $r = 2m$ ist, dass also ausser den genannten keine andere Einheitswurzel ϱ in Ω existirt. Dies ist eigentlich eine unmittelbare Folge der allgemeinen Gesetze, welche die algebraische Verwandtschaft der Körper beherrschen, auf die wir uns hier jedoch nicht berufen wollen. Zu demselben Ziele gelangt man leicht, wenn man gemäss (7) die ganze Zahl $\varrho = F(\theta)$ setzt, woraus $\varrho^{-1} = F(\theta^{-1})$ folgt, und die Gleichung $F(\theta)\,F(\theta^{-1}) = 1$ nach Ausführung der Multiplication näher untersucht. Wir ziehen hier aber folgenden Weg vor, bei welchem wir uns auf die Theorie der Ideale stützen. Ist p irgend eine in r aufgehende Primzahl, und p^q die höchste Potenz von p, welche in r aufgeht, so befinden sich unter den Wurzeln ϱ der Gleichung $\varrho^r = 1$ auch die primitiven Wurzeln ϱ der Gleichung $\varrho^{p^q} = 1$; bezeichnet man eine bestimmte von ihnen mit ϱ, so sind alle in der Form ϱ^s enthalten, wo s alle

---

*) Zur Bestimmung dieser Zahl nach (74) ist die Kenntniss eines Fundamentalsystems S erforderlich, welches aber bis jetzt, selbst in den einfachsten Fällen, nur durch äusserst beschwerliche Rechnungen zu erlangen ist.

durch p nicht theilbaren Zahlen durchläuft, die nach dem Modul pq incongruent sind, und wenn t eine Variabele bedeutet, so ist (nach §. 139)

$$\frac{t^{pq}-1}{t^q-1} = \prod (t - \varrho^s).$$

Setzt man hierin $t = 1$, so ergiebt sich, wie im Anfange dieses Paragraphen, dass

$$p = \delta (1 - \varrho)^{(p-1)q}$$

ist, wo δ eine Einheit bedeutet; ist daher $\mathfrak{p}$ ein in p aufgehendes Primideal, so geht $\mathfrak{p}$ auch in $1 - \varrho$ auf, und folglich ist p durch $\mathfrak{p}^{(p-1)q}$ theilbar. Wenn nun p von m verschieden ist, so ist p, wie wir oben gesehen haben, durch kein Quadrat eines Primideals theilbar, und folglich muss $(p - 1)q = 1$, also $p = 2$, $q = 1$ sein; mithin ist r durch keine von m verschiedene ungerade Primzahl, und auch nicht durch 4 theilbar; und ebenso ergiebt sich für den Fall $p = m$, dass $q = 1$ ist, also r nicht durch m^2 theilbar sein kann, weil $\mathfrak{o} m$ die $(m-1)^{\text{te}}$ Potenz eines Primideals ist. Da nun r, wie oben bemerkt, durch $2m$ theilbar ist, so folgt hieraus offenbar, dass

$$r = 2m \tag{75}$$

ist, wie behauptet war. Behält daher E dieselbe Bedeutung, wie in den beiden vorhergehenden Paragraphen, so ist

$$S' = 2mE, \tag{76}$$

und folglich*)

$$\prod{}'' \psi(\alpha) = 2mbE. \tag{77}$$

Durch Zusammensetzung der in (58), (62), (67) und (77) erhaltenen Resultate ergiebt sich nun leicht der Werth des auf alle Wurzeln α der Gleichung (50) ausgedehnten Productes

$$\prod L^0(\alpha) = \frac{1}{m^{2\nu-1}} \prod (\alpha, \theta) \prod{}' \psi(\alpha) \prod{}'' \psi(\alpha),$$

und hierdurch nimmt die Gleichung (52) mit Rücksicht auf (9) folgende Form an

$$gh = \frac{(2\pi)^\nu E a b}{m^{\nu-1}\sqrt{m}} - \frac{(2\pi)^\nu E a b}{\sqrt{(D)}}; \tag{78}$$

da ferner (nach §. 184, II)

$$g = \frac{(2\pi)^\nu E}{\sqrt{(D)}} \tag{79}$$

---

*) Offenbar ist $2mb$ die Anzahl der in Bezug auf das System T reducirten Einheiten.

ist, so erhalten wir das von Kummer gefundene Endresultat

$$h = ab, \tag{80}$$

wo a, b natürliche Zahlen bedeuten, die durch die Gleichungen (66) und (74) definirt sind.

§. 186.

Als zweites und letztes Beispiel, auf welches wir unsere allgemeine Idealtheorie anwenden wollen, wählen wir das der *quadratischen Körper*, weil dasselbe mit dem Hauptgegenstande dieses Werkes, der Theorie der binären quadratischen Formen, im engsten Zusammenhange steht. Wir haben schon früher (§. 175) die Grundzahl D eines solchen Körpers Ω bestimmt und gezeigt, dass, wenn

$$\theta = \frac{D + \sqrt{D}}{2}, \quad \mathfrak{o} = [1, \theta] \tag{1}$$

gesetzt wird, $\mathfrak{o}$ das System aller in Ω enthaltenen ganzen Zahlen ist. Um nun alle Primideale dieses Körpers zu finden, erinnern wir wieder daran, dass zu jedem solchen Ideal $\mathfrak{p}$ eine bestimmte, durch $\mathfrak{p}$ theilbare natürliche Primzahl p gehört, welche von allen durch $\mathfrak{p}$ theilbaren natürlichen Zahlen die kleinste ist, woraus unmittelbar folgt, dass die p Zahlen $0, 1, 2 \ldots (p-1)$ jedenfalls incongruent nach $\mathfrak{p}$ sind; da ferner $N(\mathfrak{p})$ ein Divisor von $p^2 = N(p)$, also entweder $= p$ oder $= p^2$ ist, so ist $\mathfrak{p}$ ein Ideal ersten oder zweiten Grades, und es leuchtet ein, dass im ersten Falle $\mathfrak{o}p = \mathfrak{p}\mathfrak{p}'$, also ein Product von zwei Primidealen ersten Grades, im zweiten Falle aber $\mathfrak{o}p = \mathfrak{p}$ ein Primideal zweiten Grades ist, also p auch im Körper Ω den Charakter einer Primzahl behält. Wir wollen nun beweisen, dass der erste oder zweite Fall eintritt, je nachdem D *quadratischer Rest oder Nichtrest von* $4p$ ist.

In der That, nehmen wir an, es finde der erste Fall $\mathfrak{o}p = \mathfrak{p}\mathfrak{p}'$ statt, so bilden, weil $(\mathfrak{o}, \mathfrak{p}) = N(\mathfrak{p}) = p$ ist, die Zahlen $0, 1, 2 \ldots (p-1)$ ein vollständiges Restsystem nach $\mathfrak{p}$, und folglich giebt es eine *rationale* Zahl t, welche der Bedingung

$$t \equiv \theta \pmod{\mathfrak{p}} \tag{2}$$

genügt; setzt man daher, indem man (wie in §. 175) die zu einer Zahl ω conjugirte Zahl mit ω' bezeichnet,

$$\pi = \theta - t = \frac{r + \sqrt{D}}{2},\quad \pi' = \theta' - t = \frac{r - \sqrt{D}}{2}, \tag{3}$$

$$N(\pi) = \pi\pi' = \frac{r^2 - D}{4}, \tag{4}$$

wo

$$r = D - 2t \tag{5}$$

ebenfalls eine ganze rationale Zahl bedeutet, so ist π durch $\mathfrak{p}$, mithin $N(\pi)$ durch $N(\mathfrak{p})$, also durch p theilbar, und hieraus folgt, dass

$$r^2 \equiv D \pmod{4p}, \tag{6}$$

also D quadratischer Rest von $4p$ ist. Umgekehrt, wenn die vorstehende Congruenz durch eine ganze rationale Zahl r befriedigt wird, so ist $r \equiv D \pmod{2}$, und folglich sind die obigen, aus r oder t gebildeten Zahlen π, π' *ganze* Zahlen, deren Product durch p theilbar ist; da aber zufolge (1) keiner der beiden Factoren π, π' durch p theilbar ist, so kann $\mathfrak{o}p$ kein Primideal sein, und folglich ist $\mathfrak{o}p$ gewiss ein Product von zwei Primidealen ersten Grades, womit unser Satz vollständig bewiesen ist.

Wir können noch hinzufügen, dass, wenn wir für den Fall $\mathfrak{o}p = \mathfrak{p}\mathfrak{p}'$ die vorstehenden Bezeichnungen beibehalten, die Zahl π' immer durch $\mathfrak{p}'$ theilbar ist. Da nämlich π durch $\mathfrak{p}$, aber nicht durch p theilbar ist, so kann man $\mathfrak{o}\pi = \mathfrak{p}\mathfrak{q}$ setzen, wo das Ideal $\mathfrak{q}$ nicht durch $\mathfrak{p}'$ theilbar ist; da ferner $\pi\pi'$ durch p, also $\mathfrak{p}\mathfrak{q}\pi'$ durch $\mathfrak{p}\mathfrak{p}'$, mithin $\mathfrak{q}\pi'$ durch $\mathfrak{p}'$ theilbar ist, so muss π' durch das Primideal $\mathfrak{p}'$ theilbar sein, wie behauptet war*).

Es ist nun noch von Wichtigkeit zu untersuchen, unter welcher Bedingung die in diesem Falle auftretenden Factoren $\mathfrak{p}$, $\mathfrak{p}'$ mit einander identisch sind, also $\mathfrak{o}p = \mathfrak{p}^2$ wird; da unter dieser Annahme beide Zahlen π, π' durch $\mathfrak{p}$ theilbar sind, so gilt dasselbe von der Zahl $r = \pi + \pi'$, und da r *rational* ist, so muss r auch durch p theilbar sein, woraus mit Rücksicht auf (6) folgt, *dass p in D aufgeht.* Umgekehrt, wenn p eine in der Grundzahl D aufgehende Primzahl ist, so folgt zunächst, dass D auch quadratischer Rest von $4p$ ist; ist nämlich $p = 2$, so ist

---

*) Man findet auch leicht, dass $\mathfrak{p} = [p, \pi]$, $\mathfrak{p}' = [p, \pi']$ ist, und wir empfehlen dem Leser, die Gleichung $\mathfrak{p}\mathfrak{p}' = \mathfrak{o}p$ durch wirkliche Ausführung der Multiplication zu verificiren, wobei es darauf ankommt, den viergliedrigen Modul $[p^2, p\pi, p\pi', \pi\pi']$ nach §. 172 auf einen zweigliedrigen zu reduciren (vergl. §. 187).

D (nach §. 175) durch 4 theilbar, und folglich wird die Congruenz (6) durch $r = 0$ oder durch $r = 2$ befriedigt; ist aber p ungerade, so geschieht dasselbe durch $r = 0$ oder $r = p$, je nachdem $D \equiv 0$ oder $\equiv 1$ (mod. 4) ist. Mithin ist $\mathfrak{o}p$ ein Product von zwei Primidealen ersten Grades $\mathfrak{p}$, $\mathfrak{p}'$; behält man die obigen Bezeichnungen bei und berücksichtigt, dass r jedenfalls durch p theilbar ist, so folgt, dass die durch $\mathfrak{p}$ theilbare Zahl $\pi = r - \pi'$ auch durch $\mathfrak{p}'$ theilbar ist; wäre nun $\mathfrak{p}'$ verschieden von $\mathfrak{p}$, so müsste π durch $\mathfrak{p}\mathfrak{p}'$, also auch durch p theilbar sein, was nicht der Fall ist; mithin ist $\mathfrak{p}' = \mathfrak{p}$, und folglich $\mathfrak{o}p = \mathfrak{p}^2$. Wir können daher das Resultat unserer bisherigen Untersuchung so aussprechen:

*Bedeutet p eine natürliche Primzahl, so ist $\mathfrak{o}p$ stets und nur dann das Quadrat eines Primideals vom ersten Grade, wenn p in der Grundzahl D aufgeht; ist aber D nicht theilbar durch p, so ist $\mathfrak{o}p$ ein Product von zwei verschiedenen Primidealen ersten Grades, oder $\mathfrak{o}p$ ist selbst ein Primideal zweiten Grades, je nachdem D quadratischer Rest oder Nichtrest von $4p$ ist**).

Die Zahl $p = 2$ bietet den ersten, zweiten oder dritten Fall dar, je nachdem $D \equiv 0$ (mod. 4), $\equiv 1$ (mod. 8), oder $\equiv 5$ (mod. 8) ist, und hieraus erklärt sich das eigenthümliche Verhalten der Zahl 2 in der Theorie der quadratischen Reste (§. 36). Ist p ungerade, so kommt, weil stets $D^2 \equiv D$ (mod. 4) ist, die Bedingung (6) darauf hinaus, dass D quadratischer Rest von p ist, und folglich wird der erste, zweite oder dritte Fall eintreten, je nachdem

$$\left(\frac{D}{p}\right) = 0, \quad = +1, \quad \text{oder} = -1$$

---

*) Hierzu bemerken wir Folgendes. Sind die Primideale eines Normalkörpers bekannt, so gilt dasselbe, wie demnächst an einem anderen Orte gezeigt werden soll, auch für jeden Divisor dieses Körpers. Nun ist, wie wir schon in der Schlussbemerkung zu §. 175 gesagt haben, unser quadratischer Körper Ω ein Divisor desjenigen Normalkörpers, welcher aus einer primitiven D^{ten} Wurzel der Einheit entspringt, und da die Ideale dieses Kreistheilungs-Körpers nach den in §. 185 (S. 618) angegebenen Sätzen bekannt sind, so folgt daraus auch die Bestimmung der Ideale des quadratischen Körpers Ω, aber in einer anderen als der obigen Form, nämlich so, dass die Zerlegung von $\mathfrak{o}p$ in Primideale sich unmittelbar aus der Zahlclasse ergiebt, welcher die Zahl p nach dem Modul D angehört. Aus der Vergleichung beider Formen ergiebt sich abermals ein Beweis des Reciprocitätssatzes.

ist. Um aber *alle* Fälle zusammenzufassen, wollen wir ein anderes Symbol einführen und

$$(D, p) = 0, \quad = +1, \quad \text{oder} = -1 \tag{7}$$

setzen, je nachdem die Primzahl p den ersten, zweiten oder dritten Fall darbietet; für jede ungerade Primzahl p ist daher

$$(D, p) = \left(\frac{D}{p}\right).$$

Wir definiren ferner

$$(D, 1) = 1, \tag{8}$$

und wenn

$$m = p\, p'\, p'' \ldots$$

ein Product von beliebig vielen Primzahlen $p, p', p'' \ldots$ ist, so setzen wir entsprechend

$$(D, m) = (D, p)\,(D, p')\,(D, p'') \ldots, \tag{9}$$

woraus der allgemeine Satz

$$(D, m'm'') = (D, m')\,(D, m'') \tag{10}$$

folgt*).

Indem wir die bei der allgemeinen Untersuchung über die Anzahl h der Idealclassen benutzten Bezeichnungen beibehalten (§. 184), setzen wir

$$\Omega(s) = \Sigma N(\mathfrak{a})^{-s} = \Pi (1 - N(\mathfrak{p})^{-s})^{-1}; \tag{11}$$

fassen wir die Factoren des Productes zusammen, welche von den verschiedenen in einer und derselben natürlichen Primzahl p aufgehenden Primidealen $\mathfrak{p}$ herrühren, so ist dieser Beitrag gleich

$$(1 - p^{-s})^{-1}, \quad (1 - p^{-s})^{-2}, \quad (1 - p^{-2s})^{-1},$$

je nachdem der erste, zweite oder dritte der obigen Fälle eintritt; mit Benutzung des eben eingeführten Symbols (7) kann man aber diese drei Ausdrücke in der gemeinschaftlichen Form des Productes

$$(1 - p^{-s})^{-1}(1 - (D, p)\,p^{-s})^{-1}$$

zusammenfassen, und hieraus folgt mit Rücksicht auf (10), dass

$$\begin{aligned} \Omega(s) &= \Pi (1 - p^{-s})^{-1}\, \Pi (1 - (D, p)\,p^{-s})^{-1} \\ &= \Sigma \frac{1}{m^s} \cdot \Sigma \frac{(D, m)}{m^s} \end{aligned} \tag{12}$$

---

*) Eine erfolgreiche Verallgemeinerung dieses Symbols findet sich in der Abhandlung von *H. Weber: Zahlentheoretische Untersuchungen aus dem Gebiete der elliptischen Functionen* (Nachr. v. d. Göttinger Ges. d. W., 18. Januar 1893).

ist, wo m in jeder der beiden Summen alle natürlichen Zahlen durchlaufen muss. Multiplicirt man mit der positiven Grösse $s-1$ und lässt dieselbe unendlich klein werden, so ergiebt sich hieraus

$$g\,h = \lim \Sigma \frac{(D, m)}{m^s}, \tag{13}$$

wo g die frühere Bedeutung hat; ordnet man die Glieder der Reihe nach wachsenden m, so folgt aus dem Reciprocitätssatze (vergl. §. 52), dass die Summe von je (D) auf einander folgenden Coefficienten (D, m) verschwindet; mithin convergirt die Reihe für alle positiven Werthe s, und da sie zugleich eine stetige Function von s ist (§. 101), so erhalten wir

$$g\,h = \Sigma \frac{(D, m)}{m}. \tag{14}$$

Den Werth von g haben wir früher allgemein bestimmt (§. 184), aber er nimmt je nach dem Vorzeichen der Grundzahl D verschiedene Formen an. Ist D *negativ*, so ist $\nu = 1$, und E ist der umgekehrte Werth der Anzahl r aller in Ω enthaltenen Einheiten, welche $= 6$ für $D = -3$, $= 4$ für $D = -4$, und $= 2$ in allen anderen Fällen ist; es wird daher

$$g = \frac{2\pi}{r\sqrt{-D}},$$

mithin

$$h = \frac{r\sqrt{-D}}{2\pi} \Sigma \frac{(D, m)}{m}. \tag{15}$$

Ist aber D *positiv*, so ist $\nu = 2$; die Anzahl r der reducirten Einheiten ± 1 ist $= 2$, mithin

$$E = \frac{1}{2} \log \varepsilon = \frac{1}{2} \log \left(\frac{T + U\sqrt{D}}{2}\right),$$

wo ε die *Fundamentaleinheit* bedeutet, also T, U die kleinsten natürlichen Zahlen sind, welche der Pell'schen Gleichung

$$T^2 - D\,U^2 = \pm 4$$

genügen; es wird daher

$$g = \frac{2 \log \varepsilon}{\sqrt{D}}$$

und folglich

$$h = \frac{\sqrt{D}}{2 \log \varepsilon} \Sigma \frac{(D, m)}{m}. \tag{16}$$

Nimmt man aber für diesen Fall die auf S. 578 beschriebene feinere Eintheilung in Idealclassen an, nach welcher zwei Ideale $\mathfrak{a}$, $\mathfrak{a}_1$ nur dann derselben Classe zugetheilt werden, wenn es eine Zahl η von *positiver* Norm giebt, welche der Bedingung $\mathfrak{a}\eta = \mathfrak{a}_1$ genügt, so bestimmt sich die Anzahl h_1 dieser Idealclassen auf folgende Weise. Bedeuten T_1, U_1 die kleinsten natürlichen Zahlen, welche der Bedingung

$$T_1^2 - D\,U_1^2 = +4$$

genügen, so ist

$$\varepsilon_1 = \frac{T_1 + U_1\sqrt{D}}{2}$$

die kleinste unter allen denjenigen Einheiten von *positiver* Norm, welche positiv und > 1 sind. Ist nun $N(\varepsilon) = -1$, also $\varepsilon_1 = \varepsilon^2$, so stimmt die jetzige Eintheilung in Idealclassen mit der früheren völlig überein, also ist $h_1 = h$; ist aber $N(\varepsilon) = +1$, also $\varepsilon_1 = \varepsilon$, so giebt es gar keine Einheit von negativer Norm, und folglich ist $h_1 = 2h$, weil z. B. die Zahl $\sqrt{D}$ eine negative Norm besitzt. Für *beide* Fälle ergiebt sich daher aus (16) die gemeinsame Bestimmung

$$h_1 = \frac{\sqrt{D}}{\log \varepsilon_1} \sum \frac{(D, m)}{m}. \tag{17}$$

Vergleicht man die so gewonnenen Resultate (15) und (17) mit denen des fünften Abschnitts (§§. 97, 99), so wird man sich bei genauer Berücksichtigung der damals und jetzt angewendeten Bezeichnungen leicht überzeugen, dass, je nachdem die Grundzahl $D \equiv 0$ oder $\equiv 1 \pmod{4}$ ist, die Anzahl unserer Idealclassen vollständig übereinstimmt mit der Classenanzahl der (positiven) ursprünglichen Formen erster Art für die *Determinante* $\frac{1}{4}D$, oder mit derjenigen der (positiven) ursprünglichen Formen zweiter Art für die *Determinante* D. Diese Uebereinstimmung ist eine nothwendige Folge des Umstandes, dass in unserem Falle der quadratischen Körper, wie man leicht finden wird, jede bestimmte Classe von eigentlich äquivalenten Formen der *Discriminante* D auch nur einer einzigen Idealclasse entspricht (vergl. §. 182, S. 584 bis 585 und den Schluss von §. 187).

Die Eintheilung der binären quadratischen Formen in *Geschlechter* (Supplement IV) lässt sich ebenfalls leicht auf die Ideale übertragen, und sowohl diese Untersuchung wie der auf die Abzählung der zweiseitigen Classen gestützte Beweis des Reciprocitätssatzes (§§. 152 bis 154) gewinnt in der neuen Einkleidung eine weit einfachere Gestalt, deren Herstellung wir jedoch dem Leser überlassen müssen. Dagegen wollen wir im Folgenden noch die allgemeine Theorie der *Moduln* für quadratische Körper hinzufügen, weil dieselbe die Composition der binären quadratischen Formen in sich schliesst und für viele andere Untersuchungen, z. B. für die Theorie der complexen Multiplication der elliptischen Functionen*) von grosser Bedeutung ist.

§. 187.

Jeder endliche Modul, dessen Zahlen sämmtlich dem quadratischen Körper Ω angehören, lässt sich (nach §. 172, VI) immer auf eine Basis zurückführen, welche aus höchstens *zwei* Zahlen besteht, und wir wollen im Folgenden unter einem *Modul*, falls das Gegentheil nicht ausdrücklich bemerkt wird, immer einen solchen zweigliedrigen Modul

$$\mathfrak{m} = [\alpha, \beta] \tag{1}$$

verstehen, dessen Basiszahlen α, β wirklich von einander unabhängig sind und folglich zugleich eine Basis des Körpers Ω bilden. Es ist nun zweckmässig, jede solche beliebig gegebene Basis so umzuformen, dass die eine der beiden Basiszahlen eine *positive rationale* Zahl m wird. Um die Möglichkeit dieser Umformung darzuthun, bemerken wir, dass, weil die Zahl 1 in Ω enthalten ist, es immer zwei bestimmte rationale Zahlen x, y giebt, welche der Bedingung $x\alpha + y\beta = 1$ genügen; stellt man dieselben als Brüche mit demselben Nenner dar und sondert aus den Zählern den grössten gemeinschaftlichen Theiler ab, so nimmt diese Gleichung die Form

$$m = p\alpha + q\beta$$

an, wo p, q relative Primzahlen bedeuten, und m eine positive, ganze oder gebrochene rationale Zahl ist; bestimmt man ferner zwei ganze rationale Zahlen r, s so, dass

---

*) Dieselbe ist im Wesentlichen von *Kronecker* geschaffen und in zahlreichen Schriften behandelt, deren Sammlung bevorsteht. Vergl. die Abhandlung von *Hermite: Sur la théorie des équations modulaires et la résolution de l'équation du cinquième degré* (1859), ferner die Werke von *H. Weber: Elliptische Functionen und algebraische Zahlen* (1890) und von *F. Klein* und *R. Fricke: Vorlesungen über die Theorie der elliptischen Modulfunctionen* (1890 bis 1892).

$$ps - qr = \pm 1$$

wird, und setzt hierauf

$$m\omega = r\alpha + s\beta,$$

so leuchtet ein, dass die Zahlen m, $m\omega$ ebenfalls eine irreducibele Basis von $\mathfrak{m}$ bilden und dass folglich

$$\mathfrak{m} = [m, m\omega] = m[1, \omega] \tag{2}$$

ist. Da ω gewiss irrational ist, so ist $[m]$ der Inbegriff aller in $\mathfrak{m}$ enthaltenen rationalen Zahlen, und m ist als die *kleinste positive* unter ihnen vollständig bestimmt.

Die Zahl ω ist die eine Wurzel einer irreducibelen quadratischen Gleichung

$$a\omega^2 - b\omega + c = 0, \tag{3}$$

wo a, b, c ganze rationale Zahlen ohne gemeinschaftlichen Theiler bedeuten, und diese sind durch ω vollständig bestimmt, wenn wir festsetzen, dass a immer *positiv* sein soll. Bedeutet D wieder die Grundzahl des Körpers Ω, und setzen wir, wie im vorigen Paragraphen,

$$\theta = \frac{D + \sqrt{D}}{2}, \quad \mathfrak{o} = [1, \theta], \tag{4}$$

so ist $a\omega$ als ganze Zahl von der Form

$$a\omega = h + k\theta = \frac{b + k\sqrt{D}}{2} = \frac{b + \sqrt{d}}{2}, \tag{5}$$

wo h, k ganze rationale Zahlen bedeuten, und

$$d = b^2 - 4ac = \Delta(1, a\omega) = Dk^2 \tag{6}$$

ist. Da ω ohne Aenderung von $\mathfrak{m}$ durch $-\omega$ ersetzt werden kann, so wollen wir für die Folge immer festsetzen, dass k *positiv* sein soll. Man sieht leicht, dass hierdurch, wenn ein gegebener Modul $\mathfrak{m}$ vorliegt, die Zahl ω so weit und nur so weit bestimmt ist, dass sie durch $\omega_0 = \omega + z$ ersetzt werden kann, wo z jede beliebige ganze rationale Zahl bedeutet; dies hat aber keinen Einfluss auf die Zahlen a, k und d, die mithin vollständig bestimmt sind, während b in $b_0 = 2az + b$, und c in $c_0 = az^2 + bz + c$ übergeht; da mithin b_0 alle Individuen einer bestimmten rationalen *Zahlclasse* nach dem Modul $2a$ durchläuft, so kann man, wenn man will, ω_0 durch die Bedingung vollständig bestimmen, dass $0 \leqq b_0 < 2a$ sein soll, was aber keinen wesentlichen Nutzen gewährt. Dagegen ist es bisweilen vortheilhaft, ω_0 so zu wählen, dass c_0 relative Primzahl zu a wird; um dies zu erreichen, kann man, wenn r das Product aller gleichzeitig in a und in c aufgehenden Primzahlen, und s das Product aller übrigen in a aufgehenden Primzahlen bedeutet, z so wählen, dass $z \equiv 1 \pmod{r}$ und zugleich $z \equiv 0 \pmod{s}$ wird, was (nach §. 25) stets möglich ist.

Unter der *Ordnung* $\mathfrak{m}^0$ des Moduls $\mathfrak{m}$, die wir kürzer mit $\mathfrak{n}$ bezeichnen wollen, verstehen wir, wie früher (§. 170), den Inbegriff aller Zahlen ν, für welche $\mathfrak{m}\nu$ durch $\mathfrak{m}$ theilbar wird. Aus dieser Definition folgt offenbar, dass, wenn η eine beliebige von Null verschiedene Zahl bedeutet, $\mathfrak{n}$ zugleich die Ordnung des Moduls $\eta\mathfrak{m}$ ist; behalten wir daher die vorhergehenden Bezeichnungen bei, so sind die gesuchten Zahlen ν alle diejenigen, für welche $[\nu, \nu\omega]$ durch $[1, \omega]$ theilbar wird, und hierzu ist erforderlich und hinreichend, dass die beiden Zahlen ν und $\nu\omega$ in $[1, \omega]$ enthalten sind. Es muss daher zunächst $\nu = x + y\omega$ sein, wo x, y ganze rationale Zahlen bedeuten; dann ist $\nu\omega = x\omega + y\omega^2$, und da $x\omega$ in $[1, \omega]$ enthalten ist, so muss dasselbe auch von $y\omega^2$ gelten; zufolge (3) ist aber

$$y\omega^2 = \frac{y(b\omega - c)}{a},$$

mithin müssen die beiden Producte by, cy durch a theilbar sein; da aber die Zahlen a, b, c keinen gemeinschaftlichen Theiler haben, so folgt hieraus, dass y durch a theilbar, also $y = az$, $\nu = x + za\omega$ sein muss, wo z ebenfalls eine ganze rationale Zahl bedeutet; und da umgekehrt jede solche Zahl $x + za\omega$ die geforderte Eigenschaft besitzt, so erhalten wir das Resultat

$$\mathfrak{n} = [1, a\omega] = [1, k\theta] = \mathfrak{o}k + [1]. \tag{7}$$

Jede Ordnung $\mathfrak{n}$ ist daher ein Modul, welcher nur *ganze* Zahlen und unter diesen auch die Zahl 1, mithin alle ganzen rationalen Zahlen enthält (vergl. §. 173, III); umgekehrt leuchtet ein, dass ein jeder solche Modul $\mathfrak{n}$ (in unserem Falle der quadratischen Körper) auch gewiss eine Ordnung, nämlich die Ordnung von $\mathfrak{n}$ selbst ist. Für die *Discriminante*, den *Index* und *Führer* der Ordnung $\mathfrak{n}$ (S. 590) ergeben sich ferner aus (4), (6) und (7) leicht die Ausdrücke

$$\Delta(\mathfrak{n}) = d, \ (\mathfrak{o}, \mathfrak{n}) = k, \ \frac{\mathfrak{n}}{\mathfrak{o}} = \mathfrak{o}k, \tag{8}$$

und es leuchtet ein, dass jede Ordnung $\mathfrak{n}$ durch ihren Index k vollständig bestimmt ist.

Offenbar ist der Modul $\mathfrak{m}$ stets und nur dann ein *Ideal*, wenn er durch $\mathfrak{o}$ theilbar, und $\mathfrak{n} = \mathfrak{o}$, also $k = 1$, und m eine ganze, durch a theilbare Zahl ist. Dies führt dazu, den Begriff der *Norm* auch auf beliebige Moduln $\mathfrak{m}$ zu übertragen, und zwar wollen wir hier*) darunter den Quotienten

$$N(\mathfrak{m}) = \frac{(\mathfrak{n}, \mathfrak{m})}{(\mathfrak{m}, \mathfrak{n})} \tag{9}$$

verstehen, welcher sich in der That, wenn $\mathfrak{m}$ ein Ideal ist, auf den der früheren Definition entsprechenden Werth $(\mathfrak{o}, \mathfrak{m})$ reducirt (§. 180). Da die Basiszahlen von $\mathfrak{m}$ mit denen von $\mathfrak{n}$ durch die linearen Gleichungen

$$m = m.1 + 0.a\omega,\ m\omega = 0.1 + \frac{m}{a} \cdot a\omega$$

verbunden sind, so ergiebt sich (nach §. 175, (10)) das Resultat

$$N(\mathfrak{m}) = \begin{vmatrix} m, & 0 \\ 0, & \dfrac{m}{a} \end{vmatrix} = \frac{m^2}{a}. \tag{10}$$

Bezeichnet man allgemein, wenn α eine beliebige Zahl des Körpers Ω ist, mit α' die conjugirte Zahl, in welche α durch die nicht identische Permutation des Körpers übergeht, so ist

$$a(\omega + \omega') = b,\ a\omega\omega' = c; \tag{11}$$

durchläuft μ alle Zahlen des Moduls $\mathfrak{m}$, so bilden die Zahlen μ' einen mit $\mathfrak{m}$ *conjugirten* Modul $m[1, \omega']$, den wir mit $\mathfrak{m}'$ bezeichnen wollen; halten wir aber an der obigen Vorschrift für die Wahl der Basiszahlen fest, so haben wir

$$\mathfrak{m}' = m[1, -\omega'] \tag{12}$$

zu setzen, und da

$$a(-\omega')^2 - (-b)(-\omega') + c = 0$$

ist, so geschieht der Uebergang von $\mathfrak{m}$ zu $\mathfrak{m}'$ lediglich dadurch, dass b durch $-b$ ersetzt wird, während m, a, c, k, d unverändert bleiben. Ebenso ist natürlich $\mathfrak{m}$ conjugirt mit $\mathfrak{m}'$, und beide Moduln haben dieselbe Ordnung $\mathfrak{n} = \mathfrak{n}'$ und dieselbe Norm; sie sind aber nur dann mit einander identisch, wenn b durch a theilbar, also $b \equiv 0$ oder $\equiv a \pmod{2a}$ ist, und in diesem Falle kann $\mathfrak{m}$ ein *zweiseitiger* Modul genannt werden (vergl. §. 58).

Jede in dem Modul $\mathfrak{m}$ enthaltene Zahl μ ist von der Form

$$\mu = m(x + y\omega), \tag{13}$$

*) Vergl. die beiden folgenden Anmerkungen.

wo x, y ganze rationale Zahlen bedeuten; hieraus folgt

$$N(\mu) = \mu\mu' = m^2(x + y\omega)(x + y\omega'),$$

und wenn man die Multiplication ausführt, so ergiebt sich

$$N(\mu) = N(\mathfrak{m})(ax^2 + bxy + cy^2); \tag{14}$$

jedem Modul $\mathfrak{m}$ *entspricht* daher, wenn man die obigen Regeln für die Wahl der Basis festhält, eine *ursprüngliche* binäre quadratische Form $(a, \frac{1}{2}b, c)$ oder vielmehr eine bestimmte Schaar von unendlich vielen solchen parallelen Formen, in welchen b alle Individuen einer bestimmten Zahlclasse nach dem positiven Modul $2a$ durchläuft, und deren Discriminante $b^2 - 4ac$ zugleich die Discriminante d der Ordnung $\mathfrak{n}$ ist; dem conjugirten Modul $\mathfrak{m}'$ entspricht die *entgegengesetzte* Schaar $(a, -\frac{1}{2}b, c)$. Offenbar entspricht dieselbe Schaar $(a, \frac{1}{2}b, c)$ allen und nur allen Moduln von der Form $\mathfrak{m}n$, wo n jede von Null verschiedene *rationale* Zahl bedeutet. Da ferner die Zahlen $1, a\omega$ eine Basis der Ordnung $\mathfrak{n}$ bilden, und

$$a\omega\mu = m(-cy + (ax + by)\omega)$$

$$\begin{vmatrix} x, & y \\ -cy, & ax + by \end{vmatrix} = ax^2 + bxy + cy^2$$

ist, so stimmt diese Form $(a, \frac{1}{2}b, c)$ genau mit derjenigen überein, welche nach der auf S. 590 gegebenen Vorschrift dem Modul $\mathfrak{m}$ entspricht.

Indem wir uns jetzt zur *Multiplication* der Moduln wenden, erinnern wir zunächst an die beiden allgemeinen, in §. 170 (S. 505) bewiesenen Sätze

$$\mathfrak{m}\mathfrak{n} = \mathfrak{m},\ \mathfrak{n}^2 = \mathfrak{n}, \tag{15}$$

welche sich auch leicht durch die wirkliche Multiplication aus (2) und (7) ergeben. Von besonderer Wichtigkeit ist die Bildung des Productes $\mathfrak{m}\mathfrak{m}'$ aus zwei conjugirten Moduln; durch Multiplication von (2) und (12) erhält man zunächst

$$\mathfrak{m}\mathfrak{m}' = m^2[1, \omega, \omega', \omega\omega'];$$

addirt man die zweite Basiszahl zur dritten, so folgt aus (11)

$$\mathfrak{m}\mathfrak{m}' = \frac{m^2}{a}\,[a, a\omega, b, c],$$

und da $[a, b, c] = [1]$ ist, so erhalten wir das Resultat*)

*) Es ist wohl von Nutzen, hier zu bemerken, dass schon bei Körpern dritten Grades ein ähnlicher Satz nicht in voller Allgemeinheit gilt, und dasselbe ist von mehreren der nachfolgenden Sätze zu sagen.

$$\mathfrak{m}\mathfrak{m}' = \frac{m^2}{a}[1, a\omega] = \mathfrak{n}N(\mathfrak{m}); \tag{16}$$

mithin ist $\mathfrak{m}$ (nach §. 170, V) ein *eigentlicher* Modul, und zugleich ergiebt sich

$$\mathfrak{m}' = \mathfrak{m}^{-1}N(\mathfrak{m}). \tag{17}$$

Wir betrachten jetzt ein Product aus zwei beliebigen Moduln $\mathfrak{m}$, $\mathfrak{m}_1$ und setzen

$$\mathfrak{m}\mathfrak{m}_1 = \mathfrak{m}_2; \tag{18}$$

da $\mathfrak{m}_2$ aus allen Zahlen μ_2 von der Form $\Sigma\mu\mu_1$ besteht, so besteht der conjugirte Modul $\mathfrak{m}'_2$ aus allen Zahlen μ'_2 von der Form $\Sigma\mu'\mu'_1$, und folglich ist

$$\mathfrak{m}'\mathfrak{m}'_1 = \mathfrak{m}'_2 = (\mathfrak{m}\mathfrak{m}_1)'.$$

Durch Multiplication dieser beiden Gleichungen erhält man zufolge (16)

$$\mathfrak{n}\mathfrak{n}_1 N(\mathfrak{m})N(\mathfrak{m}_1) = \mathfrak{n}_2 N(\mathfrak{m}_2),$$

wo $\mathfrak{n}_1$, $\mathfrak{n}_2$ die Ordnungen von $\mathfrak{m}_1$, $\mathfrak{m}_2$ bedeuten; da nun das Product $\mathfrak{n}\mathfrak{n}_1$ nur *ganze* Zahlen und offenbar auch die Zahl 1 enthält, so ist es nach dem Obigen wieder eine Ordnung; die vorstehende Gleichung liefert daher, wenn man auf die beiderseits auftretenden *rationalen* Zahlen achtet, zunächst den Satz*)

$$N(\mathfrak{m})N(\mathfrak{m}_1) = N(\mathfrak{m}_2) = N(\mathfrak{m}\mathfrak{m}_1), \tag{19}$$

---

*) Will man auch bei Körpern höheren Grades den Begriff der Norm $N(\mathfrak{m})$ jedes endlichen Moduls $\mathfrak{m}$, dessen Basis zugleich eine Basis des Körpers ist, so fassen, dass der Satz (19) allgemein gilt, und dass, falls $\mathfrak{m}$ ein Ideal ist, $N(\mathfrak{m})$ die alte Bedeutung $(\mathfrak{o}, \mathfrak{m})$ behält, so *muss* man, weil $N(\mathfrak{o}) = 1$ und $\mathfrak{o}\mathfrak{m}$ ein Idealbruch ist, die obige Definition (9) durch

$$N(\mathfrak{m}) = N(\mathfrak{o}\mathfrak{m}) = \frac{(\mathfrak{o}, \mathfrak{o}\mathfrak{m})}{(\mathfrak{o}\mathfrak{m}, \mathfrak{o})}$$

ersetzen (vergl. die Anm. auf S. 564—565). Dass schon bei Körpern dritten Grades diese beiden Definitionen *nicht* übereinstimmen, lehrt folgendes einfache Beispiel. Ist $\alpha^3 = 2$, so ist $\mathfrak{o} = [1, \alpha, \alpha^2]$ der Inbegriff aller ganzen Zahlen des aus α gebildeten Körpers $R(\alpha)$; ist nun m eine ungerade Zahl und > 1, ferner $\mathfrak{m} = [m, \alpha, \alpha^2]$, so wird $\mathfrak{o}\mathfrak{m} = \mathfrak{o}$, also $(\mathfrak{o}, \mathfrak{o}\mathfrak{m}) = (\mathfrak{o}\mathfrak{m}, \mathfrak{o}) = 1$; andererseits ist die Ordnung $\mathfrak{m}^0 = [1, m\alpha, m\alpha^2]$, also $\mathfrak{m} + \mathfrak{m}^0 = \mathfrak{o}$, $(\mathfrak{m}^0, \mathfrak{m}) = (\mathfrak{o}, \mathfrak{m}) = m$, $(\mathfrak{m}, \mathfrak{m}^0) = (\mathfrak{o}, \mathfrak{m}^0) = m^2$, woraus unsere Behauptung einleuchtet; die dem Modul $\mathfrak{m}$ entsprechende zerlegbare Form (S. 590) ist auch nicht ursprünglich, sondern sie besitzt den Theiler m. Man findet ferner $\mathfrak{m}^{-1} = \mathfrak{m}\mathfrak{m}^{-1} = \mathfrak{m}^0 : \mathfrak{o} = \mathfrak{o}m$, also ist $\mathfrak{m}$ ein uneigentlicher Modul (S. 506). Da zugleich $\mathfrak{m}^2 = \mathfrak{o}$, also $(\mathfrak{m}\mathfrak{m})^0$ nicht $= \mathfrak{m}^0\mathfrak{m}^0 = \mathfrak{m}^0$, sondern $= \mathfrak{o}$ ist, so gilt auch der obige Satz (20) nicht allgemein für Körper höheren Grades.

mithin auch den folgenden

$$\mathfrak{n}\mathfrak{n}_1 = \mathfrak{n}_2; \tag{20}$$

die Norm eines Productes ist daher gleich dem Producte aus den Normen der Factoren, und ebenso ist die Ordnung eines Productes gleich dem Producte aus den Ordnungen der Factoren (vergl. §. 170, VIII).

Da die Zahl 1 in jeder Ordnung enthalten ist, so ist das Product $\mathfrak{n}\mathfrak{n}_1$ ein gemeinschaftlicher Theiler von $\mathfrak{n}$ und $\mathfrak{n}_1$ und zwar, wie wir jetzt zeigen wollen, ihr *grösster* gemeinschaftlicher Theiler. Bedeuten k, k_1, k_2 die Indices der Ordnungen $\mathfrak{n}$, $\mathfrak{n}_1$, $\mathfrak{n}_2$, so ist $\mathfrak{n} = [1, k\theta]$, $\mathfrak{n}_1 = [1, k_1\theta]$, und folglich

$$\mathfrak{n}\mathfrak{n}_1 = [1, k\theta, k_1\theta, kk_1\theta^2];$$

da aber $\theta^2 = D\theta - D_1$ ist, wo D_1 eine ganze rationale Zahl, so kann die letzte Basiszahl $kk_1\theta^2$, weil sie eine Summe von Vielfachen der beiden ersten ist, weggelassen werden, und man erhält

$$\mathfrak{n}\mathfrak{n}_1 = [1, k\theta, k_1\theta] = \mathfrak{n} + \mathfrak{n}_1, \tag{21}$$

wie behauptet war. Da nun dasselbe Product zufolge (20) auch $= [1, k_2\theta]$ ist, so folgt, dass der Index k_2 des Productes der grösste gemeinschaftliche Theiler der Indices k, k_1 der Factoren ist. Bedeuten ferner d, d_1, d_2 die Discriminanten von $\mathfrak{n}$, $\mathfrak{n}_1$, $\mathfrak{n}_2$, so ist $d = Dk^2$, $d_1 = Dk_1^2$, $d_2 = Dk_2^2$, und folglich ist die Discriminante des Productes auch der grösste gemeinschaftliche Theiler von den Discriminanten der Factoren.

Die letzten Sätze ergeben sich auch auf folgende Weise, wobei wir den Buchstaben $m_1, \omega_1, a_1, b_1, c_1$ und $m_2, \omega_2, a_2, b_2, c_2$ dieselbe Bedeutung für die Moduln $\mathfrak{m}_1$ und $\mathfrak{m}_2$ beilegen, welche m, ω, a, b, c für $\mathfrak{m}$ haben. Dann ist zufolge (20)

$$[1, a_2\omega_2] = [1, a\omega]\,[1, a_1\omega_1] = [1, a\omega, a_1\omega_1, aa_1\omega\omega_1],$$

und es gelten daher (nach §. 172) vier Gleichungen von der Form

$$\begin{aligned} 1 &= 1 \;.\; 1 + 0 \;.\; a_2\omega_2 \\ a\omega &= f \;.\; 1 + e \;.\; a_2\omega_2 \\ a_1\omega_1 &= f_1 \;.\; 1 + e_1 \;.\; a_2\omega_2 \\ aa_1\omega\omega_1 &= f_2 \;.\; 1 + e_2 \;.\; a_2\omega_2, \end{aligned} \tag{22}$$

wo die acht Coefficienten rechts solche ganze rationale Zahlen sind, dass die sechs aus ihnen gebildeten Determinanten

$$e,\ e_1,\ e_2,\ fe_1 - ef_1,\ fe_2 - ef_2,\ f_1e_2 - e_1f_2$$

keinen gemeinschaftlichen Theiler haben; da aber jeder gemeinschaftliche Theiler der drei ersten auch in den folgenden aufgeht, so folgt, dass e, e_1, e_2 keinen gemeinschaftlichen Theiler haben. Zufolge (22) ist ferner

$$(f + e a_2 \omega_2)(f_1 + e_1 a_2 \omega_2) = f_2 + e_2 a_2 \omega_2,$$

also

$$e e_1 (a_2 \omega_2)^2 - (e_2 - e f_1 - e_1 f)(a_2 \omega_2) + f f_1 - f_2 = 0;$$

vergleicht man dies mit der Gleichung

$$(a_2 \omega_2)^2 - b_2 (a_2 \omega_2) + a_2 c_2 = 0,$$

so ergiebt sich

$$e_2 = e f_1 + e_1 f + e e_1 b_2, \quad f_2 = f f_1 - e e_1 a_2 c_2; \tag{23}$$

aus der ersten dieser beiden Gleichungen folgt, dass jeder gemeinschaftliche Theiler von e, e_1 auch in e_2 aufgeht; da aber oben gezeigt ist, dass diese drei Zahlen keinen gemeinschaftlichen Theiler haben, so sind e, e_1 *relative Primzahlen.* Ersetzt man nun in (22) die Grössen $a\omega$, $a_1 \omega_1$, $a_2 \omega_2$ gemäss (5) durch

$$\frac{b + k\sqrt{D}}{2}, \quad \frac{b_1 + k_1 \sqrt{D}}{2}, \quad \frac{b_2 + k_2 \sqrt{D}}{2},$$

so ergiebt sich

$$k = e k_2, \quad k_1 = e_1 k_2, \quad (\mathfrak{n}_1, \mathfrak{n}) = e, \quad (\mathfrak{n}, \mathfrak{n}_1) = e_1, \tag{24}$$

also auch

$$d = d_2 e^2, \quad d_1 = d_2 e_1^2, \tag{25}$$

und ausserdem

$$f = \frac{b - b_2 e}{2}, \quad f_1 = \frac{b_1 - b_2 e_1}{2}; \tag{26}$$

ebenso erhält man aus der letzten der Gleichungen (22), oder indem man die vorstehenden Ausdrücke in (23) substituirt,

$$e_2 = \frac{b e_1 + b_1 e}{2}, \quad f_2 = \frac{b b_1 + d_2 e e_1 - 2 b_2 e_2}{4}. \tag{27}$$

Aus (24) und (25) folgt abermals, dass k_2 der grösste gemeinschaftliche Theiler von k, k_1, und ebenso d_2 derjenige von d, d_1 ist.

Sind also die beiden Moduln $\mathfrak{m}, \mathfrak{m}_1$ gegeben, so findet man die Zahlen e, e_1, k_2, d_2 aus (24) und (25) durch die Bedingung, dass e, e_1 relative Primzahlen sein müssen, und hiermit ist auch e_2 zufolge (27) gefunden. Wir wollen nun dazu übergehen, den Modul $\mathfrak{m}_2$ vollständig zu bestimmen, indem wir auch die Zahlen m_2, a_2, b_2, c_2 aus den Daten ableiten. Da das Product $m m_1$ in $\mathfrak{m}_2$ und folglich auch in $[m_2]$ enthalten ist, so kann man zunächst

$$\mathfrak{m}\mathfrak{m}_1 = p\mathfrak{m}_2, \quad \mathfrak{m}_2 = \frac{\mathfrak{m}\mathfrak{m}_1}{p} \tag{28}$$

setzen, wo p eine *natürliche* Zahl bedeutet; ersetzt man nun die im Satze (19) auftretenden Normen durch ihre Ausdrücke gemäss (10), so erhält man

$$a a_1 = p^2 a_2, \quad a_2 = \frac{a a_1}{p^2}, \tag{29}$$

mithin ist die Bestimmung von $\mathfrak{m}_2$ und a_2 auf diejenige von p zurückgeführt. Ersetzt man ferner die Moduln $\mathfrak{m}, \mathfrak{m}_1, \mathfrak{m}_2$ durch ihre Ausdrücke gemäss (2), so nimmt die Gleichung $\mathfrak{m}_2 = \mathfrak{m}\mathfrak{m}_1$ die Form

$$[1, \omega_2] = p\,[1, \omega]\,[1, \omega_1] = p\,[1, \omega_1, \omega, \omega\omega_1] \tag{30}$$

an; man kann daher (nach §. 172)

$$\begin{aligned} p &= p \;\;\;\, . \; 1 + 0 \;\;\;\, . \; \omega_2 \\ p\omega_1 &= p' \;\;\, . \; 1 + q' \;\;\, . \; \omega_2 \\ p\omega &= p'' \;\, . \; 1 + q'' \;\, . \; \omega_2 \\ p\omega\omega_1 &= p''' . \; 1 + q''' . \; \omega_2 \end{aligned} \tag{31}$$

setzen, wo die acht Coefficienten rechter Hand solche ganze rationale Zahlen sind, dass die sechs aus ihnen gebildeten Determinanten

$$pq', \; pq'', \; pq''', \; p'q'' - q'p'', \; p'q''' - q'p''', \; p''q''' - q''p''',$$

also jedenfalls auch die drei Zahlen q', q'', q''' keinen gemeinschaftlichen Theiler haben*). Substituirt man nun in (31) für $\omega, \omega_1, \omega\omega_1$ die aus (22) folgenden Ausdrücke, so erhält man die Gleichungen

$$\begin{aligned} p(f_1 + e_1 a_2 \omega_2) &= a_1 (p' + q' \omega_2) \\ p(f + e a_2 \omega_2) &= a (p'' + q'' \omega_2) \\ p(f_2 + e_2 a_2 \omega_2) &= a a_1 (p''' + q''' \omega_2), \end{aligned}$$

welche, weil ω_2 irrational ist, in die folgenden zerfallen

$$p e_1 a_2 = a_1 q', \quad p e a_2 = a q'', \quad p e_2 a_2 = a a_1 q''' \tag{32}$$

$$p f_1 = a_1 p', \qquad p f = a p'', \qquad p f_2 = a a_1 p'''. \tag{33}$$

Substituirt man in (32) für a_2 den in (29) angegebenen Ausdruck, so erhält man

---

*) Hieraus folgt in Verbindung mit der aus (31) leicht abzuleitenden Gleichung $q'\omega + q''\omega_1' = q''' = q'\omega' + q''\omega_1$ ein für die Theorie der complexen Multiplication der elliptischen Functionen sehr wichtiger Satz (vergl. meinen Aufsatz (§. 7) *über die Theorie der elliptischen Modul-Functionen* in Crelle's Journal, Bd. 83).

$$a e_1 = p q', \quad a_1 e = p q'', \quad e_2 = p q''', \tag{34}$$

und da q', q'', q''', wie oben bemerkt, keinen gemeinschaftlichen Theiler haben, so ist p offenbar als grösster (positiver) gemeinschaftlicher Theiler der drei bekannten Zahlen $a e_1$, $a_1 e$, e_2 vollständig bestimmt, und dasselbe gilt mithin von den drei Zahlen q', q'', q''', sowie von den beiden Zahlen m_2, a_2, welche sich aus (28) und (29) ergeben. Multiplicirt man ferner die Gleichungen (33) mit $2a$, $2a_1$, 2, und ersetzt $a a_1$ durch $p^2 a_2$, so erhält man mit Rücksicht auf (34), wenn man für f_1, f, f_2 die in (26) und (27) angegebenen Ausdrücke substituirt, die Gleichungen

$$\frac{a b_1}{p} - q' b_2 = 2 a_2 p', \quad \frac{a_1 b}{p} - q'' b_2 = 2 a_2 p'',$$
$$\frac{b b_1 + d_2 e e_1}{2p} - q''' b_2 = 2 a_2 p''',$$

also die Congruenzen

$$\left.\begin{aligned} q' b_2 &\equiv \frac{a b_1}{p} \\ q'' b_2 &\equiv \frac{a_1 b}{p} \\ q''' b_2 &\equiv \frac{b b_1 + d_2 e e_1}{2p} \end{aligned}\right\} \text{(mod. } 2 a_2), \tag{35}$$

durch welche die Zahl b_2 nach dem Modul $2 a_2$ vollständig bestimmt ist, weil q', q'', q''' keinen gemeinschaftlichen Theiler haben (vergl. §. 145); und hieraus ergiebt sich endlich auch c_2 durch die Gleichung

$$c_2 = \frac{b_2^2 - d_2}{4 a_2}. \tag{36}$$

Hiermit ist die Bestimmung des Productes $\mathfrak{m}_2$ aus den beiden Factoren $\mathfrak{m}$, $\mathfrak{m}_1$ vollendet, und wir haben nur noch die folgende Bemerkung hinzuzufügen. Da die *Existenz* des Moduls $\mathfrak{m}_2 = \mathfrak{m}\,\mathfrak{m}_1$ von vornherein gewiss ist, so müssen wir schliessen, dass die in (26), (27), (29), (35) und (36) in Form von Brüchen auftretenden Zahlen in Wahrheit *ganze* Zahlen, dass ferner die drei Congruenzen (35) wirklich mit einander vereinbar sind, und dass die so erhaltenen Zahlen a_2, b_2, c_2 keinen gemeinschaftlichen Theiler haben; dies Alles würde sich auch auf directem Wege leicht beweisen lassen, was wir jedoch dem Leser überlassen wollen *).

*) Vergl. *Arndt*: *Auflösung einer Aufgabe in der Composition der quadratischen Formen* (Crelle's Journal, Bd. 56).

Wir bezeichnen nun mit x, y und x_1, y_1 zwei Systeme von unabhängigen Variabelen und bilden die bilinearen Functionen

$$\begin{aligned} x_2 &= p\,x\,x_1 + p'\,x\,y_1 + p''\,y\,x_1 + p'''\,y\,y_1 \\ y_2 &= \qquad\quad q'\,x\,y_1 + q''\,y\,x_1 + q'''\,y\,y_1; \end{aligned} \tag{37}$$

setzt man ferner

$$\mu = m(x + y\,\omega), \quad \mu_1 = m_1(x_1 + y_1\,\omega_1), \quad \mu_2 = m_2(x_2 + y_2\,\omega_2),$$

so folgt aus (28) und (31), dass $\mu_2 = \mu\,\mu_1$, also für rationale Werthe der Variabelen auch $N(\mu_2) = N(\mu)\,N(\mu_1)$ ist; ersetzt man diese Normen durch ihre Ausdrücke gemäss (14) und berücksichtigt (19), so ergiebt sich

$$\begin{aligned} &a_2\,x_2^2 + b_2\,x_2\,y_2 + c_2\,y_2^2 \\ &= (a\,x^2 + b\,x\,y + c\,y^2)\,(a_1\,x_1^2 + b_1\,x_1\,y_1 + c_1\,y_1^2); \end{aligned} \tag{38}$$

man sagt daher, die Form $(a_2, \frac{1}{2}b_2, c_2)$ gehe durch die bilineare Substitution (37) in das Product der beiden Formen $(a, \frac{1}{2}b, c)$ und $(a_1, \frac{1}{2}b_1, c_1)$ über, und nennt die erste Form *zusammengesetzt* aus den beiden letzteren*); offenbar ist (38) in Folge von (37) eine Identität, welche für beliebige Werthe der unabhängigen Variabelen gilt. —

Die vorstehende Darstellung der Multiplication der Moduln bildet zugleich die Grundlage für die Behandlung der umgekehrten Aufgabe, alle Moduln $\mathfrak{m}$ zu finden, welche der Bedingung $\mathfrak{m}\,\mathfrak{m}_1 = \mathfrak{m}_2$ genügen, wo $\mathfrak{m}_1$ und $\mathfrak{m}_2$ *gegebene* Moduln bedeuten. Wir beschränken uns aber hier darauf, einige Hauptpuncte dieser äusserst wichtigen Untersuchung hervorzuheben, und überlassen die weitere Ausführung dem Leser. Aus (20) folgt, dass, wenn die Aufgabe lösbar sein soll, die Ordnung $\mathfrak{n}_1$ des Moduls $\mathfrak{m}_1$ durch die Ordnung $\mathfrak{n}_2$ des Moduls $\mathfrak{m}_2$ theilbar sein muss; diese *erforderliche* Bedingung, welche im Folgenden stets als erfüllt vorausgesetzt wird und auch durch $\mathfrak{n}_1\,\mathfrak{n}_2 = \mathfrak{n}_2$ oder $k_1 = e_1\,k_2$ ausgedrückt werden kann, ist aber auch *hinreichend*, und es giebt dann immer *unendlich viele* Moduln $\mathfrak{m}$, welche die Bedingung

*) Vergl. §. 146. Die allgemeinste Art der Composition der binären quadratischen Formen, wie sie von *Gauss* dargestellt ist (*D. A.* artt. 235, 236), erhält man, wenn man statt der speciellen Darstellungsform (2) der Moduln die allgemeinere Form (1) zu Grunde legt; dies ist in §. 170 der *zweiten* Auflage dieses Werkes (1871) geschehen, wo ich auch für die quadratischen Formen schon den Ausdruck $(a, {}^1/_2\,b, c)$ statt (a, b, c) gewählt habe (vergl. die Anmerkung auf S. 388 und eine Mittheilung von *Kronecker* im Sitzungsbericht der Berliner Akademie vom 30. Juli 1885).

$\mathfrak{m}\,\mathfrak{m}_1 = \mathfrak{m}_2$ erfüllen. Zunächst findet man nach (16) oder (17) durch Multiplication mit $\mathfrak{m}_1'$ oder $\mathfrak{m}_1^{-1}$ leicht den Hauptsatz, dass es immer einen und nur einen solchen Modul $\mathfrak{m}$ giebt, dessen Ordnung $= \mathfrak{n}_2$ ist; bezeichnet man diesen gegebenen Modul $\mathfrak{m}_2\,\mathfrak{m}_1^{-1}$ der Kürze halber wieder mit $\mathfrak{m}_2$, so wird zugleich die allgemeine Aufgabe auf den speciellen Fall zurückgeführt, in welchem $\mathfrak{m}_1 = \mathfrak{n}_1$ ist, und man braucht sich nur noch mit der Lösung der Gleichung $\mathfrak{m}\,\mathfrak{n}_1 = \mathfrak{m}_2$ zu beschäftigen. Die Ordnung $\mathfrak{n}$ des Moduls $\mathfrak{m}$ muss so beschaffen sein, dass $\mathfrak{n}_2 = \mathfrak{n}\,\mathfrak{n}_1$ der grösste gemeinschaftliche Theiler von $\mathfrak{n}$ und $\mathfrak{n}_1$, also $k = e k_2$ wird, wo e relative Primzahl zu e_1 ist; nachdem man für den Modul $\mathfrak{m}$ eine solche Ordnung $\mathfrak{n}$, also auch eine solche Zahl e *willkürlich* gewählt hat, leuchtet ein, dass stets $\mathfrak{m}\,\mathfrak{n}_1 = \mathfrak{m}\,\mathfrak{n}_2$ ist, und es kommt daher nur darauf an, alle Moduln $\mathfrak{m}$ von dieser Ordnung $\mathfrak{n}$ zu finden, welche der Bedingung $\mathfrak{m}\,\mathfrak{n}_2 = \mathfrak{m}_2$ genügen. Um nachzuweisen, dass *mindestens ein* solcher Modul $\mathfrak{m}$ existirt, wähle man die in $\mathfrak{m}_2 = m_2\,[1, \omega_2]$ auftretende Zahl ω_2 so, dass c_2 relative Primzahl zu a_2 wird, was nach einer früheren Bemerkung stets möglich ist; setzt man alsdann die vorher gewählte Zahl $e = p\,q''$, wo q'' den grössten Divisor von e bedeutet, welcher relative Primzahl zu a_2 ist, so findet man leicht, dass der Modul $\mathfrak{m} = m_2\,[p, q''\,\omega_2]$ der Bedingung $\mathfrak{m}\,\mathfrak{n}_2 = \mathfrak{m}_2$ genügt, und dass $\mathfrak{n}$ seine Ordnung ist. Um aus diesem einen Modul $\mathfrak{m}$ alle anderen zu finden, benutze man den schon vorher bewiesenen Satz, dass, wenn $\mathfrak{b}$, $\mathfrak{c}$ zwei beliebige Moduln von gleicher Ordnung $\mathfrak{n}$ sind, es immer einen und nur einen Modul $\mathfrak{a} = \mathfrak{c}\,\mathfrak{b}^{-1}$ von derselben Ordnung $\mathfrak{n}$ giebt, welcher der Bedingung $\mathfrak{a}\,\mathfrak{b} = \mathfrak{c}$ genügt; hierdurch wird die *vollständige* Lösung unserer Gleichung $\mathfrak{m}\,\mathfrak{n}_2 = \mathfrak{m}_2$ auf den speciellen Fall $\mathfrak{m}_2 = \mathfrak{n}_2$, also auf die Aufgabe zurückgeführt, alle Moduln $\mathfrak{m}$ von der Ordnung $\mathfrak{n}$ zu finden, welche der Bedingung

$$\mathfrak{m}\,\mathfrak{n}_2 = \mathfrak{n}_2 \tag{39}$$

genügen. Da nun, wenn $\mathfrak{o}$ die frühere Bedeutung hat, immer $\mathfrak{o}\,\mathfrak{n}_2 = \mathfrak{o}$ ist, so genügt ein solcher Modul $\mathfrak{m}$ gewiss auch der Bedingung

$$\mathfrak{m}\,\mathfrak{o} = \mathfrak{o}; \tag{40}$$

diese Moduln, zu welchen offenbar $\mathfrak{n}$ selbst gehört, sind von besonderer Wichtigkeit, und wir wollen jeden Modul $\mathfrak{m}$ von der Ordnung $\mathfrak{n}$, welcher diese letzte Bedingung erfüllt, aus einem sogleich anzugebenden Grunde eine *Wurzel der Ordnung* $\mathfrak{n}$ nennen; es ist zweckmässig, zunächst *alle* diese Wurzeln von $\mathfrak{n}$ zu bestimmen, worauf es keine Schwierigkeit haben wird, diejenigen von ihnen auszusondern, welche auch die Bedingung (39) erfüllen.

Da die Zahl 1 in $\mathfrak{o}$ enthalten, also immer $\mathfrak{m} > \mathfrak{m}\mathfrak{o}$ ist (§. 170, (22)), so folgt aus (40) zuuächst

$$\mathfrak{m} > \mathfrak{o}, \tag{41}$$

also besteht jede Wurzel $\mathfrak{m}$ aus lauter ganzen Zahlen. Da ferner $\mathfrak{n} = \mathfrak{m}:\mathfrak{m}$, und allgemein $(\mathfrak{c} : \mathfrak{a}) : \mathfrak{b} = \mathfrak{c} : \mathfrak{a}\mathfrak{b}$ ist (§. 170, (17)), so folgt aus (8) und (40) auch $\mathfrak{o}k = \mathfrak{n}:\mathfrak{o} = (\mathfrak{m}:\mathfrak{m}):\mathfrak{o} = \mathfrak{m}:\mathfrak{m}\mathfrak{o} = \mathfrak{m}:\mathfrak{o}$, also

$$\frac{\mathfrak{m}}{\mathfrak{o}} = \mathfrak{o}k, \tag{42}$$

mithin (nach §. 170, (14)) auch

$$\mathfrak{o}k > \mathfrak{m}. \tag{43}$$

Da ausserdem $(\mathfrak{o}, \mathfrak{o}k) = N(k) = k^2 > 0$ ist, so folgt aus (41) und (43), dass die Anzahl der Wurzeln $\mathfrak{m}$ der Ordnung $\mathfrak{n}$ *endlich* ist (§. 171, II); diese Anzahl wollen wir mit l bezeichnen. Aus der Definition (40) folgt ferner unmittelbar, dass diese l Wurzeln insofern eine *Gruppe* bilden, als jedes Product aus zwei solchen Wurzeln wieder eine Wurzel derselben Ordnung $\mathfrak{n}$ ist, und hieraus ergiebt sich durch die schon oft angewendete Schlussweise (vergl. §. 149), dass für jede Wurzel $\mathfrak{m}$ der Ordnung $\mathfrak{n}$ der Satz

$$\mathfrak{m}^l = \mathfrak{n} \tag{44}$$

gilt. Umgekehrt, sobald unter den Potenzen $\mathfrak{m}, \mathfrak{m}^2, \mathfrak{m}^3 \ldots$ eines Moduls $\mathfrak{m}$ sich eine *Ordnung* $\mathfrak{n} = \mathfrak{m}^r$ vorfindet, so ist $\mathfrak{n}$ zufolge (20) auch die Ordnung von $\mathfrak{m}$; da ferner die r^{te} Potenz einer jeden in $\mathfrak{m}$ enthaltenen Zahl auch in $\mathfrak{n}$ enthalten, also eine ganze Zahl ist, so besteht $\mathfrak{m}$ (nach §. 173, V) aus lauter ganzen Zahlen; mithin ist $\mathfrak{m}\mathfrak{o}$ ein *Ideal*, und da $(\mathfrak{m}\mathfrak{o})^r = \mathfrak{n}\mathfrak{o}^r = \mathfrak{o}$ ist, so folgt auch $\mathfrak{m}\mathfrak{o} = \mathfrak{o}$, also ist $\mathfrak{m}$ eine Wurzel der Ordnung $\mathfrak{n}$, womit zugleich die eingeführte Benennung gerechtfertigt ist.

Der oben aus der allgemeinen Modultheorie (§. 170) abgeleitete Satz (43) bestätigt sich auch durch die Rechnung, wenn man für $\mathfrak{m}$ die in (2), (3), (5) eingeführten Bezeichnungen beibehält. Setzt man noch $m\omega = \alpha$, so sind die Basiszahlen des Moduls

$$\mathfrak{m} = [m, \alpha] \tag{45}$$

zufolge (41) ganze Zahlen, und aus (40), (19) und (10) ergiebt sich $N(\mathfrak{m}) = 1$, also $a = m^2$; hieraus folgt weiter, dass b *durch* m *theilbar*, mithin c relative Primzahl zu m ist; da aber $c = a\,N(\omega) = N(\alpha) = \alpha\alpha'$ ist, so sind die Basiszahlen m, α ebenfalls *relative Primzahlen*, was auch unmittelbar aus (40), nämlich aus

$$\mathfrak{o}\,m + \mathfrak{o}\,\alpha = \mathfrak{o} \tag{46}$$

folgt; da nach (7) ausserdem

$$\mathfrak{n} = [1, m\alpha] \tag{47}$$

ist, so geht m in dem Index k auf, und wenn

$$\alpha = t + u\theta \tag{48}$$

gesetzt wird, so ist $k = um$, $k\theta = -tm + m\alpha$, woraus wirklich (43) und zugleich

$$(\mathfrak{o}, \mathfrak{m}) = (\mathfrak{m}, \mathfrak{o}\,k) = k \tag{49}$$

folgt. Umgekehrt, wenn eine natürliche Zahl m relative Primzahl zu der irrationalen Zahl α (also auch zu deren Norm c) ist, so hat, wie man leicht findet, der Modul (45) die Ordnung (47), und aus (46) folgt (40), mithin ist $\mathfrak{m}$ eine Wurzel von $\mathfrak{n}$ *).

Um nun die Anzahl l zu bestimmen, ist es zweckmässig, die Darstellung (45) in eine andere Form zu bringen, aus welcher man die wahre Natur und die gegenseitigen Beziehungen der Wurzeln $\mathfrak{m}$ noch deutlicher erkennen wird. Hierzu bemerke man, dass unter den in $\mathfrak{m}$ enthaltenen Zahlen sich auch solche finden, die relative Primzahlen zu k sind; denn weil $\alpha = t + u\theta$ schon relative Primzahl zu m ist, und folglich m, t, u keinen gemeinschaftlichen Theiler haben, so kann man die ganze rationale Zahl z so wählen, dass $t + mz$ relative Primzahl zu u wird, und hieraus folgt, dass die Zahl $\alpha + mz$ (welche auch statt α als zweite Basiszahl von $\mathfrak{m}$ dienen könnte) relative Primzahl zu m und u, also auch zu $k = mu$ ist. Wählt man nun aus $\mathfrak{m}$ nach Belieben eine Zahl ϱ, welche relative Primzahl zu k ist, so sind auch die k Zahlen $\varrho, 2\varrho, 3\varrho \ldots k\varrho$ in $\mathfrak{m}$ enthalten, und da sie incongruent nach k sind, so bilden sie zufolge (49) ein *Restsystem* von $\mathfrak{m}$ nach $\mathfrak{o}\,k$, und hieraus folgt mit Rücksicht auf (43) die neue Darstellung

---

*) Zugleich ist $\mathfrak{m}[1, \alpha] = [1, \alpha]$, und damit $\mathfrak{m}$ auch der Bedingung (39) genüge, ist erforderlich und hinreichend, dass die Ordnung $[1, \alpha]$ durch die Ordnung $\mathfrak{n}_2$ theilbar sei.

$$\mathfrak{m} = [k, k\theta, \varrho] = \mathfrak{o}k + [\varrho]. \tag{50}$$

Umgekehrt, wenn $\varrho = r + s\theta$ eine beliebige relative Primzahl zu k ist, so findet man durch Reduction des vorstehenden Moduls $\mathfrak{m}$ auf eine zweigliedrige Basis m, α, dass $k = mu$, und $\alpha = t + u\theta$ relative Primzahl zu m ist, woraus nach dem Obigen folgt, dass $\mathfrak{m}$ eine Wurzel der Ordnung $\mathfrak{n} = [1, k\theta]$ ist. Jede Wurzel $\mathfrak{m}$ der Ordnung $\mathfrak{n}$ ist also durch eine beliebige in ihr enthaltene Zahl ϱ vollständig bestimmt, welche relative Primzahl zum Index k ist, und man kann daher diese Wurzel $\mathfrak{m}$ zweckmässig durch das Symbol $\mathfrak{n}_\varrho$ bezeichnen; ist σ ebenfalls relative Primzahl zu k, so gilt dasselbe von $\varrho\sigma$, und da dieses Product in dem Producte $\mathfrak{n}_\varrho \mathfrak{n}_\sigma$ enthalten ist, so ergiebt sich

$$\mathfrak{n}_\varrho \mathfrak{n}_\sigma = \mathfrak{n}_{\varrho\sigma}, \tag{51}$$

worin das Gesetz der Multiplication der Wurzeln von $\mathfrak{n}$ seinen einfachsten Ausdruck findet. Sollen ferner die beiden Zahlen ϱ und σ eine und dieselbe Wurzel $\mathfrak{n}_\varrho = \mathfrak{n}_\sigma$ erzeugen, so ist erforderlich und hinreichend, dass $\sigma \equiv r\varrho$, $\varrho \equiv s\sigma$ (mod. k) sei, wo r, s ganze rationale Zahlen bedeuten; hieraus folgt aber $rs \equiv 1$ (mod. k), also muss r relative Primzahl zu k sein; und umgekehrt, wenn $\sigma \equiv r\varrho$ (mod. k) ist, wo r eine ganze rationale Zahl bedeutet, welche relative Primzahl zu k ist, so ist gewiss $\mathfrak{n}_\sigma = \mathfrak{n}_\varrho$. Es giebt mithin (nach §. 18) in Bezug auf k immer genau $\varphi(k)$ verschiedene Zahlclassen, welche aus lauter Zahlen ϱ bestehen, die relative Primzahlen zu k sind und alle eine und dieselbe Wurzel $\mathfrak{n}_\varrho$ der Ordnung $\mathfrak{n}$ erzeugen; bezeichnet man daher (nach §. 180) mit $\varphi(\mathfrak{o}k)$ die Anzahl aller nach k incongruenten Zahlen ϱ in $\mathfrak{o}$, welche relative Primzahlen zu k sind, so ergiebt sich für die Anzahl l aller verschiedenen Wurzeln $\mathfrak{n}_\varrho$ der Ordnung $\mathfrak{n}$ der Ausdruck

$$l = \frac{\varphi(\mathfrak{o}k)}{\varphi(k)}. \tag{52}$$

Hierin ist nun

$$\varphi(k) = k\prod\left(1 - \frac{1}{p}\right),$$

wo das Product über alle verschiedenen, in k aufgehenden rationalen Primzahlen p auszudehnen ist; andererseits ist (nach §. 180, (26))

$$\varphi(\mathfrak{o}k) = k^2\prod\left(1 - \frac{1}{N(\mathfrak{p})}\right),$$

…sich auf alle verschiedenen, in k auf-
…bezieht; ordnet man die Factoren nach
…hlen p, in denen diese Primideale aufgehen,
…l (D, p) die im vorigen Paragraphen fest-
…bei, so erhält man

$$… = k^2 \Pi \left(1 - \frac{1}{p}\right) \left(1 - \frac{(D, p)}{p}\right)$$

$$l = k \Pi \left(1 - \frac{(D, p)}{p}\right). \tag{53}$$

…hiermit die Anzahl aller Wurzeln $\mathfrak{m}$ der Ordnung $\mathfrak{n}$
…findet man leicht die Anzahl aller derjenigen unter
…e der obigen Bedingung (39) genügen, wo $\mathfrak{n}_2$ eine
…n $\mathfrak{n}$ aufgehende Ordnung bedeutet; multiplicirt man
…e l Wurzeln der Ordnung $\mathfrak{n}$ mit $\mathfrak{n}_2$, so werden alle
…von $\mathfrak{n}_2$, und zwar jede gleich oft erzeugt; mithin ist
…hte Anzahl $= l : l_2$, und nach der obigen Untersuchung
…zugleich die Anzahl aller verschiedenen Moduln $\mathfrak{m}$ von
…dnung $\mathfrak{n}$, welche der ursprünglich vorgelegten Bedingung
…$= \mathfrak{m}_2$ genügen.

…ie binären Formen $(a, \frac{1}{2}b, c) = (m^2, \frac{1}{2}m b_0, c)$, welche nach
…den Wurzeln $\mathfrak{m} = [m, \alpha]$ der Ordnung $\mathfrak{n}$ entsprechen, stimmen
…nbar mit denjenigen überein, auf welche wir früher (§§. 150,
…1) bei der Bestimmung der Anzahl der Formen-Classen von
…eliebiger Ordnung geführt sind. Den Grund dieser Uebereinstimmung erkennt man leicht, wenn man nach §. 181 (S. 579) die Moduln, ebenso wie die Ideale, in *Classen* eintheilt und die feinere Bestimmung hinzufügt, dass zwei Moduln $\mathfrak{m}$, $\mathfrak{m}_1$ nur dann äquivalent heissen und in dieselbe Classe aufgenommen werden sollen, wenn es eine Zahl η von *positiver* Norm giebt, welche der Bedingung $\mathfrak{m}\eta = \mathfrak{m}_1$ genügt. Denn wenn man die oben festgesetzten Bezeichnungen und Regeln für die Wahl der Basis eines Moduls $\mathfrak{m} = m[1, \omega]$, sowie für die Bildung der zugehörigen Form $(a, \frac{1}{2}b, c)$ beibehält, so entsprechen je zwei äquivalenten Moduln auch zwei *eigentlich* äquivalente Formen (§. 56), und umgekehrt; beides ergiebt sich leicht daraus, dass die Aequivalenz der Moduln $\mathfrak{m} = m[1, \omega]$, $\mathfrak{m}_1 = m_1[1, \omega_1]$ in der Existenz einer Zahl η von positiver Norm besteht, welche der Bedingung $[\eta, \eta\omega] = [1, \omega_1]$ genügt, und dass sowohl diese Bedingung wie die eigentliche Aequivalenz der zugehörigen Formen $(a, \frac{1}{2}b, c)$,

$(a_1, \frac{1}{2} b_1, c_1)$ mit der Existenz von vier ganzen rationale
p, q, r, s zusammenfällt, welche die Gleichungen

$$\eta = p + q\omega_1, \quad \eta\omega = r + s\omega_1, \quad \omega = \frac{r + s\omega_1}{p + q\omega_1}$$

$$ps - qr = +1$$

befriedigen*). Mithin entsprechen die Modul- und Formen-C sich gegenseitig und eindeutig. Bezeichnet man nun, wie fr mit O die Hauptclasse der Ideale, so erzeugt jede Modulclas eine Idealclasse MO; umgekehrt, wenn A eine beliebige Id classe, und $\mathfrak{n}$ eine beliebige Ordnung ist, so folgt aus uns obigen Untersuchung über die umgekehrte Aufgabe der Mu plication der Moduln, dass es immer mindestens eine Classe von der Ordnung $\mathfrak{n}$ giebt, welche diese Idealclasse A erzeu und zwar findet man leicht, dass jede Idealclasse A durch glei viele Modulclassen M von der Ordnung $\mathfrak{n}$ erzeugt wird. Be zeichnet man daher mit h' die Anzahl der verschiedenen Modul classen M für die Ordnung $\mathfrak{n}$, mit h die Anzahl der Idealclassen so ist $h' = rh$, wo r die Anzahl derjenigen Classen M bedeutet, welche der Bedingung $MO = O$ genügen und folglich durch Wurzeln der Ordnung $\mathfrak{n}$ repräsentirt werden. Bezeichnet man nun mit λ die Anzahl aller derjenigen von diesen l Wurzeln, welche der Hauptclasse der Ordnung $\mathfrak{n}$ angehören, also mit $\mathfrak{n}$ äquivalent sind, so findet man ebenso leicht, dass jede solche Classe M durch λ verschiedene Wurzeln repräsentirt wird, dass also $l = r\lambda$, mithin

$$\frac{h'}{h} = \frac{l}{\lambda} = \frac{k}{\lambda}\Pi\left(1 - \frac{(D, p)}{p}\right) \tag{55}$$

ist (vergl. §. 151). Bedeutet aber $\mathfrak{m} = [m, \alpha]$ eine solche mit $\mathfrak{n}$ äquivalente Wurzel von $\mathfrak{n}$, so ist $\mathfrak{m} = \mathfrak{n}\eta$, woraus folgt, dass η in $\mathfrak{m}$ enthalten, also eine ganze Zahl und zwar eine *Einheit* (von positiver Norm) ist, weil sie in den beiden relativen Primzahlen m, α aufgehen muss; und da umgekehrt einleuchtet, dass jeder Einheit η ein mit $\mathfrak{n}$ äquivalenter Modul $\mathfrak{n}\eta$ entspricht, welcher eine Wurzel von $\mathfrak{n}$ ist, so ist λ die Anzahl aller derjenigen Einheiten η, denen *verschiedene* Moduln $\mathfrak{n}\eta$ entsprechen. Da nun alle Einheiten η, mag ihre Anzahl endlich oder unendlich, also die Grundzahl D negativ oder positiv sein, in der Form $\pm\varepsilon^s$ enthalten sind, wo ε eine bestimmte Einheit, und s jede ganze

---

*) Vergl. meine auf S. 648 citirte Schrift (§. 1).

rationale Zahl bedeutet, so ergiebt sich leicht, dass λ der kleinste positive Exponent ist, welcher bewirkt, dass die Potenz ε^λ eine in der Ordnung $\mathfrak{n}$ enthaltene Zahl wird. Hiermit ist vermöge (55) für jede Ordnung $\mathfrak{n}$ das Verhältniss der Classenanzahl h' zu der Anzahl h der Idealclassen gefunden, und man überzeugt sich leicht, dass die früher (in §§. 97, 99, 100, 151) gewonnenen Resultate mit dem jetzigen vollständig übereinstimmen *).

---

*) Dieselbe Aufgabe habe ich für beliebige Körper in der auf S. 580 citirten Festschrift behandelt.

CHELSEA

SCIENTIFIC

BOOKS

NOTES: **1.** Arrangement is alphabetical, by author. **2.** The item number (given in brackets) and author identifies title completely. Books may be ordered by item number and author. **3.** Additional titles are in preparation and will be announced from time to time. **4.** Prices are subject to change without notice.

THE THEORY OF SETS AND FUNCTIONS

By P. S. ALEKSANDROV

Translated from the Russian by PROF. B. D. SECKLER.

—Approx. 400 pp. 6x9. [189] **In prep.**

TOPOLOGIE

By P. ALEXANDROFF and H. HOPF

A standard work.

Partial Contents: PART ONE (Chaps. I and II): Foundations of Set-Theoretic Topology. PART TWO (Chaps. III-VII): The Topology of Complexes. PART THREE (Chaps. VIII-X): Topological Invariance and Related Topics. PART FOUR (Chaps. XI-XIV): Linking in Euclidean Space. Continuous Mappings of Polyhedra. (XI. Linking Theory. The Alexander Duality Theorem. . . . XIII. Homotopy and Extension Theorems for Mappings. XIV. Fixed Points.) APPENDIXES.

—1935-65. xiii + 636 pp. 6x9. [197]

NIEDERE ZAHLENTHEORIE

By P. BACHMAN

—Vol. I. 1902. x + 402 pp. 6x9. **Tent.**

—Vol. II (Additive Zahlentheorie). 1910. x + 480 pp. 6x9. In prep.

STRING FIGURES, and other monographs

By BALL, CAJORI, CARSLAW, and PETERSEN

FOUR VOLUMES IN ONE:

String Figures, *by W. W. Rouse Ball;*

The Elements of Non-Euclidean Plane Geometry, *by H. S. Carslaw;*

A History of the Logarithmic Slide Rule, *by F. Cajori;*

Methods and Theories for the Solution of Problems of Geometrical Construction, *by J. Petersen*

—528 pp. 5¼x8. [130] Four vols. in one.

THEORIE DES OPERATIONS LINEAIRES

By S. BANACH

—1933-63. xii + 250 pp. 5⅜x8. [110]

DIFFERENTIAL EQUATIONS

By H. BATEMAN

Chapter Headings: I. Differential Equations and their Solutions. II. Integrating Factors. III. Transformations. IV. Geometrical Applications. V. Diff. Eqs. with Particular Solutions of a Specified Type. VI. Partial Diff. Eqs. VII. Total Diff. Eqs. VIII. Partial Diff. Eqs. of the Second Order. IX. Integration in Series. X. The Solution of Linear Diff. Eqs. by Means of Definite Integrals. XI. The Mechanical Integration of Diff. Eqs.

—1917-67. xi+306 pp. 5⅜x8. [190]

ERGODENTHEORIE, u.a.

By H. BEHNKE, P. THULLEN, and E. HOPF

Two volumes in one.

Theorie der Funktionen mehrerer komplexer Veraenderlichen, by *H. Behnke* and *P. Thullen.*

Ergodentheorie, by *E. Hopf.*

—1934-67; 1937-67. 210 pp. 5½x8½.
[68A] Two vols. in one. **In prep.**

L'APPROXIMATION

By S. BERNSTEIN and CH. de LA VALLÉE POUSSIN

Two volumes in one:

Leçons sur les Propriétés Extrémales et la Meilleure Approximation des Fonctions Analytiques d'une Variable Réelle, *by Bernstein.*

Leçons sur l'approximation des Fonctions d'une Variable Réelle, *by Vallée Poussin.*

—1925-66; 1919-66. vii + 204 + 152 pp. 6x9. [198]
Two vols. in one. **In prep.**

CONFORMAL MAPPING

By L. BIEBERBACH

"The first book in English to give an elementary, readable account of the Riemann Mapping Theorem and the distortion theorems and uniformisation problem with which it is connected. . . . Presented in very attractive and readable form."
—*Math. Gazette.*

"Engineers will profitably use this book for its accurate exposition."—*Appl. Mechanics Reviews.*

—1952. vi+234 pp. 4½x6½. [90] Cloth
[176] Paper

BASIC GEOMETRY

By G. D. BIRKHOFF and R. BEATLEY

A highly recommended high-school text by two eminent scholars.

"is in accord with the present approach to plane geometry. It offers a sound mathematical development . . . and at the same time enables the student to move rapidly into the heart of geometry."—*The Mathematics Teacher.*

"should be required reading for every teacher of Geometry."—*Mathematical Gazette.*

—Third edition. 1959. 294 pp. 5¼x8. [120]

VORLESUNGEN UEBER DIFFERENTIALGEOMETRIE, Vols. I, II

By W. BLASCHKE

TWO VOLUMES IN ONE.

Partial Contents: VOL. I. 1. Theory of Curves. 2. Extremal Curves. 3. Strips. 4. Theory of Surfaces. 5. Invariant Derivatives on a Surface. 6. Geometry on a Surface. 7. On the Theory of Surfaces in the Large. 8. Extremal Surfaces. 9. Line Geometry.

VOL. II. *Affine Differential Geometry.* 1. Plane Curves in the Small. 2. Plane Curves in the Large. 3. Space Curves. 5. Theory of Surfaces. 6. Extremal Surfaces. 7. Special Surfaces.

—1930; 1923-67. x+311+ix+259 pp. 6x9.
[202] Two vols. in one.

KREIS UND KUGEL

By W. BLASCHKE

Isoperimetric properties of the circle and sphere, the (Brunn-Minkowski) theory of convex bodies, and differential-geometric properties (in the large) of convex bodies. A standard work.

—x + 169 pp. 5½x8½. [59]

INTEGRALGEOMETRIE

By W. BLASCHKE and E. KÄHLER

THREE VOLUMES IN ONE.

VORLESUNGEN UEBER INTEGRALGEOMETRIE, Vols. I and II, by *W. Blaschke.*

EINFUEHRUNG IN DIE THEORIE DER SYSTEME VON DIFFERENTIALGLEICHUNGEN, by *E. Kähler.*

—222 pp. 5½x8½. [64] Three Vols. in One

VORLESUNGEN UEBER FOURIERSCHE INTEGRALE

By S. BOCHNER

"A readable account of those parts of the subject useful for applications to problems of mathematical physics or pure analysis."

—*Bulletin of the A. M. S.*

1932. 237 pp. 5½x8½. Orig. pub. at $6.40. [42]

ALMOST PERIODIC FUNCTIONS

By H. BOHR

Translated by H. COHN. From the famous series *Ergebnisse der Mathematik und ihrer Grenzgebiete,* a beautiful exposition of the theory of Almost Periodic Functions written by the creator of that theory.

—1951-66. 120 pp. Lithotyped. [27]

WISSENSCHAFTLICHE ABHANDLUNGEN

By L. BOLTZMANN

—1909. Repr. of 1st ed. 6½x9¼. Three vol. set. **In prep.**

LECTURES ON THE CALCULUS OF VARIATIONS

By O. BOLZA

A standard text by a major contributor to the theory. Suitable for individual study by anyone with a good background in the Calculus and the elements of Real Variables. The present, second edition differs from the first primarily by the inclusion within the text itself of various addenda to the first edition, as well as some notational improvements.

—2nd (corr.) ed. 1961. 280 pp. 5⅜x8. [145] Cloth
[152] Paper

VORLESUNGEN UEBER VARIATIONSRECHNUNG

By O. BOLZA

A standard text and reference work, by one of the major contributors to the theory.

—1909-63. C. repr. of 1st ed. ix+715 pp. 5⅜x8. [160]

THEORIE DER KONVEXEN KOERPER

By T. BONNESEN and W. FENCHEL

"Remarkable monograph."
—*J. D. Tamarkin, Bulletin of the A. M. S.*

—1934. 171 pp. 5½x8½. Orig. publ. at $7.50 [54]

THE CALCULUS OF FINITE DIFFERENCES

By G. BOOLE

A standard work on the subject of finite differences and difference equations by one of the seminal minds in the field of finite mathematics.

Numerous exercises with answers.

—Fourth edition. 1958. xii + 336 pp. 5x8. [121] Cloth
[148] Paper

A TREATISE ON DIFFERENTIAL EQUATIONS

By G. BOOLE

Including the Supplementary Volume.

—Fifth edition. 1959. xxiv + 735 pp. 5¼x8. [128]

CAJORI, "History of Slide Rule," see Ball

INTRODUCTORY TREATISE ON LIE'S THEORY OF FINITE CONTINUOUS TRANSFORMATION GROUPS

By J. E. CAMPBELL

Partial Contents: CHAP. I. Definitions and Simple Examples of Groups. II. Elementary Illustrations of Principle of Extended Point Transformations. III. Generation of Group from Its Infinitesimal Transformations. V. Structure Constants. VI. Complete Systems of Differential Equations. VII. Diff. Eqs. Admitting Known Transf. Groups. VIII. Invariant Theory of Groups. IX. Primitive and Stationary Groups. XI. Isomorphism. XIII. Construction of Groups from Their Structure Constants . . . XIV. Pfaff's Equation . . . XV. Complete Systems of Homogeneous Functions. XVI. Contact Transformations. XVII. Geometry of C. T.'s. XVIII. Infinitesimal C. T's. XX. Differential Invariants. XXI.-XXIV. Groups of Line, of Plane, of Space. XXV. Certain Linear Groups.

—1903-66. xx + 416 pp. 5⅜x8. [183]

THEORY OF FUNCTIONS

By C. CARATHÉODORY

Translated by F. STEINHARDT. The recent, and already famous textbook, *Funktionentheorie.*

Partial Contents: **Part One.** Chap. I. Algebra of Complex Numbers. II. Geometry of Complex Numbers. III. Euclidean, Spherical, and Non-Euclidean Geometry. **Part Two.** Theorems from Point Set Theory and Topology. Chap. I. Sequences and Continuous Complex Functions. II. Curves and Regions. III. Line Integrals. **Part Three.** Analytic Functions. Chap. I. Foundations. II. The Maximum-modulus principle. III. Poisson Integral and Harmonic Functions. IV. Meromorphic Functions. **Part Four.** Generation of Analytic Functions by Limiting Processes. Chap. I. Uniform Convergence. II. Normal Families of Meromorphic Functions. III. Power Series. IV. Partial Fraction Decomposition and the Calculus of Residues. **Part Five.** Special Functions. Chap. I. The Exponential Function and the Trigonometric Functions. II. Logarithmic Function. III. Bernoulli Numbers and the Gamma Function.

Vol. II.: **Part Six.** Foundations of Geometric Function Theory. Chap. I. Bounded Functions. II. Conformal Mapping. III. The Mapping of the Boundary. **Part Seven.** The Triangle Function and Picard's Theorem. Chap. I. Functions of Several Complex Variables. II. Conformal Mapping of Circular-Arc Triangles. III. The Schwarz Triangle Functions and the Modular Function. IV. Essential Singularities and Picard's Theorems.

"A book by a master . . . Carathéodory himself regarded [it] as his finest achievement . . . written from a catholic point of view."—*Bulletin of A.M.S.*

—Vol. I. Second edition. 1958. 310 pp. 6x9. [97]

—Vol. II. Second edition. 1960. 220 pp. 6x9. [106]

ALGEBRAIC THEORY OF MEASURE AND INTEGRATION

By C. CARATHÉODORY

Translated from the German by FRED E. J. LINTON. By generalizing the concept of point function to that of a function over a Boolean ring ("soma" function), Prof. Carathéodory gives an algebraic treatment of measure and integration.

CONTENTS: CHAP. I. Somas (Axiomatic method, somas as elements of a Boolean ring, . . .). II. Set of Somas. III. Place Functions (Functionoids). IV. Computation with Place Functions. V. Measure Functions. VI. The Integral. VII. Application of Integration to Limit Processes. VIII. Computation of Measure Functions. IX. Regular Measure Functions. X. Isotypic Regular Measure Functions. XI. Content Functions. APPENDIX: Somas as Elements of Partially Ordered Sets.

—1963. 378 pp. 6x9. [161]

VORLESUNGEN UBER REELLE FUNKTIONEN

By C. CARATHÉODORY

This great classic is at once a book for the beginner, a reference work for the advanced scholar and a source of inspiration for the research worker.

—In prep. 2nd ed. 5⅜x8. 728 pp. [38]

CARSLAW, "Non-Euclidean Plane Geometry," see Ball

ELECTRIC CIRCUIT THEORY and the OPERATIONAL CALCULUS

By J. R. CARSON

"A rigorous and logical exposition and treatment of the Heaviside operational calculus and its applications to electrical problems . . . will be enjoyed and studied by mathematicians, engineers, and scientists."—*Electrical World.*

—2nd ed. 206 pp. 5⅜x8. [92]

COLLECTED PAPERS (OEUVRES)

By P. L. CHEBYSHEV

One of Russia's greatest mathematicians, Chebyshev (Tchebycheff) did work of the highest importance in the Theory of Probability, Number Theory, and other subjects. The present work contains his post-doctoral papers (sixty in number) and miscellaneous writings. The language is French, in which most of his work was originally published; those papers originally published in Russian are here presented in French translation.

—1962. Repr. of 1st ed. 1,480 pp. 5⅜x8¼.
[157] Two Vol. set.

TEXTBOOK OF ALGEBRA

By G. CHRYSTAL

In addition to the standard topics, Chrystal's *Algebra* contains many topics not often found in an Algebra book: inequalities, the elements of substitution theory, and so forth. Especially extensive is Chrystal's treatment of infinite series, infinite products, and (finite and infinite) continued fractions.

The range of entries in the newly added Subject Index is very wide. To mention a few out of many hundreds: Horner's method, multinomial theorem, binary scale, Demoivre's theorem, mortality table, arithmetico-geometric series, Pellian equation, Bernoulli numbers, irrationality of e, Gudermannian, Euler numbers, continuant, Stirling's theorem, Riemann surface.

OVER 2,400 EXERCISES (with solutions).

—7th ed. 1964. 2 vols. xxiv+584 pp.; xxiv+626 pp. 5⅜x8.
[84] Cloth Each vol.
[181] Paper Each vol.

MODERN PURE SOLID GEOMETRY

By N. A. COURT

In this second edition of this well-known book on synthetic solid geometry, the author has supplemented several of the chapters with an account of recent results.

—Second edition. 1964. xiv + 353 pp. 5½x8¼. [147] **$6.00**

SPINNING TOPS AND GYROSCOPIC MOTION

By H. CRABTREE

Partial Contents: Introductory Chapter. CHAP. I. Rotation about a Fixed Axis. II. Representation of Angular Velocity. Precession. III. Discussion of the Phenomena Described in the Introductory Chapter. IV. Oscillations. V. Practical Applications. VI-VII. Motion of Top. VIII. Moving Axes. IX. Stability of Rotation. Periods of Oscillation. APPENDICES: I. Precession. II. Swerving of "sliced" golf ball. III. Drifting of Projectiles. IV. The Rising of a Top. V. The Gyro-compass. ANSWERS TO EXAMPLES.

—1914-67. Repr. of 2nd ed. xv+193+10 pp. 5⅜x8.
[204]

THE DOCTRINE OF CHANCES

By A. DE MOIVRE

In the year 1716 Abraham de Moivre published his *Doctrine of Chances*, in which the subject of Mathematical Probability took several long strides forward. A few years later came his *Treatise of Annuities*. When the third (and final) edition of the *Doctrine* was published in 1756 it appeared in one volume together with a revised edition of the work on Annuities. It is this latter two-volumes-in-one that is here presented in an exact photographic reprint.

Both works have the same format: a series of problems of progressive interest, followed by full solutions.

—Repr. of 3rd ed. xi+348 pp. 6x9.

THEORIE GENERALE DES SURFACES

By G. DARBOUX

One of the great works of the mathematical literature.

An unabridged reprint of the latest edition of *Leçons sur la Théorie générale des surfaces et les applications géométriques du Calcul infinitésimal.*

—Vol. I (2nd ed.) xii+630 pp. Vol. II (2nd ed.) xvii+584 pp. Vol. III (1st ed.) xvi+518 pp. Vol. IV. (1st ed.) xvi+537 pp. [216] **In prep.**

ALGEBREN

By M. DEURING and W. KRULL

Two volumes in one.

ALGEBREN, by *Deuring.*

IDEALTHEORIE, by *Krull.*

—1935-68. v+143+152 pp. 5½x8½. [50A] **In prep.**

COLLECTED PAPERS

By L. E. DICKSON

—1968. 4 vols. Approx. 3,400 pp. 6½x9¼. **In prep.**

HISTORY OF THE THEORY OF NUMBERS

By L. E. DICKSON

"**A monumental work** . . . Dickson always has in mind the needs of the investigator . . . The author has [often] expressed in a nut-shell the main results of a long and involved paper *in a much clearer way than the writer of the article did himself.* The ability to reduce complicated mathematical arguments to simple and elementary terms is highly developed in Dickson."—*Bulletin of A. M. S.*

—Vol. I (Divisibility and Primality) xii + 486 pp. Vol. II (Diophantine Analysis) xxv + 803 pp. Vol. III (Quadratic and Higher Forms) v + 313 pp. [86] Three vol. set

STUDIES IN THE THEORY OF NUMBERS

By L. E. DICKSON

A systematic exposition, starting from first principles, of the arithmetic of quadratic forms, chiefly (but not entirely) ternary forms, including numerous original investigations and correct proofs of a number of classical results that have been stated or proved erroneously in the literature.

—1930-62 viii+230 pp. 5⅜x8. [151]

ALGEBRAIC NUMBERS

By L. E. DICKSON, et al.

Two volumes in one.

Both volumes of the *Report of the Committee on Algebraic Numbers* are here included, the authors being L. E. Dickson, R. Fueter, H. H. Mitchell, H. S. Vandiver, and G. E. Wahlen.

Partial Contents: CHAP. I. Algebraic Numbers. II. Cyclotomy. III. Hensel's p-adic Numbers. IV. Fields of Functions. I′. The Class Number in the Algebraic Number Field. II′. Irregular Cyclotomic Fields and Fermat's Last Theorem.

—1923-67, 1928-67. 96+111 pp. 6x9.

THE INTEGRAL CALCULUS

By J. W. EDWARDS

A leisurely, immensely detailed, textbook of over 1,900 pages, rich in illustrative examples and manipulative techniques and containing much interesting material that must of necessity be omitted from less comprehensive works.

There are forty large chapters in all. The earlier cover a leisurely and a more-than-usually-detailed treatment of all the elementary standard topics. Later chapters include: Jacobian Elliptic Functions, Weierstrassian Elliptic Functions, Evaluation of Definite Integrals, Harmonic Analysis, Calculus of Variations, etc. Every chapter contains many exercises (with solutions).

—2 vols. 1,922 pp. 5x8. [102], [105] Each volume

TRANSFORMATIONS OF SURFACES

By L. P. EISENHART

Many of the advances in the differential geometry of surfaces in the present century have had to do with transformations of surfaces of a given type into surfaces of the same type. The present book studies two types of transformation to which many, if not all, such transformations can be reduced.

—2nd (Corr.) ed. ix+379 pp. 5⅜x8. [167]

MATHEMATISCHE ABHANDLUNGEN

By G. EISENSTEIN

—Repr. of edition of 1847. iv+336 pp. 6½x9¼. **In prep.**

INTRODUCTION TO THE ALGEBRA OF QUANTICS

By E. B. ELLIOTT

—Repr. of 2nd ed. 1913-64 xvi+416 pp. 5⅜x8 [184]

ASYMPTOTIC SERIES

By W. B. FORD

TWO VOLUMES IN ONE: *Studies on Divergent Series and Summability* and *The Asymptotic Developments of Functions Defined by MacLaurin Series.*

PARTIAL CONTENTS: I. MacLaurin Sum-Formula; Introduction to Study of Asymptotic Series. II. Determination of Asymptotic Development of a Given Function. III. Asymptotic Solutions of Linear Differential Equations. . . . V. Summability, etc. *I.* First General Theorem. . . . *III.* MacLaurin Series whose General Coefficient is Algebraic. . . . *VII.* Functions of Bessel Type. *VIII.* Asymptotic Behavior of Solution of Differential Equations of Fuchsian Type. Bibliography.

—1916; 1936-60. x+341 pp. 6x9. [143] Two vols. in one.

AUTOMORPHIC FUNCTIONS

By L. R. FORD

"Comprehensive . . . remarkably clear and explicit."—*Bulletin of the A. M. S.*

—2nd ed. (Cor. repr.) x + 333 pp. 5⅜x8. [85]

REELLE FUNKTIONEN. Punktfunktionen

By H. HAHN

—426 pp. 5½x8½. Orig. pub. at $12.80. [52]

ALGEBRAIC LOGIC

By P. R. HALMOS

"Algebraic Logic is a modern approach to some of the problems of mathematical logic, and the theory of polyadic Boolean algebras, with which this volume is mostly concerned, is intended to be an efficient way of treating algebraic logic in a unified manner.

"[The material] is accessible to a general mathematical audience; no vast knowledge of algebra or logic is required . . . Except for a slight Boolean foundation, the volume is essentially self-contained."—*From the Preface.*

—1962 271 pp. 6x9 [154]

LECTURES ON ERGODIC THEORY

By P. R. HALMOS

CONTENTS: Introduction. Recurrence. Mean Convergence. Pointwise Convergence. Ergodicity. Mixing. Measure Algebras. Discrete Spectrum. Automorphisms of Compact Groups. Generalized Proper Values. Weak Topology. Weak Approximation. Uniform Topology. Uniform Approximation. Category. Invariant Measures. Generalized Ergodic Theorems. Unsolved Problems.

"Written in the pleasant, relaxed, and clear style usually associated with the author. The material is organized very well and painlessly presented."
—*Bulletin of the A.M.S.*

—1960. (Repr. of 1956 ed.) viii + 101 pp. 5¼x8. [142]

INTRODUCTION TO HILBERT SPACE AND THE THEORY OF SPECTRAL MULTIPLICITY

By P. R. HALMOS

A clear, readable introductory treatment of Hilbert Space.

—1957. 2nd ed. (c. repr. of 1st ed.). 120 pp. 6x9. [82]

RAMANUJAN: Twelve Lectures on His Life and Works

By G. H. HARDY

The book is somewhat more than an account of the mathematical work and personality of Ramanujan; it is one of the very few full-length books of "shop talk" by an important mathematician.

—1940-59. viii+236 pp. 6x9. [136]

GRUNDZUEGE DER MENGENLEHRE

By F. HAUSDORFF

Some of the topics in the Grundzüge omitted from later editions:

Symmetric Sets—Principle of Duality—most of the "Algebra" of Sets—most of the "Ordered Sets"—Partially Ordered Sets—Arbitrary Sets of Complexes—Normal Types—Initial and Final Ordering—Complexes of Real Numbers—General Topological Spaces—Euclidean Spaces—the Special Methods Applicable in the Euclidean plane—Jordan's separation Theorem—The Theory of Content and Measure—The Theory of the Lebesgue Integral.

—Repr. of original (1914) edition. 484 pp. 5¼x8. [61]

SET THEORY

By F. HAUSDORFF

Hausdorff's classic text-book is an inspiration and a delight. The translation is from the Third (latest) German edition.

"We wish to state without qualification that this is an indispensable book for all those interested in the theory of sets and the allied branches of real variable theory."—*Bulletin of A. M. S.*

—2nd ed. 1962. 352 pp. 6x9. [119]

VORLESUNGEN UEBER DIE THEORIE DER ALGEBRAISCHEN ZAHLEN

By E. HECKE

"An elegant and comprehensive account of the modern theory of algebraic numbers."

—*Bulletin of the A. M. S.*

—1923. 264 pp. 5½x8½. [46]

INTEGRALGLEICHUNGEN UND GLEICHUNGEN MIT UNENDLICHVIELEN UNBEKANNTEN

By E. HELLINGER and O. TOEPLITZ

"Indispensable to anybody who desires to penetrate deeply into this subject."—*Bulletin of A.M.S.*

—With a preface by E. Hilb. 1928. 286 pp. 5¼x8. [89]

THEORIE DER ALGEBRAISCHE FUNKTIONEN EINER VARIABELN

By K. HENSEL and G. LANDSBERG

Partial Contents: PART ONE (Chaps. 1-8): Algebraic Functions on a Riemann Surface. PART TWO (Chaps. 9-13): The Field of Algebraic Functions. PART THREE (Chaps. 14-22): Algebraic Divisors and the Riemann-Roch Theorem. PART FOUR (Chaps. 23-27): Algebraic Curves. PART FIVE (Chaps. 28-31): The Classes of Algebraic Curves. PART SIX (Chaps. 32-37): Algebraic Relations among Abelian Integrals. APPENDIX: Historical Development. Geometrical Methods. Arithmetical Methods.

—1902-65. xvi + 707 pp. 6x9. [179]

PRINCIPLES OF MATHEMATICAL LOGIC

By D. HILBERT and W. ACKERMANN

"As a text the book has become a classic . . . the best introduction for the student who seriously wants to master the technique. Some of the features which give it this status are as follows:

"The first feature is its extraordinary lucidity. A second is the intuitive approach, with the introduction of formalization only after a full discussion of motivation. Again, the argument is rigorous and exact . . . A fourth feature is the emphasis on general extra-formal principles . . . Finally, the work is relatively free from bias . . . All together, the book still bears the stamp of the genius of one of the great mathematicians of modern times."—*Bulletin of the A.M.S.*

—1950-59. xii + 172 pp. 6x9. [69]

SQUARING THE CIRCLE, and other Monographs

By HOBSON, HUDSON, SINGH, and KEMPE

FOUR VOLUMES IN ONE.

SQUARING THE CIRCLE, by *Hobson.* A fascinating account of one of the three famous problems of antiquity, its significance, its history, the mathematical work it inspired in modern times, and its eventual solution in the closing years of the last century.

RULER AND COMPASSES, by *Hudson.* "An analytical and geometrical investigation of how far Euclidean constructions can take us. It is as thoroughgoing as it is constructive."—*Sci. Monthly.*

THE THEORY AND CONSTRUCTION OF NON-DIFFERENTIABLE FUNCTIONS, by *Singh.* I. Functions Defined by Series. II. Functions Defined Geometrically. III. Functions Defined Arithmetically. IV. Properties of Non-Differentiable Functions.

HOW TO DRAW A STRAIGHT LINE, by *Kempe.* An intriguing monograph on linkages. Describes, among other things, a linkage that will trisect any angle.

"Intriguing, meaty."—*Scientific American.*

—388 pp. 4½x7½. [95] Four Vols. in one

SPHERICAL AND ELLIPSOIDAL HARMONICS

By E. W. HOBSON

"A comprehensive treatise . . . and the standard reference in its field."—*Bulletin of the A. M. S.*

—1930. 512 pp. 5⅜x8. Orig. pub. at $13.50. [104]

ELASTOKINETIK: Die Methoden zur Angenäherten Lösung von Eigenwertproblemen in der Elastokinetik

By K. HOHENEMSER

—(Ergeb. der Math.) 1932. 89 pp. 5½x8½. Orig. pub. at $4.25. [55]

ERGODENTHEORIE

By E. HOPF

SEE: Behnke.

HUDSON, "Ruler and Compasses," see Hobson

KEMPE, "How to Draw a Straight Line," see Hobson

ASYMPTOTISCHE GESETZE DER WAHRSCHEINLICHKEITSRECHNUNG

By A. A. KHINTCHINE

—1933. 82 pp. (Ergeb. der Math.) 5½x8½. Orig. pub. at $3.85. [36] Paper

FAMOUS PROBLEMS, and other monographs

By KLEIN, SHEPPARD, MacMAHON, and MORDELL

FOUR VOLUMES IN ONE.

FAMOUS PROBLEMS OF ELEMENTARY GEOMETRY, by *Klein*. A fascinating little book. A simple, easily understandable, account of the famous problems of Geometry—The Duplication of the Cube, Trisection of the Angle, Squaring of the Circle—and the proofs that these cannot be solved by ruler and compass—presentable, say, before an undergraduate math club (no calculus required). Also, the modern problems about transcendental numbers, the existence of such numbers, and proofs of the transcendence of *e*.

FROM DETERMINANT TO TENSOR, by *Sheppard*. A novel and charming introduction. Written with the utmost simplicity. PT I. Origin of Determinants. II. Properties of Determinants. III. Solution of Simultaneous Equations. IV. Properties. V. Tensor Notation. PT II. VI. Sets. VII. Cogredience, etc. VIII. Examples from Statistics. IX. Tensors in Theory of Relativity.

INTRODUCTION TO COMBINATORY ANALYSIS, by *MacMahon*. A concise introduction to this field. Written as introduction to the author's two-volume work.

THREE LECTURES ON FERMAT'S LAST THEOREM, by *Mordell*. This famous problem is so easy that a high-school student might not unreasonably hope to solve it; it is so difficult that tens of thousands of amateur and professional mathematicians, Euler and Gauss among them, have failed to find a complete solution. Mordell's very small book begins with an impartial investigation of whether Fermat himself had a solution (as he said he did) and explains what has been accomplished. This is one of the masterpieces of mathematical exposition.

—2nd ed. 1962. 350 pp. 5⅜x8. Four Vols. in one.
[108] Cloth
[166] Paper

VORLESUNGEN UEBER NICHT-EUKLIDISCHE GEOMETRIE

By F. KLEIN

CHAPTER HEADINGS: I. Concept of Projective Geometry. II. Structures of the Second Degree. III. Collineations that Carry Structure of Second Degree into Itself. IV. Introduction of the Euclidean Metric into Projective Geometry. V. Projective Coordinates Independent of Euclidean Geometry. VI. Projective Determination of Measure. VII. Relation between Elliptic, Euclidean, and Hyperbolic Geometries. VIII. The Two Non-Euclidean Geometries. IX. The Problem of the Structure of Space. X AND XI. Relation between Non-Euclidean Geometry and other Branches of Mathematics.

—1928. xii + 326 pp. 5x8. [129]

VORLESUNGEN UEBER HOEHERE GEOMETRIE

By FELIX KLEIN

In this third edition there has been added to the first two sections of *Klein's* classical work a third section written by Professors *Blaschke, Radon, Artin* and *Schreier* on recent developments.

—Third ed. 413 pp. $5\frac{1}{2}$x8. Orig. publ. at \$10.80. [65]

ENTWICKLUNG DER MATHEMATIK IM 19. JAHRHUNDERT

By F. KLEIN

TWO VOLUMES IN ONE.

Vol. I treats of the various branches of advanced mathematics of the prolific 19th century; Klein himself was in the forefront of the mathematical activity of latter part of the 19th and early part of the 20th centuries.

Vol. II deals with the mathematics of relativity theory.

—616 pp. $5\frac{1}{4}$x$8\frac{1}{4}$. Orig. \$14.40. [74] 2 Vols. in one

VECTOR AND TENSOR ANALYSIS

By N. KOCHIN

Translated from the 8th Russian edition.

The standard Russian work on Vector Analysis, and the elements of Tensor Analysis, distinguished for its clarity.

—Approx. 420 pp. 6x9. [192] **In prep.**

THEORIE DER ENDLICHEN UND UNENDLICHEN GRAPHEN

By D. KÖNIG

"Elegant applications to Matrix Theory . . . Abstract Set Theory . . . Linear Forms . . . Electricity . . . Basis Problems . . . Logic, Theory of Games, Group Theory."—*L. Kalmar, Acta Szeged.*

—1936. 269 pp. $5\frac{1}{4}$x$8\frac{1}{4}$. Orig. publ. at \$7.20. [72]

THEORY OF GRAPHS

By D. KÖNIG

A translation of the above title.

—Approx. 260 pp. 6x9. **In prep.**

DIOPHANTISCHE APPROXIMATIONEN

By J. F. KOKSMA

—(Ergeb. der Math.) 1936. 165 pp. $5\frac{1}{2}$x$8\frac{1}{2}$. [66]

FOUNDATIONS OF THE THEORY OF PROBABILITY

By A. KOLMOGOROV

Translation edited by N. MORRISON. With a bibliography and notes by A. T. BHARUCHA-REID.

Almost indispensable for anyone who wishes a thorough understanding of modern statistics, this basic tract develops probability theory on a postulational basis.

—2nd ed. 1956. viii + 84 pp. 6x9. [23]

DETERMINANTENTHEORIE EINSCHLIESSLICH DER FREDHOLMSCHEN DETERMINANTEN

By G. KOWALEWSKI

"A classic in its field."—*Bulletin of the A. M. S.*

—Third edition. 1942. 328 pp. 5½x8. [39]

EINFUEHRUNG IN DIE THEORIE DER KONTINUIERLICHEN GRUPPEN

By G. KOWALEWSKI

—406 pp. 5¼x8¼. Orig. publ. at $10.20. [70]

WERKE

By L. KRONECKER

Will be issued in five volumes; Volume III, originally published in two parts, will be issued as a single volume.

—6 vols. in 5. lii + 2,750 pp. 6½x9¼. Five vol. set.

IDEALTHEORIE

By W. KRULL

SEE: Deuring, *Algebren.*

GROUP THEORY

By A. KUROSH

Translated from the second Russian edition and with added notes by PROFESSOR K. A. HIRSCH.

Partial Contents: PART ONE: The Elements of Group Theory. Chap. I. Definition. II. Subgroups (Systems, Cyclic Groups, Ascending Sequences of Groups). III. Normal Subgroups. IV. Endomorphisms and Automorphisms. Groups with Operators. V. Series of Subgroups. Direct Products. Defining Relations, etc. PART TWO: Abelian Groups. VI. Foundations of the Theory of Abelian Groups (Finite Abelian Groups, Rings of Endomorphisms, Abelian Groups with Operators). VII. Primary and Mixed Abelian Groups. VIII. Torsion-Free Abelian Groups. Editor's Notes. Bibliography.

Vol. II. PART THREE: Group-Theoretical Constructions. IX. Free Products and Free Groups (Free Products with Amalgamated Subgroup, Fully Invariant Subgroups). X. Finitely Generated Groups. XI. Direct Products. Lattices (Modular, Complete Modular, etc.). XII. Extensions of Groups (of Abelian Groups, of Non-commutative Groups, Cohomology Groups). PART FOUR: Solvable and Nilpotent Groups. XIII. Finiteness Conditions, Sylow Subgroups, etc. XIV. Solvable Groups (Solvable and Generalized Solvable Groups, Local Theorems). XV. Nilpotent Groups (Generalized, Complete, Locally Nilpotent Torsion-Free, etc.). Editor's Notes. Bibliography.

—Vol. I. 2nd ed. 1959. 271 pp. 6x9. [107]

—Vol. II. 2nd ed. 1960. 308 pp. 6x9. [109]

GRUNDLAGEN DER ANALYSIS

By E. LANDAU

The student who wishes to study mathematical German will find Landau's famous *Grundlagen der Analysis* ideally suited to his needs.

Only a few score of German words will enable him to read the entire book with only an occasional glance at the Vocabulary! [A COMPLETE German-English vocabulary, prepared with the novice especially in mind, has been appended to the book.]

—4th ed. 1965. 173 pp. 5½x8½. [24] Cloth [141] Paper

FOUNDATIONS OF ANALYSIS

By E. LANDAU

"Certainly no clearer treatment of the foundations of the number system can be offered. . . . One can only be thankful to the author for this fundamental piece of exposition, which is alive with his vitality and genius."—*J. F. Ritt, Amer. Math. Monthly.*

—2nd ed. 1960. 6x9. [79]

ELEMENTARE ZAHLENTHEORIE

By E. LANDAU

"Interest is enlisted at once and sustained by the accuracy, skill, and enthusiasm with which Landau marshals . . . facts and simplifies . . . details."

—*G. D. Birkhoff, Bulletin of the A. M. S.*

—1927-50. vii+180+iv pp. 5½x8½. [26]

ELEMENTARY NUMBER THEORY

By E. LANDAU

The present work is a translation of Prof. Landau's famous *Elementare Zahlentheorie*, with added exercises by Prof. Paul T. Bateman.

—2nd ed. 1966. 256 pp. 6x9. [125]

Einführung in die Elementare und Analytische Theorie der ALGEBRAISCHE ZAHLEN

By E. LANDAU

—2nd ed. vii + 147 pp. 5½x8. [62]

Mémoires sur la Théorie des SYSTEMES DES EQUATIONS DIFFERENTIELLES LINEAIRES, Vols. I, II, III

By J. A. LAPPO-DANILEVSKII

THREE VOLUMES IN ONE.

A reprint, in one volume, of Volumes 6, 7, and 8 of the works of the Stecklov Institute of Mathematics in Moscow.

"The theory of [systems of linear differential equations] is treated with elegance and generality by the author, and his contributions constitute an important addition to the field of differential equations."—*Applied Mechanics Reviews.*

—3 vols. in one. 1934; 1935; 1936. 689 pp. 5¼x8. [94]

VORLESUNGEN UEBER CONTINUIERLICHE GRUPPEN MIT GEOMETRISCHEN UND ANDEREN ANWENDUNGEN

By S. LIE

An expository work by the originator of the Lie theory of continuous groups.

—1893. xii+810 pp. 6x9. [199] **In prep.**

VORLESUNGEN UEBER DIFFERENTIALGLEICHUNGEN MIT BEKANNTEN INFINITESIMALEN TRANSFORMATIONEN

By S. LIE

Edited by G. Scheffers. A textbook on the integration of ordinary and partial differential equations in which the Lie theory for solving such equations is expounded.

—1891. xiv+568 pp. 6x9. [206]

THE THEORY OF MATRICES

By C. C. MacDUFFEE

"No mathematical library can afford to be without this book."—*Bulletin of the A. M. S.*

—(Ergeb. der Math.) 2nd ed. 116 pp. 6x9. [28]

COMBINATORY ANALYSIS, Vols. I and II

By P. A. MACMAHON

TWO VOLUMES IN ONE.

A broad and extensive treatise on an important branch of mathematics.

—xx + 300 + xx + 340 pp. 5⅜x8. [137] Two vols. in one.

MACMAHON, "Introduction . . . ," see Klein

FORMULAS AND THEOREMS FOR THE FUNCTIONS OF MATHEMATICAL PHYSICS

By W. MAGNUS and F. OBERHETTINGER

Gathered into a compact, handy and well-arranged reference work are thousands of results on the many important functions needed by the physicist, engineer and applied mathematician.

Translated by J. WERMER.

—1954. 182 pp. 6x9. [51]

THEORY OF NUMBERS

By G. B. MATHEWS

CHAPTER HEADINGS: I. Elementary Theory of Congruences. II. Quadratic Congruences. III. Binary Quadratic Forms; Analytical Theory. IV. Binary Quadratic Forms; Geometrical Theory. V. Generic Characters of Binary Quadratics. VI. Composition of Forms. VII. Cyclotomy. VIII. Determination of Number of Improperly Primitive Classes for a Given Determinant. IX. Applications of the Theory of Quadratic Forms. X. The Distribution of Primes.

A reprint of the first edition, with correction of errata and some improvements of notation.

—2nd ed. 1892-1962. xii+323 pp. 5⅜x8. [156]

KURVENTHEORIE

By K. MENGER

Partial Contents: CHAP. I. The Old Concept of a Curve. II. The New Concept of a Curve . . . IV. The Sum of Curves. V. Properties under Deformation, etc. VI. Fundamental Theorem of Curve-Theoretical Concept of Order . . . VIII. Regular Curves. IX. Rational Curves . . . XII. The Universal Curve.

—1932-67. 2nd ed. vi+376 pp. 6½x9¼. [172]

THE DEVELOPMENT OF MATHEMATICS IN CHINA AND JAPAN

By Y. MIKAMI

"Filled with valuable information. Mikami's [account of the mathematicians he knew personally] is an attractive features."

—*Scientific American.*

—1913-62. x + 347 pp. 5⅜x8. [149]

GESAMMELTE ABHANDLUNGEN

By H. MINKOWSKI

TWO VOLUMES IN ONE.

Minkowski's Collected Works are issued under the editorship of David Hilbert, with the assistance of Andreas Speiser and Hermann Weyl.

—1911. xxxii+371+468 pp. 6x9. [208] Two vol. set. **In prep.**

GEOMETRIE DER ZAHLEN

By H. MINKOWSKI

—viii + 256 pp. 5½x8¼. [93]

DIOPHANTISCHE APPROXIMATIONEN

By H. MINKOWSKI

—viii + 235 pp. 5¼x8¼. [118]

MORDELL, "Fermat's Last Theorem," see *Klein*

INVERSIVE GEOMETRY

By F. MORLEY and F. V. MORLEY

—xi + 273 pp. 5¼x8¼. [101]

INTRODUCTION TO NUMBER THEORY

By T. NAGELL

A special feature of Nagell's well-known text is the rather extensive treatment of Diophantine equations of second and higher degree. A large number of non-routine problems are given.

—2nd ed. (C. repr. of 1st ed.) 1964. 309 pp. 5⅜x8. [163]

LEHRBUCH DER KOMBINATORIK

By E. NETTO

A standard work on the fascinating subject of Combinatory Analysis.

—2nd ed. viii+348 pp. 5⅜x8. [123]

THE THEORY OF SUBSTITUTIONS

By E. NETTO

Partial Contents: CHAP. I. Symmetric and Alternating Functions. II. Multiple- valued Functions and Groups of Substitutions. III. The Different Values of a Multiple-valued Function and their Algebraic Relation to One Another. IV. Transitivity and Primitivity; Simple and Compound Groups; Isomorphism. V. Algebraic Relations between Functions Belonging to the Same Group . . . VII. Certain Special Classes of Groups. VIII. Analytical Representation of Substitutions. The Linear Group. IX. Equations of Second, Third, Fourth Degrees. Groups of an Equation. X. Cyclotomic Equations. XI. Abelian Equations . . . XIII. Algebraic Solution of Equations. XIV. Group of an Algebraic Equation. XV. Algebraically Solvable equations. INDEX.

—2nd ed. (c. repr. of 1st ed.) 304 pp. 5⅜x8. [165]

DIE GAMMAFUNKTION

By N. NIELSEN

TWO VOLUMES IN ONE.

HANDBUCH DER THEORIE DER GAMMAFUNKTION, by *N. Nielsen.* A standard, and very clearly written treatise on the gamma function and allied topics.

Part I (8 chapters) deals with the analytic theory of the gamma function; Part II (8 chapters) deals with definite integrals expressible in terms of the gamma function; and Part III deals with faculty series.

THEORIE DES INTEGRALLOGARITHMUS UND VERWANDTER TRANSZENDENTEN, by *N. Nielsen.* A treatise on certain transcendental functions. There are numerous references to the *Handbuch.*

—1906-65. 448 pp. 6x9. Two vols. in one. [188]

Vorlesungen über DIFFERENZENRECHNUNG

By N. H. NÖRLUND

—1924-54. ix+551 pp. 5⅜x8. [100]

FUNCTIONS OF REAL VARIABLES
FUNCTIONS OF A COMPLEX VARIABLE

By W. F. OSGOOD

TWO VOLUMES IN ONE.

"Well-organized courses, systematic, lucid, fundamental, with many brief sets of appropriate exercises, and occasional suggestions for more extensive reading. The technical terms have been kept to a minimum, and have been clearly explained. The aim has been to develop the student's power and to furnish him with a substantial body of classic theorems, whose proofs illustrate the methods and whose results provide equipment for further progress."—*Bulletin of A. M. S*

—676 pp. 5x8. 2 vols. in 1. [124]

DIE LEHRE VON DEN KETTENBRUECHEN

By O. PERRON

Both the Arithmetic Theory and the Analytic Theory are treated fully.

"An indispensable work . . . Perron remains the best guide for the novice. The style is simple and precise and presents no difficulties."

—*Mathematical Gazette.*

—2nd ed. 536 pp. 5⅜x8. [73]

THEORIE DES FONCTIONS ALGEBRIQUES DE DEUX VARIABLES INDEPENDANTES

By E. PICARD and G. SIMART

TWO VOLUMES IN ONE.

—1897-67; 1906-67. vi+256+vi+528 pp. Two vols. in one.
In prep.

SUBHARMONIC FUNCTIONS

By T. RADO

TWO VOLUMES IN ONE: *Subharmonic Functions* and *The Problem of Plateau,* both by Tibor Rado.

—1937-68; 1933-68. v+56+iii+109 pp. 5½x8½.
[60A] Two vols. in one. **In prep.**

COLLECTED PAPERS

By S. RAMANUJAN

Ramanujan's papers on Number Theory are edited by G. H. Hardy, P. V. Seshu Aiyar, and B. M. Wilson.

—1927-63. xxxvi+355 pp. 6x9. [159]

RAMANUJAN, see also Hardy

EINFUEHRUNG IN DIE KOMBINATORISCHE TOPOLOGIE

By K. REIDEMEISTER

Group Theory occupies the first half of the book; applications to Topology, the second. This well-known book is of interest both to algebraists and topologists.

—1932-50. 221 pp. 5½x8¼. [76]

KNOTENTHEORIE

By K. REIDEMEISTER

—(Ergeb. der Math.) 1932. 78 pp. 5½x8½. [40]

FOURIER SERIES

By W. ROGOSINSKI

Translated by H. COHN. Designed for beginners with no more background than a year of calculus, this text covers, nevertheless, an amazing amount of ground. It is suitable for self-study courses as well as classroom use.

"The field covered is extensive and the treatment is thoroughly modern in outlook . . . An admirable guide to the theory."—*Mathematical Gazette.*

—2nd ed. 1959. vi+176 pp. 4½x6½ [67] Cloth

CONIC SECTIONS

By G. SALMON

"The classic book on the subject, covering the whole ground and full of touches of genius."

—*Mathematical Association.*

—6th ed. xv+400 pp. 5⅜ x 8. [99] Cloth
[98] Paper

ANALYTIC GEOMETRY OF THREE DIMENSIONS

By G. SALMON

A rich and detailed treatment by the author of *Conic Sections, Higher Plane Curves,* etc.

Partial Contents: Chap. I. Coordinates. III. Plane and Line. IV-VI. Quadrics. VIII. Foci and Focal Surfaces. IX. Invariants and Covariants of Systems of Quadrics. XI. General Theory of Surfaces. XII. Curves and Developables (Projective properties, non-projective properties, . . .).

Vol. II. Chap. XIII. Partial Differential Equations of Families of Surfaces. XIII (a). Complexes, Congruences, Ruled Surfaces. XIII (b). Triply Orthogonal Systems of Surfaces, Normal Congruences of Curves. XIV. The Wave Surface, The Centro-surface, etc. XV. Surfaces of Third Degree. XVI. Surfaces of Fourth Degree. XVII. General Theory of Surfaces. XVIII. Reciprocal Surfaces.

—Vol. I. 7th ed. 1927-58. xxiv + 470 pp. 5x8. [122]
—Vol. II. 5th (latest) ed. 1928-65. xvi + 334 pp. 5x8. [196]

HIGHER PLANE CURVES

By G. SALMON

CHAPTER HEADINGS: I. Coordinates. II. General Properties of Algebraic Curves. III. Envelopes. IV. Metrical Properties. V. Cubics. VI. Quartics. VII. Transcendental Curves. VIII. Transformation of Curves. IX. General Theory of Curves.

—3rd ed. xix + 395 pp. 5⅜x8. [138]

LESSONS INTRODUCTORY TO THE MODERN HIGHER ALGEBRA

By G. SALMON

A classical account of the theory of Determinants and Invariants.

—1887-1964. 5th ed. xv+376 pp. 5¼x8. [150]

SHEPPARD, "From Determinant to Tensor," see Klein

HYPOTHESE DU CONTINU

By W. SIERPINSKI

An appendix consisting of sixteen research papers now brings this important work up to date. This represents an increase of more than forty percent in the number of pages.

"One sees how deeply this postulate cuts through all phases of the foundations of mathematics, how intimately many fundamental questions of analysis and geometry are connected with it . . . a most excellent addition to our mathematical literature."

—*Bulletin of A. M. S.*

——Second edition. 1957. xvii + 274 pp. 5x8. [117]

SINGH, "Non-Differentiable Functions," see Hobson

DIOPHANTISCHE GLEICHUNGEN

By T. SKOLEM

—(Ergeb. der Math.) 1938. ix + 130 pp. 5½x8½. Cloth. Orig. publ. at $6.50. [75]

COLLECTED MATHEMATICAL PAPERS

By H. J. S. SMITH

Something of Smith's stature as a mathematician may be gathered from one of many references to him in Bell's *Development of Mathematics:* "such men as Lagrange, Legendre, Gauss, Eisenstein, Dirichlet, Hermite, H. J. S. Smith, Minkowski, and Siegal."

Smith's famous *Report on the Theory of Numbers* (also published separately; see below) is included in the present work.

—1965. Repr. of 1st ed. 1,422 pp. 6½x9¼. [187]
Two vol. set

REPORT ON THE THEORY OF NUMBERS

By H. J. S. SMITH

A little more than half a century after the publication of Gauss's *Disquisitiones*, H. J. S. Smith undertook to present an account of the status of number theory. The result was Smith's now classical *Report.*

Although it is a standard work and referred to frequently, the report has not been conveniently available to the practising mathematician. It was first published, in six parts, in the "Report of the British Association." It was then reprinted in the 1,400-page *Collected Mathematical Papers.* It is now, for the first time, available separately in book form.

—Reprint, 1965. iv+37+323 pp. 6½x9¼. [186]

SET TOPOLOGY

By R. VAIDYANATHASWAMY

In this text on Topology, the first edition of which was published in India, the concept of partial order has been made the unifying theme.

Over 500 exercises for the reader enrich the text.

CHAPTER HEADINGS: I. Algebra of Subsets of a Set. II. Rings and Fields of Sets. III. Algebra of Partial Order. IV. The Closure Function. V. Neighborhood Topology. VI. Open and Closed Sets. VII. Topological Maps. VIII. The Derived Set in T_1 Space. IX. The Topological Product. X. Convergence in Metrical Space. XI. Convergence Topology.

—2nd ed. 1960. vi + 305 pp. 6x9. [139]

LECTURES ON THE GENERAL THEORY OF INTEGRAL FUNCTIONS

By G. VALIRON

—1923. xii + 208 pp. 5¼x8. [56]

GRUPPEN VON LINEAREN TRANSFORMATIONEN

By B. L. VAN DER WAERDEN

—(Ergeb. der Math.) 1935. 94 pp. 5½x8½. [45]

THE LOGIC OF CHANCE

By J. VENN

One of the classics of the theory of probability. Venn's book remains unsurpassed for clarity, readability, and sheer charm of exposition. No mathematics is required.

CONTENTS: PART ONE: Physical Foundations of the Science of Probability. CHAP. I. The Series of Probability. II. Formation of the Series, III. Origin, or Causation, of the Series. IV. How to Discover and Prove the Series. V. The Concept of Randomness. PART TWO: Logical Superstructure on the Above Physical Foundations. VI. Gradations of Belief. VII. The Rules of Inference in Probability. VIII. The Rule of Succession. IX. Induction. X. Causation and Design. XI. Material and Formal Logic . . . XIV. Fallacies. PART THREE: Applications. XV. Insurance and Gambling. XVI. Application to Testimony. XVII. Credibility of Extraordinary Stories. XVIII. The Nature and Use of an Average as a Means of Approximation to the Truth.

—Repr. of 3rd ed. xxix+508 pp. 5⅜x8. [173] Cloth
[169] Paper